深入学习 VMware vSphere 6

Learn more VMware vSphere 6

王春海 编著

人民邮电出版社

北京

图书在版编目（CIP）数据

深入学习VMware vSphere 6 / 王春海编著. -- 北京：人民邮电出版社，2016.6
ISBN 978-7-115-42138-8

Ⅰ. ①深… Ⅱ. ①王… Ⅲ. ①虚拟处理机 Ⅳ. ①TP338

中国版本图书馆CIP数据核字(2016)第089059号

内 容 提 要

本书介绍了最新的VMware虚拟化与云计算软件vSphere 6的内容，包括VMware ESXi、vCenter Server、VMware HA、DRS、Virtual SAN等产品的安装、配置、管理与使用。

本书可供虚拟机技术爱好者、政府信息中心管理员、企业网管、网站与网络管理员、计算机安装及维护人员、软件测试人员、程序设计人员、教师等作为网络改造、虚拟化应用、网络试验、测试软件、教学演示等用途的参考手册，并且还可作为培训机构的教学用书。

◆ 编　　著　王春海
责任编辑　王峰松
责任印制　焦志炜

◆ 人民邮电出版社出版发行　北京市丰台区成寿寺路11号
邮编　100164　电子邮件　315@ptpress.com.cn
网址　http://www.ptpress.com.cn
固安县铭成印刷有限公司印刷

◆ 开本：787×1092　1/16
印张：48.5　　2016年6月第1版
字数：1222千字　　2024年7月河北第9次印刷

定价：108.00元

读者服务热线：(010)81055410　印装质量热线：(010)81055316
反盗版热线：(010)81055315

前　　言

本书首先是一本 VMware vSphere 虚拟化产品的基础书、入门书，然后是一本提高的书，书中深入而细致地介绍了 VMware 虚拟化基础平台 ESXi 6、虚拟化数据中心管理产品 vCenter Server 6 的安装、配置、管理与使用，并以实验的特点，针对初学者，为每一个应用都规划、准备了实验环境，读者只要有一台高配置的计算机，就可以完全学会本书讲解的知识。

通过本书可以让大家学习到如何规划 vSphere 虚拟化数据中心包括数据中心中服务器的选择、存储的选择、网络交换机的选择，在虚拟化数据中心中怎样兼顾 CPU、内存、存储，避免形成瓶颈。规划虚拟化数据中心，不要用传统的眼光、思路，如下面的例子。

某个单位，预算有限，想要组建一个具有 3 个主机、1 个共享存储（需要 20TB 的空间）的虚拟化环境。系统集成公司给出的规划是：

配置 3 台 IBM 3650 的服务器，每个服务器 2 个 CPU、48GB 内存，每个服务器配 2 个 300GB 的 2.5 英寸、10K 的 SAS，4 个 900GB 的 2.5 英寸、10K 的 SAS。配 1 台 IBM V3700 的存储，配置 6 个 4TB 的 SATA 硬盘。

这个规划不合理之处在于：

（1）对于大多数的虚拟化环境，采用共享存储，这是没有任何争议的。但是，为服务器配置硬盘，尤其是配置 2 个 300GB 的硬盘装系统，这是考虑不周的第 1 处。另外，为服务器配不同容量的磁盘，是第 2 个败笔。在实际的生产环境中，尽可能地配置一样的磁盘，这是为了减少备件的数量，也是为了产品的互换。如果单独装系统，因为服务器都配置有 RAID 卡，你可以配 6 块相同的 SAS 盘，然后划分出 10GB～30GB 的一个逻辑卷，用于系统的安装就可以了，没必要配 RAID 1。另外，4 块磁盘配 RAID 5，这也是一个较差的选择，4 个磁盘的 RAID 5，读写性能都较差。

（2）因为预算有限，所以更要配置合理。在配备了共享存储之后，实际上服务器本地是不需要配置硬盘的，无论是用于主机操作系统的启动，还是数据的保存，只需要从共享存储划分给对应的主机即可。所以在本需求中，服务器只需要配 2 个 CPU、48GB，甚至扩充到 64GB 或 96GB、128GB 都可以。

（3）在存储上，不建议配置大容量的 7200 转的磁盘，因为替换磁盘时，需要的同步时间太长。针对此案例，如果预算有限，可以选购 2TB、2.5 英寸、7.2K 的服务器硬盘，配 24 个，选用 RAID 10，这样实际的容量是 12×2TB=24TB。

（4）如果考虑存储将来升级，当前只需选择 IBM V3500，而不需要选择 V3700。

（5）如果不考虑主机数量的增加，为存储选择双控制器，每个控制器 3 个 SAS 接口即可。如果考虑到将来连接更多主机，则选择光纤接口。

在规划选型时，如果需要节省空间，则可以选择 4U、配置较高的高端服务器，这是以成本换空间。对于空间足够，而又预算有限，需要追求性价比时，则可以选择多个 2U 的服务器，这是通过服务器的数量来换取性能。一般情况下，1 台同样配置、性能的 4U 的服务器的费用要超过 2 台 2U 的服务器的费用。

本书除了介绍这些内容，还介绍了虚拟化中网络交换机的选择、常用命令、网络规划等，介绍了服务器的底层管理、RAID 划分，详细介绍了 VMware ESXi 的安装、配置，虚拟化管理中心 vCenter Server（无论是 Windows 还是 Linux 版本）的安装配置与使用，最后介绍了 Virtual SAN 的内容。本书的附录还介绍了 VMware vSphere 5.0、5.1 与 6.0 的参数，以及如何从低版本的 vSphere 数据中心升级到最新的 vSphere 6。为了配合本书的学习，作者精心制作了视频，如果需要，读者可以到 51CTO 学院浏览 http://edu.51cto. com/pack/view/id-281.html 学习。

内容介绍

本书共有 7 章和 3 个附录。

第 1 章，介绍 VMware 虚拟机与云计算的基础知识及虚拟化的基础知识、虚拟化与云、VMware 产品组成、各个产品功能概述；还介绍企业虚拟化实施规划；介绍企业虚拟化进程、虚拟化规划要点；介绍虚拟化中服务器、存储、交换机的硬件选型，还介绍了华为交换机常用配置命令；介绍了 HP 与 DELL 服务器的底层管理，传统虚拟化主机与用于 Virtual SAN 存储的虚拟化主机的 RAID 的配置（分别以 DELL 与 IBM 服务器为例进行介绍），还介绍了 IBM V3500 存储配置等知识。

第 2 章，准备 vSphere 实验环境，介绍 vSphere 6 实验需求；介绍为了准备 vSphere 6 实验环境，怎么选择配置 PC 机，使用 PC 机自带的 RAID 配置硬盘，怎样为了提高实验的性能而准备 RAID；介绍了在 VMware Workstation 虚拟机中安装 VMware ESXi，以及在普通的 PC 机中安装 VMware ESXi 6 的内容；还介绍了在 IBM 服务器中，使用主板集成的 USB 端口、通过添加 U 盘安装 ESXi 6 的内容，在实际的使用中，将 ESXi 安装在 U 盘是允许的，并在某些情况下是推荐的，例如在组建 Virtual SAN 群集的时候，为了节省一个盘位，将 ESXi 装在 U 盘是一个很好的规划，在实际的使用中也基本不会出问题。

第 3 章，管理配置 VMware ESXi，介绍 VMware ESXi 知识；介绍 ESXi 控制台设置、VMware ESXi 创建与删除虚拟机、在虚拟机中安装操作系统等；还介绍了为 VMware ESXi 配置 iSCSI 存储的方法。

第 4 章，安装配置 vCenter Server，分别介绍了 VMware 虚拟化管理中心产品 vCenter Server 6 的安装，包括运行于 Windows 平台的 vCenter Server，以及 VMware 预发行的、Linux 版本的 vCenter Server 的部署；还介绍了 vCenter Server 的多种部署方式，即 SSO 与 vCenter Server 在一起、分开部署、多台 vCenter Server 部署等。

第 5 章，使用传统客户端管理 vSphere，这是本书重点内容，介绍了使用传统客户端 vSphere Client 管理 VMware ESXi 的方法，包括虚拟机模板的创建与克隆、定制虚拟机的规范、从模板部署虚拟机、迁移虚拟机以及 vMotion 的知识；还重点介绍了 VMware 网络、vSphere 标准交换机、分布式交换机等内容。

第 6 章，使用 Web 客户端管理 vSphere。主要内容与第 5 章相同，只是使用新版的、Web 界面的 vSphere 客户端，管理 vCenter Server 及 ESXi。除此以外，还介绍了只有在 Web 客户端中才能实现的一些功能，如链路聚合端口组等。

第 7 章，介绍 Virtual SAN 的内容。介绍使用普通的 X86 服务器，使用服务器本地硬盘，通过网络，借助 vSphere，搭建 Virtual SAN 存储的内容。Virtual SAN 是 VMware 推出的、专门用于 VMware vSphere 系列产品、专门为虚拟环境优化的、分布式可容错的存储系统。本章用 VMware Workstation 分别搭建了具有 5 个 ESXi 主机的混合架构存储，搭建了具有 3 个 ESXi 主机、每个主机 2 个磁盘组的混合架构存储，模拟并演示了自动配置存储、手动配置存储，以及模拟磁盘中缓存磁盘及数据磁盘损坏后的现象及替换方法。本章还使用 VMware ESXi 搭建并模拟了全闪存架构的存储的内容，并在最后以一个真实的环境演示了使用 3 台较低配置的主机、轻易生成大量 VMware View 桌面的内容。

附录 A，以列表的方式，分别对比介绍了 vSphere 5.0、vSphere 5.1 及 vSphere 6 的最高配置。

附录 B，VMware vSphere 5.5 升级到 6.0 的内容，通过一个实际的案例，介绍怎样升级 vSphere 虚拟化基础架构（VMware ESXi 及 vCenter Server）。

附录 C，成为网络高手的 12 条建议，谈谈作者自己学习网络知识、掌握网络技能的经历和体会。

本书要求读者有一定的计算机操作能力，能独立地安装操作系统，能从网络下载所需要的软件，并需要读者具有一定的网络知识和一定的学习能力。

本书介绍了大量先进的虚拟化应用技术，步骤清晰（使用 Step By Step 的教学方法），容易学习和快速掌握，可供虚拟机技术爱好者、政府信息中心管理员、企业网管、网站与网络管理员、计算机安装及维护人员、软件测试人员、程序设计人员、教师等作为网络改造、虚拟化应用、网络试验、测试软件、教学演示等用途的参考手册，并且还可作为培训机构的教学用书。

尽管写作本书时，作者精心设计了每个场景、案例，已经考虑到一些相关企业的共性问题，但就像天下没有完全相同的两个人一样，每个企业都有自己的特点，都有自己的需求。所以，这些案例可能并不能完全适合读者的需求，在实际应用时需要根据企业的情况进行改动。

作者写书的时候，都是尽自己最大的努力来完成的。这些技术类的图书，有的时候，看一遍可能会看不懂，这不要紧，只要多想想，再看几遍可能就掌握了。技术类的图书，并不像现在流行的一些“网络小说”，草草看一眼就能明白。现在的网络小说，更多的像快餐一样，一带而过。而阅读技术类的图书，需要多加思考。技术，尤其是专业一些的技术，相对来说都是比较枯燥的。

作者介绍

本书作者王春海，1993 年开始学习计算机，1995 年开始从事网络方面的工作，曾经主持组建过某省国税、地税、市铁路分局（全省范围）的广域网组网工作，近几年一直从事政府等单位的网络升级、改造与维护工作，经验丰富，在多年的工作中，解决过许多疑难问题。

从 2000 年最初的 VMware Workstation 1.0 到现在的 VMware Workstation 12.0.1，从 VMware GSX Server 1 到 VMware GSX Server 3、VMware Server、VMware ESX Server 到 VMware ESXi 6，作者亲历过每个产品的每个版本的使用。作者从 2004 年即开始使用并部署

VMware Server（VMware GSX Server）、VMware ESXi（VMware ESX Server），已经为许多政府、企业成功部署 VMware Server、VMware ESXi 并应用至今。

早在 2003 年，作者即编写并出版了业界第一本虚拟机方面的专著《虚拟机配置与应用完全手册》（主要讲述 VMware Workstation 3 的内容），在随后的几年又出版了《虚拟机技术与应用——配置管理与实验》、《虚拟机深入应用实践》、《vSphere 企业运维》等多本虚拟机方面的图书。

此外，作者还熟悉 Microsoft 系列虚拟机、虚拟化技术，熟悉 Windows 操作系统、Microsoft 的 Exchange、ISA、OCS、MOSS 等服务器产品，是 2009 年度 Microsoft Management Infrastructure 方面的 MVP（微软最有价值专家）、2010～2011 年度 Microsoft Forefront（ISA Server）方向的 MVP、2012～2015 年度 Virtual Machine 方向的 MVP、2016 年度 Cloud and Datacenter Management 方向的 MVP。

本书的出版得到了王峰松编辑的大力支持，另外，陆军步兵学院（石家庄校区）的薄鹏也参与了本书部分内容的写作，在此一并致谢！

提问与反馈

本书涉及的系统与知识点很多，尽管作者力求完善，但仍难免有不妥之处，诚恳地期望广大读者和各位专家不吝指教。

如有问题想要咨询时，请读者把自己的情况介绍一下，因为作者不了解读者的环境，要帮读者解决问题，需要先了解读者的环境、系统，所以需要读者写一个文档，发送电子邮件到 wangchunhai@wangchunhai.cn，其中文档中应该有以下内容。

（1）你的系统是全新规划、实施的，还是已经使用了一段时间。如果是使用了一段时间，在系统（或某个应用）不正常之前，你做了哪些操作。相关服务器的品牌、配置、参数、使用年限等。

（2）附上你的拓扑图，标上相关设备（交换机、路由器、服务器）的 IP 地址、网关、DNS 等参数。

（3）你碰到的问题，你是怎么分析判断的，在这期间又碰到了哪些问题。

（4）如果你是全新规划时碰到问题，请写出你的需求，你是怎么规划的。

（5）其他你认为应该告诉作者的信息。

请注意，作者无意收集大家的信息，对于 IP 地址，读者可以把前两位用 x1.x2 来代替。这些信息只是为了方便分析问题。如果读者只是问问题，那样还不如去网上搜索答案。

对作者的邮件，请读者直接回复，不要新建邮件。因为作者经常解答多个人的问题，如果读者新发了邮件，就不知道原来提问的内容了。

另外，如果读者碰到了问题，可以百度搜索作者的名字，再加上问题的关键字，一般都能找到作者写的相关文章。例如：

如果你在规划 Active Directory 时，关于 DNS 不知如何规划，可以百度搜索“王春海 DNS”。

如果你有多条线路，想同时连接多个网络，可以百度搜索“王春海 多出口”。有时候，你的问题如果作者以前碰到或已经解决了，就会写成文章发表在作者的博客上，网址：http://wangchunhai.blog.51cto.com。

作者的博客经常发表一些文章，包括一些案例设计和问题解决，每篇博客文章都有案例或问题说明、拓扑图，以及解决的方法，一般都能帮助读者解决相关问题。

当然，读者还可以添加作者的 QQ: 2634258162。但在 QQ 上问问题时，有事直接问，不要问在不在，一定要表达清楚你的问题，每个人的时间都是有限的，作者不反对聊天，但如果说来说去，没有实质内容，只是浪费彼此的时间。

最后，谢谢大家，感谢每一位读者！读者的认可，是作者最大的动力！

王春海

2016 年 1 月

目　录

第 1 章　vSphere 虚拟化基础与规划

本章介绍虚拟化基础知识，介绍在虚拟化项目中服务器、存储、交换机的选择与规划，介绍常用网络配置命令、主流服务器的 RAID 配置等内容。初次学习虚拟化的用户，需要仔细阅读本章内容。

1.1　虚拟化基础概念

如果第一次接触虚拟机并想尝试使用虚拟机软件，可能有许多的疑问。本节主要回答初学者容易混淆或者不清楚的问题，让初学者了解虚拟机、虚拟化与云计算的基础知识。

1.1.1　什么是虚拟机

虚拟机是一台“软件”计算机，确切地说，虚拟机是一种严密隔离的软件容器，它可以运行操作系统和应用程序，就好像一台物理计算机一样。虚拟机的运行完全类似于一台物理计算机，它包含自己的虚拟（基于软件实现的）CPU、内存、硬盘、显卡、声卡、网卡（NIC）。

对于我们用户来说，我们能分清“物理”计算机与“虚拟”计算机，而对于运行于计算机之中的操作系统来说，是不会也无从分辨物理机与虚拟机的区别的。对于操作系统来说，不管物理机还是虚拟机，都是一样的。

同样，对于运行在操作系统之上的应用软件来说，基本上没有什么区别。

所以，我们可以使用虚拟机，像使用真正的物理计算机一样，在虚拟机中安装操作系统、各种软件，在虚拟机中做实验，以及在企业中，让虚拟机代替物理机，对外提供服务。

1.1.2　虚拟机与虚拟化的基础

计算机硬件的发展是非常快的，而对于大多数应用来说并不能充分利用和使用硬件，这是虚拟机的基础。举例来说，以个人用户为例，当前计算机主流配置是 Intel Core i3 2100、4GB 内存、500GB 或 1TB 的硬盘。但对于大多数人来说，用计算机主要是上网、聊天、看视频、处理文档，很少有人使用视频处理、图形处理等耗费 CPU 或 GPU 资源的应用，或者即使使用，时间也有限，这就导致大部分的时候 CPU 的利用率低于 30%，甚至只有 10%，如作者在写作本书时的计算机配置是 Intel Core i5 4690K 的 CPU、8GB 内存、64 位的 Windows 10 操作系统，在大多数时间 CPU 的利用率小于 10%，内存使用小于 3GB，如图 1-1-1 所示。

对于企业来说，当前主流的服务器配置是 Intel Xeon E5620 的 CPU、8GB 内存、多个硬盘组成的 RAID，许多企业的服务器只是简单地做 Web 服务器、数据库服务器或 FTP 服务器，这些服务器的 CPU 利用率长期低于 20%，内存使用率不足 30%，硬盘使用率低于 5%或 10%，如图 1-1-2 所示，这是某政府的一台 IBM 3850 服务器，配置了 16GB 内存、2 个 4 核心的 CPU，安装的 Windows Server 2003 操作系统，该服务器是一个 Web 服务器，从图中可以看到该计算机的利用率比较低。

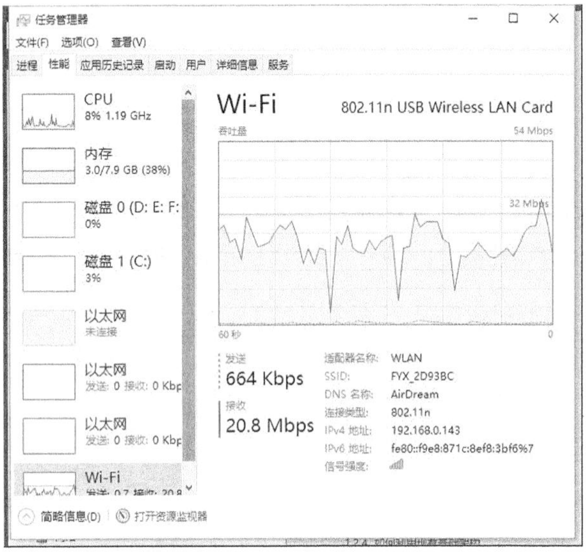

图 1-1-1　查看计算机的 CPU 与内存使用率

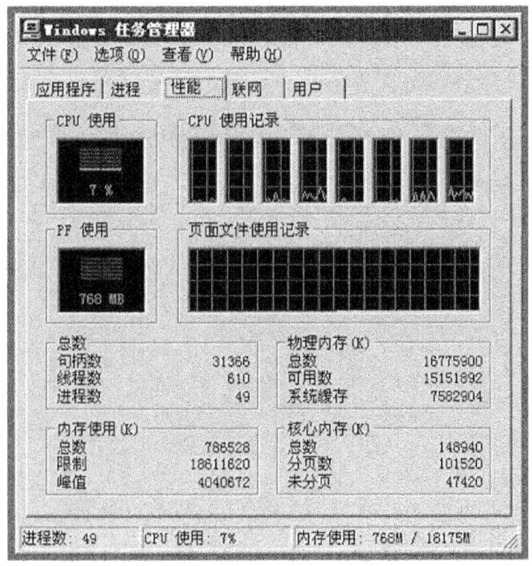

图 1-1-2　某单位服务器的 CPU 与内存利用率

从上面的情况来看，计算机的配置比较高，利用率比较低，以及为了充分发挥硬件的性能是虚拟机与虚拟化的基础。对于个人用户来说，使用虚拟机可以搭建实验测试平台，在一台主机上可以根据需要选择运行多个不同的系统；对于企业用户来说，使用虚拟化软件，可以将原来在多个不同的物理服务器上运行的系统，迁移到一个主机中同时运行，以达到充分发挥硬件性能的目的。

1.1.3　使用虚拟机的好处与优点

使用虚拟机可以在一台计算机上同时安装并运行多个不同类型的操作系统，并且每个虚拟机之间是独立的并互不影响，每个虚拟机的启动与关闭不影响其他虚拟机的运行。

使用个人虚拟机软件（如 VMware 的 Workstation、Microsoft 的 VirtualPC）不需要对物理硬盘重新分区，也不影响现有硬盘上的数据，以及当前操作系统上安装的软件，在虚拟机中运行的操作系统与应用软件与主机是独立的，就相当于另外增加了一台（或多台）计算机一样。

通常，VMware 虚拟机具备以下 4 个让用户受益的关键特征。

（1）兼容性：虚拟机与所有标准的 x86 计算机都兼容。

与物理计算机一样，虚拟机承载着自身的客户操作系统和应用程序，并具有物理计算机上的所有组件（主板、VGA 卡、网卡控制器等）。因此，虚拟机与所有标准的 x86 操作系统、应用程序和设备驱动程序完全兼容，这样，你就可以使用虚拟机来运行你在 x86 物理计算机上运行的所有相同软件。

（2）隔离：虚拟机相互隔离，就像在物理上是分开的一样。

虽然虚拟机可以共享一台计算机的物理资源，但它们彼此之间仍然是完全隔离的，就像它们是不同的物理计算机一样。例如，如果在一台物理服务器上有 4 个虚拟机，并且其中一个虚拟机崩溃，则其他 3 个虚拟机仍然可用。在可用性和安全性方面，虚拟环境中运行的应用程序之所以远优于在传统的非虚拟化系统中运行的应用程序，隔离是一个重要的原因。

（3）封装：虚拟机将整个计算环境封装起来。

虚拟机实质上是一个软件容器，它将一整套虚拟硬件资源与操作系统及其所有应用程序捆绑或“封装”在一个软件包内。封装使虚拟机具备超乎寻常的可移动性并且易于管理。例如，可以将虚拟机从一个位置移动和复制到另一位置，就像移动和复制任何其他文件一样；也可以将虚拟机保存在任何标准的数据存储介质上，从袖珍型的 USB 闪存卡到企业存储区域网络（SAN），皆可用于保存。

（4）独立于硬件：虚拟机独立于底层硬件运行。

虚拟机完全独立于其底层物理硬件。例如，可以为虚拟机配置与底层硬件上存在的物理组件完全不同的虚拟组件（例如，CPU、网卡、SCSI 控制器）。同一物理服务器上的各个虚拟机甚至可以运行不同类型的操作系统（Windows、Linux 等）。

虚拟机独立于硬件，再加上它具备封装和兼容性这两个特性，因此可以在不同类型的 x86 计算机之间自由地移动它，而无需对设备驱动程序、操作系统或应用程序进行任何更改。独立于硬件还意味着可以在一台物理计算机上混合运行不同类型的操作系统和应用程序。

1.1.4　虚拟机与虚拟化

虚拟机，通常是指运行在 VMware Workstation、Virtual PC、VMware ESX Server 等众多虚拟机软件中的一个“虚拟”的计算机系统。

虚拟化，是指一种行为或动作，即将原来运行在物理计算机中的操作系统或软件，采用工具或一些操作，“移植”到虚拟机中运行的一种行为或动作。

1.1.5　虚拟机有何用处

虚拟机最初的用途比较简单，例如，在 MAC 平台上运行 Windows 软件。最初的虚拟机就是在这种情况下开发出来的。即为了解决在一个系统中运行另一个系统的问题，例如，在 Windows 中运行 Linux、在 Linux 中运行 Windows、在 MAC 系统中运行 Windows 与 Linux 操作系统，最初是为了专业用户测试、实验等需要。作者在 2000 年左右使用 VMware Workstation 与 Virtual PC 的时候，当时的计算机配置是奔腾 266、256MB 内存、Windows 2000 的操作系统，使用虚拟机运行 Windows95、Windows98、WindowsNT、MS-DOS6.22、Windows3.1 与 Linux，并用来做各种实验。可以说，虚拟机是“多系统”安装与运行的另一个选择。这个时候的虚拟机软件需要有“宿主”系统，即该虚拟机软件并不能独立运行，需要运行在 Windows、Linux 或 MAC 系统中。

随着计算机软件、硬件的飞速发展与企业应用，VMware 推出了 VMware GSX Server（用于工作组企业的虚拟机软件）与 VMware ESX Server（用于中大企业的虚拟机软件）。VMware GSX Server（在 4.0 之后改名为 VMware Server）仍然需要宿主系统（Windows 或 Linux）的支持，而 VMware ESX Server 的底层采用了经过精简与优化的 Red Hat Linux 系统，所以不再需要宿主系统（实际上 VMware ESX Server 的宿主系统是 Linux）。

另外，有许多我们小时候常玩的、接在电视上的游戏机，一些爱好者们自己制作了可以运行在 X86 计算机上的“模拟器”，并且将游戏机的 ROM 复制出来，在模拟器中运行，从本质上来说，这些“模拟器”也是一种虚拟机。

虚拟机的应用很多，主要有以下 5 方面。

（1）做实验、测试：IP Pro、计算机爱好者、计算机网管需要经常测试多种操作系统与应用软件，使用虚拟机，可以很容易地实现多种操作系统与多种软件环境以及网络环境。程序员也可以用虚拟机测试软件。

（2）做演示录像：如果想捕获操作系统的整个安装过程，传统的方式费时费力，并且录像的效果也不好。使用虚拟机，则很容易做到。

（3）企业服务器合并：目前 VMware、Microsoft 都提供了企业级的虚拟化软件，可以在一台服务器上，通过创建多台虚拟机，每台虚拟机可以代替传统的服务器，这可以减少企业物理服务器数量，降低企业的成本（购置成本与使用成本）。

（4）运行老的、旧的系统或程序：现在计算机发展很快，而新的计算机硬件可能不支持以前的系统。例如，现在 64 位的服务器，已经很少安装 Netware 操作系统了。而许多场合仍然在采用 Netware。这时候可以使用虚拟机。

有些软件，只能运行在 Windows98 或 WindowsXP 中，而工作站的主流操作系统已经升级到 Windows7，此时可以在 Windows7 中运行 Windows98 或 WindowsXP 的虚拟机，在虚拟机中运行以前的程序。

（5）工作站的升级、改造：现在硬件与软件的更新非常快，许多单位计算机是在四五年以前购买的，当时的计算机可以很流畅地运行 WindowsXP，但现在来说，许多 256MB 内存、单核 CPU 的计算机，运行 WindowsXP SP3 就已非常缓慢。如果想将操作系统升级到 Windows7，基本上只能是更换新的计算机，不能通过扩充内存、增加硬盘来达到目的。而使用 VMware View 4 的企业虚拟桌面（或其他虚拟桌面或远程终端技术），可以在服务器中运行企业所需要的 Windows7（虚拟桌面），通过在现在的工作站中，安装虚拟桌面客户端程序，在虚拟桌面中（实际上是在远程服务器中运行）使用流行的操作系统，这样就不需要更新现有的计算机了。即使将来有了 Windows8 等操作系统，只需要将服务器中的虚拟桌面升级即可。

1.1.6 目前有许多虚拟机软件，应该怎样选择

首先要看需要。如果是个人做实验用，可以用 VMware Workstation、Microsoft Virtual PC、VirtualPC（就是 Windows7 中的 WindowsXP 模式用虚拟机），甚至其他虚拟机软件（如 SUN 的 Virtual BOX）；如果是企业使用，可以选择 VMware Server、VMware ESX Server 或 Hyper-V Server。

在这里单独说一下个人应用。如果你想实现更多的功能、更好的虚拟机性能，以及方便地管理多个虚拟机，创建多个虚拟机以实现不同的网络环境，则推荐使用 VMware Workstation；如果你只是安装有限的几个系统来用，并且你的计算机配置不是很高，使用 Microsoft Virtual PC 是个不错的选择。

作者推荐大家使用 VMware Workstation 8.0，这是目前为止，功能最多、性能最强、使用最方便的个人虚拟机软件。

对于企业虚拟化来说，则推荐 VMware ESXi 5.0。VMware ESXi 5.0 是目前为止，性能最好的服务器虚拟化产品。

1.1.7 使用虚拟机是否影响主机

前面已经介绍到，虚拟机是一个“软件”，既然是一个软件，就会和运行在计算机上的其他程序一样，需要安装到硬盘上使用，并且在使用的过程中，会占用硬盘的空间。如果这个虚拟机程序（或软件）不运行，则不会占用（或者很少占用）主机的资源。所以，只有虚

拟机在运行的时候，才会占用主机资源，这时可能会影响到主机的性能，这和其他程序没有什么区别。

1.1.8 删除虚拟机系统不会影响主机

虚拟机系统相当于软件运行过程中占用的一些磁盘空间。删除虚拟机系统，只是把虚拟机所占用的文件（或文件夹）删除，并不会影响到所在的主机系统。删除不用的虚拟机，也不会影响到其他虚拟机。

1.1.9 虚拟机的安全性

在使用虚拟机时，安全性和稳定性是一个主要考虑的方面，当一台物理机分解为多台虚拟机后如何防止病毒侵扰或其他安全性侵入事件？

虚拟机之间是互相隔离的，和网络上的计算机一样。如果病毒通过网络在物理机（或虚拟机）之间传播，那是网络的安全性问题，这些是与虚拟机无关的。另外，使用好的虚拟化产品，如 VMware 的 ESX Server 系列，运行在 VMware ESX Server 中的虚拟机也是很稳定的。

1.1.10 虚拟系统出现故障崩溃了怎么办

这种情况是很少出现的。（1）如果服务器安装的是 VMware ESX Server 或 Hyper-V Server 2008，这个平台是不会安装杀毒软件的，只会在虚拟机中安装，而虚拟机中安装的杀毒软件只会影响自己（就和我们普通的 PC 一样），不会影响到主机和同一主机上的其他虚拟机（如果是通过网络传播的，那是另外一个问题）。（2）如果用的是 VMware Server，在 VMware Server 主机上很少会有其他的行为（浏览网站、下载、视频、测试其他软件），也很少感染病毒。（3）如果是 VMware Workstation，这时候做的是一些测试。病毒可能会破坏这些文件（目前还没有），就是破坏了实验虚拟机，重新安装就是了。

1.1.11 如何对虚拟机进行备份与恢复

VMware 虚拟机都可以使用“快照”功能对虚拟机进行备份，VMware Workstation 可以创建无限的快照并且可以从快照创建出新的虚拟机，VMware Server 可以创建 1 个快照，VMware ESX Server 也可以创建无限的快照。用户可以在需要的时候恢复到快照时的状态，非常快速。

【注意】 在恢复到以前的快照时，虚拟机当前的状态与数据会丢失。对于 VMware Workstation 与 VMware ESX Server 的虚拟机来说，可以为当前的状态创建新的快照后再恢复到以前的快照。而 VMware Server 虚拟机则不可以。

1.1.12 虚拟机是否需要安装操作系统

许多初学者，在使用虚拟机软件时，发现在创建虚拟机时，在可供选择的操作系统列表一栏中，基本上列出了当前（以及以前的）所有操作系统，以为创建了相关的虚拟机后，这些虚拟机会“带”这些系统，这是不对的。前面讲到，虚拟机是一个“软件”计算机，这就和一个新购买的普通的计算机一样，新出厂的计算机是不带操作系统的，需要在计算机中安装操作系统。所以，如果你创建了 WindowsXP 的虚拟机，你还需要准备 WindowsXP 的安装光盘（或光盘镜像），在虚拟机中安装 WindowsXP 操作系统后，才能使用。

1.1.13 VMware 试用版与正式版的区别

VMware 的所有产品，从面向用户的 VMware Workstation 到面向企业的 VMware ESX Server，都可以从其官方网站 www.vmware.com 下载 30 天或 60 天的试用版，试用版功能是不受到任何限制的，只是使用期限受到限制。在下载 VMware 产品时，通常要在 VMware 网站注册，在注册的时候，会获得相关产品 30 天或 60 天的试用注册码，所谓“试用期限”就是针对这个注册码来说的。如果你从 VMware 网站下载了其试用版，并且使用，只要在到期前，更换为正式版的序列号，产品即可以无限期使用；或者在到期前，换用一个用户名、邮箱，从 VMware 网站获得新的序列号，也可以继续使用。

1.1.14 关于虚拟机的速度

许多第一次接触或使用虚拟机的人，都会惊讶于虚拟机中操作系统的安装速度、启动速度以及运行速度，尤其是虚拟机中操作系统的安装速度。这个速度不是感觉到“慢”，而是感觉在虚拟机中安装操作系统的速度明显或者大大快于直接在主机中安装操作系统的速度。而没有使用过虚拟机的会觉得这是不可思议或者认为是不可能的事情。不管是理论，还是实际的使用情况，在虚拟机中安装操作系统、启动操作系统的速度要优于主机，这是什么原因呢？关于这些，作者是这样理解的：

如果在主机上安装操作系统，需要用光盘启动。从光盘向硬盘上复制操作系统的安装文件这一步骤中，使用的是 16 位的磁盘驱动，此时并没有充分发挥硬盘的性能，而在虚拟机中安装操作系统，由于有了主机操作系统这一“层”，此时使用的是 32 位或 64 位的驱动程序，可以充分发挥硬盘的性能。

在主机上启动操作系统时，要到真正进入操作系统后，才能充分发挥硬盘或主机硬件的性能；而在虚拟机中启动操作系统，可以充分发挥硬件（包括硬盘）的性能，启动速度当然要优于主机。

当然，虚拟机的速度优于主机的速度，只是体现在安装操作系统与操作系统的启动上，而应用软件的运行速度，与主机对比，会略微低于主机。

【小实验】 *大家感兴趣的话，可以在主机上安装 WindowsXP、Windows7 操作系统，然后在 VMware Workstation7 中创建 WindowsXP、Windows7 的虚拟机，并在虚拟机中安装，然后统计两者的时间差别。*

1.1.15 虚拟机硬件特性

无论是虚拟机，还是主机，都包括 CPU、内存、显卡、声卡、网卡这些硬件，无论这些硬件是真实的，还是虚拟的。虚拟机的硬件有些依赖于主机，有些依赖于虚拟机软件。目前的虚拟机软件 VMware Workstation、Microsoft Virtual PC、VMware ESX Server（或 VMware ESXi）、Hyper-V Server 所模拟的虚拟机有如下的特点。

（1）虚拟机的 CPU 与主机的 CPU 相同。例如，主机是 Intel Core i7 2600，则虚拟机的 CPU 也是 Intel Core i7 2600。但是虚拟机的 CPU 的核心数量可以与主机不同，这取决于虚拟机软件以及虚拟机的设置。不同的虚拟机软件的参数不同，虚拟机的设置不同，虚拟机中的 CPU 的核心数量也不同。例如，作者当前的主机是 Intel Core i7 2600，这是一个 4 核心并带超线程的 CPU，在主机中显示为 8 个 CPU，而在 VMware Workstation 8 的虚拟机中，最多虚拟 8 个 CPU（可以在 1～8 个 CPU 之间任意设置），则虚拟机中显示的 CPU 最高可为 8 个 CPU。图 1-1-3 所示是虚拟 6 个 CPU 的截图。

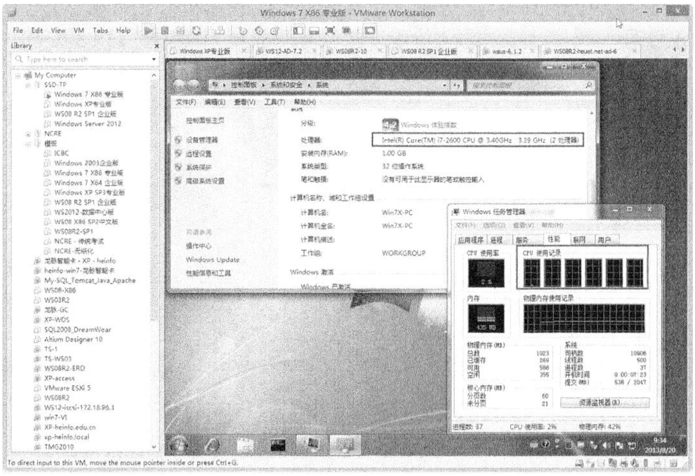

图 1-1-3　虚拟机 CPU 数量

【说明】 为每个虚拟机设置 CPU 的最大数量不能超过物理主机 CPU 的数量。例如，主机是 4 核心不带超线程的 CPU，在物理主机中显示为 4 个 CPU，则可以为虚拟机分配 1 个、2 个、3 个、4 个虚拟 CPU，不能为虚拟机分配超过 4 个的虚拟 CPU。

（2）虚拟机的内存依赖于主机的内存与虚拟内存。不能为单一虚拟机分配超过主机可用物理内存的数量，即使分配也不会生效。例如，以 VMware Workstation 为例，主机有 16GB 可用内存，但操作系统与其他应用软件使用了 2GB 内存，则为虚拟机分配时最多可以为其分配 14GB，否则即使为虚拟机分配 32GB 内存，当该虚拟机启动时，也会调整为 14GB（进入系统之后可以看到最大可用内存）。在虚拟机的硬件规范中，CPU 与内存的数量是受主机限制的。

（3）虚拟机的显卡、声卡、网卡依赖于虚拟机软件。不同的虚拟机软件，所虚拟的显卡、声卡、网卡不同。例如，VMware Workstation 虚拟的 32 位虚拟机的网卡是 AMD Pcnet，64 位虚拟机的网卡是 Intel 网卡，而 Microsoft Virtual PC 虚拟的网卡是 intel 网卡、S3 的显卡。

（4）可以虚拟主机不存在的硬件。例如，VMware Workstation 的虚拟机，可以虚拟 SCSI、SAS 接口卡，而主机可以没有这些硬件。

（5）虚拟硬件数量的总和可以超过主机的物理硬件数量。例如，VMware Workstation 的每个虚拟机，可以添加最多 10 块虚拟网卡。

（6）虚拟硬盘大小可以超过物理硬盘的大小，但虚拟硬盘中占用的空间大小不能超过所在分区可用空间的大小。例如，VMware Workstation 8 最大可以创建 2TB 的虚拟硬盘，这个硬盘大小是在“虚拟机”中让“操作系统”认为有 2TB 的硬盘。虚拟硬盘占用的空间根据虚拟机安装的操作系统与应用软件动态增加，但不能超过其所在分区可用空间的大小。

1.1.16　虚拟化与云

“云”是什么？许多人可能不明白，许多专家可能也解释不清。简单来说，就是将应用、数据集中存储在相应的服务商，用户需要的时候通过网络、使用便携的设备来使用就可以了。使用云可以减少中间的环节，降低对用户的要求，简化网络的结构。举例来说，现在许多高校在建数字图书馆，每个高校都是购买服务器，存储服务器，组建网络，对本校的师生服务。这些高校的服务器会安装业务系统，存储服务器会从万方等数据商购买数据保存到本地。本校的师生在自己的学校通过校园网使用办公计算机连接到本校的数字图书馆来查阅资料。每个高校都有这样的数字图书馆，都需要配置设备组建网络，都要从数据提供商购买数据，并且过一段时间要更新数据。这样用户获取数据就分三级，如图 1-1-4 所示。

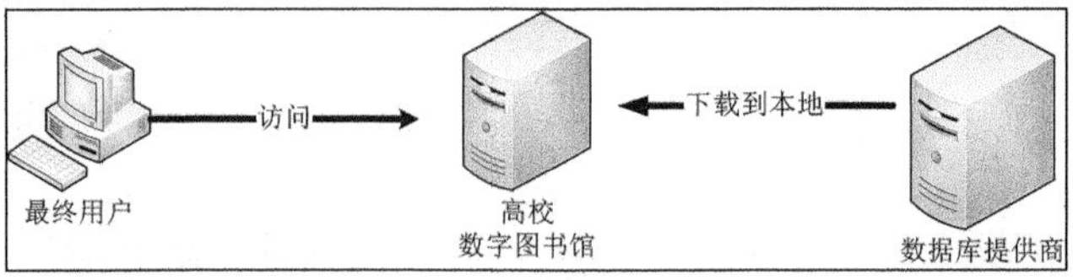

图 1-1-4 传统数字图书馆

云应用的方式是省略中间环境。同样对于高校的数字图书馆，每个高校可以不建立自己的数据中心，而直接购买运营商的服务，并且给每个员工以账户或其他的方式，让员工可以使用手机、笔记本电脑、平板电脑等，在家或单位，通过互联网或单位的网络直接访问数据库提供商的数据，如图 1-1-5 所示。这样省去了高校自建数据中心的组建成本、系统运行的运行成本（电力、人员、设备更新）、每年数据更新成本。并且由于是用户直接访问数据库提供商，也减少了等待数据更新的时间。同样对于数据库提供商来说，也提高了设备的利用率。对于整个社会来说，减少了能源的消耗。

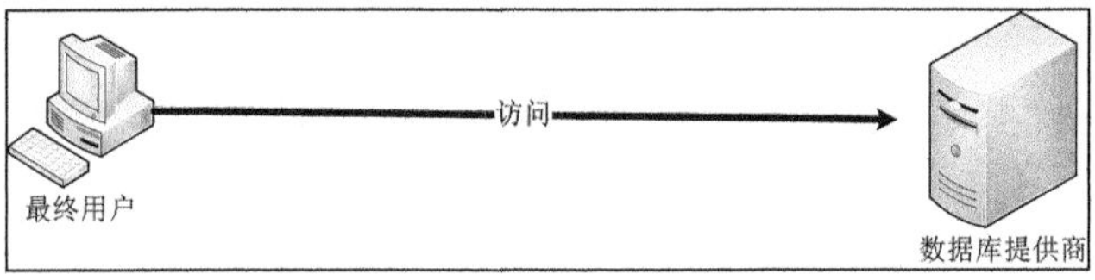

图 1-1-5 云应用的数字图书馆

1.2 虚拟化应用概述

要搭建企业虚拟化的基础平台，有两种选择。其一是选择全新的服务器、存储器及交换机，直接搭建新的虚拟化平台，之后再安装配置一些应用服务器；另外一种是使用现有的设备，通过安装虚拟化产品、虚拟化原有的服务器来实现。这时候就要考虑原来的一些基础设备，如原来的服务器、存储、交换机。这些要根据服务器、存储的性能、参数，综合考虑。

1.2.1 虚拟化与传统物理服务器的区别

在传统的应用中，每个应用（或项目）运行在单独的物理服务器中，每个物理服务器只跑一个网站或运行一个项目。在大多数的政府、企业中，单台服务器大多配置了 1 个 CPU、2～3 个硬盘做 RAID1 或 RAID5、单电源、单网络（服务器 2 块网卡或 4 块网卡只用一块）。而在虚拟化的项目中，虚拟化主机服务器大多配置 2～4 个 CPU，6～10 个甚至更多硬盘做 RAID5 或 RAID50、RAID10，2～4 个电源，4 个或更多的物理网卡冗余。虚拟化中每台服务器都有冗余，在服务器中的单一网卡、硬盘、电源，甚至 CPU 出现问题时都会有冗余设备接替。另外，在虚拟化项目中，通常采用共享的存储，虚拟机保存在共享的存储中，即使某台主机完全损坏，运行在该主机上的虚拟机也会在其他物理主机启动，保证业务系统不会中断。

组成虚拟化项目中每个节点主机的性能更高。单一的应用主机，大多配置 2 个硬盘做 RAID1，或者 3 个硬盘做 RAID5，这样磁盘性能比较低。如果是 3 块硬盘做 RAID5，不如再添加 1 块硬盘，4 块硬盘组建 RAID10，可以获得较好的读写性能。在虚拟化主机中，通常用 6 块或更多的硬盘，组建 RAID5、RAID50 或者 RAID10，磁盘性能较高。另外，虽然虚拟化后是在同一个主机上跑多个虚拟机，但这些虚拟机并不会在同一时刻都要求较高的 CPU 与磁盘、内存利用率。根据多年的虚拟化实施经验，在虚拟化后，不会降低原来的每个应用的响应速度，而是会略有增加。

当前一些单位，为了成本考虑，采取大容量、低转速的 SATA 或 SAS（7200 转）的磁盘组成 RAID。如果采用这种磁盘，例如采用 1TB、2TB、3TB，甚至 4TB 的 7200 转磁盘，建议采用至少 8 块组成 RAID10，而不是采用 4 块组成 RAID5。由于 RAID5 的写惩罚为 4，在较低转速、较低性能硬盘、较小数量采用 RAID5 时，其写性能非常低，不建议采用。另外，大容量的磁盘，在 RAID 重建时，需要花费更长的时间。

1.2.2　企业虚拟化进程

在企业实施虚拟化的时候，有两种方案，一种是新建全新的虚拟化数据中心，另一种是利用现有的基础设施，升级改进，或者是添加一部分新的设备（服务器、存储、交换机），与原有的设备组成一个新的数据中心，并且将原有的设备慢慢虚拟化。

在企业实施虚拟化的过程中，大多是先虚拟化不太重要的物理机，将这些物理机迁移到虚拟机中运行一段时间（通常为 1 周的时间），查看虚拟化后是否对业务应用有所影响，并模拟一些故障，对以后可能出现的问题进行实验，等这些测试完成之后，再虚拟化其他的物理机。而一些不适合虚拟化的应用仍然会运行在原来的物理主机上，例如，用作视频点播的服务器、重要的数据库服务器等这些应用。

1.2.3　vSphere 虚拟化规划要点

在使用 VMware vSphere 6 作为虚拟化基础平台前，要选择服务器（硬盘、网卡、内存、CPU）、存储（控制器数量、接口类型、磁盘）、交换机等设备。简单来说，如果你只有一台服务器，那么虚拟机会放在这一台“本地服务器”的“本地硬盘”中。如果有多台服务器（服务器数量多于 2 台），要充分发挥 vSphere 的优势（群集、容错、VMotion），采用共享存储是必然的选择。但在 vSphere 6 中又多了一个选择，可以利用服务器本地硬盘通过网络组建 VSAN，实现原来传统架构（虚拟机运行在 ESXi 主机，但虚拟机保存在共享存储，而不是服务器本地硬盘）的共享存储的功能。

在规划 vSphere 虚拟化系统时，要考虑以下几点：服务器与存储的数量，VMware ESXi 安装在何位置，ESXi 服务器网卡与虚拟机网络，是使用共享存储，还是 VSAN 等。

关于 VMware ESXi 系统：可以将 VMware ESXi 安装在服务器本地硬盘、服务器主板上的 U 盘或 SD 卡，或通过共享存储划分给服务器的空间。不推荐为服务器单独配置 SAS 或 SATA 盘，尤其是两块盘组建 RAID1 用来安装 VMware ESXi，这是严重的浪费。

【说明】 现在大多数的虚拟化项目是商务与技术分离的。一般是商务先去谈业务，等签订合同之后，技术人员负责实施。但许多商务并不是特别地“精通”虚拟化，他们可能更多为了利润或其他原因，给客户推荐一些不太合适的“配置”。例如，在许多虚拟化项目中，尤其是在一些“不差钱”的单位，在配置了 EMC 等高端共享存储之后，还会为服务器配置 6 块甚至更多的 SAS 磁盘，而这些磁盘仅仅用来安装 ESXi 的系统。

如果你的服务器没有配置 RAID 卡，或者只有一块本地 SAS 磁盘，那么，由于 VMware ESXi 不能安装在这两个磁盘中（SSD 与 SAS），你可以为服务器配置最小 1GB 的 U 盘，将 VMware ESXi 安装在 U 盘中。例如，IBM 服务器主板上有 USB 接口，HP 服务器主板有 CF 卡插槽，这都是用来安装虚拟化系统的。

关于服务器的网卡：遵循管理与生产分离的原则，并且为了提高系统的可靠性（冗余），推荐至少为每个服务器配置 4 个网卡(或 4 端口网卡)，每个网卡(端口)至少是千兆。在 VMware vSphere 中，为 VMware ESXi 管理地址分配两个网卡，组建标准虚拟交换机，为生产（虚拟机网络流量）分配两个网卡，组建标准交换机或分布式交换机（与多个 VMware ESXi 主机）。对于生产环境所使用的网卡及标准或分布式交换机，如果有多个网段，通过创建“端口组”的方式，为每个 VLAN 网段创建一个对应的“端口组”，并且为虚拟机分配对应的端口即可解决。一般情况下，可以将 VMotion、Fault Tolerance 放置在“管理端口”上。

【说明】有一次，一个单位在设计 ESXi 网络系统时，每台服务器都是较为高端的 4 路 CPU、128GB 内存、6 块网卡的主机，但这些 ESXi 主机所连接的网络竟然是百兆网络（现有网络是百兆网络，没有考虑升级，因为这个部门不负责网络）。更过分的是这 6 块网卡在设计时，1 块网卡做 ESXi 主机管理及 1 个生产网络，另 5 块网卡连接到 5 个不同的网络（不同的业务科室在不同的网段）。而采用 6 块网卡的原因是一共有 6 个不同的网段，那么如果有 10 个不同的网络是不是就要用 10 块网卡？如果有 30 个、50 个，甚至更多呢？那服务器有这么多位置插这些网卡吗？在这个设计中，使用 4 块网卡即可（2 个管理，2 个生产跑 VLAN），另外需要将核心网络升级到千兆。

如果要使用 VSAN，还要再配置 2 个网卡，为 VSAN 使用单独的网卡。

如果使用 iSCSI 的存储，也要为 iSCSI 单独配置 2 个网卡。另外，建议选择 10Gb 或 40Gb 以太网，1Gb 的网络不建议使用 iSCSI，因为这是性能瓶颈。

关于 VSAN：如果要使用 VSAN，而不是使用共享存储，每台服务器至少有一个单独的固态硬盘、一个或多个物理磁盘。一般情况下，服务器都有多个硬盘并且有 RAID，你可以使用 RAID 划分出一个 20GB 的逻辑磁盘（不要太小，也不要太大），用来安装 VMware ESXi 系统，剩下的空间划分第 2 个逻辑磁盘，用作 VSAN。另外还要为服务器配置至少一个单独的固态硬盘（SSD），用作 VSAN 的缓存。

从 USB、SD 设备引导 Virtual SAN 主机时，引导设备的大小必须至少为 4GB。如果 ESXi 主机的内存大于 512GB，则从 SATADOM 或磁盘设备引导主机。从 SATADOM 设备引导 Virtual SAN 后，必须使用单层单元（SLC）设备，并且引导设备的大小必须至少为 16GB。

1.2.4 如何利用现有基础架构

对于原来的 32 位服务器，原则上是全部淘汰，因为这些服务器购买时间较长，性能较低，潜在故障率较高，不能满足现有应用。如果是近一、两年新购买的服务器，则考虑将这些服务器整合、扩充，用作虚拟化主机。大多数服务器能扩充到很高的配置，而标配并不是很高。例如，IBM 3850 X5 服务器最大可以扩充到 4 个 CPU、1TB 内存、双电源。以 CPU 为例，IBM 3850 X5 出厂标配 2 个 CPU，这 CPU 可以是 6 核、8 核。如果企业现有多台 IBM

3850 X5 服务器（如 2 台或更多），可以将这 2 台的 CPU 放到其中一台，而另一台则可以新购 4 个 8 核的 CPU。同样，内存也可以集中到一台，另一台则配置多个单条 8GB 的内存。同样，对于其他厂家的服务器，例如 DELL R910，标配 2 个 CPU，最大支持 4 个 CPU、2TB 内存、4 冗余电源，如图 1-2-1 所示。

图 1-2-1 Dell R910 服务器

在虚拟化实施的过程中，如果使用现有的服务器，推荐优先为服务器添加内存、网卡，其次是配置冗余电源、CPU。至于硬盘，在企业虚拟化项目中，优先是配置共享的存储，其次是添加本地硬盘。

除了做虚拟化主机外，还可以将原有的服务器改作存储服务器。例如，如果某服务器配置较低并且不具有升级的价值，但具有较多的本地硬盘时，可以将硬盘集中到某台服务器中，将这台服务器通过安装 openfiler（32 位或 64 位产品都有）、Windows Server 2008 R2 或 Windows Server 2012，组成存储服务器，通过千兆网络为虚拟化环境提供 iSCSI 的网络存储，这些存储可以用来做数据备份或扩展。

1.2.5 服务器性能与容量规划

在实施虚拟化的前期，有一个虚拟机容量规划。就是一台物理服务器上，最大能放多少虚拟机。实际上这是一个综合的问题，既要考虑主机的 CPU、内存、磁盘（容量与性能），也要考虑运行的虚拟机需要的资源。在实际使用时，系统总有至少 30%，甚至更高的富余容量，不可能让一个主机上的资源利用率超过 80%，以致接近 100%，否则一旦达到这些数值，整个系统响应会比较慢。

在估算虚拟化的容量时，在只考虑 CPU 的情况下，可以将物理 CPU 与虚拟 CPU 按照 1∶4～1∶10，甚至更高的比例规划。例如，一台物理的主机具有 4 个 8 核心的 CPU，在内存、存储足够的情况下，按照 1∶5 的比例，则可以虚拟出 4×8×5＝160 个 VCPU，假设每个虚拟机需要 2 个 VCPU，则可以创建 80 个虚拟机。在实际实施虚拟化的项目中，大多数虚拟机对 CPU 的要求并不是非常高，即使为虚拟机分配了 4 个或更多的 CPU，但实际上该虚拟机的 CPU 使用率只有 10%以下，这时候所消耗的物理主机 CPU 资源不足 0.5 个。如图 1-2-2 所示，这是使用 vCenter Operations Manager 统计的容量分配过剩的虚拟机，从列表中可以看出，大多数虚拟机的 CPU 利用率不足 10%，实际使用的内存也较低（尽管为大多数虚拟机分配了 2GB 内存，但实际使用只有 256MB～576MB 内存之间）。

1.1.3 容量过剩的虚拟机

主机系统: 172.30.5.232

虚拟机	策略	配置的 vCPU	建议的 vCPU	建议的 CPU 需求 (%)	配置的内存	推荐的内存
360Fix_5.18	Default Policy	1 个 vCPU	1 个 vCPU	3.8%	0.5 GB	224 MB
AD-WS08R2-172.30.5.15	Default Policy	1 个 vCPU	1 个 vCPU	2%	2 GB	384 MB
gcserver-172.30.5.3	Default Policy	2 个 vCPU	1 个 vCPU	2.3%	2 GB	256 MB
KMS-WinSer-172.30.5.22	Default Policy	1 个 vCPU	1 个 vCPU	7.7%	2 GB	320 MB
In-ser-172.30.5.25	Default Policy	2 个 vCPU	1 个 vCPU	21%	2 GB	576 MB
UI VM	Default Policy	2 个 vCPU	1 个 vCPU	7.4%	4 GB	2,496 MB
View-Composer-172.30.5.52	Default Policy	2 个 vCPU	1 个 vCPU	1.4%	2 GB	224 MB
VM-XP-01	Default Policy	1 个 vCPU	1 个 vCPU	1.2%	0.5 GB	160 MB
XP-172.30.5.26	Default Policy	1 个 vCPU	1 个 vCPU	6.1%	1 GB	288 MB
xzfwzxsp-172.18.133.16	Default Policy	2 个 vCPU	1 个 vCPU	5.2%	2 GB	256 MB
zs.gc.gov.cn-172.30.5.31	Default Policy	1 个 vCPU	1 个 vCPU	0.73%	1 GB	160 MB

图 1-2-2 使用 vcos 统计的容量过剩的虚拟机

在虚拟化的项目中，对内存占用是最大、要求最高的。在实际使用中也是如此，管理员会发现，物理主机的内存使用率会接近 80%，甚至 90%。因为在同一物理主机上，规划的虚拟机数量较多，而且每个虚拟机分配的内存又较大（总是超过该虚拟机实际使用的内存），所以会导致主机可用内存减少，如图 1-2-3 所示，这是某正在运行中的 VMware ESXi 6 主机的 CPU 与内存使用情况。

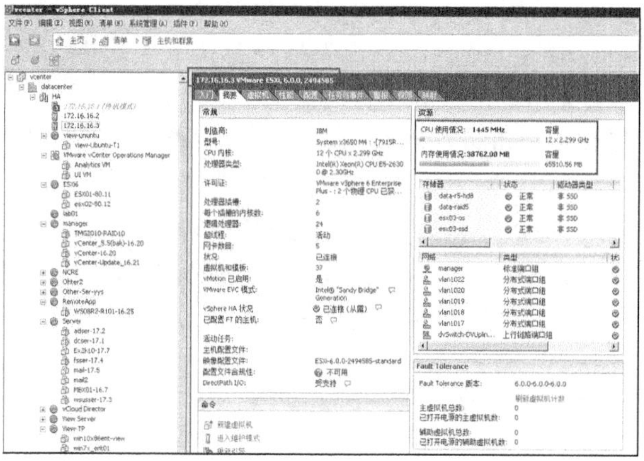

图 1-2-3 某运营中的 ESXi 摘要

在为物理主机配置内存时，要考虑在该主机上运行多少虚拟机，这些虚拟机一共需要多少内存。一般情况下，每个虚拟机需要的内存在 1GB～4GB，甚至更多，还要为 VMware ESXi 预留一部分内存。通常情况下，配置了 4 个 8 核心 CPU 的主机，一般需要配置 96GB，甚至更高的内存，配置 2 个 6 核心 CPU 的主机，通常要配置 32GB～64GB 内存。

1.2.6 统计与计算现有容量

如果要将现有的物理服务器迁移到虚拟机中，可以制作一张统计表，包括现有物理服务器的 CPU 型号、数量、CPU 利用率，现有内存及内存利用率，现有硬盘数量、大小、RAID 及使用情况。表 1-1 是某单位现有服务器的情况统计（在实际情况下，该单位服务器大约有 100 台，表 1-1 及后文表 1-2 只是列出了部分服务器的型号及资源使用统计）。

表 1-1 某单位现有服务器资源利用情况统计

型　　号	CPU/内存使用率	CPU 主频型号	逻辑数	内存总量	硬盘容量/剩余空间	硬盘个数	操作系统
Ibm X336	15%/30%	3.0GHz	2	2GB	73GB/30GB	73*2	Windows 2000
Ibm X346	5%/50%	3.0GHz		2GB	73GB/8GB	73*2	Windows 2000
天阔 620r	1%/25%	3.0GHz/E5450	8	16GB	278GB/209GB	300*2	Windows 2003
天阔 620r	13%/25%	2.33GHz/E5410	8	8GB	146GB/116GB	146*2	Windows 2003
Ibm X336	1%/12%	3.0GHz	2	1GB	73GB/62GB	73*1	Windows 2003
Ibm X3650	5%/50%	2.0GHz/5130	4	4GB	146GB/34GB	146*2	Windows 2003
Ibm X346	1%/25%	3.0GHz	2	2GB	73GB/61GB	73*2	Windows 2003
Ibm X235	54%/90%	2.4GHz	1	512MB	30GB/22GB		Linux 5.7
天阔 620r	3%/30%	2.33GHz/E5410	8	8GB	146GB/113GB	146*2	Windows 2003

续表

型　号	CPU/内存使用率	CPU 主频型号	逻辑数	内存总量	硬盘容量/剩余空间	硬盘个数	操作系统
Ibm X3650	1%/7%	2.0GHz/5130	4	4GB	146GB	146*2	Linux 5.7
X3650 M4	4%/63%	2.0GHz /E5-2650	32	16GB	300GB/253GB	300*2	Linux 5.7
X3650 M4	3%/63%	2.0GHz /E5-2650	32	16GB	300GB/254GB	300*2	Linux 5.7
天阔 620r	3%/57%	3.0GHz　/E5450	8	16GB	300GB/222GB	300*2	Linux 5.7
天阔 620r	13%/41%	2.33GHz/E5410	8	8GB	300GB/179GB	300*2	Windows 2003
HP 380 G7	1%/8%	2.53GHz/E5630	16	16GB	300GB/124GB	300*2	Windows 2008 R2
HP 380 G6	1%/70%	2.67GHz/X5550	16	8GB	410GB/249GB	146*4	Windows 2003
Dell R900	1%/17%	2.4GHz/E7440	16	16GB	146GB/120GB 146GB/127GB	146*4	Windows 2003
Dell R900	1%/13%	2.4GHz/E7440	16	16GB	300GB/257GB 300GB/276GB	300*4	Windows 2003
Dell R900	1%/18%	2.4GHz/E7440	16	16GB	300GB/118GB 300GB/272GB	300*4	Windows 2003
IBM X3650	19%/65%	3.0GHz/5160	4	2GB	146GB/99GB	146*2	Windows 2003
X3650 M3	1%/18%	3.07GHz/X5675	24	16GB	835GB/780GB	300*4	Windows 2003
X3650 M3	1%/6%	3.07GHz/X5675	24	24GB	300GB/272GB	300*2	Windows 2003

根据上表，我们计算每台服务器实际需要的 CPU、内存与磁盘空间，计算方式为：

实际 CPU 资源=该台服务器 CPU 频率×CPU 数量×CPU 使用率

实际内存资源=该台服务器内存×内存使用率

实际硬盘空间=硬盘容量−剩余空间

例如，该表中第一台服务器需要 3.0GHz×2×15%=0.9GHz，内存为 2GB×30=0.6GB，硬盘为 73GB-30GB=43GB。

然后在表 1-1 后面计算，实际得出情况如表 1-2 所示。

表 1-2　　每台服务器实际使用资源及最后资源统计（只列出部分服务器）

型　号	CPU/内存使用率	CPU 主频型号	需要 CPU 资源 GHz	需要内存 MB	需要硬盘空间 GB
Ibm X336	15%/30%	3.0GHz	0.9	0.6	43
Ibm X346	5%/50%	3.0GHz	0.3	1	65
天阔 620r	1%/25%	3.0GHz/E5450	0.24	4	250
天阔 620r	13%/25%	2.33GHz/E5410	2.4232	2	30
Ibm X336	1%/12%	3.0GHz	0.06	0.12	11
Ibm X3650	5%/50%	2.0GHz/5130	0.4	2	112
Ibm X346	1%/25%	3.0GHz	0.06	0.5	12
Ibm X235	54%/90%	2.4GHz	1.296	0.4608	8
天阔 620r	3%/30%	2.33GHz/E5410	0.5592	2.4	133
Ibm X3650	1%/7%	2.0GHz/5130	0.08	0.28	100
X3650 M4	4%/63%	2.0GHz　/E5-2650	2.56	10.08	47

续表

型　　号	CPU/内存使用率	CPU 主频型号	需要 CPU 资源 GHz	需要内存 MB	需要硬盘空间 GB
X3650 M4	3%/63%	2.0GHz/E5-2650	1.92	10.08	46
天阔 620r	13%/41%	2.33GHz/E5410	2.4232	3.28	121
HP 380 G7	1%/8%	2.53GHz/E5630	0.4048	1.28	176
HP 380 G6	1%/70%	2.67GHz/X5550	0.4272	11.2	152
Dell R900	1%/17%	2.4GHz/E7440	0.384	2.72	46
Dell R900	1%/13%	2.4GHz/E7440	0.384	2.08	77
Dell R900	1%/18%	2.4GHz/E7440	0.384	2.88	203
Ibm X3650	19%/65%	3.0GHz/5160	2.28	1.3	47
X3650 M3	1%/18%	3.07GHz/X5675	0.7368	2.88	55
X3650 M3	1%/6%	3.07GHz/X5675	0.7368	1.44	38
总资源需要			87.1896	179.1358	6887

经过计算，本项目中已经使用了 91.1944GHz 的 CPU 资源，以 CPU 频率 3.0HzCPU 为例，则需要 30 核心（负载 100%），但要考虑整体项目中 CPU 的负载率为 60%～75%，以及管理等其他开销，则至少需要 40 个 CPU 核心，如果配置 4 个 6 核心的服务器，则需要大约 4 台物理主机。至于内存，现在已经使用了 182GB，加上管理以及富余，以 360GB 计算，每服务器 96GB～128GB 即可。

如果不购买新的服务器，而从中选择 4～8 台高配置的服务器（如 6 台），将这 100 台服务器使用虚拟化技术，迁移到其中的 6 台，则节省的电费（以每台服务器 400W、工业用电 1.1 元/度计算）约 34.69 万元。

如果要使用现有的服务器，则需要为某些做虚拟化主机的服务器扩充内存。使用现有服务器，如果不扩充现有服务器的 CPU，在 2 个 CPU 的主机中，将内存扩充到 64GB 为宜。

根据表 1-2 计算可知，已使用 6.9TB 的硬盘容量，要为整个虚拟化系统规划 10TB，甚至更多的存储。在备份原有服务器数据的情况下，可以集中 300GB、146GB 的硬盘到虚拟化主机上统一使用。在使用 6 台物理服务器做虚拟化主机的情况下，每台服务器需要 1.5TB～3TB 的空间。在使用 RAID5 时，使用 6 块 300GB 即可提供 1.5TB 可用容量，使用 8 块 300GB 做 RAID50 时可提供 1.8TB 可用容量。使用 12 块 300GB 硬盘、RAID50 时可提供 3TB 的容量。

1.2.7 新购服务器的选择

在实施虚拟化的过程中，如果现有服务器满足需求，则可以使用现有的服务器，如果现有服务器不能完全满足需求，则可以部分采用现有服务器，然后再采购新的服务器。

在规划 vSphere 数据中心时，有两种不同的作法。一种是较小的服务器数量，但每台服务器的性能较高。例如，使用 4CPU、4U 的机架式服务器。另一种是较多的服务器数量，但每服务器服务器性能相对较差。例如，使用 2CPU、2U 的机架式服务器。还有一种是使用更为集中的刀片服务器。具体采用哪种，看企业需求、预算。

如果采购新的服务器，可供选择的产品比较多。如果单位机房在机柜存放，则优先采购机架式服务器。采购的原则是：

（1）如果 2U 的服务器能满足需求，则采用 2U 的服务器。通常情况下，2U 的服务器最大支持 2 个 CPU，标配 1 个 CPU。在这个时候，就要配置 2 个 CPU。

如果 2U 的服务器不能满足需求，则采用 4U 的服务器。通常情况下，4U 的服务器最大支持 4 个 CPU 并标配 2 个 CPU，在购置服务器时，为服务器配置 4 个 CPU 为宜。如果对服务器的数量不做限制，采购两倍的 2U 服务器要比采购 4U 的服务器节省更多的资金，并且性能大多数也能满足需求。

（2）CPU：在 CPU 频率与核心数选择时，尽可能选择多核心较低频率的 CPU。因为根据 Intel 研究显示，利用频率的提高增加 13%的性能，在耗电上要增加 73%。增加 1 个核心并将频率降低 20%，性能可以增加 70%，而耗电仅增加 2%。如果再增加两个核心，总耗电仅增加 6%，而性能增加 210%。

（3）内存：在配置服务器的时候，尽可能为服务器配置较大内存。在虚拟化项目中，内存比 CPU 更重要。一般情况下，2 个 6 核心的 2U 服务器配置 64GB 内存，4 个 6 核心或 8 核心的 4U 服务器配置 128GB 或更多的内存。

（4）网卡：在选择服务器的时候，还要考虑服务器的网卡数量，至少要为服务器配置 2 接口的千兆网卡，推荐 4 端口千兆网卡。

（5）电源：尽可能配置两个电源。一般情况下，2U 服务器选择 2 个 450W 的电源可以满足需求，4U 服务器选择 2 个 750W 电源可以满足需求。

（6）硬盘：如果虚拟机保存在服务器的本地存储，而不是网络存储，则为服务器配置 6 个硬盘做 RAID5，或者 8 个硬盘做 RAID50 为宜。由于服务器硬盘槽位有限，故不能选择太小的硬盘，当前性价比高的是 600GB 的 SAS 硬盘。2.5 英寸 SAS 硬盘转速是 10000 转，3.5 英寸 SAS 硬盘转速为 15000 转。选择 2.5 英寸硬盘具有较高的 IOPS。

至于服务器的品牌，则可以选择 IBM、HP 或 Dell。表 1-3 所示是几款服务器的型号及规格。

表 1-3　几款服务器型号及规格

品牌及型号	规　格
IBM 3650 M4	2U，最大 2CPU（标配 1CPU），最高 2 个 8 核 Intel E5-2600 系列处理器；最大内存 768GB；最大 16 个 2.5 英寸、6 个 3.5 英寸或 32 个 1.8 英寸固态硬盘；最大 2 个电源（550W、750W 或 900W）；4 个千兆网卡；集成 RAID0、RAID1，可选 RAID5、RAID6
IBM 3850 X5	4U，最大 4CPU（标配 2CPU），最高 2.4GHz（十核）；最大 2.0TB 内存；每机箱 4.8TB，支持 8 个 73.4GB、146.8GB、300GB、500GB 和 600GB SAS 硬盘驱动器，8 个 160GB 和 500GB SATA 硬盘驱动器，或 16 个 50GB 和 200GB 固态驱动器；集成双千兆以太网；最大 2 个电源；集成 RAID0、RAID1，可选 RAID5、RAID6
HP DL380 G8	2U，最大 2CPU（标配 1CPU），最多 8 核 CPU；最大 384GB 内存；8 个 2.5 英寸硬盘位；4 端口千兆网卡；1 个 460W 或 750W 电源，可选冗余（2 个）；RAID1/0/5
HP DL580 G7	4U，最大 4CPU（可选 4 核、6 核、8 核或 10 核）；最大 2TB 内存；8 个 2.5 英寸硬盘；4 端口千兆网卡；双冗余电源
Dell R910	4U，最大 4CPU（可选 4 核、6 核、8 核）；最大 1TB 内存；最大支持 16 块 2.5 英寸 SAS 硬盘；RAID1/0/5；最多 4 个 750W 或 1100W 电源
Dell R710	2U，最大 2CUP（可选 4 核或 6 核）；最大 192GB 内存；集成双千兆网卡；6 个 3.5 英寸硬盘位；RAID1/0/5；可选冗余电源

几种服务器外形如图 1-2-4～图 1-2-6 所示。

图 1-2-4 HP DL380 系列，2U 机架式

图 1-2-5 HP DL 580 系列，4U 机架式

为了提高服务器的密度，一些厂商采用类似“刀片”服务器的作法，在 2U 大小的机架中，集成 4 个节点服务器，这样一台服务器相当于 4 台独立的服务器使用，进一步节省了空间，如 DELL PowerEdge C6100 就是这么一款机器，它支持 12 个 3.5 英寸或 24 个 2.5 英寸热插拔 SAS、SATA 或固态硬盘，集成 4 个节点，每个节点可以配 2 个 CPU、96GB 内存、2 端口网卡。通过共享电源、风扇和底板，可以有效降低功耗，实现高能效并节省运营成本。C6100 正面、背面如图 1-2-7、图 1-2-8 所示。

图 1-2-6 IBM 3850 系列，4U 机架式

图 1-2-7 Dell C6100 正面图

当对服务器占用空间有较高要求时，可以配置刀片服务器，如华为 Tecal E6000 服务器，8U 的空间，可以最大配置 10 个刀片服务器，每个服务器可以配 2 个 CPU、2 个 SAS 硬盘、12 个内存插槽、双端口网卡。华为 E6000 系列服务器如图 1-2-9 所示。

图 1-2-8 DELL C6100 背面图，有 4 个节点

图 1-2-9 华为 E6000 机箱及刀片服务器

1.2.8 存储的选择

在虚拟化项目中，推荐采用存储设备，而不是服务器本地硬盘。在配置共享的存储设备，并且虚拟机保存在存储设备时，才能快速实现并使用 HA、FT、vMotion 等技术。在使用 VMware vSphere 实施虚拟化项目时，一个推荐的作法是将 VMware ESXi 安装在服务器的本地硬盘上，这个本地硬盘可以是一个固态硬盘（30GB～60GB 即可），也可以是一个 SD 卡（配置 1GB～

2GB 的 SD 卡即可），甚至可以是 1GB～2GB 的 U 盘。如果服务器没有配置本地硬盘，也可以从存储上为服务器划分 5.2GB～10GB 的分区用于启动。

【说明】(1)要安装ESXi6,至少需要容量为1GB的引导设备。如果从本地磁盘或SAN/iSCSI LUN 进行引导，则需要 5.2GB 的磁盘，以便可以在引导设备上创建 VMFS 卷和 4GB 的暂存分区。如果使用较小的磁盘或 LUN，则安装程序将尝试在一个单独的本地磁盘上分配暂存区域。如果找不到本地磁盘，则暂存分区/scratch 将位于 ESXi 主机 ramdisk 上，并链接至/tmp/scratch。由于 USB 和 SD 容易对 I/O 产生影响，安装程序不会在这些设备上创建暂存分区。同样，使用大型 USB/SD 设备并无明显优势，因为 ESXi 仅使用前 1GB 的空间。在 USB 或 SD 设备上进行安装时，安装程序将尝试在可用的本地磁盘或数据存储上分配暂存区域。如果未找到本地磁盘或数据存储，则/scratch 将被放置在 ramdisk 上。您应在安装之后重新配置/scratch 以使用持久性的数据存储。

(2) 在 HP DL380 G8 系列服务器主板上集成了 SD 接口，IBM 3650 M4 主板集成了 USB 接口。可以将 SD 卡或 U 盘插在该接口中用于安装 VMware ESXi。

如果在虚拟化项目中选择存储，项目中服务器数量较少时，可以选择 SAS HBA 接口（见图 1-2-10）的存储，如果服务器数量较多，则需要选择 FC HBA 接口（见图 1-2-11）的存储并配置 FC 的光纤交换机。SAS HBA 接口可以达到 6Gbps，而 FC HBA 接口可以达到 8 Gbps。

图 1-2-10 SAS HBA 接口卡

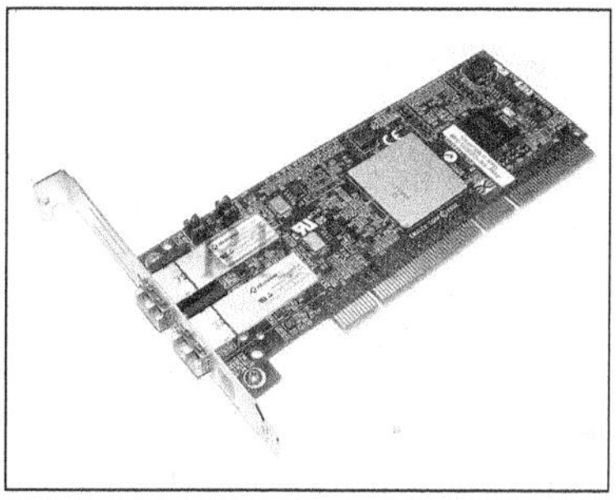

图 1-2-11 FC HBA 接口卡

在选择存储设备的时候，要考虑整个虚拟化系统中需要用到的存储容量、磁盘性能、接口数量、接口的带宽。对于容量来说，整个存储设计的容量要是实际使用容量的 2 倍以上。例如，整个数据中心已经使用了 1TB 的磁盘空间（所有已用空间加到一起），则在设计存储时，要至少设计 2TB 的存储空间（是配置 RAID 之后，而不是没有配置 RAID、所有磁盘相加的空间）。

例如：如果需要 2TB 的空间，在使用 600GB 的硬盘，用 RAID10 时，则需要 8 块硬盘，实际容量是 4 个硬盘的容量，600GB×4≈2.4TB。如果要用 RAID5 时，则需要 5 块硬盘。

在存储设计中另外一个重要的参数是 IOPS (Input/Output Operations Per Second)，即每秒进行读写（I/O）操作的次数，多用于数据库等场合，衡量随机访问的性能。存储端的 IOPS 性能和主机端的 IO 是不同的，IOPS 是指存储每秒可接受多少次主机发出的访问，主机的一次 IO 需要多次访问存储才可以完成。例如，主机写入一个最小的数据块，也要经过“发送写入请求、写入数据、收到写入确认”等三个步骤，也就是 3 个存储端访问。每个磁盘系统的 IOPS 是有上限的，如果设计的存储系统实际的 IOPS 超过了磁盘组的上限，则系统反应会变慢，影响系统的性能。简单来说，15000 转的磁盘的 IOPS 是 150，10000 转的磁盘的 IOPS 是 100，普通的 SATA 硬盘的 IOPS 大约是 70～80。一般情况下，在做桌面虚拟化时，每个虚拟机的 IOPS 可以设计为 3～5 个，普通的虚拟服务器 IOPS 可以规划为 15～30 个（看实际情况）。当设计一个同时运行 100 个虚拟机的系统时，IOPS 则至少要规划为 2000 个。如果采用 10000 转的 SAS 磁盘，则至少需要 20 个磁盘。当然这只是简单的测算，后文会专门介绍 IOPS 的计算。

在规划存储时，还要考虑存储的接口数量及接口的速度。通常来说，在规划一个具有 4 主机、1 个存储的系统中，采用具有 2 个接口器、4 个 SAS 接口的存储服务器是比较合适的。如果有更多的主机，或者主机需要冗余的接口，则可以考虑配 FC 接口的存储，并采用光纤交换机连接存储与服务器。表 1-4 所示是几种低端存储的型号及参数，可以满足大多数的中小企业虚拟化系统。

表 1-4 常用几种存储服务器的参数

型 号	参数与配置
IBM 3524	• 双活动型热插拔控制器 • 3 种接口选项-SAS、iSCSI/SAS、FC/SAS 4 个或 8 个 6Gbps SAS 端口 8 个 8Gbps FC 端口和 4 个 6Gbps SAS 端口 8 个 1Gbps iSCSI 端口和 4 个 6Gbps SAS 端口 • 2 个 6Gbps SAS 驱动器扩展端口 • 多达 96 个驱动器-高性能、近线（NL）SAS 和 SED SAS 驱动器 • EXP3512（2U，12 个 3.5 英寸驱动器）和 EXP3524（3U，24 个 2.5 英寸驱动器）机柜，机柜可在控制器后方混用 • 每个控制器 1GB 缓存，可升级至 2GB 镜像，电池供电，降级至闪存 • 容余电源、冗余散热风扇的电源/散热模块 • 所有主要器件均为可热插拔 CRU，并可以轻松接触以及卸下或更换
IBM 5020	• RAID 控制器：双主动型 • 缓存：4GB 电池供电 • 主机接口：4 个 8Gbps 光纤通道、8 个 8Gbps 光纤通道、4 个 8Gbps 光纤通道、4 个 1Gbps iSCSI • 受支持的驱动器： 4Gbps 光纤通道：15K RPM－300GB、450GB、600GB 4Gbps SATA：7.2KRPM，1TB 和 2TB 6Gbps FC-SAS：10K RPM－600GB SSD：73GB 和 300GB • RAID 级别：0,1,3,5,6,10 • 存储分区：4、8、16、64 或 128 个存储分区 • 支持的最大驱动器数量：112 个光纤通道、SED、FC-SAS、SSD 或 SATA 驱动器（使用 6 个 EXP520 扩展单元） • 风扇和电源：双冗余可热插拔式

1.2.9 网络及交换机的选择

在一个虚拟化环境里，每台物理服务器一般拥有更高的网卡密度。虚拟化主机有 6 个、8 个，甚至更多的网络接口卡（NIC）是常见的，反之，没有被虚拟化的服务器只有 2 个或 4 个 NIC。这成为数据中心里的一个问题，因为边缘或分布交换机放在机架里，以简化网络布线，然后向上传输到网络核心。在这种解决方案里，一个典型的 48 端口的交换机仅能处理 4～

8 台虚拟主机。为了完全填满机架，需要更多的边缘或分布交换机。

在虚拟化环境里，当多个工作负荷整合到这些主机里时，运行在主机上的工作负荷数量大了，网络流量增加了，网络利用率将不再像过去每台物理服务器上那样低了。

为了调节来自整合工作负荷增加的网络流量，可能需要增加从边缘或分布交换机到网络核心的向上传输数量，这时对交换机的背板带宽及上行线路就提出较高的要求。

另一个关键的改变来自最新一代虚拟化产品的动态性质，其诸如热迁移和多主机动态资源管理。虚拟化里固有的动态更改性能意味着不能再对服务器之间的流量流动做任何假设。

在进行虚拟机之间的动态迁移，或者将虚拟机从一个存储迁移到另一个存储时，为了减少迁移的时间，不对关键业务造成影响，在迁移期间会占用大量的网络资源，另外，在迁移的时候，虽然可以减少并发迁移的数量，但在某些应用中，可能会同时迁移多台虚拟机，这对交换机背板带宽以及交换机性能的要求更高。

当工作负荷捆绑于虚拟硬件，机架或交换机被告知将交换大量的网络流量时，服务器能分配流量到机架或交换机。既然工作负荷能动态地从一台物理主机移动到一台完全不同的物理主机，在网络设计里，位置不再用到。网络设计现在必须调节动态数据流，这可能从任何虚拟化主机到其他虚拟化主机或者物理工作负荷开始。摒弃传统的 core/edge 设计，数据中心网络可能需要找寻更多全网状架构或“光纤”，这能完全调节来自任何虚拟化主机或者其他虚拟化主机的交易流。

另外，虚拟化使数据中心里网络层的一些能见度降低了。网络工程师在虚拟交换机里没有能见度，也不能轻松决定哪个物理 NIC 对应哪个虚拟交换机。这在故障检修中是最重要的信息，为了减少故障率，为交换机配置冗余的业务板及冗余电源也应该考虑，同时，在尽可能的前提下，配置更好的交换机。

在大多数的情况下，物理主机配置 4 个千兆网卡，并且为了冗余，尽可能是每两个网卡绑定在一起，用作负载均衡及故障转移。

对于中小企业虚拟化环境中，配置华为 S57 系列千兆交换机即可满足大多数的需求。华为 S5700 系列分 24 端口、48 端口两种。如果需要更高的网络性能，可以选择华为 S9300 系列交换机。如果在虚拟化规划中，物理主机中的虚拟机只需要在同一个网段（或者在两个等有限的网段中），并且对性能要求不高，但对价钱敏感的时候，可以选择华为的 S1700 系列普通交换机。无论是 VMware ESXi，还是 Hyper-V Server，都支持在虚拟交换机中划分 VLAN，即将主机网卡连接到交换机的 Trunk 端口，然后在虚拟交换机一端划分 VLAN，这样可以在只有一到两个物理网卡时，让虚拟机划分到所属网络中的不同 VLAN 中。表 1-5 所示是推荐的一些交换机型号及参数。

表 1-5　　中小企业虚拟化环境中交换机的型号及参数

交换机型号	参　数
华为 S5700-24TP-SI	20 个 10/100/1000Base-T，4 个 100/1000Base-X 千兆 Combo 口 包转发率：36Mpps；交换容量：256Gbps
华为 S5700-28P-LI	24 个 10/100/1000Base-T，4 个 100/1000Base-X 千兆 Combo 口 包转发率：42Mpps；交换容量：208Gbps
华为 S5700-48TP-SI	44 个 10/100/1000Base-T，4 个 100/1000Base-X 千兆 Combo 口 包转发率：72Mpps；交换容量：256Gbps

续表

交换机型号	参数
华为 S5700-52P-LI	48 个 10/100/1000Base-T，4 个 100/1000Base-X 千兆 Combo 口 包转发率：78Mpps；交换容量：256Gbps
华为 S9303	根据需要选择模块，3 个插槽，双电源双主控单元 转发性能:540Mpps；交换容量:720Gbps；背板带宽：1228Gbps GE 端口密度:144；10G 端口密度:36
华为 S9312	根据需要选择模块，12 个插槽，双电源双主控单元 背板带宽：4915Gbps；转发性能:1080Mpps；交换容量:2Tbps GE 端口密度:576；10G 端口密度:144
华为 S1700-28GFR	二层交换机；背板带宽：56Gbps；24 个 10/100/1000Mbps 自适应以太网电口；4 个 GE SFP 接口

【说明】华为 S5700 系列为盒式设备，机箱高度为 1U，提供精简版（LI）、标准版（SI）、增强版（EI）和高级版（HI）四种产品版本。精简版提供完备的二层功能；标准版支持二层和基本的三层功能；增强版支持复杂的路由协议和更为丰富的业务特性；高级版除了提供上述增强版的功能外，还支持 MPLS、硬件 OAM 等高级功能。在使用时可以根据需要选择。

1.2.10 虚拟桌面规划

在虚拟化项目中，存储、服务器、网络，这三者相辅相成，缺一不可。在规划的时候，任何一个环节如果存在瓶颈，都会影响总体的性能。服务器、网络、存储前文已经有过介绍，而在本节，我们以 VMware View（虚拟桌面）的规划与设计为例对存储或服务器中所使用的磁盘、磁盘数量进行深入介绍。

许多初次学习虚拟化或准备实施虚拟化项目的工程师，经常问我：我有 4 台服务器，256GB 内存，能跑 300 个虚拟桌面吗？也有人问我，要配 200 个桌面，需要什么配置？

对于这些，我经常很无奈。虚拟化（无论服务器虚拟化，还是桌面虚拟化）是一个综合的应用、配置。CPU、内存、存储、网络、应用，任何一点，都可能会形成瓶颈。这不是由单单某一个方面决定的。

我有时举例，你有一批货物，要从 A 地运到 B 地，有一辆车，能否满足需求？这既要看你车的承重量（负载），也要看车厢的体积（能否放得下），还要看从 A 到 B 这个路上，有没有路能承担，有没有堵车，另外，你需要多长时间拉过去，一趟能否拉完，这些都是问题。

简单来说，设计 VMware View 桌面，要看你的每个桌面的用途，需要安装的操作系统，大多数软件运行时所需要的 CPU 个数、内存大小、存储的空间以及所需要的 IOPS，最后要看桌面的数量。

计算或统计出每个 View 桌面的情况，再乘以桌面数量，得出一个大体的数目。

之后再规划需要的服务器的数量、每个服务器的配置、存储的配置，得出一个相对合理的结果。在规划时，物理 CPU 核心与虚拟 CPU 核心、物理内存与虚拟内存进行适当比例选择。

典型的 View 体系结构设计采用容器策略，容器包含相应的组件，而组件则可通过使用 vSphere 5.1 或更高版本基础架构最多支持 10000 个远程桌面。由于硬件配置、所用的 View 和 vSphere 软件版本以及其他特定于环境的设计因素的不同，容器的定义可能存在差异。

总体来说，要规划 View 桌面，需要：

- 估算虚拟机桌面的内存要求。

- 估算虚拟机桌面的 CPU 要求。
- 选择合适的系统磁盘大小。

具体的规划我们不展开讨论，一般情况下，不同类型员工的 View 桌面，即运行在 vSphere 中的虚拟机，需求存在很大差异，因此很多企业都通过试运行来确定企业中不同类型员工所需的适当内存设置。

开始时最好分配 1GB（32 位 Windows7 或更高版本桌面）或 2GB（64 位 Windows7 或更高版本桌面）的内存。如果要将其中的一个硬件图形加速功能用于 3D 工作负载，VMware 建议使用 2 个虚拟 CPU 和 4GB 的 RAM。在试运行阶段中，需要监视不同类型员工的使用性能和所用磁盘空间，并做出适当调整，最后确定适用于每种类型员工的最佳设置。

在估算 CPU 时，必须收集有关各类企业员工平均 CPU 利用率的信息。

对 CPU 的具体要求因员工类型而异。在试运行阶段，请使用性能监测工具（如虚拟机中的 Perfmon、ESXi 中的 esxtop 或 vCenter Server 性能监测工具）来了解这些员工组的平均及峰值 CPU 利用率。另外请遵循以下原则。

（1）软件开发人员或其他具有高性能需求的超级用户对 CPU 的要求可能高于知识型员工和任务型员工。对于计算密集型任务、需要用 PCoIP 显示协议播放 720p 视频，以及 64 位 Windows 7 和更高版本桌面，我们建议您部署双虚拟 CPU。

（2）至于其他情形，则建议使用单虚拟 CPU。

在分配磁盘空间时，还要为操作系统、应用程序和用户可能会安装或生成的其他内容提供足够的空间。这个容量通常低于物理 PC 磁盘的容量。

数据中心磁盘空间每千兆字节的成本通常高于传统 PC 部署中台式机或笔记本电脑的成本，因此需要对操作系统映像大小进行优化。以下建议可用于优化映像大小。

（1）删除不需要的文件。例如，减少临时 Internet 文件的配额。

（2）关闭 Windows 服务，例如，索引器服务、磁盘碎片整理程序服务和还原点。

（3）选择能满足未来增长需要的虚拟磁盘大小，但不要过大。

（4）使用集中的文件共享或 View Composer 永久磁盘存储用户生成的内容和安装的应用程序。

（5）如果你正在使用 vSphere5.1 或更高版本，请为 vCenter Server 和链接克隆桌面池启用空间回收功能。

根据整个系统中 VMware View 桌面的数量规划所需要的 VMware ESXi 主机。例如，如果你需要同时运行 300 个 View 桌面，每个 View 桌面准备运行 32 位的 Windows7 专业版或企业版，每个虚拟机 3GB 内存、2 个 vCPU，24GB 的操作系统硬盘空间（克隆链接，共享），每用户 20GB 的存储空间。

则整个 View 系统需要 900GB 虚拟内存、600 个虚拟 CPU，200 个用户需要 6TB 的存储空间。

（1）作为一般性架构，通常以每个 CPU 核心运行 8 到 10 个虚拟桌面作为考虑计算容量的依据。所以，当需要 600 个虚拟 CPU 时，需要大约 60 个 CPU 核心。如果每 CPU 是 6 核心，则大约需要 10 个 CPU。如果每服务器配 2 个 6 核心的 CPU，则需要 5 台服务器。

（2）从虚拟桌面 RAM、主机 RAM 和过量分配比率方面思考内存容量问题。尽管可以为每个 CPU 核心部署 8 到 10 个虚拟桌面，但如果虚拟桌面占用 1GB 或更多的 RAM，就必须仔细衡量物理 RAM 需求。

虚拟机内存与物理主机内存的比例，这个要具体考虑。在初期，可以按 2∶1 的比例来配置，例如总虚拟内存需要 900GB，则可以配 500GB 左右的物理内存。考虑到需要 5 台服务器，则每台服务器配 128GB 内存较为合适。如果内存不能满足需求，则可以考虑将每服务器内存扩充到 196GB 或 256GB。

（3）存储，则是最重要的。单独从容量来看，当用户需求为 6TB 时，物理存储的容量应该不低于其 1.5 倍容量，即 9TB～12TB。更重要的是大容量的 View 桌面还需要考虑另外一个重要的参数，IOPS。

1.2.11 磁盘与 IOPS

在规划存储系统时，要考虑的两大瓶颈主要体现在 2 个方面：吞吐量与 IOPS。

吞吐量主要取决于阵列的构架，光纤通道的大小(阵列一般都是光纤阵列，至于 SCSI 这样的 SSA 阵列，我们不讨论)以及硬盘的个数。阵列的构架因每个阵列不同而不同，它们也都存在内部带宽(类似于 PC 的系统总线)，不过一般情况下，内部带宽都设计得很充足，不是瓶颈的所在。

光纤通道的影响还是比较大的，一块 8Gb 的光纤卡，所能支撑的最大流量应当是 8Gb/10(小 b)=800MB/s(大 B)的实际流量。一个双控制器，每控制器 4 个光纤接口，所能实现的最大吞吐量则是 2×4×800MB＝6400MB/s。

IOPS (Input/Output Operations Per Second)，即每秒进行读写（I/O）操作的次数，多用于数据库等场合，衡量随机访问的性能。存储端的 IOPS 性能和主机端的 IO 是不同的，IOPS 是指存储每秒可接受多少次主机发出的访问，主机的一次 IO 需要多次访问存储才可以完成。例如，主机写入一个最小的数据块，也要经过“发送写入请求、写入数据、收到写入确认”等三个步骤，也就是 3 个存储端访问。

决定 IOPS 主要取决于阵列的算法、cache 命中率，以及磁盘个数。阵列的算法因为不同的阵列不同而不同，所以，在使用每个存储之前，有必要了解这个存储的一些算法规则与限制。

cache 的命中率取决于数据的分布、cache size 的大小、数据访问的规则，以及 cache 的算法，如果完整地讨论下来，会变得很复杂。在这里只强调一个 cache 的命中率，如果一个阵列，读 cache 的命中率越高越好，一般表示它可以支持更多的 IOPS，为什么这么说呢?这就需要讨论硬盘 IOPS 关系了。

每个不同类型物理硬盘能处理的 IOPS 是有限制的，如表 1-6 所示。

表 1-6 不同硬盘最大 IOPS

磁 盘 接 口	转速（RPM，转/每分钟）	IOPS
Fibre Channel（光纤）	15K	180
SAS	15K	175
Fibre Channel（光纤）	10K	140
SAS	10K	130
SATA	7.2K	80
SATA	5.4K	40
SSD（固态硬盘）		2500～20000

如果一个阵列有 100 块 15KRPM 的光纤硬盘，那么，它能撑的最大 IOPS 为 100×180=18000，这个为硬件限制的理论值，如果超过这个值，硬盘的响应可能会变得非常缓慢

而不能正常提供业务。

在 raid5 与 raid10 上，读 iops 没有差别，但是，相同的业务写 iops，最终落在磁盘上的 iops 是有差别的，而我们评估的却正是磁盘的 IOPS，如果达到了磁盘的限制，性能肯定是上不去了。

如果知道磁盘的类型（接口、转速）、磁盘个数，想求这些磁盘所能提供的最高 IOPS，可以根据下列公式计算。

$$\text{总 IOPS} = \frac{\text{单块盘的IOPS} \times \text{磁盘个数}}{(1 - \text{读cacde命中率}) \times \text{读IOPS} + \text{写惩罚} \times \text{写IOPS}}$$

如果有了规划的 IOPS，选择了磁盘类型，而需要磁盘个数，可以根据下列公式计算。

$$\text{磁盘个数} = \frac{\text{总IOPS} \times ((1 - \text{读cacde命中率}) \times \text{读IOPS} + \text{写惩罚} \times \text{写IOPS})}{\text{单块盘的IOPS}}$$

其中，写惩罚，RAID-5 单次写入需要分别对数据位和校验位进行 2 次读和 2 次写，所以写惩罚为 4，而 RAID10 的写惩罚则是 2。

同样，对于上述案例中的 300 个 View 桌面，要计算 IOPS，应该如下规划。首先了解 View 桌面在不同状态时所需要的 IOPS。

- 系统启动时：26IOPS
- 系统登录时：14IOPS
- 工作时
    - 轻量：4～8IOPS
    - 普通：8～12IOPS
    - 重量：12～20IOPS
- 空闲时：4IOPS
- 登出时：12IOPS
- 离线：0IOPS

那么，我们规划 300 个 View 桌面可以同时工作，但最多有 100 个可能会同时启动，则：

- 100 个同时启动时：2600IOPS
- 100 个系统登录时：1400IOPS
- 300 个工作时
    - 轻量：1200～2400IOPS
    - 普通：2400～3600IOPS
    - 重量：3600～6000IOPS
- 空闲时：1200IOPS
- 登出时：3600IOPS

针对此案例，我们可以设计一共需要 3000 个 IOPS 的存储系统。

根据上面的计算公式，在需要 3000 个 IOPS 时：

选择 10000 转的 600GB 的 SAS 磁盘，选择 RAID5，在 cache 命中率 30%时，如果 60%读，40%写，计算得数为 46.6。如果是 20%读，80%写，计算得数为 77.07。

如果是 45 个磁盘，每 5～6 个组成一个 RAID5。这样大约组成 9 组，每组磁盘空间浪费一块。如果是 46 个，实际上空间约是 9×4×600GB＝21600GB＝21.6TB。

同样是 10000 转的 600GB 的 SAS 磁盘，选择 RAID10，在 cache 命中率 30%时，如果读

60%，写 40%，则需要 28.15 个磁盘，如果读 20%，写 80%，则需要 40.15 个磁盘。

在 RAID10 中，28 个磁盘，提供的空间是 14×600GB＝7.2TB，40 个磁盘，提供的空间是 20×600GB＝12TB。

1.3 虚拟化网络规划与配置

当网络中的计算机超过一定数量时，就需要划分 VLAN。一般情况下，当计算机数量超过 30～50 台时，就可以划分多个 VLAN。

在划分 VLAN 的时候，可以根据不同的部门划分，也可以根据不同的楼层划分，这就需要了解现有网络中的交换机是否支持。如果中心交换机是一个支持 VLAN 的三层交换机，各楼层的接入交换机是支持 VLAN 的二层交换机，则可以根据部门划分 VLAN；如果各楼层的接入交换机是不支持 VLAN 的普通交换机，则可以按照楼层来划分 VLAN。

在划分 VLAN 的时候，一般采用 10.0.0.0/8、172.16.0.0/12、192.168.0.0/16 的私网地址划分。当划分的网段比较少时（100 个以下时），可以采用 192.168.0.0/16 的网段或 172.16.0.0/16 的网段，只有当网络比较大时，才采用 10.0.0.0/8 的网段。在划分的时候，还要考虑将来的“扩展”需要。

1.3.1 单位在一起集中办公的 VLAN 划分示例

如果单位只有一个建筑并在一起办公，则在划分 VLAN 的时候，可根据用途不同“连续”划分。例如（以使用 192.168.0.0/16 地址为例）：

（1）用于工作站的地址段：192.168.0.0/24～192.168.63.0/24，这样连续有 64 个 C 类地址段，每个地址可以容纳 253 台计算机，一共可以支持 16000 个左右的计算机，足以满足一般企业使用。在划分 VLAN 的时候，每个楼层根据工作站数量可以使用一个或多个 VLAN。

【说明】 虽然为工作站规划了 192.168.0.0/24、192.168.1.0/24 这两个地址段，但一般不建议使用这两个地址段。因为随着手机、平板电脑的普及，为了让这些设备使用 WiFi 上网，员工习惯于自己私接路由器（或使用无线网卡做 WiFi 接入），这些宽带路由器的默认地址大多数是 192.168.0.1 或 192.168.1.1 的地址，并且这些设备默认也启用了 DHCP 服务，这样网络中其他工作站可能会从这些“私接”的设备上获得地址，造成地址冲突或网络中断。

（2）用于服务器的地址段：192.168.128.0～192.168.159.0/16,这样连续有 32 个 C 类地址段，每个地址可以容纳 253 台服务器，一共大约 8000 个地址，足以满足需要。

（3）用于 VPN 客户端的地址：192.168.160.0～192.168.191.0/16,这样连续有 32 个 C 类地址段，足以满足 VPN 客户端访问需要。

（4）用于默认路由的地址：192.168.254.0/16，足够交换机“上联”路由器（或者防火墙与代理服务器）的“默认路由”使用，或者连接其他网络，在此有一个 C 类地址段足够了。

（5）在划分 VLAN 的时候，为每个 VLAN 设置一个相同的地址作为网关地址，例如，可以将每个网段的最后一个地址作为网关地址。例如，对于 192.168.0.0/16 的网段，其网关地址是 192.168.0.254。

这样划分的优点如下。

（1）当工作站的地址段不够时，可以继续使用 192.168.64.0～192.168.127.0/16 的地址段，而其他网段（如路由器或代理服务器、VPN 客户端）有需要访问工作站的路由时，只需要添加 192.168.0.0/18（代表 192.168.0.0～192.168.63.0/16）或 192.168.0.0/17（代表 192.168.0.0～192.168.127.0/16）一条静态路由就可以访问。

（2）在其他网段访问服务器时，只需要添加 192.168.128.0/19 一条静态路由就可以访问。

（3）这样划分后，仍然有许多地址可以备用。即使“大型”的网络，这样划分也可以满足需要。

（4）将最后一个地址作为网关地址，1～253 作为可用地址，这样人们在采用“手动方式”设置 IP 地址时，不容易冲突。如果将第 1 个地址作为网关地址，有可能人们在设置 IP 地址时，设置第 1 个地址作为工作站的地址，这样容易引起地址冲突。

当然，上面是以 192.168.0.0/16 地址为例的，在实际的生产环境中，我们可以使用非常灵活的策略，选择使用 10.0.0.0/8 或 172.16.0.0/12 的地址段。下面通过另一个具体的案例来进行介绍。

1.3.2 有多个分散建筑的单位划分 VLAN 实例

如果一个单位有多个建筑，例如，某市政府有 6 个办公楼，分别为市委楼、政府楼、政协楼、人事局楼、东配楼、西配楼，楼层示意如图 1-3-1 所示。政府楼、市委楼、政协楼、人事局楼都是 5 层，东配楼与西配楼是 3 层，每个楼层有办公用机 30～60 台不等。

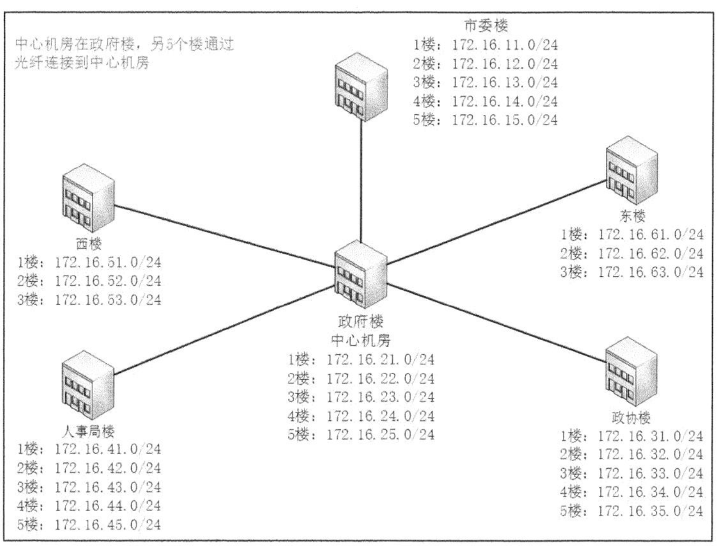

图 1-3-1 某政府楼层位置示意图

在这个案例中有 6 个建筑，每个建筑最高 6 层，每层工作站数量不超过 100 台，则可以为每楼的每个楼层划分一个 VLAN。我们可以使用连续的 VLAN 地址段（如 192.168.0.0/24～192.168.35.0/24），也可以使用不连续的地址段，但为每个楼使用连续的地址段。例如，在这个案例中，我们将各个楼“编号”，为每个楼划分不同的编号（分别为 1、2、3、4、5、6）。我们的目的是对于管理员来说，应该很容易“记住”每个楼、每个楼层的 VLAN，基于此，我们可以使用 172.16.0.0/12 的地址段，进行如下的划分。

市委楼使用 172.16.11.0/24(1 楼)～172.16.15.0/24（5 楼）的 VLAN。

政府楼使用 172.16.21.0/24(1 楼)～172.16.25.0/24（5 楼）的 VLAN。

政协楼使用 172.16.31.0/24(1 楼)～172.16.35.0/24（5 楼）的 VLAN。

人事局使用 172.16.41.0/24(1 楼)～172.16.45.0/24（5 楼）的 VLAN。

西配楼使用 172.16.51.0/24(1 楼)～172.16.53.0/24（3 楼）的 VLAN。

东配楼使用 172.16.61.0/24(1 楼)～172.16.63.0/24（3 楼）的 VLAN。

如果每个楼的 VLAN 不够，可以在原来的 VLAN 的基础上增加，如市委楼可以使用 172.16.16.0～172.16.19.0/24 的地址。如果仍然不够，则可以继续划分 172.16.111.0/24～172.16.119.0/24 的地址。

除了规划工作站的 VLAN 地址外，还需要规划服务器的地址，在此为服务器采用 172.17.0.0/16 的地址范围。这类地址范围按照如下的原则规划。

（1）管理服务器地址：包括服务器的底层管理地址，如 HP 的 iLO、IBM 服务器的 iMM、Dell 的 iDRAC，以及安装虚拟化软件后的管理地址，为此分配 172.17.1.0/24 的地址段。需要注意每台服务器的底层管理地址与安装虚拟化软件后的管理地址在同一 VLAN。例如，在某个企业中，有 5 台服务器安装了 VMware ESXi，则可以为这 5 台服务器分配 172.17.1.1～172.17.1.5 的 IP 地址，这 5 台服务器对应的 iLO（或 iMM、iDRAC）则可以为 172.17.1.101～172.17.1.105。

（2）应用服务器地址：采用 172.17.2.0/24 地址段。这些服务器包括 Active Directory、DHCP、DNS、证书服务器、WSUS 升级服务器、文件服务器、KMS 服务器、SQL Server 服务器、Exchange 服务器等基础服务器。

（3）对外服务器地址：采用 172.17.3.0/24 的地址，如对外的网站、邮箱等服务器。

服务器的地址划分如图 1-3-2 所示。

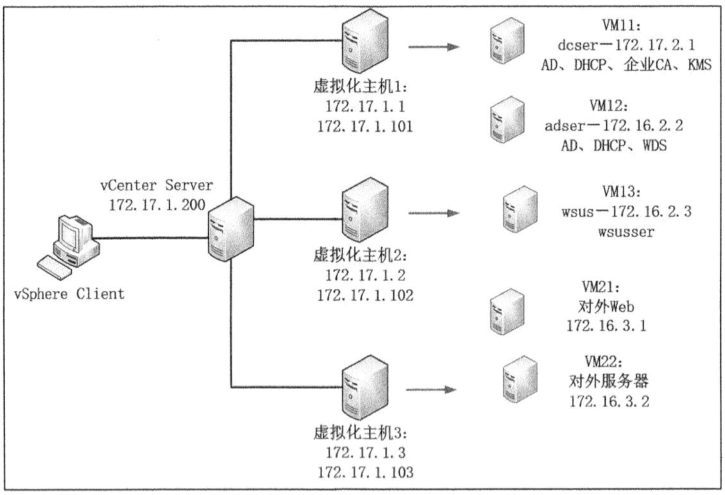

图 1-3-2　服务器地址规划示意图

最后还要为管理交换机规划 IP 地址，在此规划 172.18.0.0/16 的地址。在图 1-3-1 中，每个楼都有一个“汇聚”交换机，每个楼层都有 1～2 个“接入”交换机。中心机房还有核心交换机。为了让管理员很“容易”地记住 IP 地址，则为每个楼层交换机规划的地址如图 1-3-3 所示。

在图 1-3-2 中，核心交换机的地址为 172.18.1.254，政府楼没有配汇聚交换机，直接接到核心交换机。

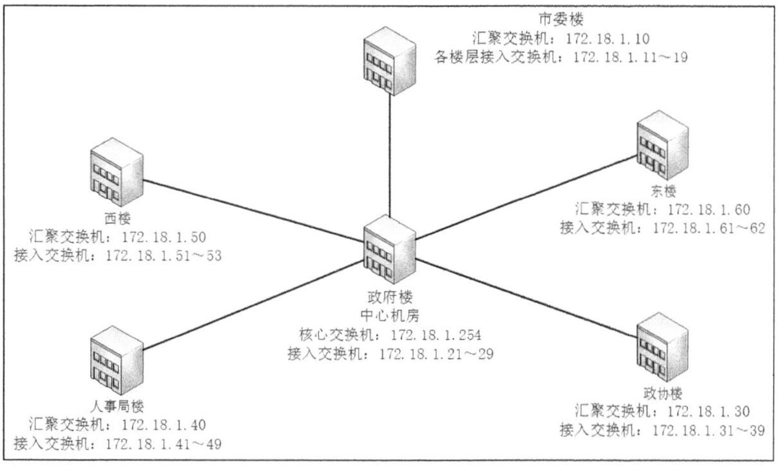

图 1-3-3　各楼层交换机管理地址

1.3.3　具有分支机构的单位划分 VLAN

如果单位具有多个分支机构时，如跨国公司、企业，这些公司或企业的每个办事处可能都有多个建筑，此时可以采用 10.0.0.0/8 的网段，为每个分支机构采用 10.（0～255）.0.0/16 之间的一个 B 类地址段，例如，图 1-3-4 是某个具有多个分支机构的跨国公司的示意图。

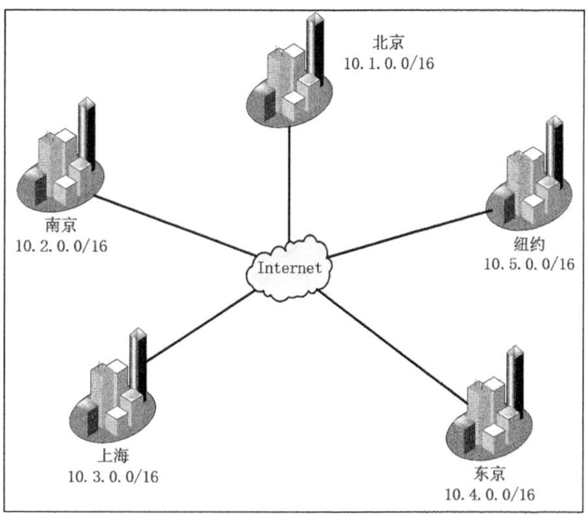

图 1-3-4　跨国公司各分支机构拓扑图

对于与图 1-3-4 所示相类似的企业，需要规划如下的地址段，我们以图中的“北京”分支机构为例，其他分支机构与此类似。在图 1-20 中，为北京规划 10.1.0.0/16 的地址范围。

（1）各分支机构的工作站 VLAN，可以为其使用 128 个 VLAN，即工作站的 VLAN 为 10.1.0.0/24～10.1.127.0/24，这样总的工作站可用 IP 地址是 128×253＝32384，此 IP 地址已经足够。

（2）各分支机构的服务器 VLAN，为服务器规划 32 个 VLAN，即服务器的 IP 地址范围为 10.1.128.0/24～10.1.159.0/24，可用 IP 地址是 32×253＝8096。

（3）设备管理地址：采用 10.1.252.0/24～10.1.255.0/25，可用 IP 地址是 4×253＝1012。

（4）保留地址：10.1.160.0/24～10.1.251.0/24，一共保留 92 个 C 类地址，用于以后的分配。

因为各个分支机构通过 Internet 组建 VPN 互连互通，所以还要设计 VPN 互连地址。在规划 VPN 的互连地址时，子网掩码采用 255.255.255.252（子网掩码到 30 位）。为 VPN 互连规划 10.255.0.0/16 的地址段，表 1-7 列出了图 1-3-4 中，需要使用 VPN 互连时，所需要的 IP 地址。

表 1-7　　VPN 互连地址规划

互 连 分 支	分支 1 的 IP 地址	分支 2 的 IP 地址	备　　注
北京-南京	10.255.0.1	10.255.0.2	
北京-上海	10.255.0.5	10.255.0.6	
北京-东京	10.255.0.9	10.255.0.10	
北京-纽约	10.255.0.13	10.255.0.14	
南京-北京	10.255.0.2	10.255.0.1	与“北京-南京”是同一个 VPN 连接
南京-上海	10.255.0.17	10.255.0.18	
南京-东京	10.255.0.21	10.255.0.22	
南京-纽约	10.255.0.25	10.255.0.26	
上海-南京	10.255.0.18	10.255.0.17	与“南京-上海”是同一个 VPN 连接
上海-东京	10.255.0.29	10.255.0.30	
上海-纽约	10.255.0.33	10.255.0.34	
上海-北京	10.255.0.6	10.255.0.5	与“北京-上海”是同一个 VPN 连接
东京-上海	10.255.0.30	10.255.0.29	与“上海-东京”是同一个 VPN 连接
东京-纽约	10.255.0.37	10.255.0.38	
东京-北京	10.255.0.10	10.255.0.9	与“北京-东京”是同一个 VPN 连接
东京-南京	10.255.0.22	10.255.0.21	与“南京-东京”是同一个 VPN 连接
东京-上海	10.255.0.30	10.255.0.29	与“上海-东京”是同一个 VPN 连接

以后每增加新的分支机构，如果要让各分支机构的局域网互连，都需要配置 VPN 路由。

1.3.4　交换机的选择

在中大型的网络中，可以选择华为 S7703、S7706、S7712 或华为 S9303、S9306、S9312 系列交换机，其中 03、06、12 是指可插的业务板数量，例如 S7703 与 S9303 可以插 3 个业务插槽，7712 和 9312 则可插 12 个插槽。华为 77 与 93 系列是高端的交换机，在实际组网中，需要按需配置所需模块，表 1-8 列出了华为 S7700 系列交换机的机箱配件及业务板卡。

表 1-8　　华为 S7700 系列产品选配信息

S7700 机箱配件			
ES0B00770300	S7703 总装机箱	ES0B00770600	S7706 总装机箱
ES0B00771200	S7712 总装机箱	LE0MPSA08	800W 交流电源模块（灰色）
ES0D00MCUA00	S7703 主控处理单元 A	ES0D00SRUA00	S7706/S7712 主控处理单元 A

续表

S7700 套包			
ES0Z1B03ACS0	S7703 基本引擎交流组合配置（含一体化总装机箱,MCUA 主控板*2,800W 交流电源*2）		
ES0Z1B06ACS0	S7706 基本引擎交流组合配置（含一体化非 PoE 总装机箱,SRUA 主控板*2,800W 交流电源*2）		
ES0Z1B12ACS0	S7712 基本引擎交流组合配置（含一体化非 PoE 总装机箱,SRUA 主控板*2,800W 交流电源*2）		
S7700 业务板卡			
ES1D2X40SFC0	40 端口万兆以太网光接口板（FC,SFP+）	ES1D2X16SFC0	16 端口万兆以太网光接口板（FC,SFP+）
ES0D0X12SA00	12 端口万兆以太网光接口板(SA,SFP+)	ES1D2X04XED0	4 端口万兆以太网光接口板（ED,XFP）
ES0D0X4UXC00	4 端口万兆以太网光接口板(EC,XFP)	ES0D0X4UXA00	4 端口万兆以太网光接口板(EA,XFP)
ES0D0X2UXC00	2 端口万兆以太网光接口板(EC,XFP)	ES0D0X2UXA00	2 端口万兆以太网光接口板(EA,XFP)
ES1D2G48SED0	48 端口百兆/千兆以太网光接口板(ED,SFP)	ES0D0G48SC00	48 端口百兆/千兆以太网光接口板(EC,SFP)
ES1D2G48SFA0	48 端口百兆/千兆以太网光接口板(FA,SFP)	ES0D0G48SA00	48 端口百兆/千兆以太网光接口板(EA,SFP)
ES0D0G24SC00	24 端口百兆/千兆以太网光接口板(EC,SFP)	ES0D0G24SA00	24 端口百兆/千兆以太网光接口板(SA,SFP)
ES0D0G48TC00	48 端口十兆/百兆/千兆以太网电接口板(EC,RJ45)	ES0DG48TFA00	48 端口十兆/百兆/千兆以太网电接口板(FA,RJ45)
ES0D0S24XA00	24 端口百兆/千兆以太网光接口和 2 端口万兆以太网光接口板(EA,SFP/XFP)		
ES0D0G24CA00	24 端口百兆/千兆以太网光接口和 8 端口十兆/百兆/千兆 Combo 电接口板(SA,SFP/RJ45)		
ES0D0G48TA00	48 端口十兆/百兆/千兆以太网电接口板(EA,RJ45)		
ES0DG48CEAT0	36 端口十兆/百兆/千兆以太网电接口和 12 端口百兆/千兆以太网光接口板(EA,RJ45/SFP)		
ES0DG24TFA00	24 端口十兆/百兆/千兆以太网电接口板(FA,RJ45)		
ES0D0T24XA00	24 端口十兆/百兆/千兆以太网电接口和 2 端口万兆以太网光接口板(EA,RJ45/XFP)		
光纤模块			
SFP-1000BaseT	电模块-SFP-GE-电接口模块(100m,RJ45)	eSFP-GE-SX-MM850	光模块-eSFP-GE-多模模块(850nm,0.5km,LC)
SFP-GE-LX-SM1310	光模块-eSFP-GE-单模模块(1310nm,10km,LC)	S-SFP-GE-LH40-SM1310	光模块-eSFP-GE-单模模块(1310nm,40km,LC)
S-SFP-GE-LH40-SM1550	光模块-eSFP-GE-单模模块(1550nm,40km,LC)	S-SFP-GE-LH80-SM1550	光模块-eSFP-GE-单模模块(1550nm,80km,LC)
eSFP-GE-ZX100-SM1550	光模块-eSFP-GE-单模模块(1550nm,100km,LC)	XFP-SX-MM850	光模块-XFP-10G-多模模块(850nm,0.3km,LC)
XFP-STM64-LX-SM1310	光模块-XFP-10G-单模模块(1310nm,10km,LC)	XFP-STM64-LH40-SM1550	光模块-XFP-10G-单模模块(1550nm,40km,LC)
XFP-STM64-SM1550-80km	光模块-XFP-10G-单模模块（1550nm,80km,LC）	OMXD30000	光模块-SFP+-10G-多模模块(850nm,0.3km,LC)

续表

光纤模块			
OSX010000	光模块-SFP+-10G-单模模块(1310nm,10km,LC)	OSX040N01	光模块-SFP+-10G-单模模块(1550nm,40km,LC)
SFP-GE-LX-SM1490-BIDI	光模块-eSFP-GE-BIDI单模模块(TX1490/RX1310,10km,LC)	SFP-GE-LX-SM1310-BIDI	光模块-eSFP-GE-BIDI 单模模块(TX1310/RX1490,10km,LC)

在采用 S7700 或 9300 系列交换机做核心交换机后，可以选择华为 S5700 系列做汇聚层交换机。如果在中小型网络中，也可以用 S5700 系列交换机做核心交换机。S5700 系列包括直流供电、交流（220V）供电两种机型，每个产品又包括 SI 与 EI 两个版本，其中 EI 为增强型版本，功能更强。华为 S5700 系列按端口划分主要有 24 口的 S5700-24TP（24 个 0/100/1000Base-T 以太网端口，4 个复用的千兆 Combo SFP，与最后 4 个端口 21、22、23、24 复用）、28 口的 S5700-28（24 个 0/100/1000Base-T 以太网端口，4 个复用的千兆 Combo SFP，可用 28 口）、48 口的 S5700-48（48 个 10/100/1000Base-T 以太网端口，4 个复用的千兆 Combo SFP，与最后 4 端口复用）、52 口的 S5700-52（48 个 0/100/1000Base-T 以太网端口，4 个复用的千兆 Combo SFP）。

在接入层交换机中，可以选择华为 S2700 系列交换机，这是一款 10M/100M、二层可网管交换机，常用的有 2700-26 与 2700-52 两款，前者有 24 个 10/100M 接口、2 个上联的 10/100/1000M 端口，后者有 48 个 10/100M、2 个 10/100/1000M 端口。

在需要千兆到桌面的企业中，也可以使用华为 S5700 系列交换机作为接入交换机。表 1-9 是某个单位核心采用华为 S7703、接入采用 S5700 系列的配置单。

表 1-9 某单位网络接入设备配置单

序号	项目名称	规格型号	数量	单位
1	核心交换机			
1.1	S7703 交换机主机	交换容量 1.92Tbps；包转发率 1.44Gpps；提供 3 个业务槽位，提供独立双主控支持热备，双电源支持冗余，高度<10U，（不包含接口）	1	台
1.2	36 电+12 光 接口板	36 端口千兆电口+12 端口千兆光口板板卡	1	块
1.3	SFP-GE-LX-SM1310	光模块-eSFP-GE-单模模块(1310nm,10km,LC)	12	块
2	接入交换机			
2.1	S5700-28P，24 口交换机	S5700-28P-LI，提供 24 个千兆电口,4 千兆 SFP 千兆光口插槽，不含光模块，交流供电，提供防止 DOS、ARP 防攻击、ICMP 防攻击功能	12	台
2.2	SFP-GE-LX-SM1310	光模块-eSFP-GE-单模模块(1310nm,10km,LC)	12	块

1.3.5 华为交换机常用配置命令

下面介绍华为交换机常用的配置命令。

（1）初次进入设备配置

设备启动完毕后有如下提示。

Press ENTER to get started.表示请按回车键开始进入配置，设备初次进入会提示设置密码，随便输入两次一样的密码即可，进入系统后会将设备设置成用户名密码方式，所以此密码设置对使用没有多大作用，建议输入一个 a 进入即可，输入完两次 a 就进入了<Quidway>。

提示如下：

```
An initial password is required for the first login via the console.
Set a password and keep it safe! Otherwise you will not be able to login via the console.

Please configure the login password (maximum length 16)
Enter Password: a
Confirm Password: a
<Quidway>
```

（2）进入系统配置模式

在<Quidway>模式下只能进行简单的操作，如 ping、重启 reboot、保存配置 save 等，不能做设备参数配置，需要进入到 system 系统视图下进行相关操作才行。

<Quidway>**sys** 简写，全称是 system-view，打了 sys 后按一下 tab 键会自动补全命令，如下：

```
<Quidway> system-view
Enter system view, return user view with Ctrl+Z.
[Quidway]
```

（3）查看当前配置

进入[Quidway]模式后，可以执行 dis cur 查看当前配置（命令全称是：display current-configuration），如下：

```
<Quidway> dis cur
#
!Software Version V200R001C00SPC300
sysname Quidway
#
undo http server enable
#
aaa
 authentication-scheme default
 authorization-scheme default
 accounting-scheme default
 domain default
 domain default_admin
 local-user admin password cipher %$%$O9hP7mbf4Q#E\vU4j#wX3ypg%$%$
 local-user admin service-type http
#
interface Vlanif1
#
interface MEth0/0/1
#
interface GigabitEthernet0/0/1
#
interface GigabitEthernet0/0/2
#
interface GigabitEthernet0/0/3
#
interface GigabitEthernet0/0/4
#
```

```
interface GigabitEthernet0/0/5
#
interface GigabitEthernet0/0/6
#
interface GigabitEthernet0/0/7
#
interface GigabitEthernet0/0/8
#
interface GigabitEthernet0/0/9
#
interface GigabitEthernet0/0/10
#
interface GigabitEthernet0/0/11
#
interface GigabitEthernet0/0/12
#
interface GigabitEthernet0/0/13
#
interface GigabitEthernet0/0/14
#
interface GigabitEthernet0/0/15
#
interface GigabitEthernet0/0/16
#
interface GigabitEthernet0/0/17
#
interface GigabitEthernet0/0/18
#
interface GigabitEthernet0/0/19
#
interface GigabitEthernet0/0/20
#
interface GigabitEthernet0/0/21
#
interface GigabitEthernet0/0/22
#
interface GigabitEthernet0/0/23
#
interface GigabitEthernet0/0/24
#
interface NULL0
#
user-interface con 0
 authentication-mode password
 set authentication password cipher %$%$zsD9"rnp"0iX;cX)[rAL,:1(#uF~:r;d{<z!@A.M-Eo*.@72%$%$
user-interface vty 0 4
user-interface vty 16 20
#
Return
```

（4）配置交换机名称

```
[Quidway] sysname S5700-24TP-SI
[S5700-24TP-SI]
```

（5）关闭系统提示

以下提示表示你对设备进行了配置修改。

```
Oct 1 2008 02:35:24-05:13 S5700-24TP-SI DS/4/DATASYNC_CFGCHANGE:OID 1.3.6.1.4.1.2011.5.25.191.3.1 configurations have been changed. The current change number is 2, the change loop count is 0, and the maximum number of records is 4095.
```

以上提示信息可以在普通用户模式下关闭掉，如下：

```
[S5700-24TP-SI] quit
<S5700-24TP-SI> undo terminal monitor
Info: Current terminal monitor is off.
<S5700-24TP-SI>
```

（6）配置远程登录用户

1）首先进入 aaa 模式下，如下：

```
[S5700-24TP-SI] aaa
```

2）配置用户名为 test 的用户，权限级别为最高级别 15 级，密码采用加密模式，密码为 admin。

```
[S5700-24TP-SI-aaa] local-user test privilege level 15 password cipher admin
Info: Add a new user.
```

3）配置 test 用户服务类型为串口登录和 telnet 远程登录。

```
[S5700-24TP-SI-aaa] local-user test service-type terminal telnet
```

执行 dis cur 查看当前配置如下：

```
#
aaa
 authentication-scheme default
 authorization-scheme default
 accounting-scheme default
 domain default
 domain default_admin
 local-user test password cipher %$%$,A,15Db2O+FiPdDBt\g#z.%y%$%$
 local-user test privilege level 15
 local-user test service-type telnet terminal
 local-user admin password cipher %$%$O9hP7mbf4Q#E\vU4j#wX3ypg%$%$
 local-user admin service-type http
#
```

（7）配置设备登录用户名密码

在配置口下增加，进入用户接口配置口模式下。

```
[S5700-24TP-SI] user-interface con 0
```

配置认证模式为 aaa 认证模式。

```
[S5700-24TP-SI-ui-console0]authentication-mode ?
  aaa         AAA authentication
  password    Authentication through the password of a user terminal interface
[S5700-24TP-SI-ui-console0] authentication-mode aaa
Info: The password was cleared.
[S5700-24TP-SI-ui-console0] quit
```

在远程登录模式下增加，进入用户接口远程登录模式下。

```
[S5700-24TP-SI] user-interface vty 0 4
[S5700-24TP-SI-ui-vty0-4] authentication-mode aaa
[S5700-24TP-SI-ui-vty0-4] quit
[S5700-24TP-SI]
```

执行 dis cur 查看当前配置如下：

```
user-interface con 0
 authentication-mode aaa
user-interface vty 0 4
 authentication-mode aaa
user-interface vty 16 20
#
```

（8）配置 vlan

要想把智能交换机充分利用起来就需要配置 vlan，vlan 本身没有意义，它要发挥功能需要将多个端口划分到它的下面，以便区分不同的地址段和不同的部门。

vlan 号从 1~4094 都可以任意定义数字，为了便于管理和记忆建议配置的 vlan 号跟 IP 地址有一定的对应，比如说，IP 地址段为 172.16.10.1 的网络可以使用 vlan10，IP 地址段为 172.16.21.1 可以使用 vlan21 等。另外 vlan1 是一个非常特殊的 vlan，任何交换机都能识别 vlan1，但是别的 vlan 号如果不做配置的话交换机是不能识别的。所以经验告诉我们，一般在规划 vlan 时都不要使用 vlan1，因为容易产生冲突和混淆。

```
配置 vlan 号
[S5700-24TP-SI]vlan ?
  INTEGER<1-4094>   VLAN ID
  batch             Batch process
  precedence        Set VLAN precedence

[S5700-24TP-SI]vlan 10 ?
  <cr>
[S5700-24TP-SI] vlan 10
[S5700-24TP-SI-vlan10] vlan 20   可以在 vlan100 的配置模式下直接配置 vlan 200，这是允许的
[S5700-24TP-SI-vlan20]
[S5700-24TP-SI-vlan20] quit
[S5700-24TP-SI]
```

（9）将特定端口添加到特定 vlan 里

```
将千兆口 g0/0/1 添加到 vlan 10 里，进入 g0/0/1 接口模式下：
[S5700-24TP-SI] int g 0/0/1   <命令全称：interface GigabitEthernet 0/0/1>
[S5700-24TP-SI-GigabitEthernet0/0/1]
```

首先配置接口类型，交换机一般需要配置三种接口类型。access 为普通访问口，此模式下端口只能属于某一个 vlan。trunk 为 vlan 透传接口，一般与交换机互连时需要配置成透传口，这样两台交换机之间的多个 vlan 就可以通过这个端口进行互访了。hybrid 为混杂端口，此种模式下的接口可以识别多个 vlan，但是端口本身的 vlan 一般没有太大价值，一般按照 IP 地址划分 vlan 时用到。

```
[S5700-24TP-SI-GigabitEthernet0/0/1]port link-type ?
  access        Access port
  dot1q-tunnel  QinQ port
  hybrid        Hybrid port
  trunk         Trunk port

[S5700-24TP-SI-GigabitEthernet0/0/1] port link-type access
[S5700-24TP-SI-GigabitEthernet0/0/1] port default vlan 10
[S5700-24TP-SI-GigabitEthernet0/0/1] quit

[S5700-24TP-SI-GigabitEthernet0/0/2] port link-type access
```

```
[S5700-24TP-SI-GigabitEthernet0/0/2] port default vlan 20
[S5700-24TP-SI-GigabitEthernet0/0/2] quit
```

执行 dis cur 查看当前配置如下：

```
interface GigabitEthernet0/0/1
 port link-type access
 port default vlan 10
#
interface GigabitEthernet0/0/2
 port link-type access
 port default vlan 20
#
```

【注意】 交换机端口在没有任何配置的情况下本身为混杂端口模式，各个端口虽然没有配置，但是可以互通。

（10）批量配置端口

华为设备为了简化设备配置的复杂度，提供了一个端口批量配置的方法，即端口组，当我们需要对多个端口配置一样的数据时，只需将这些端口加入到一个组里即可以对这些端口执行批量配置，简化操作过程，如下：

```
[S5700-24TP-SI]port-group ?
  STRING<1-32>   Port-group name
  group-member   Add port to current port-group
[S5700-24TP-SI]port-group group-member ?
  GigabitEthernet   GigabitEthernet interface
  MEth              MEth interface
  NULL              NULL interface
  Vlanif            Vlan interface
[S5700-24TP-SI] port-group group-member GigabitEthernet 0/0/3 to g 0/0/10
[S5700-24TP-SI-port-group] port link-type access
[S5700-24TP-SI-GigabitEthernet0/0/3]port link-type acc
[S5700-24TP-SI-GigabitEthernet0/0/4]port link-type acc
[S5700-24TP-SI-GigabitEthernet0/0/5]port link-type acc
[S5700-24TP-SI-GigabitEthernet0/0/6]port link-type acc
[S5700-24TP-SI-GigabitEthernet0/0/7]port link-type acc
[S5700-24TP-SI-GigabitEthernet0/0/8]port link-type acc
[S5700-24TP-SI-GigabitEthernet0/0/9]port link-type acc
[S5700-24TP-SI-GigabitEthernet0/0/10]port link-type acc
[S5700-24TP-SI-port-group] port default vlan 100
[S5700-24TP-SI-GigabitEthernet0/0/3]port default vlan 100
[S5700-24TP-SI-GigabitEthernet0/0/4]port default vlan 100
[S5700-24TP-SI-GigabitEthernet0/0/5]port default vlan 100
[S5700-24TP-SI-GigabitEthernet0/0/6]port default vlan 100
[S5700-24TP-SI-GigabitEthernet0/0/7]port default vlan 100
[S5700-24TP-SI-GigabitEthernet0/0/8]port default vlan 100
[S5700-24TP-SI-GigabitEthernet0/0/9]port default vlan 100
[S5700-24TP-SI-GigabitEthernet0/0/10]port default vlan 100
[S5700-24TP-SI-port-group] quit
```

（11）配置 vlan 虚接口

为了实现不同地址段之间的通信，我们需要在交换机上配置不同的 vlan 虚拟网关地址，这样这个网段内的 PC 便可以将此地址设置成它们的网关访问其他网段。

```
[S5700-24TP-SI] int vlan 10   < 命令全称：interface Vlanif 10>
[S5700-24TP-SI-Vlanif10] ip add 172.16.10.1 255.255.255.0
[S5700-24TP-SI-Vlanif10] quit
[S5700-24TP-SI] int vlan 20
[S5700-24TP-SI-Vlanif20] ip add 172.16.20.1 255.255.255.0
[S5700-24TP-SI-Vlanif20] quit
[S5700-24TP-SI]
```

（12）配置静态路由和默认路由

配置静态路由，表示访问 192.168.0.0 网段的地址数据包都要将数据丢向 172.16.2.1 设备，172.16.2.1 设备下面挂接着 192.168.0.0 网络。

```
[S5700-24TP-SI]ip route-static 192.168.0.0 255.255.0.0 172.16.2.1
```

配置默认路由，表示所有没有在静态路由表中的路由都会丢向默认路由的下一跳，这个下一跳一般是核心交换机或者路由器或者防火墙等设备。

```
[S5700-24TP-SI]ip route-static 0.0.0.0 0.0.0.0 172.16.1.1
```

（13）配置交换机实现 DHCP 自动分配地址

配置地址池，名称定义为 chuxiaobin，如下：

```
[S5700-24TP-SI] ip pool chuxiaobin
Info:It's successful to create an IP address pool.
[S5700-24TP-SI-ip-pool-chuxiaobin]
配置自动分配地址段
[S5700-24TP-SI-ip-pool-chuxiaobin] network 172.16.10.0 mask 255.255.255.0
配置自动分配地址的网关
[S5700-24TP-SI-ip-pool-chuxiaobin] gateway-list 172.16.10.1
配置 DNS 域名解析
[S5700-24TP-SI-ip-pool-chuxiaobin] dns-list 202.99.160.68 222.222.222.222
配置需要排除的地址，前面地址为起始地址，后面地址为结束地址，即表示从 2-10 这几个地址不会被交换机自动分配出去。
[S5700-24TP-SI-ip-pool-chuxiaobin] excluded-ip-address 172.16.10.2 172.16.10.10
```

配置完毕后生成的配置如下：

```
#
ip pool chuxiaobin
 gateway-list 172.16.10.1
 network 172.16.10.0 mask 255.255.255.0
 excluded-ip-address 172.16.10.2 172.16.10.10
 dns-list 202.99.160.68 222.222.222.222
#
```

配置完成以上步骤，DHCP 的配置还未完成，还需在全局模式下启用 DHCP 功能，如下：

```
[S5700-24TP-SI] dhcp enable
Info: The operation may take a few seconds. Please wait for a moment.done.
```

然后进入相应的 vlan 接口模式下启用 dhcp 功能，如下：

```
[S5700-24TP-SI-Vlanif10] dhcp select global
```

执行 dis cur 查看当前配置如下：

```
#
interface Vlanif10
 ip address 172.16.10.1 255.255.255.0
 dhcp select global
#
```

（14）配置端口为 vlan 透传端口

无论你配置的交换机需要上行连接核心交换机，还是需要连接下面的接入交换机，只要是交换机之间连接，建议将端口配置成 vlan 透传模式，这样后期增加不同 vlan 将不会造成设备互连的中断。

进入 g0/0/24 接口模式下：

```
[S5700-24TP-SI]int g 0/0/24
[S5700-24TP-SI-GigabitEthernet0/0/24
```

配置端口类型为 trunk 模式：

```
[S5700-24TP-SI-GigabitEthernet0/0/24] port link-type trunk
```

配置端口透传所有 vlan，也可以透传指定的 vlan，请根据实际需求配置。

```
[S5700-24TP-SI-GigabitEthernet0/0/24] port trunk allow-pass vlan all
```

同时建议设置不透传 vlan1，此配置可选，但是为了避免冲突建议配置上。

```
[S5700-24TP-SI-GigabitEthernet0/0/24] undo port trunk allow-pass vlan 1
[S5700-24TP-SI-GigabitEthernet0/0/24] quit
```

执行 dis cur 查看当前配置如下：

```
#
interface GigabitEthernet0/0/24
 port link-type trunk
 undo port trunk allow-pass vlan 1
 port trunk allow-pass vlan 2 to 4094
#
```

（15）启用 ARP 攻击防护

为了避免内网 PC 由于中 arp 攻击病毒影响网络，我们应当在全局和端口模式下启用 arp 攻击防护。

在全局模式下启用网关冲突防护。

```
[S5700-24TP-SI] arp anti-attack gateway-duplicate enable
```

启用 arp 攻击速率限制。

```
[S5700-24TP-SI] arp anti-attack rate-limit enable
```

启用 arp-miss 攻击速率限制。

```
[S5700-24TP-SI] arp-miss anti-attack rate-limit enable
```

进入端口模式下启用 arp 攻击防护。

```
[S5700-24TP-SI] int g 0/0/1
[S5700-24TP-SI-GigabitEthernet0/0/1]
[S5700-24TP-SI-GigabitEthernet0/0/1] arp anti-attack rate-limit enable
[S5700-24TP-SI-GigabitEthernet0/0/1] arp-miss anti-attack rate-limit enable
[S5700-24TP-SI-GigabitEthernet0/0/1] quit
```

（16）保存设备配置

在配置完交换机后必须进行配置保存，否则设备断电就丢掉了配置内容。

退出系统配置模式。

```
[S5700-24TP-SI] quit
<S5700-24TP-SI>
<S5700-24TP-SI>
```

save 为保存配置的命令。

```
<S5700-24TP-SI> save
```

执行 save 后会有下面提示，输入 y，初次保存会提示是否修改配置文件的名称，直接回车，再出现下面的提示表示保存成功，从施工经验上来讲，建议执行 save 命令两次以上，因为有可能第一次配置保存不上。

```
The current configuration will be written to the device.
```

```
Are you sure to continue?[Y/N] y
Info: Please input the file name ( *.cfg, *.zip ) [vrpcfg.zip]:.
Warning: AutoConfig will stop in the next phase for the manual intervention.
Now saving the current configuration to the slot 0.
Save the configuration successfully.
<S5700-24TP-SI>
```

执行 dir 可以查看保存的配置文件是否生成，vrpcfg.zip 即是生成的配置文件。

```
<S5700-24TP-SI> dir
Directory of flash:/

  Idx  Attr     Size(Byte)  Date        Time       FileName
    0  -rw-        133,495  Oct 01 2008 00:07:14   s5700si-v200r001sph006.pat
    1  -rw-             36  Oct 01 2008 00:02:32   $_patchstate_reboot
    2  drw-              -  Oct 01 2008 01:56:52   compatible
    3  -rw-            938  Oct 01 2008 04:31:28   private-data.txt
    4  -rw-            836  Oct 01 2008 01:57:02   rr.dat
    5  -rw-      1,519,039  Oct 01 2008 00:06:40   s5700si-v200r001c00.001.web.zip
    6  -rw-            836  Oct 01 2008 01:57:02   rr.bak
    7  drw-              -  Oct 01 2008 01:59:04   syslogfile
    8  drw-              -  Oct 01 2008 01:59:04   resetinfo
    9  -rw-     14,739,476  Oct 01 2008 00:03:12   s5700si-v200r001c00spc300.cc
   10  -rw-            886  Oct 01 2008 04:31:26   vrpcfg.zip

32,593 KB total (16,472 KB free)

<S5700-24TP-SI>
```

（17）其他常用命令

- 查看指定接口配置

```
<S5700-24TP-SI> dis interface g 0/0/1
GigabitEthernet0/0/1 current state : DOWN
Line protocol current state : DOWN
Description:
Switch Port, PVID :    10, TPID : 8100(Hex), The Maximum Frame Length is 1600
IP Sending Frames' Format is PKTFMT_ETHNT_2, Hardware address is f84a-bf5a-d640
Current system time: 2008-10-01 04:43:44-05:13
Port Mode: COMMON COPPER
Speed :    10,   Loopback: NONE
Duplex: HALF,   Negotiation: ENABLE
Mdi    : AUTO
Last 300 seconds input rate 0 bits/sec, 0 packets/sec
Last 300 seconds output rate 0 bits/sec, 0 packets/sec
Input peak rate 0 bits/sec, Record time: -
Output peak rate 0 bits/sec, Record time: -
Input:   0 packets, 0 bytes
Unicast         :                    0, Multicast          :                0
Broadcast       :                    0, Jumbo              :                0
CRC             :                    0, Giants             :                0
Jabbers         :                    0, Fragments          :                0
Runts           :                    0, DropEvents         :                0
Alignments      :                    0, Symbols            :                0
Ignoreds        :                    0, Frames             :                0
```

```
Discard          :                    0, Total Error          :              0
Output:   0 packets, 0 bytes
Unicast          :                    0, Multicast            :              0
Broadcast        :                    0, Jumbo                :              0
Collisions       :                    0, Deferreds            :              0
Late Collisions:                      0, ExcessiveCollisions:                0
Buffers Purged :                      0
Discard          :                    0, Total Error          :              0
    Input bandwidth utilization threshold : 100.00%
    Output bandwidth utilization threshold: 100.00%
    Input bandwidth utilization  :     0%
    Output bandwidth utilization :     0%

<S5700-24TP-SI>
```

- 查看各接口状态

```
<S5700-24TP-SI>dis interface brief
PHY: Physical
*down: administratively down
(l): loopback
(s): spoofing
(b): BFD down
(e): ETHOAM down
(dl): DLDP down
(d): Dampening Suppressed
InUti/OutUti: input utility/output utility
Interface                   PHY   Protocol InUti OutUti   inErrors  outErrors
GigabitEthernet0/0/1        down   down        0%      0%        0          0
GigabitEthernet0/0/2        down   down        0%      0%        0          0
GigabitEthernet0/0/3        down   down        0%      0%        0          0
GigabitEthernet0/0/4        down   down        0%      0%        0          0
GigabitEthernet0/0/5        down   down        0%      0%        0          0
GigabitEthernet0/0/6        down   down        0%      0%        0          0
GigabitEthernet0/0/7        down   down        0%      0%        0          0
GigabitEthernet0/0/8        down   down        0%      0%        0          0
GigabitEthernet0/0/9        down   down        0%      0%        0          0
GigabitEthernet0/0/10       down   down        0%      0%        0          0
GigabitEthernet0/0/11       down   down        0%      0%        0          0
GigabitEthernet0/0/12       down   down        0%      0%        0          0
GigabitEthernet0/0/13       down   down        0%      0%        0          0
GigabitEthernet0/0/14       down   down        0%      0%        0          0
GigabitEthernet0/0/15       down   down        0%      0%        0          0
GigabitEthernet0/0/16       down   down        0%      0%        0          0
GigabitEthernet0/0/17       down   down        0%      0%        0          0
GigabitEthernet0/0/18       down   down        0%      0%        0          0
GigabitEthernet0/0/19       down   down        0%      0%        0          0
GigabitEthernet0/0/20       down   down        0%      0%        0          0
GigabitEthernet0/0/21       down   down        0%      0%        0          0
GigabitEthernet0/0/22       down   down        0%      0%        0          0
GigabitEthernet0/0/23       down   down        0%      0%        0          0
GigabitEthernet0/0/24       down   down        0%      0%        0          0
MEth0/0/1                     up     down    0.01%     0%        0          0
```

```
NULL0                      up     up(s)      0%     0%       0       0
Vlanif1                    down   down       --     --       0       0
Vlanif10                   down   down       --     --       0       0
Vlanif20                   down   down       --     --       0       0
<S5700-24TP-SI>
```

- 查看路由表

```
<S5700-24TP-SI> dis ip routing-table
Route Flags: R - relay, D - download to fib
------------------------------------------------------------------------------
Routing Tables: Public
         Destinations : 2        Routes : 2

Destination/Mask    Proto   Pre  Cost      Flags NextHop         Interface

      127.0.0.0/8   Direct  0    0           D   127.0.0.1       InLoopBack0
      127.0.0.1/32  Direct  0    0           D   127.0.0.1       InLoopBack0

<S5700-24TP-SI>
```

- 重启设备，会提示是否对当前配置进行保存

```
<S5700-24TP-SI> reboot
Info: The system is now comparing the configuration, please wait.
Info: If want to reboot with saving diagnostic information, input 'N' and then execute 'reboot save diagnostic-information'.
System will reboot! Continue?[Y/N]:y
```

- 清除当前保存的设备配置，清除完毕后需要重启设备才能重新配置

```
<S5700-24TP-SI>reset saved-configuration
Warning: The action will delete the saved configuration in the device.
The configuration will be erased to reconfigure. Continue? [Y/N]:y 此提示询问是否擦除配置，此处一定执行 y
Warning: Now clearing the configuration in the device.
Info: Succeeded in clearing the configuration in the device.
<S5700-24TP-SI>

<S5700-24TP-SI>reboot
Info: The system is now comparing the configuration, please wait.
Warning: All the configuration will be saved to the configuration file for the next startup:, Continue?[Y/N]:n
此处一定执行 n，此提示是问当前配置是否要保存，应该不保存，因为我们刚刚执行了配置清空操作，但是交换机当前运行在内存中的配置依然起着作用，所以不应该再保存回 flash 里，否则我们执行的配置清空操作就没有任何意义。
Info: If want to reboot with saving diagnostic information, input 'N' and then execute 'reboot save diagnostic-information'.
System will reboot! Continue?[Y/N]:y   提示重启，输入 y
Info: system is rebooting ,please wait...
System reboot at 04:56:21
```

1.3.6 采用华为交换机组网配置实例——VLAN 划分

图 1-3-5 是某医院网络拓扑图，该医院采用了华为系列交换机组网。

在图 1-3-5 中，外科楼 1 层核心交换机、机房核心交换机、门诊楼、内科楼 8 层交换机、1 楼走廊交换机、1 楼药房接入交换机、2 楼彩超室、3 楼大会计室都通过光纤连接。整个楼划分了 VLAN11、VLAN12、VLAN13、VLAN14、VLAN15、VLAN16、VLAN17、VLAN18

共 8 个 VLAN。下面介绍关键交换机的端口划分。

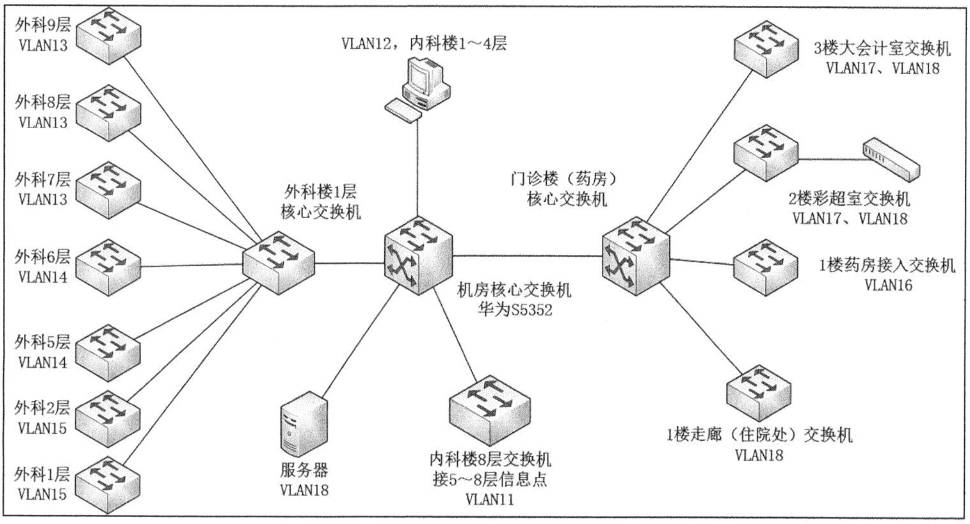

图 1-3-5　某医院网络拓扑图

机房核心交换机的端口划分如表 1-10 所示。

表 1-10　机房核心交换机端口划分

机房核心交换机					
设备型号：	华为 5352		生产厂商：	华为技术有限公司	
设备名称：	HW5352C		用户密码：		
设备位置：	内科楼 1 楼机房		管理地址：		
端口号	端口号	部门	VLAN	IP	网关
G0/0/1～G0/0/36		接内科楼 1～4 层	14	192.168.14.254	192.168.14.254
G0/0/37～G0/0/46		接机房服务器	18	192.168.18.254	192.168.18.254
G0/0/47～G0/0/48			TRUNK		
G0/1/1		接内科楼，8 层交换机 23/24 口，光接口	TRUNK		
G0/1/2		接门诊楼，1 层交换机，光接口	TRUNK		
G0/1/3		接外科楼核心交换机 23/24 口，光接口	TRUNK		
G0/1/4		备用	TRUNK		

核心交换机的主要配置如下（启用 DHCP，为各工作站自动分配 IP 地址，DNS 地址为 192.168.18.253），其中#后面的是注释信息。

```
#
!Software Version V100R005C01SPC100
 sysname HW5352C
# 创建 VLAN3、VLAN11、VLAN12～VLAN18、VLAN100
 vlan batch 3 11 to 18 100
#
# 启用 DHCP
 dhcp enable
#
```

```
#创建地址池
 ip pool vlan11
 ip pool vlan12
 ip pool vlan13
 ip pool vlan14
 ip pool vlan15
 ip pool vlan16
 ip pool vlan17
 ip pool vlan100
#为 VLAN11 配置地址池，配置地址段、网关地址、DNS 地址、WINS 服务器地址，设置域名为 msft.local
ip pool vlan11
#设置网关地址
 gateway-list 192.168.11.254
#配置子网范围
 network 192.168.11.0 mask 255.255.255.0
#设置排除范围，排除的范围将不用来分配
excluded-ip-address 192.168.11.1 192.168.11.30
#指定 DNS 地址
 dns-list 192.168.18.253
#指定 WINS 服务器地址
 nbns-list 192.168.18.253
#设置域名后缀
 domain-name msft.local
#
ip pool vlan12
 gateway-list 192.168.12.254
 network 192.168.12.0 mask 255.255.255.0
excluded-ip-address 192.168.12.1 192.168.12.30
 dns-list 192.168.18.253
 nbns-list 192.168.18.253
 domain-name msft.local
#
#vlan13 与 vlan16 的地址池与上述类似，不重复添加
#
ip pool vlan17
 gateway-list 192.168.17.254
 network 192.168.17.0 mask 255.255.255.0
excluded-ip-address 192.168.17.1 192.168.17.30
 dns-list 192.168.18.253
 nbns-list 192.168.18.253
 domain-name msft.local
#
ip pool vlan100
 gateway-list 192.168.100.254
 network 192.168.100.0 mask 255.255.255.0
excluded-ip-address 192.168.100.1 192.168.100.30
 dns-list 192.168.18.253
 nbns-list 192.168.18.253
 domain-name msft.local
# 配置 vlan18，为 vlan18 设置网关地址为 192.168.18.254
interface Vlanif18
 ip address 192.168.18.254 255.255.255.0
#
```

```
interface Vlanif11
 ip address 192.168.11.254 255.255.255.0
 dhcp select global
#
interface Vlanif12
 ip address 192.168.12.254 255.255.255.0
 dhcp select global
#
interface Vlanif13
 ip address 192.168.13.254 255.255.255.0
 dhcp select global
#
interface Vlanif14
 ip address 192.168.14.254 255.255.255.0
 dhcp select global
#
interface Vlanif15
 ip address 192.168.15.254 255.255.255.0
 dhcp select global
#
interface Vlanif16
 ip address 192.168.16.254 255.255.255.0
 dhcp select global
#
interface Vlanif17
 ip address 192.168.17.254 255.255.255.0
 dhcp select global
#
interface Vlanif100
 ip address 192.168.100.254 255.255.255.0
 dhcp select global
#
interface MEth0/0/1
# 将端口 1 划分到 vlan14
interface GigabitEthernet0/0/1
 port link-type access
 port default vlan 14
 ntdp enable
 ndp enable
 bpdu enable
#
interface GigabitEthernet0/0/2
 port link-type access
 port default vlan 14
 ntdp enable
 ndp enable
 bpdu enable
（说明，3～35 端口配置相同）
interface GigabitEthernet0/0/36
 port link-type access
 port default vlan 14
 ntdp enable
 ndp enable
```

```
 bpdu enable
#
interface GigabitEthernet0/0/37
port link-type access
 port default vlan 18
 ntdp enable
 ndp enable
 bpdu enable
#
（说明，38～46 端口与 37 端口相同）
# 将 47 端口配置为 trunk，并允许所有 vlan 通过
interface GigabitEthernet0/0/47
 port link-type trunk
 port trunk allow-pass vlan 2 to 4094
 ntdp enable
 ndp enable
 bpdu enable
#
interface GigabitEthernet0/0/48
 port link-type trunk
 port trunk allow-pass vlan 2 to 4094
 ntdp enable
 ndp enable
 bpdu enable
#
interface GigabitEthernet0/1/1
 port link-type trunk
 port trunk allow-pass vlan 2 to 4094
 ntdp enable
 ndp enable
 bpdu enable
#
interface GigabitEthernet0/1/2
 port link-type trunk
 port trunk allow-pass vlan 2 to 4094
 ntdp enable
 ndp enable
 bpdu enable
#
interface GigabitEthernet0/1/3
 port link-type trunk
 port trunk allow-pass vlan 2 to 4094
 ntdp enable
 ndp enable
 bpdu enable
#
interface GigabitEthernet0/1/4
 port link-type trunk
 port trunk allow-pass vlan 2 to 4094
 ntdp enable
 ndp enable
 bpdu enable
```

其他楼接入交换机端口划分如表 1-11～表 1-17 所示。

表 1-11　　内科楼 8 楼接入交换机

内科楼 8 楼接入交换机					
设备型号：	华为 5724		生产厂商：	华为技术有限公司	
设备名称：	HW5724-NeiKe8F		用户密码：		
设备位置：	内科楼 8 楼机柜		管理地址：	192.168.11.253	
端口号	端口号	部门	VLAN	IP	网关
G0/0/1～G0/0/22		接内科楼 5～8 层	11	192.168.11.0/24	192.168.11.254
G0/0/23～G0/0/24		接机房核心交换机第 1 个光接口	TRUNK		

表 1-12　　门诊楼 1 楼接入交换机

门诊楼 1 楼核心（接入）交换机					
设备型号：	华为5352		生产厂商：	华为技术有限公司	
设备名称：	HW5352C-MZ11		用户密码：	192.168.100.11	
设备位置：	门诊楼 1 楼药房机柜上		管理地址：	192.168.16.253	
端口号	端口号	部门	VLAN	IP	网关
G0/0/1		接门诊 2 楼交换机 23/24 口	TRUNK		
G0/0/2		接 1 楼住院处交换机 23/24 口	TRUNK		
G0/0/3		接门诊 3 楼交换机 23/24 口	TRUNK		
G0/0/4		接药房机柜交换机 23/24 口	TRUNK		
G0/0/5～G0/0/24		接门诊 1 层交换机	16	192.168.16.0/24	192.168.16.254
G0/0/25～G0/0/48		上联端口，接机房核心交换机第 2 光口	18	192.168.16.0/24	192.168.16.254
G0/1/1～G0/1/4			TRUNK		

表 1-13　　门诊楼 1 楼药房接入交换机

门诊楼 1 楼药房接入交换机					
设备型号：	华为 5724		生产厂商：	华为技术有限公司	
设备名称：	HW5724-MZ12		用户密码：	192.168.100.12	
设备位置：	门诊楼 1 楼药房机柜		管理地址：	192.168.16.252	
端口号	端口号	部门	VLAN	IP	网关
G0/0/1～G0/0/22		接药房、门诊 1 楼	16	192.168.16.0/24	192.168.16.254
G0/0/23～G0/0/24		接机柜上交换机 1～4 个电接口其中之一	TRUNK		

表 1-14　　门诊楼 1 楼住院处接入交换机

门诊楼 1 楼住院处接入交换机（走廊交换机）					
设备型号：	华为 5724		生产厂商：	华为技术有限公司	
设备名称：	HW5724-MZ13		用户密码：	192.168.18.250	
设备位置：	门诊楼 1 楼住院处机柜		管理地址：	192.168.100.13	
端口号	端口号	部门	VLAN	IP	网关
G0/0/1～G0/0/22		1 楼各房间	18	192.168.18.0/24	192.168.18.254
G0/0/23～G0/0/24		接药房交换机第 2 个电接口	TRUNK		

表 1-15　　门诊楼 2 楼彩超室接入交换机

门诊楼 2 楼彩超室接入交换机					
设备型号：	华为 5724		生产厂商：	华为技术有限公司	
设备名称：	HW5724-MZ21		用户密码：		
设备位置：	门诊楼 2 楼彩超室机柜		管理地址：	192.168.100.21	
端口号	端口号	部门	VLAN	IP	网关
G0/0/1～G0/0/10		2 层各房间	17	192.168.17.0/24	192.168.17.254
G0/0/11～G0/0/22		PACS 设备	18	192.168.18.0/24	192.168.18.254
G0/0/23～G0/0/24		接 1 楼机柜上交换机 1～4 个电接口之一	TRUNK		

表 1-16　　门诊楼 3 楼接入交换机

门诊楼 3 楼大会议室接入交换机					
设备型号：	华为 5724		生产厂商：	华为技术有限公司	
设备名称：	HW5724-MZ31		用户密码：		
设备位置：	门诊楼 3 楼大会议室机柜		管理地址：	192.168.100.31	
端口号	端口号	部门	VLAN	IP	网关
G0/0/1～G0/0/18		3 层各房间	17	192.168.17.0/24	192.168.17.254
G0/0/19～G0/0/20		PACS 设备	18	192.168.18.0/24	192.168.18.254
G0/0/21～G0/0/22		3 层各房间	17	192.168.17.0/24	192.168.17.254
G0/0/23～G0/0/24		接1楼机柜上交换机1～4个电接口之一	TRUNK		

表 1-17　　外科楼负一层机房核心交换机

外科楼负一层机房核心交换机					
设备型号：	华为 5724		生产厂商：	华为技术有限公司	
设备名称：	HW5724-WKHX		用户密码：		
设备位置：	外科楼负一层机房核心交换机		管理地址：	192.168.100.252	
端口号	端口号	部门	VLAN	IP	网关
G0/0/1～G0/0/6		接 7、8、9 层接入交换机	13	192.168.13.0/24	192.168.13.254
G0/0/7～G0/0/12		接 4、5、6 层接入交换机	14	192.168.14.0/24	192.168.14.254
G0/0/13～G0/0/22		接 1、2 层接入交换机	15	192.168.15.0/24	192.168.15.254
G0/0/23～G0/0/24		接1楼机房交换机23、24 口	TRUNK		

内科楼 8 楼交换机的主要配置如下：

```
#设置交换机的名称
sysname HW5724-NeiKe8F
#创建 VLAN
vlan batch 11 to 18 100
```

```
#允许 DHCP
dhcp enable
dhcp server detect
#设置 VLAN 接口地址，该地址也是交换机的管理地址
interface Vlanif11
 ip address 192.168.11.253 255.255.255.0
#将 1～22 划分到 VLAN11
interface GigabitEthernet0/0/1
 port link-type access
 port default vlan 11
 ntdp enable
 ndp enable
 bpdu enable
#
interface GigabitEthernet0/0/22
 port link-type access
 port default vlan 11
 ntdp enable
 ndp enable
 bpdu enable
#将 23、24 配置为 TRUNK 端口，并允许所有 VLAN 通过，该端口即上联到核心交换机的端口
interface GigabitEthernet0/0/23
 port link-type trunk
 port trunk allow-pass vlan 2 to 4094
 ntdp enable
 ndp enable
 bpdu enable
#
interface GigabitEthernet0/0/24
 port link-type trunk
 port trunk allow-pass vlan 2 to 4094
 ntdp enable
 ndp enable
 bpdu enable
#
#添加静态路由，指向核心交换机
 ip route-static 0.0.0.0 0.0.0.0 192.168.11.254
```

其他交换机的配置与此类似，我们再介绍一个交换机的配置，下面是“门诊楼 3 楼大会议室交换机”的配置。

```
#设置交换机的名称
sysname HW5724-MZ31
#创建 VLAN
 vlan batch 2 to 3 11 to 18 100
#允许 DHCP
dhcp enable
dhcp server detect
#设置 VLAN 接口地址，该地址也是交换机的管理地址
interface Vlanif100
 ip address 192.168.100.31 255.255.255.0
#将端口 1～18 分配到 VLAN17
interface GigabitEthernet0/0/1
 port link-type access
 port default vlan 17
```

```
 ntdp enable
 ndp enable
 bpdu enable
#
interface GigabitEthernet0/0/18
 port link-type access
 port default vlan 17
 ntdp enable
 ndp enable
 bpdu enable
#
#将 19、20 分配为 VLAN18
#
interface GigabitEthernet0/0/19
 port link-type access
 port default vlan 18
 ntdp enable
 ndp enable
 bpdu enable
#
interface GigabitEthernet0/0/20
 port link-type access
 port default vlan 18
 ntdp enable
 ndp enable
 bpdu enable
#将 21、22 分配为 VLAN17
#
interface GigabitEthernet0/0/21
 port link-type access
 port default vlan 17
 ntdp enable
 ndp enable
 bpdu enable
#
interface GigabitEthernet0/0/22
 port link-type access
 port default vlan 17
 ntdp enable
 ndp enable
 bpdu enable
#将 23、24 配置为 TRUNK 端口，并允许所有 VLAN 通过
interface GigabitEthernet0/0/23
 port link-type trunk
 port trunk allow-pass vlan 2 to 4094
 ntdp enable
 ndp enable
 bpdu enable
#
interface GigabitEthernet0/0/24
 port link-type trunk
 port trunk allow-pass vlan 2 to 4094
 ntdp enable
```

```
 ndp enable
 bpdu enable
#添加静态路由，指向核心交换机
 ip route-static 0.0.0.0 0.0.0.0 192.168.100.254
```

其他交换机的配置，可以参考本示例，本节不再一一介绍。

1.3.7　使用服务器提供 DHCP 服务的交换机配置

在上一节的配置中，在交换机中启用了 DHCP 服务，并为各个 VLAN 配置了地址池、DNS 与 WINS 服务器地址、网关。接到交换机上的用户，只要配置为“自动获得 IP 地址”与“自动获得 DNS 地址”，就可以从交换机获得所需要的 IP 地址，并能访问网络（当然，用户也可以选择自己设置 IP 地址、子网掩码、网关与 DNS，只要设置与所属网段相同的地址，并与网络中其他计算机不冲突即可）。

在 Windows 网络中，DHCP 服务器分配的信息更多，例如可以使用 DHCP 分配 KMS 服务器信息，让 Windows Vista 及 Office 2010 的计算机自动从 KMS 服务器激活。所以，在 Windows 网络中，通常不使用交换机集成的 DHCP Server，而是使用计算机配置 DHCP 服务，这时候就需要在交换机中配置 DHCP Relay（DHCP 中继），让三层交换机转发工作站的 DHCP 客户端请求到网络中的 DHCP 服务器。图 1-3-6 所示是一个典型的 Windows 网络，配置了 Active Directory 服务器、DHCP 服务器、Windows 部署服务。

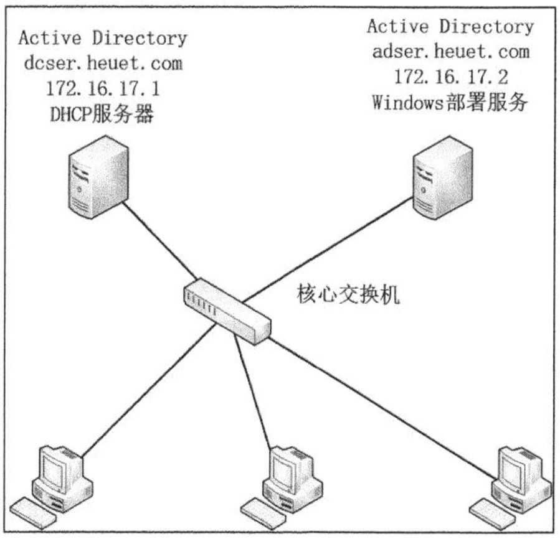

图 1-3-6　Windows 网络示意

在图 1-3-6 中，网络中有 Active Directory（DNS 服务器）、DHCP 服务器、Windows 部署服务，需要在三层交换机中配置 DHCP 中继，并且指定 DHCP 中继的 IP 地址为网络中 DHCP 服务器地址及 Windows 部署服务地址。

在当前网络划分了 VLAN1016～VLAN1020 共 5 个 VLAN，服务器属于 vlan1017。在本配置中，为 vlan1017～vlan1020 的网段自动分配 IP 地址，并且 DHCP 服务器的地址是 172.16.17.1（DHCP 服务器）及 172.16.17.2（Windows 部署服务），在本示例中，核心交换机是华为 5700-26TP，交换机主要配置如下。

```
sysname HW5724
#创建 vlan 1016 到 1020.
vlan batch 1016 to 1020
#启用 DHCP 功能
```

```
dhcp enable
#配置 DHCP 服务器组 dhcpgroup1，在组中有两台服务器，分别是 172.16.17.1 及 172.16.17.2
dhcp server group dhcpgroup1
 dhcp-server 172.16.17.1 0
 dhcp-server 172.16.17.2 1
#
#
interface Vlanif1016
 ip address 172.16.16.254 255.255.255.0
#为 vlan1017 配置网关地址
interface Vlanif1017
 ip address 172.16.17.254 255.255.255.0
#在当前 VLAN 配置 DHCP 中继，DHCP 中继使用 DHCP 服务组 dhcpgroup1
 dhcp select relay
 dhcp relay server-select dhcpgroup1
#
interface Vlanif1018
 ip address 172.16.18.254 255.255.255.0
 dhcp select relay
 dhcp relay server-select dhcpgroup1
#
interface Vlanif1019
 ip address 172.16.19.254 255.255.255.0
 dhcp select relay
 dhcp relay server-select dhcpgroup1
#
interface Vlanif1020
 ip address 172.16.20.254 255.255.255.0
 dhcp select relay
 dhcp relay server-select dhcpgroup1
#
interface MEth0/0/1
#将端口 1 划分到 vlan1016
interface GigabitEthernet0/0/1
 port link-type access
 port default vlan 1016
#
interface GigabitEthernet0/0/2
 port link-type access
 port default vlan 1016
#
interface GigabitEthernet0/0/3
 port link-type access
 port default vlan 1016
#
interface GigabitEthernet0/0/4
 port link-type access
 port default vlan 1016
#
interface GigabitEthernet0/0/5
 port link-type access
 port default vlan 1017
#
```

```
interface GigabitEthernet0/0/6
 port link-type access
 port default vlan 1017
#
interface GigabitEthernet0/0/7
 port link-type access
 port default vlan 1018
#
interface GigabitEthernet0/0/8
 port link-type access
 port default vlan 1018
#
interface GigabitEthernet0/0/9
 port link-type access
 port default vlan 1019
#
interface GigabitEthernet0/0/10
 port link-type access
 port default vlan 1019
#
interface GigabitEthernet0/0/11
 port link-type access
 port default vlan 1020
#
interface GigabitEthernet0/0/12
 port link-type access
 port default vlan 1020
#将 13～24 配置为 trunk 端口
interface GigabitEthernet0/0/13
 port link-type trunk
 port trunk allow-pass vlan 2 to 4094
#
interface GigabitEthernet0/0/24
 port link-type trunk
 port trunk allow-pass vlan 2 to 4094
#
```

1.4　虚拟化服务器的底层管理

在对服务器进行一些底层的操作时，如进入 CMOS 设置、配置 RAID 卡、安装操作系统，或者服务器出现问题，或者死机需要重新启动时，一般需要到服务器前面接上键盘、鼠标、显示器进行操作，也有的配置网络 KVM，通过网络，使用 KVM 对服务器进行底层的操作。网络 KVM 将服务器的显示界面显示在控制端，使用控制端的键盘、鼠标就可以操作服务器的键盘鼠标，就像在服务器前做一样。使用 KVM 时，还可以将本地镜像通过网络映射到服务器，模拟成服务器的光驱或软驱使用。但网络 KVM 费用较高，而且还需要重新配置一套 KVM 网络（一台集中的 KVM 管理设备，通过 KVM 或网络线缆再接到每台服务器）。

实际上，一些服务器都有类似网络 KVM 的功能，例如 HP 的 iLO、IBM 的 iMM、DELL 服务器提供的 iDRAC 功能，这些功能模块集成在服务器上，进入这些功能配置模块，为这些模块配置一个网络上可以访问的 IP 地址，并将该功能模块接入网络（有一个 RJ45 的接口），通过网络，使用 Web 浏览器，即可实现对服务器的远程（底层）管理及操作，包括打开或关闭服务器的电源、加载镜像到服务器（可以模拟服务器光驱、软驱使用）、将服务器的运行界面显示在控制台、实现远程 KVM 的功能等。现在无论是 HP 的 iLO，还是 IBM 的 iMM 或 Dell 的 iDRAC，使用起来都大同小异，一般是使用 Web 浏览器，需要 JAVA 运行环境来远程管理服务器。下面我们一一介绍。

1.4.1 使用 HP iLO 功能实现服务器的监控与管理

目前 HP 系列服务器，如 HP DL380 Gen8 服务器背面一共有 5 个 RJ45 接口，其中左边有 2 个网卡，当中 1 个 iLO 管理网卡，右边有 2 个。其中显示 iLO 的只能用于管理，不能用于业务生产使用。你可以将 iLO 网卡连接到网络，为其设置一个 IP 地址，通过 iLO，使用 IE 浏览器即可以远程配置、管理服务器，并查看服务器的显示界面，使用本地键盘、鼠标控制服务器，可以加载本地 ISO 文件或本地光盘到服务器，用于系统安装与配置。

iLO 是 Integrated Ligths-out 的简称，是 HP 服务器上集成的远程管理端口，它是一组芯片，内部集成 vxworks 嵌入式操作系统，通过一个标准 RJ45 接口连接到工作环境的交换机。iLO 自己有处理器、存储和网卡，默认网卡配置是 DHCP,可以在服务器启动的时候进入 iLO 的 ROM based configuration utility 修改 IP 地址、管理用户名及密码。在服务器刚买的时候，在其面板左侧，会有一个白色的纸吊牌，上面写着 iLO 网卡上的 DNS name 和用户名、密码，一般不要修改，如果修改之后，可以进入 iLO 设置将其复原，一般是创建一个新的管理账户及密码。

只要将服务器接入网络，并且没有断开服务器的电源，不管 HP 服务器处于何种状态（开机、关机、重启），都可以允许用户通过网络进行远程管理。简单来说，iLO 是高级别的远程 KVM 系统，可以将服务器的显示信息显示在本地，并且使用本地的键盘鼠标控制、操作服务器，并可以将本地的光盘镜像、文件夹作为虚拟光驱映射并加载到服务器中。使用 iLO，可以完成的 BIOS 设置、磁盘 RAID 配置、操作系统的安装等底层的工作，并且可以在完成系统安装后实现系统的远程控制与管理。本文将介绍 iLO 的使用内容。

1. 为 iLO 设置管理 IP 地址

iLO 有自己的处理器、存储和网卡，默认网卡的配置是 DHCP。管理员可以在 HP 服务器刚开始启动的时候进入 iLO 界面修改 IP、添加或修改管理用户名与密码。HP 服务器的初始密码在前面板左侧的一个吊牌中，将其拉出就可以看到初始的用户名（Administrator）与初始密码。

如果你的网络中有 DHCP 服务器，可以将 iLO 管理网卡（在服务器后面板上，有个 iLO 标记的 RJ45 端口）通过 RJ45 网线连接到交换机，等一会，登录 DHCP 服务器，查看新分配的 IP 地址，假设为 192.168.1.234，则登录 https://192.168.1.234 即可以看到 iLO 的管理界面，输入初始用户名与密码就可以进入。进入之后，为了以后管理的方便，建议为服务器规划 iLO 管理地址。例如，在我所管理的网络中有 4 台 HP DL388 的服务器，我规划这 4 台服务器的管理地址分别是 192.168.1.31、192.168.1.32、192.168.1.33、192.168.1.34。在进入 iLO 的管理界面后，在左侧窗格选择“Administrator→Network”，在右侧窗格选择“IP&NIC Settings”选项卡，取消“Enable DHCP”的选择，然后设置 IP 地址、子网掩码、网关，也可以在“iLO Subsystem Name”后面为管理的服务器设置计算机名称，如图 1-4-1 所示的 HP 服务器安装的是 Forefront TMG 2010，则设置系统名称为 TMG2010。

【说明】 如果你的网络中没有 DHCP，则需要在服务器开机之后，按 F8 热键进入 iLO 的设置界面，为 iLO 设置管理地址、添加新的管理员用户与密码。

2. 设置时区与时间服务器

iLO 默认的时区是格林尼治标准时间，iLO 会根据这个时间记录服务器的日志。如果你要让日志记录的时间符合当前的需要，例如我们当前是 GMT+8，可以在“Administrator→Network→SNTP Settings”中，在“Timezone”下拉列表中选择“Asia/Shanghai”时间，如果网络中有时间服务器，可以在“Primary Time Server”中输入时间服务器的地址，如图 1-4-2 所示。

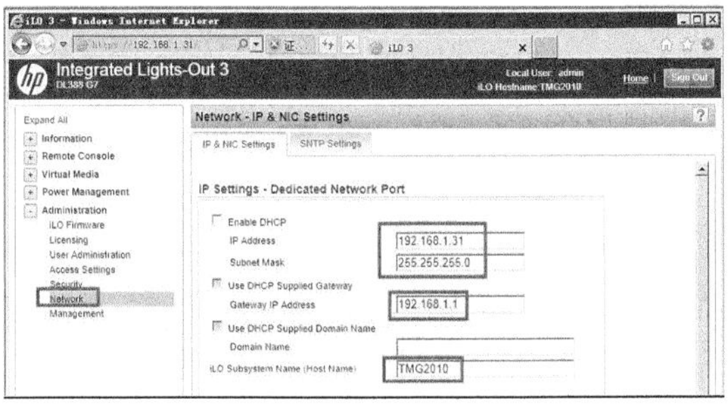

图 1-4-1　设置 iLO 管理地址与系统名称

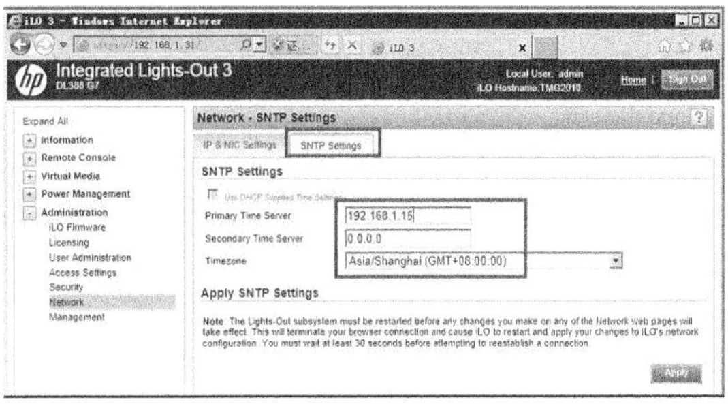

图 1-4-2　修改时区

在设置了网卡地址与时区之后，单击“Apply”按钮，让设置生效，iLO 会重新启动。如果你设置的 IP 地址与网络中的其他地址冲突，当前设置不会更改，你需要重新修改 IP 地址。

【说明】 如果在图 1-4-2 所示界面没有“SNTP Settings”设置的选项卡，表示你的 iLO 的硬件版本比较低，可以在 HP 网站下载 iLO 升级程序将其更新。

3. 添加管理用户名

在 HP 服务器的前面板的吊牌上写有每个服务器的 iLO 的管理员账户与密码，通常情况下不建议修改这个密码，但这个密码不好记，这时就需要为 iLO 管理添加一个新的管理员账户，你可以在“Administrator→User Administrator”中添加新的管理员账户，并设置管理员账户的功能，如图 1-4-3 所示。

4. 添加 License

iLO 在默认情况下是不支持图形界面的远程管理的，你需要从 HP 经销商处购买 iLO 的 License 号码，并在“Administrator→Licensing”处输入该 License 号，才能实现图形界面的远程管理功能，如图 1-4-4 所示。

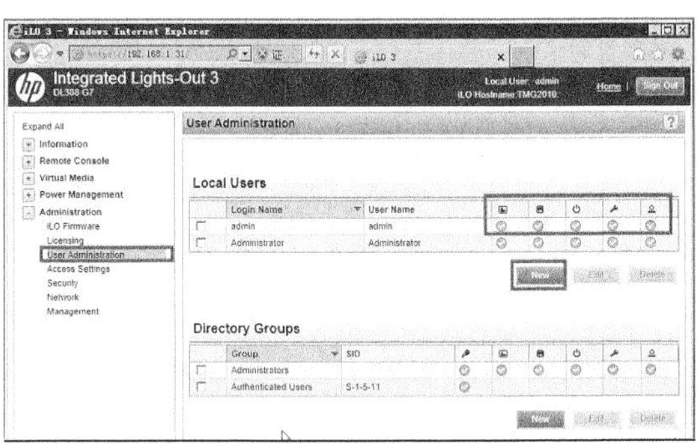

图 1-4-3　添加管理员账户

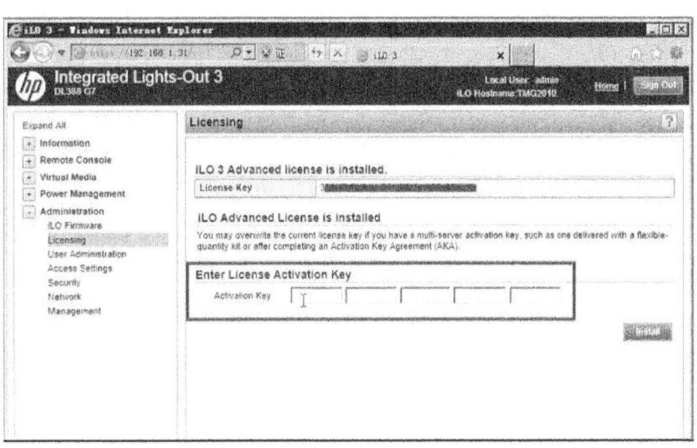

图 1-4-4　输入 iLO 的 License

5. 服务器电源控制

如果服务器死机，或者服务器没有开机，你可以在“Power Management”中实现服务器的开机、关机、重启等操作，如图 1-4-5 所示。

6. 虚拟光驱与软驱功能

如果管理的服务器没有光驱，或者虽然有光驱，但没有光盘，或者在远程管理的情况下，不能向服务器插入光盘，你可以在 iLO 中使用“Virtual Media”功能，将网络中的 ISO 或软盘镜像映射到服务器中。在“Virtual Media→Virtual Media”，你可以将光盘镜像的 URL 详细地址输入在“Scripted Media URL”中，然后单击“Insert Media”按钮映射镜像到服务器中，如图 1-4-6 所示。你可以在网络中建个 HTTP 服务器，并启用目录浏览功能，浏览查看并复制所需要的光盘镜像地址后，将下载地址粘贴到“Scripted Media URL”中。

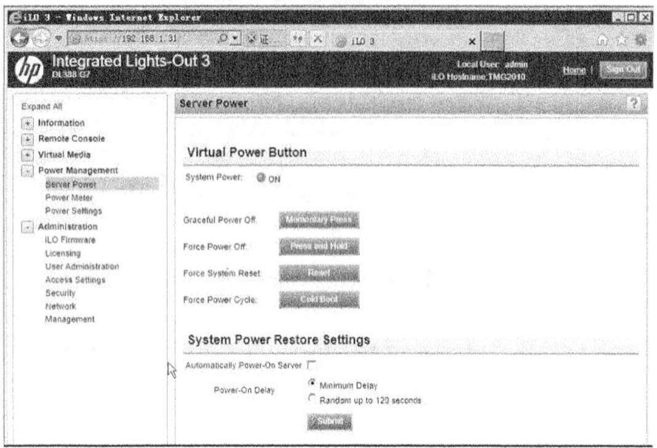

图 1-4-5　服务器电源控制

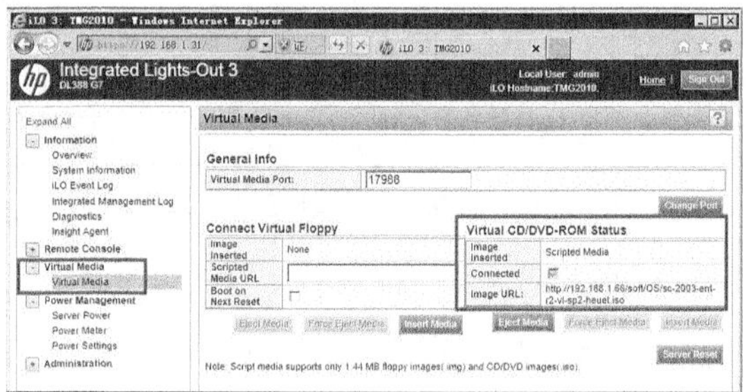

图 1-4-6　加载 HTTP 镜像到服务器

【说明】 如果你要直接加载本地的光盘镜像，稍后在服务器的远程控制中可以实现这一功能。

7. 远程 KVM

在“Remote Console→Remote Console”中，可以实现远程 KVM 功能，一种是使用“Integrated Remote Console”，另一种是使用“Java Integrated Remote Console”，如图 1-4-7 所示。使用后者需要安装 JAVA 运行环境。

不管使用哪种方式，在登录到远程控制台之后，可以直接显示服务器的当前状态，不管服务器是处于自检、启动中，还是启动后，都能看到服务器的显示界面，和直接在服务器前查看服务器的控制台是一样的效果。并且在远程控制中，可以将本地文件夹、镜像文件、URL 地址镜像映射到服务器中作为光驱使用，相关控制如图 1-4-8 所示。

图 1-4-7　远程控制

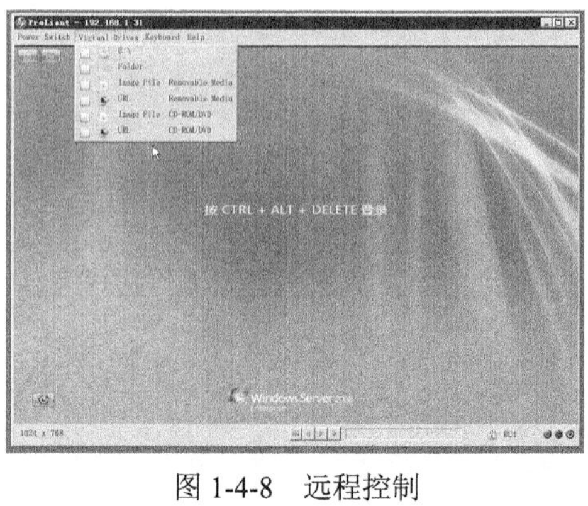

图 1-4-8　远程控制

在“Power Switch”菜单中还可以更改服务器的电源状态，在“Keyboard”中发送 Ctrl+Alt+Del 之后，使用本地键盘，输入管理员账户、密码就可以登录到服务器了。此时使用本地的键盘、鼠标就可以操作远程的服务器。

8. 查看 iLO 日志

在“Information→Integrated Management Log”中可以查看服务器的日志，如图 1-4-9 所示。图 1-4-9 所示界面中提示插在第 3 个内存插槽的内存有问题，这时候就需要更换好的内存。

9. 系统信息

在“Information→System Information”处可以显示当前服务器的信息，如 CPU、内存、电源、网卡，如图 1-4-10 所示。

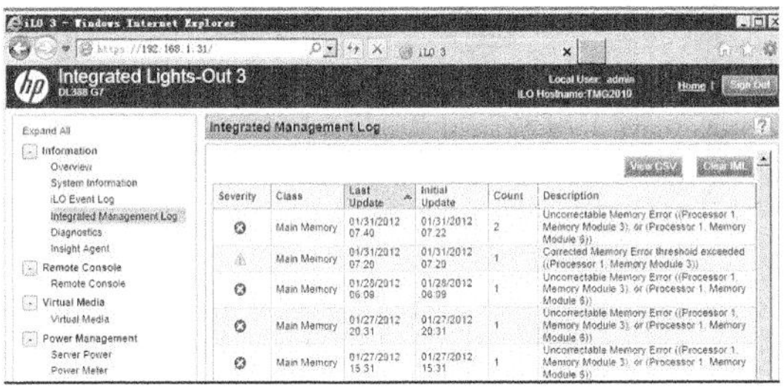

图 1-4-9　iLO 管理日志

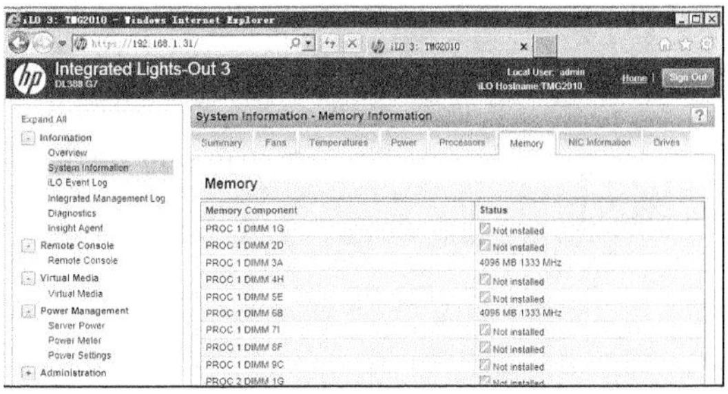

图 1-4-10　系统信息

10. iLO 升级

如果你的 HP 服务器的 iLO 版本比较低，可以登录 HP 官方网站（http://www.hp.com/go/iLO）下载最新的 iLO 的升级程序。下载的 Windows 版本的升级程序是一个名为 cp015457.exe，大小为 6.59MB 的程序，请用 WinRAR 将其解压缩展开，使用名为 ilo3_126.bin，大小为 8MB 的升级文件直接升级即可。升级的方法很简单，登录 iLO 管理界面，在“Administrator→iLO Firmware”中右侧窗口中单击“浏览”按钮选择 iLO 的升级文件，单击“Upload”按钮上传，并在上传完成之后根据向导选择升级即可，如图 1-4-11 所示。

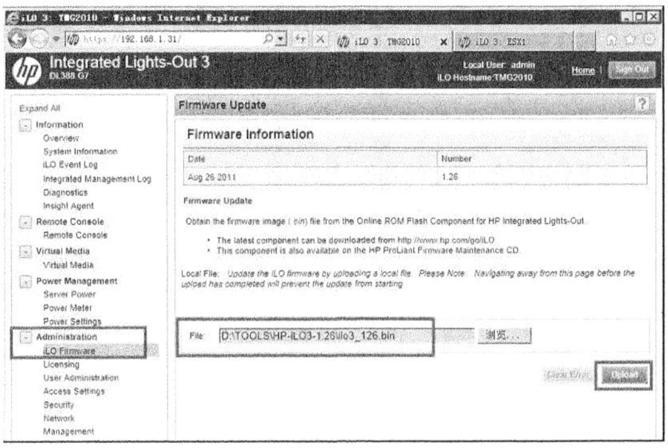

图 1-4-11　上传升级文件

整个升级的过程比较简单，升级大约需要用 2、3 分钟的时间，升级完成之后，iLO 会重新启动。之后关闭 IE，重新登录 iLO 即可。

11. 其他管理与设置

打开服务器的电源，会显示服务器的信息、状态，并且在左下角显示服务器 iLO 获得或分配的 IP，在本示例中当前地址为 172.30.5.241，如图 1-4-12 所示。

此时服务器获得的可能是一个“临时”的地址，你可以在 IE 浏览器中，使用 https 方式登录此地址，并对此地址进行修改。打开 IE 浏览器，使用 https://172.30.5.241。

如果在图 1-4-12 所示界面中，没有从 DHCP 服务器获得 IP 地址，或者忘记 iLO 的管理密码，可以在图 1-4-12 所示界面中按“F8”键，进入 iLO 配置界面，如图 1-4-13 示，选择“执行维护”。

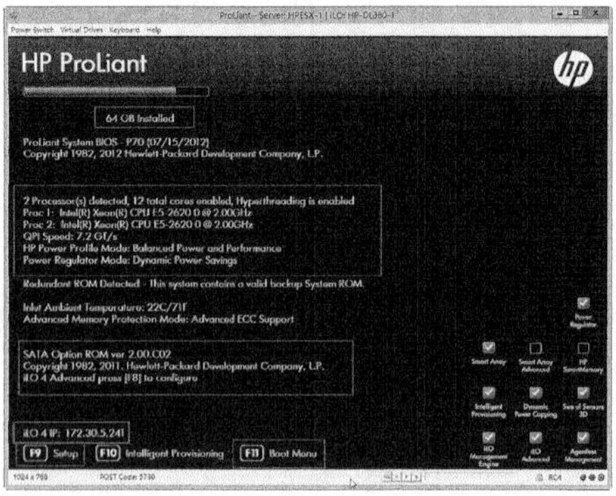

图 1-4-12　服务器信息及 iLO 管理地址

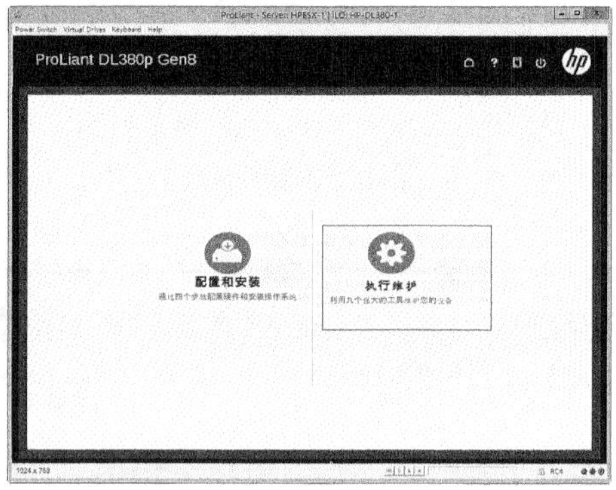

图 1-4-13　执行维护

在配置页中选择“iLO 配置”，如图 1-4-14 所示。

之后为 iLO 添加用户、设置管理地址等，或者“重置”iLO 以恢复到默认配置，如图 1-4-15 所示，这些不一一介绍。

图 1-4-14　iLO 配置

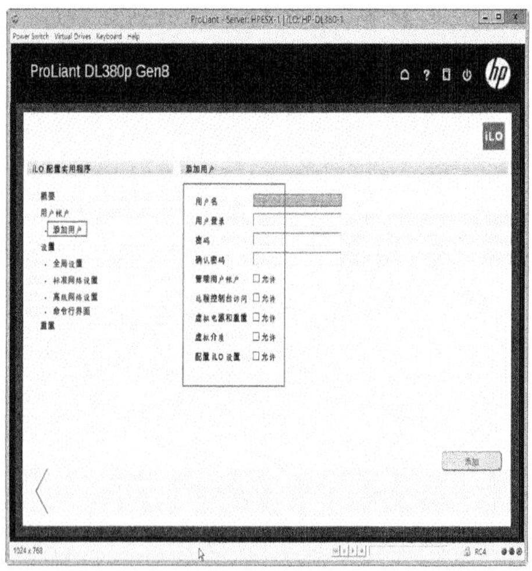

图 1-4-15　配置 iLO

1.4.2　Dell 服务器 iDRAC 配置

Dell 服务器的 iDRAC 在 CMOS 设置中，为其设置 IP 地址。在默认情况下，Dell 服务器的 iDRAC 与服务器网卡的第 1 个端口共用（专门配有 iDRAC 网络接口的除外）。打开服务器的电源后，按“F2”键（或其他热键，具体可以看服务器的屏幕提示），进入“System Setup”对话框，如图 1-4-16 所示。

在此移动光标到“iDRAC Settings”选项，按回车键，进入“iDRAC Settings”，移动光标到“Network”选项，按回车键，如图 1-4-17 所示。

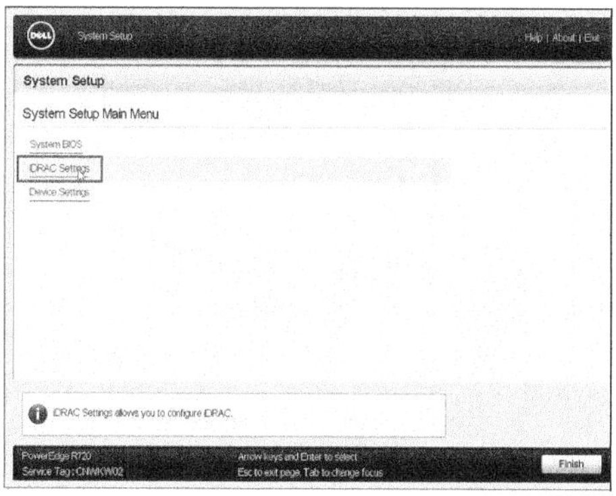

图 1-4-16　系统设置

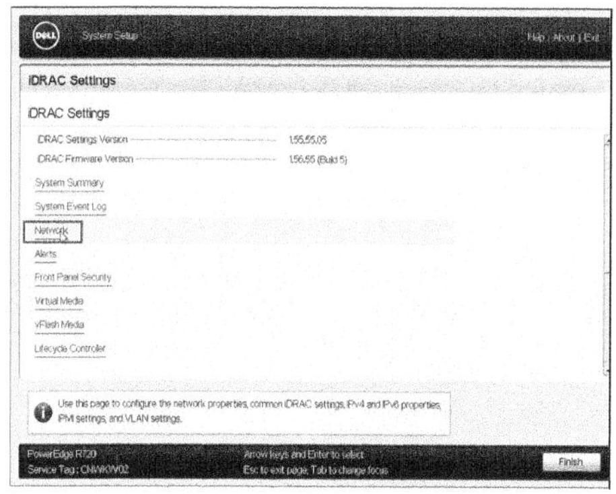

图 1-4-17　网络设置

在“IPV4 SETTINGS”选项中为 iDRAC 设置一个静态管理地址，并设置网关、子网掩码，如图 1-4-18 所示。在此设置 IP 地址为 172.30.30.151。

设置之后，按“ESC”键返回到系统设置页，退出并保存设置。在接下来，简单介绍 iDRAC 的设置。

（1）使用 IE 浏览器，输入 iDRAC 的地址（在此为 https://172.30.30.151），在登录页面，输入默认用户名 root，密码为 calvin，如图 1-4-19 所示。

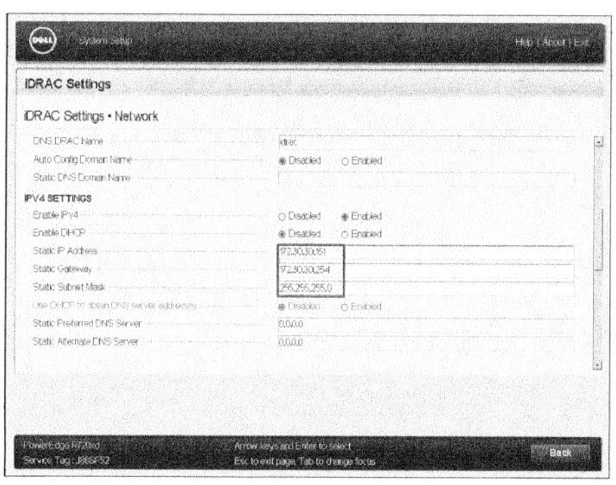

图 1-4-18　设置 iDRAC 管理地址

图 1-4-19　使用默认用户名、密码登录

（2）在第一次登录时，会提示是否更改密码，如图 1-4-20 所示。

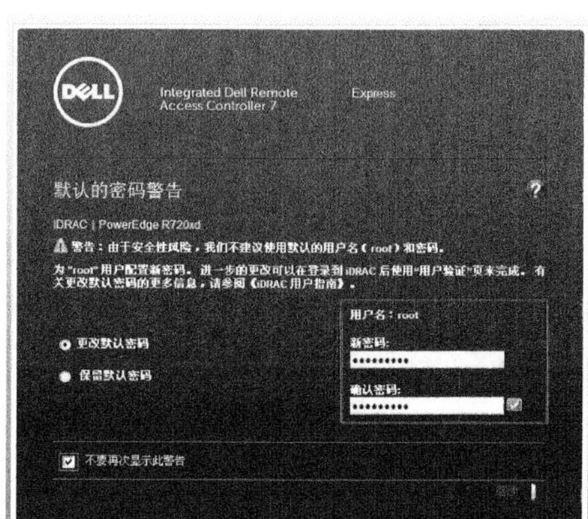

图 1-4-20　更改密码选项

（3）在默认情况下，使用 iDRAC 可以查看日志、开关服务器电源、查看故障、硬件统计等，如果要使用 KVM 功能，还需要购买 iDRAC 企业许可证，如图 1-4-21 所示。

图 1-4-21　虚拟控制台需要 IDRAC 许可证

（4）在“概览→服务器→许可证”选项中，浏览导入 IDRAC 许可证（这是一个 xml 的文本文件，需要从 DELL 公司购买，每个许可证只对应一台服务器）文件，如图 1-4-22 所示。

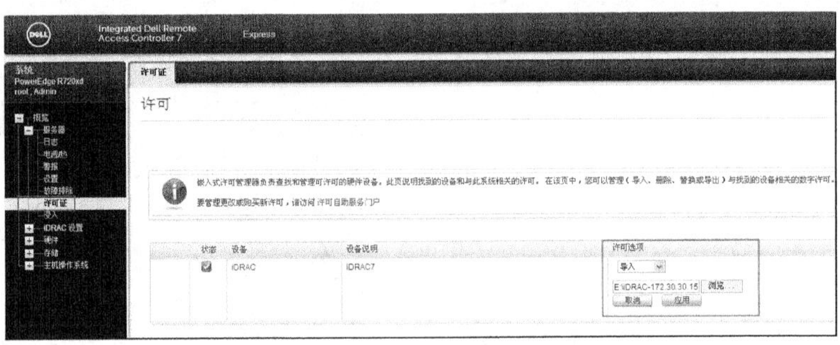

图 1-4-22　导入许可证

导入 IDRAC 许可证之后即可以使用“虚拟控制台”，即 KVM 功能，这些使用与 HP 的 iLO 类似，不再介绍。

1.5　主流服务器的 RAID 配置

现在服务器大多安装了 4～6 个硬盘，这个时候，这些硬盘可以创建 RAID5。服务器上有 8 块或更多的磁盘，如果是偶数盘，建议使用 RAID50。如果是奇数块盘，或者是 RAID 卡不支持 RAID50，则配置 RAID6，或者采用多加一块热备的 RAID5，或者是将硬盘分成两组，其中 4～5 块做一个 RAID5，另几块再做 RAID5。

在创建逻辑磁盘时，最少创建两个逻辑磁盘，其中第一个逻辑磁盘创建得比较小，用于安装操作系统（如果是安装 Windows Server 2008 R2 或 Windows Server 2012 R2，则创建 60GB～100GB；如果用于安装 VMware ESXi，则只需要 10GB 就够了）。剩下的空间划分为第 2 个逻辑磁盘，用作数据分区。

【注意】 碰到 RAID 卡损坏，或者由于 RAID 中有一个硬盘损坏，在更换损坏硬盘并进行数据同步之后，系统不能启动，大多数是因为第一个逻辑磁盘，即系统磁盘数据丢失，而位置“靠后”的第 2 个逻辑分区中的数据基本不会丢失。这也是我建议大家划分两个逻辑分区的另一个重要原因。

最后，也要告诉大家一点，就是在创建磁盘阵列时，需要至少有一块备用的同型号硬盘。没有备用的硬盘，把所有的硬盘都使用上，这也是不可取的。通常情况下，阵列中的硬盘，大多在 3～5 年之后才开始出故障，如果这时候，你的 RAID5 中的一个硬盘出现问题了，需要将故障硬盘替换下来，这时，你还能买到 3 年，甚至更长时间以前的硬盘吗？而且，你的数据有时间等你把硬盘买来吗？所以，在做磁盘阵列的时候，甚至在前期规划的时候，相同的硬盘要至少有一两块备用的，当服务器硬盘有故障时，马上替换，而不是关闭服务器，向领导打报告，等领导指示后再买硬盘，再替换。

大多数的服务器以及存储，都支持“全局热备”功能，可以将多余的硬盘放置在机柜中，设置为全局热备磁盘，如果有故障磁盘，系统会自动用“全局热备”磁盘替换故障磁盘。

【注意】 虽然服务器集中放置在中心机房，管理也是通过网络远程管理，但是，一定要定期对机房进行巡检，要注意服务器是否有报警，尤其是服务器的硬盘是否有故障的“黄灯”或更严重的“红灯”，以及一些报警的声音。新配置的服务器及存储，开始至少要每周检查一次，等 1 个月之后可以两周检查一次。但最长不要超过 1 个月，应该至少每个月检查一下设备，如果设备有故障要及时维修或更换。

大多数服务器 RAID 卡配置都是很类似的，下面介绍两款服务器 RAID 卡配置，其他服务器型号可以参考。

【说明】 一般情况下，我们配置 RAID，是指 RAID5、RAID10 等配置。服务器出厂时的标配只支持 RAID0、RAID1、RAID10，不支持 RAID5。如果要支持 RAID 5，需要为服务器添加缓存（RAID 卡需要）和电池（RAID 卡需要，但并不是必需）。在服务器只有一个硬盘时，如果阵列卡只支持 RAID 1、0、10，不支持 RAID 5，此时一般不需要配置，服务器即可“认出”这块硬盘。如果阵列卡已经升级到支持 RAID 5，单独的一块硬盘也必须配置成 RAID 0 才能使用。例如，在某台服务器中有 5 块硬盘，其中 1 块是 120GB 的固态硬盘，4 块 600GB 的 SAS 磁盘。如果是支持 RAID 5 的阵列卡，你需要创建两个阵列：第 1 个阵列是 1 块 120GB 的硬盘，使用 RAID 0；第 2 个阵列则是 4 块 600GB 的硬盘，根据需要配置多个逻辑磁盘，可以是 RAID 5 或 RAID 10。

在配置 RAID 时，可以根据需要，创建不同的组合。例如，有 6 块磁盘，可以选择 4 或 6 块，将其中的一部分空间划分为 RAID 10（强调磁盘的性能及安全性），将另一部分空间划分为 RAID 5（追求较大的容量、读取性能）。

一般情况下，对于容量较大的 SATA 磁盘，推荐配置为 RAID 10，不推荐采用 RAID 5。

对于性能较高（10000 转、15000 转）、容量较小（600GB、900GB）的 SAS 磁盘，推荐采用 RAID 5。如果有多块 SAS 磁盘，建议每 5～6 块一组，每组不建议超过 8 个。如果阵列卡支持 RAID 50（DELL 、HP），则推荐采用 RAID 50。

1.5.1　Dell R720 服务器配置 RAID 方法

在下面的截图中，服务器安装了 12 块 1TB 的硬盘，准备划分为 RAID10（以实现较高的

IOPS 值），其中第 1 个分区为 100GB，用于安装 VMware ESXi，剩余的空间为第 2 个分区，用作 VMware ESXi 数据存储。划分 RAID 的操作步骤如下所示。

（1）开机启动 Dell 服务器，当出现“PowerEdge Expandable RAID Controller BIOS”对话框时，按 CTRL+R 热键，如图 1-5-1 所示。

（2）进入 RAID 卡配置界面之后，可以看到当前有 12 块 931GB 的硬盘，即 1TB 的硬盘，当前没有 RAID 卡配置信息（显示“No Configuration Present !”），如图 1-5-2 所示。

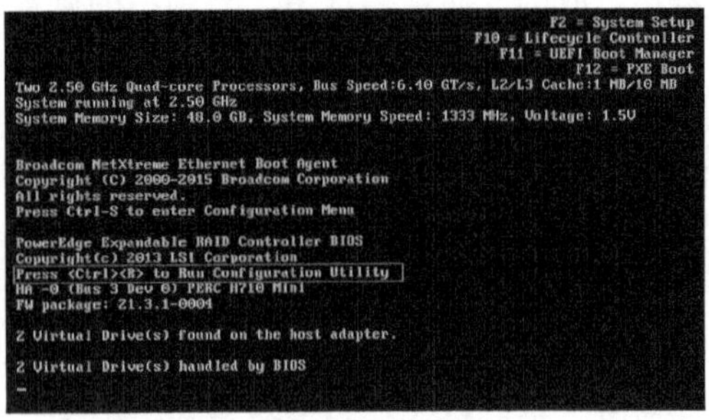

图 1-5-1　按“Ctrl+R”键进入 RAID 卡配置界面

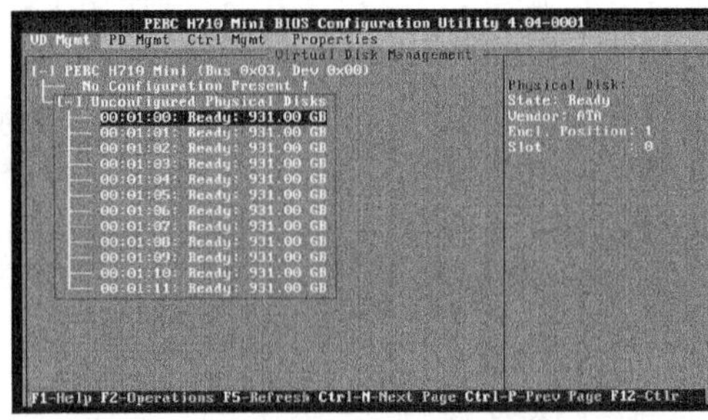

图 1-5-2　没有配置 RAID 信息

（3）移动光标到“No Configuration Present !”这一行，按“F2”键（屏幕下面有提示），出现快捷菜单后选择“Create New VD”，如图 1-5-3 所示。

（4）在“Create New VD”对话框，在“RAID Level（RAID 级别）”处按回车键，显示可供选择的项。如果只有两个硬盘，则选择项是 RAID0 或 RAID1。如果有 3 块硬盘，可供选择项是 RAID0 及 RAID5。当有 4 个及更多的偶数硬盘时，可供选择的项是 RAID0、RAID1、RAID5、RAID6 及 RAID10，如图 1-5-4 所示。

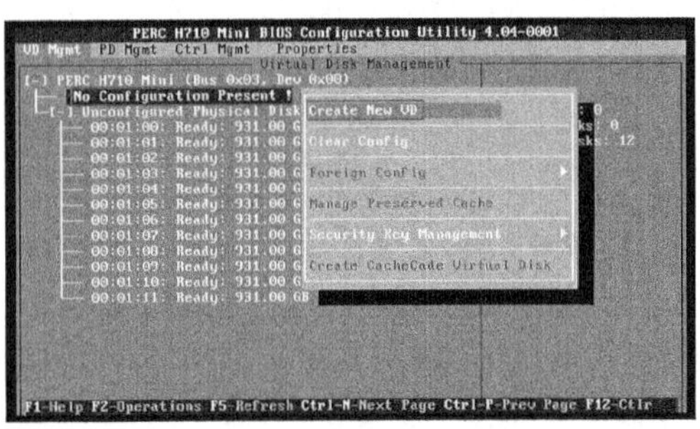

图 1-5-3　新建 VD

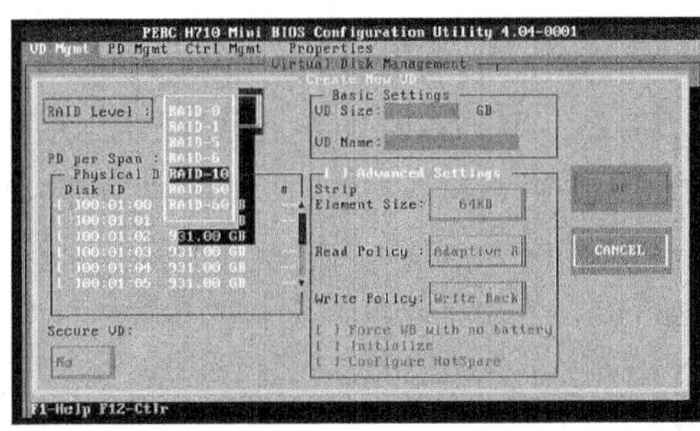

图 1-5-4　RAID 级别

（5）在此配置中选择 RAID10，然后在“Physical Disks（物理磁盘）”列表中选择要使用的磁盘（按空格键选择，选中之后前面会有 X），之后在右侧“VD Size”后面设置创建逻辑分区的大小，在此选择 100GB（实际上 10GB 就足够用来安装 VMware ESXi 了），在“VD Name”后面设置卷的名称，在此设置为 OS，之后移动光标到“OK”处按回车键，如图 1-5-5 所示，这样创建了第一个逻辑磁盘。

（6）返回到 RAID 配置界面之后，可以看到已经创建了一个 99.99GB 的分区，然后移动光标到“Total Free Capacity”→“Free Capacity”处，按“F2”键，在弹出的对话框中选择“Add New VD”，在剩余空间创建新的逻辑分区，如图 1-5-6 所示。

（7）之后在剩余的空间创建第 2 个逻辑分区，并设置分区的名称为 Data，如图 1-5-7 所示。

（8）返回到 RAID 配置界面之后，选择第 1 个 100GB 的磁盘，按“F2”键，在弹出的快捷菜单中选择“Initialization→Fast Init”，快速初始化卷。然后将第 2 个磁盘也进行初始化操作。

当为服务器规划了较多的硬盘时，可以将一部分用于创建 RAID，而将其他一个或二个磁盘设置为“全局备用”磁盘。例如，在有 12 个硬盘的服务器中，可以每 5 块硬盘创建为一组 RAID5（第一组 RAID5，2 个逻辑卷，大小分别为 200GB、3524GB，第二组 RAID5 为 3724GB，同样以 1TB 硬盘为例），这样还剩下两个磁盘，如图 1-5-8 所示。

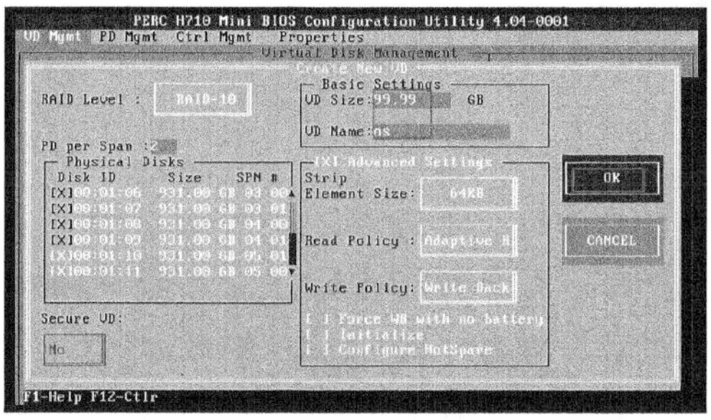

图 1-5-5　创建第 1 个逻辑分区

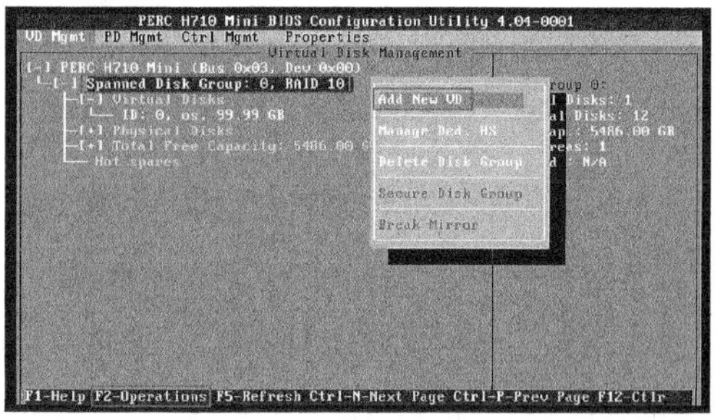

图 1-5-6　在剩余空间新建分区

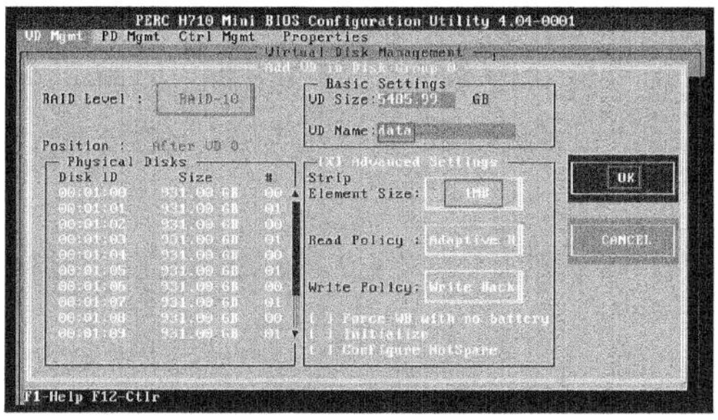

图 1-5-7　创建第 2 个逻辑分区

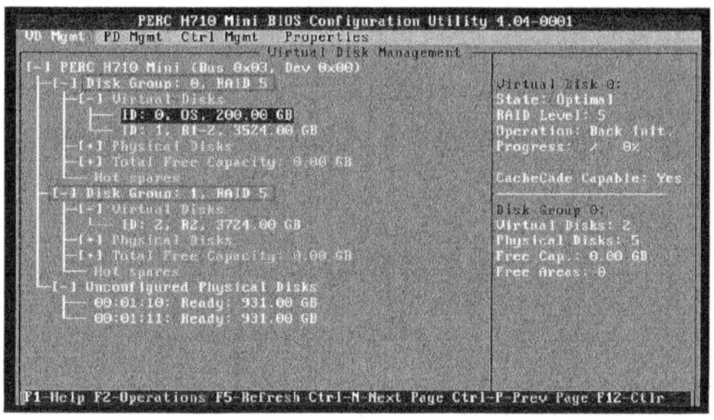

图 1-5-8　两组 RAID5，剩余 2 块磁盘

而剩下的 2 块磁盘，则可以在“PD Mgmt”菜单中选中按“F2”键，在弹出的快捷菜单中选择“Make Global HS”，标记为全局热备磁盘，如图 1-5-9 所示。

标记之后如图 1-5-10 所示。

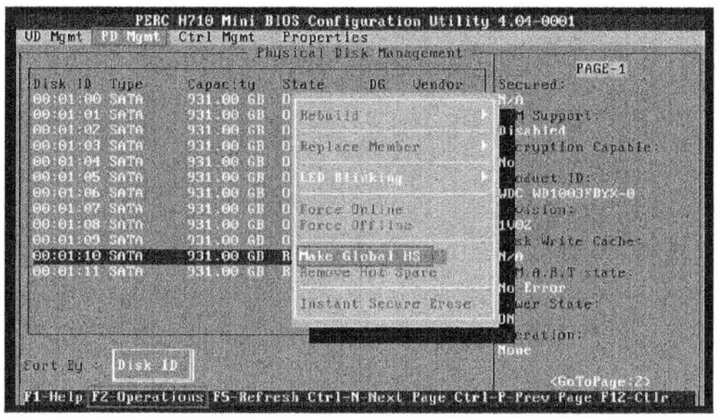

图 1-5-9　标记为全局热备磁盘

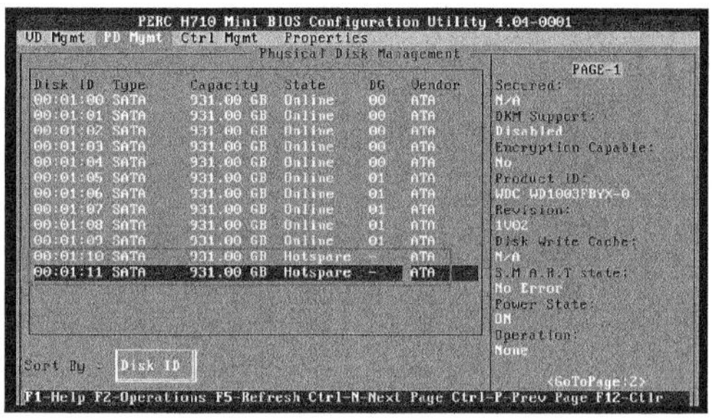

图 1-5-10　标记全局热备磁盘

配置完之后按“ESC”键，退出 RAID 卡配置程序，之后按 Ctrl+Alt+Del 重新启动服务器，至此 RAID 卡配置完成。

最后，如果你要使用 U 盘启动服务器，并通过 U 盘安装系统，请按“F2”键进入 CMOS 设置，在“Boot Settings”将 Boot Mode 从 UEFI 改为 BIOS，如图 1-5-11 所示，这样才能用大多数 U 盘启动。

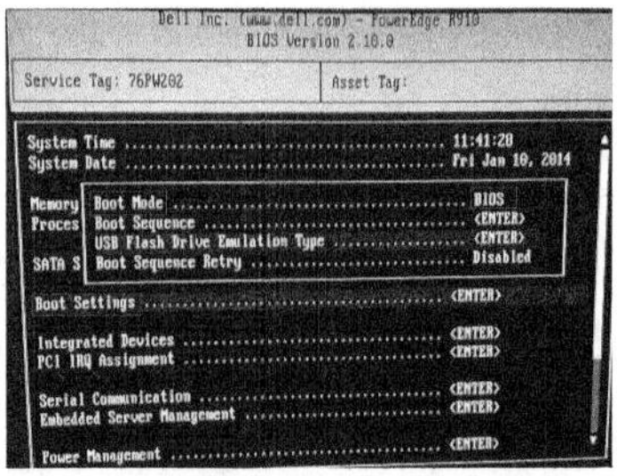

图 1-5-11 修改引导模式

1.5.2 IBM 服务器 RAID 卡配置

只要理解了 RAID 的意义，并掌握一种 RAID 配置之后，配置其他厂商、品牌的 RAID 卡或服务器，只是操作界面不同，主要原理是相同的。在本节，我们以 IBM 3650 M4 为例，介绍 IBM 服务器 RAID 卡配置。只是在这一节中，我们以 VSAN 中需要用到的磁盘配置为例进行介绍。

在组成 VSAN 服务器时，不推荐服务器配置带缓存的支持 RAID5 功能的阵列卡，而推荐采用默认支持 RAID 1 RAID 0、RAID 10 的阵列卡，这样服务器的硬盘将以“直通”的方式使用。如果你的服务器已经添加了缓存，即已经支持 RAID5，则需要将每块硬盘配置为 RAID0 的方式使用。

（1）打开服务器的电源，在服务器插一个启动 U 盘，在出现如图 1-5-12 所示的画面后按“F12”功能键。

选择 U 盘启动。之后会出现 RAID 卡配置界面，按“Ctrl+H”键进入 RAID 卡配置界面，如图 1-5-13 所示。

图 1-5-12 按“F12”键

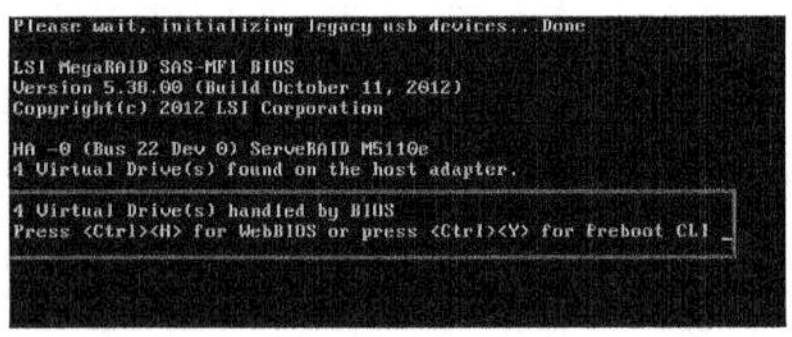

图 1-5-13 进入 RAID 卡快捷按键

（2）进入图形界面，单击“Start”按钮，如图 1-5-14 所示。

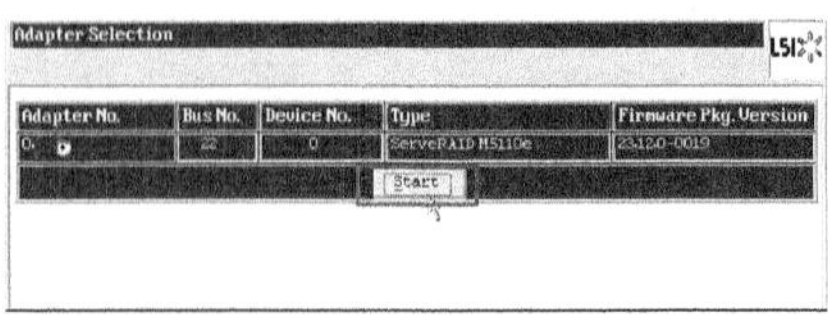

图 1-5-14 进入适配器选择界面

（3）在 RAID 卡配置界面单击左侧的“Configuration Wizard”链接，如图 1-5-15 所示。

（4）在配置向导选择“Clear Configuration（清除配置）”，单击“Next”按钮，如图 1-5-16 所示。

【说明】 这是为了清除原来的配置，此步骤一定要慎重，请确认是新服务器，或者原来服务器的数据不需要保留时才能执行此操作。

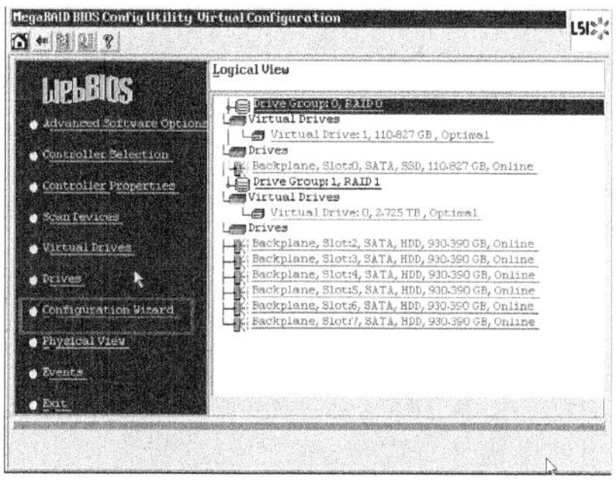

图 1-5-15　配置向导

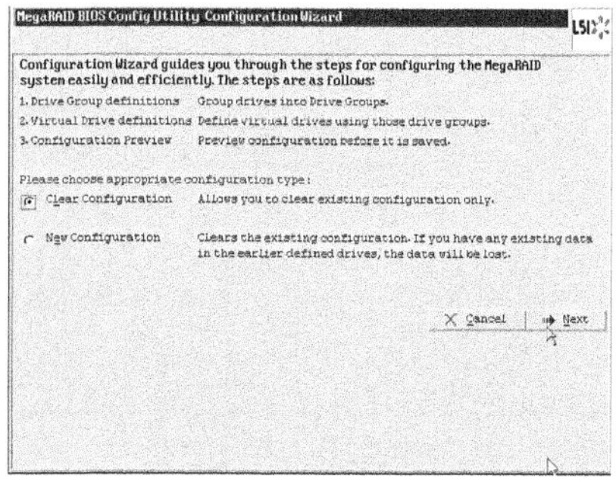

图 1-5-16　清除配置

（5）在下一界面单击“Yes”按钮确认，如图 1-5-17 所示。返回到主页，可以看到当前硬盘是未配置状态，如图 1-5-18 所示。当前有 1 块 120GB 的固态硬盘、3 块 1TB 的 SATA 磁盘。之后单击“Configuration Wizard”，进入配置向导。

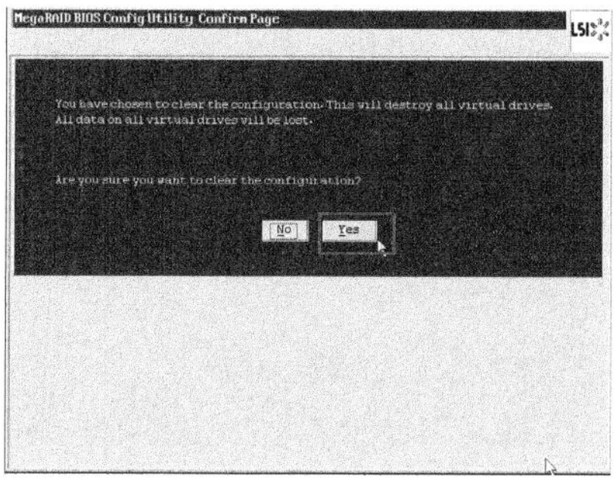

图 1-5-17　确认操作

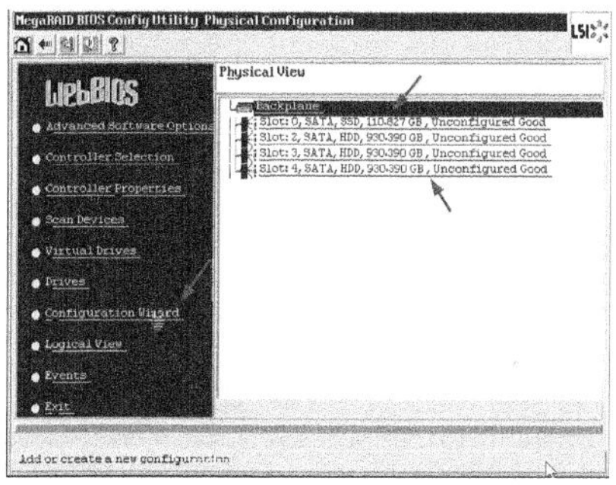

图 1-5-18　主页

（6）在向导页选择“New Configuration”，新建一个配置，如图 1-5-19 所示。

（7）在下个对话框，单击“Yes”按钮，确认这个操作，如图 1-5-20 所示。

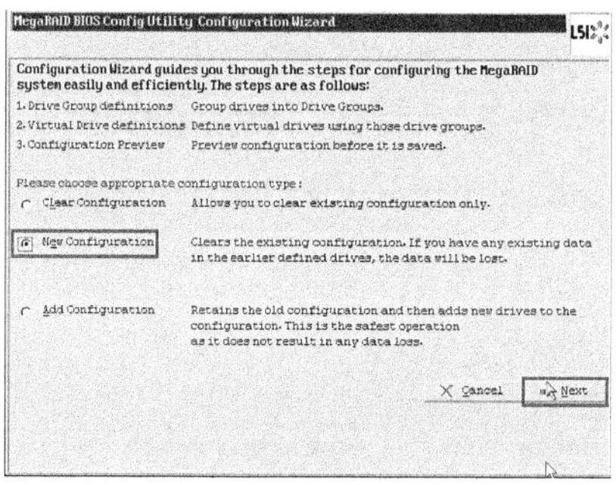

图 1-5-19　新建配置

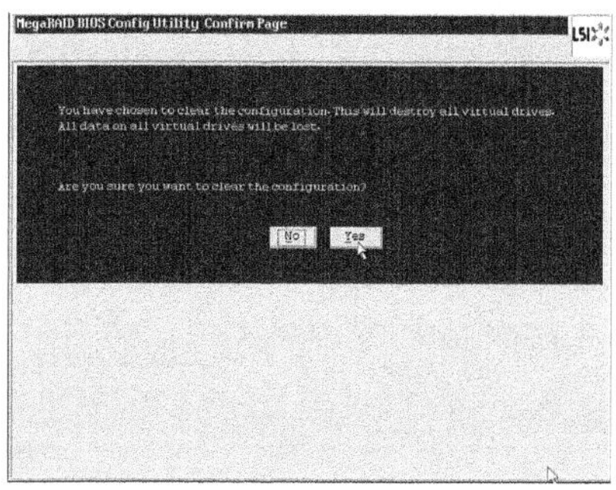

图 1-5-20　确认

（8）在选择配置方法对话框，选择“Manual Configuration（手动配置）”，如图 1-5-21 所示。

（9）在磁盘组定义对话框，从左侧“Drivers”列表中选择磁盘，单击“Add to Array”添加到右侧的“Drive Groups”中，在开始的时候，右侧的磁盘组是空的，如图 1-5-22 所示。你可以将一个、多个或所有的磁盘添加到右侧磁盘组。

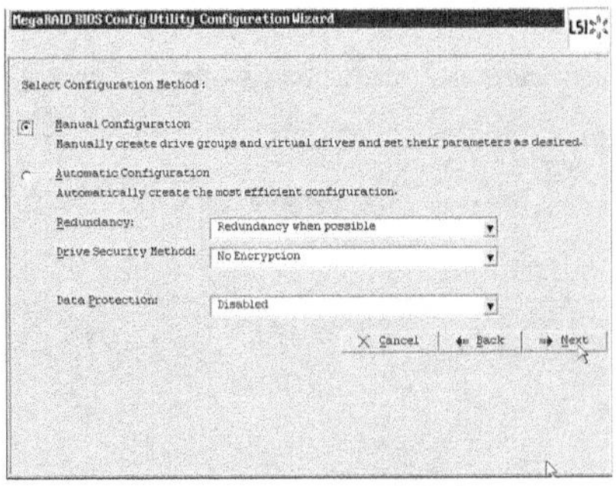

图 1-5-21　手动配置

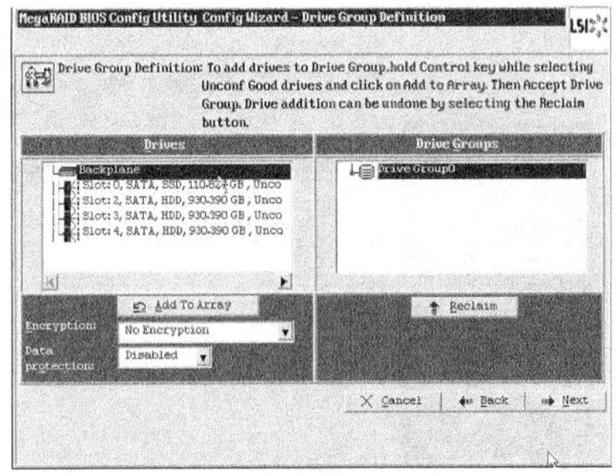

图 1-5-22　磁盘及磁盘组

（10）在本示例中，服务器有 4 个磁盘，并且每个磁盘都要配置成 RAID0，以用于 VSAN 环境。在此先选择第 1 个 120GB 的固态硬盘，单击“Add to Array”将其添加到“Drive Groups”列表中，添加之后单击“Accept DG”以接受这个磁盘组，如图 1-5-23 所示。

（11）如果是配置 RAID5、RAID0 或 RAID10，此时还要添加其他的磁盘，但此处是单块盘配置 RAID1，不需要再添加其他磁盘，则单击“Next”按钮，如图 1-5-24 所示。

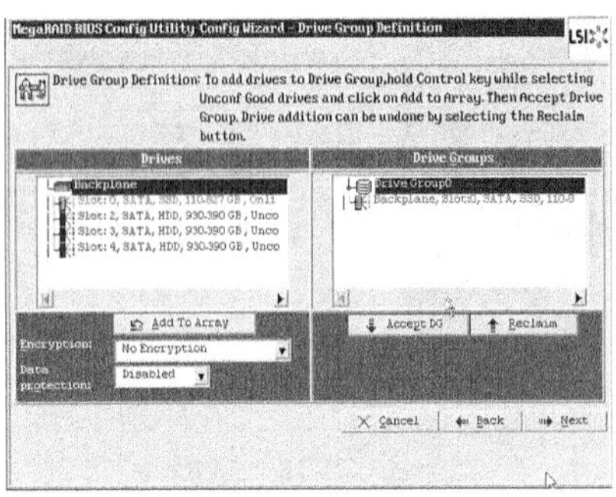

图 1-5-23　接受磁盘组

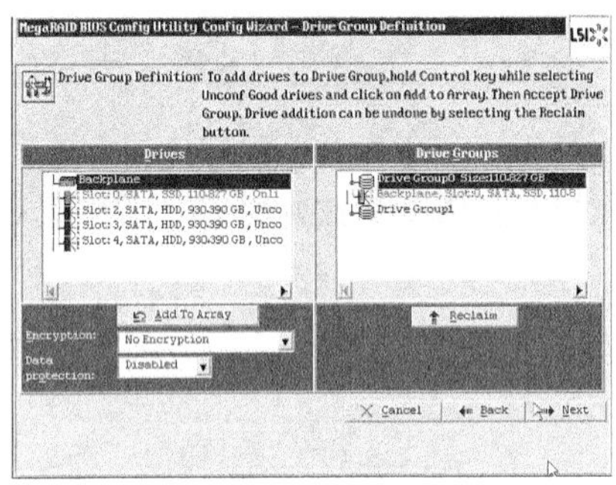

图 1-5-24　磁盘分配完成

（12）在“Span Definition”对话框单击“Add to SPAN”按钮，然后单击“Next”按钮，如图 1-5-25 所示。

（13）接下来，在“RAID Level（RAID 级别）”列表中选择 RAID0，在“Select Size”单击“Update Size”选择整个磁盘，然后单击“Accept（接受）”按钮，如图 1-5-26 所示。

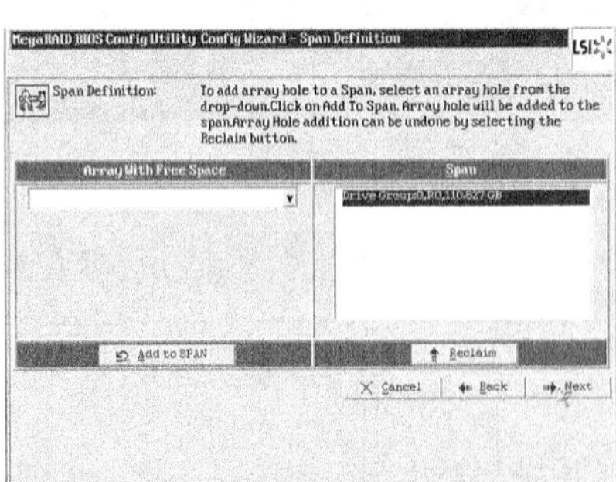

图 1-5-25　添加到 Span

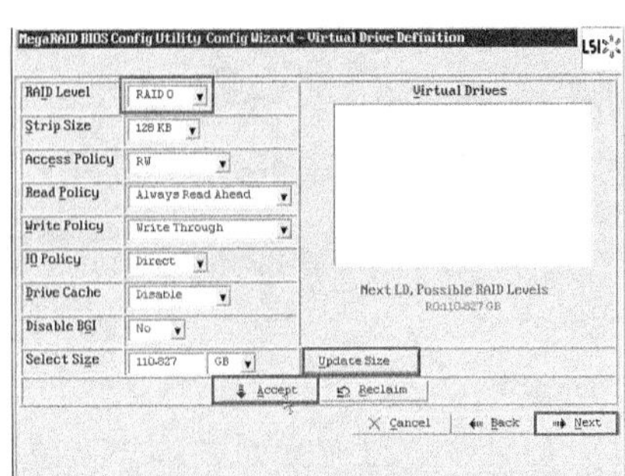

图 1-5-26　将整个磁盘划分 1 个分区

（14）在确认对话框单击“Yes”按钮，如图 1-5-27 所示。

（15）单击“Next”按钮，如图 1-5-28 所示。

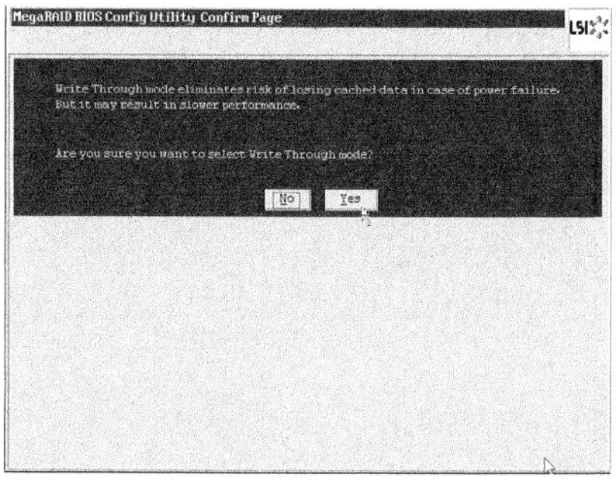

图 1-5-27　确认

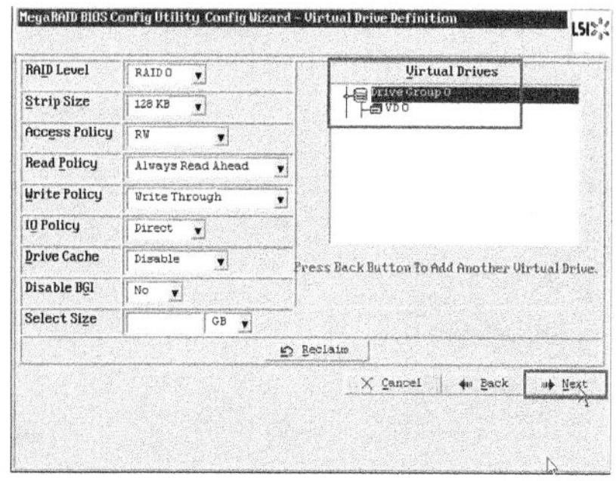

图 1-5-28　划分第 2 个分区

（16）在“Configuration Preview”对话框单击“Accept”按钮，接受配置，如图 1-5-29 所示。

（17）之后保存配置，如图 1-5-30 所示。

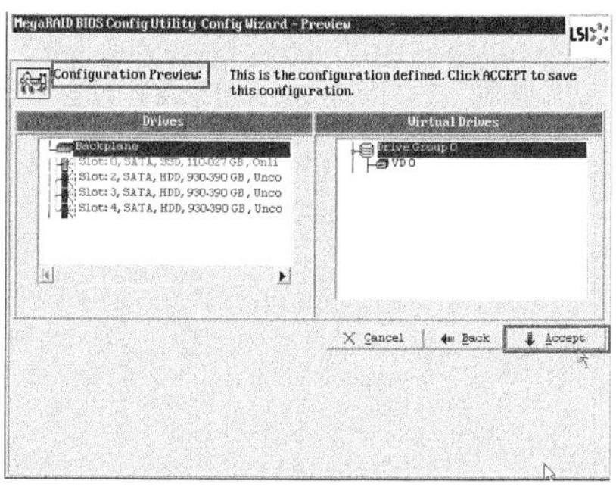

图 1-5-29　配置预览

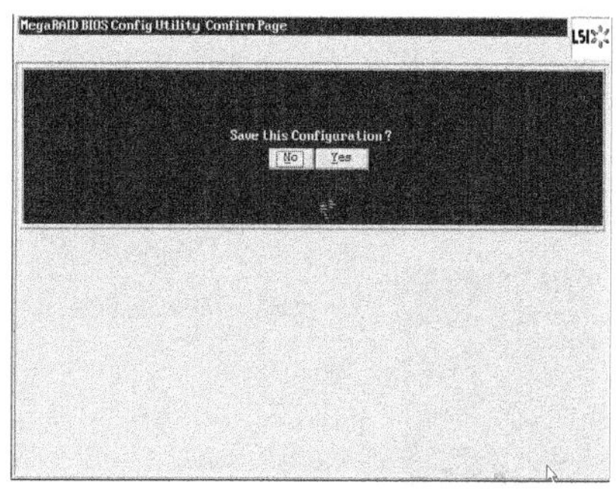

图 1-5-30　保存配置

（18）在配置了 RAID 之后，需要初始化磁盘，如图 1-5-31 所示，单击“Yes”按钮进入初始化对话框。

（19）接下来，为新创建的分区选择“Fast Initialize（快速初始化）”即可，如图 1-5-32 所示。

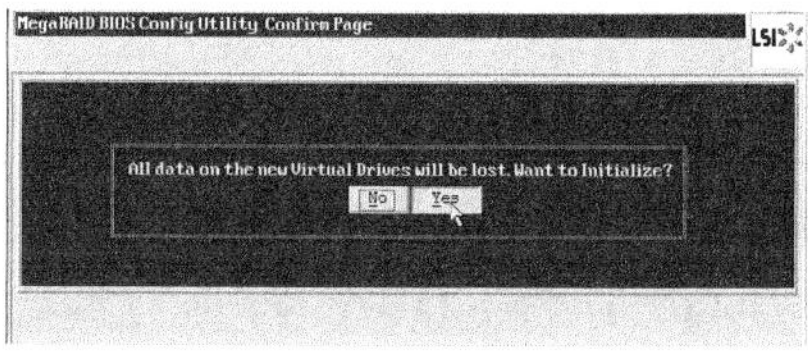

图 1-5-31　是否为新的逻辑分区执行初始化操作

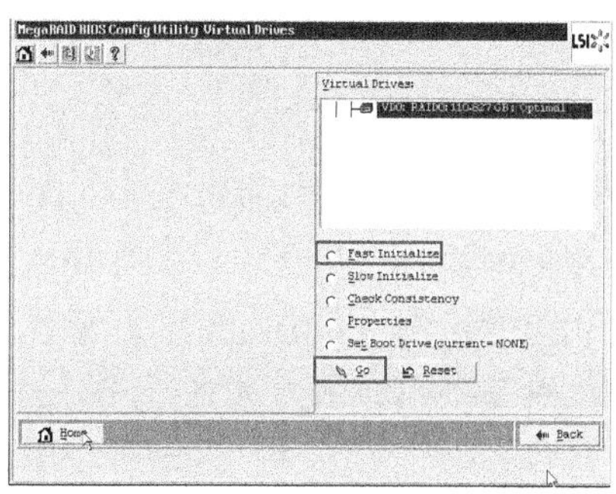

图 1-5-32　初始化分区

（20）最后返回到 WebBIOS 界面，继续单击“Configuration Wizard”，将剩下的磁盘，每个磁盘都创建为 RAID0，如图 1-5-33 所示。

（21）在“MegaRAID BIOS Config Utility Configuration Wizard”单击“Add Configuration（添加配置）”，如图 1-5-34 所示。

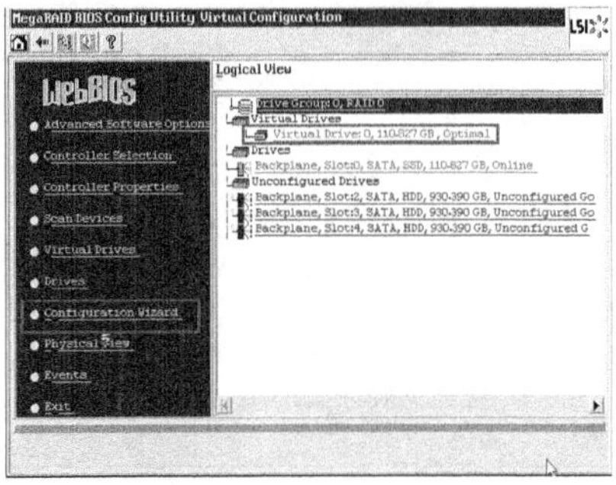

图 1-5-33　WebBIOS 主页

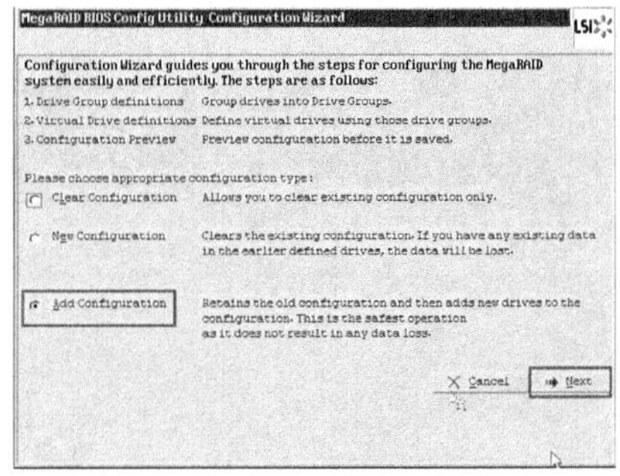

图 1-5-34　添加新配置

（22）之后的步骤，与（8）～（19）完全一样，将每个磁盘，都配置为 RAID0，之后初始化。最后每个磁盘都配置为 RAID0 后，界面如图 1-5-35 所示。

（23）最后单击左侧 Exit 退出，在“Exit Application”对话框，单击“Yes”按钮，如图 1-5-36 所示。

（24）在出现“Please Reboot your System”对话框时，按 Ctrl+Alt+Del 重新启动服务器。

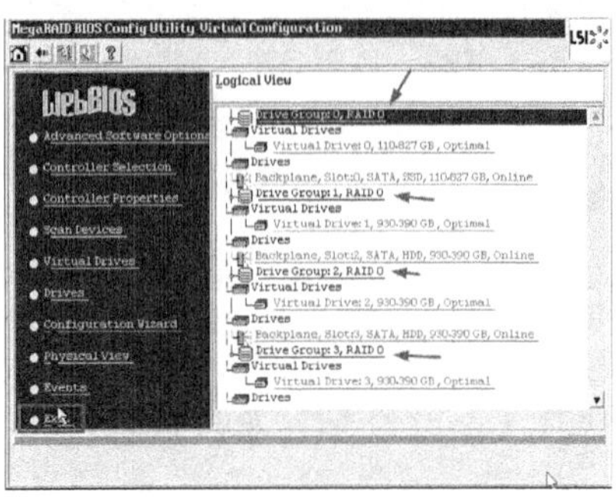

图 1-5-35　配置完成

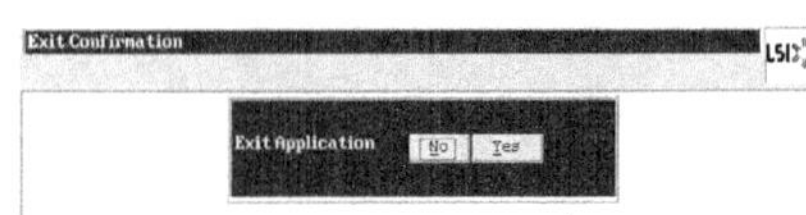

图 1-5-36　退出应用程序

1.6　IBM V3500 存储配置

在使用虚拟化技术配置数据中心的时代，一个表现是在服务器上少配或不配本地硬盘，而是使用集中的共享存储。本节以 IBM V3500 为例，介绍存储服务器的配置。

在本节的示例中，IBM V3500 配置了 14 块 600GB 的 2.5 英寸 10000 转的 SAS 硬盘（最多可以配置 24 块 2.5 英寸磁盘），配置了两个控制器，每个控制器有 3 个 6GB 的 SAS 接口，连接了 3 台 IBM 的服务器，其中每个服务器都有 2 块 6GB 的 SAS HBA 卡，服务器与存储连接示意如图 1-6-1 所示。

在图 1-6-1 中，每个服务器有两块单口的 SAS 卡，每个卡分别连接到 IBM 3500 的其中一个控制器上，这样从服务器到存储就有了冗余连接。

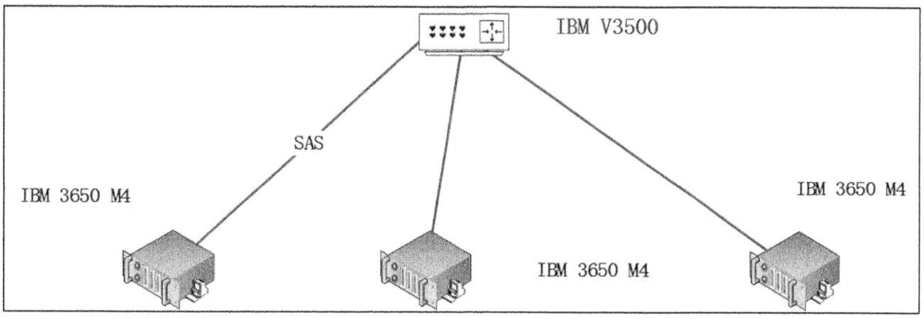

图 1-6-1　存储与服务器连接示意图

在当前存储中有 14 块硬盘，最初规划将其中的 8 块硬盘做 RAID10，因为 RAID10 有较高的 IOPS，另外 5 块硬盘做 RAID5，最后一块磁盘做全局备用磁盘（当上述 8 块 RAID10 或 5 块 RAID5 中的某个磁盘出现故障时，备用磁盘会自动替换有故障的磁盘）。在使用一段时间之后，发现 8 块硬盘做 RAID10 的数值性能并不是特别好（读取 IOPS 是 279TPS，写入是 168TPS），就重新将这 8 块硬盘改作 RAID5。图 1-6-2 所示是 8 块 RAID10 硬盘的 IOPS，图 1-6-3 所示是另 5 块硬盘做 RAID5 的 IOPS 总数（读取 IOPS 是 607TPS，写入是 1746TPS）。

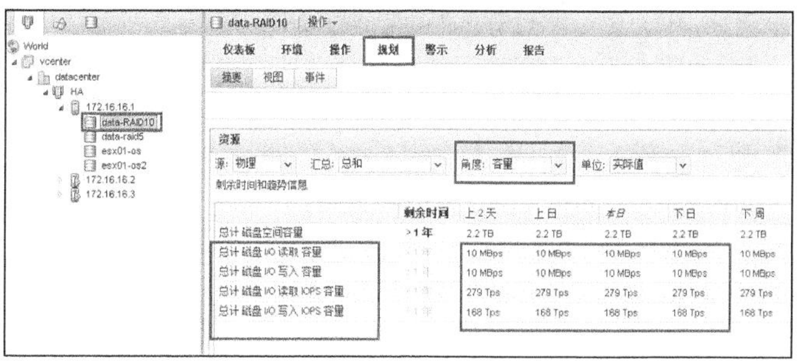

图 1-6-2　最初 8 块磁盘做 RAID10 的磁盘的 IOPS

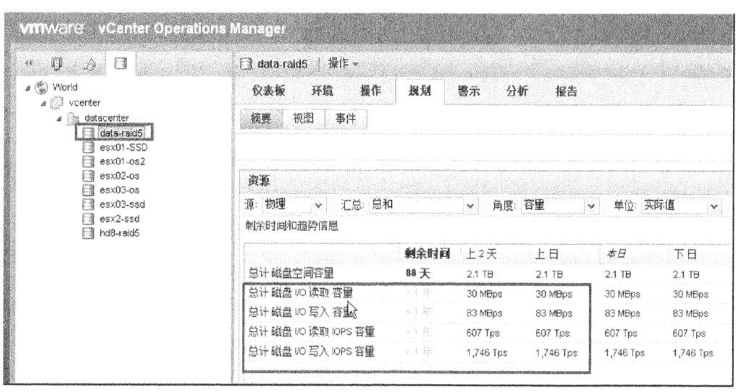

图 1-6-3　vcops 统计的 5 块做 RAID5 磁盘的 IOPS 值

在本节我们介绍 IBM 3500 存储的主要配置过程。

（1）在将 IBM V3500 加电之前，需要将硬盘全部插入到盘位中，并且最好按顺序从左到右插入。一旦插入并加电之后，不要轻易将硬盘从盘位中拔出。在 IBM 中插入 14 块硬盘后，在管理系统中看到的界面如图 1-6-4 所示。

（2）在配置系统之前，需要将网线连接到控制器的管理端口。每个控制器有 2 个 RJ45

端口。其中每个控制器左边的是第 1 个管理端口，右边的是第 2 个管理端口（从后面看）。每个相同的管理端口可以设置一个管理地址（简单说，无论是有一个控制器，还是二个控制器，都可以设置两个管理地址）。两个第 1 管理端口只要有一根网线连通就可以进行管理（提供了管理端口的冗余）。如图 1-6-5 所示，这是双控制器的“系统设置→网络”中看到的端口情况。

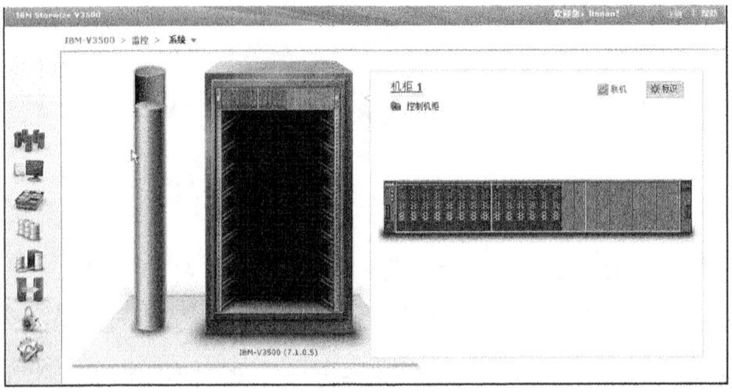

图 1-6-4　系统监控

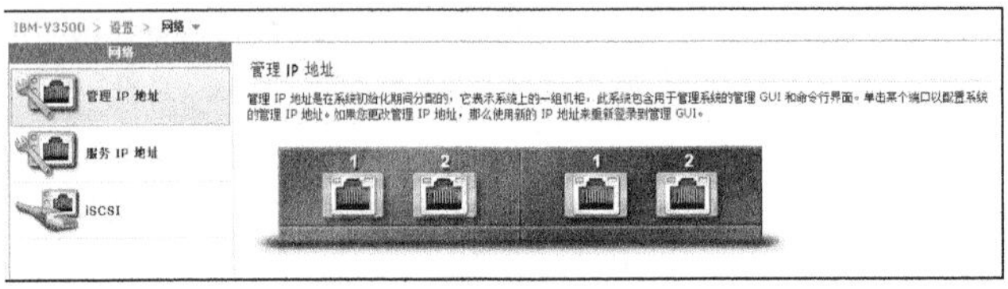

图 1-6-5　管理设置

通常情况下，在配置系统之前，要为存储规划两个管理地址（可以是同一网段，也可以是不同网段，只要将管理端口连接到对应的网络即可），并且最好使用 4 条网线，将这 4 个端口连接到网络（1 和 1、2 和 2 提供冗余，1、2 两个管理端口再提供冗余，只要有一个端口连通，即可通过其中对应的地址进行管理）。

（3）在将管理端口连接到网络之后，在一台管理计算机上，插上 IBM V3500 存储随机带的工具 U 盘，运行里面的 inittool 程序，按照向导设置管理 IP 地址、子网掩码、网关，设置完成之后，拔下 U 盘，插到已经加电后的存储控制器的 USB 端口，进行初始化。在初始化的过程中，存储控制器上的故障指示灯会闪烁几分钟，等指示灯停止闪烁后，将 U 盘插回管理计算机，点击完成完成设置。

（4）在存储初始化之后，使用浏览器，登录存储的管理地址，使用用户名 superuser 登录并设置密码，如图 1-6-6 所示。

图 1-6-6　登录存储

（5）在“池→内部存储器”右侧的“操作”列表中设置每块盘的用途，一般情况下，“用途”为“成员”的并且在“MDISK 名称”列表中有名称的，表示已经进行了配置，用途为“候选”的，则表示没有进行配置，用途为“备件”的，表示为全局热备硬盘。通常情况下，在一个存储中，一般有一个全局热备磁盘即可，即一块硬盘“用途”为“备件”，你可以将其中的一块硬盘用鼠标右键单击，选择“标记为→备件”进行设置，如图 1-6-7 所示。

（6）在确定了磁盘用途之后，按 shift 键或 Ctrl 键，用鼠标选中要进行配置的磁盘，单击“配置存储器”，如图 1-6-8 所示。在本示例中，选中了“插槽标识”为 1～8 的共 8 个磁盘，即存储中从左到右的 8 块磁盘。

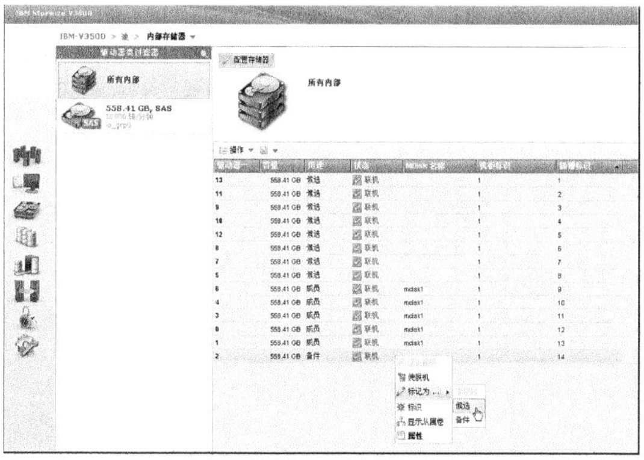

图 1-6-7 设置磁盘用途

图 1-6-8 选择磁盘

（7）在配置向导中选择“选择其他配置”，并在下拉列表中选择，根据磁盘的选择数量会有不同的显示，在此为“（8）558.41GB，SAS，10000 转/分钟”，也就是会列出选择的磁盘的数量、大小、接口类型、转速，如图 1-6-9 所示。

（8）在“预设”列表中选择 RAID 级别，在此选择 RAID-5，如图 1-6-10 所示。IBM 存储可供选择的 RAID 级别有 RAID0、RAID1、RAID10 及 RAID5、RAID6，而 HP 等其他存储可能会有 RAID50 的选项。这可根据实际情况选择。

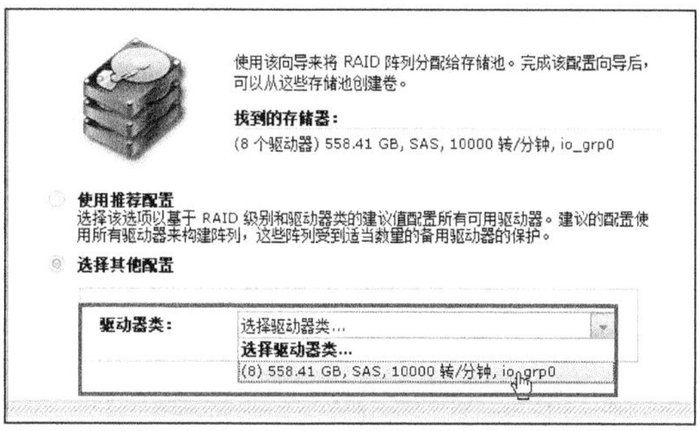

图 1-6-9 选择其他配置

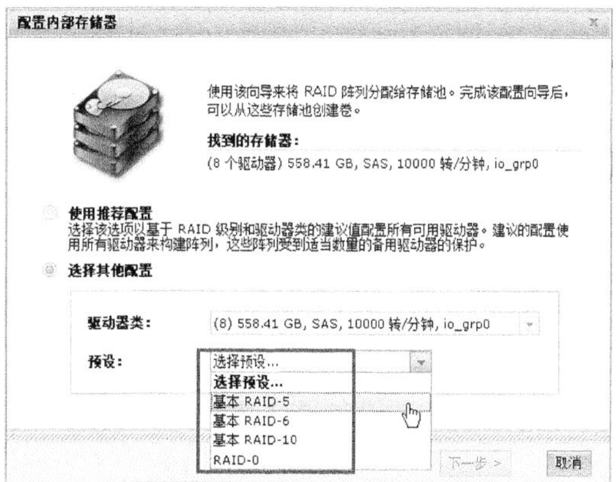

图 1-6-10 选择 RAID 级别

（9）选中“自动配置备件”，然后选择是“优化性能”，还是“优化容量”，在“配置摘要”显示了配置的情况，如图 1-6-11 所示。

（10）选择“创建一个或多个新池”，然后设置池的名称，在本设置中为“hd8-raid5”，如

图 1-6-12 所示。

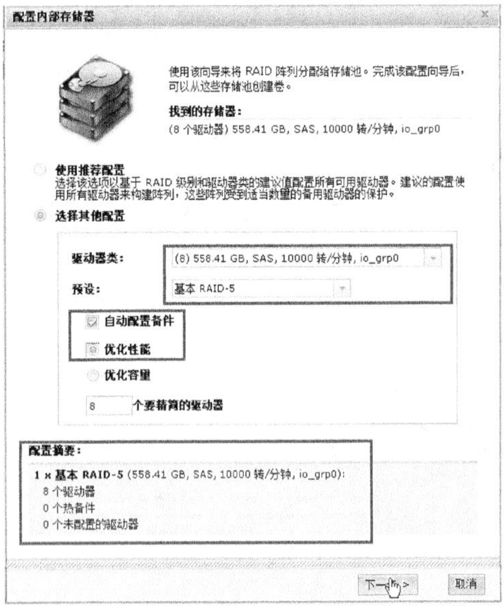

图 1-6-11　配置内部存储器

图 1-6-12　设置池名称

（11）创建完成后，单面“关闭”按钮，如图 1-6-13 所示。

（12）创建阵列之后，在“卷→卷”配置页中，单击“新建卷”按钮，为上一节创建的阵列创建卷，如图 1-6-14 所示。

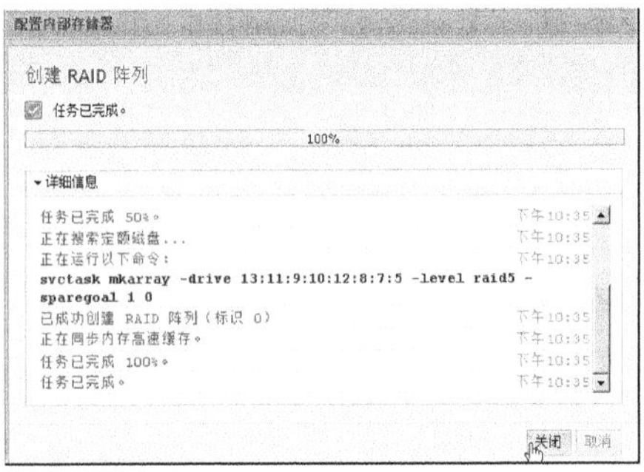

图 1-6-13　创建 RAID 阵列完成

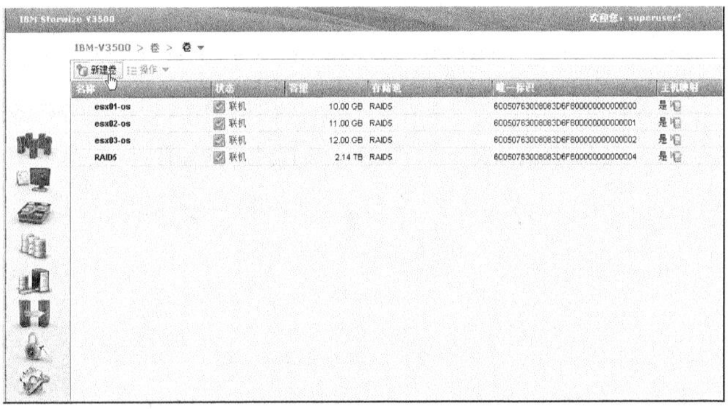

图 1-6-14　新建卷

（13）在“新建卷”对话框中，可以根据需要，选择“通用”、“自动精简配置”、“镜像”、“精简镜像”4 种预设的卷。其中“通用”卷，是创建多大，立刻从存储分配多大；“自动精简配置”卷，则是创建之后不立刻分配空间，而是根据系统（计算机或服务器）实际使用的空间“慢慢”从存储分配、增加，但最大大小受限于设置的卷大小；“镜像”卷，则是在创建一个卷的同时，为其设置一个镜像（实现实时的同步、备份功能）；而“精简镜像”则是创建一个精简卷，再对其进行镜像，占用的空间亦是随着系统实际占用大小进行分配的。自动精简配置卷可以划分超过主机存储大小的卷，但实际大小受限于主机硬盘实际空间。在实际的应用中，我们一般配置“通用卷”立刻分配空间。

在创建卷的时候，如果服务器只是连接了有限的服务器，一般情况下，可以将所有可用空间都分配完。可以根据需要，创建多个大小不一的卷，也可以创建一个或两个数值比较“大”的卷，将空间分配完。

如果服务器没有本地硬盘，则在划分存储时，可以划分多个较小的卷，一一分配给每个主机，并且为了利于区分，这些卷的大小不一。例如，如果要为 3 台服务器，每个服务器分配一个用于安装 ESXi 系统的启动卷，可以为第 1 个服务器分配 10GB，第 2 个服务器分配 12GB，第 3 个服务器分配 13GB，然后一一映射给这三个主机（不能同时映射给多个主机，这与分配保存共享虚拟机数据的卷不同）。如果是用于安装 Windows Server 2012 R2 等 Windows 操作系统，则可以为第 1 个服务器分配 60GB～100GB 大小不一的数值。

在“卷详细信息”中设置卷的容量大小及名称，在“摘要”中显示池中可用容量大小，设置之后，单击“创建”按钮创建，或者单击“创建并映射到主机”按钮，创建卷并进入映射到主机对话框，如图 1-6-15 所示。

图 1-6-15　新建卷

（14）之后将创建的卷映射给主机。如果是用于主机操作系统启动的卷，则只映射给所分配的主机；如果是共用的卷（例如保存虚拟机的系统卷），则要映射给多个主机。如图 1-6-16 所示，这是映射到主机的截图，该主机映射了一个系统卷、两个共用的卷。

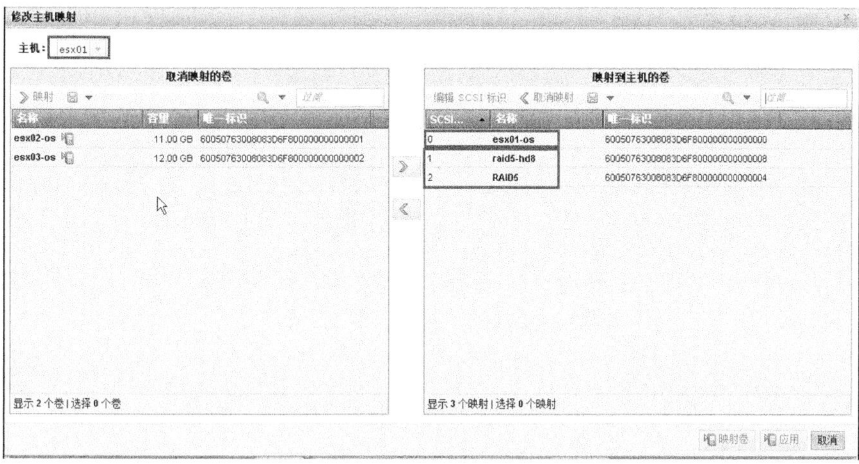

图 1-6-16　将卷映射到主机

（15）如果你没有创建“主机”，可以在“主机→主机”中，通过“新建主机”，在弹出的对话框中，选择新建主机类型“iSCSI、SAS”主机来创建，如图 1-6-17 所示。

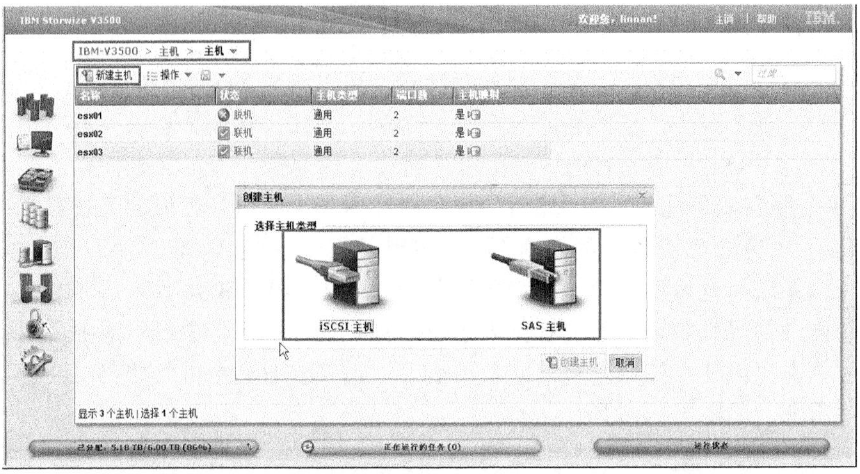

图 1-6-17　新建主机

如果创建 SAS 主机，可以将扫描到的 SAS 地址添加到主机，如图 1-6-18 所示，并创建对应的主机名。此时，可以依次将同一主机的两个（或 1 个）SAS 卡连接到存储，而暂时将其他主机的 SAS 线从存储上断开，以将同一台服务器上的 SAS 卡扫描、添加到同一个主机名中。

如果创建 iSCSI 主机，需要将 iSCSI 端口添加到主机中，如图 1-6-19 所示。

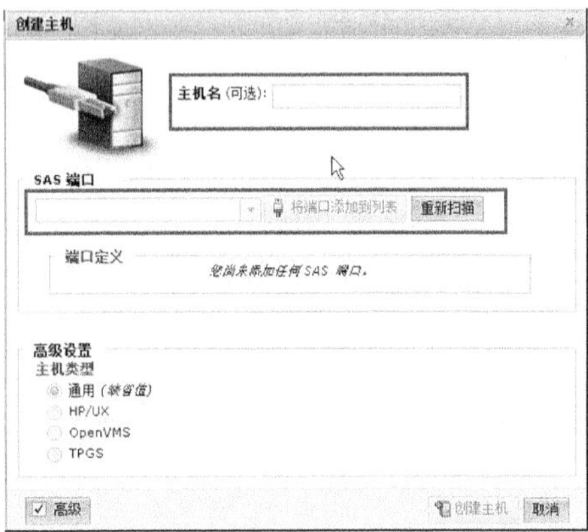

图 1-6-18　新建 SAS 主机

图 1-6-19　添加 iSCSI 端口

【说明】 虽然 IBM V3500 同时支持 iSCSI 端口，但 iSCSI 端口的速度只有 1GB，一般我们使用 SAS 或 FC 接口，很少或不使用 iSCSI 端口。

最后可以在“主菜单→概述”中看到当前存储的配置情况：14 个硬盘驱动器，划分了 2 个池，创建了 5 个卷，映射给了 3 个 SAS 主机，如图 1-6-20 所示。

当存储服务器上有两个控制器，但服务器只连接了其中一个控制器时，在存储器上会出现“已降级”的提示，此时这是正常的，如图 1-6-21 所示。如果你的服务器使用两个 HBA 卡连接到了两个控制器，但出现此种提示，表示其中一个连接已经断开，需要检查服务器与存储的连线。

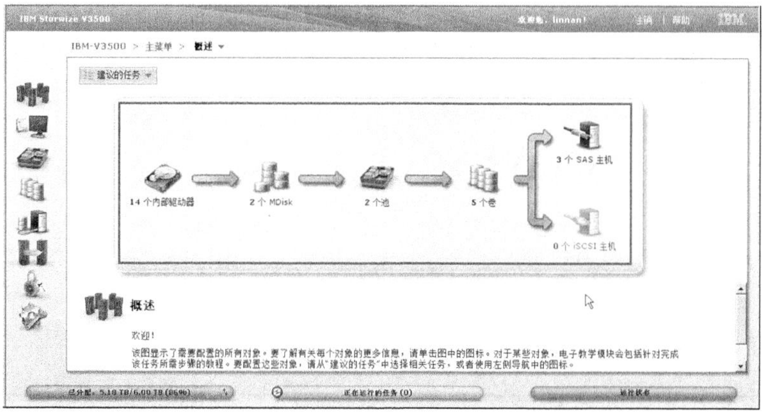

图 1-6-20 概述

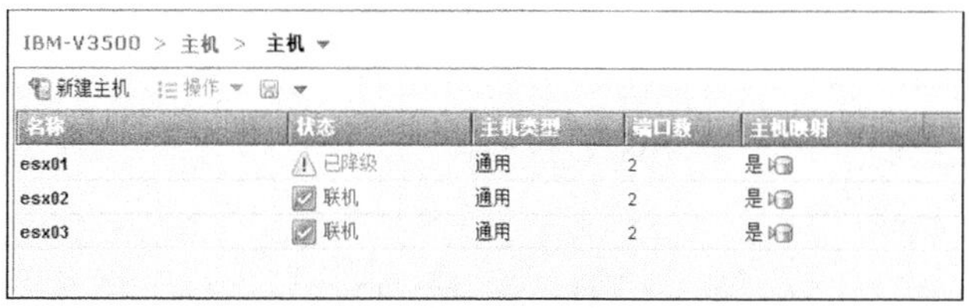

图 1-6-21 状态为“已降级”

在“端口定义”选项卡中，可以看到其中一条连接为“脱机”状态，如图 1-6-22 所示。

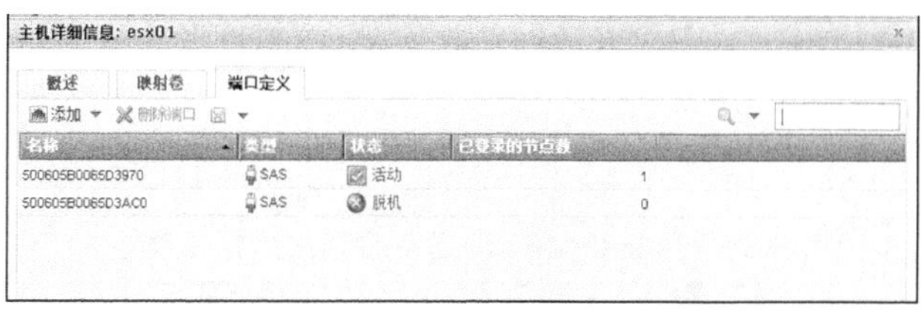

图 1-6-22 某个连线已脱机

如果服务器只有一个 SAS HBA 卡，在与存储连接的时候，也会提示“已降级”，如图 1-6-23 所示，这是正常的现象。在大多数的情况下，有一条链接并不影响使用，但是没有冗余。在预算足够的前提下，在使用 SAS 连接时，尽可能地为服务器配置两块 SAS HBA 卡，使用两条 SAS 线连接存储。

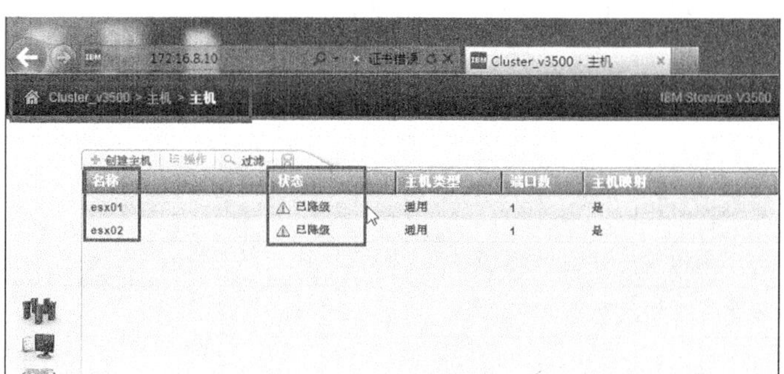

图 1-6-23 服务器只有一个 SAS HAB 卡与存储连接

第 2 章　准备 vSphere 实验环境

要学习 VMware vSphere，准备一个实验环境，亲手做每一个实验，验证每一个功能是最好的方法。但是，一个最低的 vSphere 群集环境需要至少 3 台 ESXi 主机、1 台共享存储以及与之配套的网络，大多数的学员都没有这个条件。那怎样才能用有限的条件创造出无限的可能呢？这就要从 VMware 的“看家本领”——虚拟化或虚拟机来说了。本章将介绍怎样在只有一台高配置 PC 机的前提下，模拟出所需要的 3 台，甚至更多台的主机以及相关的网络，以满足实验条件，达到验证每一个功能的目的。

2.1　VMware Workstation 与 ESXi 提供的虚拟机参数

总体来说，要使用 VMware 产品搭建实验环境有两种选择，一是使用 VMware Workstation，另一款是使用企业级产品 VMware ESXi。两种产品各有优缺点、侧重点。关于 VMware Workstation 12 与 VMware ESXi 6 所能提供的每个虚拟机的配置、参数，总结如表 2-1 所示。

表 2-1　　VMware Workstation 与 ESXi 提供的虚拟机参数

项　目	内　容	ESXi 6.0	Workstation 12
CPU	每个虚拟机的虚拟 CPU（Virtual SMP）	128	16
内存	每个虚拟机的内存	4TB	64GB（64 位主机） 8GB（32 位主机）
	虚拟机交换文件大小	4TB	
存储器虚拟适配器和设备	每个虚拟机的虚拟 SCSI 适配器	4	4
	每个虚拟 SCSI 适配器的虚拟 SCSI 目标	15	15
	每个虚拟机的虚拟 SCSI 目标	60	60
	虚拟磁盘大小	62TB	8TB
	每个虚拟机的 IDE 控制器	1	1
	每个虚拟机的 IDE 设备	4	4
	每个虚拟机的软盘控制器	1	1
	每个虚拟机的软盘设备	2	2
	每个虚拟机的虚拟 SATA 适配器	4	4
	每个虚拟 SATA 适配器的虚拟 SATA 设备	30	30

续表

项　目	内　容	ESXi 6.0	Workstation 12
网络虚拟设备	每个虚拟机的虚拟网卡数量	10	10
	虚拟以太网交换机		10（Windows 系统） 255（Linux）
虚拟网卡芯片 1	AMD PCnet-PCI II 以太网适配器	不提供	支持,1Gbps
虚拟网卡芯片 2	Intel Pro/1000 M	支持,1Gbps	支持（64 位）,1Gbps
虚拟网卡芯片 3	VMXNet	支持，10Gbps	不提供

【说明】（1）关于 VMware ESXi 6 主机最高配置，请参看本书附录 A “vSphere 最高配置”。

（2）VMware Workstation 不能单独运行，需要安装在 Linux 或 Windows 主机操作系统之上运行。VMware Workstation 12 可分配到单个主机系统中运行的所有虚拟机的内存总量仅受主机 RAM 量限制。在 64 位主机中，每个虚拟机的最大内存量为 64GB。在 32 位主机中，每个虚拟机的最大内存容量为 8GB。Workstation Pro 会阻止在 32 位主机中启动配置为使用 8GB 以上内存的虚拟机。32 位操作系统的内存管理限制会导致虚拟机内存过载，并因此严重影响系统性能。

（3）VMware Workstation 12 支持的虚拟机最多可配置 16 个虚拟 CPU。利用虚拟对称多处理（SMP）技术，您可以为任何具有至少两个逻辑处理器的主机系统上的虚拟机分配处理器和每个处理器的核心数量。Workstation Pro 将具有两个或多个物理 CPU 的多处理器主机、具有多核 CPU 的单处理器主机和带有超线程支持的单处理器主机视为具有两个逻辑处理器。

在超线程单处理器主机上，采用虚拟 SMP 的虚拟机可能无法达到正常性能水平。即使在多处理器主机上，只要您运行了多个工作负载并导致整体 CPU 资源需求超过物理资源极限，虚拟机的性能也会受到影响。您可以同时开启并运行多个双处理器虚拟机。特定虚拟机的处理器数量会显示在虚拟机的摘要视图中。

2.2 vSphere 6 实验环境需求

vSphere 6 需要的实验环境比 vSphere 5 要高许多。在以前的 vSphere 5 的时候，用一台具有 8GB 内存的 PC 机即可以搭建出具有 3 个 ESXi 5 主机、1 台 vCenter Server 5 的实验环境；而在 vSphere 6 的时代，你至少需要有 1 台 16GB 内存、具有 Intel i7 系列 CPU 的主机，才能搭建出具有 3 台 ESXi 6 的主机、1 台 vCenter Server 6 的实验环境。而如果要配置 VSAN 实验环境，最少也需要 16GB 或 24GB，推荐 32GB 的主机。

在实际的生产环境中，如果使用本地硬盘存储或共享存储，ESXi 6 的主机至少要有 16GB 内存，如果是 VSAN 环境，推荐至少 32GB 内存。在实际的 vSphere 6 的规划中，应该不会少于 64GB 内存，推荐 128GB 内存起。当然，配置多少主机，每台主机配置多少 CPU、多大内存、多少存储，要看具体的应用。

在本书中，我们采用以下两种实验环境，每台实验环境都可以完成大多数的实验。

实验配置 1：华硕 Z97-K 主板、Intel I7-4790K、32GB 内存、4 块 2TB 硬盘（配置 RAID0），主机安装 Windows Server 2008 R2 企业版，安装 VMware Workstation 12，在 VMware

Workstation 12 中配置实验环境。

实验配置 2：Intel S1200BTL 主机、Intel E3-1230、4 条 8GB DDR3 ECC 内存、4 块 2TB 硬盘、1 块 120GB～240GB 的 SSD 硬盘、Intel 82576 E1G42ET PCI-E 双端口千兆网卡。主机安装 VMware ESXi 6.0。

你的实验环境不一定与我的相同，只要能满足基本的条件即可，因为每个人的实验环境都是不同的。例如，你可能会有一台闲置的 PC 机或服务器，即使不能完全满足，只要自己扩充内存，添加硬盘网卡，即可达到需求。

在不同的 vSphere 6 环境上，可能还需要添加不同的硬件，或者使用不同的实验环境，还有一些注意事项。例如：

（1）在做 VSAN 的实验环境时，无论是使用单台服务器 VMware ESXi 提供，还是使用单台服务器的 Windows Server 2008 R2（或其他 64 位 Windows 或 Linux 操作系统）+VMware Workstation 提供，再添加一块 200GB 以上的固态硬盘，都可以提高实验的性能。无论是 VMware ESXi，还是 Workstation，只要创建的虚拟机虚拟硬盘保存在固态硬盘中，则在 ESXi 或 Workstation 提供的虚拟机中，也会被“识别”成固态硬盘。虽然将虚拟硬盘保存在普通的硬盘中，我们通过修改 ESXi 参数，也能将硬盘“改成”SSD，但这对提高 ESXi 的硬盘性能没有帮助，只是让 ESXi“认为”这是块固态硬盘而已。

（2）在学习 vSphere 的网络时，如果是多个 VMkernel 环境，并且让每个 VMkernel 网络互通，使用 VMware Workstation 模拟的虚拟环境是最好的选择。因为 VMware Workstation 提供的虚拟环境（主要是提供的 ESXi 的虚拟机），其虚拟网络兼容性很好，在 VMware Workstation 提供的多个 ESXi 虚拟机中，每个 ESXi 提供多个网卡，每个（或多个网卡）创建 vSphere 标准交换机或 vSphere Distributed Switch，在多个端口或多个交换机添加 VMkernel 时，同一 VMkernel 网段是可以互相通信的，但如果此环境是由 VMware ESXi 提供的多个虚拟机组成的，则只有第一个 VMkernel 网段可以互相通信。当然，如果你想在 ESXi 中模拟 10Gbps 的网卡，则需要用 VMware ESXi 模拟，但也仅仅是网卡速度看起来显示为“万兆”而已。

（3）在实际的生产环境中，VMware vCenter Server 是运行在 ESXi 中的虚拟机，受 ESXi 的 HA 保护。但在单台服务器组成的实验环境中，vCenter Server 通常是与 VMware ESXi“同一级”的虚拟机，这样 vCenter 不需要运行在 VMware Workstation 或 ESXi 提供的 ESXi 虚拟机中，避免了虚拟机的“嵌套”，这可以提高 vCenter Server 的性能。因为我们验证的是整个 vSphere 环境，而不是完全地照搬生产环境。但在实际的应用中，vCenter Server 最好是在 ESXi 中的虚拟机中。

（4）在需要多台 ESXi 的环境时，你可以创建“空白”的、没有安装 ESXi 系统的虚拟机，使用“克隆”的方式复制多份，并在每个虚拟机中分别安装 ESXi，即每台 ESXi 都需要单独的安装，不能将安装好的 ESXi 的虚拟机通过“克隆”或复制的方式，以实现多台的 ESXi 虚拟机，因为这样“复制”出来的虚拟机在加入到同一个 vCenter Server 的时候会出问题。

（5）在需要反复实验时，你可以将安装好的 ESXi 虚拟机通过“创建快照”，或通过将整个 ESXi 虚拟机使用 WinRAR 压缩的方式进行备份，在需要的时候，通过恢复快照，或从备份恢复的方式，将 ESXi 恢复到初始安装时的状态。这样可以减少重新安装 ESXi 的时间。

（6）在通过实验学习 vSphere 的时候，你需要有一台安装了专业版、企业版或旗舰版 Windows 7 操作系统的计算机作为“管理工作站”，并且将 IE 浏览器升级到 IE10 或 IE11，不建议把安装了 Windows 8、Windows 8.1、Windows 10 操作系统的计算机用作管理工作站，因为当前的

vSphere Web Client 与 Windows 10 兼容性存在问题。

（7）管理工作站，与实验主机需要通过千兆网络连接，此时你需要有一个千兆的交换机，如果你没有千兆交换机，你可以做一根 RJ45 的“级联线”，将你的管理工作站与实验主机网卡直接连接。如果你是使用 VMware Workstation 提供的实验环境，则可以避免这个问题。你可以将 VMware Workstation 宿主操作系统 Windows Server 2008 R2 所在的 IE 浏览器升级到 IE10 或 IE11。

（8）学习 vSphere，除了具有 vSphere 6 相关的各个产品的安装镜像文件外（如 vCenter Server 6、VMware ESXi 6 安装镜像），还需要有常用的 Windows 操作系统、数据库的安装镜像，如 Windows Server 2008 R2、Windows 7、SQL Server 2008 R2 或 Windows Server 2014 等。

（9）学习 vSphere 6，还要有一定的网络知识，以及基本的操作系统与应用软件的安装能力。

（10）在实际的生产环境中，为服务器安装 ESXi，或者安装操作系统，在前几年可以通过光盘来安装，现在则主要采用可启动的 U 盘、通过配置好的使用 PXE 引导的网络安装，使用服务器自带的远程管理工具（如 HP 的 iLO、IBM 的 iMM、DELL 的 iDRAC），或者使用网络远程 KVM 设备通过加载镜像的方式来安装。

上面是我总结的几点内容，如果你是初学者，可能不好理解，这没有关系，通过后面的学习，再结合实际的生产环境，慢慢地就会理解。有些知识是前后关联的。在掌握了后面的知识之后，再看前面提到的这几点，你可能就会慢慢理解。

下面我们开始从创建、准备 VMware ESXi 的实验环境开始，介绍 VMware vSphere 6 的内容。

2.3　在 VMware Workstation 虚拟机中安装 ESXi 6

“实验是最好的老师”，要掌握 VMware ESXi 的内容，从头安装、配置 VMware ESXi，并在 ESXi 中创建虚拟机、配置虚拟机、管理 VMware ESXi 网络。如果要准备 VMware ESXi 环境，有以下 3 种方法。

（1）在服务器上安装。这是最好的方法，你可以在最新两年购买的 IBM、HB、Dell 这些服务器上安装测试 VMware ESXi，在安装的时候，服务器原来的数据会丢失，请备份这些数据。

（2）在 PC 上测试。在某些 Intel 芯片组，CPU 是 Core I3、I5、I7，支持 64 位硬件虚拟化的普通 PC 上。

当主板芯片组是 H61 的时候，VMware ESXi 安装在 SATA 硬盘可能不能启动。可以将 VMware ESXi 安装在 U 盘上，用 SATA 硬盘做数据盘。当主板芯片组是 Z97 的时候，在启用南桥支持的 RAID 卡时，可以将 ESXi 安装在 SATA 硬盘中（不用配 RAID，因为 ESXi 不支持 Intel 集成的“软”RAID，而是绕过 RAID 直接识别成 SATA 硬盘）。

（3）在 VMware Workstation 虚拟机测试。对于初学者和爱好者来说，可能一时找不到服务器安装 VMware ESXi，这时候可以借助 VMware Workstation，在 VMware Workstation 的虚拟机学习 VMware ESXi 的使用。

【说明】 要想在虚拟机中学习测试 VMware ESXi，需要主机是 64 位 CPU，并且 CPU 支持硬件辅助虚拟化，至少有 4GB～8GB 的物理内存。如果要做 FT 的实验，则要求主机至少有 16GB

内存，因为 ESXi 6 的虚拟机，如果要启动 FT 的虚拟机，每个 ESXi 主机要求至少 6GB 内存。

2.3.1　实验环境概述

在 VMware Workstation 中，创建 1 台虚拟机安装 ESXi 6，在主机中安装 ESXi 6 客户端软件 vSphere Client，在 ESXi 6 中创建虚拟机。本节实验环境示意如图 2-3-1 所示。

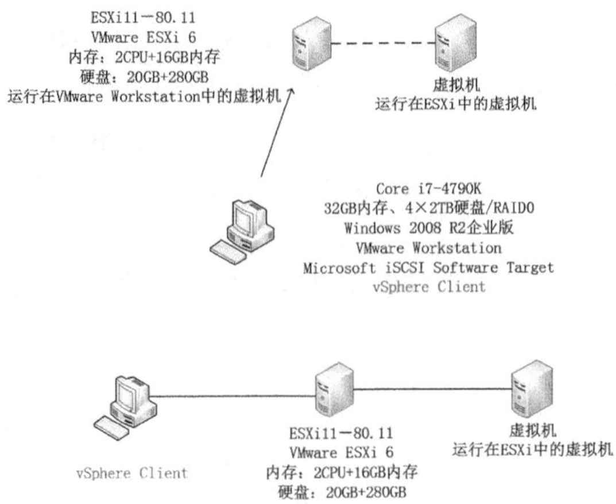

图 2-3-1　VMware ESX Server 实验拓扑

在图 2-3-1 中，有一台配置较高的计算机，这台计算机具有 32GB 内存、4 个 2TB 硬盘（使用 RAID 划分了两个逻辑分区。其中第 1 个逻辑分区为 RAID 10，大小为 120GB，安装了 Windows Server 2008 R2 企业版；第 2 个逻辑分区为 RAID 0，大约为 7.04TB）。这台机器安装 Windows Server 2008 R2 而不是安装 Windows 7 的原因，是后期要做 HA、FT 以及 VMotion 实验时，需要用到共享存储，为了实现共享存储，使用软件的 iSCSI 比较合适。而 Microsoft 为 Windows Server 2008 R2 提供了“Microsoft iSCSI Software Target”软件。实验计算机基本信息截图如图 2-3-2 所示。

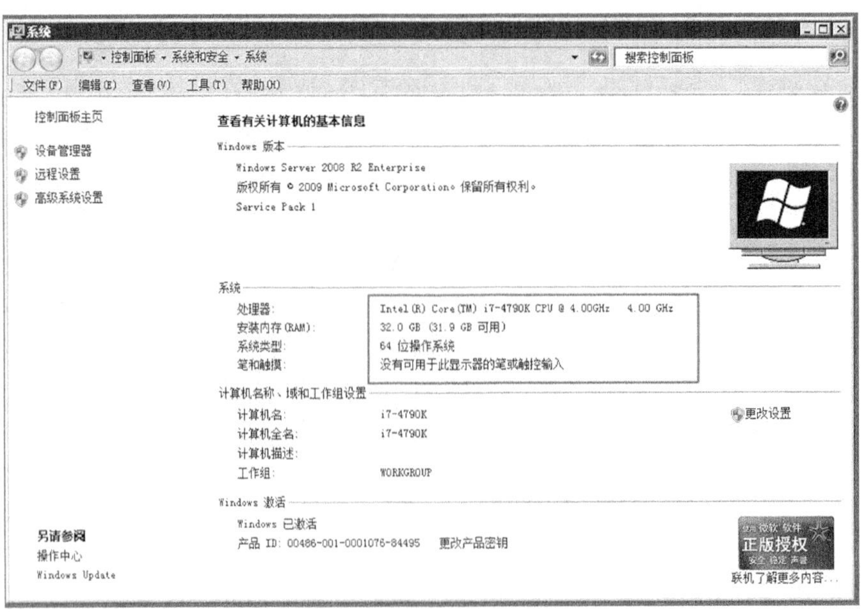

图 2-3-2　实验所用计算机

在这台配置较高的计算机中，我们安装了 VMware Workstation 12（也可以使用 VMware Workstation 11 或 VMware Workstation 10 的版本，其中 VMware Workstation 11 与 VMware Workstation 12 只能运行在 64 位 Windows 平台，而 VMware Workstation 10 则可以运行在 32 位 Windows 平台），使用 VMware Workstation 虚拟出一台计算机，用来安装 VMware ESXi。在主机（或网络中其他一台计算机）上安装 vSphere Client，使用 vSphere Client 连接到 ESXi 并进行管理。实验拓扑如图 2-3-3 所示。

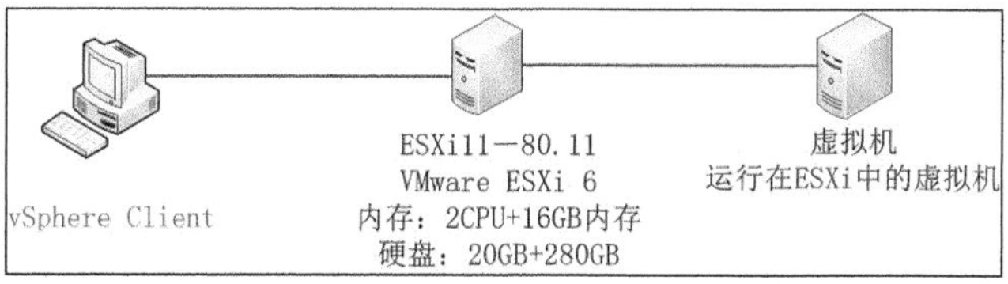

图 2-3-3　实验拓扑图

在安装 VMware ESXi 之前，无论是在主机上直接安装 VMware ESXi，还是在 VMware Workstation 的虚拟机中安装 VMware ESXi，都要求在主机的 CMOS 设置中，启用 Intel VT 及 Execute Disable Bit 功能，对于不同的计算机（或服务器），可能有不同的设置方式，下面我们选择了几种典型的配置截图。

（1）Intel S1200 主板，在“Advanced→Processor Configuration”设置页中将“Execute Disable Bit”及“Intel Virtualization Technology”设置为“Enabled”，如图 2-3-4 所示。

（2）Intel Z97 芯片组主板（以华硕 Z97-K 主板为例），在“Advanced→CPU Configuration”设置页中将“Execute Disable Bit”及“Intel Virtualization Technology”设置为“Enabled”，配置如图 2-3-5 所示。

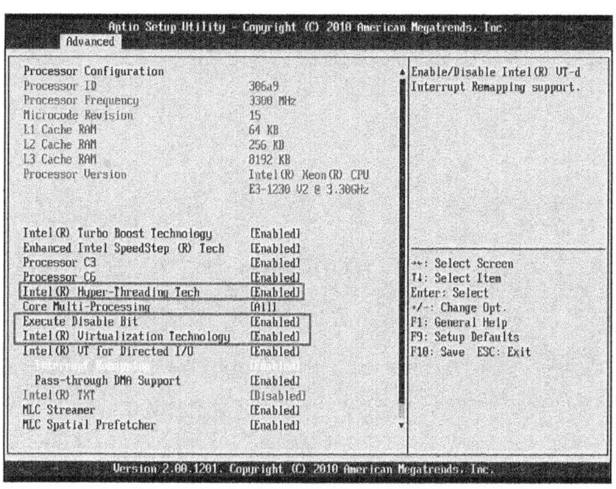

图 2-3-4　Intel S1200 主板配置

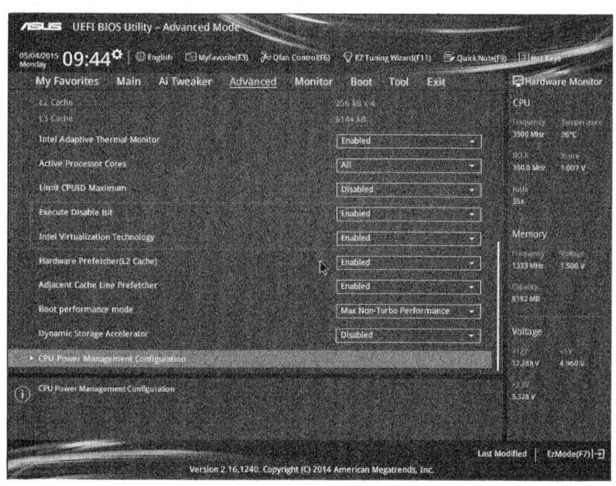

图 2-3-5　Z97 芯片组主板配置

（3）Intel H61、Q67 芯片组主板，在“Advanced→Advanced Chipset Configuration”设置页中将“Intel XD Bit”及“Intel VT”设置为“Enabled”，如图 2-3-6 所示。

（4）大多数的服务器，在出厂配置时，默认设置即启用了“硬件虚拟化”功能，如果没有，也可以进入 CMOS 设置，启用硬件虚拟化及 Execute Disable Bit 功能。图 2-3-7 是 HP DL 380 Gen8 服务器启用硬件虚拟化的设置截图。

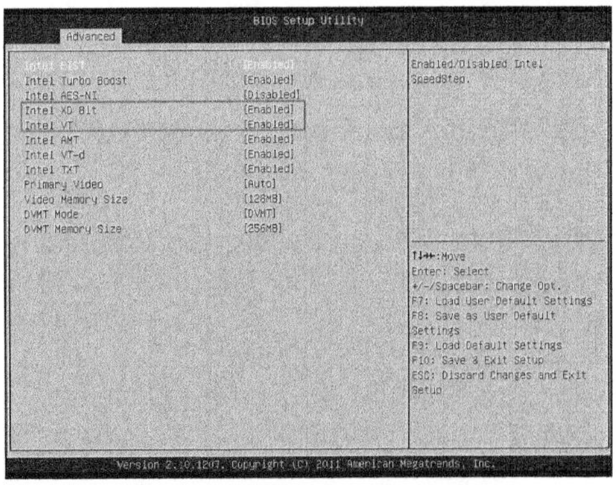

图 2-3-6　Intel H67 芯片组设置

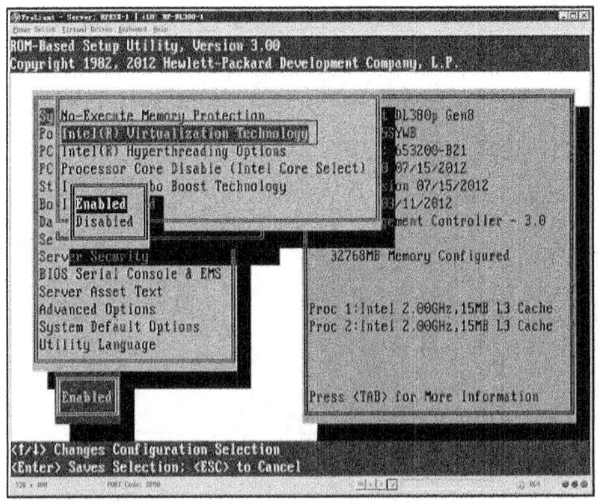

图 2-3-7　HP 服务器启用虚拟化截图

（5）图 2-3-8 是 IBM 3850 服务器启用虚拟化截图，你需要按“F1”键进入 CMOS 设置，在“System Settings→Processors”将“Execute Disable Bit”及“Intel Virtualization”设置为“Enable”。

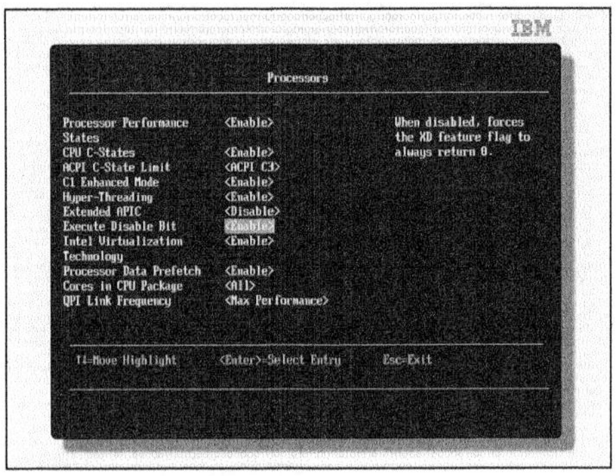

图 2-3-8　IBM 3850 启用虚拟化截图

2.3.2　Intel 芯片组自带 RAID 配置

在大多数采用 Intel 芯片组的 PC 机主板上，如果主板集成了 RAID 卡，并支持 RAID 0、1、5、10 的功能，则此 RAID 也是“软”RAID，只支持大多数的 Windows、Linux 操作系统，并不能支持 VMware ESXi，因为在配置了 RAID 之后，大多数的 Windows、Linux 可以识别出配置 RAID 之后的逻辑卷，但 ESXi 会“跳”过这个软 RAID 而直接识别出每个硬盘，包括 Intel 的 S1200BTL 主板也是如此。所以，如果你要是在支持这个“软”RAID 的主板上，配置 RAID 之后安装 Windows 或 Linux，再在 Windows 或 Linux 中安装 VMware Workstation，搭建实验环境可行，但如果是配置 RAID 之后，直接安装 ESXi，则不可行。如果你要在这种主板上直接安装 ESXi，则需要将每个硬盘初始化为没有配置 RAID 的状态，否则在你使用主板的 RAID 卡划分了逻辑卷之后，ESXi 识别的是每个硬盘，这样会导致数据不一致而出错。

在我们下面的操作中，将以华硕 Z97-K 主板为例，介绍 Intel 芯片组自带 RAID 卡的配置，其他型号的主板与此类似。在我们的这个操作中，当前主机安装了 4 块 2TB、7200 转、64MB 的硬盘，我们准备将这 4 个硬盘划分为 2 个逻辑卷（Intel 芯片组自带的 RAID 卡最多只能划分 2 个逻辑卷），其中第 1 个逻辑卷采用 RAID 10 划分，大小为 80GB，用于安装 Windows Server 2008 R2，剩下的空间则采用 RAID 0 划分，以获得最高的性能、最大的容量，请注意，此种规划只是用来做实验，不能用于实际的生产环境。在实际的生产环境中，对于大容量的 STAT 磁盘，建议采用 RAID 10，以获得较高的读写性能，不建议为大容量的 SATA 磁盘使用 RAID 5 划分，固定写速度太差。

（1）打开计算机的电源，按 DEL 进入 CMOS 设置，在“Advanced→Advanced\PCH Storage Configuration→ SATA Mode Selection”中选择 RAID，如图 2-3-9 所示，之后按“F10”键保存退出。

（2）打开计算机的电源，在弹出的“Press <Ctrl-I> to enter configuration Utility…”提示中按“Ctrl+I”热键，准备进入 RAID 配置界面，如图 2-3-10 所示。

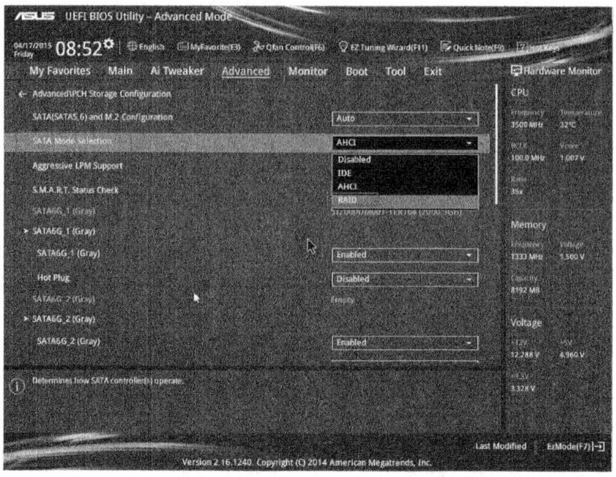

图 2-3-9　启用 RAID

图 2-3-10　按“Ctrl+I”进入配置程序

（3）进入配置程序之后，如果磁盘原来已经配置过，并且此配置数据不需要保留时，可以移动光标到“3 Reset Disks to Non-RAID”，并按回车键，准备将磁盘重置为非 RAID 磁盘，如图 2-3-11 所示。

（4）在弹出的“RESET RAID DATA”对话框中，按空格键选中要重置的磁盘，之后按回车键确认，在弹出的“Are you sure you want to reset RAID data on selected disks”输入 Y，如图 2-3-12 所示。

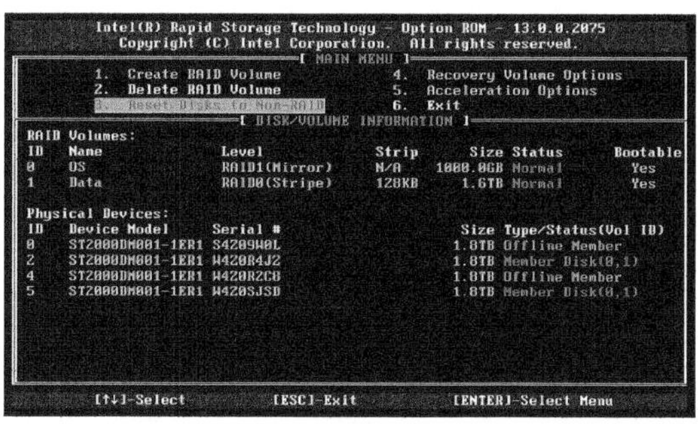

图 2-3-11　重置磁盘为非 RAID 磁盘

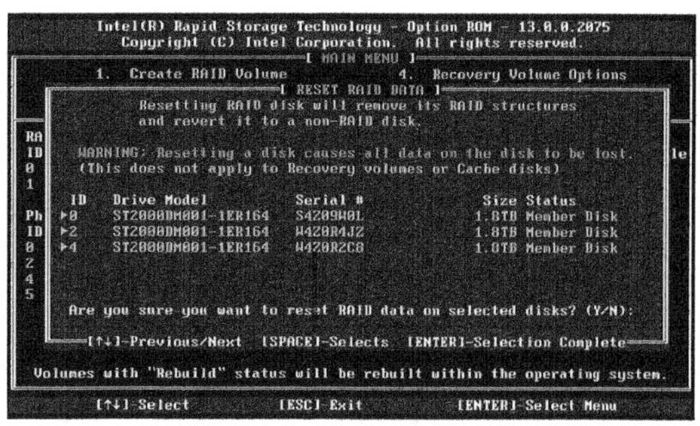

图 2-3-12　选中要重置的 RAID 磁盘

（5）返回到主菜单之后，移动光标到“1 Create RAID Volume”，并按回车键，如图 2-3-13 所示。

（6）在弹出的“CREATE VOLUME MENU”对话框，在“NAME”后面输入第一个逻辑卷的名称，如 OS；在“RAID Level（RAID 级别）”按上下光标键在 RAID 0、1、5、10 之间选择，在此选择 RAID 10；在“Disks”选择磁盘，在此选择 4 个 2TB 的硬盘（空格选择，回车确认），如图 2-3-14 所示。

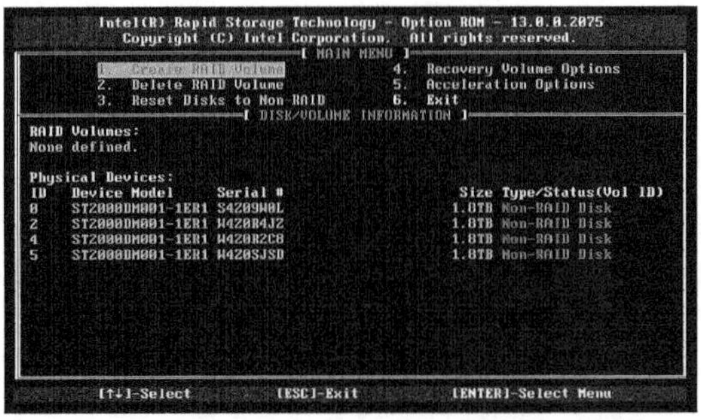

图 2-3-13　创建 RAID 卷

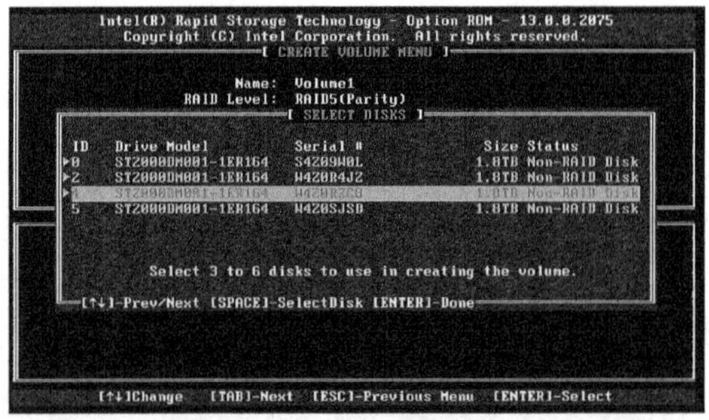

图 2-3-14　选择磁盘

在“Strip Size（RAID 读写块大小）”选择块大小；在“Capacity（容量）”设置第一个卷的容量大小，在此设置 80GB。之后移动光标到“Create Volume”处按回车键，如图 2-3-15 所示。

（7）在弹出的“Are you sure you want to create this volume”输入 Y 确认，如图 2-3-16 所示。

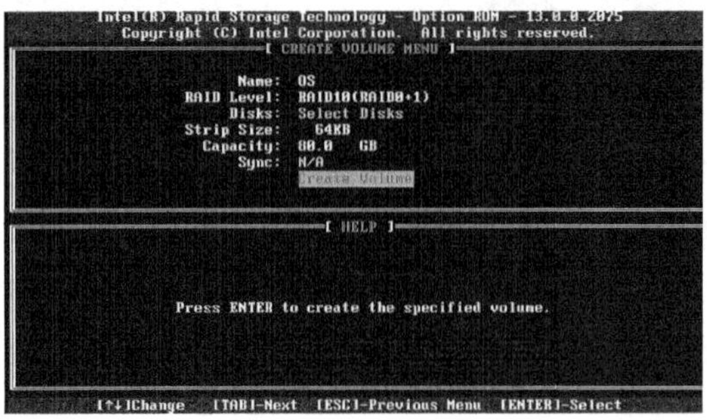

图 2-3-15　创建卷

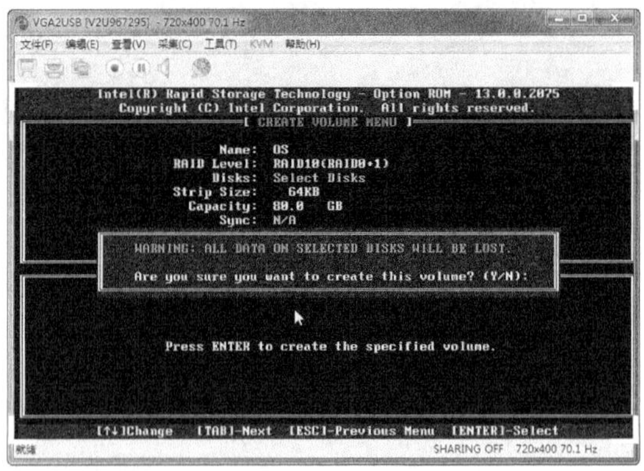

图 2-3-16　确认

（8）之后再创建第 2 个卷，使用剩余的空间创建即可，如图 2-3-17 所示。

（9）创建之后返回主菜单，可以看到创建的两个卷、每个卷的 RAID 级别，移动光标到“6 Exit”按回车键，退出配置，如图 2-3-18 所示。

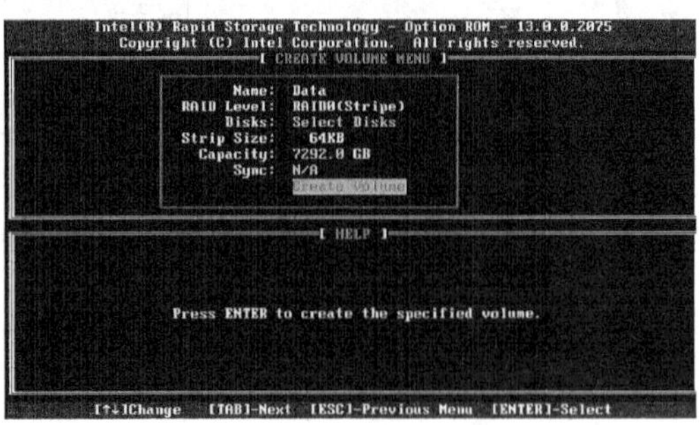

图 2-3-17　创建第 2 个卷

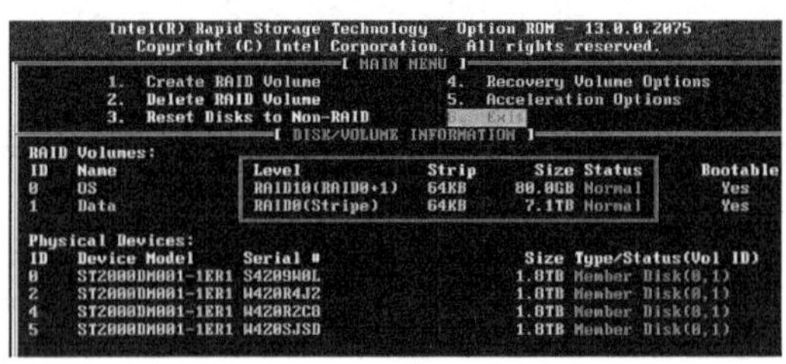

图 2-3-18　配置 RAID 完成

（10）创建 RAID 完成之后，重新启动计算机，在进入 RAID 自检程序时，可以看到当前已经配置了两个卷，卷大小、状态都会一一显示，如图 2-3-19 所示。

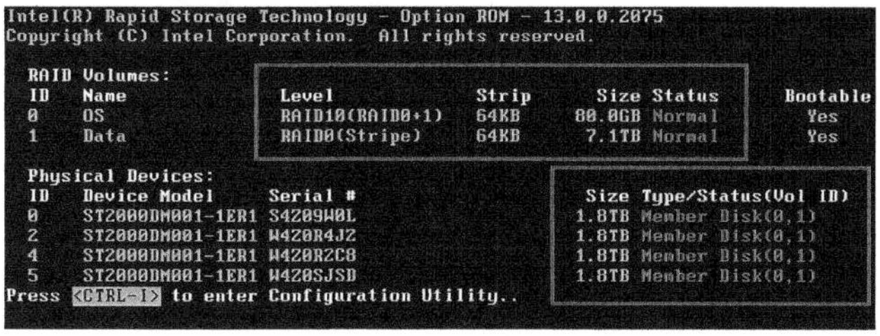

图 2-3-19　RAID 自检

在第 1 个卷中安装 Windows Server 2008 R2，并安装驱动程序，最后再将第 2 个卷分区、格式化为 D 盘，这些不一一介绍。

2.3.3　配置 VMware Workstation 12 的虚拟机

在实验主机安装好 Windows Server 2008 R2 以及 VMware Workstation 12 之后，还需要对 VMware Workstation 做一些简单的配置，主要是修改虚拟机的默认工作区，修改虚拟机内存，设置虚拟机网络，主要配置如下。

（1）在 VMware Workstation 中，打开“编辑”菜单选择“首选项”，如图 2-3-20 所示。

（2）在“工作区”中选择一个新建的、空白的文件夹，用来保存 VMware ESXi 实验中所创建的虚拟机，在此选择 D:\vmesxi6-2，如图 2-3-21 所示。

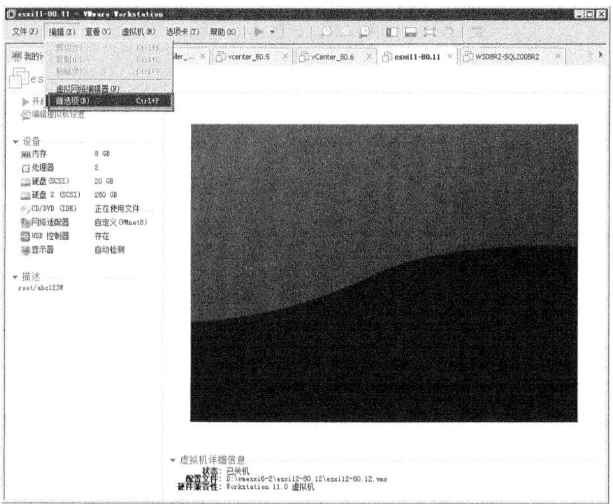

图 2-3-20　VMware Workstation 主界面

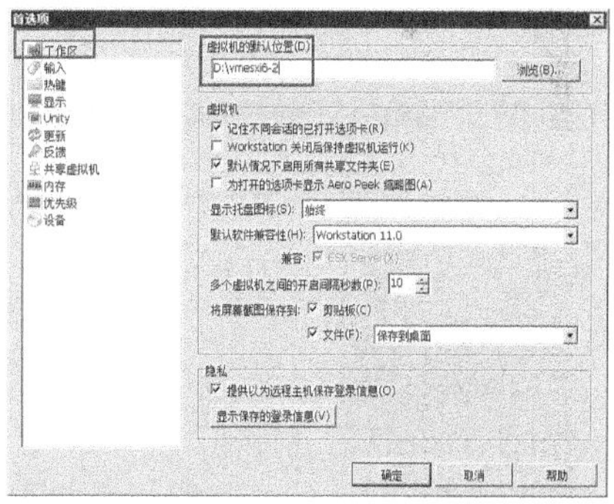

图 2-3-21　工作区

（3）在“内存”选项卡修改虚拟机使用内存的方式。如果你的主机有足够的内存，则可以选择“调整所有虚拟机内存使其适应预算的主机”，如图 2-3-22 所示。如果你的主机内存较小，又需要创建较多（或需要较大内存）的虚拟机，则可以选择“允许交换部分虚拟机内存”或“允许交换大部分虚拟机内存”。而“预留内存”不建议修改，使用系统默认值即可。如在我的实验主机中有 32GB 内存，则预留了大约 28GB 内存。

（4）配置之后单击“确定”按钮，返回到 VMware Workstation，在“编辑”菜单选择“虚拟网络编辑器”，打开“虚拟网络编辑器”，为了统一，将 VMnet1 网络地址改为 192.168.10.0，将 VMnet8 网络地址改为 192.168.80.0，然后单击“确定”按钮，如图 2-3-23 所示。

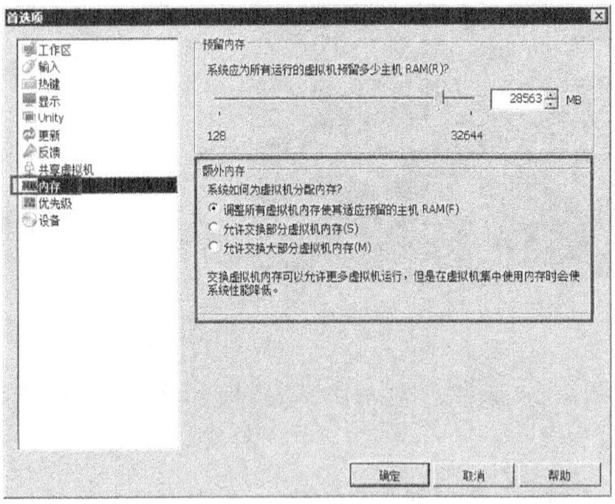

图 2-3-22　内存配置

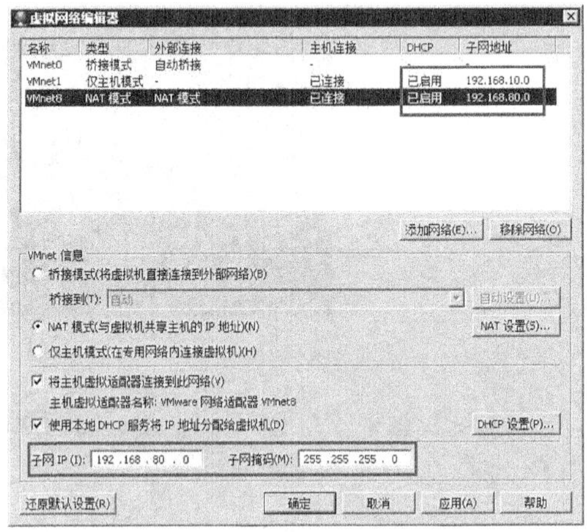

图 2-3-23　虚拟网络配置

2.3.4　在 VMware Workstation 中创建 ESXi 虚拟机

在下面的步骤中，我们创建一台 VMware ESXi 6 的虚拟机，为该虚拟机分配 16GB 内存、2 个 CPU、两个虚拟硬盘，其中一个 20GB，另一个 280GB。如果你的主机没有这么大的内存，至少要为 VMware ESXi 6 虚拟机分配 4GB 的内存，硬盘大小根据自己的规划与设计定制。在 VMware Workstation 12 中创建 ESXi 6 实验虚拟机的步骤如下。

（1）在 VMware Workstation 中，从“文件”菜单选择“新建虚拟机”，或按“Ctrl+N”热键，进入新建虚拟机向导。

（2）在“欢迎使用新建虚拟机向导”对话框选择“自定义（高级）”，如图 2-3-24 所示。

（3）在“选择虚拟机硬件兼容性”对话框选择默认值（使用 Workstation 11.0），如图 2-3-25 所示。

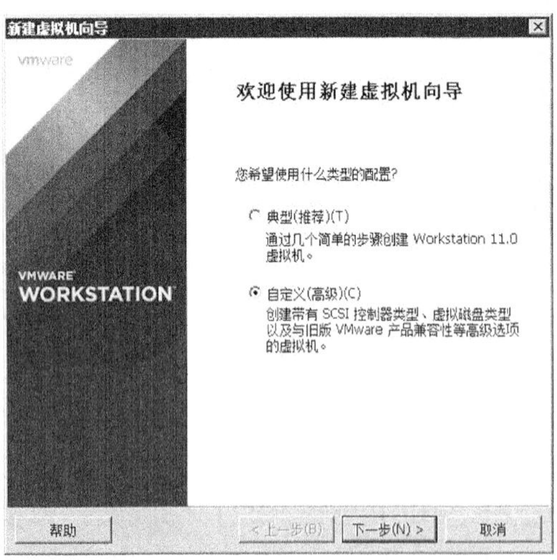

图 2-3-24　新建虚拟机向导

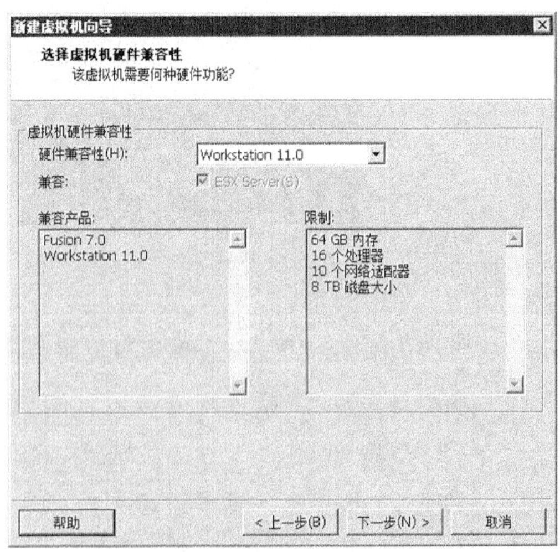

图 2-3-25　虚拟机硬件兼容性

（4）在“安装客户机操作系统”对话框选择“稍后安装操作系统”，如图 2-3-26 所示。

（5）在“选择客户机操作系统”对话框选择“VMware ESX”，并从下拉列表中选择“VMware vSphere 2015 Beta 版”，如图 2-3-27 所示。

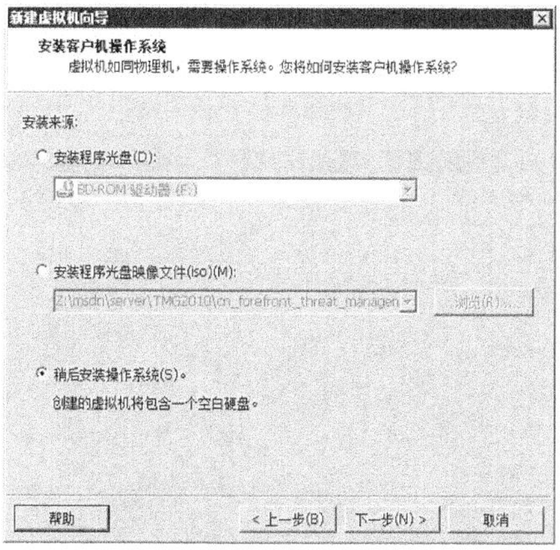

图 2-3-26　稍后安装操作系统

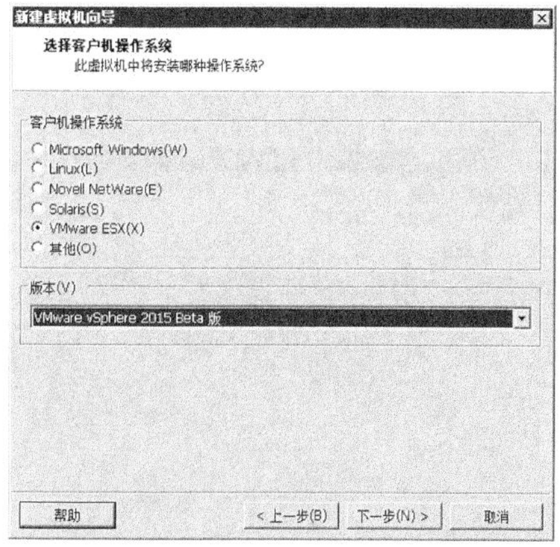

图 2-3-27　选择客户机操作系统

（6）在“命名虚拟机”对话框设置虚拟机的名称为“ESXi11-80.11”，如图 2-3-28 所示。

（7）在“处理器配置”对话框选择 2 个处理器，如图 2-3-29 所示。

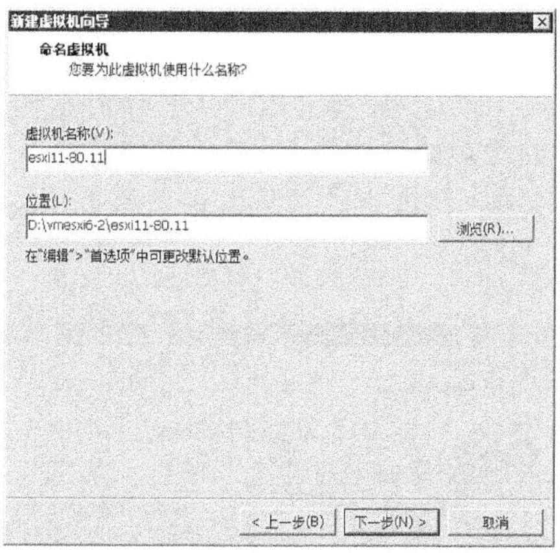

图 2-3-28　命名虚拟机

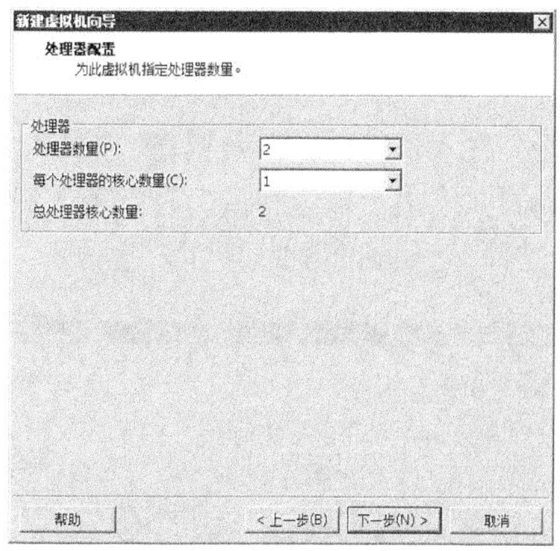

图 2-3-29　选择 2 个处理器

（8）在“此虚拟机的内存”对话框中，为 VMware ESXi 虚拟机选择至少 4GB 内存，在此选择 16GB（16384MB），如图 2-3-30 所示。

（9）在“网络类型”对话框，选择“使用网络地址转换（NAT）”，如图 2-3-31 所示。

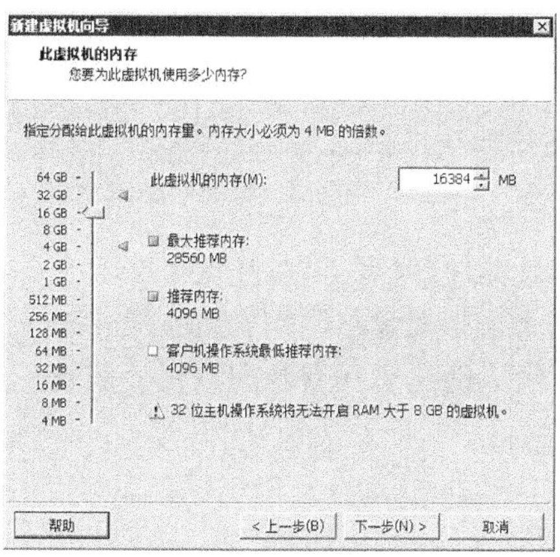

图 2-3-30　为虚拟机分配内存

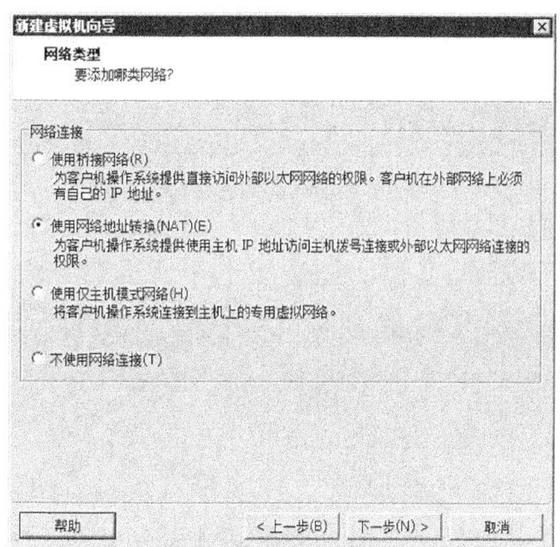

图 2-3-31　选择网络

（10）在“选择 I/O 控制器类型”对话框选择默认值 LSI Logic，如图 2-3-32 所示。

（11）在“选择磁盘类型”对话框选择 SCSI，如图 2-3-33 所示。

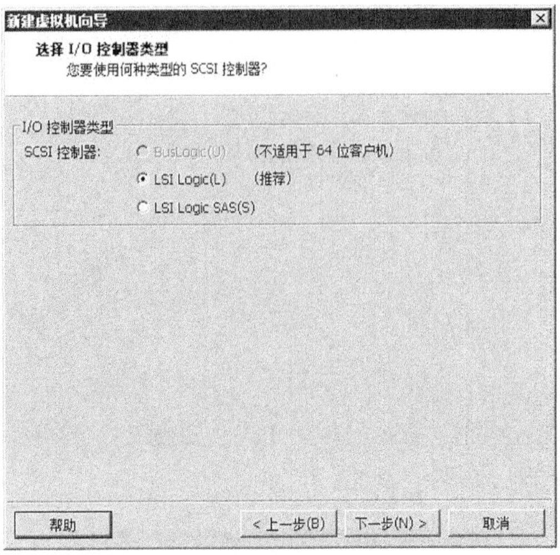

图 2-3-32　选择控制器类型

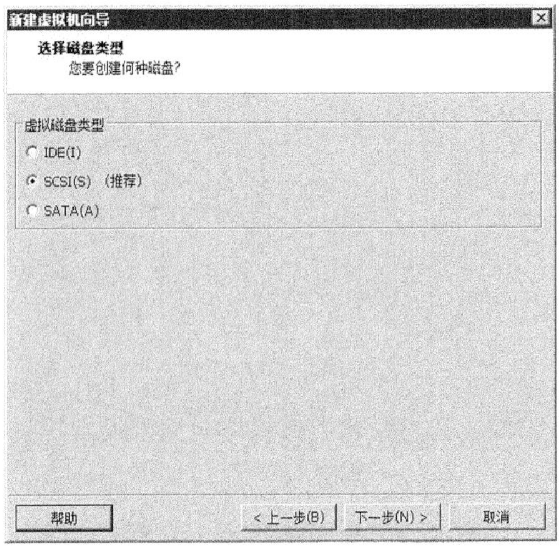

图 2-3-33　选择磁盘类型

（12）在“选择磁盘”对话框，选择“创建新的虚拟磁盘”，如图 2-3-34 所示。

（13）在“最大磁盘容量”对话框，设置磁盘大小为 20GB，并且选中“将虚拟磁盘存储为单个文件”，如图 2-3-35 所示。

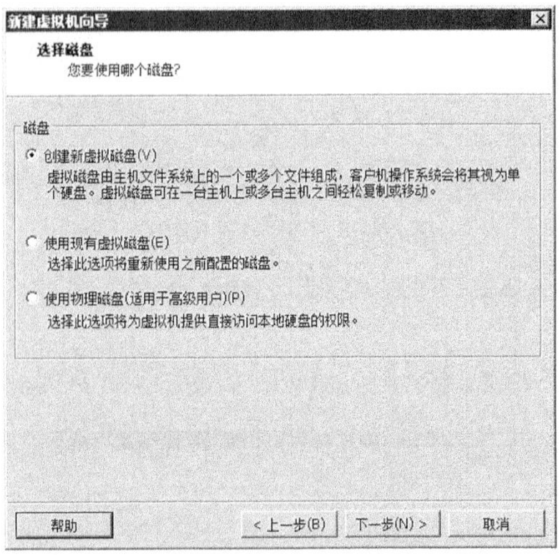

图 2-3-34　创建新磁盘

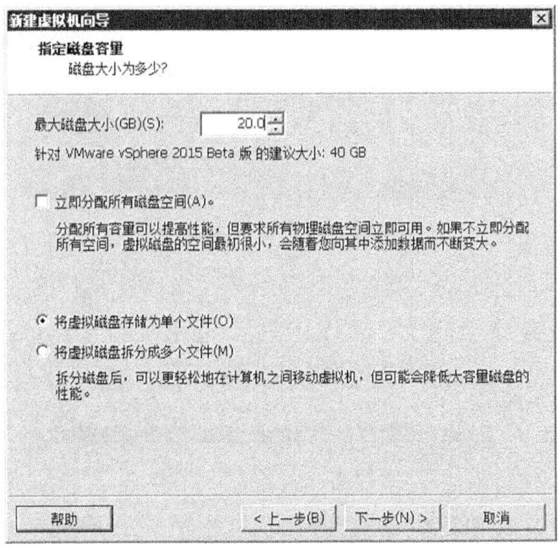

图 2-3-35　设置磁盘大小

（14）在“指定磁盘文件”对话框中，设置磁盘文件名称，可以在这个磁盘文件名称后面加上一个 OS 的字母，如图 2-3-36 所示，表示这个虚拟磁盘将用来安装系统。

（15）在“已准备好创建虚拟机”对话框，取消“创建后开启此虚拟机”的选择，单击“完成”按钮，如图 2-3-37 所示。

在创建完虚拟机之后，修改虚拟机的配置，为虚拟机添加一个 280GB 大小的虚拟硬盘，并修改虚拟机光驱，使用 VMware ESXi 6 的安装镜像作为虚拟机的光驱，主要步骤如下。

（1）打开“虚拟机设置”，单击“添加”按钮，如图 2-3-38 所示。

（2）在“硬件类型”对话框选择“硬盘”，如图 2-3-39 所示。

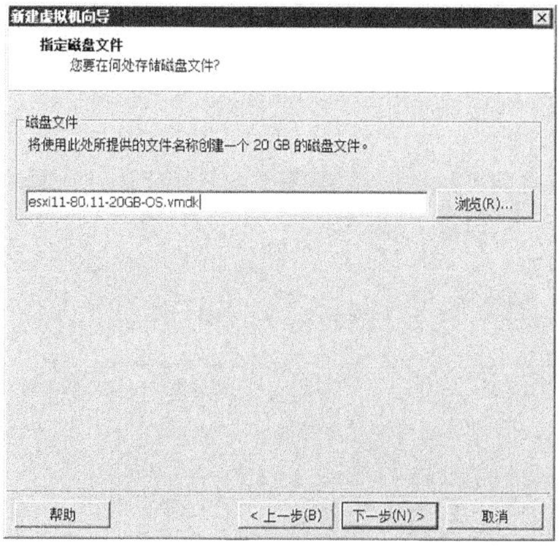

图 2-3-36　设置磁盘名称

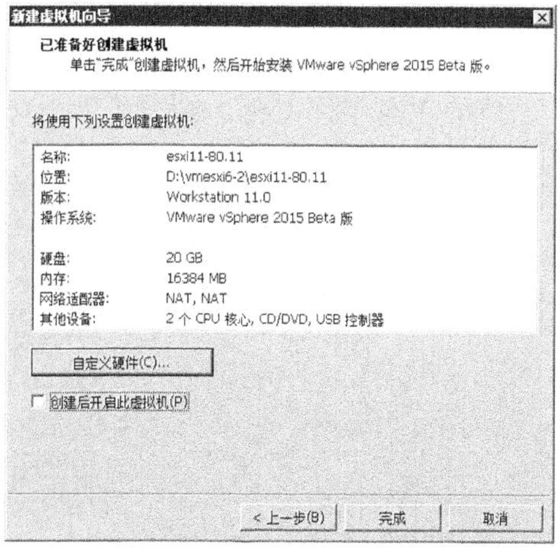

图 2-3-37　创建虚拟机完成

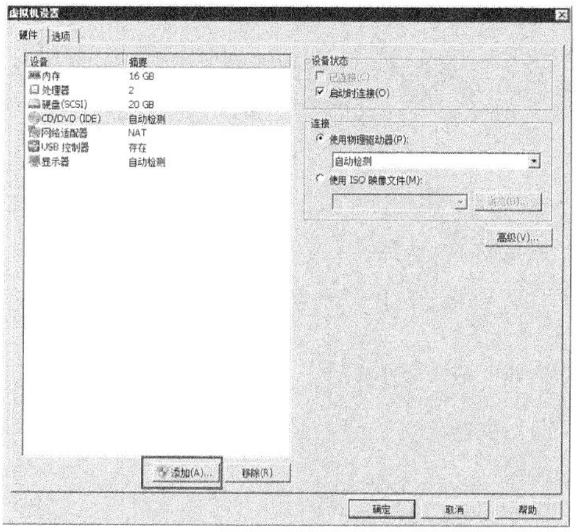

图 2-3-38　虚拟机配置

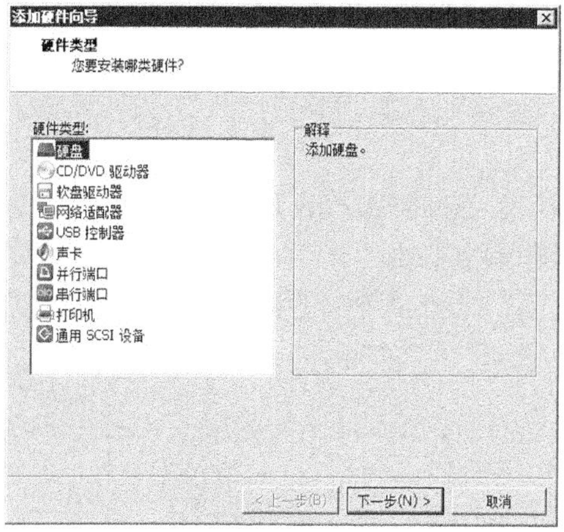

图 2-3-39　选择硬盘

（3）在“选择磁盘类型”对话框选择“SCSI”，如图 2-3-40 所示。

（4）在“选择磁盘”对话框选择“创建新虚拟磁盘”，如图 2-3-41 所示。

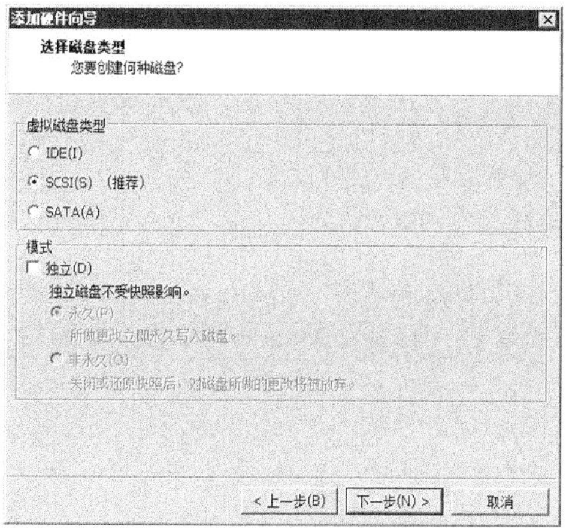

图 2-3-40　选择磁盘类型

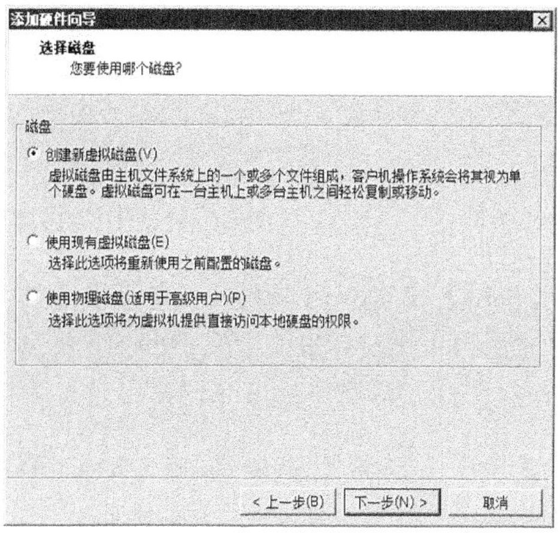

图 2-3-41　创建新磁盘

（5）在“最大磁盘容量”对话框，设置磁盘大小为 280GB，并且选中“将虚拟磁盘存储为单个文件”，如图 2-3-42 所示。

（6）在“指定磁盘文件”对话框中，设置磁盘文件名称，可以在这个磁盘文件名称后面加上 280GB 的标识，如图 2-3-43 所示，表示这是一个 280GB 的虚拟磁盘。

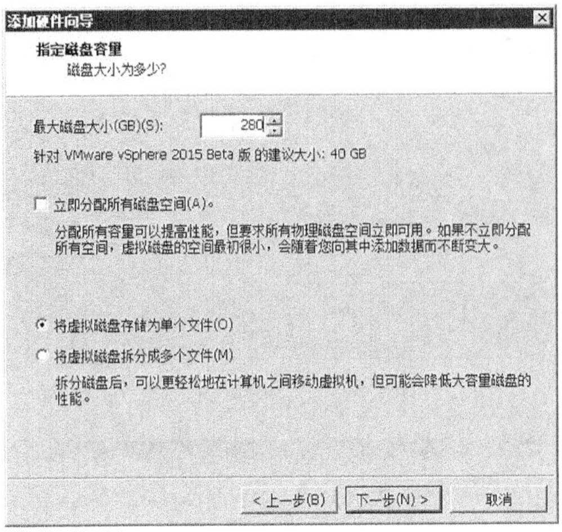

图 2-3-42　设置 280GB

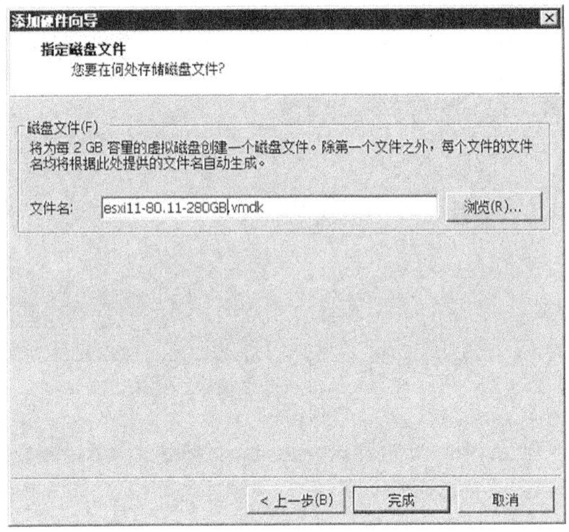

图 2-3-43　指定磁盘文件

（7）返回虚拟机设置对话框，在“CD/DVD”中，浏览选择 VMware ESXi 6 的安装光盘镜像作为虚拟机的光驱，要确认“设备状态”为“启动时连接”，如图 2-3-44 所示。设置完成之后，单击“确定”按钮，完成虚拟硬盘的添加，以及启动光盘的配置。

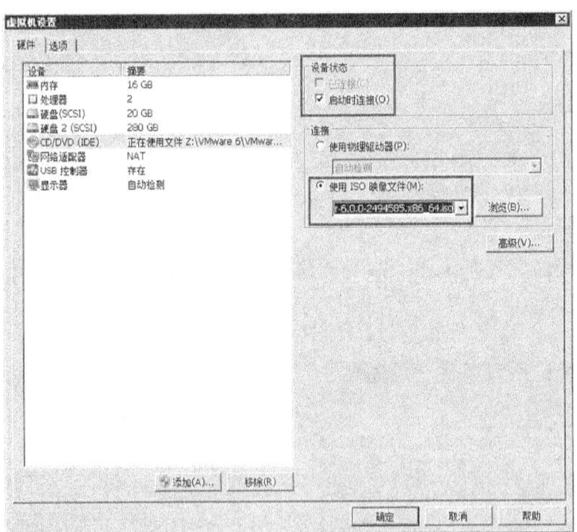

图 2-3-44　选择 ESXi 安装光盘镜像作为虚拟机光驱

【说明】VMware ESXi 6.0 安装包比较小，在 VMware-VMvisor-Installer-6.0.0-2494585 版本中，大小为 348MB。从 VMware 网站下载的安装光盘镜像文件名为“VMware-VMvisor-Installer-6.0.0-2494585.x86_64.iso”。

2.3.5　在虚拟机中安装 VMware ESXi 6

然后启动 VMware ESXi 6 的虚拟机，开始 VMware ESXi 6.0 的安装，主要步骤如下。

（1）在开始安装界面，先关闭“右下角”的提示，然后用鼠标在虚拟机窗口中单击一下，把光标拖到“VMware-VMvisor-Installer-6.0.0-2494585”上并按“Enter”键，开始 VMware ESXi 6 的安装，如图 2-3-45 所示。

（2）在安装的过程中，VMware ESXi 会检测当前主机的硬件配置并显示出来，如图 2-3-46 所示，当前主机（指正在运行 VMware ESXi 安装程序的虚拟机）是 Intel Core i7-4790K 的 CPU、16GB 内存。

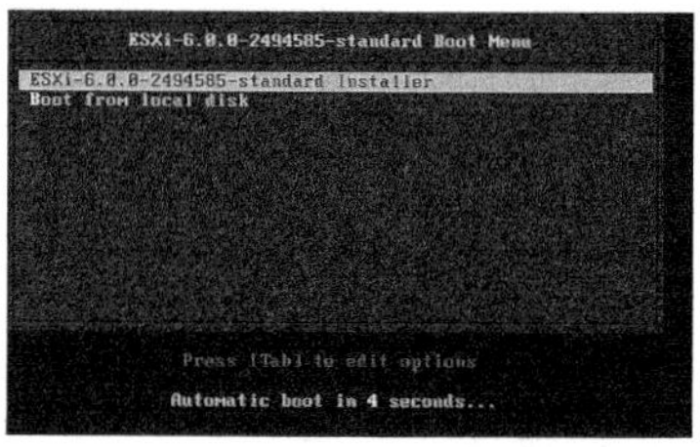

图 2-3-45　开始安装

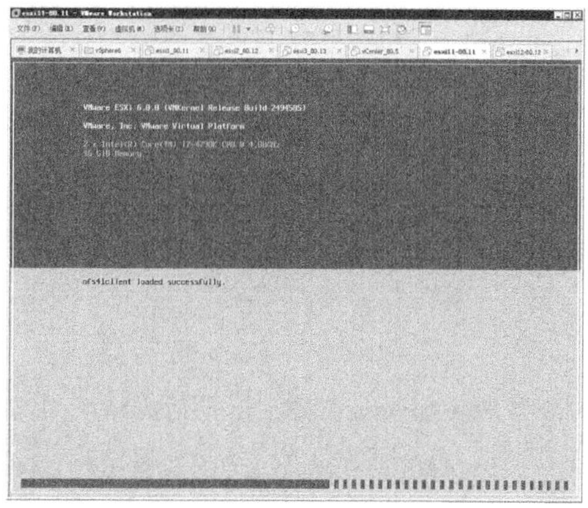

图 2-3-46　检测当前主机配置

（3）在“Welcome to the VMware ESXi 6.0.0 Installation”对话框中按回车键开始安装，如图 2-3-47 所示。

（4）在“End User License Agreement”对话框中按“F11”键接受许可协议，如图 2-3-48 所示。

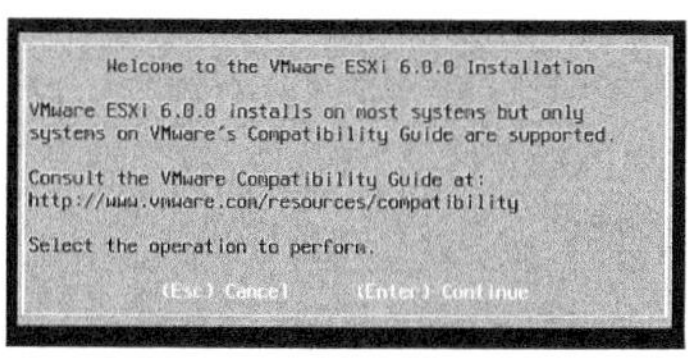

图 2-3-47　开始安装

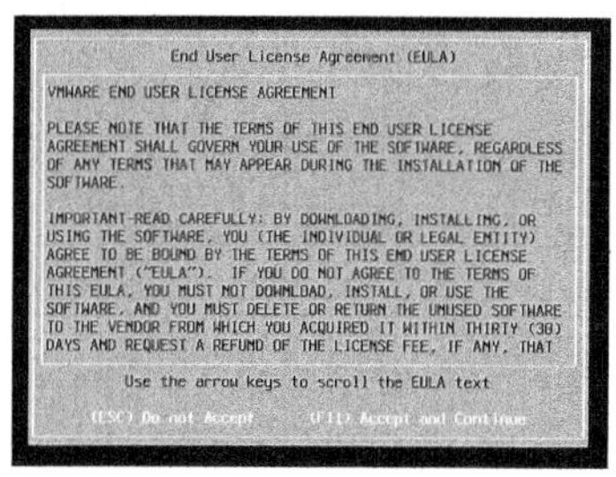

图 2-3-48　授受许可协议

（5）在“Select a Disk to Install or Upgrade”对话框中选择安装位置，在本例中将 VMware ESXi 安装到 40GB 的虚拟硬盘上，如图 2-3-49 所示。

（6）在“Please select a keyboard layout”对话框中选择“US Default”，然后按“Enter”键，如图 2-3-50 所示。

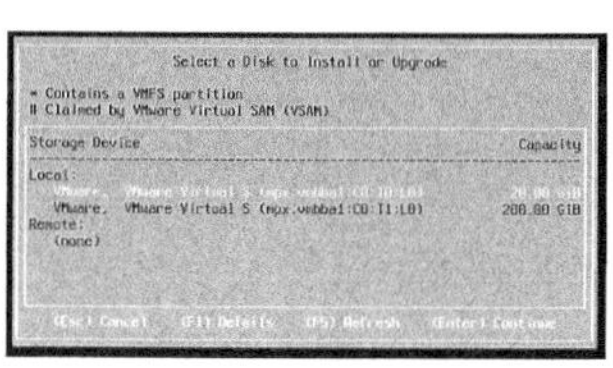

图 2-3-49　选择安装磁盘

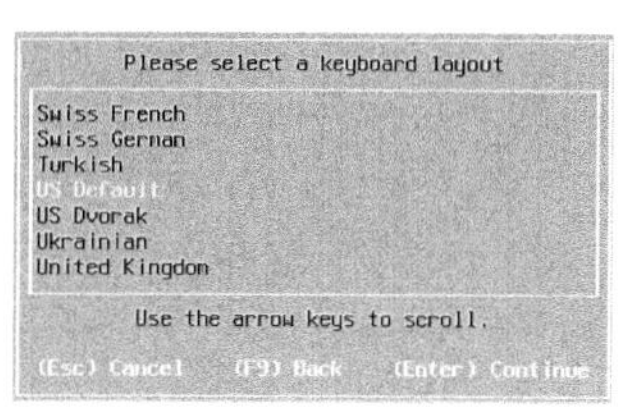

图 2-3-50　选择默认键盘

（7）在“Please enter a root password(recommended)”对话框中，设置管理员密码（默认管理员用户是 root），在本例中，设置密码为 1234567。如果在真正的生产环境中，一定要设置一个“复杂”的密码，即密码包括大小写字母、数字，并且长度超过 7 个字符，如图 2-3-51 所示。

【说明】 在 VMware ESX 4 中，最小密码长度为 6 位，在 VMware ESXi 5、6 中，最小密码长度为 7 位。

（8）如果是在一台新的服务器上安装，或者是在一个刚刚初始化过的硬盘上安装，则会弹出“Confirm Install”对话框，提示这个磁盘会重新分区，而该硬盘上的所有数据将会被删除，如图 2-3-52 所示。

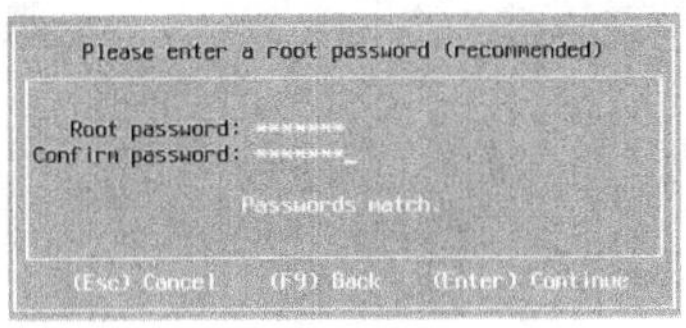

图 2-3-51 设置密码

图 2-3-52 确认安装

（9）之后 VMware ESXi 会开始安装，并显示安装进度，如图 2-3-53 所示。

（10）VMware ESXi 6 安装比较快，安装过程需要四五分钟，在安装完成后，弹出“Installation Complete”对话框，如图 2-3-54 所示，按“Enter”键将重新启动。在该对话框中提示在重新启动之前取出 VMware ESXi 6 安装光盘介质。

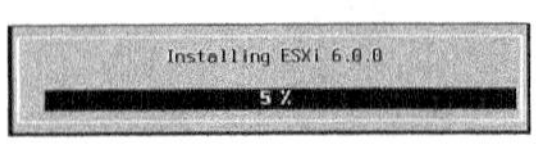

图 2-3-53 安装进度

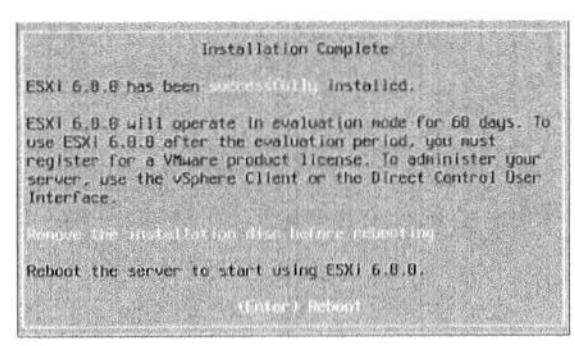

图 2-3-54 安装完成

（11）当 VMware ESXi 启动成功后，在控制台窗口可以看到当前服务器信息，如图 2-3-55 所示。在图中，显示了 VMware ESXi 6 当前运行服务器的 CPU 型号、主机内存大小与管理地址，在本例中，当前 CPU 为 Intel Core i7-4790k，主频大小为 3.40GHz，2GB 内存，当前管理地址为 169.254.106.94（获得 169.254.x.x 的地址表示当前网络中没有启用 DHCP 服务器）。

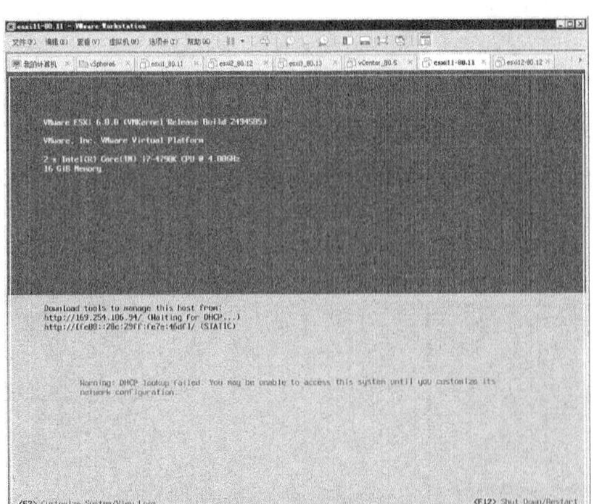

图 2-3-55 控制台信息

【说明】在 VMware ESXi 6 中，默认的控制台管理地址是通过 DHCP 分配的，如果网络中没有 DHCP 或者 DHCP 没有可用的地址，其管理控制台的地址可能为 0.0.0.0 或 169.254.x.x 的地址。如果是这样，在控制台中设置（或修改）管理地址后才能使用 vSphere Client 管理。

2.4　在普通 PC 中安装 VMware ESXi 的注意事项

如果你有较高配置的 PC 机，就可以在普通 PC 机上安装 VMware ESXi。本节以华硕 Z97-K 主板、Intel I5-4690K、16GB 内存、4 个 2TB 硬盘为例介绍。其他主板可以参考本节内容。

【说明】本节将用自己制作的启动 U 盘，从 U 盘启动安装 VMware ESXi。本节使用的是“电脑店 U 盘启动工具 6.2”制作的启动 U 盘（一个 32GB 金士顿的 U 盘），在制作好启动 U 盘之后，在 U 盘根目录创建一个 DND 的文件夹，然后将 VMware ESXi 6.0 的安装光盘镜像复制到这个文件夹，如图 2-4-1 所示。

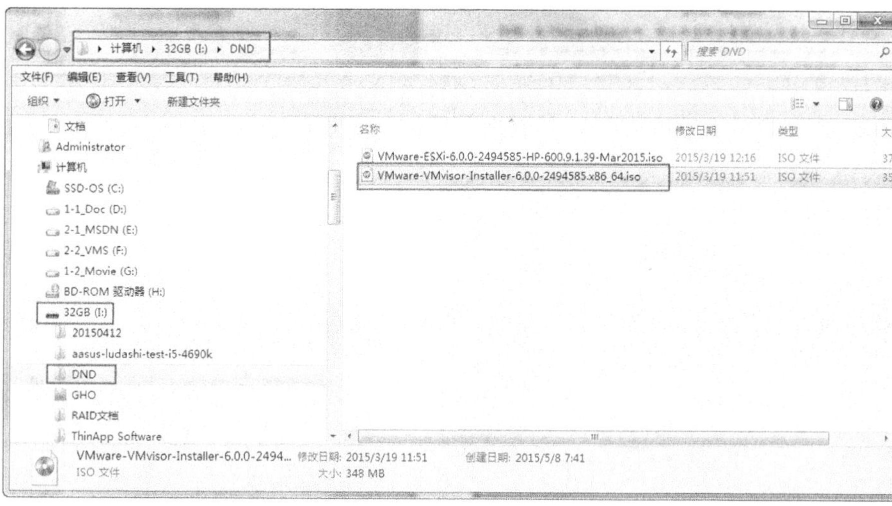

图 2-4-1　复制 ESXi 安装镜像到启动 U 盘 DND 文件夹

下面介绍在普通 PC 中安装 VMware ESXi 的主要内容，主要步骤如下。

（1）大多数计算机集成的网卡不支持 VMware ESXi，如果你安装 VMware ESXi，则会提示“No Network Adapters”没有找到网卡，如图 2-4-2 所示。

（2）因为计算机集成的网卡不支持 ESXi，所以要安装 ESXi，需要在计算机上安装一块（或多块）支持 ESXi 的网卡，如 Qlogic NetXtreme II BCM5709（见图 2-4-3）、Broadcom NetXtreme BCM5721（见图 2-4-4）。BCM 5709 是双端口千兆网卡，价钱较贵，大约在 200 元；BCM 5721 是单端口千兆网卡，比较便宜，大约在 50 元，这两款网卡都支持 VMware ESXi，都是 PCE-E 接口，现在大多数主板及服务器都有 PCI-E 接口。

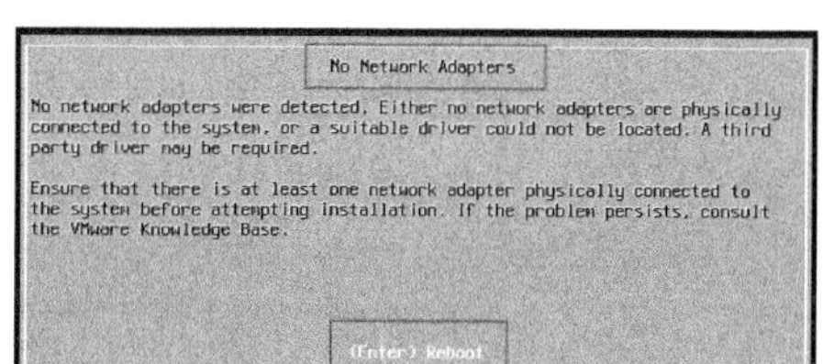

图 2-4-2　没有找到网卡

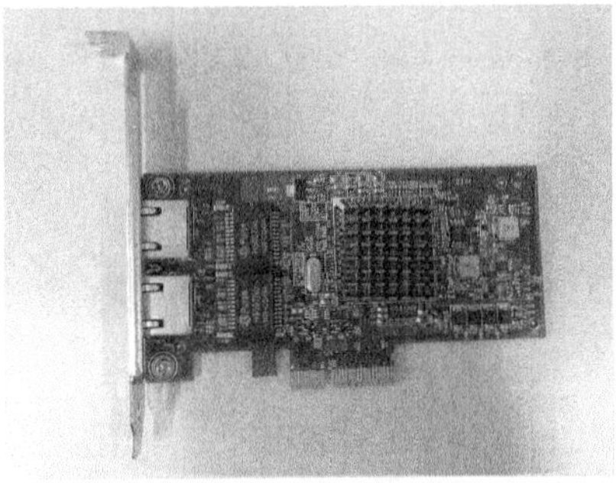

图 2-4-3　Qlogic NetXtreme II BCM5709 网卡

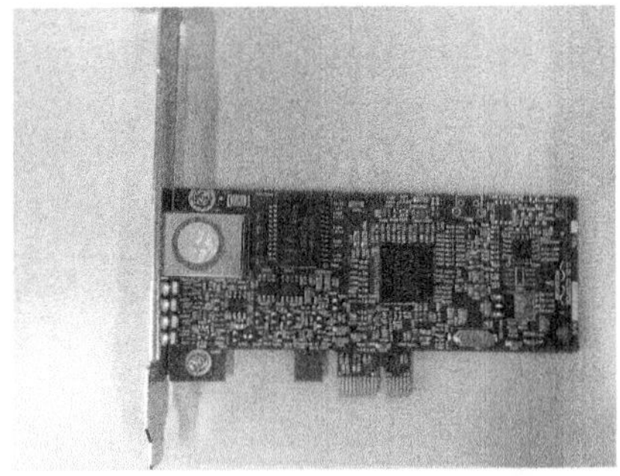

图 2-4-4　BCM 5721 网卡

（3）在安装之前，进入 CMOS 设置，在 SATA 模式设置中，如果你的芯片组支持 RAID，则需要选择 RAID，如果你的芯片组不支持 RAID，则需要选择 AHCI，不能选择 IDE，如图 2-4-5 所示（这是华硕 Z97-K 主板，其他 Intel 芯片的主板与此类似）。

（4）如果选择了 RAID 模式（实际上并不使用主板集成的 RAID，因为这种“软”RAID 并不被 ESXi 支持），在保存 CMOS 设置之后，重新启动计算机，按“Ctrl+I”热键进入 RAID 设置，查看状态，要注意，不要创建 RAID，将所有磁盘标记为非 RAID 磁盘即可，你可以在进入 RAID 配置界面之后，选择“Reset Disks to Non-RAID”，如图 2-4-6 所示。将硬盘重置为非 RAID 磁盘之后，移动光标到 Exit 退出。

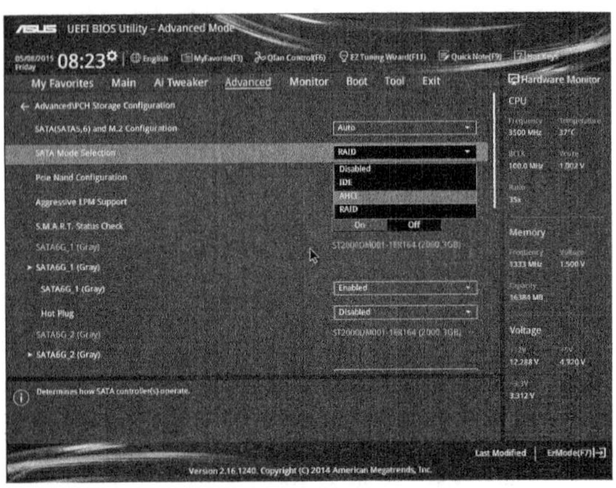

图 2-4-5　SATA 模式选择

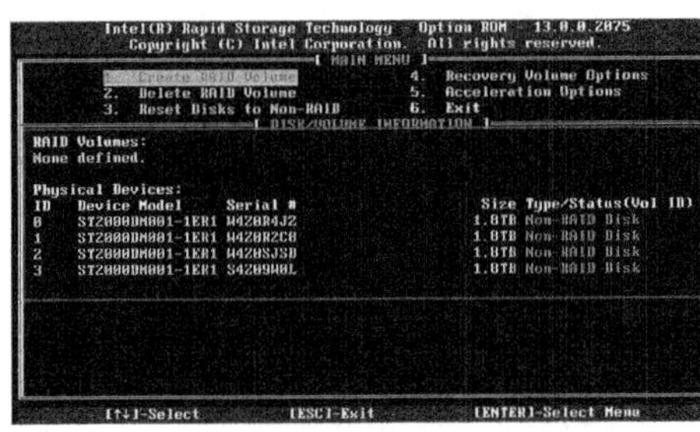

图 2-4-6　重置磁盘为非 RAID 磁盘

【说明】 即使你使用主板集成的 RAID 创建了逻辑卷，在安装 VMware ESXi 的过程中，也会“跳过”该 RAID 盘，而是直接识别成每个单独的物理磁盘。

（5）之后启动计算机，按 DEL 或“F2”键，计算机会停留在 UEFI BIOS 实用程序界面，在此界面中显示了 SATA 信息、启动的设备等，如图 2-4-7 所示。

（6）按“F8”键，进入引导菜单，选择启动 U 盘，在此是“KingstonDT 101 G2 (29694MB)”，这是一个 32GB 的金士顿的 U 盘，如图 2-4-8 所示。

（7）在 U 盘启动界面中选择“启动自定义 IOS/IMG 文件（DND 目录）”，按回车键，如图 2-4-9 所示。

（8）选择“自动搜索并列出 DND 目录下所有文件”，如图 2-4-10 所示。

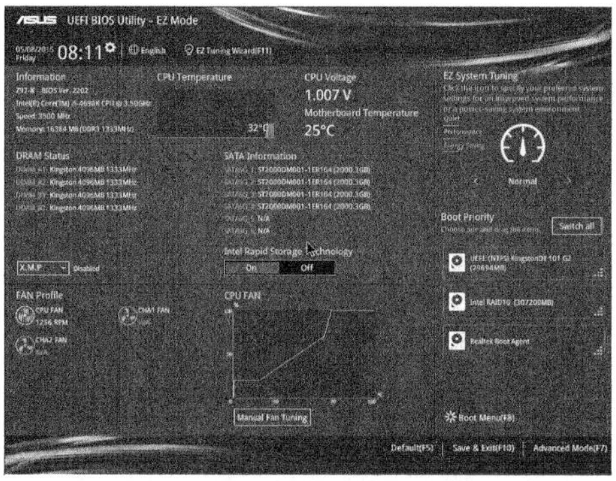

图 2-4-7　UEFI BIOS 实用程序

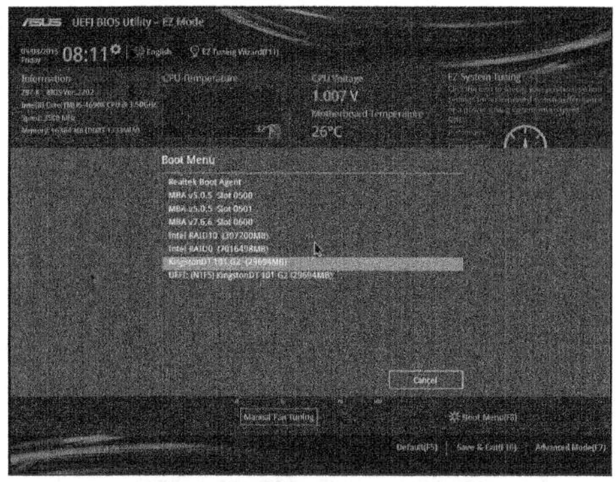

图 2-4-8　选择启动设备

图 2-4-9　启动自定义 IOS

图 2-4-10　自动搜索并列出 DND 目录下所有文件

（9）选择 VMware ESXi 6.0 安装光盘镜像，并按回车键，如图 2-4-11 所示。在当前示例中，需要选择“VMware-VMvisor-Installer-6.0.0-2494585.x86_64.iso”文件。

（10）之后会加载 ESXi 的安装程序，如图 2-4-12 所示，这是安装程序检测到的硬件信息：ASUS、Intel i5-4690K、16GB 内存。

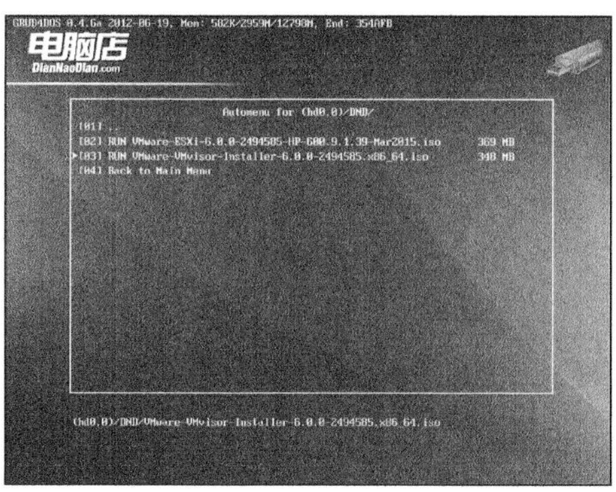

图 2-4-11　选择 ESXi 6 安装镜像文件

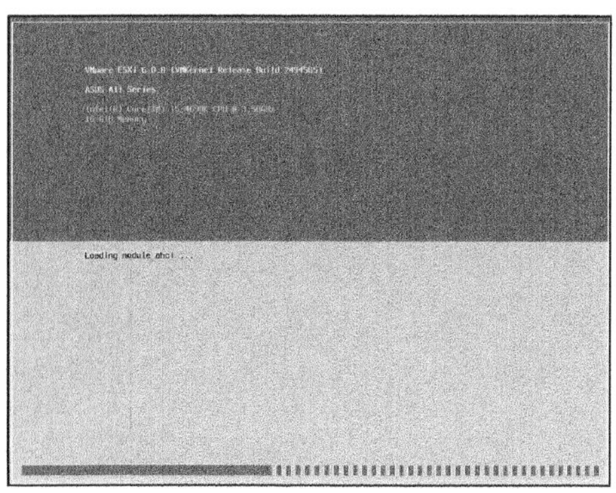

图 2-4-12　检测到的主机配置

（11）之后会进入 VMware ESXi 安装程序，在“Select a Disk to Install or Upgrade”对话框中选择要安装 ESXi 的磁盘。虽然当前主机支持 RAID，但这只是南桥芯片组支持的 RAID，相当于“软”RAID，所以 ESXi 会“跳过”这个 RAID，直接识别出每个硬盘，如图 2-4-13 所示。在此显示出了 4 个 1.82TB 硬盘（2TB 硬盘）、1 个 29GB 的 U 盘。

（12）当有多个磁盘要安装 ESXi 时，可以移动光标选择要安装的设备，按“F1”键，以查看信息，此时会显示当前硬盘是否有 ESXi，如图 2-4-14 所示。这表示在当前硬盘上找到了 ESXi 6.0.0 的产品。

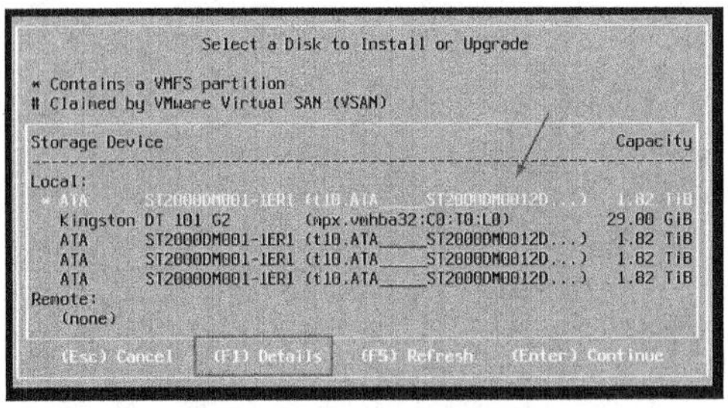

图 2-4-13　选择一个磁盘安装或升级 ESXi

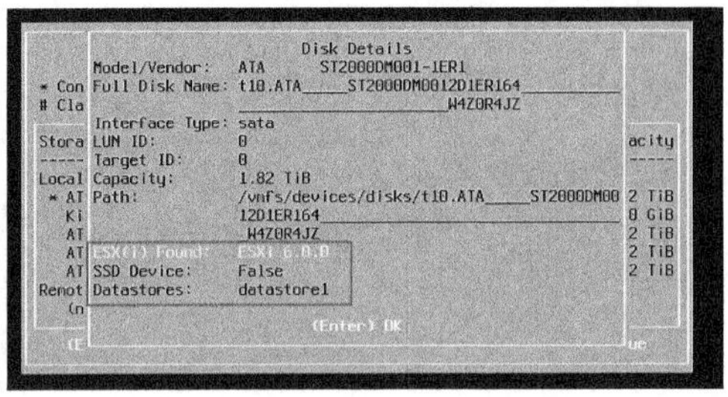

图 2-4-14　找到 ESXi

如果没有找到 ESXi，则会显示“No”的信息，如图 2-4-15 所示。

（13）如果在“Select a Disk to Install or Upgrade”对话框中只有一个 U 盘，如图 2-4-16 所示，这表示你的计算机没有添加硬盘，或者是你的 CMOS 设置中设置的模式不对，当前 ESXi 没有检测到硬盘，你需要按 ESC 退出安装，重新启动计算机进入 CMOS 设置，修改 CMOS 的配置，再次启动安装。如果你的主机是一台服务器，并且你安装了硬盘，则表示你的服务器没有配置 RAID，在没有配置 RAID 并将物理磁盘划分为逻辑磁盘前，ESXi 也不会直接识别到物理硬盘。

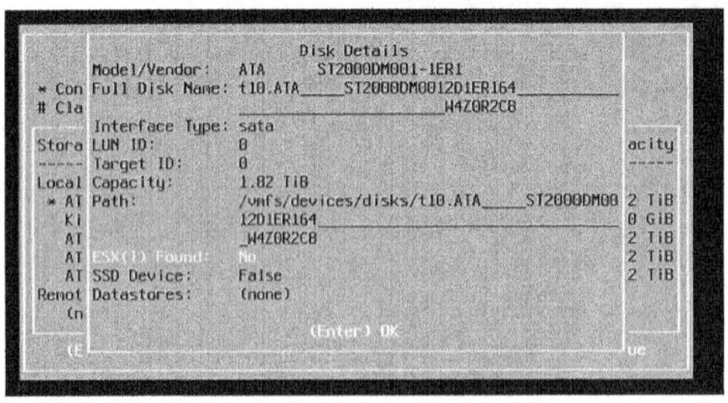

图 2-4-15　当前硬盘没有 ESXi

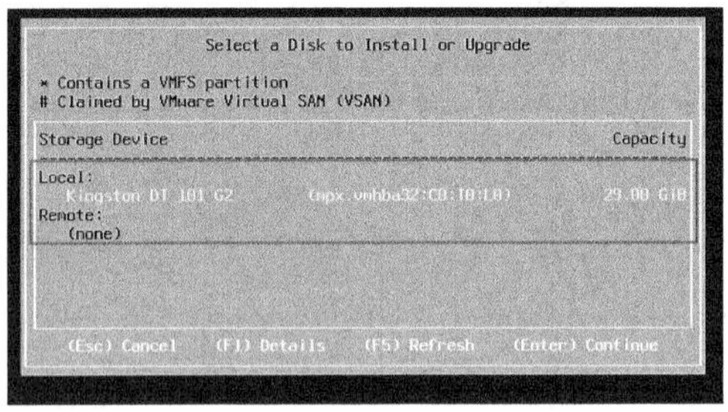

图 2-4-16　没有找到硬盘

（14）选择有 VMware ESXi 的磁盘，按回车键，会弹出“ESXi and VMFS Found”的提示，如图 2-4-17 所示。选择“Upgrade ESXi，Preseve VMFS datastore”，表示升级 ESXi，并保留 VMFS 数据；如果选择第二项，则表示安装一个全新的 ESXi，并保留原来的 VMFS 数据；如果选择第三项，则表示安装全新的 ESXi，不保留原来的 VMFS 数据并覆盖这些数据。一般情况下不要选择第三项，否则原来 ESXi 中现有的内容（虚拟机、其他文件）都会被清除。只有你在确认不需要保留原有内容时，才可以选择第三项。在此选择第一项。

（15）在“Confirm Upgrade”对话框按“F11”键，升级现有 ESXi，如图 2-4-18 所示。

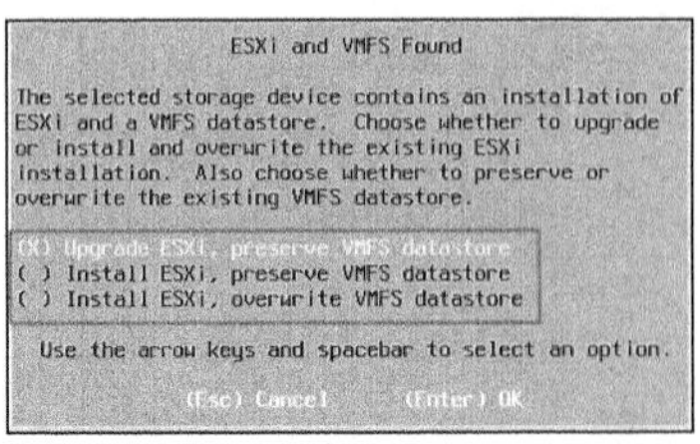

图 2-4-17　ESXi 安装或升级选择

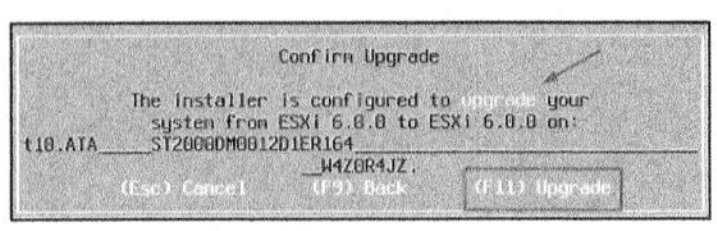

图 2-4-18　升级

（16）之后开始安装 ESXi，直到安装完成，如图 2-4-19 所示。

（17）按回车键，拔下 U 盘，之后重新启动计算机，并进入 ESXi，如图 2-4-20 所示。

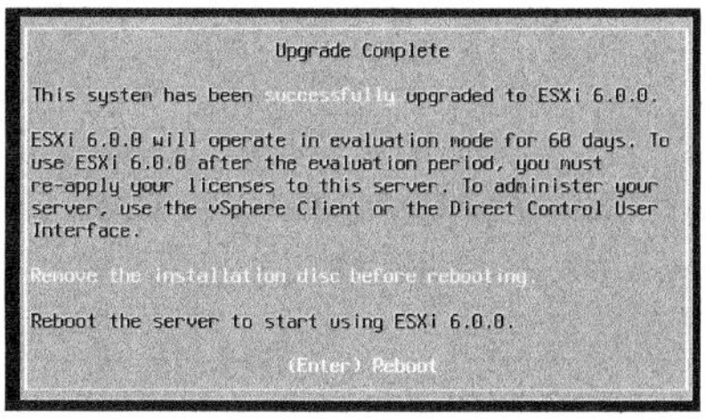

图 2-4-19　安装 ESXi 完成

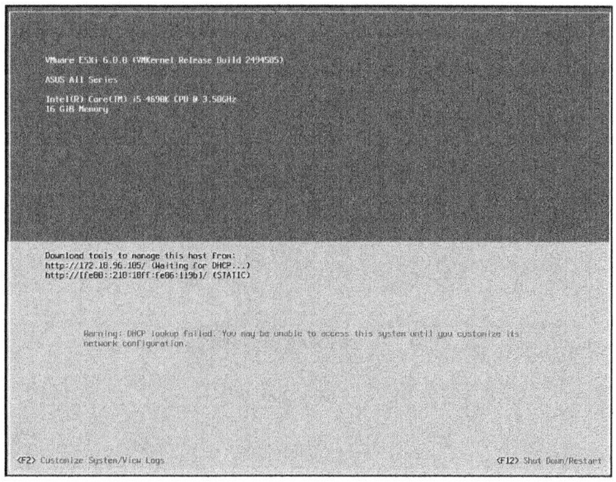

图 2-4-20　安装 ESXi 完成

2.5　在 IBM 服务器集成的 USB 端口安装 ESXi

在以前，管理员总是习惯为每个服务器配置两块硬盘，配置成 RAID1 安装系统。而在现在使用虚拟化技术管理服务器的时候，一般情况下，服务器不再配置本地硬盘，而是直接从存储上为服务器分配 5GB～10GB 的空间，用于虚拟化系统的安装。但是，也有一些管理员，认为将虚拟化的管理程序安装在本机硬盘比较好，这时候就有以下的选择。

（1）仍然为服务器配置两个较小的 SAS 硬盘（如 300GB），配置成 RAID1，安装 VMware ESXi。

（2）为服务器配置 1 块 60GB～120GB 的固态硬盘，安装 VMware ESXi。

我们可以有第三种选择，即将 VMware ESXi 安装在一个 U 盘上。但是，人们感觉用 U 盘启动操作系统“不专业”，也感到在服务器机箱上插个 U 盘不太安全。

实际上，对于这个问题，厂家也早已考虑。HP 的 DL 380 Gen8 在机箱内部集成了一个 SD 卡槽，插入 SD 卡后，可以用来安装虚拟化底层系统。而 IBM 的 3650 M4 系列，则在机房内部集成了一个 USB 接口，可以插入 U 盘，用来安装虚拟化底层系统。本文介绍在 IBM 3650 M4 系列服务器中，使用内置的 USB 接口，插上 U 盘，安装 VMware ESXi 系统的步骤及注意事项。其他厂商（例如 HP）的服务器在 U 盘（或 SD 卡）安装虚拟化系统则与此类似。

2.5.1　在机箱中安装 U 盘

打开 IBM 3650 服务器的机箱盖，在左下角靠近底部的位置，有个标记为“Hypervisor Key”的 USB 接口，外围是紫色颜料，标记为“DOWN”是一个开锁的标志，将外围的塑料按下去之后，才能插入 U 盘（为了安装 VMware ESXi 6.x 的版本，只需要配置 1GB 的 U 盘即可。由于 U 盘 IOPS 较小，VMware ESXi 不会使用大于 1GB 的空间，所以配置过大的 U 盘没有实际意义），如图 2-5-1 所示。

插入 U 盘，如图 2-5-2 所示，然后盖好机箱盖。

图 2-5-1　机箱内部 USB 接口

图 2-5-2　插入 U 盘

2.5.2　安装 VMware ESXi

安装 VMware ESXi 的方法很多，本节使用自己制作的启动 U 盘安装。

（1）打开服务器的电源，在出现提示界面之后按“F12”键，选择 U 盘启动，如图 2-5-3 所示。从图中可以看到，机箱内部的 USB 接口标记为“USB1：Storage0 –USB Port Hypervisor”，而机箱底部及面板的 USB 端口被识别为“Storage1”。

（2）进入 VMware ESXi 安装程序之后，在“Select a disk to install or Upgrade”界面选择安装位置，在此选择安装在机箱内部的 U 盘，你可以根据 U 盘大小选择，如图 2-5-4 所示。在本示例中，安装程序保存在 32GB（显示为 28.89GB）的 U 盘中，而机箱中插入的是一个 8GB（显示为 7.52GB）的 U 盘。

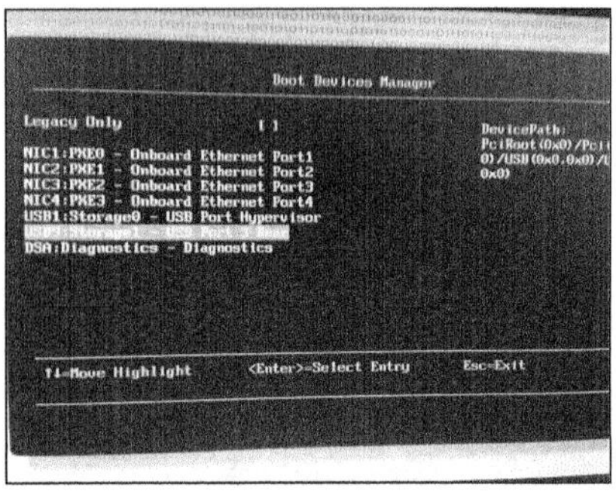

图 2-5-3　选择 U 盘启动

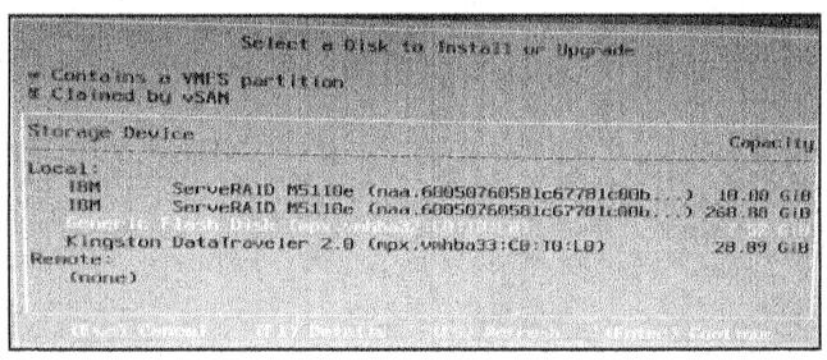

图 2-5-4　根据大小选择安装位置 U 盘

如果引导磁盘与安装磁盘都是一样大小的，例如图 2-5-5 所示的两个都是接近 8GB 的 U 盘，碰到这种情况，为了避免将系统安装在引导 U 盘上，请换一个不同容量的引导 U 盘，重新启动服务器，重新选择安装位置。

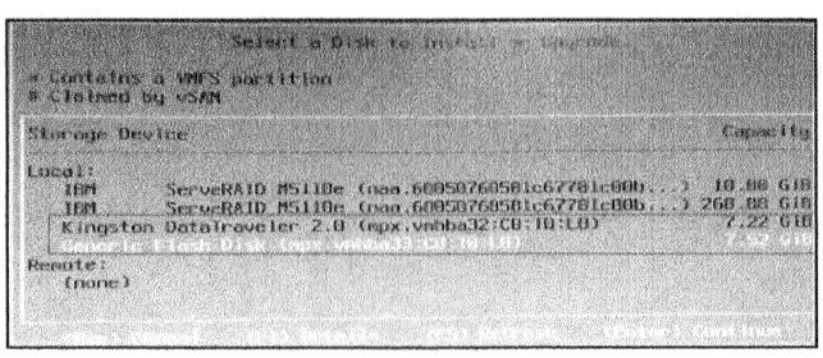

图 2-5-5　两个同样容量的 U 盘不易分清

（3）在选择了正确的安装位置之后，开始安装，并完成 VMware ESXi 的安装，这些不一一介绍。

2.5.3　修改引导顺序

在安装完成后，重新启动计算机，并在再次进入系统之前，进入 CMOS 设置，修改 BIOS 中的引导顺序，添加“HyperVisor”及 USB Storage 引导并将其添加到列表前面，主要步骤如下。

（1）重新启动服务器，当出现如图 2-5-6 所示菜单时，按“F1”键。

（2）进入系统配置界面后，移动光标到“Start Options”并按回车键，如图 2-5-7 所示。

图 2-5-6　开机热键菜单

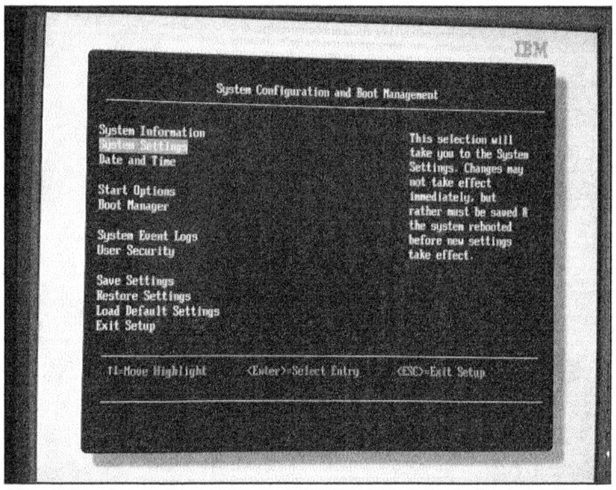

图 2-5-7　系统设置

（3）在“Boot Manager”对话框，选择“Add Boot Option”（添加启动项），并按回车键，如图 2-5-8 所示。

（4）在“Add Boot Option”菜单中，在“Generic Boot Option”项按回车键，如图 2-5-9 所示。

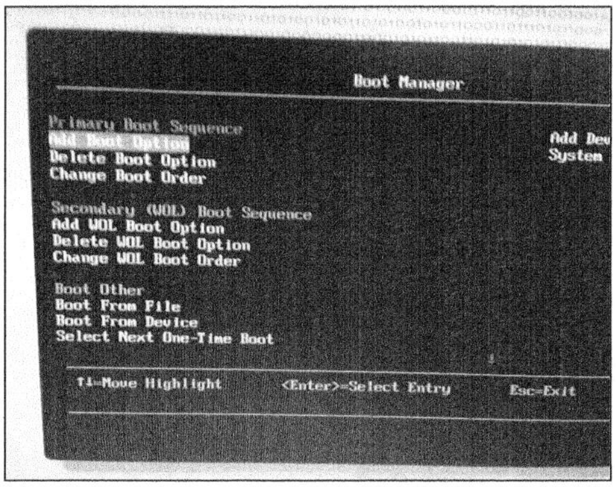

图 2-5-8　添加启动项

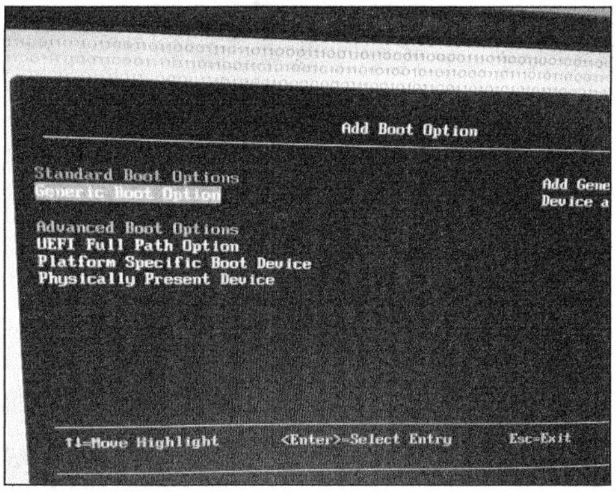

图 2-5-9　一般引导项

（5）在“Generic Boot Option”菜单中添加“Embedded Hypervisor”，如果你用来安装系统的 U 盘没有插在机箱内部集成的 USB 端口，则可以添加“USB Storage”，如图 2-5-10 所示。

（6）返回到“Boot Manager”菜单，移动光标到“Change Boot Order”并按回车键，如图 2-5-11 所示。

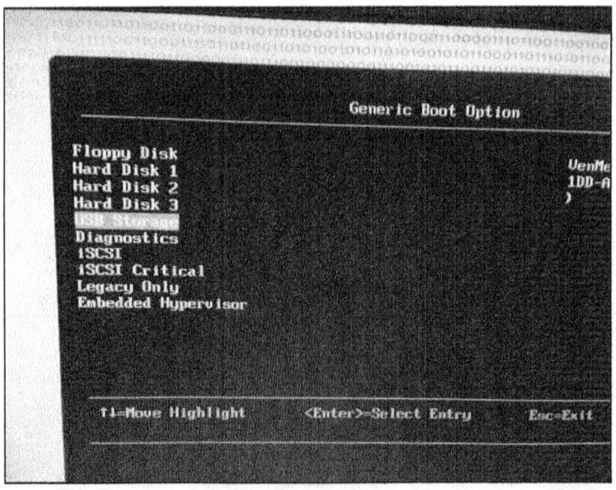

图 2-5-10 添加引导项

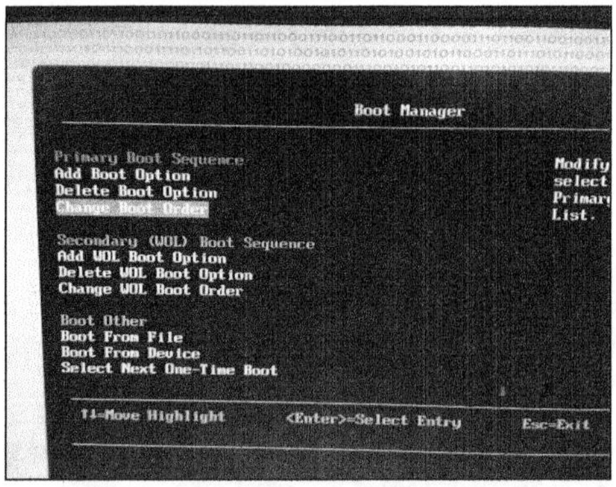

图 2-5-11 更改启动顺序

（7）在“Change Boot Order”菜单中，在“Change the order”处按回车键，选中“Embedded Hypervisor”，按“+”键将其调整到最上，并将“USB Storage”也调整到前面，如图 2-5-12 所示。调整之后，按回车键。

（8）移动光标到“Commit Changes”处按回车键，如图 2-5-13 所示。

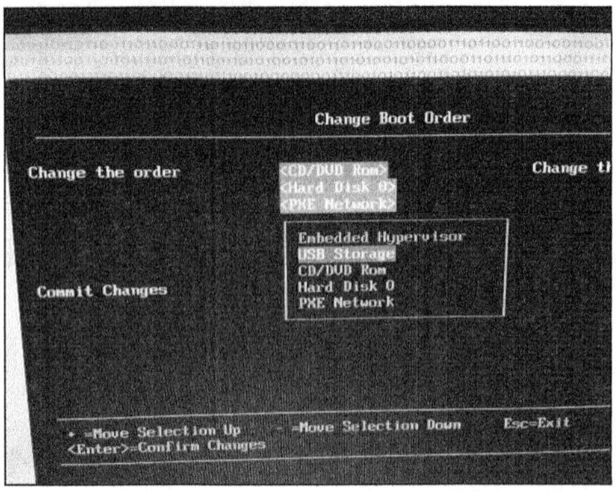

图 2-5-12 调整启动顺序

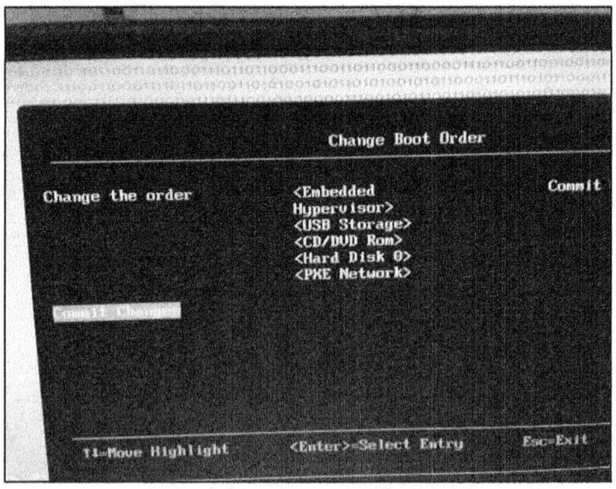

图 2-5-13 提交更改

（9）最后返回到“System Configuration and Boot Management”（系统配置与启动管理），先移动光标到“Save Settings”（保存更改），然后移动光标到“Exit Setup”退出设置，如图 2-5-14 所示。

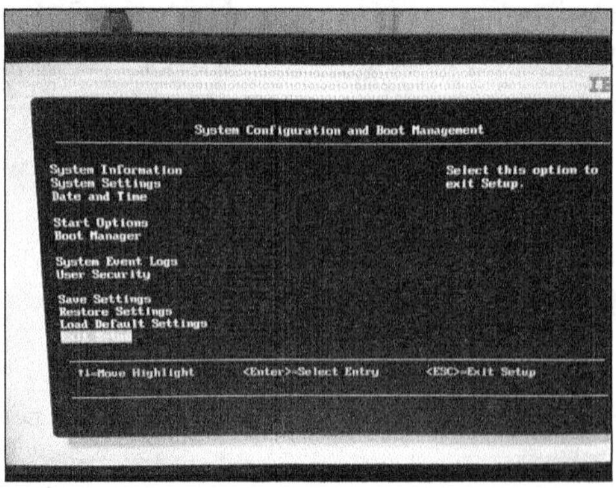

图 2-5-14 保存设置并退出

经过上述设置，即可以使用 U 盘引导 VMware ESXi。

2.5.4　添加本地存储

在使用 U 盘启动并进入 VMware ESXi 系统之后，还需要将本地硬盘添加到 ESXi 存储，主要步骤如下。

（1）使用 vSphere Client 连接到 VMware ESXi，在“配置”选项卡可以看到提示“ESXi 主机没有永久存储”，如图 2-5-15 所示。

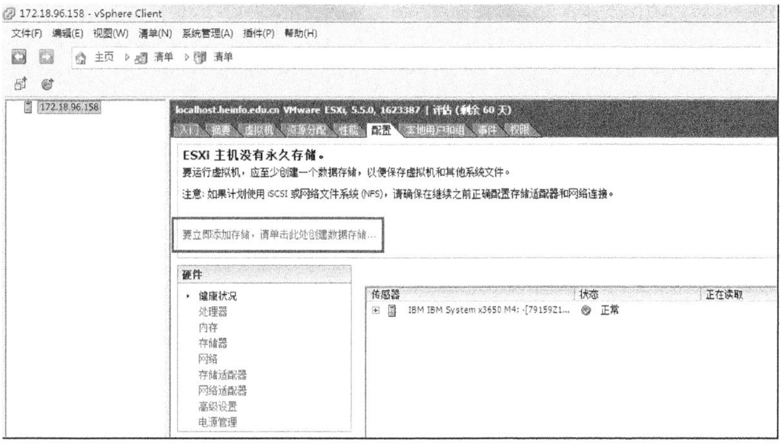

图 2-5-15　ESXi 没有永久存储

（2）单击“要立即添加存储，请单击此处创建数据存储”，进入“添加存储器类型”对话框，选择“磁盘/LUN”，如图 2-5-16 所示。

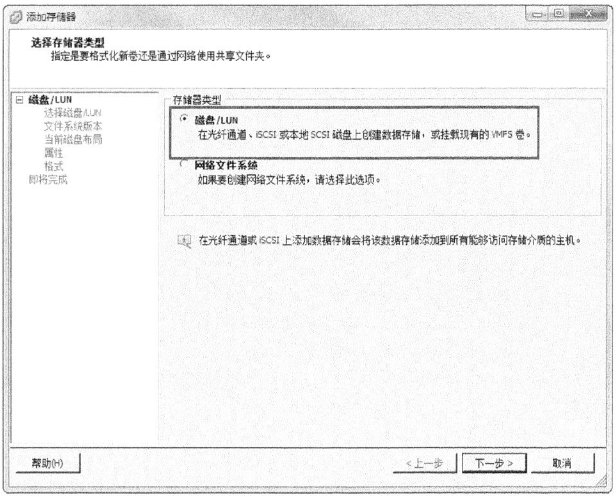

图 2-5-16　磁盘类型

（3）在“选择磁盘/LUN”对话框选择本地硬盘，如图 2-5-17 所示。

（4）在“文件系统版本”对话框选择“VMFS-5”，如图 2-5-18 所示。

（5）在“当前磁盘布局”对话框“设备”列表中，显示了当前磁盘的容量、可用空间，以及磁盘现有分区情况，由于这是一个新的磁盘，所以显示“硬盘为空白”，如图 2-5-19 所示。

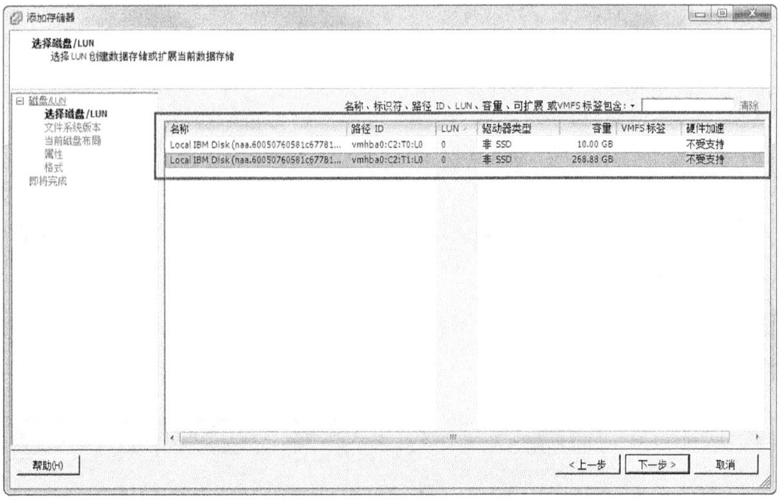

图 2-5-17　选择要添加的本地磁盘

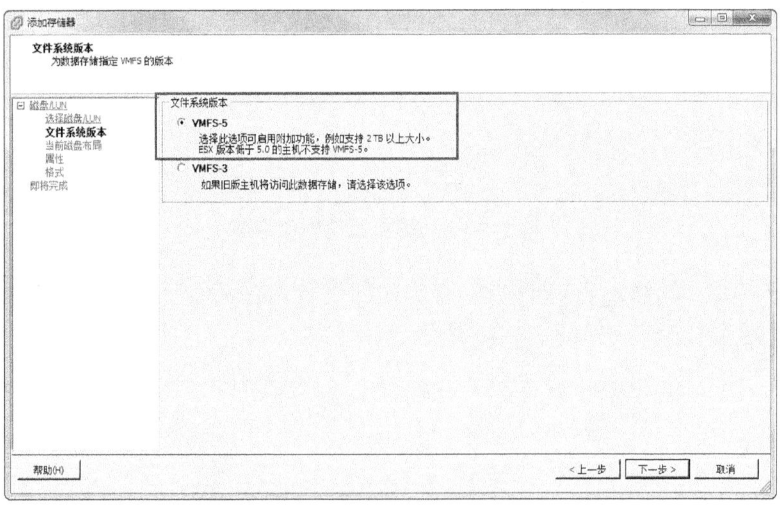

图 2-5-18　选择文件系统

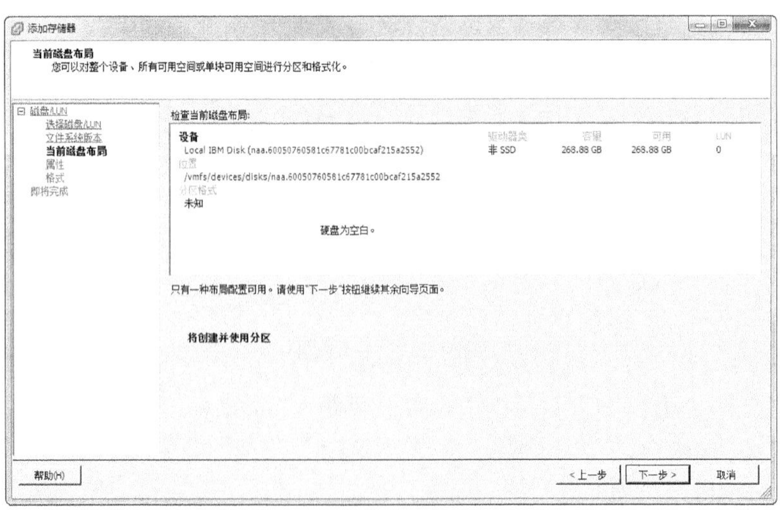

图 2-5-19　当前磁盘布局

（6）在“属性”对话框输入数据存储名称，请根据你的数据中心的命名规则或你的规划命名，如图 2-5-20 所示。

（7）在“磁盘/LUN-格式化”对话框选择“最大可用空间”，如图 2-5-21 所示。

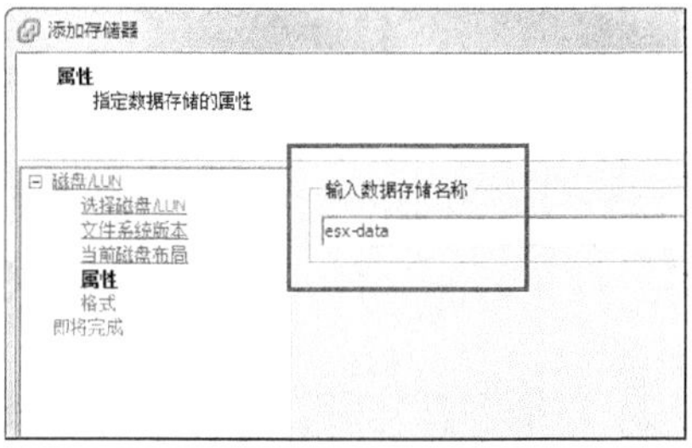

图 2-5-20 命名存储

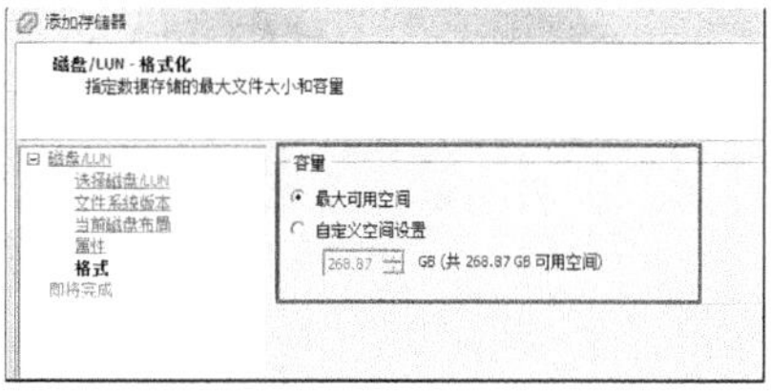

图 2-5-21 指定最大文件大小和容量

（8）在“即将完成”对话框查看磁盘布局、分区大小及容量，检查无误之后，单击“完成”按钮，如图 2-5-22 所示。

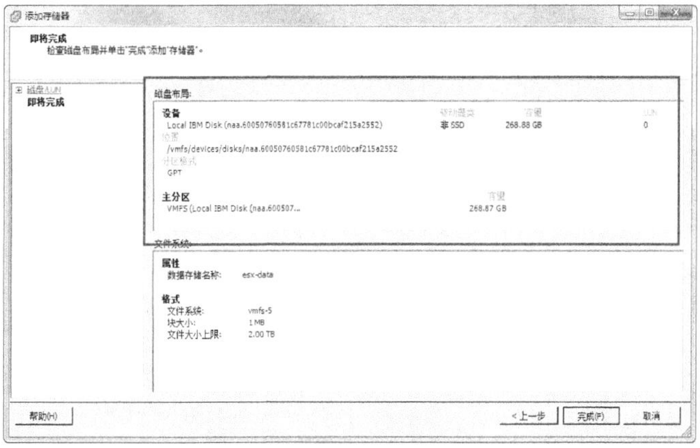

图 2-5-22 即将完成

（9）添加之后，在“配置→存储器”列表中可以看到添加后的数据存储，如图 2-5-23 所示。

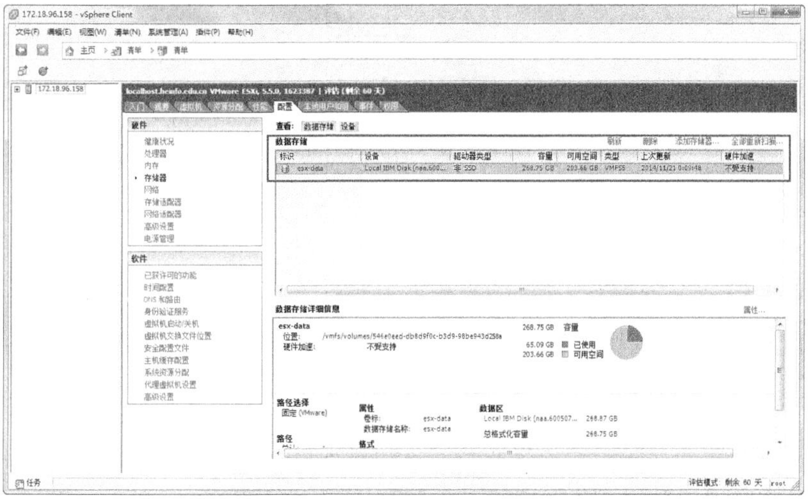

图 2-5-23 数据存储

2.5.5　修改日志位置

由于 VMware ESXi 安装在 U 盘中，而日志不能保存在 U 盘中，所以需要修改 VMware ESXi 的日志位置。

（1）在“配置”中可以看到，VMware ESXi 提示“配置问题：XXX esx.problem.syslog.nonpersistent.formatOnHost not found XXX”，如图 2-5-24 所示。

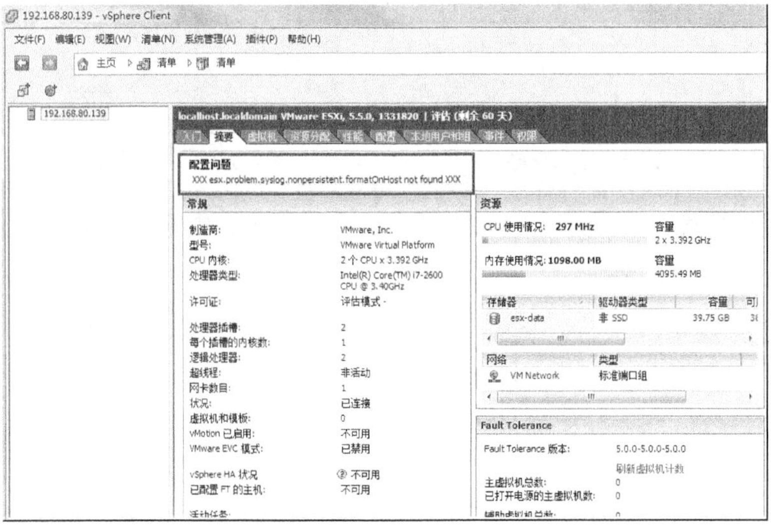

图 2-5-24

（2）在“配置→存储器”中鼠标右键单击添加的存储，在弹出的快捷菜单中选择“浏览数据存储”，如图 2-5-25 所示。

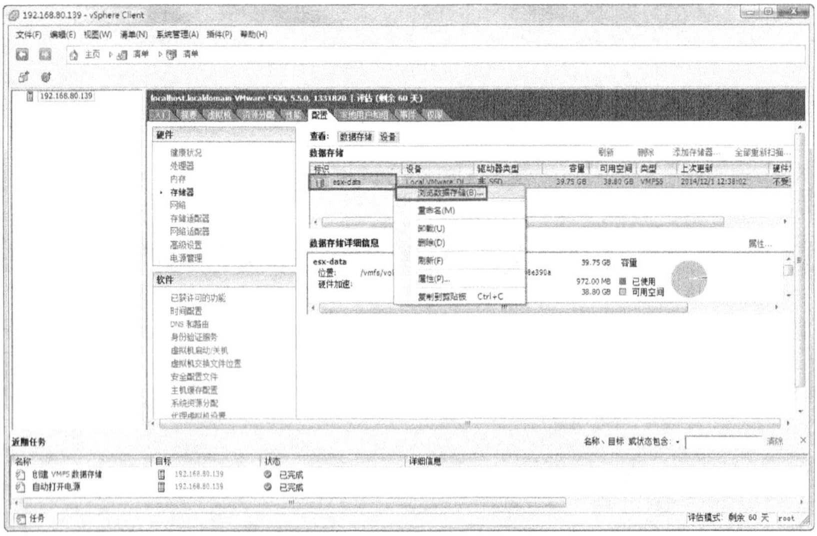

图 2-5-25　浏览数据存储

（3）浏览打开数据存储之后，单击“+”按钮创建一个文件夹，例如 log，然后浏览该文件夹，并复制文件夹的名称（包括路径，在此路径名称为[esx-data] log），如图 2-5-26 所示。

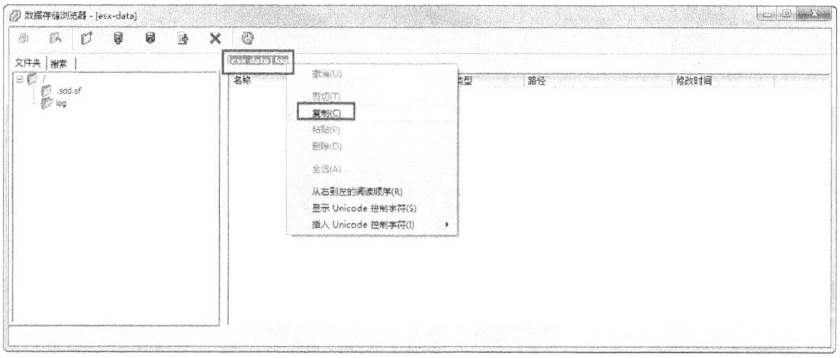

图 2-5-26　复制新建的文件夹

（4）返回到 ESXi 控制台界面，在“配置”中选择“高级设置”，如图 2-5-27 所示。

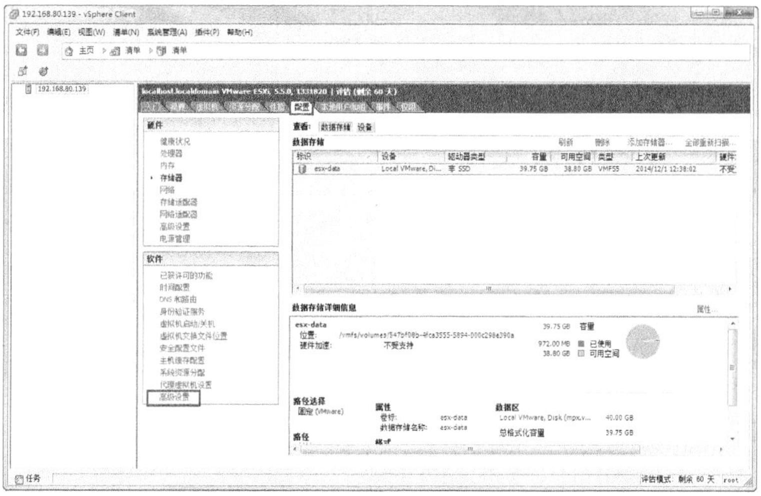

图 2-5-27　高级设置

（5）打开“高级设置”，在左侧找到“Syslog”，在右侧定位到“Syslog.global.logDir”处，默认是“/scratch/log”，在此选择“粘贴”，将图 2-5-26 中复制的文件夹名称粘贴到此，如图 2-5-28 所示。设置之后单击“确定”退出。

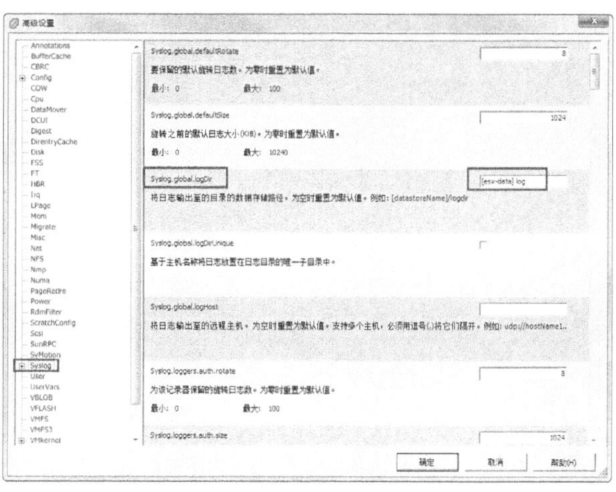

图 2-5-28　更改日志位置

（6）再次返回到“摘要”选项卡，可以看到提示已经消失，如图 2-5-29 所示。

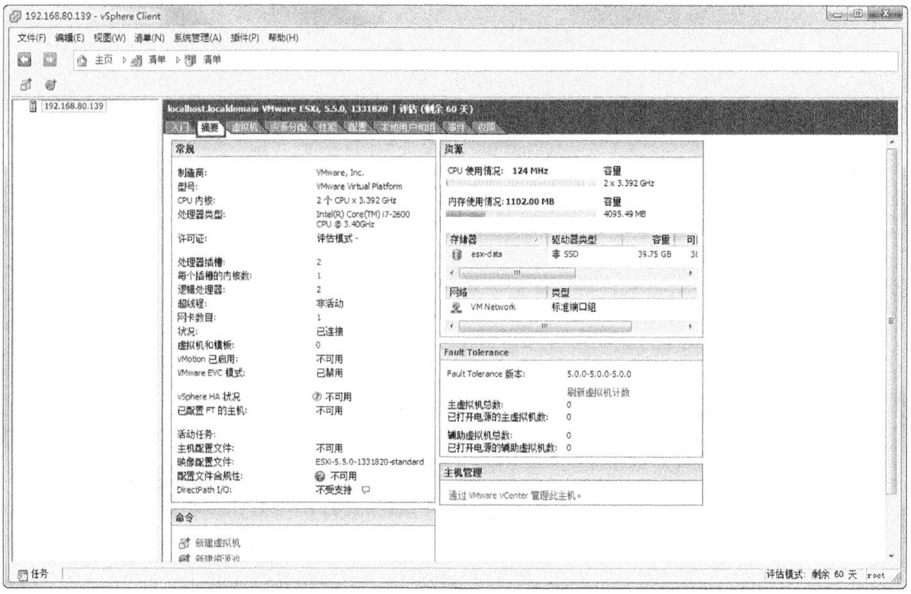

图 2-5-29　摘要

至此，将 VMware ESXi 安装到 U 盘顺利完成。

第 3 章　管理配置 VMware ESXi6

vSphere 的两个核心组件是 VMware ESXi 和 VMware vCenter Server。ESXi 是用于创建和运行虚拟机及虚拟设备的虚拟化平台。vCenter Server 是一种服务，充当连接到网络的 ESXi 主机的中心管理员。ESXi 是虚拟化的基础，在虚拟化实施的第一步就是要安装配置 ESXi。

3.1　VMware ESXi 基础知识

VMware 服务器虚拟化产品 VMware ESX Server（或 VMware ESXi），从本质上与 VMware Workstation、VMware Server 是相同的，都是一款虚拟机软件。但与前两者不同之处在于 VMware ESXi（或 ESX Server）简化了 VMware Workstation 与 VMware Server 与主机之间的操作系统层，直接运行于裸机，其虚拟化管理层更精简，故 VMware ESX Server（或 VMware ESXi）的性能更好。

在原始 vSphere ESX 体系结构中，虚拟化内核（称为 VMkernel）中增加了一个称为控制台操作系统（也称为 COS 或服务控制台）的管理分区。COS 的主要用途是提供主机的管理界面。在 COS 中部署了各种 VMware 管理代理，以及其他基础架构服务代理（如名称服务、时间服务和日志记录等）。在此体系结构中，许多客户都部署了来自第三方的其他代理以提供特定功能，如硬件监控和系统管理。而且，个别管理用户还登录 COS 运行配置和诊断命令及脚本。

在新的 vSphere ESXi 体系结构中去除了 COS，所有 VMware 代理均直接在 VMkernel 上运行。基础架构服务通过 VMkernel 附带的模块直接提供。其他获得授权的第三方模块（如硬件驱动程序和硬件监控组件）也可在 VMkernel 上运行。只有获得 VMware 数字签名的模块才能在系统上运行，因此形成了严格锁定的体系结构。通过阻止任意代码在 vSphere 主机上运行，极大地提高了系统的安全性。VMware ESX Server 安装后约占用 2GB 空间，而 VMware ESXi 只占用不到 150MB 空间。

3.1.1　VMware ESXi 体系结构优点

VMware ESXi 虚拟化管理程序体系结构的优点如下。

（1）VMware vSphere 的虚拟化管理程序体系结构在虚拟基础架构的管理中起关键作用。2001 年推出的裸机 ESX 体系结构大幅增强了性能和可靠性，客户可借此将虚拟化的优势扩展到他们的关键任务应用上。新的 ESXi 体系结构去除了基于 Linux 的服务控制台，这代表着可靠性和虚拟化管理向前发生了类似的飞跃。新的 vSphere ESXi 体系结构的大小不足 ESX 的 5%，从安全、部署和配置以及日常管理等方面改进了虚拟化管理程序的管理。

（2）提高可靠性和安全性。vSphere 5.0 之前的版本中提供的 ESX 体系结构依赖基于 Linux 的控制台操作系统（COS）来实现可维护性和基于代理的合作伙伴集成。在独立于操作系统的新 ESXi 体系结构中，去除了大约 2GB 的 COS，并直接在核心 VMkernel 中实现了必备的管理功能。去除 COS 使 vSphere ESXi 虚拟化管理程序的安装占用空间急剧减小到约 150MB，并因消除了与通用操作系统相关的安全漏洞而提高了安全性和可靠性。

（3）简化部署和配置。新的 ESXi 体系结构的配置项要少得多，因此可以极大地简化部署和配置，并且更容易保持一致性。

（4）减少管理开销。ESXi 体系结构采用基于 API 的合作伙伴集成模型，因此不再需要安装和管理第三方管理代理。利用远程命令行脚本编写环境（如 vCLI 或 PowerCLI），可以自动执行日常任务。

（5）简化虚拟化管理程序的修补和更新。由于占用空间小，并且组件数量有限，ESXi 体系结构所需的补丁程序比早期版本少得多，从而缩短了维护时段，并减少了安全漏洞。在其生命周期中，ESXi 体系结构所需的补丁程序约为与 COS 一起运行的 ESX 虚拟化管理程序的 1/10。

3.1.2　vSphere 的主要功能和组件

vSphere 的主要功能和组件如图 3-1-1 所示。

vSphere 主要功能和组件介绍如下。

图 3-1-1　vSphere 虚拟化平台

（1）虚拟化平台。VMware vSphere Hypervisor 体系结构可提供可靠、经过生产验证的高性能虚拟化层。它支持多个虚拟机共享硬件资源，性能可以达到（在某些情况下甚至超过）本机吞吐量。

（2）VMware vSphere Virtual Symmetric Multiprocessing 支持使用拥有多达 128 个虚拟 CPU 的超强虚拟机。

（3）VMware vSphere Virtual Machine File System（VMFS）使虚拟机可以访问共享存储设备（光纤通道、iSCSI 等），并且是 VMware vSphere Storage vMotion 等其他 vSphere 组件的关键促成技术。

（4）VMware vSphere Storage API 可与受支持的第三方数据保护、多路径和磁盘阵列解决方案进行集成。

（5）VMware vSphere Thin Provisioning 提供动态分配共享存储容量的功能，使 IT 部门可以实施分层存储策略，同时削减多达 50%的存储开销。

（6）VMware vSphere vMotion 支持在不影响用户使用或中断服务的情况下在服务器之间和跨虚拟交换机实时迁移虚拟机，从而无需为进行计划内服务器维护而安排应用中断。

（7）VMware vSphere Storage vMotion 支持在不影响用户使用的情况下实时迁移虚拟机磁盘，从而无需为计划内存储维护或存储迁移安排应用中断。

（8）VMware vSphere High Availability（HA）可提供经济高效的自动化重启，当硬件或

操作系统发生故障时，几分钟内即可自动重启所有应用。

（9）VMware vSphere Fault Tolerance（FT）可在发生硬件故障的情况下为所有应用提供连续可用性，不会发生任何数据丢失或停机。vSphere 6.0 版本的 FT 虚拟机最多支持 4 个虚拟 CPU，而 vSphere 5.x 则只支持 1 个虚拟 CPU。

（10）VMware vSphere Data Protection 是一款由 EMC Avamar 提供支持的 VMware 备份和复制解决方案。它通过获得专利的可变长度重复数据消除功能提供高效利用存储的备份，以及快速恢复和针对 WAN 进行了优化的复制功能，来实现灾难恢复。其 vSphere 集成和简单用户界面使其成为 vSphere 的简单高效的备份工具。它还能够为关键业务应用（如 Exchange、SQL Server）提供免代理、映像级虚拟机备份至磁盘和可识别应用的保护，以及跨站点提供高效利用 WAN 的加密备份数据复制功能。

（11）VMware vShield Endpoint 借助能进行负载分流的防病毒和防恶意软件解决方案，无需在虚拟机内安装代理即可保护虚拟机。

（12）VMware vSphere Virtual Volumes 可对外部存储（SAN 和 NAS）设备进行抽象化处理，使其能够识别虚拟机。

（13）VMware vSphere 基于存储策略的管理通过策略驱动的控制层，跨存储层实现通用管理以及动态存储类服务自动化。

Enterprise 版本中提供的其他组件：

（1）VMware vSphere Distributed Resource Scheduler 可为整个集群中的虚拟机提供独立于硬件的动态负载平衡和资源分配，使用策略驱动的自动化降低管理复杂性，同时满足 SLA。

（2）VMware vSphere Distributed Power Management 可持续地优化每个集群中的服务器能耗，从而自动管理 vSphereDistributed Resource Scheduler 集群中的能效。

（3）VMware vSphere Reliable Memory 会将关键的 vSphere 组件（如虚拟化管理程序）放入在受支持硬件上确定为“可靠”的内存区域中。这可以进一步保护组件，避免其受到不可更正的内存错误的影响。

（4）VMware vSphere Big Data Extensions 可在 vSphere 上运行 Hadoop，以便提高利用率、可靠性和敏捷性。vSphere BigData Extensions 支持多种 Hadoop 发行版，因此 IT 部门能够在一个通用平台上无缝地部署、运行和管理 Hadoop 工作负载。

Enterprise Plus 版本提供的其他组件（也包含之前列出的 Enterprise 版本的组件）：

（1）VMware vSphere Distributed Switch 可简化和增强 vSphere 环境中的虚拟机网络连接，并使这些环境能够使用第三方分布式虚拟交换机。

（2）VMware vSphere Storage I/O Control 和 VMware vSphereNetwork I/O Control 可设定存储和网络服务质量优先级，确保对资源的访问。

（3）VMware vSphere Auto Deploy 可对添加的 vSphere 主机快速进行按需部署。vSphere Auto Deploy 运行时可以推送更新映像，从而无需进行修补以及专门安排修补时间。

（4）VMware vSphere 主机配置文件可帮助 IT 管理员简化主机部署及满足合规性要求。

（5）VMware vSphere Storage DRS 可在虚拟机数据创建和使用时通过存储特征来确定这些数据的最佳驻留位置，从而自动执行负载平衡。

（6）VMware vSphere Flash Read Cache 可实现服务器端闪存的虚拟化，从而提供一个可大幅缩短应用延迟的高性能读缓存层。

（7）VMware vSphere Fault Tolerance 可在发生硬件故障的情况下为所有应用提供连续可

用性，不会发生任何数据丢失或停机，针对最多 4 个虚拟 CPU 的工作负载。

（8）VMware vSphere vMotion 能够在不影响用户或中断服务的情况下在服务器之间、跨 vCenter Server 和经过远距离（往返时间长达 100 毫秒）实时迁移虚拟机，从而无需为计划内服务器维护安排应用中断。

（9）VMware vSphere 内容库提供对虚拟机模板、虚拟设备、ISO 映像和脚本的简单高效的集中管理。

（10）NVIDIA GRID vGPU 能够为虚拟化解决方案带来 NVIDIA 硬件加速图形的所有优势。

3.1.3 VSphere 6 中的新增功能

在 vSphere 6 版本中，VMware 为 ESXi 增加了一些重要的增强功能。

（1）更高的可扩展性——提升了最高配置限制：虚拟机可支持多达 128 个虚拟 CPU（vCPU）和 4TB 虚拟 RAM(vRAM)。主机将支持高达 480 个 CPU 和 6TB RAM，每主机 1024 个虚拟机，以及每集群 64 个节点。

（2）范围更广的支持——扩大了对最新 x86 芯片组、设备、驱动程序和客户操作系统的支持。

（3）令人惊艳的图形处理——NVIDIA GRID vGPU 能够为虚拟化解决方案带来 NVIDIA 硬件加速图形的所有优势。

（4）即时克隆——内置于 vSphere 6.0 中的技术，为快速克隆和部署虚拟机打下了基础，其速度是当前可实现的速度的 10 倍之多。

（5）为你的虚拟机实现存储转型——vSphere Virtual Volumes 使你的外部存储阵列能够识别虚拟机。基于存储策略的管理（SPBM）可允许跨存储层实现通用管理以及动态存储类服务自动化。它们相互配合，可真正实现按虚拟机更加高效地实例化数据服务（快照、克隆、远程复制、重复数据消除等）的精确组合。

（6）网络 IO 控制——最新支持按虚拟机和分布式交换机进行带宽预留，以保证最低服务级别。

（7）vMotion 增强功能——跨分布式交换机、vCenter Server 以及远距离（往返时间长达 100 毫秒）无中断实时迁移工作负载。远距离 vMotion 迁移使往返时间提高了 10 倍，这一成就令人惊异。有了它，位于纽约和伦敦的数据中心就能够相互实时迁移工作负载。

（8）复制辅助的 vMotion 迁移——使在两个站点之间设置了主动-主动式复制的客户能够执行更高效的 vMotion 迁移，因而节约大量时间和资源——根据数据的大小，效率有可能提高高达 95%。

（9）容错功能（多达 4 个虚拟 CPU）——使用高达 4 个虚拟 CPU 扩大了对基于软件的工作负载容错功能的支持。

（10）内容库——对包括虚拟机模板、ISO 映像和脚本在内的内容进行简单高效管理的中央存储库。借助 vSphere 内容库，用户现在可以从集中化位置存储和管理内容，以及通过发布/订阅模型共享内容。

（11）跨 vCenter 进行克隆和迁移——只需一个操作即可在不同 vCenter Server 上的主机之间复制和移动虚拟机。

（12）改进的用户界面——Web Client 比以前响应更快，更直观并且更简洁。

3.1.4 ESXi 系统需求

要安装 ESXi 6.0 或升级到 ESXi 6.0，系统必须满足特定的硬件和软件要求。

（1）ESXi 6.0 要求主机至少具有两个 CPU 内核。

（2）ESXi 6.0 支持 2006 年 9 月后发布的 64 位 x86 处理器。这其中包括了多种多核处理器。

（3）ESXi 6.0 需要在 BIOS 中针对 CPU 启用 NX/XD 位。

（4）ESXi 需要至少 4GB 的物理 RAM。建议至少提供 8GB 的 RAM，以便能够在典型生产环境下运行虚拟机。

（5）要支持 64 位虚拟机，x64CPU 必须能够支持硬件虚拟化（Intel VT-x 或 AMD RVI）。

（6）一个或多个千兆或更快以太网控制器。

（7）SCSI 磁盘或包含未分区空间用于虚拟机的本地（非网络）RAIDLUN。

（8）对于串行 ATA（SATA），有一个通过支持的 SAS 控制器或支持的板载 SATA 控制器连接的磁盘。SATA 磁盘将被视为远程、非本地磁盘。默认情况下，这些磁盘将用作暂存分区，因为它们被视为远程磁盘。

【注意】 *无法将 SATA CD-ROM 设备与 ESXi 6.0 主机上的虚拟机相连。要使用 SATA CD-ROM 设备，必须使用 IDE 模拟模式。*

vSphere 6.0 支持从统一可扩展固件接口(UEFI)引导 ESXi 主机。可以使用 UEFI 从硬盘驱动器、CD-ROM 驱动器或 USB 介质引导系统。使用 VMware Auto Deploy 进行网络引导或置备需要旧版 BIOS 固件，且对于 UEFI 不可用。

ESXi 可以从大于 2TB 的磁盘进行引导，前提是您正在使用的系统固件和任何附加卡上的固件均支持此磁盘。

【注意】 *如果在安装 ESXi 6.0 后将引导类型从旧版 BIOS 更改为 UEFI，可能会导致主机无法进行引导。在这种情况下，主机会显示类似于以下内容的错误消息：不是 VMware 引导槽(Not a VMware boot bank)。安装 ESXi 6.0 之后，不支持将主机引导类型从旧版 BIOS 更改为 UEFI（反之亦然）。*

3.1.5 ESXi 6.0 的存储要求

要安装 ESXi 6.0 或升级到 ESXi 6.0，至少需要容量为 1GB 的引导设备。如果从本地磁盘、SAN 或 iSCSILUN 进行引导，则需要 5.2GB 的磁盘，以便可以在引导设备上创建 VMFS 卷和 4GB 的暂存分区。如果使用较小的磁盘或 LUN，则安装程序将尝试在一个单独的本地磁盘上分配暂存区域。如果找不到本地磁盘，则暂存分区/scratch 将位于 ESXi 主机 ramdisk 上，并链接至/tmp/scratch。你可以重新配置/scratch 以使用单独的磁盘或 LUN。为获得最佳性能和内存优化，请不要将/scratch 放置在 ESXi 主机 ramdisk 上。

由于 USB 和 SD 设备容易对 I/O 产生影响，安装程序不会在这些设备上创建暂存分区。在 USB 或 SD 设备上进行安装或升级时，安装程序将尝试在可用的本地磁盘或数据存储上分配暂存区域。如果未找到本地磁盘或数据存储，则/scratch 将被放置在 ramdisk 上。安装或升级之后，应该重新配置/scratch 以使用持久性数据存储。虽然 1GB USB 或 SD 设备已经足够用于最小安装，但是你应使用 4GB 或更大的设备。额外的空间将用于容纳 USB/SD 设备上的 coredump 扩展分区。使用 16GB 或更大容量的高品质 USB 闪存驱动器，以便额外的闪存单元可以延长引导介质的使用寿命，但 4GB 或更大容量的高品质驱动器已经足够容纳 coredump 扩展分区。

除了使用传统的方式安装 ESXi 之外，还可以使用服务器集成的远程管理工具安装 ESXi。受支持的远程管理服务器型号和最低硬件版本如表 3-1 所示。

表 3-1　受支持的远程管理服务器型号和最低固件版本

远程管理服务器型号	固件版本	Java
Dell DRAC 7	1.30.30（内部版本 43）	1.7.0_60-b19
Dell DRAC 6	1.54（内部版本 15）、1.70（内部版本 21）	1.6.0_24
Dell DRAC 5	1.0,1.45,1.51	1.6.0_20,1.6.0_203
Dell DRAC 4	1.75	1.6.0_23
HP ILO	1.81,1.92	1.6.0_22,1.6.0_23
HP ILO 2	1.8,1.81	1.6.0_20, 1.6.0_23
HP ILO 3	1.28	1.7.0_60-b19
HP ILO 4	1.13	1.7.0_60-b19
IBM RSA 2	1.03,1.2	1.6.0_22

3.1.6　vSphere Client 与 vCenter Server 和 ESXi 之间的关系

VMware ESXi 是企业虚拟化的宿主平台，可以支持虚拟机的创建、启动、运行、停止等工作，但 ESXi 并不能独立使用。VMware ESXi 安装完成之后，只有一个简单的界面，显示了 ESXi 的主机名称、管理地址、进入设置页、关机或重启等信息，如图 3-1-2 所示。

在 VMware ESXi 控制台中只能完成简单的、对 ESXi 本身的配置，例如关机或重启 ESXi、设置 ESXi 的管理地址、选择管理网卡、修改 ESXi 密码、重置 ESXi 等，如图 3-1-3 所示。

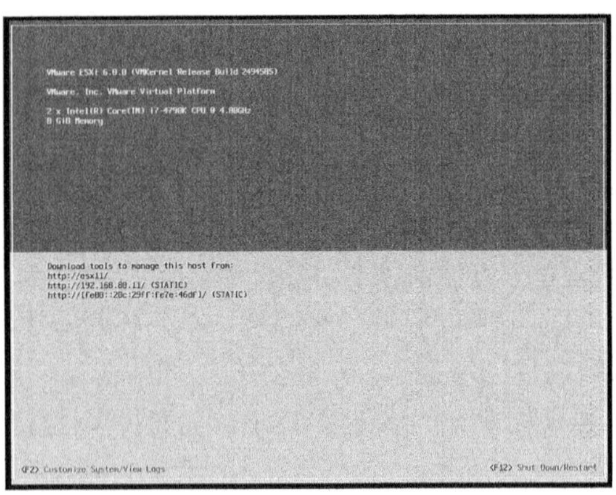

图 3-1-2　ESXi 控制台界面

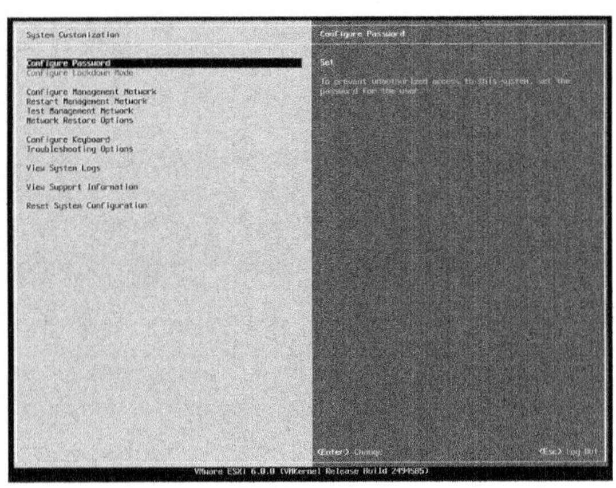

图 3-1-3　ESXi 控制台配置界面

简单来说，在安装完 ESXi 之后，不能用 ESXi 本身完成虚拟机的创建、启动等管理工作，必须使用专用的客户端——vSphere Client。vSphere Client 是 ESXi 的客户端，用来实现对 ESXi 的管理。vSphere Client 运行在 Windows 平台，可以登录多个 vSphere Client 界面，但在每个 vSphere Client 控制台界面中，只能管理一台 ESXi，如图 3-1-4 所示。

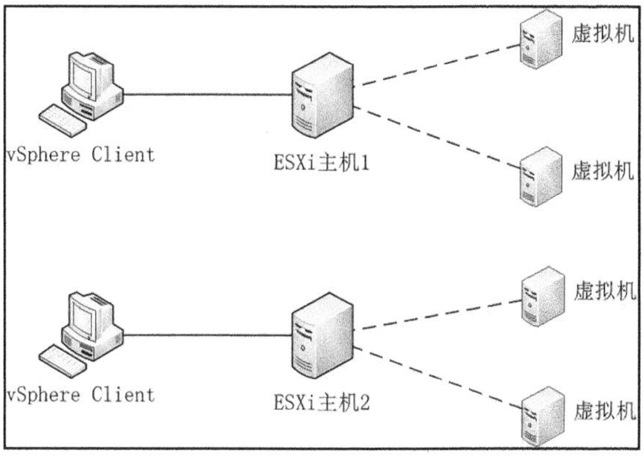

图 3-1-4 使用 vSphere 直接管理 ESXi

在实际的生产环境中，可能同时有多个不同版本的ESXi，如VMware ESXi 5.0/5.1/5.5/6.0。而在使用 vSphere Client 直接管理 ESXi 的时候，要注意 vSphere Client 的版本。vSphere Client 产品版本要与所管理的 ESXi 的版本一致。版本不同不能管理。高版本的不能管理低版本，低版本的更不能管理高版本。例如，vSphere Client 5.1 只能“直接”管理 ESXi 5.1，不能管理 5.0，更不能管理 5.5。但 vSphere Client 的多个不同版本，可以同时安装在同一个系统中。只要将这些不同版本的 vSphere Client 安装在同一台机器上，vSphere Client 在登录管理 ESXi 主机时，会自动调用对应的版本。

使用 vSphere Client 直接登录到 ESXi Server 并进行管理，就可以进行创建虚拟机、启动虚拟机等工作，并能查看虚拟机的显示界面，如图 3-1-5 所示，这是使用 vSphere Client 管理 ESXi 6.0 的截图。

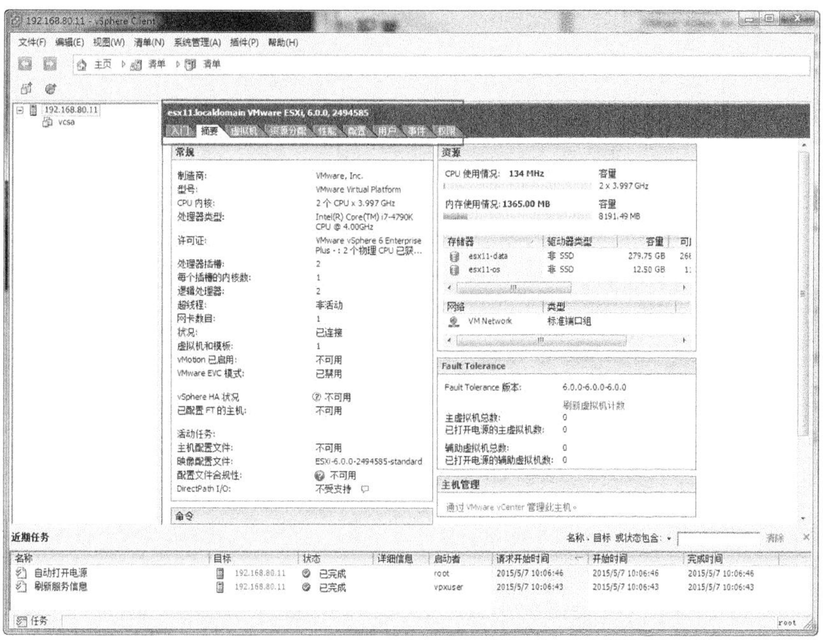

图 3-1-5 使用 vSphere 登录 ESXi 的控制台界面

简单来说，使用 vSphere Client 登录到 ESXi 后可以完成以下基本的操作。

（1）对 ESXi 的基本管理。查看 ESXi 的设置、健康状态，基本虚拟网络交换机的创建与配置，完成本地存储的管理、ESXi 的重启与关机。

（2）完成虚拟机的创建与管理。可以完成创建虚拟机、在虚拟机中安装操作系统、控制虚拟机的启动与关机、创建虚拟机的快照、虚拟机跟随主机的自动启动等。

使用 vSphere Client 连接到 ESXi，一次连接只能管理一个服务器。如果要同时管理多台服务器，并且要在 ESXi 主机之间迁移虚拟机或完成其他的任务，就需要 VMware 虚拟机管理中心 vCenter Server。

VMware vCenter Server 是 VMware vCenter 产品系列的基础，可以帮助实现最高级别的效率、自动化、合规性和安全性，同时降低运营成本。它是业界最先进的虚拟化管理平台，通过其丰富的 API 集，可实现与 VMware 管理产品以及第三方管理工具的集成，进而实现无缝的端到端数据中心管理。

VMware vCenter Server 是一个提供了集中管理的“中间”系统，它本身不提供管理控制台界面，用户需要使用 vSphere Client 登录到 vCenter Server，并创建数据中心来添加 ESXi 实现对 ESXi 的管理。vCenter Server 为 vSphere Client 提供了许多高级功能插件或组件，实现高级的虚拟化功能。vSphere Client、vCenter Server、VMware ESX Server 或 ESXi 的关系如图 3-1-6 所示。

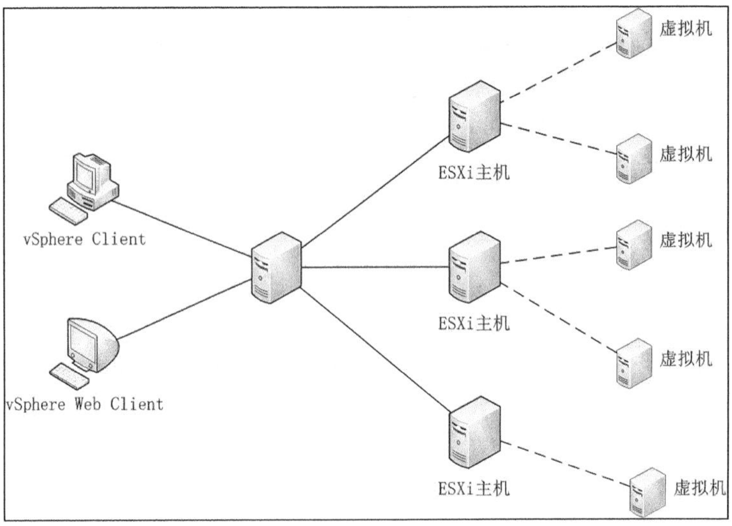

图 3-1-6　vSphere Client 与 vCenter Server、ESX Server 关系图

另外，除了 Windows 版本中的 vSphere Client，还有一个基于浏览器的客户端 vSphere Web Client。从 vSphere 5.5 开始，vSphere 客户端将转向 vSphere Web Client，而传统的 vSphere Client 仍然保留，但在连接 ESXi 或 vCenter Server 时，只保留 vSphere 5.0 相同的功能集。图 3-1-7 是 vSphere Web Client 的截图。

【说明】 在使用 vSphere Web Client，或者使用 vSphere Client 连接到 vCenter Server，再管理 ESXi 时，则不再要求 vSphere Client 的版本与 ESXi 版本对应。因为高版本的 vCenter Server 可以管理低版本的 ESXi，所以只要 vSphere Client 与 vCenter Server 版本对应即可。例如，安装了 vSphere Client 6.0 版本，连接到 vCenter Server 6，而在 vCenter Server 6 中可以添加 ESXi 5.0、5.1、5.5、6.0 等多个不同版本的 ESXi，用 vSphere Client 6 这一个版本即可管理多个不同版本的 ESXi。

图 3-1-7　vSphere Web Client 管理截图

3.1.7　vSphere 主要特点

下面是 vSphere 6 的主要特点，总结如下。

（1）ESXi 6 主机硬件规范。

每个 ESXi 6 主机最大支持 480 个 CPU、12TB 物理内存，每个主机最大支持 1024 个虚拟机（官方文档支持 1024 个，实际上支持的会更多，我曾经在单台 ESXi 5.5 主机上创建超过 3500 个虚拟机），每个群集支持 8000 个虚拟机。每个主机最大 vCPU 4096，每个 CPU 核心最大 32 个 vCPU。

每个 vCenter Server 6 系统支持最多 1000 个 ESXi 主机、10000 个打开电源的虚拟机、15000 个注册的虚拟机。

每个群集最大支持 64 个主机，每个群集最多支持 8000 个虚拟机。每个群集支持最多 98 个启用容错（FT）的虚拟机，支持最多 256 个 vCPU。

（2）VMware ESXi6 虚拟机硬盘规范更高。

VMware ESXi6 支持最新的虚拟机版本 11，每个虚拟机最大 128 个 vCPU、4TB 内存、虚拟硬盘 62TB、4 个 SCSI 卡，每个 SCSI 卡 15 个虚拟硬盘或光驱，支持 1 个 IDE 控制器、4 个 IDE 设备，支持 4 个 SATA 适配器，每个 SATA 适配器 30 个 SATA 设备，每个虚拟机 10 个虚拟网卡、1 个 USB 控制器（支持 USB 1.x、USB 2.2 与 USB 3.x）。虚拟机显存最大 512MB。

（3）更高的内存需求。ESXi 6.0 至少需要 4GB 的内存才能安装启动。从安装来说，VMware ESXi6 与 5.x 相差不大，分配 2 个 CPU、4GB 内存即可。但 ESXi 5.x 的版本在安装之后，可以在只有 2GB 内存的情况下启动并进入 ESXi 系统，而 ESXi 6.x 如果只有 2GB，则不能进入 ESXi 的控制台界面。

（4）客户端管理工具的改变。传统的 vSphere Client 6 可以修改硬件版本为 9、10、11 的虚拟机的配置。而在以前的 VMware ESXi5.5，vSphere Client 5.5 的客户端只能修改硬件版本为 8 及其以下的虚拟机的配置，如果你“一不小心”将虚拟机硬件版本升级到 9 或 10，那么 vSphere Client 只能启动、关闭高版本的虚拟机，不能修改虚拟机的配置（如内存、CPU、硬盘等），只能用 vSphere Web Client 修改，但 vSphere Web Client 是需要 vCenter Server 的。从技术来看，用 vSphere Client 修改虚拟机的配置应该没有什么“复杂之处”，估计是 VMware 为了推行 vSphere Web Client 吧。

（5）虚拟机容错支持最多 4 个 CPU、64GB 内存、16 个虚拟硬盘，并且容错中的虚拟机及辅助虚拟可以保存在不同的存储磁盘上，这进一步增强了系统的可靠性。另外以前人们不使用 FT，是由于 FT 只支持 1 个 CPU，而 4 个 CPU 足以满足大多数的需求。

（6）如果要启用 VSAN，需要：至少 3 台 VMware ESXi 主机，并且每个主机至少有一个空余的固态硬盘，这个固态硬盘不能使用，也不能将 ESXi 安装到这个固态硬盘；每个主机至少一个空余的传统硬盘（磁盘），同样这个硬盘也不能使用，也不能安装系统、存放数据；另外还要有 VSAN 的许可证。

在刚开始安装 VMware ESXi6 的时候，我是在 VMware Workstation 11 的虚拟机中完成的，主机配置是 intel Core i7-2600、8GB 内存、1 块 3TB 左右的硬盘，在以前这样的配置可以测试 vSphere 5.5 的大多数功能，但这样的配置用来测试 vSphere 6 则远远不够，因为 vCenter Server 6 就需要至少 8GB 的内存才能完成安装。

本章的测试是在一台 i7-4790K 的 CPU、32GB 内存（16GB 内存也可以，但速度较慢，因为需要交换部分虚拟机内存到虚拟内存），4 块 2TB 硬盘组建 RAID0，主机操作系统是 Windows Server 2008 R2，VMware Workstation 11 虚拟机的环境中完成的。

3.1.8　VMware ESXi 安装方式

如果想安装 VMware ESXi，可以有多种方法。

- 使用 VMware ESXi 安装光盘，用光盘启动服务器，安装。
- 使用启动 U 盘，加载 ESXi 镜像进行安装。
- 使用服务器远程管理工具，例如 HP 服务器的 iLO、IBM 服务器的 iMM，通过加载管理客户端的 ESXi 安装镜像、光盘进行安装。
- 配置 TFTP 服务器，通过网络安装 ESXi。
- 使用 VMware 部署工具安装。
- 使用 VMware Update 服务，将 ESXi 从低版本升级到高版本。

在安装 ESXi 时，可以将 ESXi 安装到 U 盘、服务器本地硬盘、存储划分给服务器的硬盘，并通过这些设备启动，也可以直接从服务器网卡以 PXE 的方式启动 ESXi。

【说明】（1）由于篇幅的关系，通过网络安装 ESXi，请大家参考我的博客“http://wangchunhai.blog.51cto.com/225186/730937/”一文内容。（2）关于使用 VMware Update 服务，将 ESXi 升级到高版本，请参见后面的章节内容。（3）更多 ESXi 的安装，可以参考 http://edu.51cto.com/lecturer/user_id-225186.html 或 http://wangchunhai.blog.51cto.com。

接下来，大家可以参考“2.3 在 VMware Workstation 虚拟机中安装 ESXi 6”一文内容，在 VMware Workstation 虚拟机中安装一台 ESXi 6 的虚拟机，进行后面的操作与实验。

3.2　在虚拟机中学习 ESXi 6 控制台设置

相比 VMware ESX Server，VMware ESXi6 的控制台更加精简、高效、方便，管理员可以直接在 VMware ESXi6 控制台界面中完成管理员密码的修改、控制台管理地址的设置与修改、VMware ESXi 主机名称的修改、重启系统配置（恢复 VMware ESXi 默认设置）等功能。下面介绍在 VMware ESXi6 控制台的相关操作。

在下面的操作中，请在 VMware Workstation 中启动 ESXi6 的虚拟机，进行学习。

3.2.1　进入控制台界面

在 VMware ESXi6 中，按“F2”键，输入管理员密码（在安装 VMware ESXi6 时设置的密码），输入之后按“Enter”键，如图 3-2-1 所示，将进入系统设置对话框。

进入“System Customization”（系统定制）对话框，如图 3-2-2 所示，在该对话框中能完成口令修改、配置管理网络、测试管理网络、恢复网络设置、配置键盘等工作。

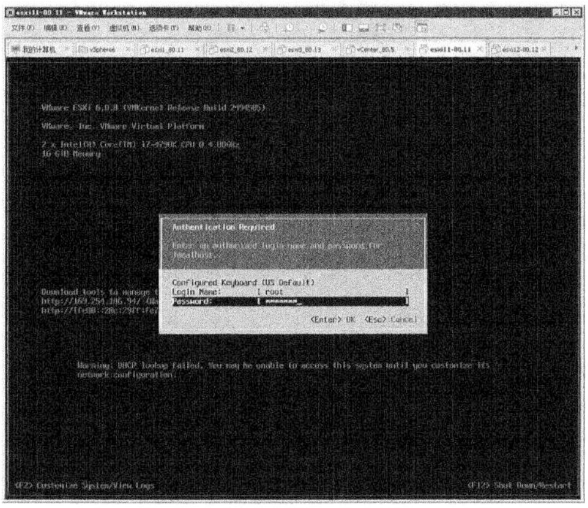

图 3-2-1　输入密码以登录系统配置

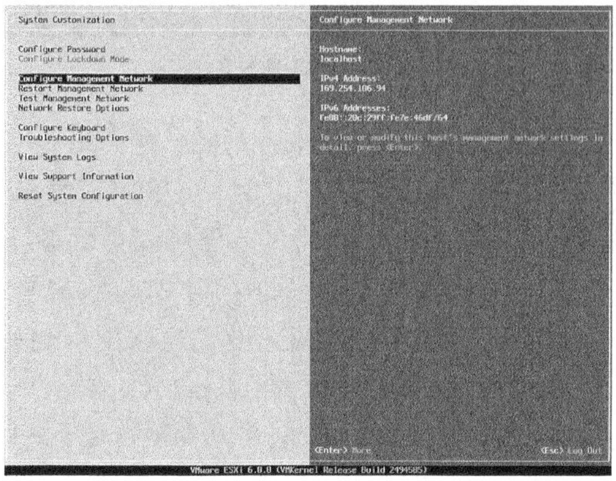

图 3-2-2　系统定制

3.2.2　修改管理员口令

如果要修改 VMware ESXi6 的管理员密码，可以在图 3-2-2 所示界面中将光标移动到“Configure Password”处按“Enter”键，在弹出的“Configure Password”对话框中，先输入原来的密码，然后分两次输入新的密码并按“Enter”键完成密码的修改，如图 3-2-3 所示。

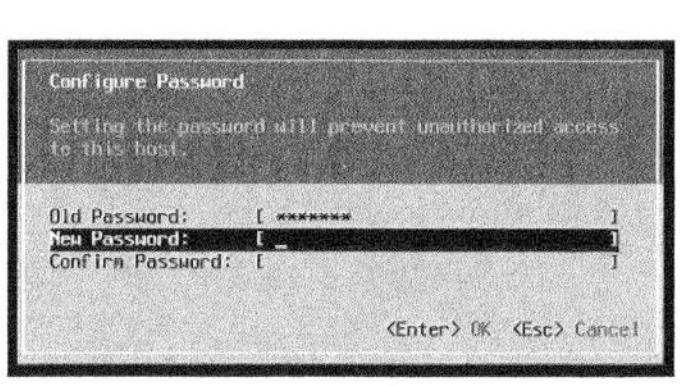

图 3-2-3　修改管理员密码

【说明】*在安装的时候可以设置简单密码，如 1234567。而在安装之后，在控制台修改密码时，必须为其设置复杂密码，即同时包括大写字母、小写字母、数字、特殊字符 4 类之中的 3 种并且长度在 7 位以上才可。*

3.2.3　配置管理网络

在“Configure Management Network”选项中可以选择管理接口网卡（当 VMware ESXi 主机有多块物理网卡时）、修改控制台管理地址、设置 VMware ESXi 主机名称等。

（1）在图 3-2-2 所示界面中，将光标移动到“Configure Management Network”按“Enter”键，进入“Configure Management Network”对话框，如图 3-2-4 所示。

（2）在“Network Adapters”选项中按“Enter”键，打开“Network Adapters”对话框，

在此选择主机默认的管理网卡，如图 3-2-5 所示。当主机有多块物理网卡时，可以从中选择，并且在“Status”列表中显示出每个网卡的状态。

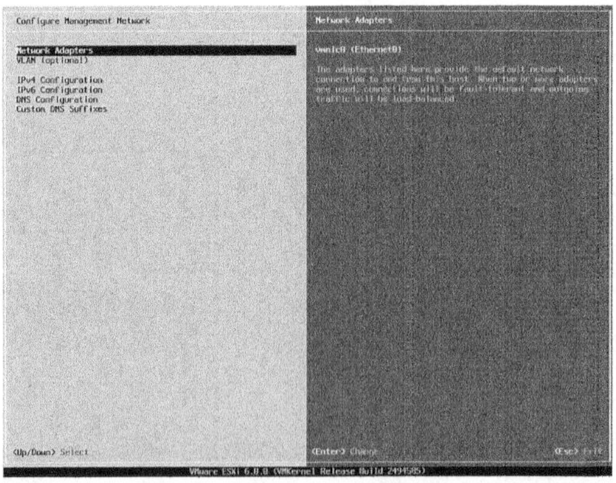

图 3-2-4　配置管理网络

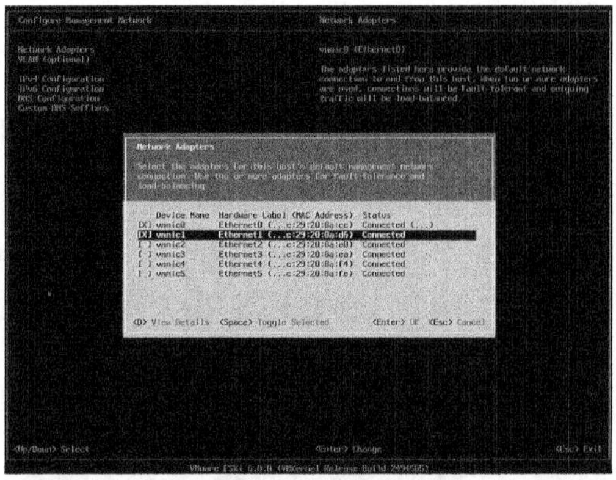

图 3-2-5　选择管理网卡

【说明】 如果你感兴趣，可以先关闭 VMware ESXi 虚拟机，并且修改 VMware ESXi 虚拟机配置，为其添加多个网卡，并且可以将其中一块或者多块网卡的状态设置为“断开”，再次进入到图 3-2-5 所示的界面即可以看到多个网卡，并且会显示每块网卡的状态。另外，除了在 VMware ESXi 控制台界面可以选择管理网卡外，还可以在 vSphere Client 界面设置或选择。两者之间的区别是：如果设置过程中出现错误，在 vSphere Client 设置时会断开与 VMware ESXi 的连接并且失去对 VMware ESXi 的控制，而在 VMware ESXi 控制台前设置则不会出现这种情况，即使设置错误也可以重新设置。所以，在实际使用中，如无必要，不要使用 vSphere Client 修改 VMware ESXi 的网络以免失去连接。

（3）在“VLAN（Optional）”选项中，可以为管理网络设置一个 VLAN ID，如图 3-2-6 所示。一般情况下不要对此进行设置与修改。

（4）在“IP Configuration”选项中设置 VMware ESXi 管理地址。在默认情况下，VMware ESXi 在完成安装的时候，默认选择是“Use dynamicIPaddress and network configuration”（使用 DHCP 分配网络配置），在实际使用中，应该为 VMware ESXi 设置一下静态地址。在本例中，将为 VMware ESXi 设置 192.168.80.11 的地址，如图 3-2-7 所示。选择“Set staticIPaddress and network configuration”，并在“IP Address”地址栏中输入“192.168.80.11”，并为其设置子网掩码与网关地址。

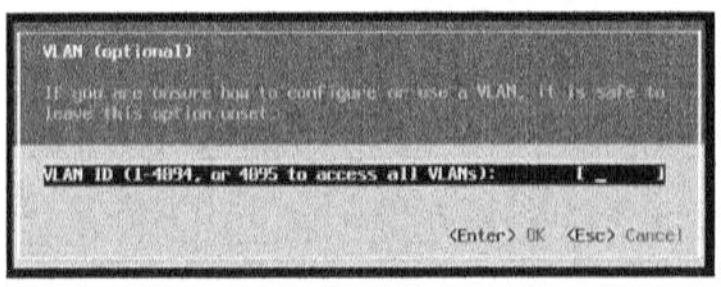

图 3-2-6　VLAN 设置

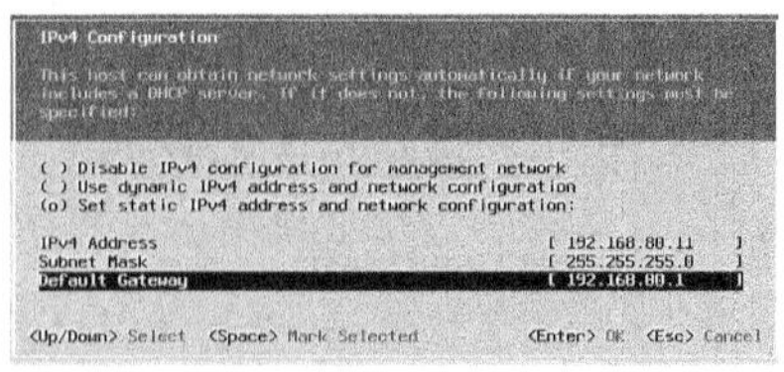

图 3-2-7　设置管理地址

【说明】 应该为 VMware ESXi 设置正确的子网掩码与网关地址，以让 VMware ESXi 主机能连接到 Internet，或者至少能连接到局域网内部的“时间服务器”。在真实的环境中，计算机有一个正确的时间至关重要。VMware ESXi 中的虚拟机的时间受 VMware ESXi 主机控制，如果 VMware ESXi 主机时间不正确，则会影响到在其中运行的所有虚拟机。

（5）在“DNS Configuration”选项中设置 DNS 的地址与 VMware ESXi 主机名称。如果要让 VMware ESXi 使用 Internet 的“时间服务器”进行时间同步，除了要在图 3-2-6 所示界面中设置正确的子网掩码、网关地址外，还要在此选项中设置正确的 DNS 服务器以能实现时间服务器的域名解析。如果使用内部的时间服务器，并且使用 IP 地址的方式进行时间同步，是否设置正确的 DNS 地址则不是必须的。在“Hostname”处则是设置 VMware ESXi 主机的名称。当网络中有多台 VMware ESXi 服务器时，为每个 VMware ESXi 主机规划合理的名称有利于后期的管理。在本例中，将第一台 VMware ESXi 的主机命名为 ESX1，如图 3-2-8 所示。

【说明】 在为 VMware ESXi 命名时，要考虑将来的升级情况，所以不建议在命名时加入 VMware ESXi 的版本号。例如，如果在你所管理的网络中，准备了三台服务器用来安装 VMware ESXi6，那么可以将它们命名为 ESX11、ESX12、ESX13。另外，在为虚拟机设置名称时，如果你所在的网络有内部的 DNS，可以直接为 ESXi 主机设置带域名的名称，例如我的网络中 DNS 域名是 heinfo.edu.cn，我可以在图 3-2-8 所示界面中将 ESXi 主机修改为 esx11.heinfo.edu.cn(需要在 heinfo.edu.cn 的域中添加名为 esx11 的 A 记录，并且指向这台 ESXi 的地址 192.168.80.11)。

（6）在“Custom DNS Suffixes”选项中设置 DNS 的后缀名称，DNS 的后缀名称会附加在图 3-2-8 所示界面中设置的“Hostname”后面，默认为 localdomain，如果不修改这个名称，当前 VMware ESXi 主机全部名称则为 ESX1.localdomain，如果 VMware ESXi 所在的网络中没有内部的 DNS 名称，则可以保持默认值，如果网络中有内部的 DNS，请在此修改为内部的 DNS 域名，并在 DNS 服务器中添加 VMware ESXi 主机的 A 记录并指向 VMware ESXi 主机的 IP 地址，如图 3-2-9 所示。

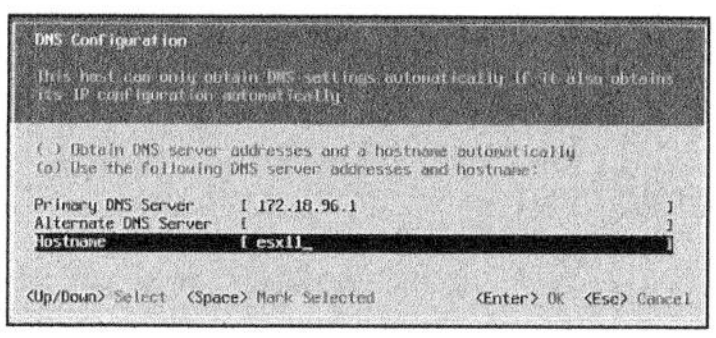

图 3-2-8　设置 VMware ESXi 主机名称

图 3-2-9　DNS 后缀

例如，在当前演示的网络中，DNS 服务器的地址是 172.18.96.1，这个 DNS 所属的域是 heinfo.edu.cn，我在 heinfo.edu.cn 的 DNS 中添加了 A 记录为 esx11，并指向 192.168.80.11（见图 3-2-10），此时我可以在 Suffixes 后面写上“heinfo.edu.cn,localdomain”。

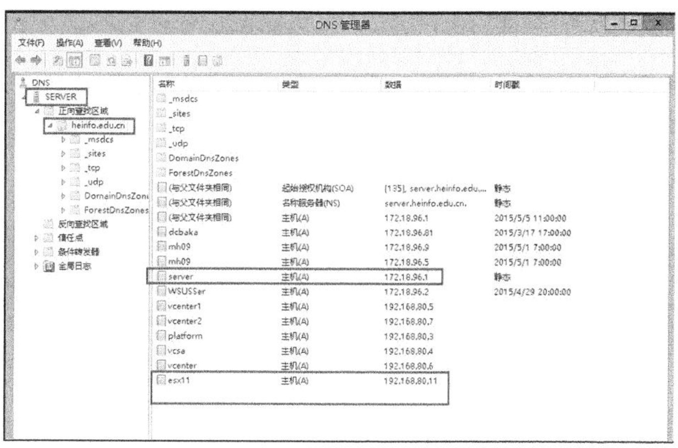

图 3-2-10　DNS 服务器配置

【说明】 如果你是实验环境，没有 DNS 服务器，可以不用添加域名。如果你想测试这个域名，例如 esxi11.heinfo.edu.cn，也可以按照文中的内容添加。如果要将 esx11.heinfo.edu.cn 解析成 192.168.80.11，你可以使用“记事本”打开 C:\Windows\System32\drivers\etc\hosts 文件，添加如下一行并保存。

192.168.80.11 esx11.heinfo.edu.cn

（7）在设置（或修改）完网络参数后，按一下“Esc”键，将弹出“Configure Management Network: Confirm”对话框，提示你是否更改并重启管理网络，按 Y 确认并重新启动管理网络，如图 3-2-11 所示。

（8）返回到“System Customization”对话框后，在右侧的“Configure Management Network”中显示了设置后的地址，如图 3-2-12 所示。

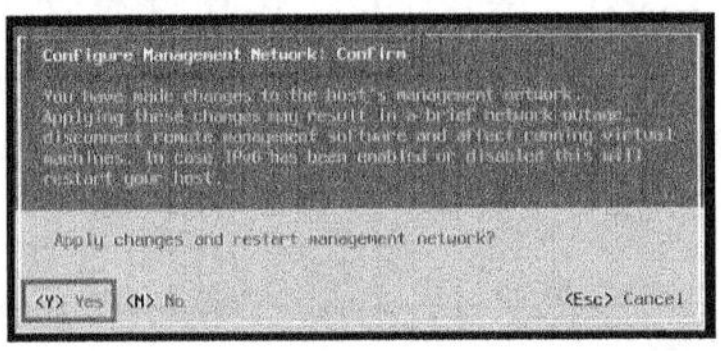

图 3-2-11　保存网络参数更改并重启管理网络

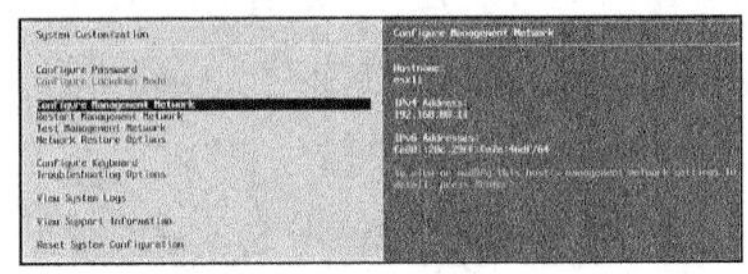

图 3-2-12　主机管理地址与主机名称

（9）在配置 VMware ESXi 管理网络的时候，如果出现错误而导致 VMware vSphere Client 无法连接到 VMware ESXi 的时候，可以在图 3-2-12 所示界面中选择“Restart Management Network”，在弹出的“Restart Management Network: Confirm”对话框中按“F11”键，将重新启动管理网络，如图 3-2-13 所示。

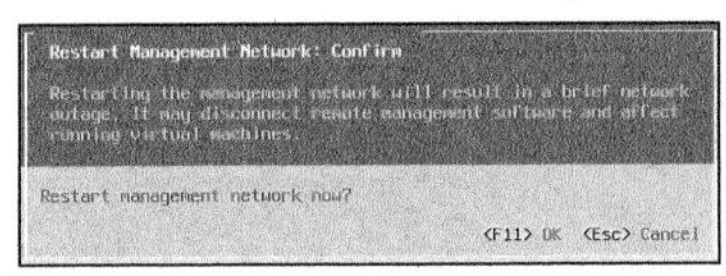

图 3-2-13　重新配置管理网络

如果想测试当前的 VMware ESXi 的网络设置是否正确，是否能连接到企业网络，可以选择“Test Management Network”，在弹出的“Test Management Network”对话框中，测试到网关地址或者指定的其他地址的 Ping 测试，如图 3-2-14 所示。

在使用 Ping 命令并且有回应时，在相应的地址后面显示“OK”提示，如图 3-2-15 所示。

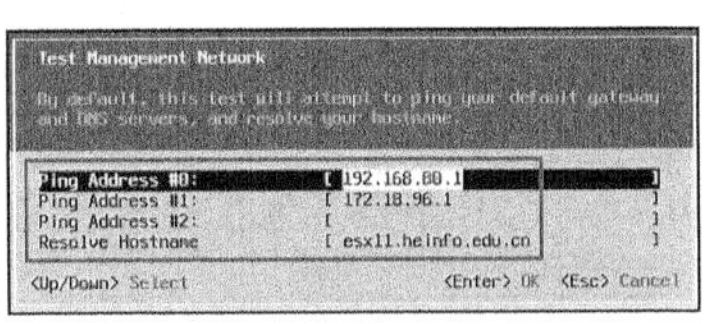

图 3-2-14　测试管理网络

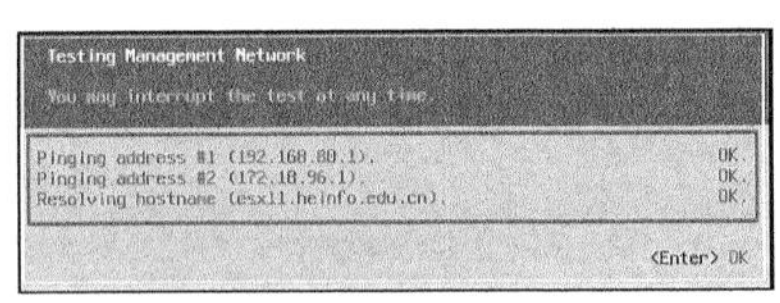

图 3-2-15　测试管理网络

【说明】 当前测试 esx1.heinfo.edu.cn 没有返回地址，是还没有在 DNS 服务器中添加对应 A 记录的原因。

3.2.4　启用 ESXi Shell 与 SSH

除了可以使用控制台管理 VMware ESXi、使用 vSphere Client 管理 VMware ESXi 外，还可以通过网络，使用 SSH 的客户端连接到 VMware ESXi 并进行管理。在默认情况下，VMware ESXi 的 SSH 功能并没有启动（SSH 是 Linux 主机的一个程序，VMware ESXi 与 VMware ESX Server 基于 Red Hat Linux 的底层系统，也是可以使用 SSH 功能的）。如果要使用这一功能，可以选择“Troubleshooting Options”选项，在“Troubleshooting Mode Options”对话框中，启用 SSH 功能（将光标移动到 Disable SSH 处按“Enter”键），当“SSH Support”显示为“SSH is Enabled”时，SSH 功能被启用，如图 3-2-16 所示。

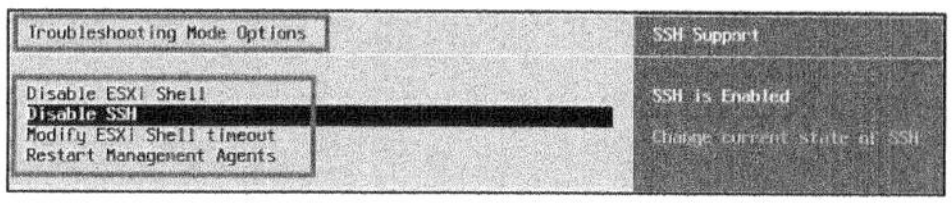

图 3-2-16　启用 SSH

在此还可以启用 ESXi Shell，修改 ESXi Shell 的超时时间等。

3.2.5　恢复系统配置

“Reset System Configuration”选项可以将 VMware ESXi 恢复到默认设置，这些设置包括：

（1）VMware ESXi 管理控制台地址恢复为“DHCP”，计算机名称恢复到刚安装时的名称。

（2）系统管理员密码被清空。

（3）所有正在运行的虚拟机将会被注销。

如果选择该选项，将会弹出“Reset System Configuration：Confirm”对话框，按“F11”键将继续，按“Esc”键将取消这个操作，如图 3-2-17 所示。

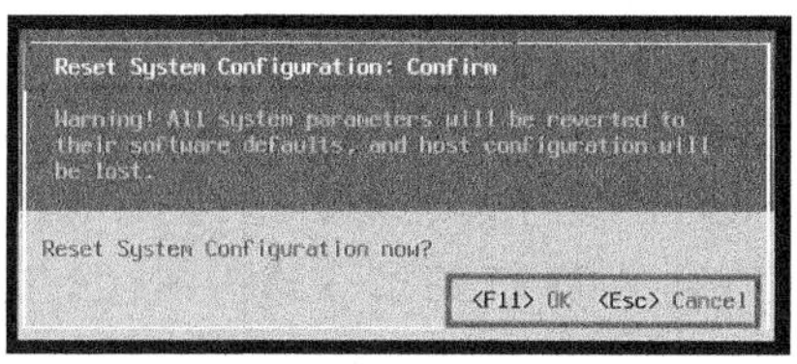

图 3-2-17　恢复系统配置

如果在图 3-2-17 所示界面按下了“F11”键，将会弹出“Reset System Configuration”对话框，提示默认设置已经被恢复，按“Enter”键将重新启动主机，如图 3-2-18 所示。

在恢复系统设置之后，由于系统管理员密码被清空，所以管理员需要在第一时间重新启动控制台，进入“Configure Password”对话框，设置新的管理员密码（在控制台界面，按“F2”键后，在提示输入密码时直接按“Enter”键即可进入），如图 3-2-19 所示。

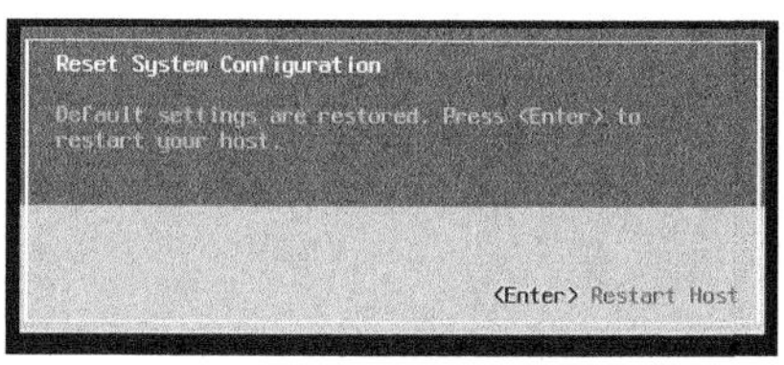

图 3-2-18　系统设置被恢复

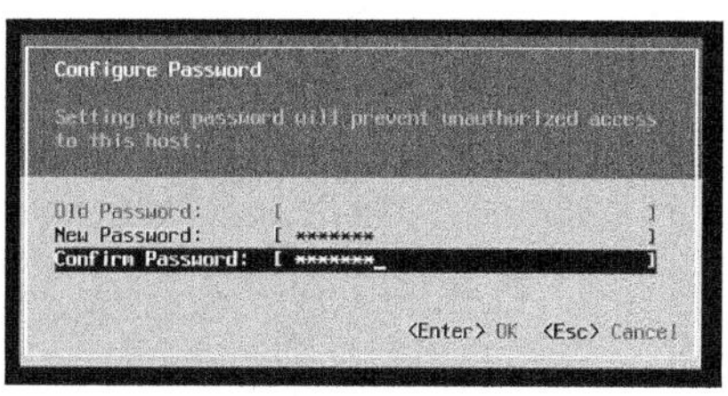

图 3-2-19　设置新的管理员密码

由于管理地址、主机名称都恢复到默认值，管理员还需要重新设置管理地址、主机地址，这些不再一一介绍。

3.2.6　VMware ESXi 的关闭与重启

如果要关闭 VMware ESXi 主机，或者要重新启动 VMware ESXi 主机，可以在 VMware ESXi 控制台中，按“F12”键，输入 VMware ESXi 主机的管理员密码进入“Shut Down/Restart”对话框，如图 3-2-20 所示。如果要关闭 VMware ESXi 主机，则按“F2”键。如果要重新启动 VMware ESXi 主机，则按“F11”键。如果要取消关机或重启操作，按“Esc”键。

【说明】使用 vSphere Client 连接到 VMware ESXi，也可以完成关机或重启 VMware ESXi 主机的操作。

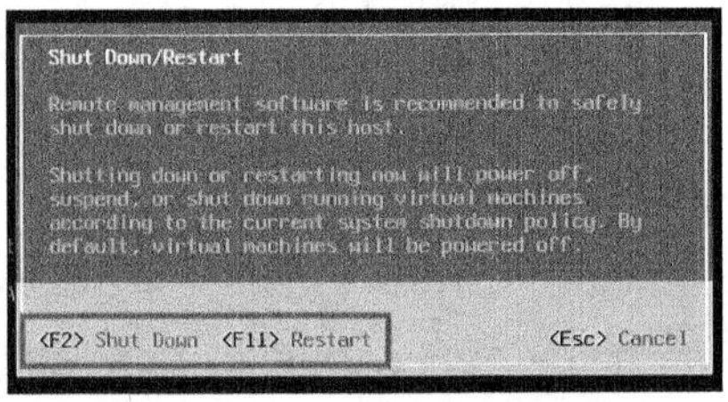

图 3-2-20　关机或重启对话框

3.3　vSphere Client 6 的安装与配置

本节介绍 VMware ESXi 客户端 vSphere Client 的安装与基本使用。

【说明】在下面的内容中，服务器是一台具有 16GB 内存、1 个 I5-4690K 的 CPU 的计算机，在此服务器上安装了 VMware ESXi6，在安装之后，在 ESXi 控制台中将 ESXi 的 IP 地址设为 172.18.96.111。而管理 VMware ESXi 的工作站是一台 Windows 7 64 位的计算机，在计算机上安装 vSphere Client，并用来管理 VMware ESXi。

3.3.1　vSphere Client 的安装

在安装并配置了 VMware ESXi6 之后，在主机安装 vSphere Client 的客户端并管理 VMware ESXi6。在安装时，需要注意：

（1）在 VMware ESXi 中没有集成 vSphere Client 6 的客户端，你需要登录 VMware 官方网站下载 vSphere Client，该软件大小为 341MB，下载地址是 http://vsphereclient.vmware.com/vsphereclient/ VMware-viclient-all-6.0.0.exe。你可以登录 https://172.18.96.111（vSphere ESXi 的控制台地址），在“Download vSphere Client”链接中获取这个地址，如图 3-3-1 所示。

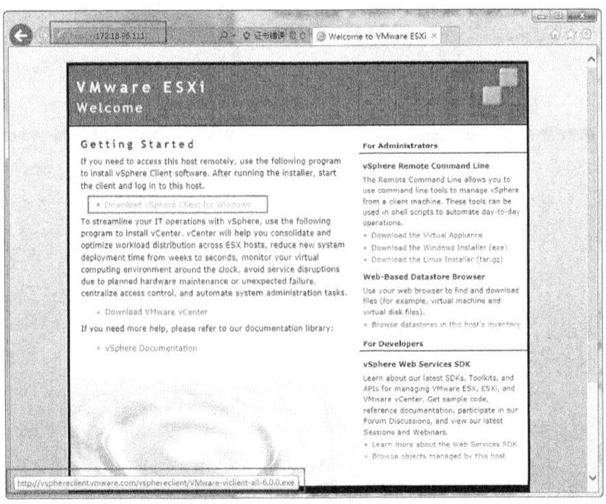

图 3-3-1　获取 vSphere Client 下载地址

【说明】 如果你的主机是 Windows 7 操作系统，但登录 172.18.96.111 不能成功，可能是你的主机中 VMnet8 虚拟网卡设置的问题，请将 VMnet8 的 IP 地址设置为“自动获得 IP 地址”即可。

（2）进入 vSphere Client 的安装程序，在 VMware vSphere Client 6 中，支持简体中文、繁体中文、英语、日语、法语、德语与朝鲜语，你可以根据需要选择，如图 3-3-2 所示。

（3）vSphere Client 的安装比较简单，完全按照默认值安装即可，如图 3-3-3 所示。

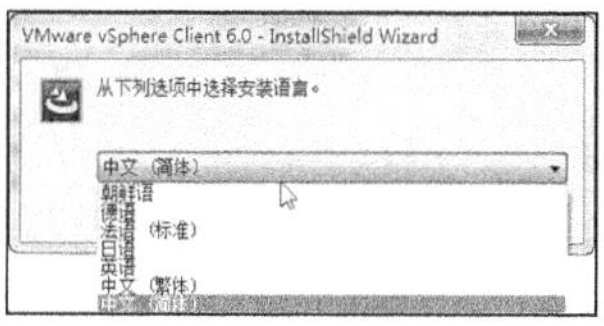

图 3-3-2　安装向导

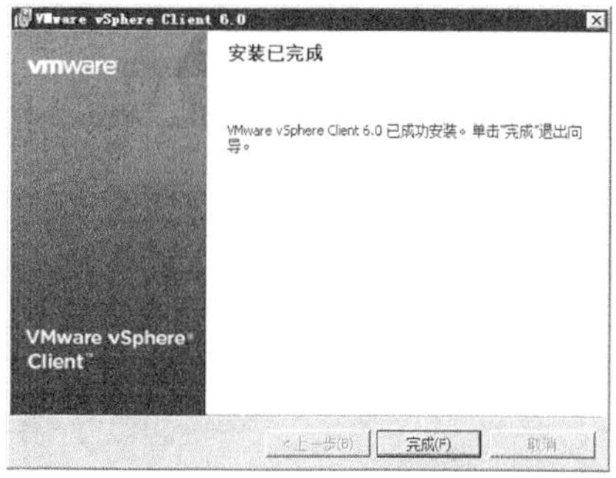

图 3-3-3　安装完成

【说明】 vSphere Client 的版本要与其管理的 ESXi 版本一致才行。高版本的 vSphere Client 不能管理低版本的 ESXi，低版本的 vSphere Client 也不能管理高版本的 ESXi。在同一个管理工作站端，可以同时安装多个版本的 vSphere Client，安装之后可以用同一个 vSphere Client 界面管理不同版本的 ESXi（因为安装了多个不同版本的 vSphere Client）。

3.3.2　使用 vSphere Client 登录到 VMware ESXi

启动 vSphere Client，在“IP 地址/名称”地址栏中，输入要管理的 VMware ESXi、VMware ESX Server 或 VMware Virtual Center（VMware 虚拟中心）的 IP 地址，然后输入 VMware ESXi（或 VMware Virtual Center）的用户名及密码，单击“登录”按钮，如图 3-3-4 所示。

【说明】 在本例中，登录的是 VMware Workstation 虚拟机中的 VMware ESXi，其 IP 地址是 172.18.96.111，用户名是 root，密码是 1234567。如果当前计算机登录的用户名、密码在要登录的 VMware ESXi 或 VMware Virtual Center 具有相同的用户名与密码，则可以选中“使用 Windows 会话凭据”，这样可以不必输入用户名与密码进行验证。

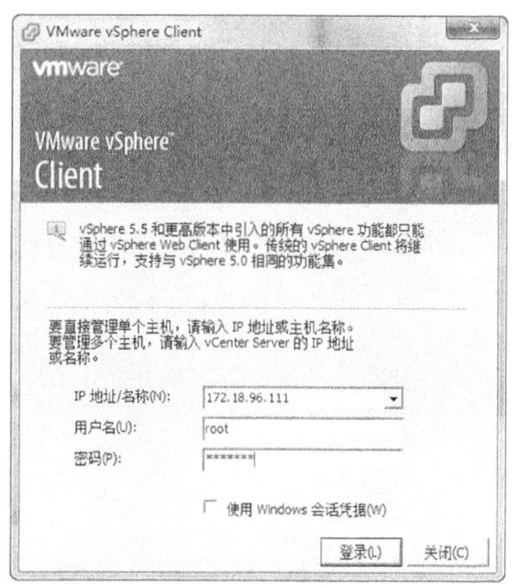

图 3-3-4　登录到 VMware ESXi

在第一次登录某个 VMware ESXi 或 VMware Virtual Center 时，会弹出一个“安全警告”的对话框，选中“安装此证书并不是显示……”，然后单击“忽略”按钮，以后将不再出现此提示，如图 3-3-5 所示。

在登录到 VMware ESXi 后，如果在安装 VMware ESXi 时没有输入序列号，则会弹出“VMware 评估通知”的对话框，提示你的产品会在 60 天后过期，单击“确定”按钮进入 vSphere Client 控制台，如图 3-3-6 所示。

在第一次登录到 VMware ESXi 时，默认会显示“清单”视图，单击“清单”按钮（见图 3-3-7）将显示 VMware ESXi 主机，如图 3-3-8 所示。

图 3-3-5　安全警告

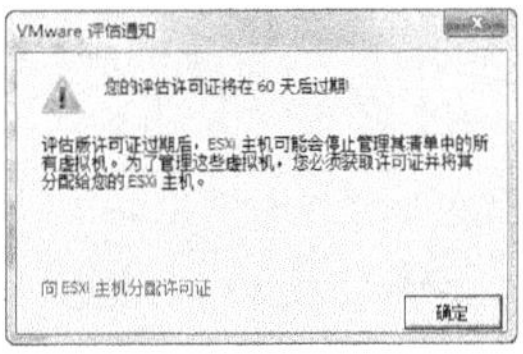

图 3-3-6　登录到 VMware ESX Server

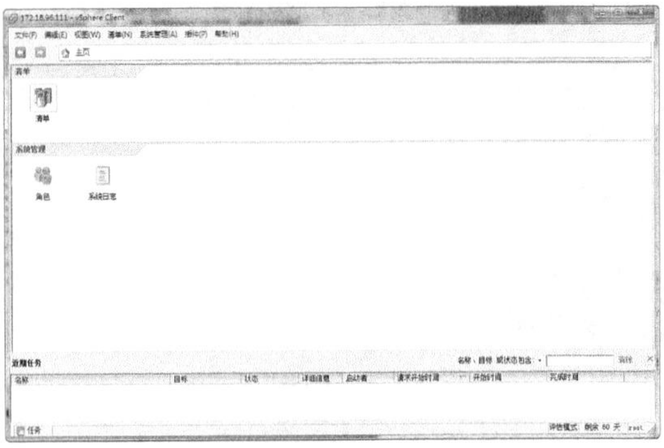

图 3-3-7　清单

图 3-3-8　主机视图

3.3.3　为 VMware ESXi 输入序列号

在安装完 VMware ESXi 后，默认为评估模式，并可以使用最多 60 天。在 60 天之内，该 VMware ESXi 没有任何的限制，在产品到期之前，需要为 VMware ESXi 购买一个许可才能使用。本节介绍为 VMware ESXi 输入序列号的方法。

（1）在 VMware vSphere Client 控制台中，单击“配置”链接，在“软件”列表中选择“已获许可的功能”，在右侧显示当前的 VMware ESX Server 许可证类型及支持的功能，如果是评估模式，则会显示产品的过期时间，如图 3-3-9 所示。

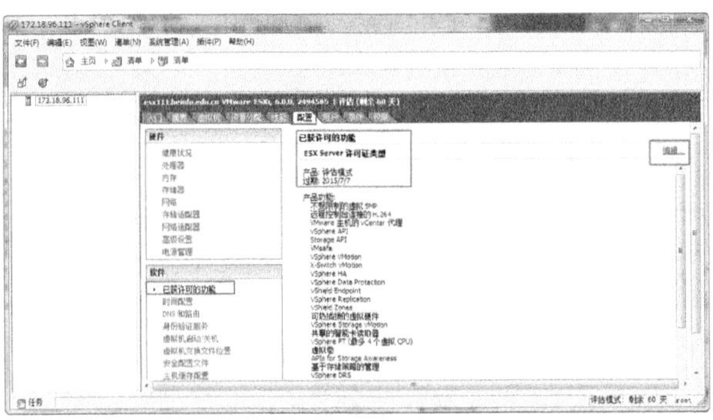

图 3-3-9　查看 VMware ESX Server 许可证类型及过期时间

（2）如果你有 VMware ESXi 的序列号，可以在“配置→已获许可的功能”选项中单击右侧的“编辑”按钮，在弹出“分配许可证”对话框中选择“向此主机分配新许可证密钥”，并单击“输入密码”，在弹出的“添加许可证密钥”中输入 VMware ESXi 的序列号即可，如图 3-3-10 所示。

（3）在注册之后，在“ESX Server 许可证类型”中显示当前获得许可的功能，以及支持的 CPU 数量、产品过期时间等，如图 3-3-11 所示。

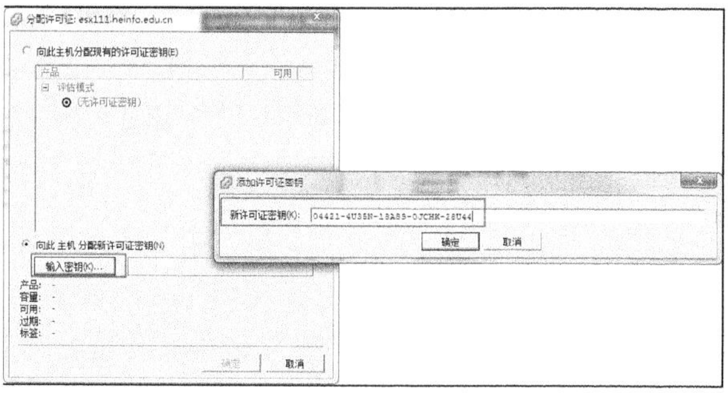

图 3-3-10　注册 VMware ESXi

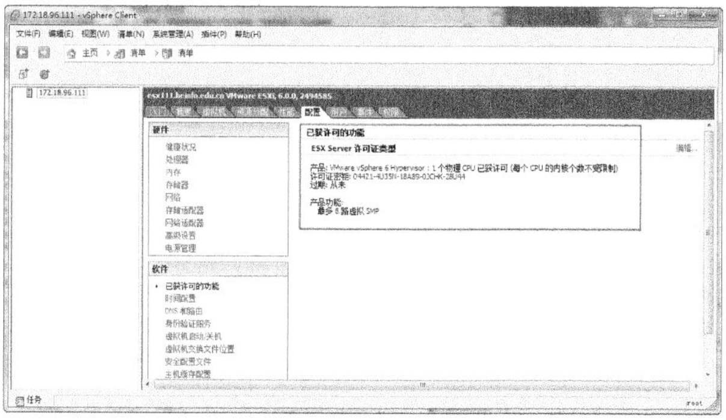

图 3-3-11　注册后的信息

【说明】 在图 3-3-11 中，显示的产品功能只有“最多 8 路虚拟 SMP”，这是由于输入的是一个免费的 VMware ESXi 序列号的缘故。这个免费的许可证密钥可以在不限数量的物理主机上部署。要注意，免费版的序列号不支持 VMware vCenter Server 的高级功能，如虚拟机迁移、HA、模板等功能，如果要使用这些功能，你还需要重新注册 VMware ESXi，输入支持更高功能的序列号。

（4）如果在产品的初期你输入的是一个免费的 VMware ESXi 序列号，后期想使用 VMware ESXi 的高级功能（实际上是 VMware vCenter Server 提供的），则仿照图 3-3-10 所示的方式，重新注册 VMware ESXi，并输入一个具有更高功能的序列号即可。注册后界面如图 3-3-12 所示。

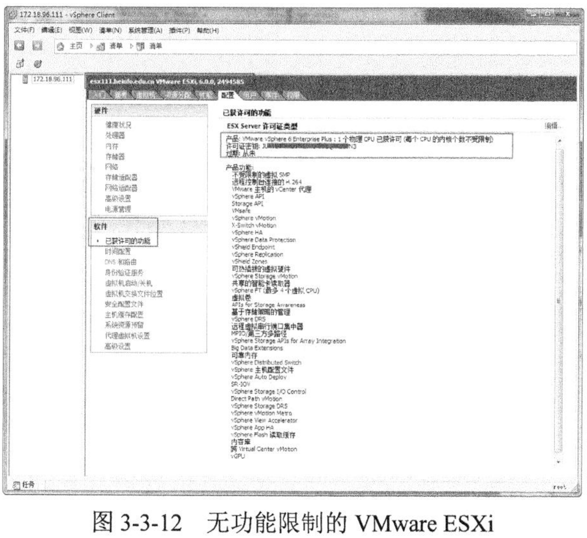

图 3-3-12　无功能限制的 VMware ESXi

3.4 在 VMware ESXi 中配置虚拟机

使用 vSphere Client 连接到 VMware ESXi 之后，就可以管理并配置 VMware ESXi，包括添加存储、网络，以及在 VMware ESXi 创建虚拟机，在虚拟机中安装操作系统，重新配置虚拟机等。首先介绍在 VMware ESXi 中创建虚拟机的操作，稍后介绍管理 VMware ESXi 的内容。

【说明】在 VMware ESXi 中创建虚拟机，在虚拟机中安装操作系统等操作，与在 VMware Workstation 中创建虚拟机，在虚拟机中安装操作系统，以及其他的虚拟机管理，如快照等，主要步骤是相同的，只是一些细节不同。另外，VMware ESXi 与 VMware Workstation 的定位点不同，功能也会不同。

3.4.1 添加数据存储

VMware ESXi 可以管理使用本地磁盘存储、基于网络的 iSCSI 提供的存储、直接连接的 FC HBA 光纤、直接连接的 SAS HBA 卡连接的专业数据存储服务器提供的磁盘空间，创建数据存储。

【说明】 在本书第 2 章，在 VMware Workstation 中创建 ESXi 虚拟机时，为 ESXi 添加了两个硬盘，分别是 20GB、280GB，在安装完 ESXi 之后，你需要将 280GB 的硬盘添加为 ESXi 的存储空间。之后再在 ESXi 中创建的虚拟机，则保存在这个 280GB 的存储空间中。这是遵循“系统”与“数据”分离（分开保存）的原则。我们会在此实验虚拟机中继续学习。下面介绍在 VMware ESXi 中添加存储的内容，步骤如下。

（1）使用 vSphere Client 连接到 VMware ESXi，在左侧选中 ESXi 主机，在右侧单击“配置→存储器”，当前只有一个存储器，默认名称为 datastore1，用鼠标双击，将此名称改为 esx11-os，表示这是 esx11 主机的操作系统存储，之后单击“添加存储器”链接，将第 2 个磁盘（或 FC、或 iSCSI 存储）空间添加为第 2 个存储，如图 3-4-1 所示。

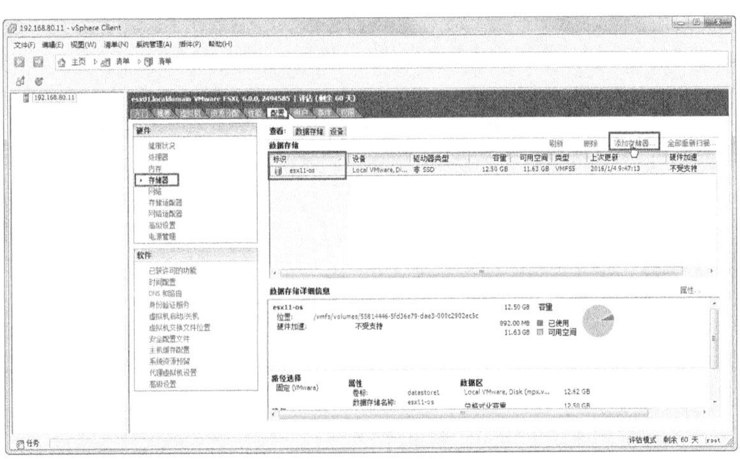

图 3-4-1 添加存储

（2）在“选择存储器类型”对话框中选中“磁盘/LUN”，如图 3-4-2 所示。

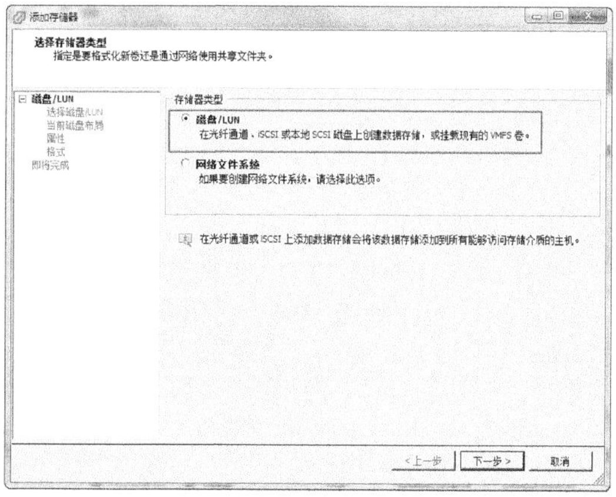

图 3-4-2　选择存储器类型

（3）在“选择磁盘/LUN”对话框中，可以看出当前有一个磁盘可以使用，大小为 280GB，如图 3-4-3 所示，选择这个磁盘。

（4）在“当前磁盘布局”中显示了当前磁盘的容量，目前该磁盘容量为 280GB，如图 3-4-4 所示。

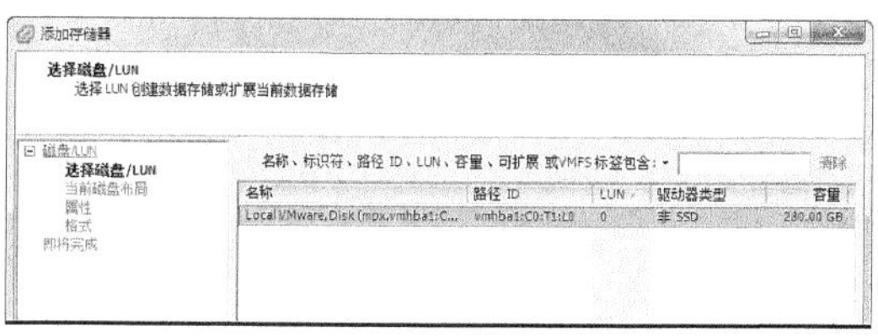

图 3-4-3　选择磁盘

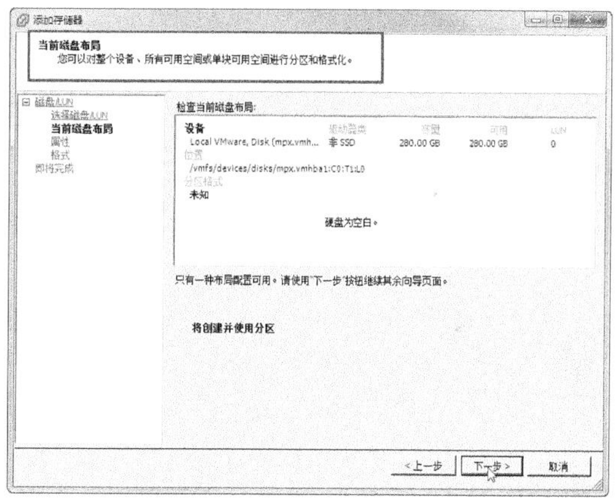

图 3-4-4　磁盘布局

（5）在“属性”对话框中，为新添加的数据存储命名。在命名的时候，最好能分清添加的存储属于哪一台服务器，是基于本地磁盘，还是基于网络磁盘（如 FC 光纤存储、iSCSI 网络存储）。在本例中，设置存储为 esx11-data，如图 3-4-5 所示。

（6）在“磁盘/LUN 格式化”对话框中，设置最大文件大小，通常选择默认值即可，如图 3-4-6 所示。

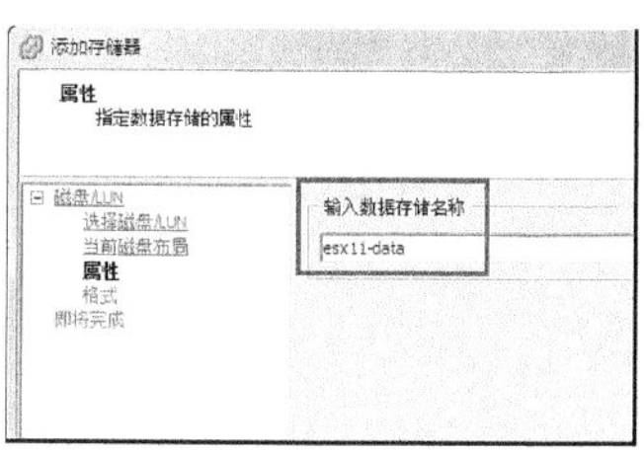

图 3-4-5　复查设置

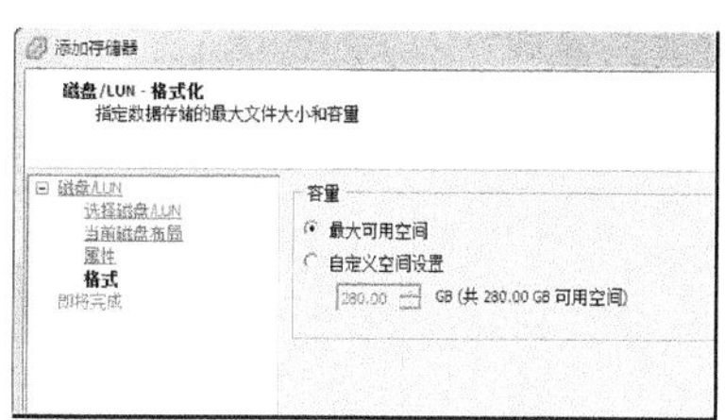

图 3-4-6　使容量最大

（7）在“即将完成”对话框中，复查设置，然后单击“完成”按钮，如图 3-4-7 所示。

（8）添加之后，如图 3-4-8 所示。此时有两个存储。

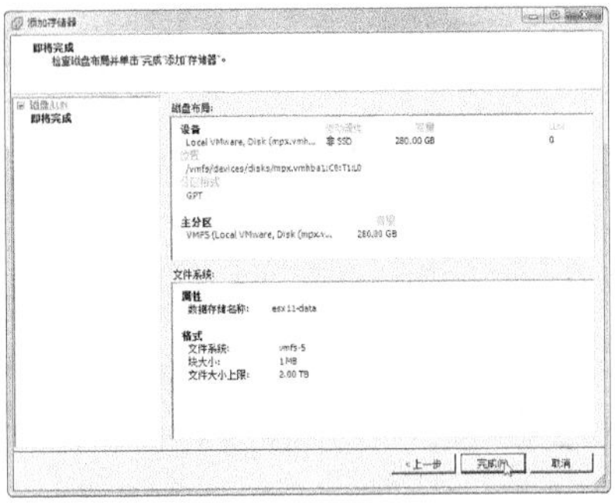

图 3-4-7　添加存储

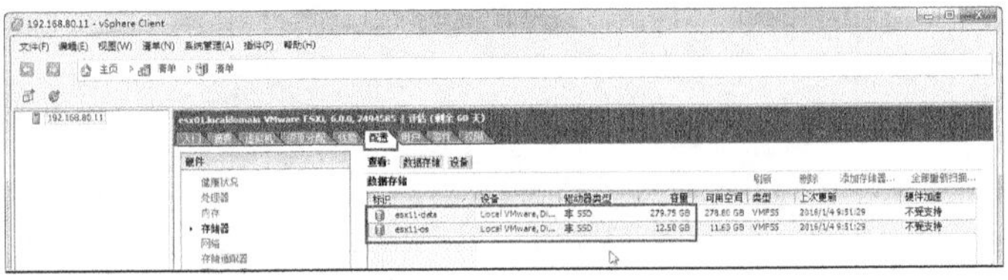

图 3-4-8　添加存储之后

（9）以后如果有其他存储，则可以参照（1）～（8）的步骤，将其他磁盘空间添加到存储，这些不一一介绍。

（10）如果你要查看当前 ESXi 主机连接了多少磁盘或存储，可以在“配置→存储适配器”中，在“设备”列表中单击每个存储设备，查看与存储适配器连接的磁盘，如图 3-4-9 所示。

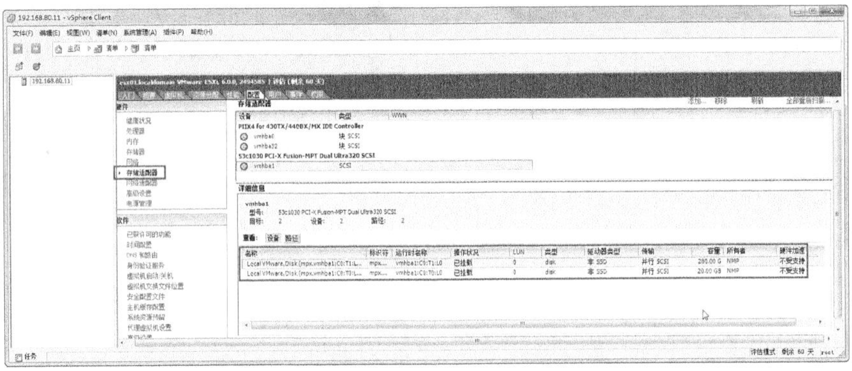

图 3-4-9　查看存储适配器连接的磁盘

【说明】 在没有配置 RAID 卡的时候，添加多个存储的意义在于：如果有多个虚拟机需要“同时”启动，或同时运行，则可以将需要同时运行的虚拟机分散在不同的存储（磁盘）上，这样可以充分利用每个硬盘的性能。

3.4.2　创建虚拟机

在 vSphere Client 控制台中，创建虚拟机与在 VMware Workstation 中相类似，主要步骤如下。

（1）用鼠标右键单击连接到的 VMware ESXi 的计算机名称或 IP 地址，在弹出的快捷菜单中选择“新建虚拟机”选项，或者按“Ctrl+N”热键，如图 3-4-10 所示。

（2）在“配置”对话框中选择“自定义”，如图 3-4-11 所示。

（3）在“名称和位置”对话框，在“名称”文本框中输入要创建的虚拟机的名称，如 WS12R2-TP，如图 3-4-12 所示。在 VMware ESXi 与 vCenter Server 中，每个虚拟机的名称最多可以包含 80 个英文字符，并且每个虚拟机的名称在 vCenter Server 虚拟机文件夹中必须是唯一的。在使用 vSphere Client 直接连接到 VMware ESXi 主机时无法查看文件夹，如果要查看虚拟机文件夹和指定虚拟机的位置，请使用 VMware vSphere 连接到 vCenter Server，并通过 vCenter Server 管理 ESXi。

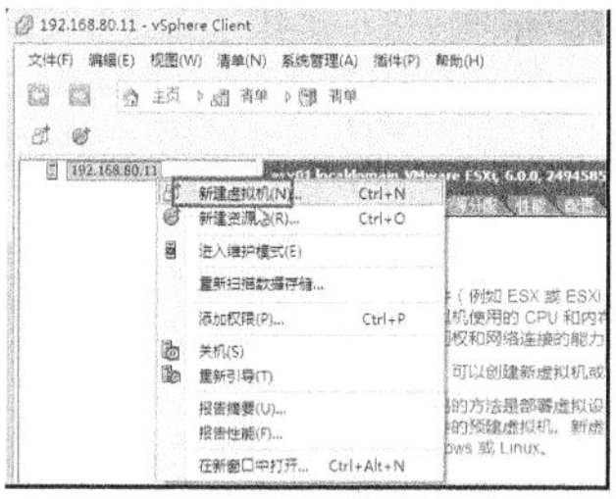

图 3-4-10　新建虚拟机

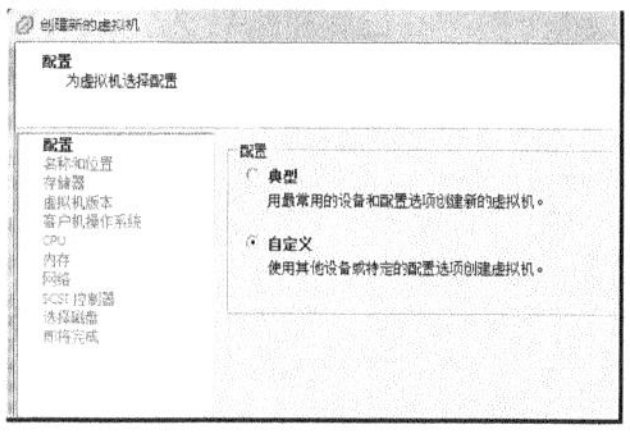

图 3-4-11　自定义配置

【说明】通常来说，创建的虚拟机的名称与在虚拟机中运行的操作系统或者应用程序有一定的关系，在本例中创建的虚拟机名称为 WS12R2-TP，表示这是创建一个 Windows Server 2012 R2 的虚拟机，并在虚拟机中安装 Windows 2012 R2 的操作系统。

（4）在“数据存储”对话框中，选择要存储虚拟机文件的数据存储，在有多个存储时，从中选择一个存储，如图 3-4-13 所示。在该列表中，显示了当前存储的容量、已经使用的空间、可用的空间、存储的文件格式。

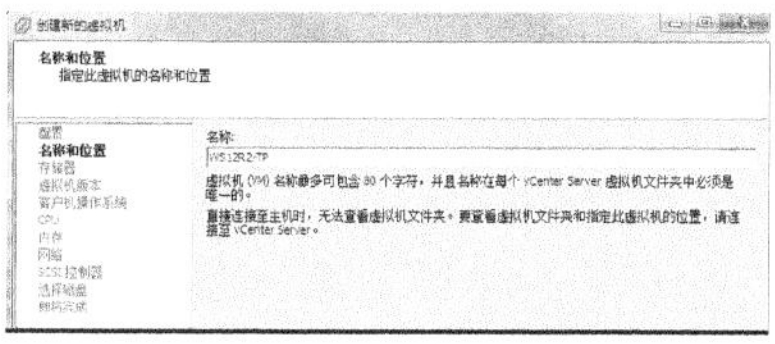

图 3-4-12　虚拟机名称

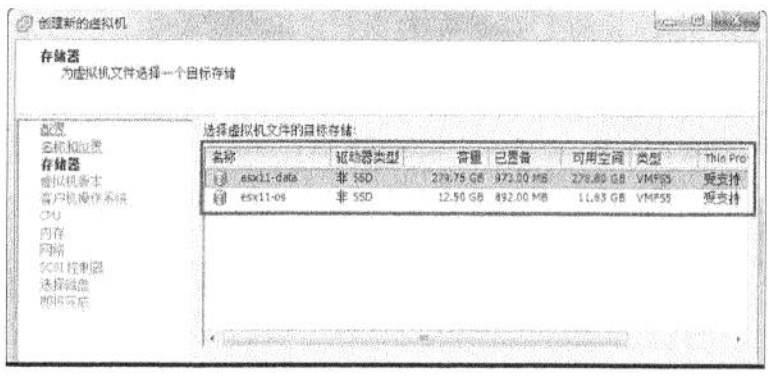

图 3-4-13　选择保存虚拟机位置的数据存储

（5）在“虚拟机版本”对话框中，选择虚拟机的版本。在 VMware ESXi6 的服务器中，推荐使用“虚拟机版本：11”的格式，这是 VMware ESXi6.0 支持的格式，具有更多功能，如图 3-4-14 所示。如果你的虚拟机在 VMware ESX/ESXi 5 及更高版本上运行，或者与 ESX/ESXi5 共享虚拟机时，可以选择“虚拟机版本：8”。

（6）在“客户机操作系统”对话框中，选择虚拟机要运行的操作系统，如图 3-4-15 所示。这与 VMware Workstation、VMware Server 相类似。在本示例中选择“Windows Server 2012（64 位）”。

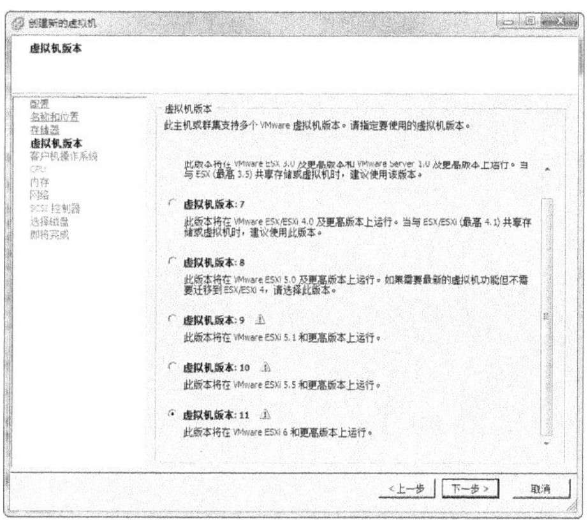

图 3-4-14　选择虚拟机版本

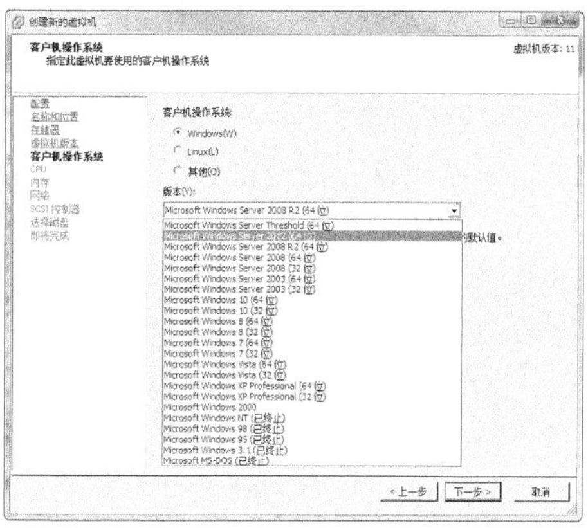

图 3-4-15　选择客户机操作系统

（7）在“CPU”对话框中，选择虚拟机中虚拟 CPU 的数量。在 vSphere 6 中，最多可以将虚拟机配置为具有 128 个虚拟 CPU。但 vSphere ESXi 主机上许可的 CPU 数量、客户机操作系统支持的 CPU 数量和虚拟机硬件版本决定着您可以添加的虚拟 CPU 数量。

vSphere Virtual Symmetric Multiprocessing (Virtual SMP) 可以使单个虚拟机同时使用多个物理处理器。必须具有虚拟 SMP，才能打开多处理器虚拟机电源。

在“CPU”配置对话框中，其中“虚拟插槽数”相当于物理主机上的物理 CPU，而每个虚拟插槽的内核数，相当于每个物理 CPU 具有几个核心（或内核）。虚拟插槽数×每个虚拟插槽的内核数＝内核总数。

对于物理机来说，我们可以分清，或者知道有几个物理 CPU（插槽），每个 CPU 有几个内核。ESXi 会把插槽数×内核数×超线程（一般是 2）＝总的 CPU 数。例如，一台配置有 2 个 6 核心 CPU（支持超线程）的物理机（见图 3-4-16），则 ESXi 会认为有 2×6×2＝24 个逻辑处理器（见图 3-4-17）。

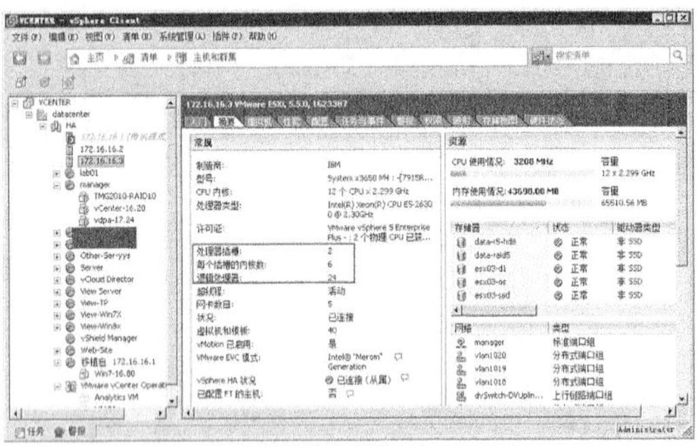
图 3-4-16　摘要

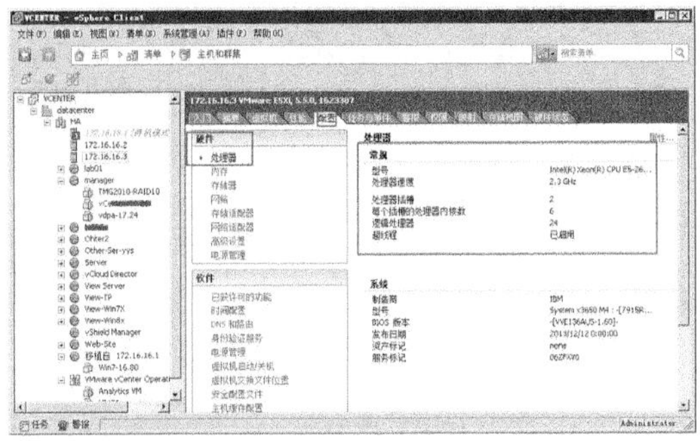
图 3-4-17　配置→处理器

对于虚拟机来说，只要“内核总数”相同，则其获得的 CPU 资源是相同的，换句话说，性能也是相同的。例如，为一个虚拟机分配了 4 个插槽，每个插槽有 1 个内核，与为其分配 2 个插槽，每个插槽 2 个核心，或为其分配 1 个插槽，每个插槽有 4 个核心，其性能是完全一样的。并且在虚拟机操作系统中，也会识别出 4 个核心。那么，为什么要区别插槽及内核呢？这在许多时候是为了满足某些产品许可协议的限制。因为，有的软件会限制物理 CPU 的数量，但不限制 CPU 的内核数。例如，某个软件授权允许运行在双 CPU 的计算机上，即 2 个物理 CPU。此时，为虚拟机分配 4 个插槽即超过了许可协议，但你分配 2 个插槽，每个插槽 2 个内核或分配 1 个插槽，每个插槽 4 个内核，即能满足实际的性能需求，也不违背软件许可协议。

另外，如果虚拟机操作系统支持硬件的“热添加”功能，你可以在虚拟机启动的过程中，为其添加 CPU 及内存，但只限于更改 CPU“插槽数”，不能更改每个插槽的内核数。相当于在物理服务器上添加 CPU，但不能将 CPU 的内核从少改为多。如图 3-4-18 所示，这是修改正在运行的一台 Windows Server 2008 R2 虚拟机时 CPU 的配置界面，从中可以看到，可以修改插槽数，不能修改内核数（虚）。要想更改内核数，必须关闭虚拟机的操作系统再修改。

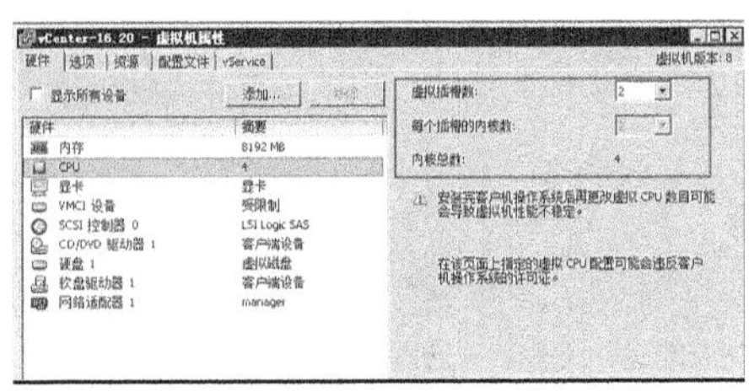
图 3-4-18　正在运行的虚拟机的配置页

在 VMware ESXi6 的硬件版本中，虚拟机中虚拟 CPU 的内核总数（虚拟插槽数×每个虚拟插槽的内核数）最多为 128，但这受限于主机的 CPU 数量。为虚拟机中分配的虚拟 CPU

的数量不能超过 ESXi 主机的 CPU 数量及当前 ESXi 的许可数量，如在写作本章时，作者所用的服务器具有 1 个 4 核心的 CPU（Intel i5-4690K），则在创建虚拟机时，为虚拟机中分配虚拟 CPU 的内核总数不能超过 4（虚拟插槽数×每个虚拟插的内核数）。在大多数的情况下，我们为虚拟机分配 1 个 CPU 即可，如果以后虚拟机不能满足需求，可以再修改，如图 3-4-19 所示。

（8）在“内存”对话框中配置虚拟机的内存大小，在默认情况下，向导为用户分配的一个合适的大小，在本例中为 Windows　2012 的虚拟机分配 1GB 的内存（默认为 4GB），如图 3-4-20 所示。

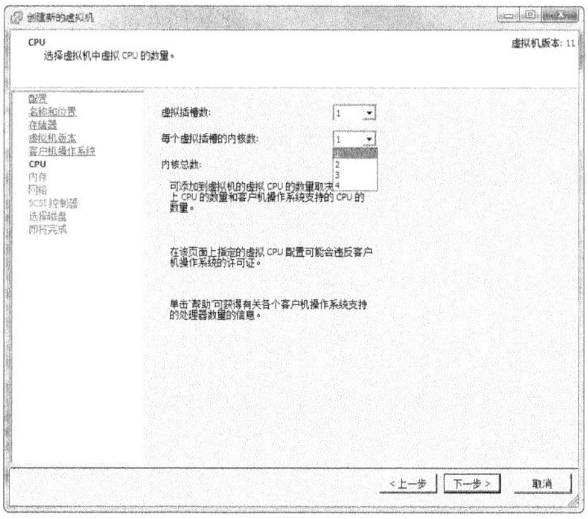

图 3-4-19　CPU 选择

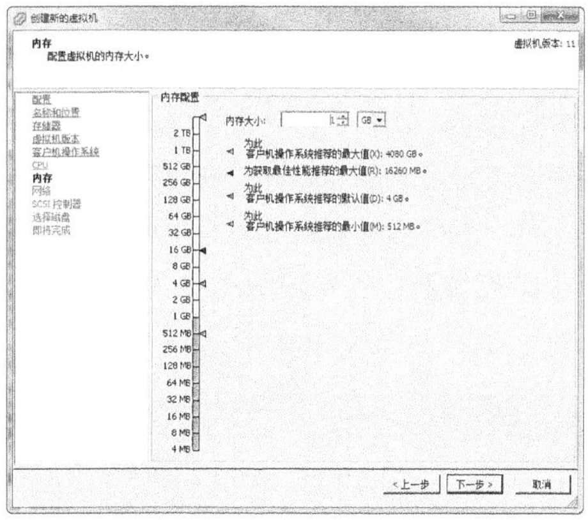

图 3-4-20　为虚拟机配置内存

【说明】　*在 VMware ESXi6 中，最多可以为虚拟机分配 4080GB（大约接近 4TB）。*

（9）在“网络”对话框中，为虚拟机创建网络连接，如图 3-4-21 所示。在 VMware ESXi 中的虚拟机最多支持 4 个网卡。在 VMware ESXi6 中，虚拟网卡的类型默认为 Intel E1000 网卡，也可以选择 VMXNET 2 或 VMXNET 3 型网卡。当 VMware ESXi 主机有多个网络时，可以在“网络”列表中选择。

（10）在“SCSI 控制器”对话框中选择要使用的 SCSI 控制器类型，可以在“BusLogin”、“LSI 逻辑并行”、“LSI Logic SAS”、“VMware 准虚拟”之间选择，如图 3-4-22 所示。通常情况下，选择默认值即可。

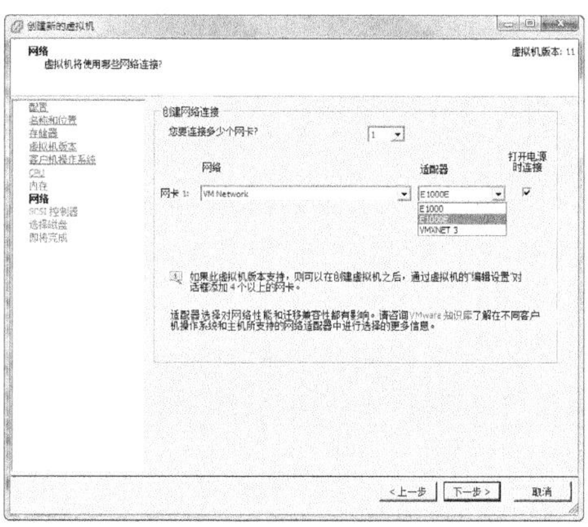

图 3-4-21　创建网络连接

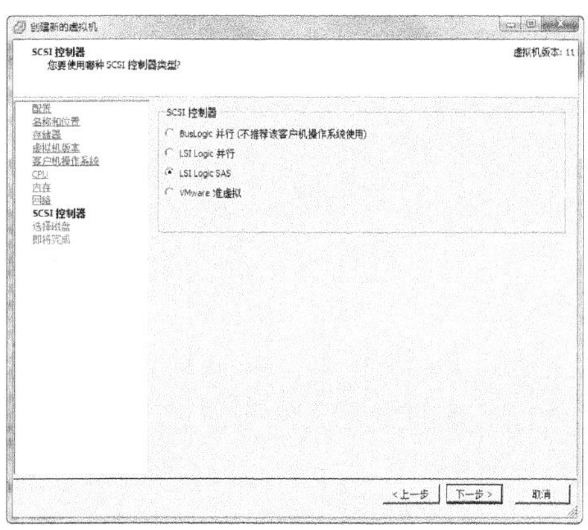

图 3-4-22　选择 SCSI 控制器

（11）在“选择磁盘”对话框为虚拟机创建虚拟硬盘，这与 VMware Workstation 相类似。

在此选择“创建新的虚拟磁盘”，如图 3-4-23 所示。

【说明】 与 VMware Workstation 可以直接使用主机物理硬盘相类似，在 VMware ESXi 中，可以直接使用“裸机映射”磁盘。

（12）在“创建磁盘”对话框中设置新创建的虚拟磁盘的容量及置备参数。如果想让虚拟机“按需分配磁盘空间”，请选择“Thin Provision”；如果想让虚拟磁盘按照“磁盘大小”立刻分配空间，可以选择“厚置备延迟置零”或“厚置备置零”两种磁盘，如图 3-4-24 所示。厚置备磁盘具有更好的性能，但会占用过多的磁盘空间。通常情况下，对于需要使用数据库系统的虚拟机，选择厚置备磁盘（非 SSD 存储）；对于大多数的应用来说，选择“Thin Provision”即可。如果虚拟机保存在 SSD（固态硬盘）存储上，则不要选择“厚置备”磁盘，在 SSD 存储上使用“Thin Provision”即可获得更好的性能。通常来说，为 Windows 7、Windows 8、Windows Server 2008 R2、Windows Server 2012 R2 的虚拟机分配 60GB 即可满足系统的需求。一般情况下，分配的这个磁盘只用来安装操作系统及必要的应用程序。如果不够，可以在安装完系统之后，通过修改虚拟机配置的方式，增加虚拟机的硬盘大小，然后再在虚拟机操作系统中扩展磁盘。在大多数的情况下，操作系统与数据磁盘是分别的两个或多个虚拟磁盘（操作系统一个盘，数据盘一个或多个）。

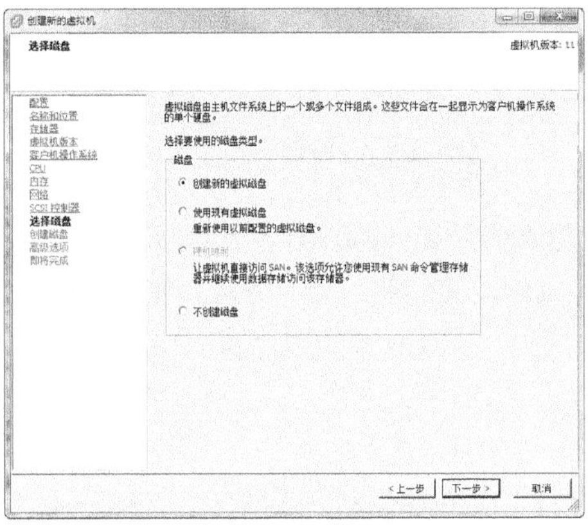

图 3-4-23 创建新的虚拟磁盘

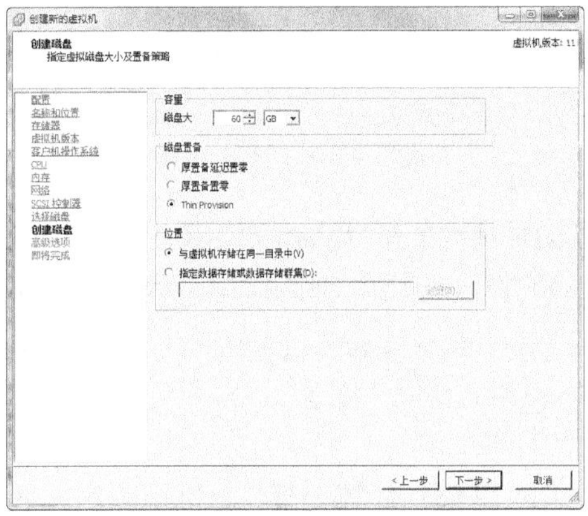

图 3-4-24 创建磁盘

（13）在“高级选项”中，指定虚拟磁盘的高级选项与工作模式，如无必要，不要更改，如图 3-4-25 所示。

【说明】 “独立”磁盘模式不受快照影响。如果在一个虚拟机系统中，有多个虚拟硬盘时，在创建快照或者从快照中恢复时，选中为“独立”磁盘模式的虚拟硬盘保持不变。在 VMware ESXi 虚拟机中，“独立”磁盘有两种模式：“独立-持久”与“独立-非持久”。持久模式磁盘的行为与物理机上常规磁盘的行为相似。写入持久模式磁盘的所有数据都会永久性地写入磁盘。而对于“独立-非持久”模式的虚拟机关闭虚拟机电源或重置虚拟机时，对非持久模式磁盘的更改将丢失。使用非持久模式，您可以每次使用相同的虚拟磁盘状态重新启动虚拟机。对磁盘的更改会写入重做日志文件并从中读取，重做日志文件会在虚拟机关闭电源或重置时被删除。

（14）在“即将完成”对话框中查看当前新建虚拟机的设置，然后单击“完成”按钮，如图 3-4-26 所示。如果你要想进一步修改虚拟机设置，可以选中“完成前编辑虚拟机设置”复选框。

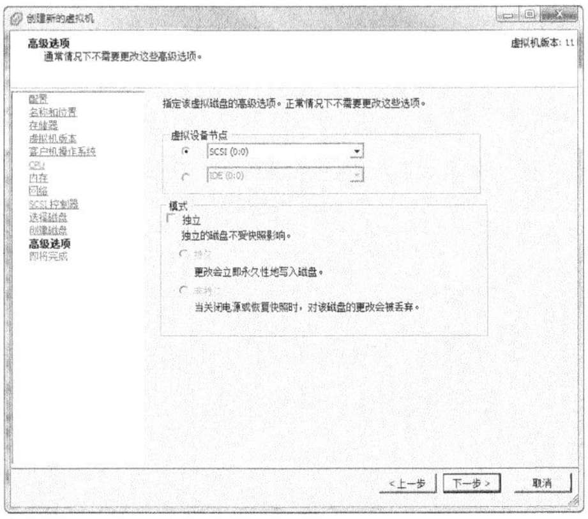
图 3-4-25　高级选项

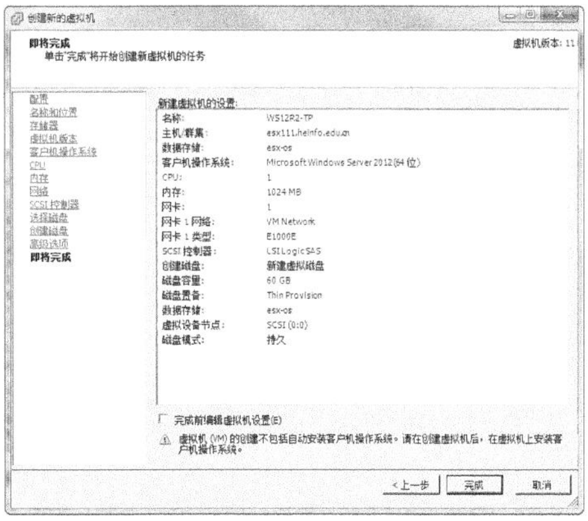
图 3-4-26　即将完成

（15）在创建虚拟机的过程中，在 vSphere Client 控制台在下方的“近期任务”中显示创建虚拟机的进程。如果要启动虚拟机，查看虚拟机窗口，可以鼠标右击，在弹出的快捷菜单中选择“打开控制台”选项，如图 3-4-27 所示。

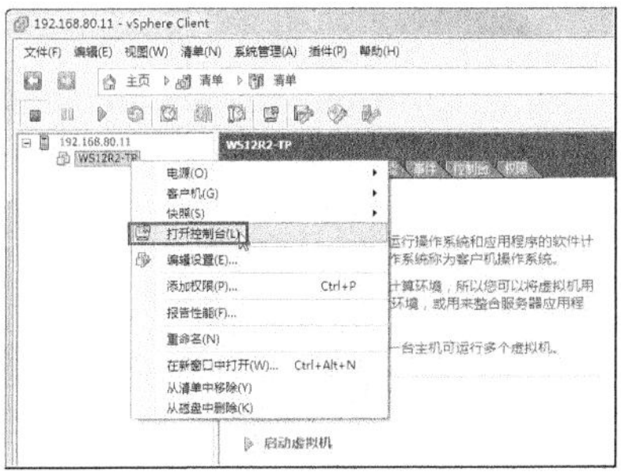
图 3-4-27　近期任务与打开控制台

3.4.3　修改虚拟机的配置

与 VMware Workstation、VMware Server 相同，创建虚拟机之后，在虚拟机的整个生存周期中，可以根据需要随时修改虚拟机的配置。通常情况下，都是在虚拟机关闭的情况下修改参数，如内存、CPU 数量，增加或移动虚拟硬盘，增加虚拟硬盘的大小，添加或移动网卡等。而在 VMware ESXi6 中，对于安装某些操作系统的虚拟机，如 Windows Server 2003，是可以在虚拟机运行的情况下增加内存大小的，而 Windows Server 2008，还可以在虚拟机运行的时候增加虚拟 CPU 的数量，这个功能称为内存与 CPU 的热添加功能。接下来，通过在上一节创建的虚拟机来介绍修改虚拟机配置这一功能的使用。

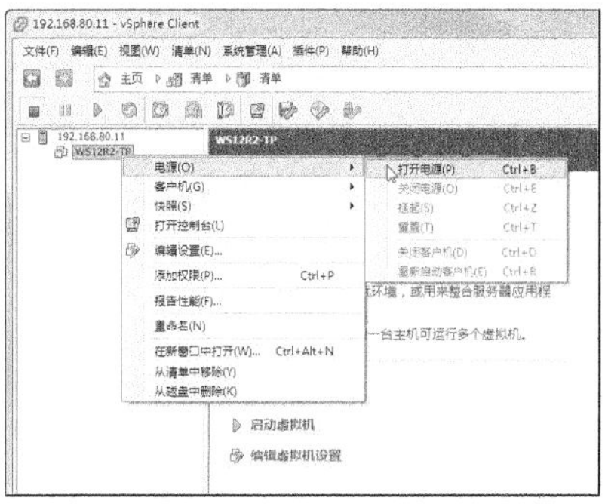
图 3-4-28　快捷菜单

在 vSphere Client 控制台中，在左边的窗格中，右击一个虚拟机弹出快捷菜单，在该菜单中可以打开或关闭虚拟机电源、打开虚拟机的控制台、修改虚拟机的设置 、重命名虚拟机、删除虚拟机等，如图 3-4-28 所示。这些操作比较简单,不一一介绍。

在弹出的快捷菜单中选择“编辑设置”，可以打开虚拟机的配置对话框，修改虚拟机的设置。例如，可以添加、删除虚拟机的硬件，也可以修改虚拟机的参数，如设置内存大小、硬盘大小等，如图 3-4-29 所示。

图 3-4-29　添加硬件对话框

在虚拟机配置对话框中，大多与 VMware Workstation 中相类似，但也有不同，主要有：

（1）在 VMware ESXi 的虚拟机可以修改硬盘大小，如图 3-4-30 所示。

【注意】 无论是在 VMware Workstation，还是在 VMware ESXi 中，只能增加硬盘容量，不能减小硬盘的容量。并且虚拟硬盘的大小受限于所在的存储器的大小及 VMware 虚拟机最大硬盘大小（62TB）。例如，在图 3-4-30 所示界面中，WS12R2-TP 所在的 VMware ESXi 存储中最大空间为 1903.78GB，则该虚拟机的硬盘大小则为 1903.78GB，如果当前服务器可用空间超过 62TB，则虚拟硬盘上限为 62TB。

（2）VMware ESXi 的虚拟机的光驱、软驱，除了可以使用 VMware ESXi 的主机设备外，还可以使用所连接的 vSphere Client 客户端的光驱或镜像文件，也可以使用保存在 VMware ESXi 的数据存储中的镜像，如图 3-4-31 所示。

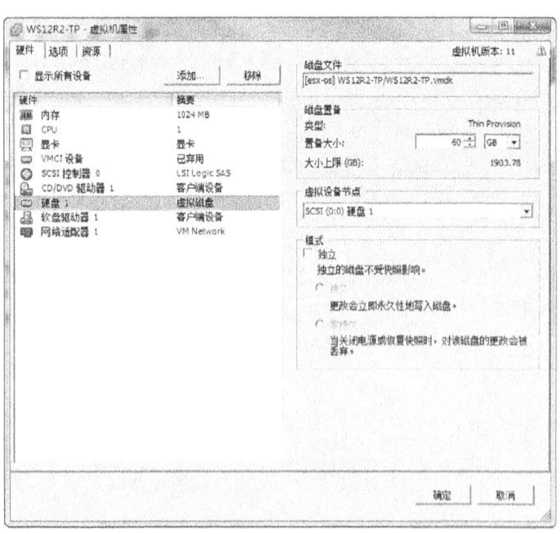

图 3-4-30　可以直接扩充磁盘空间

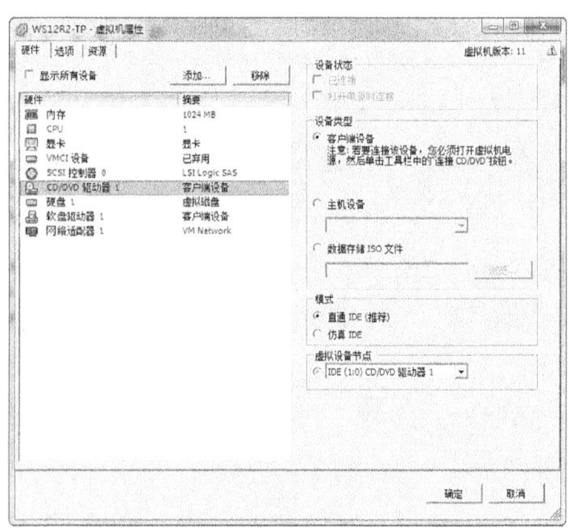

图 3-4-31　光驱可以使用客户端、主机及数据存储中的镜像

（3）在“显卡”选项中，可以为虚拟机指定显示器数目、视频内存大小，如图 3-4-32 所示。如果是 Windows 7、Windows 8 等工作站操作系统的虚拟机，可以为虚拟机启用 3D 支持，

如果是 Windows Server 2003 等服务器操作系统，虚拟机不能启动 3D 支持（选项为灰色）。通常情况下，为虚拟机分配较大的视频内存可以提高虚拟机的显示性能。如果不清楚为虚拟机设置多大的内存，可以选择“自动检测设置”。

（4）在“CPU”选项中，可以为虚拟机指定虚拟 CPU 的插槽数与每插槽的内核数，如图 3-4-33 所示。

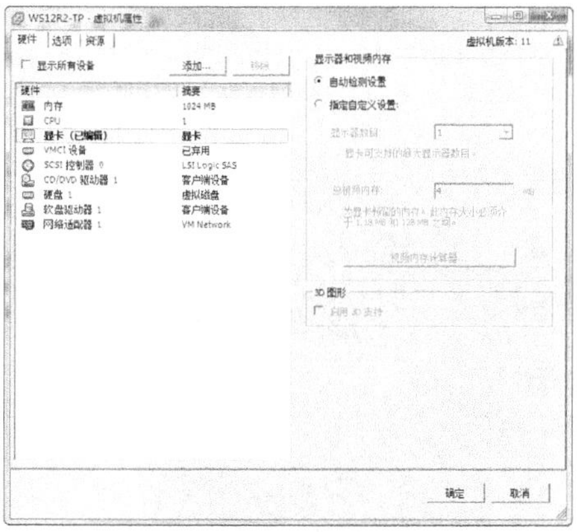

图 3-4-32　显卡设置

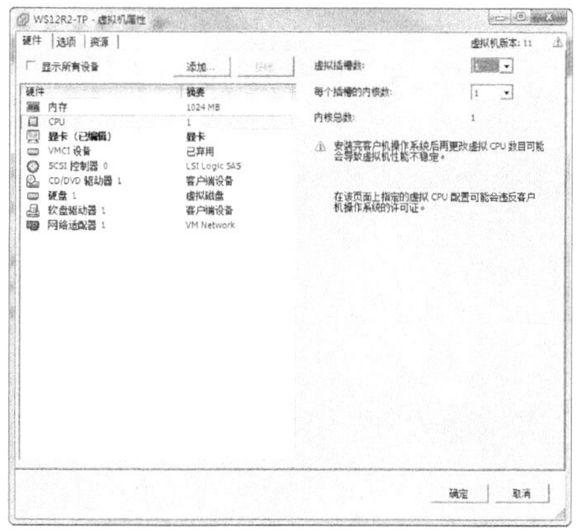

图 3-4-33　虚拟 CPU 设置

（5）在“选项→高级→内存/CPU 热插拔”中，如果虚拟机所配置的操作系统支持内存的热添加或（与）CPU 的热插拔，在该项对应的设置是可以修改并启用的。Windows 7、Windows 8、Windows Server 2008、Windows Server 2008 R2、Windows Server 2012 等操作系统虚拟机还支持“CPU 热插拔”功能，大多数的操作系统支持内存热添加。在“内存热添加”项可以选择“为此虚拟机启用内存热添加”，而在“CPU 热插拔”选项中，“为此虚拟机启用 CPU 热添加”与“为此虚拟机启用 CPU 热添加和热移除”选项禁用，如图 3-4-34 所示。当虚拟机所配置的操作系统是 Windows Server 2008 R2、Windows Server 2008 时，可以启用 CPU 热插拔选项。

（6）虚拟机的启动是比较快的，这就导致在虚拟机启动时，来不及按“F2”键进入 BIOS 设置。此时可以在“选项→高级→引导选项”中选中“下一次虚拟机引导时，强制进入 BIOS 设置画面”，这样当虚拟机启动时会进入 BIOS 设置对话框，如图 3-4-35 所示。

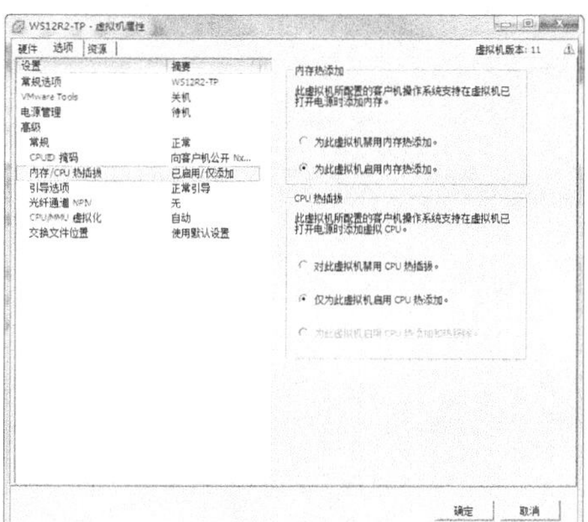

图 3-4-34　内存与 CPU 热插拔选项

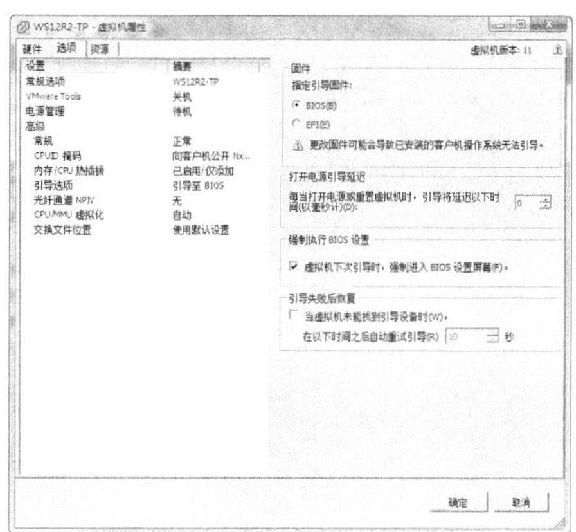

图 3-4-35　强制 BIOS 选项

（7）在“资源”选项卡中，可以分配 CPU、内存、磁盘等资源值，默认情况下是没有进行限制的，可以根据需要，限制虚拟机的 CPU、内存、磁盘占用的资源，如图 3-4-36 所示。

有关虚拟机的其他设置，以后在用到的时候会做进一步的介绍。

在 vSphere Client 中，单击工具栏上的“ ”按钮，或者在快捷菜单中选择“打开控制台”命令，打开虚拟机的控制台，在该虚拟机控制台中可以启动、关闭虚拟机，以及修改虚拟机的设置。例如，可以为当前虚拟机选择保存在 vSphere Client 客户端硬盘上的光盘镜像作为虚拟机的光驱，以为虚拟机安装操作系统，如图 3-4-37 所示。

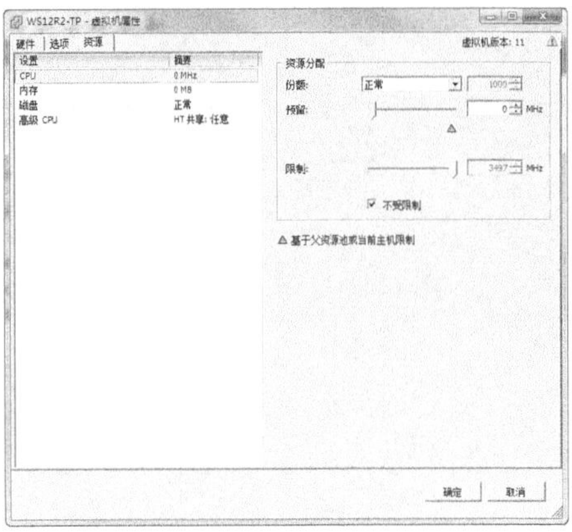

图 3-4-36　限制虚拟机资源占用率

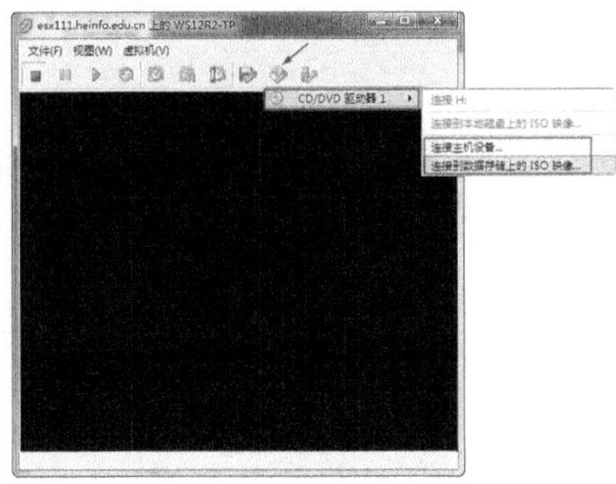

图 3-4-37　光驱选择

从图 3-4-37 看到的其就“相当于”VMware Workstation 中的虚拟机控制界面。

3.4.4　上传常用软件与镜像文件到数据存储

在使用虚拟机的过程中，我们可能需要多个软件，例如可能需要操作系统的镜像、SQL Server 数据库镜像、常用的软件（如 WinRAR、输入法、KMS 激活脚本），对于这些，可以将常用的镜像、软件上传到 ESXi 的存储中，供用户使用。在下面的操作中，我们通过上传一个 Windows Server 2012 R2 的镜像以及一个 WinRAR 安装程序为例，介绍怎样将软件上传到 ESXi 数据存储。

（1）使用 vSphere Client 登录到 ESXi，在“配置→存储器”中，右击将要作为存储位置的存储，例如 esx11-data，在弹出的快捷菜单中选择“浏览数据存储”，如图 3-4-38 所示。

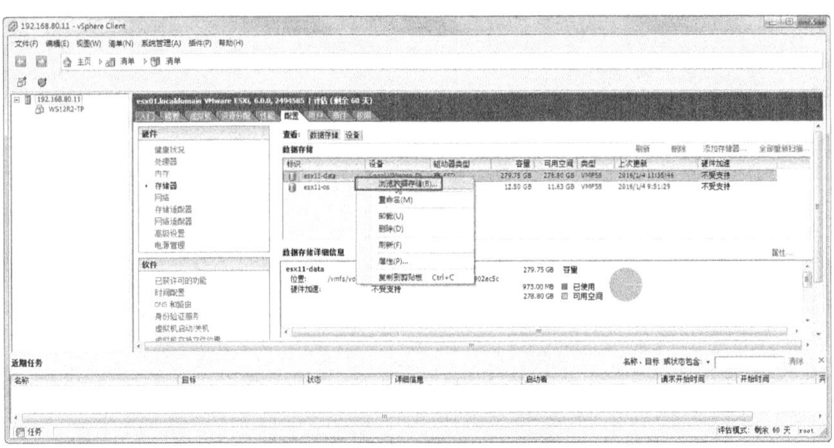

图 3-4-38　浏览数据存储

（2）打开“数据存储浏览器”对话框，单击“ ”按钮，在弹出的“新建文件夹”对话框中为保存软件与镜像创建一个文件夹，如 ISO，之后单击“确定”按钮，如图 3-4-39 所示。

（3）创建之后，在左侧选中这个新建的名为 ISO 的文件夹，然后单击“ ”按钮，在弹出的对话框中选择“上载文件”，如图 3-4-40 所示。

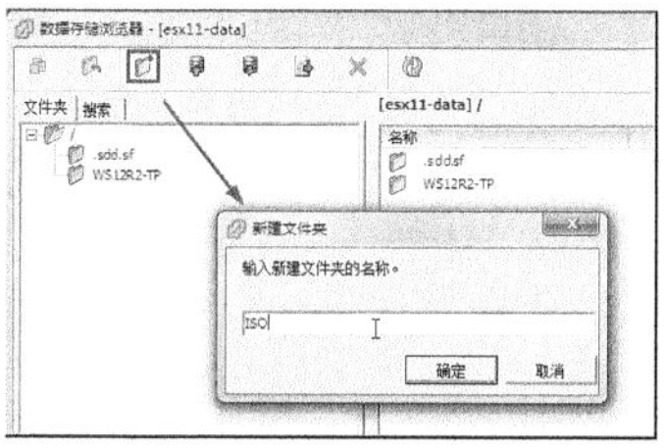

图 3-4-39　新建文件夹

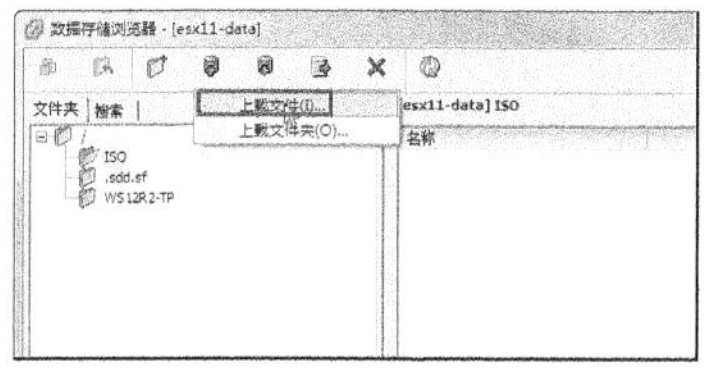

图 3-4-40　上载文件

（4）在弹出的“上载项目”对话框中浏览选择要上传到数据存储的文件，在此选择 Windows Server 2012 R2 的安装镜像，如图 3-4-41 所示。

（5）在弹出的“上载/下载操作警告”对话框中选中“以后不要显示此消息”，单击“确定”按钮，如图 3-4-42 所示。

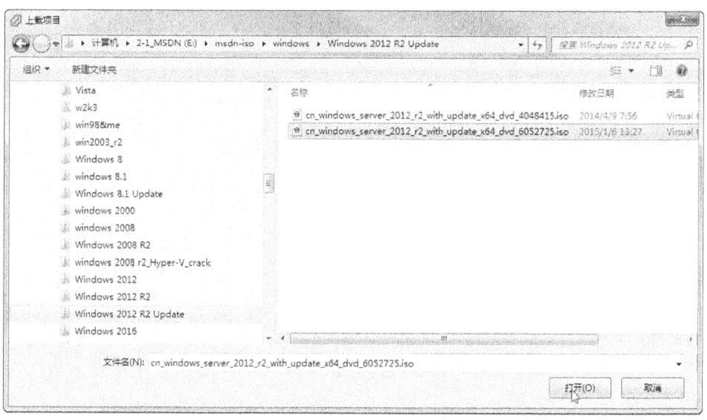

图 3-4-41　选择上传的文件

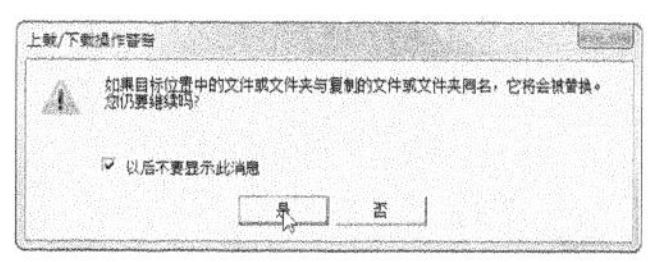

图 3-4-42　确认

（6）之后开始将选中的文件上传到数据存储中，如图 3-4-43 所示。

（7）之后参照步骤（3）～步骤（5），选择其他需要的程序或镜像上传到这一目录中，如图 3-4-44 所示，这是上传了 Windows Server 2008 R2 与 WinRAR 安装程序之后的截图。

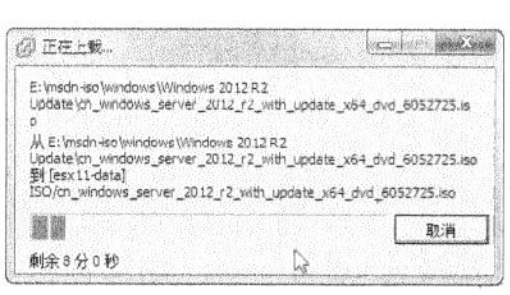

图 3-4-43　确认上传

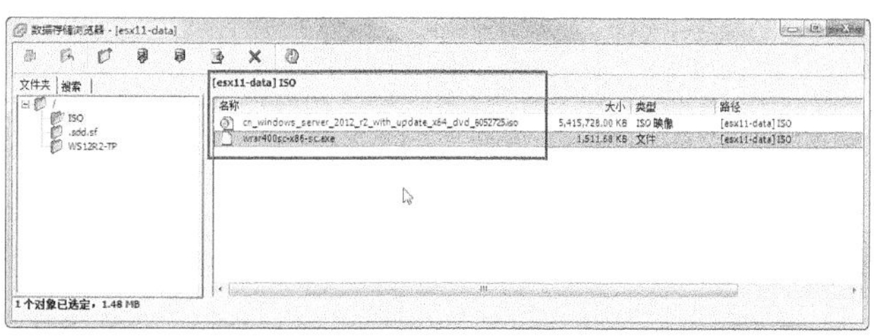

图 3-4-44　上传之后

对于上传到存储的镜像文件，vSphere ESXi 的虚拟机可以直接加载使用，而对于应用程序，则可以在虚拟机中，或者在其他环境中，通过浏览 ESXi 的存储、下载到本地使用。例如，你想在安装好操作系统的虚拟机中安装 WinRAR，可以在虚拟机中通过浏览 ESXi 的存储，将这个程序下载到虚拟机中使用。主要步骤如下。

（1）使用浏览器浏览 ESXi 的地址，格式为 https://192.168.80.11，单击“Browse datastores in this host's inventory”链接，在弹出的“Windows 安全”对话框中输入当前 ESXi 主机的账户和密码，如图 3-4-45 所示。

（2）之后打开数据存储，如图 3-4-46 所示。依次单击“esx11-data”→“ISO”，打开文件夹，浏览文件。

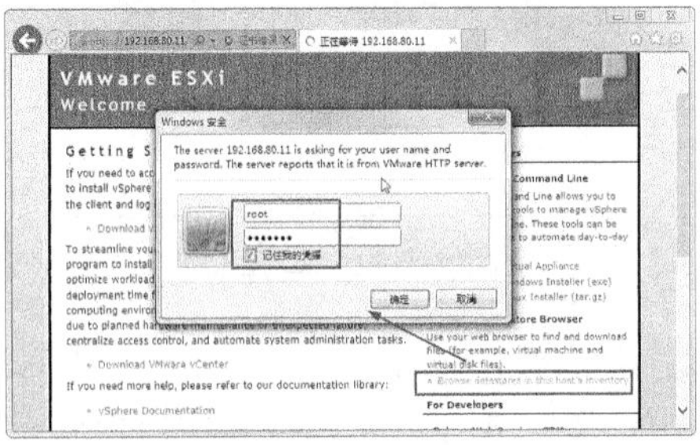

图 3-4-45　浏览数据存储

图 3-4-46　浏览存储

（3）单击要下载的文件，在弹出的对话框中选择“另存为”，如图 3-4-47 所示。

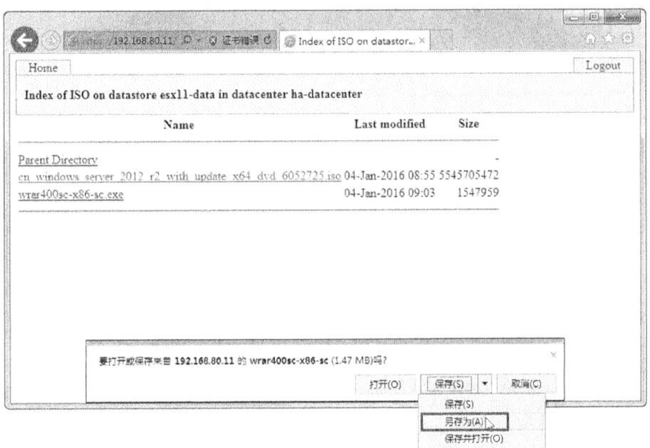

图 3-4-47　另存为

（4）将要下载的文件保存到指定位置。注意，如果下载的是 exe、cmd 或 bat 等可执行程序或批处理程序，则文件扩展名会被去掉，如图 3-4-48 所示。

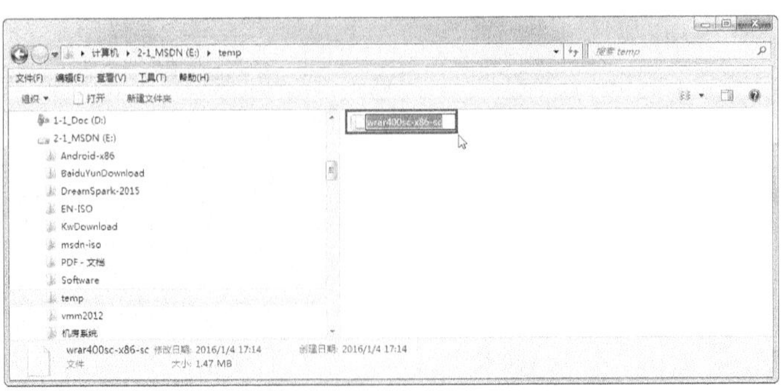

图 3-4-48　文件扩展名去掉

（5）请把下载后的文件“重命名”，为其加入原来的扩展名即可使用，如图 3-4-49 所示。

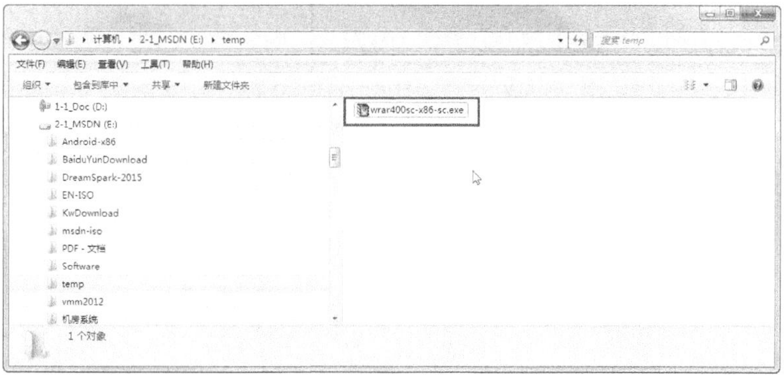

图 3-4-49 重命名

3.4.5 在虚拟机中安装操作系统

本节将介绍在 VMware ESXi 虚拟机中安装操作系统、安装 VMware Tools 的步骤，这个步骤与 VMware Workstation 类似。在本节的实验中，将在 WS12R2-TP 的虚拟机中安装 Windows 2012 R2 数据中心版操作系统。

（1）打开 WS12R2-TP 虚拟机控制台，单击“”按钮启动虚拟机。首先要选择使用何种方式（或介质）安装操作系统。你可以通过单击“”按钮弹出“CD/DVD 驱动器 1”下拉菜单，选择是使用主机设备、主机数据存储上的 ISO 镜像、本地磁盘上的 ISO，还是本地设备作为安装光盘安装操作系统，如图 3-4-50 所示。

【说明】如果在企业，推荐在网络中配置“Windows 部署服务器”，通过网络部署 Windows 操作系统。或者将常用的操作系统（如 Windows 8、Windows Server 2012）的 ISO 镜像文件上传到 VMware ESXi 数据存储。当然也可以使用本地 ISO 镜像，这可根据实际情况选择。

（2）设置之后，用鼠标在控制台窗口中单击一下，进入虚拟机的设置，可以设置光盘最先引导（将 CD-ROM 调整到最顶端，你可以选择 CD-ROM 之后，按+号调整顺序）。设置完成之后按“F10”键保存退出，如图 3-4-51 所示。

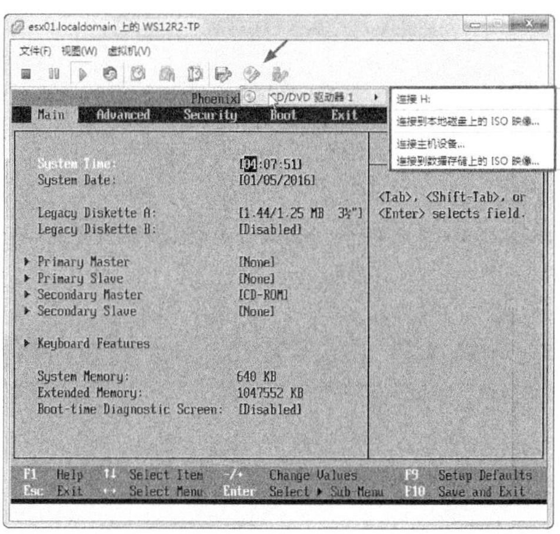

图 3-4-50 连接到本地磁盘上的 ISO 映像

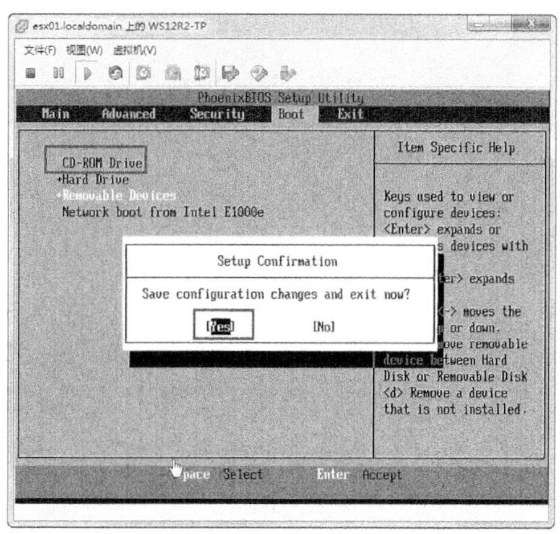

图 3-4-51 保存设置退出

（3）按“Ctrl+Alt”切换到 vSphere Client，在“虚拟机”菜单中选择“编辑设置”，如图 3-4-52 所示。

（4）在“虚拟机属性”对话框左侧选中“CD/DVD 驱动器”，在右侧选中“数据存储 ISO 文件”，单击“浏览”选择上传到 ESXi 存储中的 Windows Server 2012 R2 的安装光盘镜像，并在“设备状态”选项组中确认“已连接”及“打开电源时连接”项选中，如图 3-4-53 所示。

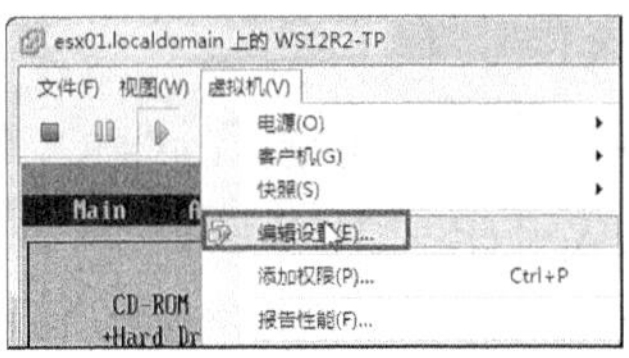

图 3-4-52　编辑设置

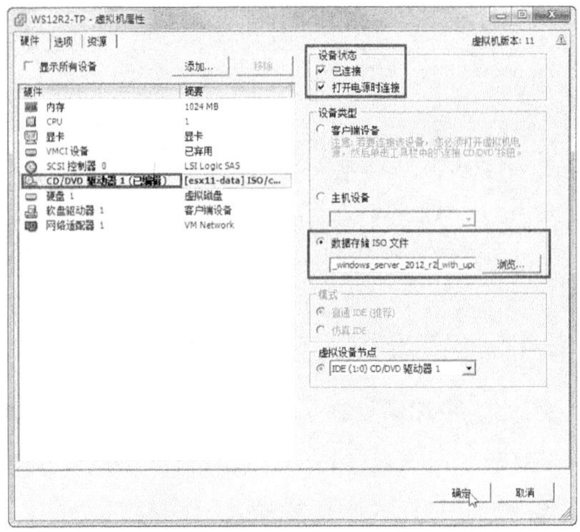

图 3-4-53　加载操作系统镜像

（5）在“选择要安装的操作系统”列表中，选择要安装的系统，在此选择 Windows Server 2012 R2 数据中心版（带 GUI 的服务器），如图 3-4-54 所示。

（6）在“你想将 Windows 安装在哪里”选择安装磁盘，直接单击“下一步”按钮，将 Windows Server 2012 R2 安装在硬盘上，如图 3-4-55 所示。

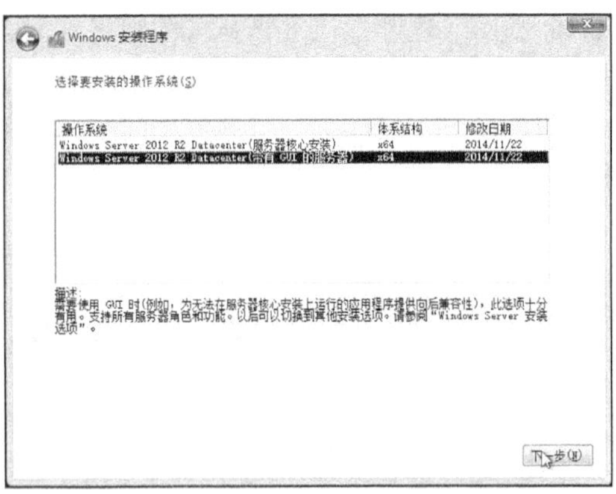

图 3-4-54　选择要安装的操作系统

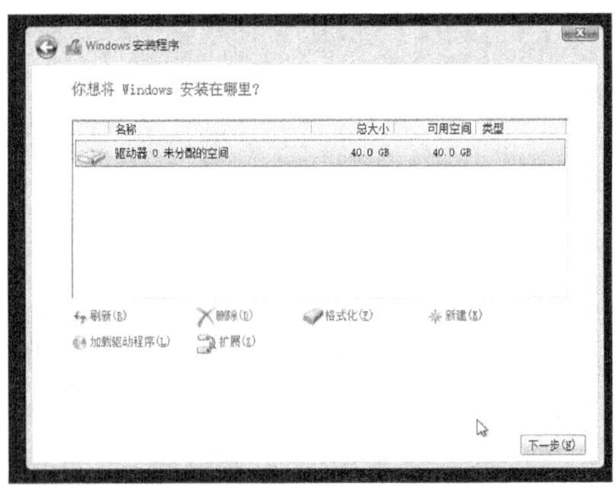

图 3-4-55　安装位置

（7）之后开始安装 Windows Server 2012 R2，大约需要 15～20 分钟的时间。安装完 WindowsServer 2012 R2 后，设置管理员密码，如图 3-4-56 所示。

（8）在安装完 Windows Server 2012 R2 之后，在“虚拟机”菜单中选择“客户机→安装/升级 VMware Tools”，如图 3-4-57 所示，根据向导安装 VMware Tools，操作比较简单，不再介绍。

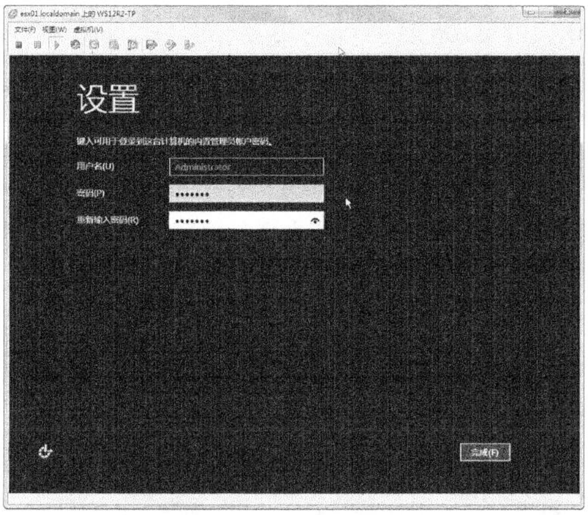

图 3-4-56　许可条款

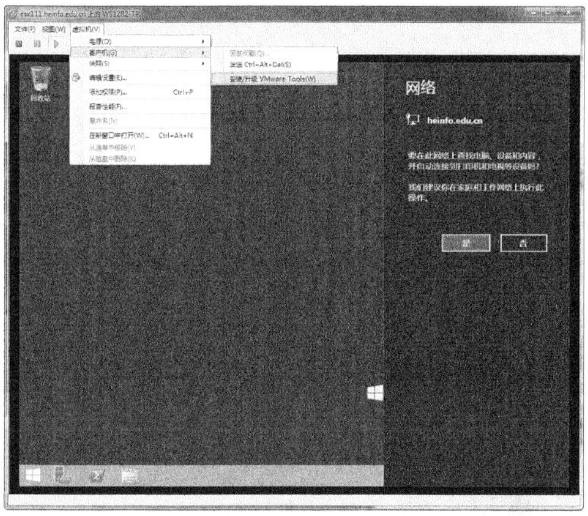

图 3-4-57　安装 VMware Tools

（9）在安装完 Windows Server 2012 R2、VMware Tools 之后，激活 Windows Server 2012 R2。对于 Windows 7 专业版、Windows 7 企业版、Windows 8 专业版、Windows 8 企业版、Windows Server 2008、Windows Server 2012 等操作系统，建议在网络中通过配置 KMS 服务器来激活。图 3-4-58 是使用内部 KMS 服务器并通过编写脚本来激活的截图。另外，如果网络中配置了 Active Directory、DNS、DHCP 服务器，也可以将 KMS 服务器地址配置在 DNS 中，只要计算机是“自动获得 IP 地址与 DNS 地址”的，在网络连通后，相关的操作系统会自动激活。在 Windows Server 2012 R2 激活之后，安装常用的软件，之后关闭虚拟机。

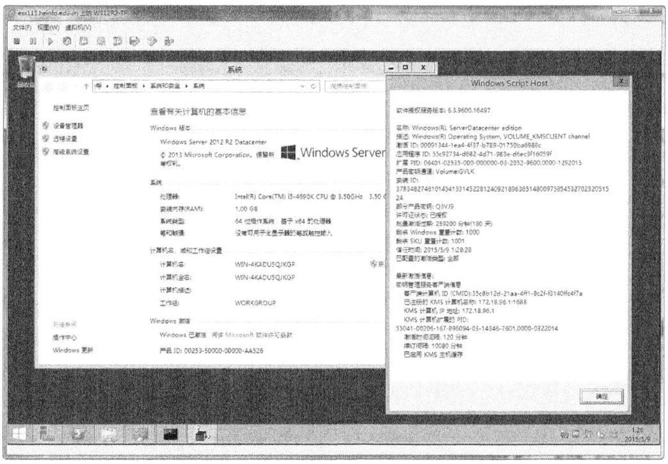

图 3-4-58　使用 KMS 激活

在 VMware ESXi 虚拟机中安装软件，与在 VMware Workstation 虚拟机中安装软件相似。

（1）可以在虚拟机中，直接访问 Internet，从 Internet 下载安装程序。

（2）在虚拟机中，通过局域网连接到网络中的其他共享服务器获得安装程序。

（3）将软件的安装程序制作成 ISO 镜像加载到虚拟机中安装。

在这一点上，在 VMware ESXi 中安装软件要比 VMware Workstation 复杂，因为在 VMware Workstation 中可以直接将主机中的软件通过拖曳到虚拟机中，或者直接将主机文件夹映射到虚拟机中。但 VMware ESXi 则没有提供这一功能。

之后，请参考本节内容，在你的实验环境中安装其他的虚拟机，例如 Windows 7、Windows

Server 2008 R2，这些不一一介绍。在安装 Windows 7 的虚拟机时，可以创建名为 Win7x-TP 的虚拟机，为该虚拟机分配 1 个 CPU、1GB 内存、60GB 硬盘空间，并安装 Windows 7 专业版或企业版，不建议安装旗舰版，安装完成之后，使用 KMS 激活。详细内容不一一介绍，图 3-4-59 与图 3-4-60 是安装好 Windows 7 及安装 VMware Tools 的截图。

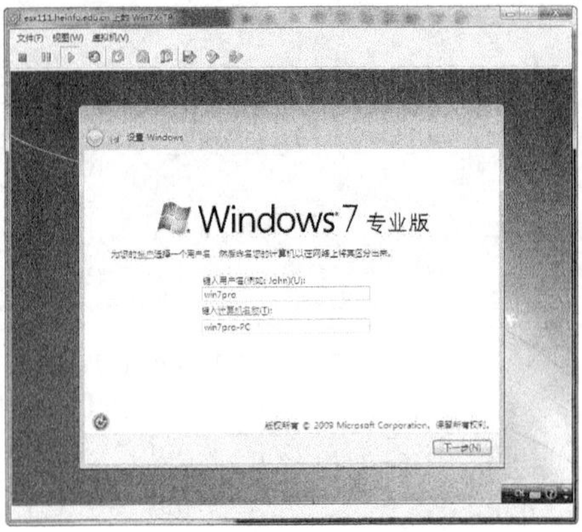

图 3-4-59 设置 Windows

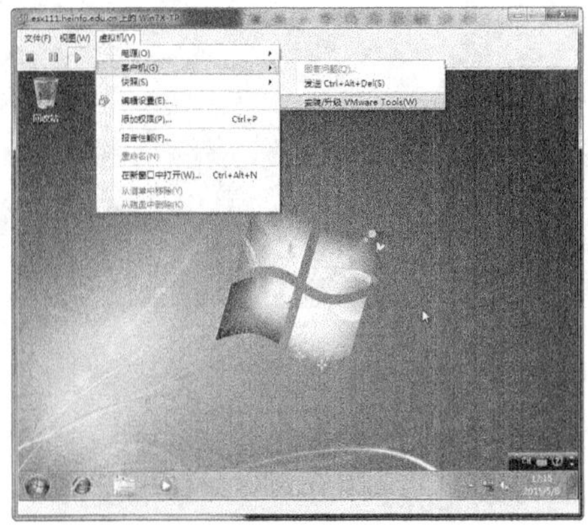

图 3-4-60 安装 VMware Tools

安装完 VMware Tools 之后，重新启动虚拟机，这些不一一介绍。

3.4.6 在 ESXi 虚拟机中使用 U 盘或其他外设

VMware ESXi 虚拟机支持外接 U 盘或其他并口（LPT1）、串口（COM1、COM2）设备，这些设备既可以连接在 VMware ESXi 所在主机，也可以连接到 vSphere Client 管理客户端。如果只是暂时使用，可以连接到 vSphere Client，如果是在某个虚拟机一直使用，则需要将这些设置安装在 VMware ESXi 主机上。

要使用 USB 或并口、串口设备，你需要修改虚拟机设置，在虚拟机中添加 USB 设备或并口、串口，然后启动虚拟机，让虚拟机连接这些设备。下面以在 VMware ESXi 虚拟机中使用插在 ESXi 主机的一个 U 盘为例进行介绍。

（1）在 VMware ESXi 主机上插上一个 U 盘，然后用 vSphere Client 登录 vCenter Server 或 VMware ESXi 主机，打开该主机上的一个虚拟机，在“虚拟机”菜单选择“编辑设置”，如图 3-4-61 所示。

（2）打开虚拟机属性对话框，单击“添加”按钮，如图 3-4-62 所示。

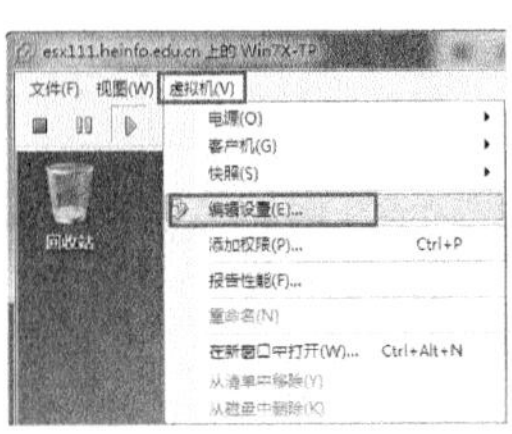

图 3-4-61 编辑设置

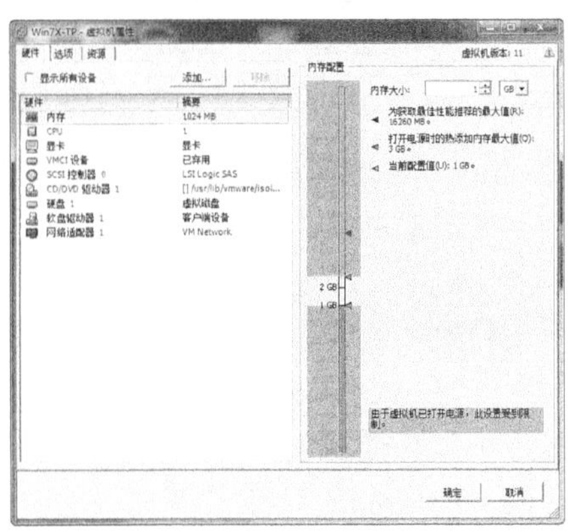

图 3-4-62 添加设备

（3）在“添加硬件”对话框“设备类型”中添加“USB 控制器”，如图 3-4-63 所示。

（4）在“USB 控制器”对话框 “控制器类型”选择默认值“EHCI+UHCI”，如图 3-4-64 所示。

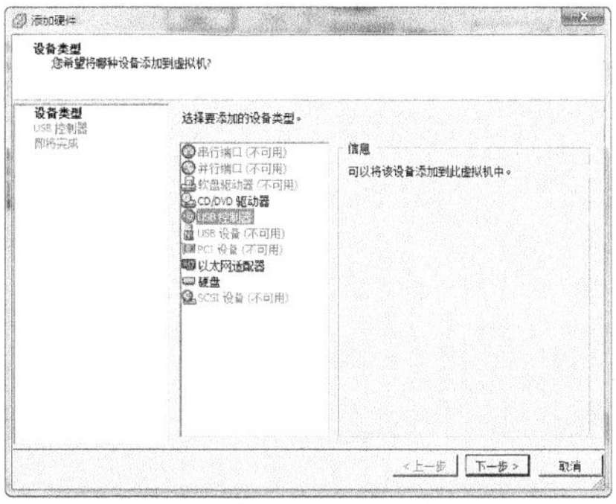

图 3-4-63　添加 USB 控制器

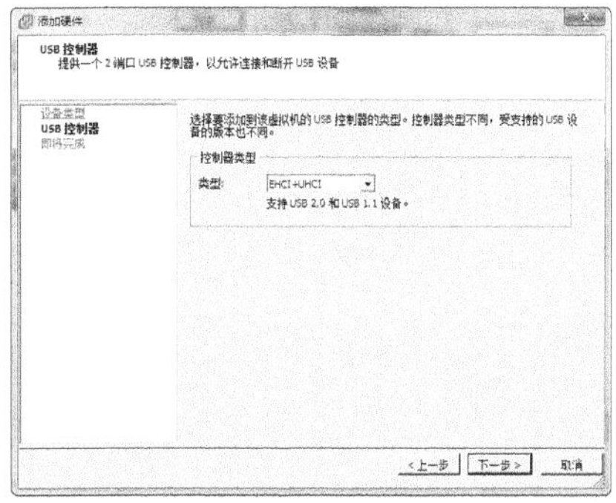

图 3-4-64　选择控制器类型

（5）在“即将完成”对话框单击“完成”按钮，如图 3-4-65 所示。

（6）返回到“虚拟机属性”对话框，可以看到在当前虚拟机中已经添加了一个 USB 控制器，如图 3-4-66 所示。在添加了 USB 控制器之后，可以添加 USB 设备，该设备是连接到 ESXi 主机的设备，只有当主机上有设备连接时，才能选择。

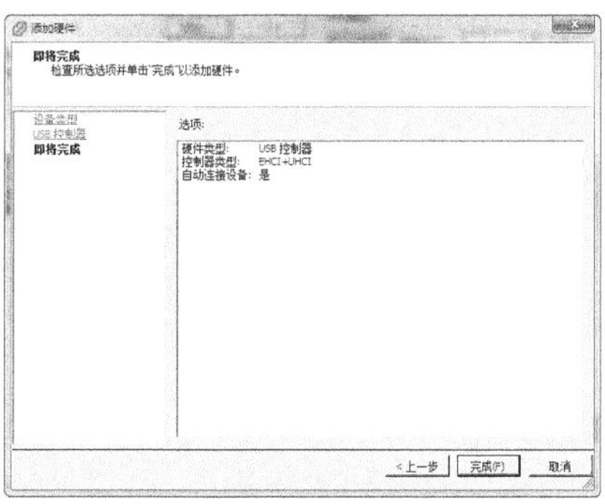

图 3-4-65　添加 USB 控制器完成

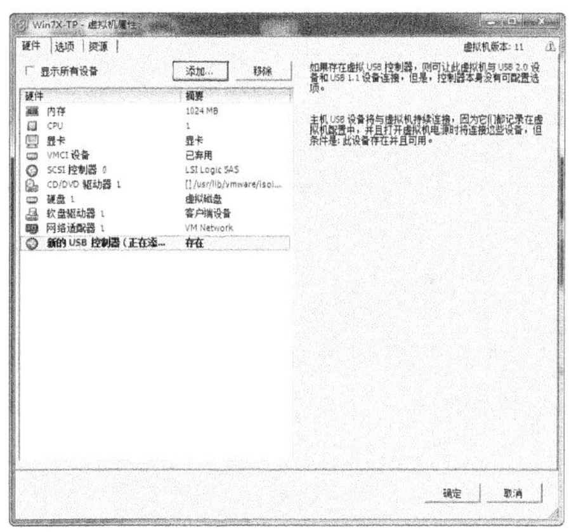

图 3-4-66　返回到虚拟机属性

（7）在“设备类型”对话框选择“USB 设备”，如图 3-4-67 所示。如果当前 ESXi 主机没有插入 USB 设备，此选项将为“灰色”不可用。

（8）在“选择 USB 设备”对话框中，从列表中选择可用的 USB 设备，如图 3-4-68 所示。在当前 ESXi 主机中添加了两个 U 盘，从中选择一个。

【说明】 同一个 USB 设备，在同一时刻只能映射给一个虚拟机，不能同时映射给多个虚拟机。从列表中可以看到名为“Toshiba DT 101 G2”的设备已经分配并连接到名为“WS12R2-TP”的虚拟机，而设备名称为“Toshiba TransMemory”的“连接”状态是“可用”，可以选择这个设备。

（9）在“即将完成”对话框中显示了要添加的设备，单击“完成”按钮，如图 3-4-69 所示。

（10）返回到虚拟机属性对话框，可以看到已经添加了一个 USB 设备，单击“确定”按钮，如图 3-4-70 所示。

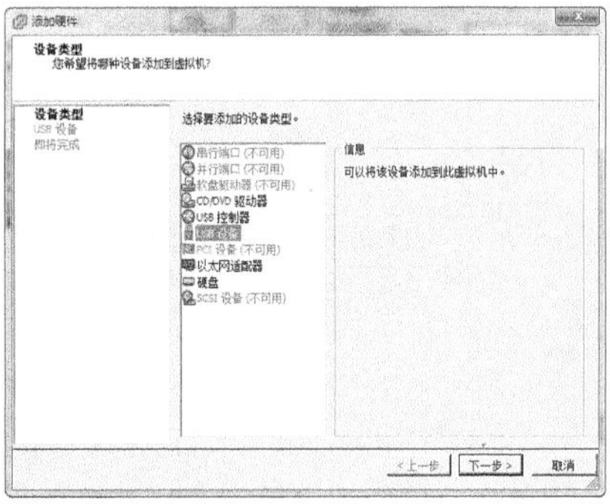

图 3-4-67　添加 USB 设备

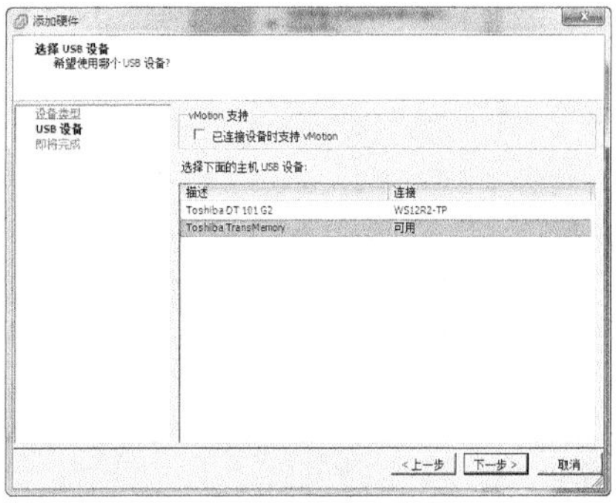

图 3-4-68　从列表选择可用的 USB 设备

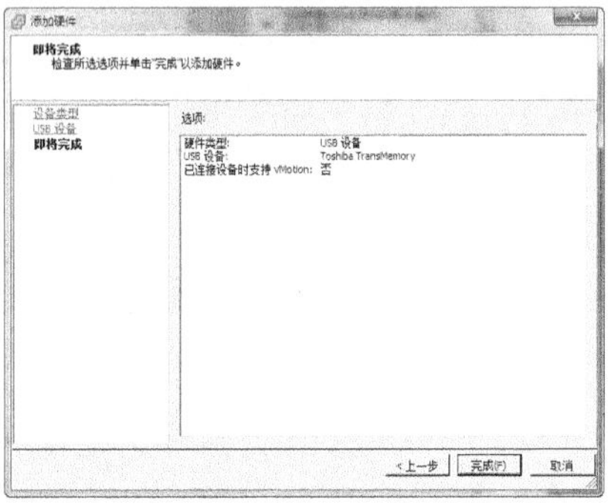

图 3-4-69　添加 USB 设备完成

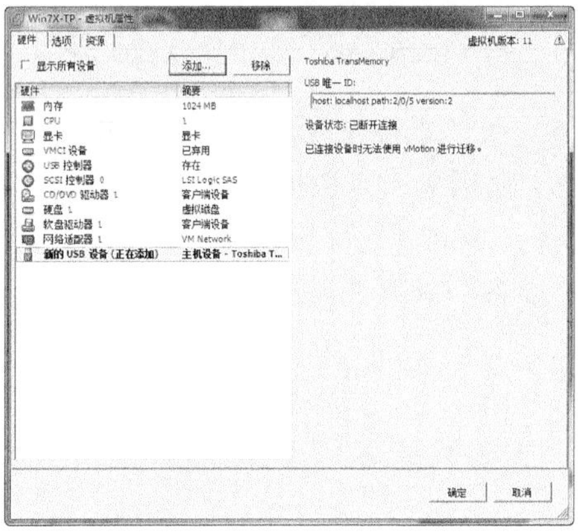

图 3-4-70　添加完成的 USB 设备

【说明】 如果要使用主机上的串口或并口设备，需要关闭虚拟机的电源，再次添加。

（11）切换到虚拟机中，打开“资源管理器”，可以看到添加的 U 盘已经可以使用，如图 3-4-71 所示。

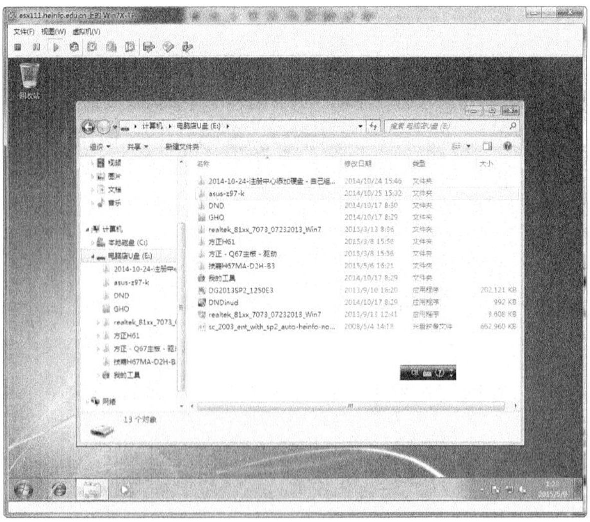

图 3-4-71　在虚拟机中使用主机的 U 盘

（12）图 3-4-72 所示是 WS12R2-TP 虚拟机中映射的另一个 U 盘。

如果不再需要使用 ESXi 主机上的 USB 设备，需要打开虚拟机设置，选中不使用的 USB 设备，单击“移除”按钮，将其删除，然后单击“确定”按钮，如图 3-4-73 所示。

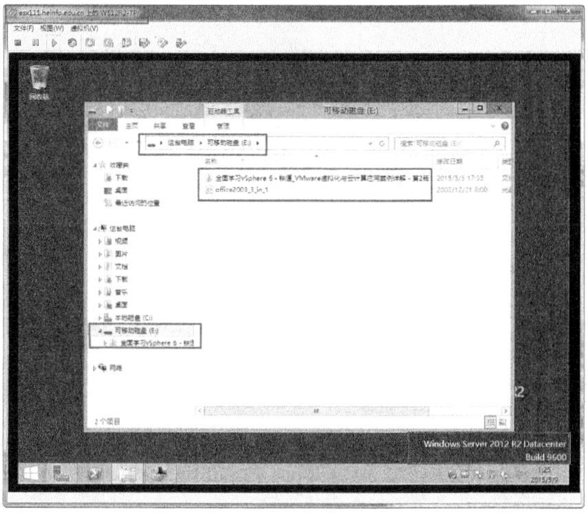

图 3-4-72 另一个虚拟机映射的另一个 U 盘

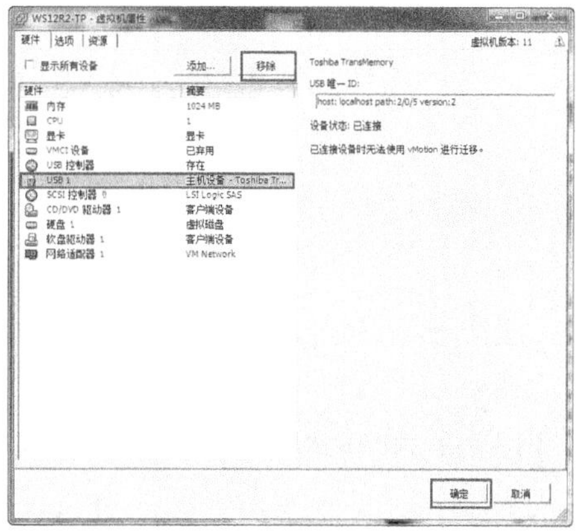

图 3-4-73 移除不再使用的 USB 设备

3.4.7 使用 vSphere Client 端的 USB 设备

ESXi 的虚拟机还可以使用 vSphere Client 管理工作站上的 USB 设备，这和使用 vSphere Client 端的 ISO 镜像一样。

（1）使用 vSphere Client 连接到 ESXi，打开虚拟机控制台，单击工具栏上的“ ”按钮，在弹出的快捷菜单中选择“连接 USB 设备”，在弹出的列表中，选择可用的 USB 设备，如图 3-4-74 所示。

（2）此时会弹出“连接 USB 设备”的警告对话框，提示选中的 USB 设备会从主机“拔出”并“连接”到虚拟机，单击“确定”按钮，如图 3-4-75 所示。

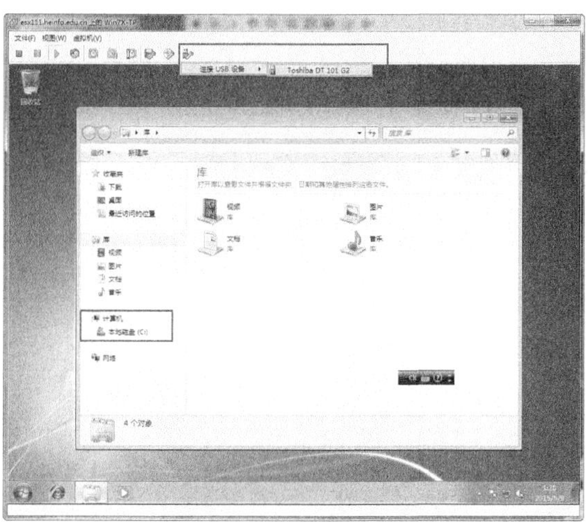

图 3-4-74 连接到 vSphere Client 的 USB 设备

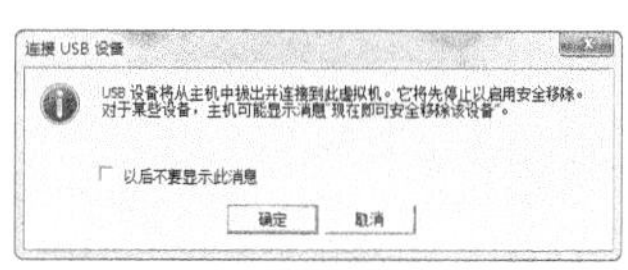

图 3-4-75 连接 USB 设备

（3）连接之后，在虚拟机资源管理器中可以看到 U 盘的内容，如图 3-4-76 所示。

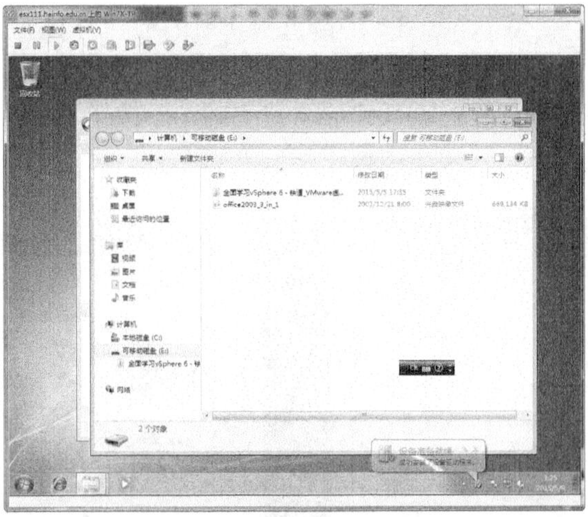

图 3-4-76 查看映射的 U 盘内容

【说明】 当使用 vSphere Client，将 vSphere Client 端的设备映射到虚拟机时，不能关闭 vSphere Client，如果关闭或退出 vSphere Client，映射的设备（光盘镜像、USB 设备）会自动断开。而从 ESXi 主机映射的设备（ESXi 主机本身的设备，如光驱中的光盘、插在主机上的 USB 外设、ESXi 存储中的光盘镜像）则不受 vSphere Client 的影响。例如，在虚拟机中安装操作系统的时候，如果使用的操作系统镜像是从 vSphere Client 映射的，关闭 vSphere Client，则安装会中止（相当于在物理机安装操作系统的过程中，在没有安装完之前弹出了光盘）。而如果操作系统镜像是从 ESXi 主机映射的，关闭 vSphere Client，则不会影响操作系统的安装。

3.4.8 虚拟机快照管理

VMware ESXi 同样提供了“快照”功能，其快照功能与 VMware Workstation 相同，可以提供多个快照（受限于 VMware ESXi 存储空间）。VMware ESXi 中虚拟机的快照管理也比较简单，你可以在任何时候（包括虚拟机正在启动、运行）创建快照。

（1）在 vSphere Client 控制台中，用鼠标右击要创建快照的虚拟机，在弹出的快捷菜单中选择“快照→生成快照”，如图 3-4-77 所示。

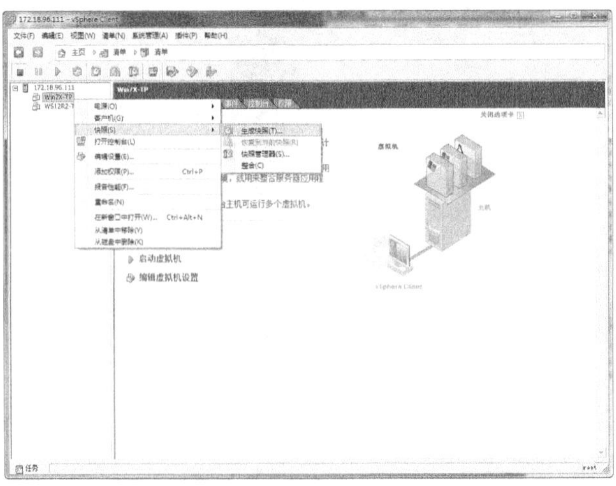

图 3-4-77 生成快照

（2）在“执行虚拟机快照”对话框“名称”文本框中输入快照的名称，在“描述”文本框中输入快照的描述，如图 3-4-78 所示。 描述可以识别名称类似的快照之间的差异。在快照生成后，描述显示在“快照管理器”中。

在创建快照的时候，如果虚拟机正在运行，可以选中“生成虚拟机内存快照”复选框，这样会将虚拟机当前的状态保存下来，即在创建快照的同时可捕获虚拟机的内存。 如果选中“使客户机文件系统处于静默状态(需要安装有 VMware Tools)”复选框，可以暂停客户机操作系统上的运行进程，以便在执行快照时文件系统内容处于一致状态。这仅应用于已打开电源的虚拟机。推荐在虚拟机关闭时创建快照。

在创建快照时，以及快照生成成功后，将列在 vSphere Client 窗口底部的“近期任务”面板中。

在“快照管理器”中，可以将虚拟机转到任意一个快照状态，也可以删除不用的快照，如图 3-4-79 所示。

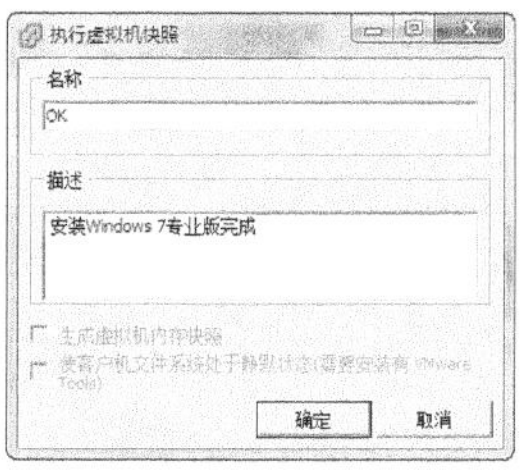

图 3-4-78　执行快照

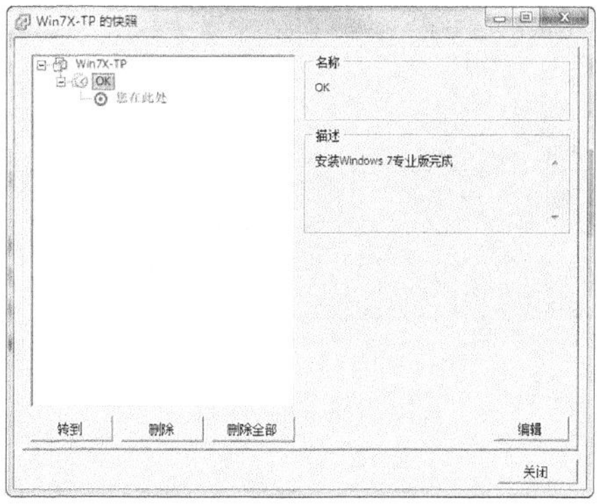

图 3-4-79　快照管理器

另外，除了可以在快捷菜单中执行快照，进入快照管理器外，还可以通过单击工具栏上的“　　”图标创建快照、恢复快照、进入快照管理器。

【说明】（1）对于生产环境中的虚拟机，不建议通过“快照”的方式实现“备份”的功能。否则，一旦选中了以前的“快照”并执行“转到”功能，此时该快照以后的所有数据都将丢失并且不能恢复。（2）当执行多次快照后，虚拟机的性能会下降。（3）在多次删除无用快照后，需要执行“整合”功能，整理磁盘。

3.5　在虚拟机中使用 SCSI 卡

在使用向导创建虚拟机的时候，当选择了“客户机操作系统”之后，虚拟机向导会根据用户选择的操作系统及版本为用户推荐一个配置，这个配置除了包括 CPU 数量、内存大小、硬盘大小外，更重要的是会为操作系统选择一款对应的 SCSI 控制器。如果选择了错误的 SCSI 控制器型号，则在安装操作系统的时候，会提示“安装程序没有找到安装在此计算机上的硬盘驱动器”，如图 3-5-1 所示。

造成这个问题的原因很简单，当前的操作系统安装光盘中没有集成这款 SCSI 卡的驱动程序，你只要在安装的过程中添加了这款 SCSI 卡驱动程序，就可以完成安装。

不只是虚拟机，有许多网络管理员在实际的物理服务器上安装 Windows Server 2003、Windows Server 2008 或 Windows Server 2012 时，也会碰到类似的问题，就是因为当前的操作系统安装光盘集成了相应服务器的 SCSI 卡或 RAID 卡驱动程序。

一般情况下，在新服务器安装以前的“老”系统就会出现这个问题。因为，每款操作系统，在 RTM 的时候，只是把当前的一些市场主流的产品硬件驱动“集成”进安装包中，但不会，也不可能把以后出的一些 SCSI 卡或 RAID 卡也集成到这个安装包中。

所以，大家在使用虚拟机的时候，如果不清楚如何选择，可以选择默认值，尤其是 SCSI 卡设置页，如图 3-5-2 所示。

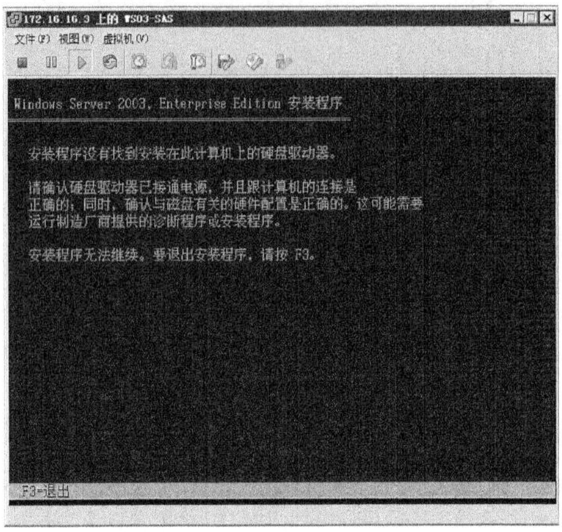

图 3-5-1　提示没有找到硬盘

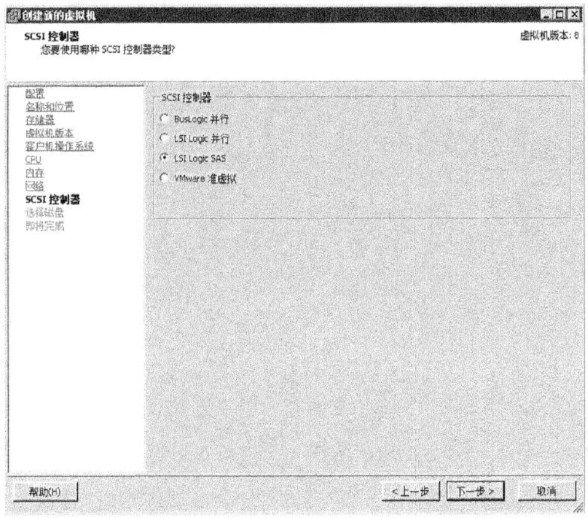

图 3-5-2　SCSI 控制器

但是，作为网络管理员，应该学习各种知识，其中在默认不受操作系统支持的硬件上安装好操作系统，这也是一个要掌握的知识。另外，新的硬件可能有较好的性能。例如，在 Windows Server 2003 的时候，还没有 LSI 1068 的 SAS 卡。Windows XP Professional 操作系统默认是 BusLogic 的 SCSI 控制器、IDE 接口的硬盘，如果要为其选择 LSI 20320-R SCSI 控制器，并为其选择 SCSI 硬盘，或者选择 LSI SAS 1068 SCSI 控制器，选择 SATA，则会有较好的性能。

本章将介绍在 VMware 虚拟机中，创建虚拟机的时候，选择默认不受操作系统支持的 SCSI 卡或 SAS 卡，并通过加载驱动程序的方式，安装操作系统的方法。

3.5.1　准备 SCSI 卡驱动程序

在 VMware Workstation 或 VMware ESXi 的虚拟机中，提供了三种 SCSI 控制器，分别是 BusLogic、LSI Logic 及 LSI Logic SAS 三种型号的 SCSI 卡，其中 LSI Logic 模拟的是 LSI 20320-R SCSI 卡，LSI Logic SAS 模拟的是 LSI SAS 1068 SCSI 卡。你可以登录 LSI 官方网站，下载这两种型号 SCSI 卡的驱动程序，也可以从作者的百度网站（http://pan.baidu.com/s/1ntqUqUH）下载这两款 SCSI 卡的驱动程序，如图 3-5-3 所示。

另外，作者最近又下载了 LSI SAS 1068 SCSI 卡驱动程序，看驱动程序的版本日期是 2011 年。如果你只需要 LSI SAS 1068 SCSI 卡驱动程序，可以从 http://pan.baidu.com/s/1gdpNcAZ 下载，如图 3-5-4 所示。

图 3-5-3　LSI 20320 及 LSI 1068 SCSI 卡驱动程序

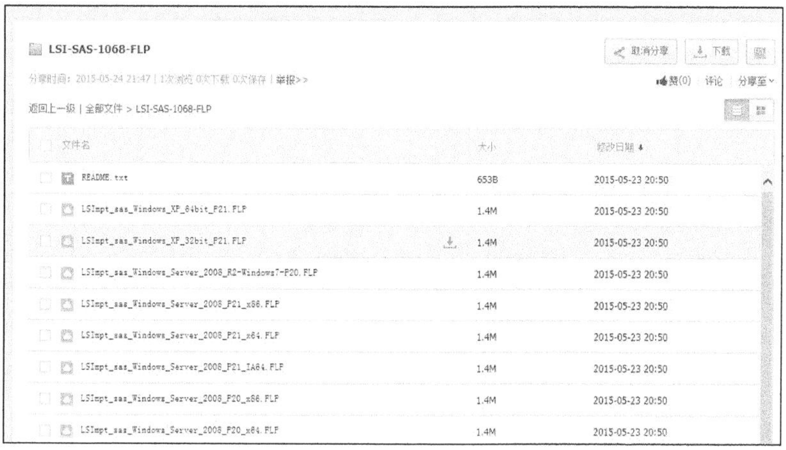

图 3-5-4　LSI 1068 SCSI 卡驱动程序

因为这两款 SCSI 是用于虚拟机的，所以我做成了 FLP 的格式，这是不压缩的软盘镜像文件。如果你实际的环境中有 LSI 20320 及 LSI 1068 的 SCSI 卡，也可以直接用这些下载的镜像。

下面通过两个具体的案例介绍本章内容。

3.5.2　在 Windows Server 2003 虚拟机中使用 LSI Logic SAS

因为在前面已经介绍了创建虚拟机，并且在虚拟机中安装操作系统的方法，所以下面介绍主要的步骤。

（1）使用 vSphere Client 登录 ESXi，创建 Windows Server 2003 的虚拟机，如图 3-5-5 所示。

（2）在“SCSI 控制器”对话框选择“LSI Logic SAS”，如图 3-5-6 所示。

（3）在其他步骤中，为虚拟机选择 8GB 的硬盘、1 个 CPU、1GB 内存，这些可在“即将完成”中看到，如图 3-5-7 所示。

（4）之后将下载好的、用于 Windows Server 2003 的 LSI SAS 1068 SCSI 卡驱动镜像上传到 ESXi 数据存储，并添加一个软盘，使用这个镜像，如图 3-5-8 所示。然后加载 Windows Server 2003 光盘镜像。

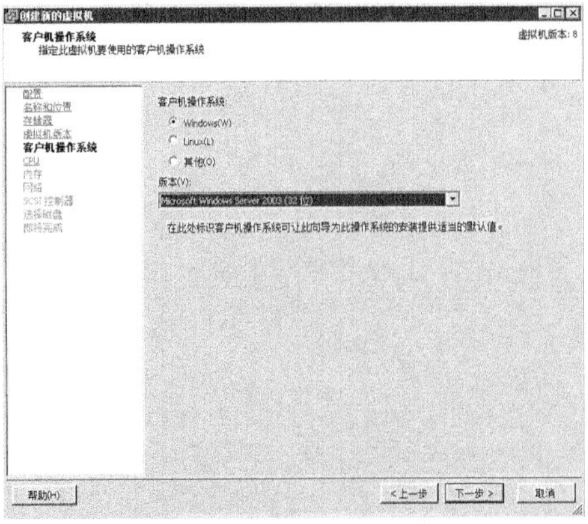

图 3-5-5 创建虚拟机

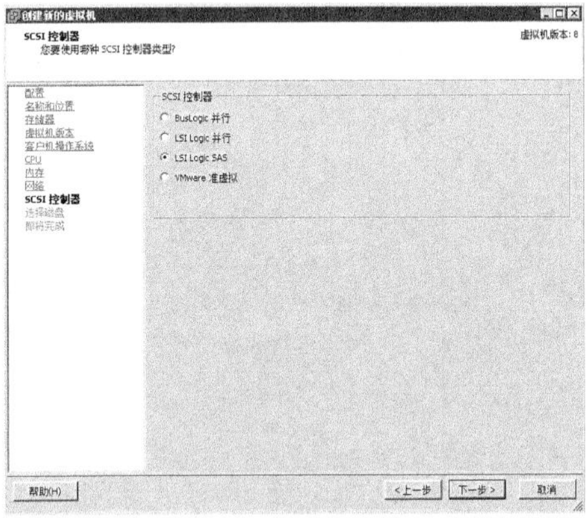

图 3-5-6 选择 SCSI 控制器

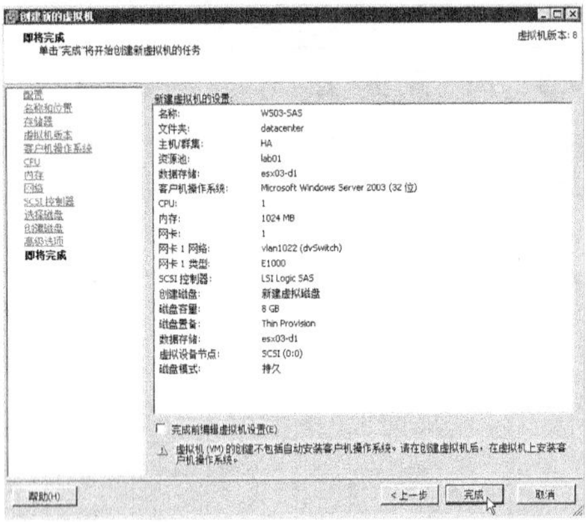

图 3-5-7 创建虚拟机完成

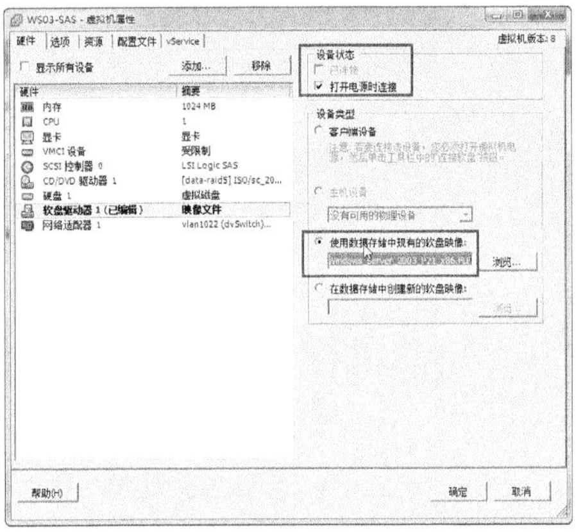

图 3-5-8 加载 SCSI 镜像

（5）在“选项”选项卡“高级→引导选项”中，在右侧选中“虚拟机下次引导时，强制进入 BIOS 屏幕”，如图 3-5-9 所示。

（6）启动虚拟机之后，会进入 CMOS 设置，在“Boot”菜单修改引导顺序依次为光盘、硬盘、软盘，如图 3-5-10 所示。

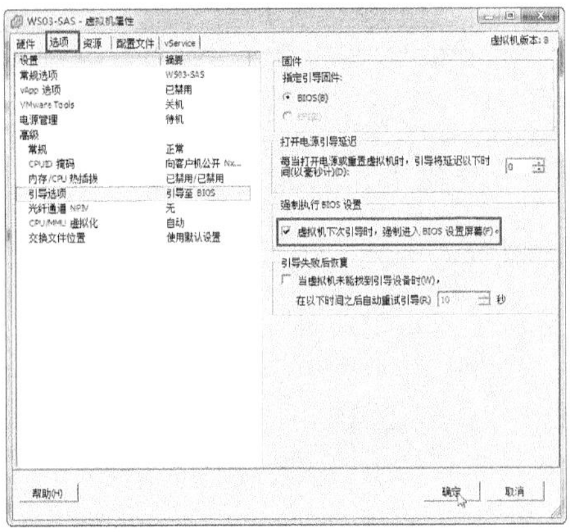

图 3-5-9 引导选项

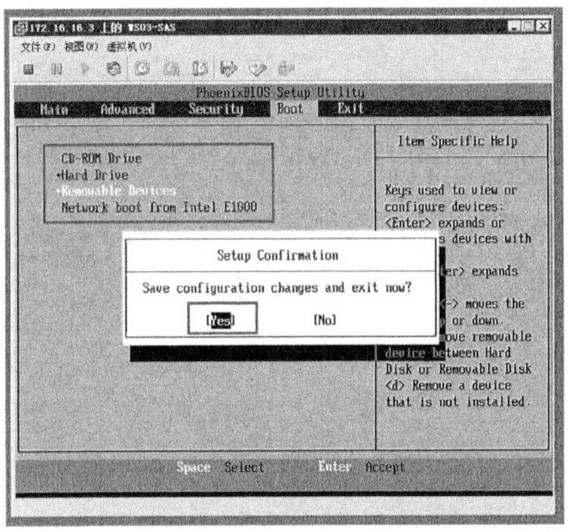

图 3-5-10 修改启动顺序

（7）之后开始 Windows Server 2003 的安装，当屏幕左下角出现“按“F6”键安装第三方 SCSI 或 RAID 卡驱动程序”的提示时，按“F6”键，如图 3-5-11 所示。

（8）之后插入 SCSI 卡的镜像（在软盘中），按“S”键搜索，如图 3-5-12 所示。

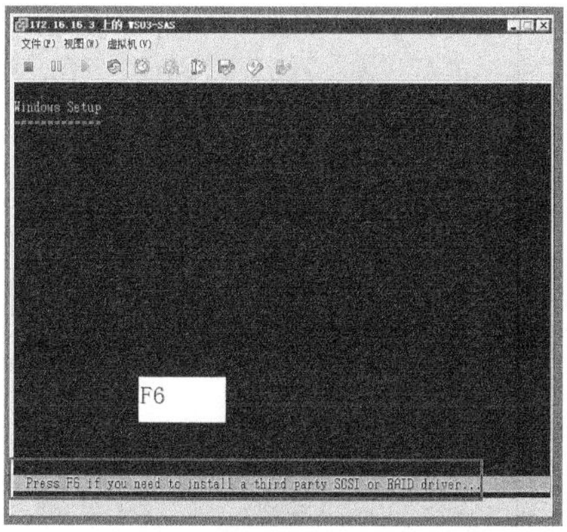

图 3-5-11　按“F6”键

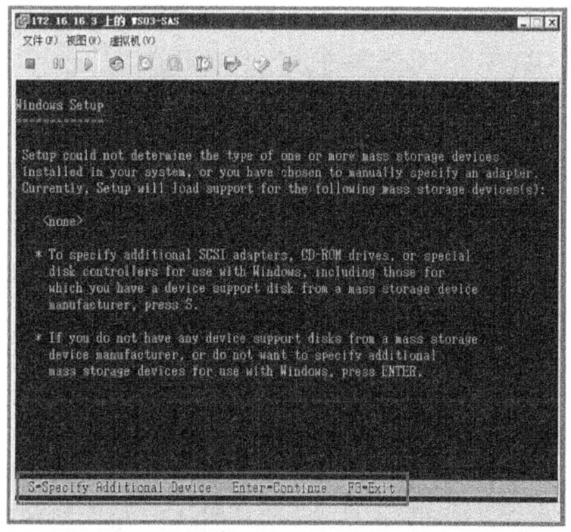

图 3-5-12　按“S”键搜索

（9）之后会搜索到驱动程序，按回车键，如图 3-5-13 所示。之后会加载这个驱动程序，按回车键继续，如图 3-5-14 所示。

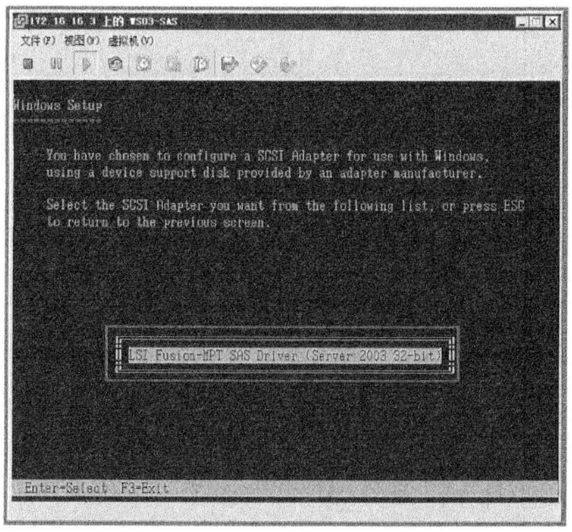

图 3-5-13　找到驱动列表

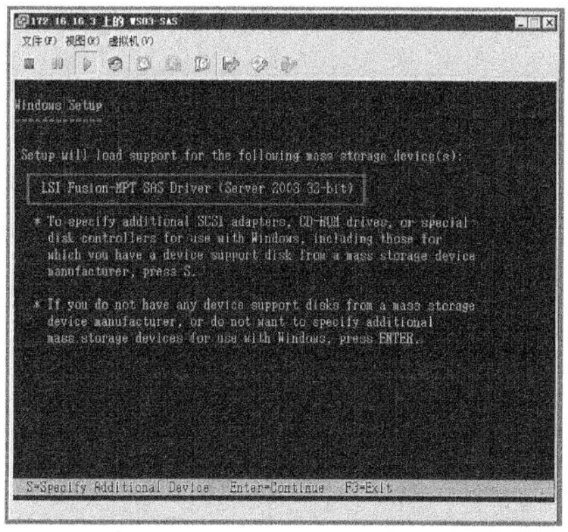

图 3-5-14　加载驱动程序

（10）这样就可以找到硬盘，如图 3-5-15 所示，按回车键选择硬盘安装操作系统。

（11）之后根据屏幕提示完成 Windows Server 2003 的安装，如图 3-5-16 所示。

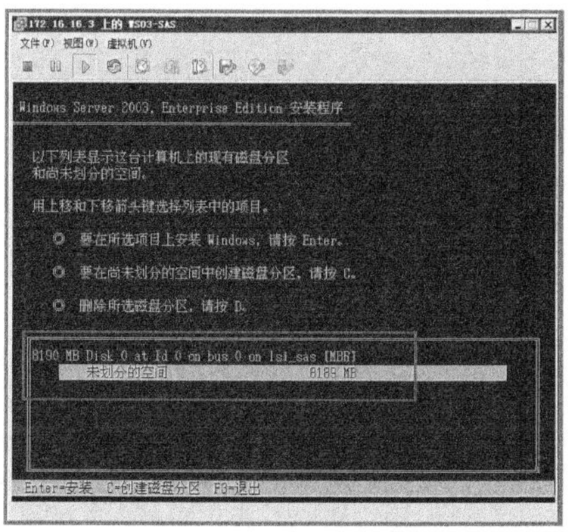

图 3-5-15　选择硬盘

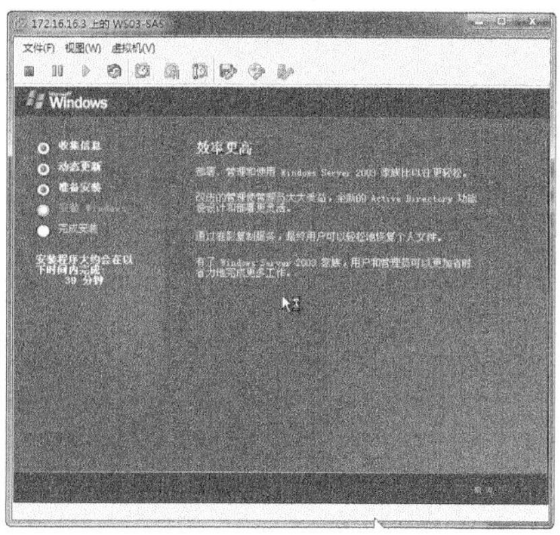

图 3-5-16　安装 Windows

（12）在安装的过程中会有“软件安装”的警告，提示当前程序没有经过 Windows 认证，单击“是”按钮，如图 3-5-17 所示。

（13）在“硬件安装”的警告对话框中，单击“是”，确认安装 LSI 适配器，如图 3-5-18 所示。

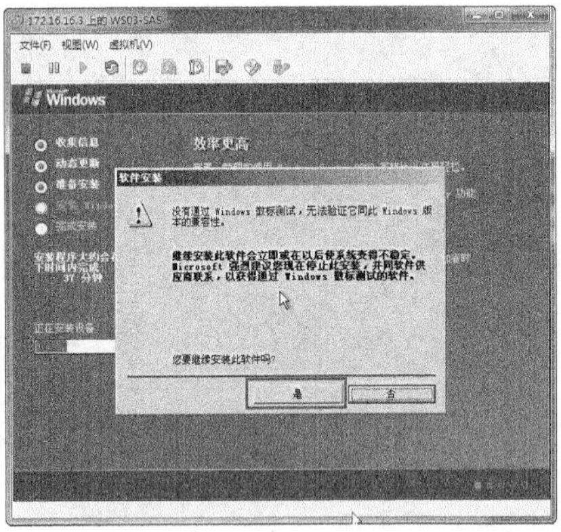

图 3-5-17　软件安装

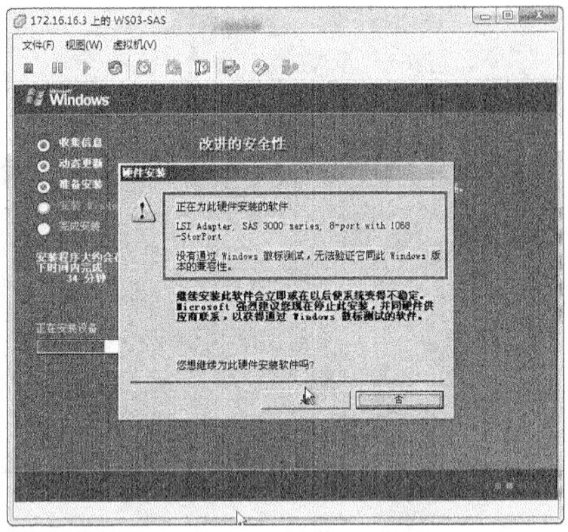

图 3-5-18　硬件安装

（14）之后完成 Windows 的安装，如图 3-5-19、图 3-5-20 所示。

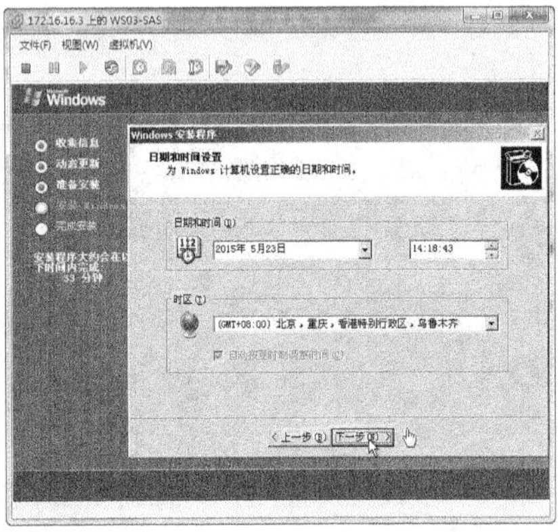

图 3-5-19　时区选择

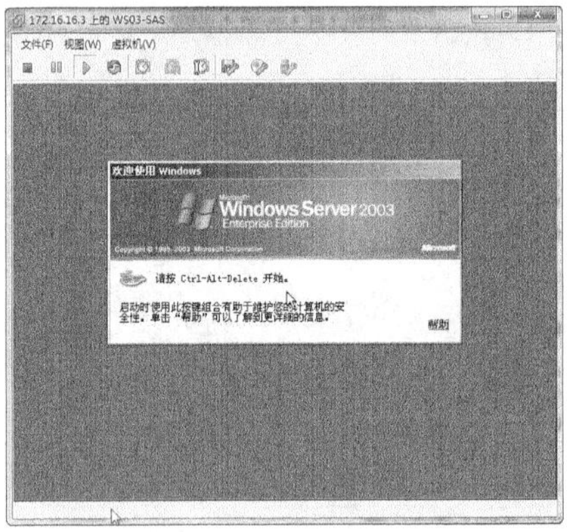

图 3-5-20　安装完成

（15）进入系统之后，打开“计算机管理→设备管理器”，可以看到当前计算机的 SCSI 卡型号 LSI 1068，如图 3-5-21 所示。

（16）即使安装 VMware Tools 之后，SCSI 型号也不会变，如图 3-5-22 所示。

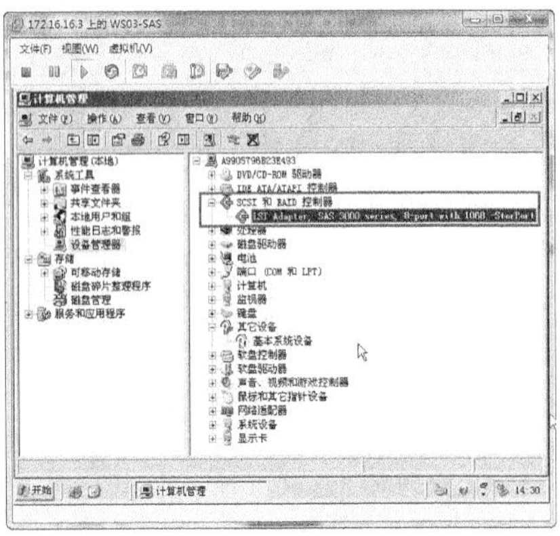

图 3-5-21　SCSI 卡型号

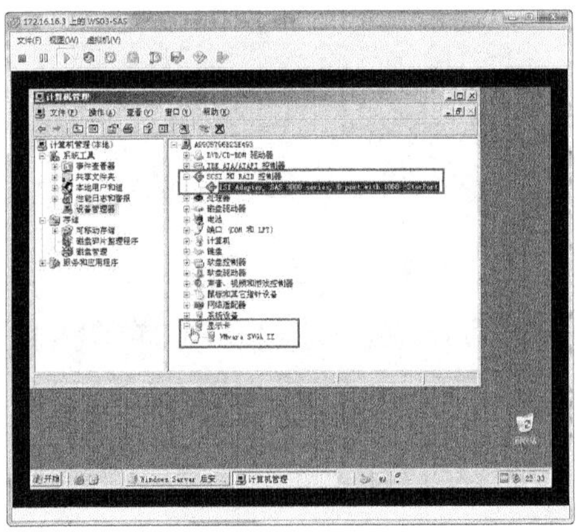

图 3-5-22　安装 VMware Tools 之后

3.5.3 在 Windows Server 2008 中使用 LSI SAS 卡

除了在 Windows XP、Windows Server 2003 中使用 LSI SAS 卡，也可以在 Windows Server 2008 中安装使用，主要步骤如下。

（1）新建虚拟机，如图 3-5-23 所示。

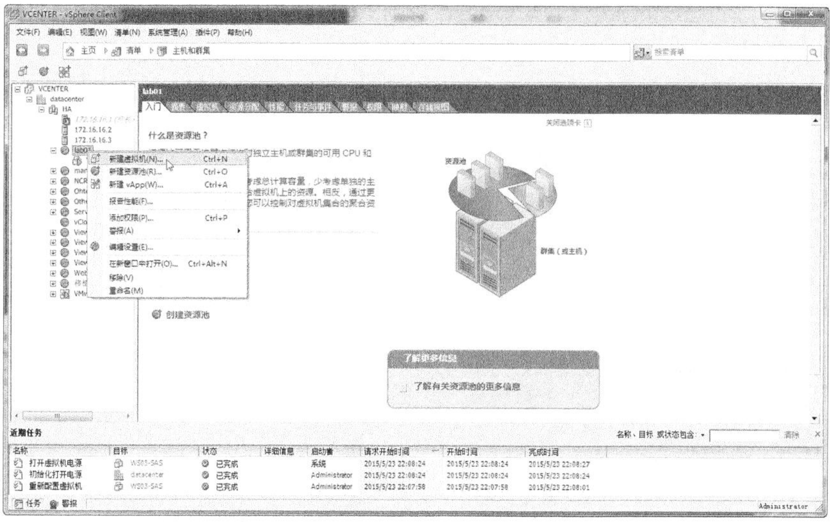

图 3-5-23 新建虚拟机

（2）选择客户机操作系统为“Windows Server 2008 （64 位）”，如图 3-5-24 所示。

（3）选择“SCSI 控制器”为“LSI Logic SAS”，如图 3-5-25 所示。

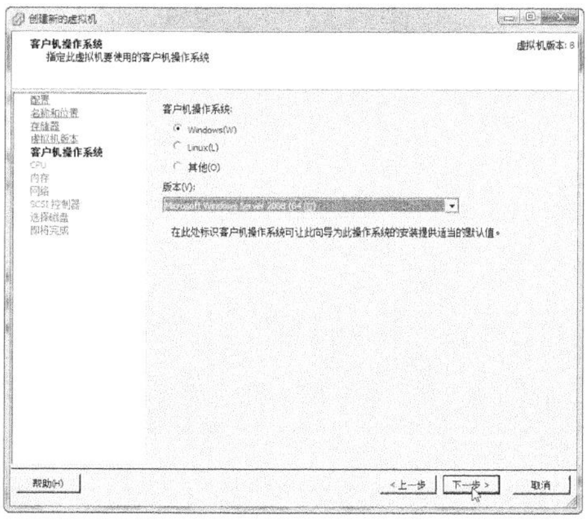

图 3-5-24 选择操作系统

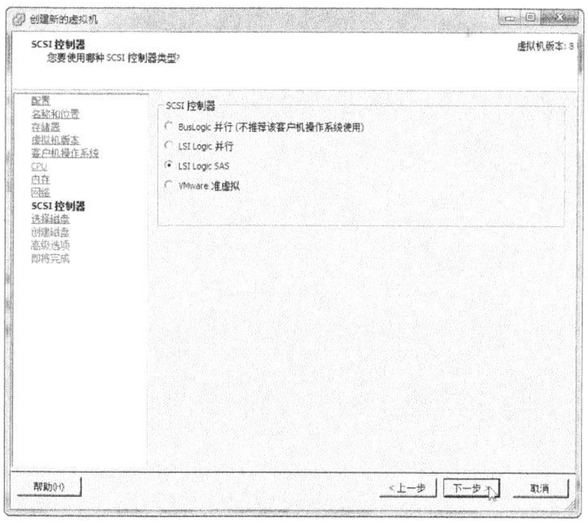

图 3-5-25 选择 SCSI 卡

（4）创建完虚拟机之后，为虚拟机添加软驱，加载用于 64 位 Windows Server 2008 R2 的 SCSI 驱动程序，如图 3-5-26 所示。

（5）在“选项→高级 →引导选项”中选择“虚拟机下次引导时，强制进入 BIOS 设置屏幕”，如图 3-5-27 所示。

（6）修改引导顺序为光盘、硬盘、软盘，如图 3-5-28 所示。

（7）在“安装 Windows”对话框单击“加载驱动程序”，如图 3-5-29 所示。

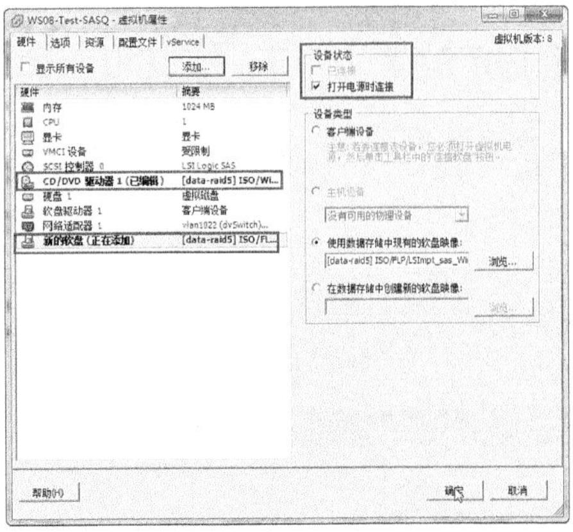

图 3-5-26　加载 SCSI 卡驱动

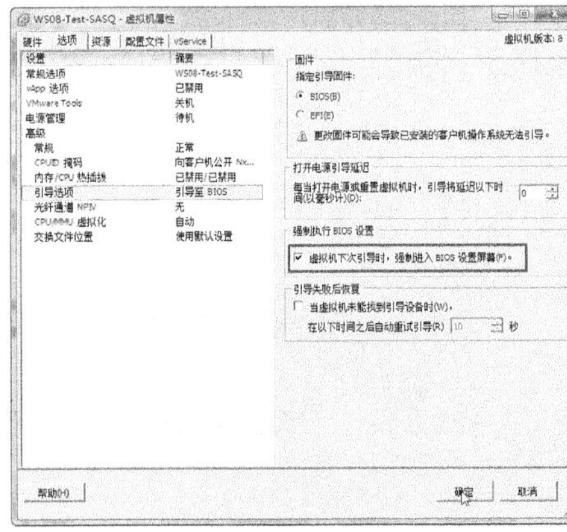

图 3-5-27　引导选项

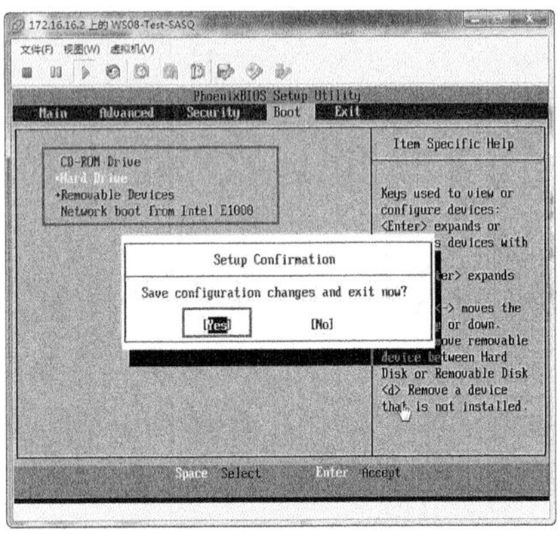

图 3-5-28　修改引导顺序

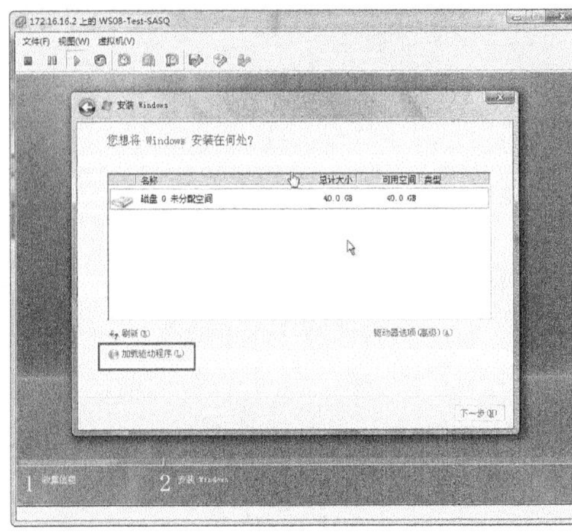

图 3-5-29　加载驱动程序

（8）在“选择要安装的驱动程序”对话框单击“浏览”按钮，在弹出的“浏览文件夹”对话框选择“软盘驱动器”，如图 3-5-30 所示。

（9）之后会从软盘加载驱动程序，并会出现在“选择要安装的驱动程序”列表中，选择要加载的驱动程序，单击“下一步”按钮，如图 3-5-31 所示。

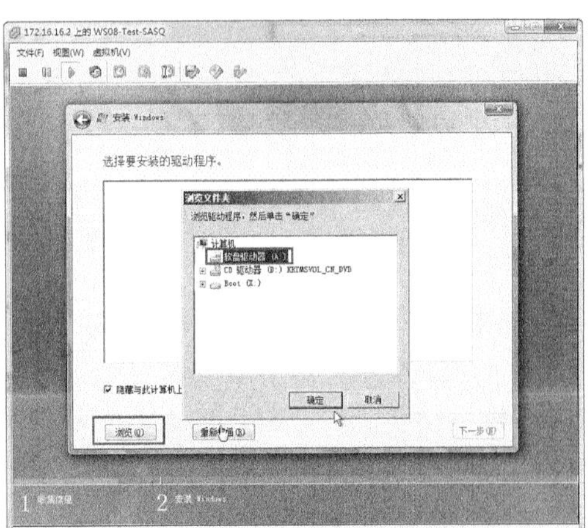

图 3-5-30　浏览文件夹

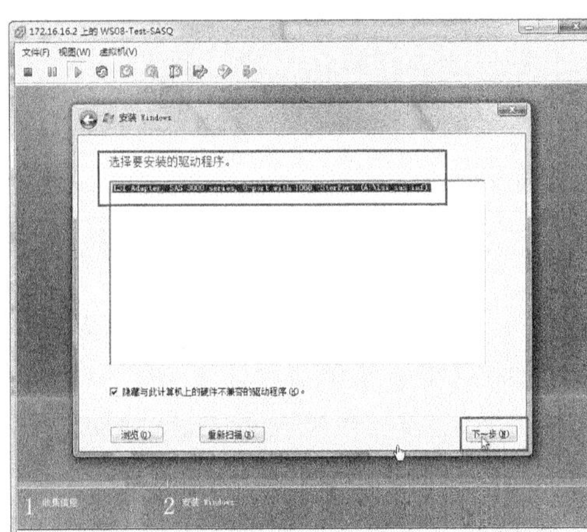

图 3-5-31　选择要安装的驱动程序

（10）加载驱动程序之后，选择驱动开始安装，如图 3-5-32 所示。

（11）之后开始安装 Windows，如图 3-5-33 所示。

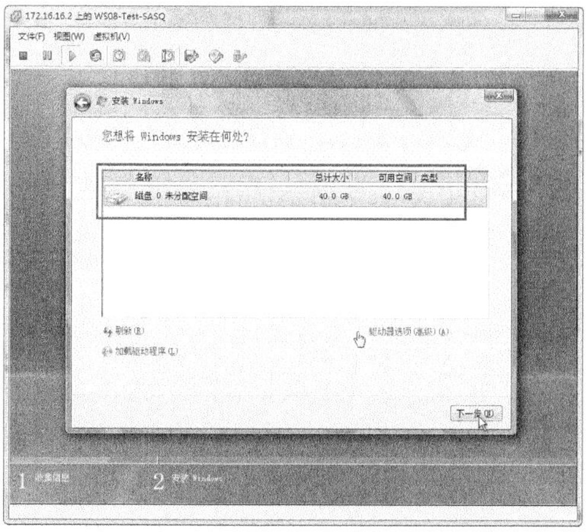

图 3-5-32　选择硬盘

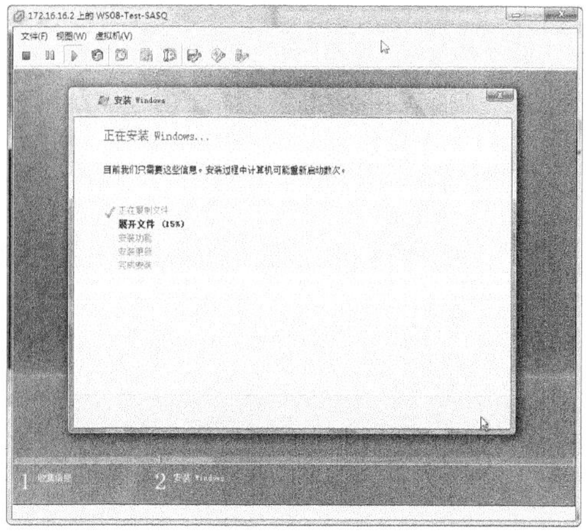

图 3-5-33　开始安装

（12）安装完成之后，进入系统，在“设备管理器”中可以看到，当前“存储控制器”开始是 LSI 适配器，SAS 3000，1068 等字样，如图 3-5-34 所示。

（13）安装 VMware Tools 之后，LSI 型号不变，如图 3-5-35 所示。

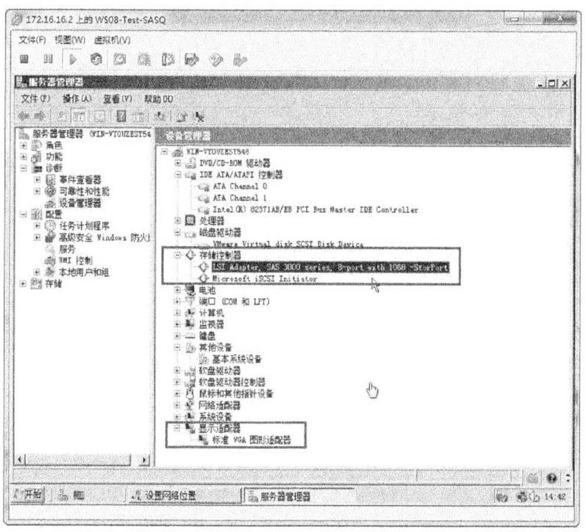

图 3-5-34　安装 VMware Tools 前

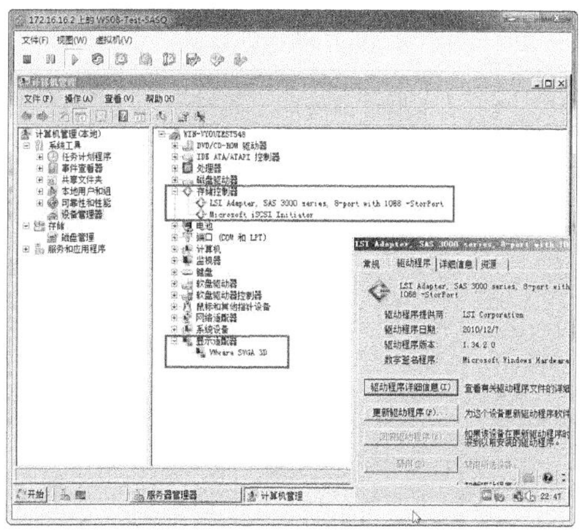

图 3-5-35　LSI SCSI 卡型号

3.6　管理 VMware ESXi

接下来介绍使用 vSphere Client 管理 VMware ESXi 的内容，包括管理 VMware ESXi 存储器、网络，以及控制虚拟机的自启动与关机等。

3.6.1　查看虚拟机的状态

用 vSphere Client 连接到 VMware ESXi，用鼠标单击 VMware ESXi 的计算机名称或 IP

地址，对 VMware ESXi 进行控制，如图 3-6-1 所示。

在“摘要”对话框中显示了当前 VMware ESXi 主机的情况，包括 CPU、内存、网卡等情况，以及许可证的情况。

在“性能”选项卡中可以查看当前主机的性能，可以查看 CPU、磁盘、内存、网络、系统等的性能，如图 3-6-2 所示。

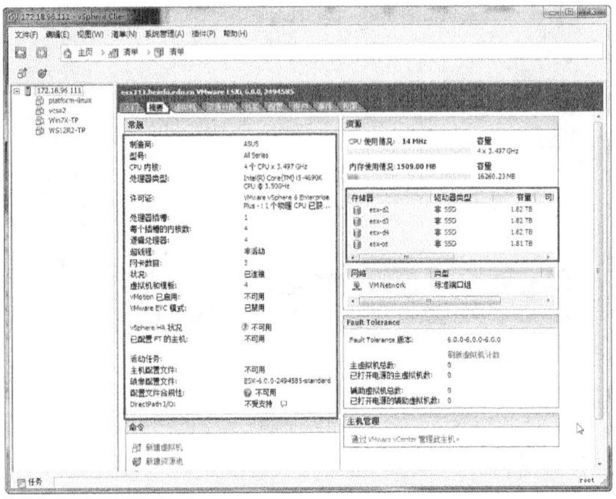

图 3-6-1　控制 ESXi

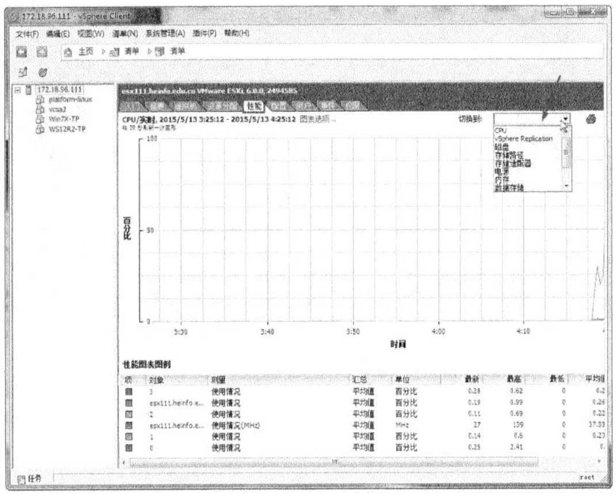

图 3-6-2　性能

另外，在“配置”选项卡“健康状况”、“处理器”、“内存”中，可以查看当前主机的健康状况、当前主机 CPU 的情况、内存的情况，如图 3-6-3 所示。

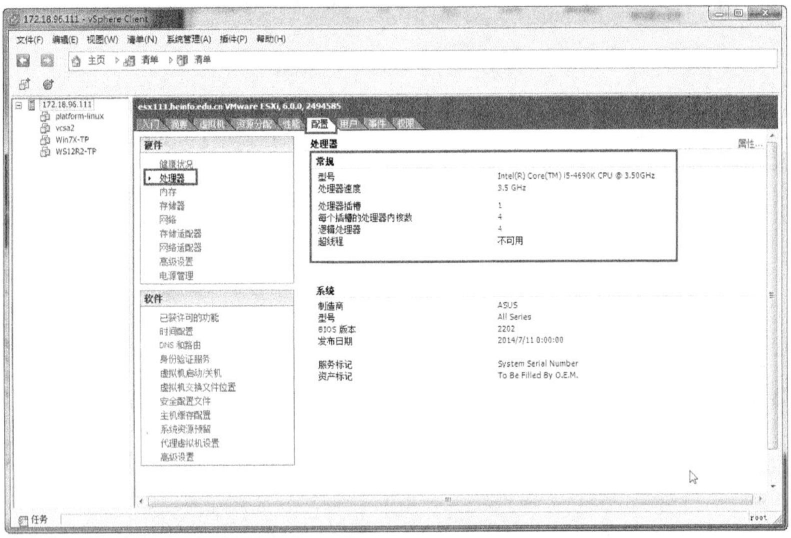

图 3-6-3　处理器状态

3.6.2　管理 VMware ESXi 本地存储器

在“存储器”选项中可以添加、删除存储器，也可以重命名存储器，或者浏览数据存储，查看存储器中保存的数据，并对数据进行操作（上传、下载、删除、打开其中的虚拟机），如图 3-6-4 所示。

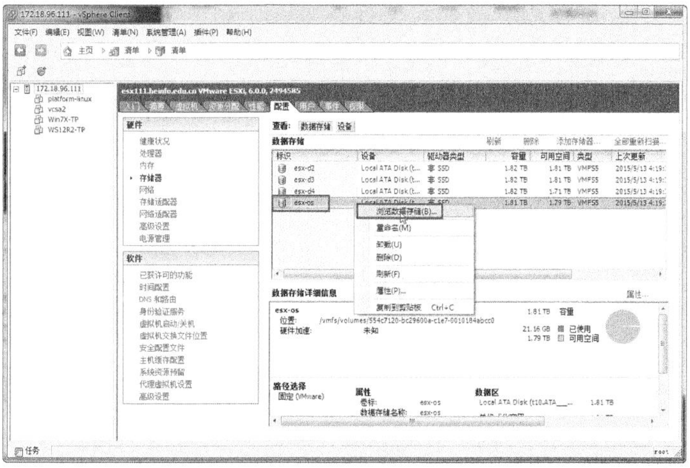

图 3-6-4　存储器

在图 3-6-4 所示界面中，用鼠标右击数据存储，在弹出的快捷菜单中选择“浏览数据存储”命令，将会打开“数据存储浏览器”。

（1）首先会看到在数据存储中有一个 WS12R2-TP 的文件夹，这是创建的 Windows 2012 虚拟机的名称及保存位置，如图 3-6-5 所示。

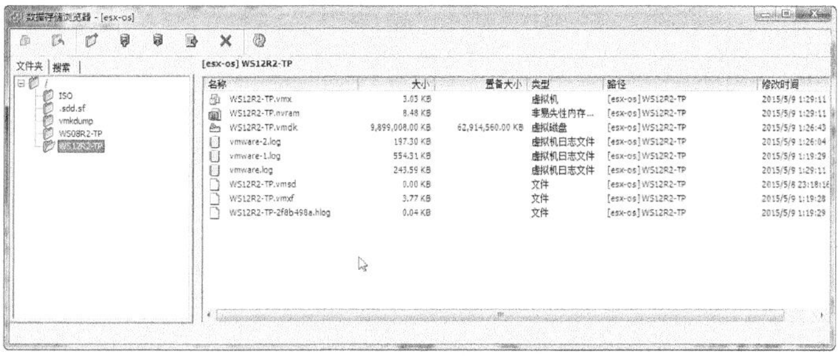

图 3-6-5　浏览数据存储

（2）在弹出的“数据存储浏览器”中选中“/”根目录，单击“”，可以创建一个文件夹，例如，文件夹名为 ISO。创建后，进入该文件夹，单击“”，在弹出的菜单中单击“上传文件”，如图 3-6-6 所示。

在随后打开的“上传项目”对话框中可以将选中的文件上传到数据存储中，可以将常用的操作系统的安装光盘镜像（如 Windows Server 2003、Windows Server 2008、Windows 7、Windows 8 等）上传到这个目录中，以后在安装操作系统的时候，可以直接使用保存在数据存储中的光盘镜像作为虚拟机的光驱。

图 3-6-6　上传图标

（3）你还可以选择“上传文件夹”功能，选择本地中已经安装好的虚拟机并将整个虚拟机所在的文件夹上传到 VMware ESXi 的数据存储中，上传完成后，定位到文件夹中的 vmx 文件，用鼠标右键单击，在弹出的快捷菜单中选择“添加到清单”选项，即可以将上传的虚拟机添加到 VMware ESXi 中，如图 3-6-7 所示。

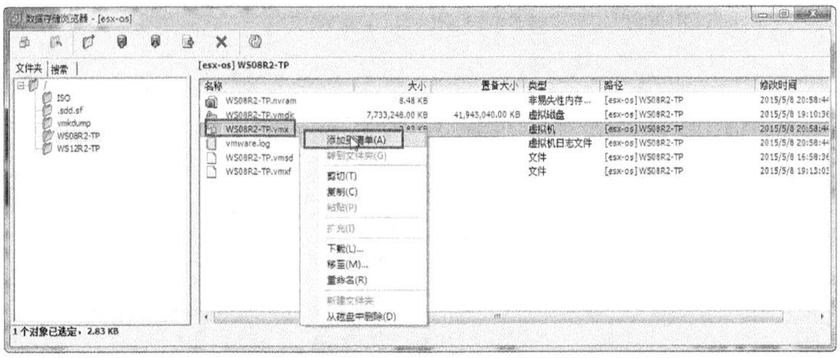

图 3-6-7　上传虚拟机并且添加到清单

（4）在数据存储中，还可以选中一个文件、文件夹，并进行删除、下载到 vSphere Client、重命令、剪切、复制等操作，如图 3-6-8 所示。这些比较简单，不一一介绍。

图 3-6-8　文件夹操作

（5）在“配置→存储器”右侧单击“设备”，可以查看设备的状态，如图 3-6-9 所示。

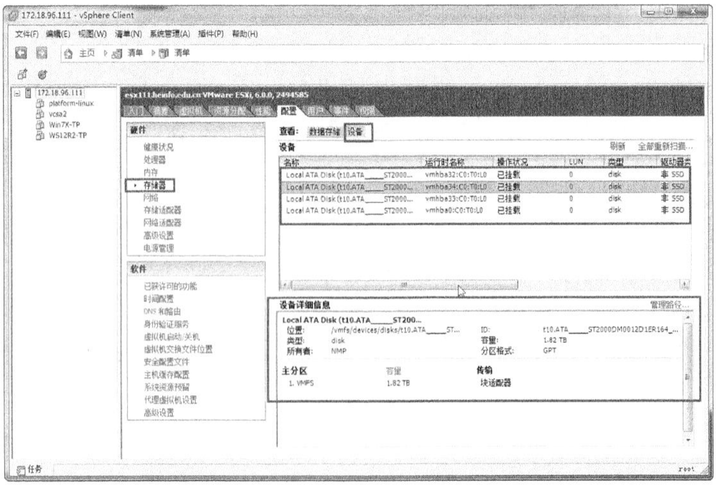

图 3-6-9　查看设备

3.6.3 设置虚拟机跟随主机一同启动

即使在生产环境中，所有的服务器也并不是时时开机的（一年 356 天，一天 24 小时），在有的时候，服务器会关机。如果是以前物理机、独立服务器的情况下，这个没有问题。而现在在虚拟化环境中，大多数的服务器都已经虚拟化了。如果直接关闭 ESXi 主机的电源，默认情况下，ESXi 中正在运行的虚拟机会被关机，并且相当于物理机的“强制关机”——拔掉电源线，这样对虚拟机操作系统会有一定的伤害。另外，当 ESXi 主机开机时，默认情况下，在关机前使用的系统并不会“自动”开机，还需要由管理员登录 ESXi，手动“打开”虚拟机的电源，才能让虚拟机工作。实际上，我们的目的是让 ESXi 主机关机时，让 ESXi 中正在运行的虚拟机启动一个“正常关机”的命令，而在 ESXi 主机重新开机之后，这些虚拟机能“正常启动”，并且是自动启动，这就需要在 ESXi 的“虚拟机启动/关机”中进行配置。

如果想让 VMware ESXi 的虚拟机跟随主机一同启动、关闭，可以按照如下的操作设置。

（1）在“配置→虚拟机启动和关机”选项中单击右侧的“属性”按钮，如图 3-6-10 所示。

（2）在“虚拟机启动和关机”对话框 “手动启动”中选择要跟随主机启动的虚拟机，单击右侧的“上移”按钮，将其移动到“自动启动”中，并且选中“允许虚拟机与系统一起自动启动和停止”，在“关机操作”列表中选择“客户机关机”、“关闭”或“挂起”，然后单击“确定”按钮完成设置，如图 3-6-11 所示。

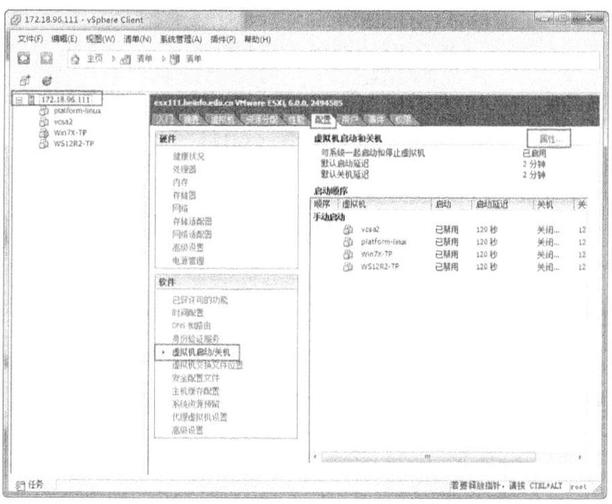

图 3-6-10 “属性”按钮

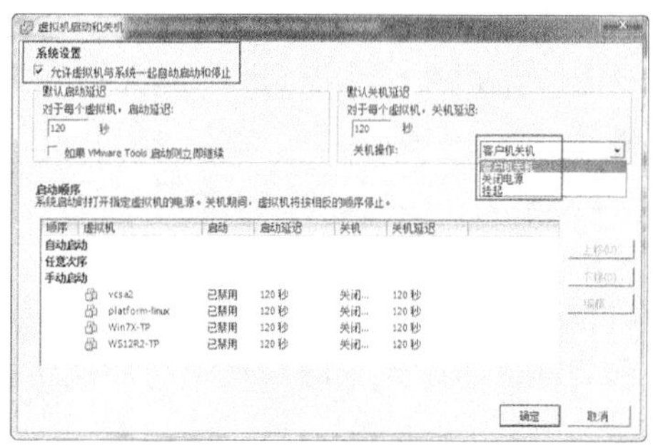

图 3-6-11 虚拟机启动设置

【说明】 在“关机选项”中有一个“挂起”选项，当 ESXi 主机关机时，正在运行的虚拟机将会“挂起”，这相当于物理主机“休眠”。等下次启动时，其会从休眠状态恢复。如果虚拟机中的应用支持休眠，选择这项将会加快虚拟机的启动。但休眠时会将虚拟机当前内存状态保存成一个文件（在虚拟机目录中），这会占用 ESXi 主机的空间。另外，有一些应用，例如需要身份验证的应用，在从休眠之后恢复时，会需要重新验证，对于这样的虚拟机，则不能使用“挂起”选项。

（3）当有多个虚拟机需要自动启动时，可以在“自动启动”列表中，选中虚拟机并单击右侧的“上移”或“下移”按钮，调整虚拟机的启动顺序。在默认情况下，当有多个虚拟机需要自动启动时，虚拟机之间会延迟 120 秒（该时间可以调整）。同样，当主机关闭时，也可以设置让正在运行的虚拟机是“正常关机”——客户机关机，还是“直接关电源”——关闭，或者是让虚拟机休眠——挂起。在设置之后，返回到 vSphere Client 控制台，在“虚拟机启动和关机”中可以看到设置后的状态，如图 3-6-12 所示。

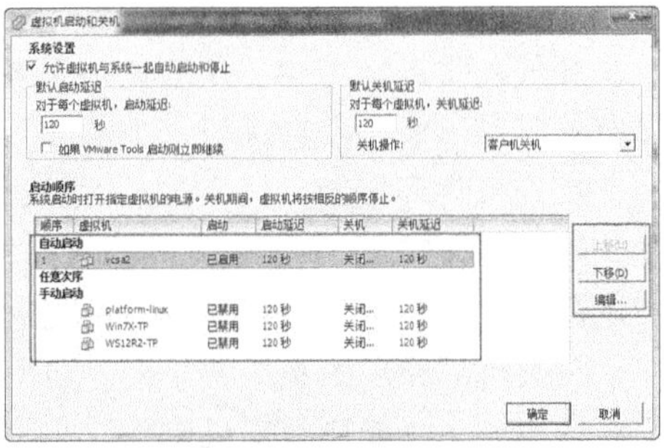

图 3-6-12 设置之后列表

【说明】 这一章介绍的是使用 vSphere Client 管理单台 ESXi 主机的内容，所以虚拟机的启动也是在 ESXi 主机这一级设置的。如果 ESXi 主机是由 vCenter Server 集中管理的，并且在启用“群集”的情况下，不需要设置虚拟机的启动选项，vCenter Server 会自动管理这些：群集中某个 ESXi 主机关机或重启，那么关机前正在运行的虚拟机会自动在其他的 ESXi 主机重新注册并自动重启。

3.7 为 VMware ESXi 服务器配置时间

在实际使用中，计算机的时间比较重要，许多文档的生成都依据计算机以及服务器的时间。现在越来越多的服务器已经迁移到虚拟机中运行，而虚拟机中的时间依据于 VMware ESXi 主机的时间，如果 ESXi 主机的时间不正确，则虚拟机的时间也不正确，在许多时候会造成问题。在安装 VMware ESXi 之后，要调整或修改 VMware ESXi 的时间配置，以让 VMware ESXi 的时间与你所在的时区时间同步。通常来说，如果网络中有“NTP 服务器”，如 Microsoft 的 Active Directory 服务器，则可以配置为 VMware ESXi 使用局域网中的“NTP 服务器”进行时间的同步。如果当前网络中没有 NTP 服务器，但 VMware ESXi 的配置可以连接到 Internet，则可以采用 Internet 上提供的 NTP 服务器，如 time.windows.com。如果既没有 NTP 服务器，也不能访问 Internet，则可以手动调整时间。

【说明】NTP 是 Network Time Protocol 的简称，是用来使计算机时间同步化的一种协议，它可以使计算机对其服务器或时钟源（如石英钟、GPS 等）做同步化，它可以提供高精准度的时间校正（LAN 上与标准时间差小于 1 毫秒，WAN 上与标准时间差为几十毫秒），且可介由加密确认的方式来防止恶毒的协议攻击。

3.7.1 NTP 服务器的两种模型

本节将通过图 3-7-1 所示的拓扑，介绍 ESXi 中 NTP 时间服务器的配置。

在图 3-6-10 中，作为 NTP 时间服务器的是网络中一台独立的物理机，这台物理机与 ESXi 主机属于同一个网络。NTP 是用的 Windows Server 2012 R2 的 Active Directory 服务器（在将 Windows 升级到 Active Directory 服务器后，自动会启用 NTP 服务）。在配置之后，ESXi 主机会通过 172.18.96.1 的 NTP 进行同步，而 ESXi 中的虚拟机，如“虚拟机 1”、“虚拟机 2”、“虚拟机 3”这些运行在 ESXi 主机中的虚拟机，则会从 ESXi 主机进行同步。

但是，现在的许多机器都已经虚拟化了，如果作为 NTP 服务器的 Active Directory，同时也是 ESXi 中的一台虚拟机，那么，就存在一个“循环”的问题。虚拟机会从 ESXi 主机同步，而 ESXi 会从 NTP 同步，但作为 NTP 服务器的计算机又是 ESXi 中的一个虚拟机。因为同步是有周期的，如果在 ESXi 主机时间不对的情况下，作为 NTP 服务器的虚拟机从 ESXi 获得了不正确的时间，稍后 ESXi 从 NTP 同步，又会获得错误的时间，如图 3-7-2 所示。

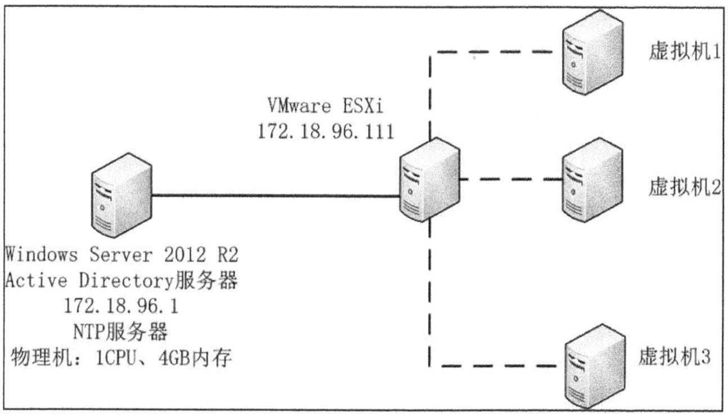

图 3-7-1　NTP 服务器是网络中的一台物理服务器

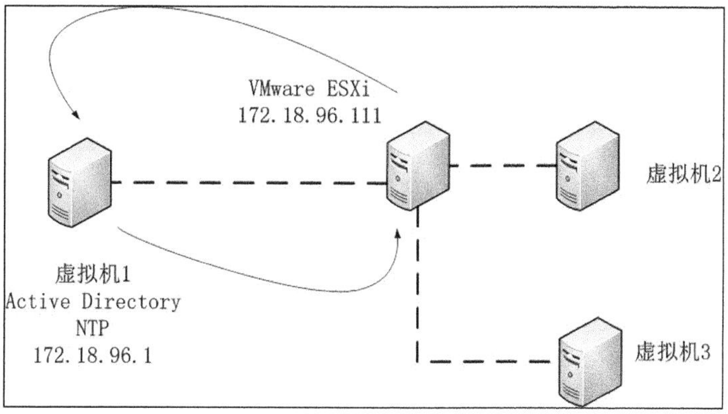

图 3-7-2 NTP 服务器是 ESXi 中的一台虚拟机

对于这种情况，就需要修改作为 NTP 服务器的虚拟机，不让虚拟机与 ESXi 主机同步时间。

3.7.2　在虚拟机与主机之间完全禁用时间同步

在默认情况下，即使未打开周期性时间同步，虚拟机有时也会与主机同步时间。若要完全禁用时间同步，则必须对虚拟机配置文件中的某些属性进行设置。你需要关闭虚拟机的电源，修改虚拟机的配置文件（.vmx），为时间同步属性添加配置行，并将属性设置为 FALSE。

```
tools.syncTime = "FALSE"
time.synchronize.continue = "FALSE"
time.synchronize.restore = "FALSE"
time.synchronize.resume.disk = "FALSE"
time.synchronize.shrink = "FALSE"
time.synchronize.tools.startup = "FALSE"
```

如果虚拟机是 VMware Workstation，则可以直接用“记事本”修改虚拟机配置文件，添加以上六行。如果虚拟机是 VMware ESXi，则需要按照如下步骤操作。

（1）使用 vSphere Client 连接到 ESXi，关闭想禁用时间同步的虚拟机，编辑虚拟机设置，如图 3-7-3 所示。

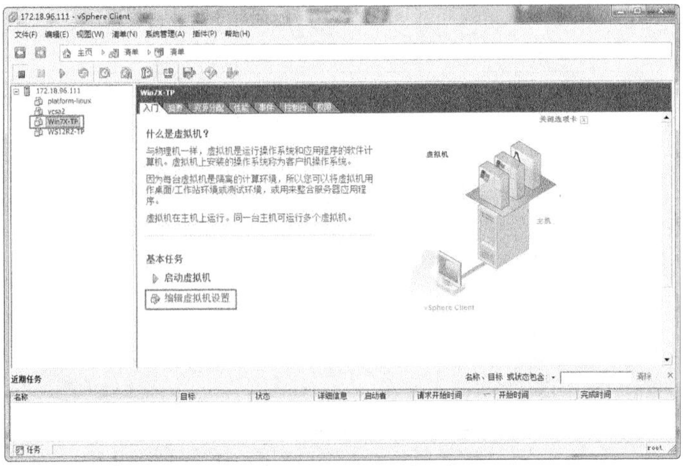

图 3-7-3　编辑虚拟机设置

（2）打开虚拟机属性后，在“选项→高级→常规”选项中单击“配置参数”，如图 3-7-4 所示。

（3）单击“添加行”，会添加一个空行，在“名称”及“值”处输入配置参数（一行一个，需要添加六行，这些内容可以看本节开始介绍的配置行）。添加之后如图 3-7-5 所示。

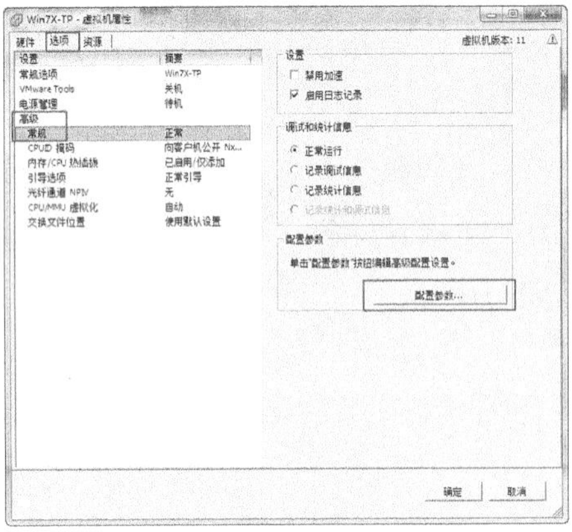

图 3-7-4　配置参数

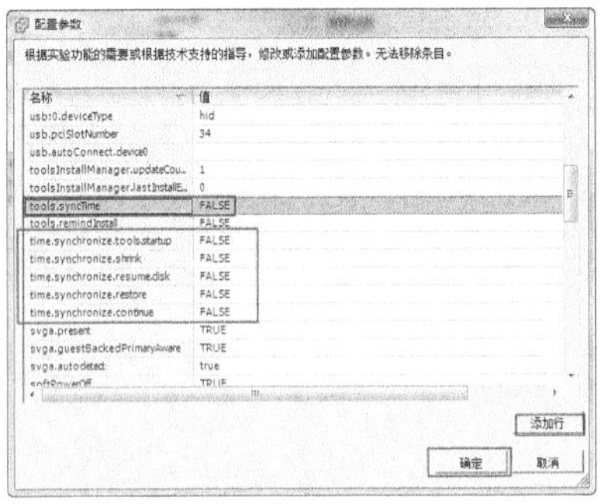

图 3-7-5　添加时间同步属性配置行

（4）添加之后单击“确定”按钮返回虚拟机配置，再次单击“确定”按钮之后完成设置，如图 3-7-6 所示。

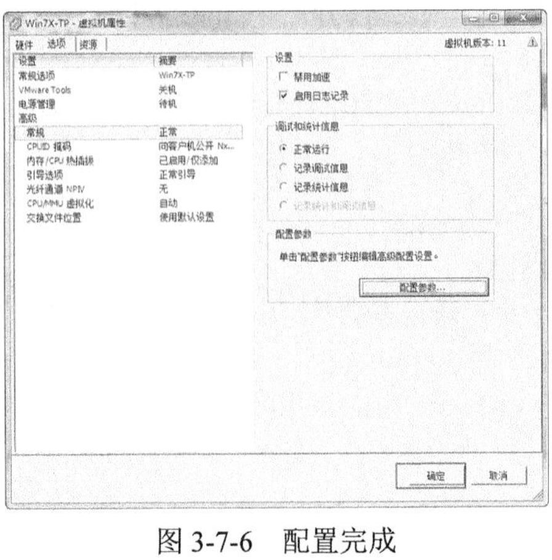

图 3-7-6　配置完成

（5）之后启动虚拟机，在虚拟机中调整时间，可以看到虚拟机的时间与 ESXi 主机时间已经不一致，如图 3-7-7 所示。即使虚拟机重新启动、关机、开机，虚拟机时间会以此时间为基准，不再与主机同步。

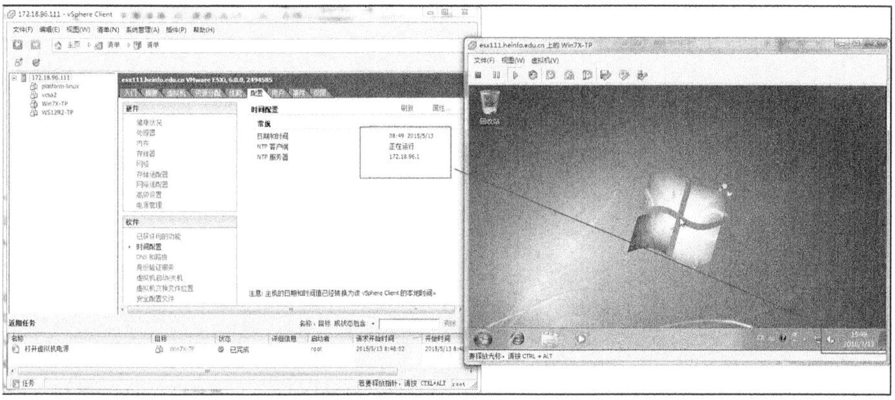

图 3-7-7　虚拟机时间与主机已经不再同步

作为 NTP 服务器的 Active Directory，则可以参照本节内容操作，NTP 服务器会与 Internet 时间同步，ESXi 主机与 NTP 同步，ESXi 中的其他虚拟机则与 ESXi 主机同步，这样就能保证时间的正确。

3.7.3　为 ESXi 主机指定 NTP 服务器

在 ESXi 中，管理员可以手动配置主机的时间设置，也可以使用 NTP 服务器同步主机的时间和日期。在大多数的情况下，在第一次配置的时候，先手动调整主机的时间，然后再使用 NTP 进行同步。

（1）在“配置→时间配置”选项中，单击右上角的“属性”按钮，在弹出的“时间配置”对话框中调整 VMware ESXi 主机的时间与你所在时区当前时间相同，然后单击“确定”按钮，如图 3-7-8 所示。

图 3-7-8　设置主机时间

（2）如果要设置 VMware ESXi 的 NTP“时间服务器”，可以在图 3-7-8 所示界面中单击

“选项”按钮，在弹出的“NTP 守护进程（ntpd）选项”对话框中选择“NTP 设置”，单击“添加”按钮，添加 NTP 服务器，NTP 服务器可以是局域网中自己设置的 NTP 服务器，也可以是 Internet 上提供的，如 Windows 的 NTP 服务器，其地址是“time.windows.com”，设置之后单击“确定”按钮，如图 3-7-9 所示。在本示例中，采用网络中的 Active Directory 服务器作为时间服务器，其地址为 172.18.96.1。在此可以添加多个 NTP 服务器。

（3）在添加 NTP 服务器之后，可以在“常规”选项中选择“与主机一起启动和停止”单选按钮，如图 3-7-10 所示。设置之后单击“确定”按钮。

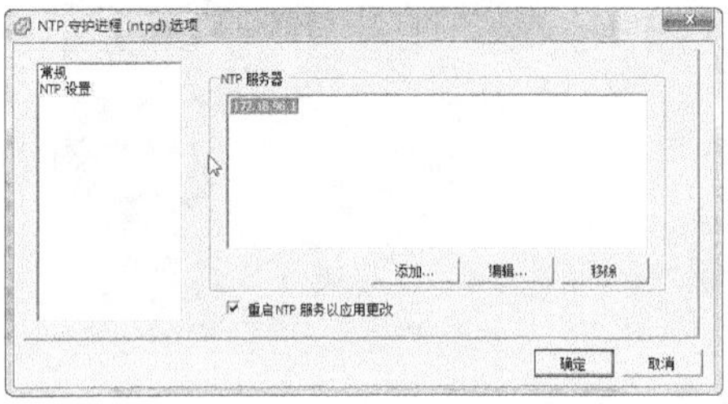

图 3-7-9　添加 NTP 服务器

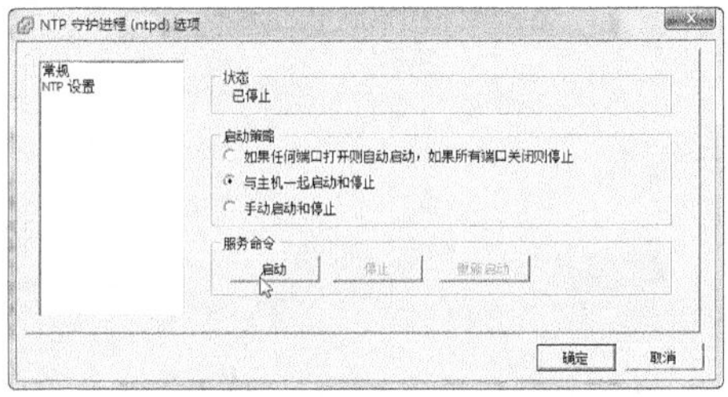

图 3-7-10　自动启动 NTP 守护进程

3.7.4　使用 vSphere Client 启用 SSH 服务

在大多数的情况下，即使为 VMware ESXi 指定了 NTP，但 VMware ESXi 的时间也是不准确的，这表明时间服务器配置有问题或者 VMware ESXi 没有从时间服务器进行同步。那么，怎么解决这个问题呢？我们需要为 ESXi 启用 ssh，登录到 ESXi 的控制台界面，通过修改配置文件的方式来解决。

为了修改 ESXi 配置文件，需要使用 ssh 客户端登录到 ESXi，所以要先启用 VMware ESXi 的 SSH 服务。你可以在 ESXi 控制台启用 SSH 服务，也可以使用 vSphere Client 启用 SSH 服务。

（1）使用 vSphere Client 登录到 vCenter Server 或 ESXi 主机，在“配置→安全配置文件”中单击“属性”，如图 3-7-11 所示。

图 3-7-11　安全配置文件属性

（2）打开“服务属性”对话框后，在列表中选中“SSH”，单击“选项”按钮，如图 3-7-12 所示。

（3）在“SSH（TSM-SSH）选项”对话框“服务命令”列表中，单击“启动”按钮，启动 SSH 服务，如图 3-7-13 所示。

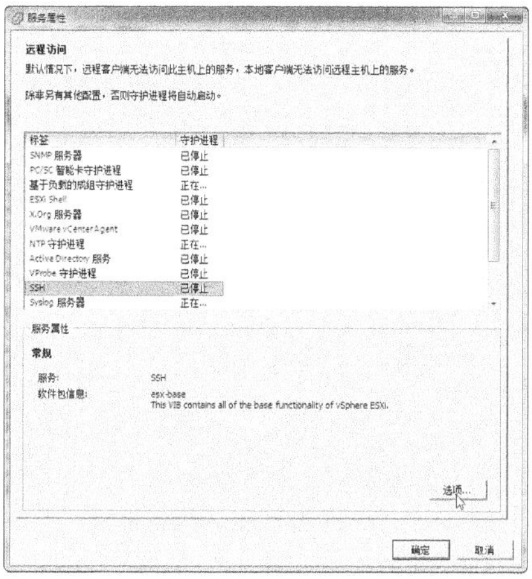

图 3-7-12　SSH 选项

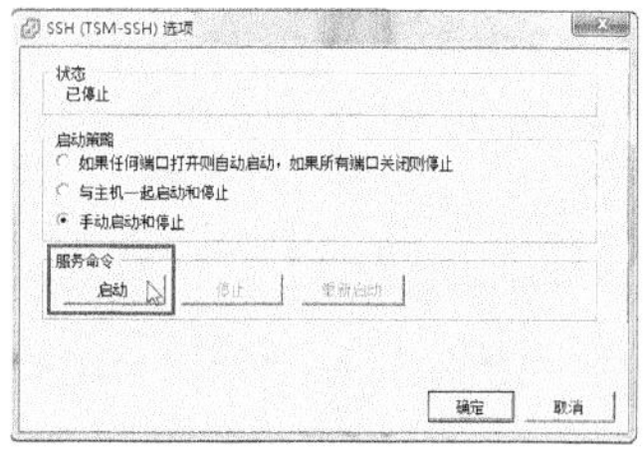

图 3-7-13　启动 SSH 服务

（4）返回到“服务属性”之后，可以看到 SSH 服务已经运行，如图 3-7-14 所示。

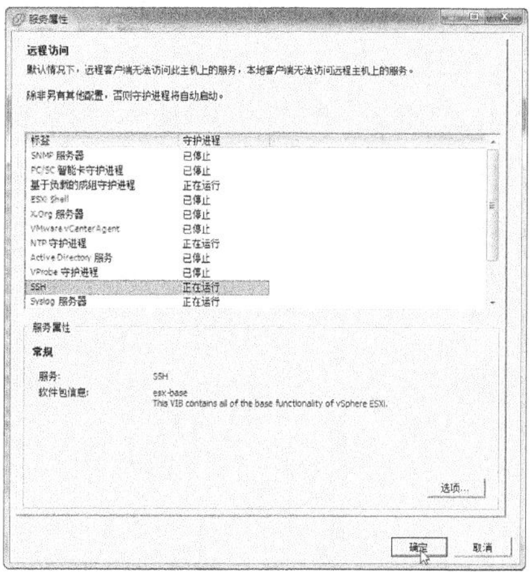

图 3-7-14　启用 SSH 服务

【说明】如果你能登录到服务器的控制台，也可以在控制台页面启用 SSH 服务。

3.7.5　修改配置文件

使用 SSH 客户端登录到 ESXi 主机，修改以下配置文件。主要步骤如下。

（1）使用 SSH Secure Shell 客户端，登录到 ESXi 主机。

（2）修改配置文件。

```
vi   /etc/ntp.conf
vi /etc/likewise/lsassd.conf   (ESXi 5.5 主机)
```

（3）重新启动服务。

```
./etc/init.d/lsassd restart，重启 lsassd 服务（ESXi 5.5 主机）
./etc/init.d/ntpd restart
```

下面一一介绍。

（1）使用 SSH Secure Shell 客户端，登录到 ESXi 主机，如图 3-7-15 所示。

（2）进入 ESXi 的 Shell 后，执行以下命令，如图 3-7-16 所示。

```
cd /etc
vi ntp.conf
```

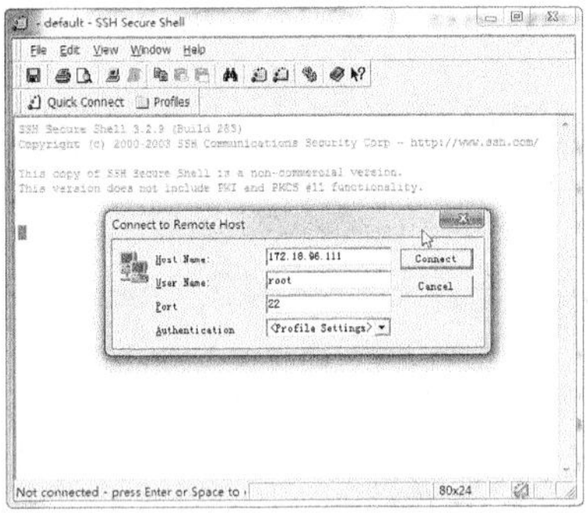

图 3-7-15　登录 ESXi 主机

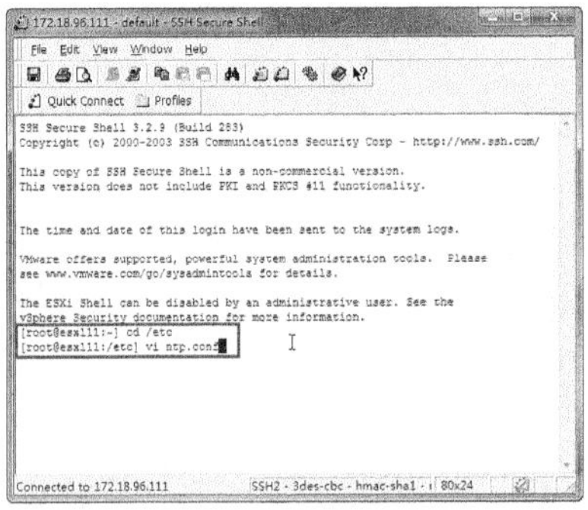

图 3-7-16　执行命令

（3）用 vi 编辑器打开 ntp.conf 配置文件后，按一下“Insert”，进入编辑模式，移动光标到最后一行最后一个字符，按回车键，新添加一行，输入以下内容（全部为小写）。

```
tos maxdist 30
```

添加之后，按“ESC”键，输入:wq 存盘退出，如图 3-7-17 所示。

（4）如果是 ESXi 5.5 的主机，还需要修改/etc/likewise/lsassd.conf 文件,去掉#sync-system-time 的注释，并设置 sync-system-time = yes，如图 3-7-18 所示。ESXi 6.0 主机则没有此项设置。

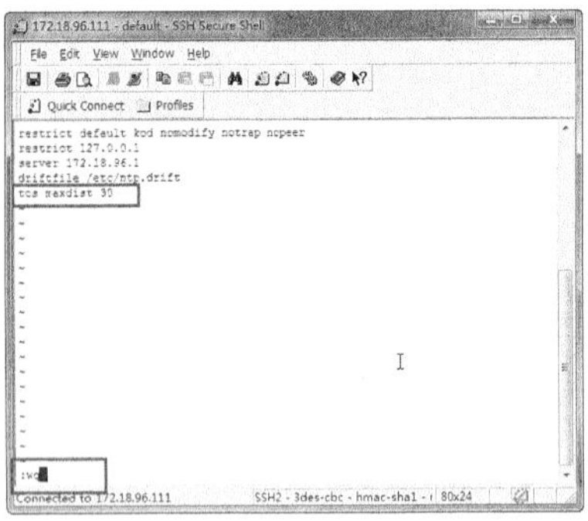

图 3-7-17　修改 ntp.conf 文件

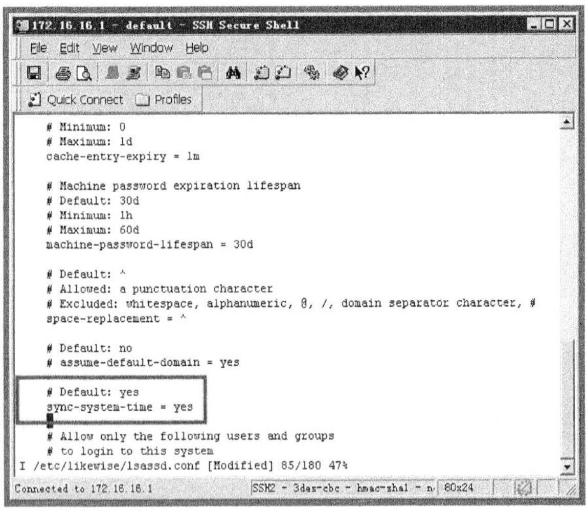

图 3-7-18　修改/etc/likewise/lsassd.conf 文件

（5）执行./etc/init.d/lsassd restart，重启 lsassd 服务，如图 3-7-19 所示。ESXi 6.0 则不用执行。

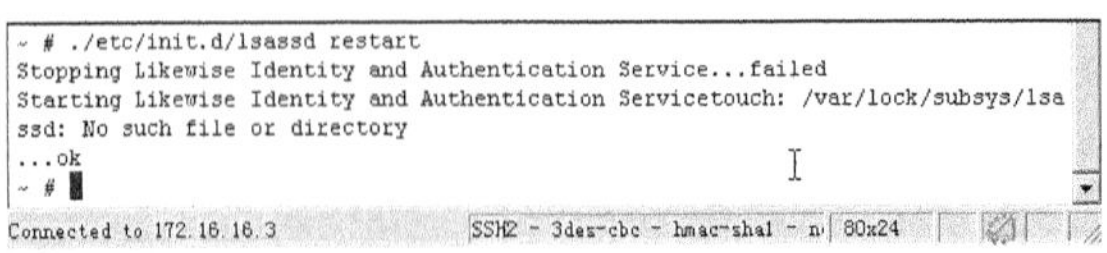

图 3-7-19　重启 lsassd 服务

（6）重启 ntpd 服务（执行 cd /etc/init.d 目录后执行 ./ntpd restart），如图 3-7-20 所示。

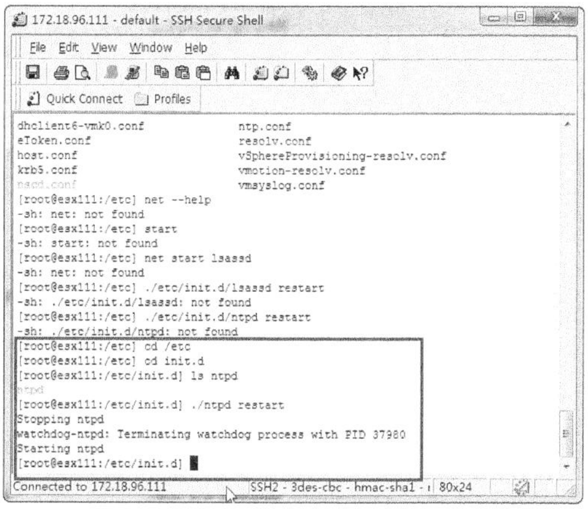

图 3-7-20　重启 ntpd 服务

稍后，ESXi 主机会从指定的 NTP 服务器进行时间同步，如图 3-7-21 所示。右下角为 172.18.96.1 的 Active Directory 服务器的时间，而图中的 ESXi 的时间已经同步。

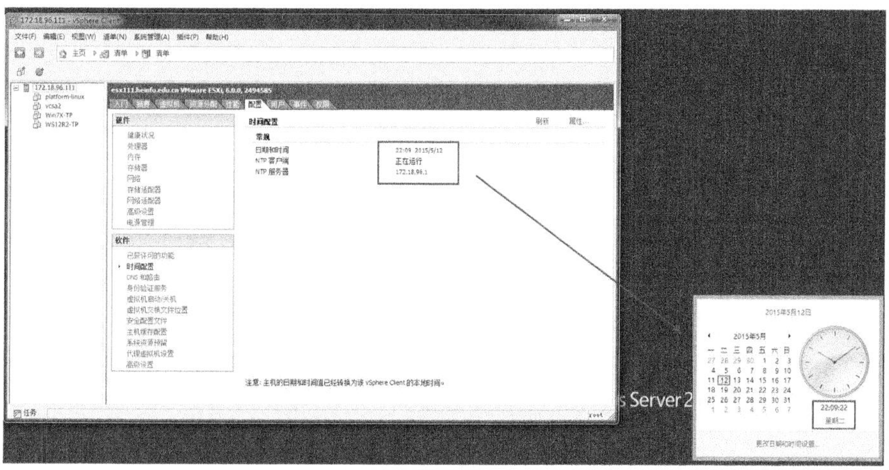

图 3-7-21　ESXi 时间已经同步

3.8　为 VMware ESXi 配置 iSCSI 存储

在前面的内容中，VMware ESXi 虚拟保存在“本地存储”，所谓本地存储，是指安装在 VMware ESXi 上的硬盘或硬盘组。通常情况下，服务器都是需要从本地磁盘即本地存储启动的。使用本地存储可以为服务器提供比较好的性能，管理也比较方便。但现在服务器需要的空间越来越大，并且可能在服务器配置并运行一段时间之后，需要继续增加存储的大小，这时基于传统的本地存储就不再能满足需求。为了解决这些问题，通常采用外接存储服务器的方式来解决。

3.8.1　vSphere 虚拟化数据中心用共享存储意义

要充分发挥 vSphere 的性能与功能，为服务器配置共享存储是必须的。vSphere 的许多高级功能，如 VMotion、DRS、DPM、HA、FT，都需要共享存储才能实现。为什么这么说？在规划与使用 vSphere 数据中心时，首先要明白一个重要的原则，即虚拟机的运行与存储分离的原则。在传统方式下，系统运行在某个主机，这个应用对应的数据也会保存在这个主机上，即应用与数据一体原则。而在高可用的虚拟化环境中，遵循的是应用与数据分离的原则，即应用与数据分散或保存在不同的主机，如图 3-8-1 所示。

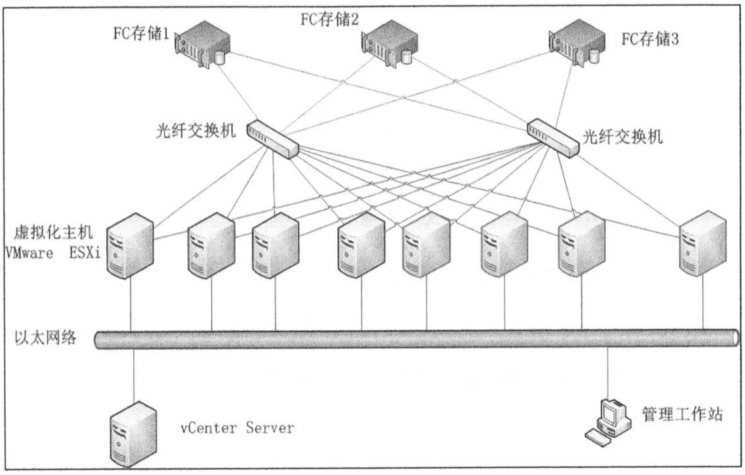

图 3-8-1 vSphere 数据中心架构图

在图 3-8-1 中，有一个 vCenter Server（可以是物理机，推荐运行在 ESXi 虚拟机中），管理 8 台 ESXi 主机、3 个使用光纤连接的存储。在这个拓扑中，数据中心中的虚拟机运行在 8 台 ESXi 主机中的某一台上，但这些虚拟机的数据文件会保存在某个存储上，例如保存在存储 1 上。在 vSphere 5.x 及以前的版本中，这是主要的架构，虚拟机都保存在共享存储上。而采用这种架构的优点就是：正在运行的虚拟机在不同主机之间快速迁移提供了较好的响应速度。例如某个虚拟机 VM1 运行在 ESXi-1 这台主机上，虚拟机保存在 FC 存储 1 共享存储上。VM1 所在的主机突然死机，如果是启用了 HA（群集），则 VM1 会在 ESXi2～ESXi8 之间的某个主机自动重新启动。如果 VM1 启用的是“容错（FT）”，那么当 VM1 所在的主机突然出现克隆不能使用时，VM1 的副本会立刻接管（VM1 的副本运行在数据中心的某个主机上）。

使用共享存储的一个明显优点就是为虚拟机的快速迁移、故障再生提供了快速的迁移能力，因为虚拟机的数据保存在共享存储上。对于正常的迁移，如 VM1 要从 ESXi-1 迁移到 ESXi-8，即使 VM1 正在运行，vCenter Server 只要将 ESXi-1 上运行的 VM1 的“内存”状态迁移到 ESXi-8，将虚拟机从 ESXi-1 上取消注册，在 ESXi-8 上重新注册，就可以在 ESXi-8 上恢复 VM1 的运行状态。这可以实现不中断现有业务实行系统的快速迁移。

由于使用了共享存储，所以此时存储就是整个系统的“单点故障”点，如果共享存储出现问题，那么整个系统可能会瘫痪。为了避免这个问题，在做系统设计的时候会从多个方面避免。首先存储会使用“双控制器”，每个控制器至少两个链路，这样对于一个存储来说至少有 4 个链路，只要有一个链路状态正常，数据连接就不会中断。其次，在存储与服务器之间的连接也是冗余的，一般情况下，要配两个独立的光纤交换机，每个交换机连接存储每个控制器的一个链路。虽然在图 3-8-1 中，每个存储与光纤交换机之间只有两条线，实际上，每个存储的控制器 1 与控制器 2 的一个链路要连接一个光纤交换机。再次，在服务器上也会配置两个独立的 FC HBA 接口卡，每个 FC HBA 接口卡连接到一个光纤交换机。这样服务器与存储都是双条独立的线路。最后，还可以使用数据备份等方式，备份应用中最重要的系统及数据。同时，对于存储本身，磁盘也是冗余的。一般是 4～5 块硬盘做 RAID5，有的要求高的情况下则是 RAID10。RAID 10 除了有较好的 IOPS 性能外，还有较高的数据冗余性。

现在专用的存储服务器通常通过光纤（FC）或 SAS 连接服务器。通常来说，采用 FC HBA 或 SAS HBA 接口卡的专用存储，在为其他服务器提供存储空间时，也需要服务器采用对应的 FC HAB 或 SAS HBA 接口卡。采用 FC HBA 或 SAS HBA 接口卡的好处是对于服务器来说，提供的存储像本地磁盘一样，也可以启动。

除了使用基于 FC HBA 或 SAS HBA 接口卡连接专用存储与服务器外，也有基于 IP 网络的存储、使用传统的以太网为服务器提供存储空间。采用 IP 的存储，不需要专用的 FC HBA 或 SAS HBA 卡，只需要传统的以太网卡即可，这样节省了 FC HBA 与 SAS HBA 接口卡，组建成本较低。例如，通常来说，专用的 FC HBA 接口卡的报价在 4000～7000 元，SAS HBA 接口卡报价在 1000～2000 元。而服务器都自带千兆网卡，已经集成在主板上。即使采用 10GB 网卡，每个网卡大约 1500～3000 元。从速度来看，FC HBA 提供 8Gbps 的速度，SAS HBA 提供 6Gpbs 的速度，千兆网卡提供 1Gbps 的速度，万兆以太网卡提供 10Gbps 的速度。

对于要求比较高的用户，可以采用 FC HBA 接口卡的存储，通常情况下，这种存储可以同时接 2 个或 4 个服务器，如果外接服务器数量较多，可以采用 FC 交换机进行扩展。而在采用 SAS HBA 接口卡时，可以在存储服务器上多加 SAS 接口板来外接服务器。对存储的速度要求不太高并对价格敏感的用户，采用基于 iSCSI 的存储是一种较好的方式。

VMware ESXi 提供主机级别的存储器虚拟化，即采用逻辑方式从虚拟机中抽象物理存储器层。在 VMware ESXi 主机上运行的虚拟机不清楚主机所连接的存储设备的复杂性和特殊性。

VMware ESXi 虚拟机使用虚拟硬盘来存储其操作系统、程序文件，以及与其活动相关联的其他数据。虚拟磁盘是一个大型物理文件或一组文件，可以像任何其他文件一样轻松地对其进行复制、移动、存档和备份。你可以配置具有多个虚拟磁盘的虚拟机。

要访问虚拟磁盘，虚拟机需使用虚拟 SCSI 控制器。这些虚拟控制器对于虚拟机而言是不同类型的控制器，包括 BusLogic 并行、LSI 逻辑并行、LSI Logic SAS 和 VMware 准虚拟。虚拟机只能查看和访问以上类型的 SCSI 控制器。

虚拟机可通过上述某一虚拟 SCSI 控制器访问每个虚拟磁盘，驻留在 VMware 虚拟机文件系统（VMFS）数据存储（基于 NFS 的数据存储）或裸磁盘上。从虚拟机的角度而言，每个虚拟磁盘看上去都好像是与 SCSI 控制器连接的 SCSI 驱动器。实际的物理磁盘设备是通过并行 SCSI、iSCSI、网络，还是主机上的光纤通道适配器来访问，这对客户机操作系统以及虚拟机上运行的应用程序而言是透明的。VMware ESXi 的存储器虚拟化如图 3-8-2 所示。

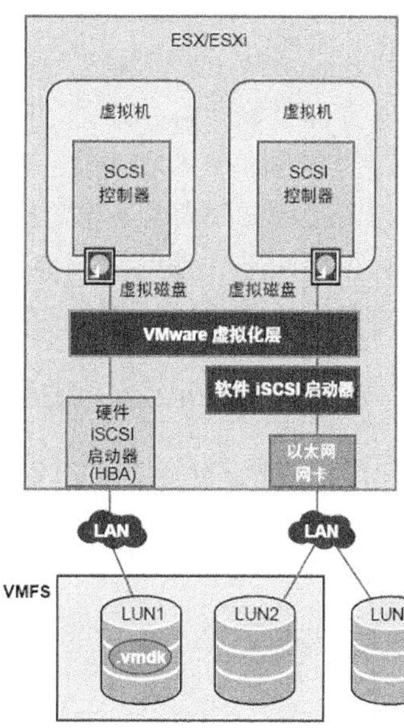

图 3-8-2 VMware ESXi 存储虚拟化示意图

图中所示为使用 VMFS 的存储器和使用裸机映射的存储器。该图同时演示了如何通过

iSCSI HBA 或使用 iSCSI 启动器软件的通用网卡来访问 iSCSI 存储器。

3.8.2 iSCSI SAN 的基本概念

当然，对于大多数生产环境，采用 8Gbps 的 FC HBA 接口连接存储，对资金敏感的则可以采用 6Gbps 的 SAS HBA 连接。对于我们虚拟化爱好者，如果只是学习共享存储，体验 vSphere 的各种功能，则可以使用千兆的网络，通过软件 iSCSI 共享存储来实现。本节介绍使用 Windows Server 2012 实现 iSCSI 存储服务器的内容。

iSCSI SAN 在计算机系统或主机服务器与高性能存储子系统之间使用以太网连接。SAN 组件包括主机服务器中的主机总线适配器（HBA）或网络接口卡（NIC）、传输存储流量的交换机和路由器、电缆、存储处理器（SP）及存储磁盘系统。

【说明】 Internet 小型计算机系统接口（Internet Small Computer System Interface,iSCSI），由 IBM 公司研究开发，是一个供硬件设备使用的可以在 IP 协议的上层运行的 SCSI 指令集，这种指令集合可以实现在 IP 网络上运行 SCSI 协议，用来建立和管理 IP 存储设备、主机和客户机等之间的相互连接，并创建存储区域网络（SAN）。

为将流量从主机服务器传输到共享存储器，SAN 使用 iSCSI 协议将 SCSI 命令打包在 iSCSI 数据包中，并在以太网网络上传输这些数据包。

要访问远程目标，VMware ESXi 主机需要使用 iSCSI 启动器。启动器在 IP 网络上的 VMware ESXi 系统与目标存储设备之间传输 SCSI 请求和响应。

VMware ESXi 支持基于硬件和软件的 iSCSI 启动器。

（1）硬件 iSCSI 启动器。它使用专用 iSCSIHBA。硬件 iSCSI 启动器负责所有 iSCSI 和网络的处理和管理过程。

（2）软件 iSCSI 启动器。它嵌入到 VMkernel 的代码，可让 VMware ESXi 通过标准网络适配器连接 iSCSI 存储设备。软件启动器负责 iSCSI 处理过程，同时与网络适配器进行通信。借助软件启动器，无需购买专用硬件即可使用 iSCSI 技术。

在主机服务器与存储器之间传输数据时，SAN 将使用多路径技术。使用多路径，你可以通过多条物理路径从 VMware ESXi 主机到达存储系统上的 LUN。

如果路径或路径所经过的任一组件（HBA 或网卡、电缆、交换机/交换机端口或存储处理器）出现故障，服务器将选择其他可用路径。检测故障路径并切换到另一条路径的过程称为路径故障切换。

3.8.3 在 Windows Server 2008 R2 主机安装 iSCSI 目标服务器

基于硬件的 iSCSI SAN 成本较高，使用限制较多。在一般的企业网络中，都是使用基于软件的 iSCSI。现在有许多的软件、硬件厂商提供相关的设备或软件，如 Microsoft 的 Windows Storage Server 2008 与开源的 openfiler，可以将普通的服务器配置成 iSCSI 服务器，为 VMware ESXi（或其他的服务器）提供网络存储功能。本节将通过图 3-8-3 所示拓扑，介绍为 ESXi 添加 iSCSI 服务器分配的存储空间的内容。

在图 3-8-3 中，Windows Server 2008 R2 主机提供 iSCSI 存储服务，ESXi 主机中的虚拟机 VM 运行在 ESXi 主机中，但 VM 的存储空间是使用 Windows Server 2008 R2 提供的（通过网络提供）。

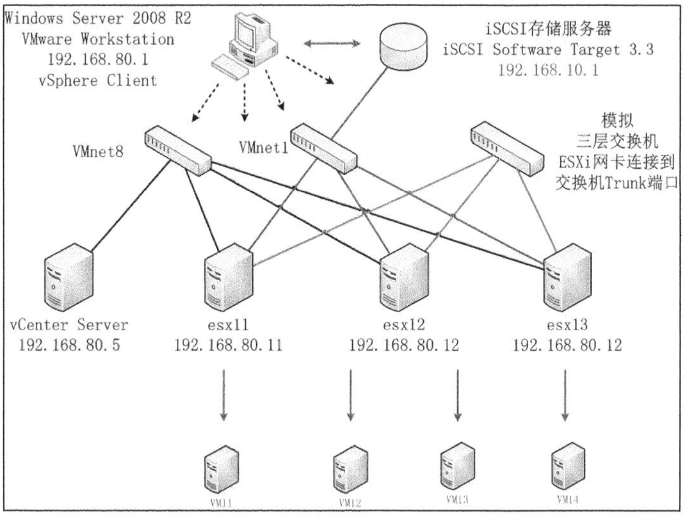

图 3-8-3　SXi 使用 iSCSI 存储示意图

2012 年 Microsoft 推出 iSCSI Software Target 3.3 产品套件，可以用于 Windows Server 2008 R2，有需要的用户可以自己配置服务器，安装 Windows Server 2008 R2，并从 http://download.microsoft.com/download/2/F/1/2F110B9C-6CB0-45F1-971B-4BA37395D820/iSCSITargetQFE4.exe 下载该套件。Windows Server 2008 R2 安装该套件后，将提供 iSCSI 服务。另外，在 Windows Server 2012 中更是集成了 iSCSI 目标服务器，本节将使用 Windows Server 2012 R2 的 iSCSI 服务。

在下面的实验中，将在 Windows Server 2008 R2 主机安装配置 iSCSI 服务，并为 VMware ESXi 分配 iSCSI 存储。

3.8.4　在 Windows Server 2008 R2 安装 iSCSI Software Target

在 Windows Server 2008 R2 的主机上，运行下载的名为 iSCSITargetQFE4.exe 的文件，如图 3-8-4 所示。

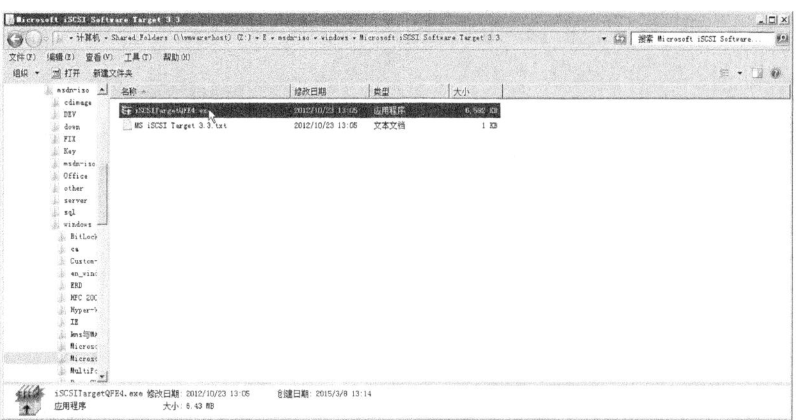

图 3-8-4　运行 iSCSITarget 软件

在弹出的对话框中单击“Install”按钮，将安装程序解压缩到 C:\iSCSTarget 文件夹，如图 3-8-5 所示。

解压缩之后，会打开 iSCSI Software Target 3.3 安装程序，如图 3-8-6 所示，单击“iSCSI Software Target (x64)”链接。

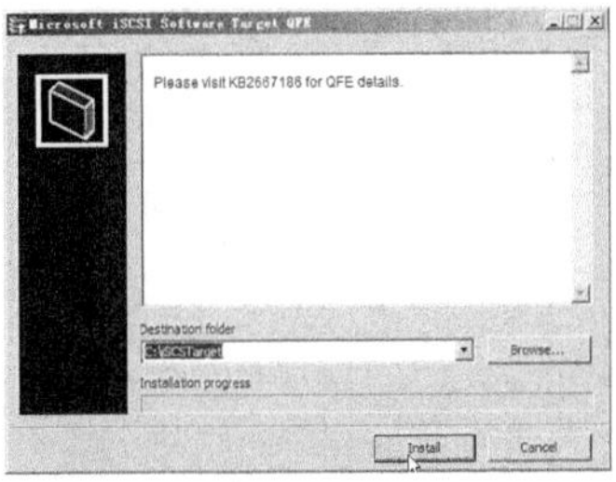

图 3-8-5 解压缩

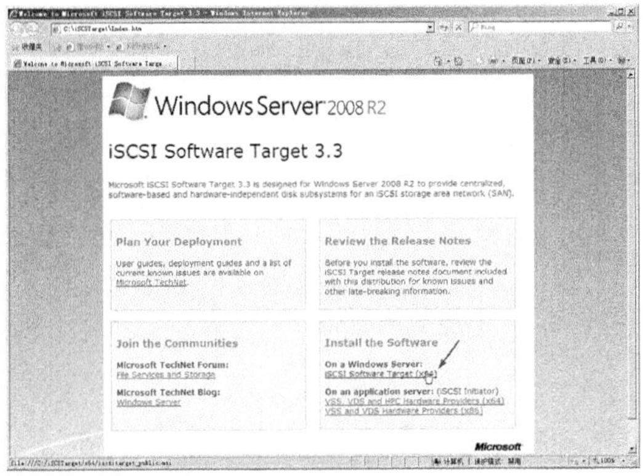

图 3-8-6 iSCSISoftware Target

之后进入 iSCSI Software Target 安装程序，如图 3-8-7 所示。之后选择默认值安装，直到安装完成，如图 3-8-8 所示。

图 3-8-7 运行安装程序

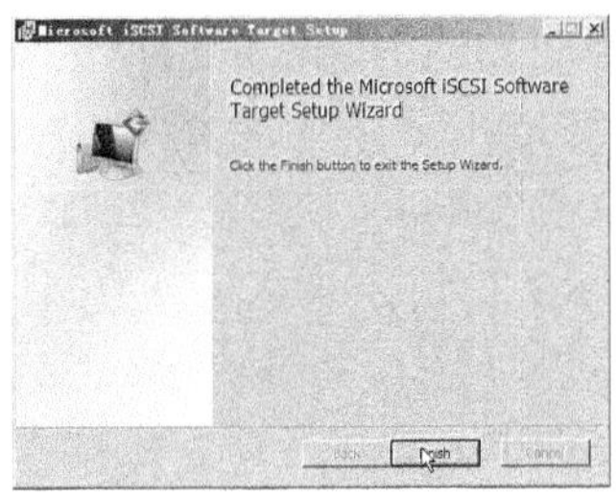

图 3-8-8 安装完成

3.8.5 在 iSCSI Software Target 创建虚拟磁盘

安装完成后，从“开始”菜单单击“MicrosoftiSCSISoftware Target”（见图 3-8-9）进入 iSCSI 服务器配置程序，如图 3-8-10 所示。

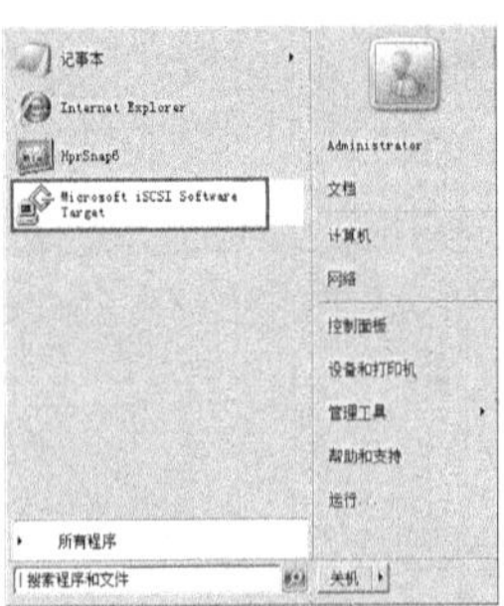

图 3-8-9 运行 MicrosoftiSCSISoftware Target

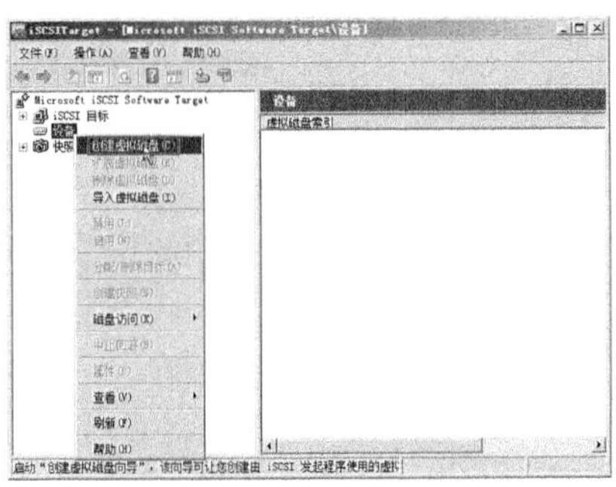

图 3-8-10 iSCSISoftware Target

之后启动 iSCSI 磁盘向导，为 ESXi 主机分配 iSCSI 磁盘，主要步骤如下。

（1）在图 3-8-10 中，右击“设备”，在弹出的快捷菜单选择“创建虚拟磁盘”，进入“欢迎使用创建虚拟磁盘向导”对话框，单击“下一步”按钮，如图 3-8-11 所示。

（2）打开资源管理器，在 D 盘创建一个文件夹，例如 VHD-iSCSI，用来保存分配给其他服务器的虚拟磁盘文件。

（3）在“文件”对话框中单击“浏览”，选择第 2 步创建的 d:\vhd-iscsi，之后为新建的虚拟磁盘设置一个名称，例如 VMware-Esxi-1.vhd，如图 3-8-12 所示。

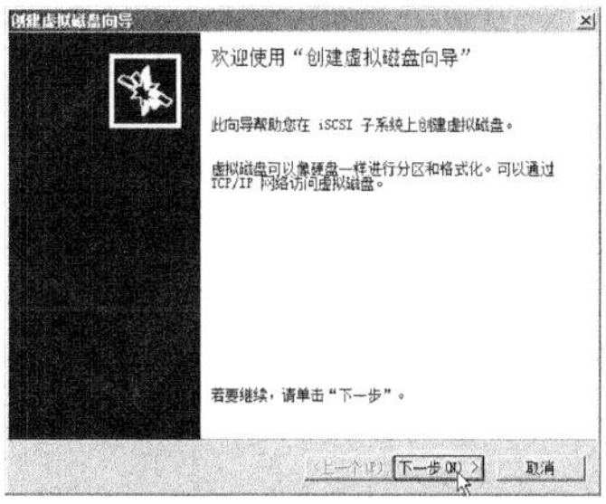

图 3-8-11　新建 iSCSI 磁盘向导

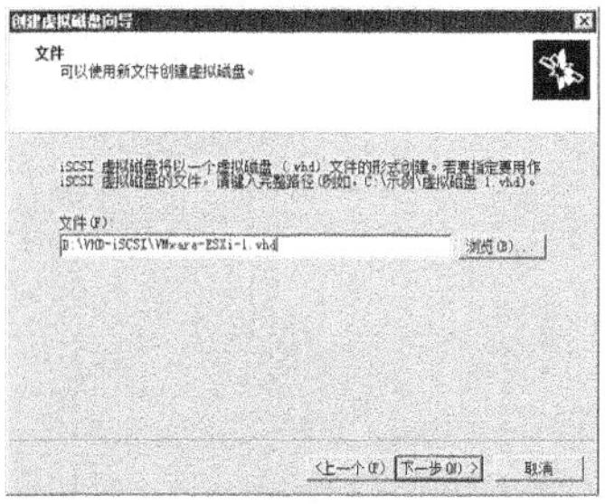

图 3-8-12　选择位置并设置新文件名

（4）在“大小”对话框指定要分配给服务器的虚拟磁盘的空间大小，其参数为 MB，如果要分配 100GB，则可以设置 102400，如图 3-8-13 所示。

（5）在“描述”信息可以设置一个虚拟磁盘的描述，如图 3-8-14 所示。

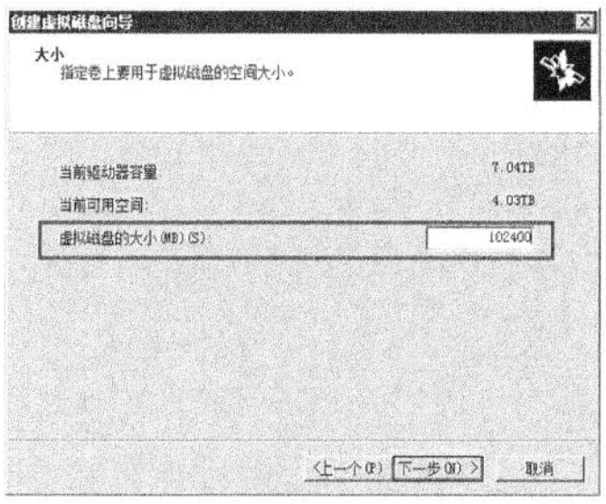

图 3-8-13　大小

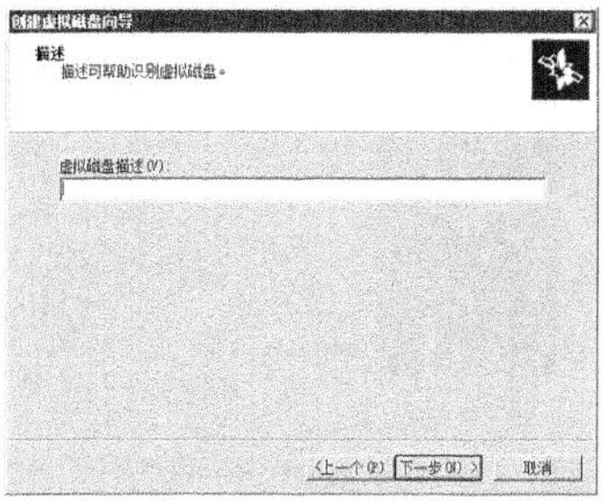

图 3-8-14　描述

（6）在“访问”对话框指定希望能够访问其虚拟磁盘的 iSCSI 目标，如图 3-8-15 所示。因为现在我们还没有创建目标，单击“添加”按钮，在弹出的“添加目标”列表中没有 iSCSI 目标，如图 3-8-16 所示，单击“取消”按钮返回图 3-8-15 所示界面，之后单击“下一步”按钮继续。

（7）在“正在完成创建虚拟磁盘向导”对话框单击“完成”按钮，完成虚拟磁盘创建，如图 3-8-17 所示。

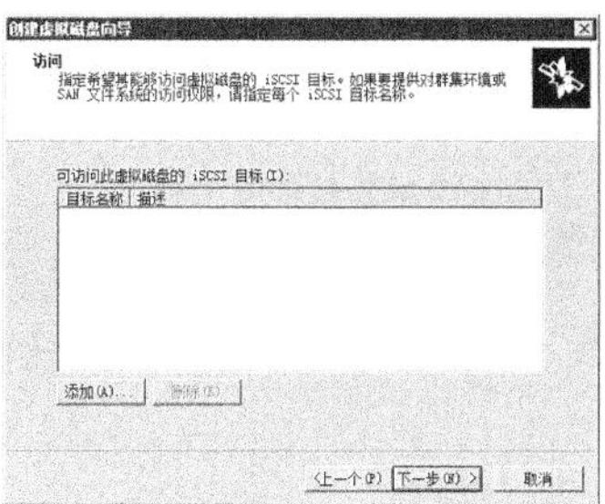

图 3-8-15　访问

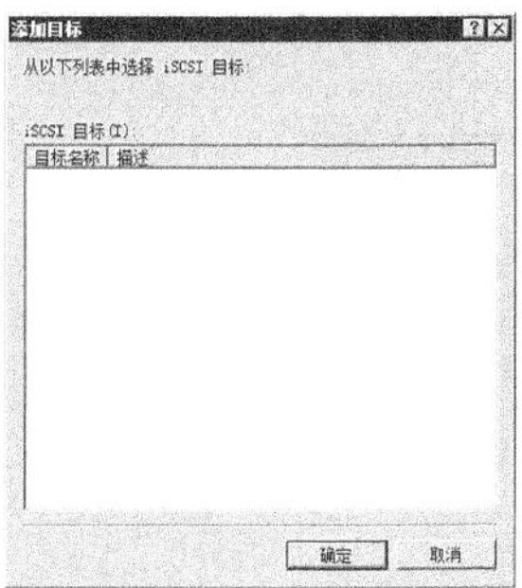

图 3-8-16　添加目标

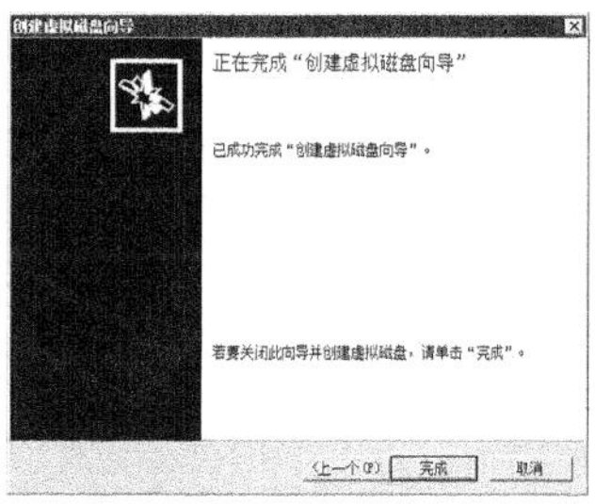

图 3-8-17　创建虚拟磁盘完成

3.8.6　创建 iSCSI 目标

在创建虚拟磁盘之后，可以创建 iSCSI 目标，将创建的虚拟磁盘分配给服务器。

（1）右击"iSCSI 目标"，在弹出的对话框中选择"创建 iSCSI 目标"，如图 3-8-18 所示。

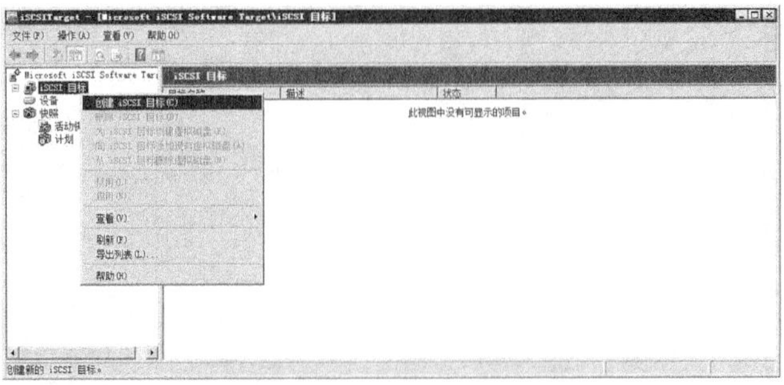

图 3-8-18　创建 iSCSI 目标

（2）在"欢迎使用创建 iSCSI 目标向导"对话框单击"下一步"按钮，如图 3-8-19 所示。

（3）在"iSCSI 目标标识"对话框设置一个名称，例如"VMware-ESXi-01"，如果需要，可以设置描述信息，如图 3-8-20 所示。

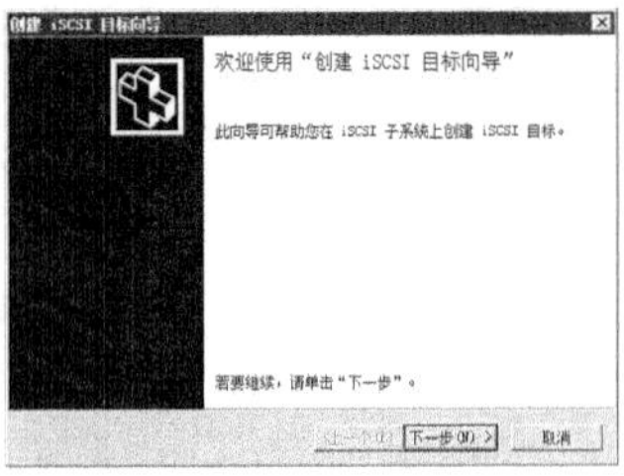

图 3-8-19　新建 iSCSI 目标向导

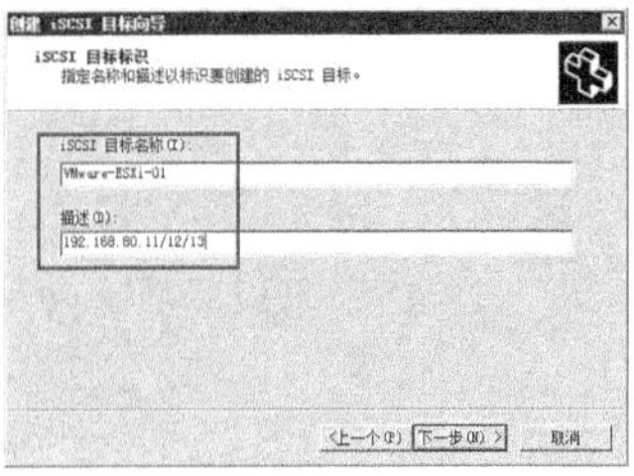

图 3-8-20　设置目标名称

（4）在"iSCSI 发起程序标识符"对话框（见图 3-8-21），添加标识符。标识符可让 iSCSI 目标识别请求访问的 iSCSI 发起程序。添加的方法有几种。

- iSCSI 客户端，向 iSCSI 服务器发送连接，连接信息会保存在 iSCSI 服务器端，iSCSI 服务器可以从列表选择需要的发起端，即 IQN。
- 在 iSCSI 服务器一端，添加可识别的 iSCSI 客户端的信息，即 IQN、DNS 域名、IP 地址、MAC 地址。

如果要检查当前 iSCSI 服务器端收到的 IQN 列表，可以单击"浏览"按钮查看，由于当前服务器还没有收到 IQN 请求，所以列表为空，如图 3-8-22 所示。

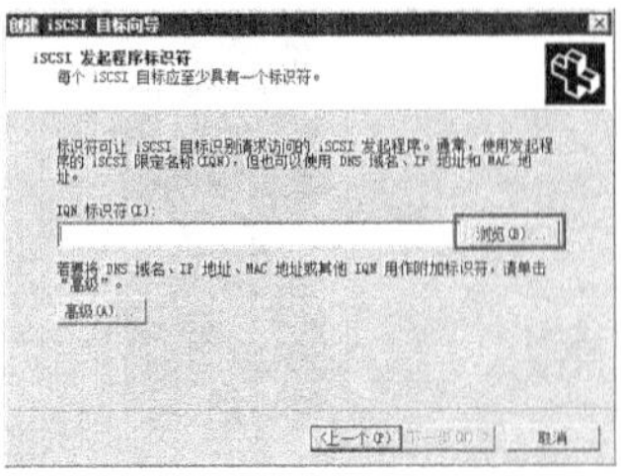

图 3-8-21　iSCSI 发起程序标识符

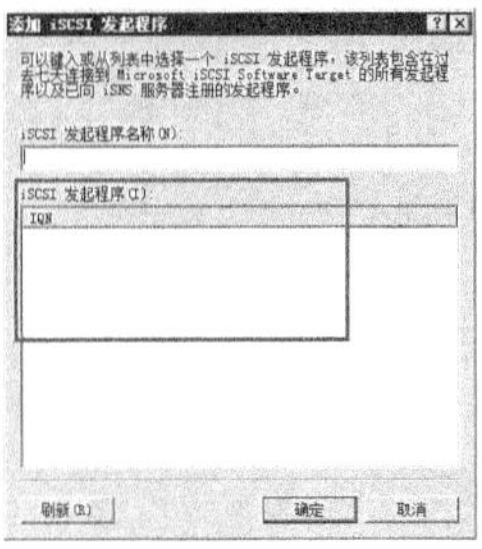

图 3-8-22　IQN 列表

为了验证这一功能，我们先暂停这一操作，接下来使用 vSphere Client 登录 ESXi 主机，添加 iSCSI 服务器，以将 iSCSI 发起程序请求连接发送到 iSCSI 服务器。

3.8.7　在 ESXi 主机添加 iSCSI 存储服务器

使用 vSphere Client 登录 ESXi 主机，添加 iSCSI 适配器，之后添加 iSCSI 服务器，步骤如下。

（1）在“配置→存储适配器”选项中单击“添加”按钮，在弹出的“添加存储适配器”对话框中，选中“添加软件 iSCSI 适配器”单选按钮，然后单击“确定”按钮，如图 3-8-23 所示。

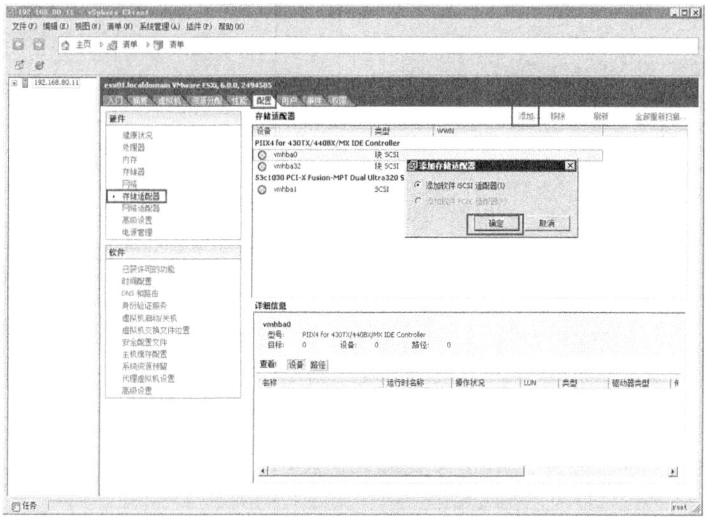

图 3-8-23　添加 iSCSI 软件适配器

（2）添加之后，在“存储适配器”列表中选择“iSCSI Software Adapter”，然后单击“属性”链接，如图 3-8-24 所示。

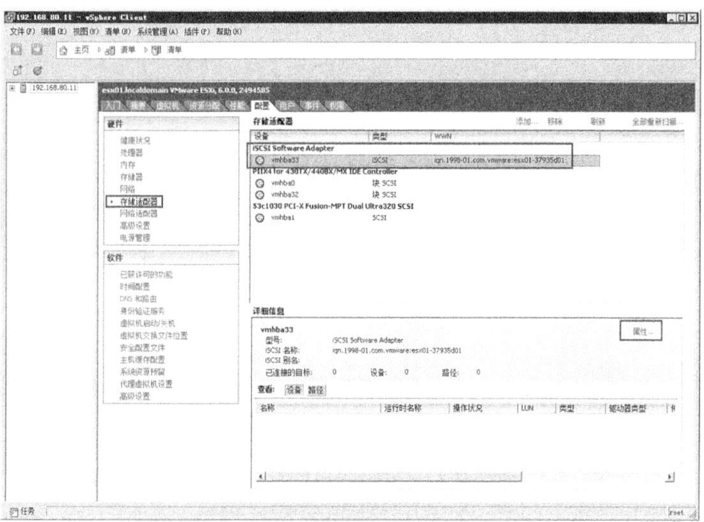

图 3-8-24　iSCSI 软件适配器属性

（3）在打开的“iSCSI 启动器（vmhba33）属性”对话框中单击“配置”按钮，在弹出的“常规属性”中修改“iSCSI 名称”，将最后改为 esx01-80.11，如图 3-8-25 所示，这表示名为 esx01 是主机，IP 地址后两位为 80.11，这样在 iSCSI 服务器端即可容易“识别”出这个 iqn 属于哪台 ESXi 主机。在以后，如果是 esx02、IP 地址为 192.168.80.12 的 ESXi 主机，则后缀名称可改为 esx02-80.12。

（4）单击“动态发现”选项卡，单击“添加”按钮，在弹出的“添加发送目标服务器”对话框中添加 iSCSI 存储服务器的地址 192.168.80.1，如图 3-8-26 所示。

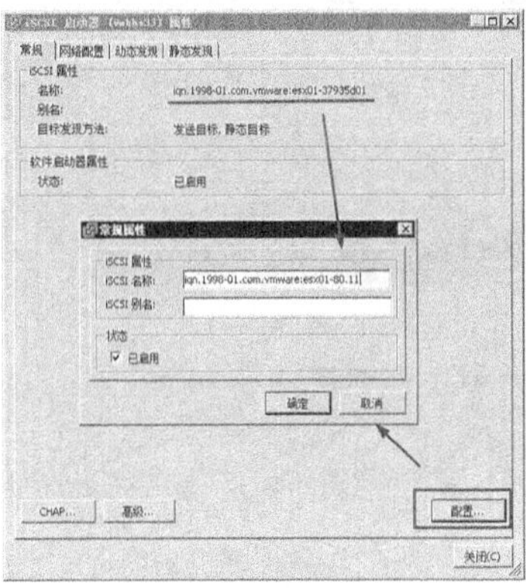

图 3-8-25　修改 iqn 名称

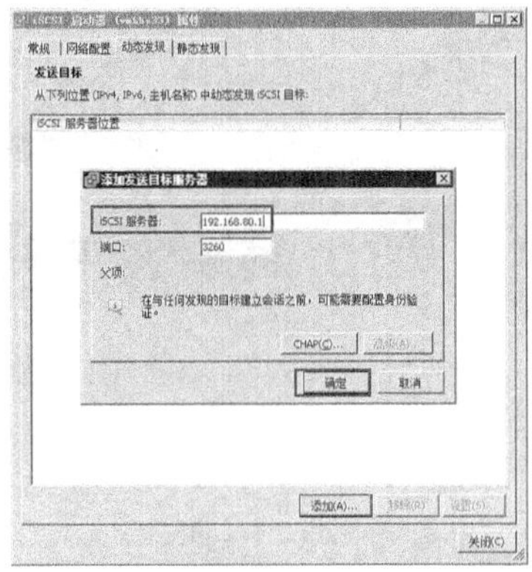

图 3-8-26　添加动态发现

（5）添加完成后，单击“关闭”按钮，在弹出的“重新扫描”对话框中，单击“是”按钮，重新扫描适配器，如图 3-8-27 所示。

（6）此时，在“详细信息”中还看不到加载的 iSCSI 存储，因为在服务器端还没有给当前 ESXi 主机分配磁盘空间，如图 3-8-28 所示。

图 3-8-27　重新扫描适配器

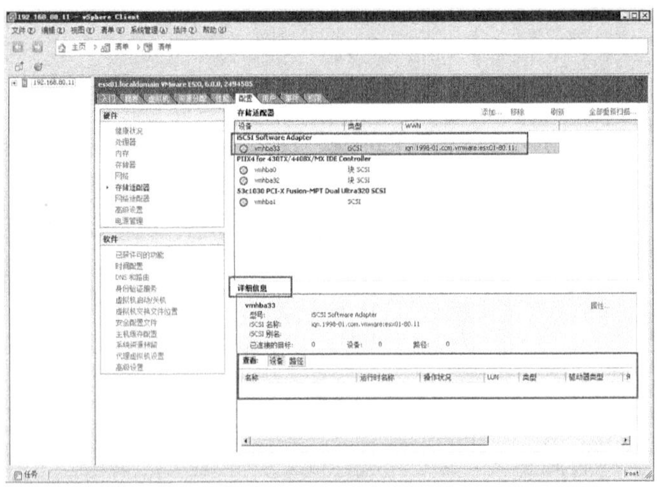

图 3-8-28　目前还没有连接到 iSCSI 服务器

3.8.8　为 iSCSI 目标指定 iqn

返回到 iSCSI Software Target，继续给 iSCSI 发起程序添加标识符，主要步骤如下。

（1）在“添加 iSCSI 发起程序”对话框单击“刷新”按钮，可以看到图 3-8-25 修改后的

iqn 出现在列表中，单击选中，然后单击“确定”按钮，如图 3-8-29 所示。

（2）返回到“iSCSI 发起程序标识符”对话框，此时选中的标识符出现在“IQN 标识符”列表中，如图 3-8-30 所示。

（3）此时在图 3-8-30 中，可以单击“高级”按钮继续添加。在此先单击“下一步”按钮。稍后我们在分配磁盘之后再进行添加。

（4）在“正在完成创建 iSCSI 目标向导”对话框单击“完成”按钮，完成创建，如图 3-8-31 所示。

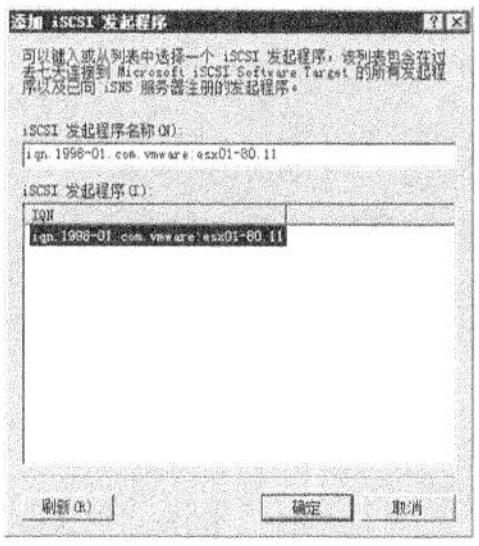

图 3-8-29　选择 iqn

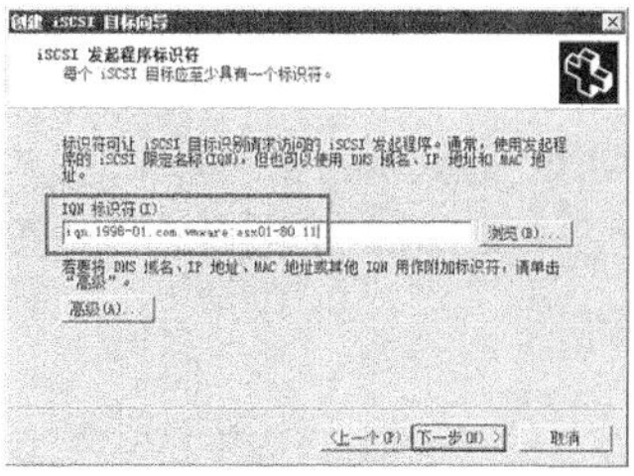

图 3-8-30　IQN 标识符

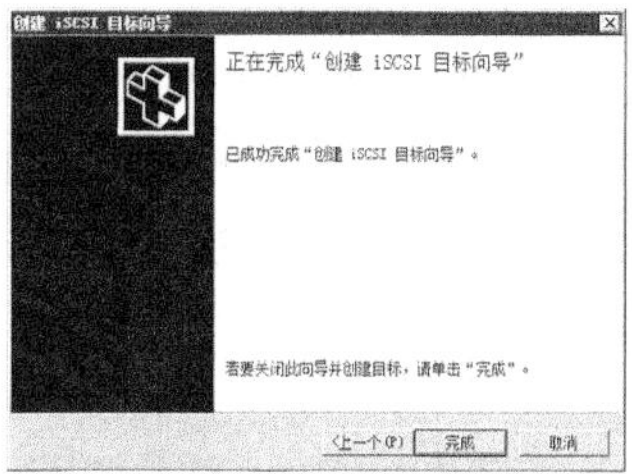

图 3-8-31　正在完成向导

3.8.9　向 iSCSI 目标添加现有虚拟磁盘

在创建了虚拟磁盘、iSCSI 目标之后，可以向 iSCSI 目标分配虚拟磁盘，步骤如下。

（1）在“iSCSI Software Target”控制台中选中一个 iSCSI 目标，右击，在弹出的快捷菜单中选择“向 iSCSI 目标添加现有虚拟磁盘”，如图 3-8-32 所示。

（2）在“添加虚拟磁盘”对话框从列表中选择要添加的磁盘，需要注意要添加的磁盘状态为“空闲”才能添加，如图 3-8-33 所示。

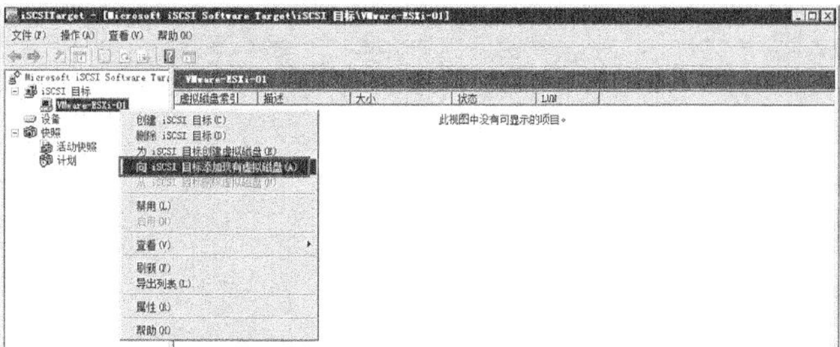

图 3-8-32　向 iSCSI 目标添加现有虚拟磁盘

图 3-8-33　添加虚拟磁盘

（3）添加之后，如图 3-8-34 所示，在“状态”为“空闲”可以看出当前 iSCSI 目标还没有服务器连接。

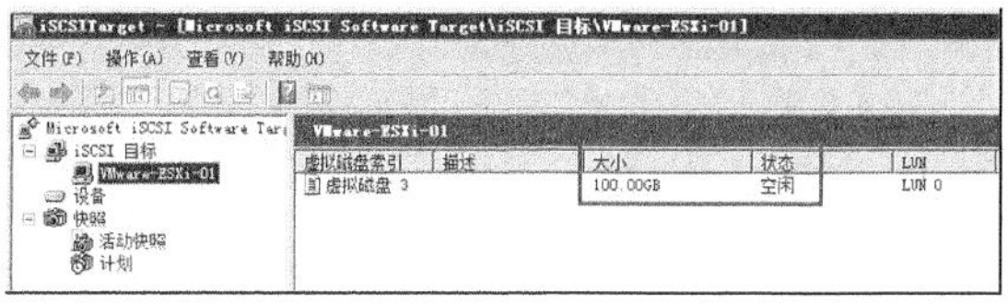

图 3-8-34　iSCSI 目标还没有连接

3.8.10　为 iSCSI 目标添加标识符

在 vSphere 虚拟化环境，或者 Microsoft 群集环境中，通常将共享存储分配给多台服务器使用，以实现虚拟机的高可用性。在“3.8.8 为 iSCSI 目标指定 iqn”一节中，只为 iSCSI 目标指定了一台服务器。在我们的规划中，一个最小的 vSphere 群集由 3 台 ESXi 主机组成。一般情况下，无论是 iSCSI 存储，还是 fc 或 sas 连接的存储，用于保存虚拟机的共享存储空间都是分配给同一群集中所有主机来使用的。在接下来的操作中，我们介绍向 iSCSI 目标添加更多标识符的操作。

（1）右击 iSCSI 目标，在弹出的快捷菜单中选择“属性”，如图 3-8-35 所示。

（2）在“iSCSI 发起程序”选项卡中，当前列表中只有一个 IQN，单击“添加”按钮，在弹出的“添加/编辑标识符”对话框“标识符类型”中可以看到，可用的标识符有“IQN、DNS 名称、IP 地址、MAC 地址”，你可以选择其中的一个或多个作为标识符，标识 iSCSI 客户端主机，如图 3-8-36 所示。

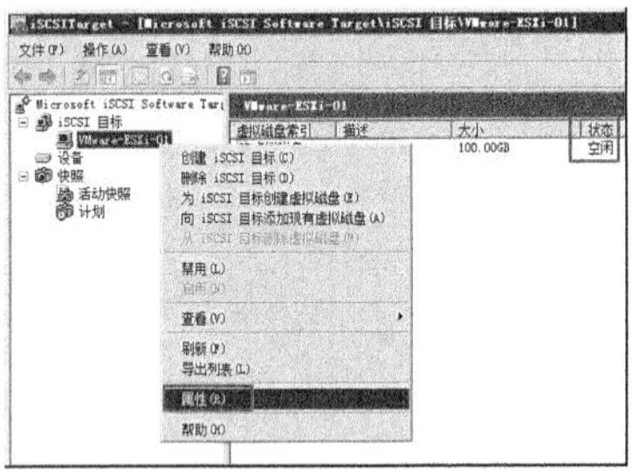

图 3-8-35　属性

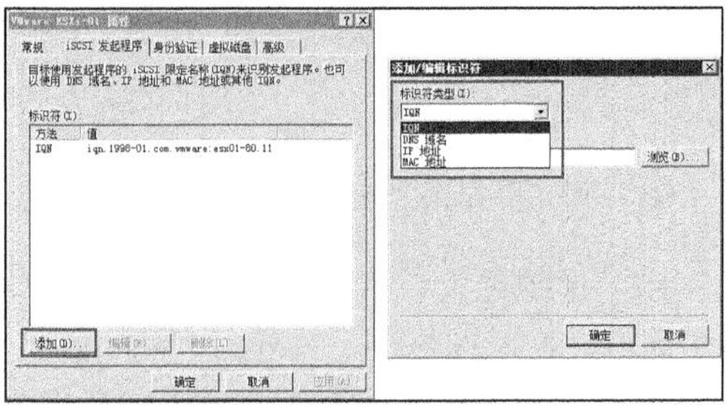

图 3-8-36　可用标识符

（3）首先我们以 IP 地址作为标识符。在“标识符类型”下拉框中选择“IP 地址”，在“值”文本框中输入第一台 ESXi 主机的 IP 地址，在此为 192.168.80.11，如图 3-8-37 所示，然后单击“确定”按钮。此时会弹出一个提示“已经为此 iSCSI 目标分配了多个发起程序……”，单击“是”按钮确定，如图 3-8-38 所示。

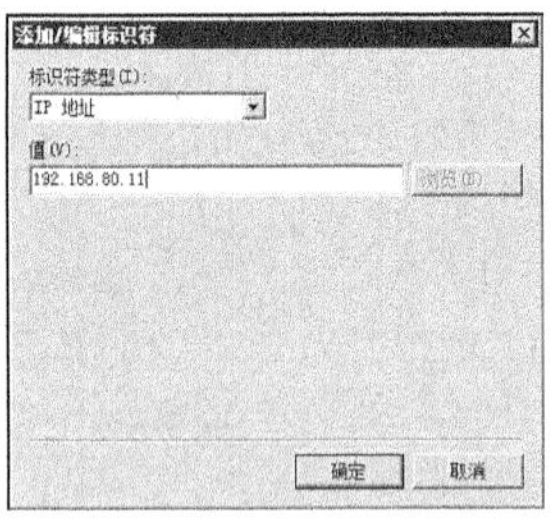

图 3-8-37　标识符

图 3-8-38　确定

【说明】 只能将同一共享存储空间分配给相同的群集系统使用，不能分配给不同群集或不同系统同时使用。例如，可以将同一空间分配给 vSphere ESXi 群集使用，或者 Microsoft 群集主机，但不能同时分配给 ESXi 或 Windows 主机使用，也不能分配给用于单台文件服务器的 Windows 主机、Linux 服务器，否则会导致数据丢失（同时分配给不同系统的分区数据）。

（4）返回到图 3-8-35 所示的对话框之后，单击“添加”按钮，继续添加其他的标识符。如果要添加 MAC 地址，如要将 192.168.80.11 主机的 MAC 地址添加上，可以去 192.168.80.11

的主机上记录所有的网卡 MAC 地址（当有多个网卡时），或者使用 ping 命令，先 ping 192.168.80.11，然后执行 arp -a 命令，查看与 192.168.80.11 对应的 IP 地址（该 IP 地址只有一个物理网卡时），如图 3-8-39 所示。

（5）之后将记录的 MAC 地址，添加到标识符中，如图 3-8-40 所示。

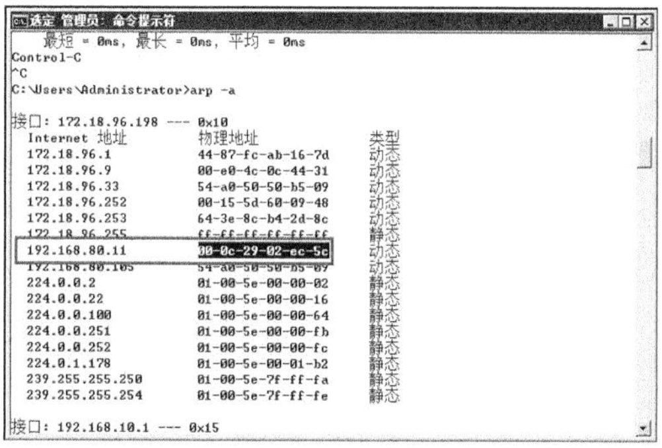

图 3-8-39　查看 MAC 地址方法之一

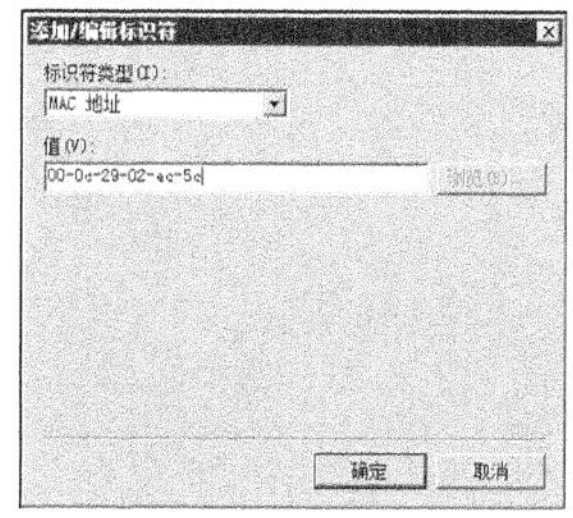

图 3-8-40　添加 MAC 地址作为标识符

（6）添加之后，如图 3-8-41 所示，在此添加了 IP 地址为 192.168.80.11、192.168.80.12、192.168.80.13 的 IP 地址主机，也添加了 MAC 地址为 00-0C-29-02-EC-5C 的主机。之后单击“确定”按钮完成。

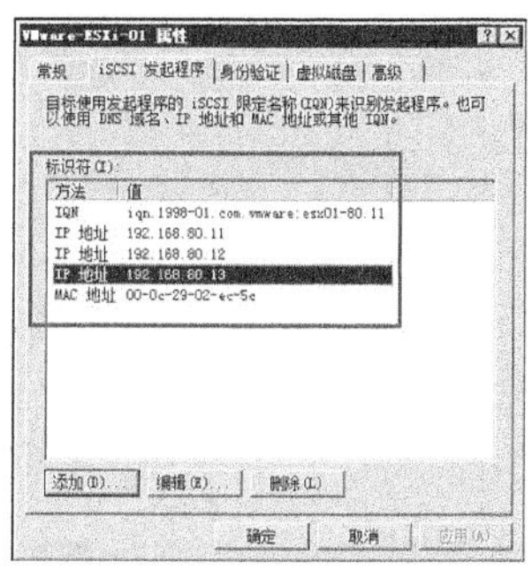

图 3-8-41　添加标识符完成

如果还要添加其他 iSCSI 发起程序，请参考前面的几节进行，这些不一一介绍。

3.8.11　在 ESXi 添加 iSCSI 存储分配的空间

最后，在 ESXi 主机重新扫描存储，将 iSCSI 存储服务器分配 ESXi 的空间添加为 ESXi 主机可以使用的存储器，主要步骤如下。

（1）使用 vSphere Client 登录到 ESXi，在“配置→存储适配器”选项中单击“全部重新扫描”，在弹出的“重新扫描”对话框中单击“确定”按钮，如图 3-8-42 所示。

（2）扫描完成后，在“存储适配器”中选择 iSCSI 软件适配器，在“详细信息”中可以看到当前已经挂载一个磁盘，如图 3-8-43 所示。

（3）切换到“配置→存储器”，单击“添加存储器”，如图 3-8-44 所示，准备添加存储。之后仿照“3.4.1　添加数据存储”一节内容，将 iSCSI 存储服务器分配的空间添加为存储，并设置名称为 iSCSI-data1，添加之后如图 3-8-45 所示，在“可用空间”中可以看到当前新添加的存储可用空间为 99.75GB（约 100GB）。

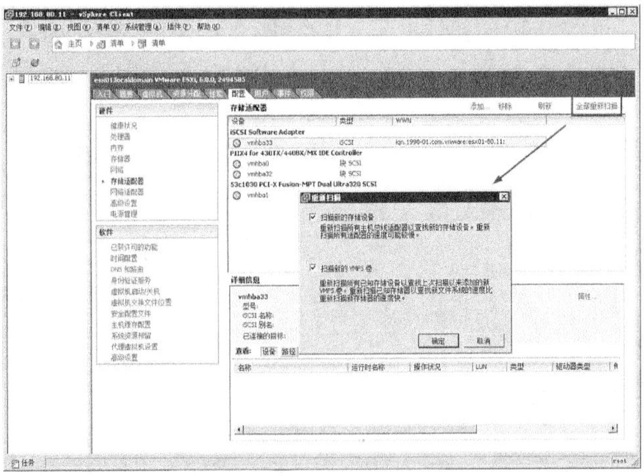

图 3-8-42　全部重新扫描

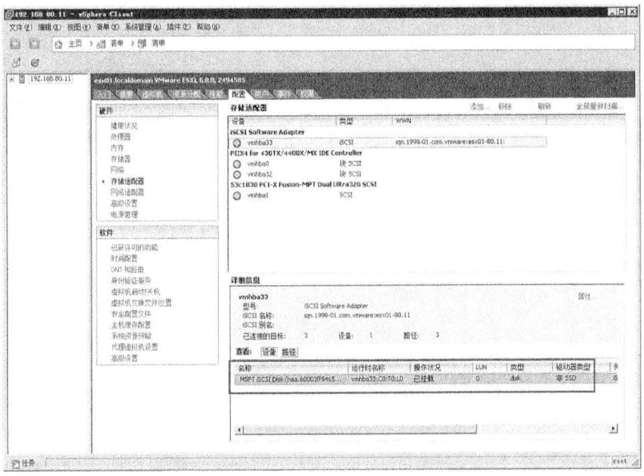

图 3-8-43　iSCSI 挂载磁盘

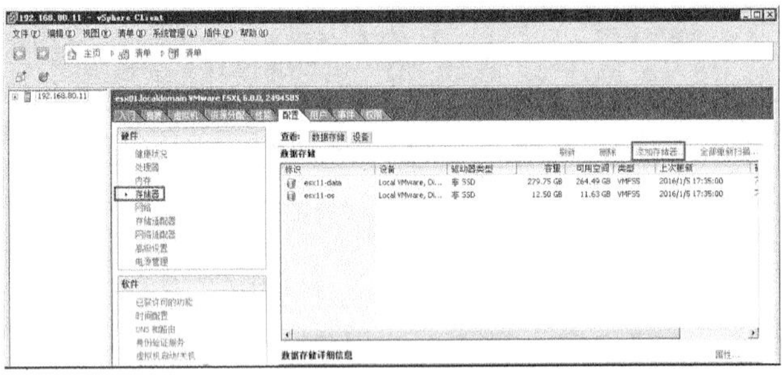

图 3-8-44　添加存储

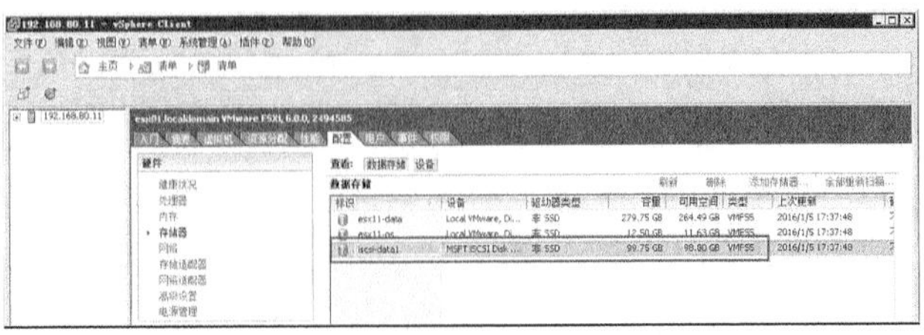

图 3-8-45　添加存储完成

3.8.12　扩充 iSCSI 分配的卷的容量

在使用 iSCSI 服务器为 VMware ESXi 提供存储的时候，只要 iSCSI 服务器有可用的空间，就可以随时根据需要为 VMware ESXi 进行“扩容”，下面介绍这一操作。

（1）登录到 Windows Server 2008 R2 服务器，右击要扩容的虚拟磁盘，在弹出的快捷菜单中选择“扩展虚拟磁盘”，如图 3-8-46 所示。由于已经有服务器连接到存储，所以“状态”为“正在使用中”。

（2）在“扩展虚拟磁盘向导”对话框“附加的虚拟磁盘容量”文本框中输入将要为当前磁盘扩充的空间。如果要将磁盘由 100GB 扩充到 300GB，则需要再扩充 200GB，以 MB 计算，则为 204800，如图 3-8-47 所示。

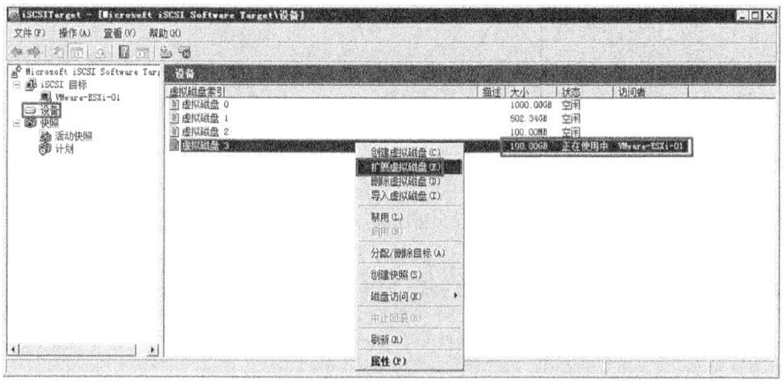

图 3-8-46　扩展 iSCSI 虚拟磁盘

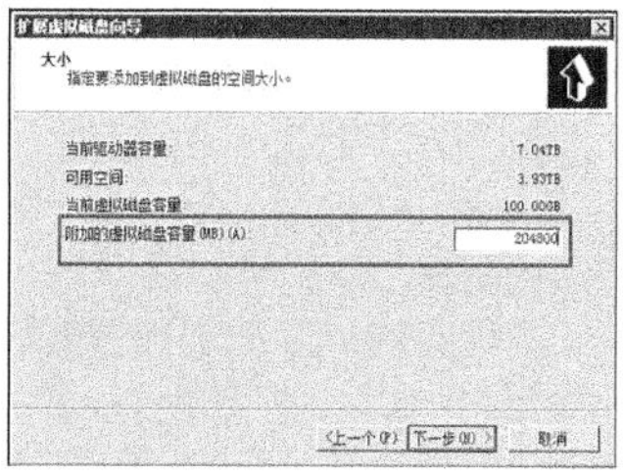

图 3-8-47　设置扩充大小

（3）返回到 iSCSI Software Target 控制台，在“设备”中可以看到当前磁盘已经由 100GB 扩充到 300GB，如图 3-8-48 所示。

然后使用 vSphere Client 登录到 VMware ESXi，在“配置”中重新扫描 iSCSI 适配器并在“存储器”中扩容即可，主要步骤如下。

（1）在“配置→存储适配器”中单击“全部重新扫描”链接，重新扫描 iSCSI 适配器，如图 3-8-49 所示。

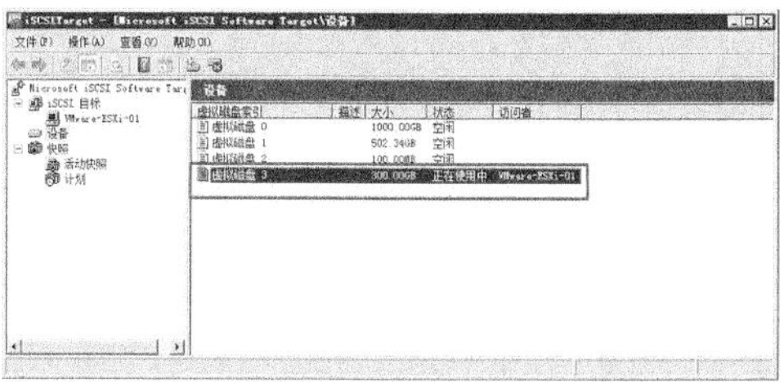

图 3-8-48　扩充到 300GB

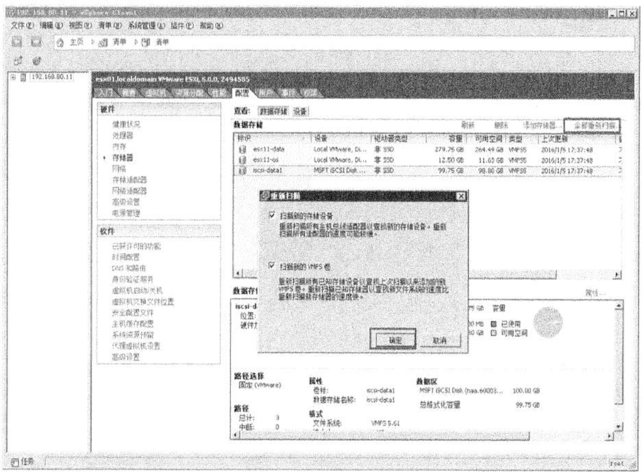

图 3-8-49　重新扫描

（2）在“存储适配器→vmhba33→详细信息”中，可看到容量已经变为 300GB，如图 3-8-50 所示。

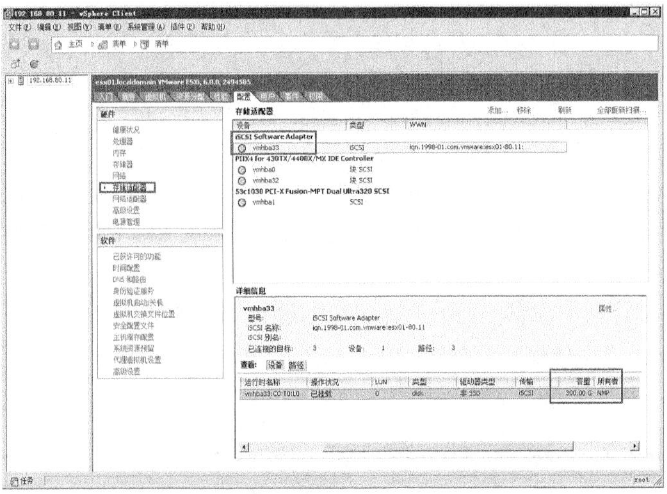

图 3-8-50　连接的容量已经扩充到 300GB

（3）在“配置→存储器”选择“iscsi-data”，当前空间仍然为 98.80GB，单击“属性”按钮，如图 3-8-51 所示。

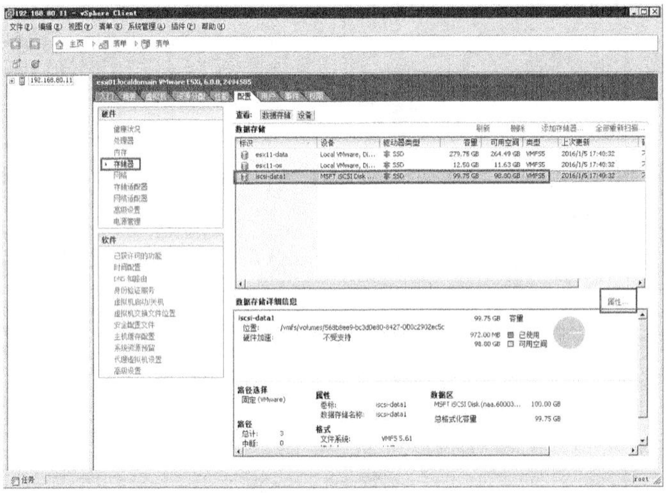

图 3-8-51　存储器属性

（4）进入存储器属性对话框后，看到数据区设备“卷属性”共 99.75GB，而“数据区设备”设备容量是 300GB，主分区容量为 100GB，表示有 200GB 空间可用，单击“增加”按钮进行扩容，如图 3-8-52 所示。

（5）在“数据区设备”对话框中选择 300GB 的磁盘，如图 3-8-53 所示。

（6）在“当前磁盘布局”对话框中显示使用可用空间扩展 VMFS 卷，在“可用”列表中可以看到有 200GB 可用，如图 3-8-54 所示。

（7）在“数据区大小”对话框中选择“最大可用空间”，如图 3-8-55 所示。

（8）在“即将完成”对话框中单击“完成”按钮，如图 3-8-56 所示。

（9）返回到“iscsi-data 属性”对话框中，单击“关闭”按钮，如图 3-8-57 所示。

（10）返回到 VMware ESXi 控制台，可以看到当前存储已经变为 140GB，如图 3-8-58 所示。

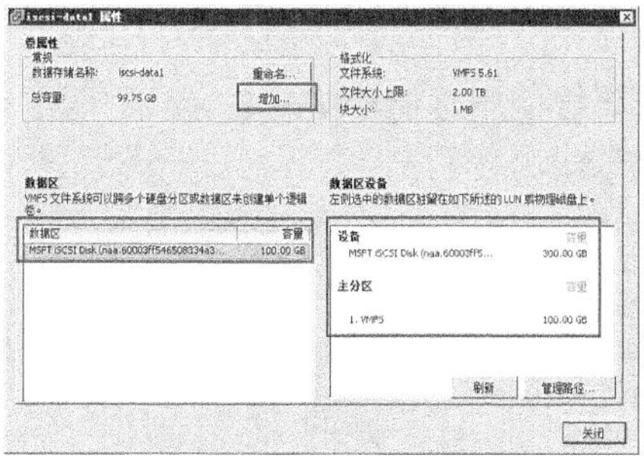

图 3-8-52　增加

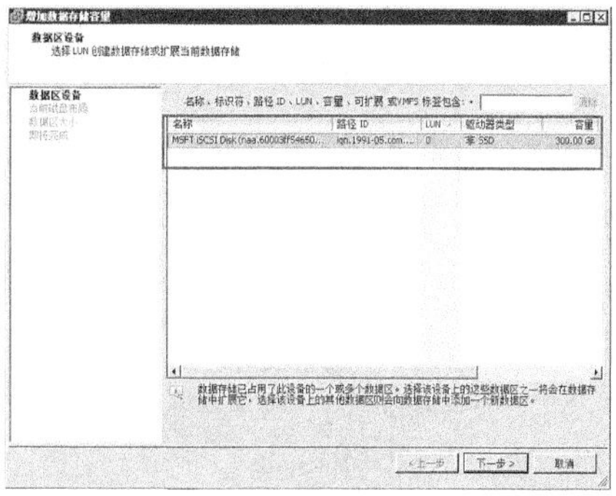

图 3-8-53　选择 LUN 扩展当前数据存储

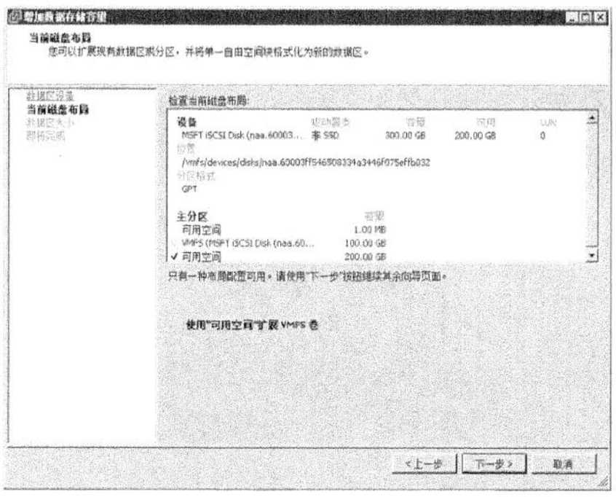

图 3-8-54　当前磁盘布局

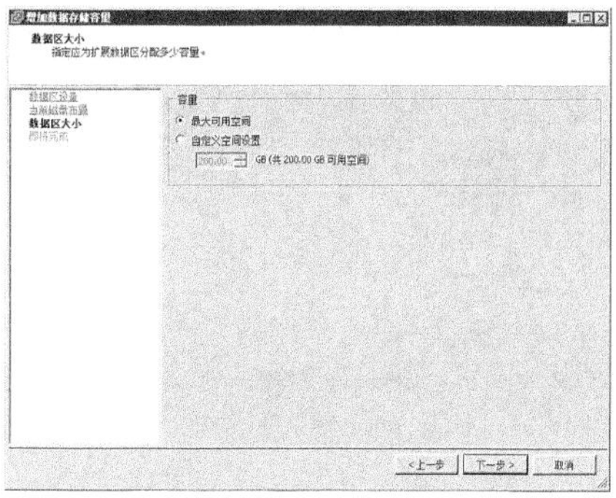

图 3-8-55　最大可用空间

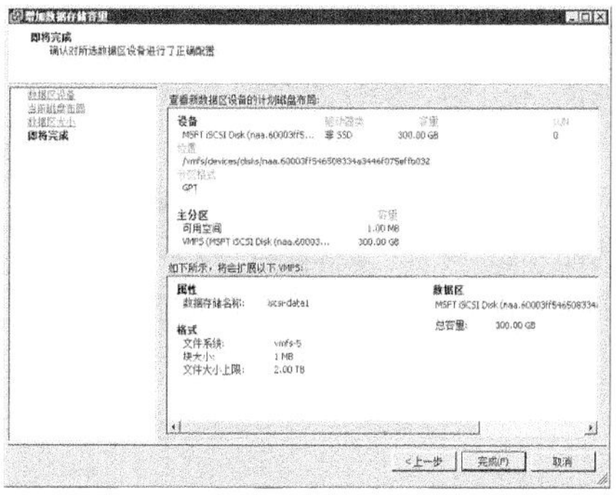

图 3-8-56　即将完成

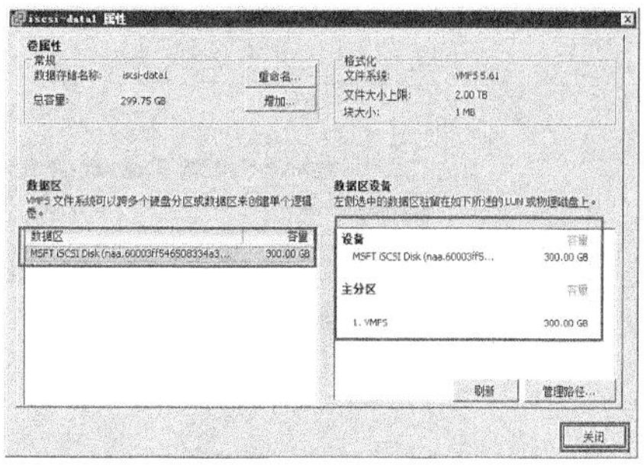

图 3-8-57　关闭

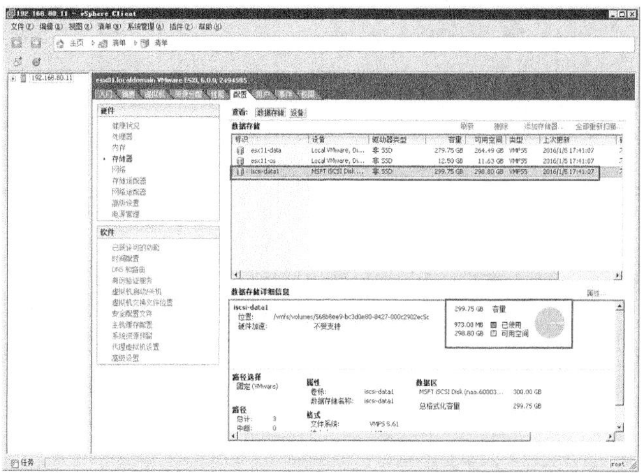

图 3-8-58　存储已经扩充

3.8.13 让虚拟机直接使用 LUN 磁盘

在前文中介绍过，在 VMware ESXi 中还可以直接使用存储中提供的磁盘，而不是再经过将其添加为 ESXi 存储这一步。下面将介绍这方面的内容。

首先在 Windows Server 2008 R2 存储服务器中，再次新建一个 iSCSI 虚拟磁盘，大小为 60GB，并分配给 192.168.80.11 的服务器，主要步骤如下。

（1）在“iSCSI Software Target”对话框，右击“设备”在弹出的快捷菜单中选择“新建虚拟磁盘”，如图 3-8-59 所示。

（2）设置虚拟磁盘名称为 iscsi-ws12r2.vhd，如图 3-8-60 所示。

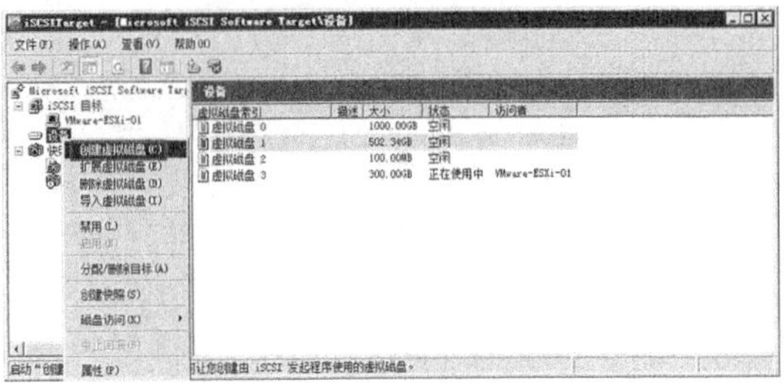

图 3-8-59 新建 iSCSI 虚拟磁盘

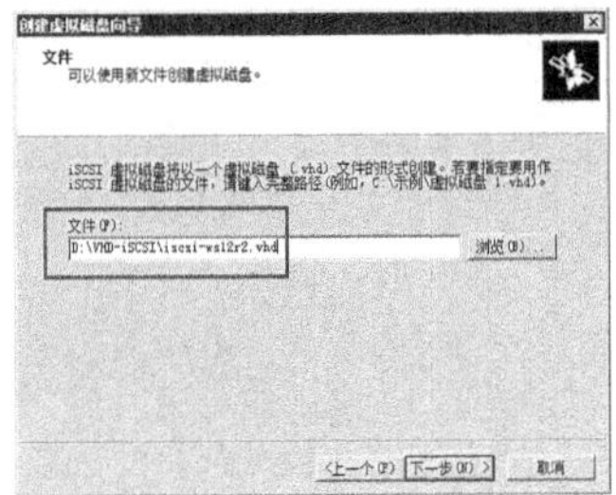

图 3-8-60 设置虚拟磁盘名称

（3）在“指定 iSCSI 虚拟磁盘大小”对话框中设置大小为 61440MB（约 60GB），如图 3-8-61 所示。

（4）在“访问”对话框单击“添加”按钮，在弹出的“添加目标”对话框中选择系统已有的目标，如图 3-8-62 所示。

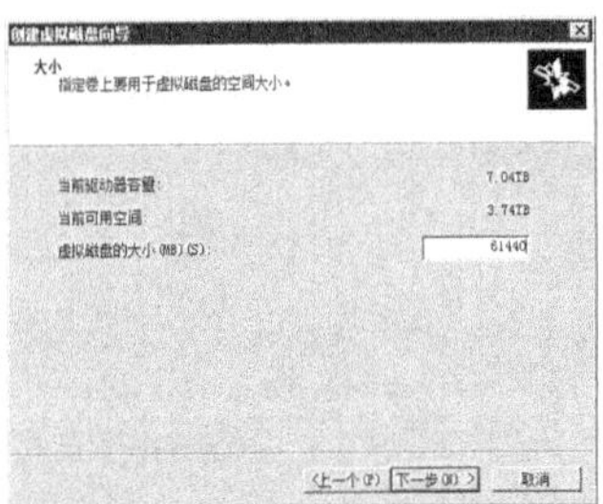

图 3-8-61 设置虚拟磁盘大小

图 3-8-62 分配 iSCSI 目标

（5）返回到“访问”对话框，如图 3-8-63 所示。

（6）在“正在完成创建虚拟磁盘向导”对话框中单击“完成”按钮，如图 3-8-64 所示。

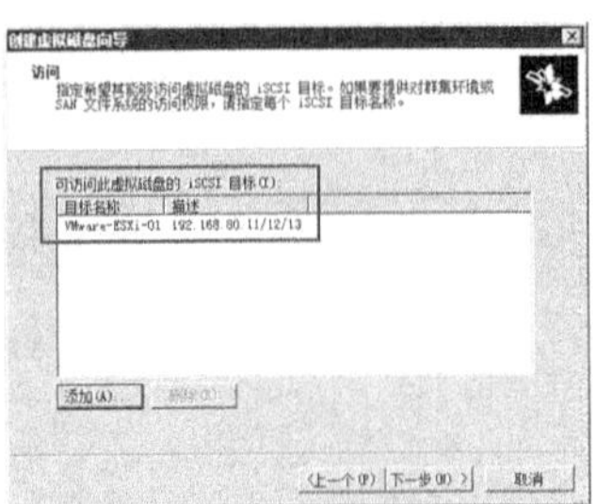

图 3-8-63 确认选择

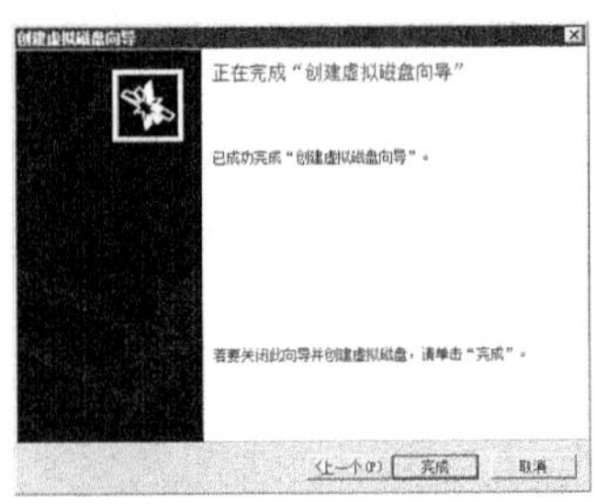

图 3-8-64 查看结果

在创建了 iSCSI 虚拟磁盘之后，返回到 vSphere Client 控制台，请重新扫描存储器，这样才能将 ESXi 服务器"连接"上存储服务器新分配的磁盘空间。

（1）你可以在"配置→存储适配器→iSCSI Software Adapter"选中 iSCSI 软件适配器，单击"全部重新扫描"后，在"详细信息→查看→设备"中可以看到已经添加了一个 iSCSI 磁盘，容量为 60GB，如图 3-8-65 所示。

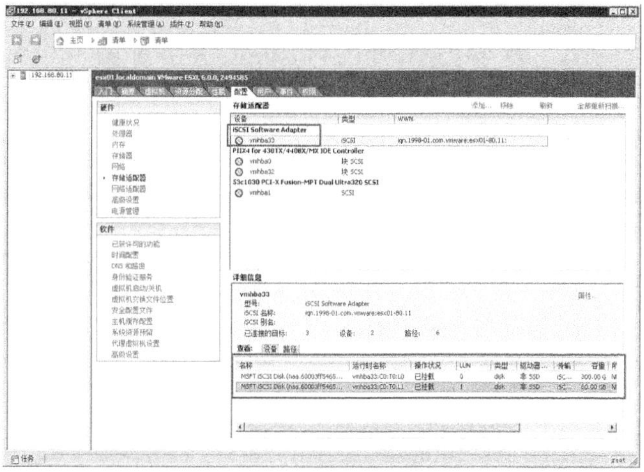

图 3-8-65　重新扫描并找到新添加的磁盘

（2）在 vSphere Client 控制台中，选择"新建虚拟机"命令，如图 3-8-66 所示。

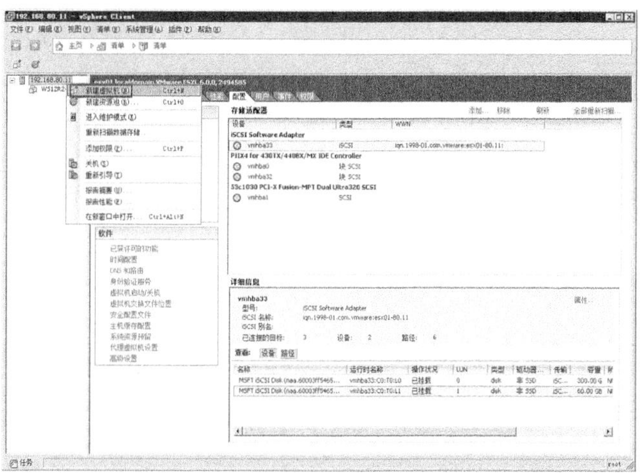

图 3-8-66　新建虚拟机

【说明】使用"裸机映射"磁盘时，不能将 iSCSI 磁盘添加到 ESXi 存储中，上一节中分配的存储并没有添加为 ESXi 存储。

（3）在"配置"对话框中选择"自定义"单选按钮，如图 3-8-67 所示。

（4）在"存储器"对话框为虚拟机文件选择一个目标存储，在此选择 iSCSI 存储或本地存储，如图 3-8-68 所示。

（5）之后选择虚拟机版本，选择客户机操作系统，为虚拟机分配内存、CPU、网络，这些和创建虚拟机一样，不一一介绍。

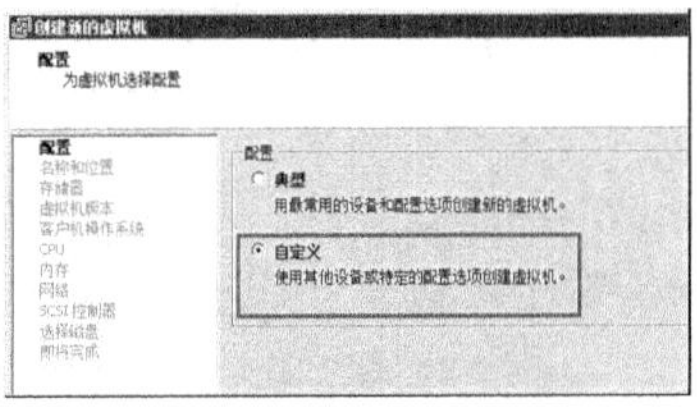

图 3-8-67　自定义虚拟机

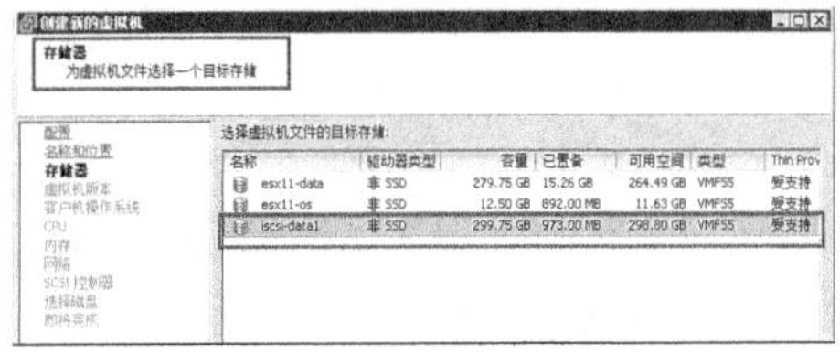

图 3-8-68　选择存储器

（6）在“SCSI 控制器”对话框选择“LSI Logic SAS”，如图 3-8-69 所示。

（7）在“选择磁盘”对话框中可以看到“裸机映射”已经可以使用，这表示有可用的存储映射到 ESXi 主机。选择“裸机映射”，如图 3-8-70 所示。

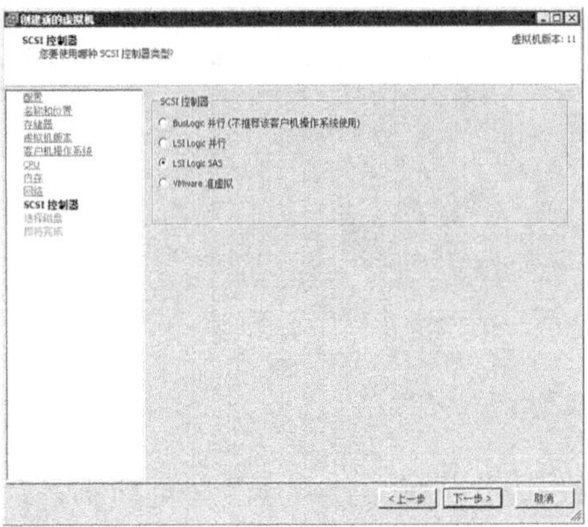

图 3-8-69　SCSI 控制器

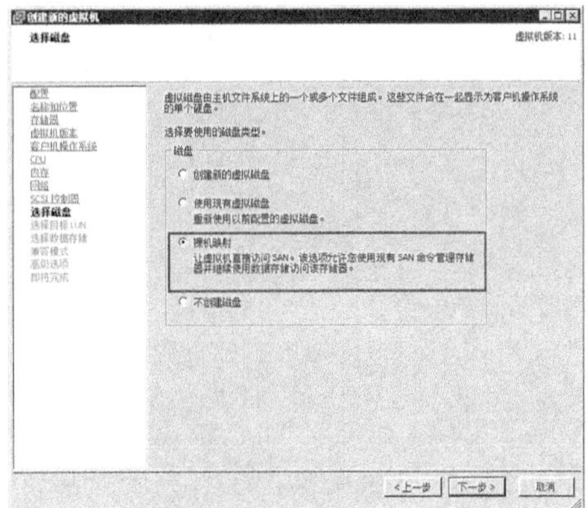

图 3-8-70　选择裸机映射磁盘

（8）在“选择和配置裸 LUN”对话框中选择可用的 LUN 磁盘，在此选择上一节创建的 60GB 磁盘，如图 3-8-71 所示。

（9）在“选择数据存储”对话框中选择要存储 LUN 映射的数据存储，通常选择“与虚拟机存储在同一目录中”，如图 3-8-72 所示。

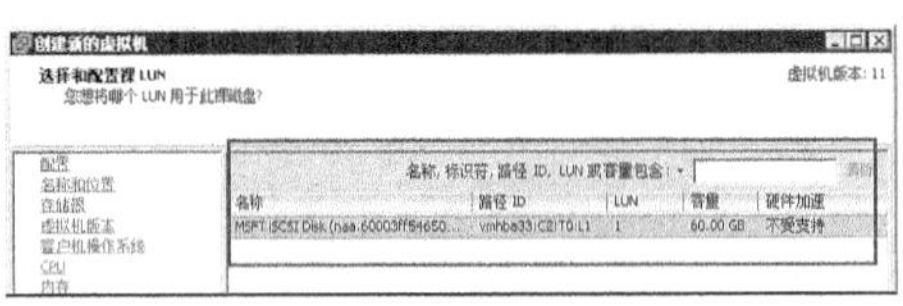

图 3-8-71　选择和配置裸 LUN

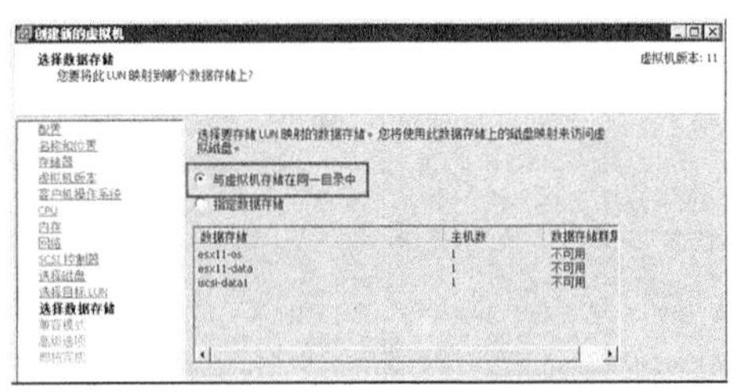

图 3-8-72　选择数据存储

【说明】 让虚拟机直接使用 LUN 磁盘，只是虚拟机磁盘使用 LUN 磁盘，而虚拟机的配置文件等仍然要保存在 ESXi 存储中。

（10）在“选择兼容模式”对话框中选择此虚拟磁盘使用哪种兼容模式，可以在“物理”、“虚拟”两种之间选择，如图 3-8-73 所示。

（11）在“即将完成”对话框中显示了新建虚拟机的相关信息，无误之后单击“完成”按钮，如图 3-8-74 示。

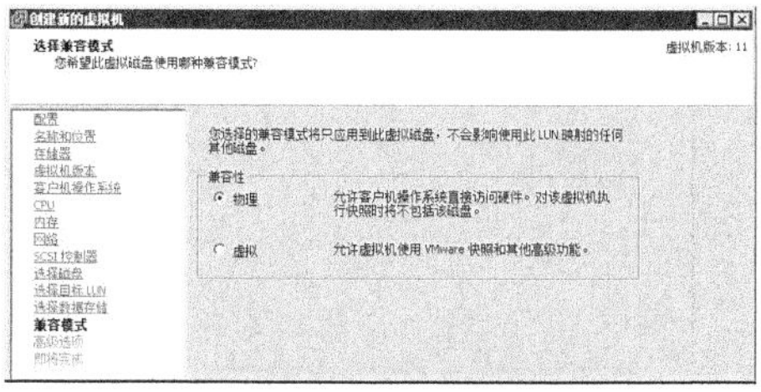

图 3-8-73　选择兼容模式

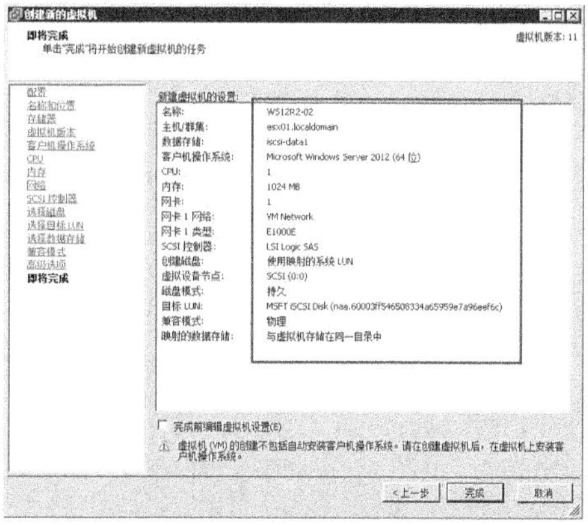

图 3-8-74　完成新建虚拟机

使用 LUN 磁盘的虚拟机，与 ESXi 存储中的虚拟机的使用一样，这些不一一介绍。

第 4 章 安装配置 vCenter Server 6

vSphere 的两个核心组件是 VMware ESXi 和 VMware vCenter Server。ESXi 是用于创建和运行虚拟机的虚拟化平台。vCenter Server 是一种服务，充当连接到网络的 ESXi 主机的中心管理员。vCenter Server 可用于将多个主机的资源加入池中并管理这些资源。vCenter Server 还提供了很多功能，用于监控和管理物理和虚拟基础架构。在第 3 章我们已经介绍了 ESXi，在本章将介绍 vCenter Server。

在规划或实施 vSphere 虚拟化系统时，可以在 Windows 虚拟机或物理服务器上安装 vCenter Server，或者部署 vCenter Server Appliance。

vCenter Server Appliance 是预配置的基于 Linux 的虚拟机，针对运行的 vCenter Server 及 vCenter Server 组件进行了优化。可在运行 ESXi 5.1.x 或更高版本的主机上部署 vCenter Server Appliance。

从 vSphere 6.0 开始，运行的 vCenter Server 和 vCenter Server 组件的所有必备服务都在 VMware Platform Services Controller 中进行捆绑。可以部署具有嵌入式或外部 Platform Services Controller 的 vCenter Server，但是必须始终先安装或部署 Platform Services Controller，然后再安装或部署 vCenter Server。

4.1 vCenter Server 组件和服务

vCenter Server 为虚拟机和主机的管理、操作、资源置备和性能评估提供了一个集中式平台。

安装具有嵌入式 Platform Services Controller 的 vCenter Server 或部署具有嵌入式 Platform Services Controller 的 vCenter Server Appliance 时，vCenter Server、vCenter Server 组件以及 Platform Services Controller 中包含的服务将部署在同一个系统上。

安装具有外部 Platform Services Controller 的 vCenter Server 或部署具有外部 Platform Services Controller 的 vCenter Server Appliance 时，vCenter Server 和 vCenter Server 组件将部署在一个系统上，而 Platform Services Controller 中包含的服务将部署在另一个系统上。

以下组件包含在 vCenter Server 和 vCenter Server Appliance 安装中。

- VMware Platform Services Controller 基础架构服务组：包含 vCenter Single Sign-On、许可证服务、Lookup Service 和 VMware 证书颁发机构。
- vCenter Server 服务组：包含 vCenter Server、vSphere Web Client、Inventory Service、vSphere Auto Deploy、vSphere ESXi Dump Collector、Windows 上的 vSphere Syslog Collector 以及 vCenter Server Appliance 的 vSphere Syslog 服务。

4.1.1　随 VMware Platform Services Controller 一起安装的服务

在安装 VMware Platform Services Controller 时，会同时安装“vCenter Single Sign-On”、“vSphere 许可证服务”、“VMware 证书颁发机构（VMCA）”，下面是这些服务的概述。

（1）vCenter Single Sign-On：vCenter Single Sign-On 身份验证服务为 vSphere 软件组件提供了安全身份验证服务。使用 vCenter Single Sign-On，vSphere 组件可通过安全的令牌交换机制相互通信，而无需每个组件使用目录服务（如 Active Directory）分别对用户进行身份验证。vCenter Single Sign-On 可构建内部安全域（如 vsphere.local），vSphere 解决方案和组件将在安装或升级期间在该域中进行注册，从而提供基础架构资源。vCenter Single Sign-On 可以通过其内部用户和组对用户进行身份验证，或者可以连接到受信任的外部目录服务（如 Microsoft Active Directory）。然后，可以在 vSphere 环境中为经过身份验证的用户分配基于注册的解决方案的权限或角色。

对于 vCenter Server 5.1.x 及更高版本，vCenter Single Sign-On 是可用且必需的。

（2）vSphere 许可证服务：vSphere 许可证服务为连接到单个 Platform Services Controller 或多个链接的 Platform Services Controller 的所有 vCenter Server 系统提供公共许可证清单和管理功能。

（3）VMware 证书颁发机构：默认情况下，VMware 证书颁发机构（VMCA）将使用以 VMCA 作为根证书颁发机构的签名证书置备每个 ESXi 主机。以显式方式将 ESXi 主机添加到 vCenter Server 时进行置备，或在 ESXi 主机安装过程中进行置备。所有 ESXi 证书都存储在本地主机上。

4.1.2　随 vCenter Server 一起安装的服务

安装 vCenter Server 时，将会以静默方式安装以下这些附加组件。这些组件不能单独安装，因为它们没有其自己的安装程序。

（1）vCenter Inventory Service：Inventory Service 用于存储 vCenter Server 配置和清单数据，使你可以跨 vCenter Server 实例搜索和访问清单对象。

（2）PostgreSQL：VMware 分发的用于 vSphere 和 vCloud Hybrid Service 的 PostgreSQL 数据库捆绑版本。

（3）vSphere Web Client：通过 vSphere Web Client，可以使用 Web 浏览器连接到 vCenter Server 实例，以便管理 vSphere 基础架构。

（4）vSphere ESXi Dump Collector：vCenter Server 支持工具。可以将 ESXi 配置为在系统发生严重故障时将 VMkernel 内存保存到网络服务器，而非磁盘。vSphere ESXi Dump Collector 将通过网络收集这些内存转储。

（5）vSphere Syslog Collector：Windows 上的 vCenter Server 支持工具，支持网络日志记录，并可将多台主机的日志合并。可以使用 Syslog Collector 将 ESXi 系统日志定向至网络上的服务器，而非本地磁盘。从其中收集日志的受支持主机的建议最大数目为 30。

（6）vSphere Syslog 服务：vCenter Server Appliance 支持工具，提供了用于系统日志记录、网络日志记录以及从主机收集日志的统一架构。可以使用 vSphere Syslog 服务将 ESXi 系统日志定向至网络上的服务器，而非本地磁盘。从其中收集日志的受支持主机的建议最大数目为 30。

（7）vSphere Auto Deploy：vCenter Server 支持工具，能够使用 ESXi 软件置备大量物理

主机。可以指定要部署的映像以及要使用此映像置备的主机。也可以指定应用到主机的主机配置文件，并且为每个主机指定 vCenter Server 位置（文件夹或群集）。

4.1.3 vCenter Server 部署模型

您可以在运行 Microsoft Windows Server 2008 SP2 或更高版本的虚拟机或物理服务器上安装 vCenter Server，或部署 vCenter Server Appliance。vCenter Server Appliance 是预配置的基于 Linux 的虚拟机，针对运行 vCenter Server 进行了优化。

vSphere 6.0 引入了具有嵌入式 Platform Services Controller 的 vCenter Server 和具有外部 Platform Services Controller 的 vCenter Server。

（1）具有嵌入式 Platform Services Controller 的 vCenter Server：与 Platform Services Controller 捆绑在一起的所有服务都将部署在与 vCenter Server 相同的虚拟机或物理服务器上。

（2）具有外部 Platform Services Controller 的 vCenter Server：与 Platform Services Controller 和 vCenter Server 捆绑在一起的服务将部署在不同的虚拟机或物理服务器上。

必须先将 Platform Services Controller 部署在一个虚拟机或物理服务器上，然后将 vCenter Server 部署在另一个虚拟机或物理服务器上。

【说明】 需要在部署前规划好部署类型，否则在部署后将无法切换模型，这意味着部署具有嵌入式 Platform Services Controller 的 vCenter Server 后，无法切换到具有外部 Platform Services Controller 的 vCenter Server，反之亦然。

1. 具有嵌入式 Platform Services Controller 的 vCenter Server

具有嵌入式 Platform Services Controller 的 vCenter Server 是指将 vCenter Server 和 Platform Services Controller 部署在单个虚拟机或物理服务器上。在大多数的情况下，具有嵌入式 Platform Services Controller 的 vCenter Server 适用于大多数环境。

要在多个 vCenter Server 实例之间提供通用服务（如 vCenter Single Sign-On），可以将具有嵌入式 Platform Services Controller 的 vCenter Server 实例加入同一个 vCenter Single Sign-On 域中。安装具有嵌入式 Platform Services Controller 的 vCenter Server 实例时，系统将提示您创建新的 vCenter Single Sign-On 域或加入现有域。通过加入现有 vCenter Single Sign-On 域，Platform Services Controller 可以相互复制域信息。

这样，每个 vCenter Server 的基础架构数据将复制到所有 Platform Services Controller 中，且每个 Platform Services Controller 都将包含所有 Platform Services Controller 的数据副本。

具有嵌入式 Platform Services Controller 的 vCenter Server 的体系如图 4-1-1 所示。

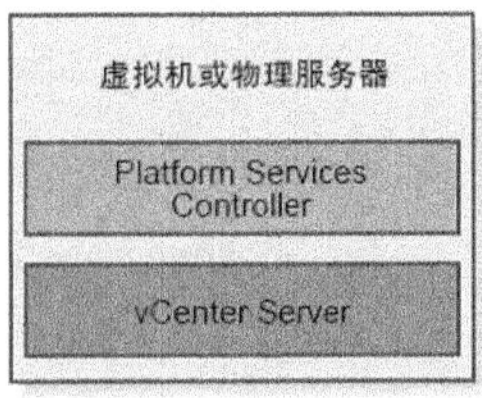

图 4-1-1 单台机器安装 vCenter Server

安装具有嵌入式 Platform Services Controller 的 vCenter Server 具有以下优势。

（1）vCenter Server 与 Platform Services Controller 并非通过网络连接，且由于 vCenter Server 与 Platform Services Controller 之间的连接和名称解析问题，vCenter Server 不容易出现故障。

（2）如果在 Windows 虚拟机或物理服务器上安装 vCenter Server，则需要较少的 Windows 许可证。

（3）您将需要管理较少的虚拟机或物理服务器。

（4）无需负载平衡器即可在 Platform Services Controller 上分布负载。

安装具有嵌入式 Platform Services Controller 的 vCenter Server 具有以下缺点。

（1）每个产品具有一个 Platform Services Controller，这可能已超出所需量。这将消耗更多资源。

（2）该模型适合规模较小的环境。

2. 具有外部 Platform Services Controller 的 vCenter Server

具有外部 Platform ServicesController 的 vCenter Server 是指 vCenter Server 和 Platform Services Controller 部署在不同的虚拟机或物理服务器上。可以在多个 vCenter Server 实例之间共享 Platform Services Controller。可以安装一个 Platform Services Controller，然后安装多个 vCenter Server 实例，并将其注册到 Platform Services Controller 中。随后，可以安装另一个 Platform Services Controller，将其配置为复制第一个 Platform Services Controller 的数据，然后安装 vCenter Server 实例并将其注册到第二个 Platform Services Controller 中。具有外部 Platform Services Controller 的 vCenter Server 的体系结构如图 4-1-2 所示。

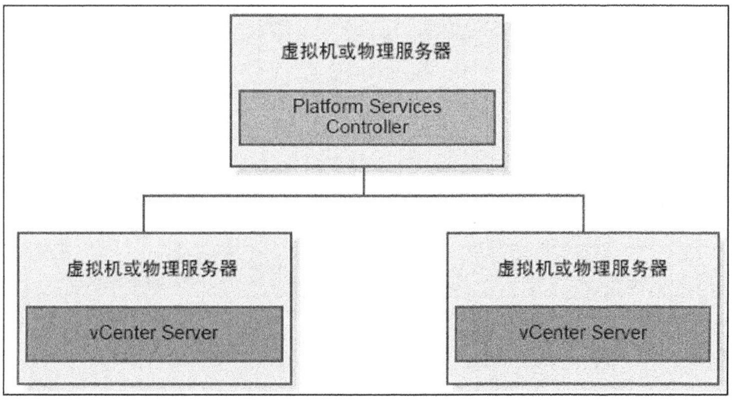

图 4-1-2　具有外部 Platform Services Controller 的 vCenter Server

安装具有外部 Platform Services Controller 的 vCenter Server 具有以下优势。

（1）Platform Services Controller 中的组合服务消耗较少的资源，可减少内存占用量和维护。

（2）您的环境中可以包含多个 vCenter Server 实例。

安装具有外部 Platform Services Controller 的 vCenter Server 具有以下缺点。

（1）vCenter Server 与 Platform Services Controller 通过网络建立连接，容易产生连接和名称解析问题。

（2）如果在 Windows 虚拟机或物理服务器上安装 vCenter Server，则需要较多的 Microsoft Windows 许可证。

（3）您需要管理较多虚拟机或物理服务器。

3. 混合平台环境

安装在 Windows 上的 vCenter Server 实例可以注册到 Windows 上安装的 Platform Services Controller 中或 Platform Services Controller 设备中。vCenter Server Appliance 可以注册到 Windows 上安装的 Platform Services Controller 中或 Platform Services Controller 设备中。vCenter Server 和 vCenter Server Appliance 可以注册到域中的同一个 Platform Services Controller 中。

具有 Windows 上安装的外部 Platform Services Controller 的混合平台环境示例如图 4-1-3 所示，具有外部 Platform Services Controller 设备的混合平台环境示例如图 4-1-4 所示。

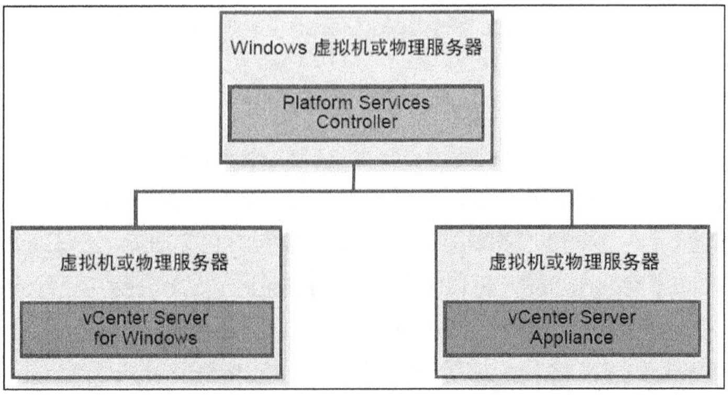

图 4-1-3　具有 Windows 上安装的外部 Platform Services Controller 的混合平台环境示例

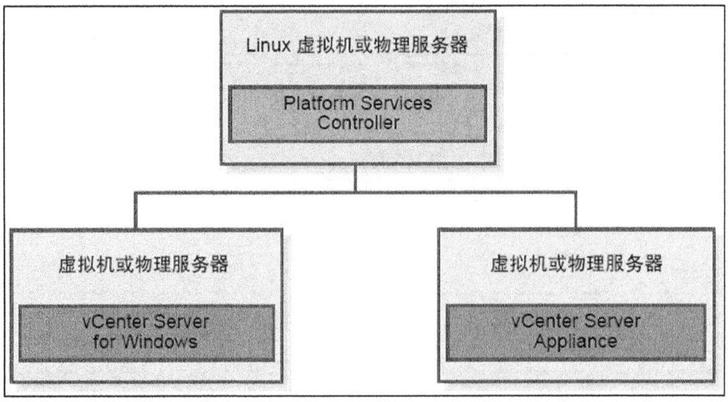

图 4-1-4　具有外部 Platform Services Controller 设备的混合平台环境示例

具有许多可复制其基础架构数据的 Platform Services Controller 可确保系统的高可用性。

如果最初向其注册 vCenter Server 实例或 vCenter Server Appliance 的 Platform Services Controller 停止响应，您可以将 vCenter Server 或 vCenter Server Appliance 重新指向域中的其他外部 Platform Services Controller。

4. 增强型链接模式概览

增强型链接模式通过使用一个或多个 Platform Services Controller 将多个 vCenter Server 系统连接在一起。通过增强型链接模式，您可以查看和搜索所有链接的 vCenter Server 系统，并复制角色、权限、许可证、策略和标记。

安装 vCenter Server 或部署具有嵌入式 Platform Services Controller 的 vCenter Server Appliance 时，可以选择是创建新的 vCenter Single Sign-On 域，还是加入现有域。安装或部署新的 Platform Services Controller 时，也可以选择是创建新的 vCenter Single Sign-On 域，还是加入现有域。如果已安装或部署 Platform Services Controller 且已创建 vCenter Single Sign-On 域，则可以选择加入现有的 vCenter Single Sign-On 域。加入现有的 vCenter Single Sign-On 域时，将在现有的 Platform Services Controller 和新的 Platform Services Controller 之间复制数据，并在两个 Platform Services Controller 之间复制基础架构数据。

使用增强型链接模式，不仅可以连接 Windows 上正在运行的 vCenter Server 系统，还可以连接多个 vCenter Server Appliance。您还可以具有多个 vCenter Server 系统和 vCenter Server Appliance 链接在一起的环境。

如果安装具有外部 Platform Services Controller 的 vCenter Server，则首先必须在一台虚拟

机或物理服务器上部署 Platform Services Controller，然后在另一台虚拟机或物理服务器上部署 vCenter Server。安装 vCenter Server 时，必须选择外部 Platform Services Controller。确保选择的 Platform Services Controller 是外部独立的 Platform Services Controller。选择属于嵌入式安装的现有 Platform Services Controller 不受支持且无法在部署后重新配置。

4.2　vCenter Server 6 系统需求

在 Windows 上运行的 vCenter Server、预置备的 vCenter Server Appliance 和 ESXi 实例的系统必须满足特定的硬件和操作系统要求。

4.2.1　vCenter Server for Windows 要求

要在 Windows 虚拟机或物理服务器上安装 vCenter Server，您的系统必须满足特定的硬件和软件要求。

（1）同步计划安装 vCenter Server 和 Platform Services Controller 的虚拟机的时钟。

（2）确认虚拟机或物理服务器的 DNS 名称与实际的完整计算机名称相匹配。

（3）确认要安装或升级 vCenter Server 的虚拟机或物理服务器的主机名称符合 RFC 1123 准则（NetBIOS 名称 15 个字符，主机名每个标签 63 字符，每个 FQDN 255 字符，例如 abcd15.def63.a-63_255）。

（4）确认要安装 vCenter Server 的系统不是 Active Directory 域控制器。

（5）如果 vCenter Server 服务正在“本地系统”账户之外的用户账户中运行，请确认运行 vCenter Server 服务的用户账户拥有以下权限。

- 管理员组的成员
- 作为服务登录
- 以操作系统方式执行（如果该用户是域用户）

（6）如果用于 vCenter Server 安装的系统属于工作组，而不属于域，则并非所有功能都可用于 vCenter Server。如果系统属于工作组，则 vCenter Server 系统在使用一些功能时，将无法发现网络上可用的所有域和系统。安装后，如果希望添加 Active Directory 标识源，则您的主机必须连接域。

（7）验证“本地服务”账户是否对安装了 vCenter Server 的文件夹和 HKLM 注册表具有读取权限。

（8）确认虚拟机或物理服务器和域控制器之间的连接正常。

在安装 vCenter Server 和 Platform Services Controller 时，安装程序会进行预安装检查，例如，验证要安装 vCenter Server 的虚拟机或物理服务器上是否有足够的可用空间，以及验证是否可以成功访问外部数据库（如有）。

在部署具有嵌入式 Platform Services Controller 或外部 Platform Services Controller 的 vCenter Server 时，vCenter Single Sign-On 会作为 Platform Services Controller 的一部分进行安装。在安装时，安装程序会提供选项，让您选择是否加入现有的 vCenter Single Sign-On 服务器域。如果您提供其他 vCenter Single Sign-On 服务的信息，安装程序将使用管理员账户检查主机名称和密码，在确认您提供的 vCenter Single Sign-On 服务器详细信息能够通过身份验证后，再继续执行安装过程。

预安装检查程序会检查环境的以下几个方面。

- Windows 版本
- 最低处理器要求
- 最低内存要求
- 最低磁盘空间要求
- 对选定的安装和数据目录的权限
- 内部和外部端口可用性
- 外部数据库版本
- 外部数据库连接性
- Windows 计算机上的管理员特权
- 输入的任何凭据

4.2.2 vCenter Server for Windows 需求

在运行 Microsoft Windows 的虚拟机或物理服务器上安装 vCenter Server 时，您的系统必须满足特定的硬件要求。

vCenter Server 和 Platform Services Controller 可以安装在同一台虚拟机或物理服务器上，也可以安装在不同的虚拟机或物理服务器上。在安装具有嵌入式 Platform Services Controller 的 vCenter Server 时，请将 vCenter Server 和 Platform Services Controller 安装在同一台虚拟机或物理服务器上。在安装具有外部 Platform Services Controller 的 vCenter Server 时，请首先将包含所有必要服务的 Platform Services Controller 安装到一台虚拟机或物理服务器上，然后再将 vCenter Server 和 vCenter Server 组件安装到另一台虚拟机或物理服务器上。表 4-1 所示是在 Windows 计算机上安装 vCenter Server 的建议最低硬件要求。

表 4-1 在 Windows 计算机上安装 vCenter Server 的建议最低硬件要求

	Platform Services Controller	微型环境（最多 10 个主机、100 个虚拟机）	小型环境（最多 100 个主机、1000 个虚拟机）	中型环境（最多 400 个主机、4000 个虚拟机）	大型环境（最多 1000 个主机、10000 个虚拟机）
CPU 数目	2	2	4	8	16
内存	2GB	8GB	16GB	24GB	32GB
硬盘空间	4GB	17GB	17GB	17GB	17GB

【注意】 不支持在网络驱动器或 USB 闪存驱动器上安装 vCenter Server。

安装 vCenter Server for Windows，要确保您的操作系统支持 vCenter Server。vCenter Server 要求使用 64 位操作系统，vCenter Server 需要使用 64 位系统 DSN 才能连接到外部数据库。

vCenter Server 支持的 Windows Server 最早版本是 Windows Server 2008 SP2。您的 Windows Server 必须已安装最新更新和修补程序。

vCenter Server 需要使用数据库存储和组织服务器数据。

每个 vCenter Server 实例必须具有其自身的数据库。对于最多使用 20 台主机、200 个虚拟机的环境，可以使用捆绑的 PostgreSQL 数据库，vCenter Server 安装程序可在 vCenter Server 安装期间为您安装和设置该数据库。更大规模的安装需要受支持的数据库。

4.2.3 vCenter Server Appliance 需求

vCenter Server Appliance 可在运行 ESXi 5.1.x 或更高版本的主机上部署 vCenter Server Appliance。此外，系统还必须满足软件和硬件要求。在使用完全限定域名时，确保用于部署 vCenter Server Appliance 的计算机和 ESXi 主机位于同一 DNS 服务器上。

在部署 vCenter Server Appliance 之前，请同步 vSphere 网络上所有虚拟机的时钟。如果时钟未同步，可能会产生验证问题，也可能会使安装失败或使 vCenter Server 服务无法启动。

在部署 vCenter Server Appliance 时，您可以选择部署适合 vSphere 环境大小的 vCenter Server Appliance。您选择的选项将决定 vCenter Server Appliance 所拥有的 CPU 数量和内存大小。CPU 数量和内存大小等硬件要求取决于 vSphere 清单的大小，如表 4-2 所示。

表 4-2 VMware vCenter Server Appliance 的硬件要求

	Platform Services Controller	微型环境（最多 10 个主机、100 个虚拟机）	小型环境（最多 100 个主机、1000 个虚拟机）	中型环境（最多 400 个主机、4000 个虚拟机）	大型环境（最多 1000 个主机、10000 个虚拟机）
CPU 数目	2	2	4	8	16
内存	2GB	8GB	16GB	24GB	32GB

在部署 vCenter Server Appliance 时，部署 vCenter Server Appliance 所在的主机必须满足最低的存储要求。存储要求不但取决于 vSphere 环境的大小，还取决于磁盘置备模式。存储要求取决于您要部署的部署模型，如表 4-3 所示。

表 4-3 取决于部署模型的 vCenter Server 最低存储要求

	具有嵌入式 Platform Services Controller 的 vCenter Server Appliance	具有外部 Platform Services Controller 的 vCenter Server Appliance	外部 Platform Services Controller 设备
微型环境（最多 10 个主机、100 个虚拟机）	120GB	86GB	30GB
小型环境（最多 100 个主机、1000 个虚拟机）	150GB	108GB	30GB
中型环境（最多 400 个主机、4000 个虚拟机）	300GB	220GB	30GB
大型环境（最多 1000 个主机、10000 个虚拟机）	450GB	280GB	30GB

4.2.4 vCenter Server Appliance 中包含的软件

vCenter Server Appliance 是基于 Linux 的预配置虚拟机，针对运行 vCenter Server 及关联服务进行了优化。vCenter Server Appliance 软件包包含以下软件。

- SUSE Linux Enterprise Server 11 Update 3 for VMware，64 位版本
- PostgreSQL
- vCenter Server 6.0 和 vCenter Server 6.0 组件

4.2.5 vCenter Server Appliance 软件要求

VMware vCenter Server Appliance 只能在运行 ESXi 版本 5.1 或更高版本的主机上部署。

仅可使用客户端集成插件部署 vCenter Server Appliance。该插件是一个适用于 Windows 的 HTML 安装程序，您可以用它直接连接到 ESXi 5.1.x、ESXi 5.5.x 或 ESXi 6.0 主机并在主机上部署 vCenter Server Appliance。

【注意】 无法使用 vSphere Client 或 vSphere Web Client 部署 vCenter Server Appliance。在部署 vCenter Server Appliance 的过程中，必须提供各种输入，如操作系统和 vCenter Single Sign-On 密码。如果尝试使用 vSphere Client 或 vSphere Web Client 部署设备，系统将不会提示您提供此类输入且部署将失败。

【说明】 虽然 VMware 官方文档表示不能使用 vSphere Client 或 vSphere Web Client 部署 vCenter Server Appliance，但实际上可以将 vCenter Server Appliance 部署在 VMware Workstation 虚拟机中使用，此时部署的 vCenter Server Appliance 是一个具有嵌入式 Platform Services Controller 的 vCenter Server，不像正常部署一样可以定制选择部署 Platform Services Controller 和部署使用外部的 Platform Services Controller 的 vCenter Server。

4.2.6 vCenter Server Appliance 数据库要求

vCenter Server Appliance 需要使用数据库存储和组织服务器数据。

每个 vCenter Server Appliance 实例必须具有其自身的数据库。您可以使用包含在 vCenter Server Appliance 中的捆绑 PostgreSQL 数据库，它最多可支持 1000 个主机和 10000 个虚拟机。

对于外部数据库，vCenter Server Appliance 仅支持 Oracle 数据库。这些 Oracle 数据库版本相同，显示在您所安装的 vCenter Server 版本的 VMware 产品互操作性列表中。

4.2.7 vSphere DNS 要求

与其他任何网络服务器一样，应在具有固定 IP 地址和众所周知的 DNS 名称的主机上安装或升级 vCenter Server，以便客户端能可靠地访问该服务。

为向 vCenter Server 系统提供主机服务的 Windows 服务器分配一个静态 IP 地址和主机名。该 IP 地址必须具有有效（内部）域名系统（DNS）注册。安装 vCenter Server 和 Platform Services Controller 时，必须提供正在执行安装或升级的主机的完全限定域名（FQDN）或静态 IP。建议使用 FQDN。

部署 vCenter Server Appliance 时，可以向该 Applianc 分配一个静态 IP。这样，可以确保 vCenter Server Appliance 的 IP 地址在系统重新启动后仍然保持不变。

确保在使用安装了 vCenter Server 的主机的 IP 地址进行查询时，DNS 反向查询会返回 FQDN。安装或升级 vCenter Server 时，如果安装程序不能通过 vCenter Server 主机的 IP 地址查找其完全限定域名，则支持 vSphere Web Client 的 Web 服务器组件的安装或升级将会失败。反向查询是使用 PTR 记录来实现的。

如果使用的是 vCenter Server 的 DHCP，而不是静态 IP 地址，请确保 vCenter Server 计算机名称已在域名服务(DNS)中更新。如果可以 ping 计算机名称，则该名称已在 DNS 中更新。

确保 ESXi 主机管理接口可以从 vCenter Server 和所有 vSphere Web Client 实例进行有效的 DNS 解析。确保 vCenter Server 可以从所有 ESXi 主机和 vSphere Web Client 进行有效的 DNS 解析。

4.2.8　验证 FQDN 是否可解析

与其他任何网络服务器一样，应在具有固定 IP 地址和众所周知的 DNS 名称的虚拟机或物理服务器上安装或升级 vCenter Server，以便客户端能可靠地访问该服务。

如果要对安装或升级 vCenter Server 的虚拟机或物理服务器使用 FQDN，则必须验证 FQDN 是否可解析。步骤如下：

在 Windows 命令提示符中，运行 nslookup 命令。

```
nslookup -nosearch -nodefname your_vCenter_Server_FQDN
```

如果 FQDN 可解析，则 nslookup 命令会返回 vCenter Server 虚拟机或物理服务器的 IP 地址和名称。

4.3　在 Windows 系统安装 vCenter Server

可以在 Microsoft Windows 虚拟机或物理服务器上安装 vCenter Server 以管理 vSphere 环境。在安装 vCenter Server 之后，只有用户 administrator@your_domain_name 具有登录到 vCenter Server 系统的特权。administrator@your_domain_name 用户可以执行以下任务。

- 将在其中定义了其他用户和组的标识源添加到 vCenter Single Sign-On 中。
- 将角色分配给用户和组以授予其特权。

本节将介绍在 Windows Server 服务器（虚拟机或物理机）安装 vCenter Server 的内容，这包括以下两种。

- 安装具有嵌入式 Platform Services Controller 的 vCenter Server。
- 安装具有外部 Platform Services Controller 的 vCenter Server。

为了完整地了解 vCenter Server 的安装，我们规划了图 4-3-1 的拓扑图。在图 4-3-1 中，有一台 DNS 服务器，域名为 192.168.80.17，其他的则有 SQL Server 服务器、VMware ESXi 主机，以及 vCenter Server 服务器、vCenter Server Appliance 的服务器。

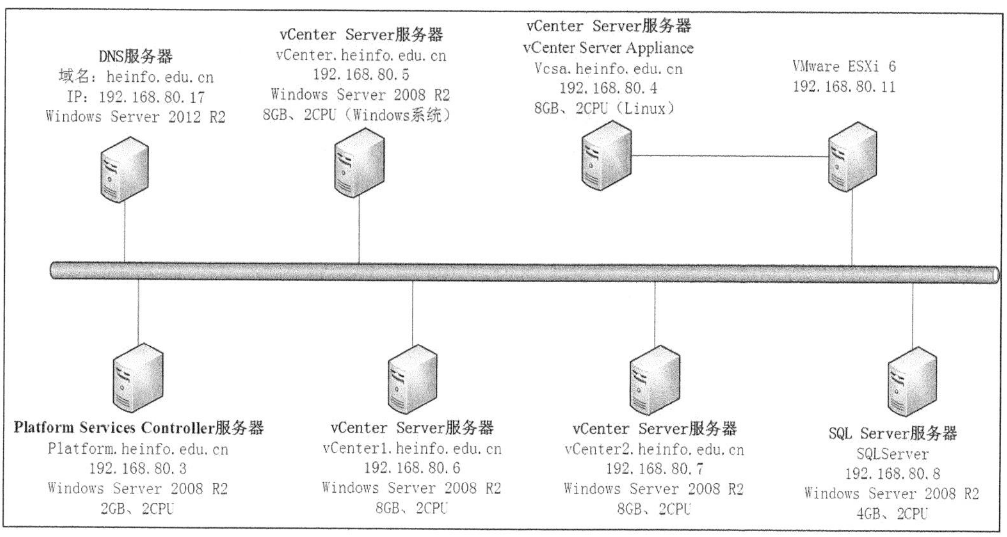

图 4-3-1　实验拓扑图

各服务器的关系如表 4-4 所示。

表 4-4 实验拓扑中各服务器的名称、作用等相关信息

用　途	名　称	IP 地址	描　述
DNS 服务器	heinfo.edu.cn	192.168.80.17	
vCenter	vCenter.heinfo.edu.cn	192.168.80.5	具有嵌入式 Platform Services Controller 的 vCenter Server
platform	platform.heinfo.edu.cn	192.168.80.3	Platform Services Controller
vCenter1	vcenter1.heinfo.edu.cn	192.168.80.6	vCenter Server，需要加入到 platform.heinfo.edu.cn
vCenter2	vcenter2.heinfo.edu.cn	192.168.80.7	vCenter Server，需要加入到 platform.heinfo.edu.cn，需要使用 SQL Server 提供的数据库
SQL Server	sqlserver	192.168.80.8	SQL Server 2008 R2 数据库，打 SP1 补丁
vcsa	vcsa.heinfo.edu.cn	192.168.80.4	基于 Linux 的 vCenter Server Appliance

4.3.1 准备 Active Directory 及 DNS 服务器

在实验之前，我们在 VMware Workstation 中创建一个 Windows Server 2012 R2 的虚拟机，并在该虚拟机中安装 Windows Server 2012 R2，并将其升级到 Active Directory（设置域名为 heinfo.edu.cn），配置 DNS 服务器，在 DNS 服务器中，参照表 4-4 为各主机配置 A 记录。首先介绍在 VMware Workstation 中创建 Windows Server 2012 R2 虚拟机的信息。

（1）在 VMware Workstation 中创建一个名为 WS12R2-DC-80.17 的虚拟机，为虚拟机分配 1 个 CPU、1GB 内存，使用 VMnet8 虚拟网卡，80GB 的硬盘空间，如图 4-3-2 所示。

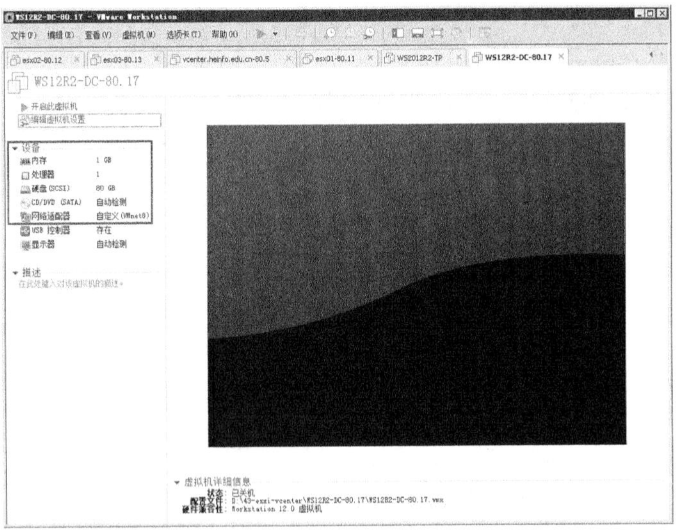

图 4-3-2 创建 WS12R2 虚拟机

（2）启动虚拟机，为虚拟机安装 Windows Server 2012 R2 数据中心版，之后安装 VMware Tools。这些不一一介绍。

（3）再次进入系统之后，为当前计算机设置 IP 地址为 192.168.80.17，子网掩码为 255.255.255.0，设置 DNS 为 192.168.80.17 或 127.0.0.1，如图 4-3-3 所示。

（4）修改计算机名称为 DCSer，如图 4-3-4 所示。如果是刚修改了名称，请重新启动虚拟机。

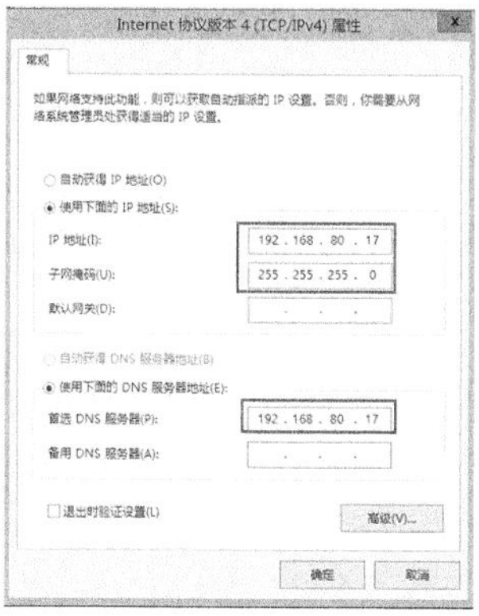

图 4-3-3　设置 IP 地址

图 4-3-4　修改计算机名称

在设置好 IP 地址，修改计算机名称之后，将当前计算机升级到 Active Directory，主要步骤如下。

（1）在“服务器管理器→所有服务器→仪表板”中单击“添加角色和功能”，如图 4-3-5 所示。

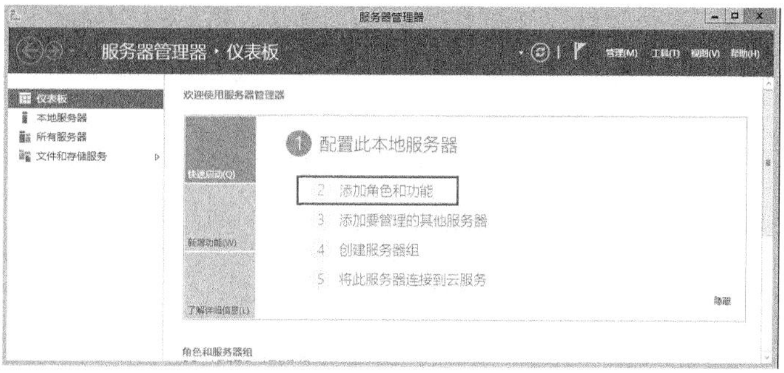

图 4-3-5　添加角色和功能

（2）在“选择安装类型”对话框选择“基于角色或基于功能的安装”，如图 4-3-6 所示。

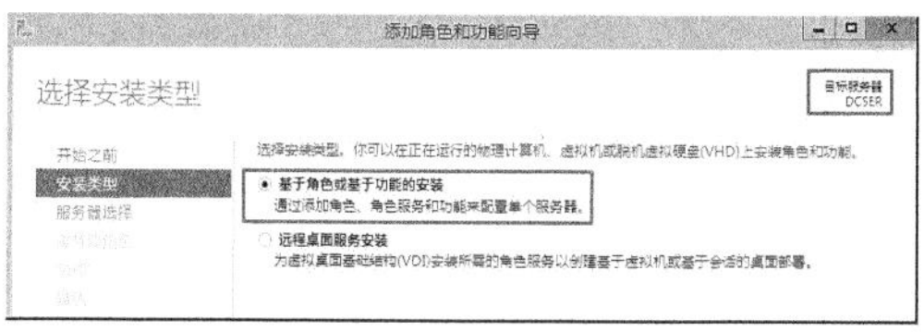

图 4-3-6　选择安装类型

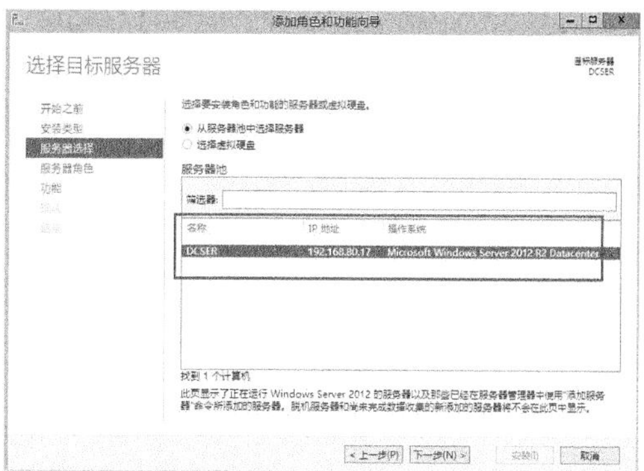

图 4-3-7　选择目标服务器

（3）在“选择目标服务器”对话框选择“从服务器池中选择服务器”，并选择 DCSER，如图 4-3-7 所示。当在服务器池中有多个服务器时，可以在此选择要在哪台计算机上安装角色或功能。

（4）在“选择服务器角色”对话框“角色”列表中单击“Active Directory 域服务”，随后会弹出“添加 Active Directory 域服务所需的功能”对话框，单击“添加功能”按钮添加，如图 4-3-8 所示。

（5）在“选择功能”对话框选择要安装的一个或多个功能，如图 4-3-9 所示。在此不安装功能。

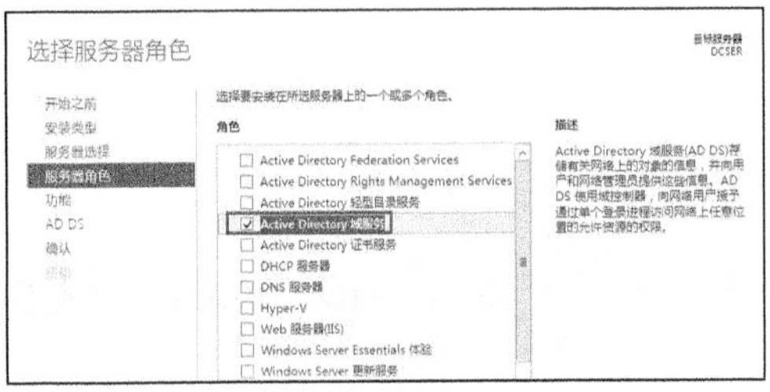

图 4-3-8　选择服务器角色

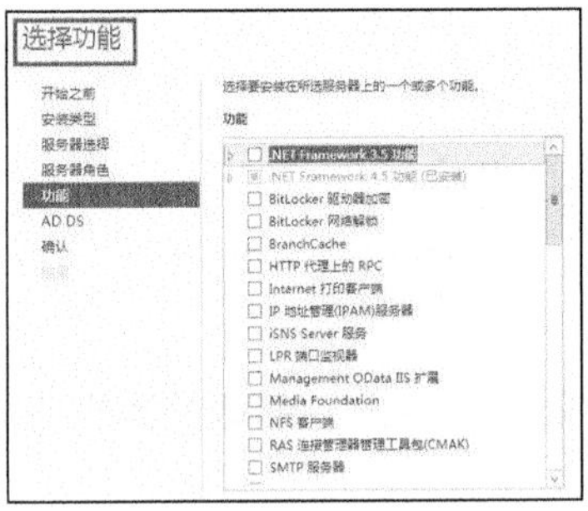

图 4-3-9　选择功能

（6）在“Active Directory 域服务”对话框显示了 Active Directory 介绍及注意事项，如图 4-3-10 所示。

（7）在“确认安装所选内容”对话框单击“安装”按钮，如图 4-3-11 所示。

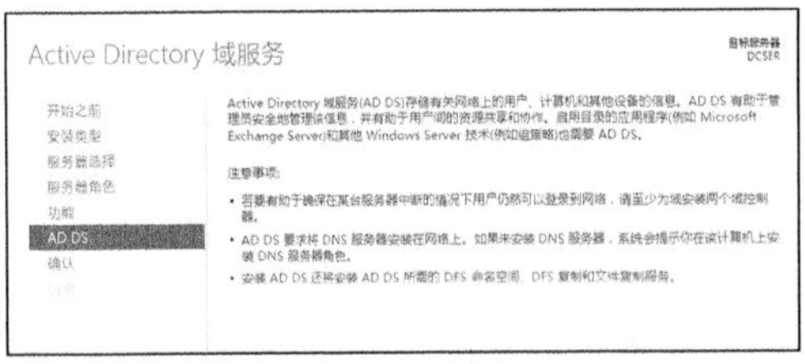

图 4-3-10　Active Directory 域服务

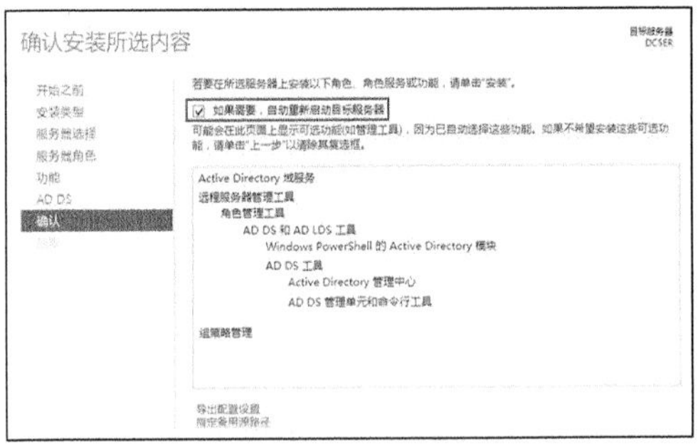

图 4-3-11　确认安装所选内容

（8）在“安装进度”对话框显示了安装的进度，如图 4-3-12 所示，单击“关闭”按钮，当前的配置完成。

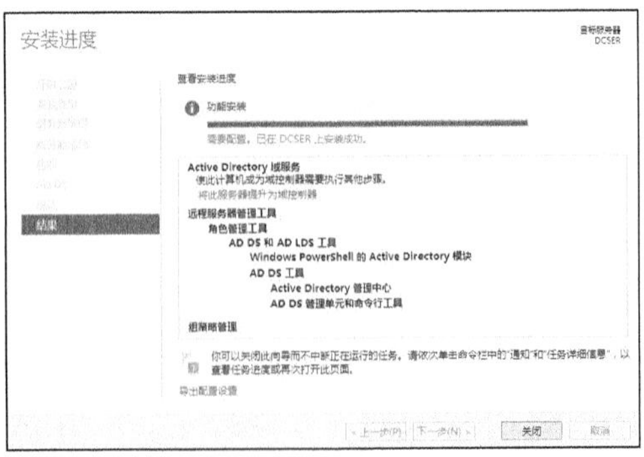

图 4-3-12　安装进度

（9）在“服务器管理器”中单击工具栏上的“”链接，在弹出的快捷菜单中选择“将此服务器提升为域控制器”的链接，如图 4-3-13 所示。

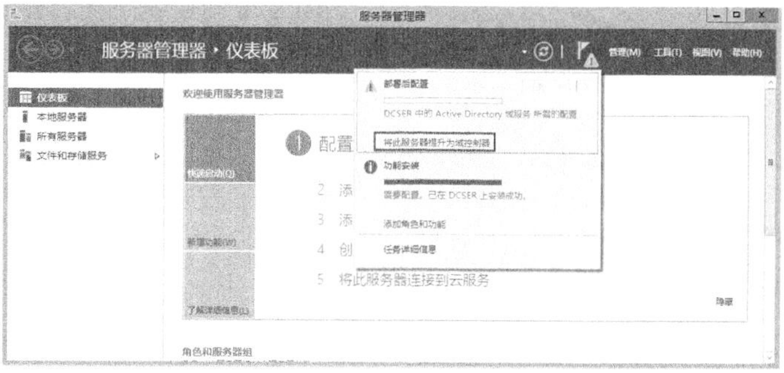

图 4-3-13　将此服务器提升为域控制器

（10）在“部署配置”对话框“选择部署操作”选项中单击“添加新林”单选按钮，在“根域名”文本框中，输入新创建的 Active Directory 域名，在此命名为 heinfo.edu.cn，如图 4-3-14 所示。

（11）在“域控制器选择”对话框“林功能级别”与“域功能级别”列表中选择新林和根域的功能级别，在此选择“Windows Server 2012 R2”，在“指定域控制器功能”选项中选择“域名系统（DNS）服务器”复选框，然后在“键入目录服务还原模式（DSRM）密码”的密码框中输入 Active Directory 还原模式密码，如图 4-3-15 所示。

图 4-3-14　部署配置

图 4-3-15　域控制器选择

（12）在“DNS 选项”中显示了 DNS 信息，单击“下一步”按钮，如图 4-3-16 所示。

（13）在“其他选项”对话框中显示了域的 NetBIOS 名称，在此为 heinfo，如图 4-3-17 所示。

图 4-3-16　DNS 选项

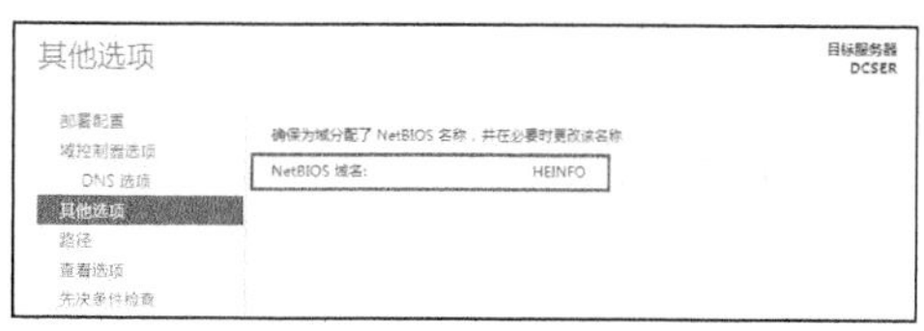

图 4-3-17　其他选项

（14）在“路径”选项显示了数据库文件夹、日志文件夹、SYSVOL 文件夹的默认位置，如图 4-3-18 所示。

（15）在“查看选项”对话框显示了配置 Active Directory 的选项，无误之后单击“下一步”按钮，如果需要修改，依次单击“上一步”按钮返回并逐一修改，如图 4-3-19 所示。

（16）在“先决条件检查”对话框，安装向导会在此计算机上验证安装 Active Directory 先决条件，当所有先决条件检查通过后，单击“安装”按钮，如图 4-3-20 所示。

（17）之后会开始安装，直到安装完成，如图 4-3-21 所示。

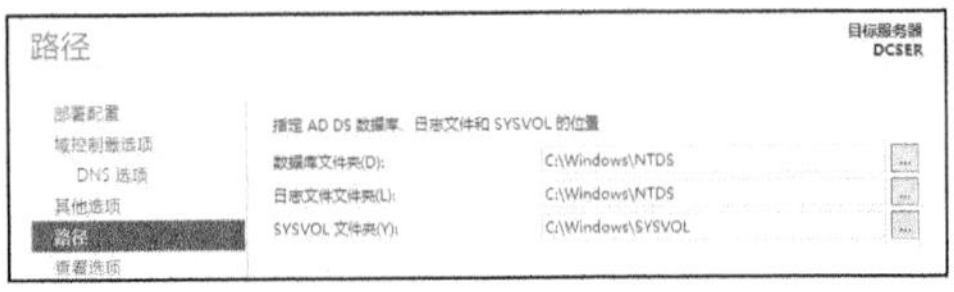

图 4-3-18　路径

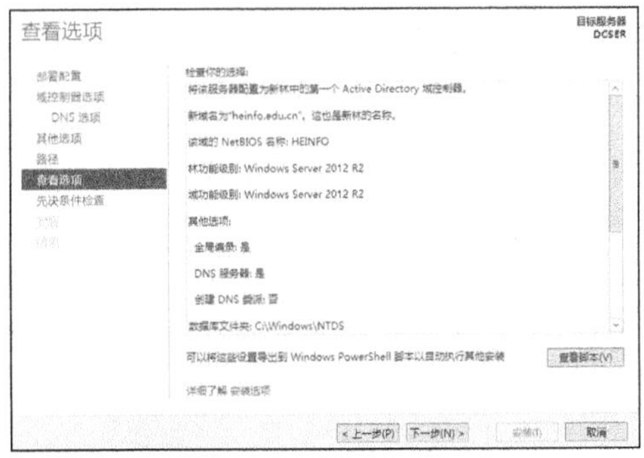

图 4-3-19　查看选项

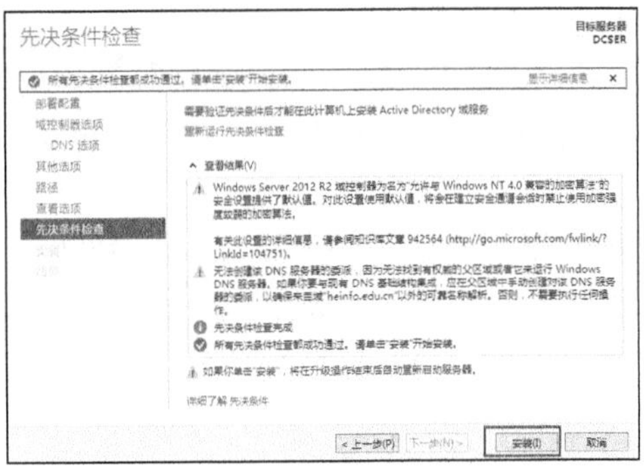

图 4-3-20　先决条件检查

图 4-3-21　安装完成

升级到域之后，打开“DNS 管理器”，在 heinfo.edu.cn 域名创建如表 4-5 所示的 A 记录，该 A 记录在后文需要用到，如图 4-3-22 所示。

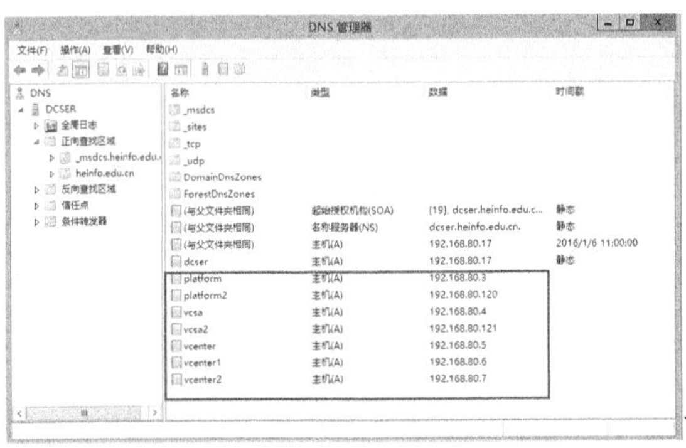

图 4-3-22　DNS 服务器设置

表 4-5　本次实验中各 A 记录的名称与对应的 IP 地址

计算机名称	IP 地址	用　　途
platform	192.168.80.3	Platform Services Controller
Platform2	192.168.80.120	用于 vcsa 的 Platform
vcsa	192.168.80.4	Linux 的 vCenter Server
Vcsa2	192.168.80.121	Linux 的 vCenter Server 2
vCenter	192.168.80.5	单独的 vCenter Server
vCenter1	192.168.80.6	使用外部 Platform 的 vCenter
vCenter2	192.168.80.7	其他 vCenter Server

4.3.2　安装具有嵌入式 Platform Services Controller 的 vCenter Server

您可以将 vCenter Server、vCenter Server 组件和 Platform Services Controller 部署在一台虚拟机或物理服务器上。此模型适用于具有八个或更少产品实例的部署。无法在安装完成后将部署模型更改为具有外部 Platform Services Controller 的 vCenter Server。可以通过将 vCenter Single Sign-On 数据从一个部署复制到其他部署来连接多个 vCenter Server 实例。这样，每个产品的基础架构数据将复制到所有 Platform Services Controller 中，且每个单独的 Platform Services Controller 包含所有 Platform Services Controller 的数据副本。无法在安装完成后更改各个 Platform Services Controller 之间的连接。

在安装具有嵌入式 Platform Services Controller 的 vCenter Server（将 Platform Services Controller 和 vCenter Server 安装在同一台服务器中，不管服务器是物理机，还是虚拟机，只要服务器满足安装 vCenter Server 的需求即可）前，需要对要安装的 vCenter Server 进行规划，你需要为 vCenter Server 的安装规划其对外的 FQDN 名称及 IP 地址，并且规划的 FQDN 名称可以解析到 vCenter Server 对应的 IP 地址。例如，假设你规划 vCenter Server 的名称是 vcserver.heinfo.edu.cn，IP 地址是 192.168.80.5，那么你需要将安装 vCenter Server 的计算机名称设置成 vcserver.heinfo.edu.cn，将这台计算机的 IP 地址设置为 192.168.80.5，然后在 heinfo.edu.cn 的域名中，创建 A 记录 vcserver，并让其指向 192.168.80.5。

【说明】 在本节实验中，你需要在 VMware Workstation 中创建一个具有 60GB 虚拟硬盘、8GB 内存、2 个 vCPU 的计算机，安装 Windows Server 2012 R2 Datacenter，然后安装具有嵌入式 Platform Services Controller 的 vCenter Server。

（1）准备一台 Windows Server 2012 R2 的虚拟机，为其分配 2 个 CPU、8GB 内存、60GB 的硬盘空间，启动计算机，打开“系统属性”，更改计算机名称为 vCenter 后，单击“其他”按钮，在弹出的对话框，在“此计算机的主 DNS 后缀”中输入域名后缀，在此为 heinfo.edu.cn，如图 4-3-23 所示。

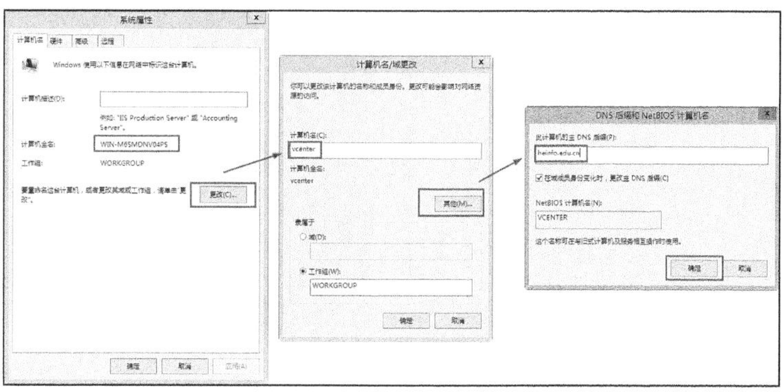

图 4-3-23　修改计算机名称

【注意】 在安装 vCenter Server 之前规划好计算机名称和 IP 地址，在安装 vCenter Server 之后不要更改计算机名称和 IP 地址，否则 vCenter Server 将不能使用。

（2）修改计算机名称之后重新启动，让设置生效，再次进入系统之后，检查计算机名称是否更改，如图 4-3-24 所示。

【说明】 安装 vCenter Server 的计算机可以加入到 Active Directory 作为成员服务器，这样这台计算机将自动拥有 FQDN 名称。也可以不加入域，更改名称加入域后缀，实现 FQDN 名称。这也是通常推荐的方法（后文介绍这一方法）。如果你没有 DNS 服务器，不使用 FQDN，而是使用 NetBIOS 名称，也可以安装 vCenter Server，并且也可以使用。但需要使用 IP 地址访问 vCenter Server。在实际应用中，并不推荐这种方法。

（3）检查计算机名称之后，根据规划，设置 IP 地址为 192.168.80.5，DNS 为 192.168.80.17，如图 4-3-25 所示。如果你的配置信息与此不同，请根据你的实际情况配置。

图 4-3-24　系统信息

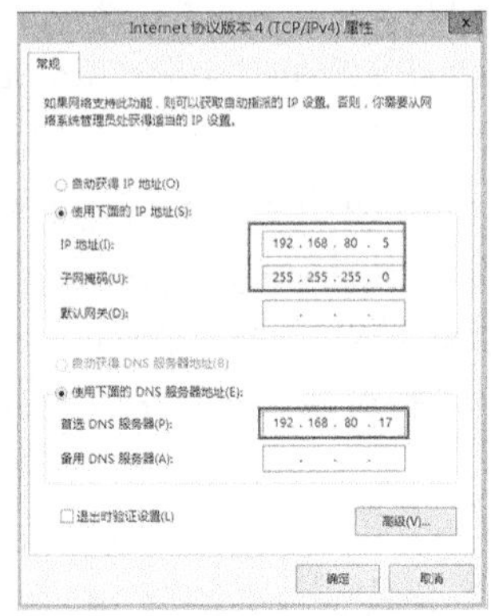

图 4-3-25　设置 IP 地址及 DNS

（4）运行 vCenter Server 安装程序，选择"适用于 Windows 的 vCenter Server"，单击"安装"按钮，如图 4-3-26 所示。

（5）进入 vCenter Server 安装程序向导，在"欢迎使用 VMware vCenter Server 6.0.0 安装程序"对话框单击"下一步"按钮，如图 4-3-27 所示。

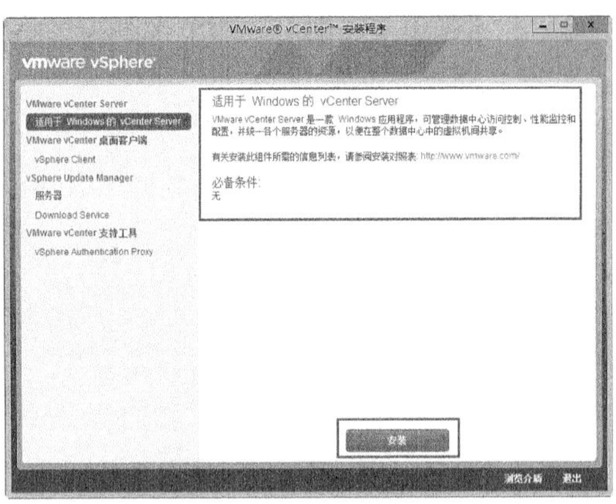

图 4-3-26　vCenter Server 安装程序

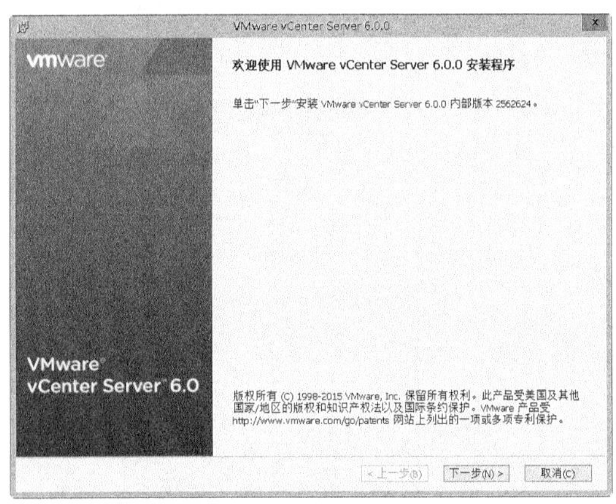

图 4-3-27　安装向导

（6）在"最终用户许可协议"对话框单击"我接受许可协议条款"单选按钮，单击"下一步"按钮，如图 4-3-28 所示。

（7）在"选择部署类型"对话框选择"vCenter Server 和嵌入式 Platform Services Controller"，如图 4-3-29 所示。

（8）在"系统网络名称"对话框输入安装 vCenter Server 计算机的 FQDN 名称，如果 FQDN

名称不可用，则需要输入 IP 地址，在此选择默认值 vCenter.heinfo.edu.cn，如图 4-3-30 所示。

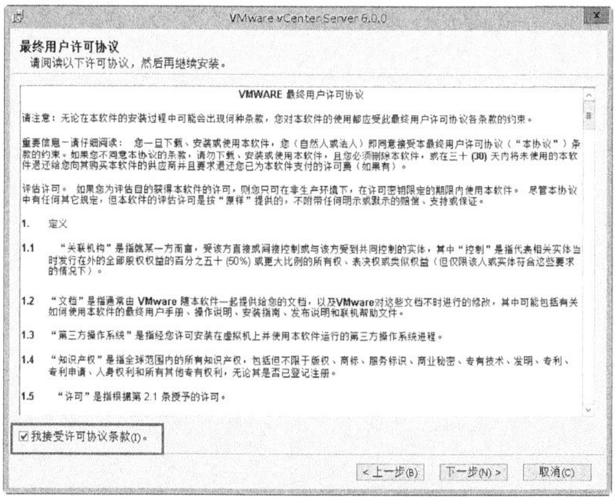

图 4-3-28　接受许可协议

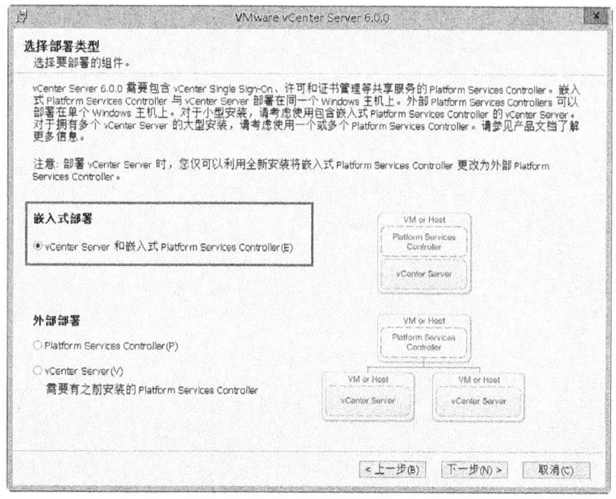

图 4-3-29　嵌入式部署

（9）在“vCenter Single Sign-On 配置”对话框，主要有两个选项“创建新的 vCenter Single Sign-On 域”和“加入 vCenter Single Sign-On 域”。

如果选择“创建新的 vCenter Single Sign-On 域”，将创建新的 vCenter Single Sign-On 服务器。此时，需要：

- 输入域的名称，在“域名”文本框中输入新创建的 vCenter Single Sign-On 的域名，此域名不要与现有网络中的 Active Directory 域名重名。在以前的 vCenter Server 5.x 版本，此域名为 vsphere.local，在 vCenter Server 6.x 版本中，此名称可以由管理员设定。在此我们仍然使用 vsphere.local。
- 设置 vCenter Single Sign-On 管理员账户的密码。这是用户 administrator@your_domain_name 的密码，其中 your_domain_name 是由 vCenter Single Sign-On 创建的新域，在本示例中名称为 vsphere.local。安装后，您便可以 adminstrator@vsphere.local 身份登录到 vCenter SingleSign-On 和 vCenter Server。在设置密码时，需要同时包括大写字母、小写字母、数字和特殊字符，长度最小 8 位。
- 输入 vCenter Single Sign-On 的站点名称。如果在多个位置中使用 vCenter Single Sign-On，则站点名称非常重要。站点名称必须包含字母、数字、字符。为 vCenter Single Sign-On 站点选择您自己的名称。安装后便无法更改此名称。站点名称中不得使用非 ASCII 或高位 ASCII 字符。站点名称必须包含字母数字字符和逗号(,)、句号(.)、问号(?)、短划线(-)、下划线(_)、加号(+)或等号(=)。在本节中因为只安装一个 vCenter Server，故可选择默认值 Default-First-Site，如图 4-3-31 所示。

如果在图 4-3-31 所示界面中选择“加入 vCenter Single Sign-On 域”，则将此新安装的 vCenter Single Sign-On 服务器加入到现有 Platform Services Controller 中的 vCenter Single Sign-On 域。您必须提供要将新 vCenter Single Sign-On 服务器加入到其中的 vCenter Single Sign-On 服务器的相关信息。

- 键入包含要加入的 vCenter Single Sign-On 服务器的 Platform Services Controller 的完全限定域名(FQDN)或 IP 地址。
- 键入用于与 Platform Services Controller 进行通信的 HTTPS 端口。
- 键入 vCenter Single Sign-On 管理员账户的密码。

➢ 批准远程计算机提供的证书，且必须选择是创建 vCenter Single Sign-On 站点，还是加入现有 vCenter Single Sign-On 站点。
➢ 选择是创建 vCenter Single Sign-On 站点，还是加入现有 vCenter SingleSign-On 站点。

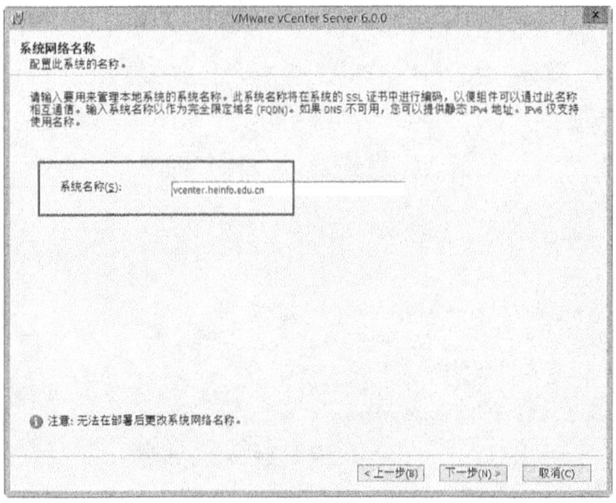

图 4-3-30　系统网络名称

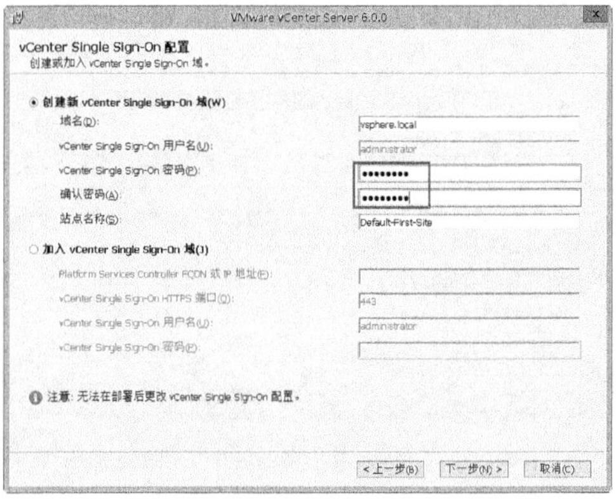

图 4-3-31　vCenter Single Sign-On 配置

建议每个站点的最大 Platform Services Controller 数目为 8 个。

选择加入现有 vCenter Single Sign-On 域时，可以启用增强的链接模式功能。您的 Platform Services Controller 将使用加入的 vCenter Single Sign-On 服务器复制基础架构数据。

（10）在“vCenter Server 服务账户”对话框选择 vCenter Server 服务账户。如果选择“使用 Windows 本地系统账户”，则 vCenter Server 服务通过 Windows 本地系统账户运行，此选项可防止使用 Windows 集成身份验证连接到外部数据库。在此选择这一默认值，如图 4-3-32 所示。如果选择“指定用户服务账户”则 vCenter Server 服务使用您提供的用户名和密码在管理用户账户中运行，但您提供的用户凭据必须是本地管理员组中具有“作为服务登录”特权的用户的凭据（后文有详细案例）。

（11）在“数据库设置”对话框配置此部署的数据库。如果选择“使用嵌入式数据库 (vPostgres)”，则 vCenter Server 使用嵌入式 PostgreSQL 数据库。此数据库适用于小规模部署，这也是默认选择，如图 4-3-33 所示。如果选择“使用外部数据库 vCenter Server 使用现有的外部数据库”，则你需要提前在“数据源”中创建 DSN 连接到网络中已有的数据库，并从“DSN 名称”列表中刷新选择该 DSN 连接（后文有详细案例）。

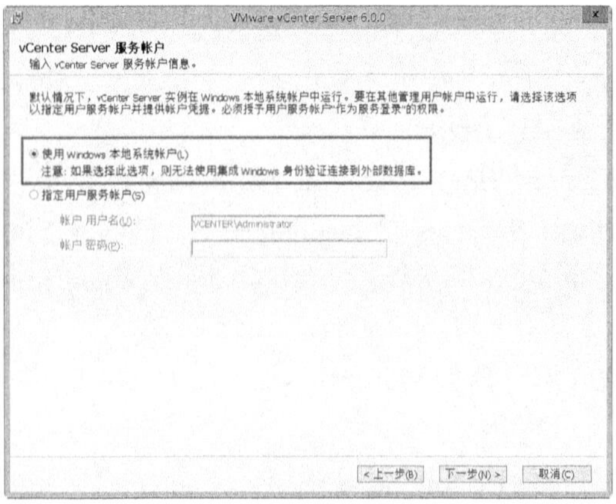

图 4-3-32　vCenter Server 服务账户

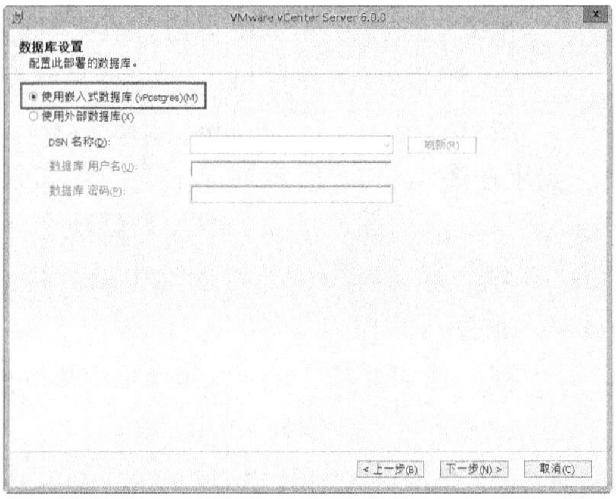

图 4-3-33　数据库设置

（12）在“配置端口”对话框中配置此部署的网络设置和端口，如图 4-3-34 所示。对于每个组件，接受默认端口号；如果其他服务使用默认值，则输入备用端口，但要确保端口 80 和 443 可用，且为专用端口，以便 vCenter Single Sign-On 可以使用这些端口。否则，将在安装过程中使用自定义端口。

【说明】 由于安装 vCenter Server 的是“专用”计算机，一般不会在该计算机上安装 IIS 或 Apache、Tomcat 等 Web Server 服务，如果你安装了这些服务，请卸载这些服务，以免引起冲突。

（13）在“目标目录”选择安装 vCenter Server 和 Platform Services Controller 的安装位置，在此选择默认值即可，如图 4-3-35 所示。如果要更改默认目标文件夹，不要使用以感叹号(!)结尾的文件夹。

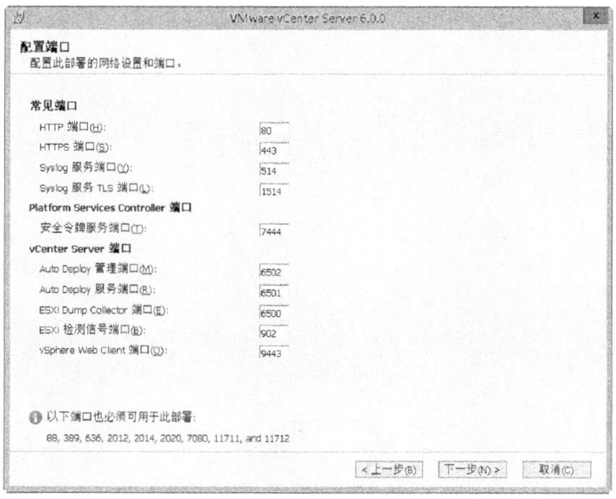

图 4-3-34　配置端口

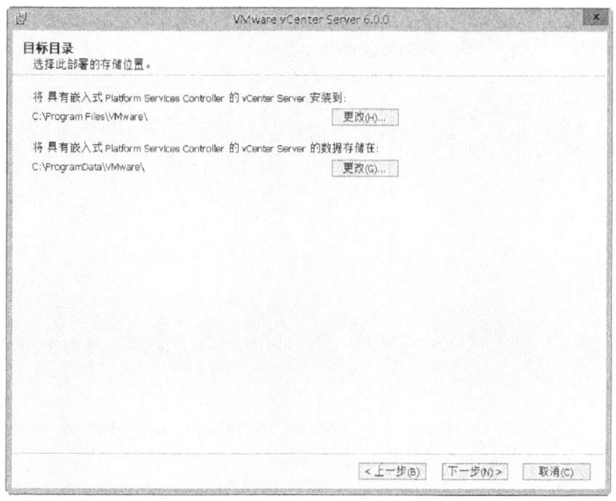

图 4-3-35　安装文件夹

（14）在“准备安装”对话框检查安装设置摘要，无误之后单击“安装”按钮，开始安装，如图 4-3-36 所示。

（15）之后将开始安装 vCenter Server，直到安装完成，如图 4-3-37 所示，你可以单击“完成”按钮完成安装，也可以单击“启动 vSphere Web Client”启动 vSphere Web 客户端，以连接到 vCenter Server，这些稍后会进行介绍。

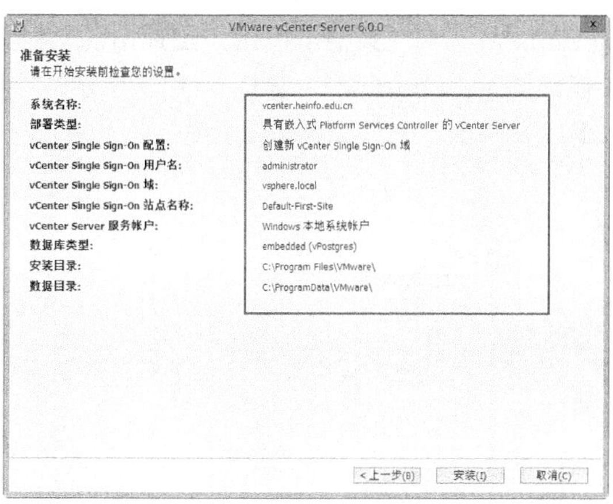

图 4-3-36　准备安装

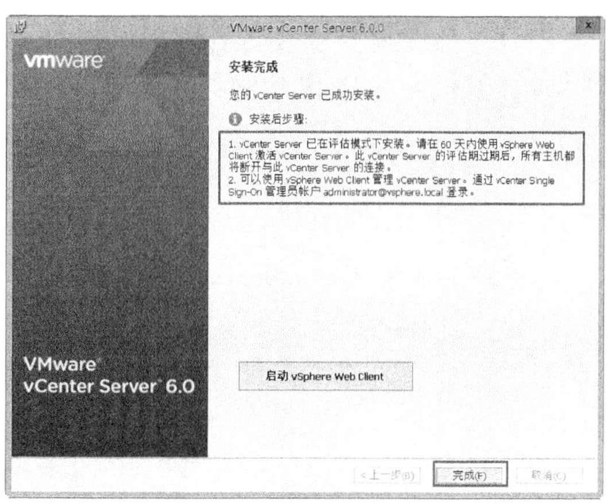

图 4-3-37　安装完成

4.3.3 单独安装 Platform Services Controller

可以将 Platform Services Controller 和 vCenter Server 分隔开来，并将它们安装在不同的虚拟机或物理服务器上。首先安装 Platform Services Controller，然后在另一台虚拟机或物理机上安装 vCenter Server 和 vCenter Server 组件，并将 vCenter Server 连接到 Platform Services Controller。可以将许多 vCenter Server 实例连接到一个 Platform Services Controller。

【注意】 *不支持并行安装 vCenter Server 实例和 Platform Services Controller。必须按顺序安装，并且要先安装 Platform Services Controller，之后才能安装一个或多个 vCenter Server 实例。*

在本节及下一节，我们将分别在两个虚拟机中安装 Platform Services Controller 和 vCenter Server，网络拓扑如图 4-3-38 所示。在本节实验中，需要用到一个 DNS 服务器。在本示例中，DNS 域名为 heinfo.edu.cn。

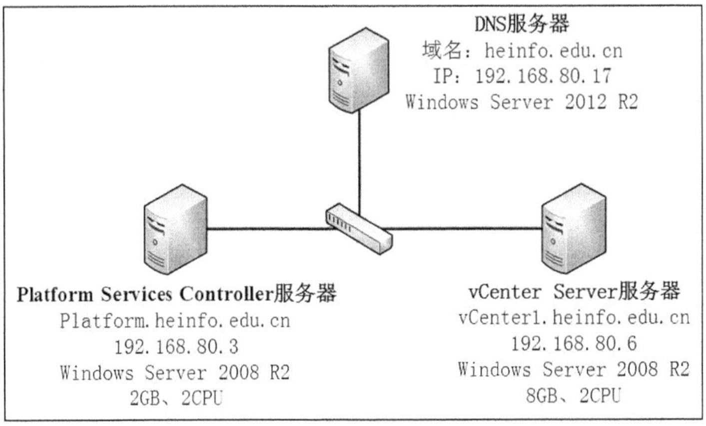

图 4-3-38 具有外部 Platform Services Controller 的 vCenter Server 拓扑

在本节将先使用 VMware Workstation 创建一个虚拟机，为该虚拟机命名为 WS08R2-platform-192.168.80.3，为该虚拟机分配 2 个 CPU、2GB 内存，安装 Windows Server 2008 R2 企业版，之后安装 Platform Services Controller，主要步骤如下。

（1）创建并启动虚拟机，并在虚拟机中安装 Windows Server 2008 R2、VMware Tools。之后打开“系统属性”，更改计算机名称为 platform 后，单击“其他”按钮，在弹出的对话框中“此计算机的主 DNS 后缀”输入域名后缀，在此为 heinfo.edu.cn，如图 4-3-39 所示。

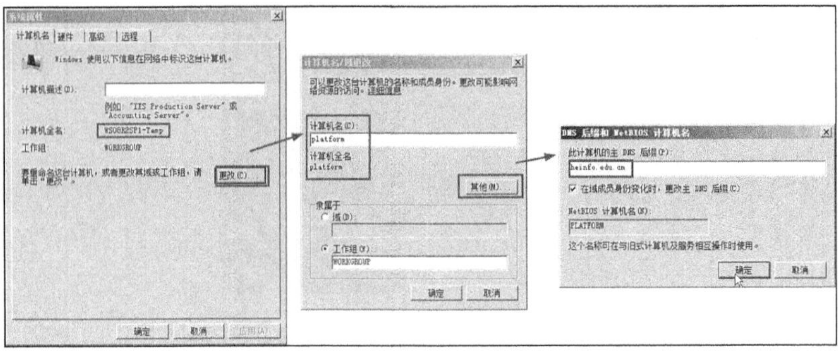

图 4-3-39 修改计算机名称并添加域名后缀

（2）改名之后如图 4-3-40 所示，然后根据提示重新启动计算机。

（3）再次进入系统之后，修改计算机的 IP 地址为 192.168.80.3，DNS 为 192.168.80.17，如图 4-3-41 所示。这是根据图 4-3-38 所示的规划设置的，如果你的网络有不同的地址信息，请根据你自己的规划设置。

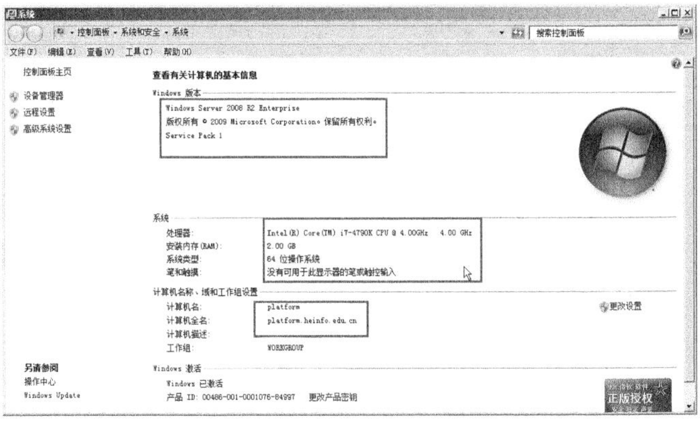

图 4-3-40　系统信息

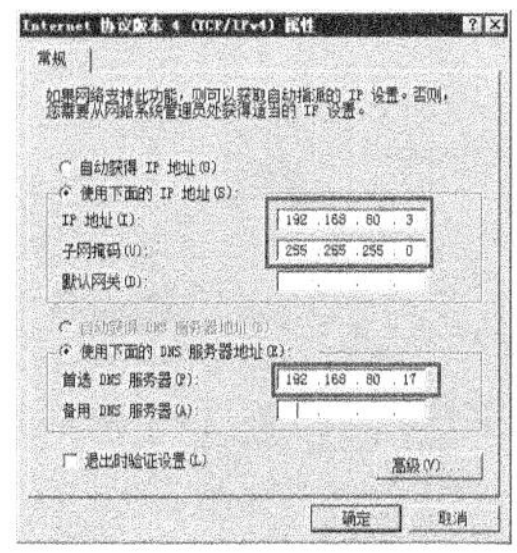

图 4-3-41　设置 IP 地址

（4）之后运行 vCenter Server 6 的安装程序，在“选择部署类型”选择“Platform Services Controller”，如图 4-3-42 所示。

（5）在“系统网络名称”对话框输入图 4-3-40 所示界面中的计算机名称（这也是图 4-3-38 中所规划的名称）platform.heinfo.edu.cn，如图 4-3-43 所示。

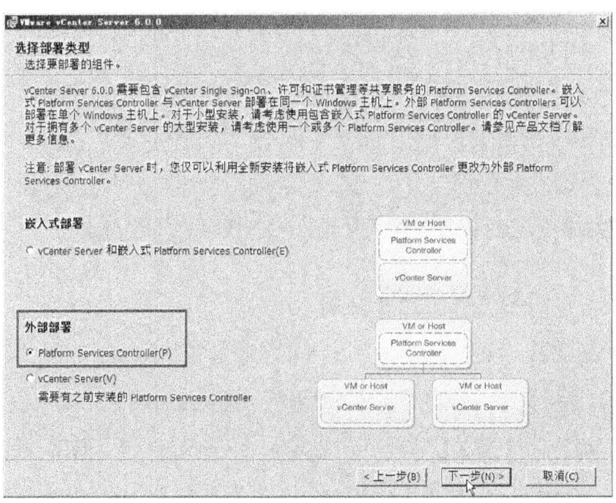

图 4-3-42　选择 Platform Services Controller

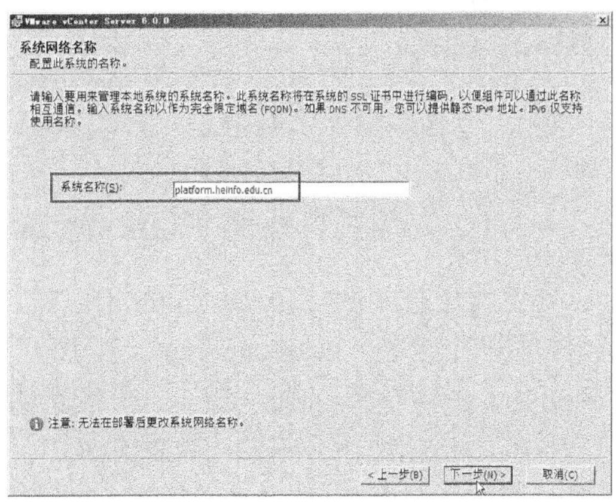

图 4-3-43　设置系统网络名称

（6）在“vCenter Single Sign-On 配置”对话框选择“创建新的 vCenter Single Sign-On 域”，并设置域名、密码及站点名称。在此设置域名为 vsphere.local，设置站点名称为默认，如图 4-3-44 所示。

（7）在“配置端口”对话框配置此部署的网络设置和端口，如图 4-3-45 所示。

（8）其他选择默认值，之后开始安装，直到安装完成，如图 4-3-46 所示。

（9）Platform Services Controller 部署完成之后即开始运行，打开“Windows 任务管理器→性能”，可以看到 Platform Services Controller 占用的 CPU 与内存资源，如图 4-3-47 所示，该服务占用的资源并不是太大。

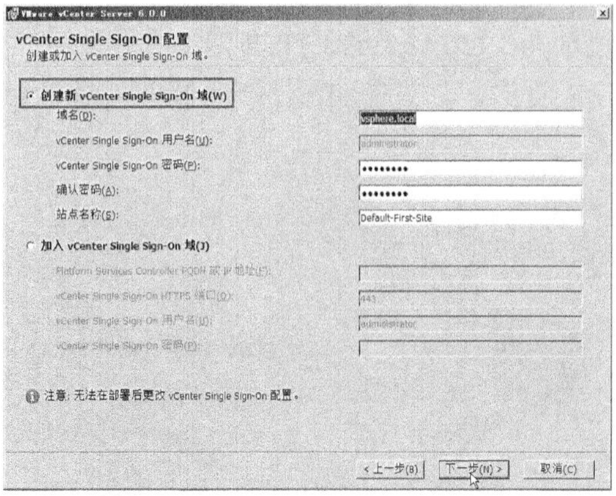

图 4-3-44　vCenter Single Sign-On 配置

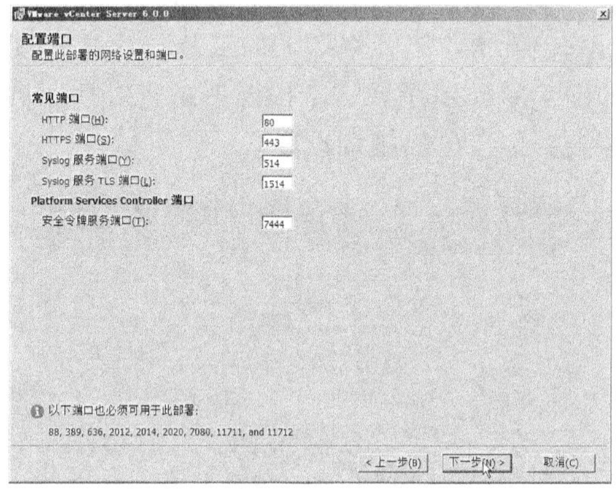

图 4-3-45　配置端口

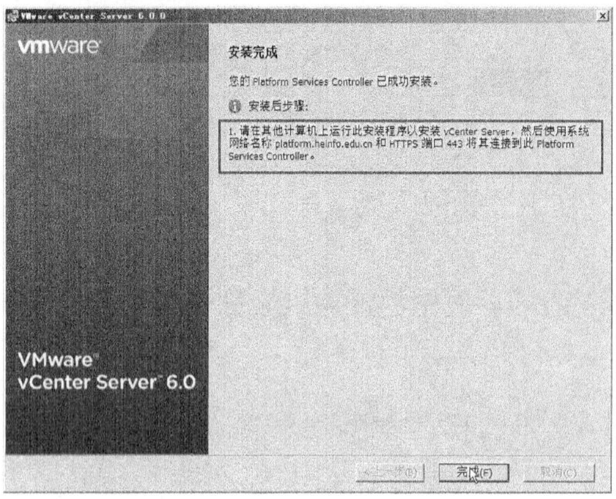

图 4-3-46　安装完成

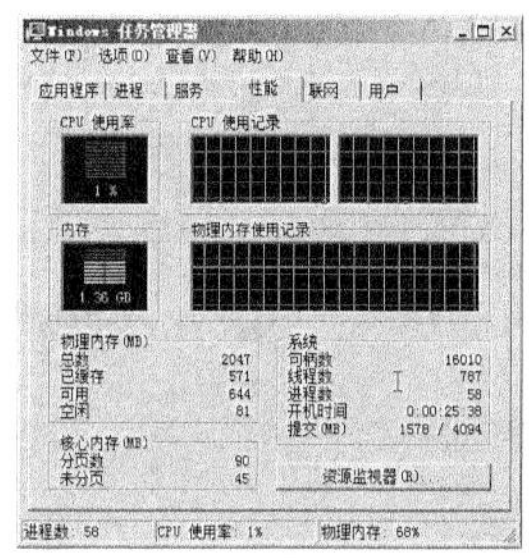

图 4-3-47　在任务管理器查看资源占用

4.3.4　安装具有外部 Platform Services Controller 的 vCenter Server

在安装好 Platform Services Controller 之后，可以在网络中另外一台（或多台）Windows 计算机中安装一个或多个 vCenter Server。也可以部署 VCSA，将 VCSA 加入到现有 Platform Services Controller。在本节中，将根据图 4-3-38 所示的规划，创建一个名为 WS08R2-vCenter-192.168.80.6 的虚拟机，为该虚拟机分配 2 个 CPU、8GB 内存，在该虚拟机中安装 Windows Server 2008 R2。设置计算机名称为 vcenter1.heinfo.edu.cn，设置 IP 地址为 192.168.80.6，安装具有外部 Platform Services Controller 的 vCenter Server，主要步骤如下。

（1）准备一台 Windows Server 2008 R2 的虚拟机，为其分配 2 个 CPU、8GB 内存、60GB 的硬盘空间，启动计算机，打开“系统属性”，更改计算机名称为 vcenter1 后，单击“其他”按钮，在弹出的对话框，在“此计算机的主 DNS 后缀”中输入域名后缀，在此为 heinfo.edu.cn，如图 4-3-48 所示。

（2）修改计算机名称之后重新启动，让设置生效，再次进入系统之后，检查计算机名称是否更改，如图 4-3-49 所示。

（3）检查计算机名称之后，根据规划，设置 IP 地址为 192.168.80.6，DNS 为 192.168.80.17，如图 4-3-50 所示。如果你的配置信息与此不同，请根据你的实际情况配置。

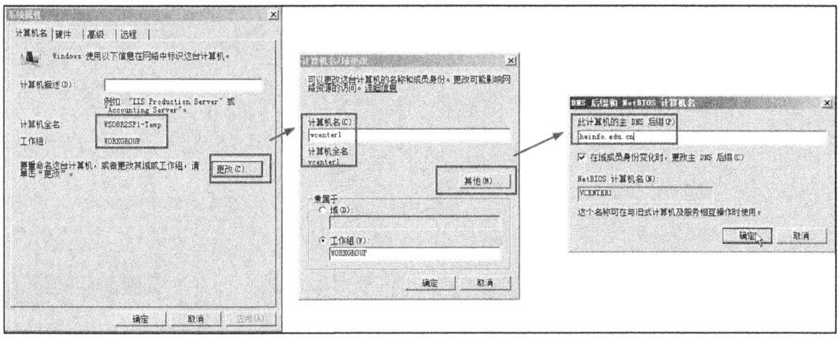

图 4-3-48　修改计算机名称

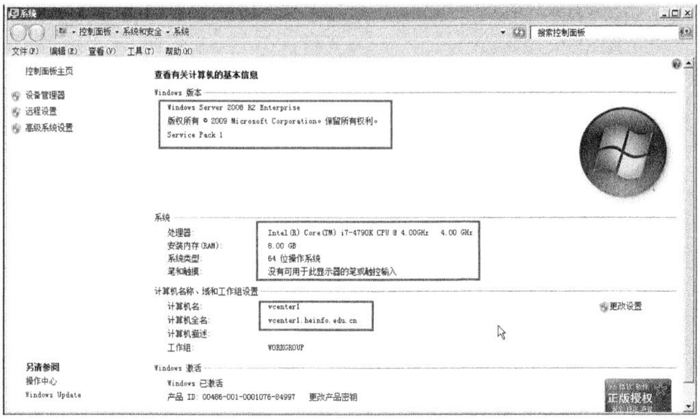

图 4-3-49　系统信息

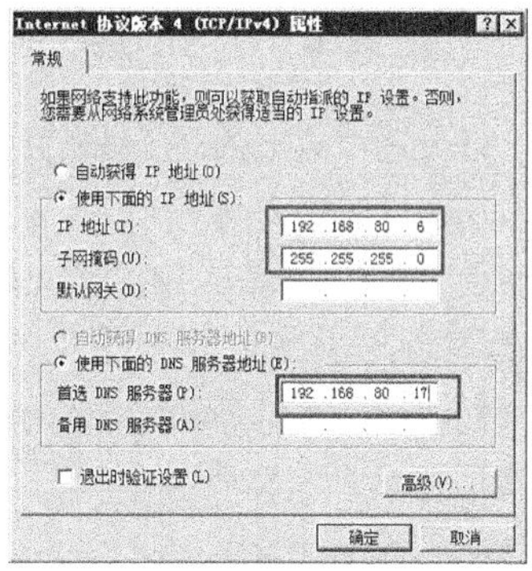

图 4-3-50　设置 IP 地址及 DNS

（4）在配置好网络 IP 地址，修改好计算机名称之后，运行 vCenter Server 的安装程序，在“选择部署类型”对话框中选择“vCenter Server”，如图 4-3-51 所示。

（5）在“系统网络名称”对话框配置此 vCenter Server 系统的名称，在此根据规划设置，此名称为 vcenter1.heinfo.edu.cn，如图 4-3-52 所示。

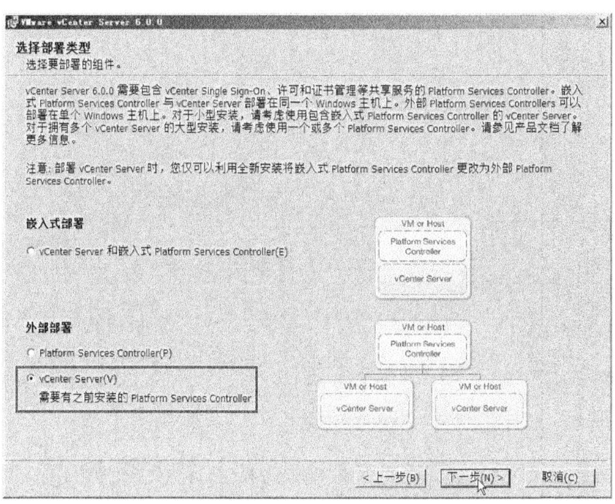

图 4-3-51　选择部署类型

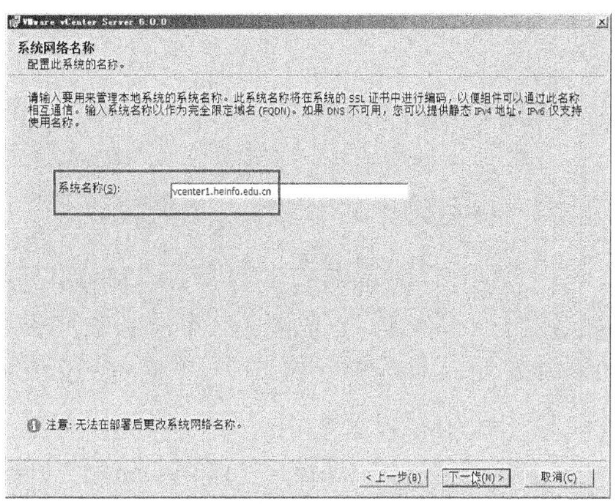

图 4-3-52　设置 vCenter Server 系统名称

（6）在“vCenter Single Sign-On 注册”对话框中输入 Platform Services Controller 的 FQDN 名称，在此为 platform.heinfo.edu.cn，并输入 vCenter Single Sign-On 的密码，如图 4-3-53 所示。

（7）之后将弹出“Windows 安全”对话框，验证 Platform Services Controller 服务器的证书，单击“确定”按钮继续，如图 4-3-54 所示。

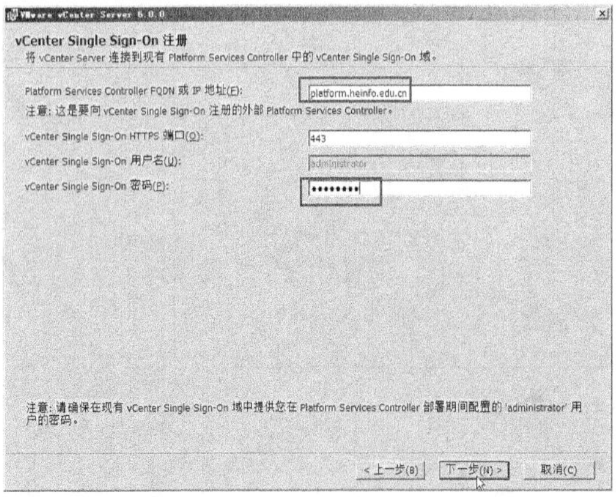

图 4-3-53　vCenter Single Sign-On

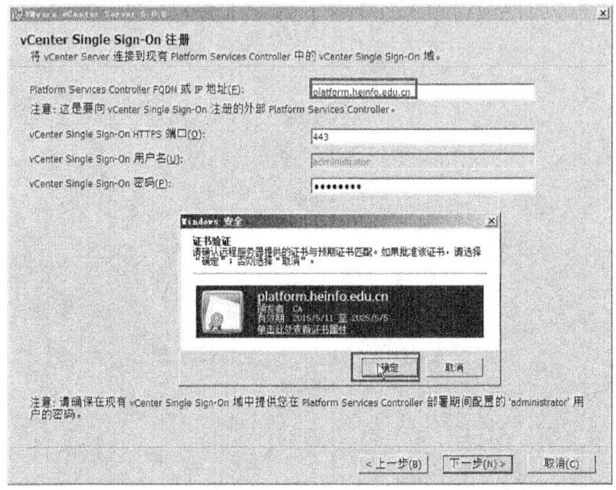

图 4-3-54　证书验证

（8）在“vCenter Server 服务账户”对话框选择 vCenter Server 服务账户。如果选择“使用 Windows 本地系统账户”，则 vCenter Server 服务通过 Windows 本地系统账户运行，此选项可防止使用 Windows 集成身份验证连接到外部数据库。在此选择这一默认值，如图 4-3-55 所示。

（9）在“数据库设置”对话框配置此部署的数据库。如果选择“使用嵌入式数据库（vPostgres）”，则 vCenter Server 使用嵌入式 PostgreSQL 数据库。此数据库适用于小规模部署，在此默认选择，如图 4-3-56 所示。

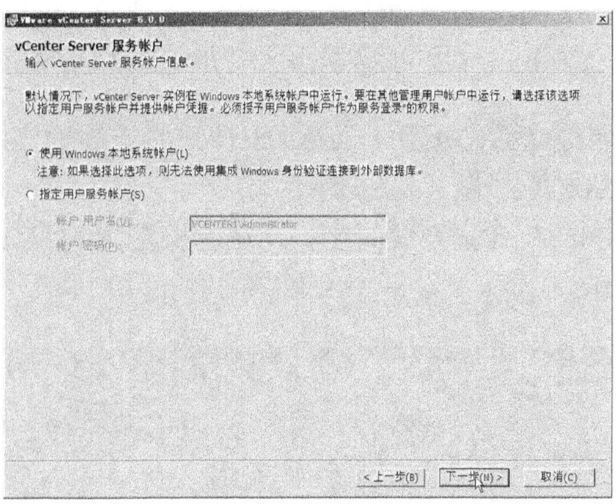

图 4-3-55　vCenter Server 服务账户

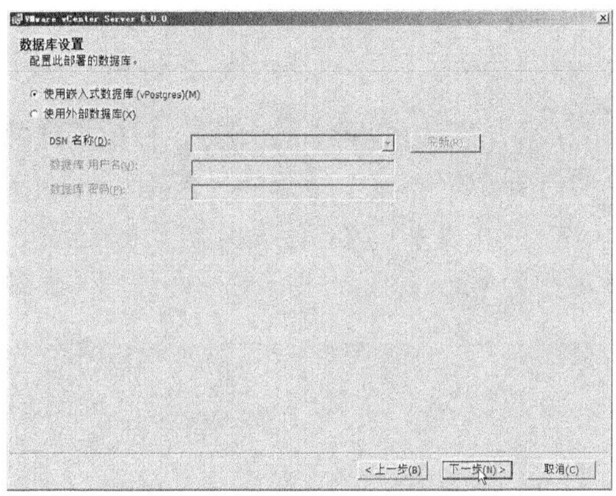

图 4-3-56　数据库设置

（10）在“配置端口”对话框中配置此部署的网络设置和端口，如图 4-3-57 所示。对于每个组件，接受默认端口号；如果其他服务使用默认值，则输入备用端口，但要确保端口 80 和 443 可用，且为专用端口，以便 vCenter Single Sign-On 可以使用这些端口。否则，将在安装过程中使用自定义端口。

（11）在“目标目录”选择 vCenter Server 和 Platform Services Controller 的安装位置，在此选择默认值即可，如图 4-3-58 所示。如果要更改默认目标文件夹，不要使用以感叹号（!）结尾的文件夹。

（12）在“准备安装”对话框检查安装设置摘要，无误之后单击“安装”按钮，开始安装，如图 4-3-59 所示。

（13）之后将开始安装 vCenter Server，直到安装完成，如图 4-3-60 所示，你可以单击“完成”按钮完成安装，也可以单击“启动 vSphere Web Client”启动 vSphere Web 客户端，以连接到 vCenter Server，这些稍后会进行介绍。

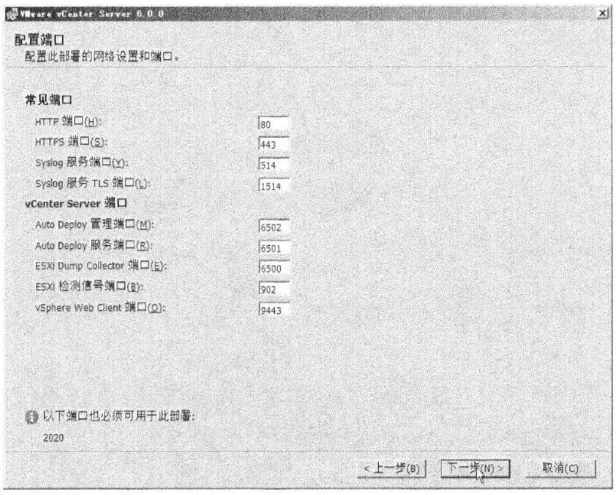

图 4-3-57　配置端口

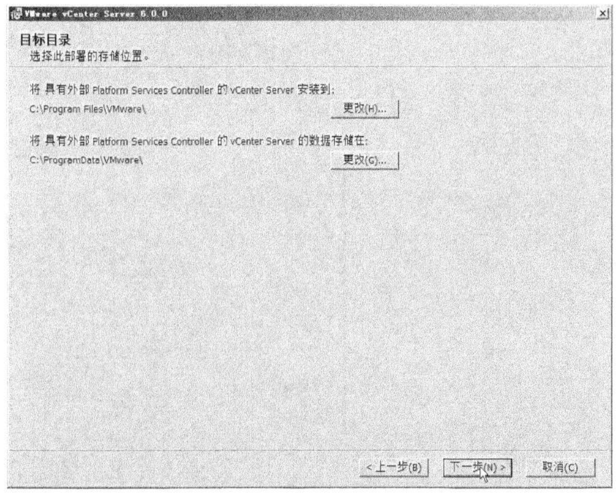

图 4-3-58　安装文件夹

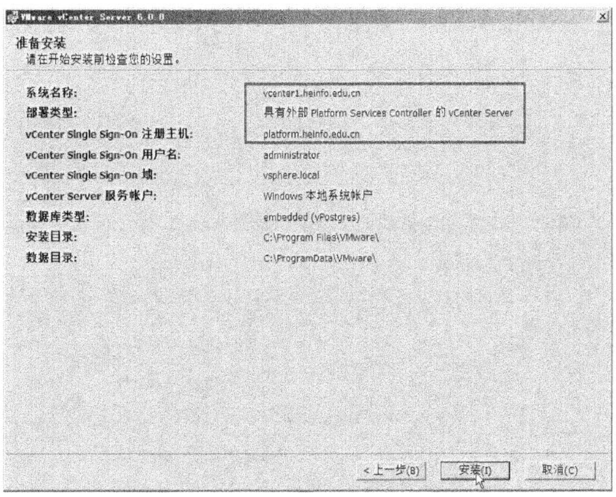

图 4-3-59　准备安装

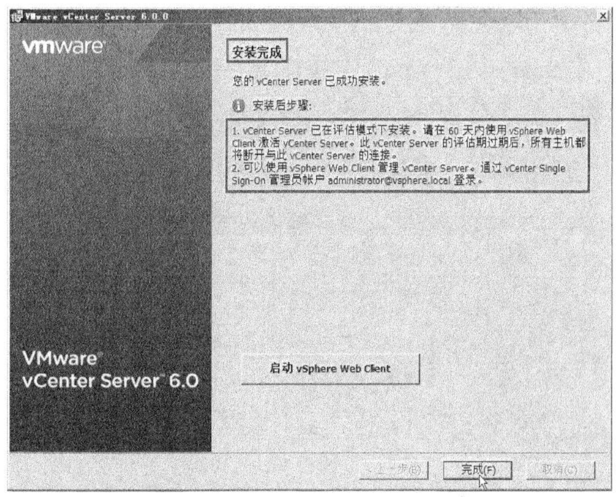

图 4-3-60　安装完成

4.4　配置使用外部 SQL Server 数据库的 vCenter Server

本节将在 VMware Workstation 中创建一个具有 8GB 内存、2 个 CPU 的 Windows Server 2008 R2 虚拟机，将该虚拟机命名为 WS08R2-SQL-192.168.80.8，安装 vCenter Server 6。这台 vCenter Server 6 具有以下两个特点。

➢ 使用外部的 Platform Services Controller，服务器地址是 platform.heinfo.edu.cn（192.168.80.3）。

➢ 使用外部的 SQL Server 数据库，数据库服务器地址是 192.168.80.8。

在本节中，platform.heinfo.edu.cn 使用“4.3.3 外部 Platform Services Controller”一节中配置的服务器，而 SQL Server 服务器与 vCenter Server 将是新配置的计算机，下面一一介绍 SQL Server 服务器与 vCenter Server 服务器的安装、配置情况。

4.4.1　准备 SQL Server 数据库服务器

以管理员账户登录进入 SQL Server 的服务器（物理机或虚拟机），根据规划，设置 IP 地址为 192.168.80.8，修改计算机名称为 sqlserver，如图 4-4-1 所示。

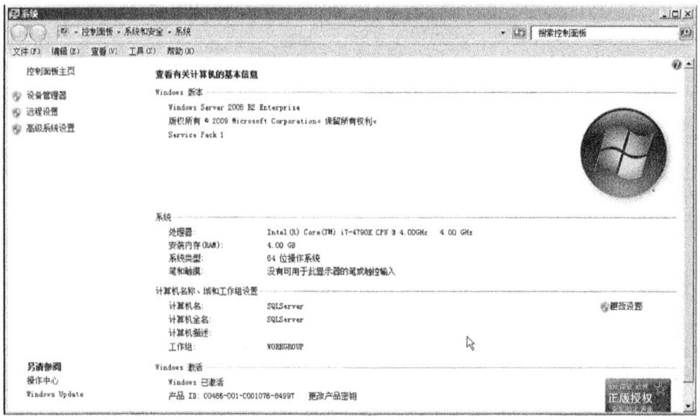

图 4-4-1　SQL Server 计算机系统信息

之后开始运行 SQL Server 2008 R2 安装程序，内容如下。

（1）运行 SQL Server 2008 R2 安装程序，在“SQL Server 安装中心”对话框“安装”选项中单击“全新安装或向现有安装添加功能”链接，如图 4-4-2 所示。

（2）在“产品密钥”对话框中输入产品密钥，或者在“指定可用版本”下拉列表中选择合适的版本，如图 4-4-3 所示。

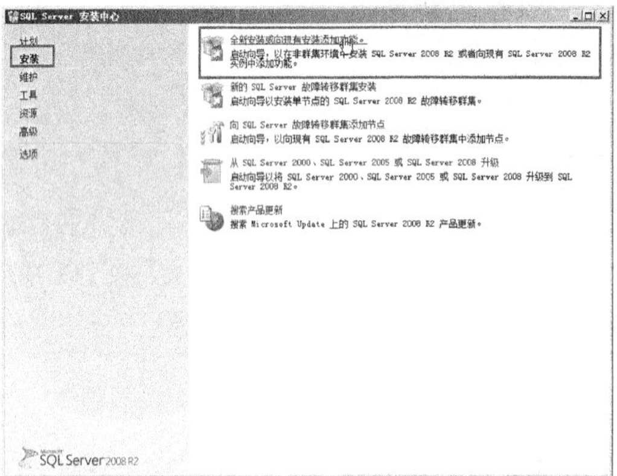

图 4-4-2　全新安装

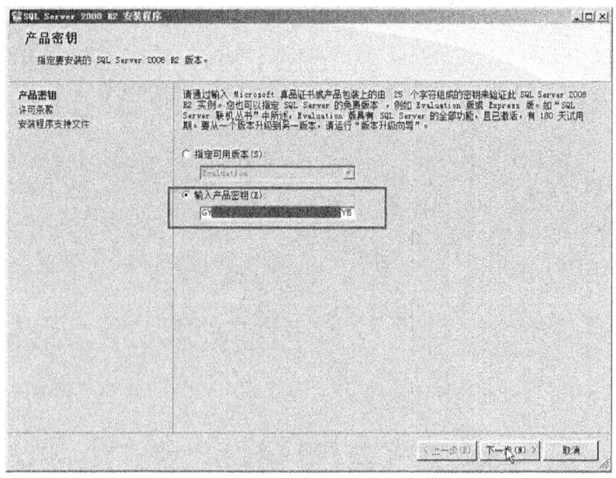

图 4-4-3　产品密钥

（3）在“许可条款”对话框中选中“我接受许可条款”复选框，接受许可协议，如图 4-4-4 所示。

（4）在“安装程序支持规则”对话框中可以确定在安装 SQL Server 安装程序支持文件时可能出现的问题，并在“状态”中显示，如图 4-4-5 所示。

（5）在“设置角色”对话框中选中“SQL Server 功能安装”单选按钮，如图 4-4-6 所示。

（6）在“功能选择”对话框中选择要安装的功能，在此至少要选择“数据库引擎服务”、“管理工具—基本”、“管理工具—完整”这几项，其他的可以根据需要选择，如图 4-4-7 所示。

在“共享功能目录”与“共享功能目录（x86）”中还可以修改 SQL Server 的安装位置，可以将 SQL Server 安装在其他的分区中，当然选择的分区要有足够的磁盘空间。

（7）在“安装规则”对话框中安装程序正在运行规则，以确定是否要阻止安装过程，检查规则通过之后，单击“下一步”按钮，如图 4-4-8 所示。

（8）在“实例配置”对话框中指定 SQL Server 实例的名称和实例 ID，在此记下默认的实例 ID 为 MSSQLSERVER，如图 4-4-9 所示。

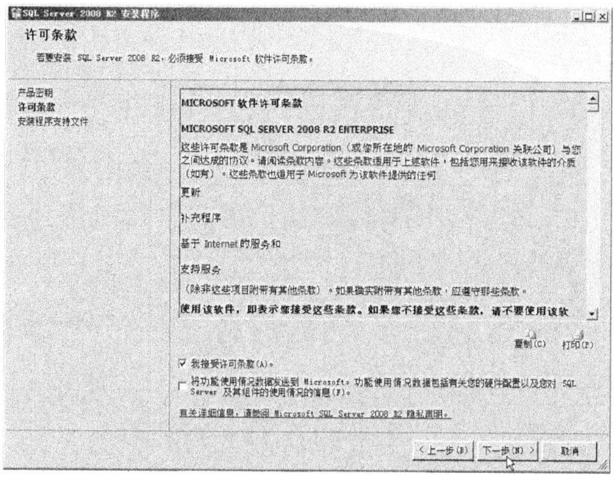

图 4-4-4　许可条款

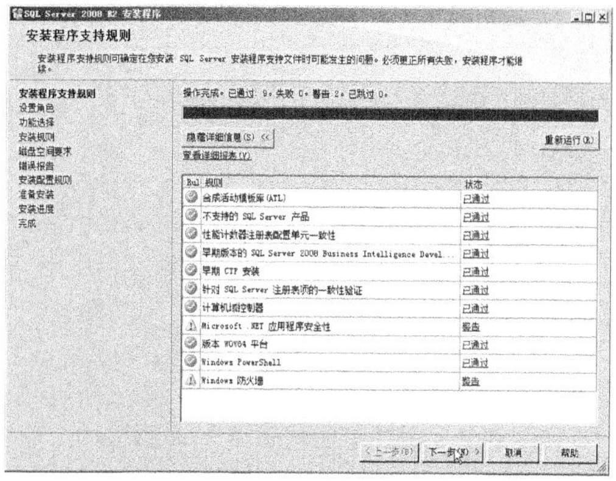

图 4-4-5　安装程序支持规则

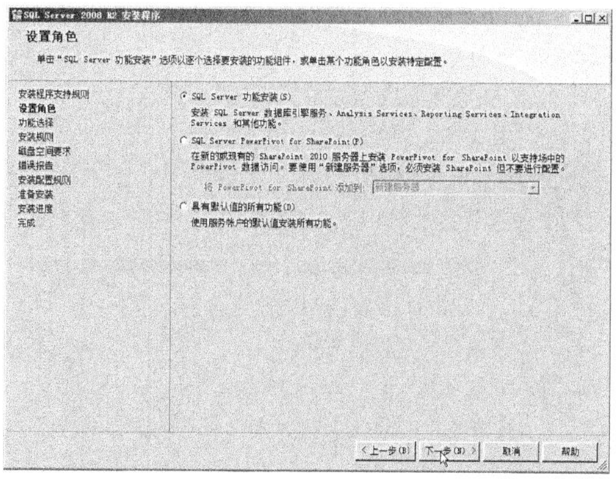

图 4-4-6　SQL Server 功能安装

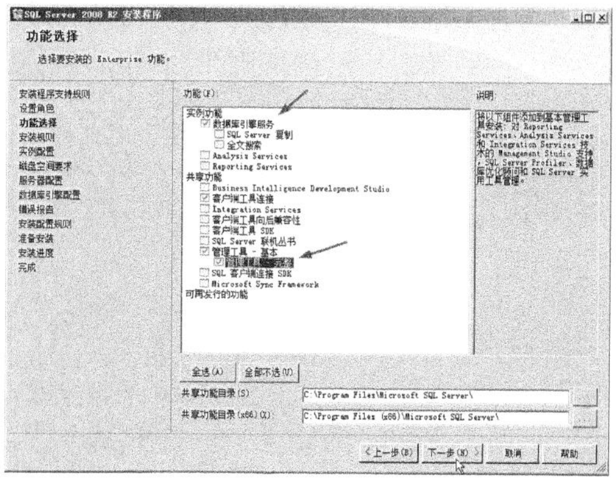

图 4-4-7　功能选择

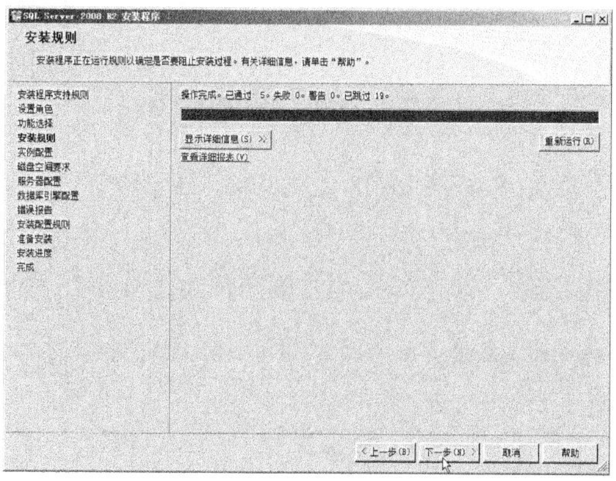

图 4-4-8　安装规则

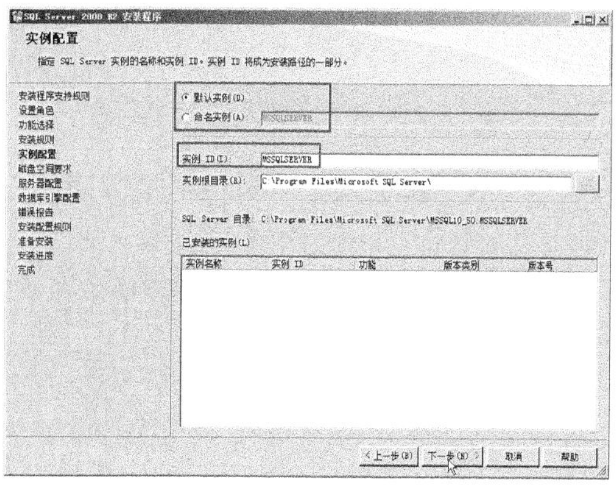

图 4-4-9　实例配置

在“实例根目录”中还可以修改 SQL Server 实例根目录所在的位置。

（9）在“磁盘空间要求”对话框中查看选择 SQL Server 功能所需的磁盘空间摘要，如图 4-4-10 所示。

（10）在“服务器配置”对话框中指定服务账户和排序规则配置，在“SQL Server 代理”中选择“系统账户”，即 NT AUTHORITY\SYSTEM，然后单击“对所有 SQL Server 服务使用相同的账户”按钮，如图 4-4-11 所示。

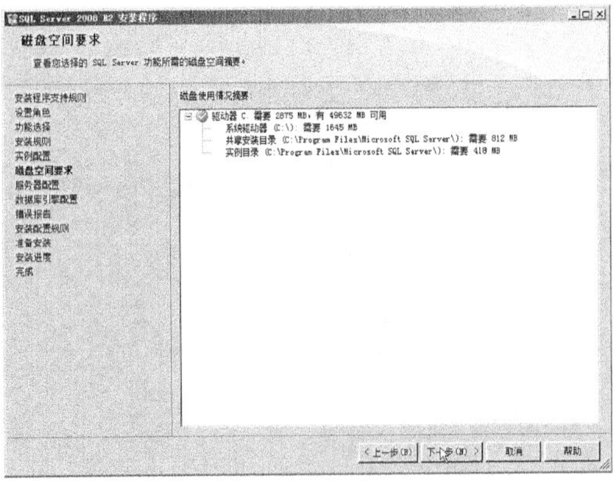

图 4-4-10　磁盘空间要求

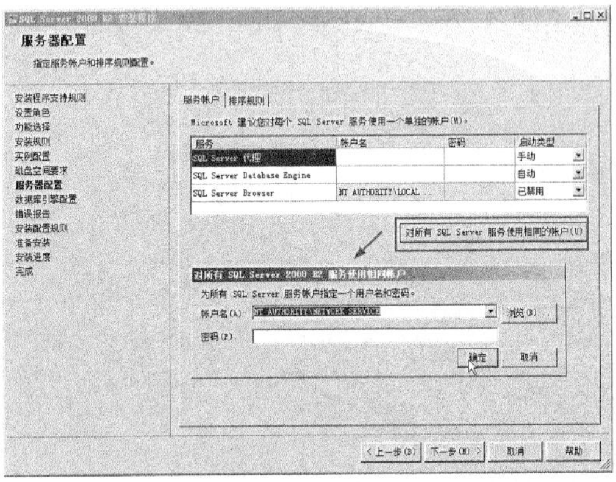

图 4-4-11　服务器配置

（11）在“数据库引擎配置”对话框中选择“Windows 身份验证模式”单选按钮，然后单击“添加当前用户”按钮，如图 4-4-12 所示。

（12）在“安装配置规则”对话框中安装程序会运行规则，以确定是否要阻止安装过程，单击“下一步”按钮，如图 4-4-13 所示。

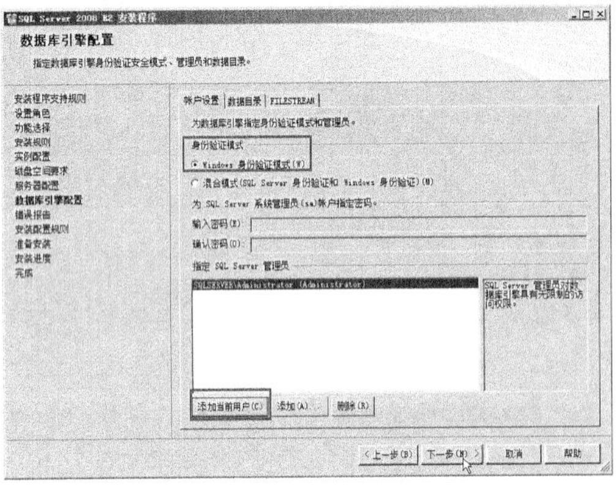

图 4-4-12　数据库引擎配置

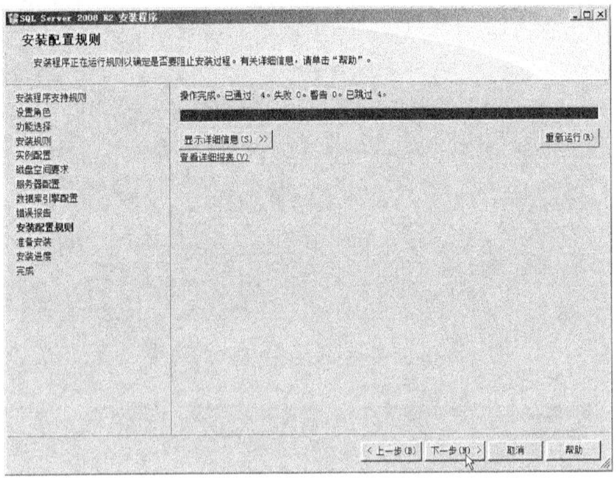

图 4-4-13　安装配置规则

（13）在“准备安装”对话框中验证要安装的 SQL Server 2008 R2 功能，无误之后，单击“下一步”按钮，如图 4-4-14 所示。

（14）之后 SQL Server 将开始安装，在安装完成之后，单击“关闭”按钮，如图 4-4-15 所示。

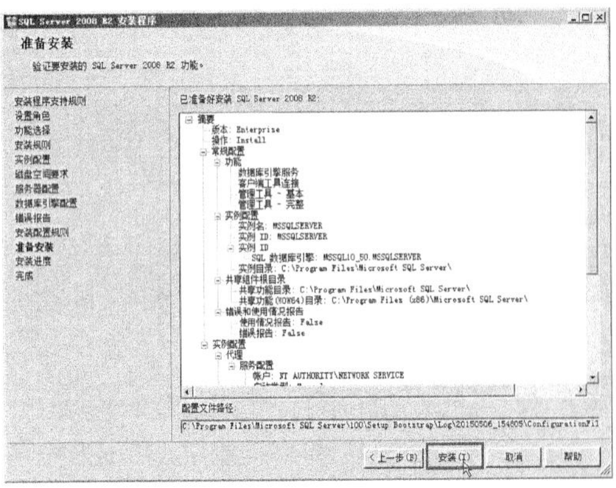

图 4-4-14　准备安装

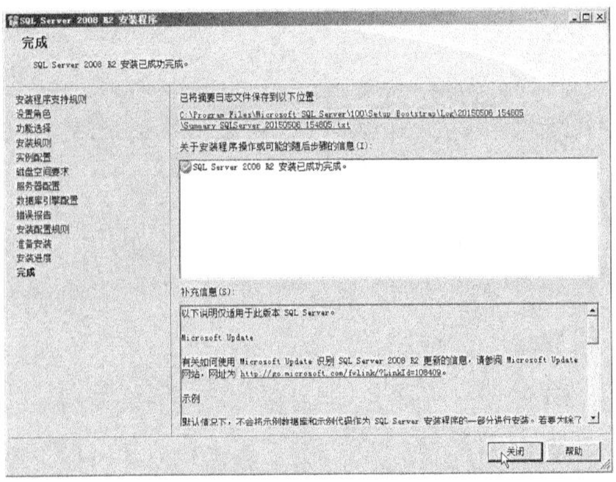

图 4-4-15　SQL Server 安装完成

4.4.2　SQL Server 防火墙配置

为了让网络中的其他计算机可以访问 SQL Server 数据库服务器，需要在安装 SQL Server 的计算机中开启防火墙规则，允许 TCP 的 1433 入站规则。在本示例中，SQL Server 安装在 Windows Server 2008 R2 中，在该系统中创建 TCP 的 1433 入站规则的步骤如下。

（1）打开“高级安装 Windows 防火墙”窗口，右击“入站规则”，在弹出的快捷菜单中选择“新建规则”命令，如图 4-4-16 所示。

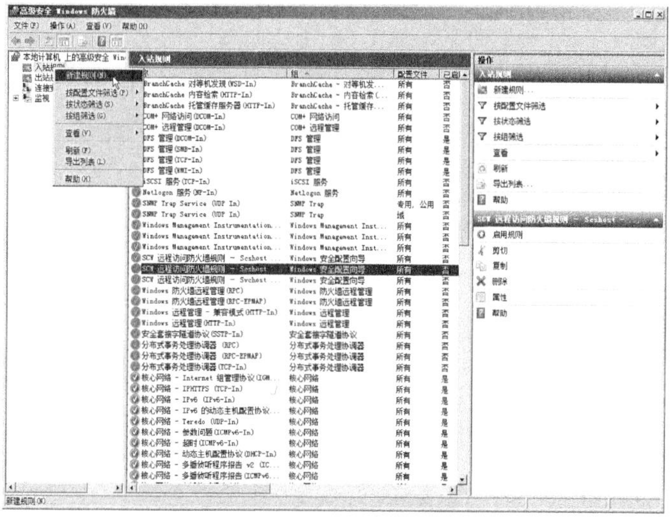

图 4-4-16　新建规则

（2）在“规则类型”对话框中选中“端口”单选按钮，如图 4-4-17 所示。

（3）在“协议和端口”对话框中选择 TCP 单选按钮，并在“特定本地端口”文本框中输入 1433，如图 4-4-18 所示。

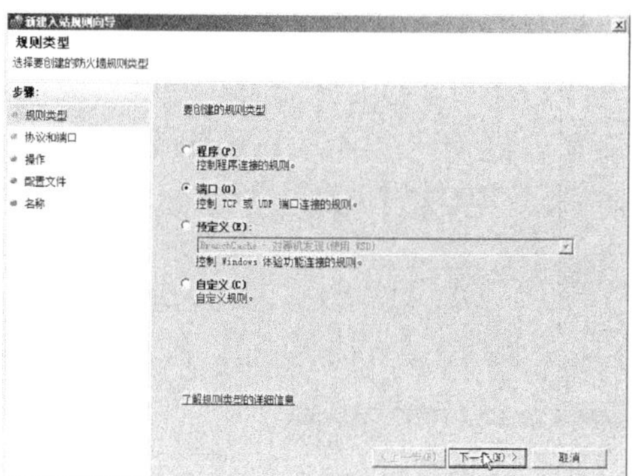

图 4-4-17　端口

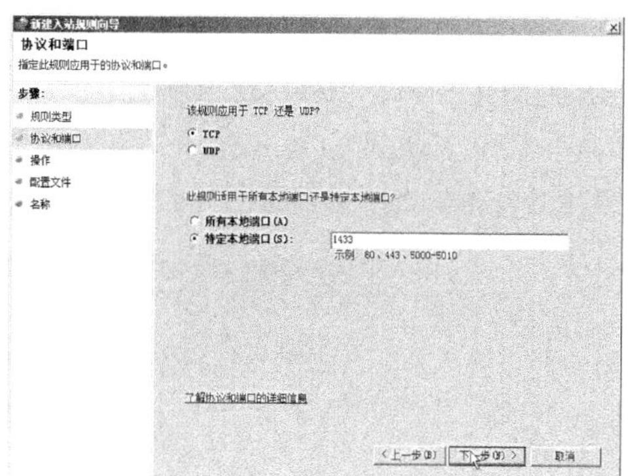

图 4-4-18　开放 1433 端口

（4）在“操作”对话框中指定在连接与规则中指定的条件相匹配时要执行的操作，在此选择“允许连接”单选按钮，如图 4-4-19 所示。

（5）在“配置文件”对话框中指定此规则应用的配置文件，在此选择“域”、“专用”和“公用”3 个配置文件，如图 4-4-20 所示。

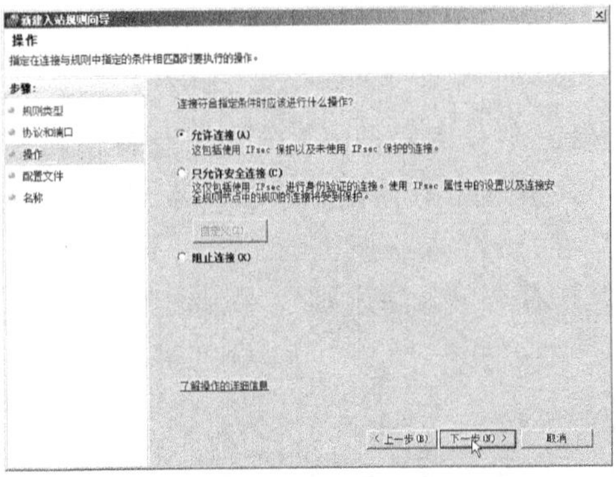

图 4-4-19　允许连接

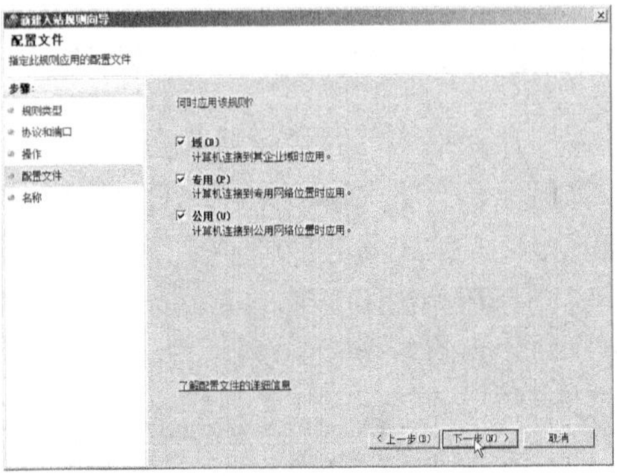

图 4-4-20　配置文件

（6）在“名称”对话框中指定此规则的名称和描述，在此将其命名为 SQL Server，如图 4-4-21 所示。

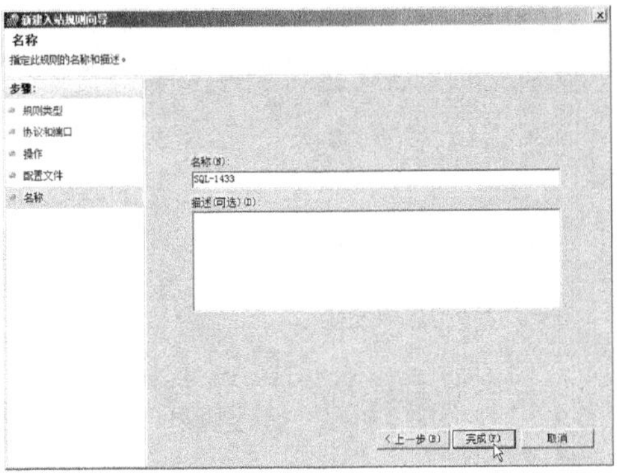

图 4-4-21　名称

4.4.3　更新 SQL Server

vCenter Server 6 需要 SQL Server 2008 R2 至少升级到 SP1 补丁，现在最新补丁是 SP3，本节将在 SQL Server 2008 R2 服务器中安装 SP3 补丁，主要步骤如下。

（1）双击下载的 SQL Server 2008 R2 SP1 补丁，这是一个名为 SQLServer2008R2SP3-KB2979597-x64-CHS.exe 的文件，大小为 363MB，如图 4-4-22 所示。

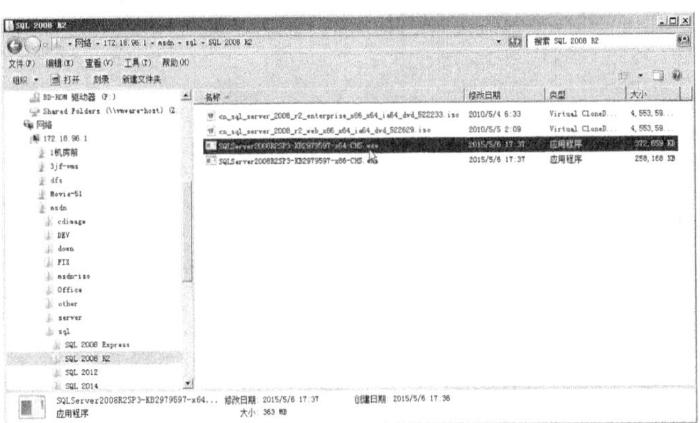

图 4-4-22　SQL Server 2008 R2 的 SP3 补丁

（2）在“SQL Server 2008 R2 更新”对话框单击“下一步”按钮，如图 4-4-23 所示。

（3）在“许可条款”对话框单击“我接受许可条款”，如图 4-4-24 所示。

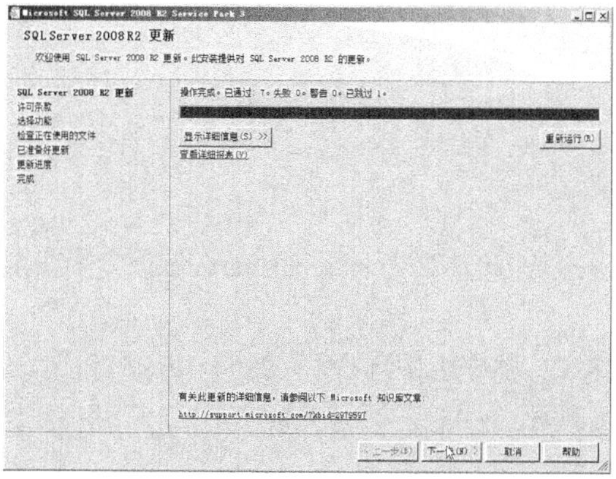

图 4-4-23　更新

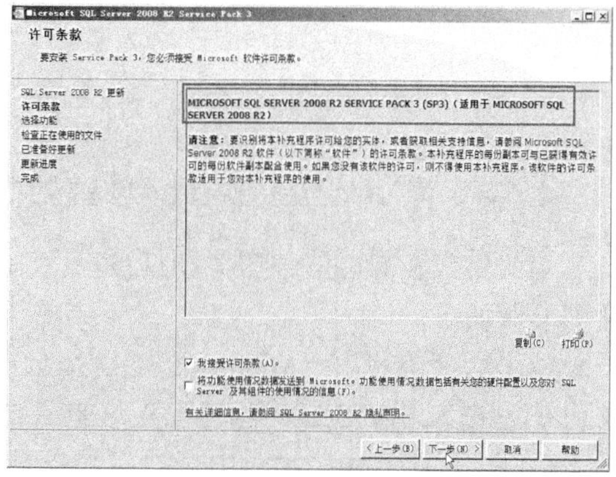

图 4-4-24　许可条款

（4）在“选择功能”对话框显示了要升级的功能，如图 4-4-25 所示。

（5）在“检查正在使用的文件”检查完成安装所需要的文件，如图 4-4-26 所示。

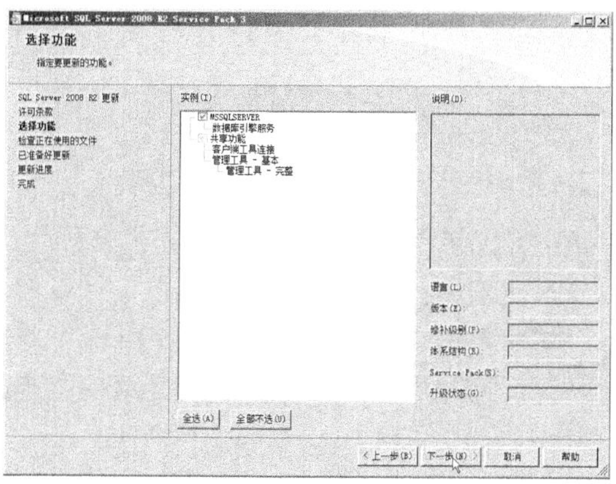

图 4-4-25　选择功能进行升级

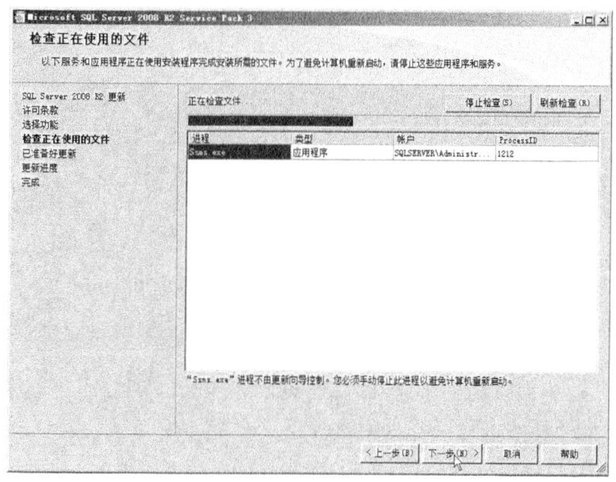

图 4-4-26　检查正在使用的文件

（6）在“已准备好更新”对话框单击“更新”按钮，如图 4-4-27 所示。

（7）之后开始更新，直到更新完成，如图 4-4-28 所示。

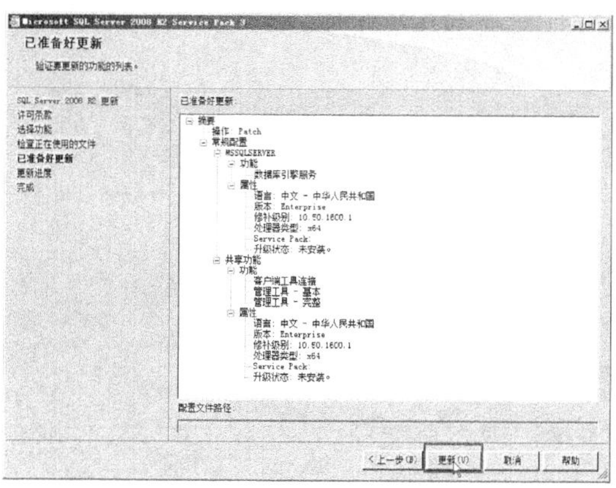

图 4-4-27　更新

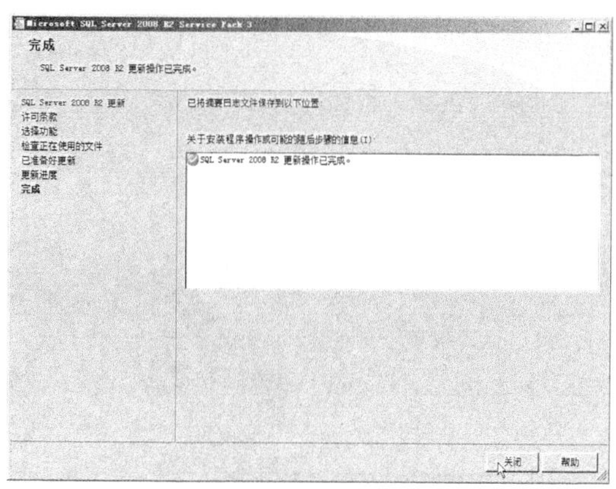

图 4-4-28　开始更新

（8）之后根据提示，重新启动计算机，如图 4-4-29 所示。

图 4-4-29　重新启动计算机

4.4.4　为 vCenter Server 创建数据库

再次进入 SQL Server 服务器后，运行 SQL Server 管理工具为 vCenter Serverr 创建数据库，主要步骤如下。

（1）从“所有程序→Microsoft SQL Server 2008 R2”程序组中选择“SQL Server Management Studio”，进入 SQL Server 管理工具，如图 4-4-30 所示。

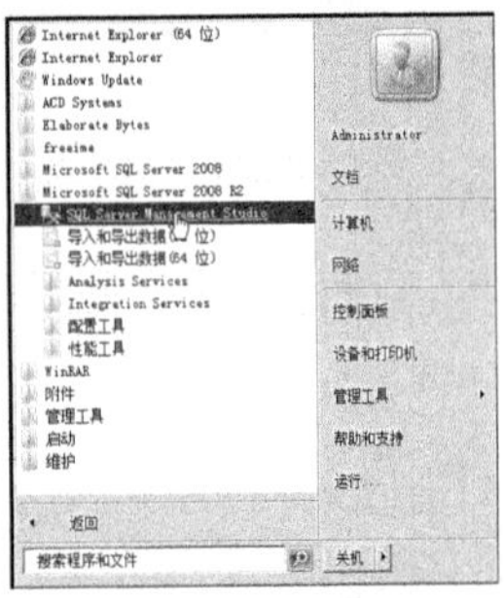

图 4-4-30　运行 SQL Server Express Management

图 4-4-31　连接到 SQL Server 实例

（2）首先进入“连接到服务器”界面，在“服务器名称”地址栏中以“计算机名称\数据库实例名”的格式输入服务器的名称，因为 SQL Server 安装在当前这台计算机上，可以输入英文的句点(.)代替当前计算机，如图 4-4-31 所示，然后单击“连接”按钮。

（3）进入 SQL Server 管理控制台后，用鼠标右击“数据库”，在弹出的快捷菜单中选择“新建数据库”，如图 4-4-32 所示。

（4）在“创建新数据库”对话框“数据库名称”处输入新建的数据库名称，在此设置数据库名称为 vcenter，然后单击“确定”按钮，如图 4-4-33 所示。

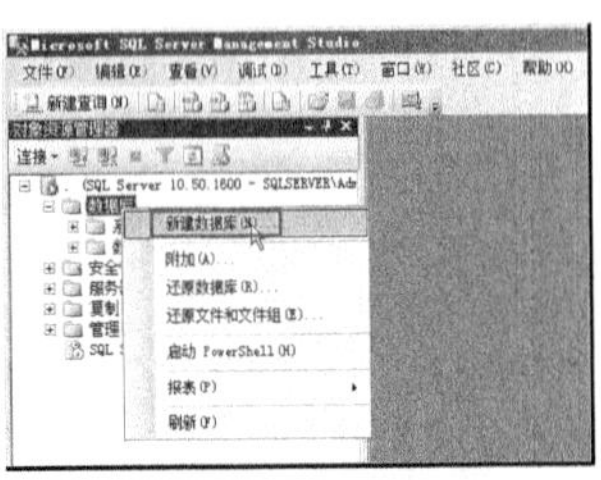

图 4-4-32　新建数据库

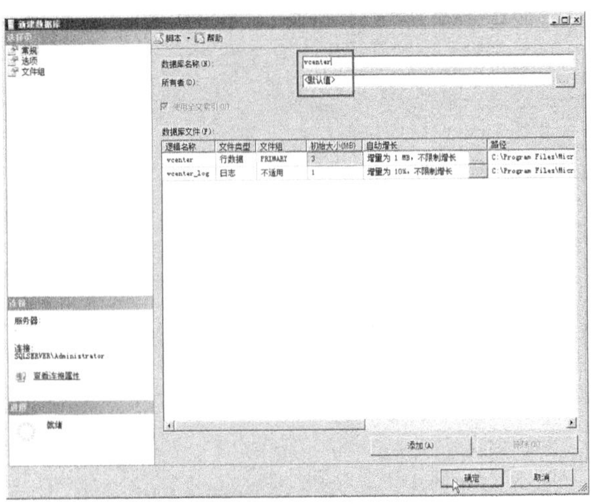

图 4-4-33　为 vCenter 创建数据库

（5）创建之后，返回 SQL Server 管理控制台，如图 4-4-34 所示。在此可以看到创建的数据库。

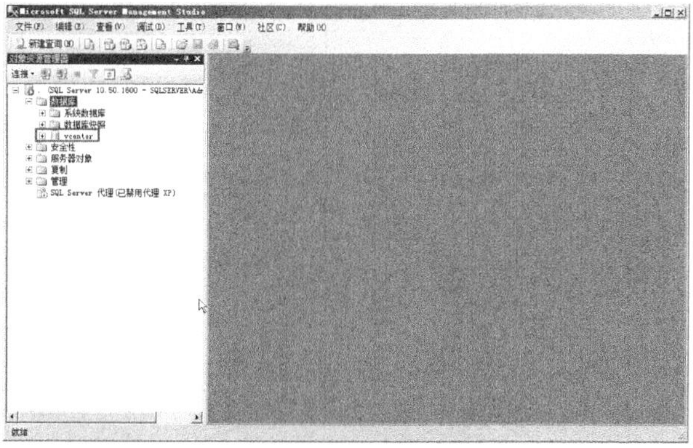

图 4-4-34 创建数据库完成

创建数据库完成后，关闭 SQL Server 管理控制台。

4.4.5 准备 vCenter Server 服务器

根据图 4-3-1 所示的规划，在一台具有 2 个 CPU、8GB 内存的 Windows Server 2008 R2 虚拟机中，设置计算机名称为 vcenter2.heinfo.edu.cn，设置 IP 地址为 192.168.80.7，安装具有外部 Platform Services Controller 的 vCenter Server，主要步骤如下。

➢ 修改计算机名称为 vCenter2.heinfo.edu.cn，设置 IP 地址为 192.168.80.7。

➢ 添加本地管理员账户 Administrator，具有“作为服务登录”的权限。

➢ 运行 SQL Server 2008 R2 安装程序，安装“客户端工具连接”。

➢ 添加数据源，使用 192.168.80.8 的 SQL Server 服务器提供的数据库。

➢ 执行 vCenter Server 的安装。

首先修改计算机的名称，为计算机设置 IP 地址，主要步骤如下。

（1）创建一个 2CPU、2GB 内存的 Windows Server 2008 R2，打开“系统属性”，更改计算机名称为 platform 后，单击“其他”按钮，在弹出的对话框，在“此计算机的主 DNS 后缀”中输入域名后缀，在此为 heinfo.edu.cn，如图 4-4-35 所示。

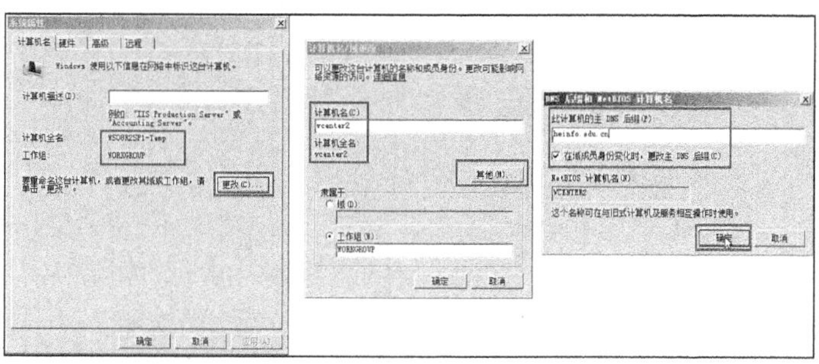

图 4-4-35 修改计算机名称并添加域名后缀

（2）改名之后如图 4-4-36 所示，然后根据提示重新启动计算机。

（3）再次进入系统之后，修改计算机的 IP 地址为 192.168.80.7，DNS 为 192.168.80.17，如图 4-4-37 所示。这是根据图 4-3-1 中的规划设置的，如果你的网络有不同的地址信息，请根据你自己的规划设置。

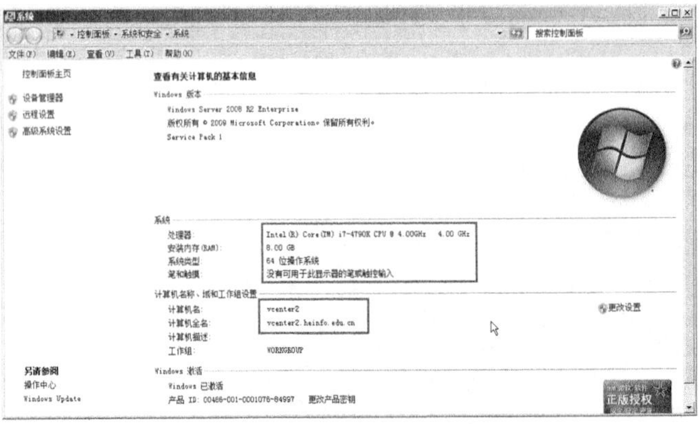

图 4-4-36　系统信息

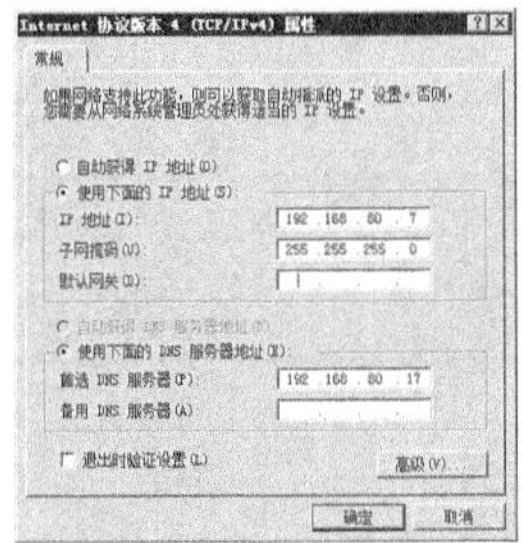

图 4-4-37　设置 IP 地址

执行 gpedit.msc，添加本地管理员账户 Administrator，具有“作为服务登录”的权限，主要步骤如下。

（1）在“本地组策略编辑器”对话框定位到“本地计算机策略→计算机配置→Windows 设置→安全设置→本地策略→用户权限分配”，双击右侧的“作为服务登录”，如图 4-4-38 所示。

（2）打开“作为服务登录 属性”对话框，单击“添加用户和组”按钮，在弹出的“选择用户和组”对话框中，在“输入对象名称来选择”处，输入要添加的账户，在此为本地管理员账户 Administrator，单击“确定”按钮，如图 4-4-39 所示。再次单击“确定”按钮完成添加。

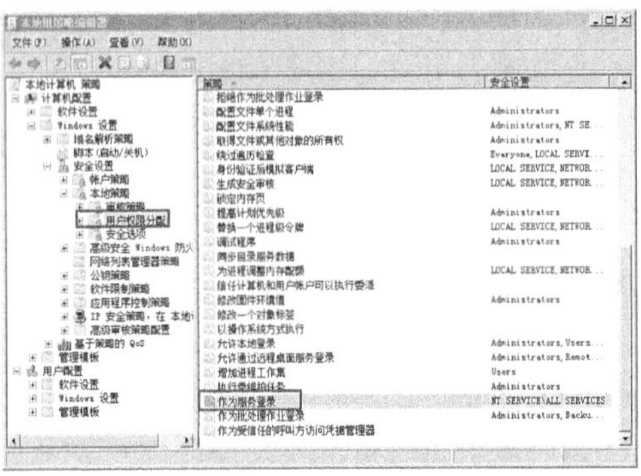

图 4-4-38　作为服务登录

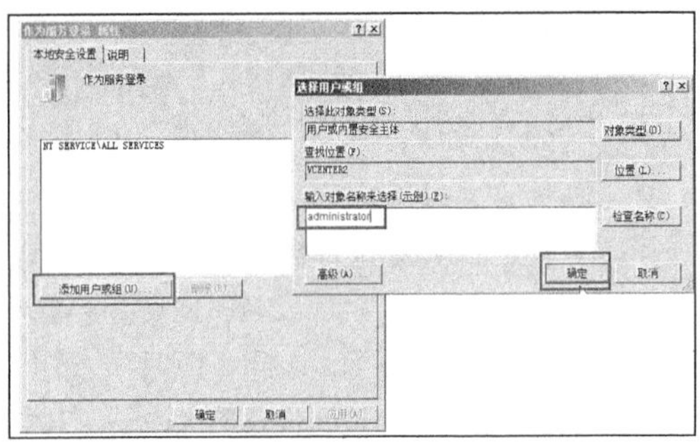

图 4-4-39　添加 Administrator

4.4.6　为 vCenter Server 服务器添加外部 DSN 连接

在本节中要为 vCenter Server 配置使用外部的 SQL Server 数据库，为了完成这一目标，你需要在这台计算机上安装 SQL Server 客户端连接工具，然后创建 DSN 数据源。

SQL Server 客户端连接工具的安装方法与安装 SQL Server 相类似，同样都是使用 SQL Server 2008 R2 的安装程序，运行安装程序，只需要在“功能选择”中选择“客户端工具连接”，如图 4-4-40 所示，其他的都选择默认值，或者与“4.4.1 准备 SQL Server 数据服务器”相同即可（不需要安装 SQL Server 2008 R2 的 SP 补丁）。

在 SQL Server“客户端工具连接”安装完成后，创建 ODBC 的数据库连接，主要步骤如下。

（1）从“管理工具”中运行“数据源（ODBC）”，在“系统 DSN”选项卡中单击“添加”按钮，如图 4-4-41 所示。

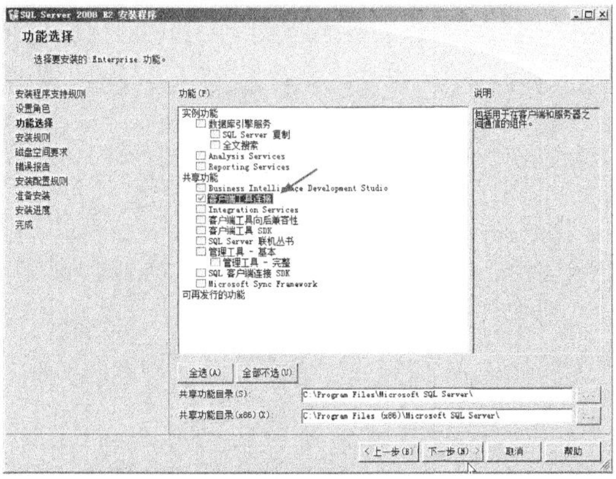

图 4-4-40　客户端工具连接

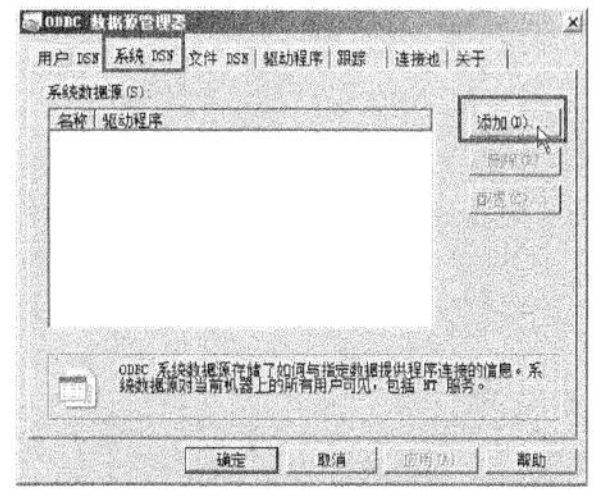

图 4-4-41　添加 DNS

（2）在“创建新数据源”对话框选择“SQL Server Native Client 10.0”，不要选择“SQL Server”，如图 4-4-42 所示。

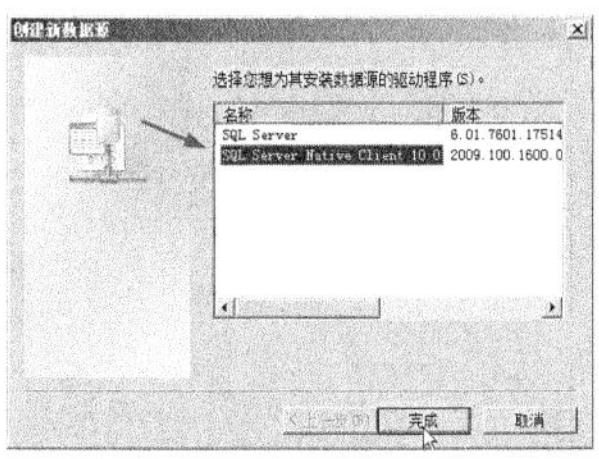

图 4-4-42　选择数据源驱动程序

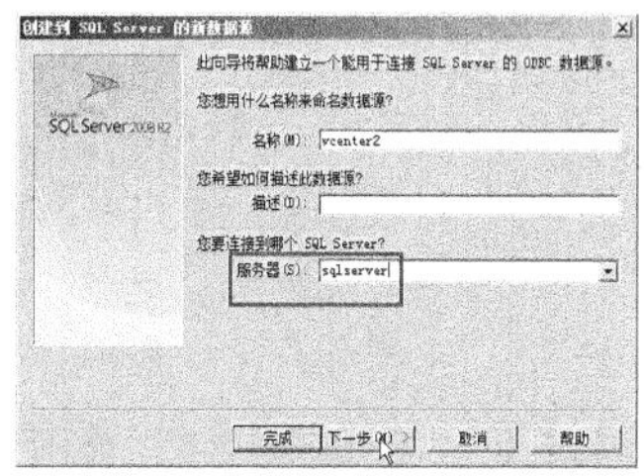

图 4-4-43　数据源名称及 SQL Server 服务器

（3）在“名称”文本框中输入新建数据源的名称，在此设置为“vCenter2”（当然也可以是其他名称，这根据你的习惯或规划设置），在“服务器”文本框中输入当前网络中 SQL Server 服务器的名称，在此为 sqlserver，如图 4-4-43 所示。

（4）在“SQL Server 应该如何验证登录 ID 的真伪”中选择“集成 Windows 身份验证”，如图 4-4-44 所示。这要保证你当前的服务器的登录账户 Administrator 的密码要与 SQL Server 服务器 Administrator 账户的密码相同才行，如果不同，请输入 SQL Server 服务器的管理员账户与密码。

（5）在“更改默认的数据库为”下拉列表中，选择“4.4.1 准备 SQL Server 数据库服务器”一节中为当前 vCenter Server 创建的数据库，在此为 vCenter，如图 4-4-45 所示。

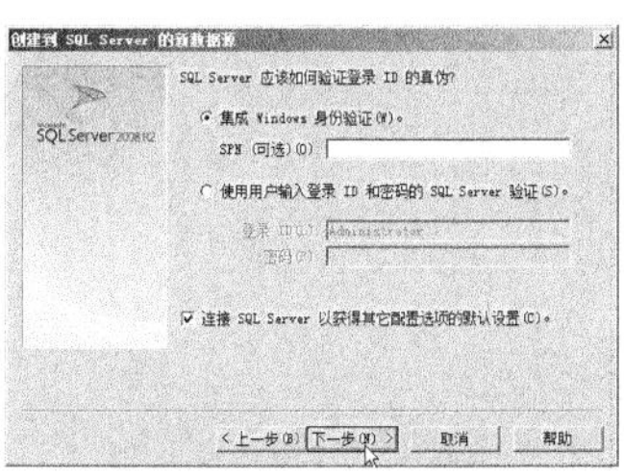

图 4-4-44　身份验证

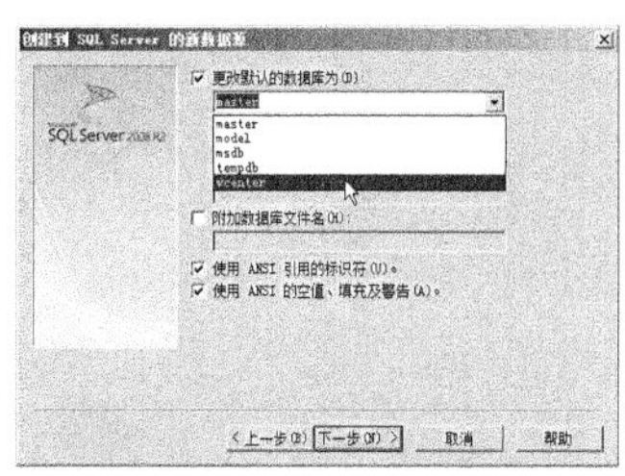

图 4-4-45　选择默认数据库

（6）创建 DSN 数据源完成后，单击“完成”按钮，如图 4-4-46 所示。

（7）创建完成后，单击“测试数据源”按钮（见图 4-4-47），当出现“测试成功”的提示后（见图 4-4-48），表示创建的数据源正确。

（8）返回到图 4-4-47 所示界面，单击“确定”按钮，返回到“ODBC 数据源管理器”，在“系统 DSN”列表中可以看到新创建的数据源，单击“确定”按钮，创建数据源完成，如图 4-4-49 所示。

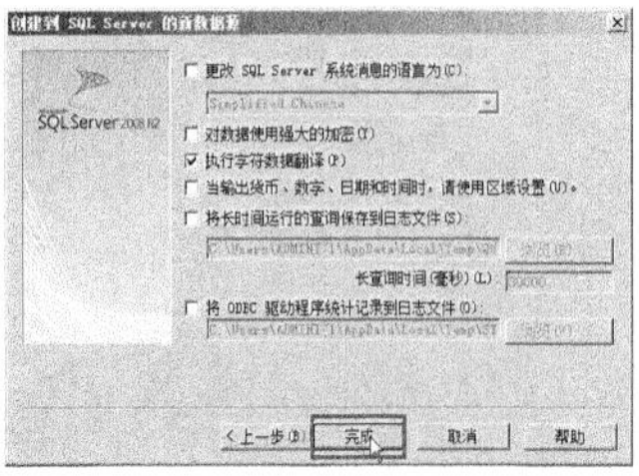

图 4-4-46　创建完成

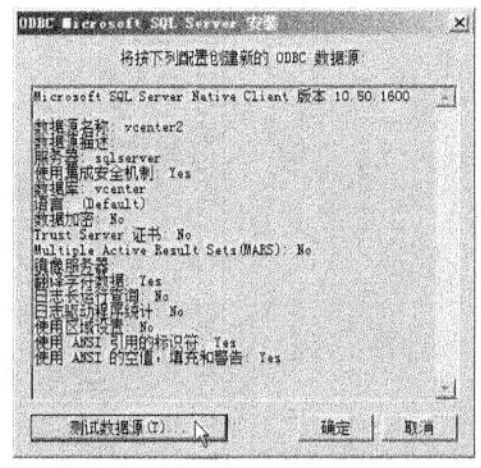

图 4-4-47　测试数据源

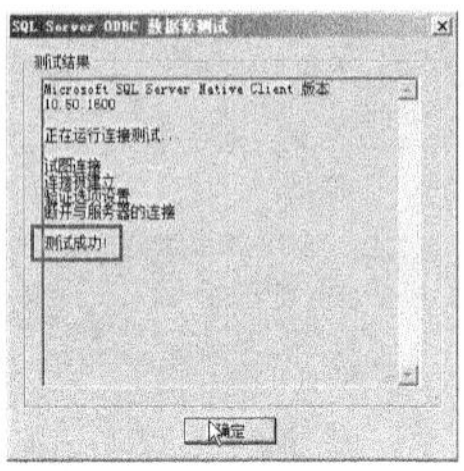

图 4-4-48　测试成功

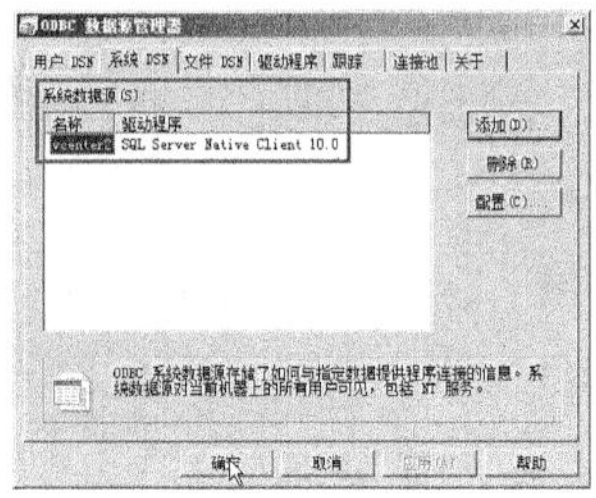

图 4-4-49　创建数据源完成

4.4.7　安装使用外部 SQL Server 数据库的 vCenter Server

在做好上述准备工作之后，就可以使用外部 SQL Server 数据库，安装 vCenter Server 了。总体来看，安装 vCenter Server 的步骤在上文已经做了详细的介绍，所以本节，将就不同之处进行说明。

（1）运行 vCenter Server 安装程序，选择“外部部署→vCenter Server”，如图 4-4-50 所示。

（2）在“系统网络名称”对话框选择默认值“vCenter2.heinfo.edu.cn”，如图 4-4-51 所示。

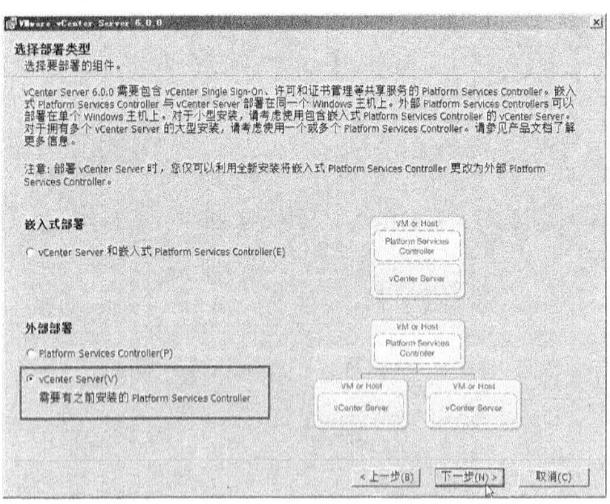

图 4-4-50　选择部署类型

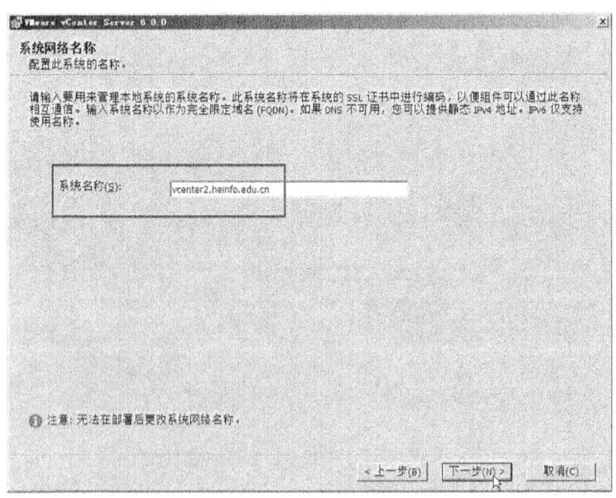

图 4-4-51　系统名称

（3）在“vCenter Single Sign-On 注册”对话框中输入 Platform Services Controller 的 FQDN 名称，在此为 platform.heinfo.edu.cn，并输入 vCenter Single Sign-On 的密码，如图 4-4-52 所示。

（4）在“vCenter Server 服务账户”对话框选择“指定用户服务账户”，选择本地管理员账户（vcenter2\administrator），并输入本地管理员密码，如图 4-4-53 所示。

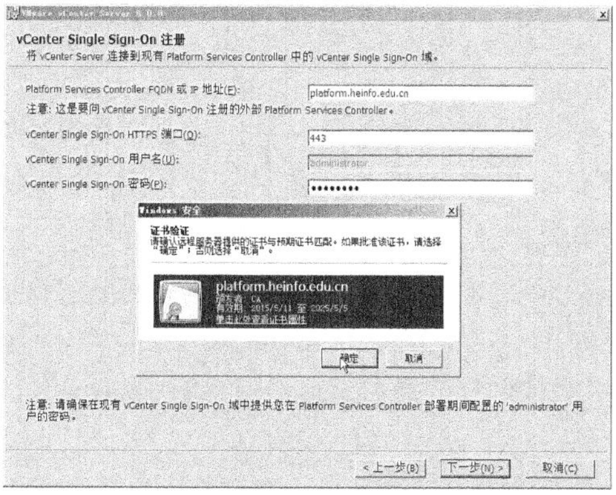

图 4-4-52　vCenter Single Sign-On

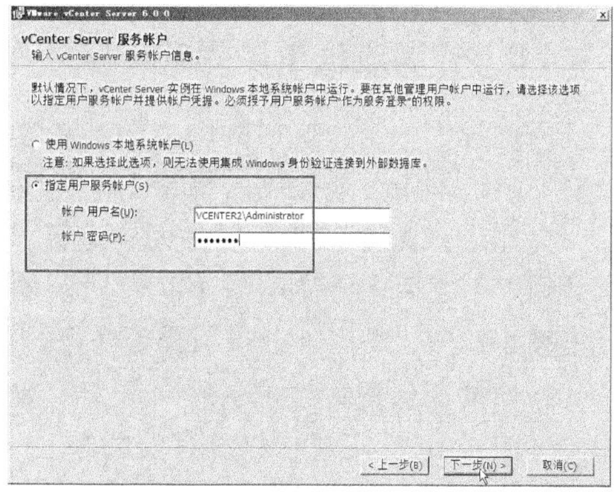

图 4-4-53　vCenter Server 服务账户

（5）在“数据库设置”对话框配置此部署的数据库。选择“使用外部数据库”，然后单击“刷新”按钮，从下拉列表中选择上一节创建的 DSN 连接（名称为 vCenter2），如图 4-4-54 所示。

（6）在“准备安装”对话框检查安装设置摘要，无误之后单击“安装”按钮，开始安装，如图 4-4-55 所示。

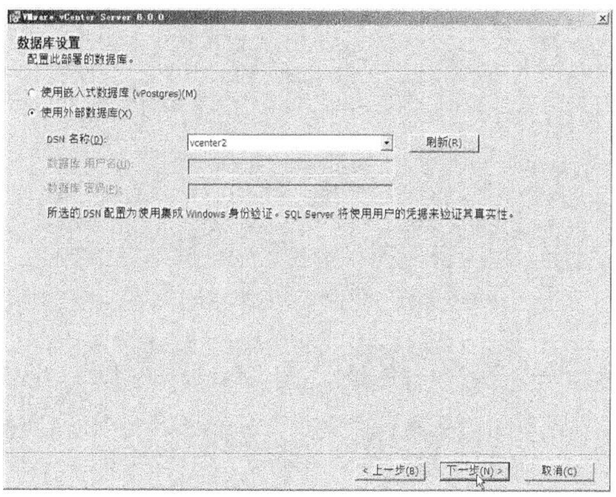

图 4-4-54　数据库设置

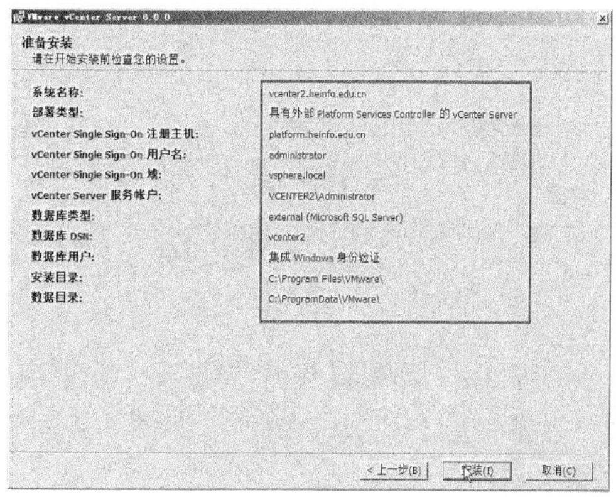

图 4-4-55　准备安装

（7）之后将开始安装 vCenter Server，直到安装完成，如图 4-4-56 所示，你可以单击“完成”按钮完成安装，也可以单击“启动 vSphere Web Client”启动 vSphere Web 客户端，以连接到 vCenter Server，这些稍后会进行介绍。

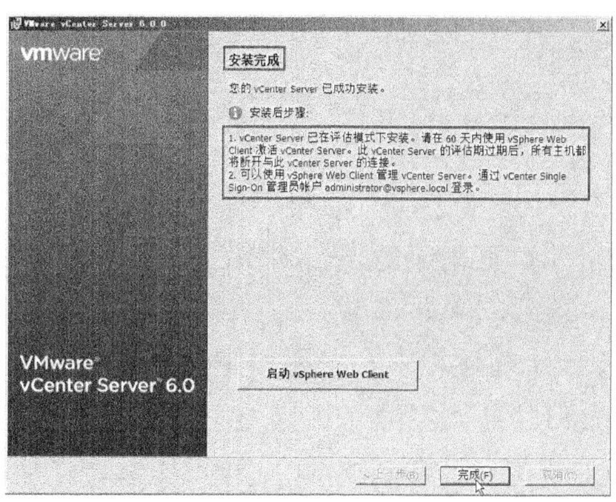

图 4-4-56　安装完成

4.4.8　安装过程中碰到的一些问题

任何过程都不是一帆风顺的，在安装 vCenter Server 的过程中也是如此，在此本文收集了一些安装过程中可能碰到的错误，并说明错误原因及解决方法。

（1）如果在图 4-4-53 所示界面中选择“使用 Windows 本地系统账户”，则在选择“使用外部数据库”之后，会弹出图 4-4-57 所示的错误提示，此时单击“上一步”返回到“vCenter Server 服务账户”选择“指定用户服务账户”即可。

（2）如果在创建数据源之后，但在“数据库设置”中，通过单击“刷新”按钮找不到数据库（见图 4-4-58），表示你没有安装 SQL Server 数据库连接工具，而是使用“SQL Server”连接创建的数据库，请参照“4.4.6 为 vCenter Server 服务器添加外部 DSN 连接”一节操作。

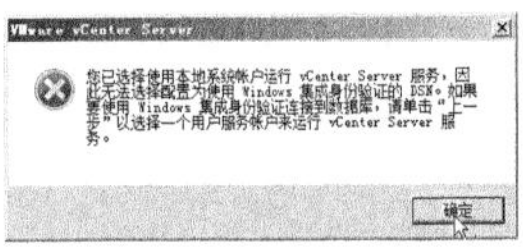

图 4-4-57　错误

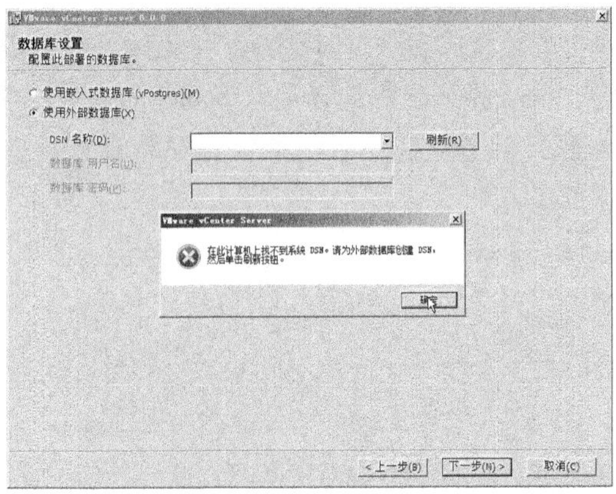

图 4-4-58　找不到数据库

（3）此时，你可以打开“ODBC 数据源管理器”，在“系统 DSN”中，看到 DSN 连接的“驱动程序”是“SQL Server”，如图 4-4-59 所示。正常的应该是“SQL Server Native Client”，如图 4-4-60 所示。

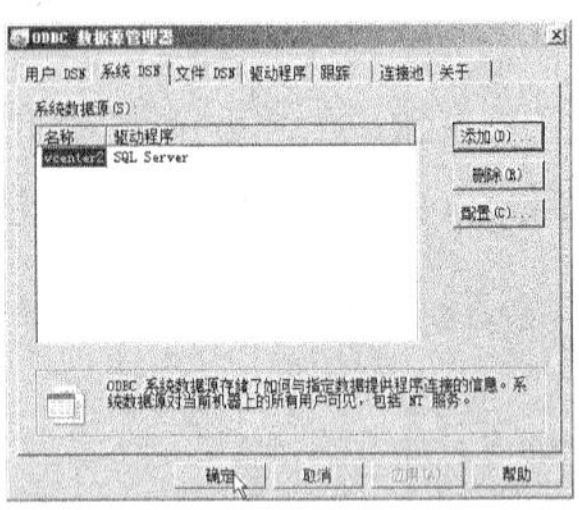

图 4-4-59　SQL Server 驱动程序不对

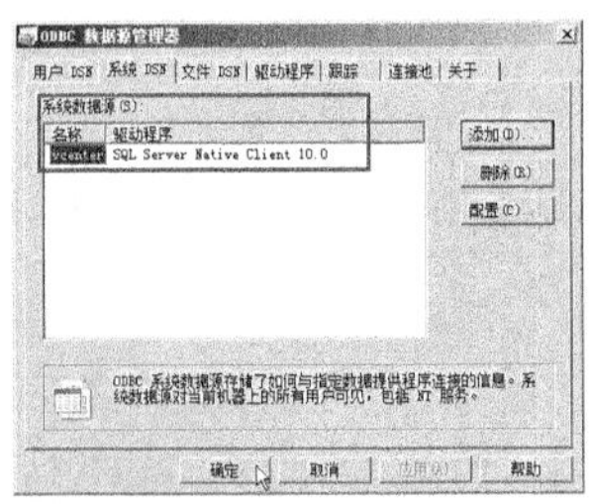

图 4-4-60　正确的数据源驱动程序

（4）在选择了正确的 DSN 连接之后，如果所连接的 SQL Server 数据库没有打补丁，则会弹出如图 4-4-61 所示的提示，此时请返回到 SQL Server 服务器，为 SQL Server 更新最新的补丁，返回到安装程序，继续安装即可。

（5）在安装 vCenter Server 的过程中，不要“弹出”安装光盘，或者断开 vCenter Server 的安装程序的网络连接，否则会弹出“错误代码为 1603”的错误，如图 4-4-62 所示。

如果出现此类问题，请检查 vCenter Server 安装程序光盘，在重新映射了安装光盘之后，重新安装即可。

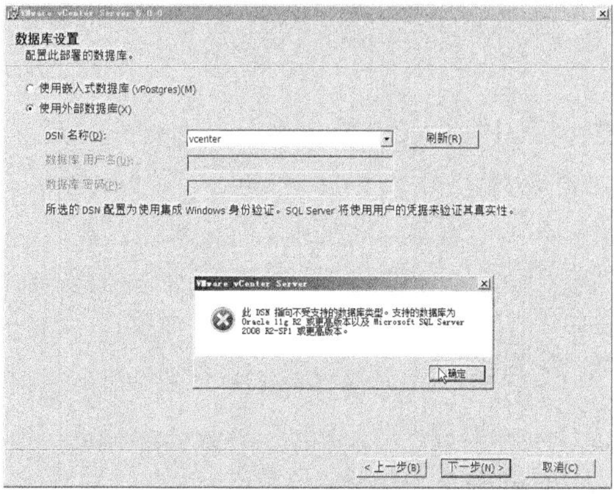

图 4-4-61　不支持的数据库类型

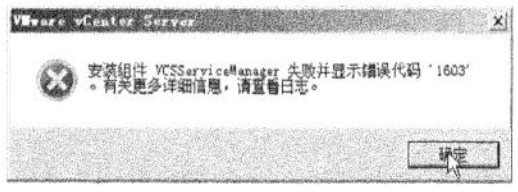

图 4-4-62　安装错误

4.5　部署 vCenter Server Appliance

除了在 Windows 虚拟机或物理服务器上安装 vCenter Server 之外，还可以部署 vCenter Server Appliance。

在部署 vCenter Server Appliance 之前，下载 ISO 文件并将其挂载到要从其执行部署的 Windows 主机中。安装客户端集成插件，然后启动安装向导。

vCenter Server Appliance 具有以下默认用户名。

➢ root，密码为部署虚拟设备时输入的密码。

➢ administrator@your_domain_name，密码为部署虚拟设备时输入的密码。

部署 vCenter Ser ver Appliance 之后，只有 administrator@your_domain_name 具有登录到 vCenter Server 系统的特权。

administrator@your_domain_name 用户可以执行以下任务。

➢ 将在其中定义了其他用户和组的标识源添加到 vCenter Single Sign-On 中。

➢ 为用户和组提供权限。

vCenter Server Appliance 6.0 上部署了虚拟硬件版本 8，此虚拟硬件版本在 ESXi 中支持每个虚拟机具有 32 个虚拟 CPU。根据要通过 vCenter Server Appliance 进行管理的主机，您可能希望升级 ESXi 主机并更新 vCenter Server Appliance 的硬件版本以支持更多虚拟 CPU。

➢ ESXi 5.5.x 最高支持虚拟硬件版本 10，最多支持每个虚拟机具有 64 个虚拟 CPU。

➢ ESXi 6.0 最高支持虚拟硬件版本 11，最多支持每个虚拟机具有 128 个虚拟 CPU。

【注意】 无法使用 vSphere Client 或 vSphere Web Client 部署 vCenter Server Appliance。在部署 vCenter Server Appliance 的过程中，必须提供各种输入，如操作系统和 vCenter Single Sign-On 密码。如果尝试使用 vSphere Client 或 vSphere Web Client 部署设备，系统将不会提示您提供此类输入且部署将失败。

【说明】 VMware 官方的文档是使用部署向导将 vCenter Server Appliance 部署在 VMware ESXi 中，并且不能使用 vSphere Web Client 或 vSphere Client 部署。但实际上可以用 vSphere Client 将 vCenter Server Appliance 部署在 ESXi 中，甚至将 vCenter Server Appliance 部署在

VMware Workstation 虚拟机中。在后文章节将介绍这一内容，但这并不是被推荐的做法，只是在做实验、测试时才这样做。

【注意】vCenter Server 6.0 支持通过 IPv4 或 IPv6 地址在 vCenter Server 与 vCenter Server 组件之间建立连接。不支持 IPv4 和 IPv6 混合环境。如果要将 vCenter Server Appliance 设置为使用 IPv6 地址分配，请确保使用设备的完全限定域名（FQDN）或主机名。在 IPv4 环境中，最佳做法是使用设备的 FQDN 或主机名，因为如果 DHCP 分配了 IP 地址，则其可能会更改。

4.5.1　vCenter Server Appliance 实验主机

选择部署具有嵌入式 Platform Services Controller 的 vCenter Server Appliance 时，可以将 Platform Services Controller 和 vCenter Server 作为一个设备进行部署。不支持并行部署具有嵌入式 Platform Services Controller 的 vCenter Server Appliance。必须按顺序部署具有嵌入式 Platform Services Controller 的 vCenter Server Appliance 实例。

在本节中，我们将在一台 Windows 计算机中，通过网络连接到 VMware ESXi 6，部署具有嵌入式 Platform Services Controller 的 vCenter Server Appliance，即在一台虚拟机中，同时部署 Platform Services Controller 和 vCenter Server Appliance，实验拓扑如图 4-5-1 所示。

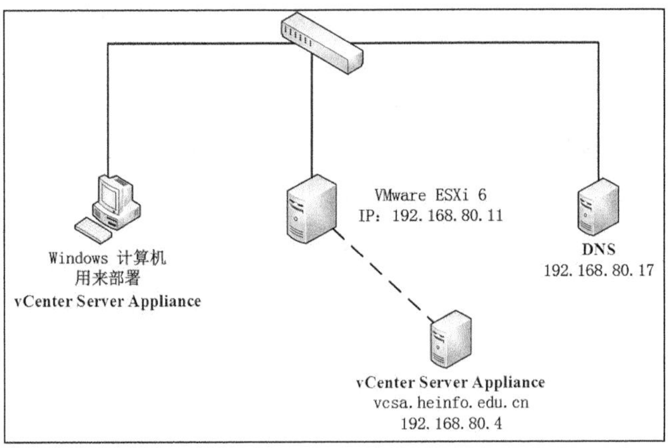

图 4-5-1　部署具有嵌入式 Platform Services Controller 的 vCenter Server Appliance

【说明】在进行此次实验之前，请使用 vSphere Client 登录到 192.168.80.11 的 ESXi 主机，关闭虚拟机，然后在 VMware Workstation 中修改 ESXi 虚拟机内存为 16GB，然后再启动虚拟机。

（1）使用 vSphere Client，右击 192.168.80.11，在弹出的快捷菜单中选择“关机”，如图 4-5-2 所示。

（2）在“确认 关闭”对话框单击“是”按钮，确认关闭 VMware ESXi 主机，如图 4-5-3 所示。

图 4-5-2　关机

图 4-5-3　确认关闭

（3）在 VMware Workstation 中修改 ESXi 虚拟机配置，将内存从 8GB 改为 16384MB，如图 4-5-4 所示。

（4）之后启动 ESXi 的虚拟机，如图 4-5-5 所示。

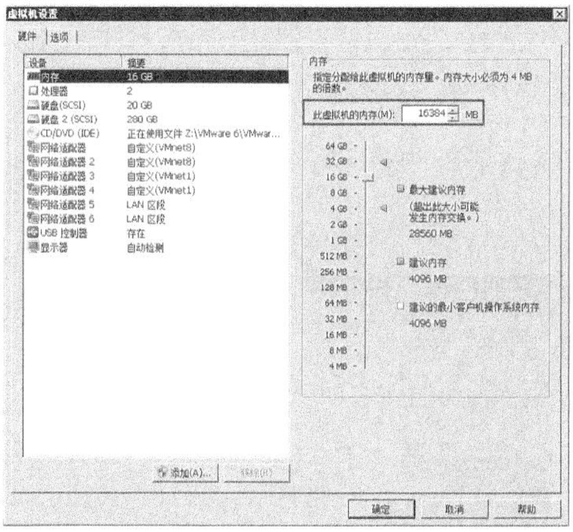

图 4-5-4　修改 ESXi 虚拟机内存

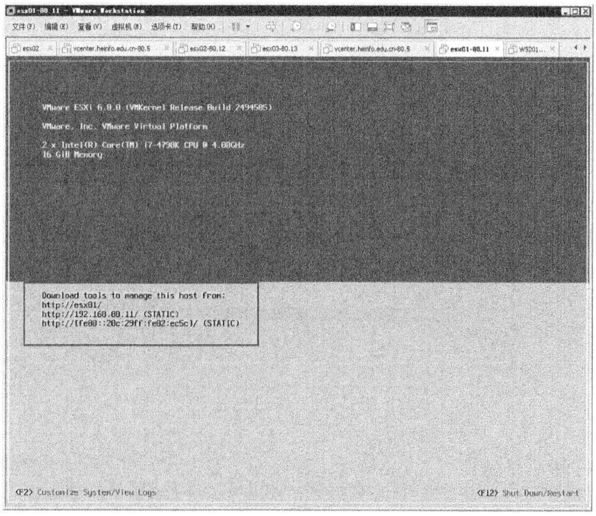

图 4-5-5　启动 ESXi 主机

4.5.2　部署具有嵌入式 Platform Services Controller 的 vCenter Server Appliance

在管理工作站上加载 vCenter Server Appliance 光盘镜像，安装 VMware 客户端集成插件，之后部署 vCenter Server Appliance。主要步骤如下。

（1）在一台 Windows 计算机中加载 vCenter Server Appliance 安装光盘镜像，这是一个名为 “VMware-VCSA-all-6.0.0-2562643.iso”、大小为 2.66GB 的 ISO 文件，可以用虚拟光驱加载。

（2）加载之后，运行 VCSA 文件夹中的 VMware-ClientIntegrationPlugin-6.0.0.exe 程序，如图 4-5-6 所示。

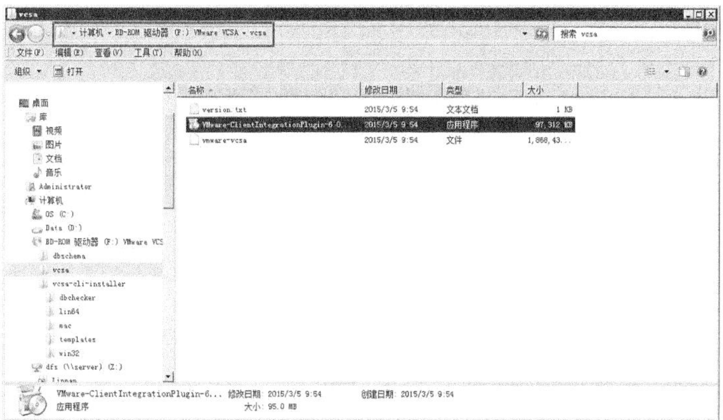

图 4-5-6　打开加载后的光盘目录

（3）开始运行 VMware 客户端集成插件，如图 4-5-7 所示。

（4）在“最终用户许可协议”对话框单击“我接受许可协议中的条款”，如图 4-5-8 所示。

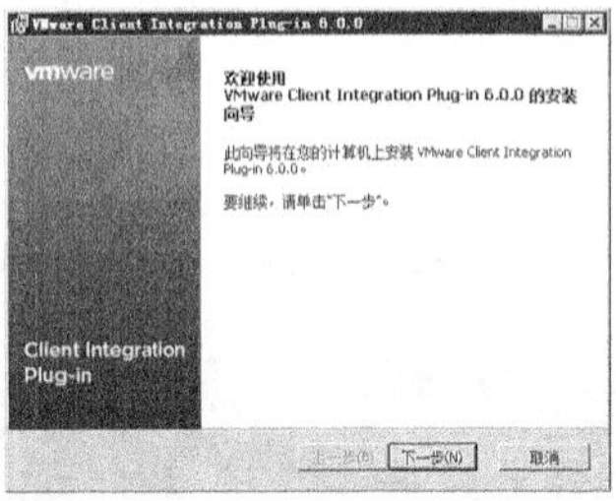

图 4-5-7 安装 VMware 客户端集成插件

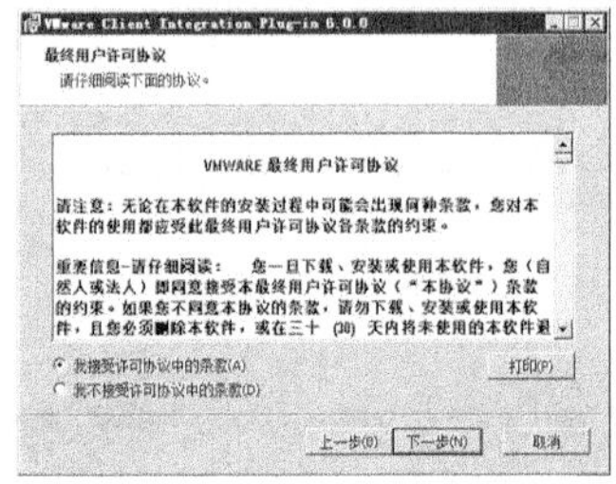

图 4-5-8 最终用户许可协议

（5）在“目标文件夹”选择安装位置，通常选择默认值，如图 4-5-9 所示。

（6）之后开始安装，直到安装完成，如图 4-5-10 所示。

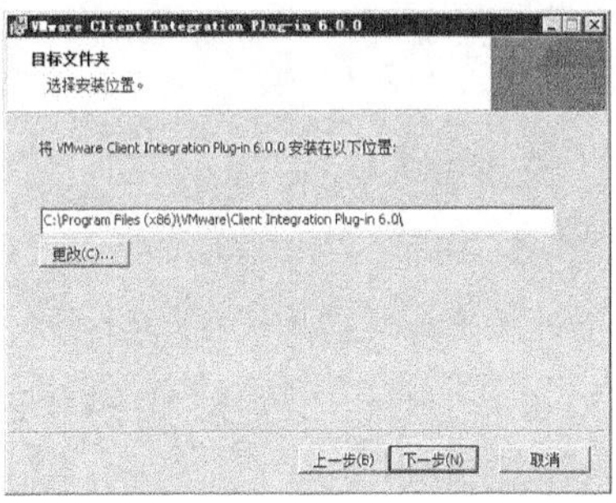

图 4-5-9 选择安装位置

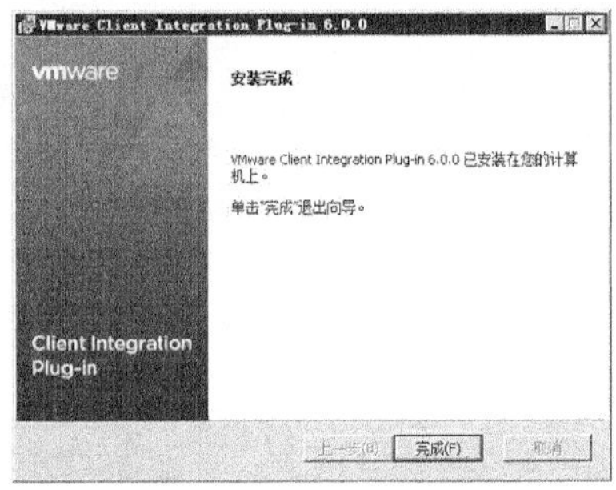

图 4-5-10 安装完成

安装完成后，返回到“资源管理器”，定位到 vCenter Server Appliance 安装光盘，双击根目录下的“vcsa-setup.html”，如图 4-5-11 所示。

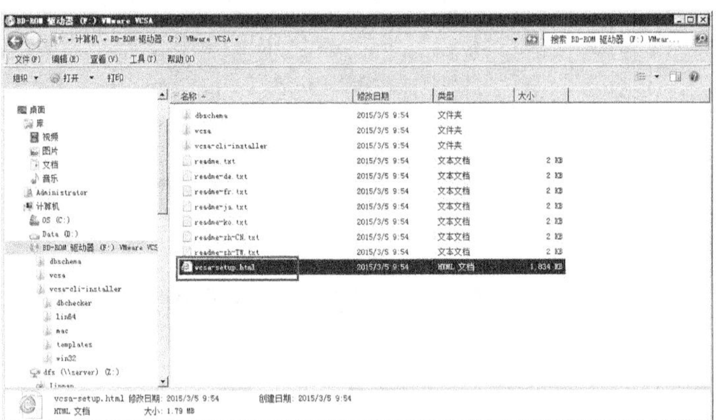

图 4-5-11 准备运行 vcsa 安装向导网页

（7）vCenter Server Appliance 安装程序会自动用浏览器打开安装程序，开始检测插件，在安装了 vSphere 客户端集成插件之后，弹出“是否允许此网站打开你计算机上的程序”，单击“允许”按钮，如图 4-5-12 所示。

（8）之后进入 vCenter Server Appliance 6.0 安装程序，单击“安装”按钮，如图 4-5-13 所示。

（9）在“最终用户许可协议”对话框单击“我授受许可协议条款”，如图 4-5-14 所示。

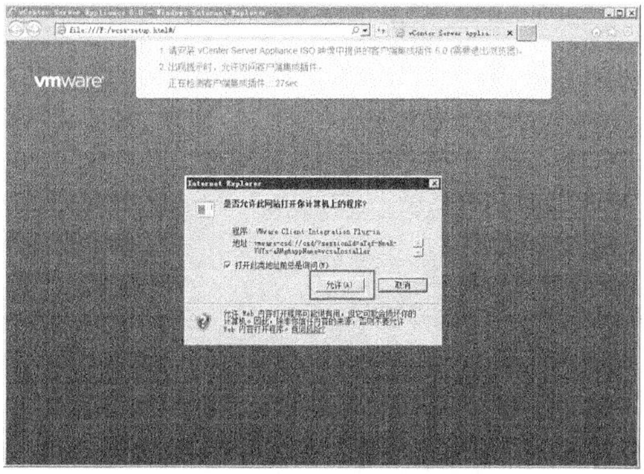

图 4-5-12　允许打开计算机上的程序

图 4-5-13　安装程序

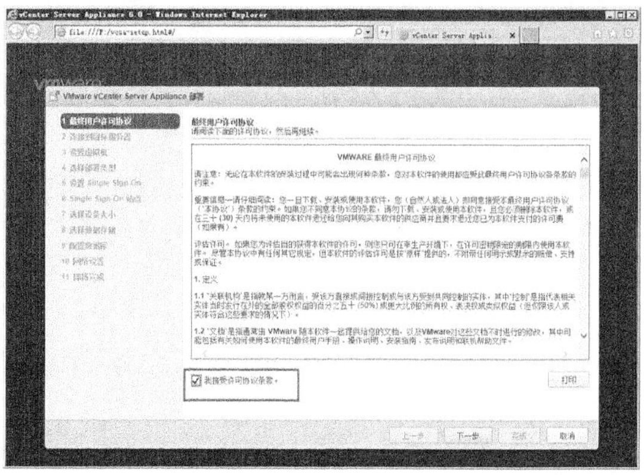

图 4-5-14　接受许可条款

（10）在“连接到目标服务器”对话框输入要部署 vCenter Server Appliance 的 ESXi 主机，在本示例中，承载 vCenter Server Appliance 的 ESXi 主机的 IP 地址为 192.168.80.11，之后输入这台 ESXi 的用户名 root 及密码，如图 4-5-15 所示。

（11）在“证书警告”对话框单击“是”按钮，忽略目标 ESXi 主机服务器上的证书问题，如图 4-5-16 所示。

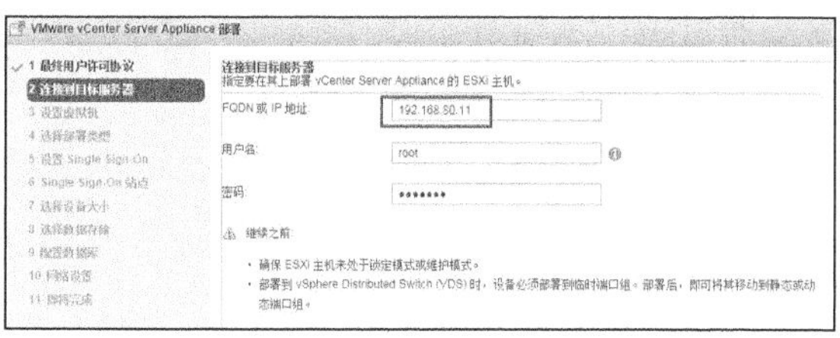

图 4-5-15　连接到目标服务器

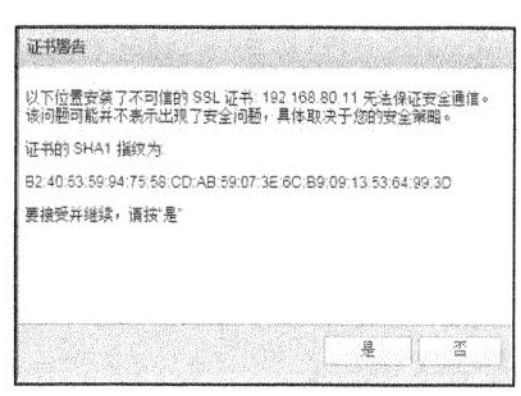

图 4-5-16　证书警告

（12）在“设置虚拟机”对话框，设置设备名称，即部署在 ESXi 主机上的、将要部署的这台 vCenter Server Appliance 虚拟机的名称，以及默认的操作系统的密码，在此设置设备名称为 vcsa，并设置 root 账户密码（请将该密码记下），如图 4-5-17 所示。

（13）在“选择部署类型”对话框选择“安装具有嵌入式 Platform Services Controller 的 vCenter Server Appliance”，如图 4-5-18 所示。

图 4-5-17　设置虚拟机

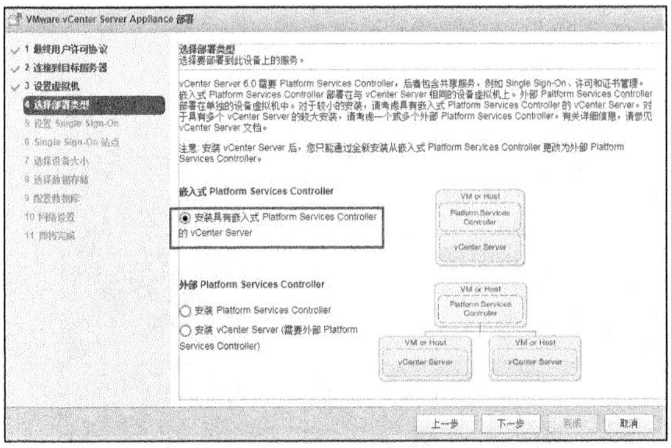

图 4-5-18　选择部署类型

（14）在“设置 Single Sign-On (SSO)”对话框选择“创建新 SSO 域”，设置 SSO 域名（在此设置为 vsphere.local）、vCenter SSO 密码（该密码需要为复杂密码，如 abCD12#$）、SSO 站点名称（Default-First-Site），如图 4-5-19 所示。

（15）在“选择设备大小”对话框指定新设备的部署大小，你可以在“微型、小型、中型、大型”之间选择，在此选择“微型（最多 10 个主机、100 个虚拟机）”，如图 4-5-20 所示。

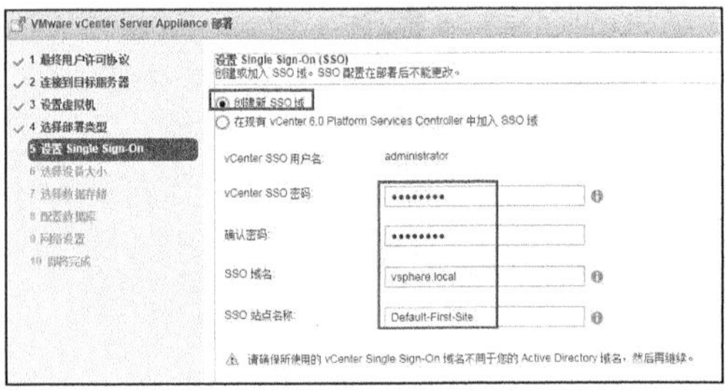

图 4-5-19　设置 Single Sign-On (SSO)

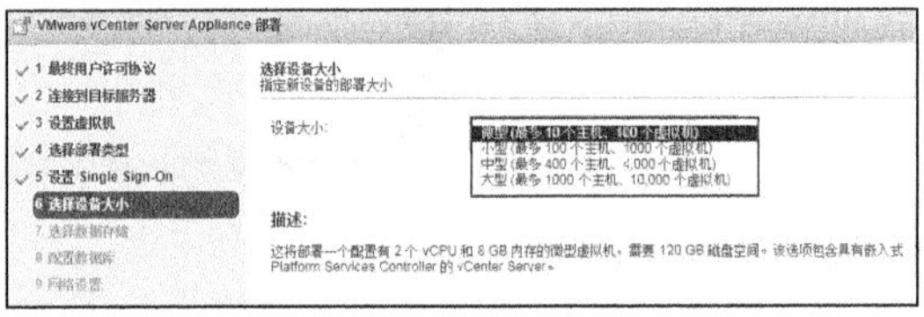

图 4-5-20　选择设备大小

（16）在“选择数据存储”对话框选择放置此虚拟机的存储位置，如图 4-5-21 所示。如果你没有足够的磁盘空间，或者你想节省部署的空间，请选择“启用精简磁盘模式”。

【说明】 *在本次实验中，请将虚拟机部署在本地磁盘中，不要部署在 iSCSI 存储中。因为在虚拟环境中，访问 iSCSI 存储速度较慢。*

（17）在“配置数据库”对话框选择“使用嵌入式数据库”，如图 4-5-22 所示。

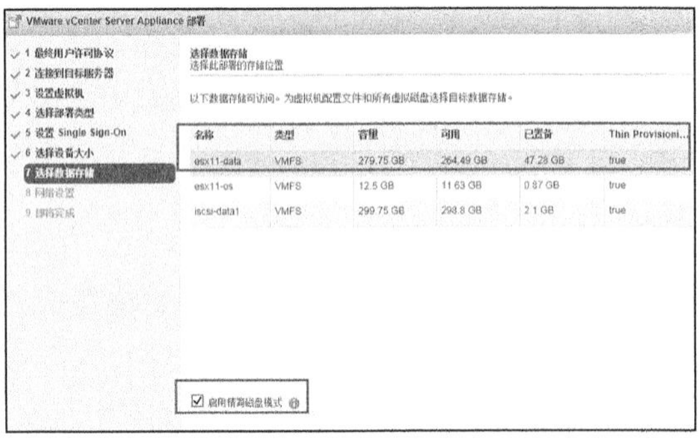

图 4-5-21　选择数据存储

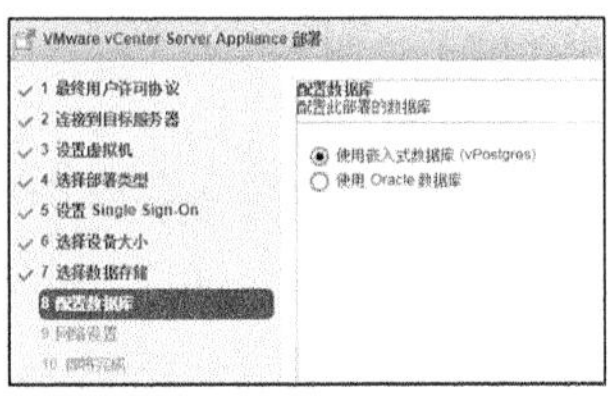

图 4-5-22　配置数据库

（18）在“网络设置”对话框配置此部署的网络地址，在此新部署的 vCenter Server Appliance

的 IP 地址为 192.168.80.4，设置系统名称为 vcsa.heinfo.edu.cn，在“配置时间同步”选择“同步设备时间与 ESXi 主机时间”，如图 4-5-23 所示。在此网关配置 192.168.80.1 或 192.168.80.2 即可。

（19）在“即将完成”对话框显示了 vCenter Server Appliance 的部署设置，检查无误之后，单击“完成”按钮，如图 4-5-24 所示。

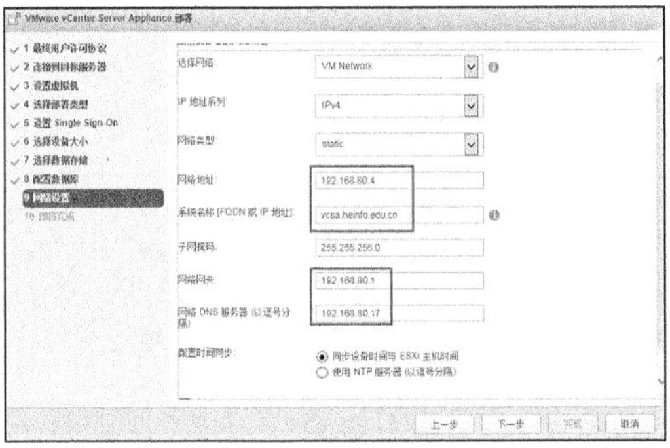

图 4-5-23　网络设置

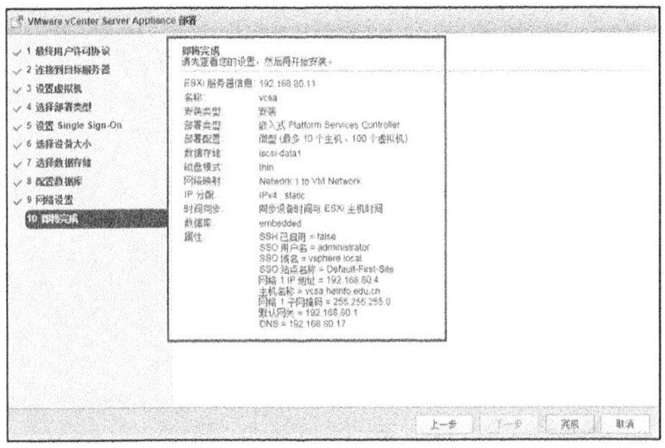

图 4-5-24　即将完成

（20）之后将开始部署 vCenter Server Appliance，如图 4-5-25 所示。

（21）此时使用 vSphere Client 打开 ESXi 主机，再打开部署 vCenter Server Appliance 虚拟机的控制台，可以看到 vCenter Server Appliance 虚拟机正在启动，如图 4-5-26 所示。

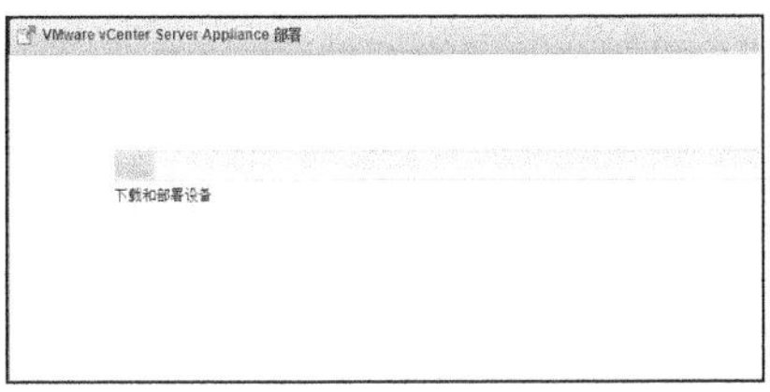

图 4-5-25　部署 vCenter Server Appliance

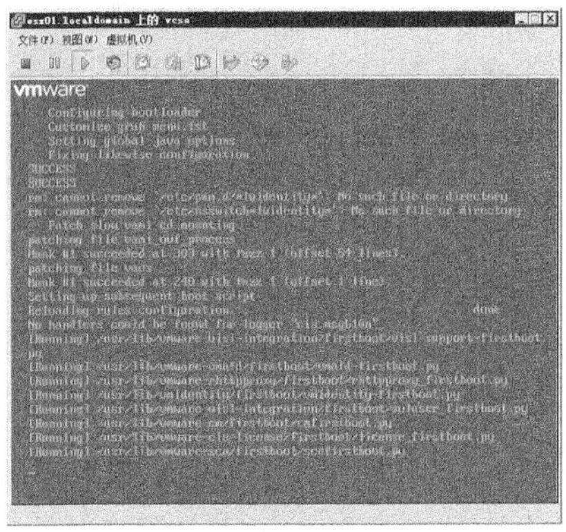

图 4-5-26　vCenter Server Appliance 虚拟机正在启动

（22）部署并安装完成后，vCenter Server Appliance 部署显示“安装完成”，同时显示了 vSphere Web Client 的登录地址，当前为 https://vcsa.heinfo.edu.cn/vsphere-client，如图 4-5-27 所示。

（23）打开 vCenter Server Appliance 虚拟机进入控制台页，如图 4-5-28 所示。

在 vCenter Server Appliance 控制台中按“F2”键，输入 root 账户和密码之后，可以设置或修改 vCenter Server 的 IP 地址、绑定网卡，也可以在此控制台中按“F12”键，输入 root 账户和密码，重启或关闭 vCenter Server。这与 ESXi 类似，不一一介绍。

你也可以使用 vSphere Web Client 以及用户名 administrator@vsphere.local 登录 vCenter Server，如图 4-5-29 所示。

第一次登录之后如图 4-5-30 所示。后文将介绍 vSphere Web Client 的使用。

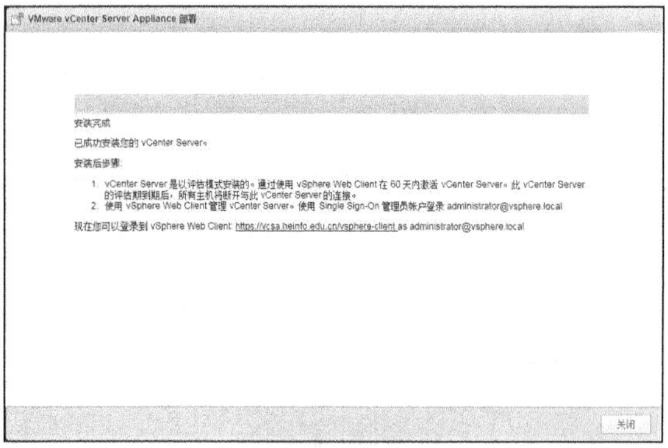

图 4-5-27　部署完成

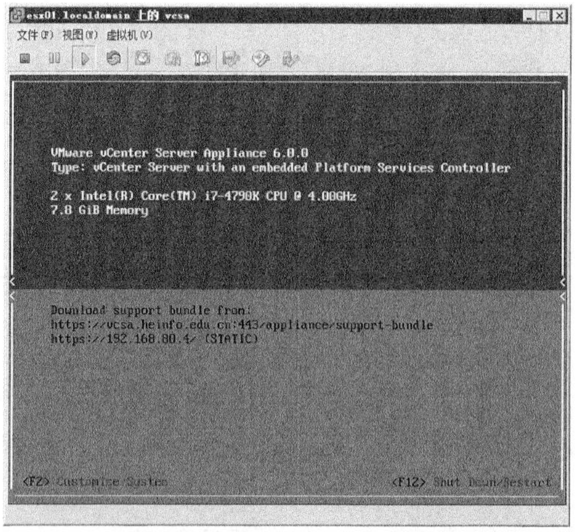

图 4-5-28　vCenter Server Appliance 控制台

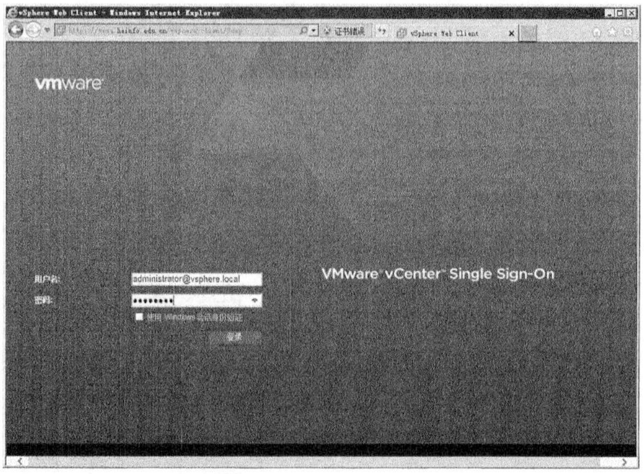

图 4-5-29　vSphere Web Client

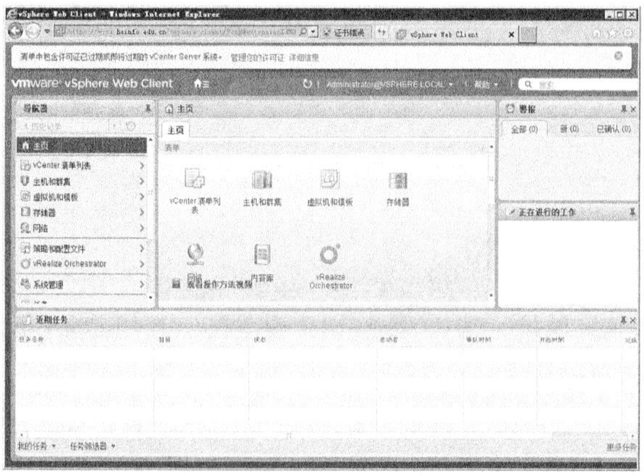

图 4-5-30　登录到 vCenter Server

【说明】 在下次实验之前，请在 vSphere Client 中关闭 vcsa 的虚拟机，以释放资源。

4.5.3　部署基于 Linux 的 Platform Services Controller

在本节及下一节，将把 Platform Services Controller 及 vCenter Server 分开部署，网络拓

扑如图 4-5-31 所示。

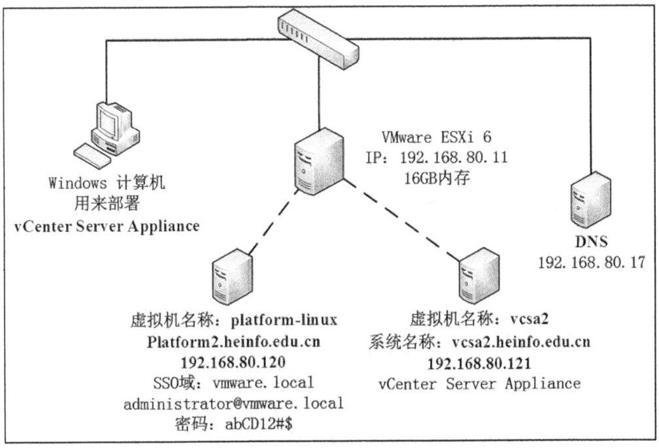

图 4-5-31　分开部署 vCenter Server 及 Platform

【说明】 4.3.4 节的内容是在 Windows Server 中，将 vCenter Server 添加到 Windows 的 Platform Services Controller；而 4.5.4 节的内容是将 Linux 的 vCenter Server Appliance 添加到 Linux Platform Services Controller。实际上可以混合交叉配置的。你在安装 Windows 的 vCenter Server 时，既可以选择 Windows 下的 Platform Services Controller，也可以选择部署在 Linux 中的 Platform Services Controller（vCenter Server Appliance）。同样，部署 Linux 下的 vCenter Server Appliance 也可以加入到安装在 Windows 主机中的 Platform Services Controller。

在图 4-5-31 所示界面中，将把 vCenter Server 及 Platform 部署在一台 IP 地址为 192.168.80.11 的 VMware ESXi 6 主机上，该主机具有 1 个 CPU、16GB 的内存。在操作之后，将先关闭"4.5.2 部署具有嵌入式 Platform Services Controller 的 vCenter Server Appliance"一节中部署的虚拟机。

同样是先部署 Platform，之后再部署一台到多台 vCenter Server。在部署之后，需要在 DNS 服务器中，为 Platform 及 vCenter Server 的系统名称创建 A 记录，在本示例中，Platform 的系统名称为 Platform2.heinfo.edu.cn，对应的计算机 IP 地址是 192.168.80.120，vCenter Server 的系统名称为 vcsa2.heinfo.edu.cn，对应的 IP 地址为 192.168.80.121，如图 4-5-32 所示。

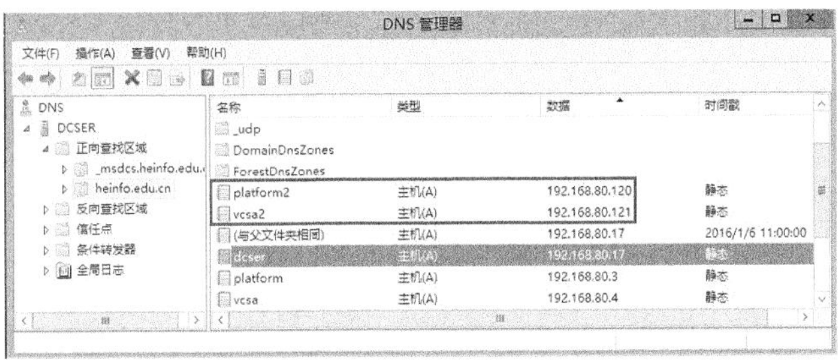

图 4-5-32　在 DNS 服务器为 Platform 及 vCenter Server 创建 A 记录

"4.5.2 部署具有嵌入式 Platform Services Controller 的 vCenter Server Appliance"一节已经详细地介绍了 vCenter Server Appliance 的安装，如果分开部署 Platform 及 vCenter Server，只是在部署的时候，有不同的选择而已。所以本节将不详细介绍这些安装，而是介绍与集成 Platform Services Controller 的 vCenter Server Appliance 不同之处。

（1）在网络中的一台 Windows 计算机中，同样要运行 VMware 客户端集成插件（运行前先关闭当前计算机上所有浏览器程序），之后运行 vCenter Server Appliance 6 的安装程序，如图 4-5-33 所示。选择“安装”按钮。

（2）在“连接到目标服务器”对话框中输入要承载 vCenter Server Appliance 的 ESXi 主机，在此输入主机的 IP 地址 192.168.80.11，输入 root 账户及密码，如图 4-5-34 所示。

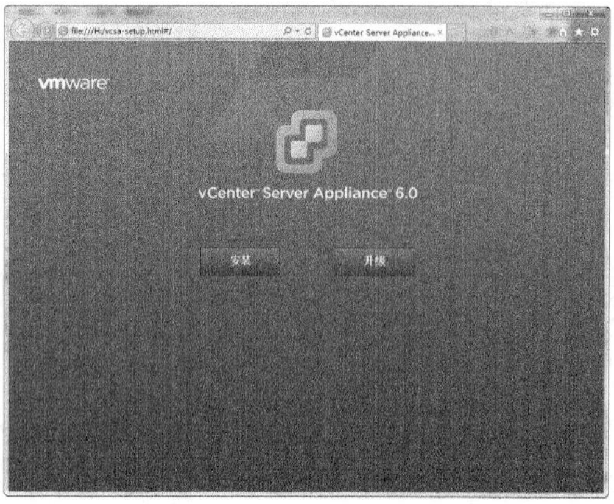

图 4-5-33　vCenter Server Appliance 安装程序

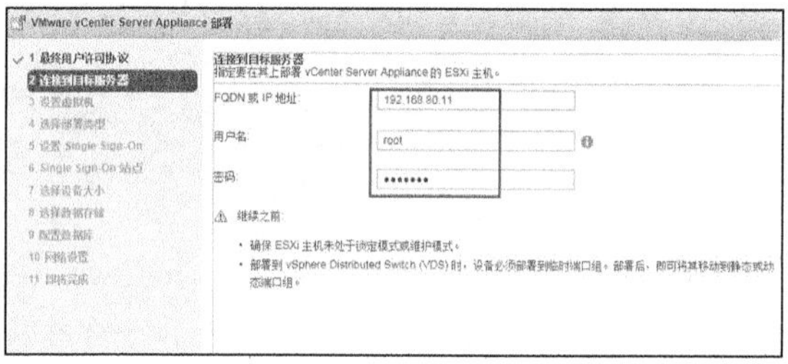

图 4-5-34　选择目标服务器

（3）在“设置虚拟机”对话框设置设备名称，即创建在 ESXi 主机中显示的虚拟机名称，为新创建的虚拟机指定 root 账户密码（该密码需要同时包括大写字母、小写字母、数字、特殊字符，长度至少 8 位），如图 4-5-35 所示。在此设置虚拟机名称为 platform-linux。

（4）在“选择部署类型”对话框选择“外部 Platform Services Controller→安装 Platform Services Controller”，如图 4-5-36 所示。

图 4-5-35　设置虚拟机名称、root 账户密码

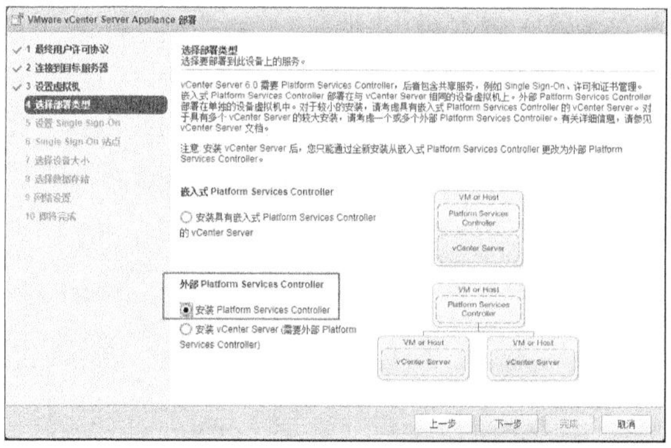

图 4-5-36　选择部署类型

（5）在“设置 Single Sign-On（SSO）”对话框选择“创建新 SSO”。设置新的 SSO 域名为 VMware.local，设置 SSO 站点名称为 default-Second-Site，设置 vCenter SSO 密码，如图 4-5-37 所示。

（6）在“选择设备大小”对话框显示了要创建的虚拟机的大小，外部 Platform Services Controller 会部署一个配置 2 个 CPU、2GB 内存、30GB 磁盘空间的虚拟机（虚拟机名称是图 4-5-35 中指定的名称），如图 4-5-38 所示。

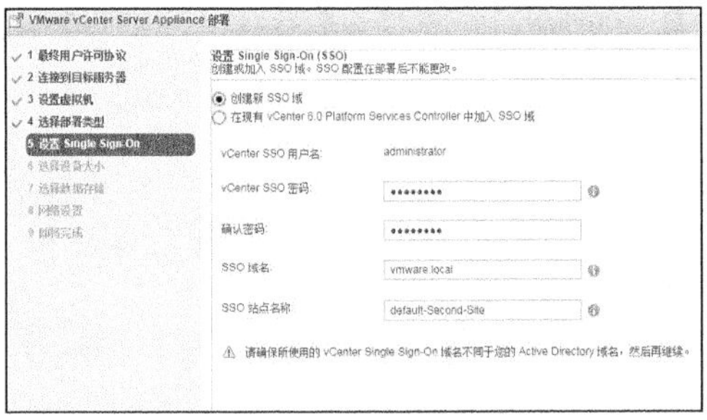

图 4-5-37　创建新 SSO 域名、SSO 站点名称、密码

图 4-5-38　选择设备大小

（7）在“选择数据存储”对话框选择保存虚拟机的存储空间，可以“启用精简磁盘模式”以减少空间的占用，如图 4-5-39 所示。

【说明】 *在本次实验中，请将虚拟机部署在本地磁盘中，不要部署在 iSCSI 存储中。因为在虚拟环境中，访问 iSCSI 存储速度较慢。*

（8）在“网络设置”对话框为 Platform 设置 IP 地址、系统名称。根据图 4-5-31 的规划，设置 IP 地址为 192.168.80.120，设置系统名称为 Platform2.heinfo.edu.cn，同时设置网关、DNS，在“配置时间同步”，选择该设备时间同步的方式，可以是“同步设备时间与 ESXi 主机时间”，这将根据 ESXi 主机的时间进行同步。或者“使用 NTP 服务器”，指定网络中时间服务器的 IP 地址，如果 DNS 服务器仍然启动，在此可以用 Active Directory 的服务器 192.168.80.17 作为时间服务器，如图 4-5-40 所示。

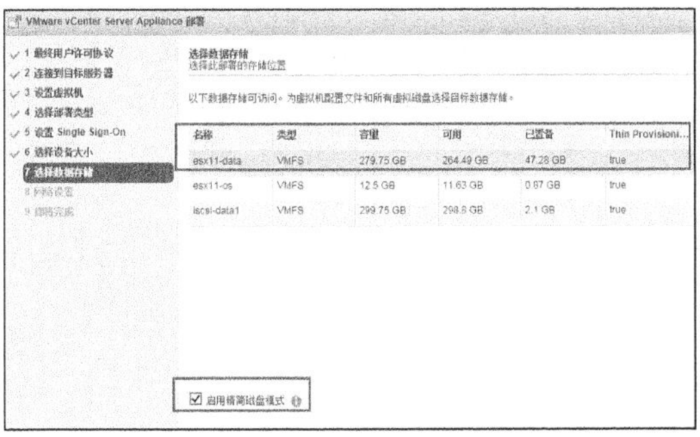

图 4-5-39　选择数据存储

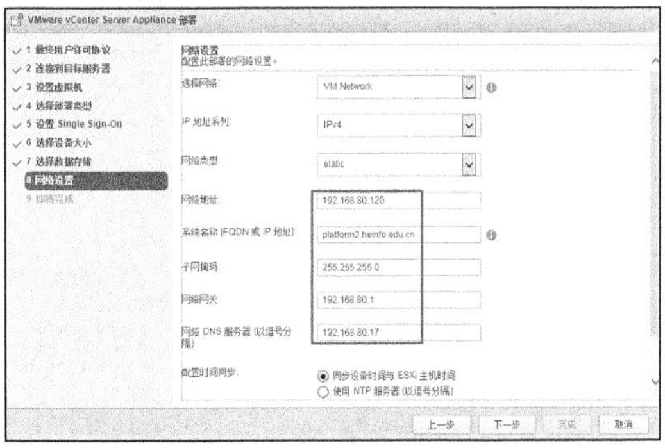

图 4-5-40　网络设置

（9）在“即将完成”对话框复查设置，如果无误之后单击“完成”按钮，如图 4-5-41 所示。如果有问题，可以单击“上一步”依次返回，修改配置。

（10）之后将开始部署 Platform 虚拟机，部署完成之后单击“关闭”按钮，如图 4-5-42 所示。

（11）切换到 vSphere Web Client，打开 Platform 虚拟机控制台，如图 4-5-43 所示。

（12）可以看到 Platform 虚拟机的控制台界面与 ESXi 相类似，如图 4-5-44 所示。

至此，Platform Services Controller 配置完成。

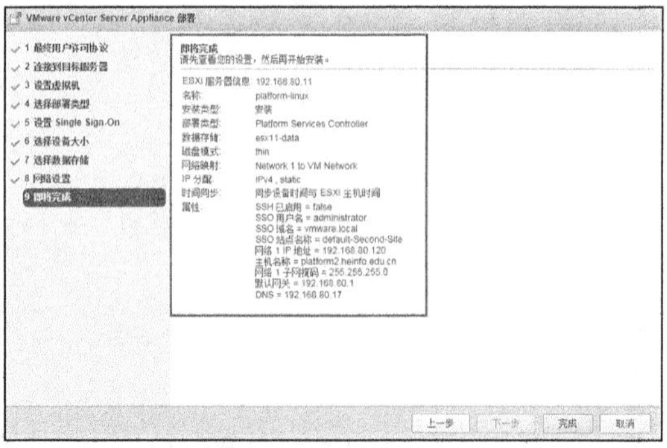

图 4-5-41 即将完成

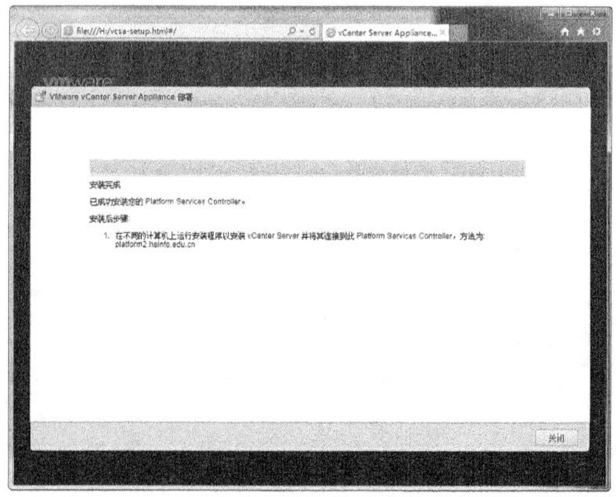

图 4-5-42 部署完成

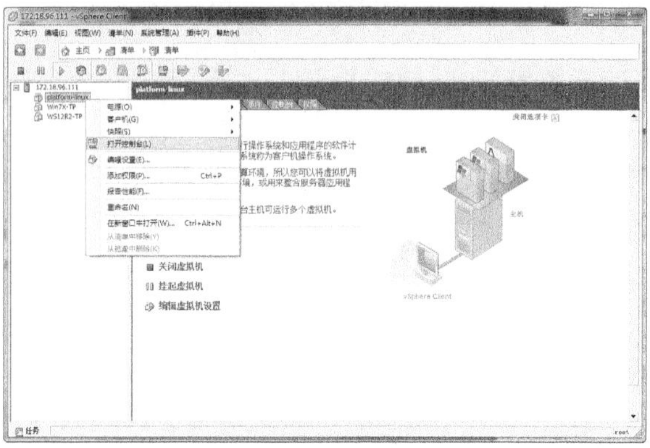

图 4-5-43 打开虚拟机控制台

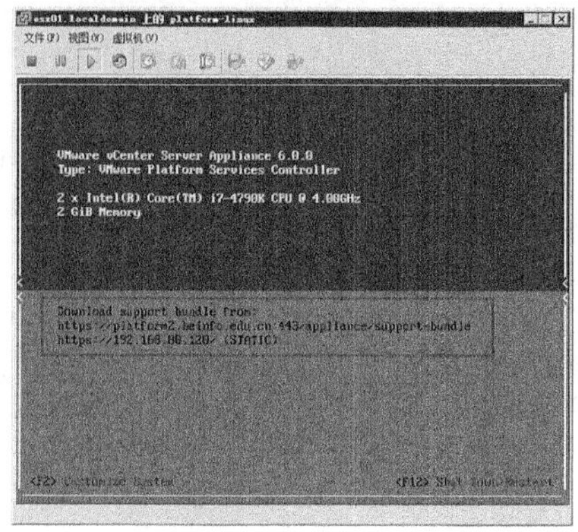

图 4-5-44 Platform 控制台

4.5.4 安装具有外部 Platform Services Controller 的 vCenter Server

在配置好 Platform Services Controller 之后，接下来部署 vCenter Server，主要步骤如下。

（1）在网络中的一台 Windows 计算机中，同样要运行 VMware 客户端集成插件（运行前先关闭当前计算机上所有浏览器程序），之后运行 vCenter Server Appliance 6 的安装程序，如图 4-5-45 所示。选择“安装”按钮。

（2）在“连接到目标服务器”对话框中输入要承载 vCenter Server Appliance 的 ESXi 主机，在此输入主机的 IP 地址 192.168.80.11，输入 root 账户及密码，如图 4-5-46 所示。

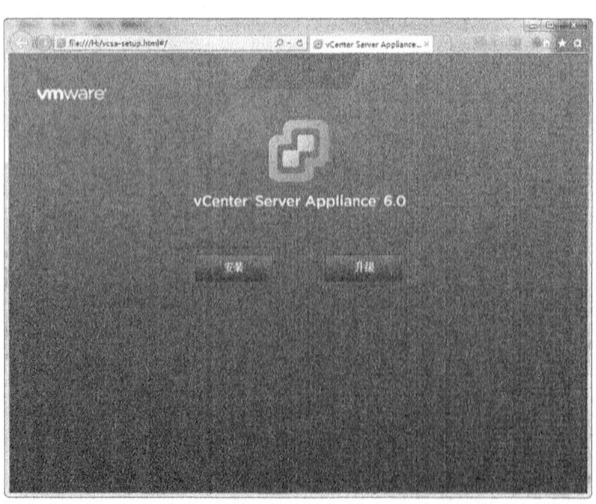

图 4-5-45 vCenter Server Appliance 安装程序

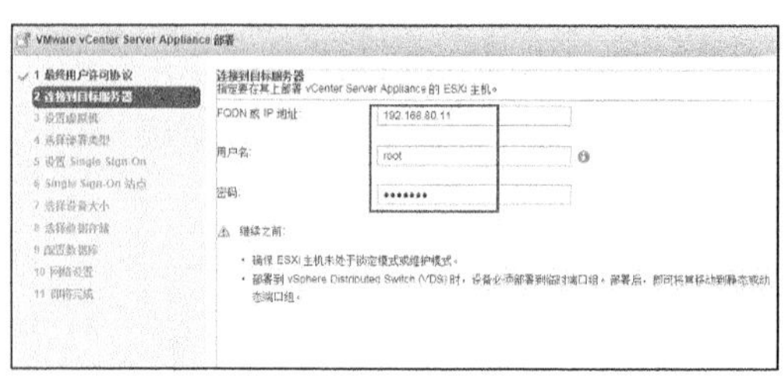

图 4-5-46 选择目标服务器

（3）在“设置虚拟机”对话框设置设备名称，即创建在 ESXi 主机中显示的虚拟机名称，为新创建的虚拟机指定 root 账户密码（该密码需要同时包括大写字母、小写字母、数字、特殊字符，长度至少 8 位），如图 4-5-47 所示。在此设置虚拟机名称为 vcsa2。

（4）在“选择部署类型”对话框选择“外部 Platform Services Controller→安装 vCenter Server”，如图 4-5-48 所示。

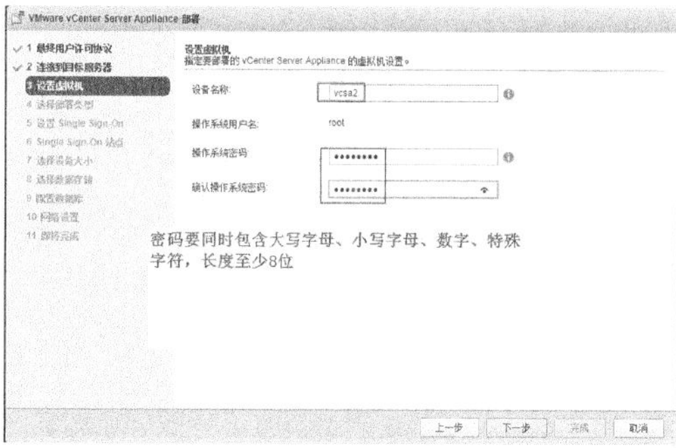

图 4-5-47 设置虚拟机名称、root 账户密码

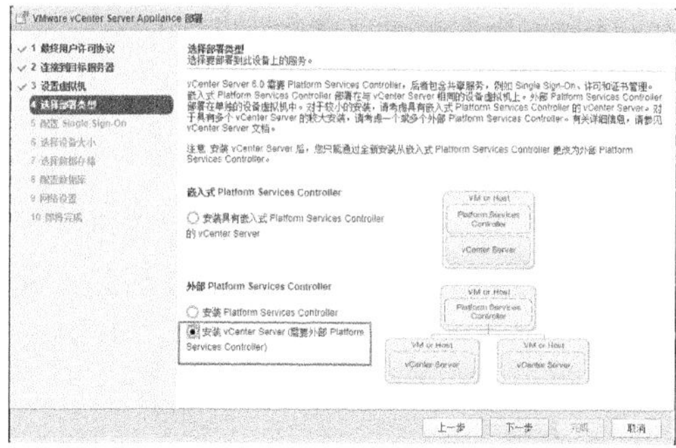

图 4-5-48 选择部署类型

（5）在“配置 Single Sign-On（SSO）”对话框输入 Platform Services Controller 的地址，在此为 Platform2.heinfo.edu.cn，然后输入 vCenter SSO 密码，如图 4-5-49 所示。

（6）在“选择设备大小”对话框，从“设备大小”下拉列表中选择部署的类型，可以从“微型、小型、中型、大型”之中选择，在此选择“微型”，用于 10 个主机、100 个虚拟机的环境，如图 4-5-50 所示。

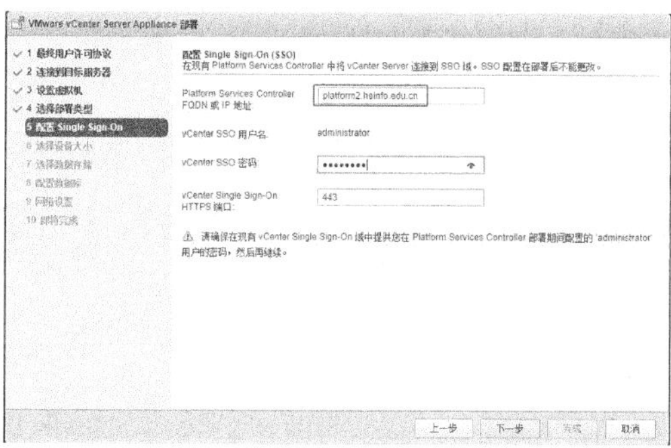

图 4-5-49 配置 SSO

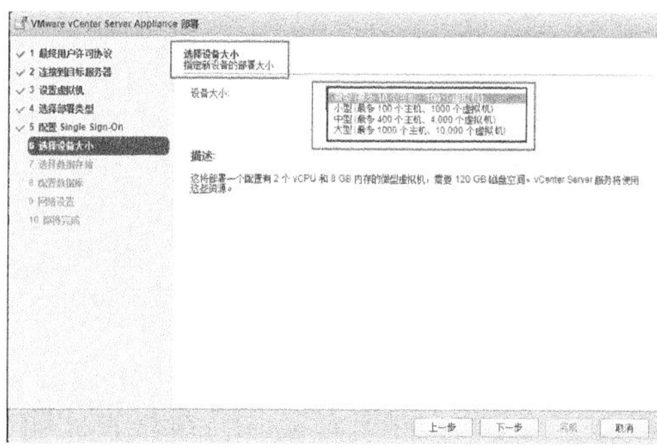

图 4-5-50 选择设备大小

【说明】 在配置图 4-5-59 时，你当前的计算机应该能将 platform2.heinfo.edu.cn 域名解析成 192.168.80.120，如果你的 DNS 没有设置为 192.168.80.17，请你修改 c:\windows\system32\drivers\etc，添加如下一行以用 hosts 实现域名的解析。

192.168.80.120 platform2.heinfo.edu.cn

如果不添加这条解析，则在图 4-5-49 中会提示输入的密码错误或者连接出错，导致部署不成功。

（7）在“选择数据存储”对话框选择新部署虚拟机的保存位置，如果为了提高虚拟机的性能，不要选择“启用精简磁盘模式”，如图 4-5-51 所示。

（8）在“配置数据库”对话框选择“使用嵌入式数据库”，如图 4-5-52 所示。

【说明】 在本次实验中，请将虚拟机部署在本地磁盘中，不要部署在 iSCSI 存储中。因为在虚拟环境中，访问 iSCSI 存储速度较慢。

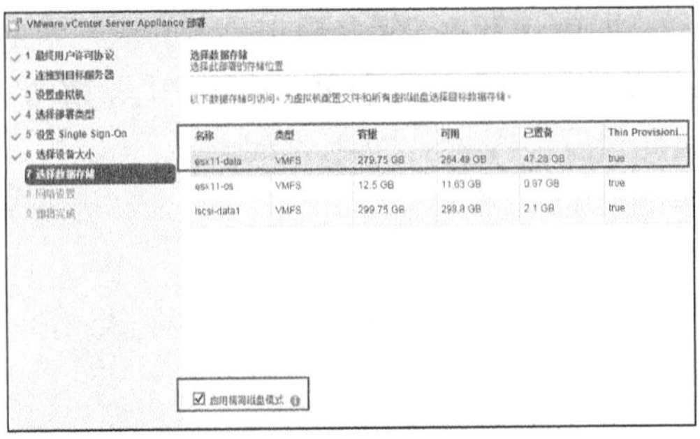

图 4-5-51　选择数据存储

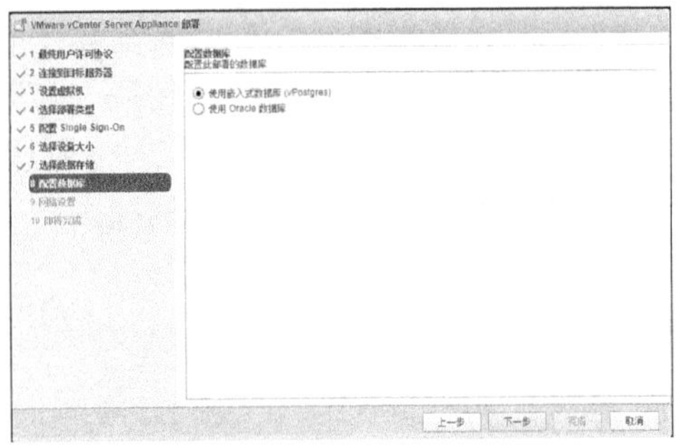

图 4-5-52　配置数据库

（9）在“网络设置”对话框设置网络地址及系统名称，根据规划，设置网络 IP 地址为 192.168.80.121，系统名称为 vcsa2.heinfo.edu.cn，配置时间服务器使用 192.168.80.17，如图 4-5-53 所示。

（10）在“即将完成”对话框显示了配置信息，检查无误之后单击“完成”按钮，如图 4-5-54 所示。

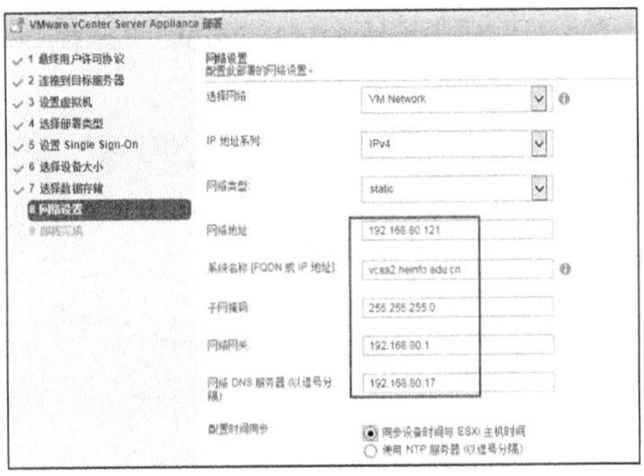

图 4-5-53　网络设置

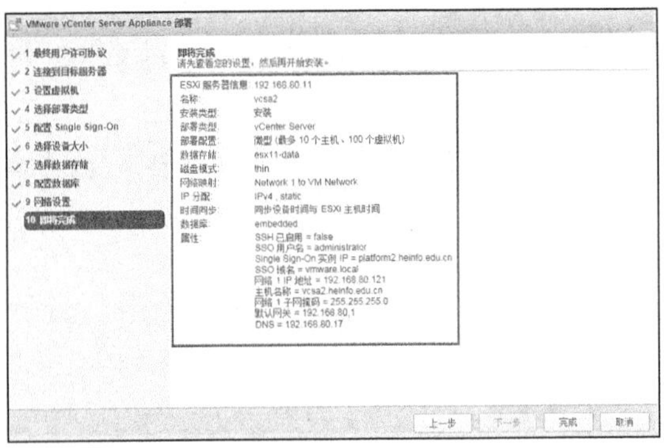

图 4-5-54　即将完成

（11）之后将开始部署虚拟机，并按照上面的设置开始配置 vCenter Server，配置完成之后，显示“安装完成”，如图 4-5-55 所示。如果没有出现“安装完成”的提示，表示系统配置有问题，会有明确的信息提示。

（12）打开新配置的 vcsa2 虚拟机，可以看到 vCenter Server 的控制台，其 IP 地址为 192.168.80.121，这与 ESXi 相类似，按“F2”键进入系统配置，按“F12”键关机或重启，如图 4-5-56 所示。

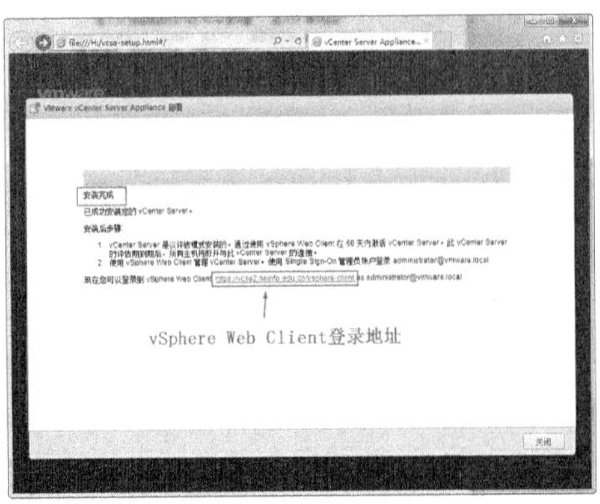

图 4-5-55　部署完成

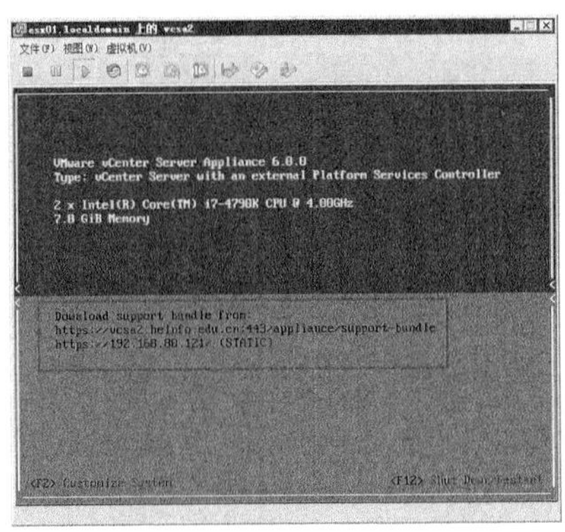

图 4-5-56　打开 vCenter Server 虚拟机控制台

（13）打开 IE 浏览器，输入 vSphere Web Client 的登录地址，在此演示中此地址为 https://vcsa2. heinfo.edu.cn/ vsphere-client，并使用用户名 administrator@vmware.local 及安装时设置的密码登录，进入 vCenter Server，如图 4-5-57 所示。

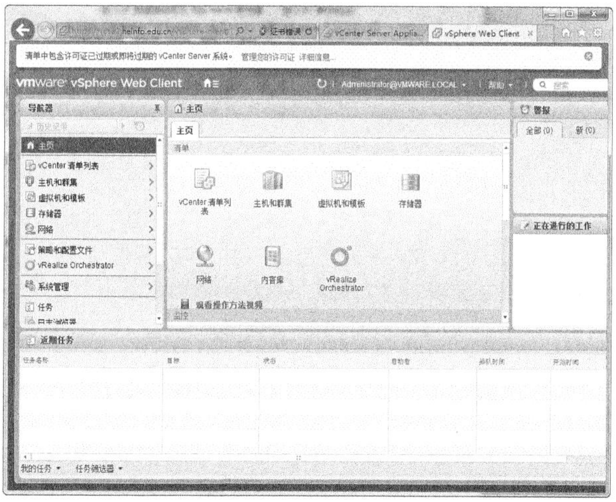

图 4-5-57　登录进入 vCenter Server

4.5.5　将 vCenter Server 添加到 Active Directory

部署 vCenter Server Appliance 后，你可以登录 vSphere Web Client 并将 vCenter Server Appliance 加入到 Active Directory 域。并且，你只能将 Platform Services Controller 或具有嵌入式 Platform Services Controller 的 vCenter Server Appliance 加入到 Active Directory 域。在本节我们通过图 4-5-58 的拓扑进行测试。

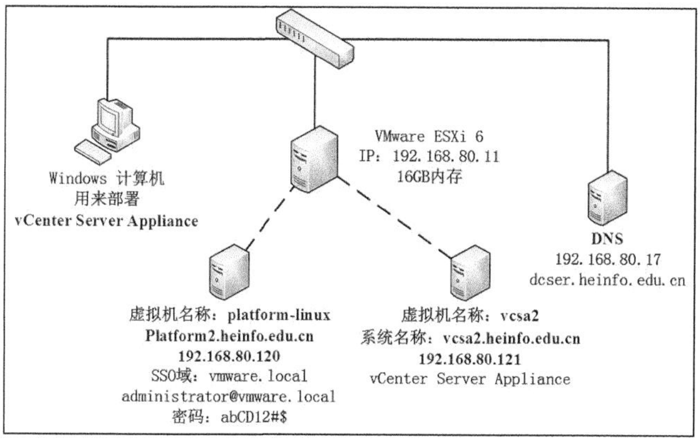

图 4-5-58　实验拓扑

在图 4-5-58 中，Active Directory 服务器的域名是 heinfo.edu.cn，兼作 DNS 服务器。ESXi 主机是 192.168.80.11，一台安装了 Platform Services Controller 虚拟机（192.168.80.120）、一台使用外部 Platform Services Controller 的 vCenter Server（192.168.80.121）。其中 platform2.heinfo.edu.cn 与 vcsa2.heinfo.edu.cn 已经在 Active Directory 的 DNS 中注册。

（1）使用 administrator@vmware.local 登录 vSphere Web Client，如图 4-5-59 所示。

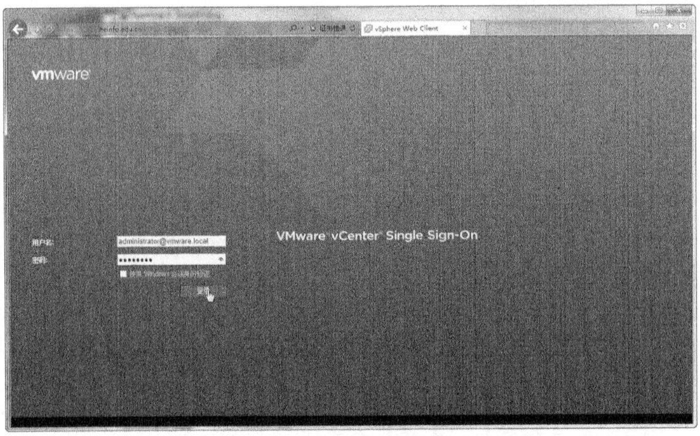

图 4-5-59　登录 vCenter Server

（2）在“主页”中选择“系统管理”，如图 4-5-60 所示。

（3）在“导航器”中选择“Single Sign-On→配置”，在右侧选择“标识源”选项卡，单击“+”添加标识源，如图 4-5-61 所示。

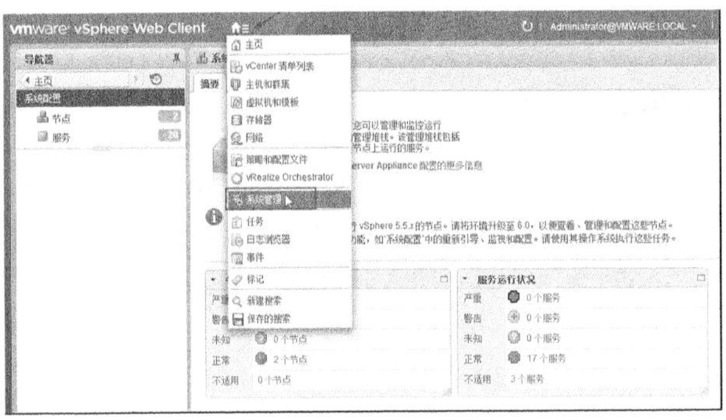

图 4-5-60　系统管理

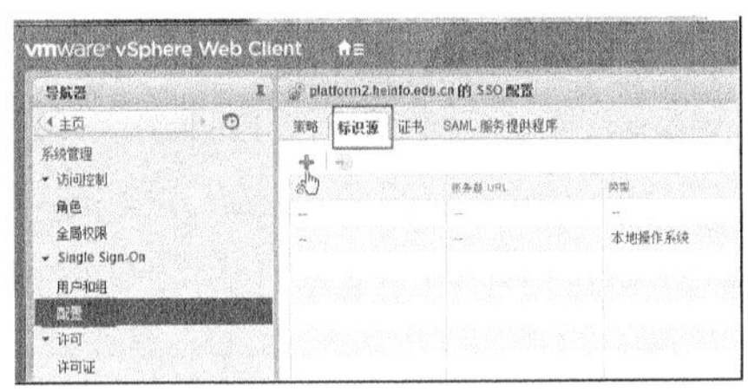

图 4-5-61　添加标识源

（4）在“标识源类型”选择“Active Directory 作为 LDAP 服务器”，之后输入以下信息（在本示例中，要加入到的域为 heinfo.edu.cn）。

名称：一个显示的名称，可以随意输入

用户的基础 DN：CN=Users,DC=heinfo,DC=edu,DC=cn

域名：heinfo.edu.cn

组的基本 DN：CN=Users,DC=heinfo,DC=edu,DC=cn

主服务器的 URL：ldap://heinfo.edu.cn:389

用户名：administrator@heinfo.edu.cn

密码：域 heinfo.edu.cn 的管理员 Administrator 账户的密码

如图 4-5-62 所示，在你输入时，用你的域名代替我们的示例域名及账户。

（5）输入之后，单击“测试连接”，在弹出“已建立连接”的提示后，表示输入正常，单击“确定”按钮，如图 4-5-63 所示。

（6）添加之后，在“标识源”中可以看到已经添加 Active Directory，如图 4-5-64 所示。

图 4-5-62　添加标识源

图 4-5-63　测试连接

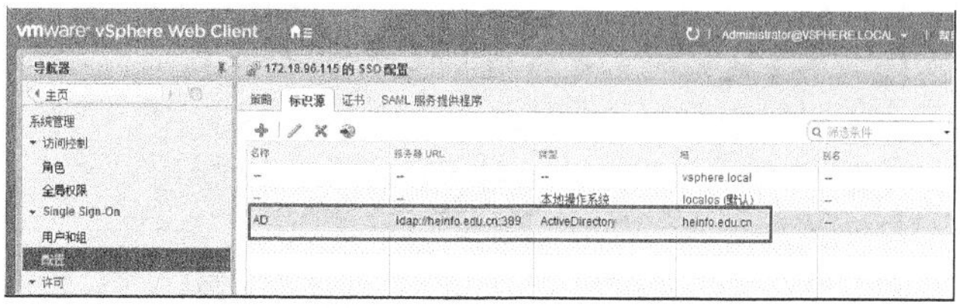

图 4-5-64　添加到 Active Directory

（7）返回到“Single Sign-On→用户和组”，单击“组”选项卡，在“组名称”列表中选择“Administrators”，单击“组成员”中的“ ”按钮添加组成员，如图 4-5-65 所示。在“组成员”列表中，可以看到目前只有一个属于“vsphere.local”域的 Administrator 账户，这是 SSO 默认的账户。

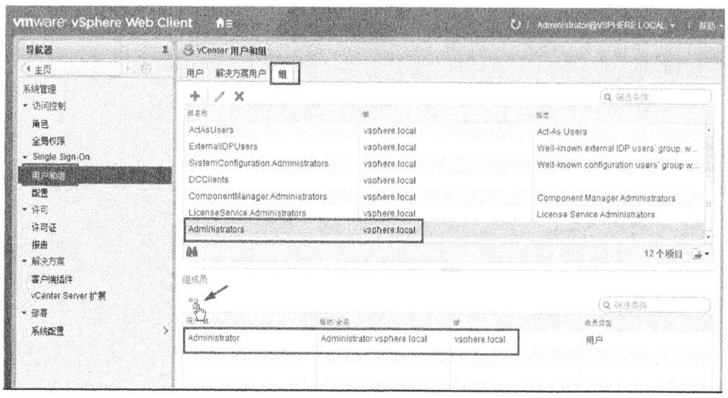

图 4-5-65　添加组成员

（8）在“添加主要用户”对话框“域”下拉列表中，选择添加的域 heinfo.edu.cn，在“用户/组”列表中，双击并添加 Administrator、Domain Admins 域管理员组到“用户”、“组”清单，如图 4-5-66 所示。

（9）添加之后，返回到“vCenter 用户和组”，在“组成员”中可以看到已经添加了域为 heinfo.edu.cn 的 Administrator 与 Domain Admins 组，如图 4-5-67 所示。

（10）之后注销当前登录的用户 Administrator@vsphere.local，换用域用户 administrator@heinfo.edu.cn 登录，如图 4-5-68 所示。

图 4-5-66　添加域用户、域管理员组

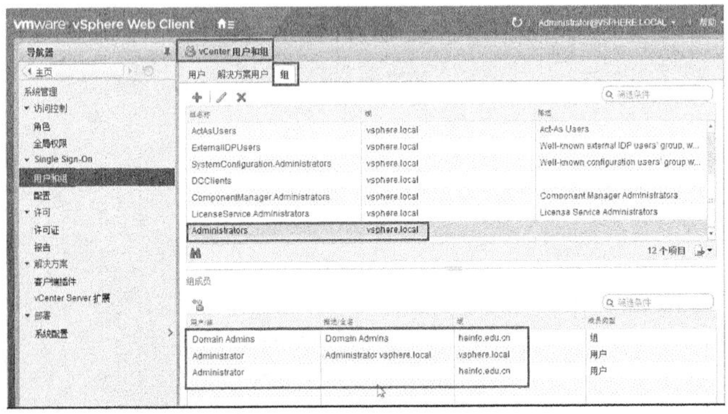

图 4-5-67　添加域用户到 vCenter Server 用户组

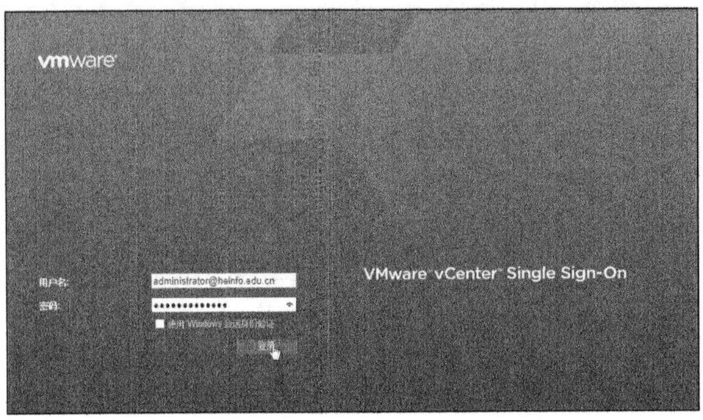

图 4-5-68　使用域用户登录

（11）之后会使用域管理员账户登录到 vCenter Server，并具有全部权限，如图 4-5-69 所示。

图 4-5-69　登录到 vCenter Server

4.5.6　在 VMware Workstation 虚拟机中运行 Center Server Appliance

在默认情况下，VMware vCenter Server Appliance 6 只能在运行 ESXi 版本 5.1 或更高版本的主机上部署，并且管理员只能使用客户端集成插件部署 vCenter Server Appliance，不能像以前的版本那样使用 vSphere Client 或 vSphere Web Client 部署 vCenter Server Appliance。在部署新的 6.0 版本的 vCenter Server Appliance 的过程中，必须提供各种输入，如操作系统

和 vCenter Single Sign-On 密码。如果尝试使用 vSphere Client 或 vSphere Web Client 部署设备，系统将不会提示您提供此类输入且部署将失败。

如果是在实际的生产环境中部署 vCenter Server Appliance，将 vCenter Server Appliance 部署到 ESXi 中是没有任何的问题。但是，我们有时候在做实验的时候，ESXi 主机是由 VMware Workstation 虚拟出来的，如果此时还要按照 VMware 的官方作法，将 vCenter Server Appliance 部署在 ESXi 的虚拟机中，这样就等于 vCenter Server 是在“嵌套”的虚拟机中运行的。

如果将 vCenter Server Appliance 直接部署在 VMware Workstation 的虚拟机，则避免了 vCenter Server Appliance 在“嵌套”的虚拟机中运行，这样可以提高实验的性能，另外也避免了为 ESXi 实验虚拟机分配过多的资源（因为 vCenter Server Appliance 需要 2CPU、8GB 内存，这样至少要为 ESXi 主机分配 8GB 以上的内存）。

下面的实验是在一台安装了 VMware Workstation 11 的 Windows 7 主机上实现的。

（1）使用虚拟光驱加载 vCenter Server Appliance 6 的光盘镜像，复制光盘 vcsa 文件夹中的 vmware-vcsa 文件，如图 4-5-70 所示。这个 VMware-vcsa 文件即是 vCenter Server Appliance 的 OVA 文件，只是去掉了扩展名。

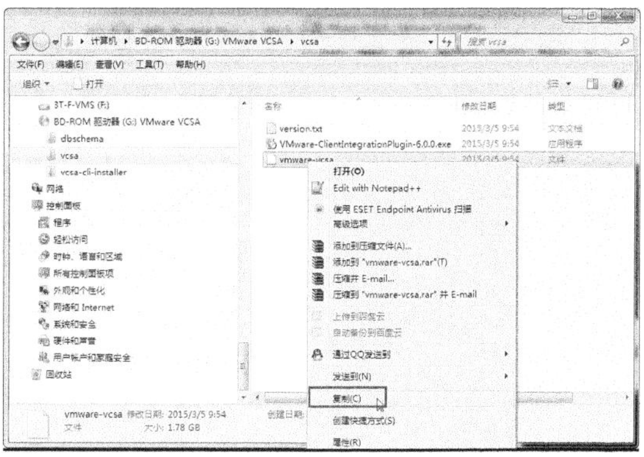

图 4-5-70　复制 vmware-vcsa 文件

（2）将复制后的 vmware-vcsa 文件“粘贴”到本地硬盘的一个文件夹中，并为其加入扩展名.ova，如图 4-5-71 所示。

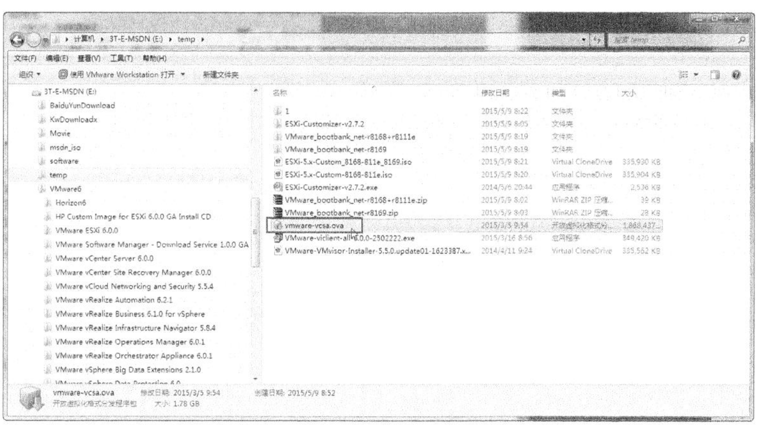

图 4-5-71　复制 vmware-vcsa 文件

（3）运行 VMware Workstation，在“文件”菜单选择“打开”，如图 4-5-72 所示。

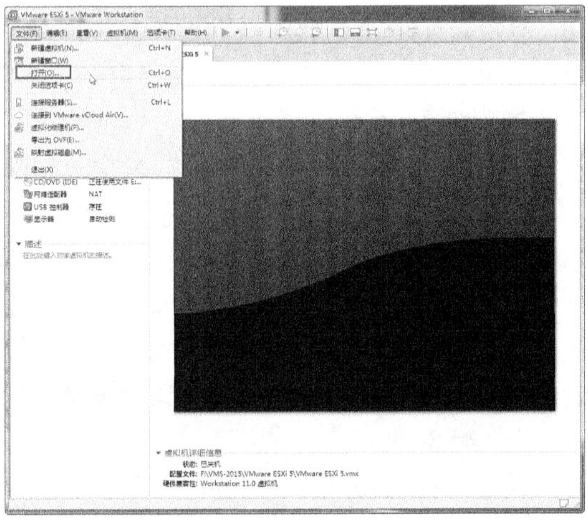

图 4-5-72　打开

（4）在“打开”对话框中浏览选择复制后改名的 vmware-vcsa.ova 文件，如图 4-5-73 所示。如果没有看到.ova 文件，则在打开文件类型下拉列表中选择“所有支持的文件”，这样就能浏览选择 ova 文件了。

（5）在“导入虚拟机”对话框中设置新虚拟机名称，并设置新虚拟机的存储路径，如图 4-5-74 所示。

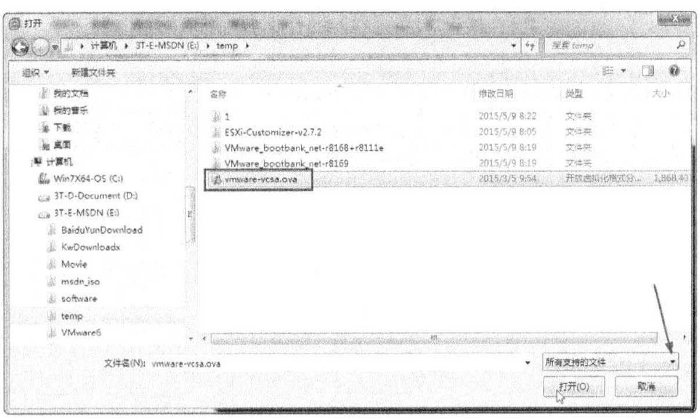

图 4-5-73　浏览选择 vmware-vcsa.ova 文件

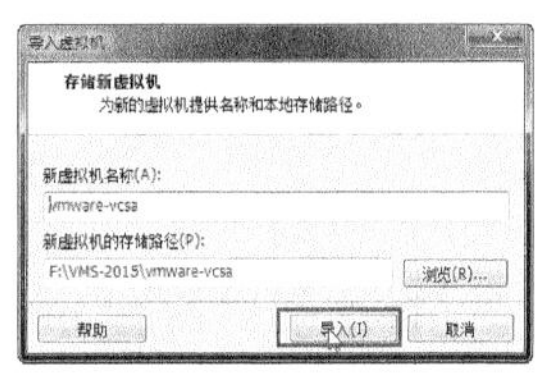

图 4-5-74　导入虚拟机

（6）在“vmware-vcsa 的许可协议”对话框中单击“接受”许可协议，如图 4-5-75 所示。

（7）之后开始导入 vCenter Server Appliance，如图 4-5-76 所示。

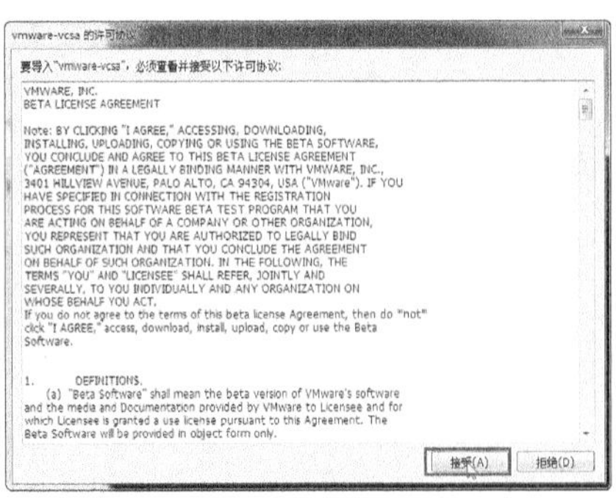

图 4-5-75　接受许可协议

图 4-5-76　开始导入 vCenter Server Appliance

（8）导入完成之后会创建出一个虚拟机，如图 4-5-77 所示。此时先不要着急启动虚拟机，在“虚拟机详细信息”处记下虚拟机的配置文件路径。

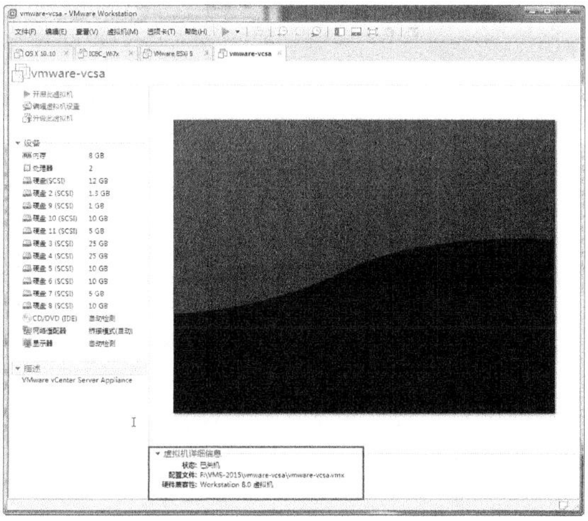

图 4-5-77　vCenter Server Appliance 虚拟机

（9）在“资源管理器”中定位到新建的 vCenter Server Appliance 虚拟机文件夹，用“记事本”打开“vmware-vcsa.vmx”虚拟机配置文件，如图 4-5-78 所示。

图 4-5-78　虚拟机配置文件

（10）用“记事本”打开虚拟机配置文件之后，添加以下两行。

```
guestinfo.cis.vmdir.password = "abCD12#$"
guestinfo.cis.appliance.root.passwd = "abCD12#$"
```

【说明】 vmdir.password 是设置的 vCenter Server Appliance 默认管理员账户 administrator@vsphere.local 的密码。另一个设置的是 root 账户的密码。这两个密码要求同时包括大写字母、小写字母、数字、特殊字符四类，并且密码长度最小为 8 位。设置如图 4-5-79 所示。

（11）然后启动 vmware-vcsa 的虚拟机，如图 4-5-80 所示。

（12）启动完成之后，会显示 vCenter Server Appliance 的管理界面，如果网络中有 DHCP 服务器（默认虚拟机为“桥接网络”），会自动获得地址，在管理界面中会显示管理地址，如图 4-5-81 所示。

如果要设置 vcsa 的管理地址，或者修改密码，可以在管理控制台中按“F2”键，输入密码（图 4-5-79 中添加配置行设置的密码），进入设置界面，这与 ESXi 非常类似，如图 4-5-82

所示。这些不一一介绍。

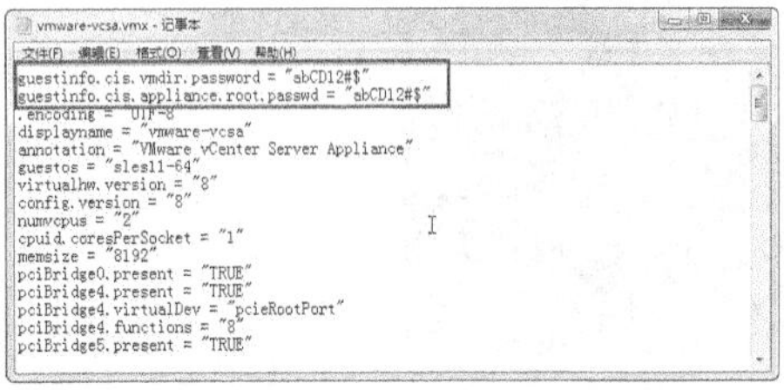

图 4-5-79　添加密码

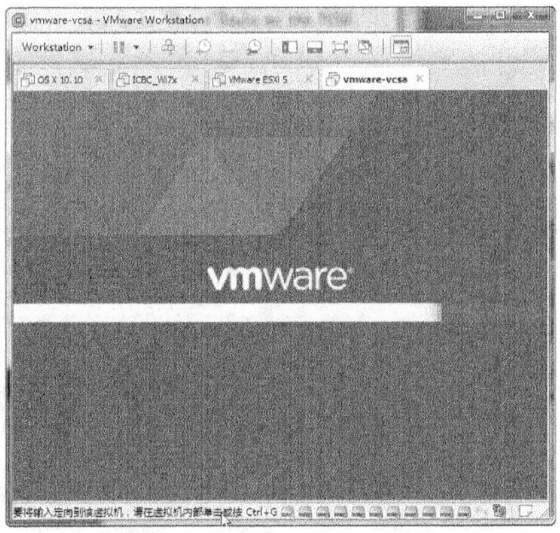

图 4-5-80　启动虚拟机

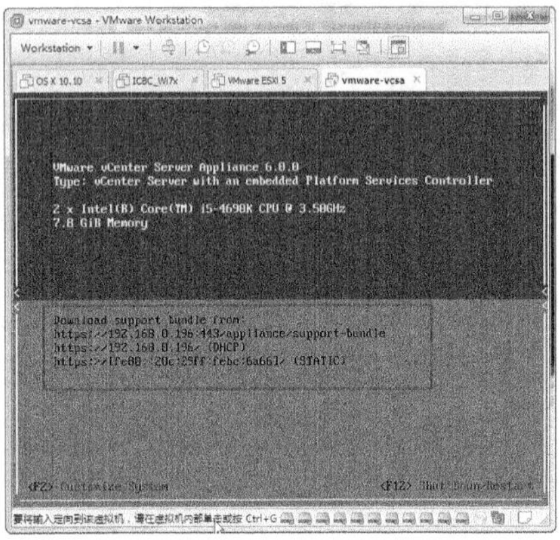

图 4-5-81　vcsa 管理控制台

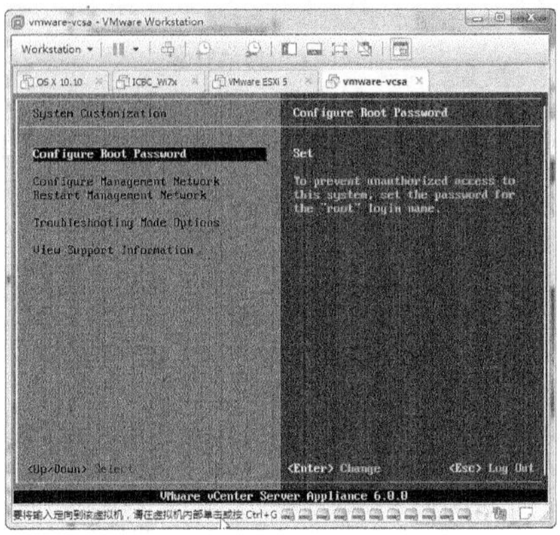

图 4-5-82　vcsa 管理控制台

最后，根据图 4-5-81 中显示的地址（如果没有 DHCP，则可以在图 4-5-82 中设置一个管理地址），登录到 vSphere Web Client，如图 4-5-83 所示。

图 4-5-83　vSphere Web Client 登录前页面

在 vSphere Web Client 的登录页，需要用 administrator@vsphere.local 登录，如图 4-5-84 所示。

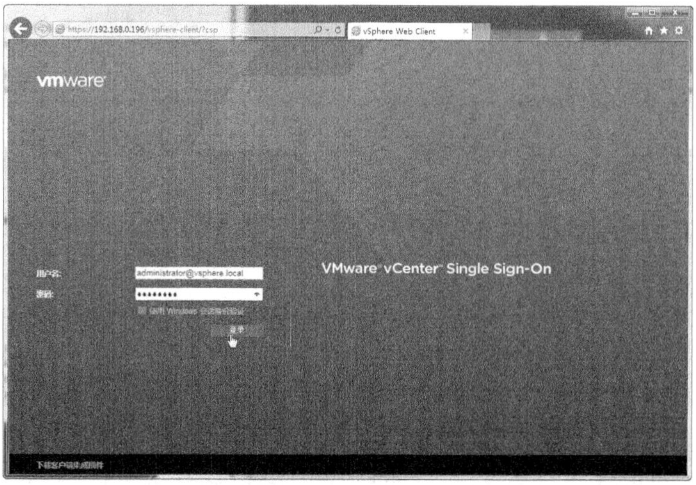

图 4-5-84　登录 vSphere Web Client

登录之后如图 4-5-85 所示。

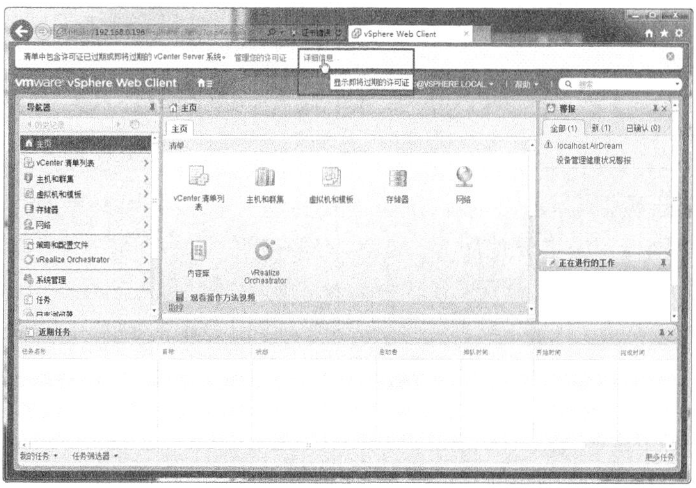

图 4-5-85　登录到 vCenter Server 管理界面

【说明】 如果用 vCenter Server Appliance 安装程序的 html 网页登录，则可以有选择地将“Platform Services Controller”、“vCenter Server”部署在一个虚拟机中，还是部署在多个虚拟机中。采用本文的方法将 vCenter Server Appliance 导入到 VMware Workstation 中，虽然也适用于导入 VMware ESXi，但这种方法是将“Platform Services Controller”、“vCenter Server”选择部署在一个虚拟机中。不过，这用于将 vCenter Server 部署在 VMware Workstation 虚拟机，用于实验甚至实际的生产环境，也是足够了。因为这里面的 vCenter Server 具有完全的功能，没有任何的限制。

第 5 章　使用传统客户端管理 vSphere

我们正处在一个“转型”的时代，虽然，VMware 放弃了传统客户端 vSphere Client 的发展，VMware vSphere 的最新功能只在 Web 客户端（vSphere Web Client）中展现。但是，作为 vSphere 的最重要、最基础的功能，例如虚拟机的配置、模板的使用、群集（HA）与容错、VMware 的分布式资源调度（Distributed Resource Scheduler，DRS）和分布式能源管理（Distributed Power Management，DPM），以及 vSphere 网络（标准虚拟机、分布式交换机），仍然可以在 vSphere Client 中管理。基于 C/S 架构的客户端，要比基于 B/S 架构的客户端，管理起来方便，效率高，速度快。本章将介绍传统客户端 vSphere Client 管理 vCenter Server 与 ESXi 的内容。

5.1　规划 vSphere 数据中心

要规划 vSphere 数据中心，一般情况下，我们建议规划最少 3 台主机，1 台共享存储，每个主机至少 4 个网卡。如果要使用 VSAN（本地存储做网络存储，软件定义的存储），则推荐至少 4 台主机，每个主机至少 32GB 内存，6 块网卡，每个主机至少 1 块 SSD、1 块 SAS 硬盘，另外再有一个用于系统的 U 盘、本地硬盘或存储分配的磁盘用于 ESXi 系统安装与启动。在本章，我们介绍使用共享存储的 vSphere 数据中心，而在以后的章节专门介绍 VSAN。

5.1.1　某 vSphere 虚拟数据中心案例概述

为什么要用 3 台主机？2 台行不行？1 台行不行？在大多数的规划情况下，数据中心的负载应该在主机最高性能的 50%～60%，最高不超过 80%。我们为 vSphere 数据中心规划 3 台主机，组成 1 个最小的群集，可以保证至少有一台机器用于冗余。虽然实际应用中，主机死机、网络掉线、存储掉线这种情况发生的几率很小，但也不是不会发生的。另外，还要考虑产品生命周期中的一个应用：系统主机升级。在 ESXi 主机版本更新时，升级的机器是不能使用的。如果只规划 2 台主机，那么，其中 1 台主机进行维护或出问题时，所有的虚拟机都会迁移到剩余的主机运行，这时正常运行的主机的负载可想而知。

所以，大多数情况下，我们配置虚拟化数据中心，群集一般从最小 3 台开始。当然，如果你有两台，也不是不可以，就是可能有点风险。

至于网卡为什么选择 4 个，这基于两个原则：管理与生产分开，每个网络都有冗余。将多个网卡用于一个应用，例如用来管理 ESXi 主机的管理，或者用于分配虚拟机中网络流量的上联端口，在这主要起到的作用是冗余的功能，而不是用于负载均衡。

现在单位都有三层交换机。所以，为 ESXi 主机管理、vCenter Server 单独规划一个网段是我们所推荐的。当网络中服务器（虚拟机）的数量较多时，根据不同的应用，规划不同的网段也是应该的。下面是某 vSphere 虚拟化数据中心的一些规划案例，给大家分享一下。

某数据中心配置了 3 台 IBM 3650 服务器，每个服务器 4 个网卡、2 个 CPU、64GB 内存，无本地硬盘。有一台 IBM 3524 存储，服务器与存储之间使用 SAS 连接，网络中有两个交换机，分别是华为 S1724 千兆交换机、一台华为 S5724 千兆三层交换机，如图 5-1-1 所示。

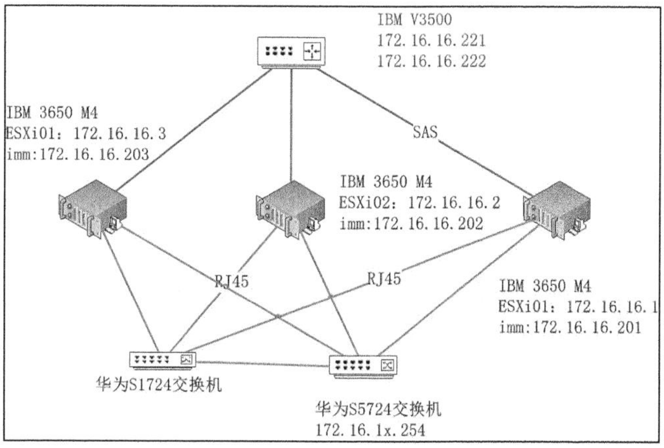

图 5-1-1　服务器与存储、交换机拓扑图

总体来说，在网络规划中，根据服务器的用途、分别将地址规划为以下几类。

VMware ESXi 服务器管理、vCenter Server 基础地址，使用 172.16.16.0/24 的地址。

应用基础服务器，例如 Active Directory、DNS、DHCP、Windows 部署服务，使用 172.16.17.0/24 的地址。

发布到 Internet 的服务器、其他应用服务器，使用 172.16.18.0/24 的地址。

网络中的 VMware View 桌面，使用 172.16.20.0/24 的地址。

VMware ESXi 服务器及存储的地址规划如表 5-1 所示。

表 5-1　　VMware ESXi 服务器地址规划表

各服务器及 VLAN 划分						
服务器	VLAN	IP 地址	CPU	内存	存储	备注
ESXi01	1016	172.16.16.1	2 个 6 核心	64		第 1 台 ESXi 的地址
ESXi01-IMM	1016	172.16.16.201				第 1 台对应的 IMM 管理地址
ESXi02	1016	172.16.16.2	2 个 6 核心	64		第 2 台 ESXi 的地址
ESXi02-IMM	1016	172.16.16.202				第 2 台对应的 IMM 管理地址
ESXi03	1016	172.16.16.3	2 个 6 核心	64		第 3 台 ESXi 的地址
ESXi03-IMM	1016	172.16.16.203				第 3 台对应的 IMM 管理地址
小计			36	192	5TB	
IBM V3500 存储	1016	172.16.16.221	14 个 600GB，6 个 SAS 接口		2.18TB	8 块 600GB，RAID10
	1016	172.16.16.222			2.14TB	5 块 600GB，RAID5

其他服务器与桌面规划如表 5-2 所示。

表 5-2　　各应用服务器与桌面规划表

虚拟服务器	VLAN	IP 地址	CPU	内存	硬盘	备　注
虚拟化基础架构服务器——系统支持平台						
AD 服务器 1	1017	172.16.17.1	2	4	60	AD、DHCP、企业证书、KMS
AD 服务器 2	1017	172.16.17.2	2	4	260	AD、DHCP、WDS
WSUS 服务器	1017	172.16.17.3	4	8	560	WSUS、NOD32
文件服务器	1017	172.16.17.4	2	4	560	文件共享
VMware 虚拟云基础架构						
vShield Manager	1017	172.16.17.21	2	4	300	vCloud Director
vCloud Director	1017	172.16.17.22	3	1	40	
	1017	172.16.17.23				
虚拟机备份与恢复工具						
VDPA	1017	172.16.17.24	6	4	2000	vSphere Data Protection
vSphere 运维管理工具						
UI VM IP	1017	172.16.17.25	16	4	350	vCenter Operations Manager
Analytics	1017	172.16.17.26				
VMware Horizon View——虚拟管理工具						
VCS 安全 1	1017	172.16.17.51	2	4	60	View 桌面安全服务器 1
VCS 安全 2	1017	172.16.17.52	2	4	60	View 桌面安全服务器 2
VCS 连接	1017	172.16.17.53	2	4	60	View 桌面连接服务器
ThinAPP	1017	172.16.17.55	2	4	200	
对外服务网站与数据库服务平台						
web-ser1	1018	172.16.18.1	4	8	1000	对外 Web 服务器
wer-ser2	1018	172.16.18.2	4	8	1000	对外 Web 服务器
SQL Server1	1018	172.16.18.36	8	16	300	SQL Server 数据库服务器
合计：内存、硬盘：GB，CPU：个			71	101	6930	
VMware Horizon View——虚拟桌面						
虚拟桌面统计	VLAN	IP 地址	CPU	内存	硬盘	View 桌面数量
XP 桌面	1020	172.16.20.x	1	1	40	10
Win7 桌面	1020	172.16.20.x	2	2	40	10
Win8 桌面	1020	172.16.20.x	2	2	40	10
WS2008 终端	1020	172.16.20.x	4	8	40	1
WS2012 终端	1020	172.16.20.x	4	8	40	1
合计：内存、硬盘：GB，CPU：个			58	66	1280	

5.1.2 准备 vSphere 实验环境

在学习 vSphere 的时候，按照教程做实验是最好的方式，这对实验的主机、实验环境有一定的要求。并不是所有的用户都有足够的主机、共享存储、三层交换机，这就需要使用虚拟机来模拟。而在用虚拟机模拟的时候，怎样用有限的资源模拟出足够数据的主机、存储，并且要达到较好的性能，需要有一定的技巧。

为了学好 vSphere，我精心地为大家设计了实验环境，拓扑如图 5-1-2 所示。

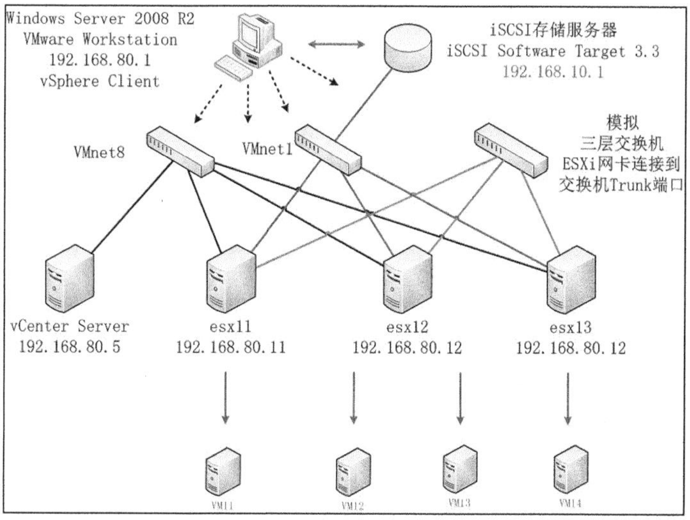

图 5-1-2　vSphere 实验环境

在图 5-1-2 中，核心部分是一台配置较高的主机，这台主机安装 Windows Server 2008 R2（兼作 iSCSI 存储服务器）、VMware Workstation，使用 VMware Workstation 创建了 4 台虚拟机，其中一台安装 vCenter Server 用于管理，另 3 台为 ESXi 主机。

之所以在 VMware Workstation 虚拟机中安装 vCenter Server，而不是在 ESXi Server 的虚拟机中安装 vCenter Server，这是基于如下的考虑。

（1）当前 ESXi Server 已经是 VMware Workstation 的虚拟机，再在 ESXi 中创建 vCenter Server 虚拟机，属于虚拟机“嵌套”，会影响 vCenter Server 的性能。要知道，许多时候，安装测试 vCenter Server 出问题，并不是安装步骤、安装方法有误，而是做实验的机器（虚拟机或主机）配置较低，而 VMware 相关的程序、服务没有办法在指定的时间启动，延迟造成的。

（2）在做 HA 以及 FT 等实验时，实验主机最好有一致的配置：每台主机具有相同数量、型号的 CPU，相同的内存大小、网卡数量，网络（虚拟）交换机相同等。如果将 vCenter Server 放置在其中一台虚拟机中，由于 vCenter Server 要求的配置较高（至少 2CPU、8GB 内存），这就导致运行 vCenter Server 的 ESXi 主机配置较高（需要至少 10GB，甚至 12GB、2CPU），同样群集中其他的 ESXi 也要有相同的配置，这对实验主机是个较大的负担。

（3）将 vCenter Server 独立于 ESXi 之外，相当于网络中的一台计算机，此时实验中 ESXi 主机配置可以较低，例如做一般的实验，ESXi 最小可以配置 4GB 内存，如果做 FT 的实验，则最小 6GB，做 VSAN 推荐至少 8GB 等。

当然，我们更要明白，在实际的生产环境中，90%以上的 vCenter Server 是运行在其所管理的 ESXi 主机中的虚拟机，并且是受 HA 保护的虚拟机，这就可以保证 vCenter Server 在大多数的时候处于运行的状态。所以，尽管在做实验规划的时候，已经尽可能地贴近生产环境、模拟生产环境，但还是要注意实验环境与生产环境的差异，并且根据实验的条件做出灵活的变动。如果你有足够数量的主机，并且主机的配置较高，则可以模拟生产环境，将 vCenter Server 放置在 ESXi 主机的虚拟机中。

在本实验环境中，物理主机及 VMware Workstation 虚拟机功能如表 5-3 所示。

表 5-3 实验环境中主机、虚拟机描述

序号	虚拟机名称	规划 IP 地址	虚拟机配置				备注
			vCPU	内存	网卡	硬盘	
1	物理主机	192.168.10.1				2TB×4	用作 iSCSI 存储
2	物理主机	192.168.80.1					用作 vSphere Client 管理
3	vcenter	192.168.80.5	2	8GB	1	60GB	vCenter Server 6
4	ESXi-11	192.168.80.11	2	8GB	6	20+280	第一台 ESXi 服务器
5	ESXi-12	192.168.80.12	2	8GB	6	20+280	第二台 ESXi 服务器
6	ESXi-13	192.168.80.13	2	8GB	6	20+280	第三台 ESXi 服务器

实验主机的配置截图如图 5-1-3 所示。

在实验主机中安装 VMware Workstation，并创建 3 台 ESXi 虚拟机、1 台 vCenter Server 的虚拟机，其中 ESXi 虚拟机的配置 8GB 内存、2 个 CPU（1 个插槽、2 个内核）、2 块硬盘（20GB、280GB 各一）、6 块网卡（其中第 1、2 块网卡使用 VMnet8；第 3、4 块网卡使用 VMnet1；第 5、6 块使用"LAN 区段"，并新建 LAN 区段为 vlan），如图 5-1-4 所示。ESXi 虚拟机配置后如图 5-1-5 所示。

对于 vCenter Server 6 的虚拟机，则为其分配 8GB 内存、2 个 CPU（1 个插槽、2 个内核）、80GB 硬盘，如图 5-1-6 所示。

VMware ESXi 6 与 vCenter 6 都比较"吃"内存。在一台有 32GB 内存的计算机中，如果要同时启动 3 个分配了 8GB 内存的 ESXi、1 个 8GB 内存的 vCenter 6，需要修改 VMware Workstation 的"首选项"，在"内存→额外内存"选项中选择"允许交换部分虚拟机内存"，如图 5-1-7 所示。

图 5-1-3 实验主机配置截图

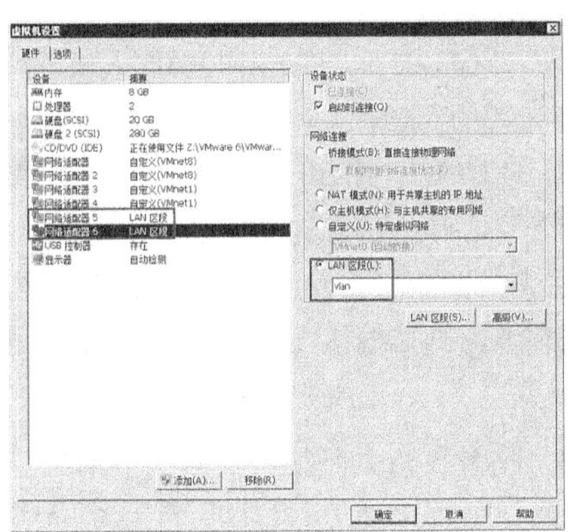

图 5-1-4 ESXi 虚拟机配置

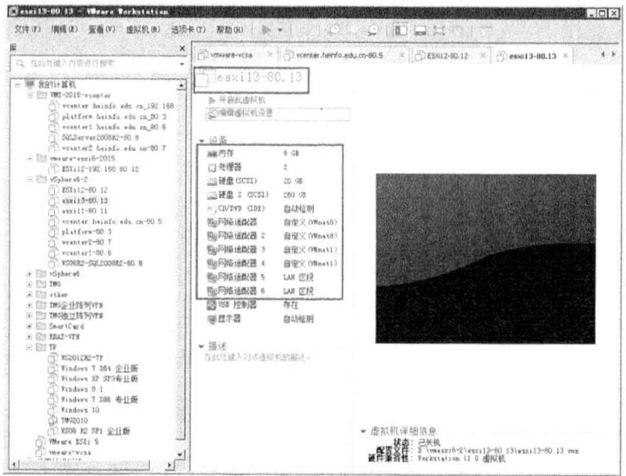

图 5-1-5　ESXi 虚拟机

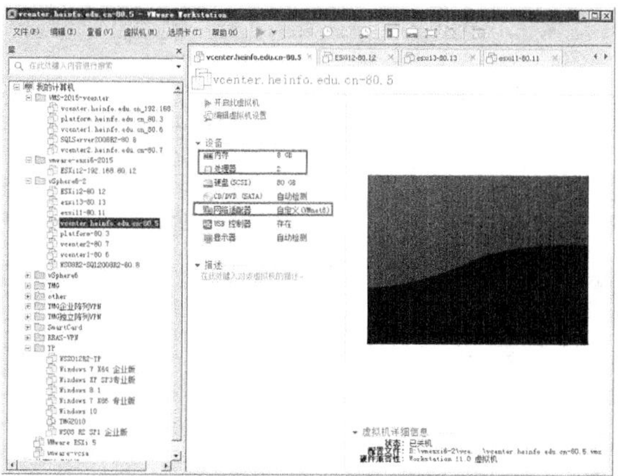

图 5-1-6　vCenter Server 6 虚拟机

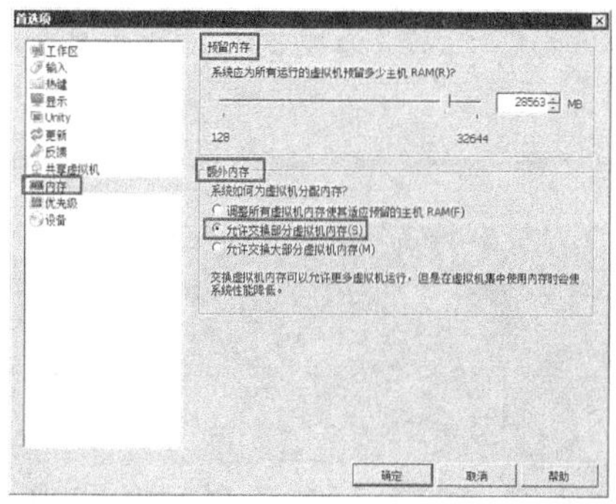

图 5-1-7　额外内存选项

【说明】如果你的实验主机只有 16GB 内存，则可以创建 1 台 8GB 内存的 vCenter Server 6 虚拟机、3 台 4GB 的 ESXi 6 虚拟机，但 4GB 的 ESXi 不能做 FT 的实验。如果要做 FT 的实验，则可以配置 2 台 6GB 内存的 ESXi 虚拟机。

5.1.3　启动配置实验虚拟机

在配置好实验环境之后，在 ESXi 虚拟机中安装 VMware ESXi 6，在 vCenter Server 6 虚拟机中安装 Windows Server 2008 R2 及 vCenter Server 6，有关这两个产品的安装请参考第 3 章、第 4 章内容。在启动这 4 台虚拟机之前，打开“Windows 任务管理器”，可以看到当前的 CPU 使用率与内存使用情况，如图 5-1-8 所示。

当 3 台 ESXi 6、1 台 vCenter Server 6 启动并进入系统之后，CPU 使用率与内存使用如图 5-1-9 所示。CPU 占用率大约 11%，内存使用 14.4GB，注意，这是 ESXi 中没有启动虚拟机的情况。

当 ESXi 虚拟机启动之后，进入每台 ESXi 的控制台界面，为 ESXi 设置管理地址、选择管理网卡，根据规划，我们为三台 ESXi 分别设置管理地址为 192.168.80.11、192.168.80.12、192.168.80.13，并且为 ESXi 管理网卡选择的是属性为“VMnet8”的虚拟网卡。为了正确区分每块网卡，可以有两种方法，其中一个是“插拔网线”方法，在实际的生产环境中可以这样实现：暂时拔下用于管理的两个网卡网线，在“Network Adapters”选项的“Status”中，查看状态为“Disconnected”的拔下网线的网卡，如图 5-1-10 所示。

对于 VMware Workstation，可以修改虚拟机的配置，在“网络适配器”中，在“设备状态”中取消“已连接”（选择“摘要”为 VMnet8 的每个网卡），设置之后单击“确定”按钮，如图 5-1-11 所示。再次返回到虚拟机中，在网卡（见图 5-1-10）中即可看到状态为“断开”的网卡。

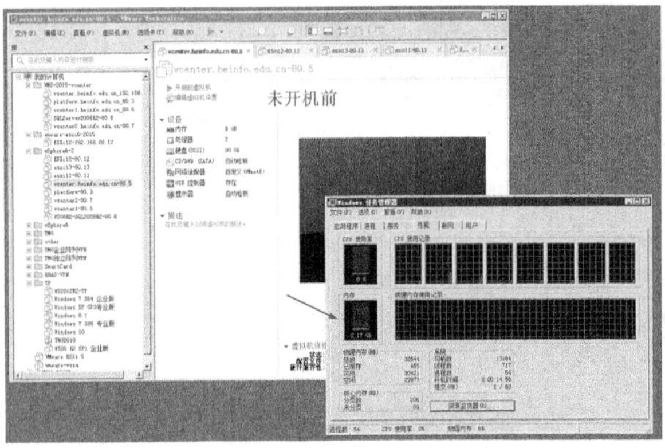

图 5-1-8　启动虚拟机之前

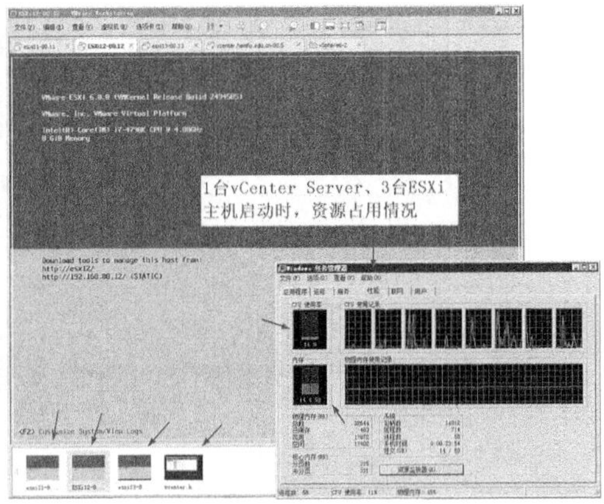

图 5-1-9　资源占用情况

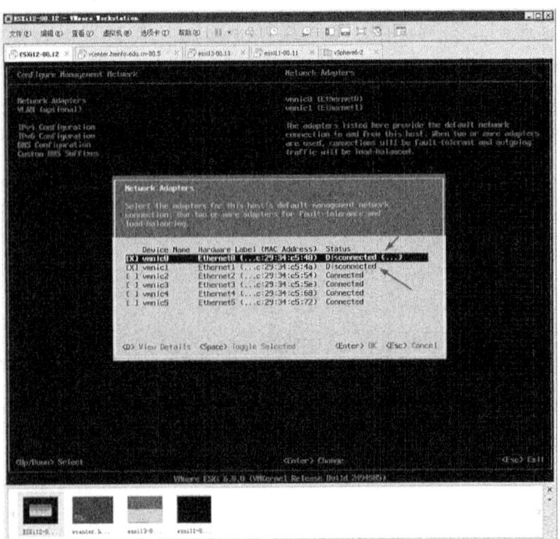

图 5-1-10　区分网卡

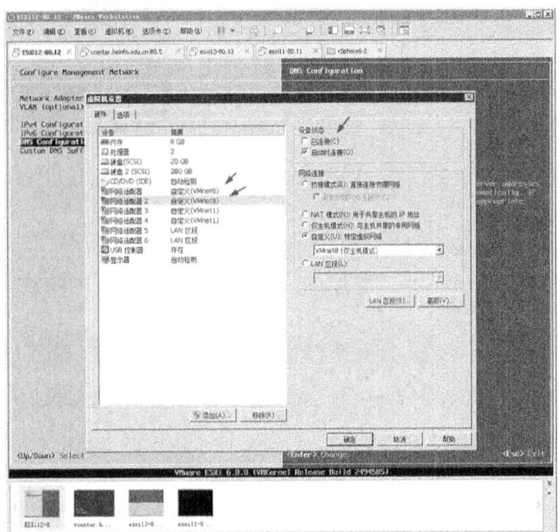

图 5-1-11　修改设备连接状态

除了“插拔网线”的方法外，另外一个办法是根据网卡的 MAC 地址分辨。在图 5-1-10 可以看到，每个网卡都显示了 MAC 地址。你也可以在“虚拟机设置→网络适配器 X”选项中，在“高级→网络适配器高级设置”对话框“MAC 地址”中记下每个网卡的 MAC 地址，然后与图 5-1-10 中的网卡对应，如图 5-1-12 所示。注意，在 ESXi 虚拟机安装了操作系统后，不要再单击“生成”按钮，重新生成 MAC 地址，因为在系统安装完成后，除非是新添加的网卡，对于已经添加的网卡，生成新的 MAC 地址不会反映在虚拟机中。

在为虚拟机配置多个网卡时，有一个比较容易出的问题就是：为虚拟机配置了多块网卡，但在虚拟机系统中识别的网卡数量要少于虚拟机设置的网卡。如图 5-1-13 所示，这是我们在配置某台 ESXi 虚拟机时，为其分配了 6 块网卡（2 块 VMnet8、2 块 VMnet1、2 块 LAN 区段），但在系统中只识别出了 5 块网卡（vmnic0～vmnic4）的情况。

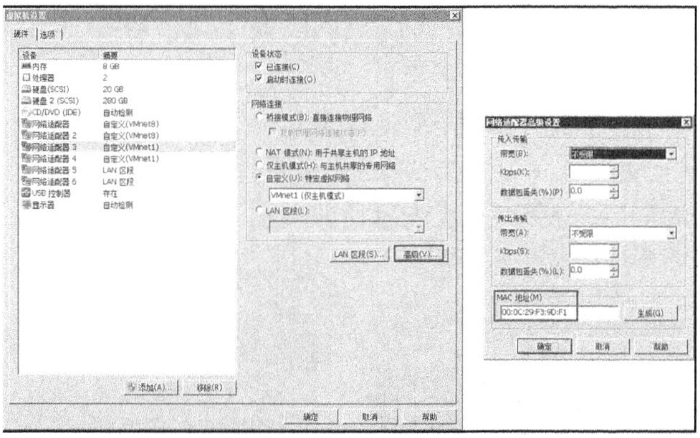

图 5-1-12　查看每个网卡的 MAC 地址

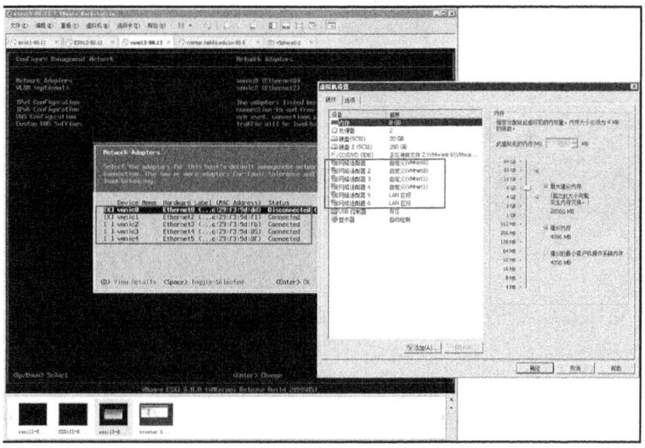

图 5-1-13　系统识别网卡少于分配的网卡

当出现这种情况时，可以先分辨出系统中缺少的网卡对应于虚拟机设置中分配的第几个网卡（可以通过断开网卡状态、网卡的 MAC 地址区分），等区分出是分配的第几个网卡没有体现在系统中后，正常关闭虚拟机的操作系统，为虚拟机再添加一块网卡，并为其分配对应的网络连接。例如在图 5-1-13 中，经过对比，发现在虚拟机配置中的“网络适配器 2”网卡在系统中没有检查出来，这块网卡属性是 VMnet8，那么我们可以添加一块网卡（网络适配器 7，因为已经为虚拟机分配了 6 块网卡），修改这个网卡的属性为 VMnet8，之后进入系统，查看这个网卡对应的网卡名称，一般这个网卡的排序会在最后，例如，如图 5-1-14 所示，新添加的网卡为 vmnic5，对应虚拟机分配界面中的“网络适配器 7”。

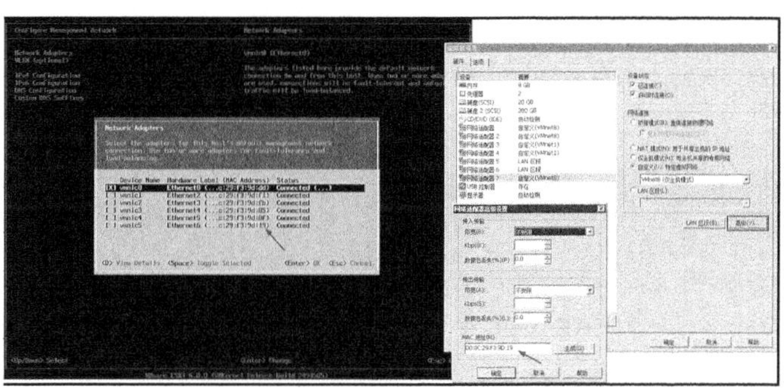

图 5-1-14　将新添加的网卡与系统中获得的网卡进行对比

配置好之后，根据规划，属性为 VMnet8 的网卡用于管理，所以在网卡选项中选择“vmnic0”和“vmnic5”，如图 5-1-15 所示。

最后，为对应的三台 ESXi 虚拟机选择属性为 VMnet8 的两个网卡，设置管理地址分别为 192.168.80.11、192.168.80.12、192.168.80.13，设置虚拟机名称分别为 esx11、esx12、esx13，如图 5-1-16 所示，这是其中一台虚拟机配置后的截图。

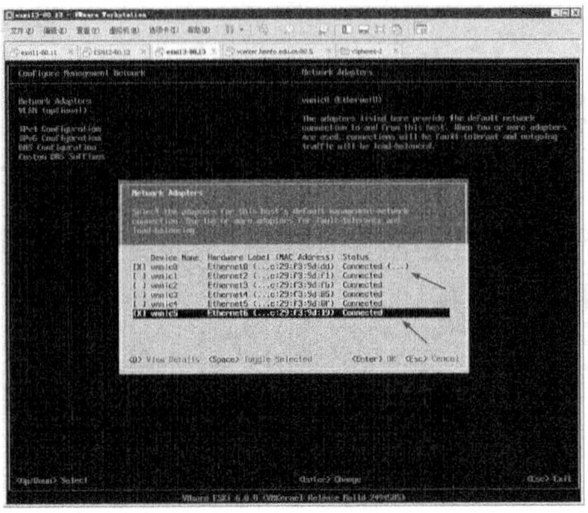

图 5-1-15　选择管理网卡

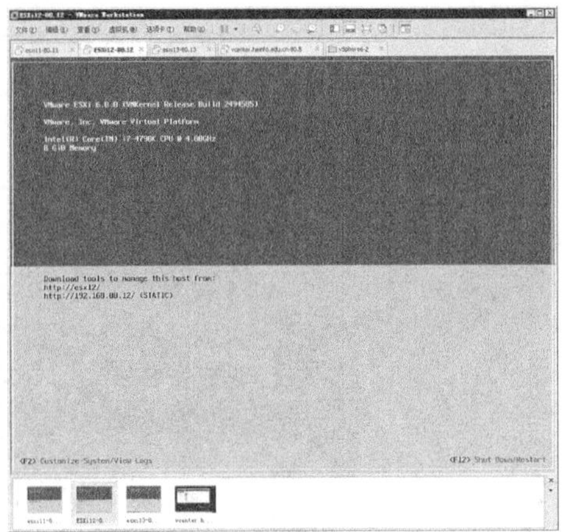

图 5-1-16　ESXi 配置完成

三台 ESXi 安装完成后，在管理机上进入命令提示符，使用 ping 命令，检查这三台 ESXi 主机网络是否连通，如图 5-1-17 所示。

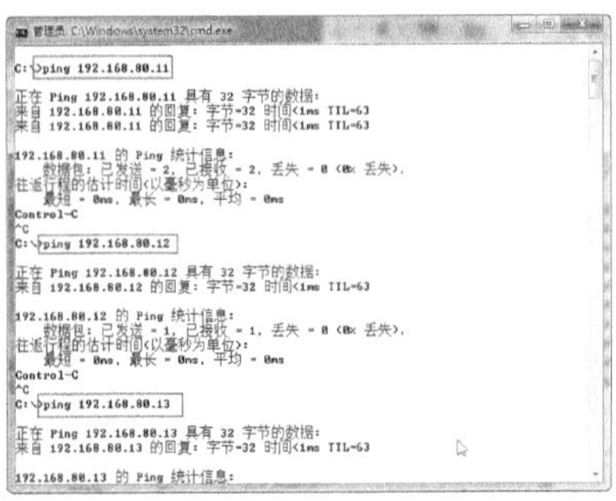

图 5-1-17　使用 ping 命令检查三台 ESXi 主机的连通

最后，还要在 vCenter 6 虚拟机中安装 Windows Server 2008 R2 及 vCenter Server 6，因为用来实验的原因，我们安装具有嵌入式 Platform Services Controller 的 vCenter Server 即可，关于 vCenter Server 6 的安装，可以参看本书第 4 章内容。在本节的规划中，vCenter Server 6 的 IP 地址是 192.168.80.5，计算机名称为 vcenter.heinfo.edu.cn。

5.2　vCenter Server 基本管理

在 vCenter Server 及 ESXi 安装好之后，可以使用 vSphere Client（或 vSphere Web Client）登录 vCenter Server，并添加 ESXi 主机，管理 vSphere 数据中心。在本节我们介绍 vCenter Server 的基本管理，这些包括 vSphere 许可、创建数据中心、添加 ESXi 主机等内容。

5.2.1　管理 vSphere 许可

vSphere 提供了一个集中式许可证管理和报告系统，您可以使用该系统管理 ESXi 主机、vCenter Server 系统、Virtual SAN 群集和解决方案的许可证。解决方案包括可与 vSphere 集成的产品，如 vCenter Site Recovery Manager、vCloud Networking and Security、vCenter Operations Manager 等。

在 vSphere 6.0 中，许可证服务属于 Platform Services Controller 的一部分，并对 vSphere 及与 vSphere 集成的产品提供了集中式许可证管理和报告功能。

许可证服务可在 vSphere 环境中提供许可证清单，并管理 ESXi 主机、vCenter Server 系统和启用了 Virtual SAN 的群集的许可证分配。许可证服务还可管理与 vSphere 集成的产品（如 vCenter Operations Manager、vCenter Site Recovery Manager 等）的许可证分配。

如果 vSphere 环境包含已加入一个 vCenter Single Sign-On 域的多个 Platform Services Controller，则系统会复制所有 Platform Services Controller 中的许可证清单。因此，系统会跨所有的 Platform Services Controller 复制每个资产的许可数据和所有可用许可证，且每个单独的 Platform Services Controller 将包含所有 Platform Services Controller 的该数据和许可证的副本。

【注意】 系统会每隔 10 分钟跨多个 Platform Services Controller 复制许可数据。

例如，假定您的环境包含两个 Platform Services Controller，每个已连接到 4 个 vCenter Server 系统，且每个 vCenter Server 系统有 10 台主机与其连接。许可证服务将存储有关所有 8 个 vCenter Server 系统，以及连接到这些系统的 80 台主机的许可证分配和使用情况的信息。许可证服务还可管理所有 8 个 vCenter Server 系统，以及通过 vSphere Web Client 连接到这些系统的 80 台主机的许可。

ESXi 主机、vCenter Server 和 Virtual SAN 群集的许可方式不同。要正确应用其许可模型，您必须了解关联资产如何消耗许可证容量，每个产品的评估期运行方式，如果产品许可证过期会发生什么等。

1. ESXi 主机的许可

ESXi 主机已获得 vSphere 许可证的许可。每个 vSphere 许可证都具有特定的 CPU 容量，您可以使用该容量为 ESXi 主机上的多个物理 CPU 提供许可证。为某一主机分配 vSphere 许可证时，所消耗的 CPU 容量等于该主机上的物理 CPU 数量。拟用于 VDI 环境的 vSphere Desktop 以虚拟机为单位进行许可。

要为 ESXi 主机提供许可证，您必须为该主机分配满足下列先决条件的 vSphere 许可证。

（1）许可证的 CPU 容量必须足够为该主机上的所有物理 CPU 提供许可。例如，要为 2 台各含 4 个 CPU（插槽）的 ESXi 主机提供许可证，您需要为这两台主机分配至少具有 8 个 CPU 容量的 vSphere 许可证。

（2）许可证必须支持主机使用的所有功能。例如，如果主机与 vSphere Distributed Switch 关联，则分配的许可证必须支持 vSphere Distributed Switch 功能。

如果您尝试分配的许可证容量不足，或者不支持主机使用的功能，则许可证分配会失败。

您可以为 ESXi 主机的任意组合分配和重新分配 vSphere 许可证的 CPU 容量。例如，假定您为 10 个 CPU 购买 vSphere 许可证。您可以将许可证分配给以下任意主机组合。

- 5 个双 CPU 主机
- 3 个双 CPU 主机和 1 个 4CPU 主机

- 2 个 4CPU 主机和 1 个双 CPU 主机
- 1 个 8CPU 主机和 1 个双 CPU 主机

双核和四核 CPU 均算作一个 CPU，例如在一个芯片上整合 2 个或 4 个独立 CPU 的 Intel CPU。

2. 评估模式

在安装 ESXi 时，默认许可证处于评估模式。评估模式许可证在 60 天后到期。评估模式许可证具有与 vSphere 产品最高版本相同的功能。

如果在评估期到期前将许可证分配给 ESXi 主机，则评估期剩余时间等于评估期时间减去已用时间。要体验主机可用的全套功能，可将其设置回评估模式，在剩余评估期内使用主机。

例如，假设您使用了处于评估模式的 ESXi 主机 20 天，然后将 vSphere Standard 许可证分配给了该主机。如果您将主机设置回评估模式，则可以在评估期剩余的 40 天内体验主机可用的全套功能。

对于 ESXi 主机，许可证或评估期到期可导致主机与 vCenter Server 的连接断开。所有已打开电源的虚拟机将继续工作，但您无法打开任何曾关闭电源的虚拟机电源。无法更改已在使用中的功能的当前配置。无法使用主机处于评估模式时一直未使用的功能。

如果将 ESXi 升级到以相同数字开头的版本，则不需要将现有许可证替换为新许可证。例如，如果将主机从 ESXi5.1 升级到 5.5，则该主机可以使用相同的许可证。

如果将 ESXi 主机升级到以不同数字开头的版本，则必须应用新的许可证。例如，如果将 ESXi 主机从 5.x 升级到 6.x，需要使用 vSphere 6 许可证向主机提供许可。

3. vCenter Server 的许可

vCenter Server 系统通过 vCenter Server 许可证获得许可，这些许可证的容量以实例为单位。要为 vCenter Server 系统提供许可，您需要满足下列要求的 vCenter Server 许可证。

- 许可证必须具有至少满足一个实例的容量。
- 许可证必须支持 vCenter Server 系统使用的所有功能。例如，如果系统配置有 vSphere Storage Appliance，则必须分配支持 vSphere Storage Appliance 功能的许可证。

在安装 vCenter Server 系统时，该系统将处于评估模式。vCenter Server 系统的评估模式许可证将在产品安装 60 天后到期，不论您是否为 vCenter Server 分配许可证。您只能在安装后 60 天内将 vCenter Server 重新设置为评估模式。

例如，假设您安装了 vCenter Server 系统，在评估模式下使用了 20 天并为系统分配了合适的许可证。vCenter Server 的评估模式许可证将在评估期剩余的 40 天后到期。

当 vCenter Server 系统的许可证或评估期到期时，所有主机将断开与该 vCenter Server 系统的连接。

如果将 vCenter Server 升级到以相同数字开头的版本，则可以保留原许可证。例如，如果将 vCenter Server 系统从 vCenter Server5.1 升级到 5.5，则可以保留系统上的原许可证。

如果将 vCenter Server 升级到以不同数字开头的版本，则必须应用新的许可证。例如，如果您将 vCenter Server 系统从 5.x 升级到 6.x，则必须使用 vCenter Server 6 许可证为系统提供许可。

如果您升级许可证版本，例如，从 vCenter Server Foundation 升级到 vCenter Server Standard，则必须将系统上的现有许可证替换为升级后的许可证。

4. 已启用 Virtual SAN 的群集的许可

在群集上启用 Virtual SAN 后，必须为群集分配适当的 Virtual SAN 许可证。

与 vSphere 许可证一样，Virtual SAN 许可证的容量以 CPU 容量为依据。向群集分配 Virtual SAN 许可证时，所使用的许可证容量等于加入该群集的各个主机的 CPU 总数。例如，如果您的 Virtual SAN 群集包含 4 个主机，每个主机有 8 个 CPU，则需要为该群集分配一个容量至少为 32 个 CPU 的 Virtual SAN 许可证。

在以下某种情况下，将重新计算并更新 Virtual SAN 群集的许可证使用情况。

- 为 Virtual SAN 群集分配了新的许可证。
- 向 Virtual SAN 群集中添加了新的主机。
- 从群集中删除了主机。
- 群集中的 CPU 总数发生了变化。

您必须保持 Virtual SAN 群集符合 Virtual SAN 许可模型。群集中所有主机的 CPU 总数不得超过分配给该群集的 Virtual SAN 许可证的容量。

当 Virtual SAN 的许可证或评估期到期后，您可以继续使用当前已配置的 Virtual SAN 资源和功能。但是，无法将 SSD 或 HDD 容量添加到现有磁盘组中或创建新的磁盘组。

适用于桌面的 Virtual SAN 适合在 VD 环境中使用，例如适用于桌面的 vSphere 或 Horizon View。适用于桌面的 Virtual SAN 的许可证使用量等于启用了 Virtual SAN 的群集中已打开电源的虚拟机的总数。

要符合最终用户许可协议（EULA）的规定，适用于桌面的 Virtual SAN 的许可证使用量不得超过许可证容量。

Virtual SAN 群集中已打开电源的桌面虚拟机的数量必须小于或等于适用于桌面的 Virtual SAN 的许可证容量。

5. 使用 vSphere Client 管理许可证

要在 vSphere 中许可资产，必须为其分配拥有相应产品许可证密钥的许可证。您可以使用 vSphere Client 或 vSphere Web Client 中的许可证管理功能，从一个中心位置一次许可多个资产。资产包括 vCenter Server 系统、主机、Virtual SAN 群集和解决方案。

在 vSphere 中，如果某个许可证具有足够的容量，则可以将该许可证分配给多个同一类型的资产。您可以将一个套件许可证分配给属于套件产品版本的所有组件。例如，可以将一个 vSphere 许可证分配给多个 ESXi 主机，但不能将两个许可证分配给一个主机。如果您具有一个 vCloud Suite 许可证，则可以将该许可证分配给 ESXi 主机、vCloud Networking and Security、vCenter Site Recovery Manager 等。

在本节的操作中，将使用 vSphere Client 登录 vCenter Server，并添加 ESXi 与 vCenter 的许可证。主要步骤如下。

（1）在管理主机上安装 vSphere Client 6，安装完成之后运行 vSphere Client，在地址栏中输入 vCenter Server 的 IP 地址 192.168.80.5 或 vCenter Server 的 FQDN 名称（在本示例中是 vcenter.heinfo.edu.cn），然后输入 vCenter Server 的初始管理员账户 administrator@vspherer.local 及密码，如图 5-2-1 所示。在第一次登录时，会有一个安全警告，选中“安装此证书并且不显示针对 XXXX 的安全警告”，然后单击“忽略”按钮（见图 5-2-2），以后则不会再有这个提示。

（2）如果你的机器已经登录过有相同 IP 地址或相同名称的 vCenter Server 或 ESXi，并且已经在图 5-2-2 所示界面中添加了证书，则会弹出图 5-2-3 所示的安全警告，单击“是”按钮，使用最近（当前这台 ESXi 或 vCenter Server）提供的证书。如果以前没有登录过相同 IP 地址的 ESXi 或 vCenter Server，则不会有此提示。

（3）登录进入系统之后，会有一个“VMware 评估通知”的对话框提示“您的评估将在XX 天后过期”，如图 5-2-4 所示。

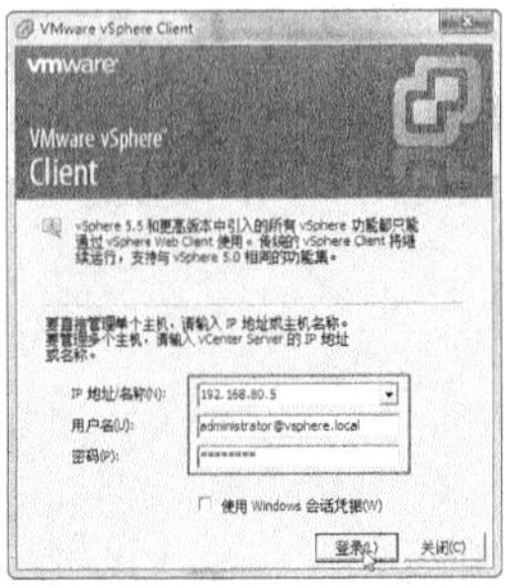

图 5-2-1　登录 vCenter Server

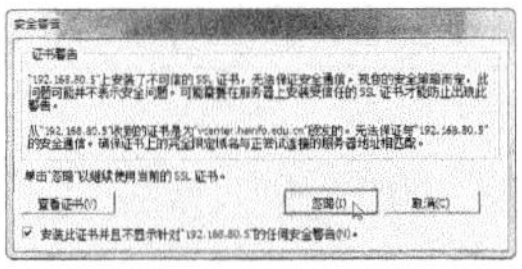

图 5-2-2　安全警告

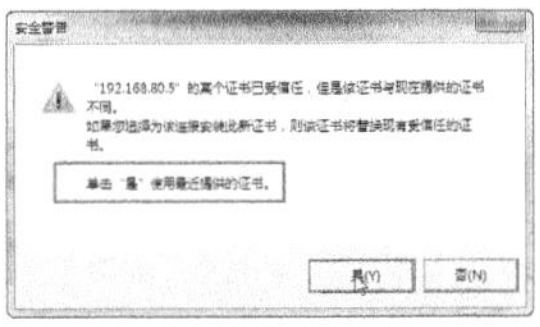

图 5-2-3　更新证书

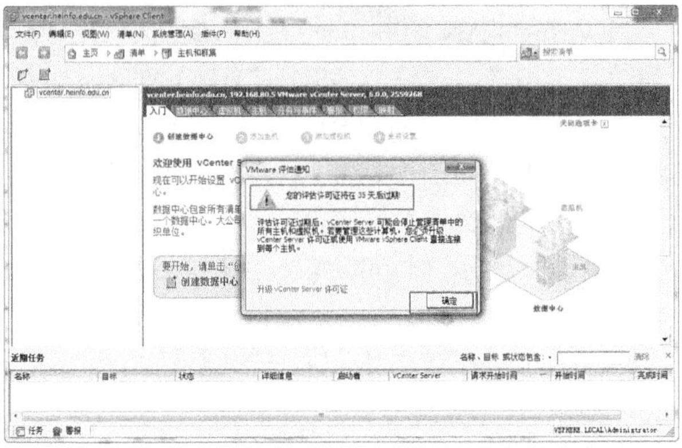

图 5-2-4　VMware 评估通知

如果只是需要添加 vCenter Server 的许可证，则可以按照如下的步骤操作。

（1）在 vSphere Client 控制台“系统管理”菜单中选择“vCenter Server 设置”，如图 5-2-5 所示。

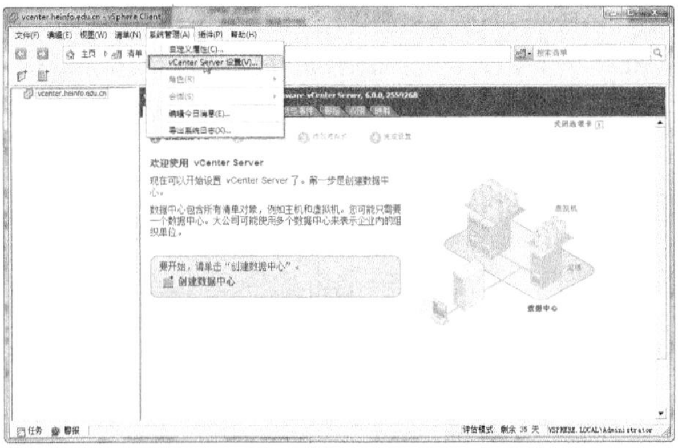

图 5-2-5　vCenter Server 设置

（2）在“选择许可设置”对话框中选择“许可→输入密钥”，在弹出的“添加许可证密钥”对话框输入 vCenter Server 的许可证密钥，如图 5-2-6 所示。

（3）添加之后，会显示添加的许可证的信息，这包括“容量”、“可用”、“过期”等，如图 5-2-7 所示。添加之后单击“确定”按钮。

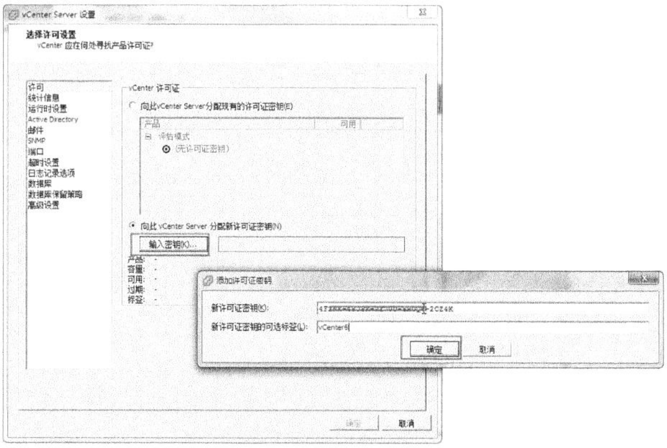

图 5-2-6　添加 vCenter Server 许可证

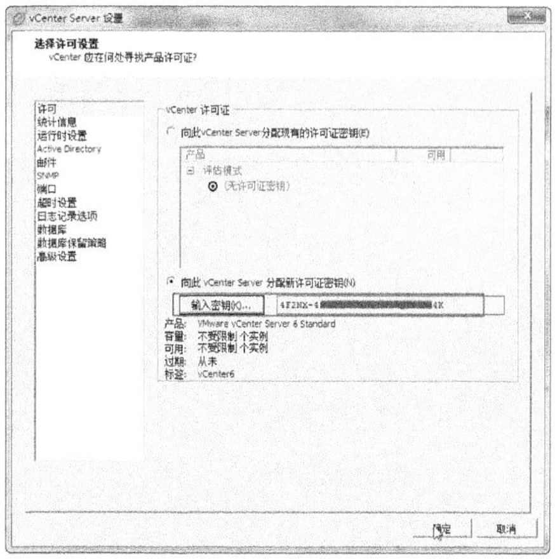

图 5-2-7　添加 vCenter Server 许可

如果不仅仅添加 vCenter Server 许可，还需要添加其他许可，例如 ESXi Server 等许可，则需要按照如下的步骤操作。

（1）在 vSphere Client 界面单击“主页”，在“系统管理”中单击“许可”，如图 5-2-8 所示。

图 5-2-8　许可

（2）进入“主页→系统管理→许可”界面，在“管理”空白窗格中右击，在弹出的快捷菜单中选择“管理 vSphere 许可证”，如图 5-2-9 所示。

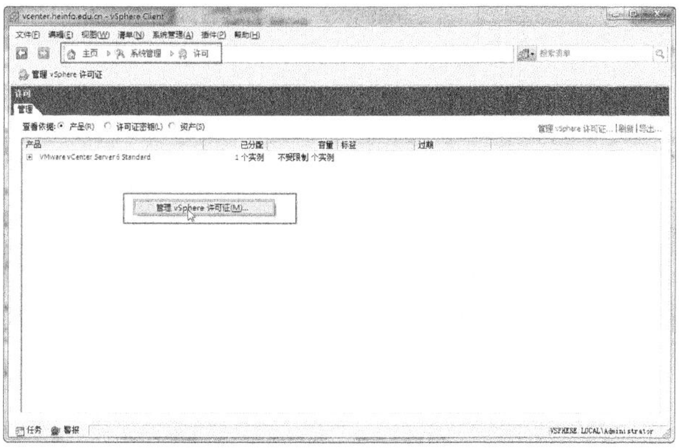

图 5-2-9　管理 vSphere 许可证

（3）在“添加许可证密钥”对话框“输入新的 vSphere 许可证密钥”文本框中输入要添加的许可证，一条一个密钥，可以一次添加多个，添加之后单击“添加许可证密钥”按钮，如图 5-2-10 所示。

（4）如果许可证正确，并且没有重复添加，即原来没有添加到当前系统，则许可证会被解析并添加到列表中，如图 5-2-11 所示，这是添加了 vSphere 6 企业版及 vCenter Server 6 标准版许可证的截图。之后单击“下一步”按钮。

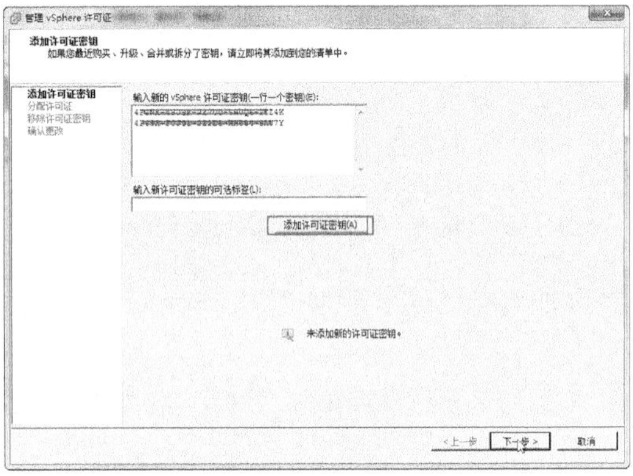

图 5-2-10　添加许可证密钥

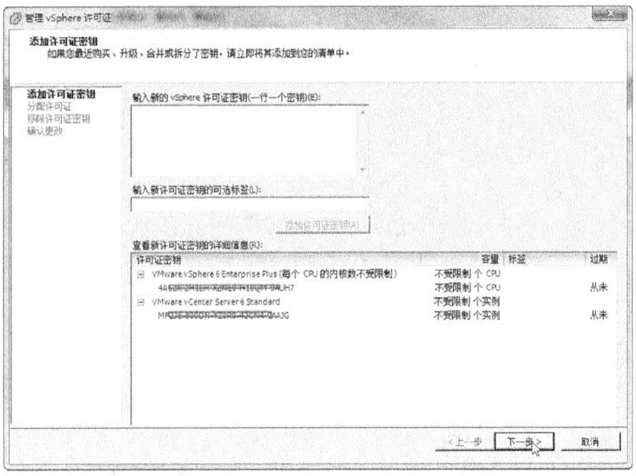

图 5-2-11　添加许可证

（5）在“分配许可证”对话框单击“vCenter Server”，可以为当前的 vCenter Server 分配新的许可证，如图 5-2-12 所示。在没有分配许可证之前，其默认选项是“评估模式”。你可以从列表中选择 vCenter Server 的许可用于分配。

（6）在“移除许可证密钥”对话框，当前没有使用的密钥会显示在列表中，如果要从当前系统中移除这些许可证，可以在许可证前面用鼠标单击用于标记，如果不标记，许可证会保留在系统中，并且以后会在合适的时候进行分配，如图 5-2-13 所示。

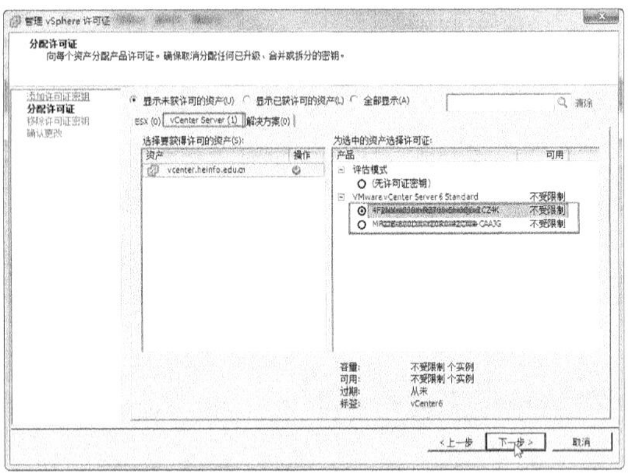

图 5-2-12　分配许可证

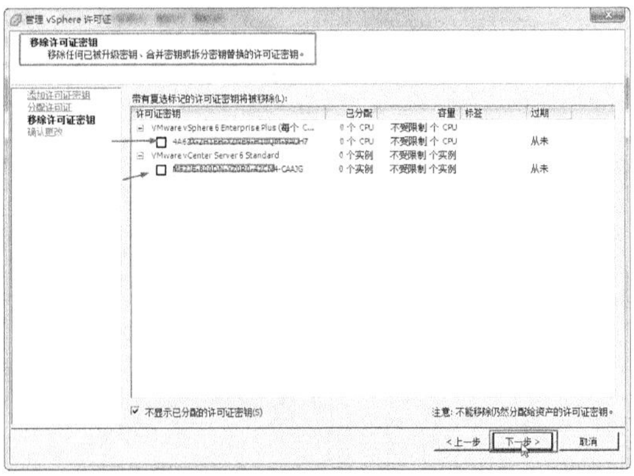

图 5-2-13　移除许可证密钥

（7）在“确证更改”对话框显示了更改许可证的资产，例如将 vCenter Server 从“评估模式”更改为“vCenter Server 6 Standard”，如图 5-2-14 所示。单击“完成”按钮，完成许可证的添加与分配。

（8）添加许可证之后如图 5-2-15 所示。在此显示了已经分配的许可证及实例。

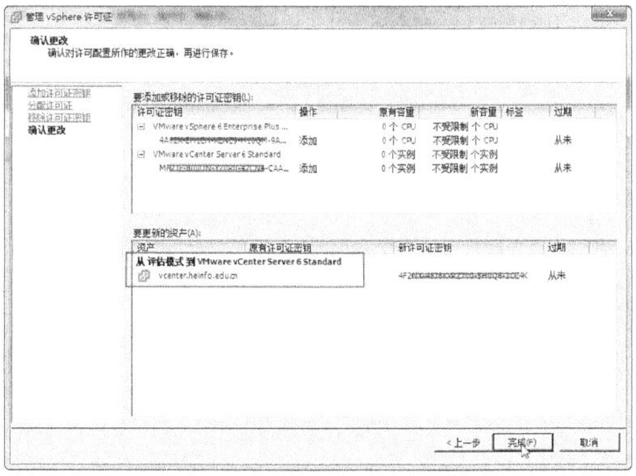

图 5-2-14　确认更改

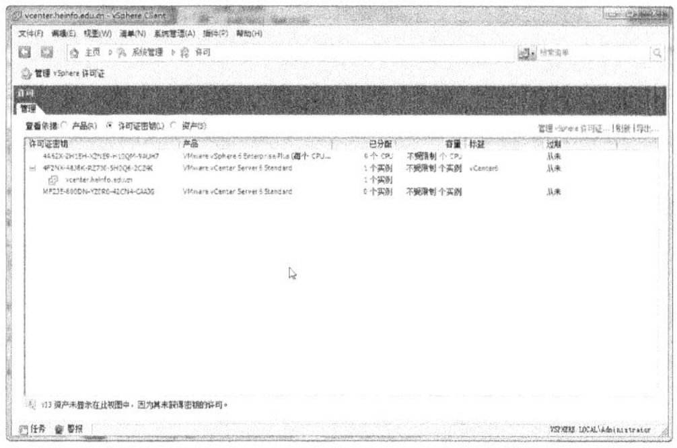

图 5-2-15　添加许可证完成

5.2.2　创建数据中心

虚拟数据中心是一种容器，其中包含配齐用于操作虚拟机的完整功能环境所需的全部清单对象。您可以创建多个数据中心以组织各种环境。例如，您可以为企业中的每个组织单位创建一个数据中心，也可以为高性能环境创建某些数据中心，而为要求相对不高的虚拟机创建其他数据中心。

下面的操作将新建一个数据中心，并向数据中心中添加 ESXi 主机。

（1）使用 vSphere Client 登录到 vCenter Server，在“主页”视图中选择“主机和群集”，如图 5-2-16 所示。

（2）在“主页→清单→主机和群集”视图中单击“创建数据中心”链接，如图 5-2-17 所示。

图 5-2-16　主机和群集

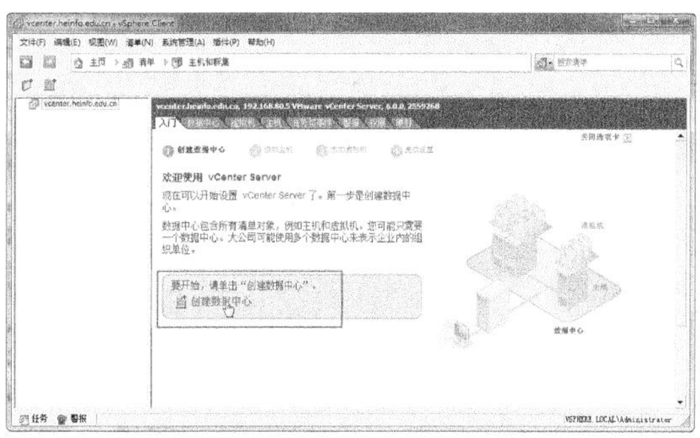

图 5-2-17　创建数据中心

（3）此时左上角 vCenter Server 名称下面会出现“新建数据中心”的名称，如图 5-2-18 所示。

（4）一般情况下，我们都会使用一个英文的名称，在此设置名称为 heinfo，并按回车键，或者将鼠标在其他位置单击一下以确认，如图 5-2-19 所示。如果名称不合适，可以右击该名称，在弹出的快捷菜单中选择“重命名”，修改数据中心的名称。

（5）右击数据中心，可以进行新建文件夹、新建群集、添加主机、添加权限、移除数据中心名称等操作，如图 5-2-20 所示。当前我们只是查看一下在“数据中心”中可进行的操作。

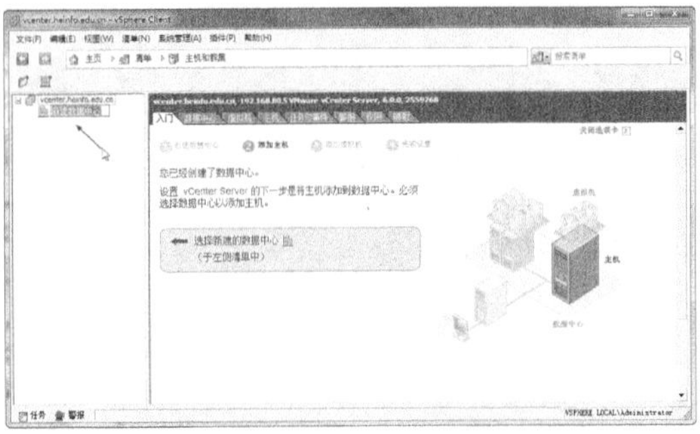

图 5-2-18 新建数据中心

图 5-2-19 设置数据中心名称

图 5-2-20 数据中心操作

5.2.3 向数据中心中添加主机

在添加数据中心（或群集）后，可以在数据中心对象、文件夹对象或群集对象下添加主机。如果主机包含虚拟机，则这些虚拟机将与主机一起添加到清单。

（1）使用 vSphere Client 登录到 ESXi，在“主页→清单→主机和群集”视图中选中要承载主机的数据中心、群集或文件夹，在右侧单击“添加主机”链接，如图 5-2-21 所示。

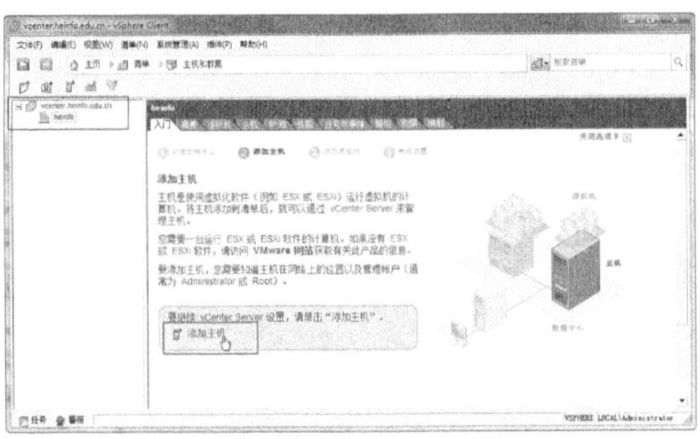

图 5-2-21 添加主机

【说明】 在 vCenter Server 中，可以创建多个“数据中心”，每一个“数据中心”中可以添加多个 VMware ESXi 或 VMware ESXi 的服务器。在每台 VMware ESXi 服务器中，可以有多个虚拟机。使用 vCenter Client，可以管理多台 VMware ESXi 服务器，并且可以在不同的 VMware ESXi 之间“迁移”虚拟机。

（2）在“指定连接设置”对话框“主机名”文本框中输入要添加的 VMware ESXi 主机的 IP 地址，首先添加 192.168.80.11，并在“用户名”与密码处输入添加的 VMware ESXi 服务器的用户名与密码（用户名为 root），如图 5-2-22 所示。

（3）在“主机信息”对话框中显示了要添加的 VMware ESXi 主机的信息，如图 5-2-23 所示。

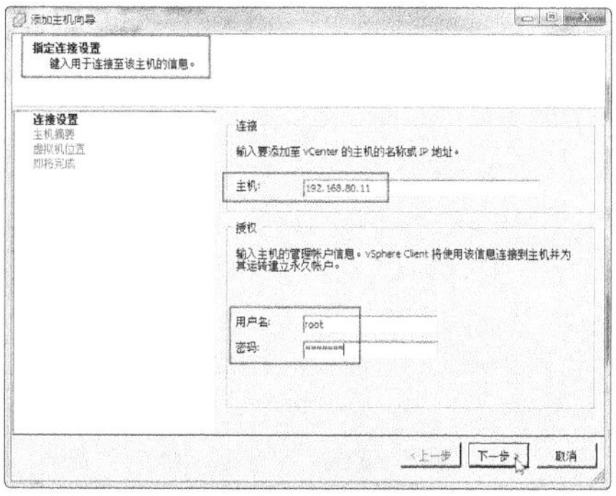

图 5-2-22 连接设置

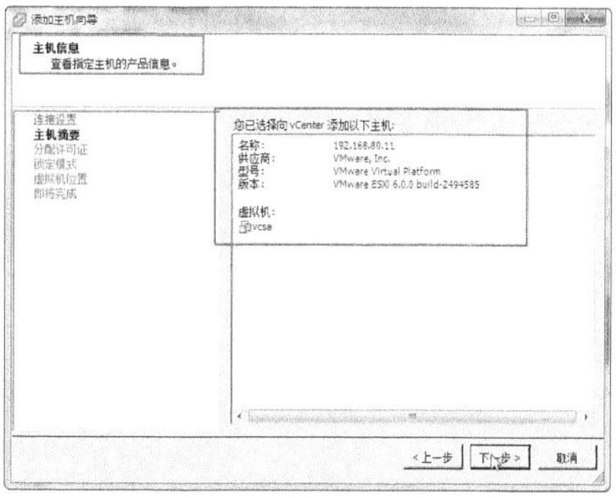

图 5-2-23 主机摘要

（4）在“分配许可证”对话框中为新添加的 VMware ESXi 分配许可证，如图 5-2-24 所示。如果当前没有可用的许可证，可以选中“向此主机分配新许可证密码”，并单击“输入密钥”按钮，以输入 VMware ESXi 的序列号。

（5）在“配置锁定模式”对话框中选择是否为该主机启用锁定模式。在启用锁定模式后，可以防止远程用户直接登录到此主机，该主机仅可以通过本地控制台或授权的集中管理应用程序进行访问。一般情况下，不要选中“启用锁定模式”，如图 5-2-25 所示。

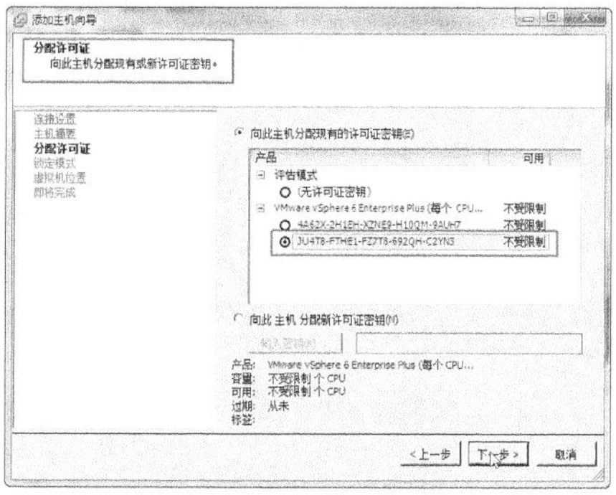

图 5-2-24 分配许可证

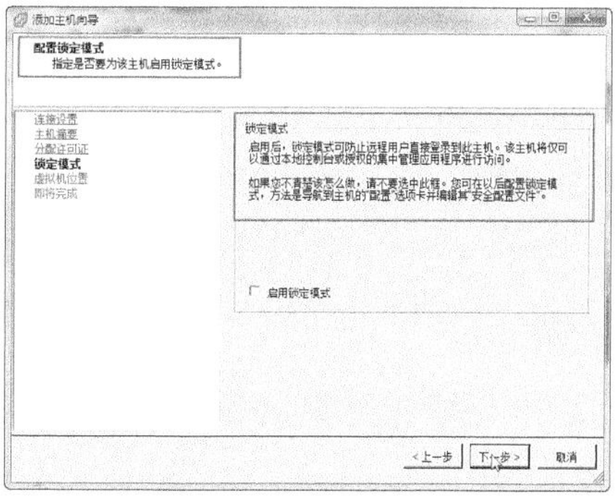

图 5-2-25 锁定模式

【说明】 在为 VMware ESXi 主机选择了许可证之后，如果出现“许可证降级”的提示，这表示是从“评估”版本变更为指定的购买的版本，在第一次使用该许可证时出现这个信息是正常的。只要将这个许可证添加到一个主机，再添加第二个主机时，即不会出现此错误提示。

（6）在“虚拟机位置”对话框中为新添加的 VMware ESXi 主机选择一个保存位置，在此选择前面添加的名为 ESXi 的数据中心，如图 5-2-26 所示。

（7）其他选择默认值，直到出现“即将完成”对话框，单击“完成”按钮，如图 5-2-27 所示。

（8）在添加主机的过程中，在 vSphere Client 的“近期任务”中会有显示，如图 5-2-28 所示。

（9）添加完成之后，状态为“已完成”，并且添加中的主机显示在数据中心中，如图 5-2-29 所示。

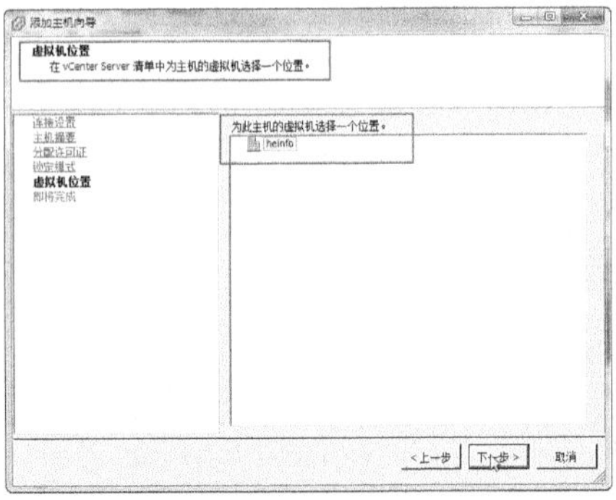

图 5-2-26　虚拟机位置

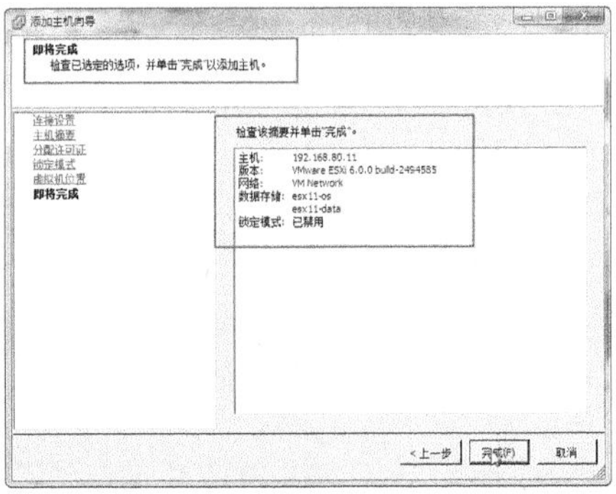

图 5-2-27　完成添加主机

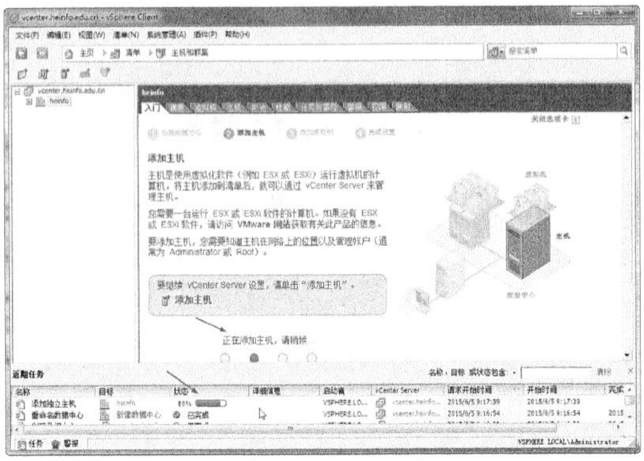

图 5-2-28　添加主机的状态

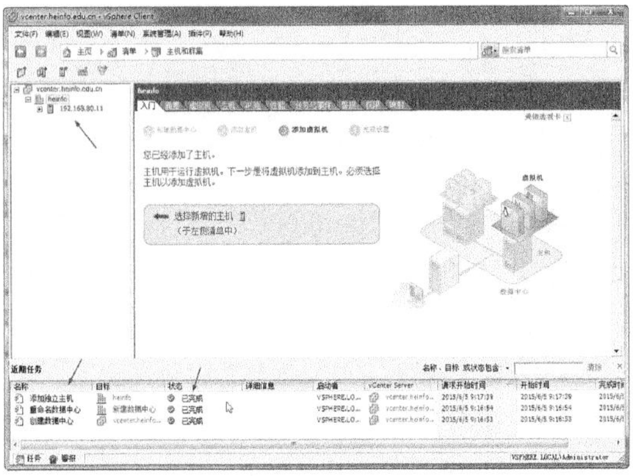

图 5-2-29　添加完成

如果要继续添加其他主机，可以右击数据中心名称，在弹出的快捷菜单中选择“添加主机”，如图 5-2-30 所示。

然后，参照（1）～（7）步，将其他 ESXi 主机添加到数据中心，这些不一一介绍。添加了 3 台 ESXi 主机之后的示意如图 5-2-31 所示。

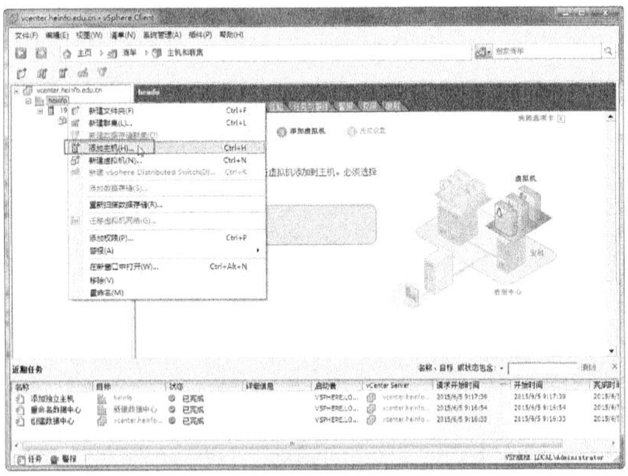

图 5-2-30　添加主机

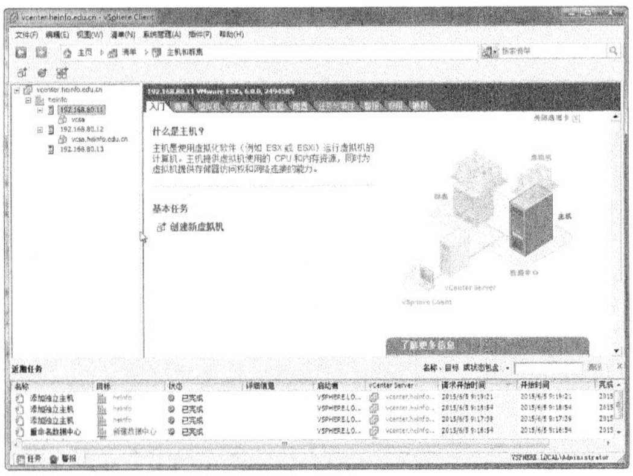

图 5-2-31　添加 3 台虚拟化主机

5.2.4　统一命名 ESXi 存储

在实际的生产环境中，每规划一个 vSphere 虚拟化数据中心，一般至少 2 台主机，有的甚至更多。当一个数据中心中有多个 ESXi 主机，并且每个 ESXi 主机有一到多个不同的存储时，就需要对每台主机的存储进行统一的命名，以方便后期的管理。我们推荐的作法是修改为每个存储名称，除了添加对应的主机名称，还要加入存储的用途（是用于安装 ESXi 系统，还是保存 ESXi 虚拟机数据），例如对于 192.168.80.11（esxi-11）的两个存储，其中用于安装 ESXi 操作系统的存储可以命名为 esx11-os，将保存虚拟机数据的存储命名为 esx11-data。

（1）使用 vSphere Client 连接到 vCenter Server，在左侧定位到“数据中心→要改名的 ESXi 主机”，例如 192.168.80.11，在右侧单击“配置”选项卡，在“硬件→存储器”选项中右击选中要改名的存储，在弹出的快捷菜单中选择“重命名”，然后重命名每个存储，如图 5-2-32 所示。

（2）之后重命名第 2 台 ESXi 主机，重命名两个存储为 esx12-os 及 esx12-data，如图 5-2-33 所示。

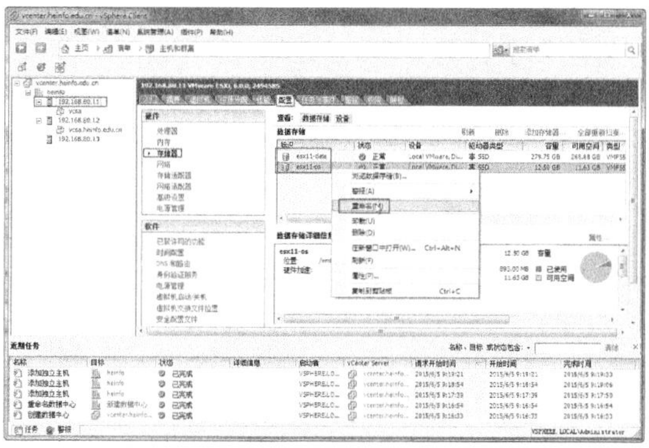

图 5-2-32　重命名存储

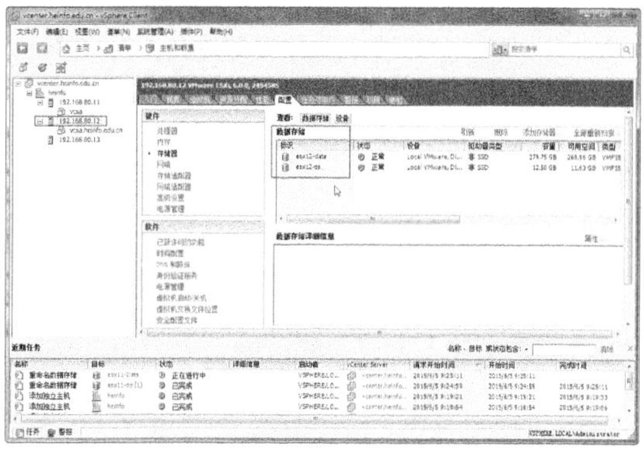

图 5-2-33　重命名 ESXi－12 主机的存储

（3）同样重命名第 3 台 ESXi 主机，重命名两个存储为 esx13-os 及 esx13-data，如图 5-2-34 所示。

在 vCenter Server 中其他的操作则是为每台主机配置“时间配置”，指定并配置 NTP 时间服务器，如图 5-2-35 所示。有关为 ESXi 主机指定 NTP 的内容，请参看本书第 3 章内容。

图 5-2-34　重命名 ESXi-13 主机的存储

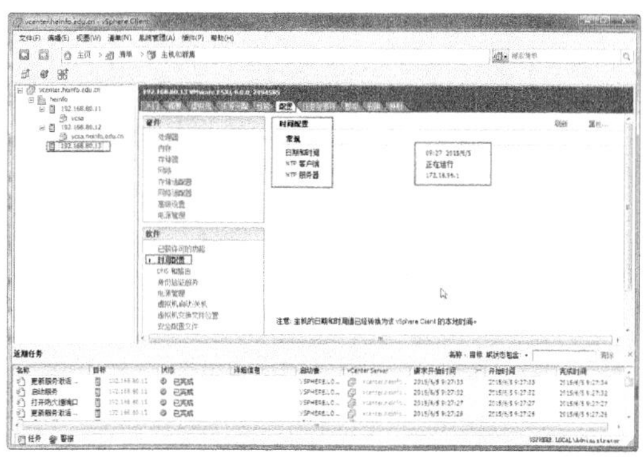

图 5-2-35　为每台主机指定 NTP

5.2.5　vCenter Server 权限管理

在安装完 vCenter Server 之后，默认情况下只有 SSO 的管理员账户才能管理 vCenter Server，如图 5-2-36 所示，在登录的时候，需要使用 administrator@vsphere.local 登录。

在默认情况下，vCenter Server 计算机的本地管理员 Administrator 及本地管理员组 Administrators 不是 vCenter Server 系统的管理员。如果要让在图 5-2-36 登录时，使用 vCenter Server 计算机的本地管理员（或本地管理员组）中的账户，具有管理 vCenter Server 的权限，必须执行下面操作。

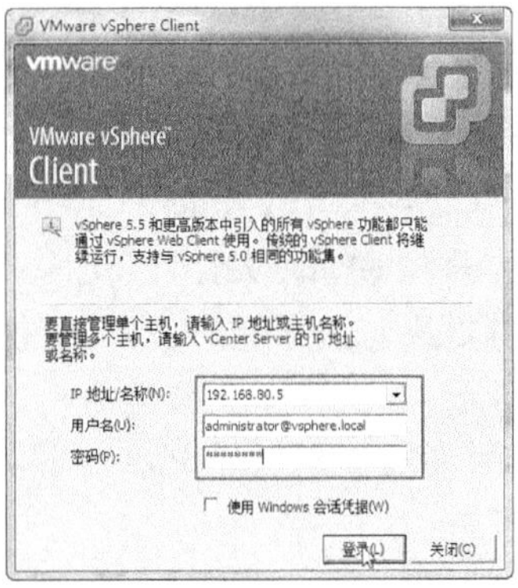

图 5-2-36　使用 SSL 账户登录

（1）使用 administrator@vsphere.local 账户登录 vCenter Server，进入 vSphere Client 界面之后，定位到“主页→清单→主机和群集”，在左侧选中 vCenter Server 系统（在本示例中为 vcenter.heinfo.edu.cn），在右侧单击“权限”选项卡，在右侧空白窗格右击，在弹出的快捷菜单中选择“添加权限”，如图 5-2-37 所示。

（2）打开“分配权限”对话框，在“分配的角色”下拉列表中选择“管理员”，单面左侧的“添加”按钮，如图 5-2-38 所示。

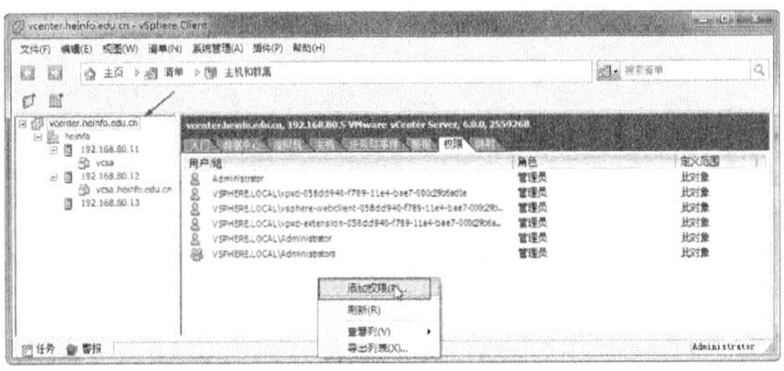
图 5-2-37　权限

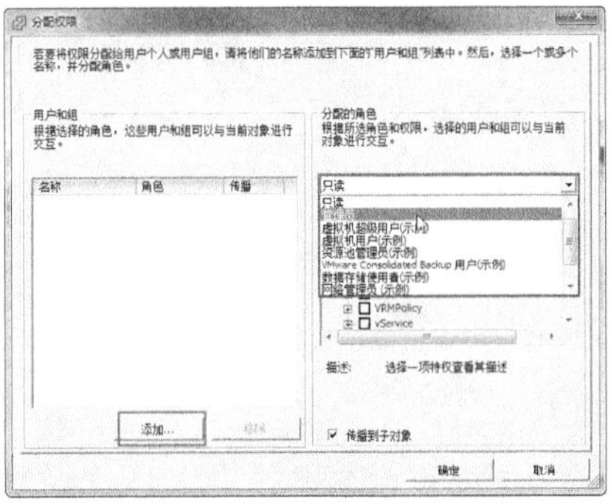
图 5-2-38　添加

（3）在“选择用户和组”对话框“域”中选择 vCenter Server 计算机或域（如果 vCenter Server 计算机加入到域），然后从“用户和组”列表中双击 Administrator 账户及 Administrators 到“用户”及“组”中，如图 5-2-39 所示，然后单击“确定”按钮。

（4）返回到“分配权限”对话框，可以看到在“用户和组”中已经添加了 Administrator 及 Administrators，而“角色”是“管理员”，“传播”选项为“是”，确认“传播到子对象”为选中状态，单击“确定”按钮，如图 5-2-40 所示。

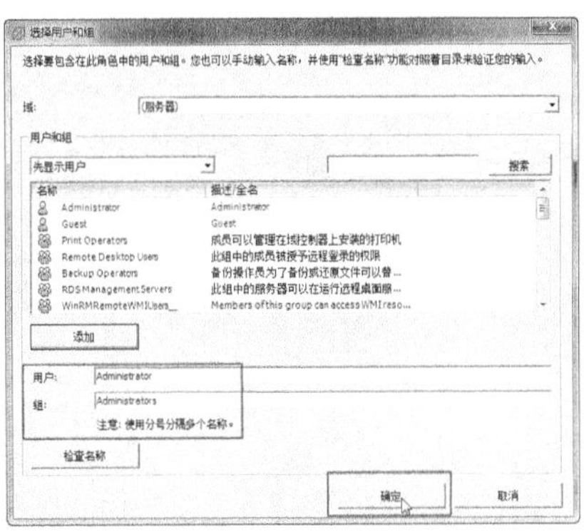
图 5-2-39　将本地管理员及本地管理员组添加到清单

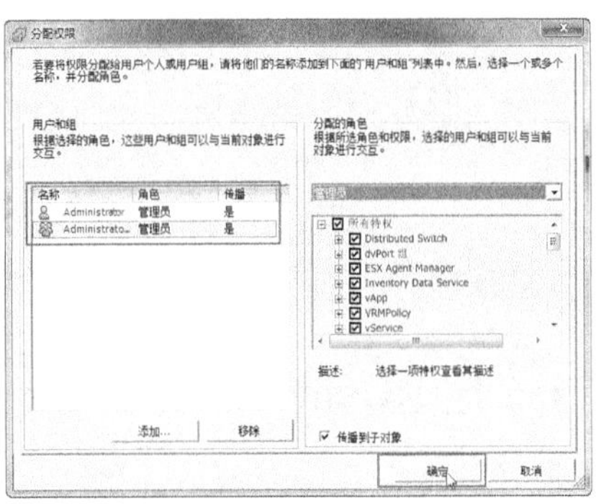
图 5-2-40　分配权限

（5）返回到 vSphere Client，在“权限”选项卡中可以看到已经将 vCenter Server 本地计算机管理员及本地管理员组添加到列表中，如图 5-2-41 所示。

（6）关闭并退出 vSphere Client，再次使用 vSphere Client 登录 vCenter Server，此时即可以使用 vCenter Server 计算机管理员账户登录，如图 5-2-42 所示。

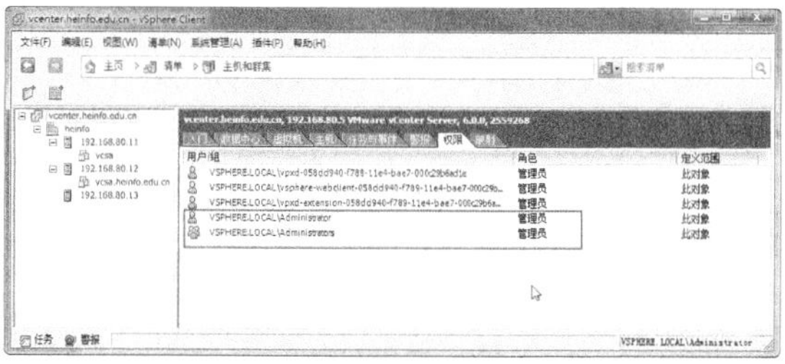

图 5-2-41 权限列表

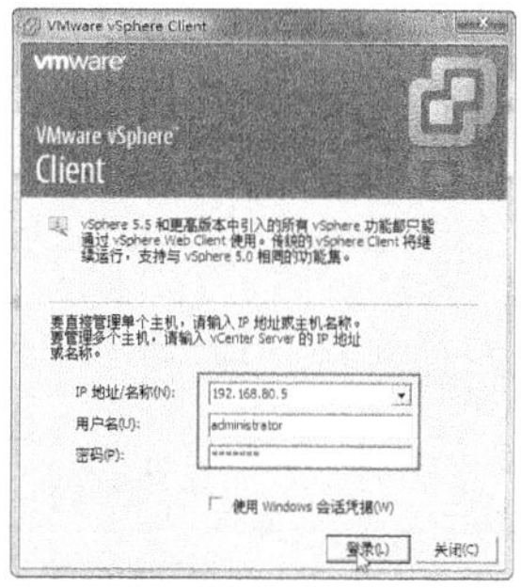

5-2-42 使用 vCenter Server 本地管理员账户登录

再次登录到 vCenter Server 之后，即具有全部权限。

5.3 配置 vSphere 网络

VMware ESXi（VMware ESX Server）具有比 VMware Workstation、VMware Server 更强的网络功能。在 VMware Workstation、VMware Server 中，主机的每块物理网卡可以分配给一个或多个虚拟机使用，但多个物理网卡不能同时分配给一个或多个虚拟机使用，即不能将多个网卡“绑定”在一起分配给一个虚拟机使用。而在 VMware ESXi 中，可以将主机的多个网卡“绑定”成“一个”虚拟交换机分配给虚拟机使用，这既提高了虚拟网络性能，也为虚拟网络增加了容错功能。

在 VMware ESXi 中，通过“虚拟交换机”将虚拟机与物理网络连接在一起。虚拟交换机是连接虚拟机与物理网络的“桥梁”，虚拟机通过虚拟交换机与物理网络通信。每个虚拟交换机由安装在主机上的一块或多块物理网卡组成，主机物理网卡通过网线连接到物理交换机。在为虚拟机分配“虚拟网卡”时，每个虚拟网卡可以连接到虚拟交换机的一个虚拟端口。从虚拟机虚拟网卡→虚拟交换机→主机物理网卡→物理交换机，虚拟机完成与网络中的其他计算机相互通信的过程。

VMware 虚拟交换机包括两种：vSphere 标准交换机与 vSphere Distributed Switch。vSphere Distributed Switch 翻译为中文的意思是 vSphere 分布式交换机，但在 VMware ESXi 中该产品并没有翻译，为了保持一致性，本书也遵从 VMware 的官方文档。

在运行 VMware ESXi 的主机上，可以安装多块物理网卡，这些多块物理网卡可以属于同一个网络（在同一网段中），也可以属于不同的网络（不在同一网段中，或者不在同一 VLAN 中，或者不在同一网络中。例如，有的属于电信线路，有的属于网通线路），也可以连接到不同的物理交换机。在实际使用中，可以将属于同一网络的物理网卡划分到同一个虚拟交换机中，当虚拟机使用此交换机时，为该虚拟机分配一块虚拟网卡，但该虚拟网卡连接到了多块物理网卡，当物理网卡中的一条线路出现问题时，虚拟交换机会自动选择其他的物理网卡，而保持与主机物理网络的畅通。

5.3.1　vSphere 网络概述

要理解 vSphere 网络，需要了解 “物理网络”、“虚拟网络”、“vSphere 标准交换机”、“vSphere Distributed Switch”、分布式端口、端口组、VLAN 等概念，理解这些概念对透彻了解虚拟网络至关重要。表 5-4 给出了 vSphere 网络的相关概念。

表 5-4　vSphere 网络概念

名　称	描　述
物理网络	为了使物理机之间能够收发数据，在物理机间建立的网络。VMware ESXi 运行于物理机之上
虚拟网络	在单台物理机上运行的虚拟机之间为了互相发送和接收数据而相互逻辑连接所形成的网络。虚拟机可连接到在添加网络时创建的虚拟网络
物理以太网交换机	管理物理网络上计算机之间的网络流量。一台交换机可具有多个端口，每个端口都可与网络上的一台计算机或其他交换机连接。可按某种方式对每个端口的行为进行配置，具体取决于其所连接的计算机的需求。交换机将会了解到连接其端口的主机，并使用该信息向正确的物理机转发流量。交换机是物理网络的核心。可将多个交换机连接在一起，以形成较大的网络
vSphere 标准交换机（VSS）	其运行方式与物理以太网交换机十分相似。它检测与其虚拟端口进行逻辑连接的虚拟机，并使用该信息向正确的虚拟机转发流量。可使用物理以太网适配器（也称为上行链路适配器）将虚拟网络连接至物理网络，以将 vSphere 标准交换机连接到物理交换机。此类型的连接类似于将物理交换机连接在一起以创建较大型的网络。即使 vSphere 标准交换机的运行方式与物理交换机十分相似，但它不具备物理交换机所拥有的一些高级功能
标准端口组	标准端口组为每个成员端口指定了诸如带宽限制和 VLAN 标记策略之类的端口配置选项。网络服务通过端口组连接到标准交换机。端口组定义通过交换机连接网络的方式。通常，单个标准交换机与一个或多个端口组关联
vSphere Distributed Switch（VDS）	它可充当数据中心中所有关联主机的单一交换机，以提供虚拟网络的集中式置备、管理及监控。您可以在 vCenter Server 系统上配置 vSphere DistributedSwitch，该配置将传播至与该交换机关联的所有主机。这使得虚拟机可在跨多个主机进行迁移时确保其网络配置保持一致
主机代理交换机	驻留在与 vSphere Distributed Switch 关联的每个主机上的隐藏标准交换机。主机代理交换机会将 vSphere Distributed Switch 上设置的网络配置复制到特定主机
分布式端口	连接到主机的 VMkernel 或虚拟机的网络适配器的 vSphere Distributed Switch 上的一个端口
分布式端口组	与 vSphere Distributed Switch 关联的一个端口组，并为每个成员端口指定端口配置选项。分布式端口组可定义通过 vSphere Distributed Switch 连接到网络的方式
网卡成组	当多个上行链路适配器与单个交换机相关联以形成小组时，就会发生网卡成组。小组将物理网络和虚拟网络之间的流量负载分摊给其所有或部分成员，或者在出现硬件故障或网络中断时提供被动故障切换
VLAN	VLAN 可用于将单个物理 LAN 分段进一步分段，以便使端口组中的端口互相隔离，如同位于不同物理分段上一样。标准是 802.1Q
VMkernel TCP/IP 网络	VMkernel 网络层提供与主机的连接，并处理 vSphere vMotion、IP 存储器、Fault Tolerance 和 Virtual SAN 的标准基础架构流量
IP 存储器	将 TCP/IP 网络通信用作其基础的任何形式的存储器。iSCSI 可用作虚拟机数据存储，NFS 可用作虚拟机数据存储并用于直接挂载.ISO 文件，这些文件对于虚拟机显示为 CD-ROM

续表

名　称	描　述
TCP 分段清除	TCP 分段清除（TSO）可使 TCP/IP 堆栈发出非常大的帧（达到 64KB），即使接口的最大传输单元（MTU）较小也是如此。然后网络适配器将较大的帧分成 MTU 大小的帧，并预置一份初始 TCP/IP 标头的调整后副本

虚拟网络向主机和虚拟机提供了多种服务。可以在 ESXi 中启用两种类型的网络服务。

➢ 将虚拟机连接到物理网络以及相互连接虚拟机。

➢ 将 VMkernel 服务（如 NFS、iSCSI 或 vMotion）连接至物理网络。

【说明】 在本章后面的内容中，有时候对 vSphere 虚拟交换机的称呼方法不同，请注意，vSphere 标准交换机、标准交换机、VSS 是指同一种设备，而 vSphere Distributed Switch、VDS、vSphere 分布式交换机、分布式交换机则是同一种设备。

5.3.2　vSphere 标准交换机

可以创建名为 vSphere 标准交换机的抽象网络设备。使用标准交换机来提供主机和虚拟机的网络连接。标准交换机可在同一 VLAN 中的虚拟机之间进行内部流量桥接，并链接至外部网络。

要提供主机和虚拟机的网络连接，请在标准交换机上将主机的物理网卡连接到上行链路端口。虚拟机具有在标准交换机上连接到端口组的网络适配器（vNIC）。每个端口组可使用一个或多个物理网卡来处理其网络流量。如果某个端口组没有与其连接的物理网卡，则相同端口组上的虚拟机只能彼此进行通信，而无法与外部网络进行通信。vSphere 标准交换机架构如图 5-3-1 所示。

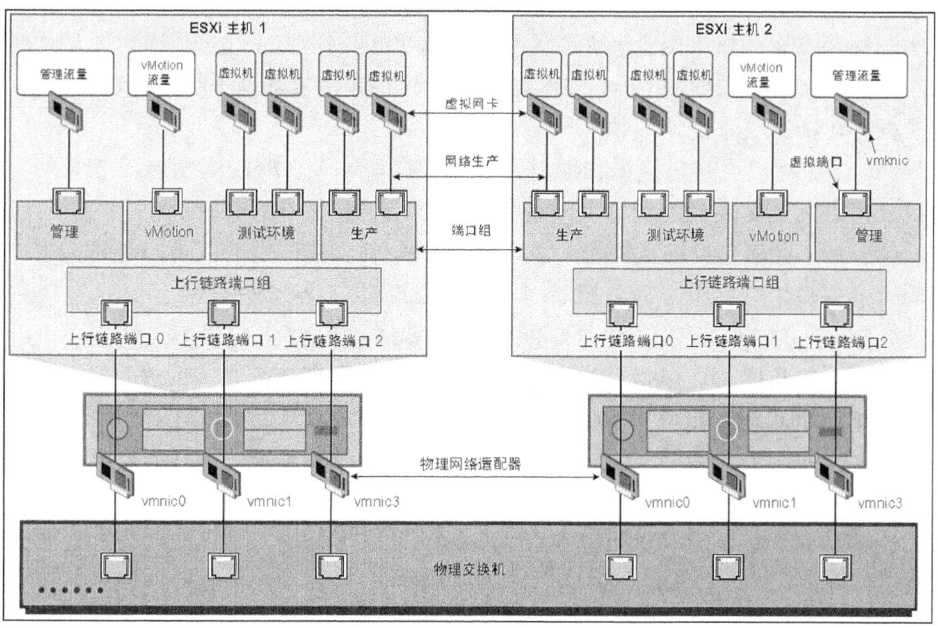

图 5-3-1　vSphere 标准交换机架构

vSphere 标准交换机与物理以太网交换机非常相似。主机上的虚拟机网络适配器和物理网卡使用交换机上的逻辑端口，每个适配器使用一个端口。标准交换机上的每个逻辑端口都是单一端口组的成员。

标准交换机上的每个标准端口组都由一个对于当前主机必须保持唯一的网络标签来标识。可以使用网络标签来使虚拟机的网络配置在主机间移植。应为数据中心的端口组提供相同标签，这些端口组使用在物理网络中连接到一个广播域的物理网卡。反过来，如果两个端口组连接不同广播域中的物理网卡，则这两个端口组应具有不同的标签。

例如，可以创建生产和测试环境端口组来作为在物理网络中共享同一广播域的主机上的虚拟机网络。在创建端口组的时候，VLAN ID 是可选的，它用于将端口组流量限制在物理网络内的一个逻辑以太网网段中。要使端口组接收同一个主机可见，但来自多个 VLAN 的流量，必须将 VLAN ID 设置为 VGT（VLAN 4095）。

为了确保高效使用主机资源，在运行 ESXi 5.5 及更高版本的主机上，标准交换机的端口数将按比例自动增加和减少。此主机上的标准交换机可扩展至主机上支持的最大端口数。

创建 vSphere 标准交换机，以便为主机和虚拟机提供网络连接并处理 VMkernel 流量。根据要创建的连接类型，可以使用 VMkernel 适配器创建新的 vSphere 标准交换机，仅将物理网络适配器连接到新交换机，或使用虚拟机端口组创建交换机。

5.3.3　vSphere 标准交换机案例介绍

在使用 vSphere Client 直接连接并管理 VMware ESXi 时，只能在 VMware ESXi 中添加 vSphere 标准交换机。如果要使用 vSphere Distributed Switch，则需要安装 vCenter Server，并且用 vCenter Server 添加多个 VMware ESXi 时，才能创建并管理 vSphere Distributed Switch。

在 VMware ESXi 中添加 vSphere 标准交换机情况如下：

（1）每台 VMware ESXi 可以添加一个到多个 vSphere 标准交换机。

（2）每个 vSphere 标准交换机可以上联（或绑定）VMware ESXi 主机的一个或多个物理网卡。当 vSphere 标准交换机绑定多个物理网卡时，多块物理网卡可以起负载均衡与故障转移使用。

（3）vSphere 标准交换机可以不绑定物理网卡。当虚拟机选择不绑定物理网卡的 vSphere 标准交换机时，虚拟机不能访问物理网络。

（4）vSphere 标准交换机模拟物理以太网交换机，每个 vSphere 标准交换机可以有多个虚拟端口，每个标准交换机的端口上限是 4088。

（5）vSphere 标准交换机上的每个逻辑端口都是单一端口组的成员。还可向每个标准交换机分配一个或多个端口组。每个端口均可连接虚拟机的一个虚拟网卡。

本节介绍在 VMware ESXi 6 中添加配置 vSphere 标准交换机的方法。

为了说明虚拟机网卡、虚拟交换机、主机网卡、物理交换机之间的关系，通过一个具体的例子来说明这个问题，如图 5-3-2 所示。

在图 5-3-2 中，有 3 台 ESXi 服务器，每个服务器有 6 块网卡，网卡连接状态规划如下。

- 每个服务器的第 1、2 块网卡连接到一个 VLAN，假设是 VLAN80，其 IP 地址段为 192.168.80.0/24，网关地址是 192.168.80.1。
- 第 3、4 块网卡连接到另一个 VLAN，假设是 VLAN10，其 IP 地址段为 192.168.10.0/24，网关地址是 192.168.10.1。
- 每个服务器的第 5、6 块网卡连接到交换机的 Trunk 端口。
- 在网络中有两台交换机，所以每台服务器的相同属性的网卡分别连接到每个交换机（例如第 1 台服务器的第 1 块网卡连接到交换机 1 的 VLAN80 端口，第 2 块网卡连接到交换机 2 的 VLAN80 端口)。

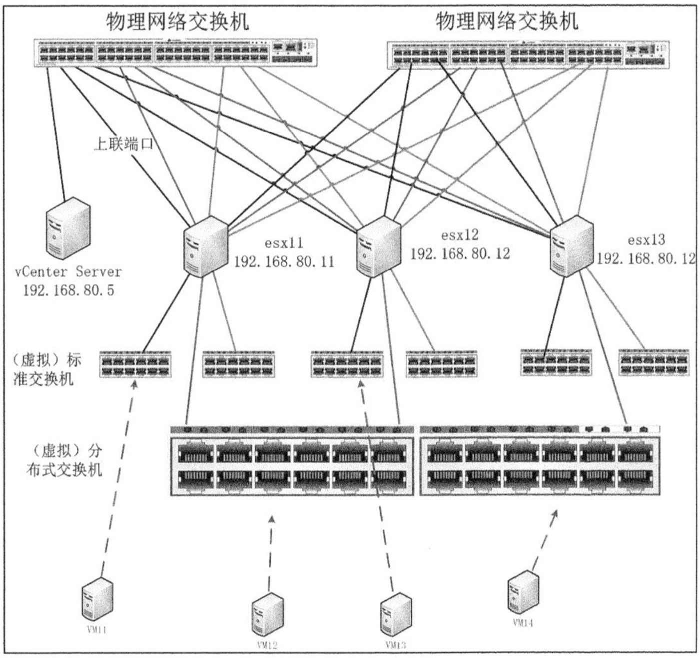

图 5-3-2　VMware ESXi 标准交换机实验拓扑

在每台 ESXi 中，创建 2 个标准交换机，每个标准交换机对应一个网段。这样当前数据中心中会有 6 台标准交换机。

将每台主机剩余的网卡（例如第 5、6 块网卡）配置成一个 vSphere Distributed Switch。因为第 5、6 网卡上行端口连接的是物理交换机的 Trunk 端口，所以在新创建的 VDS 交换机中，可以对照物理网络，创建支持 VLAN 的虚拟端口。

这样在整个数据中心中，有 7 台交换机，分别是 6 台标准交换机（VSS）、1 台分布式交换机（VDS）。

虚拟机可以根据需要，选择连接到某个 VSS 或 VDS。如果 VSS 或 VDS 有不同的端口（像物理交换机，有不同的端口，有的端口配置可能不同，例如属于不同的 VLAN），则可以根据需要，选择连接到不同的端口。

【说明】 在我们此次实验中，VDS 交换机上联的是物理交换机的 Trunk 端口，VSS 交换机上联的是 Access 端口（普通 VLAN 端口），这并不是说标准交换机不能连接 Trunk 端口。在 vSphere 网络中，无论是 VSS 交换机，还是 VDS 交换机，都可以上联到物理交换机的 Trunk 或 Access 端口。

在本节我们先介绍为 vSphere 数据中心规划、配置标准交换机（VSS）的内容，在规划的时候，注意以下几点。

（1）在安装 VMware ESXi 的时候，安装程序会为 ESXi 主机创建一个标准交换机，在这个标准交换机上，会创建一个默认的“虚拟机端口组”和一个“VMkernel 端口”，其中端口组名称默认为“VM Network”，“VMkernel 端口”默认名称为“Management Network”，你可以使用 vSphere Client 登录到 ESXi 或登录到 vCenter Server，在“配置→网络”中查看到每台 ESXi 主机的默认标准交换机，如图 5-3-3 所示。VMware ESXi 安装过程中创建的第一个默认标准交换机用于管理，不要删除。

图 5-3-3　默认标准交换机

对于默认创建的标准交换机、默认的“虚拟机端口组”，可以将其改名，也可以保持默认。如果要改名，可以改为其 VLAN 的属性，例如在本示例中，将其改名为 vlan80。当然，如果要修改默认标准交换机的默认端口组名称，就要将当前数据中心中所有对应的 VSS 交换机的默认端口组改成统一的名称。

（2）标准交换机绑定于 ESXi 主机，在新建标准交换机的时候，需要将有相同属性（例如，属于同一 VLAN 或 Trunk）的上联端口创建成标准交换机。不要将不同属性的上联端口创建成标准交换机。否则，由于标准交换机中上联端口的属性不同，可能会造成使用该 VSS 交换机的虚拟机网络不通（设置了某个 VLAN，但此时标准交换机由于上联端口分属于不同 VLAN，可能会造成网络通信问题）。标准交换机的上联端口，主要用于冗余。

（3）在同一个 vSphere 数据中心中，对于上联到相同属性的上联端口的、不同主机之间的标准交换机的“虚拟机端口组”，最好设置相同的名称。例如，当前实验环境中有 3 台主机，每台主机有两块网卡（如第 3、4 端口）连接到 VLAN10，则在每台主机新建标准交换机时，设置“虚拟机端口组”名称为 vlan10（统一大小写，或者都用大写，或者都用小写，推荐采用小写名称）。

采用相同的名称，是在实际的应用中，如果虚拟机在不同主机之间“迁移”或“移动”时，由于不同主机上，相同网络属性的“虚拟机端口组”具有相同的名称，不至于导致迁移后的虚拟机，会由于在目标主机上没有找到对应的虚拟机端口组，造成网络中断的问题。

（4）在图 5-3-3 中，物理适配器有个网卡状态为“待机”，这是正常的。当两个网卡连接到同一交换机时，会出现这种情况。如果连接到不同的交换机（相同属性），状态可能会为“1000 全双工”或“待机”。其中 1000 是连接速度，表示 1000Mbps。

5.3.4　修改虚拟机端口组名称

在本节的操作中，将会把当前数据中心中所有 ESXi 主机、系统默认创建的标准交换机的“虚拟机端口组”，统一改名为 vmnet8，下面以其中一台主机操作为例，其他主机操作类似。

（1）使用 vSphere Client 登录到 vCenter Server 或 ESXi，在左侧选中要改名的主机，在右侧“配置→网络”中，在“标准交换机:vSwitch0”标签中单击“属性”，如图 5-3-4 所示，注意，不要单击“刷新 添加网络 属性”一行中的“属性”链接。在图中可以看到，当前的虚拟机端口组名称为“VM Network”，这是系统创建标准交换机时设置的默认名称。

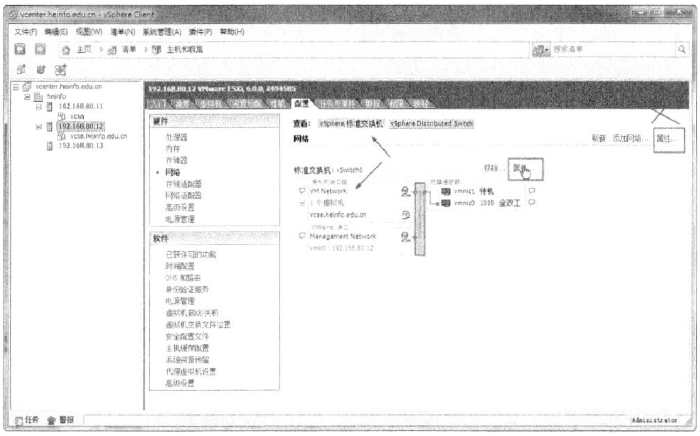

图 5-3-4　标准交换机属性

（2）在“vSwitch0 属性”对话框“端口”选项卡中，单击要修改名称的虚拟机端口组，在此选中“VM Network”，单击“编辑”按钮，如图 5-3-5 所示。

（3）在“VM Network 属性”对话框“网络标签”文本框中，删除原来的名称，输入新的名称 vmnet8，如图 5-3-6 所示，单击“确定”按钮完成修改。

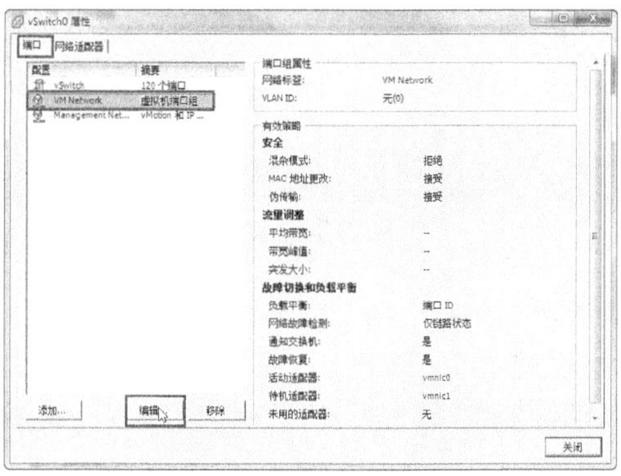

图 5-3-5　编辑

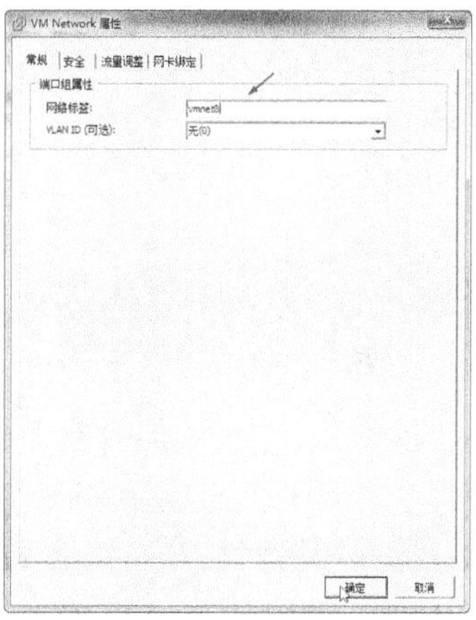

图 5-3-6　修改端口组名称

（4）返回到“vSwitch0 属性”对话框，单击“关闭”按钮，完成虚拟机端口组的修改，如图 5-3-7 所示。

（5）返回到 vSphere Client，可以看到“虚拟机端口组”已经修改。

在修改了 ESXi 的虚拟机端口组之后，如果当前 ESXi 主机有虚拟机，需要检查修改每个虚拟机的配置，将原来使用“VM Network”端口组的网卡改为修改后的名称 vmnet8。

（1）在 vSphere Client 中右击虚拟机，在弹出的对话框中选择“编辑设置”，如图 5-3-8 所示。

（2）打开局域网属性对话框，在“网络适配器 1”中，可以看到原来的设置仍然是“VM Network”，但在右侧“网络标签”中已经留空，表示这个端口组已经不存在了，如图 5-3-9 所示。

（3）在“网络标签”下拉列表中，选择修改后的虚拟机端口组，在此为 vmnet8，修改之后单击“确定”按钮，如图 5-3-10 所示。

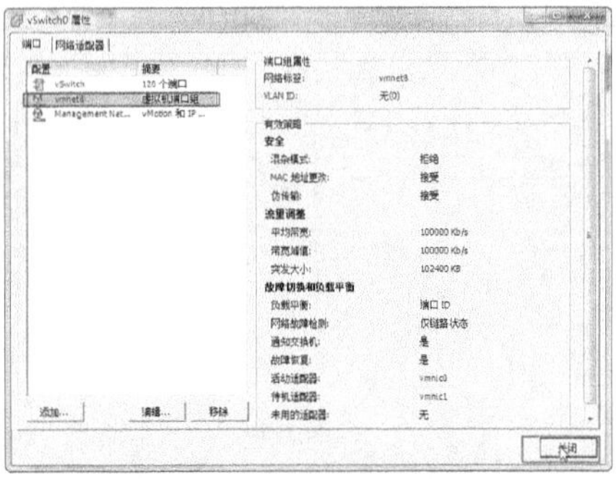

图 5-3-7　VSS 属性

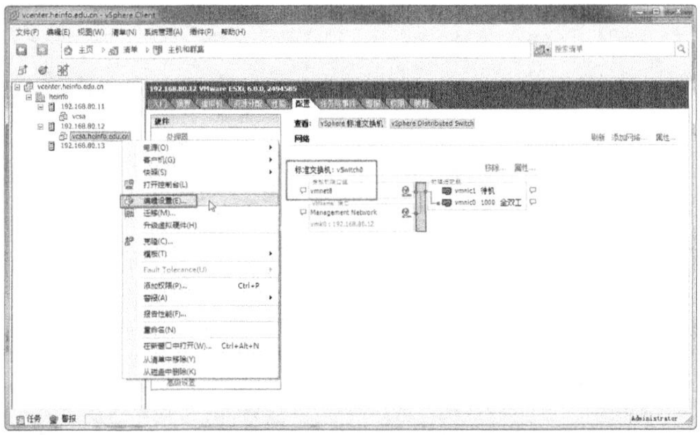

图 5-3-8　编辑设置

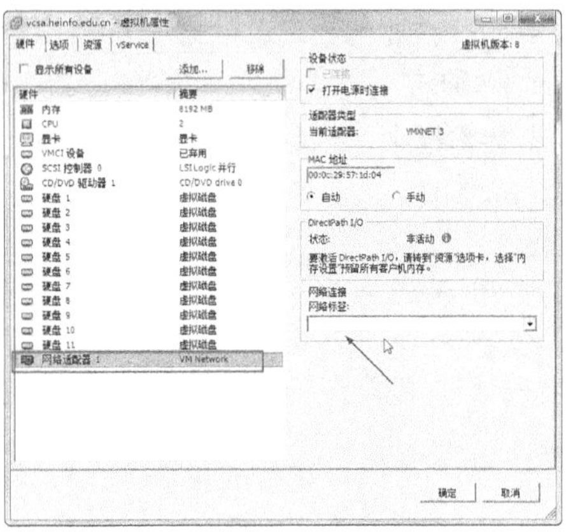

图 5-3-9　网络标签为空

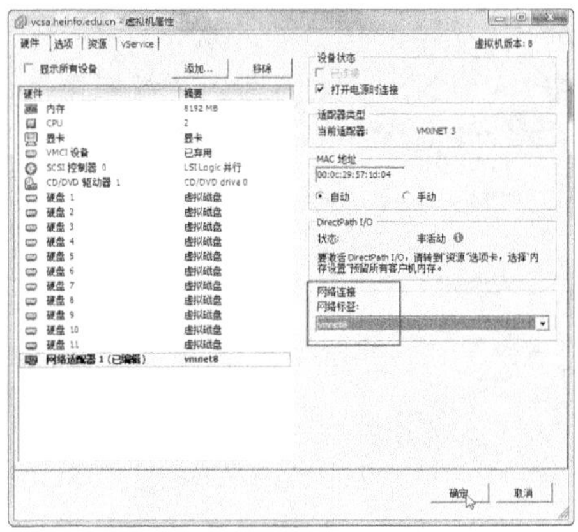

图 5-3-10　修改网络标签

如果该 ESXi 主机中还有其他虚拟机，请一一修改，这些不再介绍。

同样，参照上面的步骤，修改其他 ESXi 主机的“虚拟机端口组”，然后再修改这些主机中的虚拟机的网络属性，选择修改后的网络标签。

5.3.5　添加 vSphere 标准交换机

接下来将在 VMware ESXi 中添加名为 vmnet1 的虚拟交换机，并将主机第 3～4 块网卡添加到该虚拟交换机中，步骤如下。

（1）使用 vSphere Client 登录到 VMware ESXi 主控制台，选择“配置→网络”选项，单击右侧的“添加网络”链接，如图 5-3-11 所示。

（2）在“连接类型”对话框中选中“虚拟机”单选按钮，然后单击“下一步”按钮，如图 5-3-12 所示。

（3）在“虚拟机-网络访问”对话框“创建 vSphere 标准换机”列表中，选择 vmnic2～vmnic3，然后单击“下一步”按钮，如图 5-3-13 所示。如果当前网络中有 DHCP 服务器，或者所属网络中已经有配置好的 IP 地址，则在“网络”选项中可能会显示所属 IP 地址。

（4）在“虚拟机-连接设置”对话框“端口组属性”组中，在“网络标签”文本框中，将默认的名称修改为 vmnet1，然后单击“下一步”按钮，如图 5-3-14 所示。如果使用的是 VLAN，在 VLAN ID 字段中输入一个介于 1 和 4094 之间的数字。如果使用的不是 VLAN，则将此处留空。如果输入 0 或将该选项留空，则端口组只能看到未标记的（非 VLAN）流量。如果输入 4095，端口组可检测到任何 VLAN 上的流量，而 VLAN 标记仍保持原样。

（5）在“即将完成”对话框中单击“完成”按钮，如图 5-3-15 所示。

图 5-3-11 添加网络连接

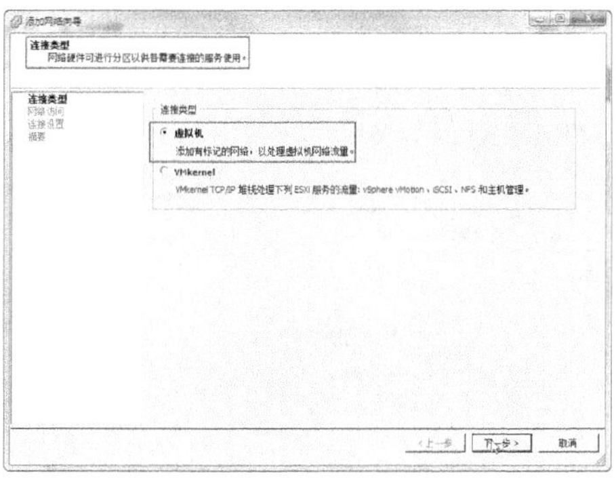

图 5-3-12 添加虚拟交换机

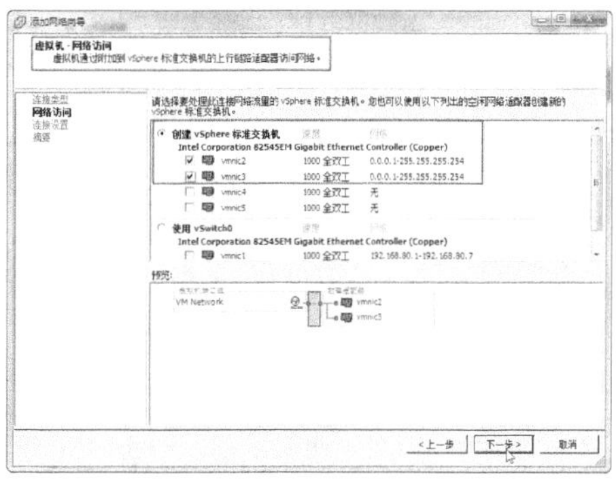

图 5-3-13 选择主机网卡

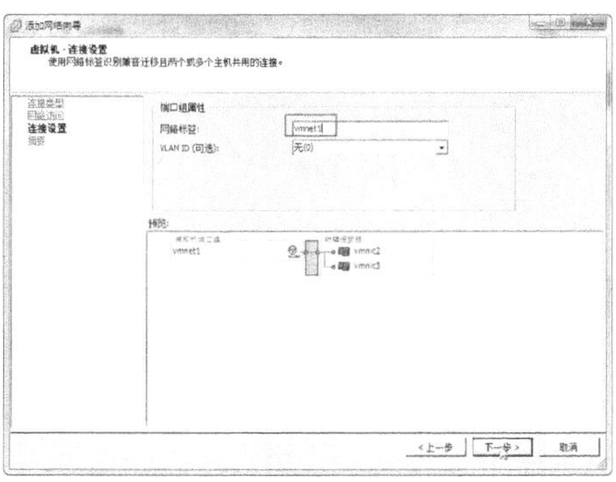

图 5-3-14 连接设置

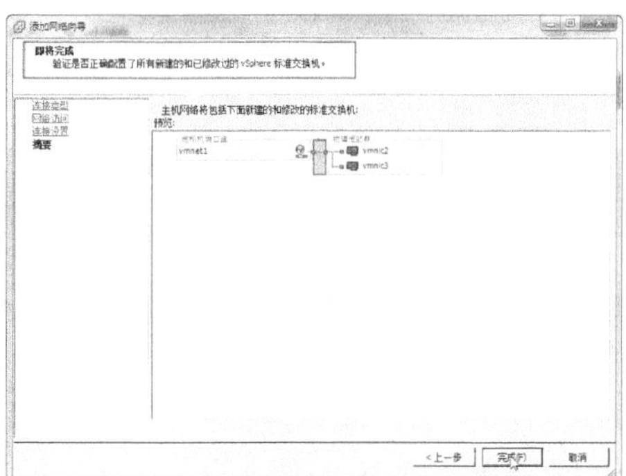

图 5-3-15 添加虚拟交换机完成

在大多数情况下，添加了标准交换机，并修改了“虚拟机端口组”之后，就可以将虚拟交换机分配给虚拟机使用了。在下面的过程中，我们为虚拟交换机添加“VMkernel 端口”，该端口将用于连接 iSCSI 网络。这是遵循为共享存储使用独立于 ESXi 管理、独立于 ESXi 虚拟机网络之外的网络的原则。

当然，即使不是为了存储，为另一个虚拟交换机添加 VMkernel 端口也可以用于管理。

但是，如果多个标准交换机连接到不同网段，你只能选择在其中一个网段的 VMkernel 配置网关，如果多次配置网关，最后一次配置的生效。

下面将在新添加的标准虚拟机中添加 VMkernel 端口，主要步骤如下。

（1）使用 vSphere Client 登录到 vCenter Server 或 ESXi，在左侧选中 ESXi 主机，在右侧“配置→网络”选项中选中要添加端口的标准虚拟机，单击“属性”，如图 5-3-16 所示。

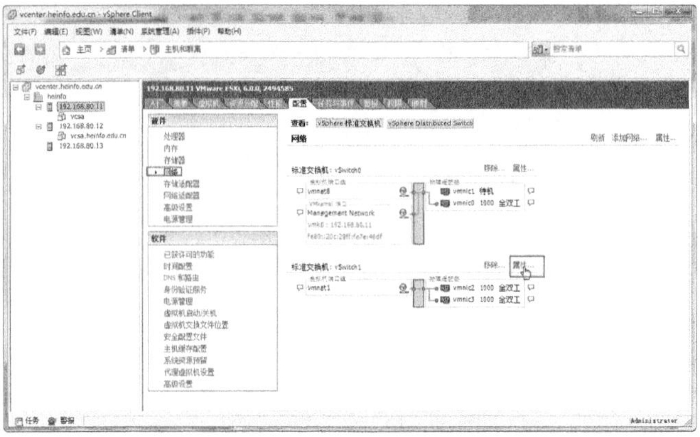

图 5-3-16　属性

（2）打开“vSwitch1 属性”对话框，单击“添加”按钮，如图 5-3-17 所示。

（3）在“连接类型”选择“VMkernel”，如图 5-3-18 所示。

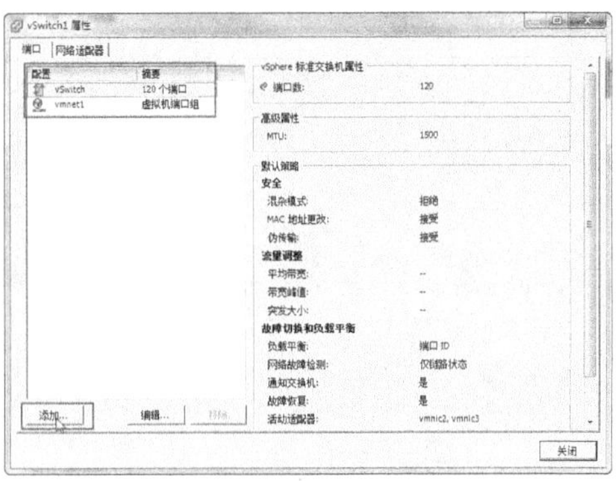

图 5-3-17　添加

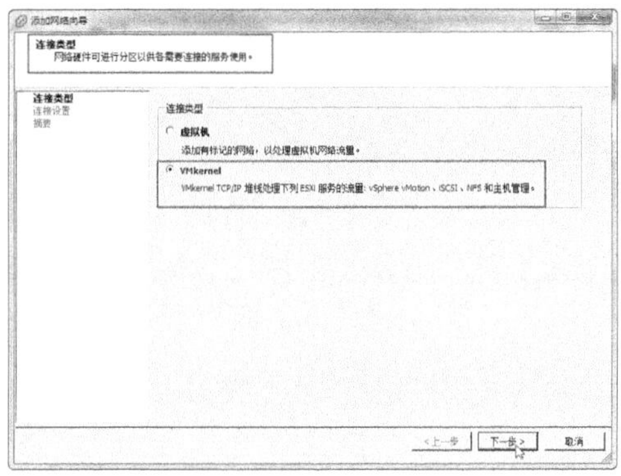

图 5-3-18　选择连接类型为 VMkernel

（4）在“VMkernel-连接设置”对话框“网络标签”中，为添加的 VMkernel 添加一个标签（虚拟机端口组名称），在此可以添加为“VMkernel-vmnet1”，如图 5-3-19 所示。

（5）在“指定 VMkernel IP 设置”对话框选择“使用以下 IP 设置”，并为 VMkernel 设置 IP 地址，由于该标准虚拟机上联端口为 vmnet1（属于 192.168.10.0/24 网段），所以需要在此设置一个 192.168.10.0 网段的地址，在此设置 192.168.10.11，至于“VMkernel 默认网关”则不要修改，如图 5-3-20 所示。

【说明】 只能为其中一个 VMkernel 设置网关。如果为多个 VMkernel 修改了网关地址，则最后修改的生效，即所有的 VMkernel 的网关以最后一个为准。因为这个原因，所以，一般只是用于管理 VMware ESXi 的 VMkernel 的端口组设置网关，这样其他 VLAN 的计算机也能登录到 ESXi 的管理地址，而在为其他交换机（VSS 或 VDS）添加 VMkernel 端口时，一般不要修改网关地址，这样只有同一网段的计算机可以访问这个 VMkernel。

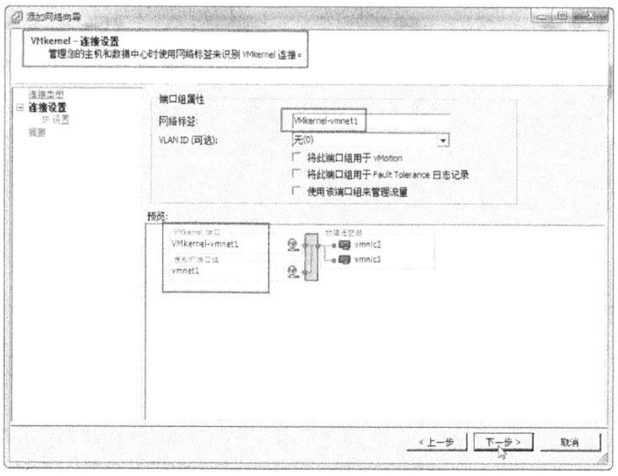

图 5-3-19　网络标签

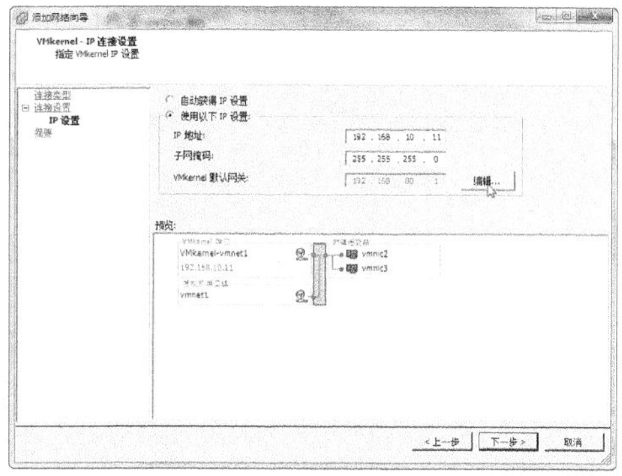

图 5-3-20　设置 VMkernel IP 地址

但是，不管是否有 VMkernel，是否修改网关，当虚拟机选择相对应的交换机时（VSS 或 VDS），在虚拟机中设置了对应网段的 IP 地址、子网掩码、网关后，就可以与其他 VLAN 互相访问，这是没有任何问题的。

（6）在“即将完成”对话框显示了新添加的 VMkernel 端口名称及设置，检查无误之后，单击“完成”按钮，如图 5-3-21 所示。

（7）返回到“vSwitch1 属性”对话框，单击“关闭”按钮，完成设置，如图 5-3-22 所示。

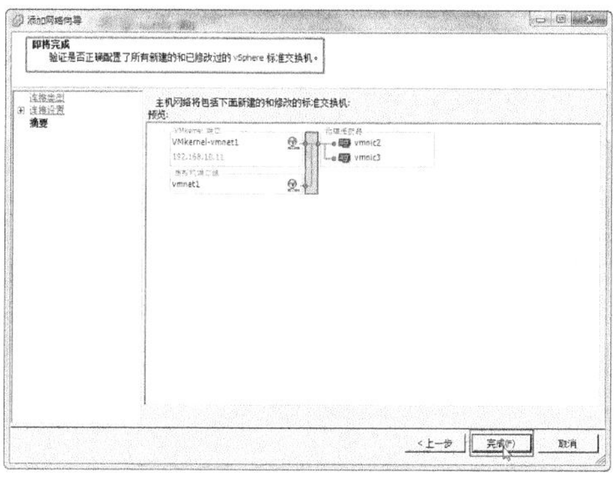

图 5-3-21　即将完成

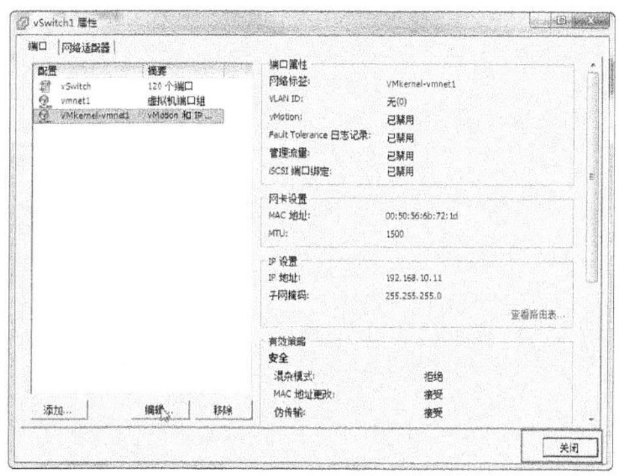

图 5-3-22　添加 VMkernel 端口组完成

（8）添加 VMkernel 端口之后，如图 5-3-23 所示。

请参照上面的步骤，为另外两台添加标准交换机、VMkernel 端口，例如设置 ESXi-12 的第 2 个 VMkernel 端口的地址为 192.168.10.12，如图 5-3-24 所示。

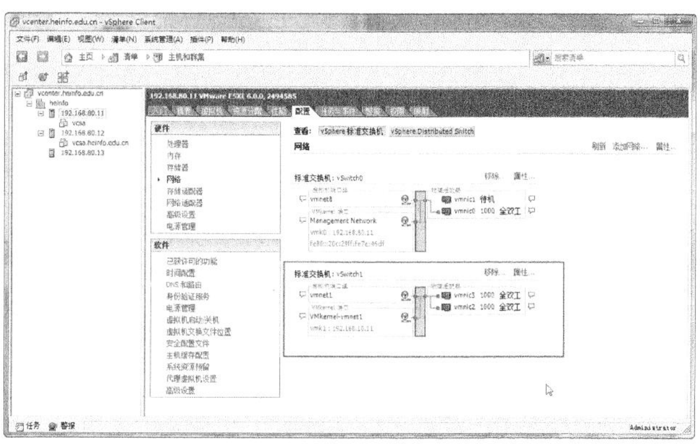

图 5-3-23　在第 2 个标准交换机添加 VMkernel 端口

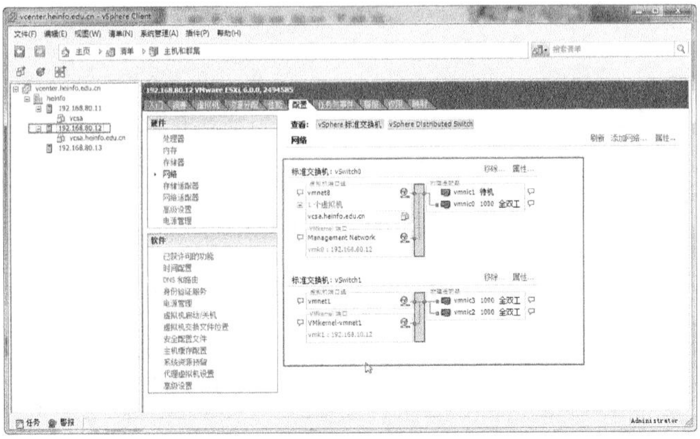

图 5-3-24　ESXi-12 主机的第 2 个 VSS 交换机的 VMkernel 地址

第 3 台 ESXi 主机 ESXi-13 的第 2 个标准虚拟机的 VMkernel 地址为 192.168.10.13，如图 5-3-25 所示。

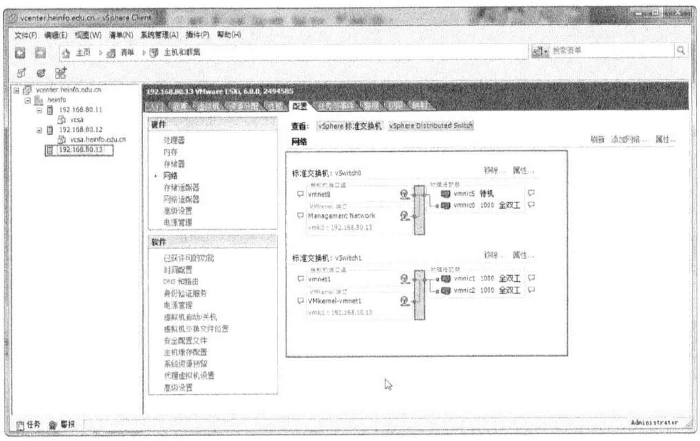

图 5-3-25　ESXi-13 主机的第 2 个 VSS 交换机的 VMkernel 地址

在添加了第 2 个标准交换机之后，再次修改虚拟机设置，发现虚拟机的虚拟网卡可以有更多选择。

（1）使用 vSphere Client 登录到 ESXi 或 vCenter Server，右击选择一个虚拟机，在弹出的对话框中选择“编辑设置”，如图 5-3-26 所示。

图 5-3-26　编辑虚拟机

（2）在“虚拟机属性”对话框中选择“网络适配器”，在右侧“网络标签”中可以看到，当前可供选择的属性有 vmnet1 和 vmnet8，这是两个标准交换机上的“虚拟机端口组”的名称，如图 5-3-27 所示。

除了修改现有虚拟机的网络适配器，还可以在新建虚拟机的时候根据需要选择，例如（只介绍关键步骤，创建虚拟机的其他步骤忽略）：

（1）使用 vSphere Client 连接到 ESXi 或 vCenter Server，右击 ESXi 主机，在弹出的快捷菜单中选择“新建虚拟机”，如图 5-3-28 所示。

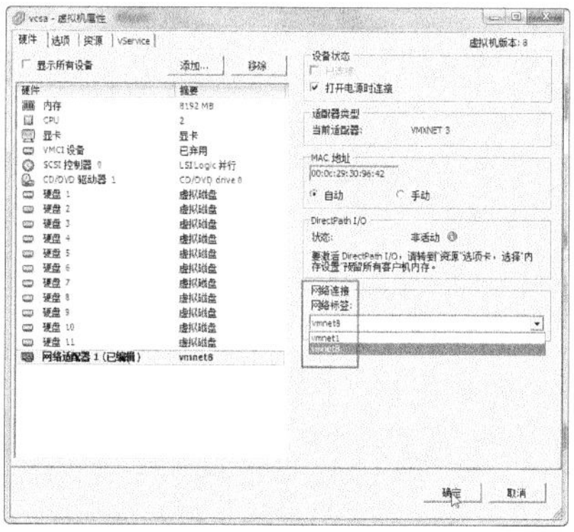

图 5-3-27 网络标签选择

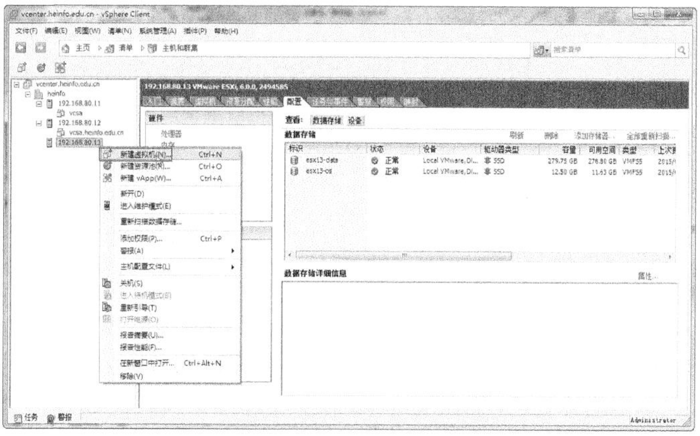

图 5-3-28 新建虚拟机

（2）在“网络”对话框虚拟机网卡选择中，在“网络”下拉列表中，选择虚拟交换机，如图 5-3-29 所示。

（3）创建虚拟机的其他步骤，请参考本书第 3 章内容。直到创建虚拟机完成，如图 5-3-30 所示。

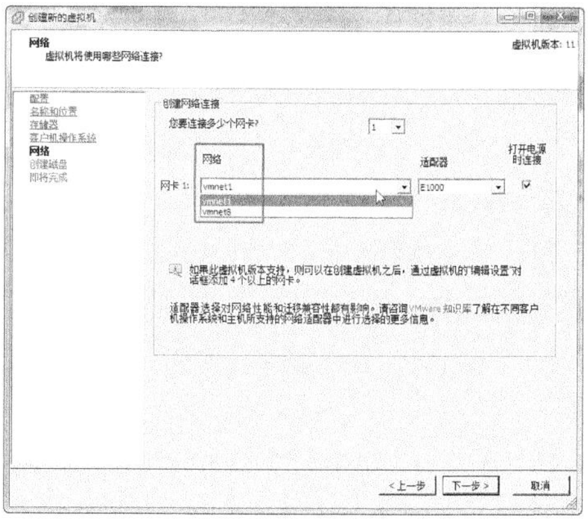

图 5-3-29 选择虚拟交换机

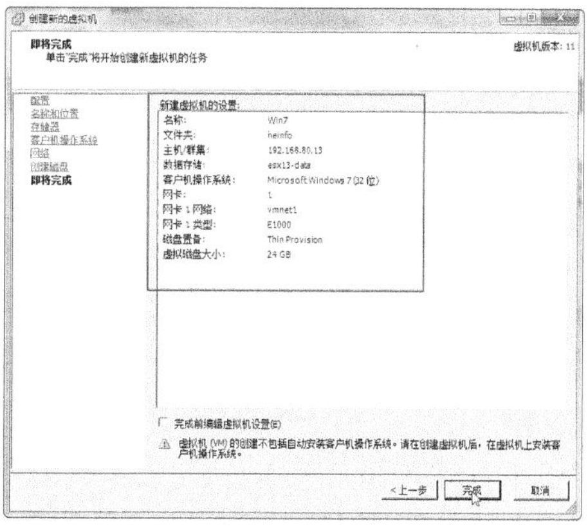

图 5-3-30 创建虚拟机完成

（4）之后在虚拟机中安装操作系统、VMware Tools，根据图 5-3-29 所示的选择，设置对应网段的 IP 地址、子网掩码、网关，就可以接入网络。如果后期根据需要修改了虚拟机的网络标签，那么也要修改虚拟机的 IP 地址、子网掩码、网关，这些不一一介绍。

5.3.6 vSphere Distributed Switch 概述

vSphere Distributed Switch 为与交换机关联的所有主机的网络连接配置提供集中化管理

和监控。管理员可以在 vCenter Server 系统上设置 Distributed Switch，其设置将传播至与该交换机关联的所有主机。注意，vSphere Distributed Switch（VDS）需要由 vCenter Server 设置，而标准交换机（VSS）则由 ESXi 设置，这也是 VDS 与 VSS 的区别之一。vSphere Distributed Switch 架构如图 5-3-31 所示。

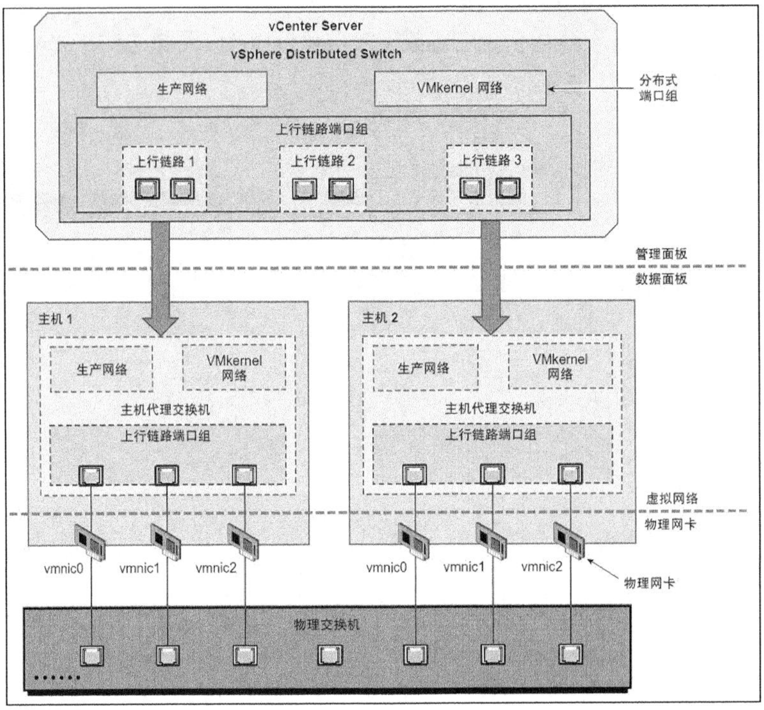

图 5-3-31　VDS 架构

vSphere 中的网络交换机由两个逻辑部分组成：数据面板和管理面板。数据面板可实现软件包交换、筛选和标记等。管理面板是用于配置数据面板功能的控制结构。vSphere 标准交换机同时包含数据面板和管理面板，您可以单独配置和维护每个标准交换机。vSphere Distributed Switch 的数据面板和管理面板相互分离。Distributed Switch 的管理功能驻留在 vCenter Server 系统上，您可以在数据中心级别管理环境的网络配置。数据面板则保留在与 vSphere Distributed Switch 关联的每台主机本地。vSphere Distributed Switch 的数据面板部分称为主机代理交换机。在 vCenter Server（管理面板）上创建的网络配置将被自动向下推送至所有主机代理交换机（数据面板）。

vSphere Distributed Switch 引入的两个抽象概念可用于为物理网卡、虚拟机和 VMkernel 服务创建一致的网络配置，这两个概念称为“上行链路端口组”和“分布式端口组”。

（1）上行链路端口组。上行链路端口组或 dvuplink 端口组在创建 Distributed Switch 期间进行定义，可以具有一个或多个上行链路。上行链路是可用于配置主机物理连接，以及故障切换和负载平衡策略的模板。您可以将主机的物理网卡映射到 vSphere Distributed Switch 上的上行链路。在主机级别，每个物理网卡将连接到特定 ID 的上行链路端口。您可以对上行链路设置故障切换和负载平衡策略，这些策略将自动传播到主机代理交换机或数据面板。因此，您可以为与 Distributed Switch 关联的所有主机的物理网卡应用一致的故障切换和负载平衡配置。

（2）分布式端口组。分布式端口组可向虚拟机提供网络连接并供 VMkernel 流量使用。您使用对于当前数据中心唯一的网络标签来标识每个分布式端口组。您可以在分布式端口组上配置网卡成组、故障切换、负载平衡、VLAN、安全、流量调整和其他策略。连接到分布式端口组的虚拟端口具有为该分布式端口组配置的相同属性。

与上行链路端口组一样，在 vCenter Server（管理面板）上为分布式端口组设置的配置将通过其主机代理交换机（数据面板）自动传播到 vSphere Distributed Switch 上的所有主机。因此，您可以配置一组虚拟机以共享相同的网络配置，方法是将虚拟机与同一分布式端口组关联。

例如，假设在数据中心创建一个 vSphere Distributed Switch，然后将两个主机与其关联。您为上行链路端口组配置了三个上行链路，然后将每个主机的一个物理网卡连接到一个上行链路。通过此方法，每个上行链路可将每个主机的两个物理网卡映射到其中，例如上行链路 1 使用主机 1 和主机 2 的 vmnic0 进行配置。接下来，您可以为虚拟机网络和 VMkernel 服务创建生产和 VMkernel 网络分布式端口组。此外，还会分别在主机 1 和主机 2 上创建生产和 VMkernel 网络端口组的表示。您为生产和 VMkernel 网络端口组设置的所有策略都将传播到其在主机 1 和主机 2 上的表示。

为了确保有效地利用主机资源，将在运行 ESXi 5.5 及更高版本的主机上动态地按比例增加和减少代理交换机的分布式端口数。此主机上的代理交换机可扩展至主机上支持的最大端口数。端口限制基于主机可处理的最大虚拟机数来确定。

从虚拟机和 VMkernel 适配器向下传递到物理网络的数据流取决于为分布式端口组设置的网卡成组和负载平衡策略。数据流还取决于 Distributed Switch 上的端口分配。

vSphere Distributed Switch 上的网卡成组和端口分配如图 5-3-32 所示。

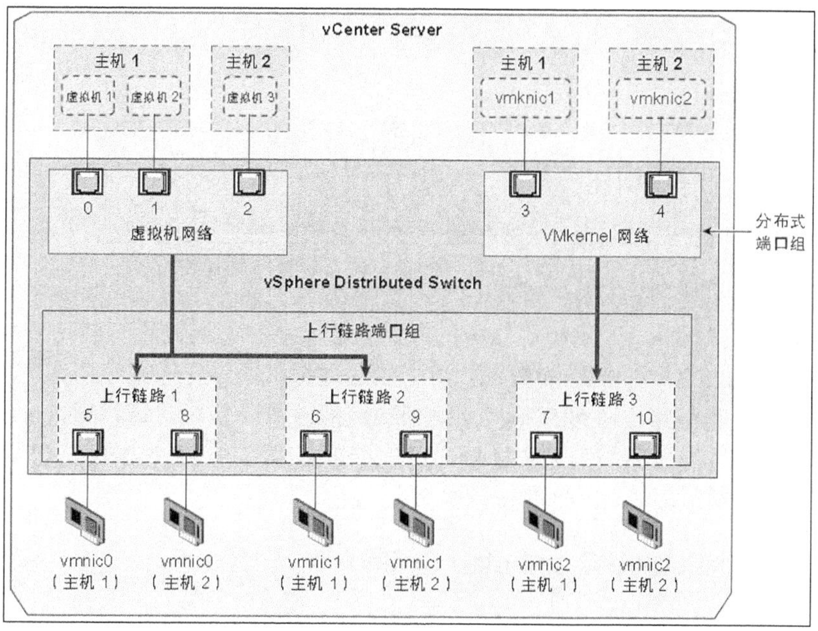

图 5-3-32　vSphere Distributed Switch 上的网卡成组和端口分配

例如，假设创建分别包含 3 个和 2 个分布式端口的虚拟机网络和 VMkernel 网络分布式端口组。vSphere Distributed Switch 会按 ID 从 0 到 4 的顺序分配端口，该顺序与创建分布式端口组的顺序相同。然后，将主机 1 和主机 2 与 Distributed Switch 关联。Distributed Switch 会为主机上的每个物理网卡分配端口，端口将按添加主机的顺序从 5 继续编号。要在每个主机上提供网络连接，请将 vmnic0 映射到上行链路 1，将 vmnic1 映射到上行链路 2，将 vmnic2 映射到上行链路 3。

【说明】 通过图 5-3-32 我们可以了解到，作为 vSphere Distributed Switch 的上行链路的主机物理网卡，可以连接到相同属性的交换机端口，也可以连接到不同属性的交换机端口，只要在创建分布式端口组后，修改端口组上行链路绑定属性，将虚拟端口组与对应属性的网卡一一对应即可。

要向虚拟机提供连接并供 VMkernel 流量使用，可以为虚拟机网络端口组和 VMkernel 网络端口组配置成组和故障切换。上行链路 1 和上行链路 2 处理虚拟机网络端口组的流量，而上行链路 3 处理 VMkernel 网络端口组的流量。

主机代理交换机上的数据包流量如图 5-3-33 所示。

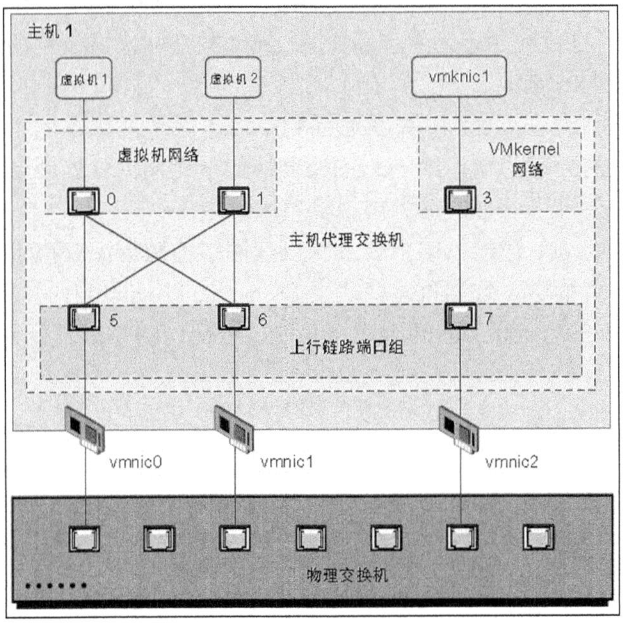

图 5-3-33 主机代理交换机上的数据包流量

在主机端，虚拟机和 VMkernel 服务的数据包流量将通过特定端口传递到物理网络。例如，从主机 1 上的虚拟机 1 发送的数据包将先到达虚拟机网络分布式端口组上的端口 0。由于上行链路 1 和上行链路 2 处理虚拟机网络端口组的流量，数据包可以通过上行链路端口 5 或上行链路端口 6 继续传递。如果数据包通过上行链路端口 5，则将继续传递 vmnic0；如果数据包通过上行链路端口 6，则将继续传递到 vmnic1。

5.3.7 创建 vSphere Distributed Switch

在此我们仍然用图 5-3-2 的实验拓扑，为现有数据中心创建 vSphere Distributed Switch，以便在一个中央位置同时处理多个主机的网络配置。

（1）使用 vSphere Client 连接到 vCenter Server，在“主页→清单”中单击“网络”图标，如图 5-3-34 所示。

图 5-3-34　网络图标

（2）打开“主页→清单→网络”，左键单击数据中心，在右侧单击“添加 vSphere Distributed Switch”，如图 5-3-35 所示。

（3）在“选择 vSphere Distributed Switch 版本”对话框选择要使用的分布式交换机版本，在此选择“vSphere Distributed Switch 版本：6.0.0”，如图 5-3-36 所示。

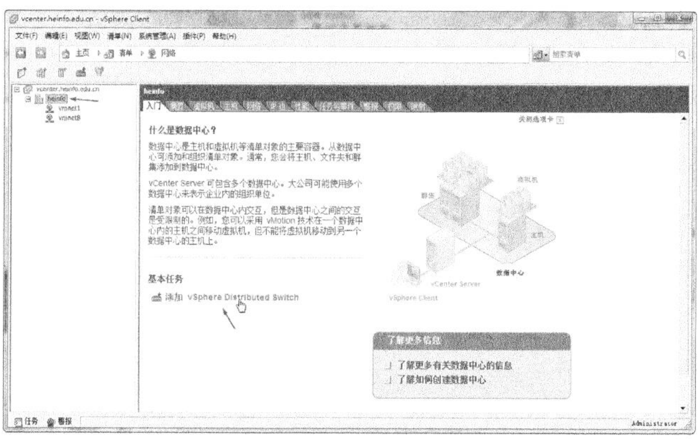

图 5-3-35　添加 vSphere Distributed Switch

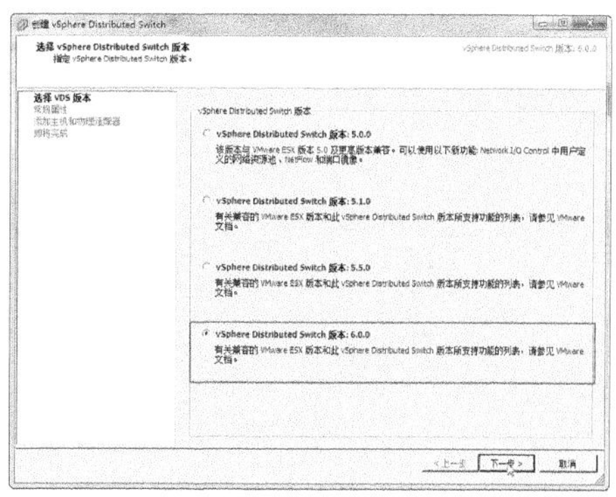

图 5-3-36　选择分布式交换机版本

在此对话框中有 4 项，分别是：

vSphere Distributed Switch 版本:5.0.0 与 VMware ESXi 5.0 及更高版本兼容。不支持与更高版本的 vSphere Distributed Switch 一起发布的功能。

vSphere Distributed Switch 版本:5.1.0 与 VMware ESXi 5.1 及更高版本兼容。不支持与更高版本的 vSphere Distributed Switch 一起发布的功能。

vSphere Distributed Switch 版本:5.5.0 与 ESXi 5.5 及更高版本兼容。不支持与更高版本的 vSphere Distributed Switch 一起发布的功能。

vSphere Distributed Switch 版本: 6.0.0 与 ESXi 6.0 及更高版本兼容。

（4）在“常规属性”对话框指定 vSphere Distributed Switch 属性，在“名称”文本框中，设置“端口组名称”，或者接受系统生成的名称。如果系统具有自定义端口组要求，则在添加 vSphere Distributed Switch 后，创建满足这些要求的分布式端口组。在“上行链路端口数”文本框中设置上行链路端口数，此值可以在 1～32 设置。上行链路端口是将 vSphere Distributed Switch 连接到关联主机上的物理网卡。上行链路端口数是允许每台主机与 vSphere Distributed

Switch 建立的最大物理连接数。在本实例中，一共有 3 台主机，每个主机（可用，规划）的上行链路（网卡）是 2，所以在此设置为 2，如图 5-3-37 所示。

（5）在“添加主机和物理适配器”对话框选择添加到新的 vSphere Distributed Switch 中的主机和物理网卡。在“您希望何时向新的 vSphere Distributed Switch 中添加主机及其物理适配器”选项中单击“立即添加”，然后在“主机/物理适配器”列表中单击“+”按钮，展开要添加的主机，然后选中要添加到分布式交换机的主机网卡（由于原来每台主机的网卡已经分配完毕，现在每台主机剩余的网卡即是规划中、用于分布式交换机的物理网卡），选中之后，单击“下一步”按钮，如图 5-3-38 所示。

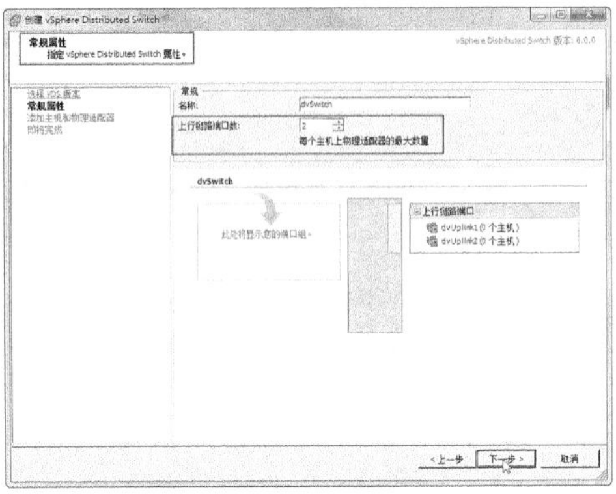

图 5-3-37　端口组名称与上行链路端口数

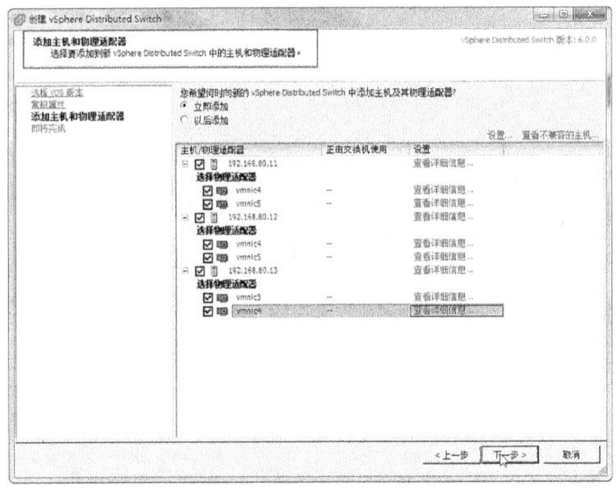

图 5-3-38　添加主机和物理网卡

（6）在“即将完成”按钮，查看您选择的设置，然后单击“完成”按钮，如图 5-3-39 所示。在此会默认创建一个“dvPortGroup”的虚拟机端口组。

（7）创建完 vSphere Distributed Switch 后，返回到 vSphere Client，如图 5-3-40 所示。

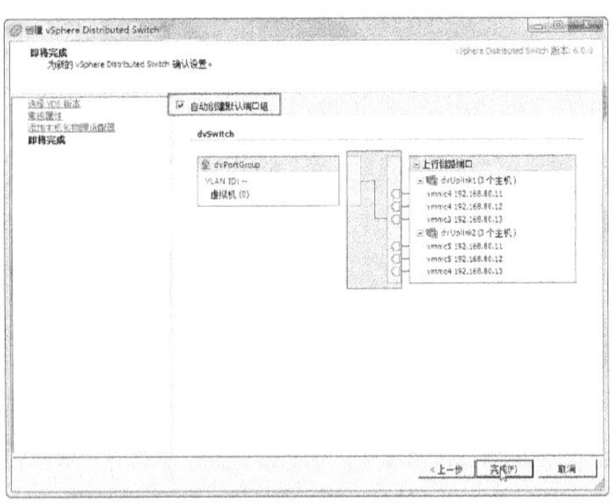

图 5-3-39　即将完成

图 5-3-40　创建 VDS 完成

5.3.8　添加端口组

在“网络”选项卡可以看到有两个上联端口组，其中一个名为“dvPortGroup”，这是在创建 vSphere Distributed Switch 交换机时默认情况的虚拟机端口组（图 5-3-39 中，自动创建默认端口组）。另一个名为“dvSwitch-DVUplinks-52”，这是交换机上联端口组，代理物理网卡。在“端口数”选项中，端口数为 6，表示一共有 6 个上联端口（3 个主机，每个主机 2

块网卡，共 6 块），如图 5-3-41 所示。

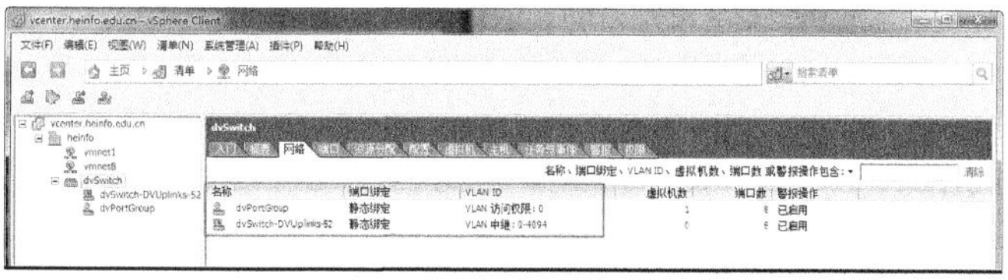

图 5-3-41　虚拟机端口组

在虚拟机中，可以使用的网络标签（或虚拟机端口组）是“dvPortGroup”，修改虚拟机的设置，在“网络标签”中可以看到名为 dvPortGroup 的标签，如图 5-3-42 所示。

在正常的情况下，如果组成 vSphere Distributed Switch 的网卡，即上行链路，连接到交换机的 Access 端口，那么，为选择 dvPortGroup 网络标签的虚拟机设置这个 Access 端口对应的 IP 地址，虚拟机即可通信。如果是这样，那么最后是在“网络”中，右击名称，在弹出的对话框中选择“编辑设置”，打开设置对话框，修改标签名称，例如交换机连接到 vlan1018，则修改名称为 vlan1018，如图 5-3-43 所示。

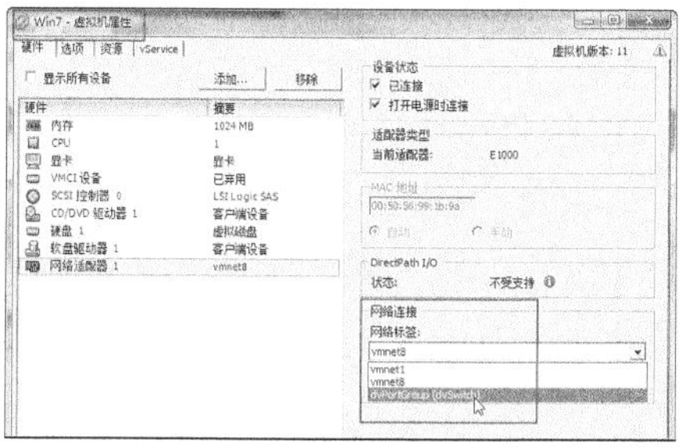

图 5-3-42　网络标签

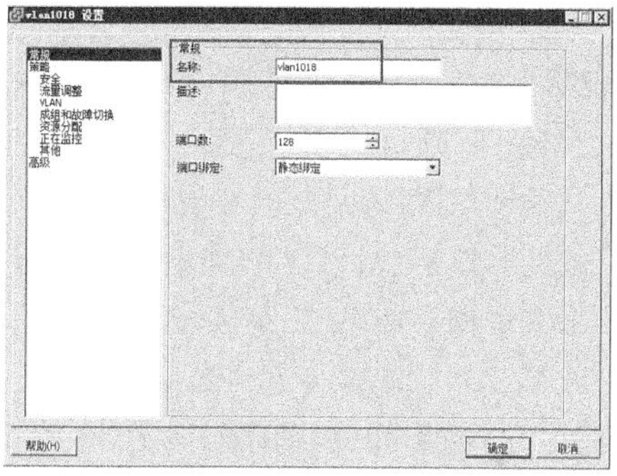

图 5-3-43　修改标签名称

在修改了标签名称后，如果虚拟机已经使用原来的“网络标签”名称，请修改虚拟机的设置，使用修改后的网络标签。

但是，在我们此次的规划中，添加到 vSphere Distributed Switch 的每台服务器的网卡连接到交换机的 Trunk 端口，而默认创建的虚拟机端口组 dvPortGroup 并没有为其分配 VLAN 属性及 VLAN ID，所以为虚拟机分配 dvPortGroup，无论设置网络中那个 VLAN 的地址，虚拟机的网络都不会连通。

对于上链端口连接到交换机 Trunk 端口的虚拟交换机，无论是标准交换机，还是 vSphere Distributed Switch，需要添加虚拟机端口组，并且为每个端口组指定 VLAN ID，这些虚拟机端口组才能分配给虚拟机使用。

在此次实验中，我们规划了 3 台 ESXi 主机，为每个主机规划了 6 个网卡。其中每 2 个网卡对应一个虚拟交换机，其中每个主机的最后 2 个网卡用于配置 vSphere Distributed Switch。我们假设这 2 个网卡连接到交换机的 Trunk 端口，现在我们假设在三层交换机上有 vlan1001 及 vlan1002 2 个网段。我们在下面的操作中，为 vSphere Distributed Switch 添加两个端口组，分别对应 vlan1001 及 vlan1002。

（1）使用 vSphere Client 登录到 vCenter Server，选择“主页→清单→网络”，在左侧选中

vSphere Distributed Switch，单击“网络”选项卡，在空白窗格中用鼠标右击，在弹出的快捷菜单中选择“新建端口组”，如图 5-3-44 所示。

（2）打开“属性”对话框，在“名称”文本框中输入新建端口组名称，一般与 VLAN 名称对应，在此命名为 vlan1001，默认的端口数是 8，可以根据需要修改（每个端口可以连接一个虚拟机）。在“VLAN 类型”下拉列表中选择 VLAN，然后在“VLAN ID”处输入当前虚拟机端口组对应的 VLAN ID，在此为 1001（此数值范围为 1～4094），如图 5-3-45 所示。

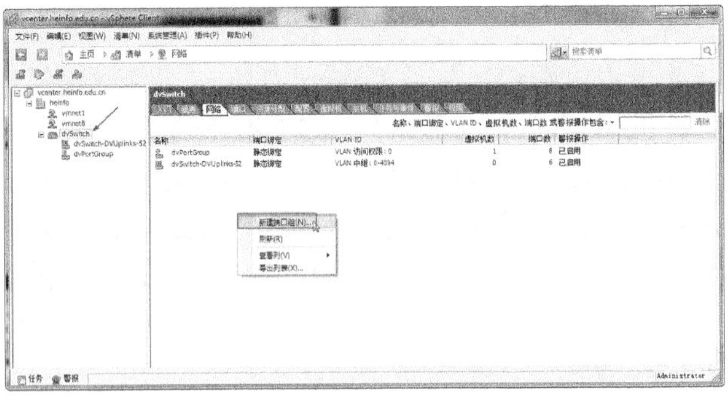

图5-3-44 新建端口组

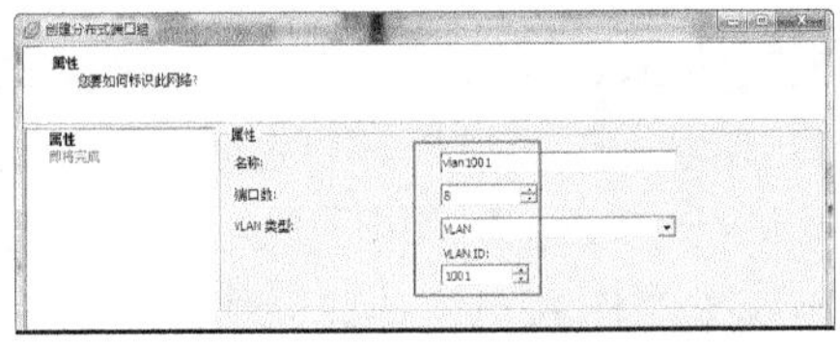

图5-3-45 设置端口组名称、端口数、VLAN ID

【说明】在“VLAN 类型”下拉菜单中，可供选择的选项有“无”、VLAN、VLAN 中继、专用 VLAN。

无：不使用 VLAN。

VLAN：在 VLAN ID 字段中，输入一个介于 1 和 4094 之间的数字（包括 1 和 4094）。

VLAN 中继：输入 VLAN 中继范围，在交换机中，VLAN 中继，我们常称为 Trunk。

专用 VLAN：选择专用 VLAN 条件（需要在 vSphere Distributed Switch 属性设置的“专用 VLAN”中添加），如果未创建任何专用 VLAN，则此菜单为空。

（3）在“即将完成”对话框验证新端口组的设置，检查无误之后，单击“完成”按钮，如图 5-3-46 所示。

返回到 vSphere Client，可以看到新建的端口组，在新建的端口组中，显示了端口组的 VLAN ID，以及使用的虚拟机数、端口数，如图 5-3-47 所示。

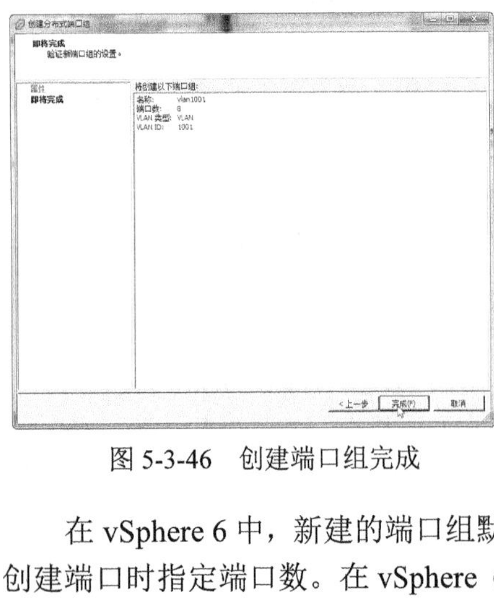

图 5-3-46 创建端口组完成

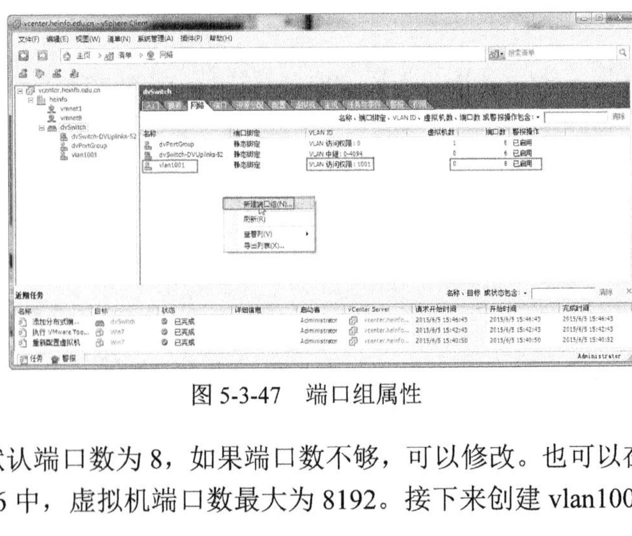

图 5-3-47 端口组属性

在 vSphere 6 中，新建的端口组默认端口数为 8，如果端口数不够，可以修改。也可以在创建端口时指定端口数。在 vSphere 6 中，虚拟机端口数最大为 8192。接下来创建 vlan1002

的虚拟机端口数，为其指定 128 个端口。

（1）在图 5-3-47 所示界面中右击，选择新建端口组，进入“创建分布式端口组”对话框，设置端口组名称为 vlan1002，设置端口数为 128，VLAN 类型为 VLAN，VLAN ID 为 1002，如图 5-3-48 所示。

（2）之后根据向导完成端口组的创建，创建完端口组后，返回到 vSphere Client，在“网络”选项卡中可以看到新建的端口组，如图 5-3-49 所示。

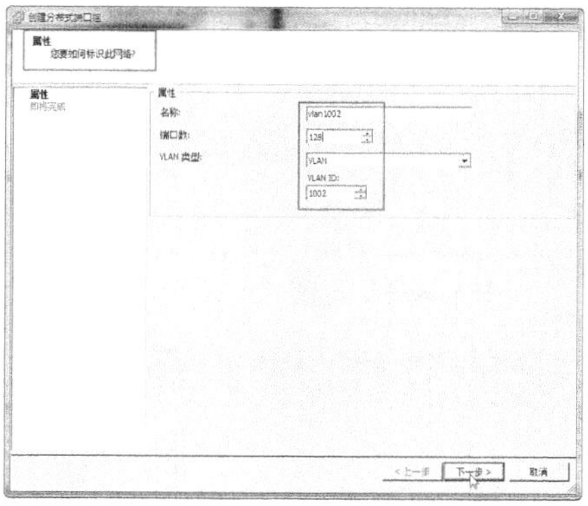

图 5-3-48　设置端口组属性

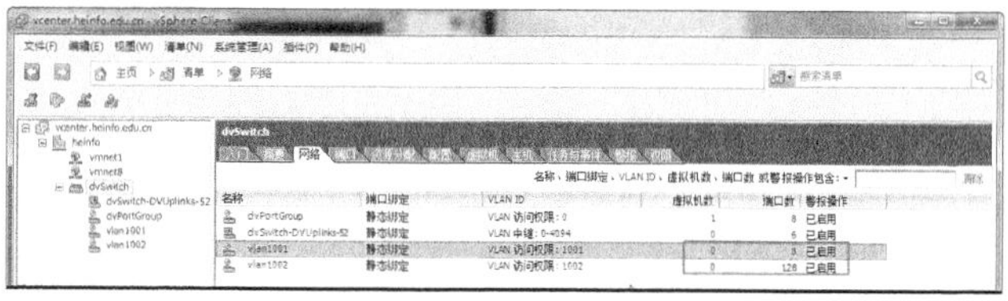

图 5-3-49　创建两个端口组

5.3.9　为虚拟机分配端口组

在实际的生产环境中，在创建了标准交换机或分布式交换机，并添加了端口组后，为虚拟机网卡分配对应的虚拟机端口，再在虚拟机中设置对应的 IP 地址、子网掩码、网关，就可以与网络中其他计算机或虚拟机通信，如图 5-3-50 所示。

在我们当前的实验环境中，分布式交换机连接的是一个“自定义”的、名为 vlan 的虚拟交换机（见图 5-1-2 中设计的实验环境、图 5-1-4 中设置的虚拟机），然后我们创建了 vlan1001、vlan1002 两个虚拟机端口组。此时我们如果为虚拟机分配 vlan1001 或 vlan1002，设置的地址与其他主机上使用 vmnet1、vmnet8 端口组的虚拟机不能通信。请注意，在实际环境中，这些是可以通信的。因为我们用的是 VMware Workstation 虚拟环境并不是真实的生产环境。

为了演示使用 vlan1001、vlan1002，我们接下来分别在 192.168.80.11 及 192.168.80.13 上各配置一个虚拟机，为虚拟机同时分配使用 vlan1001 或 vlan1002 时，运行在这两个不同主机上的虚拟机之间是可以通信的（因为都连接到一个虚拟交换机 vlan）。在接下来的操作中，我们从 192.168.80.13 的主机中，将已经安装好操作系统的虚拟机在 192.168.80.11 主机上克隆一个，然后使用这两个虚拟机做测试。

（1）使用 vSphere Client 登录到 vCenter Server，关闭 192.168.80.13 主机上的一个名为 win7 的虚拟机（该虚拟机已经安装了 Windows 7 操作系统，你也可以找一个安装其他操作系统的的虚拟机），右击，在弹出的快捷菜单中选择“克隆”，如图 5-3-51 所示。

（2）在“名称和位置”对话框设置新的虚拟机名称为“win7-11”，如图 5-3-52 所示。

（3）在“主机/群集”对话框从数据中心中选择承放新虚拟机的主机，在此选择 192.168.80.11，如图 5-3-53 所示。

（4）在“存储器”对话框选择保存虚拟机的存储位置，在此选择 esx11-data，如图 5-3-54 所示。

（5）在“客户机自定义”对话框选择“不自定义”，如图 5-3-55 所示，也可以选中“创建后打开虚拟机的电源”。

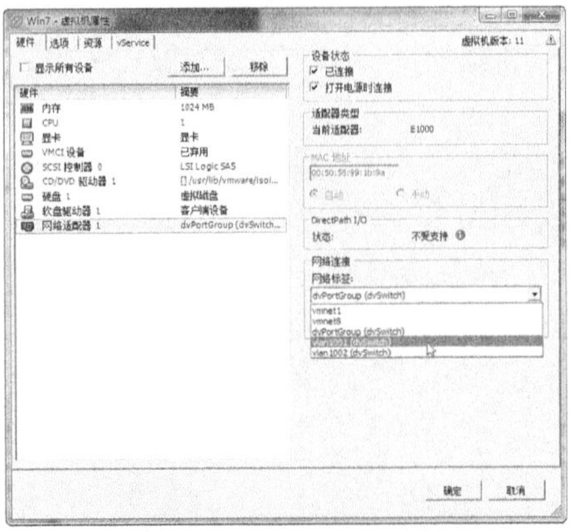

图 5-3-50　分配网络标签

图 5-3-51　克隆

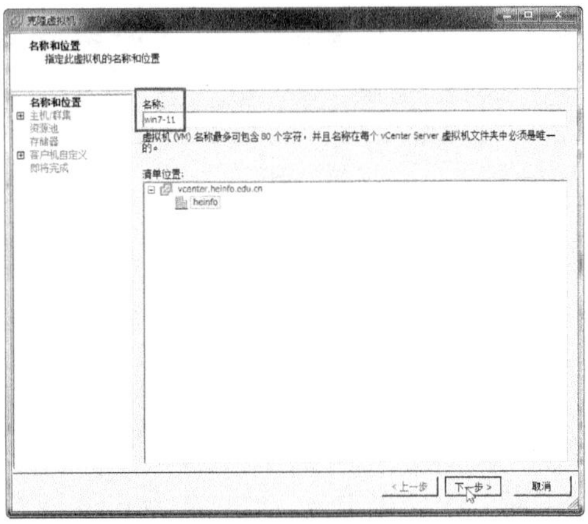

图 5-3-52　指定新虚拟机的名称和位置

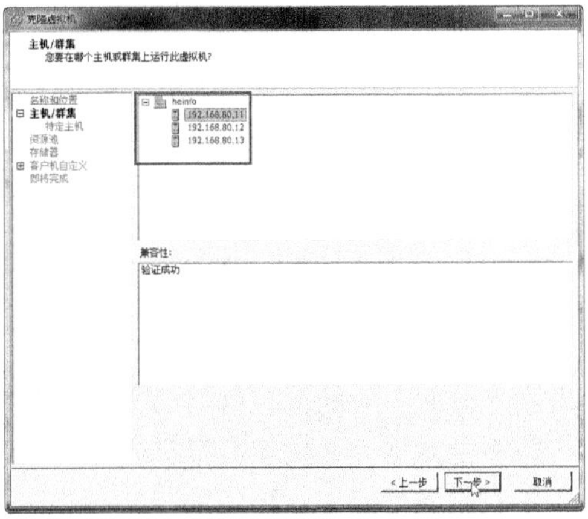

图 5-3-53　选择目标主机

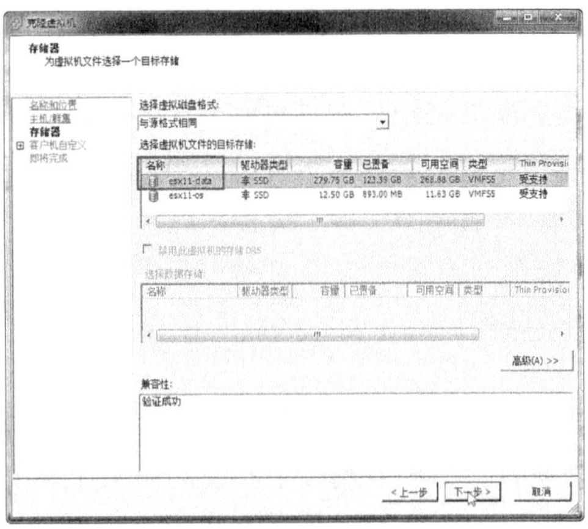

图 5-3-54　选择存储器

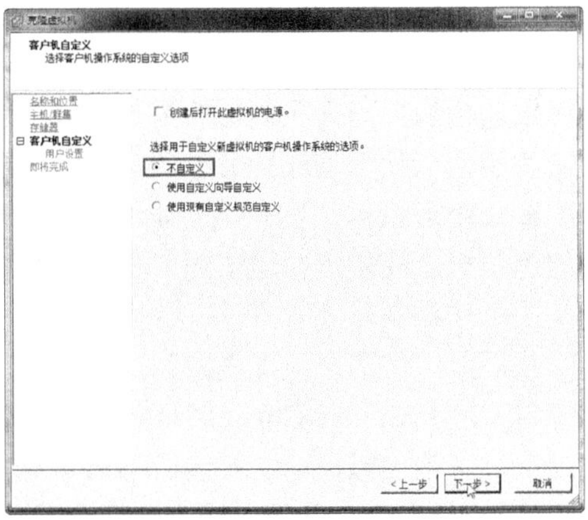

图 5-3-55　客户机自定义

（6）在“即将完成”对话框显示了克隆虚拟机的设置，检查无误之后，单击“完成”按钮，如图 5-3-56 所示。

之后等待虚拟机克隆完成，在“近期任务”中会显示任务进度。等克隆完成后，可以看到在 192.168.80.11 的主机中，已经有一个名为 win7-11 的虚拟机，如图 5-3-57 所示。

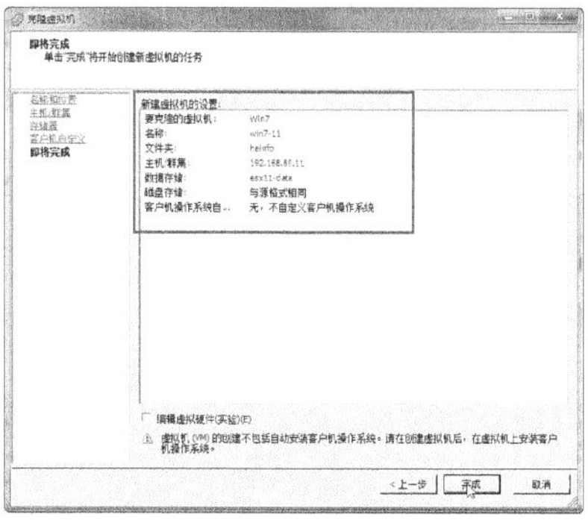

图 5-3-56　即将完成

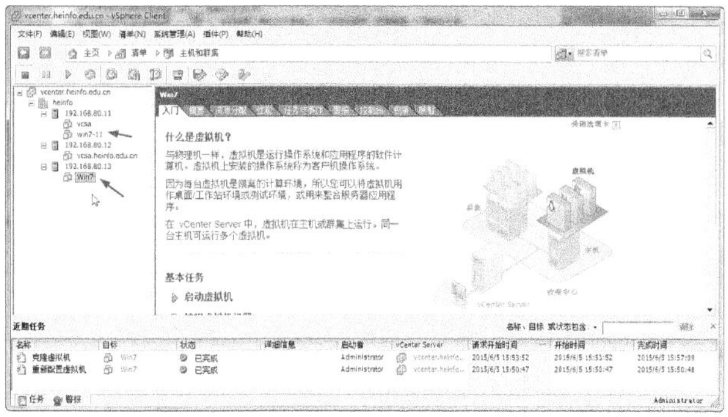

图 5-3-57　克隆虚拟机完成

之后启动这两个虚拟机，并为这两个虚拟机都选择 vlan1001 或 vlan1002（当然选择其他任何一个相同的网络标签都可以），然后打开虚拟机控制台，进入命令提示窗口，执行 ipconfig 查看这两台虚拟机的 IP 地址，然后使用 ping 命令，查看是否连通（在“高级安全 Windows 防火墙”选项中，启用“回显请求-ICMP v4”），如图 5-3-58 所示。

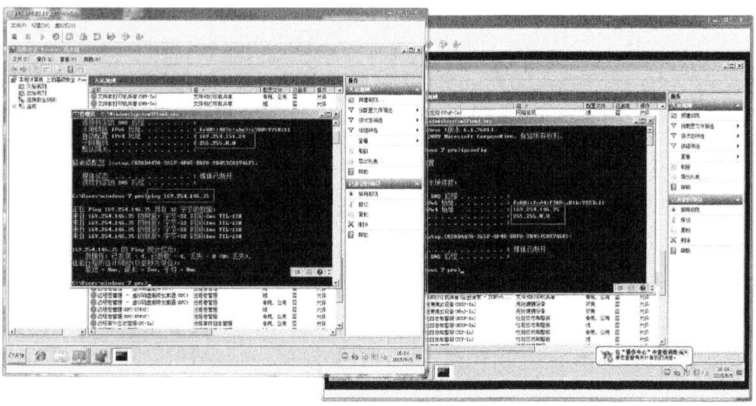

图 5-3-58　使用 ping 命令测试

在图 5-3-58 中，由于 vlan1001 与 vlan1002 中没有 DHCP 服务器，所以自动获得 169.254.0.0/16 的地址，可以直接使用这些地址进行测试。如果不使用 169.254.0.0/16 的地址，也可以为这两个虚拟机设置同一网段的地址测试，例如为其分配 111.111.111.0 的地址进行测试，如图 5-3-59 所示。

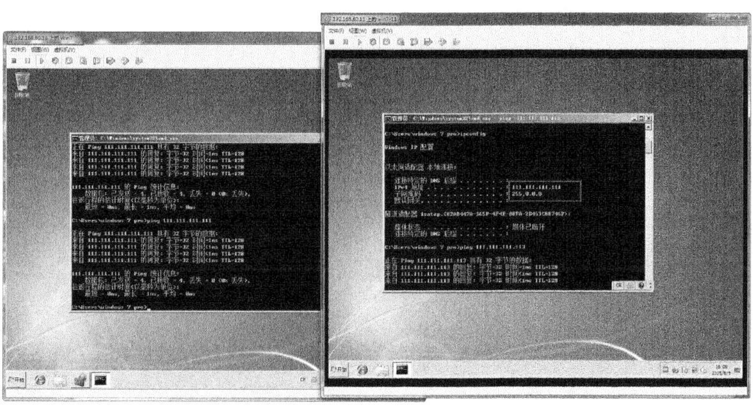

图 5-3-59　使用其他地址段测试

192.168.80.13 主机上的 win7 虚拟机的网络标签设置如图 5-3-60 所示，192.168.80.11 主机上的 win7-11 虚拟机网络标签设置如图 5-3-61 所示。

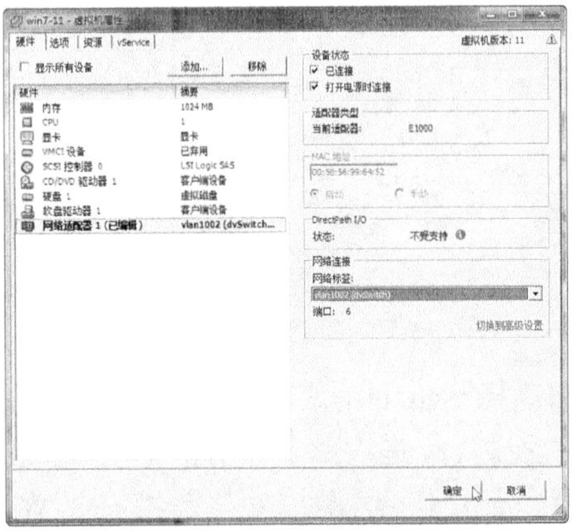

图 5-3-60 网络设置

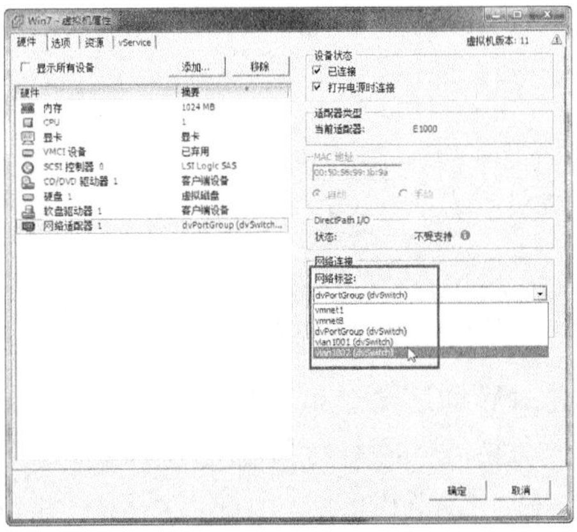

图 5-3-61 另一虚拟机网络设置

在本次实验中，如果两个虚拟机选择的“网络标签”不同（选择 vmnet1 与 vmnet8 除外，因为 vmnet1 与 vmnet8 已经可以互通，这是由 Windows Server 2008 R2 主机的“路由和远程访问服务”实现的互通，相当于一个软路由），则两个虚拟机不能互通。因为在当前的实验环境中没有真正的三层交换机。而在实际的生产环境中，如果配置了三层交换机，只要是三层交换机中存在的 VLAN，并且在三层交换机没有做限制策略时，各个网段的虚拟机是可以互通的。例如下面的实例。

（1）某数据中心有三台服务器（图 5-1-1 所示的环境），每台服务器配有 4 端口网卡（有 4 个千兆端口，服务器主板集成），其中两个端口用于管理，设置了 ESXi 的管理地址，另 2 个网卡组成分布式交换机，这些网卡连接到核心交换机的 Trunk 端口。在三层交换机中，划分有 5 个 VLAN，分别是 VLAN 1017、VLAN 1018、VLAN 1019、VLAN 1020、VLAN 1022。在创建分布式交换机之后，创建了 5 个端口组，分别对应这 5 个 VLAN，每个端口组有 128 个端口数（当前所示生产环境中的是 vSphere 5.5 的版本，并不是 vSphere 6），如图 5-3-62 所示。

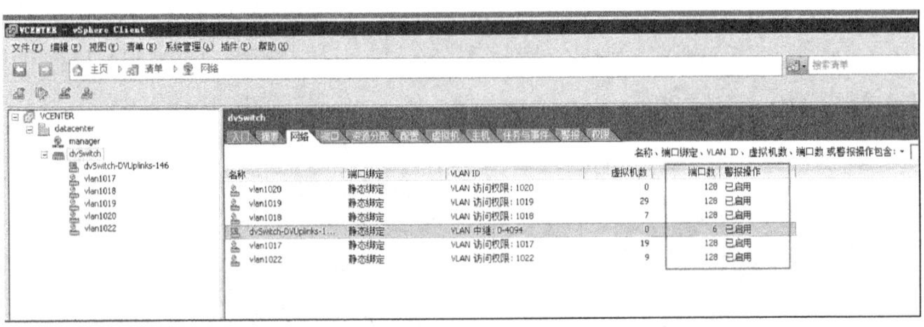

图 5-3-62 某生产环境中分布式虚拟交换机

（2）对数据中心中的虚拟机，修改网络适配器“网络标签”，选择对应的标签，如图 5-3-63 所示。

之后再在虚拟机中设置对应 VLAN 的 IP 地址、子网掩码、网关，即可以与当前整个数据中心网络互通，如图 5-3-64 所示。

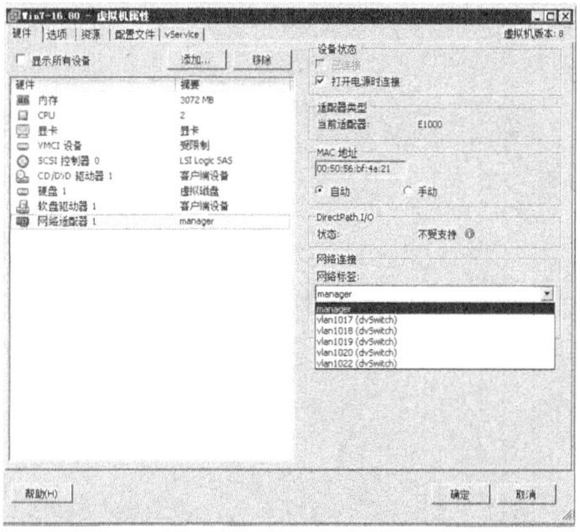

图 5-3-63　选择网络标签

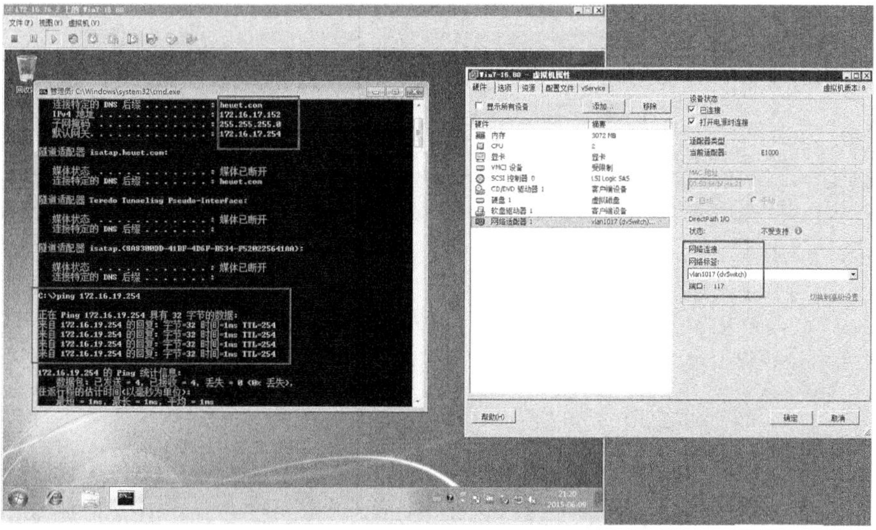

图 5-3-64　获得一个网段地址，ping 另一网段地址

5.4　管理 vSphere 标准交换机

本节将会介绍 vSphere 标准交换机（VSS）的一些内容，有些内容同样可以应用于分布式交换机（vSphere Distributed Switch，VDS）。下面介绍标准交换机的一些配置。

5.4.1　vSwitch 属性

首先介绍标准交换机中的 vSwitch 属性，有些属性、设置同样应用于虚拟机端口组。

（1）使用 vSphere Client 登录到 ESXi 或 vCenter Server，在左侧选中某个主机，在右侧选中“配置→硬件→网络”，默认情况下，会显示“vSphere 标准交换机”视图，可以看到所选主机的标准交换机、每个标准交换机的端口组、VMkernel 端口及端口组地址，如图 5-4-1 所示。

【说明】如果单击“vSphere Distributed Switch”切换到 vSphere Distributed Switch 视图，可以看到当前所选主机的分布式交换机视图，如图 5-4-2 所示。

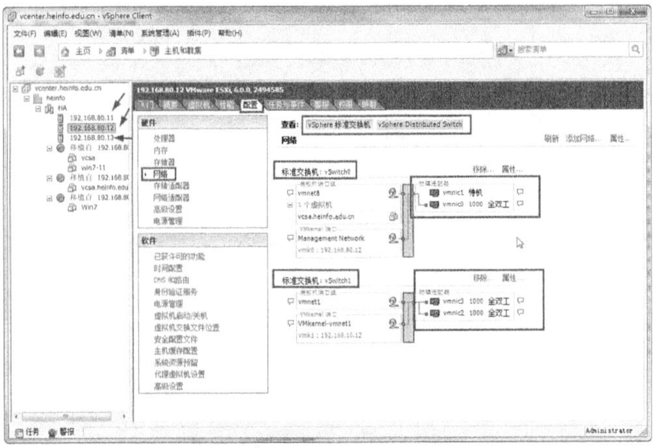

图 5-4-1　标准交换机

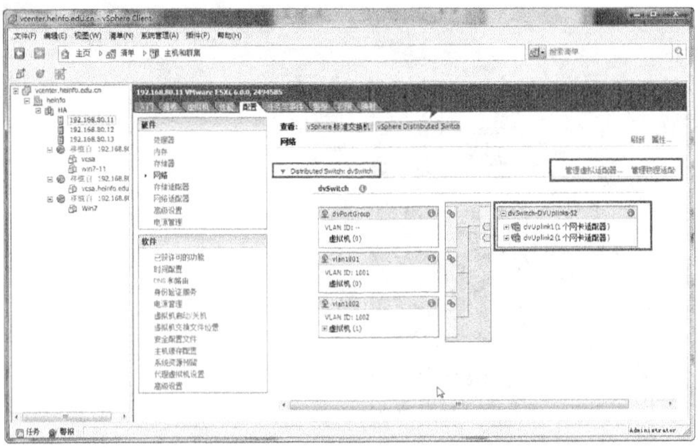

图 5-4-2　分布式交换机视图

（2）在“vSphere 标准交换机”视图中选中一个标准交换机，例如“vSwitch0”，在右侧单击“属性”（注意不要单击右上角的“属性”按钮），打开“vSwitch0 属性”对话框，在“端口”选项卡中会显示当前标准交换机的属性、虚拟机端口组等信息。选中“vSwitch”，单击“编辑”按钮，打开“vSwitch0 属性”对话框，在“常规”选项卡中可以修改标准交换机的端口数和 MTU 值，如图 5-4-3 所示。

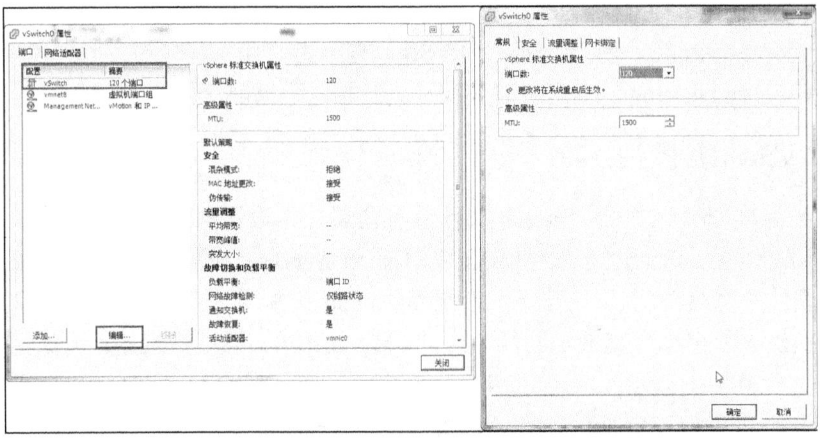

图 5-4-3　端口数与 MTU

端口数：为了确保高效使用主机资源，在运行 ESXi 5.5 及更高版本的主机上，虚拟交换机的端口数将按比例动态增加和减少。此主机上的交换机可扩展至主机上支持的最大端口数。端口限制基于主机可处理的最大虚拟机数来确定。运行 ESXi 5.1 及更低版本的主机上的每个虚拟交换机均提供有限数量的端口，虚拟机和网络服务可以通过这些端口访问一个或多个网络。您必须根据您的部署要求手动增加或减少端口数。

【说明】 增加交换机的端口数将导致预留和消耗主机上更多的资源。如果某些端口未被占用，则某些可能需要用于其他操作的主机资源将保持锁定和未使用状态。vSphere 虚拟机端口数可供选择的数值是 8、24、56、120、248、504、1016、2040、4088 之间选择，如果更改端口数后，ESXi 主机需要重启才能生效。

MTU：最大传输单元。更改 vSphere 标准交换机上最大传输单元（MTU）的大小，即增加使用单个数据包传输的负载数据量（也就是启用巨帧）来提高网络效率，在 vSphere 中，通过将 MTU（字节）设置为大于 1500 的数值可启用巨帧。但不能将 MTU 大小设置为大于 9000 字节。

（3）在“安全”选项卡，编辑安全异常。可供选择的选项有“混杂模式”、“MAC 地址更改”、“伪传输”，每项可在“接受”与“拒绝”，如图 5-4-4 所示。

混杂模式：如果选择“拒绝”，在客户机操作系统中将适配器置于混杂模式不会导致接收其他虚拟机的帧。当选择“接受”时，如果在客户机操作系统中将适配器置于混杂模式，则交换机将允许客户机适配器按照该适配器所连接到的端口上的活动 VLAN 策略接收在交换机上传递的所有帧。

在虚拟机中上网行为管理、流量控制、防火墙、端口扫描程序、入侵检测系统等需要在混杂模式下运行。

MAC 地址更改：如果将此选项设置为拒绝，并且客户机操作系统将适配器的 MAC 地址更改为不同于.vmx 配置文件中的地址，则交换机会丢弃所有到虚拟机适配器的入站帧。如果客户机操作系统恢复 MAC 地址，则虚拟机将再次收到帧。当选择“接受”时，如果客户机操作系统更改了网络适配器的 MAC 地址，则适配器会将帧接收到其新地址。

伪传输：当选择“拒绝”时，如果任何出站帧的源 MAC 地址不同于.vmx 配置文件中的源 MAC 地址，则交换机会丢弃该出站帧。当选择“接受”时，交换机不执行筛选，允许所有出站帧通过。

（4）在“流量调整”选项卡中启用或禁用“输入流量调整”或“输出流量调整”，如图 5-4-5 所示，该项默认为“已禁用”。

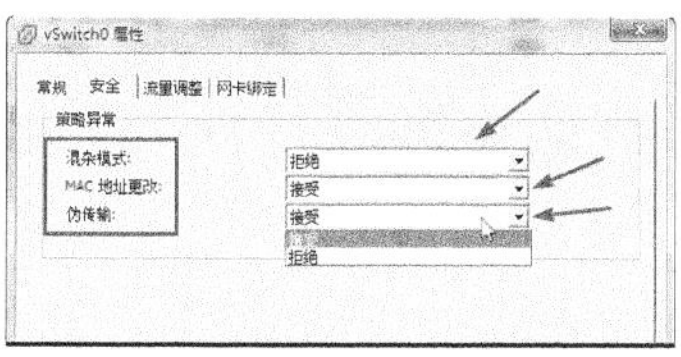

图 5-4-4　安全选项

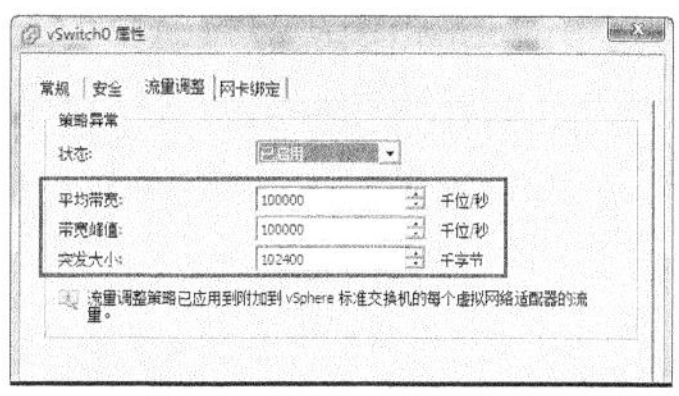

图 5-4-5　流量调整

如果在“状态”选项中启用流量调整，将为与该特定端口组关联的每个虚拟适配器设置网络连接带宽分配量的限制。如果禁用策略，则在默认情况下，服务将能够自由、顺畅地连接物理网络。在启用流量调整后，可以对“平均带宽”、“带宽峰值”、“突发大小”进行调整与设置。

平均带宽：规定某段时间内允许通过端口的平均每秒位数。这是允许的平均负载。

带宽峰值：当端口发送和接收流量突发时，每秒钟允许通过该端口的最大位数。此数值是端口使用额外突发时所能使用的最大带宽。

突发大小：突发中所允许的最大字节数。如果设置了此参数，则在端口没有使用为其分配的所有带宽时可能会获取额外的突发。当端口所需带宽大于平均带宽所指定的值时，如果有额外突发可用，则可能会临时以更高的速度传输数据。此参数为额外突发中可累积的最大字节数，使数据能以更高速度传输。

（5）在“网卡绑定”选项卡中设置网卡成组和故障切换，如图 5-4-6 所示。

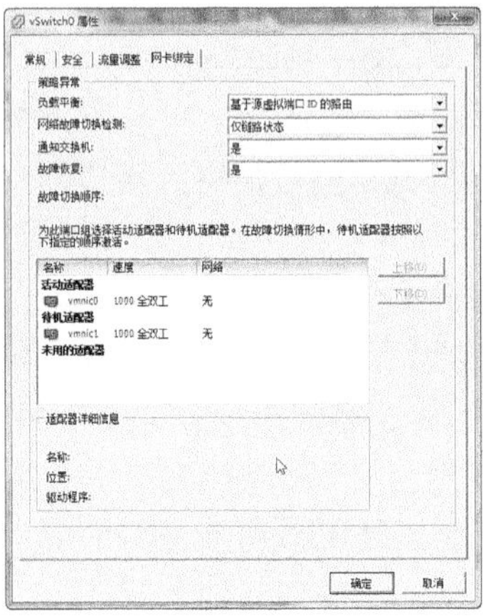

图 5-4-6　网卡绑定

网卡绑定中各项设置如表 5-5 所示。

表 5-5　　标准交换机中网卡绑定配置及选项

设　置	选项及描述
负载平衡	指定如何选择上行链路。选项有： 基于源虚拟端口 ID 的路由。根据流量进入 Distributed Switch 所经过的虚拟端口选择上行链路。 基于 IP 哈希的路由。根据每个数据包的源和目标 IP 地址哈希值选择上行链路。对于非 IP 数据包，偏移量中的任何值都将用于计算哈希值。 基于源 MAC 哈希的路由。根据源以太网哈希值选择上行链路。 基于物理网卡负载的路由。根据物理网卡的当前负载选择上行链路。 使用明确故障切换顺序。始终使用“活动适配器”列表中位于最前列的符合故障切换检测标准的上行链路。 **注意**：基于 IP 的绑定要求为物理交换机配置以太网通道。对于所有其他选项，禁用以太网通道
网络故障切换检测	指定用于故障切换检测的方法。 仅链路状态。仅依靠网络适配器提供的链路状态。该选项可检测故障（如拔掉线缆和物理交换机电源故障），但无法检测配置错误（如物理交换机端口受跨树阻止，配置到了错误的 VLAN 中或者拔掉了物理交换机另一端的线缆）。 信标探测。发出并侦听组中所有网卡上的信标探测，使用此信息并结合链路状态来确定链接故障。该选项可检测上述许多仅通过链路状态无法检测到的故障。 **注意**：不要使用包含 IP 哈希负载平衡的信标探测

续表

设　置	选项及描述
通知交换机	选择“是”或“否”指定发生故障切换时是否通知交换机。如果选择是，则每当虚拟网卡连接虚拟交换机或虚拟网卡的流量因故障切换事件而通过网卡组中的其他物理网卡路由时，都将通过网络发送通知，以更新物理交换机上的查找表。为物理交换机发送通知，可以在出现故障切换或使用 vSphere vMotion 进行迁移时获得最低延迟。 注意：当使用端口组的虚拟机正在以单播模式使用 Microsoft 网络负载平衡时，请勿使用此选项。以多播模式运行网络负载平衡时不存在此问题
故障恢复	选择“是”或“否”以禁用或启用故障恢复。 此选项确定物理适配器从故障恢复后如何返回到活动的任务。如果故障恢复设置为是（默认值），则适配器将在恢复后立即返回到活动任务，并取代接替其位置的备用适配器（如果有）。如果故障恢复设置为否，那么，即使发生故障的适配器已经恢复，它仍将保持非活动状态，直到当前处于活动状态的另一个适配器发生故障并要求替换为止
故障切换顺序	指定如何分布上行链路的工作负载。要使用一部分上行链路，保留另一部分来应对使用的上行链路发生故障时的紧急情况，请通过将它们移到不同的组来设置此条件。 活动适配器。当网卡连接正常且处于活动状态时，继续使用此上行链路。 待机适配器。如果其中一个活动网卡的连接中断，则使用此上行链路。 未用的适配器。不使用此网卡（上行链路）。 注意：当使用 IP 哈希负载平衡时，不要配置待机适配器

5.4.2　虚拟机端口组属性

在标准交换机中，虚拟机端口组属性有“常规”、“安全”、“流量调整”、“网卡绑定”四个选项，其中“安全”、“流量调整”、“网卡绑定”与上一节中 vSwitch 属性中介绍的相同，本节介绍端口组的“常规”选项。

（1）在标准交换机属性对话框“配置”中选中一个虚拟机端口组，单击“编辑”按钮，打开“常规”选项卡，如图 5-4-7 所示。

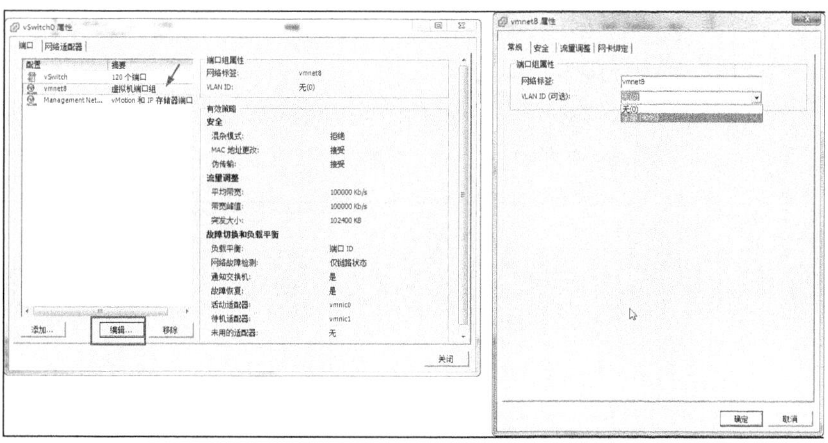

图 5-4-7　端口组属性

（2）在“网络标签”文本框中可以修改虚拟机端口组名称，通常此端口组名称与网络的 VLAN 子网相关，或者是与其他属性相关的名称。例如，如果是在企业网络中，端口组名称可以用 vlanxx 代表，而如果服务器在机房托管，则可以用 wan（表示外网，连接 Internet）、dx（表示连接到电信信息）、wt（表示连接到网通线路）、lan（表示内网等）。当然，采用何种名称没有明确的规定，只要在一个数据中心中，每个标准交换机对应的端口组名称相统一并能很好地管理网络即可。

（3）在“VLAN ID（可选）”文本框中，可以设置一个 VLAN 标记。当虚拟交换机上行链路连接到“中继”(Trunk）端口时，可以为添加的虚拟机端口组填写对应的 VLAN ID。对于标准交换机，可以采用 0、1～4094 之间的数字（包括 1、4094 本身）、4095，各个 ID 的关系如表 5-6 所示。

表 5-6　标准交换机中 VLAN 标记模式

交换机端口组上的 VLAN ID	标记模式	描　述
0	EST	物理交换机可执行 VLAN 标记。为了访问物理交换机上的端口，会连接主机网络适配器
1～4094	VST	虚拟交换机可在数据包离开主机前执行 VLAN 标记。主机网络适配器必须连接到物理交换机上的中继端口
4095	VGT	虚拟机可执行 VLAN 标记。虚拟交换机在虚拟机网络堆栈和外部交换机之间转发数据包时，会保留 VLAN 标记。主机网络适配器必须连接到物理交换机上的中继端口。 **注意：**对于 VGT，必须在虚拟机的客户机操作系统上安装 802.1Q VLAN 中继驱动程序

5.4.3　管理 VMkernel 端口组

在 vSphere 标准交换机上创建的 VMkernel 虚拟机端口组，可为主机提供网络连接并处理 vSphere vMotion、IP 存储器、Fault Tolerance 日志记录、Virtual SAN 等服务的系统流量。您还可以在源和目标 vSphere Replication 主机上创建 VMkernel 适配器，以隔离复制数据流量。如果有多种流量，可以将 VMkernel 端口组专用于一种流量类型。

VMkernel 端口组属性有“常规”、“IP 设置”、“安全”、“流量调整”、“网卡绑定”五个选项，其中“安全”、“流量调整”、“网卡绑定”与上文中 vSwitch 属性中介绍的相同，本节介绍“常规”与“IP”两个选项卡。

在标准交换机属性对话框“配置”中选中一个 VMkernel 机端口组，单击“编辑”按钮，打开“常规”选项卡，如图 5-4-8 所示。

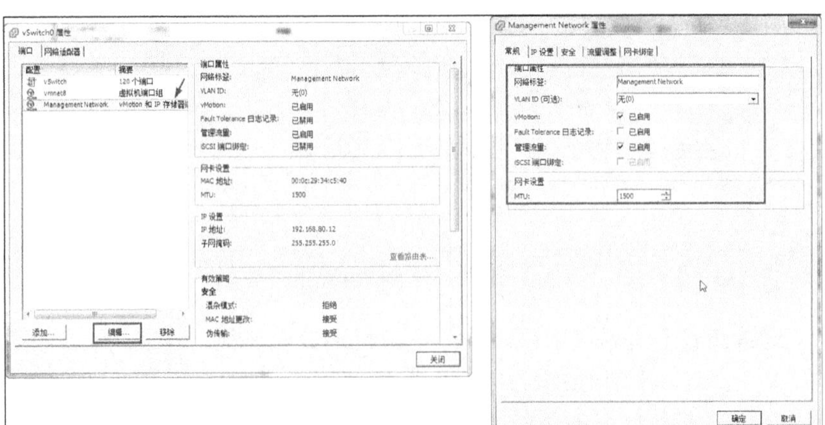

图 5-4-8　VMkernel 端口组

在“常规”选项卡中，“网络标签”、“VLAN ID”这两项与上一节介绍的端口组名称相同，我们不再介绍。在此主要介绍 vSphere 系统流量。vSphere 流量主要有：

（1）vMotion 流量。允许 VMkernel 适配器向另一台主机发出声明，自己就是发送 vMotion 流量所应使用的网络连接。如果默认 TCP/IP 堆栈上的任何 VMkernel 适配器均未启用 vMotion 服务，或任何适配器均未使用 vMotion TCP/IP 堆栈，则无法使用 vMotion 迁移到所选主机。VMotion 流量容纳 vMotion。源主机和目标主机上都需要一个用于 vMotion 的 VMkernel 适配器。用于 vMotion 的 VMkernel 适配器应仅处理 vMotion 流量。为了实现更好的性能，可以配置多网卡 vMotion。要拥有多网卡 vMotion，可将两个或更多端口组专用于 vMotion 流量，每个端口组必须分别具有一个与其关联的 vMotion VMkernel 适配器。然后可以将一个或多个物理网卡连接到每个端口组。这样，有多个物理网卡用于 vMotion，从而可以增加带宽。

【注意】 vMotion 网络流量未加密。应置备安全专用网络，仅供 vMotion 使用。

（2）Fault Tolerance 日志流量。在主机上启用 Fault Tolerance 日志记录。对每台主机的 FT 流量只能使用一个 VMkernel 适配器。处理主容错虚拟机通过 VMkernel 网络层向辅助容错虚拟机发送的数据。vSphere HA 群集中的每台主机上都需要用于 Fault Tolerance 日志记录的单独 VMkernel 适配器。

（3）管理流量。为主机和 vCenter Server 启用管理流量。管理流量承载着 ESXi 主机和 vCenter Server，以及主机对主机 High Availability 流量的配置和管理通信。默认情况下，在安装 ESXi 软件时，会在主机上为管理流量创建 vSphere 标准交换机以及 VMkernel 适配器。为提供冗余，可以将两个或更多个物理网卡连接到 VMkernel 适配器以进行流量管理。

（4）iSCSI 端口绑定。处理使用标准 TCP/IP 网络和取决于 VMkernel 网络的存储器类型的连接。此类存储器类型包括软件 iSCSI、从属硬件 iSCSI 和 NFS。如果 iSCSI 具有两个或多个物理网卡，则可以配置 iSCSI 多路径。ESXi 主机仅支持 TCP/IP 上的 NFS 版本 3。要配置软件 FCoE（以太网光纤通道）适配器，必须拥有专用的 VMkernel 适配器。

使用 vSphere Web Client 管理 vCenter Server 及 ESXi，还会有以下流量选项。

（1）置备流量。处理用于虚拟机冷迁移、克隆和快照创建而传输的数据。

（2）vSphere Replication 流量。处理源 ESXi 主机传输至 vSphere Replication 服务器的出站复制数据。在源站点上使用一个专用的 VMkernel 适配器，以隔离出站复制流量。

（3）vSphere Replication NFC 流量。处理目标复制站点上的入站复制数据。

（4）Virtual SAN。在主机上启用 Virtual SAN 流量。加入 Virtual SAN 群集的每台主机都必须有用于处理 Virtual SAN 流量的 VMkernel 适配器。

可以根据需要，为 VMkernel 启用相应的流量。但是，对于相同的流量，请在具有相同属性的 VMkernel 适配器上启用。例如，在我们当前的实验环境中，可以将每台主机、使用 192.168.80.0 网段的第 1、2 块网卡创建的标准交换机启用 VMotion 流量、管理流量，可以将每台主机、使用 192.168.10.0 网段的第 3、4 块网卡的 VMkernel 适配器启用 FT 及 VSAN 流量。

不要在不同属性的 VMkernel 启用相同的流量。例如在第 1 台 ESXi 主机的 192.168.80.0 网卡的 VMkernel 启用 VMotion，在第 2 台 ESXi 主机的 192.168.10.0 的 VMkernel 适配器也启用 VMotion。虽然这样启用在配置时没有问题，但是，在实际使用中还是要在专用网络启用专用的流量，并且一一对应。

在“IP 设置”选项卡中可以设置 VMkernel 端口组（或称 VMkernel 适配器）的 IP 地址，如图 5-4-9 所示。可以选择“自动获得 IP 设置”，这将使用 DHCP 获取 IP 地址，此时网络中必须存在 DHCP 并且地址池中有可用的 IP 地址。大多数情况是选择“使用以下 IP 设置”，以手动设置 IP 地址、子网掩码、网关。

在“DNS 配置”选项卡中可以查看主机的名称、DNS 信息，如图 5-4-10 所示。

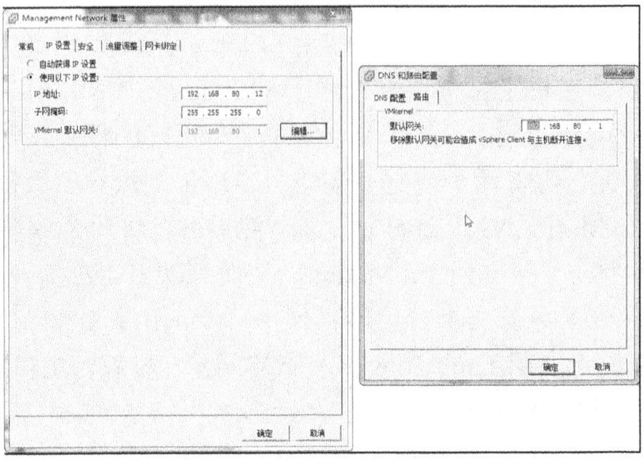

图 5-4-9 设置 VMkernel 端口组的 IP 地址、子网掩码、网关

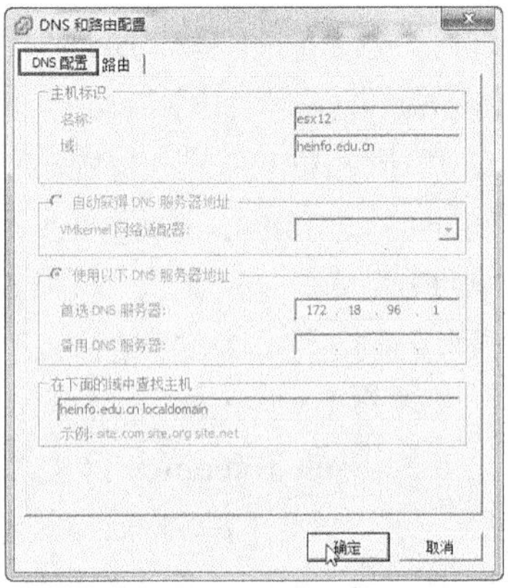

图 5-4-10 DNS 信息

【说明】 *如果要修改 ESXi 主机名称、DNS 名称、DNS，需要去 ESXi 控制台配置，有关修改 ESXi 主机名称的操作，请参考本书第 3 章内容。*

在“网络适配器”选项卡中可以为当前标准交换机添加或删除上行链路网卡，如图 5-4-11 所示。

在“网络适配器”列表中选择一块网卡，单击“编辑”按钮，可以配置网卡的速度、双工，如图 5-4-12 所示。在大多数的情况下，选择默认值即可，网卡会自动适应所连接到的交换机的端口速率。

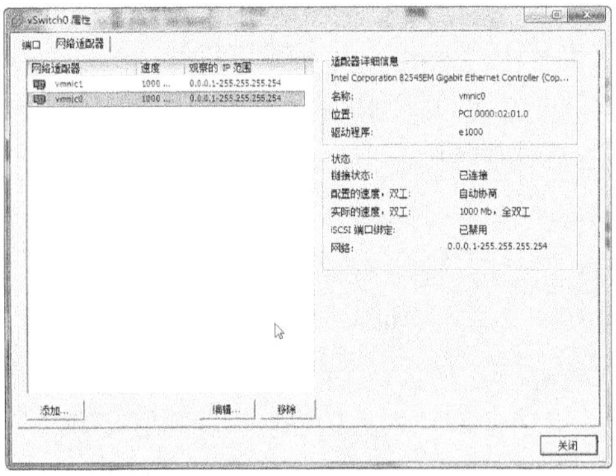

图 5-4-11 选择物理主机网卡

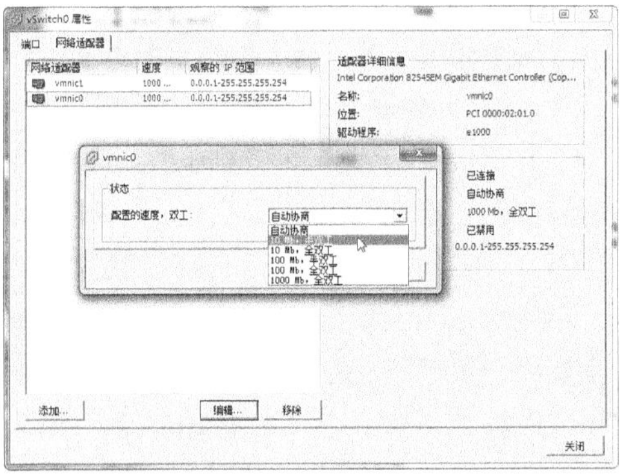

图 5-4-12 网卡速度

5.4.4 添加没有上行链路的标准交换机

在前面的内容中，我们添加的交换机，无论是标准交换机，还是分布式交换机，都会绑定一个或多个物理网卡。在 vSphere 中，还支持没有上行链路的标准交换机。如果创建的标准交换机不带物理网络适配器，则该交换机上的所有流量仅限于其内部。物理网络上的其他主机或其他标准交换机上的虚拟机均无法通过此标准交换机发送或接收流量。如果想要一组虚拟机互相进行通信，但不与其他主机或虚拟机组之外的虚拟机进行通信，则可创建一个不

带物理网络适配器的标准交换机。

（1）使用 vSphere Client 连接到 ESXi 或 vCenter Server，在左侧选中一台 ESXi 主机，在“配置→网络”选项中单击“添加网络”，如图 5-4-13 所示。

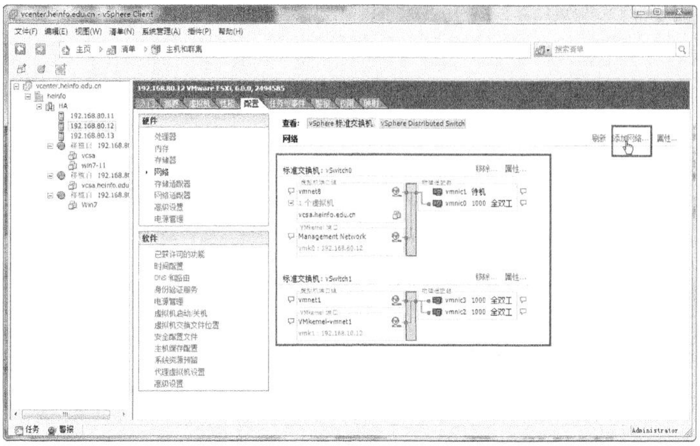

图 5-4-13　添加网络

【说明】当前主机有 2 个标准交换机，分别为 vSwitch0、vSwitch1。

（2）在“连接类型”选择“虚拟机”，如图 5-4-14 所示。

（3）在“虚拟机-网络访问”对话框选择“创建 vSphere 标准交换机”，如图 5-4-15 所示。在此列表中不选择任何网卡，在“预览”中将会显示“无适配器”。

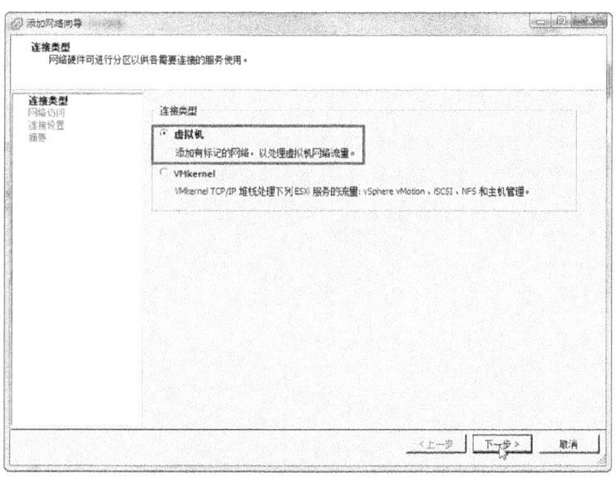

图 5-4-14　连接类型

图 5-4-15　网络访问

（4）在“端口组属性→网络标签”文本框中设置一个新的网络标签，不要与系统中已有的网络标签重复，在此设置标签为 lan，如图 5-4-16 所示。

（5）在“即将完成”对话框单击“完成”按钮，完成标准交换机创建，如图 5-4-17 所示。

返回到 vSphere Client，可以看到“配置→网络”中已添加了一个标准交换机 vSwitch2，如图 5-4-18 所示。

然后在新建交换机的主机上打开一个虚拟机配置，在“网络适配器”中 “网络标签”中可以看到已经有新建的标准交换机的端口组，如图 5-4-19 所示。

【说明】无适配器的标准交换机，只能与同一主机上的其他虚拟机通信，不能与其他主机的、有类似网络标签名称的虚拟机通信。

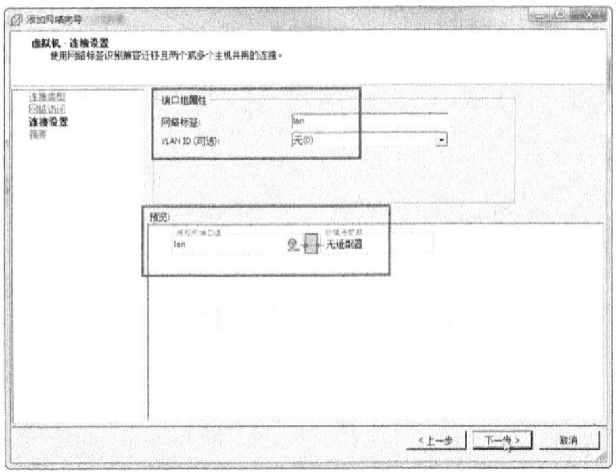

图 5-4-16　网络标签

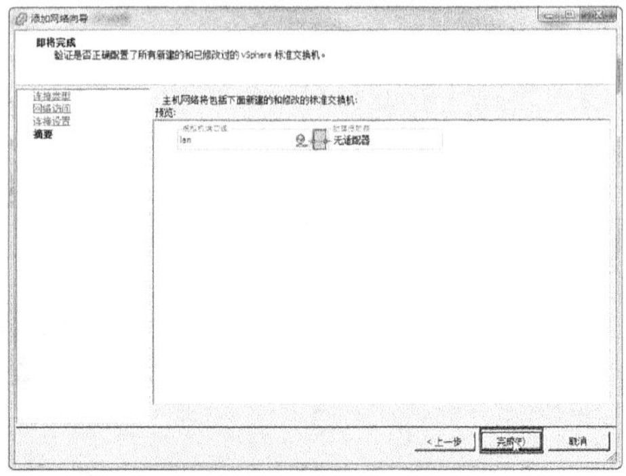

图 5-4-17　完成

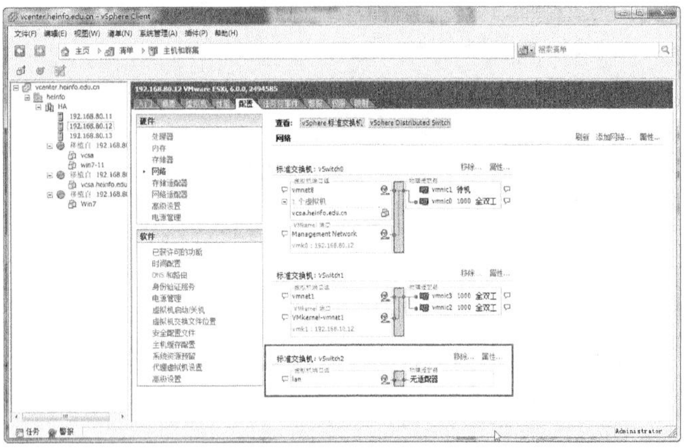

图 5-4-18　新建标准交换机完成

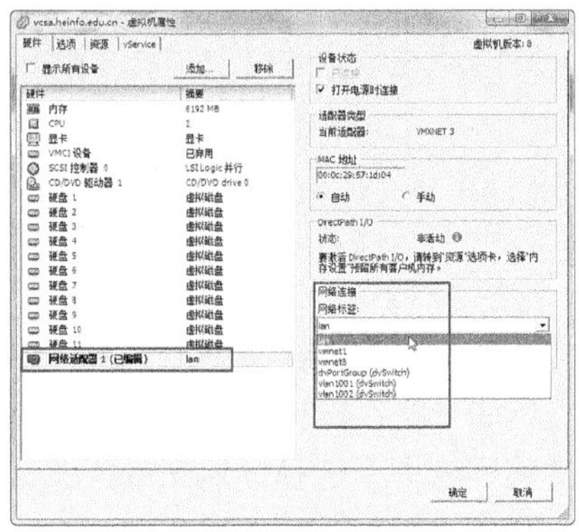

图 5-4-19　网络标签

5.5　管理 vSphere Distributed Switch

本节介绍分布式交换机（vSphere Distributed Switch，VDS）的内容。

5.5.1　关于 vCenter Server 与 VDS

在“5.3.6 vSphere Distributed Switch 概述”一节中，有以下一段话：

vSphere 中的网络交换机由两个逻辑部分组成：数据面板和管理面板。数据面板可实现软件包交换、筛选和标记等。管理面板是用于配置数据面板功能的控制结构。vSphere 标准交换机同时包含数据面板和管理面板，您可以单独配置和维护每个标准交换机。

vSphere Distributed Switch 的数据面板和管理面板相互分离。Distributed Switch 的管理功能驻留在 vCenter Server 系统上，您可以在数据中心级别管理环境的网络配置。数据面板则保留在与 Distributed Switch 关联的每台主机本地。Distributed Switch 的数据面板部分称为主机代理交换机。在 vCenter Server（管理面板）上创建的网络配置将被自动向下推送至所有主机代理交换机（数据面板）。

通过这段话，我们可以了解到：vSphere Distributed Switch 依赖于 vCenter Server，并受 vCenter Server 管理。如果要管理 vSphere Distributed Switch，需要使用 vSphere Client 或 vSphere Web Client 登录 vCenter Server，并管理 vSphere Distributed Switch。那么，如果 vCenter Server

不可用，或者我们直接登录 ESXi，vSphere Distributed Switch 交换机是否会受影响？

为了验证 vCenter Server 与 vSphere Distributed Switch 交换机的关系，我们可以暂时关闭 vCenter Server 虚拟机，然后使用 vSphere Client 直接登录 ESXi 主机，查看原来使用 vSphere Distributed Switch 的虚拟机，尝试打开虚拟机的网络配置，查看网络属性的变化。

（1）使用 vSphere Client 直接登录到某个 ESXi 主机，例如登录到 192.168.80.11 的 ESXi 主机，在“配置→网络”中单击“vSphere Distributed Switch”，可以查看到当前分布式交换机的端口组，此时可以查看到三个端口组，分别是“dvPortGroup”、“vlan1001”、“vlan1002”，其中 vlan1002 端口组有一个名为 win7-11 的虚拟机，如图 5-5-1 所示。

（2）在左侧选中一个虚拟机，打开虚拟机设置，在“网络适配器”选项中，查看“网络标签”可以看到当前只有 vmnet1、vmnet8 及 vlan1002(dvSwitch)，如图 5-5-2 所示。其中 vmnet1 与 vmnet8 是当前主机的标准交换机端口组，而只有一个 vlan1002(dvSwitch)，没有“dvPortGroup”、“vlan1001”，如图 5-5-2 所示，因为这个虚拟机原来分配的就是 vlan1002(dvSwitch)端口组。

图 5-5-1　虚拟机端口组

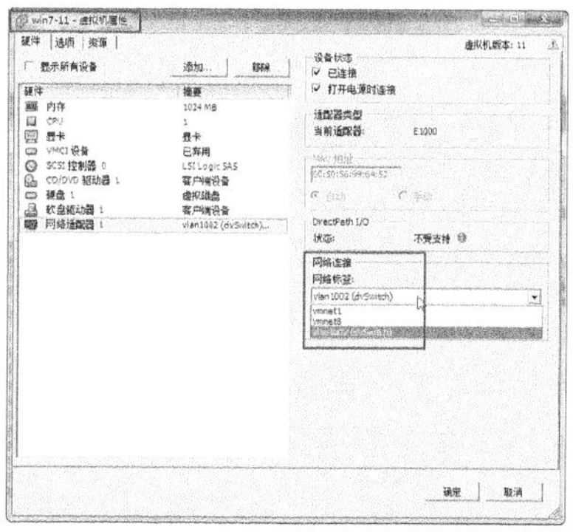

图 5-5-2　网络标签

（3）使用 vSphere Client 登录到第 2 台 ESXi 主机 192.168.80.12，在“配置→网络”中单击“vSphere Distributed Switch”，没有显示端口组，表示这个主机上的虚拟机没有使用分布式交换机的端口组，如图 5-5-3 所示。

（4）此时打开这台主机上的虚拟机设置，在“网络标签”中只看到这台主机标准交换机的端口组，如图 5-5-4 所示，因为当前主机上的虚拟机以前没有使用过分布式交换机。

图 5-5-3　没有端口组

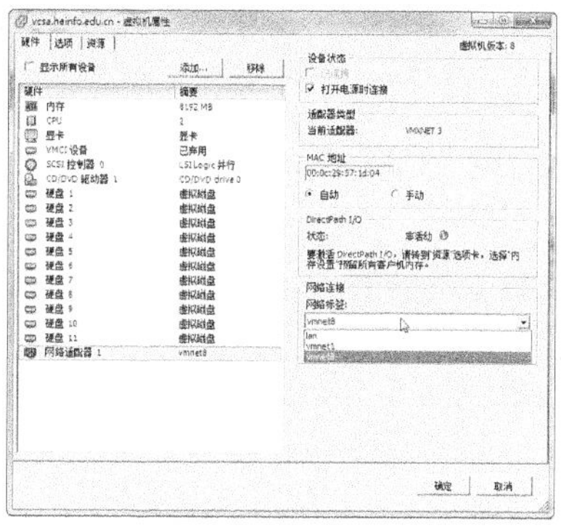

图 5-5-4　只能看到标准端口组

（5）使用 vSphere Client 登录到第 3 台 ESXi 主机 192.168.80.13，在“配置→网络”中单击“vSphere Distributed Switch”，在此显示了 vlan1002 端口组，同时显示有个名为 win7 的虚拟机使用该端口组，如图 5-5-5 所示。

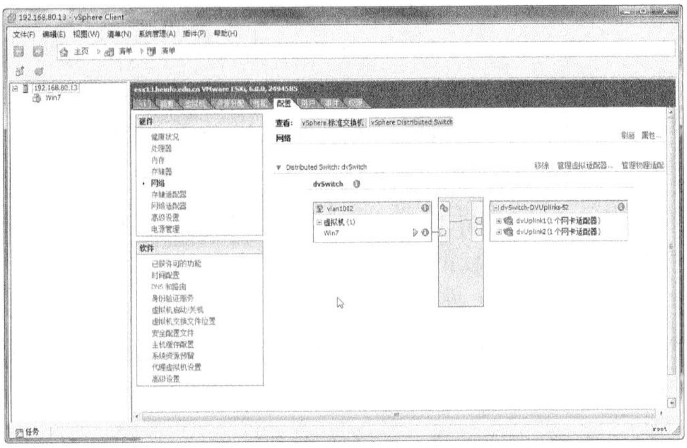

图 5-5-5　显示了有虚拟机使用的端口组

（6）然后分别启动 192.168.80.11 及 192.168.80.12 上的、使用 vlan1002 端口组的虚拟机，使用 ping 命令，检查网络是否通信，如图 5-5-6 所示，可以看到，在不同主机之间、使用相同网络标签的虚拟机是可以通信的，表示即使没有启动 vCenter Server，原来已经分配给虚拟机的分布式交换机也是可以继续使用的。

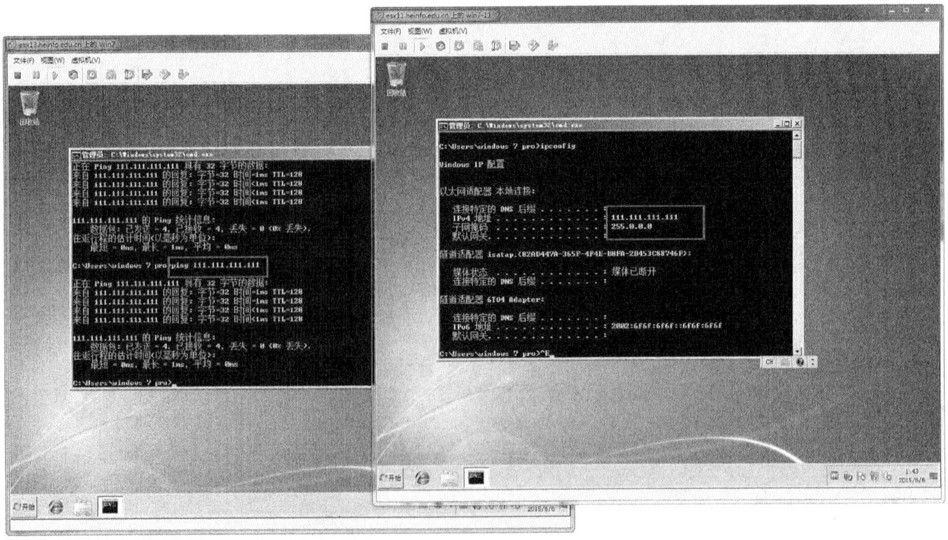

图 5-5-6　测试网络是否连通

然后启动 vCenter Server，由 vCenter Server 管理 ESXi。

即使在启动 vCenter Server 后，如果使用 vSphere Client 直接登录 ESXi，无论是新建虚拟机（见图 5-5-7），还是修改现有虚拟机，只要原有的虚拟机没有使用 vSphere Distributed Switch，则仍然不能使用分布式交换机（见图 5-5-8）。

在启动 vCenter Server 后，如果使用 vSphere Client 连接 vCenter Server，再通过 vCenter Server 管理 ESXi，vSphere Distributed Switch 使用正常。如图 5-5-9 所示，这是新建虚拟机时

的网络选择；图 5-5-10 所示是现有虚拟机的网络选择，从图中可以看到，可以使用分布式交换机的端口组。

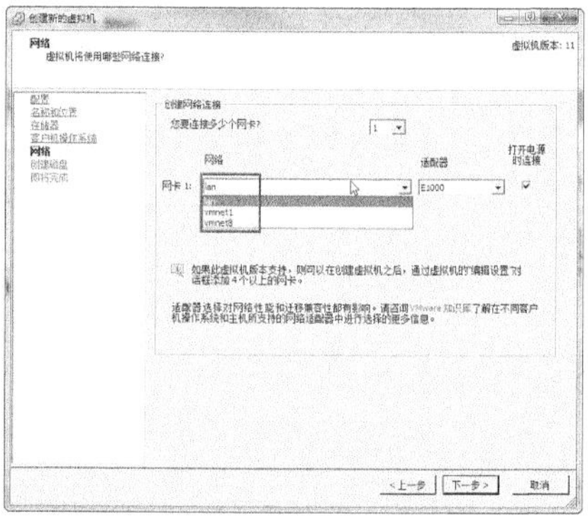

图 5-5-7　新建虚拟机

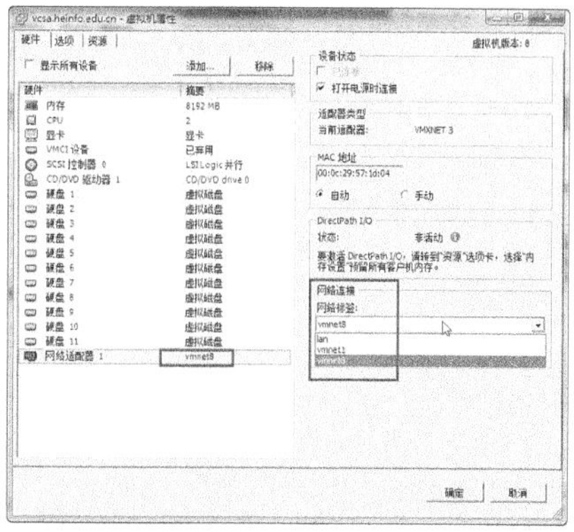

图 5-5-8　现有虚拟机

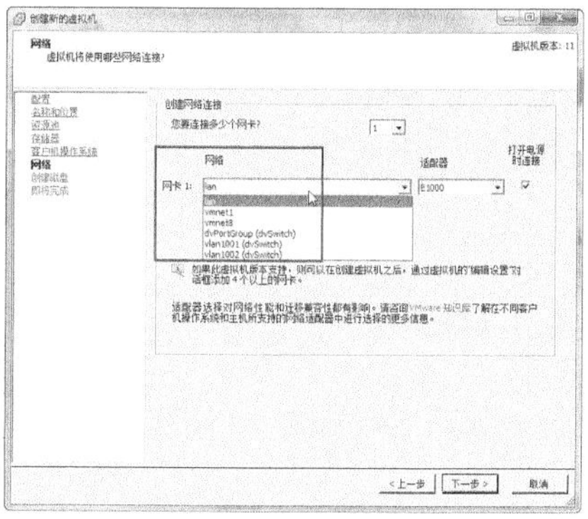

图 5-5-9　新建虚拟机

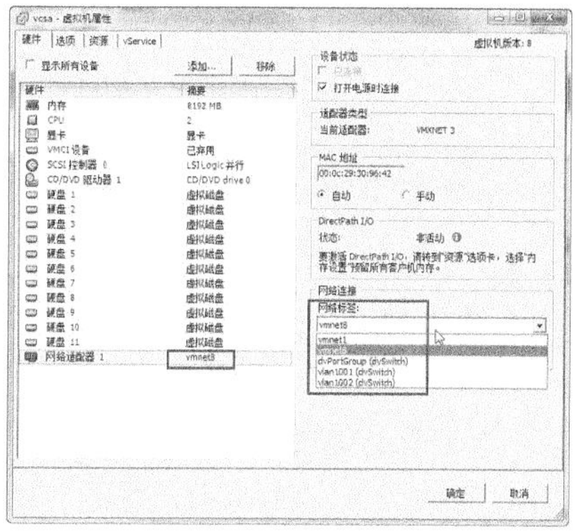

图 5-5-10　现有虚拟机网络选择

【结论】 当 vCenter Server 不可用时，原来已经配置了使用 vSphere Distributed Switch 端口组的虚拟机不受影响，可以继续使用，此时相关的网络通信是正常的。但是，也仅限于已经分配了 vSphere Distributed Switch 端口组的虚拟机。如果使用 vSphere Client 直接连接到 ESXi（即使 vCenter Server 工作正常），原来没有使用 vSphere Distributed Switch 端口组的虚拟机，或者新建虚拟机，将不能分配使用 vSphere Distributed Switch 的端口组。

5.5.2　为 vSphere Distributed Switch 设置 VMkernel 网络

可设置 VMkernel 适配器向主机提供网络连接并接受 vMotion、IP 存储器、Fault Tolerance 日志记录、VirtualSAN 等服务的系统流量。

在下面的操作中，将为 vSphere Distributed Switch 的 vlan1001 端口组添加 VMkernel 端口组，并设置 vlan1001 网段的地址，对应三台 ESXi 主机，则 VMkernel 地址分别为 192.168.110.11、192.168.110.12、192.168.110.13。要添加 VMkernel 地址，需要在每台主机上分别添加。下面以在其中一台主机添加 VMkernel 为例。

（1）使用 vSphere Client 登录到 vCenter Server，在左侧选中一台 ESXi 主机，例如 192.168.80.11，在右侧选中“配置→网络→vSphere Distributed Switch”，单击“管理虚拟适配器”，如图 5-5-11 所示。

（2）打开“管理虚拟适配器”对话框，单击“添加”链接，如图 5-5-12 所示。

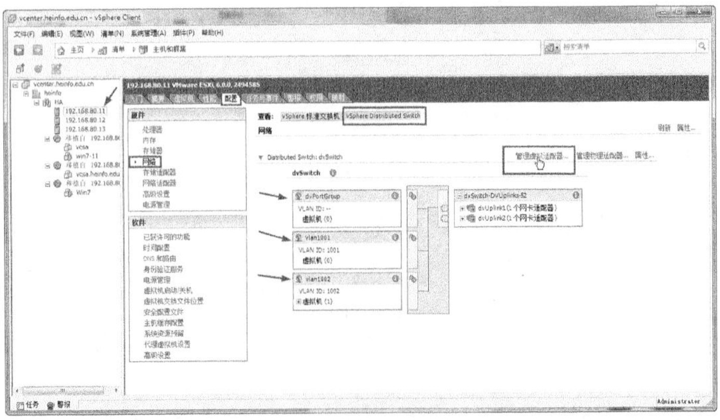

图 5-5-11　管理虚拟适配器

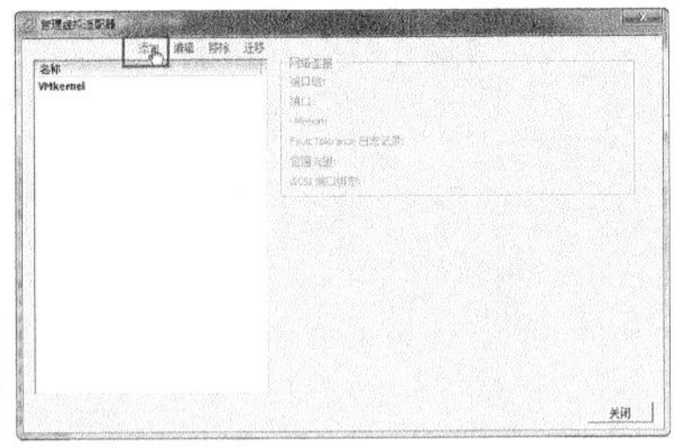

图 5-5-12　添加虚拟适配器

（3）在“创建类型”对话框选择“新建虚拟适配器”，如图 5-5-13 所示。

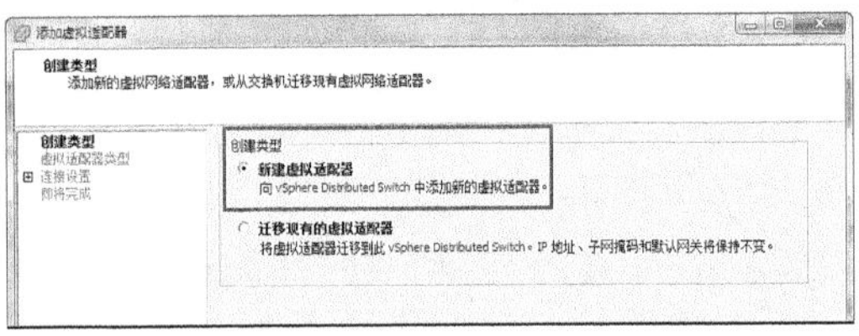

图 5-5-13　新建虚拟适配器

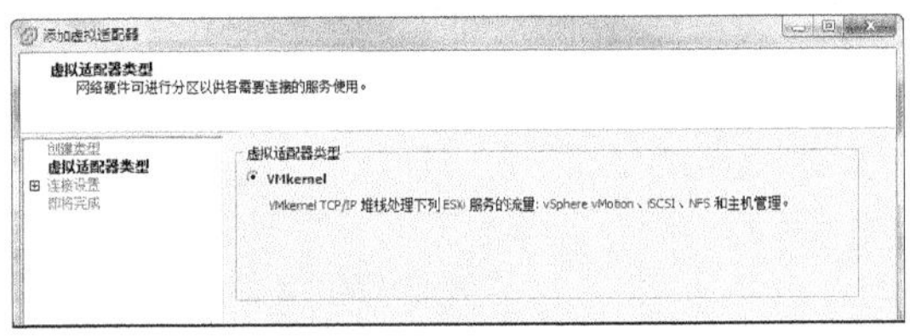

图 5-5-14　选择 Vmkernel

（4）在“虚拟适配器类型”对话框选择“VMkernel”，如图 5-5-14 所示。

（5）在“连接设置”对话框中指定 VMkernel 连接设置，在“网络连接”选项组中选择“选择端口组”，并从下拉列表中选择要添加 VMkernel 的端口组，在此选择 vlan1001。在“网络连接”中还可以选择是否将此端口用于 VMotion、FT 或用于管理流量。在“网络类型”下拉列表中从 IP、IPv6、IP 和 IPv6 之中选择一种，默认是 IP，用于 IPv4 的地址，如图 5-5-15 所示。

（6）在“VMkernel-IP 连接设置”对话框选择“使用以下 IP 设置”，并为 VMkernel 设置管理地址，在此设置为 192.168.110.11，VMkernel 网关不变，如图 5-5-16 所示。

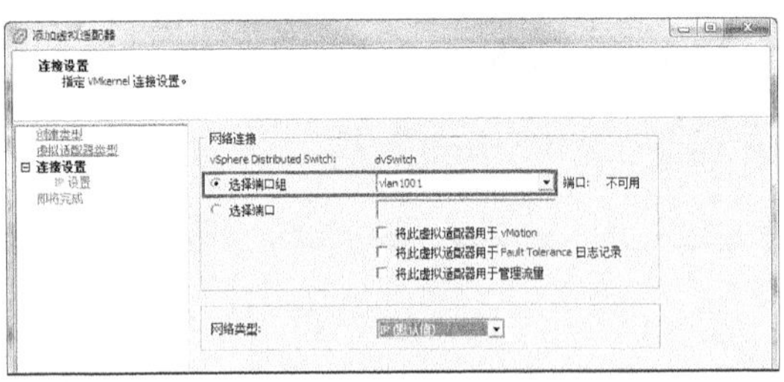

图 5-5-15　连接设置

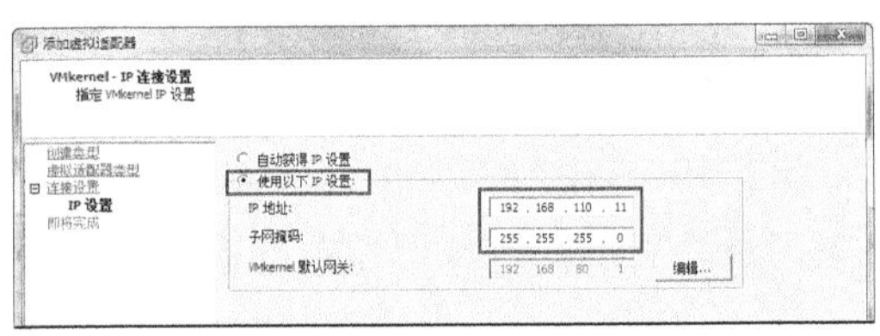

图 5-5-16　VMkernel IP 设置

（7）在“即将完成”对话框显示了添加的 VMkernel 端口及端口地址，如图 5-5-17 所示，单击“完成”按钮，完成 VMkernel 端口添加。

返回到“管理虚拟适配器”对话框，如果要修改此 VMkernel 端口，可以在“名称”清单中选择 vmk2，单击“编辑”按钮，如图 5-5-18 所示。

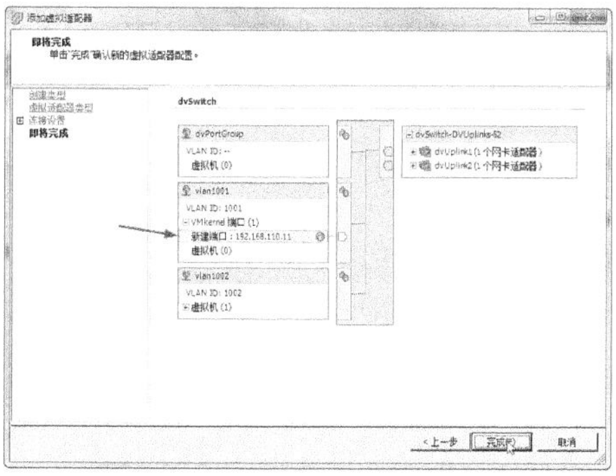

图 5-5-17　即将完成

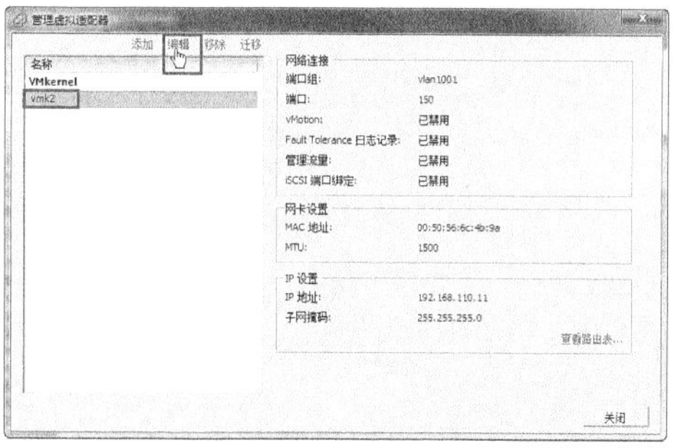

图 5-5-18　编辑

此时将会打开“编辑虚拟适配器 vmk2”对话框，在此对话框可以选择端口组、端口承载流量、MTU，以及 IP 地址设置等，如图 5-5-19、图 5-5-20 所示。

如果要移除此 VMkernel 端口，可以在清单中选择之后，单击“移除”按钮，并在弹出的对话框中单击“是”按钮，如图 5-5-21 所示。如果不移除，请单击“否”按钮。

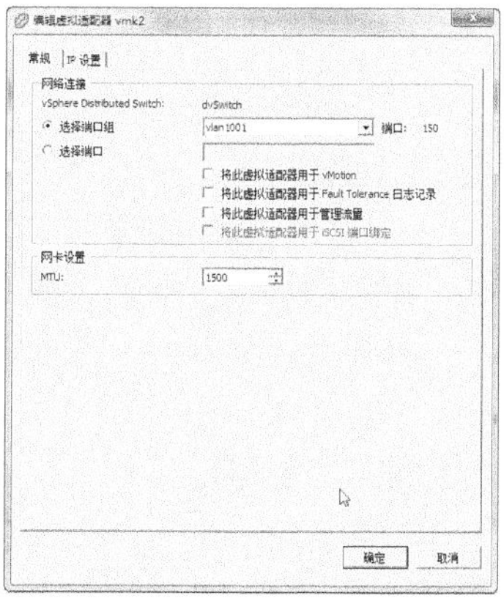

图 5-5-19　常规

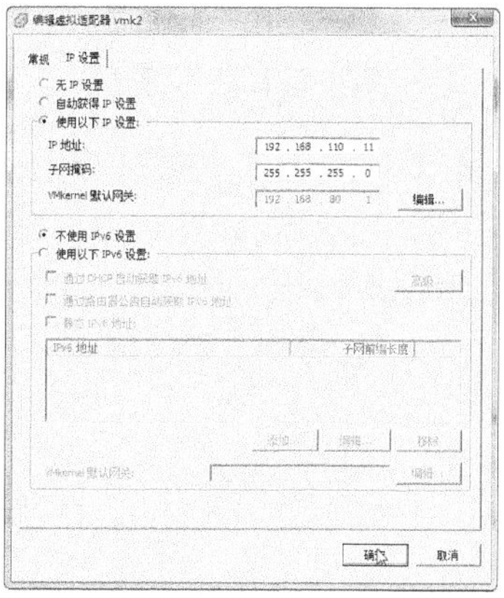

图 5-5-20　IP 设置

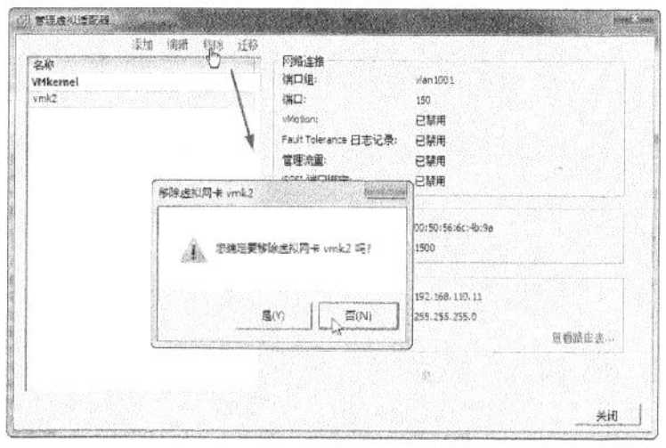

图 5-5-21　移除

配置完成之后，单击“关闭”按钮，返回到 vSphere Client，可以看到已经为 vlan1001 添加了一个名为 vmk2、IP 地址为 192.168.110.11 的 VMkernel，此 VMkernel 是绑定于 192.168.80.11 的 ESXi 主机的，如图 5-5-22 所示。

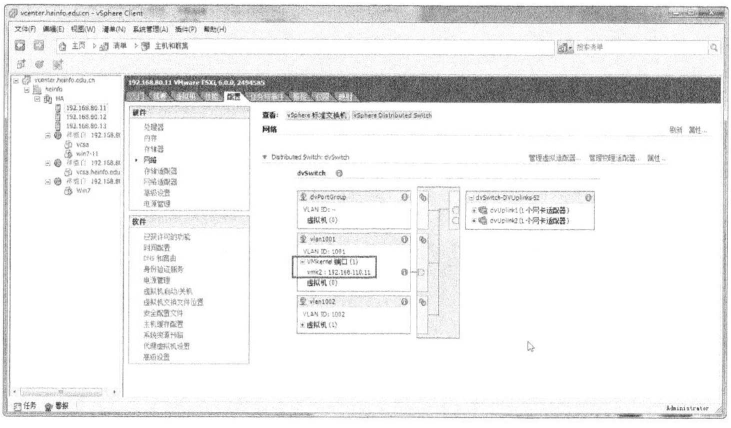

图 5-5-22　添加 VMkernel 完成

对于另两台主机，也要一一添加，如图 5-5-23 所示，这是 192.168.80.12 添加的 VMkernel，并设置的管理地址为 192.168.110.12。

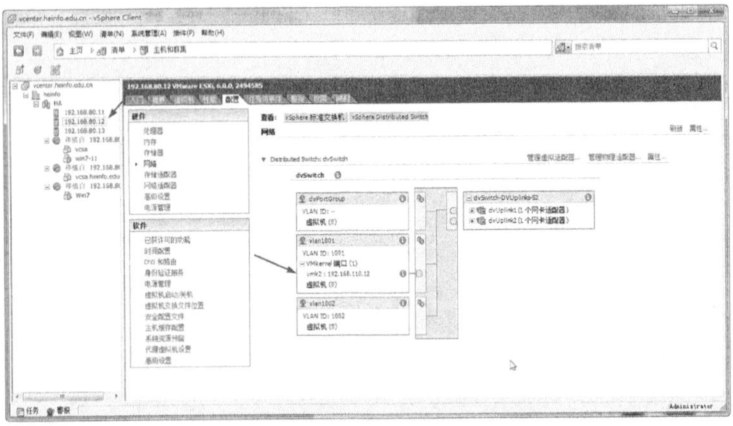

图 5-5-23　另一台 ESXi 主机分布式交换机 vlan1001 端口组的 VMkernel

5.5.3　将标准交换机迁移到新建分布式交换机

在安装 ESXi 时创建的 vSphere 标准交换机，或者后期创建的标准交换机，可以迁移到 vSphere 分布式交换机。例如，在我们当前的实验环境中，每个主机都有两个标准交换机。

如果想要仅使用 vSphere Distributed Switch 来处理 VMkernel 服务的流量，并且不再需要其他标准交换机或 Distributed Switch 上的适配器，可以将标准交换机及 VMkernel 适配器迁移到 vSphere Distributed Switch。

要使用 Distributed Switch 管理虚拟机网络连接，请将虚拟机网络适配器迁移到交换机上有标记的网络。

如果要将标准交换机迁移到 vSphere Distributed Switch，有两种方法。一种是新建一个 vSphere Distributed Switch，新建端口组，迁移标准交换机上行链路到 vSphere Distributed Switch；另一种是使用现有 vSphere Distributed Switch，新建端口组，迁移标准交换机上行链路到 vSphere Distributed Switch。

因为在规划的时候，无论是标准交换机，还是 vSphere Distributed Switch，都有冗余网络，所以在迁移的过程中，为了避免网络中断，可以先迁移一个上行链路，迁移之后修改虚拟机配置，使虚拟机使用新的分布式端口组，之后再迁移剩余的上行链路。

在本节内容中，将把每台主机上的第 2 个标准交换机（vSwitch1）及其使用的物理网卡迁移到一个新建的 vSphere 分布式交换机中，在迁移的过程中，使用该标准交换机的虚拟机的网络不会中断，并且在迁移之后，原来使用该标准交换机端口组的虚拟机的网络属性会迁移到新的、对应的分布式交换机的对应端口。

在下节中，将介绍将标准交换机迁移到现有 vSphere Distributed Switch 的内容。

1. 新建分布式交换机

在下面的操作中，将新建一个新的分布式交换机，对照要迁移的标准交换机，创建虚拟机端口组，然后迁移标准交换机到分布式交换机。

（1）使用 vSphere Client 登录到 vCenter Server，检查并记录每台主机的标准交换机的名称、绑定的物理网卡，如图 5-5-24 所示。在图中，每台主机有两个标准交换机，分别名为

vSwitch0、vSwitch1，其中 vSwitch1 有一个端口组、一个 VMkernel 端口组。

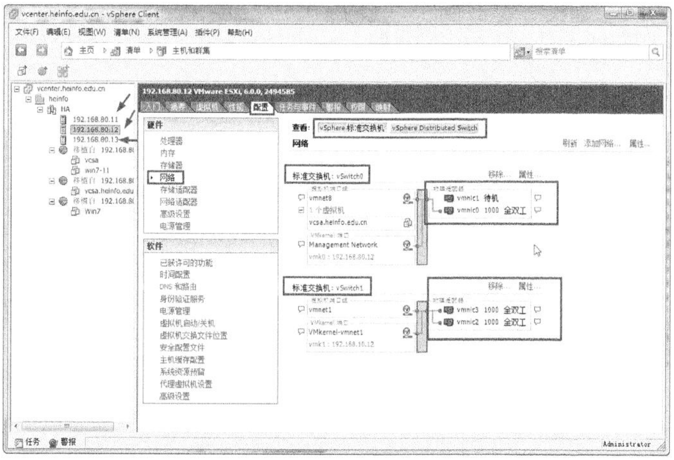

图 5-5-24　检查 vSphere 标准交换机

（2）定位到“主页→清单→网络”选项，单击“添加 vSphere Distributed Switch”，如图 5-5-25 所示。

图 5-5-25　添加 vSphere Distributed Switch

（3）在“选择 vSphere Distributed Switch 版本”对话框选择要使用的分布式交换机版本，在此选择“vSphere Distributed Switch 版本：6.0.0”，如图 5-5-26 所示。

（4）在“常规属性”对话框指定 vSphere Distributed Switch 属性，在“名称”文本框中设置“端口组名称”，在此设置名称为 dvSwitch-vmnet1（表示与原来的标准交换机 vmnet1 端口组对应）。因为要迁移的标准交换机有 2 个网卡（3 个主机，每个主机 2 个网卡），所以在此设置为 2，如图 5-5-27 所示。

（5）在“添加主机和物理适配器”对话框选择添加到新的 vSphere Distributed Switch 中的主机和物理网卡。在此选择“以后添加”，如图 5-5-28 所示。

（6）在“即将完成”按钮取消“自动创建默认端口组”的选项，然后单击“完成”按钮，如图 5-5-29 所示。

（7）创建完 vSphere Distributed Switch 后，返回到 vSphere Client，如图 5-5-30 所示。

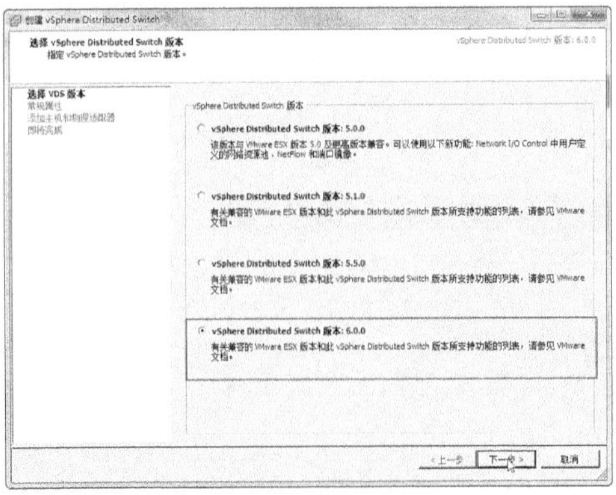

图 5-5-26 选择分布式交换机版本

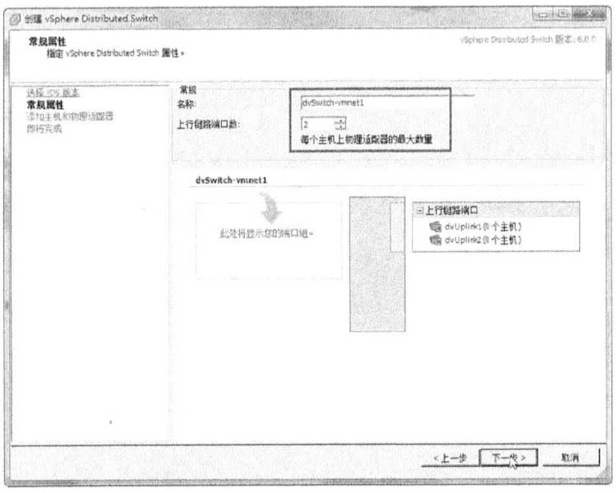

图 5-5-27 端口组名称与上行链路端口数

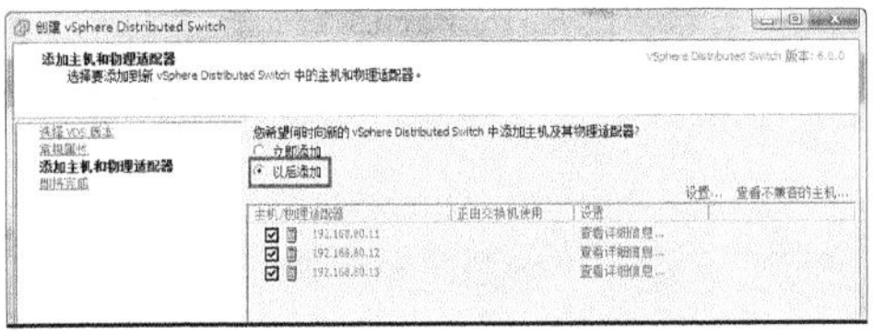

图 5-5-28 添加主机和物理网卡

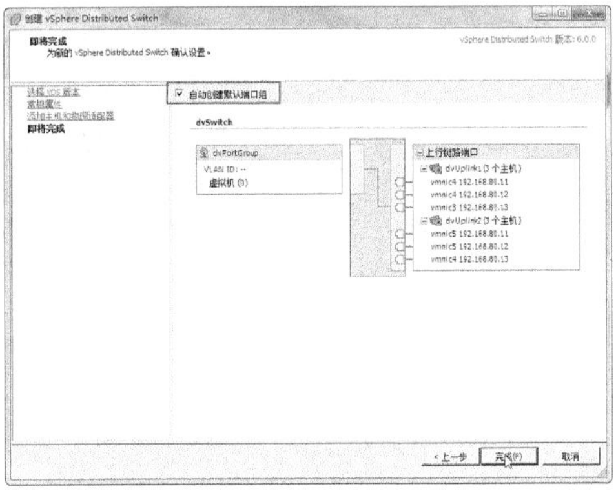

图 5-5-29 即将完成

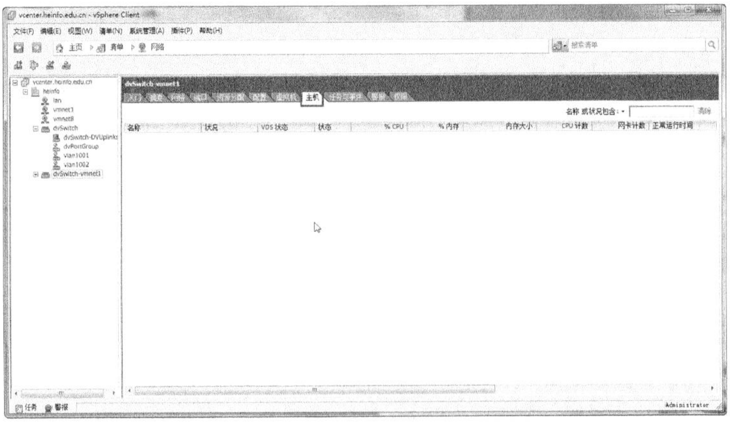

图 5-5-30 创建 VDS 完成

2. 创建端口组

在创建了分布式交换机之后，在“网络”选项卡中为其创建一个端口组，此端口组与要迁移的标准交换机的端口组同名（实际上，名称不同也没有关系，只要一一对应，管理员明白从哪个交换机的哪个端口组迁移到目标交换机的对应的端口组就可以。这和你将网线从 A 交换机的某个端口例如 18 口拔下，然后插到另一个交换机 B 的 16 口一样，只要 A 的 18 口与 B 的 16 口属于同一个网络中的同一个网段-VLAN 即可）。

在我们此节的规划中，要迁移的交换机 vSwitch1 有两个端口，分别是 vmnet1 和

VMkernel-vmnet1，在此我们在新建的 VDS 交换机上创建一个名为 vmnet1 的端口组，与 vSwitch1 的 vmnet1 对应。

（1）使用 vSphere Client 登录到 vCenter Server，在“主页→清单→网络”中，在左侧任务窗格选中新建的分布式交换机“dvSwitch-vmnet1”，在右侧单击“网络”选项卡，在空白窗格右击，在弹出的快捷菜单中选择“新建端口组”，如图 5-5-31 所示。

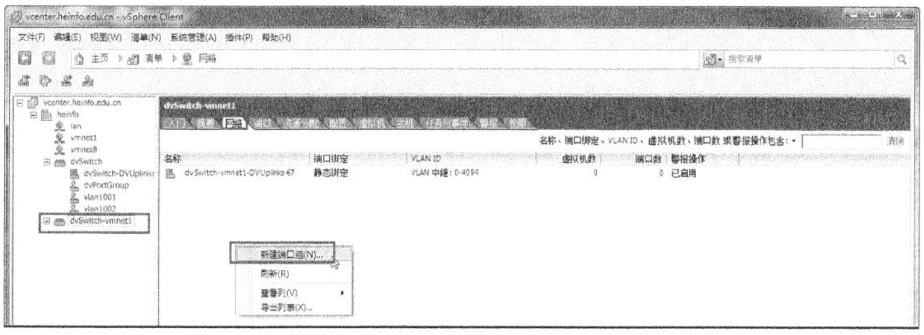

图 5-5-31　新建端口组

（2）在“属性”对话框“名称”文本框中，输入新建端口组的名称，在此为 vmnet1，然后选择端口组其他属性，例如端口数、VLAN 类型。因为我们新建的端口组是用来迁移的 Access 端口，所以在此 VLAN 类型选择“无”，如图 5-5-32 所示。

（3）在“即将完成”对话框显示了创建端口组的名称与类型，检查无误之后，单击“完成”按钮，如图 5-5-33 所示。

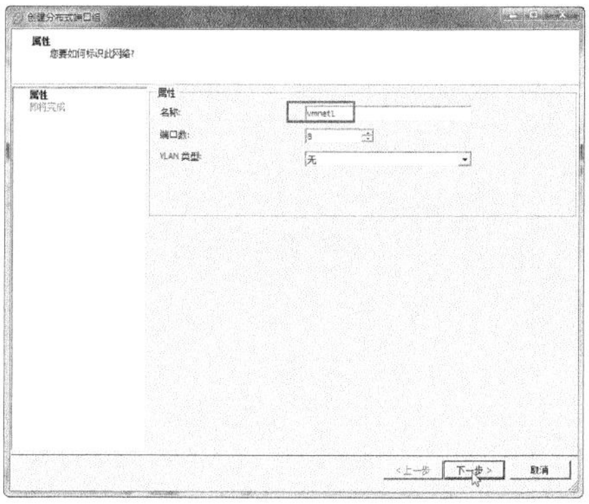

图 5-5-32　端口组名称与属性选择

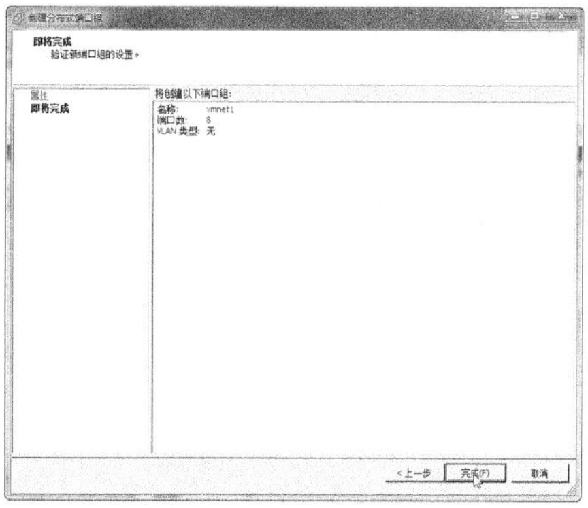

图 5-5-33　创建端口组完成

（4）创建端口组之后，在“网络”中可以看到新建的端口组，如图 5-5-34 所示。

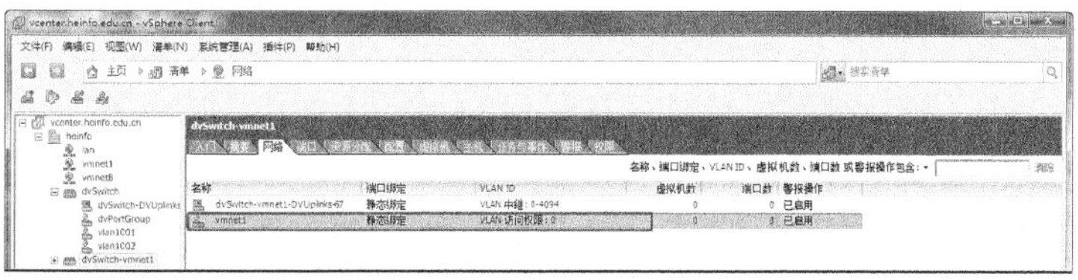

图 5-5-34　端口组列表

3. 迁移上行链路到分布式交换机

现在我们已经创建了一个新的分布式交换机以及交换机上的端口组，但当前交换机还没有绑定物理网卡（上行链路）。接下来我们开始迁移 vSwitch1。因为这个交换机上有两个上行链路，为了不引起网络中断，在迁移的过程中，可以从每个主机先选择其中一个网卡，等迁移完成之后再配置另一个网卡。

（1）使用 vSphere Client 登录到 vCenter Server，在“主页→清单→网络”中，在左侧任务窗格选中新建的分布式交换机“dvSwitch-vmnet1”，在右侧单击“主机”选项卡，在空白窗格右击，在弹出的快捷菜单中选择“将主机添加到 vSphere Distributed Switch”，如图 5-5-35 所示。

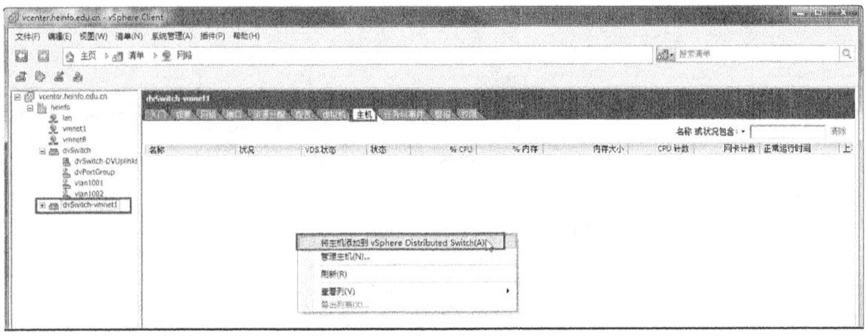

图 5-5-35　将主机添加到 VDS

（2）在“选择物理适配器”对话框展开每个物理主机，并从“正由交换机使用”列表中属性为 vSwitch1 的交换机中，选中其中一个网卡（当然两个选中，一次完成迁移也是可以的，但为了稳妥起见，还是在有备用链路的情况下迁移），要在每个主机选择 vSwitch1 的一块网卡，如图 5-5-36 所示。

（3）在“网络连接”对话框选择用于为 VDS 上的适配器提供网络连接的端口组，在此请注意“交换机”及“源端口组”选项列表，在此选中 vmk1，在“目标端口组”选择 vmnet1，其他主机也要照此处理，如图 5-5-37 所示。

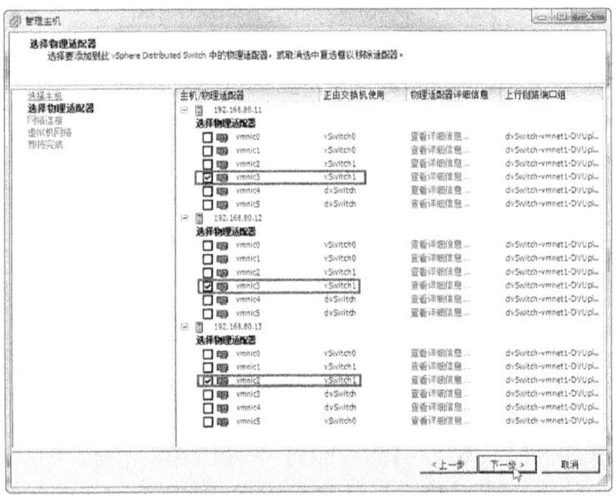

图 5-5-36　选择网卡

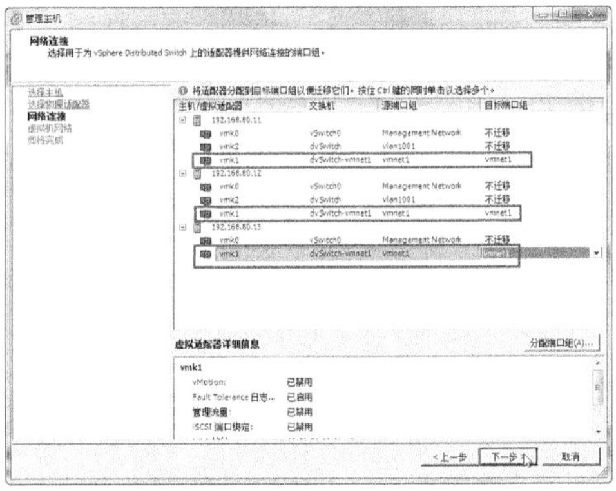

图 5-5-37　网络连接

（4）在“虚拟机网络”对话框选择要迁移到分布式交换机的虚拟机及虚拟机中使用该网络的网卡，如图 5-5-38 所示。在本示例中，192.168.80.11 主机有个名为 win7-11 的虚拟机使用了 vmnet1 端口组，则选中此虚拟机，并在“目标端口组”列表中选择分布式交换机上的相同属性的端口组 vmnet1。如果有其他虚拟机或者其他主机上的虚拟机使用了要迁移的网络的端口组，可以在此一同迁移。

（5）在“即将完成”对话框显示了迁移（添加）的网卡及虚拟机，迁移的主机网卡及虚拟机会用浅黄色表示，如图 5-5-39 所示。

在迁移的过程中涉及到的虚拟机，如果正在运行，则在迁移的过程中，网络不会中断，如图 5-5-40 所示。

迁移完成之后，打开虚拟机配置页，可以看到网络适配器的网络标签已改为“vmnet1(dvSwitch-vmnet1)”，表示该网络已经迁移到分布式交换机，如图 5-5-41 所示。

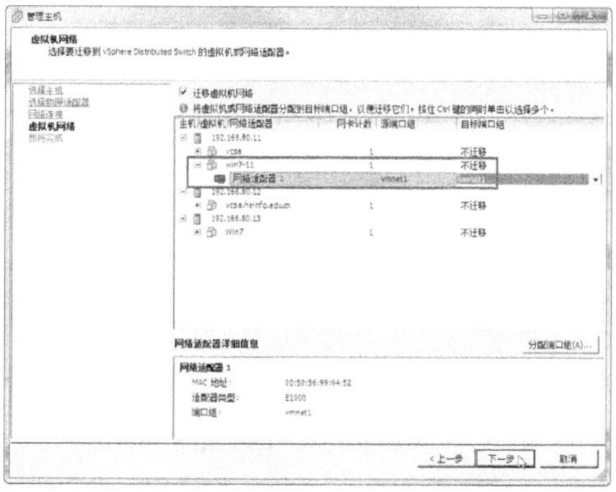

图 5-5-38　虚拟机网络

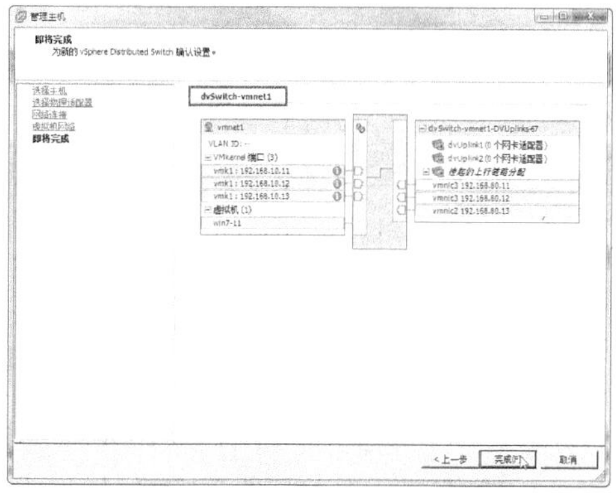

图 5-5-39　即将完成

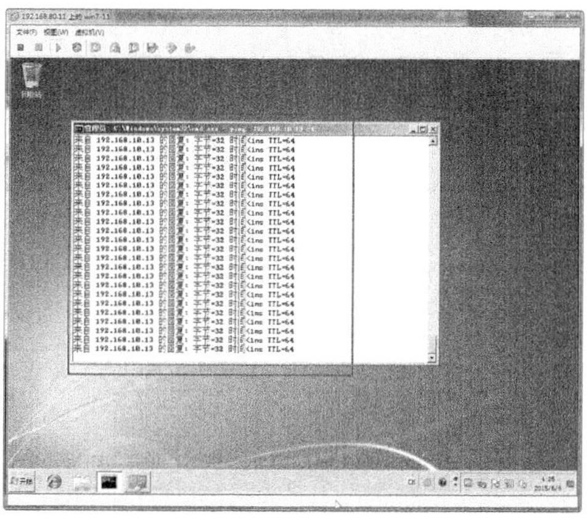

图 5-5-40　迁移过程中涉及到的虚拟机

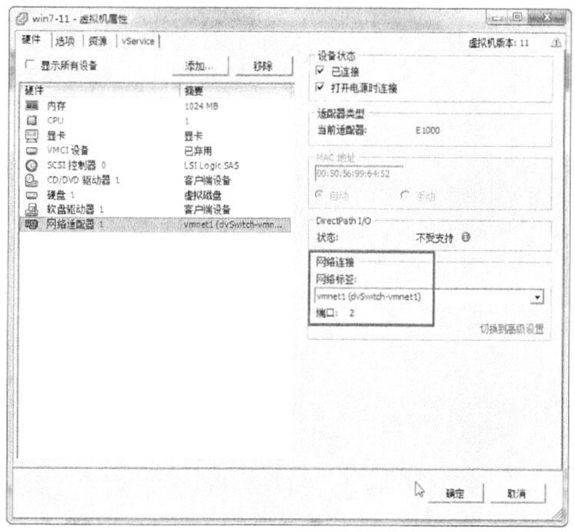

图 5-5-41　虚拟机网络已经迁移

迁移之后，在“端口”选项卡中可以看到该分布式交换机的上联端口已经有 3 个“状况”为“已连接”，如图 5-5-42 所示。

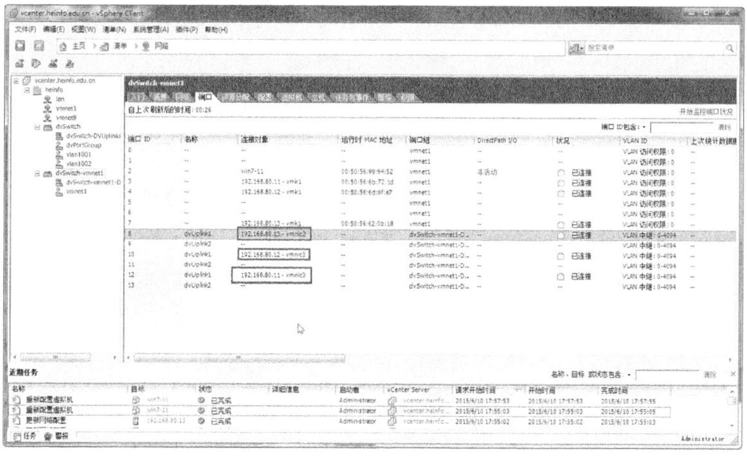

图 5-5-42　端口

因为每个主机上原来名为 vSwitch1 标准虚拟机的网卡已经从 2 个变为 1 个，则在某些主机会有警报，选中主机之后，在“警报”选项卡，可以看到具体的警报信息“网络上行链路冗余丢失”，如图 5-5-43 所示，这是正常的报警，等该标准交换机迁移完成之后，会删除不用的标准交换机。

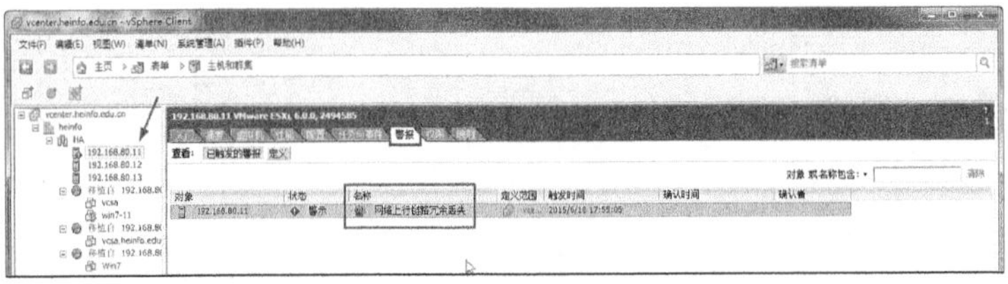

图 5-5-43　警报

此时在主机“配置→网络”中可以看到 vSwitch1 标准交换机的上行链路已经只有 1 个，如图 5-5-44 所示。

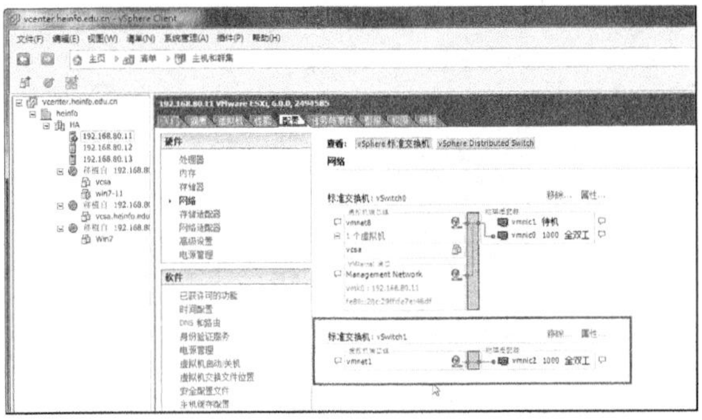

图 5-5-44　标准交换机上行链路为 1

4. 继续迁移上行链路到分布式交换机

在迁移了 vSwitch1 标准交换机的 1 个物理网卡（上行链路）之后，迁移之后的分布式交换机、迁移之前的标准交换机，以及涉及到的虚拟机工作正常后，可以按照规划，将不准备再使用的标准交换机剩余网卡，迁移到新规划的分布式交换机中来，主要步骤如下。

（1）使用 vSphere Client 登录到 vCenter Server，在“主页→清单→网络”中，在左侧任务窗格选中新建的分布式交换机“dvSwitch-vmnet1”，在右侧单击“配置”选项卡，此时可以看到“dvSwitch-vmnet1”分布式交换机的上行链路（右侧显示 3 个网卡适配器）、左侧显示的 vmnet1 端口组，以及 vmnet1 端口组上的 VMkernel 端口组及管理地址。单击“管理主机”链接，以继续配置，如图 5-5-45 所示。

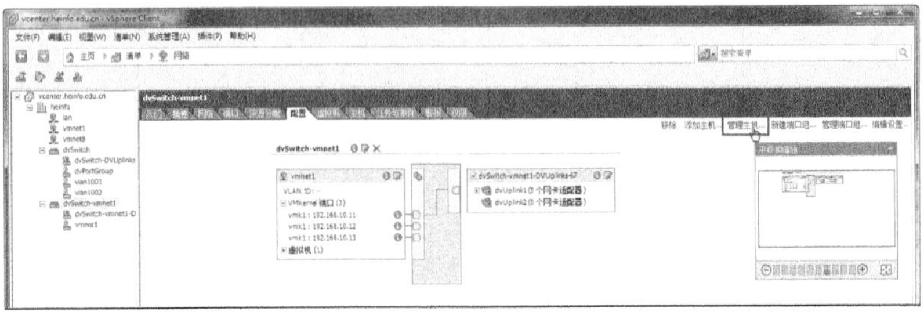

图 5-5-45　管理主机

（2）在“选择主机”对话框选择要更新物理网卡和虚拟网络适配器的主机，在此选中网络中的 3 台主机，如图 5-5-46 所示。

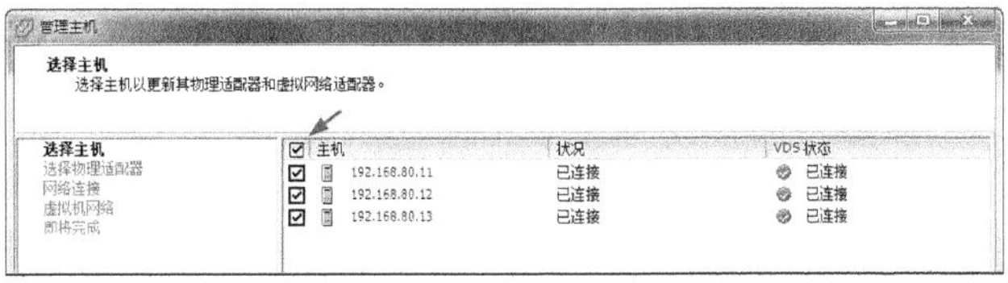

图 5-5-46　选择主机

（3）在“选择物理适配器”对话框展开每个物理主机，并从“正由交换机使用”列表中，属性为 vSwitch1 的交换机中，选择剩余的一个网卡，如图 5-5-47 所示。

（4）在“网络连接”对话框选择用于为 VDS 上的适配器提供网络连接的端口组，在此请注意“交换机”及“源端口组”选项列表，在此选中 vmk1，在“目标端口组”选择 vmnet1，其他主机也要照此处理，如图 5-5-48 所示。

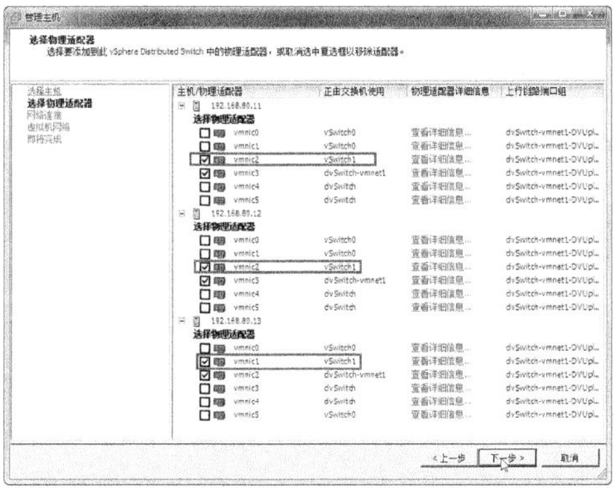

图 5-5-47　选择网卡

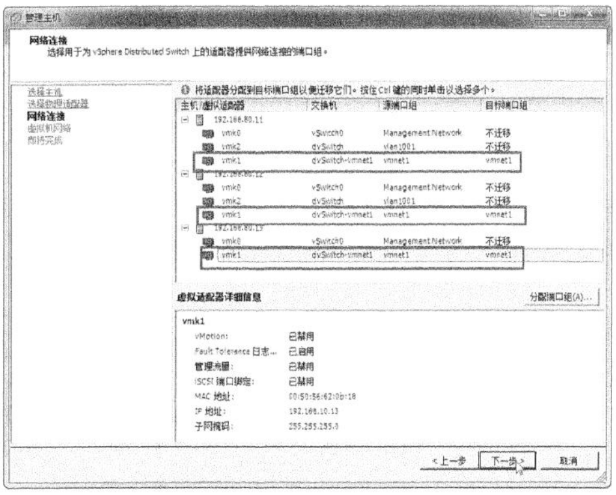

图 5-5-48　网络连接

（5）在“虚拟机网络”对话框选择要迁移到分布式交换机的虚拟机及虚拟机中使用该网络的网卡，因为在上一节中，已经完成了虚拟机的迁移，所以在本节中，不需要再迁移。取消“迁移虚拟机网络”，如图 5-5-49 所示。

（6）在“即将完成”对话框显示了迁移（添加）的网卡及虚拟机，迁移的主机网卡及虚拟机会用浅黄色表示，如图 5-5-50 所示。

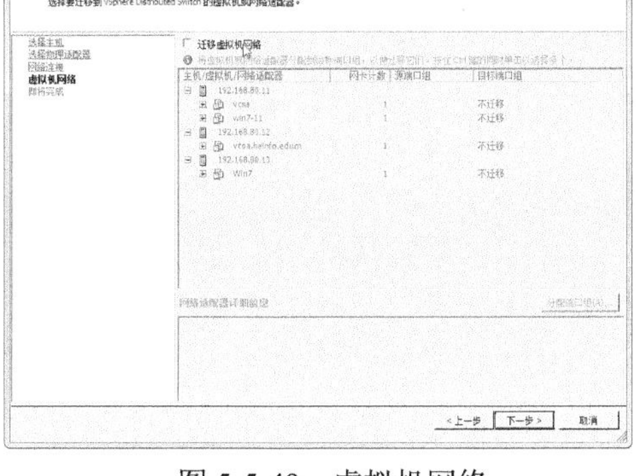

图 5-5-49　虚拟机网络

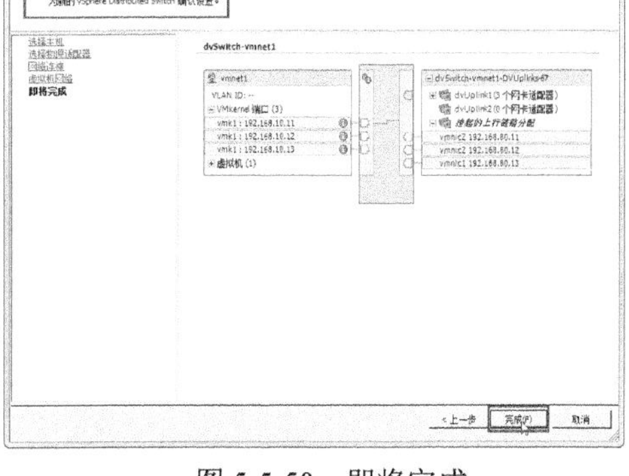

图 5-5-50　即将完成

（7）迁移完成之后，在“配置”选项卡中看到迁移后的分布式交换机，从列表中可以看到，右侧上行链路有 3 个主机，每个主机有 2 个网卡，一共 6 个，如图 5-5-51 所示。

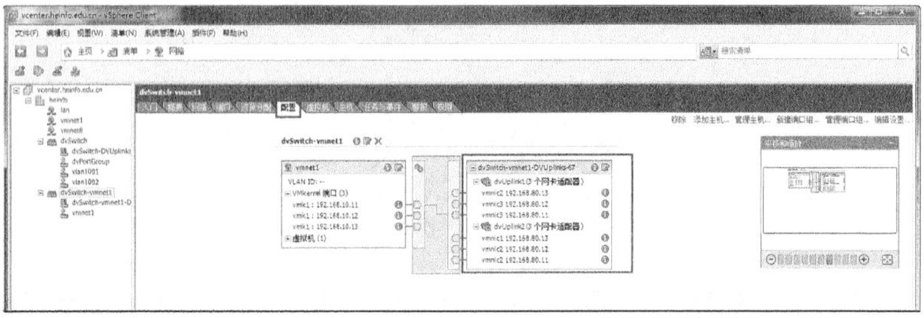

图 5-5-51　配置选项卡

（8）返回到“主页→清单→主机和群集”选项中，在左侧依次选中每个主机，在右侧“配置→硬件→网络”选项中，可以看到原来的“标准交换机：vSwitch1”已经没有上行链路（物理网卡），如图 5-5-52 所示。

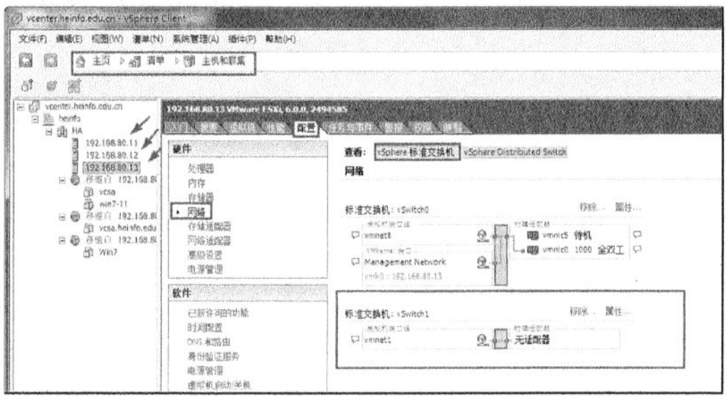

图 5-5-52　迁移后的标准交换机已无物理网卡

5. 删除无上行链路的标准交换机

当标准交换机链路及虚拟机端口组迁移到分布式交换机后，可以在每台主机上删除不再使用的标准交换机，步骤如下。

（1）使用 vSphere Client 登录到 vCenter Server 或 ESXi，在左侧选中 ESXi 主机，在右侧单击“配置→网络→vSphere 标准交换机”，在不再使用的标准交换机右侧单击“移除”链接，在弹出的快捷菜单中单击“是”按钮即可，如图 5-5-53 所示。

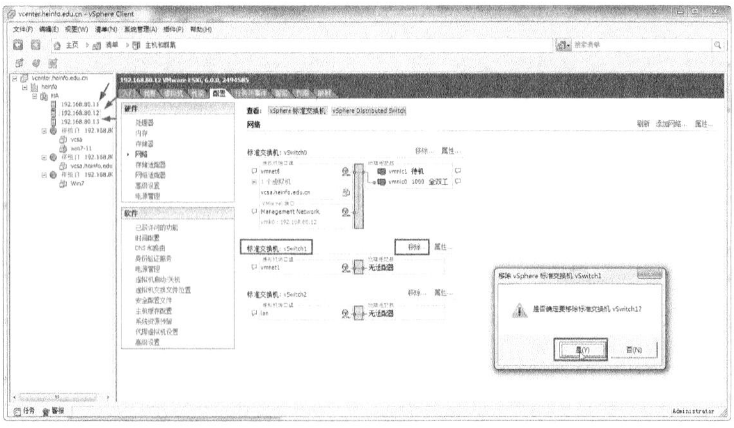

图 5-5-53　移除交换机

（2）删除之后，在“配置→网络”中将不会再有该标准交换机，如图 5-5-54 所示。

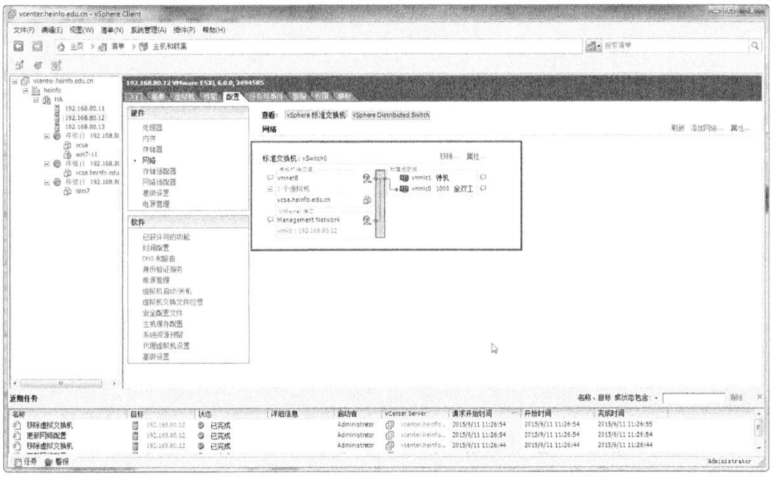

图 5-5-54　移除后的网络清单

对于网络中其他的 ESXi 主机，也要执行上面的操作移除不再使用的标准交换机，这些不一一介绍。

6. 删除无用的分布式端口组

在前面的操作中，我们创建的第一个分布式交换机默认添加了一个 dvPortGroup 端口组，这个端口组在实际规划中没有用，对于这个端口组，可以为其修改端口组属性，也可以将其删除。

（1）使用 vSphere Client 登录到 vCenter Server，在“主页→清单→网络”中，在左侧任务窗格选中分布式交换机“dvSwitch”，在右侧单击“网络”选项卡，选中不需要的端口组 dvPortGroup，右击在弹出的快捷菜单中选择“删除”，如图 5-5-55 所示。

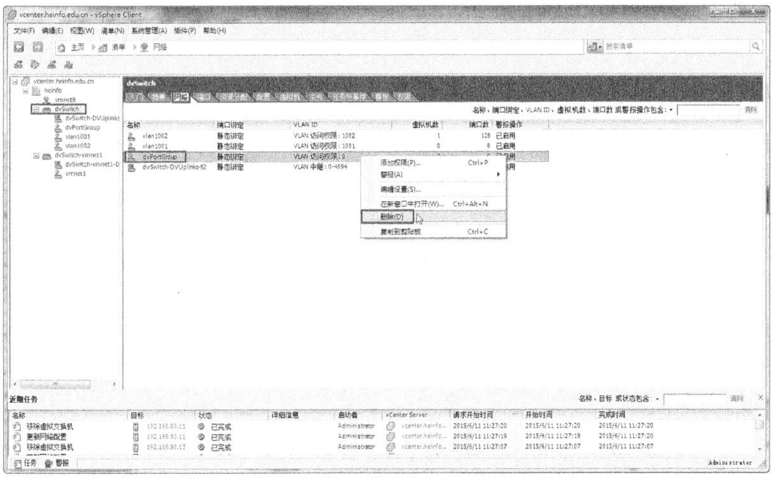

图 5-5-55　删除

（2）在弹出的“删除分布式端口组”对话框中单击“是”按钮，如图 5-5-56 所示。

（3）删除之后，只保留名为 vlan1001、vlan1002 的虚拟端口组及名为 dvsWitch-DVUplinks-xx 的上行链路，如图 5-5-57 所示。

图 5-5-56　确认删除

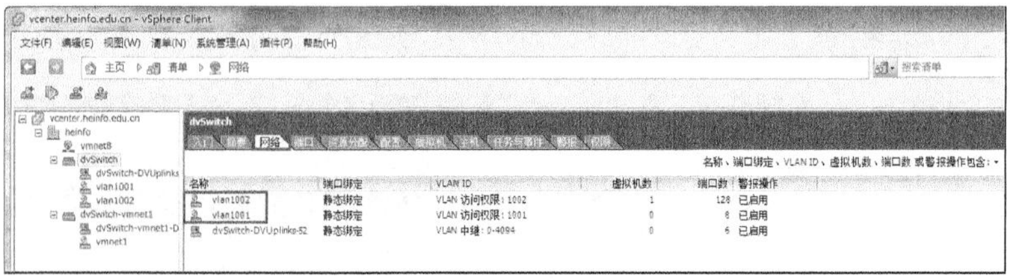

图 5-5-57　剩余的端口组

5.5.4　将标准交换机迁移到现有分布式交换机

本节将介绍将现有标准交换机迁移到分布式交换机的内容。本节内容与上一节类似，但又有所区别。因为有了上一节的基础，故我们只介绍不同之处。

（1）当前实验环境中有两个标准交换机，分别是 vSwitch0 及 vSwitch1，如图 5-5-58 所示。我们迁移的是 vSwitch1，这个交换机两个网卡上联到 192.168.10.0 网段。

（2）定位到“主页→清单→网络”，打开分布式交换机属性对话框，在“属性”选项卡中修改“上行链路端口数”为 4（原来为 2），如图 5-5-59 所示。这表示当前分布式交换机的上行链路将调整为 4（每个主机 4 个网卡）。

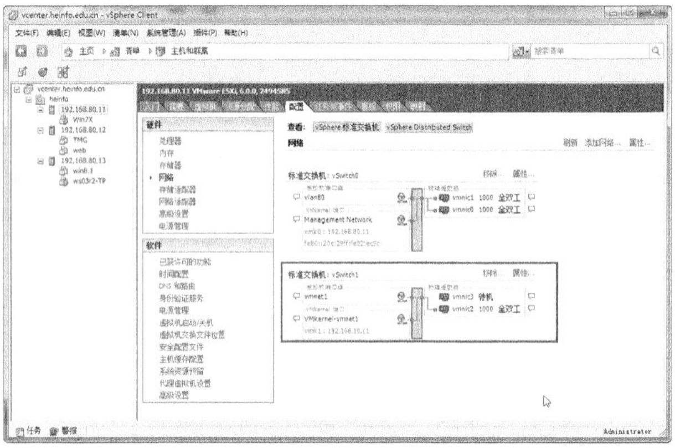

图 5-5-58　现有两个 VSS 一个 VDS

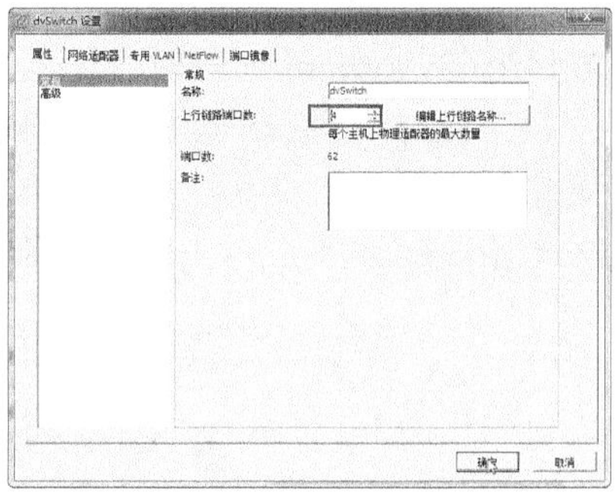

图 5-5-59　修改上行链路属性

（3）在现有分布式交换机中，新建一个“端口组”，设置端口组名称为 vmnet1，此端口组将与要迁移的标准交换机的端口组 vmnet1 对应。

（4）之后定位到“配置”选项卡，单击“vmnet1（新建端口组）”，可以看到当前端口组的上行链路是 4 个网卡，其中 dvUplink1 和 dvUplink2 是原来连接到交换机 Trunk 端口的网卡，而 dvUplink3 和 dvUplink4 还没有分配，是对应将要从标准交换机迁移过来的网卡，如图 5-5-60 所示。

（5）而原来的一些端口组，例如 vlan1001、vlan1002 等（这些是 VLAN 端口），上行链路连接到 Trunk 端口的网卡应该是 dvUplink1 和 dvUplink2，但现在也包括了 dvUplink3 和 dvUplink4。我们需要修改端口组的绑定顺序。右击 vlan1001，在弹出的对话框中选择“编辑设置”，如图 5-5-61 所示。

（6）在“策略→成组和故障切换”中将 dvUplink3 和 dvUplink4 移动到“未使用的上行链路”中，如图 5-5-62 所示。而让活动上行链路只使用 dvUplink1 和 dvUplink2，这两个网卡是连接到交换机 Trunk 端口的网卡。

对于其他的、原来分布式交换机上的端口组，也要修改绑定顺序，例如 vlan1004，也要只绑定 dvUplink1 和 dvUplink2，如图 5-5-63 所示。

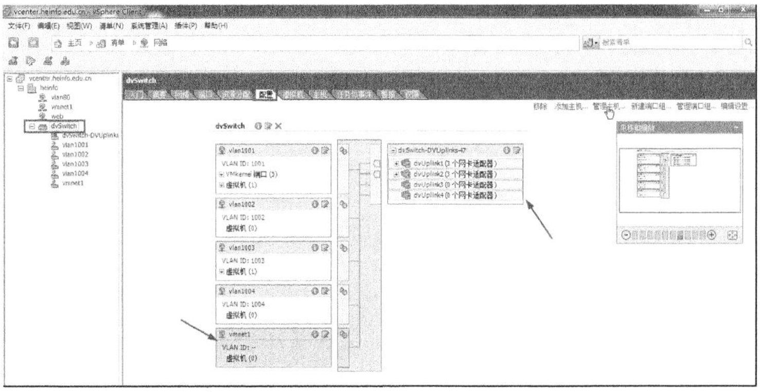

图 5-5-60　检查新建端口组上行链路

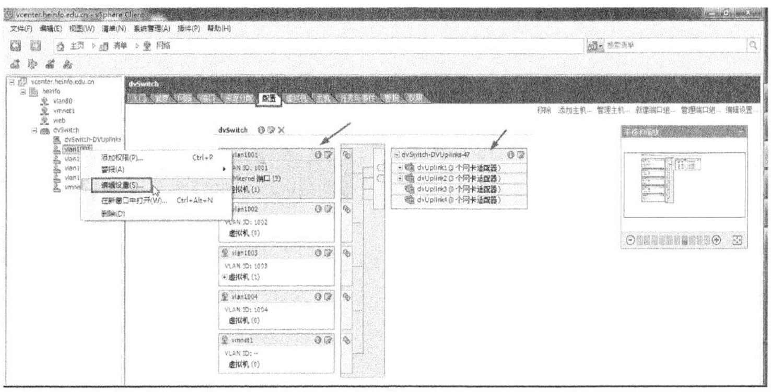

图 5-5-61　检查端口组上行链路并修改

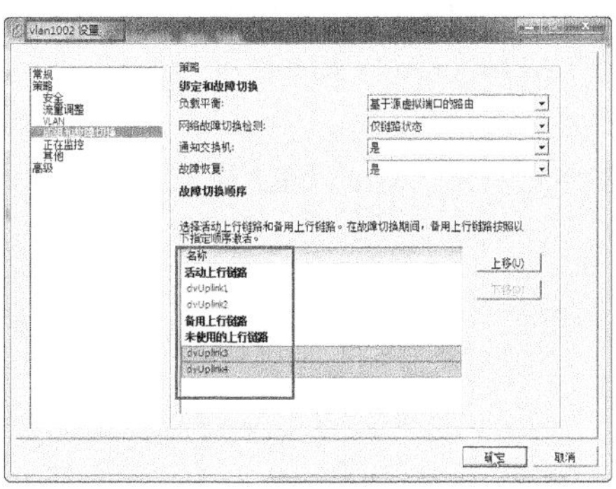

图 5-5-62　选择活动上行链路

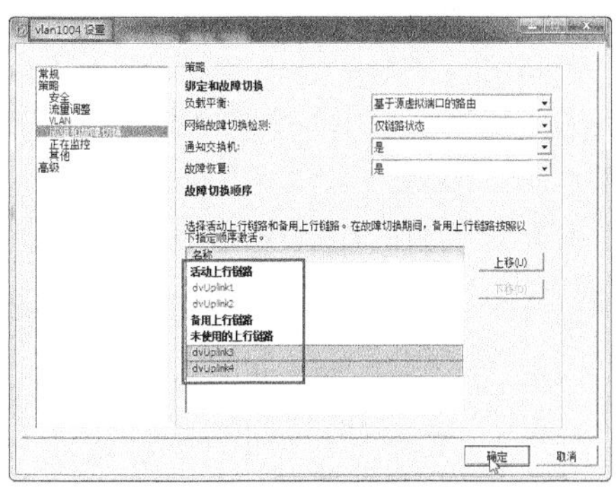

图 5-5-63　修改其他 vlan 端口组绑定顺序

（7）对于新建的端口组 vmnet1，则修改绑定上行链路为 dvUplink3 和 dvUplink4，如图 5-5-64 所示。

修改端口组的绑定顺序之后，开始迁移。

（1）在“配置”选项卡中单击“管理主机”，如图 5-5-65 所示。

（2）在“选择主机”对话框选择所有主机。在“选择物理适配器”对话框，在每个主机上选择 vmnic3 网卡，在“正由交换机使用”列表中显示了选中网卡所属的交换机，如图 5-5-66

所示。

（3）在“网络连接”对话框，将标记有黄色“！”的网络迁移到 vmnet1，如图 5-5-67 所示。你需要为每个主机都迁移目标端口组。

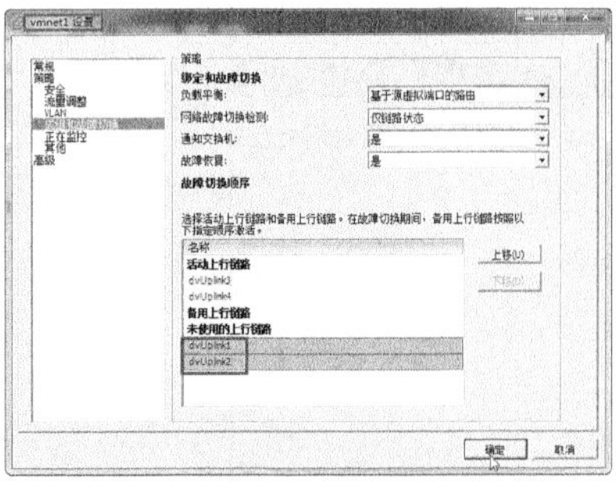

图 5-5-64 要迁移的端口组绑定的上行链路

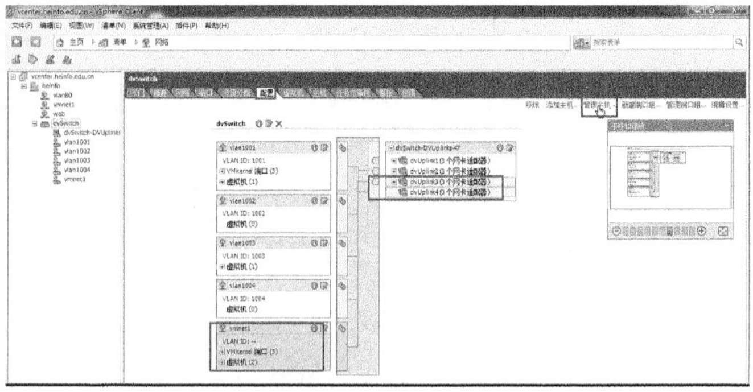

图 5-5-65 管理主机

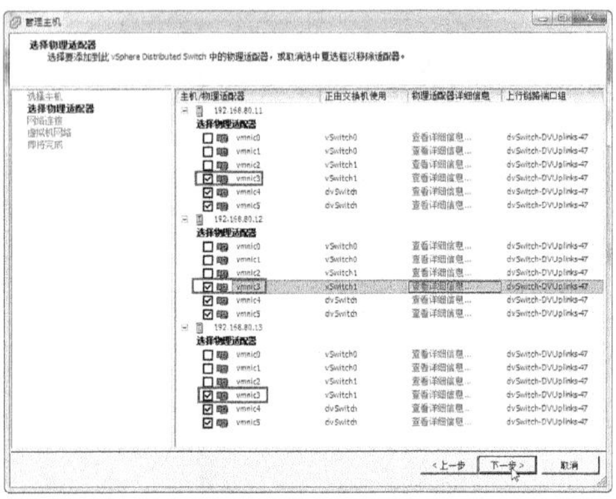

图 5-5-66 选择物理适配器

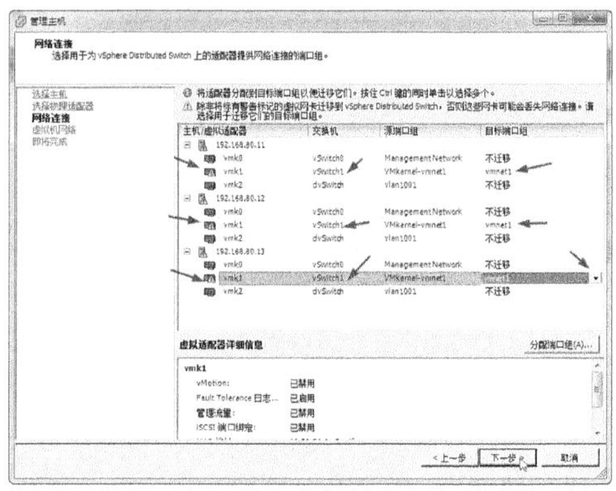

图 5-5-67 迁移目标端口组

（4）在“虚拟机网络”对话框选择迁移到 vSphere Distributed Switch 的虚拟机或网络适配器，不选中“迁移虚拟机网络”，如图 5-5-68 所示。因为我们要迁移的虚拟交换机有两个上行链路，迁移其中一个链路不会对网络造成影响。

（5）在“即将完成”对话框为新的 vSphere Distributed Switch 确认设置，检查无误之后单击“完成”按钮，如图 5-5-69 所示。

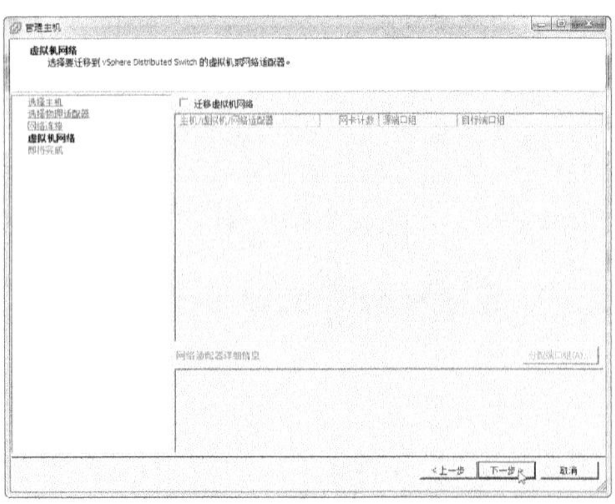

图 5-5-68 虚拟机网络

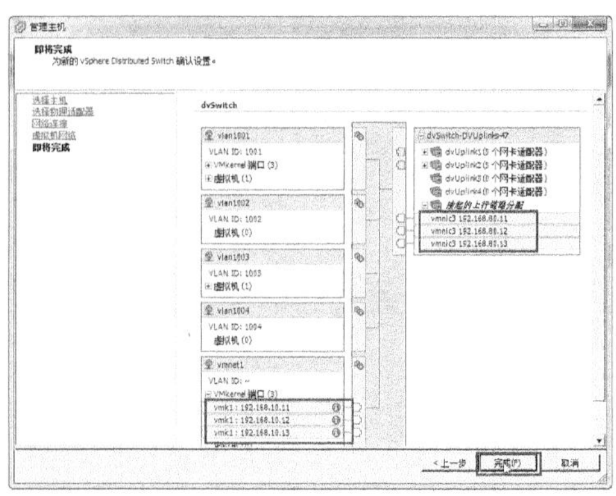

图 5-5-69 即将完成

在迁移完一个上行链路之后，检查虚拟机配置，凡是使用 vSwitch1 虚拟交换机端口组的虚拟机，将其网络标签改为迁移后的分布式交换机对应的端口组。

（1）当前一台 Windows 7 虚拟机正在使用原来的 vmnet1 端口组，并且使用 ping 命令，测试到网关的连通性，如图 5-5-70 所示，右击该虚拟机，选择“编辑设置”。

（2）修改“网络适配器”，将网络标签由原来的 vmnet1 改为 vmnet(dvSwitch)，如图 5-5-71 所示。

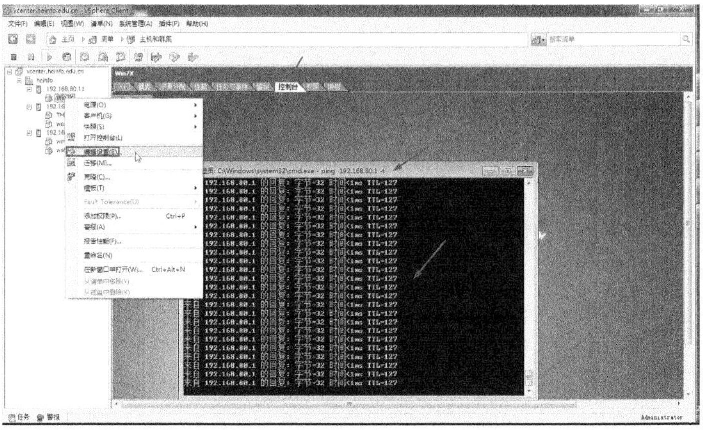

图 5-5-70　编辑设置

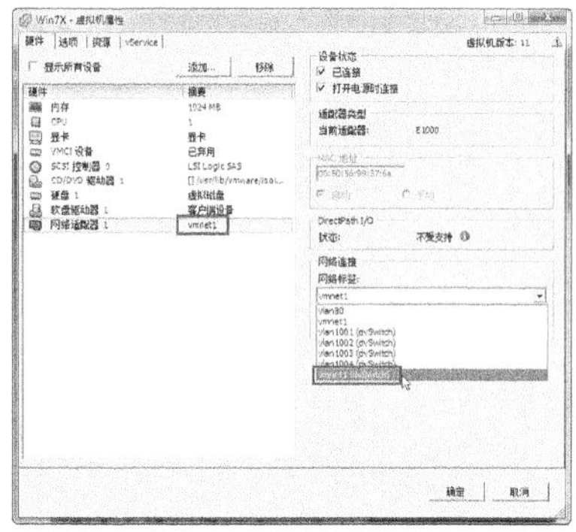

图 5-5-71　更改网络适配器标签

（3）返回到 vSphere Client 控制台之后，可以看到在修改网络标签（等于调整网络，将某个计算机的网线从一个端口“换”到另一端口）的过程中，网络没有中断，如图 5-5-72 所示。

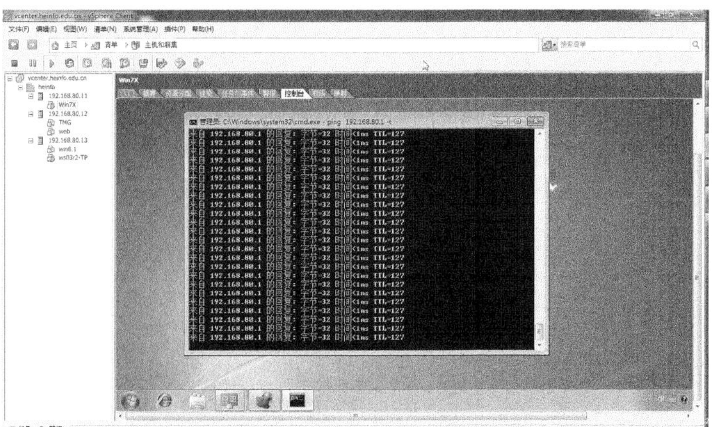

图 5-5-72　网络继续，没有中断

如果有其他虚拟机使用 vmnet1（涉及到迁移的虚拟机），则请一同修改网络标签。等所有的虚拟机完成修改之后，继续迁移，迁移可以参照图 5-5-65～图 5-5-69，在“选择物理适配器”对话框选择 vmnic2（欲迁移标准交换机的剩余的一个物理网卡），如图 5-5-73 所示。

迁移之后，在“配置”选项卡中，可以看到 vmnet1 端口组已经绑定了 dvUplink3 及 dvUplink4，这是原来标准交换机中的两个网卡，如图 5-5-74 所示。

最后在每个主机移除已经没有适配器的 vSwitch1 标准交换机，如图 5-5-75 所示。

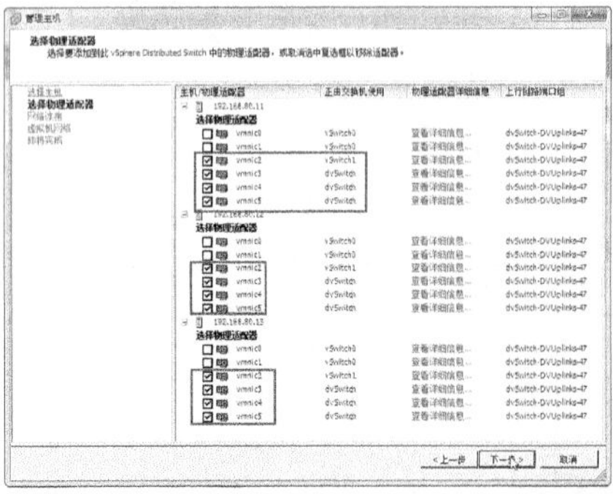

图 5-5-73 迁移最后一块网卡

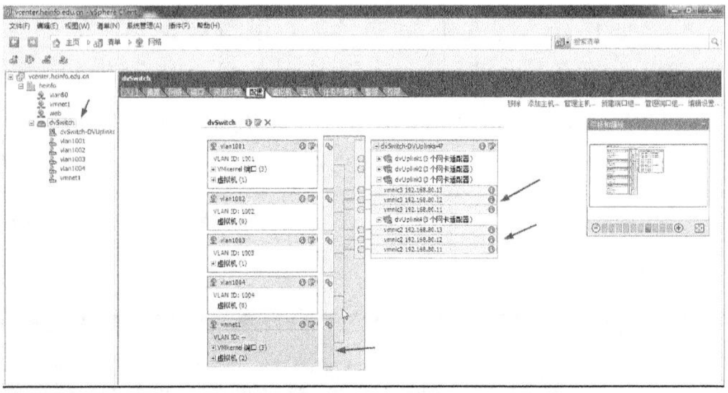

图 5-5-74 检查 vmnet1 上行链路

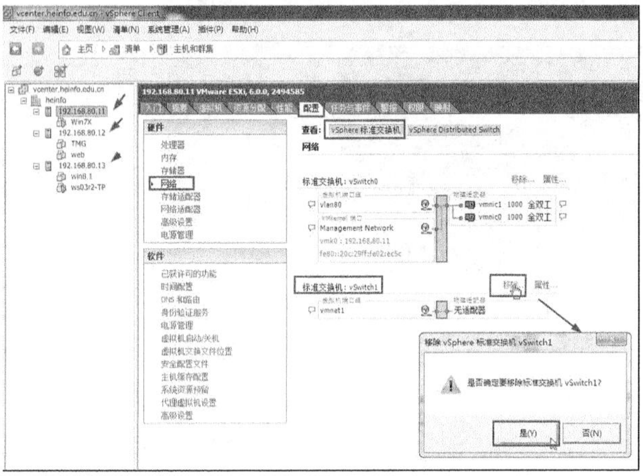

图 5-5-75 移除迁移完成的标准交换机

5.5.5 查看虚拟交换机的状态

在实际使用中，如果 VMware ESXi 的物理网卡的网线从交换机上拔出或断开，在“配置→网络”中，在“虚拟交换机”中，可以看到被断开的网卡会出现红色的“×”号，如图 5-5-76 所示。

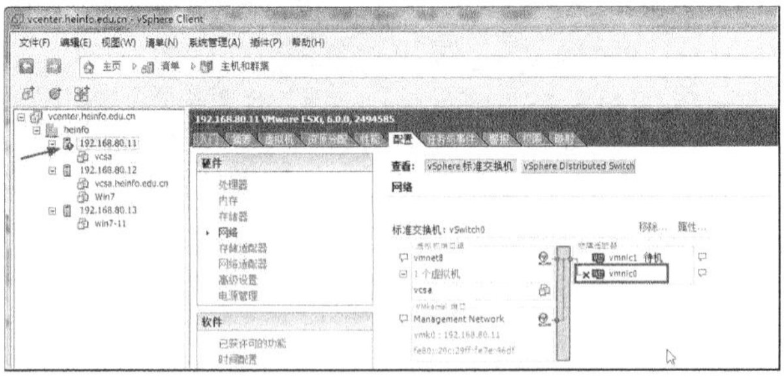

图 5-5-76 断开的网络

当环境中的主机出现故障，例如图 5-5-76 中的两个网卡其中有一个网线断开时，ESXi 主机左侧会有黄色的警报标志，在“警报”选项卡中会看到具体的报警信息，如图 5-5-77 所示。

如果虚拟机中只有一块物理网卡，当网线断开后，使用此虚拟交换机的虚拟机的网络也会断开；如果虚拟机交换机中有多块网卡时，只要有任意一个物理网卡处于连通状态，所有使用此虚拟交换机的虚拟的网络也会保持连通的状态。

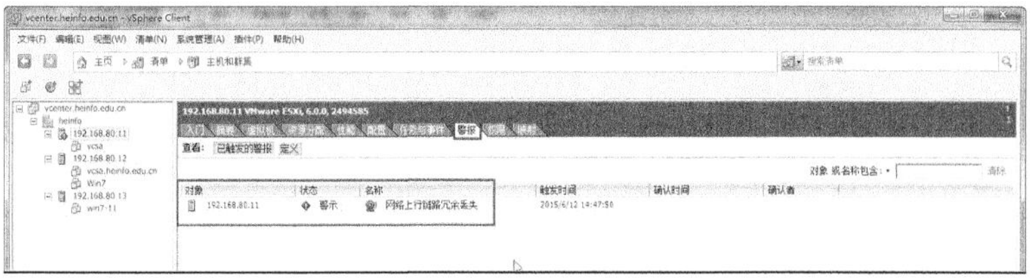

图 5-5-77　详细的警报

5.6　为 ESXi 添加共享存储

在传统的应用中，数据运行在哪台主机上，通常数据也保存在哪台主机上，即数据与环境在同一个计算机。而在实施虚拟化的过程中，大家需要理解这样一个概念：虚拟机运行位置、虚拟机存储位置是可以“分离”的，即虚拟机可以运行在 A 主机上，但正在运行的这个虚拟机的数据是保存在网络中的另一个存储（或服务器）中的。如果要实现虚拟机的“群集“或“容错”，或者要使用 vMotion 实现正在运行的虚拟机在不同主机之间的迁移，必须要使用共享的存储设备，即虚拟机数据文件保存在存储设备中，而虚拟机可以根据需要运行在不同的主机上，前提是存储要连接到这些主机并为这些主机使用。

现在专用的存储服务器通常通过光纤（FC）或 SAS 连接服务器。通常来说，采用 FC HBA 或 SAS HBA 接口卡的专用存储，在为其他服务器提供存储空间时，也需要服务器采用对应的 FC HAB 或 SAS HBA 接口卡。采用 FC HBA 或 SAS HBA 接口卡的好处是对于服务器来说，提供的存储像本地磁盘一样，除了做数据存储之外，还可以安装系统并用于系统的启动。

除了使用基于 FC HBA 或 SAS HBA 接口卡连接专用存储与服务器外，也有基于 IP 网络的存储使用传统的以太网为服务器提供存储空间。采用 IP 的存储，不需要专用的 FC HBA 或 SAS HBA 卡，只需要传统的以太网卡即可，这样节省了 FC HBA 与 SAS HBA 接口卡，组建成本较低。例如，通常来说，专用的 FC HBA 与 SAS HBA 接口卡，每个接口卡的价钱在人民币 3000～7000 元。而服务器都自带千兆网卡，即使采用 10GB 网卡，每个网卡大约 1500 元。从速度来看，FC HBA 提供 8Gbps 的速度，SAS HBA 提供 6Gpbs 的速度，千兆网卡提供 1Gbps 的速度，10GB 网卡（万兆以太网卡）提供 10Gbps 的速度。

对于要求比较高的用户，可以采用 FC HBA 接口卡的存储，通常情况下，这种存储可以同时接 2 个或 4 个服务器，如果外接服务器数量较多，可以采用 FC 交换机进行扩展。而在采用 SAS HBA 接口卡的存储时，一般一个有双控制器的存储，每个控制器可以有 3 个接口用来连接服务器，这样 2 个控制器可以接 6 台（推荐 3 台，每台服务器两条 SAS 线接每个控制器的其中一个端口，以实现冗余。如果服务器只使用一条 SAS 连接到双控制的存储上，存储状态为“已降级”，但不会影响使用，只是没有冗余而已）。

对存储的速度要求不太高并对价格敏感的用户采用基于 iSCSI 的存储也是一种选择，但在大多数的生产环境中，iSCSI 的存储主要用来做备份，而不是保存虚拟机。另外，在学习 VMware vSphere 的过程中，配置 iSCSI 存储用作实验也是一种方法，在本章中将用图 5-6-1 所示的拓扑（这是图 5-1-2 的另一种画法），为网络中的每台 ESXi 主机添加 iSCSI 存储，用于继续做后面的实验。

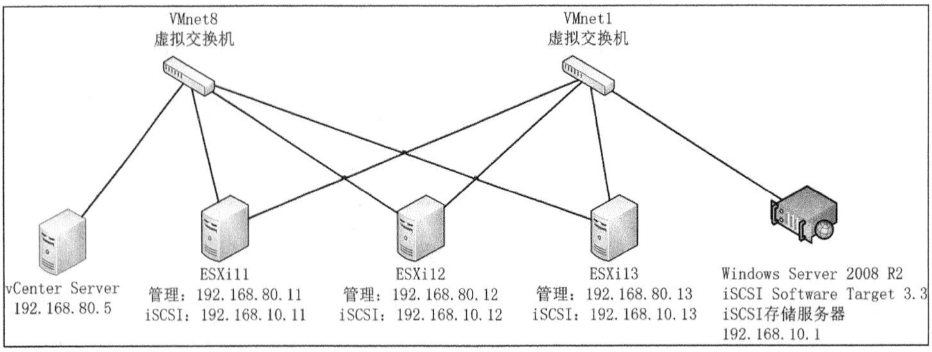

图 5-6-1　实验拓扑

因为在本书第 3 章已经介绍过为 ESXi 添加 iSCSI 软件适配器、使用 ESXi 连接 iSCSI 存储的内容，所以本节只是介绍关键的步骤。在下面的操作中，将为 ESXi11、ESXi12、ESXi13 三台主机添加 iSCSI 服务器，服务器的地址是 192.168.10.1，并简单介绍在 iSCSI 服务器为这三台服务器添加目标的方法。

（1）使用 vSphere Client 登录到 vCenter Server 或 ESXi，在左侧选中一台主机，在“配置→存储适配器”选项中，为主机添加 iSCSI 软件适配器，之后选中 iSCSI 软件适配器，单击“属性”链接，如图 5-6-2 所示。

（2）打开“常规”选项卡，单击“配置”按钮，将第 1 台 ESXi 主机的“iSCSI 名称”的后缀改为“esx11-80.11”，如图 5-6-3 所示。

图 5-6-2　属性

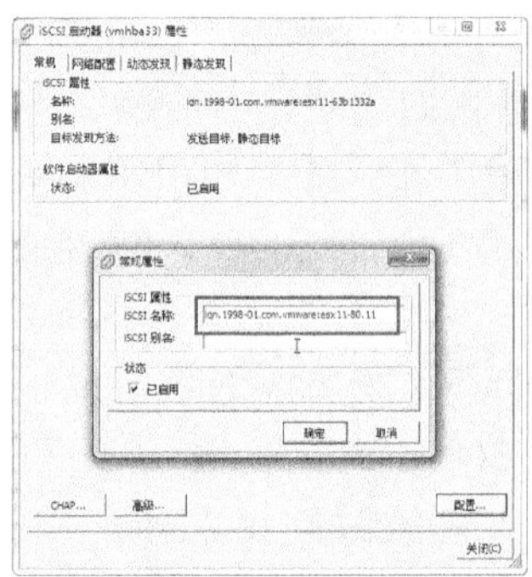

图 5-6-3　修改 iSCSI 属性

（3）然后在“动态发现”选项卡添加 iSCSI 服务器的地址 192.168.10.1，如图 5-6-4 所示。

另外两台 ESXi 主机也要修改“iSCSI 名称”（见图 5-6-5、图 5-6-6），分别改为后缀是 esx12-80.12 及 esx13-80.13 的名称。

在 ESXi 主机这一端配置好之后，远程登录到做 iSCSI 服务器的 Windows Server 2008 R2，打开“Microsoft iSCSI Software Target”，为这 3 台主机分配存储空间。因为在前面的章节已经配置过了存储服务器，所以介绍主机步骤。

【说明】 在下面的操作中，将原来分配给其他 ESXi 主机的存储空间收回，分配给此次实验的 3 台主机。在真正的生产环境中，只有确认主机不再使用存储空间，才可以删除。

（1）在“iSCSI 目标”选项中，在右侧选中已经分配好的目标，右击，在弹出的快捷菜单中选择“属性”，如图 5-6-7 所示。

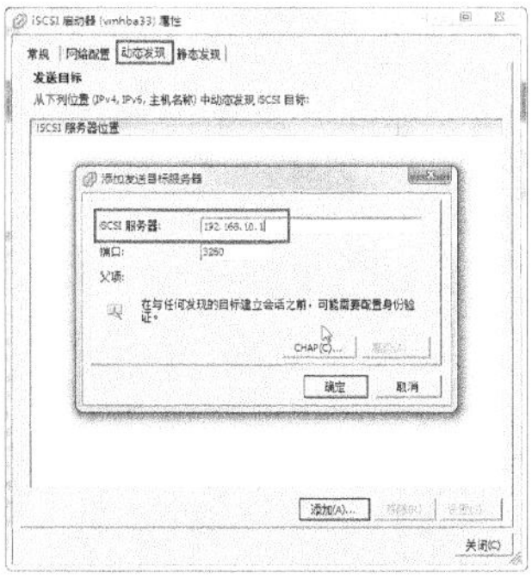

图 5-6-4　添加 iSCSI 服务器地址

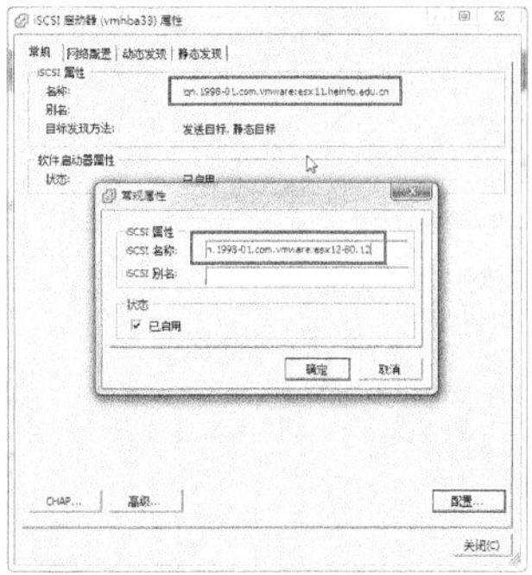

图 5-6-5　修改第 2 台主机 iSCSI 名称

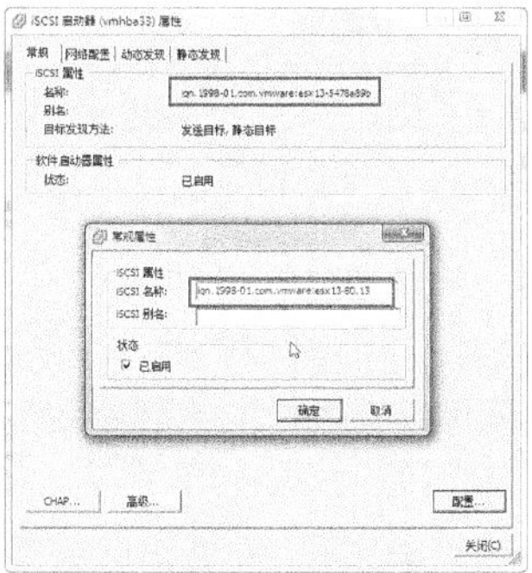

图 5-6-6　修改第 3 台主机 iSCSI 名称

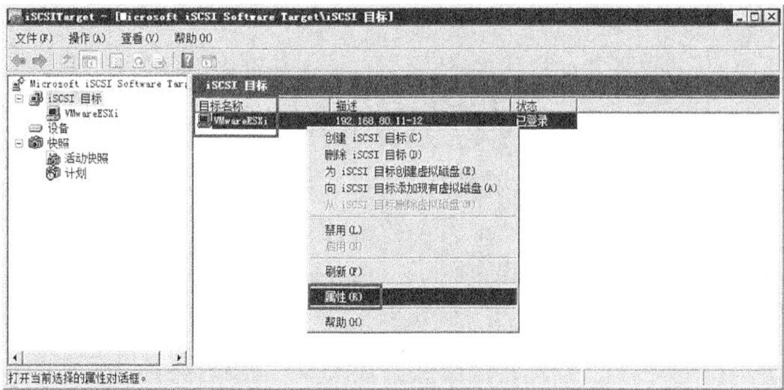

图 5-6-7　目标属性

（2）在“iSCSI 发起程序”选项卡“标识符”列表中，选中所有的目标，单击“删除”按钮，将原来分配给其他实验主机的地址删除，如图 5-6-8 所示。

（3）在弹出的对话框中单击“是”按钮，如图 5-6-9 所示。

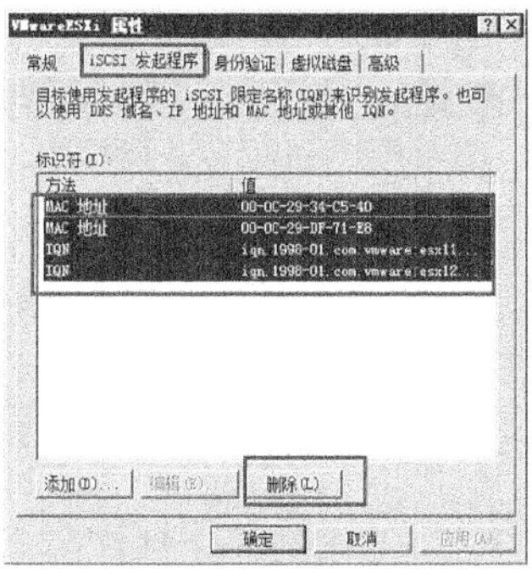

图 5-6-8　删除分配给其他主机的标识符

图 5-6-9　确认删除

（4）返回到“iSCSI 发起程序”选择卡，单击“添加”按钮，如图 5-6-10 所示。

（5）在“标识符类型”处选择“IQN”，单击“浏览”按钮，在弹出的“添加 iSCSI 发起程序”对话框“iSCSI 发起程序”列表中选择后缀为 80.11、80.12、80.13 的 iqn，如图 5-6-11 所示。

（6）返回到图 5-6-10 所示界面中，在“标识符”中已经添加了 iSCSI 发起程序，如图 5-6-12 所示，然后单击“确定”按钮完成配置。

最后返回到 vSphere Client，重新扫描存储之后，添加 iSCSI 存储服务器分配的共享空间，只需要在其中一台主机上添加，在其他主机刷新即可，主要步骤如下。

（1）使用 vSphere Client 登录到 ESXi 或 vCenter Server，在左侧选中一个主机，在右侧选择“配置→存储器”，从列表中可以看到，当前主机只有本地存储。单击“添加存储器”链接，如图 5-6-13 所示。

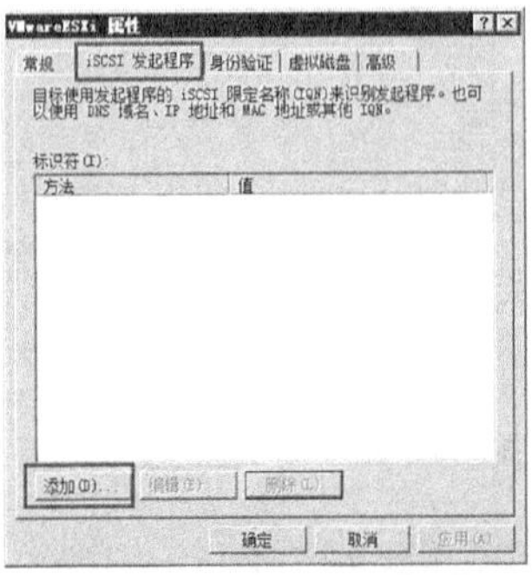

图 5-6-10　添加新标识符

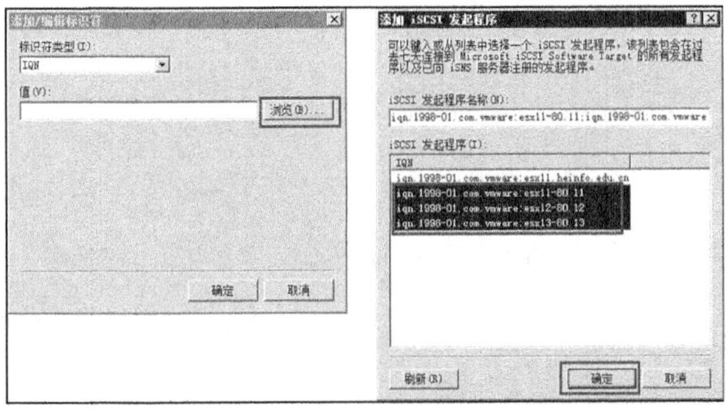

图 5-6-11　添加 iSCSI 发起程序

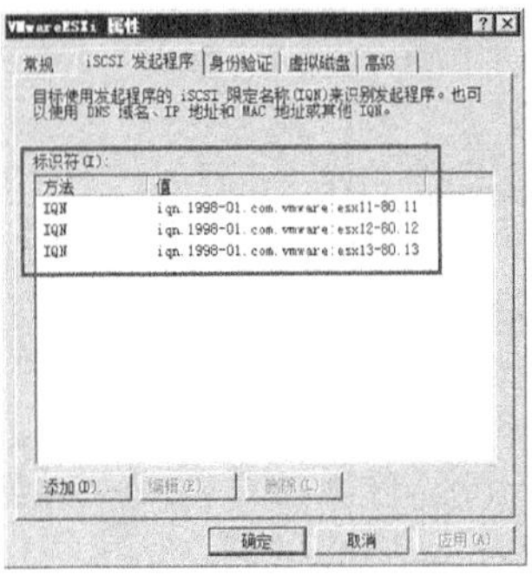

图 5-6-12　配置完成

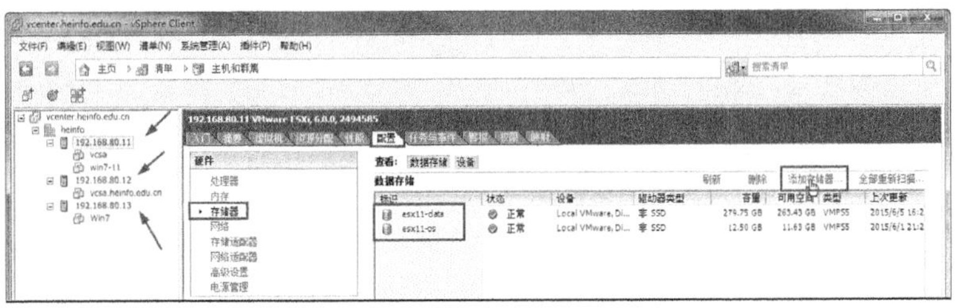

图 5-6-13　添加存储器

（2）在“选择磁盘/LUN”对话框中选择一个可用的磁盘或 LUN，如图 5-6-14 所示。

图 5-6-14　选择磁盘或 LUN

（3）因为该存储原来分配给过其他 ESXi 主机，所以会出现“选择 VMFS 挂载选项”对话框，在此选择“分配新签名”，这样将会保留现有数据并挂载该磁盘上存在的 VMFS 卷，如图 5-6-15 所示。如果选择“保留现有的签名”，那么这个存储可能不会在其他主机显示，只会显示在当前添加存储的主机中。如果选择“格式化磁盘”，将会把该存储数据格式化，并创建新的数据存储。

（4）在“即将完成”对话框单击“完成”按钮，完成存储的添加，如图 5-6-16 所示。

添加存储之后，存储的名称有可能变为“snap-xxxxx-xxxx”，如图 5-6-17 所示。你可以将存储改名，例如将其改为 iscsi-data。

在另外两台主机扫描并发现新添加的存储后，可能主机前面会有黄色的报警信号，你可以在“摘要”中查看这个信息，此时信息提示为“在主机上找到已弃用的 VMFS 卷。请考虑将卷升级到最新版本”，如图 5-6-18 所示。

对于这种情况，只要将主机“重新引导”（见图 5-6-19）即可解决。

再次进入系统后，将变为正常。如图 5-6-20 所示，每个主机的信息都变为正常。

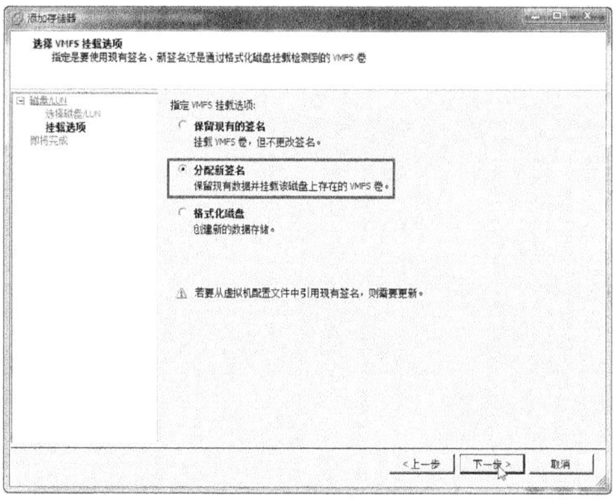

图 5-6-15　选择 VMFS 挂载选项

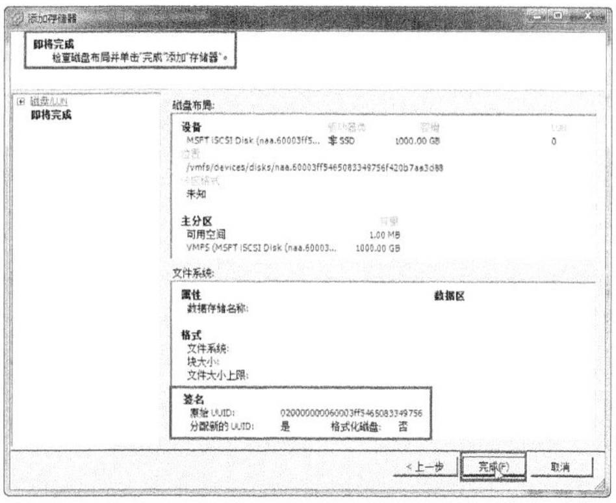

图 5-6-16　添加存储完成

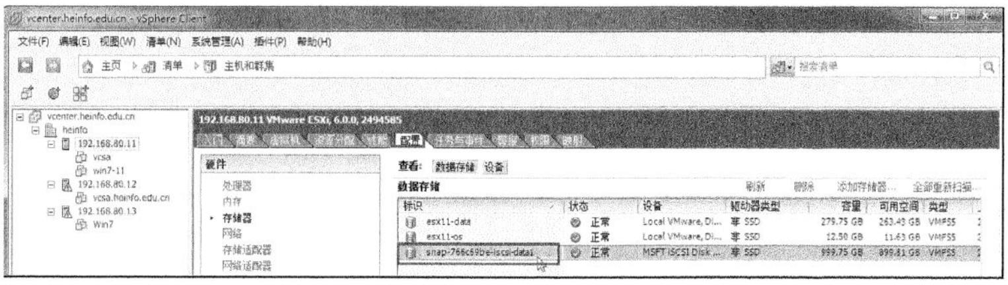

图 5-6-17　存储名称

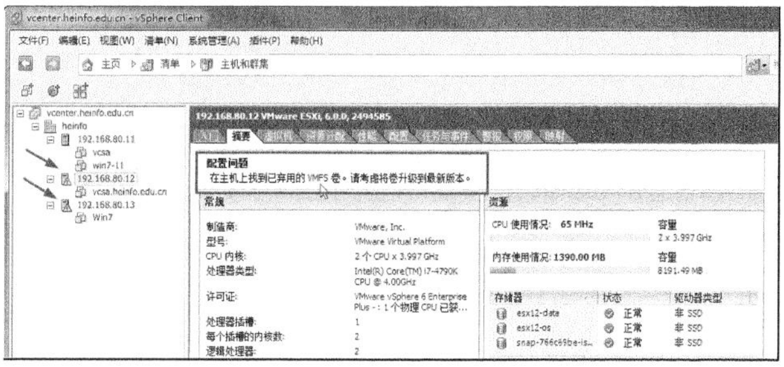

图 5-6-18　报警信息

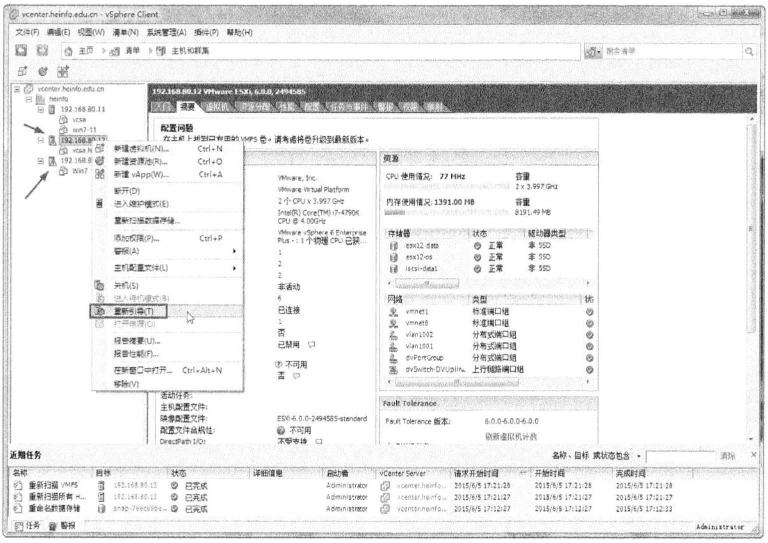

图 5-6-19　重新启动主机

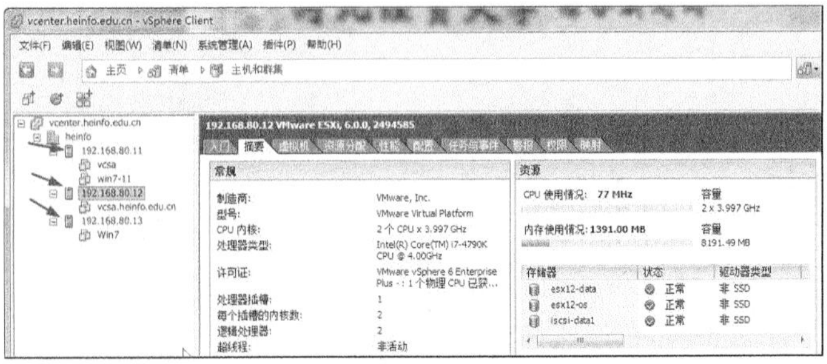

图 5-6-20　主机信息恢复为正常

5.7　热迁移与冷迁移虚拟机

在 vSphere 数据中心中有多台主机，而每个主机上会运行一台或多台的虚拟机。当出于某种目的进行主机维护时，需要将某台主机上运行或关闭的虚拟机“迁移”到其他主机上。如何在不同主机间，根据管理的需要，将虚拟机“迁移”或“移动”到其他主机呢？

管理员可以使用 vSphere Client（或 vSphere Web Client）登录 vCenter Server，将处于 vCenter Server 管理的 ESXi 主机中的虚拟机，使用热迁移或冷迁移的方式，将虚拟机从一个主机或存储位置移至另一位置。例如，您可使用 vSphere vMotion 将已打开电源的虚拟机从主机上移开，以便执行维护，平衡负载，并置相互通信的虚拟机，将多个虚拟机分离以最大限度地减少故障域，迁移到新服务器硬件等。

您可使用冷迁移或热迁移将虚拟机移至其他主机或数据存储。

迁移是指将虚拟机从一个主机（本地硬盘）或共享存储位置移动到另一个主机的本地硬盘或存储位置的过程。迁移与复制或部署是不同的，复制或部署虚拟机是指创建新的虚拟机，并不是迁移形式。在 VMware ESXi 中，虚拟机可以保存在本地主机存储中，也可以保存在网络存储中。两种迁移方式如表 5-7 所示。

表 5-7　冷迁移与热迁移对比

名　称	描　述
冷迁移	可将已关闭电源或已挂起的虚拟机移至新主机。您可选择将已关闭电源或已挂起虚拟机的配置文件和磁盘文件重定位到新的存储位置。您也可以使用冷迁移将虚拟机从一个数据中心移至另一数据中心。要执行冷迁移，您可手动移动虚拟机或设置调度的任务
热迁移（实时迁移）	根据您使用的迁移类型是 vMotion，还是 Storage vMotion，您可以将已打开电源的虚拟机移至其他主机，或者将其磁盘或文件夹移至其他数据存储，而不破坏虚拟机的可用性。同时，您还可以将虚拟机移动至其他主机和其他存储位置。 vMotion 也称为实时迁移或热迁移

【说明】 复制虚拟机是指创建新的虚拟机，并不是迁移形式。通过克隆虚拟机或复制其磁盘和配置文件可以创建新的虚拟机，克隆并不是迁移的一种形式。

在执行虚拟机迁移时，根据虚拟机资源类型，可以执行多种迁移。

（1）仅更改计算资源。仅更改计算资源是指将虚拟机（而不是其存储）移动至其他计算资源，如主机、群集、资源池或 vApp。可以使用 vMotion 将已打开电源的虚拟机移至另一计算资源。也可使用冷迁移或热迁移将虚拟机移动至另一主机。

（2）仅更改虚拟机数据存储。将虚拟机及其存储（包括虚拟磁盘、配置文件或其组合）移至同一主机上的新数据存储。您可使用冷迁移或热迁移更改数据存储。您可使用 Storage vMotion 将已打开电源的虚拟机及其存储移至新数据存储。

（3）以上两者都有，更改计算资源和存储。将虚拟机移至另一主机，并同时将其磁盘或虚拟机文件夹移至另一数据存储。您可使用冷迁移或热迁移更改主机和数据存储。在 Distributed Switch 之间移动虚拟机网络时，与虚拟机的网络适配器相关联的网络配置和策略将传输到目标交换机。

在 vSphere 6.0 和更高版本中，可以通过在下面这些类型的对象之间进行迁移，实现在 vSphere 站点之间移动虚拟机。

（1）迁移至另一虚拟交换机。将虚拟机网络移动至另一类型的虚拟交换机。可以在无需重新配置物理和虚拟网络的情况下迁移虚拟机。执行冷迁移或热迁移时，可以将虚拟机从一个标准交换机移动至另一标准交换机或 Distributed Switch，或者从一个 Distributed Switch 移动至另一个 Distributed Switch。

（2）迁移至另一个数据中心。在数据中心之间移动虚拟机。执行冷迁移或热迁移时，可以更改虚拟机的数据中心。对于目标数据中心内的网络连接，可以在 Distributed Switch 上选择一个专用端口组。

（3）迁移至另一个 vCenter Server 系统。在以增强型链接模式连接的两个 vCenter Server 实例之间移动虚拟机。还可以在彼此相距较远的两个 vCenter Server 实例之间移动虚拟机。

5.7.1　迁移虚拟机的实验环境

在 vSphere 中，使用 vCenter Server 迁移虚拟机是比较简单与方便的事情，本节将通过图 5-7-1 所示的网络拓扑来介绍迁移虚拟机的操作。

在图 5-7-1 中，在 ESXi11、ESXi13 各有一台 Windows 7 的虚拟机，ESXi11、ESXi12、ESXi13 使用并添加了 192.168.10.1 分配的 iSCSI 存储。

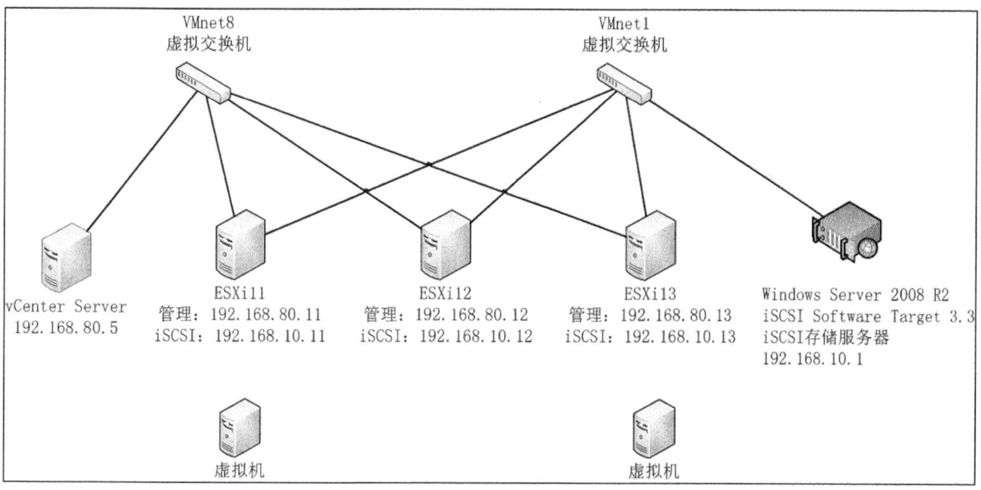

图 5-7-1　迁移虚拟机实验环境

初学者可能认为虚拟机的迁移很“高深”，实际上，虚拟机迁移是很容易理解的。由于虚拟机可以保存在本地存储，也可以保存在网络存储。所谓虚拟机的迁移，就是将保存在一台服务器中的虚拟机“移动”到另一台服务器。在“移动”虚拟机的过程中，如果虚拟机保存在源服务器的本地存储中，则需要将源虚拟机在目标服务器中创建一个完整的克隆，在完成克隆之后，从源服务器删除要迁移的虚拟机，所以这种迁移叫“更改主机与数据存储”。如果虚拟机保存在数据存储中，则不需要复制虚拟机，只是将虚拟机从源主机更改到目标主机，这种迁移叫“更改主机”。

5.7.2 冷迁移虚拟机

冷迁移是指在跨群集、数据中心和 vCenter Server 实例的主机之间迁移已关闭或已挂起的虚拟机。通过使用冷迁移，您还可将关联磁盘从一个数据存储移至另一个数据存储。

相较于使用 vMotion，使用冷迁移可以降低目标主机的检查要求。例如，当虚拟机包含复杂的应用程序设置时请使用冷迁移，vMotion 期间的兼容性检查可能会阻止虚拟机移至另一个主机。

您必须先关闭或挂起虚拟机，然后才能开始冷迁移过程。将迁移挂起的虚拟机视为冷迁移是因为尽管虚拟机已开启，但未在运行。

如果尝试迁移使用 64 位操作系统配置的已关闭虚拟机，将虚拟机迁移至不支持 64 位操作系统的主机时，vCenter Server 会生成警告。否则，通过冷迁移已关闭的虚拟机时，不会应用 CPU 兼容性检查。

迁移挂起的虚拟机时，虚拟机的新主机必须符合 CPU 兼容性要求，因为虚拟机必须能够在新主机上恢复执行。

冷迁移包含以下操作。

（1）如果选择移至其他数据存储的选项，则会将包括 NVRAM 文件（BIOS 设置）在内的配置文件、日志文件和挂起文件从源主机移至目标主机的关联存储区域。您也可选择移动虚拟机的磁盘。

（2）虚拟机在新主机中注册。

（3）如果选择了移至其他数据存储的选项，则在迁移完成后，会将旧版本的虚拟机从源主机和数据存储中删除。

在默认情况下，虚拟机冷迁移、克隆和快照的数据通过管理网络传输。该流量称为置备流量。此流量未经加密，但是使用行程长度编码的数据。

在主机上，可以将单独的 VMkernel 网络适配器专门用于置备流量，例如在另一 VLAN 上隔离此流量。在主机上，只能为置备流量分配最多一个 VMkernel 适配器。

如果计划传输管理网络无法容纳大流量虚拟机数据，或者想要在不同于管理网络的子网中隔离冷迁移流量（例如，对于远距离迁移），请将主机上的冷迁移流量重定向至专门用于冷迁移，以及克隆已关闭虚拟机的 TCP/IP 堆栈。

在下面的操作中，将把 192.168.80.11 主机中的 win7-11 虚拟机迁移到“ESX-1”数据中心中的 192.168.80.13 的主机上，步骤如下。

（1）如果预迁移的虚拟机正在运行，请将其关闭。在本示例中，名为 win7-11 的虚拟机已经关闭。然后在左侧选中该虚拟机，在“摘要→存储器”中查看该虚拟机使用的存储，如图 5-7-2 所示，该虚拟机使用的是 192.168.80.11 主机上的存储 esx11-data。

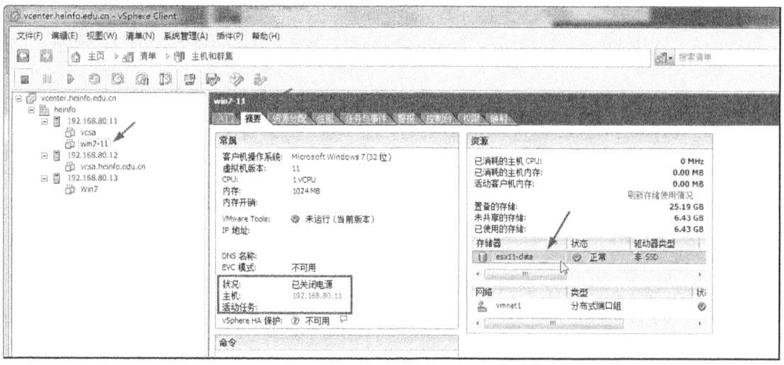

图 5-7-2　查看主机状态、使用的存储

（2）用鼠标右击预迁移的虚拟机，在弹出的快捷菜单中选择“迁移”选项，如图 5-7-3 所示。

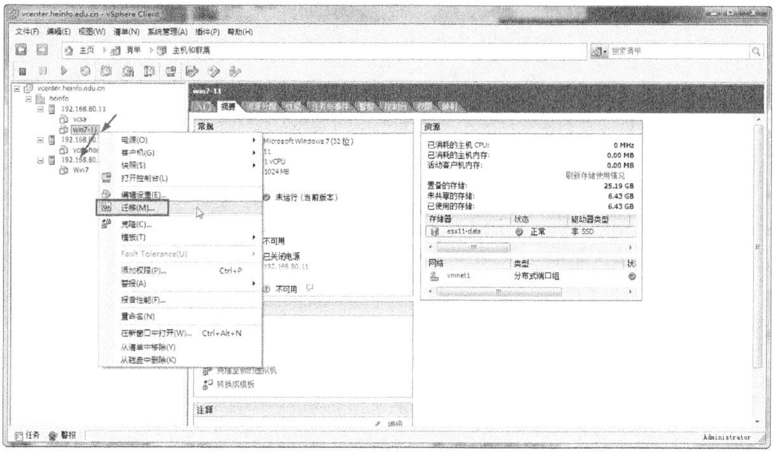

图 5-7-3　迁移

（3）在“选择迁移类型”对话框中选择“更改主机和数据存储”单选按钮，如图 5-7-4 所示。

（4）在“选择目标”对话框中迁移用于该虚拟机迁移的目标主机和群集，在本示例中，选择“192.168.80.13”的主机，如图 5-7-5 所示。

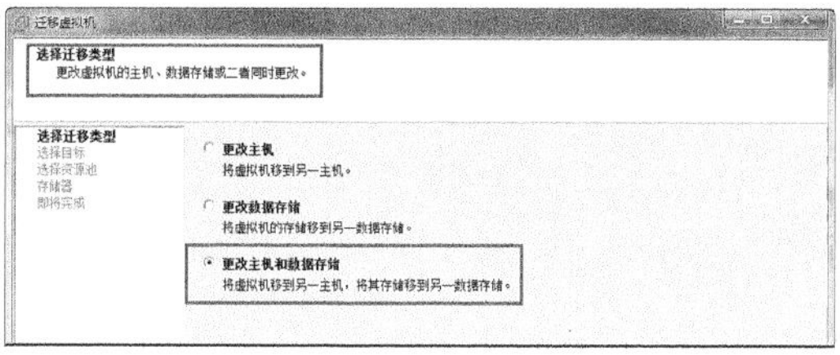

图 5-7-4　更改主机和存储

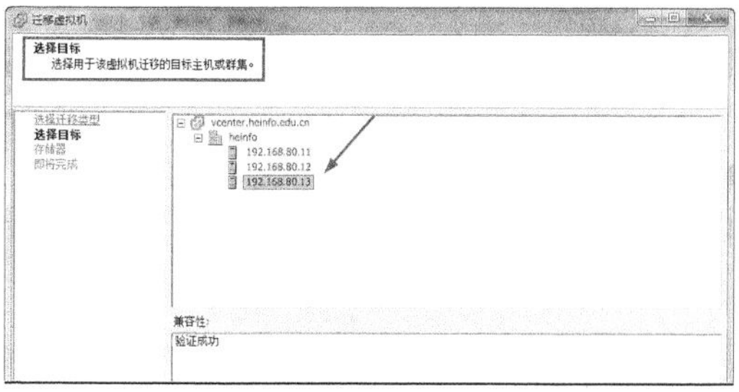

图 5-7-5　选择目标

（5）在“存储器”对话框中选择目标主机的存储，在“选择虚拟磁盘格式”下拉列表中选择迁移后的虚拟机虚拟磁盘格式，这可以在“与源格式相同、厚置备延迟置零、厚置备置零、Thin Provision”之间选择，如图 5-7-6 所示。

（6）在“即将完成”对话框显示了迁移的参数，检查无误之后单击“完成”按钮，如图 5-7-7 所示。

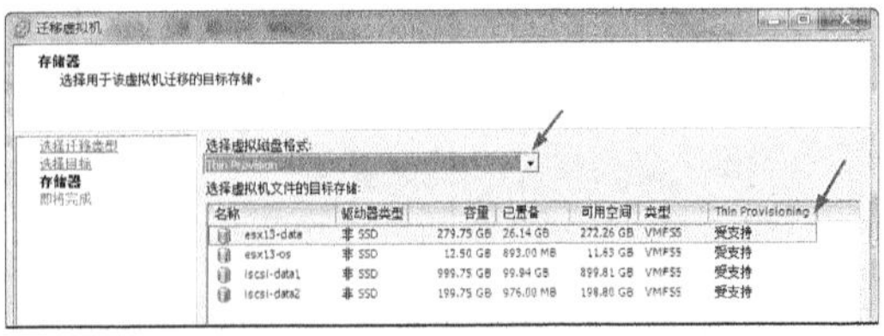

图 5-7-6　存储器选择

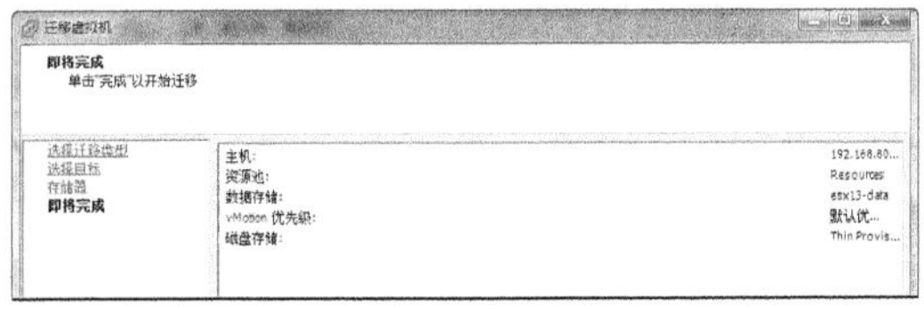

图 5-7-7　即将完成

（7）之后开始迁移虚拟机，在“近期任务”中会有显示，当迁移完成之后，win7-11 会在 192.168.80.13 虚拟机中，如图 5-7-8 所示。

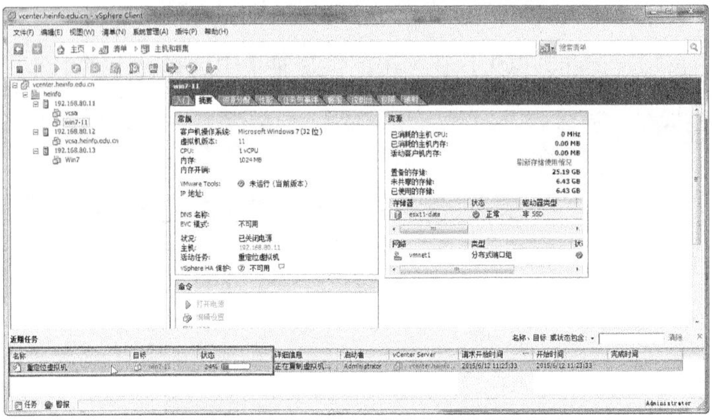

图 5-7-8　迁移进程

5.7.3　更改虚拟机的数据存储

使用“迁移”功能，还可以更改虚拟机的存储。例如，如果某个虚拟机保存在本地存储，可以使用这一功能将其更改到网络存储中，反之亦然。在本示例中，将把 192.168.80.11 中的 win7 虚拟机的保存位置改为共享存储，主要步骤如下。

（1）右击 win7 虚拟机，在弹出的快捷菜单中选择“迁移”选项，如图 5-7-9 所示。

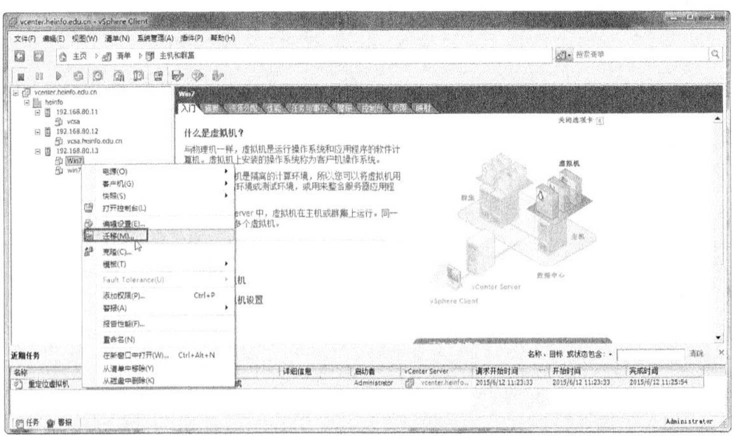

图 5-7-9　迁移

（2）在“选择迁移类型”对话框中单击“更改数据存储”单选按钮，如图 5-7-10 所示。

（3）在“存储器”对话框中选择网络存储，如图 5-7-11 所示。

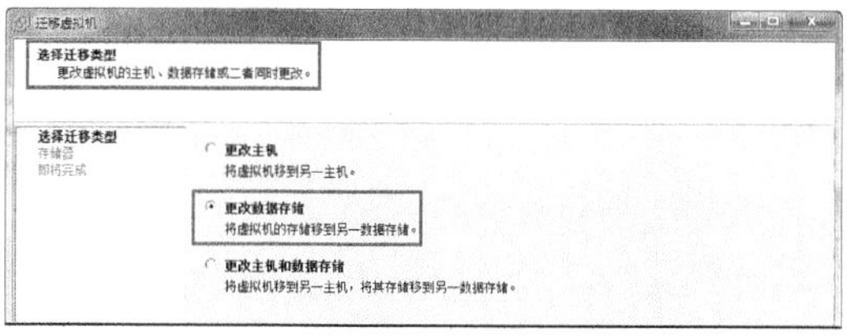

图 5-7-10　更改数据存储

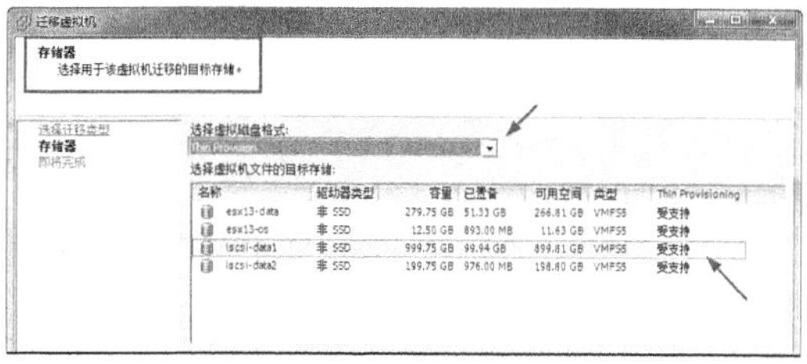

图 5-7-11　选择网络存储

（4）在“即将完成”对话框显示选择的相关信息，如图 5-7-12 所示。之后单击“开始”按钮迁移。

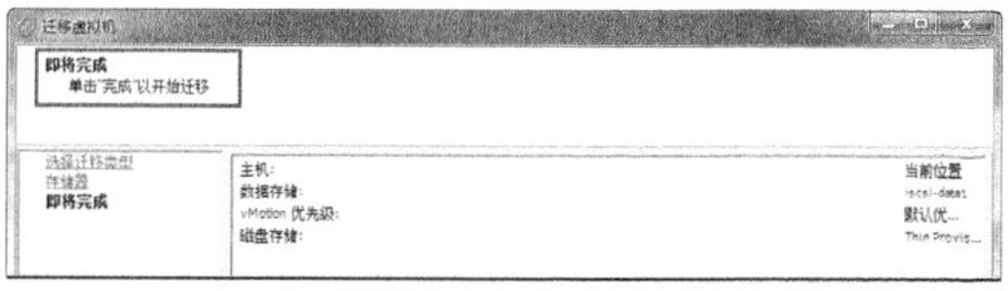

图 5-7-12　即将完成

（5）之后会完成数据存储的更改及迁移，在迁移完成后，在“摘要”里面可以看到迁移后的虚拟机保存在名为 iscsi-data1 的网络存储中，如图 5-7-13 所示。

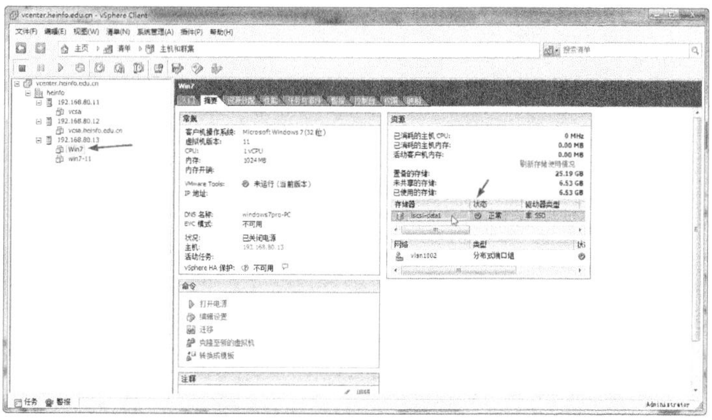

图 5-7-13　查看磁盘

5.7.4　为热迁移虚拟机启用 vMotion 功能

如果要在虚拟机运行的时候迁移虚拟机到其他主机或更改虚拟机的存储，则需要启用 vMotion 功能，在 VMware ESXi 中，vMotion 功能默认没有启用，在下面的操作中启用这项功能。

【说明】你要为网络中的每台 ESXi 启用 vMotion 功能，下面以 192.168.80.11 主机为例，其他主机操作与此类似。另外，如果在大型的网络中，应该为 vMotion 功能选择单独的网络，而不是与管理网络“共用”。

（1）在“配置→网络”中，在“标准交换机：vSwitch0”中，单击“属性”链接，如图 5-7-14 所示。

（2）在打开的“vSwitch0 属性”对话框中选中“Management Network”，然后单击“编辑”按钮，在打开的“Management Network”对话框 “常规”选项卡中，选中“vMotion”

复选框，启用 vMotion 功能，如图 5-7-15 所示。

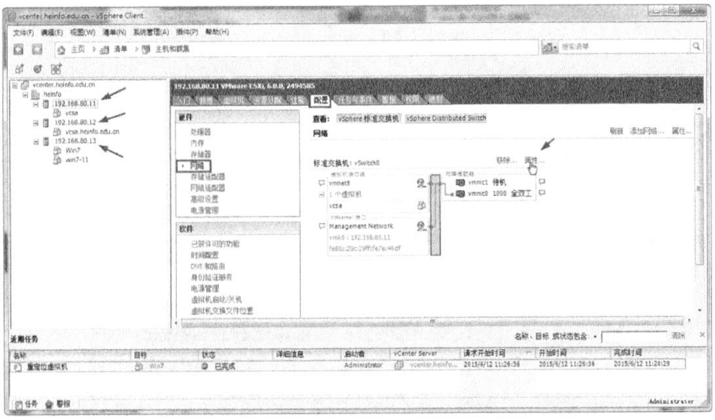

图 5-7-14 虚拟交换机属性

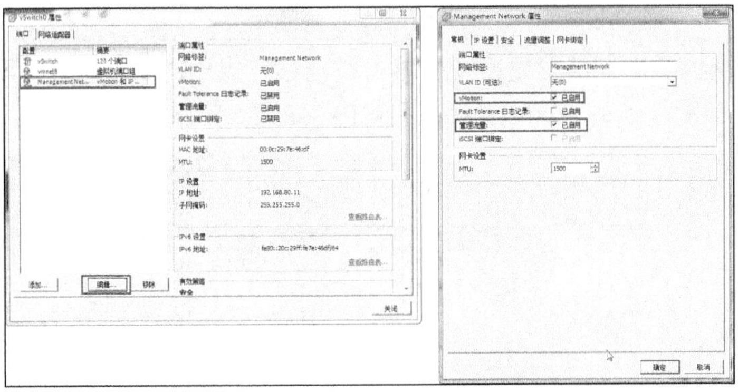

图 5-7-15 启用 vMotion

之后单击“关闭”按钮两次，返回到 VMware vSphere 控制台。

5.7.5 使用 vMotion 热迁移虚拟机

使用 vMotion 功能可以热迁移正在运行的虚拟机，在迁移的过程中，虚拟机工作进程可以继续执行。

如有必要，整个虚拟机状况及其配置文件均会移至新主机中，而关联的虚拟磁盘仍然处于两台主机之间共享的存储器上的同一位置。在虚拟机状况迁移到备用主机后，虚拟机即会在新主机上运行。

虚拟机状况信息包括当前内存的内容，以及所有定义和标识虚拟机的信息。内存内容包括事务数据和位于内存中的任意位数的操作系统和应用程序。存储在状况中的定义和标识信息包括所有映射到虚拟机硬件元素（如 BIOS、设备和 CPU）的数据、以太网卡的 MAC 地址、芯片组状况、寄存器等。

通过 vMotion 迁移虚拟机时，虚拟机的新主机必须满足兼容性要求才能继续进行迁移。vMotion 迁移分 3 个阶段进行。

➢ 当请求通过 vMotion 迁移时，vCenter Server 将验证现有虚拟机与其当前主机是否处于稳定状况。

➢ 此时，虚拟机状况信息（内存、寄存器和网络连接）将复制到目标主机。

➢　虚拟机将恢复其新主机上的活动。

如果迁移期间出错，虚拟机将恢复其原始状态和位置。已挂起虚拟机的迁移以及通过 vMotion 迁移也称为“热迁移”，因为它们允许在不关闭虚拟机电源的情况下迁移虚拟机。

使用 vMotion 热迁移的步骤与冷迁移虚拟机相同，只是在热迁移的过程中，正在迁移的虚拟机处于运行状态，虚拟机的业务不会中断。在下面的示例中，将把 192.168.80.13 中的 win7 虚拟机启动，并且将其迁移到 192.168.80.12 的主机上，步骤如下。

（1）启动 win7 的虚拟机，进入虚拟机控制台，修改防火墙设置，允许 ICMP 回显，如图 5-7-16 所示。

（2）打开“win7-虚拟机属性”，修改“网络适配器”网络连接为“vmnet8”，如图 5-7-17 所示。

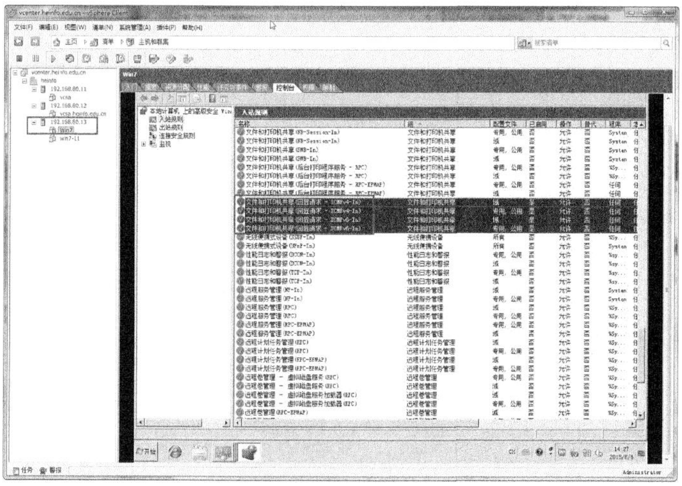

图 5-7-16　允许 ICMP 回显

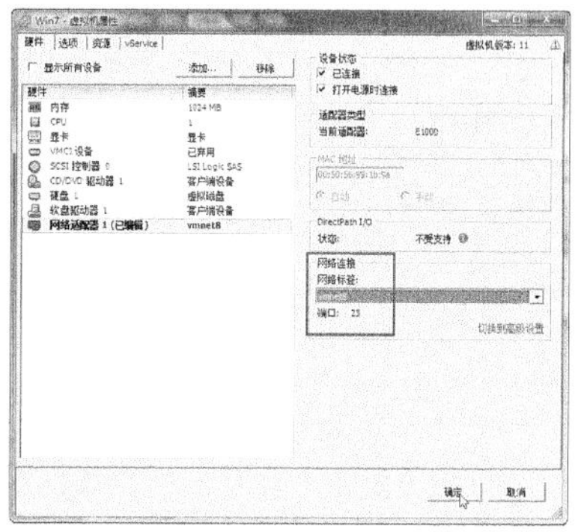

图 5-7-17　修改虚拟机网络连接

（3）然后查看虚拟机的 IP 地址，在本示例中 win7 虚拟机的 IP 地址是 192.168.80.137。打开命令提示窗口，执行 ping 192.168.10.1 –t 命令，使用 ping 命令，查看网络通断，然后用鼠标右击 win7，在弹出的快捷菜单中选择“迁移”，如图 5-7-18 所示。

图 5-7-18　迁移正在运行的虚拟机

（4）在“选择迁移类型”对话框中选中“更改主机”单选按钮，如图 5-7-19 所示。

（5）在“选择目标”对话框中，选中用于迁移的目标主机和群集，在本示例中，选择群集中的另一主机 192.168.80.12，选中之后，在“兼容性”列表中显示“验证成功”，如图 5-7-20 所示。

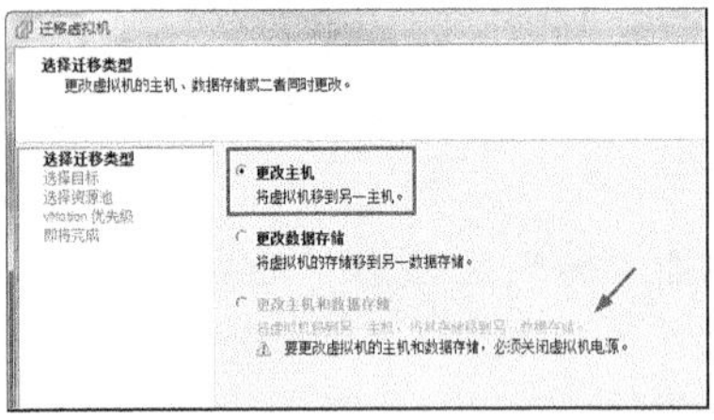

图 5-7-19 更改主机

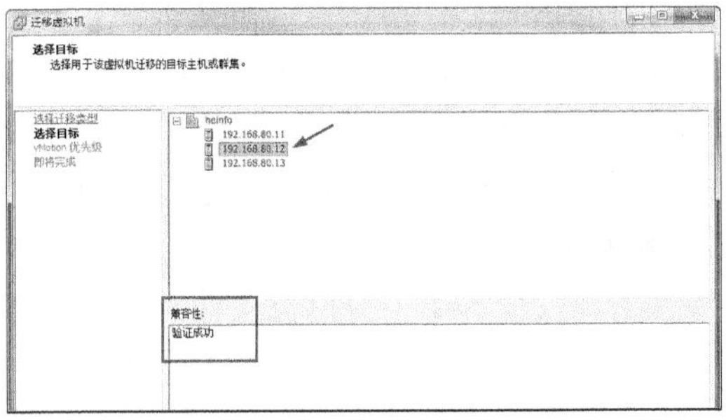

图 5-7-20 选择目标主机

（6）在“vMotion 优先级”对话框中设置 vMotion 迁移的优先级，在本示例中选中“高优先级”单选按钮，如图 5-7-21 所示。

（7）在“即将完成”对话框显示了 vMotion 迁移的参数，检查无误之后单击“完成”按钮，开始迁移，如图 5-7-22 所示。

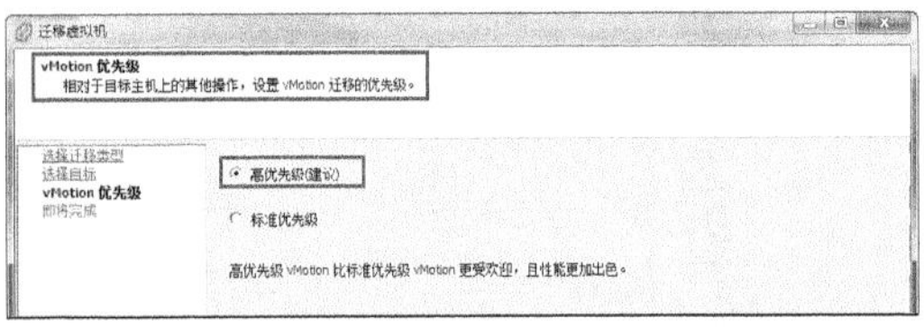

图 5-7-21 设置 vMotion 迁移的优先级

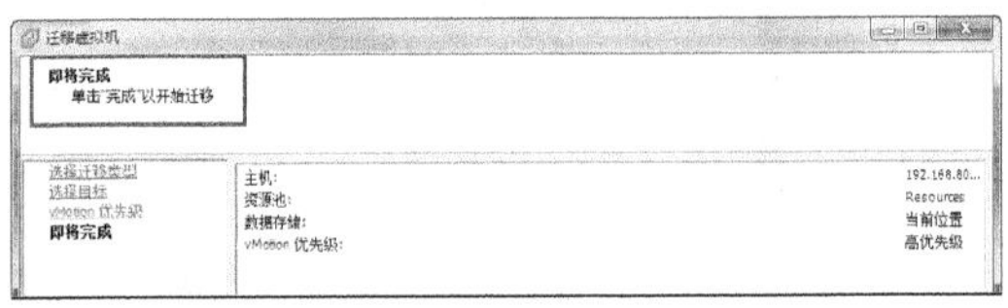

图 5-7-22 即将完成

（8）由于本次迁移的虚拟机保存在数据存储中，所以迁移的速度比较快。在 vCenter 5.1 的 vMotion 中，迁移更加快速、可靠。在以前 vCenter 4 的时候，在迁移的过程中，网络会中断 1～2 秒，而在 5.1 版本中，在迁移的过程中，网络只是有一会时间超时较大，网络与应用基本不中断。而在 vSphere 6 中，只是在迁移完成的一瞬，延时等于 1ms，其他时间都是小于 1ms，如图 5-7-23 所示，在整个迁移过程中，网络一直比较稳定。

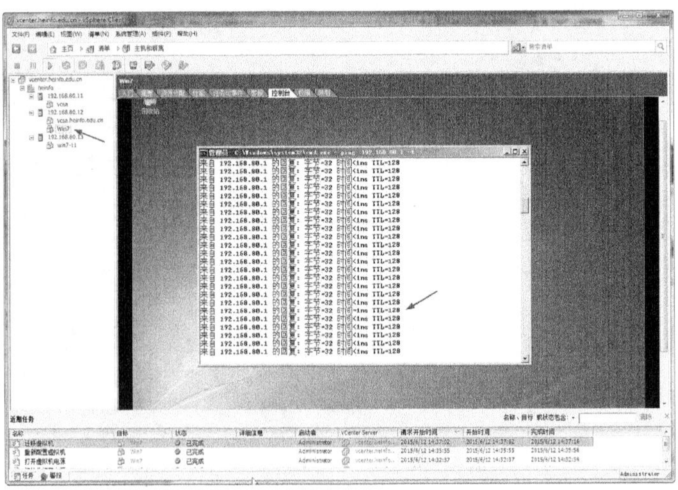

图 5-7-23 迁移过程中网络未曾中断

5.8　高可用群集

在前面介绍的内容中，虚拟机在不同的主机运行，并且在需要的时候，可以从一个主机“迁移”到另一个主机，尤其在虚拟机保存在共享的存储时，使用 vMotion 功能，可以快速地将一台正在运行（或不运行）的主机迁移到另一个主机。但是，这都是由管理员手动完成的。在一个大型的数据中心中，当管理的虚拟机及虚拟化主机比较多时，就需要一种“自动”的机制，根据主机的资源情况及虚拟机的需求，根据规则、自动地在不同的主机之间迁移虚拟机。另外，对于“重要”的虚拟机，要监控其运行状况，所设虚拟机所在的主机由于断电、网络以及其他问题或意外，导致主机当机或网络中断，监控程序要能在其他主机上“注册”该虚拟机并在其他主机重新启动该虚拟机。对于“更加重要”的虚拟机，则需要实时监控，当所在主机出问题时，应该“立刻”在另一主机启动该虚拟机的“副本”并且保证数据的一致性。vSphere 已经实现了这些功能，针对用户所要求的级别不同，可以实现对应的功能（是在其他主机重新启动虚拟机，还是立刻启用“备用”的虚拟机），在 vSphere 中，这两种功能称为“HA-高可用群集”与“FT-容错”。群集与容错的区别如下。

（1）群集与容错都能检测到系统的故障，是为了实现系统的“高可用性”来设计的。但群集中的虚拟机，同一时间只能在 A 或 B（或其他主机）上运行，并且在出现故障时在其他主机上启动，这有一个系统重新启动的时间，大约几十秒到几分钟的时间。

（2）容错中的虚拟机是在另一个主机上启动一个“副本”，主虚拟机与副本虚拟机同时启动，并且是在不同的主机启动，主机的操作系统会反映到副本中，两个主机执行相同的操作与行为。在工作时，副本虚拟机是“只读”的，不能修改。当主虚拟机出现问题时，副本虚拟机会被设置为“主要”，并且对外提供服务。当原来的主虚拟机恢复后，原来的主虚拟机会成为新的“副本”。

（3）群集中的虚拟机对虚拟 CPU 数量没有限制（受限于 vSphere 虚拟硬件规格）。而容错，在 vSphere 5.x 系列只支持 1 个虚拟 CPU，在 vSphere 6.0 中则支持 4 个 CPU，这足以满足大多数的需求。

【注意】 只有使用 vSphere Web Client 管理并启用 FT 时，才支持 4 个 CPU。使用传统的 vSphere Client 只能创建 1 个 CPU 的 FT。

5.8.1　创建 VMware HA 群集

VMware HA 在 ESX/ESXi 主机群集的环境中运行。必须创建一个群集，然后用主机填充该群集，并在建立故障切换保护之前配置 VMware HA 设置。如果要配置 VMware 群集或容错，用于管理群集主机的 VMware vCenter Server 应该是一台物理主机，或者是运行于受其管理的 VMware ESXi 主机之中的虚拟机。在规划群集时，推荐至少为群集配置 3 台相同参数的主机（相同数量的 CPU、相同型号的 CPU，相同的容量、网卡）。

创建 VMware HA 群集时，必须配置许多可决定功能如何运行的设置。在此之前，首先请确定群集的节点。它们是为支持虚拟机而提供资源，而且将由 VMwareHA 用于故障切换保护的 ESX/ESXi 主机。然后应当确定如何互相连接这些节点，以及如何将这些节点连接到虚拟机数据所驻留的共享存储器。在建立好网络架构后，可以将主机添加到群集并完成 VMware HA 配置。

将主机节点添加到群集之前，可以启用和配置 VMware HA。但是，在将主机添加到群集之前，群集的所有功能并非都能运行，部分群集设置不可用。例如，在出现可以指定为故障切换主机的主机之前，“指定故障切换主机”接入控制策略不可用。

【注意】 为处于（或移入）VMware HA 群集的主机上驻留的所有虚拟机禁用“虚拟机启动和关机”（自动启动）功能。VMware 建议您不要为任何虚拟机手动重新启用此设置。这样做会影响群集功能（如 VMware HA 或容错）的操作。

vSphere 管理员可以为群集启用 VMware HA，并且启用了 VMware HA 的群集是容错的必备条件。VMware 建议您首先创建空群集，然后使用 vSphere 客户端将主机添加到群集，并指定群集的 VMware HA 设置。

VMware HA 群集内的每台主机必须分配了主机名称，并且具有与每个虚拟网卡相关联的静态 IP 地址。VMware ESXi 主机必须配置为具有虚拟机网络的访问权限。在下面的示例中，将介绍在 vCenter Server 中创建群集，并将原来数据中心中的 ESXi 主机移动到群集中的步骤。

在本示例中，同样使用本章规划的环境：1 台 vCenter Server、3 台 ESXi 主机（一台 IP 地址为 192.168.80.11，一台为 192.168.80.13，另一台 IP 地址为 192.168.80.13），如图 5-8-1 所示。

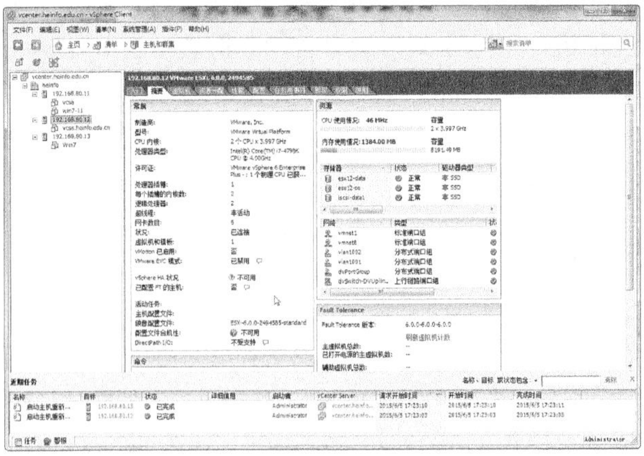

图 5-8-1　当前数据中心有 3 台 ESXi 主机

在配置群集前，检查每个主机的“EVC 模式”支持信息，你可以选中某台主机，在“摘要”选项卡中，单击“常规→VMware EVC 模式”后面的“🗨”，可以查看当前选中主机支持的 EVC 模式。如图 5-8-2 所示，这是我们当前实验主机支持的 EVC 模式。

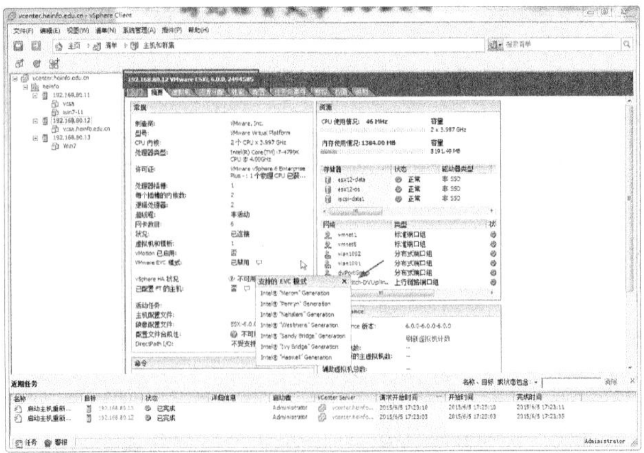

图 5-8-2　查看支持的 EVC 模式

在不同版本的 ESXi 中，EVC 模式不同，在 ESXi 6 中，支持的选项包括以下几点。

Intel Merom Generation

Intel Penryn Generation

Intel Nehalen Generation

Intel Westmere Generation

Intel Sandy Bridge Generation

Intel ivy Bridge Generation

Intel Haswell Generation

如果主机相同，则记下“支持的 EVC 模式”列表中最后一项，当前是“Intel Haswell Generation”。

当具有不同 EVC 模式支持的主机，创建成同一个群集时，其 EVC 选项支持以最小的一台主机的最后一项为准。

例如，某单位有 3 台服务器，其中一台服务器支持前四项（其最后一项是“Intel Westmere Generation”），一台支持全部七项，一台支持前五项（其最后一项是 Intel Sandy Bridge Generation），则如果具有不同 EVC 模式支持的主机，创建成同一个群集时，其 EVC 选项支持以最小的一台主机的最后一项为准。如果这 3 台主机组成一个群集，则其 EVC 选项是“Intel Westmere Generation”。

（1）使用管理员账户登录 vSphere Client，连接并登录 vCenter Server，选择左侧数据中心名称，在右侧单击“创建群集”链接，如图 5-8-3 所示。

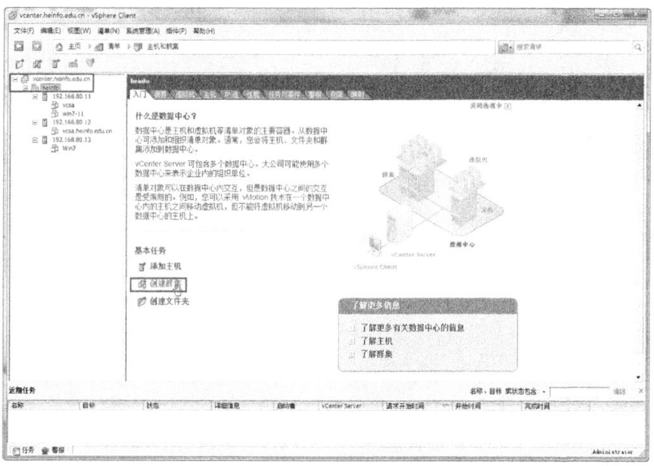

图 5-8-3　新建群集

（2）在“群集功能”对话框的“名称”文本框中，为新建的群集设置一个名称，在本例中设置为“HA”，然后选中“打开 vSphere HA”及“打开 vSphere DRS”功能，如图 5-8-4 所示。

【说明】 在“名称”文本框中指定群集的名称，该名称显示在 vSphere Client“清单”面板中。如果在“VMware HA”复选框选择“打开”，则会启用 VMware HA 群集。在启用此功能后，当主机出现故障时，虚拟机将在群集内的其他主机上重新启动。要在群集内的任何虚拟机上启用 VMware 容错，则必须打开 VMware HA。如果选中“VMware DRS”复选框，则 DRS 将平衡整个群集的虚拟机负载。

在设置后，也可以根据情况修改任何群集功能。

（3）在“vSphere DRS”中设置自动化级别，在此设置为“全自动”，如图 5-8-5 所示。迁移阈值范围是 1～5，默认为 3。如果要保持群集中主机资源的相对均衡，可以将迁移阈值设置为“激进”，这样 DRS 会自动迁移虚拟机到 HA 中的其他主机上，以保持每个主机资源使用接近。设置为“保守”时，可能会在群集中的某台主机上运行较多的虚拟机，相对负载较重，而在另一个主机上运行的虚拟机较少，相对负载较轻。但实际上每个主机的绝对负载并不是很重。

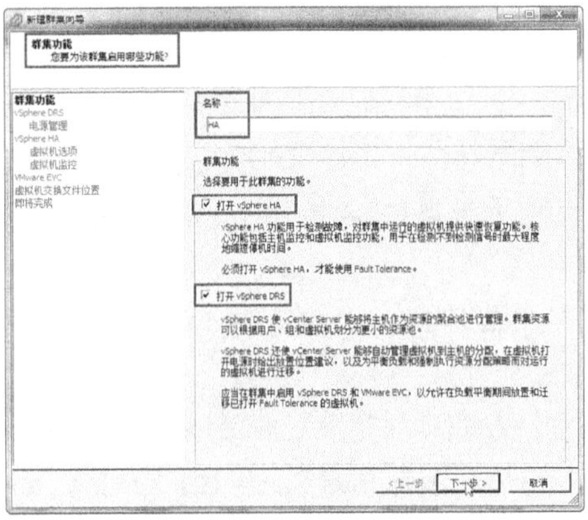

图 5-8-4　设置群集功能

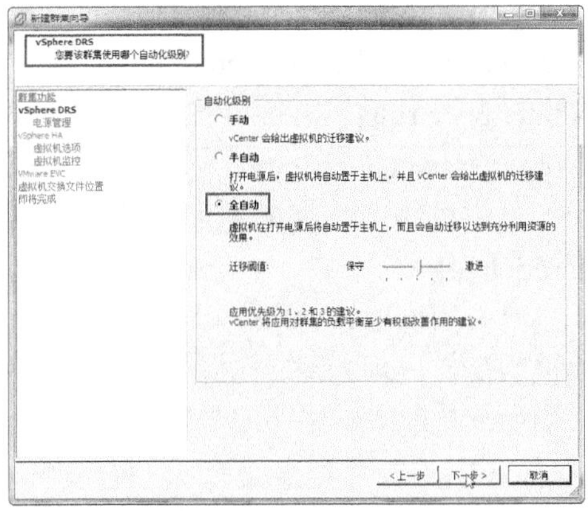

图 5-8-5　设置 DRS 级别

（4）在“电源管理”对话框中设置 DPM 功能。如果虚拟化主机是 HP 或 IBM 服务器时，可以启用此项功能。如果启用此项功能，还需要配置 HP 的 iLO 或 IBM 的 IMM 功能。如果是其他支持 IPMI 的服务器，也可以启用此项功能，如图 5-8-6 所示。在启用这项功能时，当群集中的主机数量 3 台或者 3 台以上时，当负载较轻不需要这么多服务器时，该功能会将虚拟机迁移到群集中的某几台主机上，将不用的主机“休眠”，以降低功耗。当虚拟机需要较多的负载时，会“唤醒”休眠的主机，并将虚拟机迁移到唤醒的主机上。

（5）在“接入控制”对话框中设置是否对此群集强制执行接入控制与主机监控。如果群集中只有 2 台主机，则需要“禁用”接入功能。当群集中主机超过两台时，可以启用接入功能，如图 5-8-7 所示。

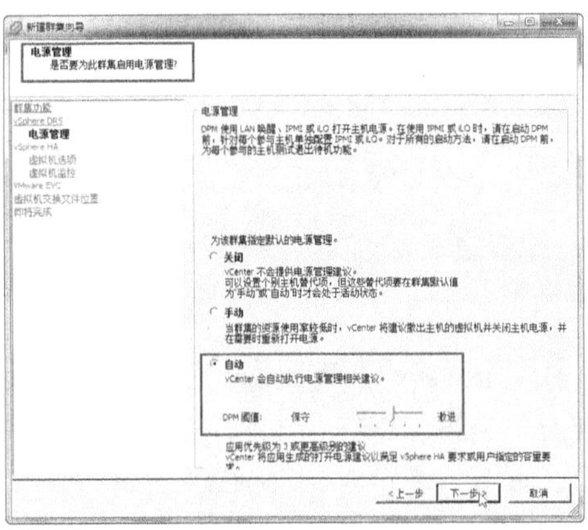

图 5-8-6　电源管理

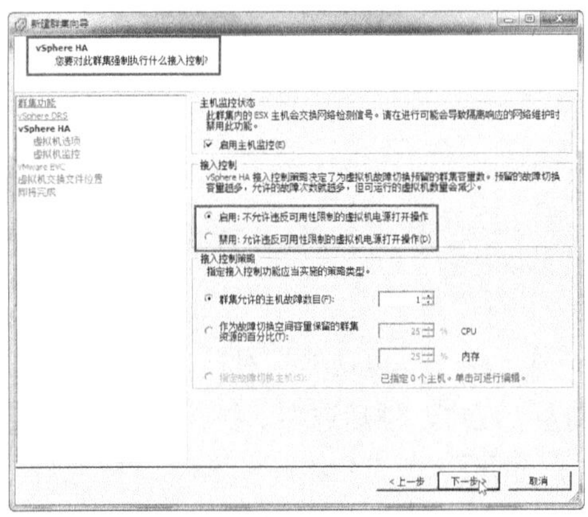

图 5-8-7　接入控制

如果选择“启用主机监控”，则会检查群集内的每台 ESX/ESXi 主机以确保其正在运行。如果某台主机出现故障，则会在另一台主机上重新启动虚拟机。主机监控还是 VMware 容错恢复进程正常运行所必需的。如果需要执行可能会触发主机隔离响应的网络维护，VMware 建议首先禁用主机监控以挂起 VMware HA。完成维护后，请重新启用“主机监控”。

如果选择“启用接入控制”并执行可用性限制，同时保留故障切换容量。不允许在虚拟机上执行会减少群集内的未预留资源并违反可用性限制的任何操作。

如果启用了接入控制，VMware HA 会提供 3 个强制接入控制的策略。

- 群集允许的主机故障数目。
- 保留为故障切换空闲容量占用群集资源的百分比。
- 指定故障切换主机。

（6）在“虚拟机选项”对话框设置用于 vSphere HA 定义虚拟机行为的选项，在大多数的情况下，保留默认值即可，如图 5-8-8 所示。

（7）在“虚拟机监控”对话框中设置在此群集中的虚拟机上设置何种监控。如果在设置的时间内没有收到单个虚拟机的 VMware Tools 检测信号，虚拟机监控将重新启动该虚拟机。可以配置 VMware HA 对非响应的敏感程度，如图 5-8-9 所示。

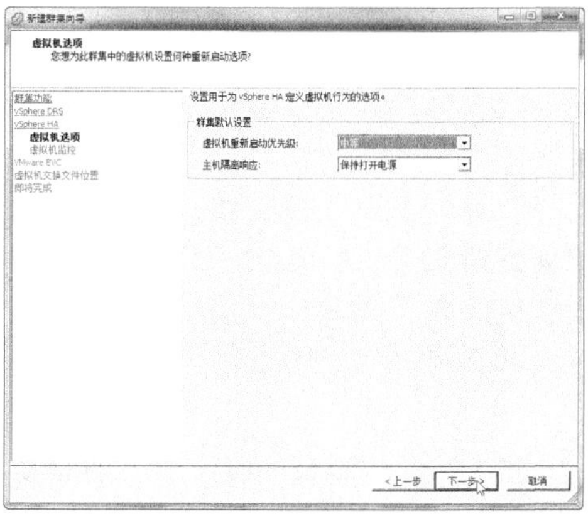

图 5-8-8　虚拟机选项

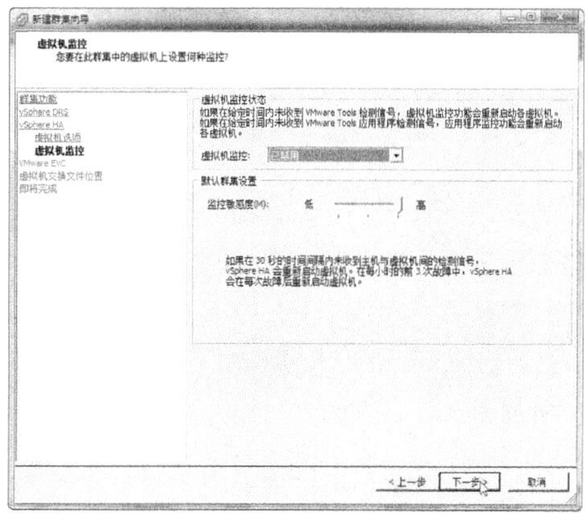

图 5-8-9　虚拟机监控

（8）在“VMware EVC”对话框中设置是否为此群集启用增强型 VMotion 兼容性功能，如图 5-8-10 所示。当你的服务器是同种型号的 CPU 时，可以启用这一功能。例如，在本实例中包括 3 台 VMware ESXi 服务器，支持选项是 Intel Haswell Generation。

【说明】 如果不知道服务器属于哪一款 CPU，导致选择错误，可以在创建群集之后修改。

（9）在“虚拟机交换文件位置”对话框选择“将交换文件存储在与虚拟机相同的目录中”，如图 5-8-11 所示。

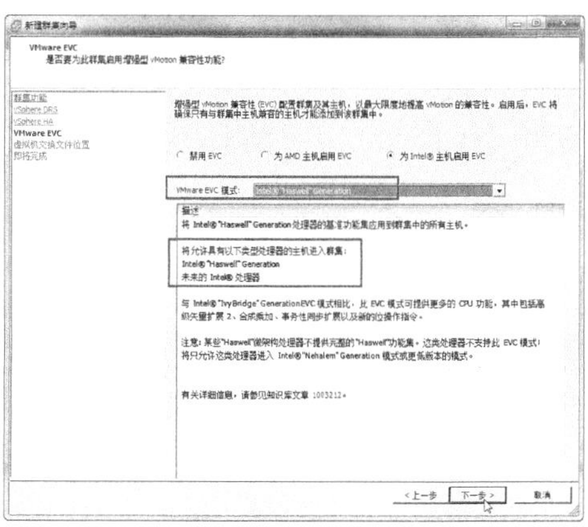

图 5-8-10　VMware EVC 功能

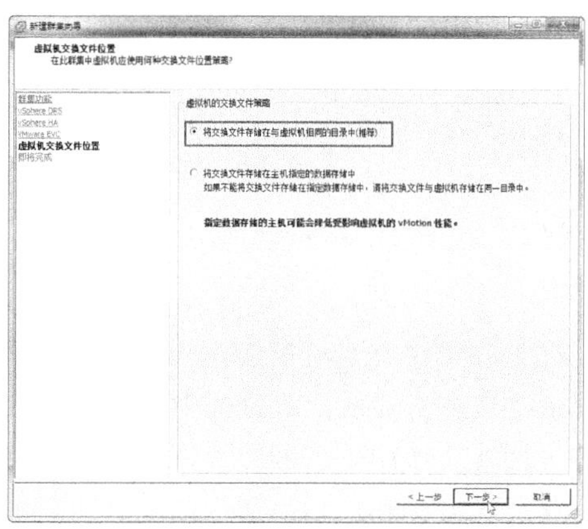

图 5-8-11　虚拟机交换文件位置

（10）在“即将完成”对话框显示了将要创建的群集选项，如图 5-8-12 所示，检查无误之后单击“完成”按钮。

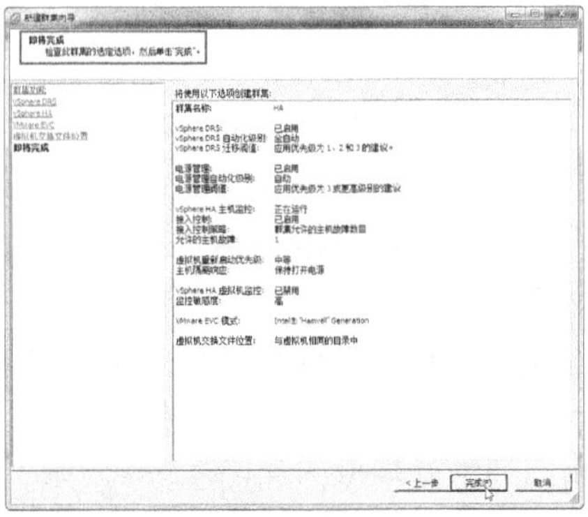

图 5-8-12　群集创建完成

5.8.2　向群集中添加主机

在创建完群集后，需要向群集中添加主机。如果 VMware ESXi 主机已经在 vCenter Server 的“数据中心”中，则可以使用“移至”命令将其移动到新创建的群集中；如果 VMware ESXi 没有添加在“数据中心”中，则可以在群集中添加主机。向“群集”中添加主机，与向“数据中心”添加主机操作是完全一样的，不再介绍。本节介绍将把原来数据中心中的主机“拖动”到群集中，步骤如下。

（1）在 vSphere Client 中，用鼠标左键选中一台主机，例如 192.168.80.11，用鼠标拖动到新创建的群集中松手，在弹出的“插入 DPM 群集”对话框单击“确定”按钮，如图 5-8-13 所示。

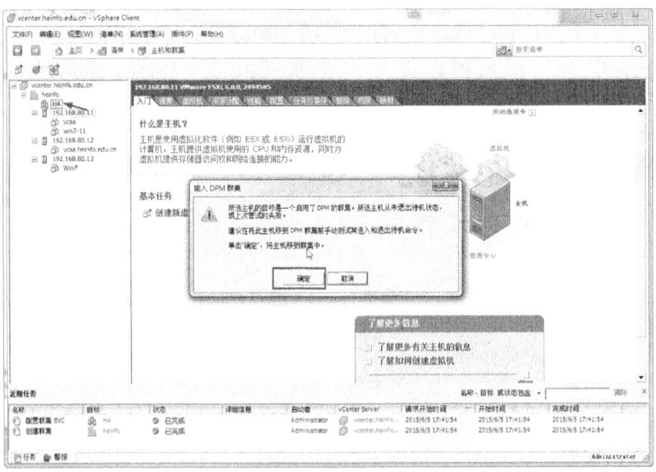

图 5-8-13　移动主机

（2）在“选择目标资源池”对话框中选择此主机上原来的虚拟机在资源池中的放置位置，如果原来没有资源池，可以选中“为此主机的虚拟机和资源池创建一个新资源池。这将保持主机当前的资源池层次结构”单选按钮，同时会自动创建一个名为“已从××移植”的资源池，其中××是将要移动到群集中的 ESXi 主机的 IP 地址或名称，也可以选择“将此主机的所有虚拟机置于群集的根目录资源池中。目前显示在主机上的资源池将删除”选项，如图 5-8-14 所示。

（3）在“即将完成”对话框检查已选定的选项，无误之后单击“完成”按钮，如图 5-8-15 所示。

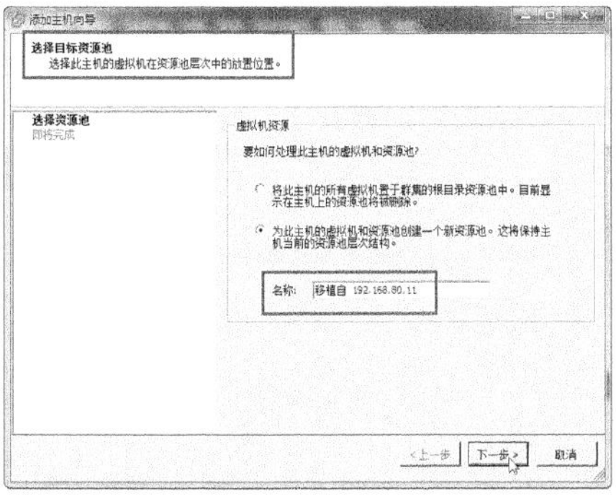

图 5-8-14　选择目标资源池

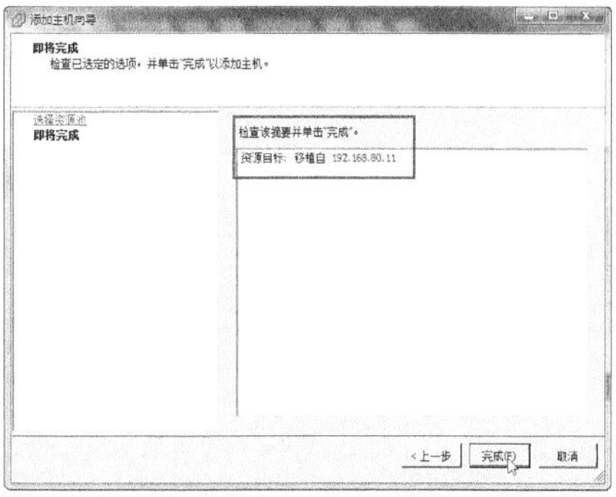

图 5-8-15　即将完成

参照（1）～（3）的操作，将其他主机如 192.168.80.11 也移入名为 HA-DRS 的群集，这些不再一一介绍。移动两台主机到群集之后的界面如图 5-8-16 所示。

图 5-8-16　将主机移入群集

如果提示由于 evc 设置导致主机不能移动到群集中，请用鼠标右键单击群集名称（本示例为 HA-DRS），在弹出的对话框中选择“编辑设置”，如图 5-8-17 所示。

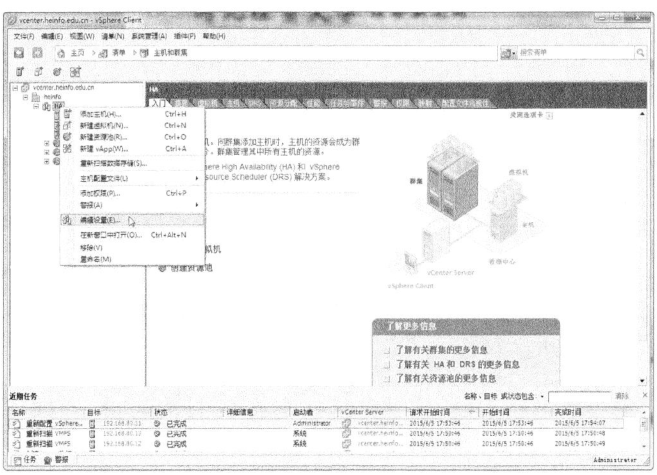

图 5-8-17　编辑设置

在“VMware EVC”中单击“更改 EVC 模式”按钮，在弹出的对话框中重新选择 EVC 模式，如图 5-8-18 所示。之后再重新将主机移动到群集，直到添加成功。

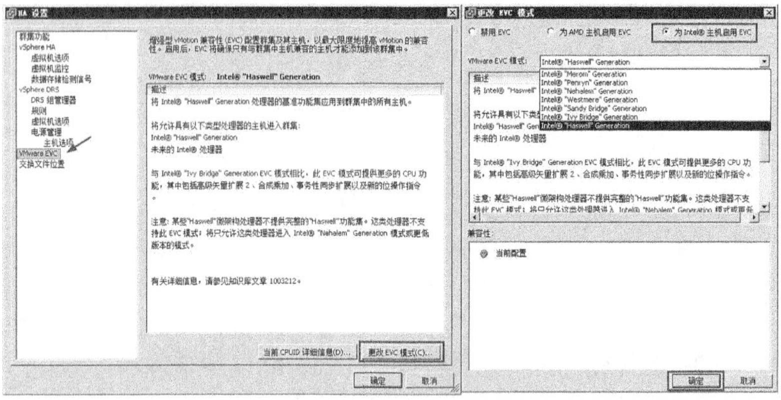

图 5-8-18 修改 EVC 设置

之后还可以向群集或数据中心添加新的 VMware ESXi 服务器，这些不再一一介绍。

5.8.3 为群集中主机添加第 2 个共享存储

vSphere 要求群集中的所有主机至少有两个共享存储，管理网络需要有冗余网卡。在本章的前期规划中，管理网络已经有冗余。但在前期的实验中，虽然我们为每个 ESXi 主机都分配了两个共享存储，但只将其中的一个存储分配给 ESXi 主机使用。所以在将主机移动到群集之后，大家可以看到每个群集主机前面都有一个黄色的感叹号，这表示主机有警报信息。你可以在“摘要”中查看到这个提示，如图 5-8-19 所示。

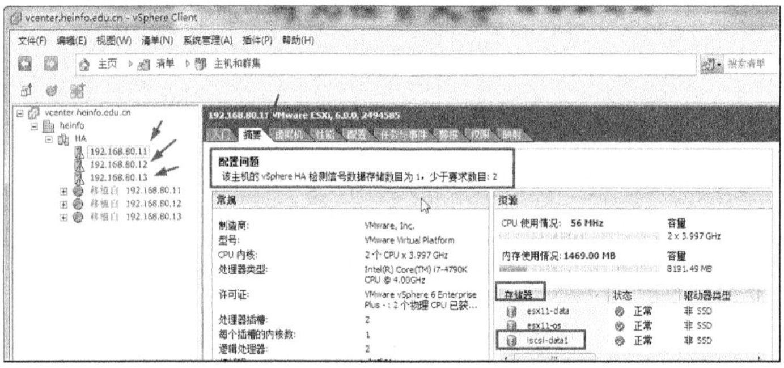

图 5-8-19 群集报警

如果要解决这个问题，则需要为每个主机再次添加一个共享存储，你只需要在存储管理器中为当前群集中每个主机分配一个虚拟磁盘即可。在实际的生产环境中，只要每个主机有两个共享存储即可，如果你只为 ESXi 主机规划了一个较大的存储空间放置虚拟机，你可以为第 2 个共享存储分配一个较小的空间，例如 2GB，然后将这个“较小”的共享磁盘添加到 ESXi 主机，并重新配置主机即可。

（1）使用 vSphere Client 登录到 ESXi 或 vCenter Server，选中“主机→配置→存储器”，单击“添加存储器”，为 ESXi 主机添加存储空间（需要提前在共享存储中为 ESXi 主机分配空间），如图 5-8-20 所示。

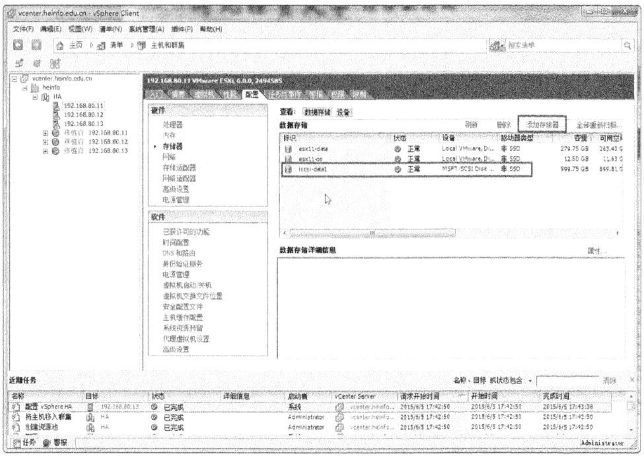

图 5-8-20　添加存储器

（2）在“选择磁盘/LUN”对话框选择新分配的存储空间，在本示例中这个空间大小为 200GB，如图 5-8-21 所示。

（3）如果这个磁盘以前分配给其他 ESXi 主机，则会出现“选择 VMFS 挂载选项”对话框。如果你需要保留存储中原来的数据，则选择“分配新签名”；如果你不需要保留以前的数据，则选择“格式化磁盘”，如图 5-8-22 所示。

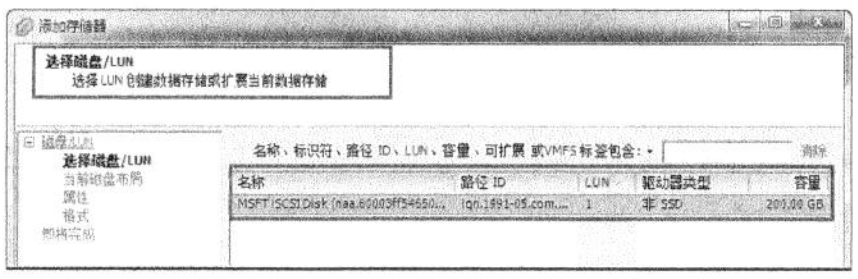

图 5-8-21　选择磁盘/LUN

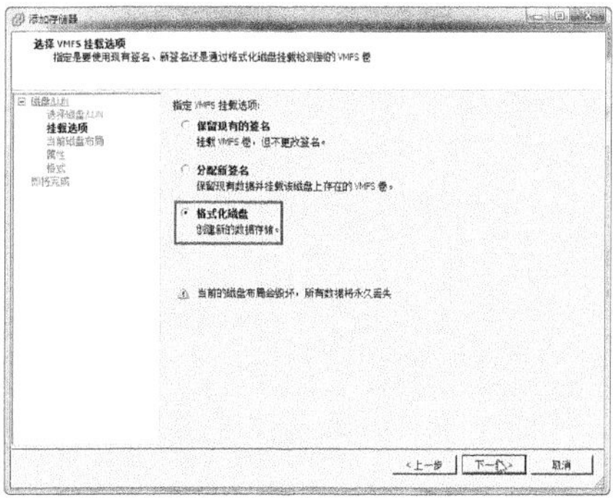

图 5-8-22　选择 VMFS 挂载选项

（4）在“当前磁盘布局”显示了可用空间及分区情况，如图 5-8-23 所示。

（5）在“属性”对话框“输入数据存储名称”文本框中输入新添加的第 2 个存储名称，在此命名为 iscsi-data2，如图 5-8-24 所示。

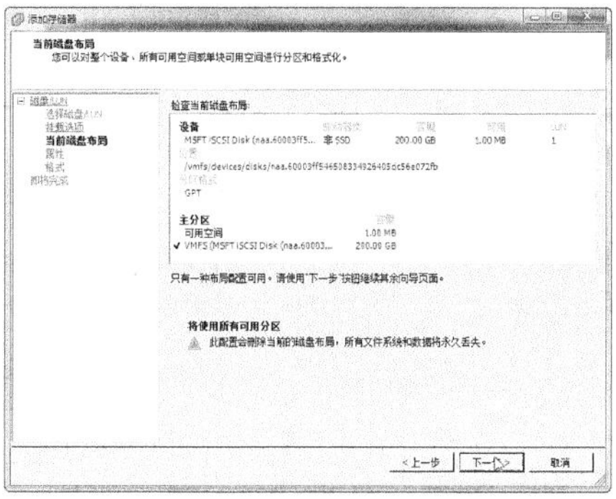

图 5-8-23　当前磁盘布局

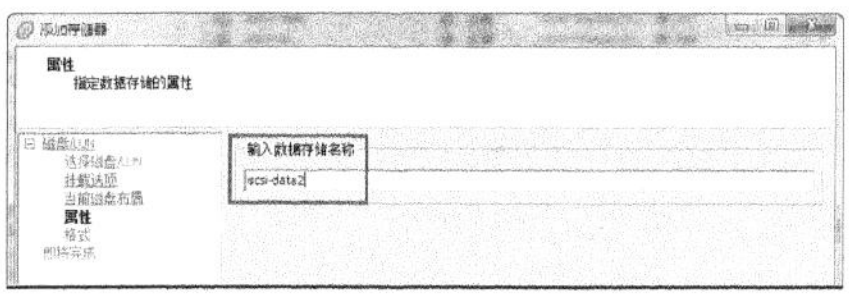

图 5-8-24　命名存储空间

（6）在“即将完成”对话框单击“完成”按钮，为 ESXi 主机配置第 2 个共享存储完成，如图 5-8-25 所示。

（7）添加之后，主机将有 2 个共享存储，如图 5-8-26 所示。在为其中 1 台主机添加存储之后，所有主机都会重新扫描 VMFS，并将这个共享存储添加到另两台主机。

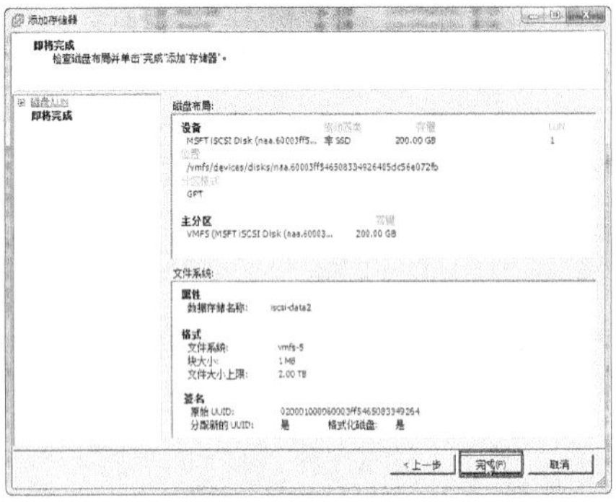

图 5-8-25　即将完成

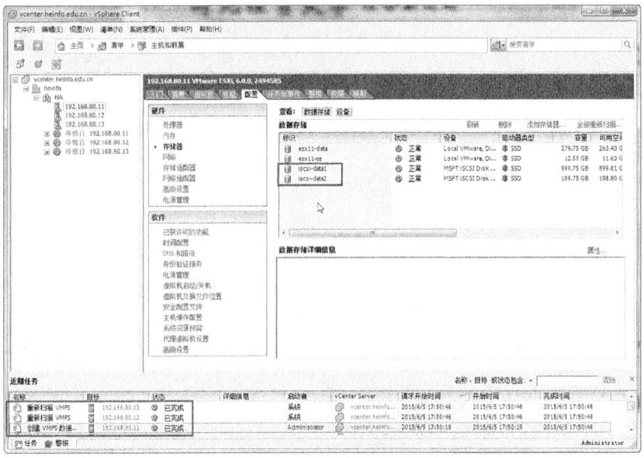

图 5-8-26　添加存储完成

在为主机添加了第 2 个共享存储之后，在“摘要”中显示信息仍然是检测到 1 个存储，对于这种情况，你需要为每台主机重新配置 HA。你可以在 vSphere Client 中右击某台主机，在弹出的快捷菜单中选择“重新配置 vSphere HA”，如图 5-8-27 所示。

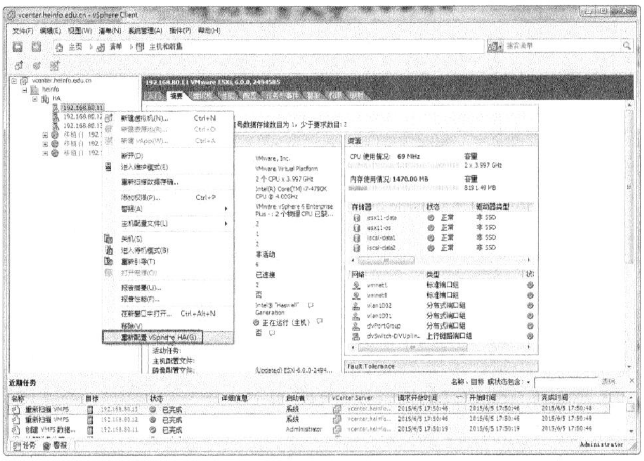

图 5-8-27　重新配置 vSphere HA

在重新配置 vSphere HA 之后，在“摘要”选项卡中原来的警告信息将取消，并且在“vSphere HA 状况”会显示 HA 的状态（从属或主机），如图 5-8-28 所示。

然后为另外两台 ESXi 主机 “重新配置 vSphere HA”，重新配置之后，在“摘要”中，可以看到在“vSphere HA 状况”中有一台主机（见图 5-8-29），其他主机则是“从属”。

如果要查看数据存储检测信号，可以打开群集设置查看，主要步骤如下。

（1）使用 vSphere Client 登录到 vCenter Server，右击群集名称，在弹出的对话框中选择“编辑设置”，如图 5-8-30 所示。

（2）在“vSphere HA→数据存储检测信号”选项中选择“选择考虑加入我的首选项的任

何群集数据存储”，如图 5-8-31 所示。

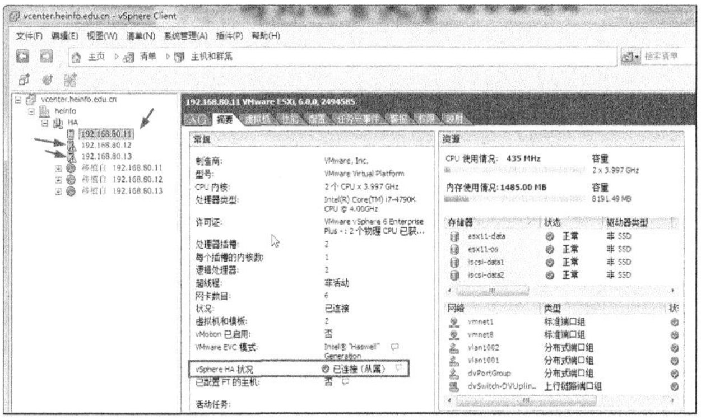

图 5-8-28　vSphere HA 状况

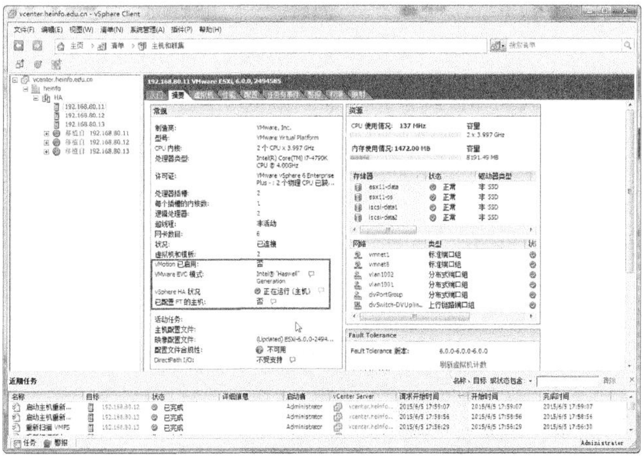

图 5-8-29　检查群集状况

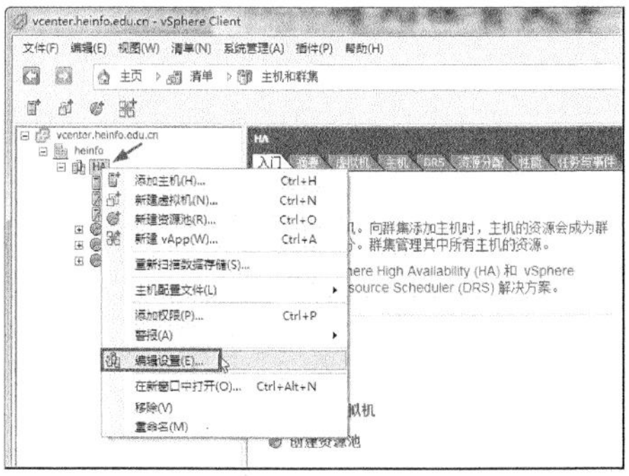

图 5-8-30　编辑群集设置

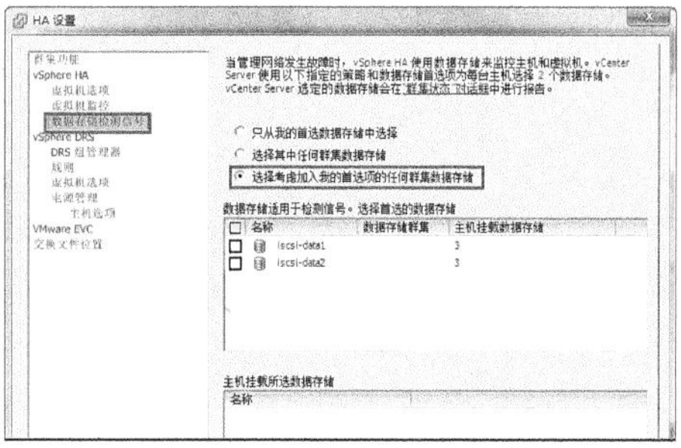

图 5-8-31　数据存储检测信号

5.8.4　群集功能测试

在配置并启用“群集”功能之后，如果虚拟机运行在受群集保护的主机中，当主机由于网络中断、存储中断、主机死机或关机或重启时，虚拟机会在其他主机重新启动。在本节将验证这一内容。

（1）使用 vSphere Client 登录到 vCenter Server，从列表中选中一个虚拟机，该虚拟机要保存在“共享存储”中，而不是保存在 ESXi 主机本地存储中，如图 5-8-32 所示。

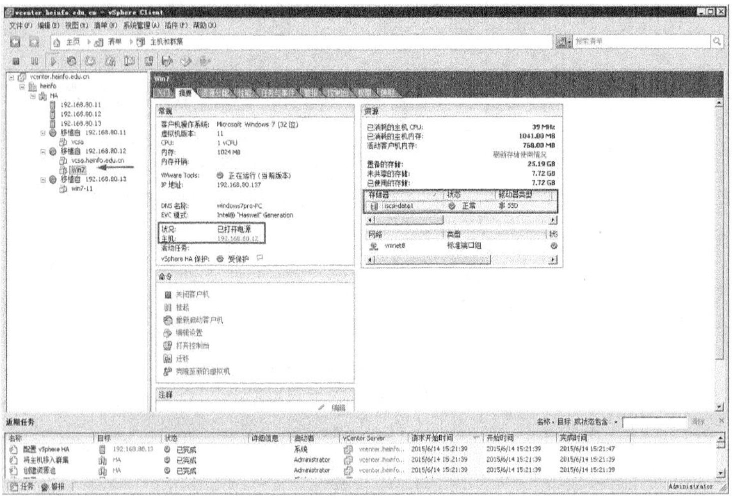

图 5-8-32 虚拟机保存在共享存储中

（2）之后启动虚拟机，然后打开虚拟机控制台，在控制台标题中可以看到，当前虚拟机运行在 192.168.80.12 的主机上，如图 5-8-33 所示。然后在该虚拟机中运行一个程序，例如打开“命令提示符”，使用 ping 命令，测试当前网络的连通性。

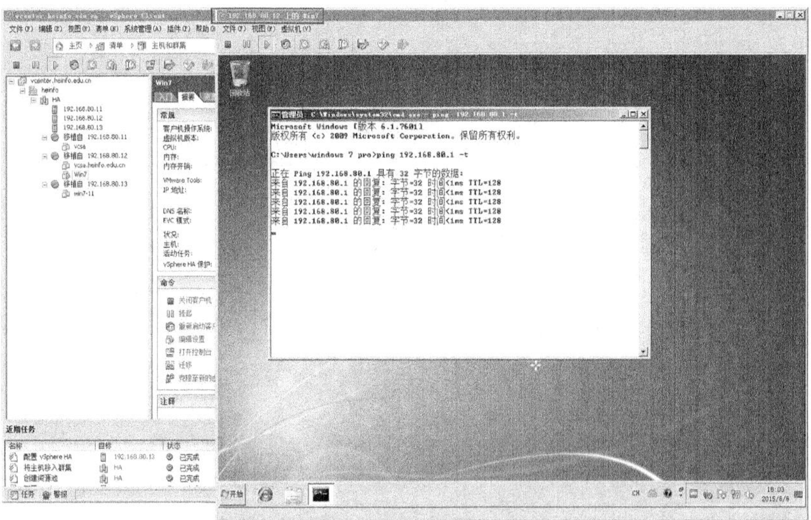

图 5-8-33 打开虚拟机控制台

下面我们模拟第一个故障：断开 ESXi 主机、vmnet1 网段的网卡，因为在我们的规划中，ESXi 主机连接到 iSCSI 存储使用的 192.168.10.0 网段（服务器地址是 192.168.10.1），而虚拟机保存在共享存储中，当 vmnet1 网络断开时，ESXi 主机上的虚拟机会不会受影响呢？

（1）切换到 VMware Workstation，定位到 ESXi12 的虚拟机，右击该虚拟机，选择“设置”，如图 5-8-34 所示。

（2）打开“虚拟机设置”对话框，将“网络适配器 3”、“网络适配器 4”的“设备状态”取消选中“已连接”，如图 5-8-35 所示。

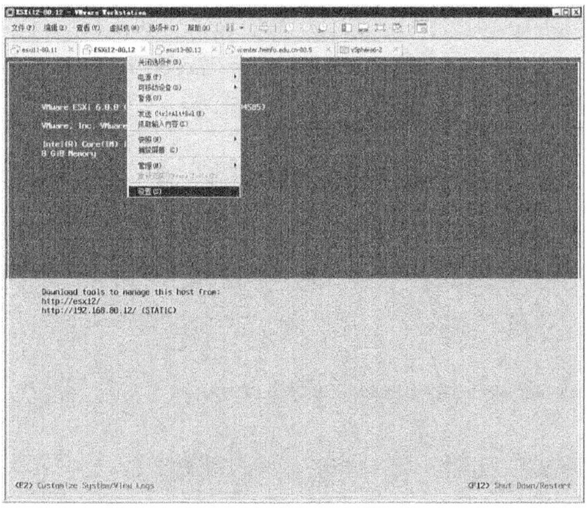

图 5-8-34　虚拟机设置

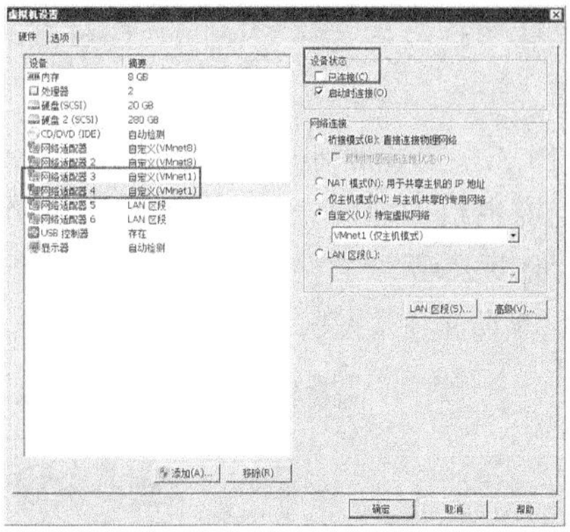

图 5-8-35　断开网络

（3）返回到 vSphere Client，定位到“192.168.80.12”，在右侧“配置→网络→vSphere Distributed Switch”可以看到使用 vmnet1 的两块网卡的状态为“断开”，如图 5-8-36 所示。

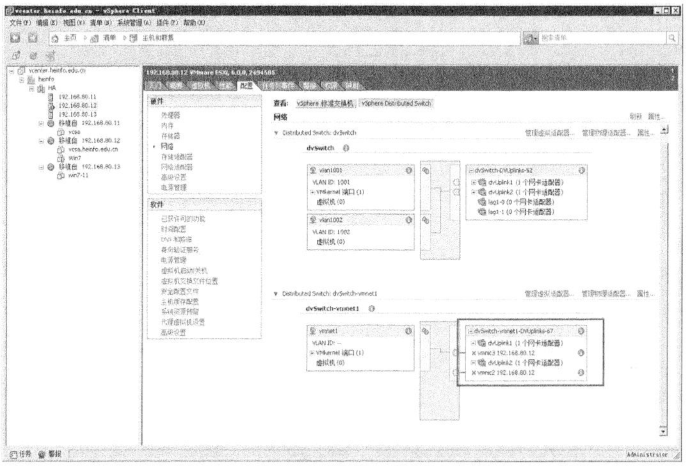

图 5-8-36　网络已经断开

（4）切换到正在运行在 192.168.80.12 主机上的虚拟机控制台，但是，此时网络仍然是连通的，虚拟机仍然可以正常访问，如图 5-8-37 所示。

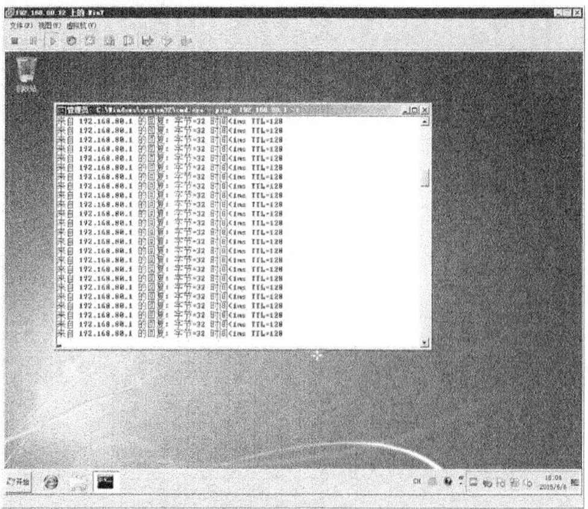

图 5-8-37　虚拟机继续工作

这是什么原因呢？按照我们的测试想法，断开 192.168.80.12 主机连接到 iSCSI 存储的网络，当前主机与 iSCSI 存储的连接就断开了，为什么虚拟机仍然能使用呢？下面我们检查一下原因。

（1）使用 vSphere Client 打开 vCenter Server，在左侧选择要检查的主机 192.168.80.12，此时当前主机前面有个“红色”的错误警告，表示主机出现较为严重的故障。在右侧选择“配置→存储适配器”，选中 iSCSI 软件适配器，此时可以看到，当前主机仍然连接到了存储，如图 5-8-38 所示。单击“属性”链接查看。

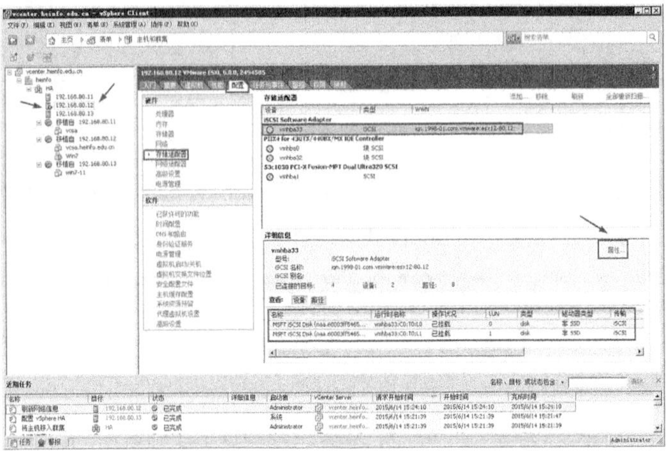

图 5-8-38　查看 iSCSI 属性

（2）打开“iSCSI 启动器属性”对话框，在“动态发现”选项卡中可以看到当前的发送目标是 192.168.10.1，如图 5-8-39 所示，这个设置没有问题。

（3）接下来单击“静态发现”对话框，此时我们发现了问题原因，因为在“静态发现”中，当前 ESXi 主机使用 4 个 IP 地址连接到 iSCSI 存储，分别是 192.168.10.1、172.18.96.116、172.18.96.8 及 192.168.80.1，如图 5-8-40 所示。只要这 4 个连接中，有一个连接可用，则 ESXi 主机与 iSCSI 存储的连接就不会中断。

找到问题的原因之后，我们发现，如果要模拟“存储中断”，还需要将 ESXi 主机的两个管理网卡（网络适配器、网络适配器 2）断开才可以。大家有时间可以做这个测试。

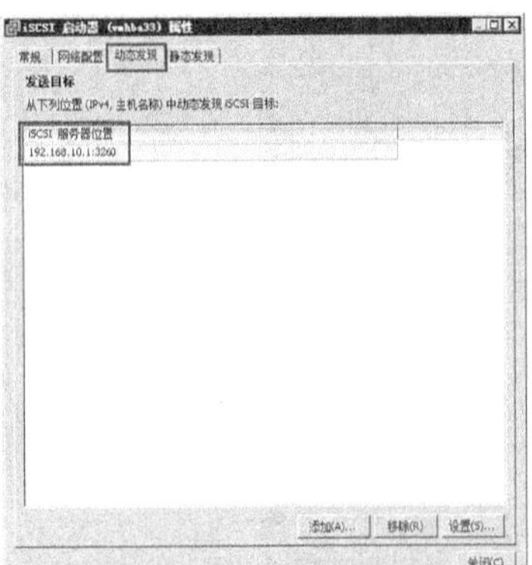

图 5-8-39　动态发现

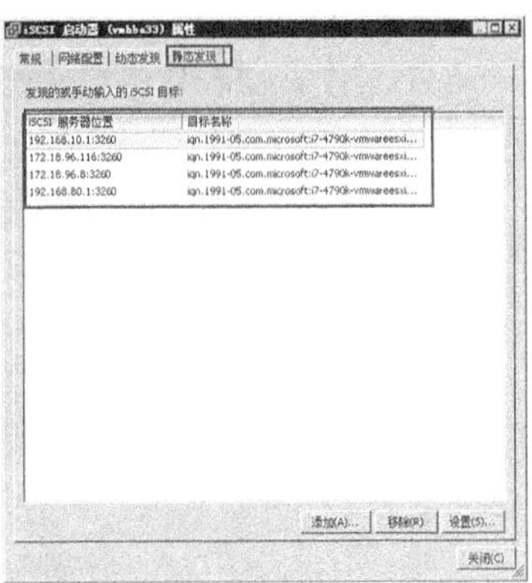

图 5-8-40　静态发现

接下来，我们直接关闭 192.168.80.12 的主机，模拟主机关闭的情况。我们可以直接在

VMware Workstation 中关闭 192.168.80.12 这个虚拟机的“电源”，也可以使用 vSphere Client 关机。

（1）使用 vSphere Client 登录到 vCenter Server，右击 192.168.80.12，在弹出的快捷菜单中选择“关机”，如图 5-8-41 所示。

（2）在弹出的“确认关闭”对话框单击“是”按钮，如图 5-8-42 所示。

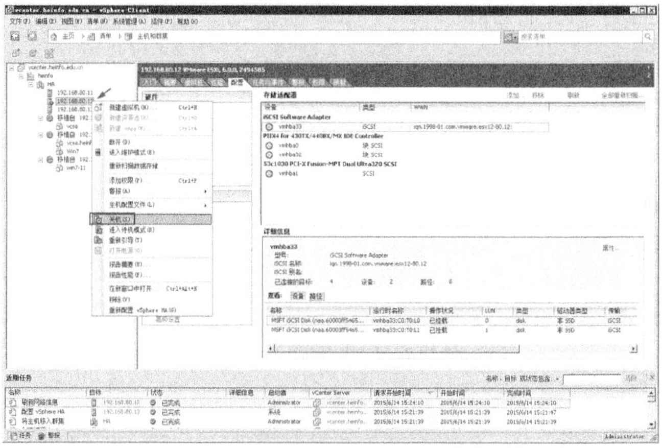

图 5-8-41　关闭主机

图 5-8-42　确认关闭

（3）之后 ESXi 主机会关闭，如图 5-8-43 所示。你可以在“近期任务”中查看到这个关机事件，此时 192.168.80.12 上的 win7 虚拟机仍然在运行。

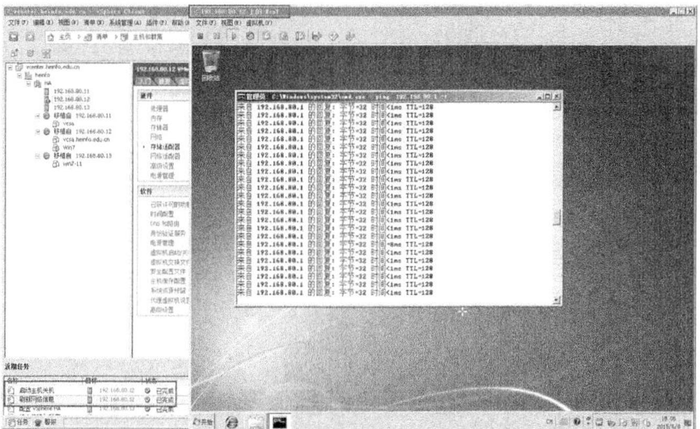

图 5-8-43　关闭 ESXi 主机

（4）等主机关闭后，此时打开的 win7 虚拟机控制台会显示主机关闭，如图 5-8-44 所示。

（5）之后在 vSphere Client 中可以看到 192.168.80.12 的主机为（无响应）提示，并且在“vSphere HA 状况”中显示“主机出现故障”，如图 5-8-45 所示。这是一个正常的提示，因为 192.168.80.12 主机已经关闭。

（6）此时打开的 win7 虚拟机控制台会有显示。原来在 192.168.80.12 上已经关闭的虚拟机（非正常关闭）已经在群集中剩余的一台主机中启动，如图 5-8-46 所示。此时在虚拟机的标题栏已经更换为“192.168.80.13 上的 win7”，原来是“192.168.80.12 上的 Win7”，另外，由于 win7 虚拟机是非正常关闭的，所以会有一个“Windows 错误恢复”的提示，并出现一个 30 秒倒计时，如果没有选择（在正常的数据中心中，因为主机是非正常关闭的，而这一情况没有人提前知道，所以一般不会看到这个提示），在 30 秒倒计时完成之后，会“正常启动 Windows”。

（7）之后会进入 Windows 操作系统，如图 5-8-47 所示。

图 5-8-44 虚拟机已经关闭

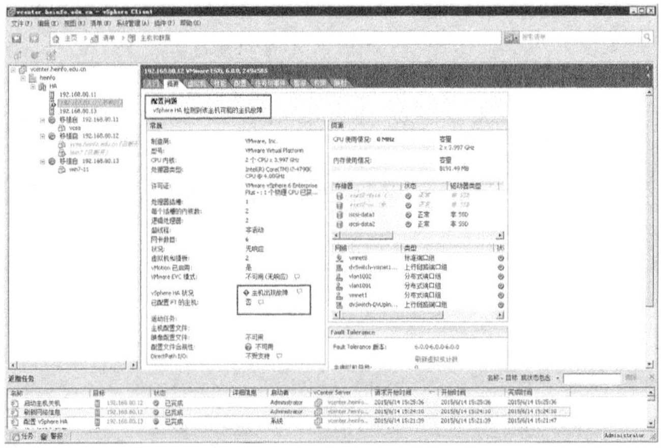

图 5-8-45 vSphere Client 看到的提示

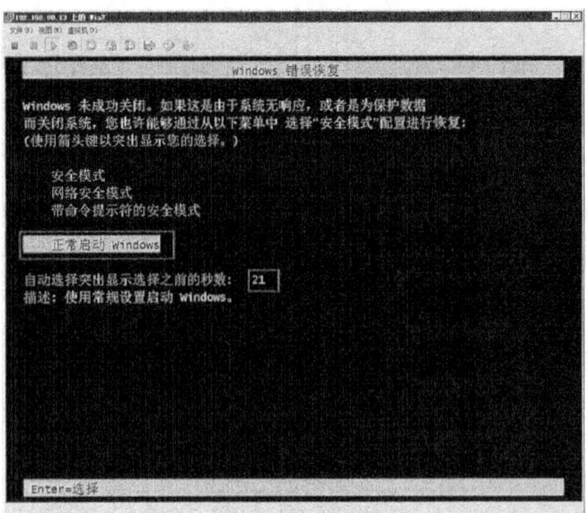

图 5-8-46 虚拟机在其他主机重新启动

图 5-8-47 原来关闭的虚拟机在其他主机重新启动

从上面的操作可以看到，如果群集中的主机非正常关机（突然中断），则在该群集主机中运行的虚拟机将会在其他主机上注册并重新启动。注意，这是虚拟机在其他主机重新启动，如果虚拟机中原来运行着程序（由管理员手动运行），则虚拟机在其他主机重新启动后，原来运行的程序不会自动启动（除非这些程序是加到“开始”菜单中的）。

5.8.5 主机维护模式

当主机“非正常”关闭或退出时，运行在该主机上的虚拟机会在其他主机上“重启”。如果是正常的维护，需要关闭主机或需要重新启动主机呢？此时有两种方法。

- 将正在运行的虚拟机“迁移”到其他主机。
- 将主机进入“维护模式”，vCenter 会迁移当前正在运行的虚拟机到其他主机。

在下面的演示中，将把 192.168.80.13 主机“进入维护模式”，此时在 192.168.80.13 上运行的虚拟机会迁移到其他主机，主要步骤如下。

（1）使用 vSphere Client 登录到 vCenter Server，右击某台主机，在弹出的快捷菜单中选择“进入维护模式”，如图 5-8-48 所示。

（2）在“群集故障切换警告”对话框单击“是”按钮，如图 5-8-49 所示。

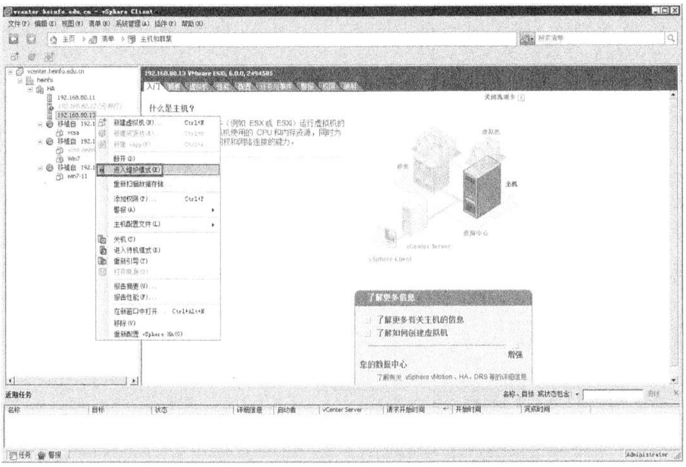

图 5-8-48　进入维护模式

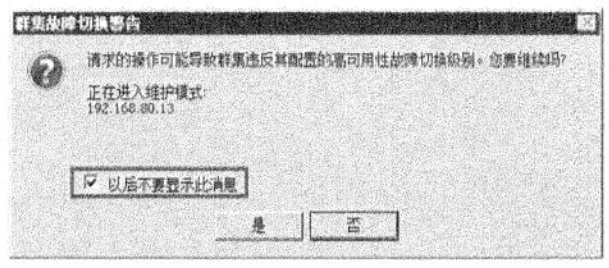

图 5-8-49　群集故障切换警告

（3）在“确认维护模式”对话框确定是否将选定的主机置于维护模式。在此要注意“将关闭电源和挂起的虚拟机移动到群集中的其他主机上”是否需要选中，或者需要在什么时候选中。如果当前主机中，所有的虚拟机都保存在共享存储中，则可以选中“将关闭电源和挂起的虚拟机移动到群集中的其他主机上”。如果当前主机中，有的虚拟机保存在本地硬盘，则不要选中此项，如图 5-8-50 所示。

（4）在弹出的“警告”对话框提示可能需要将一个或多个虚拟机迁移到群集中的其他主机，选中“以后不要显示此消息”，单击“确定”按钮，如图 5-8-51 所示。

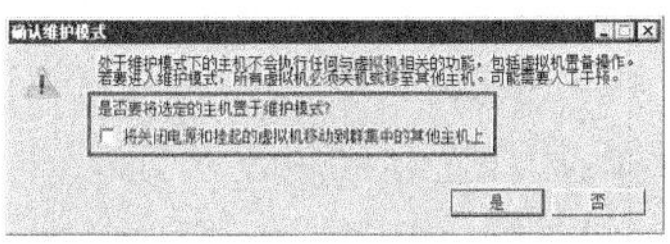

图 5-8-50　确认维护模式

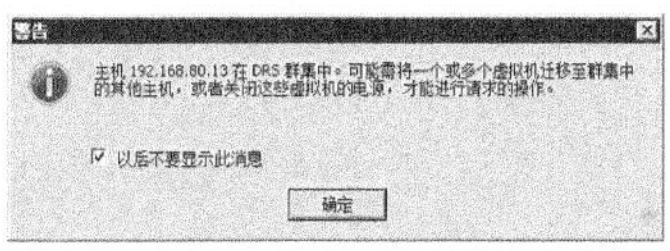

图 5-8-51　警告

（5）之后将开始迁移主机上正在运行的虚拟机，如果虚拟机保存在“共享存储”，则 vCenter Server 会将虚拟机迁移到其他主机，等该主机上所有虚拟机迁移完成后，虚拟机进入“维护模式”，如图 5-8-52 所示。

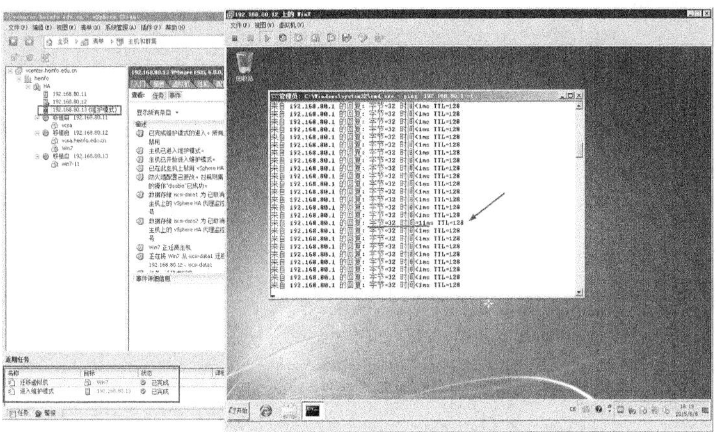

图 5-8-52　迁移完成，进入维护模式

（6）进入维护模式后，定位到该主机，在“虚拟机”选项卡中可以看到当前主机上将不会再有打开电源的虚拟机，如图 5-8-53 所示。

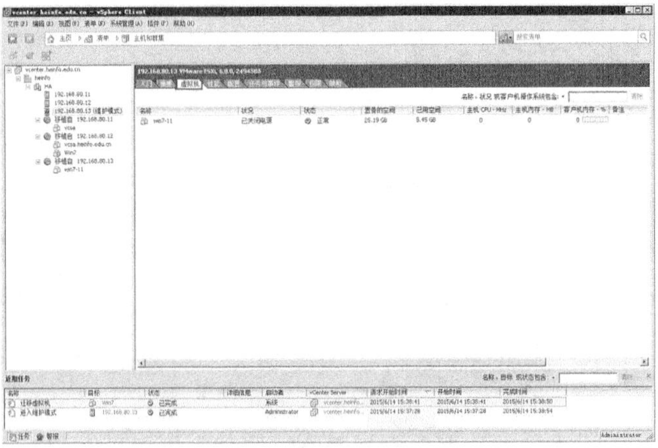

图 5-8-53 虚拟机清单

5.8.6 DRS 与 DPM

我在为客户讲述 VMware vSphere 的特点时，经常给客户描述的一个场景是：

vSphere 数据中心可以节省能源。以我们规划的系统为例，假设有 3 台主机。在配置好后，虚拟机会分布在这 3 台主机上运行。假设其中有一台主机因为各种原因（网络、电力、硬件故障）死机，那么这台主机上正在运行的虚拟机会“自动”在其他主机重新启动。

在工作时间，虚拟机中应用较多、负载较重时，有的业务虚拟机可能在不同的时刻，占用的资源不同。如果以前在传统的数据中心，需要为每个应用规划硬件时，都要按照最高的应用场景来规划。而在 VMware 数据中心，则由主机动态地调整、配置。你只需要为虚拟机分配较为合理的配置即可。VMware 会自动平衡 ESXi 主机，让每个主机的负载近可能的平衡、一致。

在非工作时间，虚拟机应用较少、负载较轻时，虚拟机会向其中的某两台主机“集中”，而其他不运行虚拟机的主机会自动休眠，进入待机模式，以节省能源。当负载开始变重时，会自动打开处于待机模式的主机，虚拟机会再次迁移到这些主机中来。

而且这一切，都是自动的。

在上述的描述中，就是用的 vSphere 的三个功能：群集（HA）、分布式资源调度（DRS）、分布式电源管理（DPM）。

VMware 的分布式资源调度（Distributed Resource Scheduler，DRS）和分布式能源管理（Distributed Power Management，DPM）能改善资源分配和虚拟架构中的有效性与能源消耗。

VMware DRS 根据可用资源平衡工作负载，用户能配置 DRS，使用手动或自动控制。如果一个工作负载的需求急剧降低，VMwareDRS 能临时关闭不需要的物理服务器。

在启用 DRS 的集群环境中，VMware DPM 通过跨物理主机整合虚拟机来降低服务器能源消耗。DRS 和 DPM 都使用 VMwarev vMotion 在物理服务器之间迁移虚拟机。结合 VMware High Availability（HA），这些功能也能帮助预防服务器宕机。

在 vSphere 数据中心中，在启用 HA、DRS、DPM 功能之后，显著的特点概述如下。

HA：受 HA 保护的虚拟机，会在主机当机之后，在其他主机重启。这保证虚拟机“高可用”。

DRS：启用 DRS 之后，虚拟机会根据主机的负载情况动态迁移、调整，让主机的负载较为均衡。

DPM：当整个数据中心中，主机负载较轻时，使用 DRS 后，将某些虚拟机集中到群集中的某 2 台或多台主机后，还有主机处于闲置状态时，即没有虚拟机在该主机上运行，则当前主机会进入“待机状态”，以节省能源，降低功耗。当负载开始变重时，会“唤醒”处于待机状态的主机，DRS 会在主机之间重新调整虚拟机，以达到主机资源平衡的目的。

在为 vSphere 数据中心中配置 HA、DRS、DPM 后，如果负载较轻时（例如，晚上虚拟机负载较轻时），某些主机会进入“待机状态”，如图 5-8-54 所示，这是一个有 3 台主机的 vSphere 数据中心，当前系统中正在运行的虚拟机大约有 25 台。

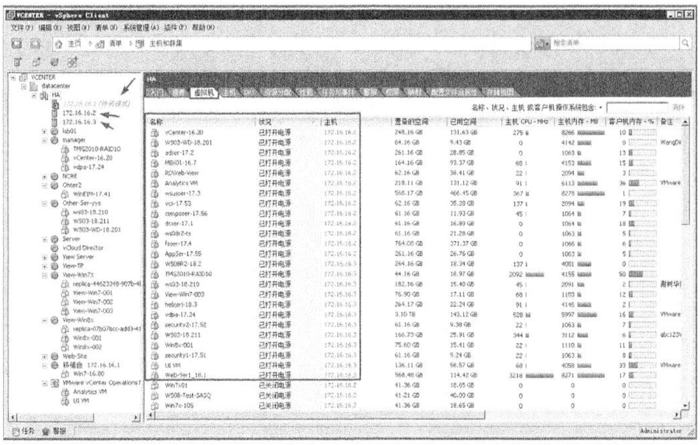

图 5-8-54　一台主机处于待机状态

如果要启用 DPM，这需要虚拟化主机支持 IPMI 的电源管理功能。通常情况下，HP、IBM、DELL 服务器都支持这项功能。你需要为每台主机配置 IPMI 功能。

（1）使用 vSphere Client 登录到 vCenter Server，在左侧选中要配置的主机，在右侧选中“配置→软件→电源管理”，单击“属性”按钮，在弹出的“编辑 IPMI/iLO 设置”输入用户名、密码、管理 IP 地址、管理网卡对应的 MAC 地址，单击“确定”按钮，以配置 IPMI 功能，如图 5-8-55 所示。

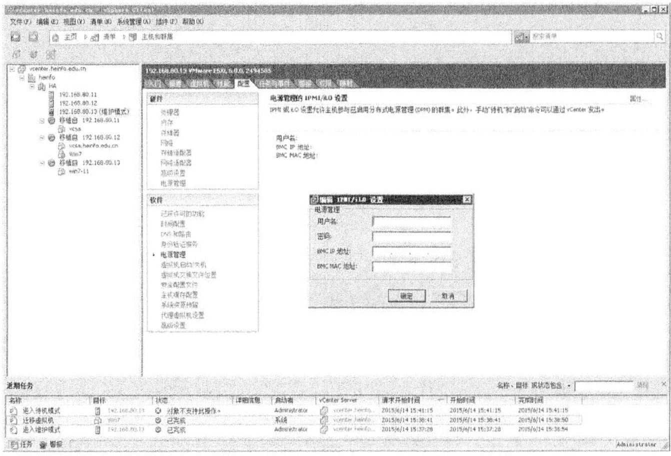

图 5-8-55　配置 IPMI 功能

IPMI 是服务器远程管理中的一项功能。不同的服务器远程管理功能也不同。在 IBM 服务器中，这一功能称为 iMM；在 HP 服务器中，这一功能称为 iLO；对于 DELL 服务器，这一功能称为 iDRAC。其中 HP 与 IBM 服务器有专用的管理网卡，而 DELL 的 iDRAC 通常与网卡的第一个端口共用这一功能。

如果要使用这一功能，需要为服务器配置远程管理地址，设置管理用户名和密码（服务器都有默认的管理用户名和密码，例如 IBM 服务器的默认用户名是 USERID，密码是 PASSW0RD）。在设置管理地址时，最好与 ESXi 管理地址、vCenter Server 地址在同一网段，在不同网段可能不能唤醒处于待机模式的服务器。

（2）图 5-8-56 是 HP 服务器配置 IPMI 的截图。其中这台服务器的 ESXi 地址是 172.30.5.232，而这台服务器 iLO 管理网卡的地址是 172.30.5.242。

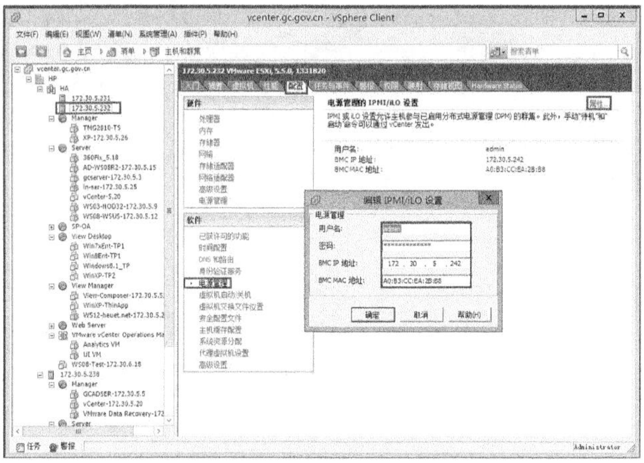

图 5-8-56　HP 服务器 iLO 设置

（3）图 5-8-57 是 IBM 服务器配置 IPMI 的截图，其中 IBM 服务器的管理地址是 172.16.16.3，而对应的 iMM 的地址是 172.16.16.203。

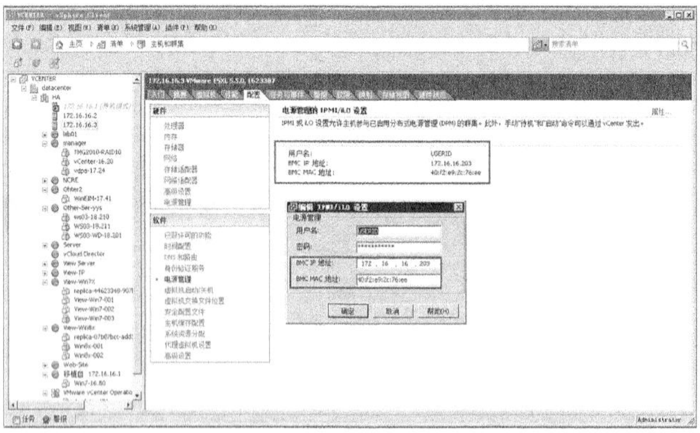

图 5-8-57　IBM 服务器的 iMM 设置

（4）要启用 DPM，每台主机需要先正常进入“待机模式”，并从“待机模式”开机一次，只有经过这样的检查、测试之后，启用 DRS 及 DPM 功能的群集，才会在有资源闲置的主机时，将这些主机进入“待机模式”。如果要测试主机，可以右击主机（先进入“维护模式”），在弹出的快捷菜单中选择“进入待机模式”，如图 5-8-58 所示。

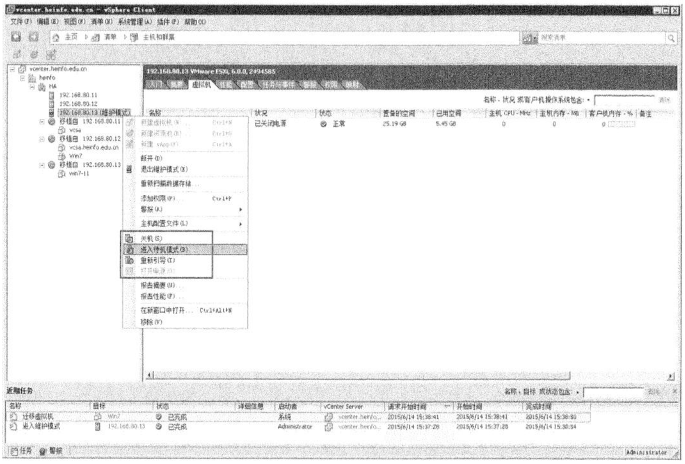

图 5-8-58　进入待机模式

（5）等主机进入待机模式后，此时主机会有类似图 5-8-57 左上角“172.16.16.1（待机模式）”的提示，然后右击该主机，在弹出的快捷菜单中选择“打开电源”，之后主机会打开电源，进入“维护模式”。最后右击主机，在弹出的快捷菜单中选择“退出维护模式”，如图 5-8-59 所示。此时这台主机的测试完成。

（6）其他主机也要“进入维护模式→进入待机模式→打开电源→退出维护模式”的测试。等所有主机测试完成后，打开群集设置，在“vSphere DRS→电源管理→主机选项”中可以看到是否所有主机“退出待机模式”测试成功，如果成功，则有测试成功的时间及标志，如图 5-8-60 所示。

图 5-8-59　退出维护模式

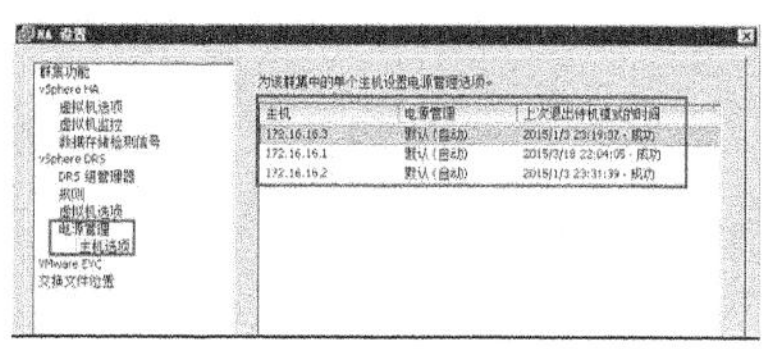

图 5-8-60　主机管理选项

（7）在“电源管理”选项中可以指定默认的电源管理级别，对于测试成功的群集，则可以选择“自动”，如图 5-8-61 所示。而 DPM 阈值选择默认即可。

在配置群集之后，如果主机偶然有网络中断，或者其他问题时，这些信息会在“警报”中显示，即使后来问题解决（例如网络恢复），这些报警也会继续显示。对于管理员来说，当确认问题已经解决后，如果想取消这些警报，可以选中警报信息，右击，在弹出的对话框中选择“确认警报”，之后再次选中，在弹出的对话框中选择“清除”即可，如图 5-8-62 所示。

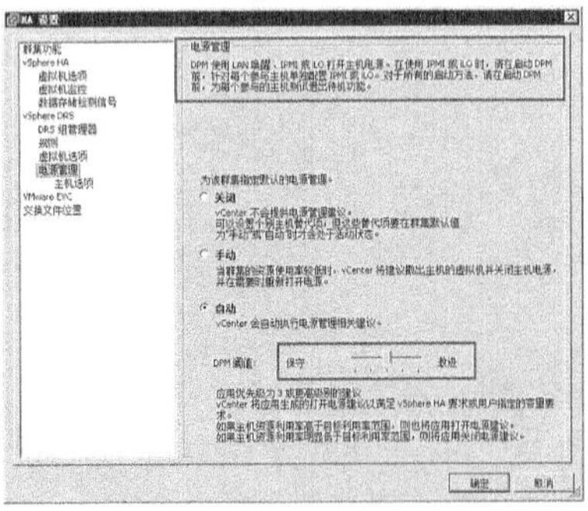

图 5-8-61　电源管理

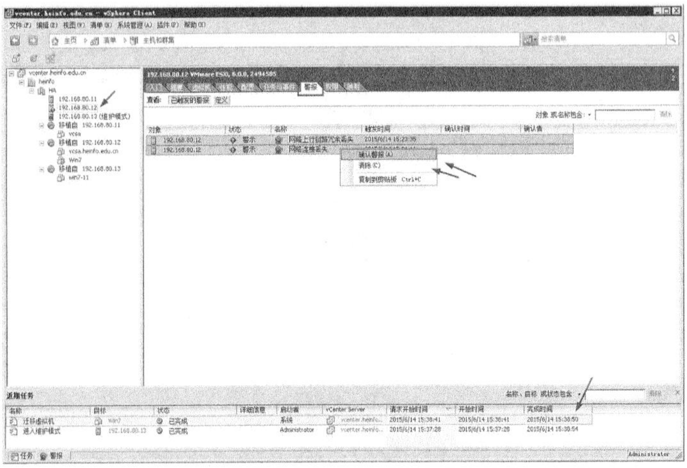

图 5-8-62　确认警报、清除

清除之后，警报之中的报警消失，同时主机的警报标志消除，如图 5-8-63 所示。

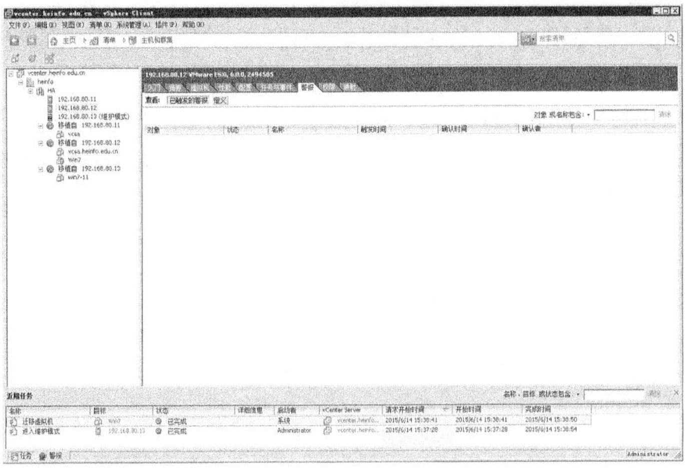

图 5-8-63　警报消除

5.9　为虚拟机提供 Fault Tolerance

如果要获得比 VMware HA 所提供的级别更高的可用性和数据保护，从而确保业务连续性，可以为虚拟机启用“Fault Tolerance”（容错，简称 FT）功能。Fault Tolerance 基于 ESXi 主机平台构建，它通过在单独主机上运行相同的虚拟机来提供连续可用性。

要为群集启用 VMware 容错，必须满足此功能的必备条件，然后在主机上执行特定的配置步骤。完成这些步骤并创建群集后，还可以检查配置是否符合启用容错的要求。

5.9.1　Fault Tolerance 的工作方式

可以为大多数任务关键虚拟机使用 vSphere Fault Tolerance (FT)。FT 通过创建和维护与此类虚拟机相同且可在发生故障切换时随时替换此类虚拟机的其他虚拟机，来确保此类虚拟机的连续可用性。

受保护的虚拟机称为主虚拟机。重复虚拟机，即辅助虚拟机，在其他主机上创建和运行。辅助虚拟机与主虚拟机的执行方式相同，并且辅助虚拟机可以无中断地接管任何点处的执行，因此可以提供容错保护。

主虚拟机和辅助虚拟机会持续监控彼此的状态以确保维护 Fault Tolerance。如果运行主虚拟机的主机发生故障，系统将会执行透明故障切换，此时会立即启用辅助虚拟机以替换主虚拟机，启动新的辅助虚拟机，并自动重新建立 Fault Tolerance 冗余。如果运行辅助虚拟机的主机发生故障，则该主机也会立即被替换。在任一情况下，用户都不会遭遇服务中断和数据丢失的情况。

容错虚拟机及其辅助副本不允许在相同主机上运行。此限制可确保主机故障不会导致两个虚拟机都丢失。

【注意】 也可以使用虚拟机-主机关联性规则来确定要在其上运行指定虚拟机的主机。如果使用这些规则，应了解对于受这种规则影响的任何主虚拟机，其关联的辅助虚拟机也受这些规则影响。

容错可避免“裂脑”情况的发生，此情况可能会导致虚拟机在从故障中恢复后存在两个活动副本。共享存储器上锁定的原子文件用于协调故障切换，以便只有一端可作为主虚拟机继续运行，并由系统自动重新生成新辅助虚拟机。

vSphere 6 版本中的 Fault Tolerance 可容纳最多具有 4 个 vCPU 的对称多处理器 (SMP) 虚拟机。早期版本的 vSphere 使用不同的 Fault Tolerance 技术（现称为旧版 FT），该技术具有不同要求和特性（包括旧版 FT 虚拟机的单个 vCPU 的限制）。如果有必要与这些早期版本的要求相兼容，可以改用旧版 FT。但是，这涉及每个虚拟机的高级选项设置。

5.9.2　为 Fault Tolerance 准备群集和主机

要为群集启用 vSphere Fault Tolerance，必须满足此功能的必备条件，然后在主机上执行特定的配置步骤。完成这些步骤并创建群集后，还可以检查配置是否符合启用 Fault Tolerance 的要求。

尝试为群集启用 Fault Tolerance 之前，应当完成的任务包括：

- 确保您的群集、主机和虚拟机满足 Fault Tolerance 对照表中所述要求。
- 为每台主机配置网络。
- 创建 vSphere HA 群集，添加主机，并检查合规性。

在为群集和主机准备好 Fault Tolerance 之后，便可为虚拟机打开 Fault Tolerance。

【注意】 容错虚拟机的故障切换与 vCenter Server 无关，但必须使用 vCenter Server 来设置 Fault Tolerance 群集。

1. Fault Tolerance 的群集要求

在使用 Fault Tolerance 之前，必须满足以下群集要求。

- 配置了 Fault Tolerance 日志记录和 vMotion 网络。
- vSphere HA 群集已创建并启用。打开容错虚拟机电源或者将主机添加到已支持容错虚拟机的群集之前，必须启用 vSphere HA。

2. Fault Tolerance 的主机要求

在使用 Fault Tolerance 之前，必须满足以下主机要求。

- 主机必须使用受支持的处理器。
- 主机必须获得 Fault Tolerance 的许可。
- 主机必须已通过 Fault Tolerance 认证。
- 在配置每台主机时，都必须在 BIOS 中启用硬件虚拟化（HV）。

【注意】 VMware 建议将用于支持 FT 虚拟机的主机的 BIOS 电源管理设置设为“最高性能”或“受操作系统管理的性能”。

3. Fault Tolerance 的虚拟机要求

在使用 Fault Tolerance 之前，必须满足以下虚拟机要求。

- 没有不受支持的设备连接到虚拟机。
- 不兼容的功能一定不能与容错虚拟机一起运行。
- 虚拟机文件必须存储在共享存储器上。可接受共享的存储解决方案包括（FC 光纤或 SAS）通道、（硬件和软件）iSCSI、NFS 和 NAS。

4. 其他配置建议

在配置 Fault Tolerance 时还应遵循以下准则。

- 如果要使用 NFS 访问共享存储器，请使用至少具有 1 千兆位网卡的专用 NAS 硬件，以获取为了使 Fault Tolerance 功能正常工作所需的网络性能。
- 在开启 Fault Tolerance 功能后，容错虚拟机的保留内存设置为虚拟机的内存大小。确保包含容错虚拟机的资源池拥有大于虚拟机内存大小的内存资源。如果资源池中没有额外内存，则可能没有内存可用作开销内存。
- 每个容错虚拟机最多使用 16 个虚拟磁盘。
- 为确保冗余和最大 Fault Tolerance 保护，群集中应至少有 3 台主机。如果发生故障切换情况，这可确保有主机可容纳所创建的新辅助虚拟机。

5. 为主机配置网络

在要添加到 vSphere HA 群集的每台主机上，必须配置两个不同的网络交换机（vMotion 和 FT 日志记录），以便主机支持 vSphere Fault Tolerance。

要为主机启用 Fault Tolerance，必须让每个端口组选项（vMotion 和 FT 日志记录）均完成此步骤，以确保有足够的带宽可供 Fault Tolerance 日志记录使用。选择一个选项，完成该过程，然后选择另一个端口组选项，再执行一次该过程。

需要多个千兆位网络接口卡（NIC）。对于支持 Fault Tolerance 功能的每台主机，建议最少使用两个物理网卡。例如，您需要一个网卡专门用于 Fault Tolerance 日志记录，另一个则专门用于 vMotion。使用 3 个或更多网卡来确保可用性。

【注意】 vMotion 和 FT 日志记录网卡必须位于不同子网上。如果使用的是旧版 FT，则在 FT 日志记录网卡上不支持 IPv6。

5.9.3 FT 实验环境介绍

为了让大家掌握 FT 的内容，我为大家规划了如图 5-9-1 所示的实验环境。

在图 5-9-1 中，有 3 台 VMware ESXi 6 的服务器，每个服务器都有 6 个千兆网卡。其中每两个千兆网卡连接到一个千兆交换机（vmnet8），用来管理 VMware ESXi，该千兆网卡连接 192.168.80.0/24 的网段；第 2 组 2 个千兆网卡连接到 vmnet1 交换机，用于连接 iSCSI 存储，同时用来跑 FT 的流量，该网络使用 192.168.10.0/24 网段；最后一组 2 个网卡则模拟生产网络，连接到一个模拟了 Trunk 的交换机上。

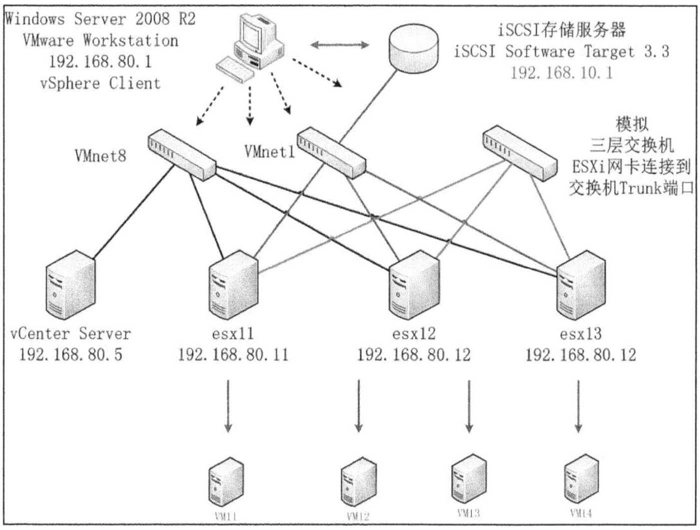

图 5-9-1　FT 实验拓扑

5.9.4　为 VMware ESXi 主机配置网络

在要添加到 VMware HA 群集的每台主机上必须配置两个不同的网络交换机（其中一个网络交换机用于 VMotion，另一个用于 FT 日志记录）。

在使用容错时，每台 VMware ESX 主机至少需要两个千兆网卡。对于支持容错的每台主机，总共需要两个 VMkernel：一个专用于容错日志记录，另一个专用于 VMotion。VMotio 和容错日志记录网卡必须位于不同子网上。

在下面的操作中，我们要检查每台主机，确认每台主机的管理网络用于 VMotion，确认每台主机有另一个 VMkernel 用于虚拟机容错。

（1）使用 vSphere Client 登录到 vCenter Server，从左侧选中一个主机，在右侧定位到“配置→网络→vSphere 标准交换机”，选择 vSwitch0，单击“属性”，如图 5-9-2 所示。

（2）在“vSwitch0 属性”对话框中选中“Management Network”VMkernel 端口组，在右侧“端口属性”中可以查看到 VMotion 与管理流量为“已启用”，而 Fault Tolerance 日志记录则为“已禁用”，如图 5-9-3 所示。如果配置不是这样，请单击“编辑”按钮修改。

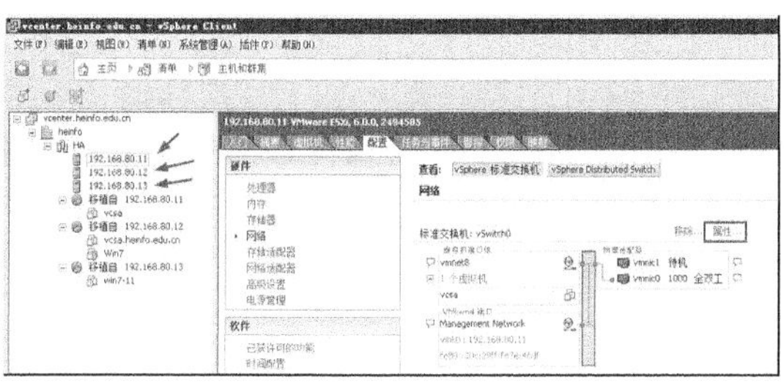

图 5-9-2　vSwitch0 交换机属性

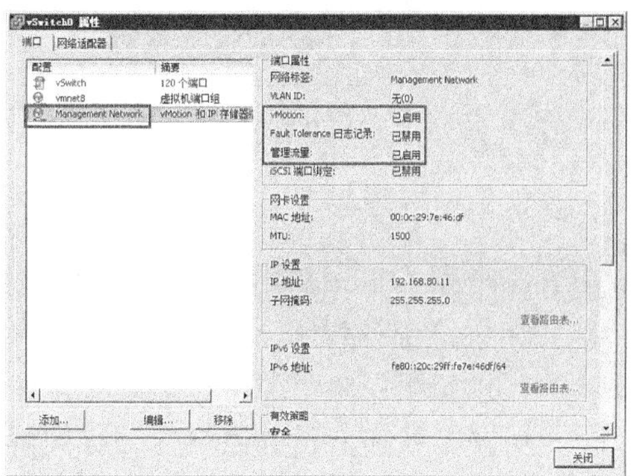

图 5-9-3　查看 VMkernel 属性

（3）启用 FT 的交换机，在前面的规划中，则是在 vSphere 分布式交换机中配置的。选择“vSphere Distributed Switch”，选择将要启用 FT 的交换机，单击“管理虚拟适配器”链接，如图 5-9-4 所示。

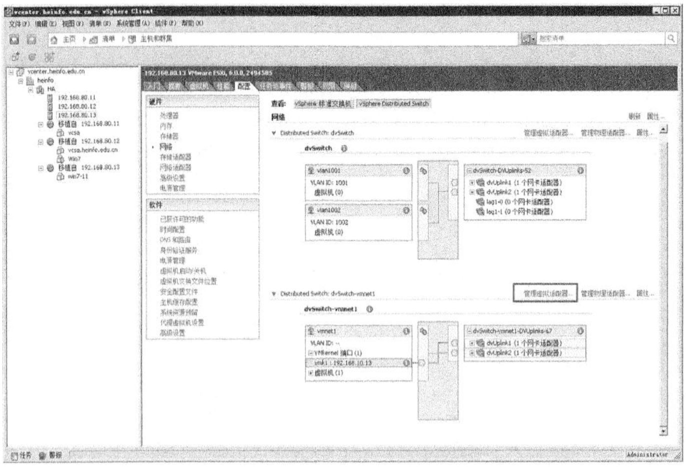

图 5-9-4　管理虚拟适配器

（4）打开“管理虚拟适配器”对话框，选中“vmk1”，单击“编辑”链接，如图 5-9-5 所示。

（5）打开“编辑虚拟适配器 vmk1”对话框，在“常规”选项卡中单击并选中“将此虚拟适配器用于 Fault Tolerance 日志记录”，如图 5-9-6 所示。配置之后单击“确定”按钮返回。

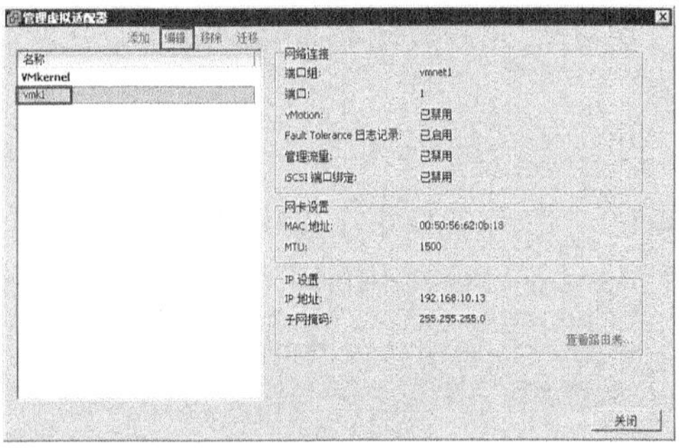

图 5-9-5　编辑 vmk1

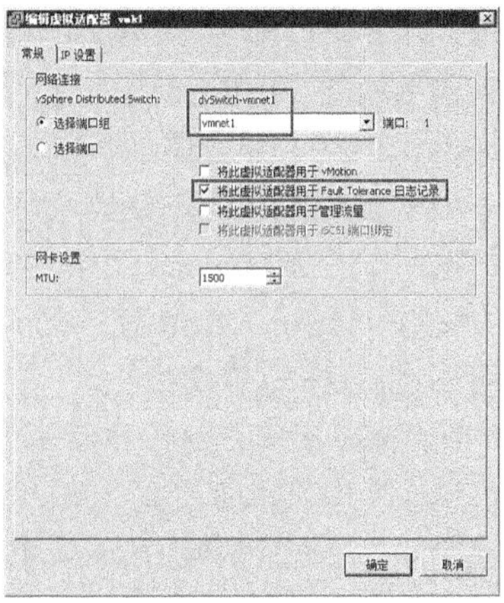

图 5-9-6　为 VMkernel 选中 FT 日志记录

你需要为当前数据中心中的每台主机进行网络的检查与配置。

5.9.5　为虚拟机启用 FT 功能

在采取了为群集启用 VMware 容错所需的全部步骤之后，可以为各个虚拟机打开容错功能。如果符合下列任一情况，则用于打开容错的选项将不可用（以灰色显示）。

➢　虚拟机所驻留的主机并未获得使用该功能的许可证。

➢　虚拟机所驻留的主机处于维护模式或待机模式。

➢　虚拟机已断开连接或被孤立（无法访问其 .vmx 文件）。

➢ 用户没有打开此功能的权限。

如果用于打开容错的选项可用，则此任务仍然必须进行验证，并且在未满足某些要求时可能会失败。

下面将在一个名为 win7 的虚拟机中打开“FT（容错）”功能。

【说明】 因为我们当前使用的是传统的 vSphere Client，而传统的 vSphere Client 只支持 vSphere 5.0 的功能集，所以，在使用 vSphere Client 登录 vCenter Server，并为虚拟机配置、开启容错时，其使用的还是以前 vSphere 5.0 时的限制（1 个 CPU）和功能。如果要使用新版的 FT 功能，需要使用 vSphere Web Client。

使用 vSphere Client 为虚拟机打开容错的步骤如下。

（1）使用 vSphere Client 连接到 vCenter Server，右击要打开容错的虚拟机，在弹出的快捷菜单中选择“Fault Tolerance→打开 Fault Tolerance”选项，如图 5-9-7 所示。

（2）在弹出的“打开 Fault Tolerance”对话框中单击“是”按钮，如图 5-9-8 所示。

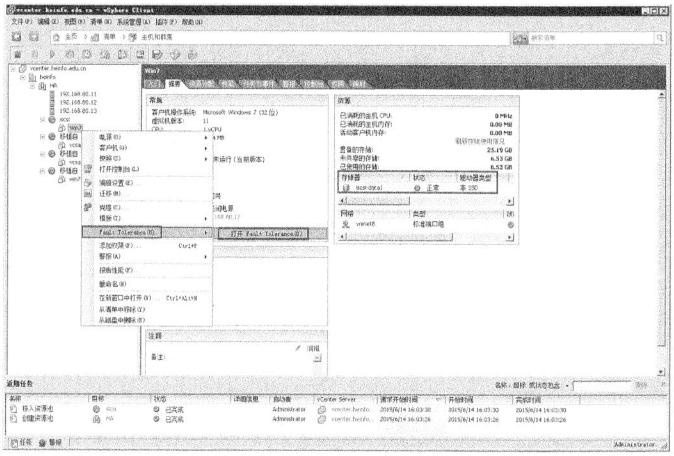

图 5-9-7　打开容错

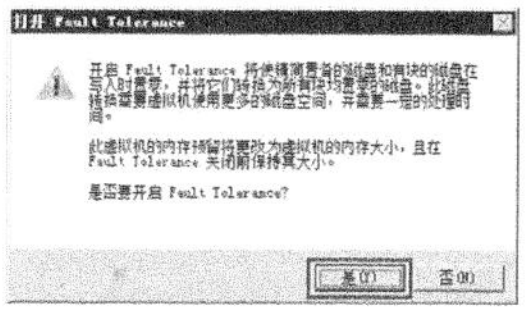

图 5-9-8　打开容错

（3）之后 vCenter Server 会配置 FT 容错虚拟机，可以在“近期任务”中看到进度状态，如图 5-9-9 所示。

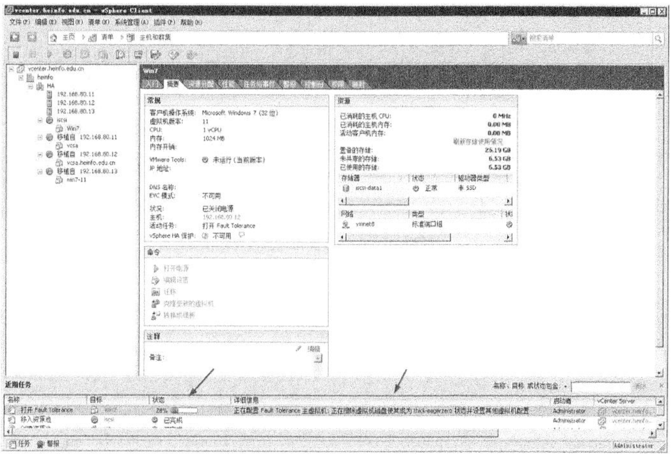

图 5-9-9　进度状态

在基于 vSphere 5.0 的虚拟机容错中，容错虚拟机仍然只有一个副本，并且保存在原来的共享存储中。

5.9.6　启动启用 FT 功能的虚拟机

在使用 vSphere Client，为虚拟机启用“FT”后，此时使用 vSphere Client 打开虚拟机的电源会出错。

（1）使用 vSphere Client 登录 vCenter Server，右击启用容错的虚拟机，在弹出的对话框中选择“电源→打开电源”，如图 5-9-10 所示。

（2）此时 vSphere Client 会弹出错误对话框，提示当前主机处理器不支持“记录/重放的硬件虚拟化”，如图 5-9-11 所示。

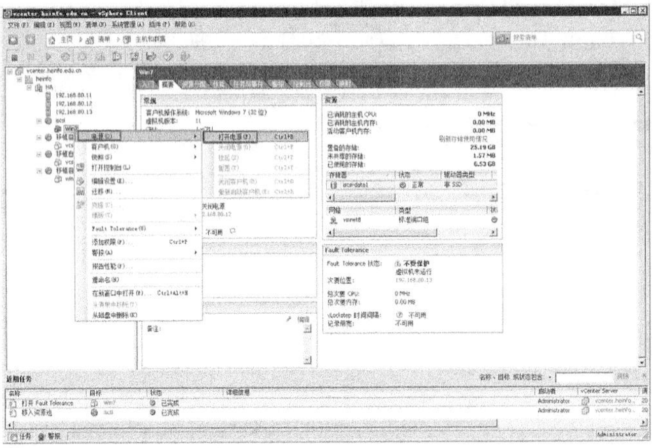

图 5-9-10　打开容错虚拟机电源

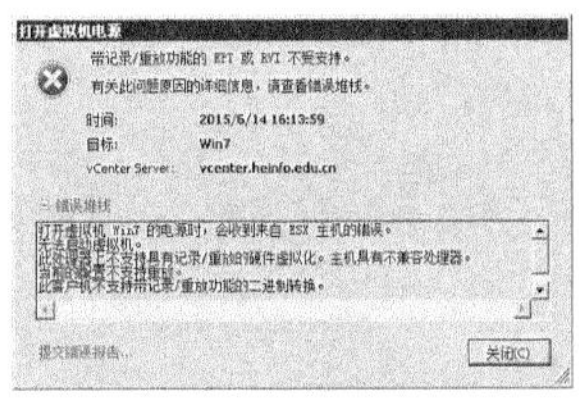

图 5-9-11　提示主机具有不兼容的处理器

如果要想启用这个功能，你可以通过修改容错虚拟机的配置文件来实现。

（1）右击容错虚拟机，在弹出的对话框中选择“编辑设置”，如图 5-9-12 所示。

（2）打开“win7-虚拟机属性”对话框，在“选项→高级→常规”选项中单击“配置参数”，如图 5-9-13 所示。

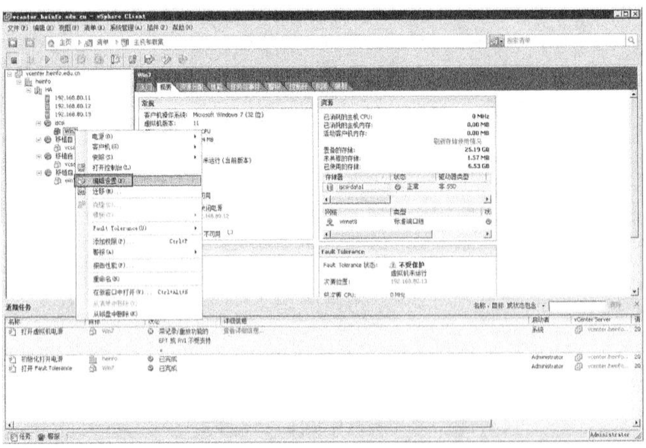

图 5-9-12　编辑设置

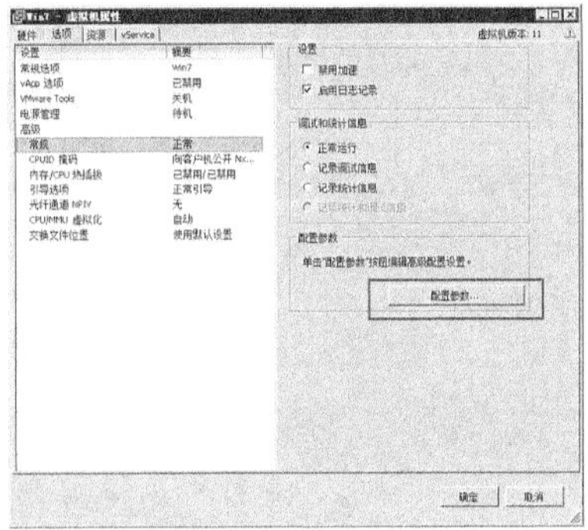

图 5-9-13　配置参数

（3）在 vSphere ESXi 6 中，添加如下一行参数，replay.allowBTOnly = true 如图 5-9-14 所示。

如果是在其他 vSphere 版本中，则可能还需要添加如下两个参数。

```
replay.allowFT = true
replay.supported = true
```

添加之后，单击“确定”按钮返回虚拟机属性对话框，单击“确定”按钮完成设置。

返回到 vSphere Client，打开容错虚拟机的电源，此时在“近期任务”中会有启动的详细信息，如图 5-9-15 所示。

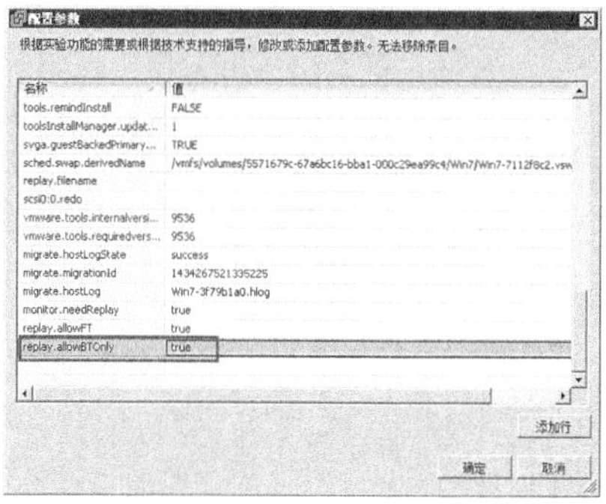

图 5-9-14　添加参数

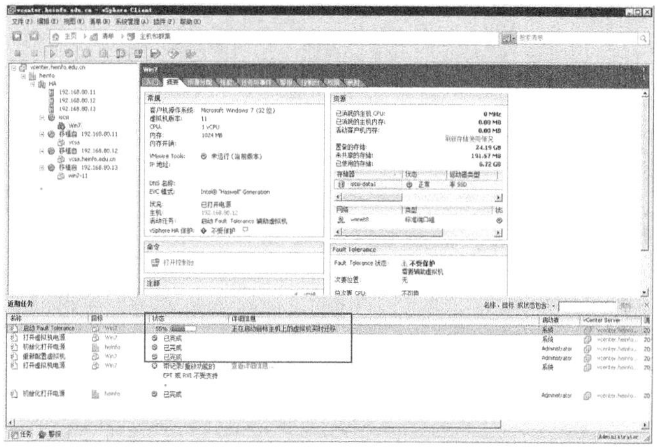

图 5-9-15　启动容错虚拟机

打开名为“win7”的启用容错虚拟机的控制台，如图 5-9-16 所示。此时在左上角可以看到当前容错的虚拟机在 192.168.80.12 的主机上启动。

如果要查看作为“副本”的虚拟机，可以在左侧选中主机，在右侧“虚拟机”选项卡中查看具有“Win7(次要)”名称的虚拟机，如图 5-9-17 所示，右击这个虚拟机名称，在弹出的对话框中选择“打开控制台”。

图 5-9-16　打开虚拟机控制台

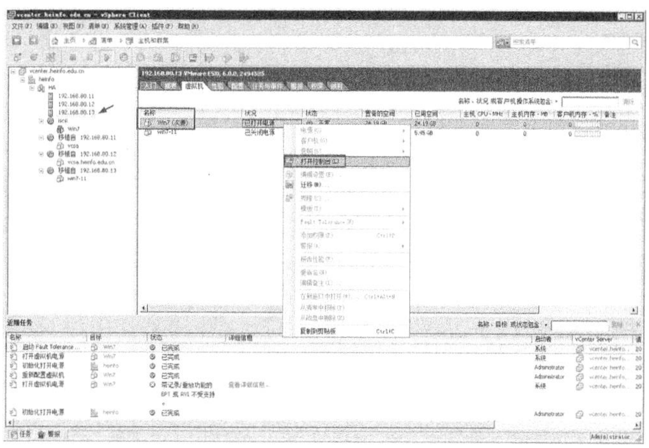

图 5-9-17　打开次要虚拟机控制台

对比两个虚拟机，其中作为主要的虚拟机是可以操作的，而作为“次要”的副本虚拟机不能操作。主虚拟机中的操作（键盘、鼠标、程序）都会完全反映在“次要”虚拟机中，如图 5-9-18 所示。

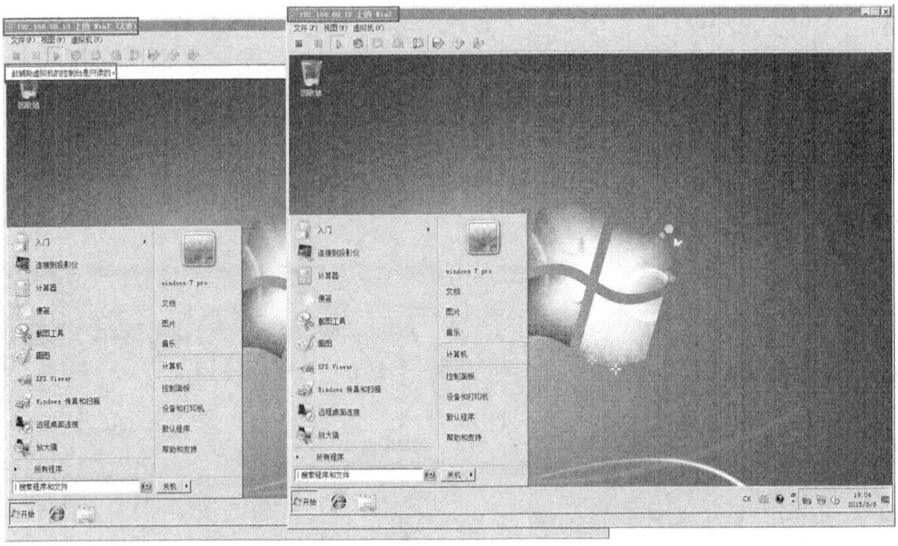

图 5-9-18 启用 FT 功能的虚拟机操作是完全同步的

5.9.7 迁移辅助虚拟机

在为主要虚拟机打开 vSphere Fault Tolerance 之后，可以迁移其关联的辅助虚拟机。

（1）使用 vSphere Client 登录到 vCenter Server，右击启用容错的虚拟机，在弹出的快捷菜单中选择“Fault Tolerance→迁移辅助虚拟机”，如图 5-9-19 所示。

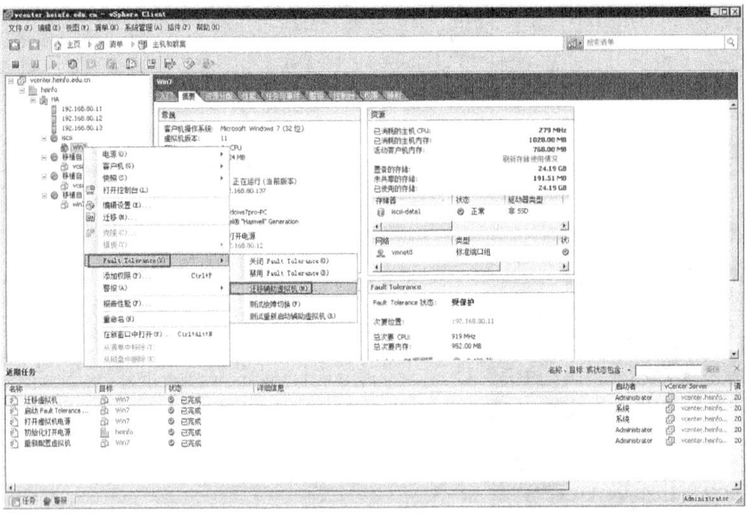

图 5-9-19 迁移辅助虚拟机

（2）在“选择迁移类型”对话框单击“更改主机”，如图 5-9-20 所示。

（3）在“迁移目标”对话框中选择一个主机，用于迁移，如图 5-9-21 所示。

（4）在“选择资源池”对话框选择该虚拟机迁移的资源池，一般保持默认即可，如图 5-9-22 所示。

（5）在“VMotion 优先级”对话框选择“高级优先级”，如图 5-9-23 所示。

（6）在“即将完成”对话框单击“完成”按钮，开始迁移，如图 5-9-24 所示。

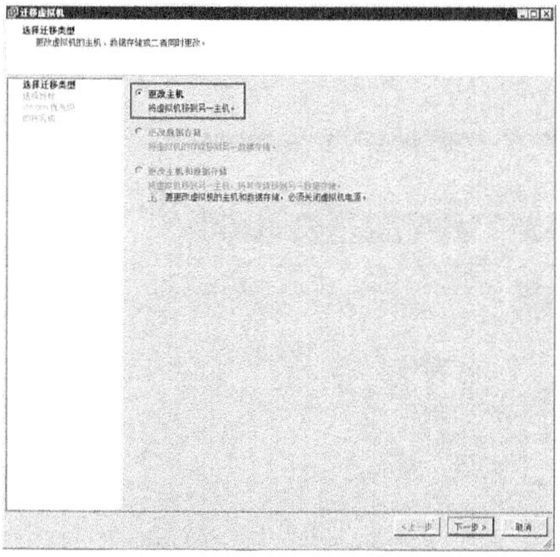

图 5-9-20　更改主机

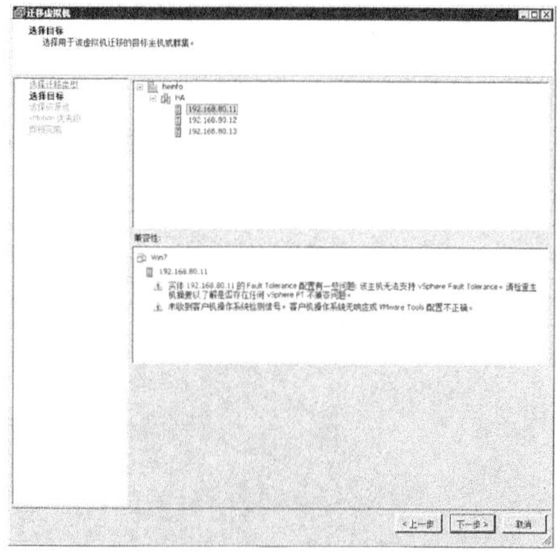

图 5-9-21　迁移目标

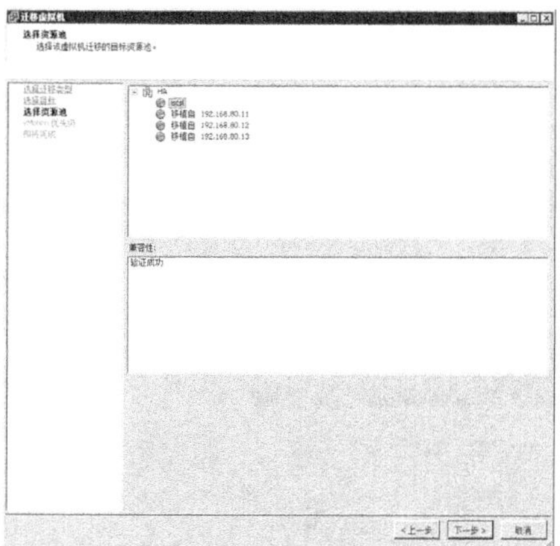

图 5-9-22　选择资源池

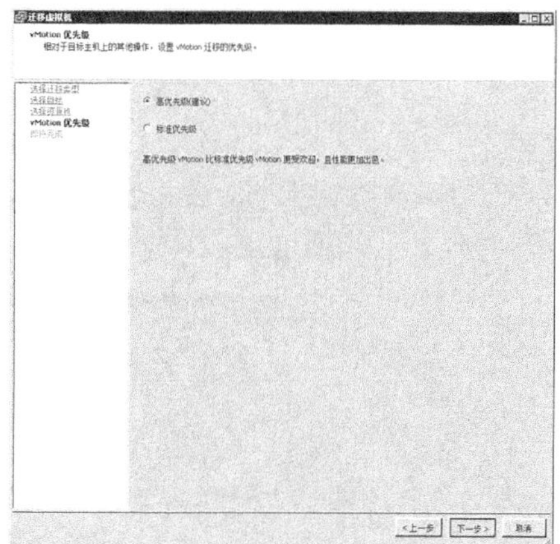

图 5-9-23　迁移优先级

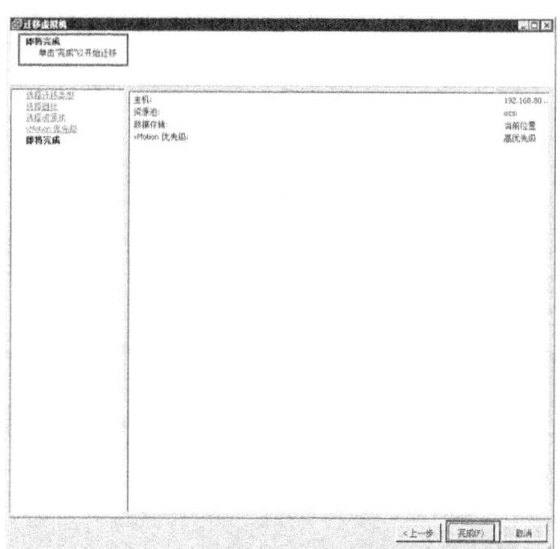

图 5-9-24　即将完成

5.9.8　测试故障转移

可以通过诱发所选主要虚拟机的故障切换来测试 Fault Tolerance 保护。如果已关闭虚拟机电源，则此选项不可用（灰显）。

（1）使用 vSphere Client 登录到 ESXi，右击已经启动的容错虚拟机，在弹出的对话框中选择“Fault Tolerance→测试故障切换”，如图 5-9-25 所示。

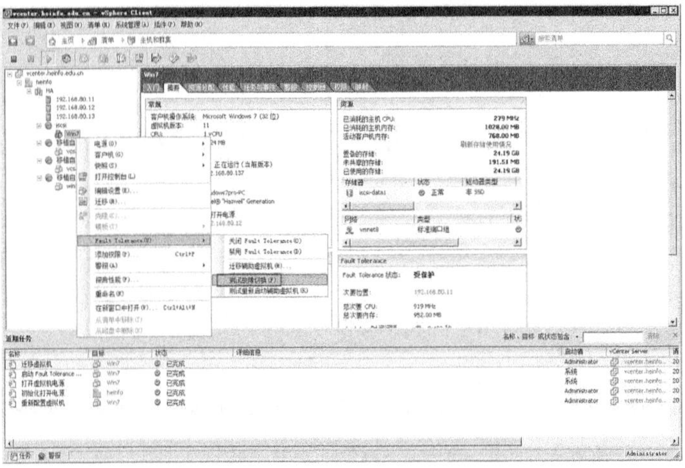

图 5-9-25 测试故障切换

（2）在测试故障切换时，会将辅助虚拟机设置为主虚拟机，如图 5-9-26 所示，此时在“近期任务”中会显示此项信息。

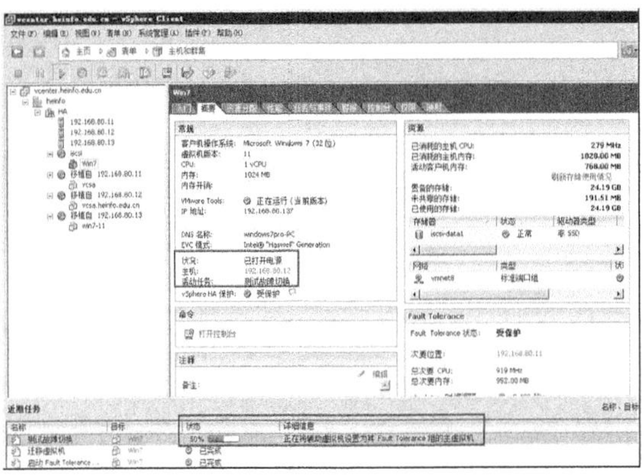

图 5-9-26 故障切换任务信息

（3）稍后会在 win7 虚拟机的“摘要”中看到当前虚拟机的运行主机已经由原来的 192.168.80.12 更换为 192.168.80.11，如图 5-9-27 所示。

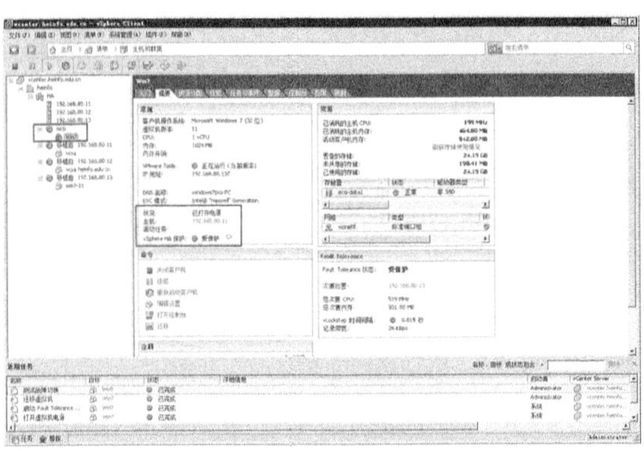

图 5-9-27 故障切换

5.9.9　测试启用 FT 功能的虚拟机

在前几节中，测试 FT 功能的虚拟机都是一些“正常”的迁移、测试故障转移。接下来的任务，我们将强制将正在运行容错虚拟机的主机关机，然后查看启用容错功能的虚拟机是否会受到影响。

（1）启动启用容错功能的虚拟机，并打开“主”虚拟机及“次要”虚拟机的控制台，如图 5-9-28 所示。并记下主虚拟机及辅助虚拟机的运行主机。从图中可以看到，主虚拟机运行在 192.168.80.11 的 ESXi 主机，而辅助虚拟机运行在 192.168.80.13 的主机。为了测试网络的连通性，使用 ping 192.168.80.1 –t 命令。

（2）由于主虚拟机运行在 192.168.80.11 的 ESXi 主机上，我们切换到 VMware Workstation 控制台，重新启动 esxi11-80.11 的虚拟机，如图 5-9-29 所示。如果你在实际的生产环境中想要测试，可以暂时将主机上正在运行的其他虚拟机迁移到其他主机上，以避免影响业务运行。

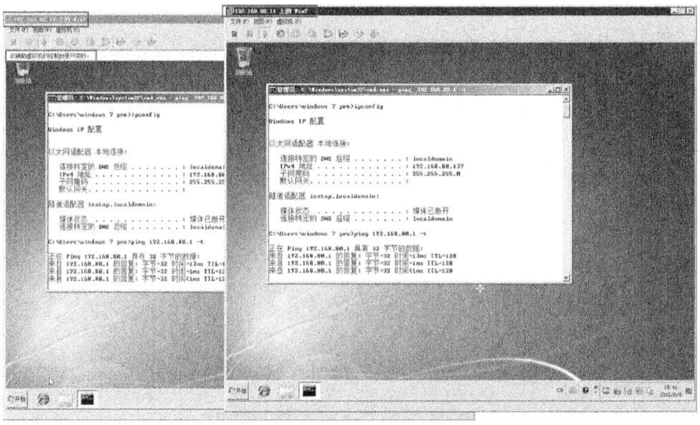

图 5-9-28　打开虚拟机控制台

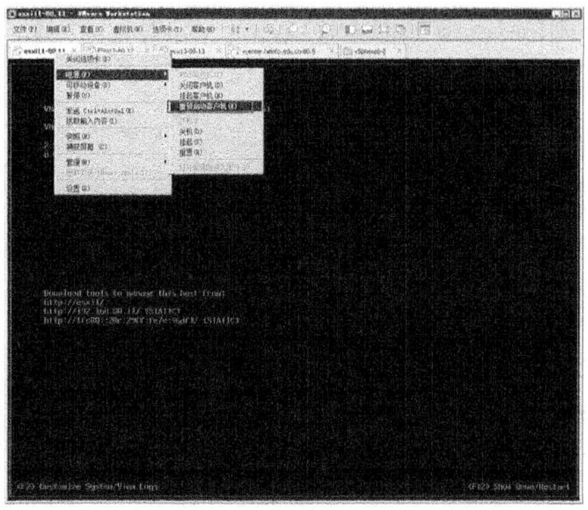

图 5-9-29　重新启动 ESXi 主机

（3）等 ESXi 主机重启或关机后，在 vSphere Client 中可以看到，当前 192.168.80.11 的状态为“无响应”，如图 5-9-30 所示。

（4）原来打开的“192.168.80.11 的 win7”会没有显示，如图 5-9-31 所示。

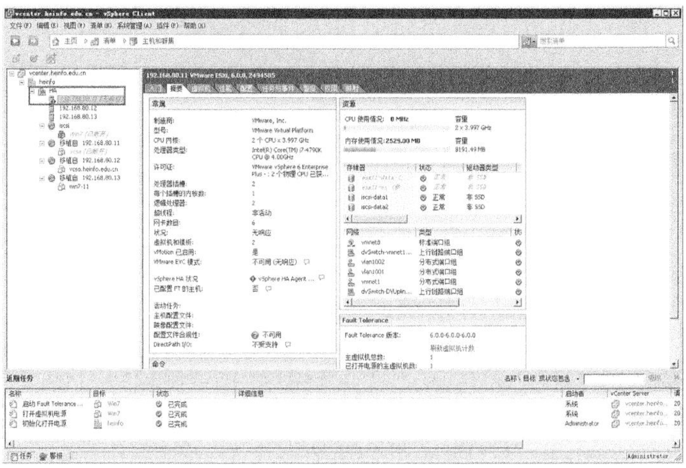

图 5-9-30　主机无响应

图 5-9-31　原主机上虚拟机控制台无响应

（5）此时，原来的辅助虚拟机将会立刻接管，并成为主机。同时，容错虚拟机将会在剩余的主机中找一台可用主机，并启动一个新的虚拟机，作为新的辅助虚拟机，如图 5-9-32 所示。

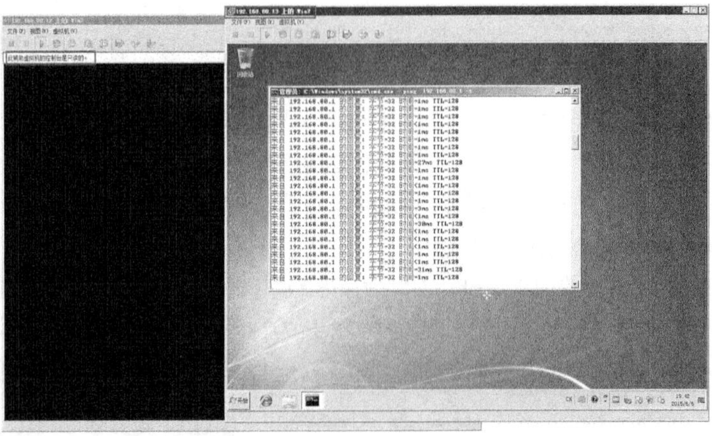

图 5-9-32　原辅助变为主虚拟机，新启动辅助虚拟机

（6）稍后，辅助虚拟机会启动成功，如图 5-9-33 所示。而在原辅助虚拟机成为“主”虚拟机、新建辅助虚拟机启动的过程中，整个网络没有中断，应用仍在继续。

如果原来的主机 192.168.80.11 恢复，那么已经启动的主虚拟机、辅助虚拟机，在一般情况下，不会将系统迁移到 192.168.80.11 这个主机上，而是保持 192.168.80.11 出故障后的情况持续运行。只有这一平衡再被打破时，例如 192.168.80.12 或 192.168.80.13 某个主机出错，容错虚拟机才会继续新的迁移。

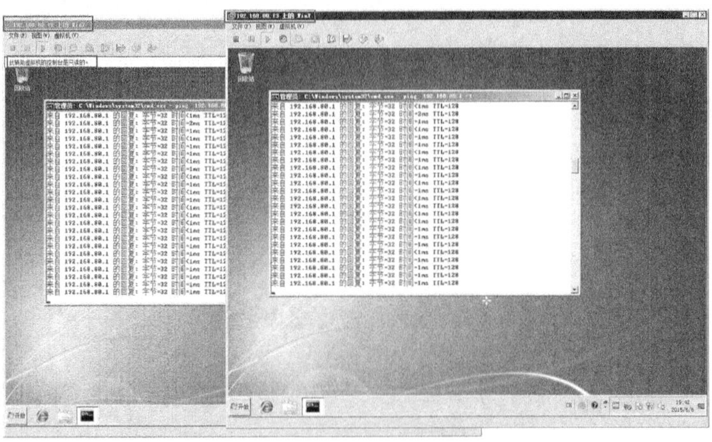

图 5-9-33　新建辅助虚拟机启动成功

5.9.10　使用 vSphere Web Client 为虚拟机启用容错

在新版（vSphere 6）中，容错虚拟机支持 4 个 CPU，并且容错虚拟机会在另一个共享存储创建一个相同的虚拟机，以提高可靠性及安全性。但这一功能需要使用 vSphere Web Client 配置。本节将简要演示一下。在下面的操作中，将会把一个保存在本地存储的、名为 win7-11 的虚拟机保存位置改为共享存储，然后启动虚拟机容错功能。

（1）使用 IE 浏览器登录 vCenter Server，选中一个虚拟机，右击选择“迁移”，如图 5-9-34

所示。

图 5-9-34　迁移

（2）在“选择迁移类型”对话框选择“更改计算资源和存储”，如图 5-9-35 所示。

（3）在“选择计算资源”对话框选择一个主机，例如 192.168.80.13，如图 5-9-36 所示。

图 5-9-35　选择迁移类型

图 5-9-36　选择主机

（4）在“选择存储器”选择一个共享存储，例如在此选择名为 iscsi-data1 的存储，如图 5-9-37 所示。

（5）在“选择网络”对话框保持默认值，如图 5-9-38 所示。

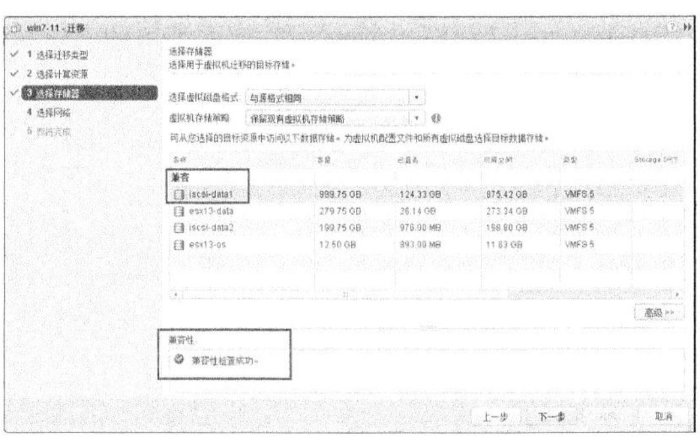

图 5-9-37　选择共享存储

图 5-9-38　选择网络

（6）在“即将完成”对话框单击“完成”按钮，如图 5-9-39 所示。

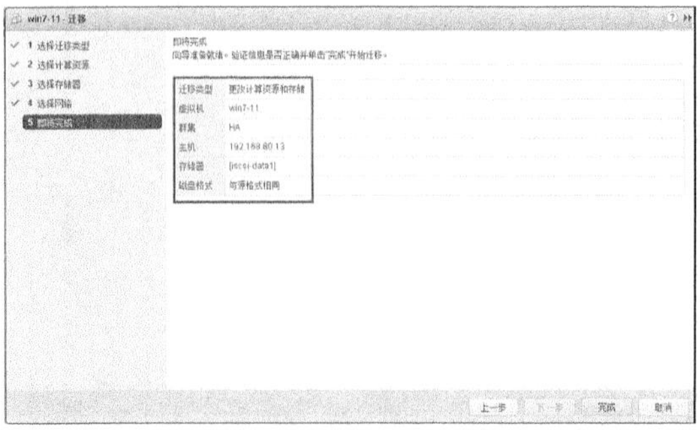

图 5-9-39　更改虚拟机存储操作完成

图 5-9-40　修改为 2 个 CPU

之后修改虚拟机的配置，将其改为 2 个 CPU，如图 5-9-40 所示。

之后使用 vSphere Web Client，启动 FT，主要步骤如下。

（1）右击 win7-11 虚拟机，在弹出的快捷菜单中选择“Fault Tolerance→打开 Fault Tolerance”，如图 5-9-41 所示。

（2）由于我们是在虚拟机中做的这个测试，在打开 FT 时会有个故障提示“与主机关联的虚拟网卡宽带不足，无法用于 FT 日志记录”，如图 5-9-42 所示。实际上这个提示不影响后期的测试。

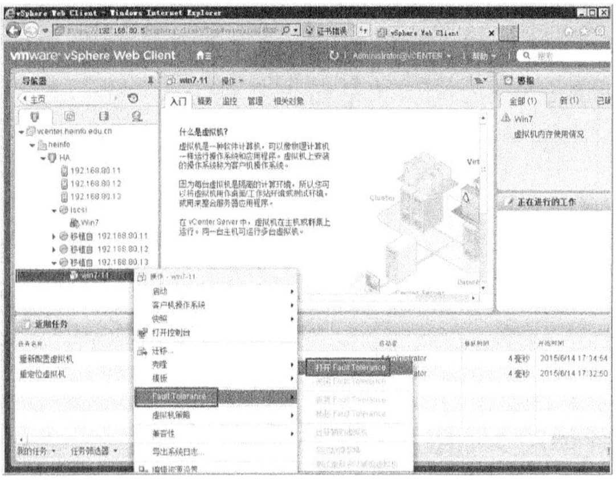

图 5-9-41　打开 FT

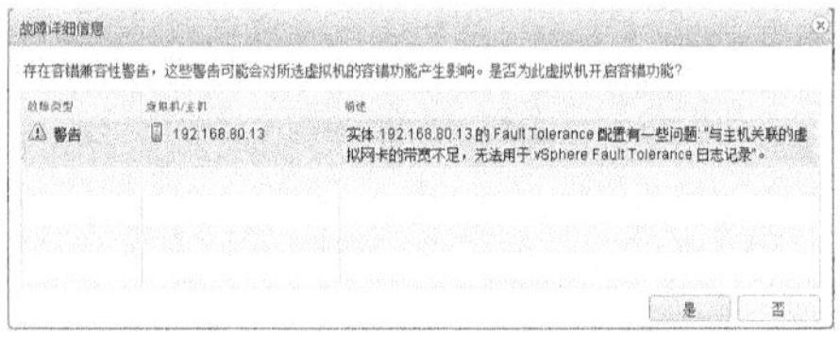

图 5-9-42　故障详细信息

（3）在“选择数据存储”对话框为辅助虚拟机选择数据存储。在新版本的 FT 中，主虚拟机与辅助虚拟机可以放置在不同的数据存储中，这进一步提高了“容错”的安全性，如图 5-9-43 所示。在此为辅助虚拟机选择另一个共享存储。

（4）在“选择主机”对话框为辅助虚拟机选择主机，如图 5-9-44 所示。辅助虚拟机、主机要运行在不同的主机上。如果主机与辅助虚拟机选择同一个主机，会在“兼容性”列表提示。

（5）在“即将完成”对话框显示辅助虚拟机详细信息，这包括辅助虚拟机所在主机、配置文件位置、硬盘位置等，如图 5-9-45 所示。

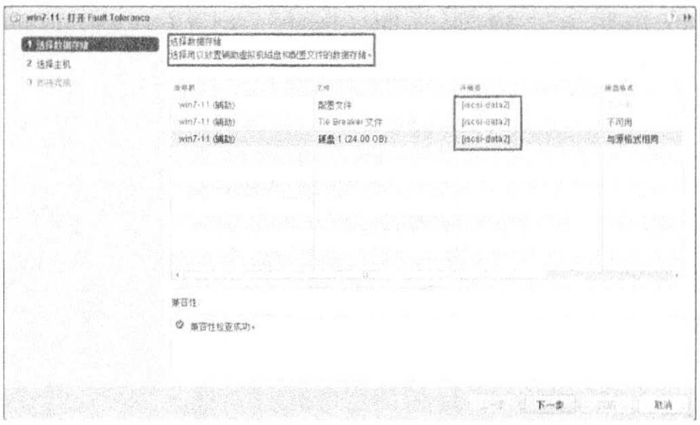

图 5-9-43　为辅助虚拟机选择数据存储

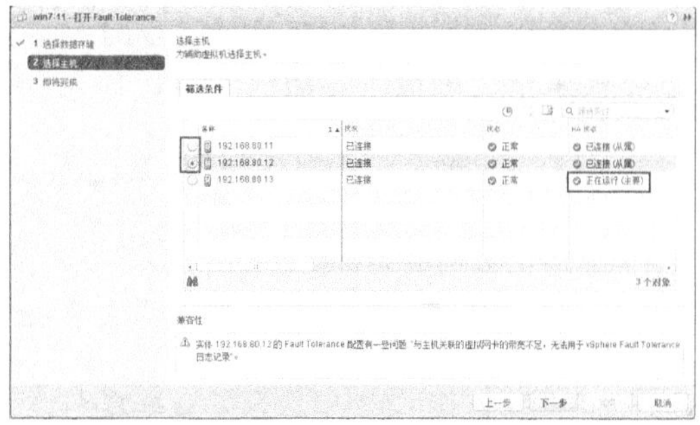

图 5-9-44　为辅助虚拟机选择主机

图 5-9-45　完成

（6）返回到 vSphere Web Client 管理控制台，在“近期任务”中会显示为虚拟机打开容错的配置信息，如图 5-9-46 所示。

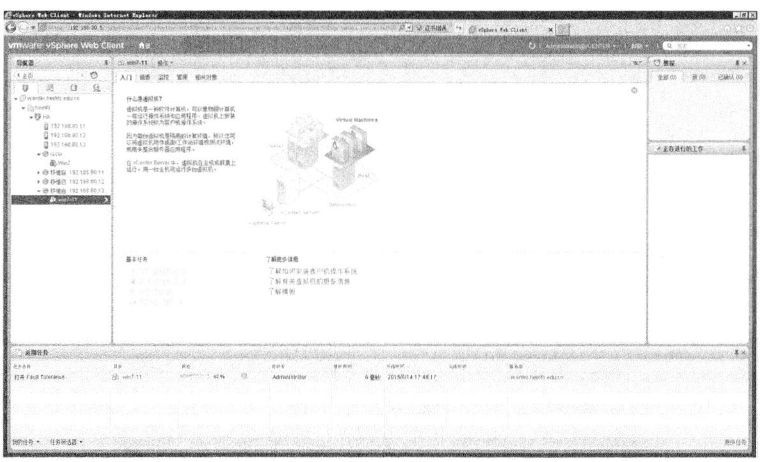

图 5-9-46　为虚拟机打开容错

（7）为虚拟机打开容错之后，右击虚拟机名称，在 FT 中可以看到关闭 FT、迁移辅助虚拟机等选项，如图 5-9-47 所示。

在配置好容错虚拟机之后，可以启动容错虚拟机查看效果，主要步骤如下。

（1）右击容错虚拟机，在弹出的对话框中选择“启动→打开电源”，如图 5-9-48 所示。

（2）打开控制台，可以看到虚拟机正在启动，如图 5-9-49 所示。

（3）在左侧选择另一个 ESXi 主机 192.168.80.12，在“相关对象→虚拟机”中可以看到辅助虚拟机，如图 5-9-50 所示。

当 ESXi 主机内存是 4GB、5GB 时，尝试启动容错虚拟机，则会弹出“父资源池中可用内存资源不足”的提示，如图 5-9-51 所示。

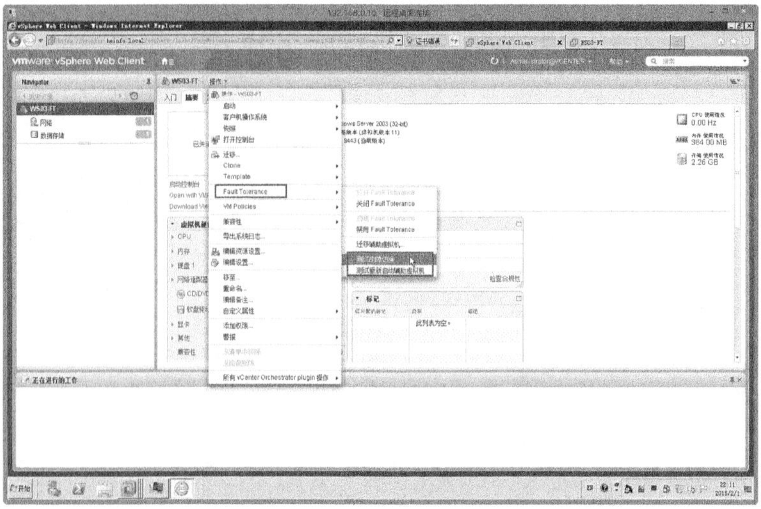

图 5-9-47　FT 界面

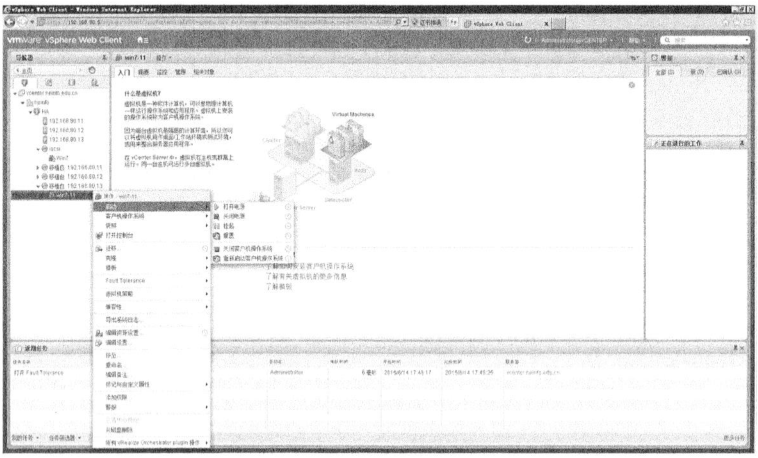

图 5-9-48　启动容错虚拟机

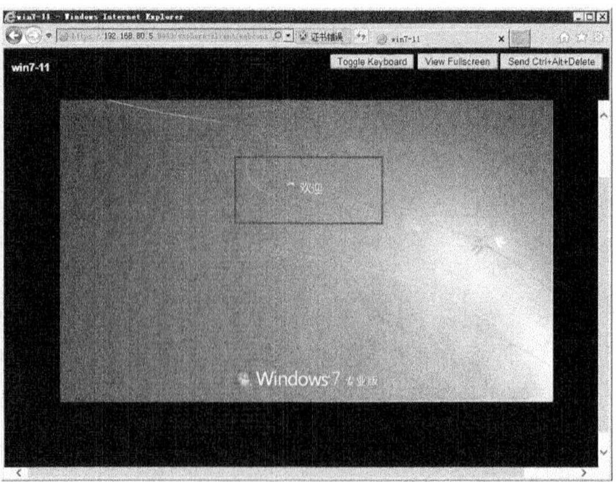

图 5-9-49　容错虚拟机正在启动

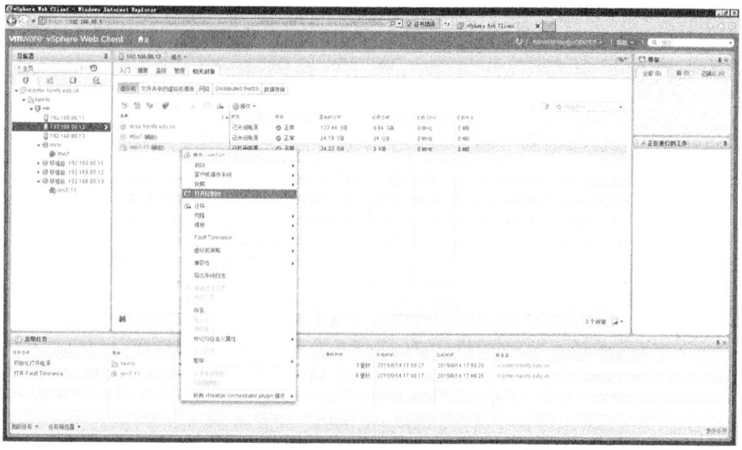

图 5-9-50　辅助虚拟机运行截图

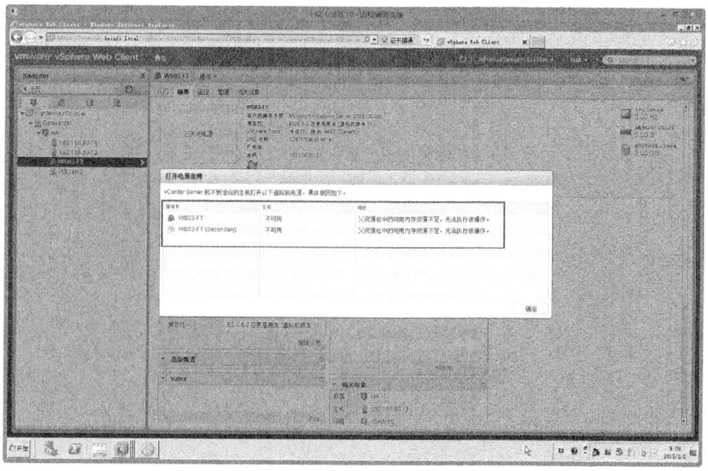

图 5-9-51　父资源池中可用内存资源不足

此时使用 vSphere Client 查看虚拟机的配置，可以看到 win7-11 虚拟机使用了两个存储，如图 5-9-52 所示。

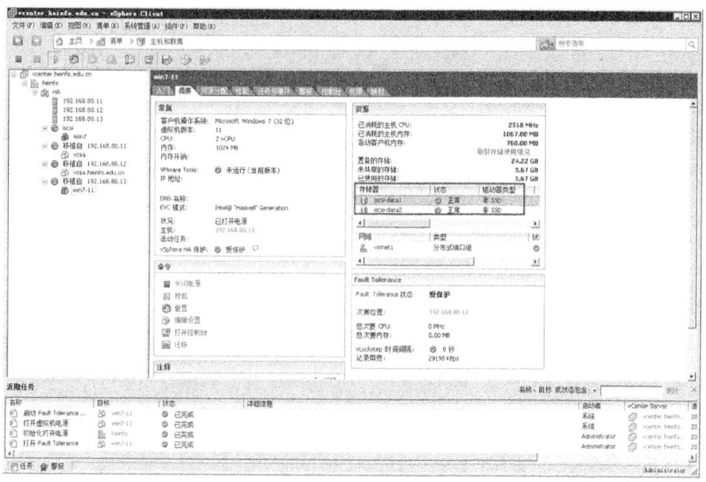

图 5-9-52　虚拟机使用两个存储

此时可以浏览这两个共享存储，如图 5-9-53、图 5-9-54 所示，每个共享存储上都有一个同名的 win7-11 的虚拟机，其中一个为主，另一个为辅助。

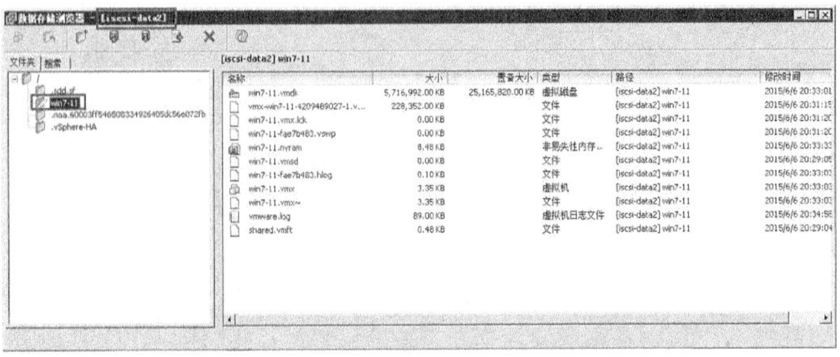

图 5-9-53 保存在 iscsi-data2 上的辅助虚拟机

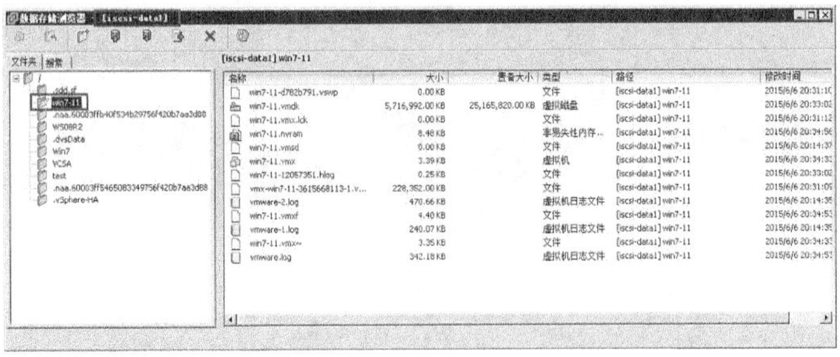

图 5-9-54 保存在 iscsi-data1 上的主虚拟机

5.10 虚拟机模板

“模板”是虚拟机的主副本，可用于创建和置备新虚拟机。此映像通常包含指定的操作系统和配置，可提供硬件组件的虚拟副本。模板通常包括已安装的客户机操作系统和一组应用程序。

模板能与模板和虚拟机域内任何层级的虚拟机共存。可以将虚拟机和模板的集合放入任意文件夹，并将各种权限同时应用到虚拟机和模板。将虚拟机转换成模板时无需虚拟机文件的完整副本，也无需创建新对象。

可使用模板创建新的虚拟机，方法是将模板部署为虚拟机。完成后，将部署的虚拟机添加到用户选择的文件夹。

“模板”是 VMware 为虚拟机提供的一项功能，可以让用户在其中一台虚拟机的基础上，很方便地“派生”或“克隆”出多台虚拟机，这减轻了管理员的负担。在大多数的情况下，尤其是在有多台 VMware ESXi 主机的时候，通常将“模板”保存在共享存储中，以方便管理员使用。

5.10.1 规划模板虚拟机

在使用模板之前，需要安装一台“样板”虚拟机，并且将该虚拟机转化（或克隆）成“模板”，以后再需要此类的虚拟机时，可以以此为模板，派生或克隆出多台虚拟机。

VMware ESXi 支持 Windows Server 2003、Windows Server 2008、Windows Server 2008 R2、Windows Server 2012、Windows Server 2012 R2 等服务器操作系统，Windows XP、Windows Vista 或 Windows 7、8、8.1、10 等工作站操作系统，以及 Linux 及其他操作系统。

管理员可以为常用的操作系统创建一个模板备用。对于管理员来说，同一类系统创建一个模板即可通用。对于大多数情况下，创建如下的模板即可。

（1）WS03R2 模板，安装 32 位的 Windows Server 2003 R2 企业版，该模板可以满足需要 Windows Server 2003 标准版、企业版、Windows Server 2003 R2 标准版、企业版与 Web 版的需求。

（2）WS08X86 模板，安装 32 位的 Windows Server 2008 企业版，该模板可满足 32 位 Windows Server 2008 标准版、企业版的需求。

（3）WS08R2 模板，安装 Windows Server 2008 R2 企业版（只有 64 位版本），该模板可以满足 64 位 Windows Server 2008 与 Windows Server 2008 R2 的需求。

（4）WS12R2 模板，安装 Windows Server 2012 R2 数据中心版，该模板可以满足 64 位 Windows Server 2012、Windows Server 2012 R2 的需求。

（5）WXPPro 模板，安装 32 位的 Windows XP 专业版。

（6）Win7X 模板，安装 32 位的 Windows 7 专业版或企业版，可以满足 Windows 7 虚拟机的需求。

（7）Win8X 模板，安装 32 位 Windows 8.1 专业版或企业版，可以满足 Windows 8、Windows 8.1 虚拟机的需求。

在创建模板虚拟机时，要考虑所创建的虚拟机的用途，并考虑将来虚拟机的扩展性。例如，如果创建的模板虚拟机的 C 盘空间太小，在许多时候可能不能满足需要。由于 Windows Server 2003 与 Windows Server 2008 架构不同，在使用模板的时候也不同，所以，本章将分别以 Windows Server 2003 与 Windows Server 2008 为例，创建两个虚拟机并将该虚拟机转化为模板，并从模板部署虚拟机。本节首先介绍 Windows Server 2003 的虚拟机。

【说明】Windows Server 2003 与 Windows XP 属于相同的架构，参照 Windows Server 2003 的方法，也可以创建 Windows Server 2003 R2、Windows XP 的模板。而 Windows Server 2008 与 Windows Vista、Windows 7、Windows Server 2008 R2 属于相同的架构。

5.10.2　创建 Windows 2003 R2 模板虚拟机

通常情况下，在创建 Windows Server 2003 R2 的模板虚拟机时，使用下面的参数能满足大多数的要求，主要步骤如下。

（1）使用 vSphere Client 登录到 vCenter Server，创建 Windows Server 2003 R2 的虚拟机，设置虚拟机名称为 ws03r2-TP，如图 5-10-1 所示。

（2）如果使用共享存储（例如 FC、SAN 直连存储或 iSCSI 存储），则将模板虚拟机保存在存储，而不是本地存储，如图 5-10-2 所示。

（3）为虚拟机选择最新的版本，在 VMware ESXi 6 中选择“虚拟机版本：11”。

（4）客户机操作系统选择“Microsoft Windows Server 2003（32 位）”。

（5）为虚拟机分配 1 个 CPU、1GB 内存。

（6）为 Windows Server 2003 分配 60GB 的虚拟硬盘，并且选择“Thin Provision”，如图 5-10-3 所示。

（7）在“即将完成”对话框中可以查看创建的虚拟机的设置，如图 5-10-4 所示。如果设置有误，请单击“上一步”按钮返回修改，检查无误之后，选中“完成前编辑虚拟机设置”，然后单击“完成”按钮。

（8）在虚拟机属性对话框“硬件”选项卡中，在左侧单击“显卡”，在右侧“显示器和视频内存”选项组中单击并选中“自动检测设置”，如图 5-10-5 所示。如果创建的是 Windows 7、Windows 8、Windows 10 等工作站操作系统的模板，其“3D 图形”选项组中“启用 3D 支持”是可选项，可以根据需要选择。

（9）在“选项”选项卡中左侧单击“高级→内存/CPU 热插拔”，在右侧“内存热添加”选项中选择“为此虚拟机启用内存热添加”，如图 5-10-6 所示。如果是 Windows Server 2008、Windows Server 2012 等操作系统，其“CPU 热插拔”选项可用，可以选中“仅为此虚拟机启用 CPU 热添加”。这样从此模板部署的虚拟机将会自动启用内存与 CPU 热插拔功能，工作中的虚拟机可以根据需要添加内存与 CPU 插槽数量，但不能减小虚拟机与 CPU 插槽数量，要想减少，需要在关闭虚拟机后修改。

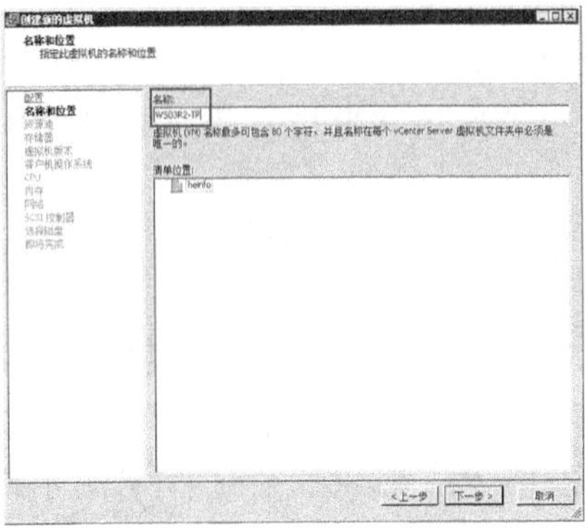

图 5-10-1　创建虚拟机

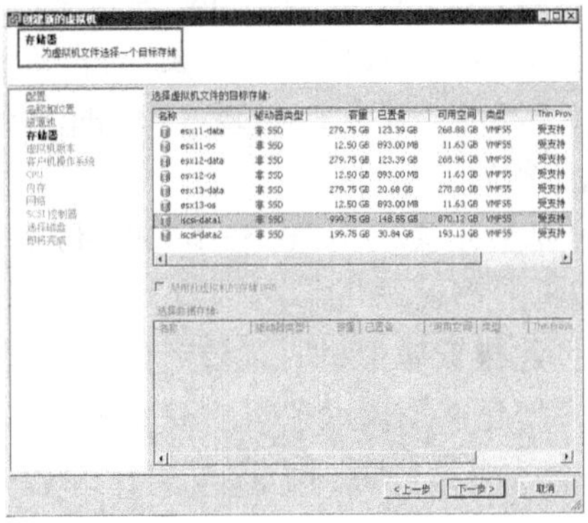

图 5-10-2　选择网络存储器保存虚拟机

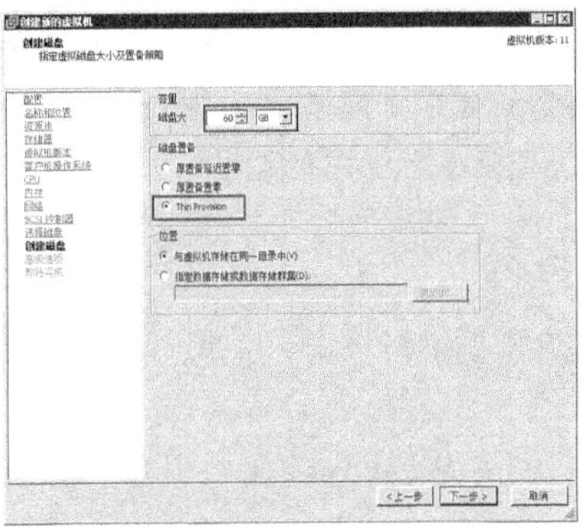

图 5-10-3　指定虚拟硬盘大小

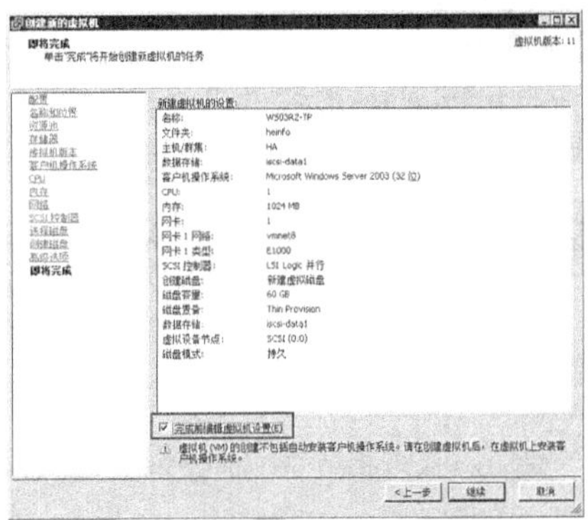

图 5-10-4　即将完成

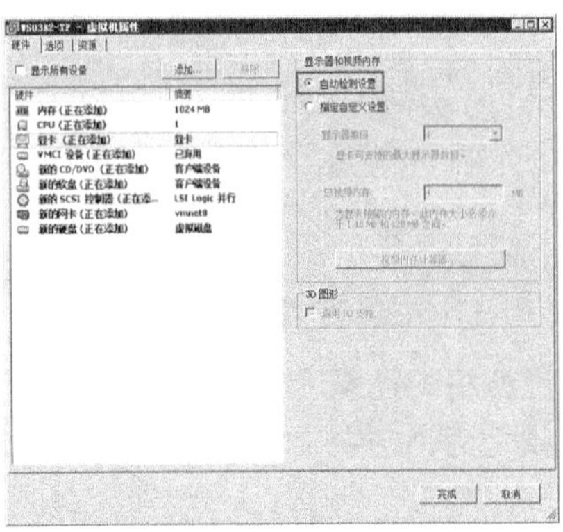

图 5-10-5　显卡属性

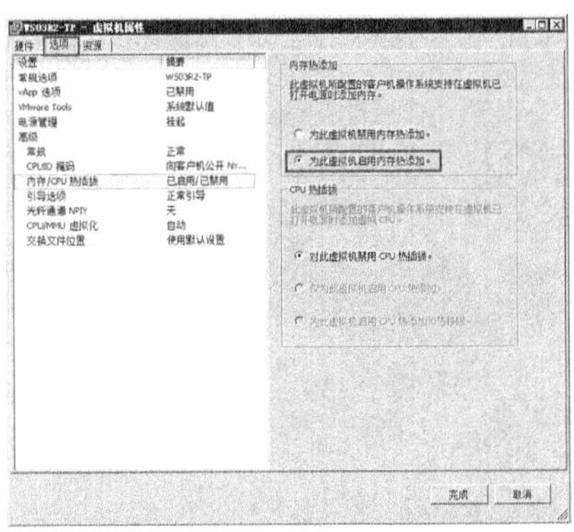

图 5-10-6　内存与 CPU 热插拔选项

（10）创建完成后，启动虚拟机，并在虚拟机中安装 Windows Server 2003 R2 企业版。在安装的时候，将所有硬盘划分为一个分区（见图 5-10-7），并用 NTFS 文件系统格式化。

（11）之后开始 Windows Server 2003 的安装，如图 5-10-8 所示。

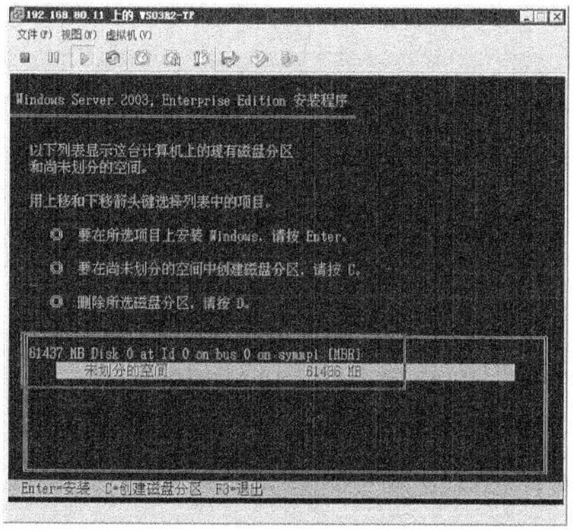

图 5-10-7　划分一个分区

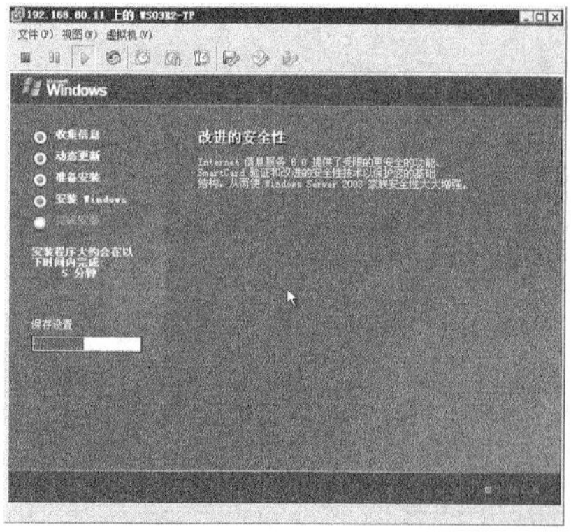

图 5-10-8　安装 Windows Server 2003

（12）安装完成后，安装 VMware Tools，安装常用软件，如输入法、WinRAR 等，并在“显示 属性”中启用硬件加速功能。一般情况下，不要在模板虚拟机中安装杀毒软件。

（13）运行 gpedit.msc，修改“计算机配置→安全设置→本地策略→安全选项”，将“交互式登录：不需要按 Ctrl+ALT+DEL 属性”设置为“已启用”，如图 5-10-9 所示。

（14）如果有内部的 WSUS 服务器，请在“计算机配置→管理模板→Windows 组件→Windows Update”中指定 WSUS 服务器的地址，如图 5-10-10 所示，并且设置 WSUS 的其他参数。

（15）根据需要进行其他设置。例如，在系统中，禁用“显示‘关闭事件跟踪程序’属性”、“激活‘关闭事件跟踪程序系统状态数据’功能”、“在登录时不显示‘管理您的服务器’对话框”等。

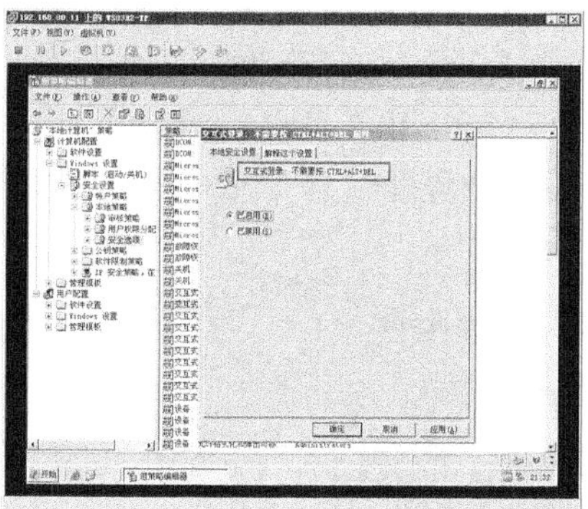

图 5-10-9　不需要按“Ctrl+Alt+Del 键”

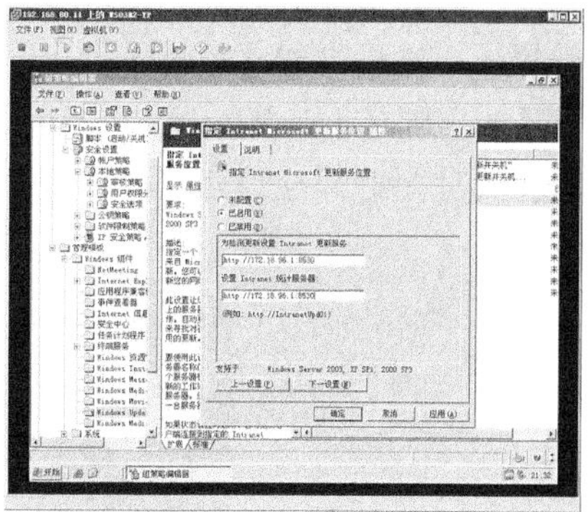

图 5-10-10　指定 WSUS 服务器

（16）在“显示”属性中禁用“屏幕保护程序”，并将“电源选项”中的“电源使用方案”设置为“一直开着”，并且将“关闭监视器”、“关闭硬盘”、“系统待机”设置为“从不”，如图 5-10-11 所示。

（17）设置完成后，为当前的模板虚拟机安装最新的补丁，安装完成后，关闭该虚拟机，如图 5-10-12 所示。

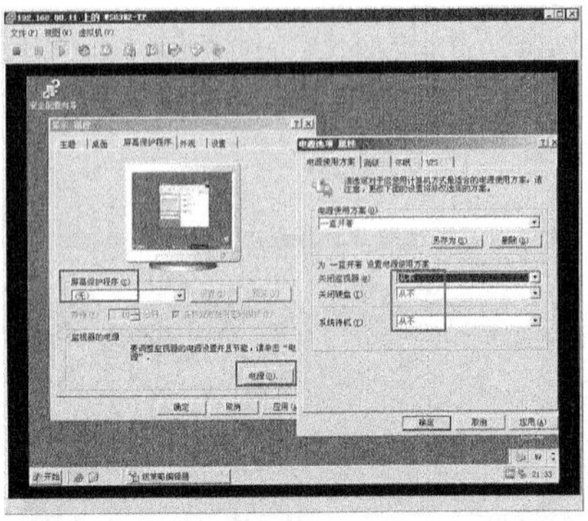

图 5-10-11　屏幕保护与电源选项

图 5-10-12　安装更新并关机

【重要提示】 在 VMware ESXi 中的虚拟机中，如果使用 WSUS 用于自动更新补丁，最好选中“2-通知下载并通知安装”（见图 5-10-13），不要选择“自动下载并计划安装”选项，如图 5-10-14 所示。

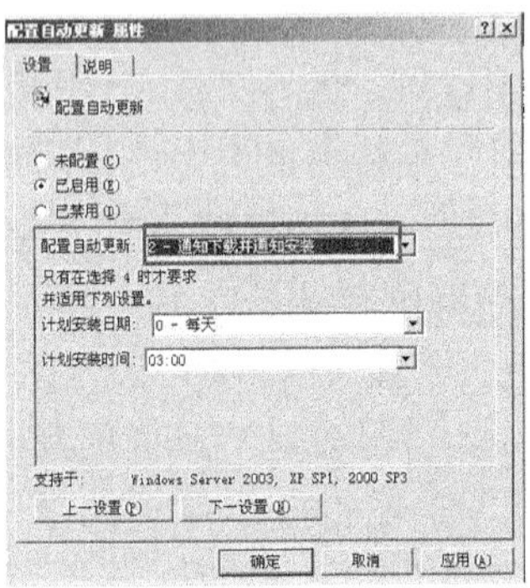

图 5-10-13　通知下载通知安装

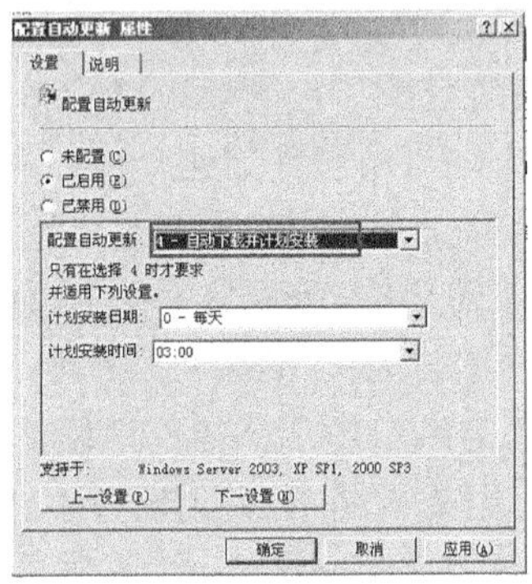

图 5-10-14　自动下载计划安装

因为在 VMware 所有的虚拟机中有个问题，在配置了自动更新之后，如果没有看见虚拟机控制台界面（类似于图 5-10-11、图 5-10-10 等这些界面），那么，如果计算机自动安装了补丁，并需要重新启动计算机时，虚拟机有可能一直停留在“正在关机”界面（见图 5-10-15），并且在没有管理员打开控制台界面之后，会一直处于这个界面。只有管理员打开这个虚拟机时，虚拟机会在“正在关机”界面继续关机并重新启动。

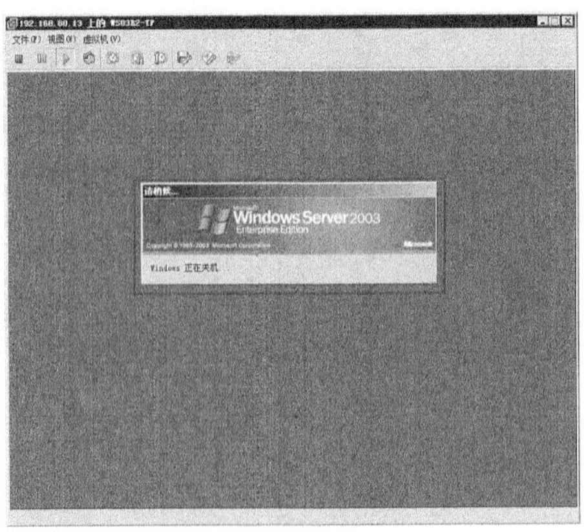

图 5-10-15　在后台运行的虚拟机在打补丁自动重启后会一直停留在“正在关机”界面

5.10.3　创建其他模板虚拟机

如果要为 Windows Server 2008 R2、Windows Server 2008、Windows 7、Windows 8 等操作系统创建模板，与为 Windows Server 2003 虚拟机创建模板类似，只是需要注意以下几点。

（1）推荐虚拟机内存 1GB、2 个 CPU、40GB～80GB 的虚拟硬盘（精简配置）、保存在网络存储。

（2）在为虚拟机安装操作系统时，将整个硬盘划分为一个分区，用来安装操作系统。

（3）安装系统之后，安装 VMware Tools、常用软件，配置系统选项，关闭屏幕保护等，这些与 Windows Server 2003 相同，不一一介绍。

（4）需要注意，由于 Windows Server 2008 等系统的激活方式与 Windows Server 2003 不同。如果是批量使用 Windows Server 2008 等虚拟机，推荐采用 KMS 的方式激活，而不是采用 MAK 或静态密钥的方式，因为在使用虚拟机的时候，经常会由于创建、删除虚拟机过于频繁，而导致这些密钥的激活次数很快耗尽。而采用 KMS 则不存在这个问题。

有关创建 Windows Server 2008 R2、在虚拟机中安装操作系统这些不再一一介绍。请大家自行创建 Windows Server 2008 R2、Windows Server 2012 R2 的虚拟机，并参照上面的要求配置。

【说明】 Windows Server 2012 R2 可以看作 Windows Server 2012 的“升级版”，在需要 Windows Server 2012 的时候，用 Windows Server 2012 R2 代替没有任何的问题。所以大家不需要配置 Windows Server 2012 的模板。

5.10.4　将虚拟机转化为模板

下面将以 5.10.2 小节创建的 Windows Server 2003 SP2 的企业版为例，介绍将虚拟机转换为模板的方法。

（1）使用 vSphere Client 登录到 vCenter Server，定位到要转换成模板的虚拟机，用鼠标右击，从弹出的快捷菜单中选择“模板→转换成模板”选项，如图 5-10-16 所示。

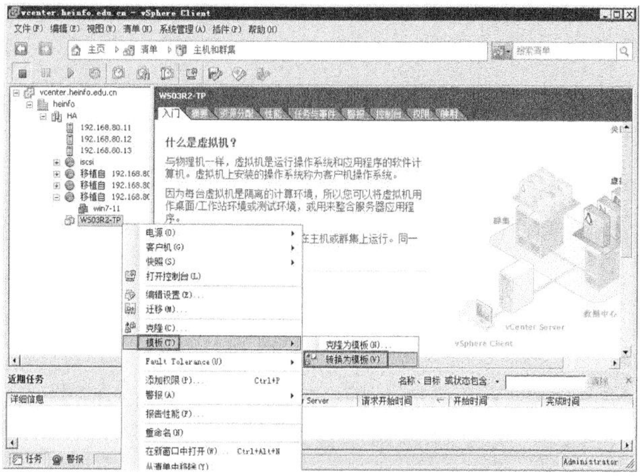

图 5-10-16　转换成模板

【说明】 如果选择“转换成模板”，则将该虚拟机转换成模板，该虚拟机只能作为模板使用；如果选择“克隆为模板”，则在此虚拟机的基础上，克隆出与此虚拟机“完全一样”的虚拟机为模板，原虚拟机仍然可以使用。

（2）将虚拟机转换为模板后，在 ESX Server 主机下面，源虚拟机将会从清单移除。如果要使用转换后的模板，可以在左侧选中“数据中心”名称或某个“主机”名称，在右侧定位到“虚拟机”选项卡中，默认会显示模板和虚拟机。如果只想查看“模板”，可以在空白位置右击，在弹出的快捷菜单中选择“显示模板”，如图 5-10-17 所示。

（3）参照（1）、（2）步，将其他的虚拟机，如 Windows Server 2012 R2 的虚拟机转换成模板，如图 5-10-18 所示。

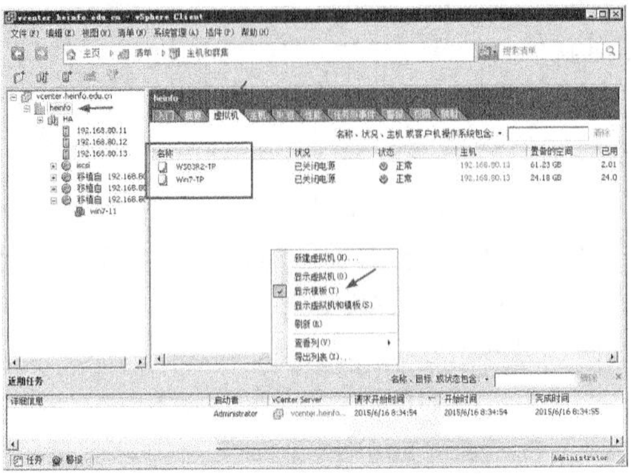

图 5-10-17　虚拟机模板

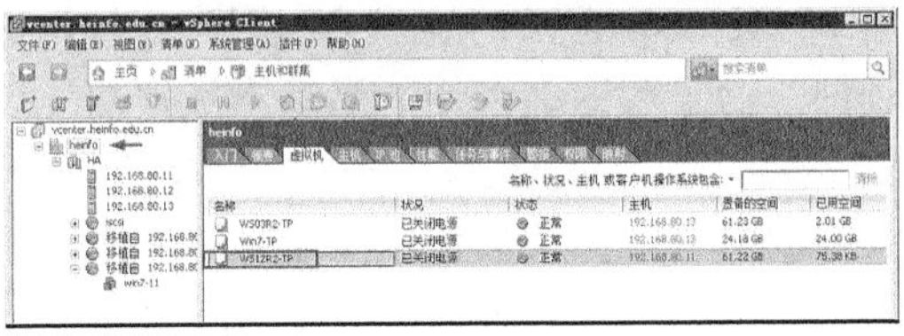

图 5-10-18　将 Windows 2012 R2 虚拟机转换成模板

（4）当然，对于 Windows Server 2008、Windows Server 2012 的虚拟机，在转换为模板之前，需要修改虚拟机属性，主要是在“硬件→显卡”选项中选择“自动检测设置”（见图 5-10-19），在“选项→高级→内存/CPU 热插拔”选项中，选择“为此虚拟机启用内存热添加”和“为此虚拟机启用 CPU 热添加”，如图 5-10-20 所示。

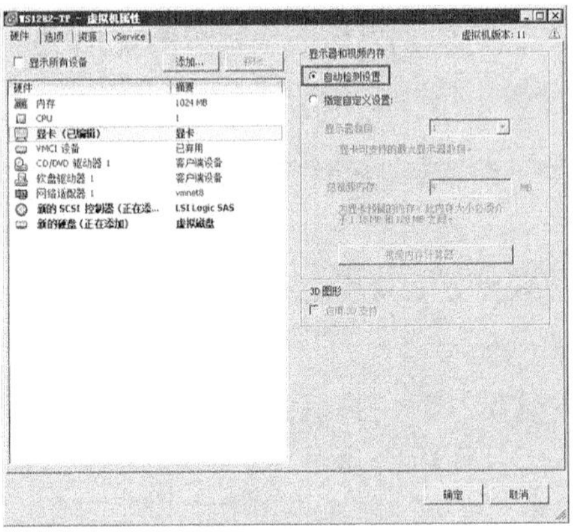

图 5-10-19　显卡配置

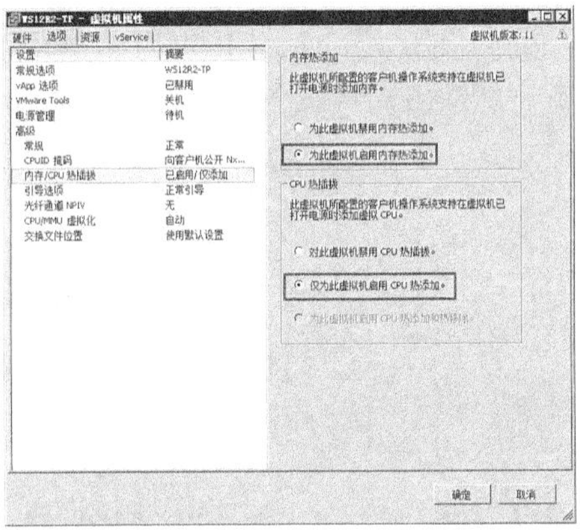

图 5-10-20　热插拔选项

有了模板后，可以从该模板部署虚拟机，但如果这样直接部署的话，部署后的虚拟机与模板会“一模一样”，包括 SID，这在网络中会出现问题。基于此，还需要进一步设置，才能使用该模板。

5.10.5　创建规范用于部署

对于 Windows 系列产品而言，可以使用 Microsoft 提供的 sysprep 程序，对 Windows 相关产品进行大规模部署后的定制。对于 Virtual Center 而言，同样也是使用 sysprep 程序用于

Windows Server 2003 等产品的后期定制。下面通过对 Windows Server 2003 R2（32 位版本）进行定制，介绍“定制规范”的使用。

（1）在 vCenter Client 中单击“主页”，然后在“管理”中单击“自定义规范管理器”，如图 5-10-21 所示

（2）显示“自定义规范管理器”对话框，如图 5-10-22 所示。

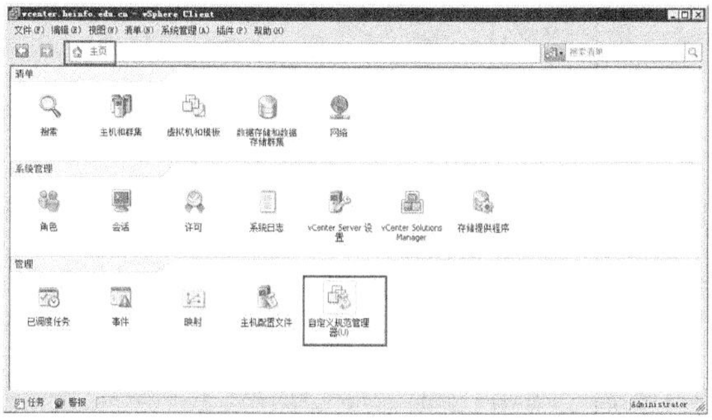

图 5-10-21　定制规范

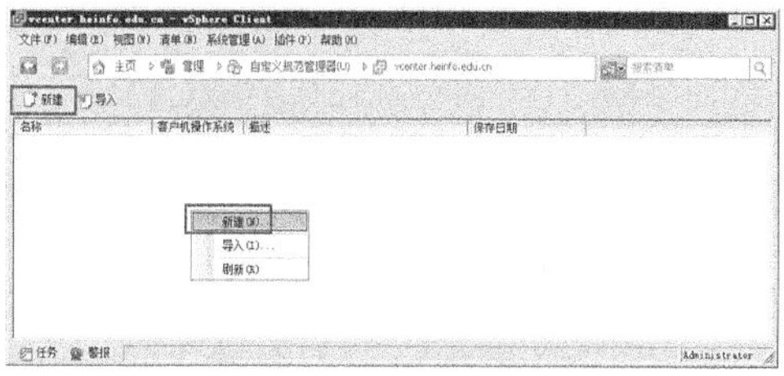

图 5-10-22　创建新规范

（3）单击“新建”按钮，显示“新建自定义规范”对话框，在“目标虚拟机操作系统”下拉列表中选择“Windows”，在“名称”文本框中输入“WS03R2”，在“描述”文本框中输入该定制规范的相关信息，如“用于 32 位 Windows Server 2003 R2 企业版，该规范不加入 Active Directory”，如图 5-10-23 所示。

（4）在“注册信息”对话框“注册信息”中输入用户名称与单位信息，如图 5-10-24 所示。

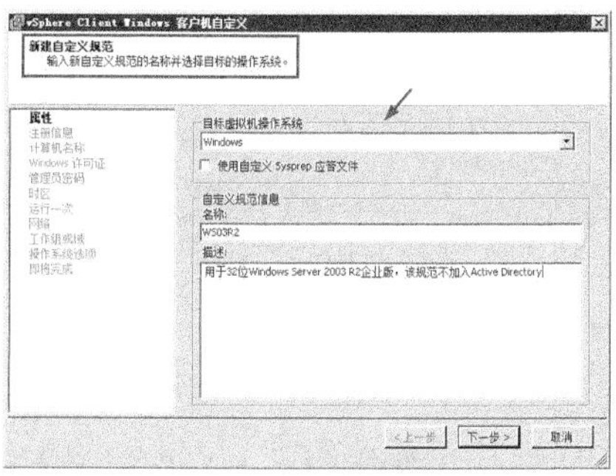

图 5-10-23　新建定制规范相关信息

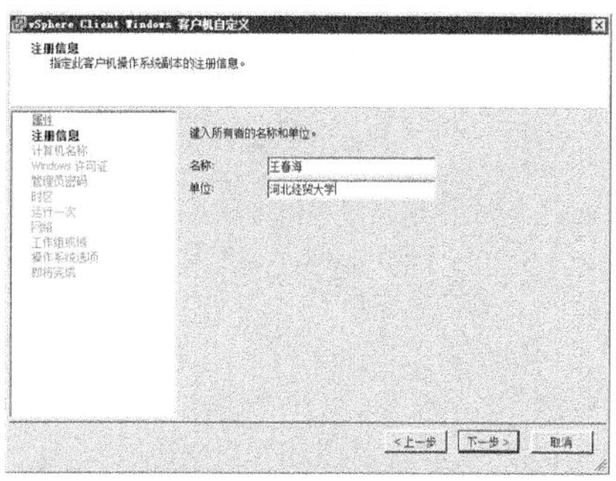

图 5-10-24　用户注册信息

（5）在“计算机名称”对话框设置计算机名称，推荐选择“使用虚拟机名称”或“在部署向导中输入名称”。如果“使用虚拟机名称”，则在使用该规范时，虚拟机的名称将是虚拟机中操作系统的计算机名称；如果“在部署向导中输入名称”，则在使用此规范向导时，会提示用户指定计算机名称。如图 5-10-25 所示。

（6）在“Windows 许可证”对话框中，输入 Windows Server 2003 32 位版本的序列号（需要与模板所用的虚拟机序列号一致，但不要求相同。注意 OEM 版本、零售版本或 VL 版本的序列号不能混用，如 VL 的序列号不能用于 OEM 版本模板）。并且在“服务器许可证模式”中选择“每服务器”方式或“每客户”方式，推荐为“每台服务器”，并且设置“最大连接数”，如图 5-10-26 所示。

【注意】如果你定制的规范是用于 Windows Server 2008、Windows Server 2012、Windows

7、Windows 8/8.1、Windows 10 的，可以不用输入产品序列号。如果企业中的 Vista 及其以后的系统是采用 KMS 服务器激活的，也不需要输入产品序列号（在配置模板的时候，已经为操作系统输入了对应的、用于 KMS 激活的序列号）。

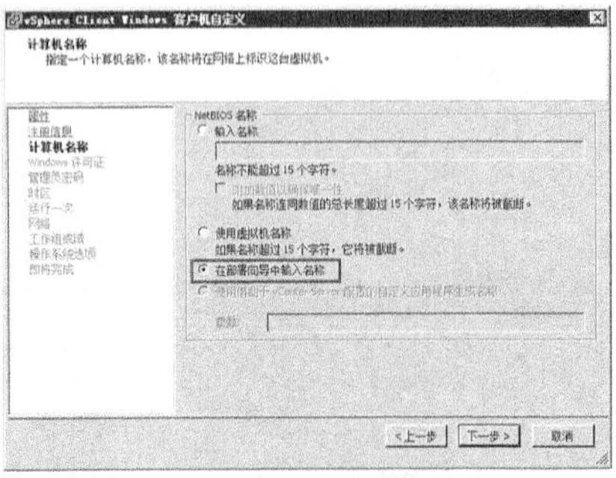

图 5-10-25　指定计算机名称

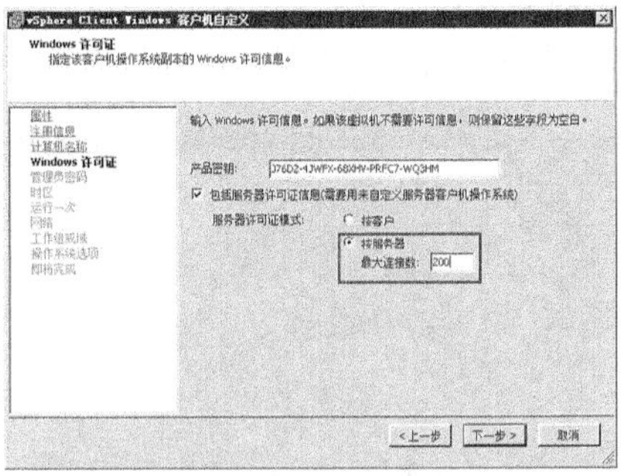

图 5-10-26　Windows 许可证信息

（7）在“管理员密码”对话框中设置管理员密码，并且设置是否自动以管理员身份登录以及自动登录的次数（推荐密码为空），如图 5-10-27 所示。

（8）在“时区”对话框中选择北京时间，如图 5-10-28 所示。

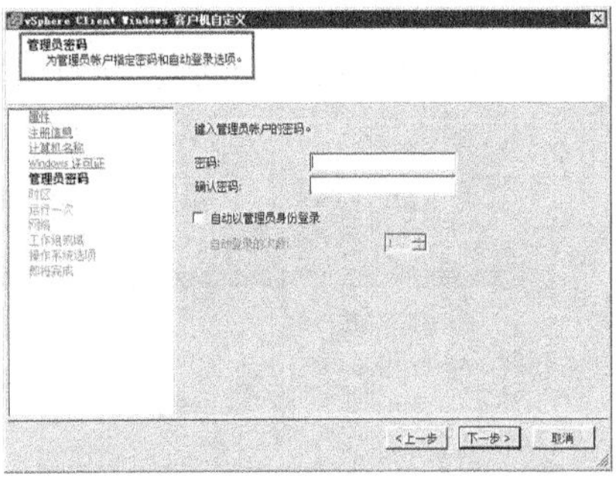

图 5-10-27　管理员密码

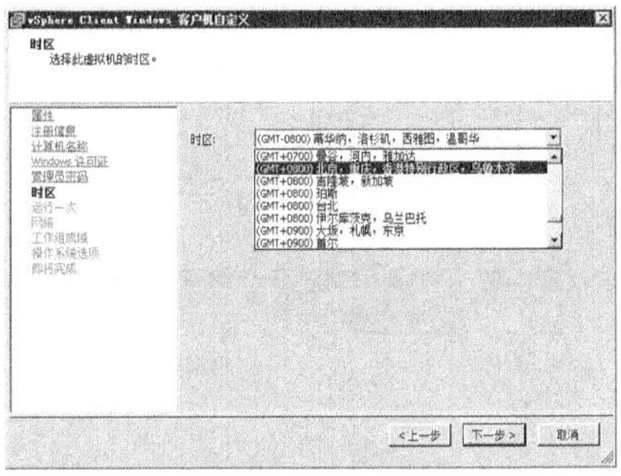

图 5-10-28　时区选择

（9）在“运行一次”对话框中指定用户首次登录时要运行的命令，在此直接单击“下一步”按钮，如图 5-10-29 所示。

（10）在“网络”对话框中设置 IP 地址获得方式。如果网络中（包括虚拟机网络中）有 DHCP 服务器，则选择“典型设置”，如果网络中没有 DHCP 服务器，则选择“自定义设置”（见图 5-10-30），并在弹出的“网络接口设置”中单击“定制”按钮（见图 5-10-31），并在弹出的对话框中设置子网掩码、网关地址、DNS 与 WINS 服务器地址，而 IP 地址则在定制虚拟机时由管理员指定，如图 5-10-32 所示。

（11）在“工作组或域”对话框中选择计算机是否加入域。在此选择“工作组”，如图 5-10-33 所示。如果选择“Windows 服务器域”，输入要加入到的 Active Directory 域名，并且在指定“用户名”文本框后面输入“具有将计算机加入到域”的权限的域用户名及密码，如图 5-10-34 所示。

（12）在“操作系统选项”对话框中选中“生成新的安全 ID（SID）”复选框，即重新生成 SID，如图 5-10-35 所示。

（13）在“即将完成”对话框中单击“完成”按钮，如图 5-10-36 所示。

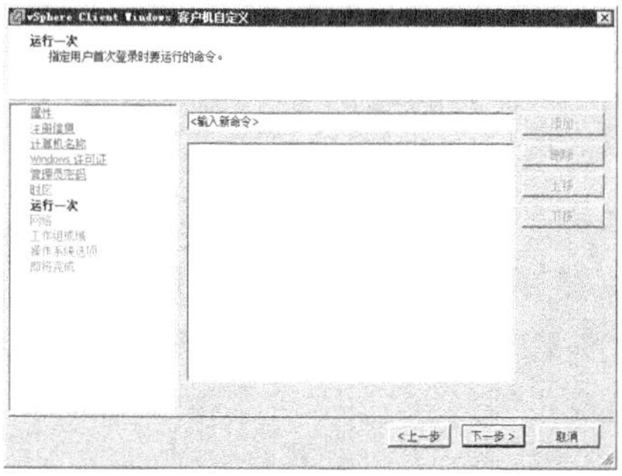

图 5-10-29　运行一次

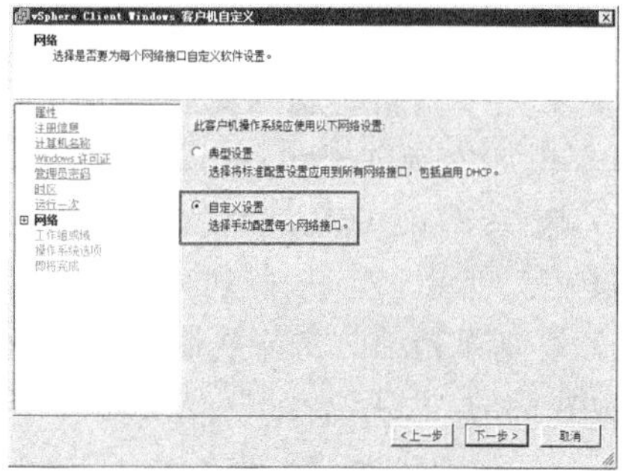

图 5-10-30　网络接口设置

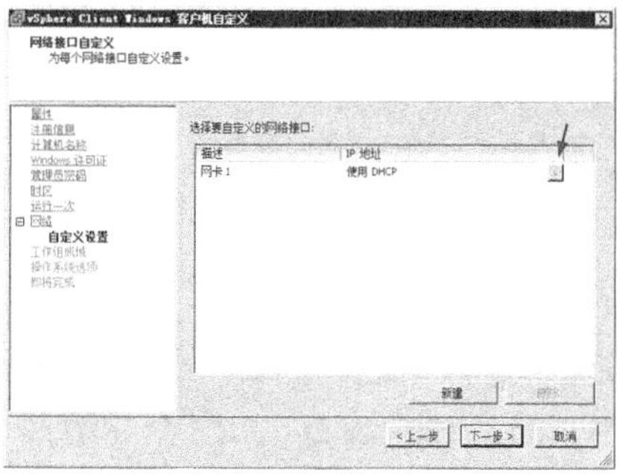

图 5-10-31　定制

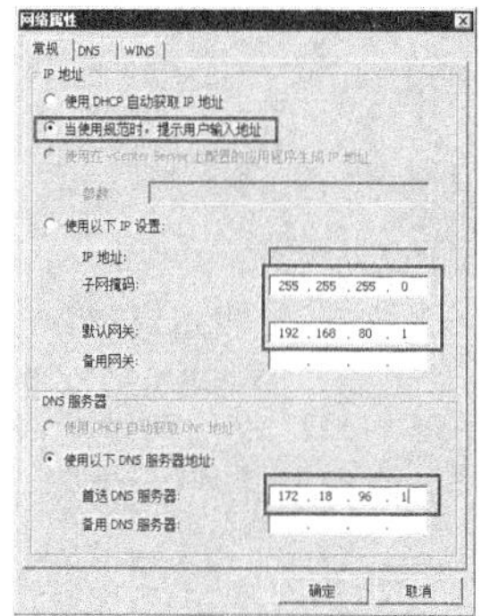

图 5-10-32　设置子网掩码、网关地址与 DNS 地址

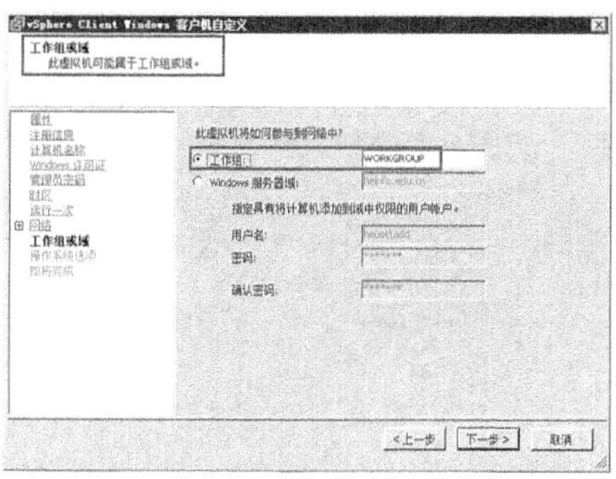

图 5-10-33　加入工作组

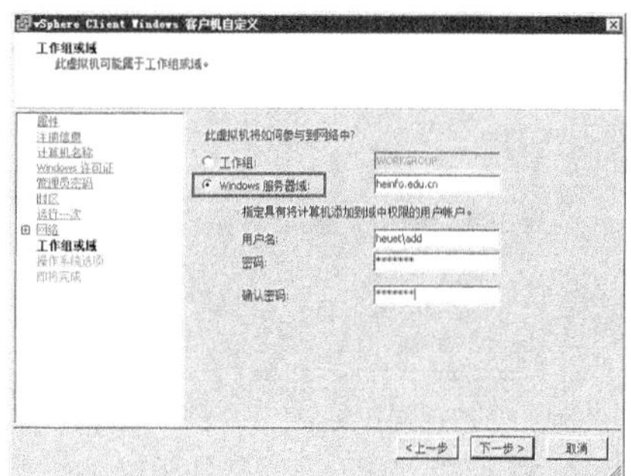

图 5-10-34　加入域

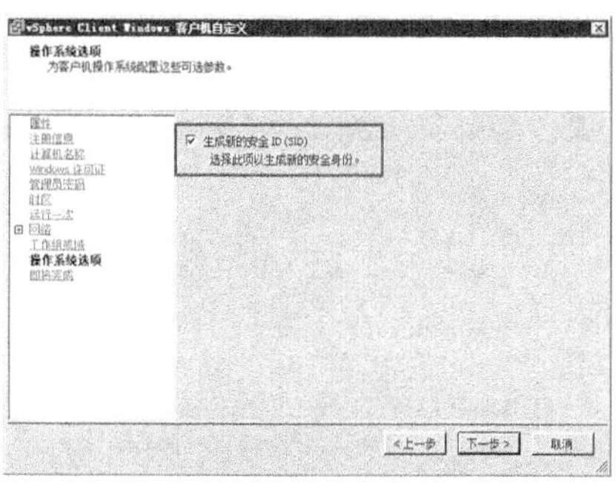

图 5-10-35　重新生成 SID

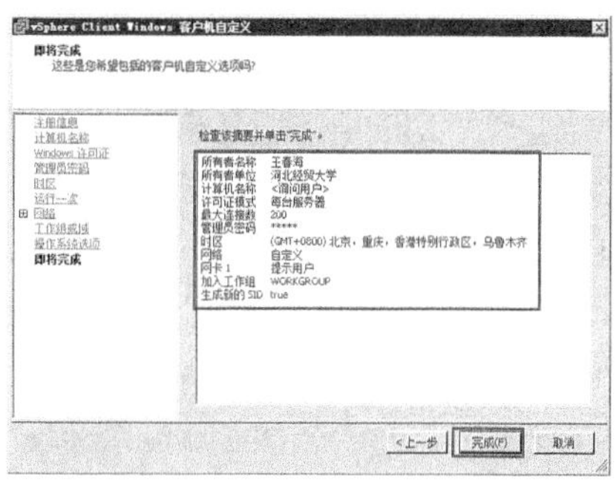

图 5-10-36　定制规范完成

5.10.6　复制与修改规范

创建规范完成后，返回到“定制规范管理器”对话框中，可以单击“新建”按钮，为其

他模板定制规范，或者从现有规范复制，并且修改复制后的规范用于其他模板。在下面的例子中，将上一节创建的规范复制出一个副本，并修改复制后的规范，完成将 Windows Server 2003 计算机加入到 Active Directory 的功能。

（1）选择“WS03R2-X86”规范，用鼠标右键单击，从弹出的快捷菜单中选择“复制”，如图 5-10-37 所示，会复制出一个名为“WS03R2-X86 的副本”的规范。

（2）复制规范后，选择复制后的规范，用鼠标右键单击，从弹出的快捷菜单中选择“属性”，如图 5-10-38 所示。

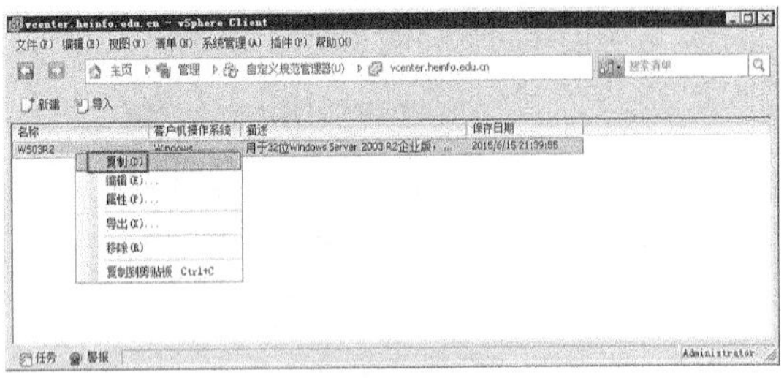

图 5-10-37　复制规范

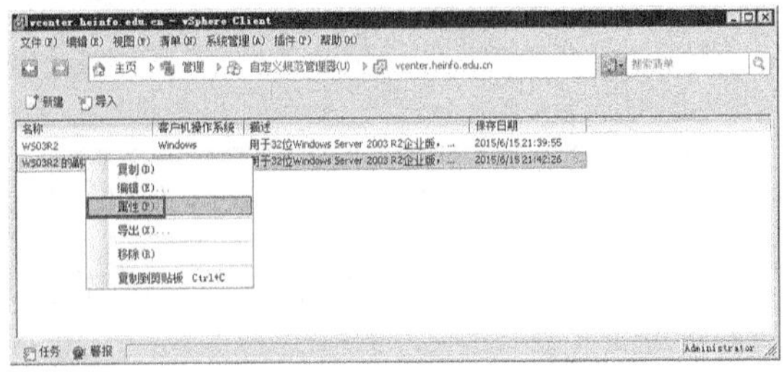

图 5-10-38　属性

（3）在弹出的“定制规范属性”对话框中修改名称与描述。例如，将规范名称修改为“WS03R2-heinfo”，将描述信息改为“用于 32 位 Windows Server 2003 R2 企业版，该规范加入 heinfo 域”，如图 5-10-39 所示。

（4）单击“确定”按钮，再次返回到“定制规范管理器”对话框，用鼠标右键单击，从弹出的快捷菜单中选择“编辑”，如图 5-10-40 所示。

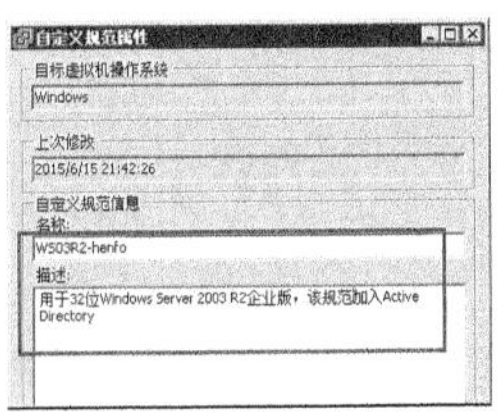

图 5-10-39　修改规范名称与描述信息

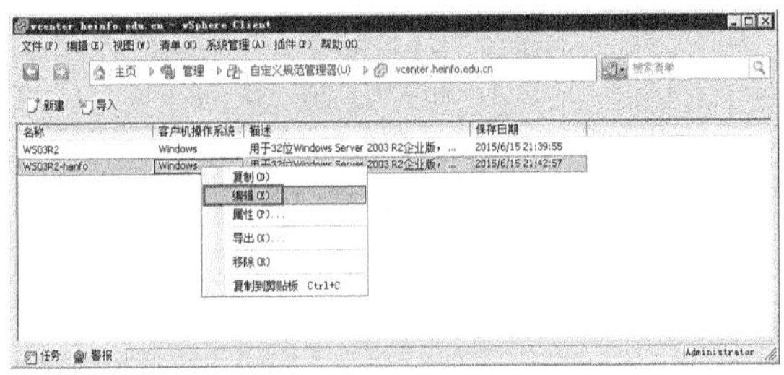

图 5-10-40　编辑规范

（5）进入编辑规范向导，根据新规范将要用到的模板进行相应的修改，在“工作组或域”对话框中选择“Windows 服务器域”，并设置域名，添加“具有将计算机加入到域”权限的用户名及密码，如图 5-10-41 所示。

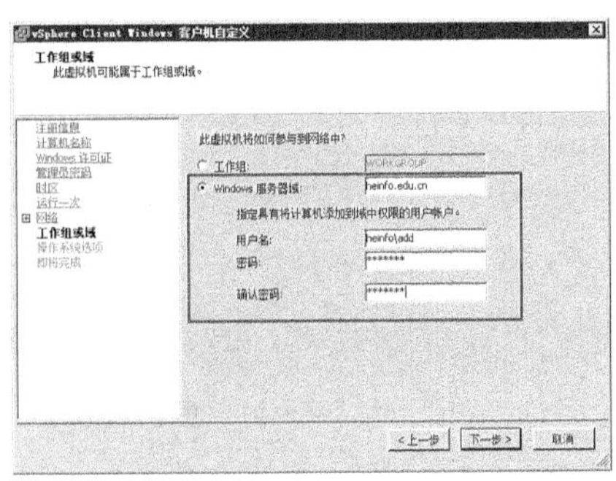

图 5-10-41　修改规范

（6）单击“下一步”按钮，修改规范。以后的步骤与新建规范时相同，不再介绍。

修改规范完成后，关闭“定制规范管理器”，返回到 vSphere Client 管理控制台。

【说明】 在图 5-10-41（或图 5-10-34）中指定了一个 Active Directory 的普通账户（本例为 add），使用这个普通账户完成“将计算机加入到域”的操作。但是，你要知道，在默认情况下，域中的普通账户没有“将计算机加入到域”的权限。要想完成这个操作，你需要在 Active Directory 域服务器上进行权限的委派工作，主要步骤如下。

（1）切换到 Active Directory 服务器，打开“Active Directory 用户和计算机”，右击域名（此示例中为 heinfo.edu.cn），在弹出的快捷菜单中选择“委派控制”，如图 5-10-42 所示。

（2）在“欢迎使用控制委派向导”对话框单击“下一步”按钮，如图 5-10-43 所示。

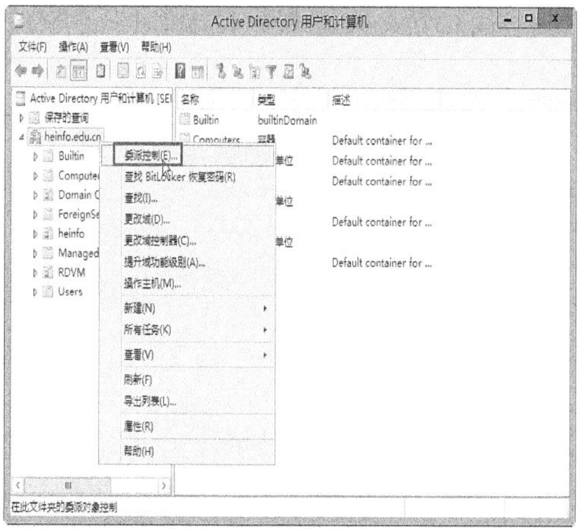

图 5-10-42　委派控制

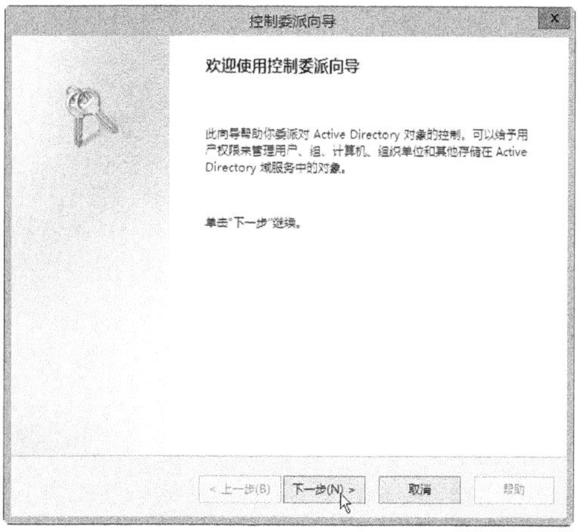

图 5-10-43　安全委派向导

（3）在“用户和组”对话框单击“添加”按钮，在弹出的“选择用户、计算机或组”对话框中，输入要委派的账户，例如 add，domain users（代表所有域用户），单击“检查名称”按钮，更新名称，如图 5-10-44 所示。之后单击“确定”按钮。

（4）然后返回到“用户和组”对话框，要委派的用户和组已经添加到列表中，如图 5-10-45 所示。

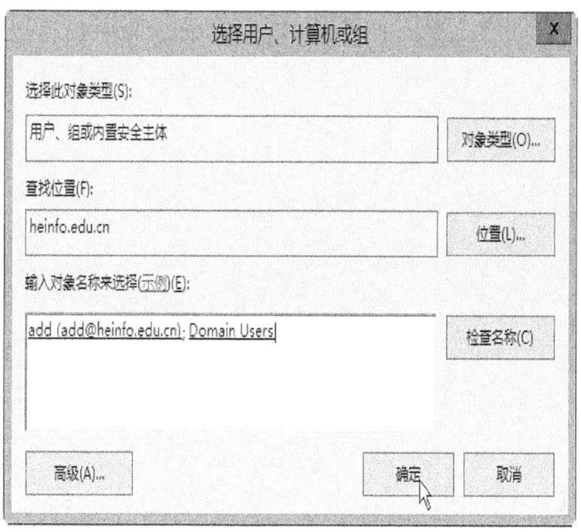

图 5-10-44　添加用户名组

图 5-10-45　添加用户到清单

（5）在“要委派的任务”对话框中选择“将计算机加入域”，如图 5-10-46 所示。

（6）在“完成控制委派向导”对话框单击“完成”按钮，如图 5-10-47 所示。之后添加的用户就具有“将计算机加入到域”的权限，如果添加了 Domain Users 用户组，那域中每个用户都具有这个权限。

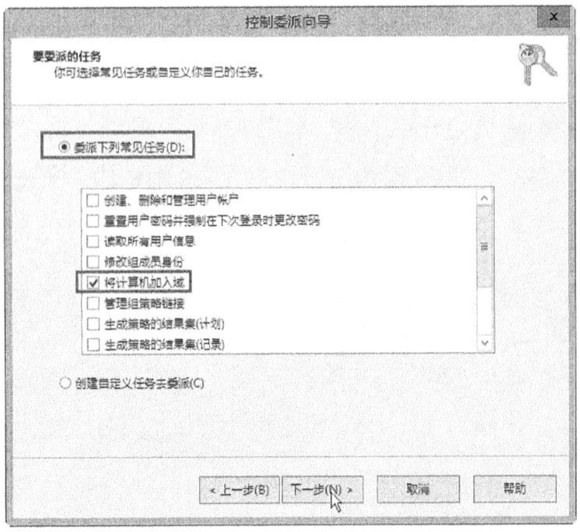

图 5-10-46 要委派的任务

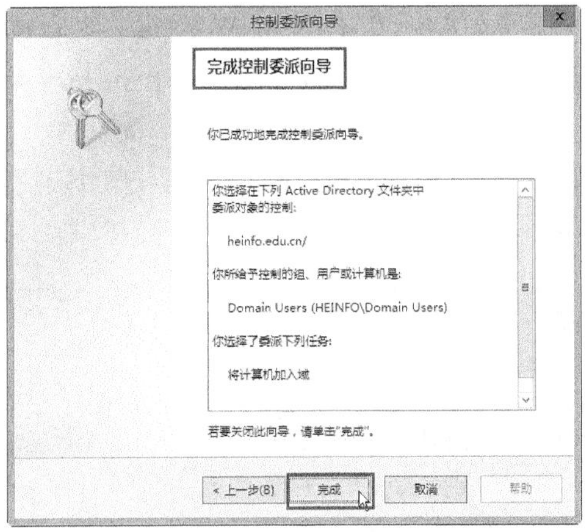

图 5-10-47 完成委派

5.10.7 复制 sysprep 程序到 vCenter Server 计算机

安装 Microsoft Sysprep 工具，以便在您克隆虚拟机时可以自定义 Windows 客户机操作系统。vCenter Server 中的客户机操作系统自定义功能会使用 Sysprep 工具的功能。在自定义虚拟机的 Windows 客户机操作系统之前，请确认 vCenter Server 符合以下要求。

- 安装 Microsoft Sysprep 工具。Microsoft 包括 Windows 2000、Windows XP 和 Windows 2003 的安装 CD-ROM 光盘上的系统工具集。Sysprep 工具已嵌入到 Windows Vista 和 Windows 2008 操作系统中。
- 为要自定义的每个客户机操作系统安装正确版本的 Sysprep 工具。
- 虚拟机上的本地管理员账户密码设置为空（""）。

vCenter Server 有两个版本，一个是用于 Windows 的，一个用于 Linux 的 vcsa。对于 Windows 版本的 vCenter Server 来说，sysprep 文件夹位于以下目录。

C:\ProgramData\VMware\VMware VirtualCenter

对于 Linux 的 vcsa 来说，sysprep 位于“/etc/vmware-vpx/sysprep”。

但是，在 vCenter Server 6 中存在一个 bug，在默认安装 vCenter Server 6 的时候，vCenter Server 6 配置文件保存在 C:\ProgramData\VMware\vCenterServer 文件夹中，所以你在 C:\ProgramData\VMware\vCenterServer 不会找到 sysprep 这个文件夹。

你可以在 C:\ProgramData\VMware 文件夹中创建一个“VMware VirtualCenter”文件夹，然后从 C:\ProgramData\VMware\vCenterServer\cfg\vmware-vpx\复制里面的 sysprep 到新建的“C:\ProgramData\VMware\VMware VirtualCenter”文件夹中。

在该文件夹中，有 2k（对应 Windows 2000）、svr2003（对应 Windows Server 2003 的 32 位版本）、svr2003-64（对应 Windows Server 2003 的 64 位版本）、xp（对应 Windows XP Professional SP2、SP3 的 32 位版本）、xp-64（对应 Windows XP Professional 的 64 位版本），如图 5-10-48 所示。

然后复制对应版本的 sysprep 文件复制到 C:\ProgramData\VMware\VMware VirtualCenter\sysprep 文件夹。

将 Windows Server 2003 安装光盘中 support\tools 文件夹中的 deploy.cab 展开后，复制到 C:\ProgramData\VMware\VMware VirtualCenter\sysprep\svr2003 文件夹，如图 5-10-49 所示。

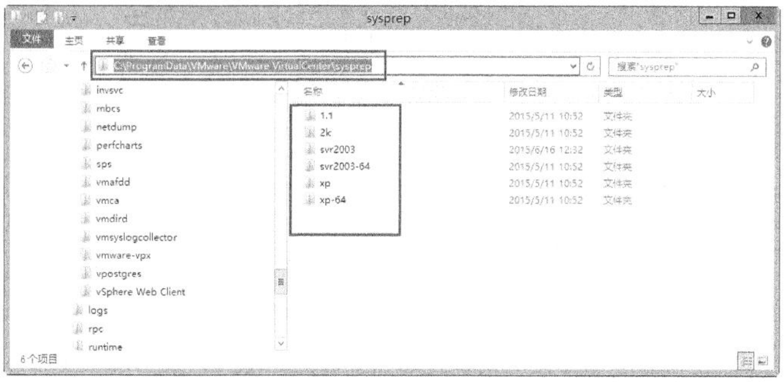

图 5-10-48　sysprep 文件夹位置

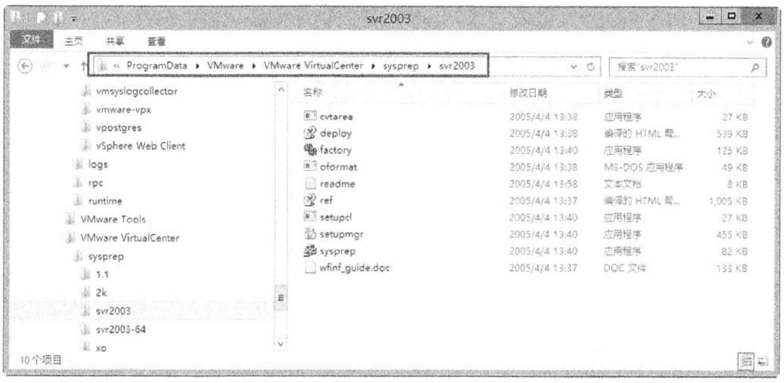

图 5-10-49　sysprep 相关文件

如果需要定制其他的规范，如 XP 或 Windows Server 2003 X64，则需要将 Windows XP Professional、Windows Server 2003 X64 安装光盘中的 deploy.cab 分别展开到对应的目录中，这些不一一介绍。

5.10.8　从模板部署虚拟机

在创建好“定制规范”，并且复制了相应的 sysprep 程序后，就可以从模板部署虚拟机了。接下来将使用前文中创建的用于 Windows Server 2003 的规范，从 ws03r2-TP 模板创建一个名为 ws03r2-01 的虚拟机，操作如下。

（1）在 vSphere Client 中选择 VMware ESXi 主机，进入“虚拟机”选项卡，用鼠标右键单击 WS03R2-TP 模板，从弹出的快捷菜单中选择“从该模板部署虚拟机”，如图 5-10-50 所示。

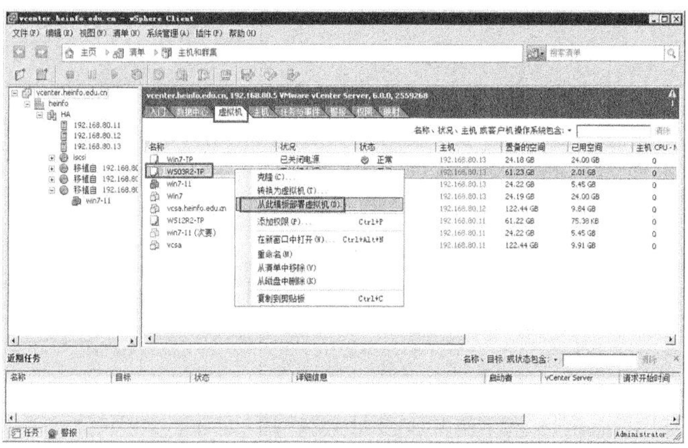

图 5-10-50　从该模板部署虚拟机

（2）在“名称和位置”对话框中设置部署后的虚拟机的名称，如“ws03r2-01”，并且在“清单位置”处选择数据中心（在本例中数据中心名称为 ESXi），如图 5-10-51 所示。

（3）在“主机/群集”对话框中选择要在哪个主机或群集上运行此虚拟机，如图 5-10-52 所示。在有多个主机或群集时，可以选任意一台。

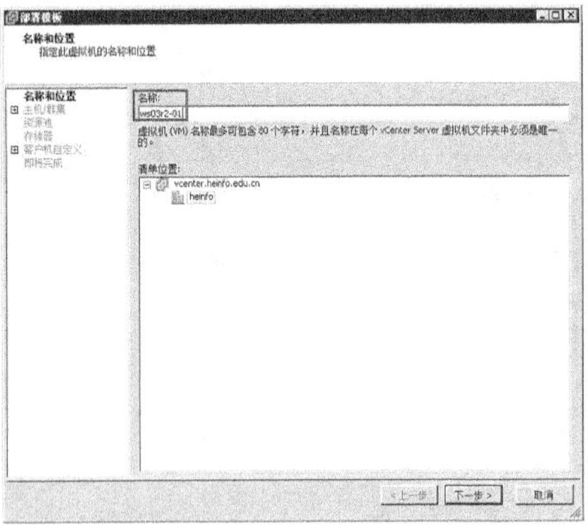

图 5-10-51　设置虚拟机名称与位置

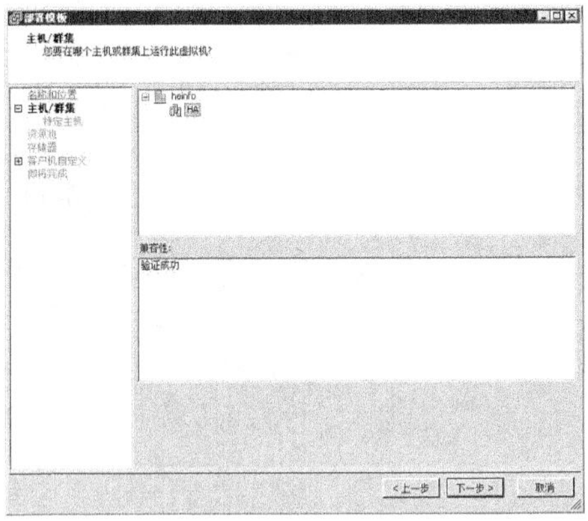

图 5-10-52　选择主机或群集

（4）在“数据存储”对话框中选择虚拟磁盘格式（与源格式相同、厚置备延迟置零、厚置备置零、精简置备），以及保存虚拟机的数据存储（当目标主机有多个存储时，可以选择本地存储或网络存储），如图 5-10-153 所示。

（5）在“选择客户机定制选项”对话框中选择“使用现有定制规范自定义”，并且在列表中选择合适的规范，如图 5-10-54 所示。也可以选中“创建后打开此虚拟机的电源”复选框，这样在部署虚拟机完成之后，会打开虚拟机的电源并按照选择的规范进行定制。如果没有选中此项，则需要手动打开虚拟机的电源。

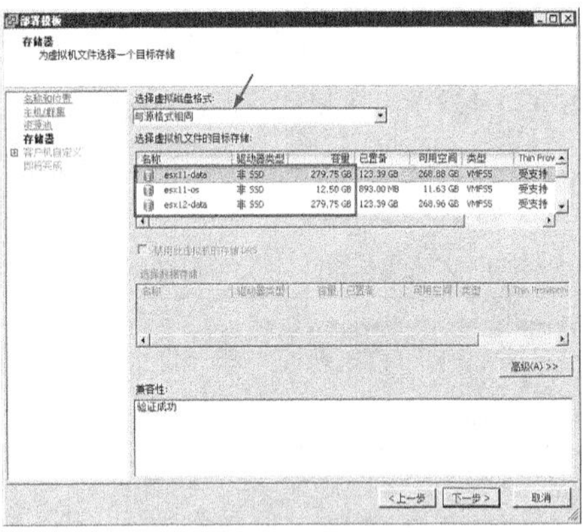

图 5-10-53　选择将虚拟机保存的位置及磁盘格式

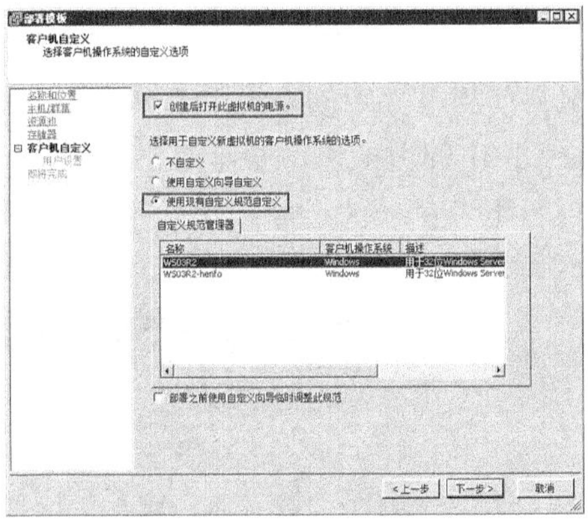

图 5-10-54　选择定制规范

（6）在“用户设置”对话框中为新部署的虚拟机设置名称及 IP 地址，如图 5-10-55 所示，在此设置计算机名称为 WS03R2-101，IP 地址为 192.168.80.101。

（7）在“即将完成”对话框中显示了新建虚拟机的设置，检查无误之后单击“完成”按钮，如图 5-10-56 所示。

（8）之后将开始从模板克隆出一个新的虚拟机，并且在“任务”列表中显示部署的进度，如图 5-10-57 所示。

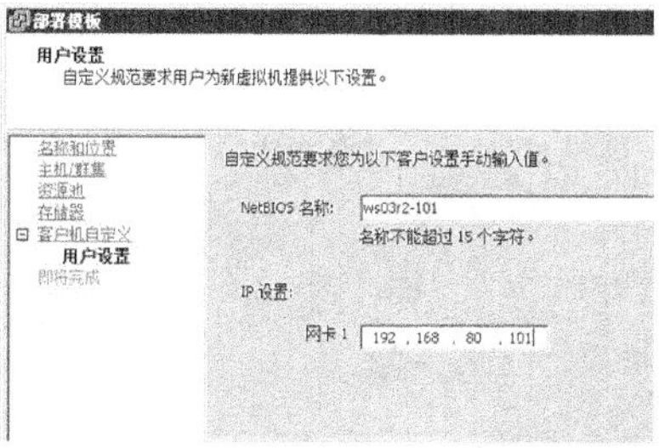

图 5-10-55　用户设置

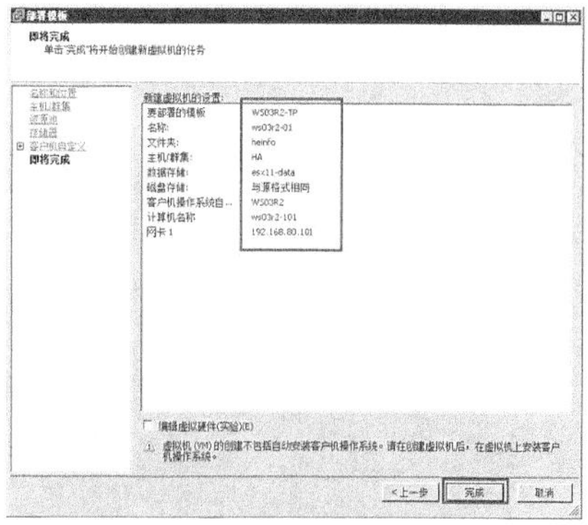

图 5-10-56　完成虚拟机的部署

图 5-10-57　克隆虚拟机

（9）部署完成后，启动克隆后的虚拟机，打开“控制台”查看部署进度。如果很快出现 Windows Server 2003 的登录界面（见图 5-10-58），单击“确定”按钮或者输入密码之后，没有提示密码错误，进一下系统之后又返回到登录界面，表示当前系统定制任务没有进行。

（10）对于这种没有进入系统定制的错误，在“虚拟机”菜单中单击“电源”选择“重置”或“重新启动客户机”，重新启动虚拟机，如图 5-10-59 所示。

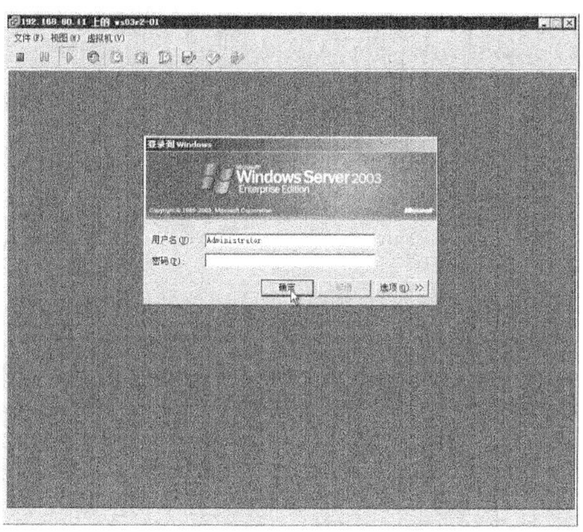

图 5-10-58　不能进入系统

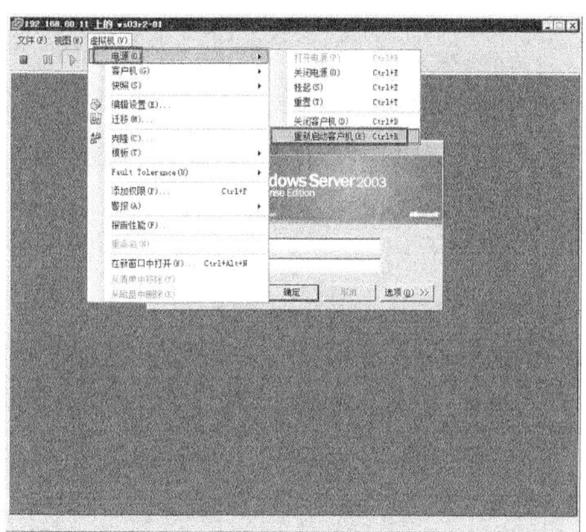

图 5-10-59　重置虚拟机

（11）虚拟机重新启动后，再次进入系统前将进入系统配置界面，如图 5-10-60、图 5-10-61 所示。

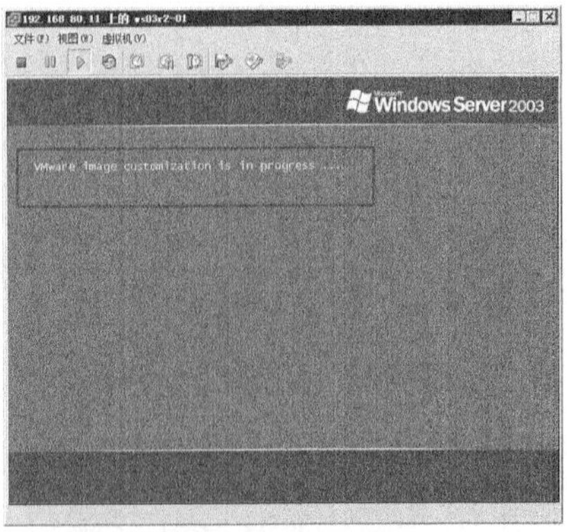

图 5-10-60　系统重新部署

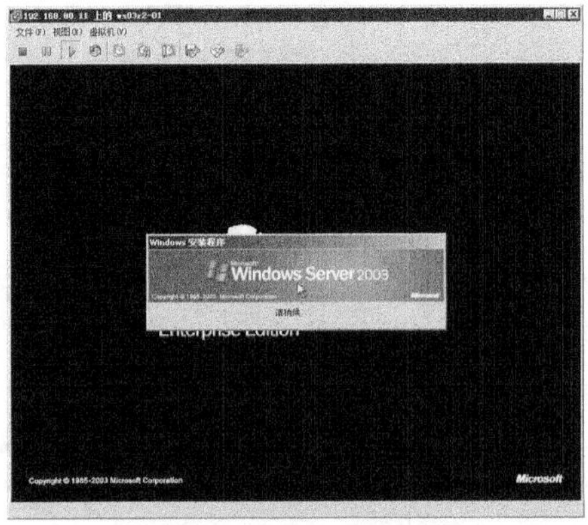

图 5-10-61　重新部署界面

（12）等系统部署完成后，登录并进入系统，打开系统属性，可以看到已经按照规则完成设置，计算机名称为 WS03R2-101，如图 5-10-62 所示。

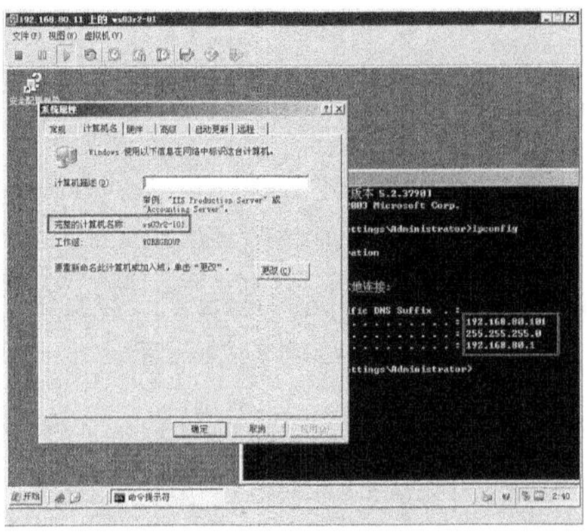

图 5-10-62　进入控制台查看部署后属性

5.10.9　创建 Windows 2008 与 2012 规范

在前面的例子中，是按照创建 Windows Server 2003 虚拟机模板、创建 Windows Server 2003 虚拟机的规范，再从模板部署虚拟机并选择已经创建好的规范这一顺序执行的。实际上，在 vSphere vCenter Server 中，部署虚拟机是非常灵活的。

- 可以从模板虚拟机，也可以直接使用任何已经存在并且没有转换成模板的虚拟机，部署虚拟机。
- 可以使用已经创建好的规范，也可以在部署虚拟机的时候，创建新的规范来部署虚拟机。

将虚拟机转换为模板的好处或优点是模板虚拟机不能启动，这就避免了由于启动模板虚拟机而造成设置或数据的丢失。本节将以 VMware ESXi 中的一台 Windows Server 2008 R2 的虚拟机为例，在部署虚拟机的过程中创建自定义规范并保存，介绍在部署虚拟机中创建规范并直接部署的内容。由于这些内容与上一节“从模板部署 Windows Server 2003 虚拟机”相类似，本节将介绍关键步骤。

（1）在 vSphere Client 控制台数据中心中，选中一个 Windows 2012 R2（或 Windows8、Windows Server 2008 R2）模板或虚拟机，用鼠标右键单击，在弹出的快捷菜单中选择“从该模板部署虚拟机”选项，如图 5-10-63 所示。

（2）在“名称和位置”对话框中设置新部署的虚拟机的名称，如 ws12r2-01，如图 5-10-64 所示。

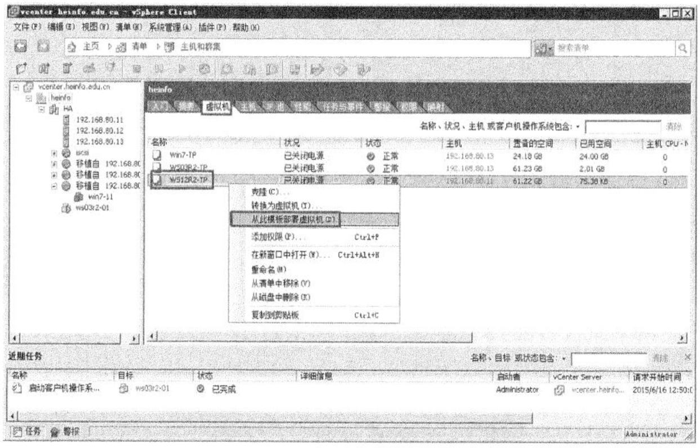

图 5-10-63　从模板部署虚拟机

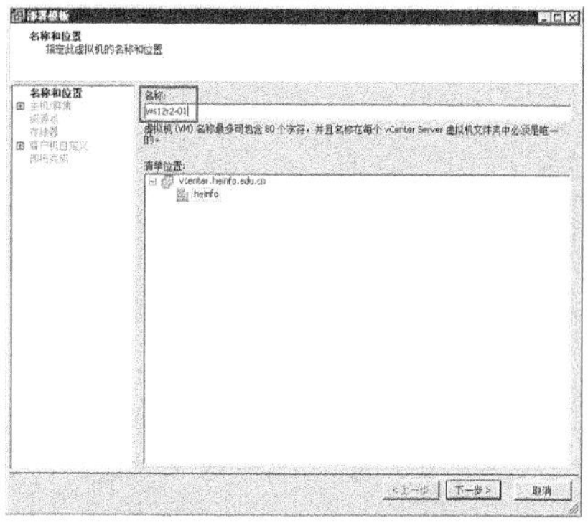

图 5-10-64　设置虚拟机名称

（3）在“客户机自定义”对话框中选中“使用自定义向导自定义”单选按钮，如图 5-10-65 所示。

（4）之后会进入“vSphere Client Windows 客户机自定义”对话框，该操作与“5.10.5 创建规范用于部署”一节中的（4）～（13）步相同，不一一介绍。但与 Windows Server 2003 的规范不同之处在于在创建用于 Windows Server 2012、Windows Server 2008、Windows Vista、Windows 8、Windows 7 等规范时，可以不用输入产品密钥，因为模板虚拟机中已经集成了这些序列号，如图 5-10-66 所示。因为没有添加序列号，所以这个自定义规范可以用于 Windows Vista 及其以后的系统。

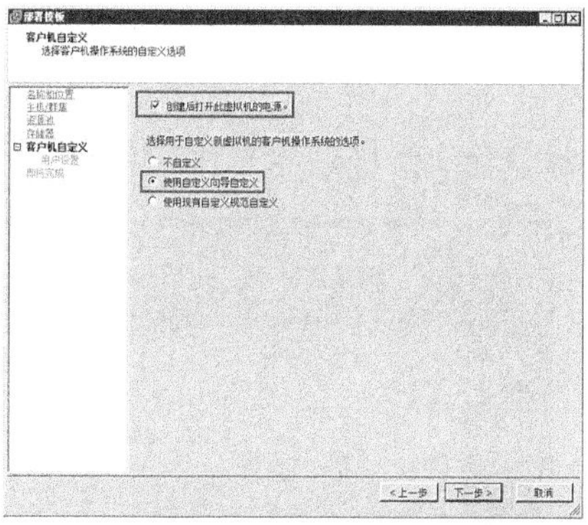

图 5-10-65　使用自定义向导自定义

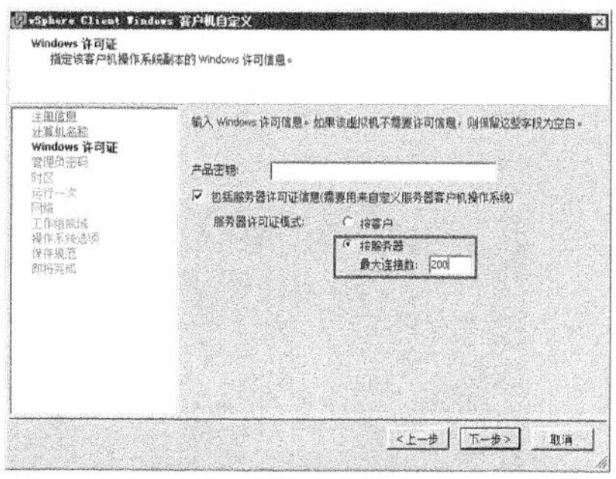

图 5-10-66　Windows 许可证

（5）在“网络”对话框选择“典型设置”或“自定义设置”，如图 5-10-67 所示，这可以根据需要选择。

（6）在创建完规范之后，可以为新建的规范命名并保存该规范供以后使用，如图 5-10-68

所示，为该规范设置合适的名称与描述之后，vSphere Client 会保存该规范，并为当前的系统部署选择该规范。

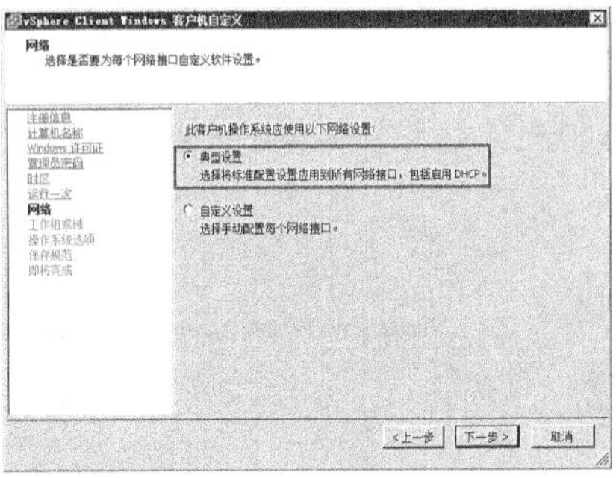

图 5-10-67　网络设置

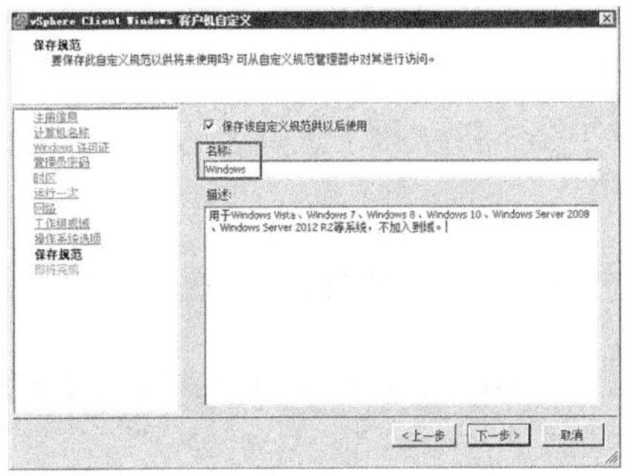

图 5-10-68　保存规范

（7）之后的步骤则与使用现有规范部署系统相同，不一一介绍。在“即将完成”对话框中显示了部署虚拟机的选项，检查无误之后单击“完成”按钮（见图 5-10-69），开始部署虚拟机。

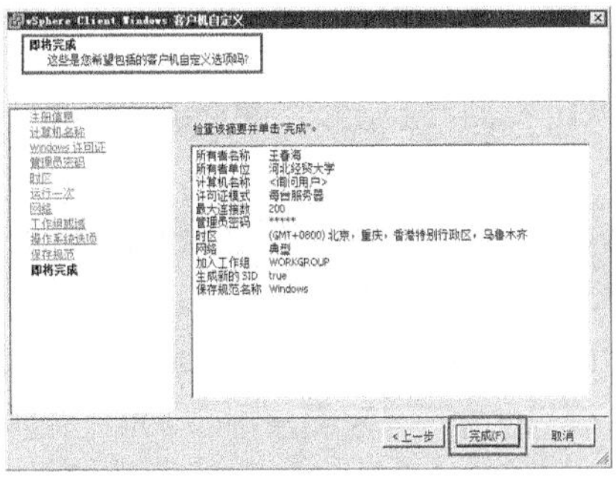

图 5-10-69　检查摘要

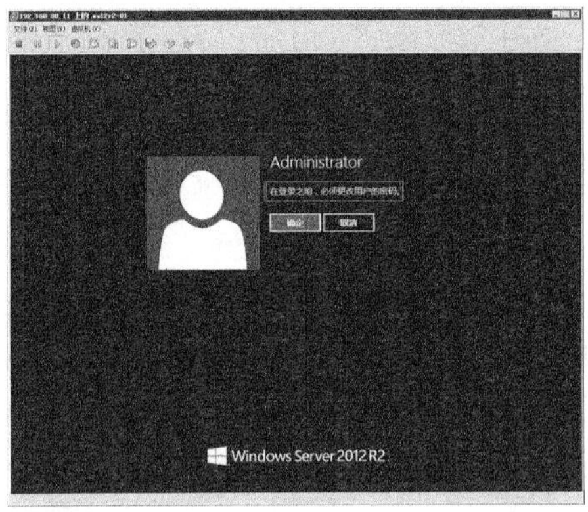

图 5-10-70　首次登录必须更改密码

（8）部署完成后，第一次登录使用系统时，如果部署的是 Windows Server 2008、Windows Server 2012 等服务器操作系统，则提示设置新的密码，如图 5-10-70 所示。之后会为新系统设置管理员密码，如图 5-10-71 所示。

（9）之后进入操作系统，可以看到计算机名称是我们所规划的名称，如图 5-10-72 所示。

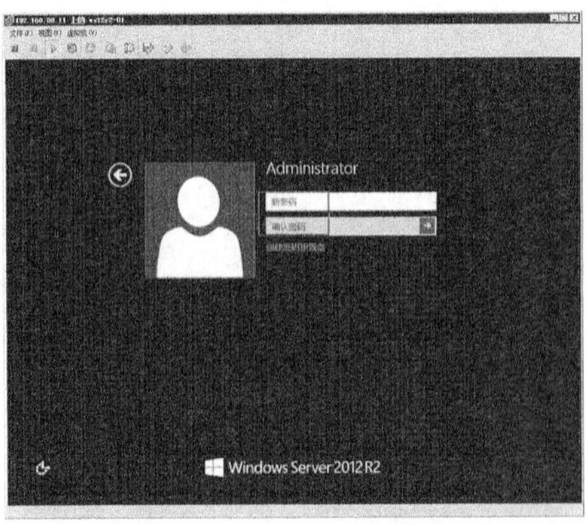

图 5-10-71　设置新密码

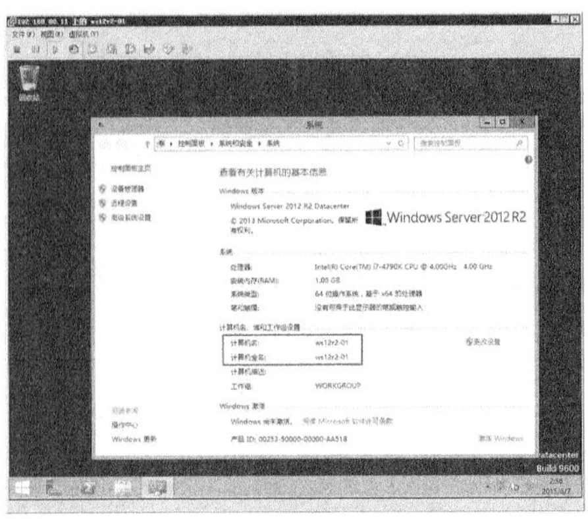

图 5-10-72　部署完成

5.11　在 vSphere Client 中部署 OVF 模板

可采用开放式虚拟机格式 (OVF) 导出虚拟机、虚拟设备和 vApp。然后，可以在同一环境或不同环境中部署 OVF 模板。

5.11.1　导出 OVF 模板

OVF 软件包将虚拟机或 vApp 的状况捕获到独立的软件包中。磁盘文件以压缩、稀疏格式存储。

（1）使用 vSphere Client 登录 vCenter Server，在左侧清单中选择一个关闭电源的虚拟机，在“文件”菜单选择“导出→导出 OVF 模板”，如图 5-11-1 所示。

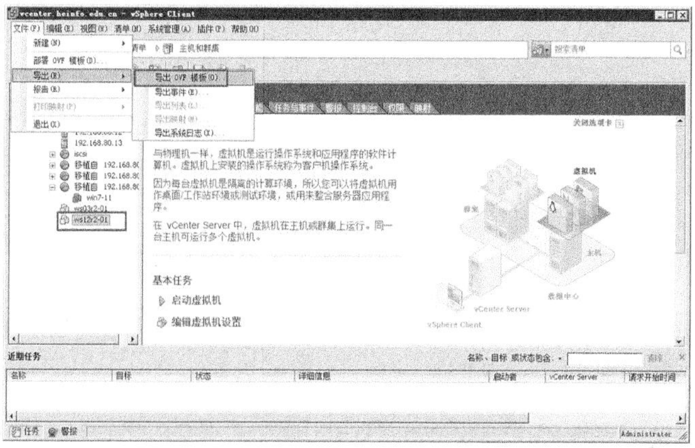

图 5-11-1　导出 OVF 模板

（2）在“导出 OVF 模板”对话框设置导出的名称，选择导出的目录，在“格式”列表中选择是导出文件夹（OVF），还是单个文件（OVA），如图 5-11-2 所示。

（3）之后开始导出 OVF 模板，直到导出完成，如图 5-11-3 所示。

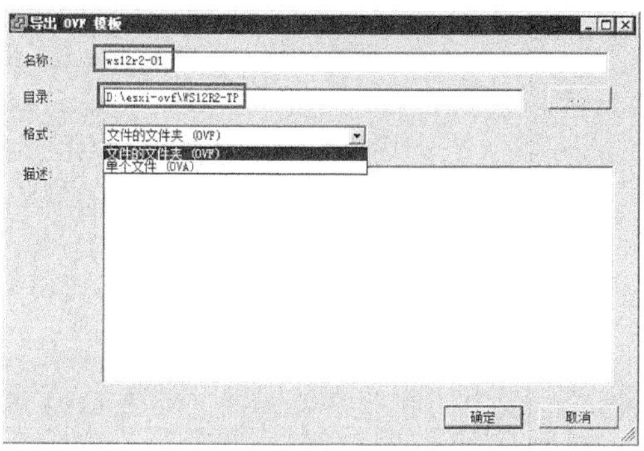

图 5-11-2　导出 OVF 模板

图 5-11-3　导出模板

【说明】 OVF 和 OVA 文件的文件夹位置。如果键入 C:\OvfLib 作为新 OVF 文件夹，设置虚拟机的名称为 MyVm，可能会创建以下文件：

- C:\OvfLib\MyVm\MyVm.ovf
- C:\OvfLib\ MyVm \MyVm.mf
- C:\OvfLib\ MyVm \MyVm-disk1.vmdk

如果键入 C:\NewFolder\OvfLib 作为新 OVF 文件夹，设置虚拟机的名称为 MyVm，则可能会创建以下文件：

- C:\NewFolder\OvfLib\MyVm\MyVm.ovf
- C:\NewFolder\OvfLib\ MyVm\MyVm.mf
- C:\NewFolder\OvfLib\ MyVm\MyVm-disk1.vmdk

如图 5-11-4 所示，这是图 5-11-2 中使用 d:\esxi-ovf\ws12r2-tp 作为文件夹，ws12r2-02 作为虚拟机名称时，导出的文件。

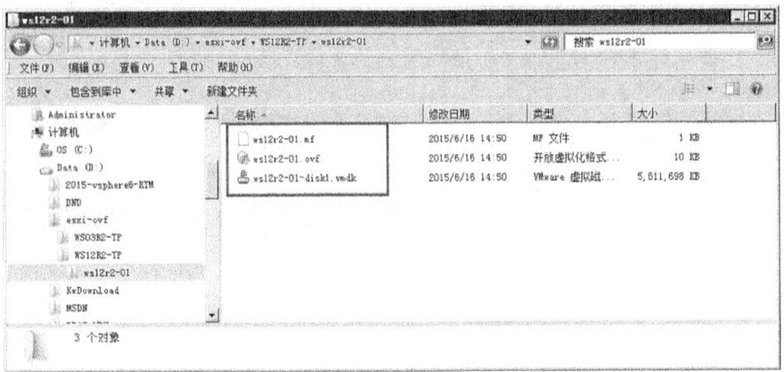

图 5-11-4　导出 OVF 文件

如果选择导出到 OVA 格式，并键入 MyVm，则会创建 C:\MyVm.ova 文件。如图 5-11-5 所示，这是 d:\esxi-ovf 作为文件夹，ws03r2-tp 作为虚拟机名称时，导出的单个 OVA 文件的截图。

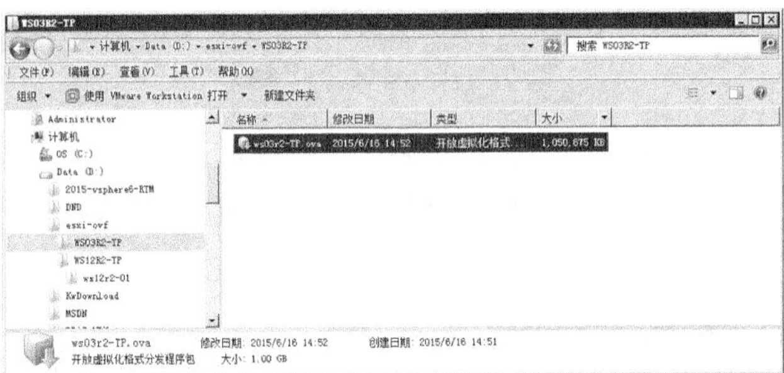

图 5-11-5　导出 OVA 截图

5.11.2　部署 OVF 模板

当使用 vSphere Client 直接连接到主机时，可以通过 vSphere Client 计算机的本地文件系统或通过 Web URL 部署 OVF 模板。

（1）使用 vSphere Client 登录到 vCenter Server，在“文件”菜单选择“部署 OVF 模板”，如图 5-11-6 所示。

（2）在“源”对话框中单击“浏览”按钮选择 OVF 或 OVA 模板，如图 5-11-7 所示。

（3）在“OVF 模板详细信息”对话框显示了要部署的模板虚拟机，占用的磁盘空间（精简磁盘占用空间和厚置备磁盘占用空间），如图 5-11-8 所示。

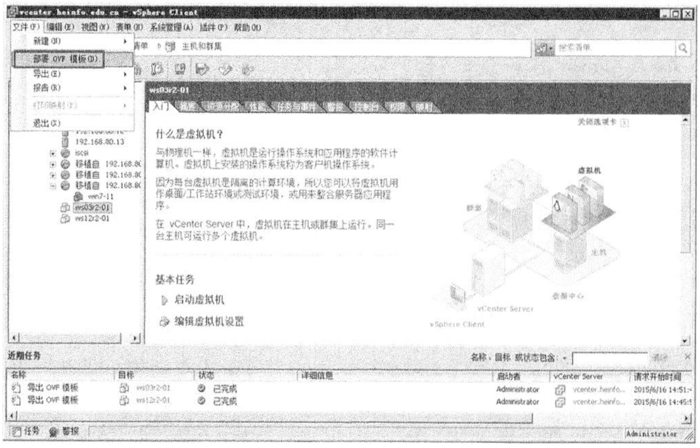

图 5-11-6　部署 OVF 模板

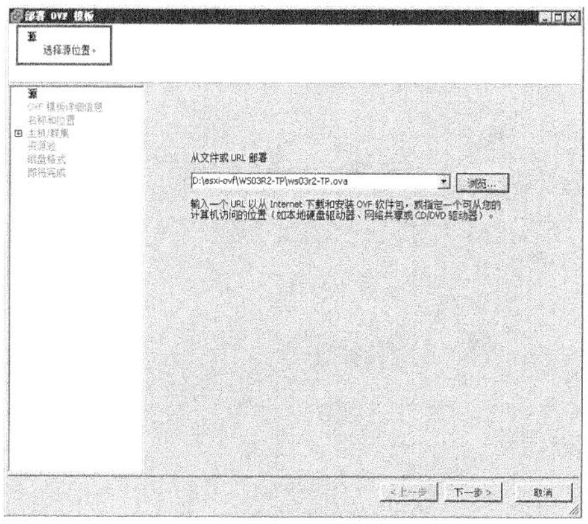

图 5-11-7　浏览选择模板

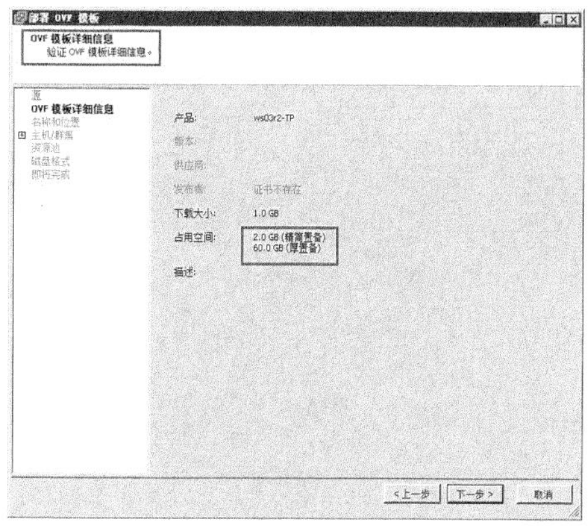

图 5-11-8　OVF 模板详细信息

（4）在“名称和位置”对话框中为已部署模板指定名称和位置，如图 5-11-9 所示。

（5）在“主机/群集”选择要在哪个主机或群集上运行部署的模板，如图 5-11-10 所示。

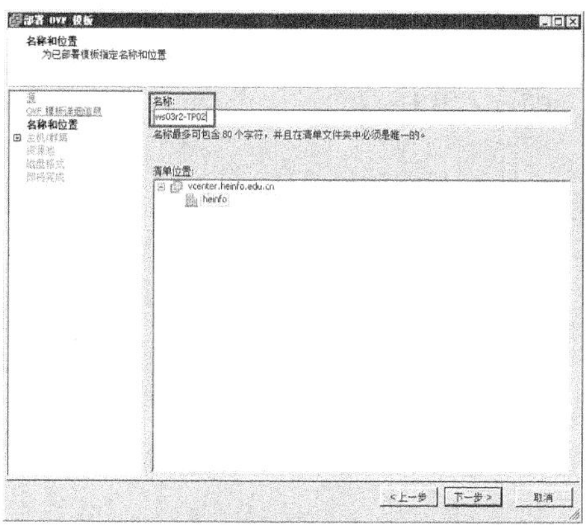

图 5-11-9　名称和位置

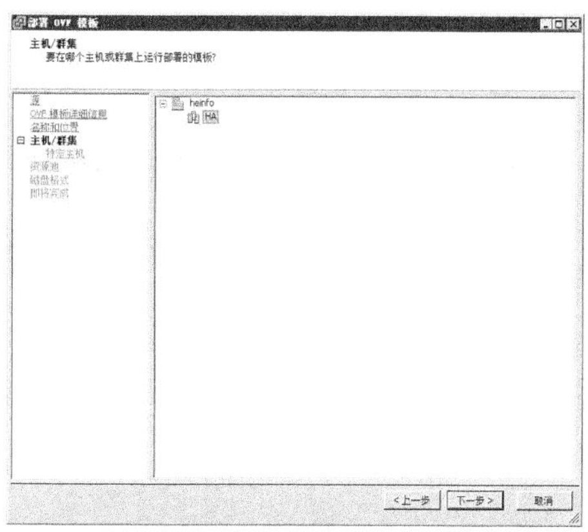

图 5-11-10　选择主机或群集

（6）在“资源池”对话框选择要在其中部署模板的资源池，如图 5-11-11 所示。

（7）在“存储器”对话框选择将虚拟机文件存储在何处，你可以根据需要选择，如图 5-11-12 所示。

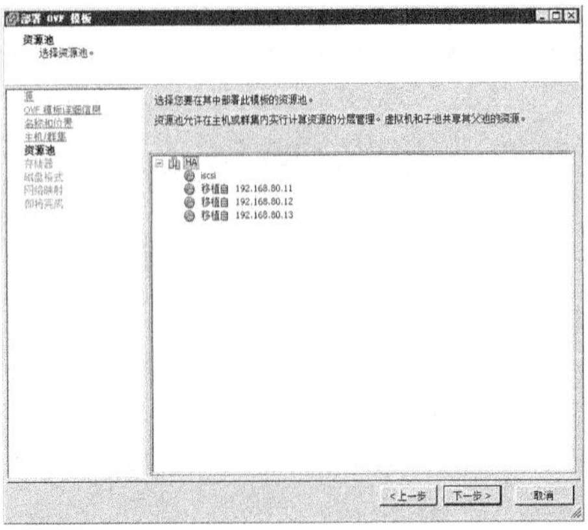

图 5-11-11　资源池

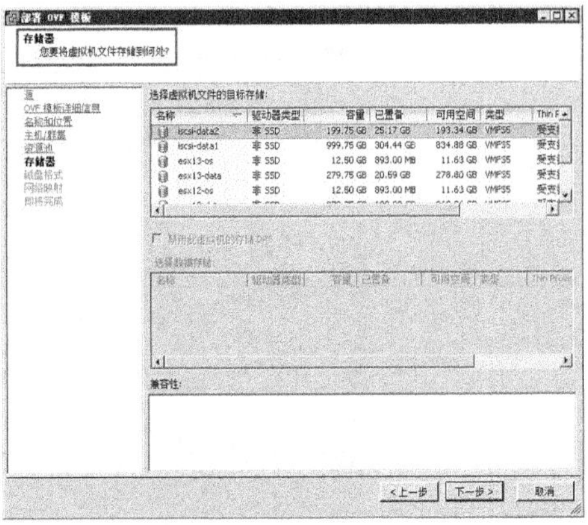

图 5-11-12　存储器

（8）在“磁盘格式”对话框中选择以何种格式存储虚拟磁盘，如图 5-11-13 所示。

（9）在“网络映射”对话框中选择已部署的虚拟机使用什么网络，如图 5-11-14 所示。

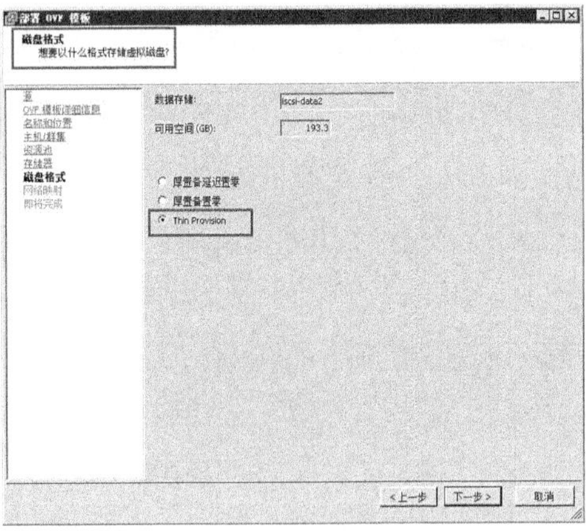

图 5-11-13　磁盘格式

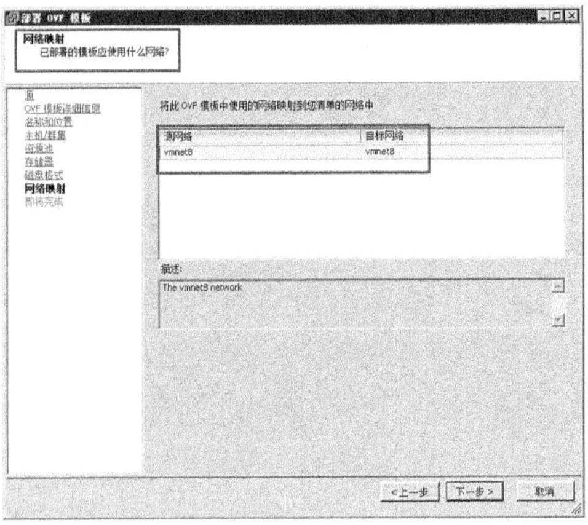

图 5-11-14　网络映射

（10）在“即将完成”对话框中显示了部署信息，检查无误之后，单击“完成”按钮，如图 5-11-15 所示。

（11）之后开始部署虚拟机，直到部署完成，如图 5-11-16 所示。

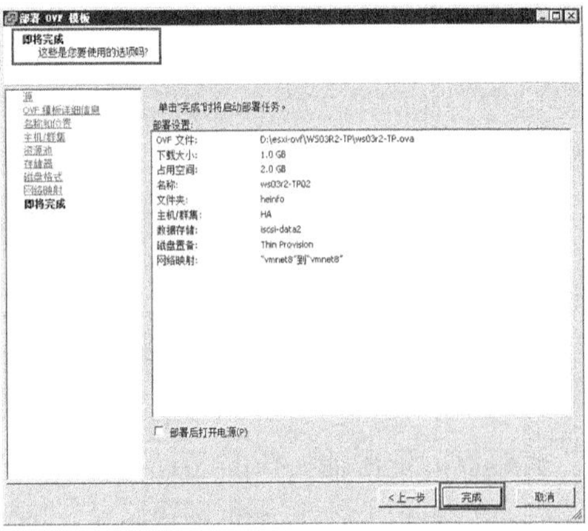

图 5-11-15　即将完成

图 5-11-16　部署完成

部署之后，虚拟机出现在清单中，如图 5-11-17 所示。

图 5-11-17 从模板部署虚拟机

第 6 章　使用 Web 客户端管理 vSphere

VMware vSphere 可利用虚拟化功能将数据中心转化为简化的云计算基础架构，使 IT 组织能够提供灵活可靠的 IT 服务。

vSphere 的两个核心组件是 VMware ESXi 和 VMware vCenter Server。ESXi 是用于创建和运行虚拟机的虚拟化平台。vCenter Server 是一种服务，充当连接到网络的 ESXi 主机的中心管理员。vCenter Server 可用于将多个主机的资源加入池中并管理这些资源。vCenter Server 还提供了很多功能，用于监控和管理物理和虚拟基础架构。VMware 还以插件形式提供了其他 vSphere 组件，用于扩展 vSphere 产品的功能。

上一章介绍了使用 vSphere 传统管理客户端（vSphere Client）管理 vSphere 的内容。但 vSphere 5.5 和更高版本中引入的所有新功能只能通过 Web 管理管理端（vSphere Web Client）实现，而传统的 vSphere Client 虽然继续运行，但只支持与 vSphere 5.0 相同的功能集。

如果要全面发挥 vSphere 6 的功能与特性，则需要使用 vSphere Web Client。本章将介绍这方面的内容。

vSphere Web Client 是基于 Web 的管理方式，大多数的功能、操作与 vSphere Client 相同，只是管理的界面不同。所以本章主要讲解这些不同的地方，或者介绍 vSphere Web Client 的管理方式、方法。而 vSphere 虚拟化的一些知识与 vSphere Client 是没有太大区别的。

6.1　虚拟化基本知识

与物理机一样，虚拟机是运行操作系统和应用程序的软件计算机。管理程序用作虚拟机的运行平台，并且可以整合计算资源。

每个虚拟机包含自己的虚拟（基于软件的）硬件，包括虚拟 CPU、内存、硬盘和网络接口卡。

称为管理程序的软件安装在虚拟化数据中心内的物理硬件上，并用作虚拟机平台。ESXi 是 vSphere 环境中的管理程序。管理程序根据需要动态为虚拟机提供物理硬件资源，以支持虚拟机的运行。通过管理程序，虚拟机可以在一定程度上独立于基础物理硬件运行。例如，可以在物理主机间移动虚拟机，或者将虚拟机的虚拟磁盘从一种类型的存储移至另一种存储，而不会影响虚拟机的运行。

虚拟机是从特定基础物理硬件解耦的，因此通过虚拟化可以将物理计算资源（如 CPU、内存、存储和网络）整合到资源池中，从而可以动态灵活地将这些资源池提供给虚拟机。通过相应的管理软件，例如 vCenter Server，还可以使用多种功能来提高虚拟基础架构的可用性和安全性。

6.1.1　vSphere 数据中心的物理拓扑

典型的 VMware vSphere 数据中心由基本物理构建块组成，例如，x86 虚拟化服务器、存储网络和阵列、IP 网络、管理服务器和桌面客户端。vSphere 数据中心拓扑包括下列组件。

（1）计算服务器。在裸机上运行 ESXi 的业界标准 x86 服务器。ESXi 软件为虚拟机提供资源，并运行虚拟机。每台计算服务器在虚拟环境中均称为独立主机。可以将许多配置相似的 x86 服务器组合在一起，并与相同的网络和存储子系统连接，以便提供虚拟环境中的资源集合（称为群集）。

（2）存储网络和阵列。光纤通道 SAN 阵列、iSCSI SAN 阵列和 NAS 阵列是广泛应用的存储技术，VMware vSphere 支持这些技术以满足不同数据中心的存储需求。存储阵列通过存储区域网络连接到服务器组并在服务器组之间共享。此安排可实现存储资源的聚合，并在将这些资源置备给虚拟机时使资源存储更具灵活性。

（3）IP 网络。每台计算服务器都可以有多个物理网络适配器，为整个 VMware vSphere 数据中心提供高带宽和可靠的网络连接。

（4）vCenter Server。vCenter Server 为数据中心提供单一控制点。它提供基本的数据中心服务，如访问控制、性能监控及配置。它将各台计算服务器的资源统一在一起，使这些资源在整个数据中心中的虚拟机之间共享。其原理是：根据系统管理员设置的策略，管理虚拟机到计算服务器的分配，以及资源到给定计算服务器内虚拟机的分配。

在 vCenter Server 无法访问（如网络断开）的情况下（这种情况极少出现），计算服务器仍能继续工作。服务器可单独管理，并根据上次设置的资源分配继续运行分配给它们的虚拟机。恢复与 vCenter Server 的连接后，可以再次将数据中心作为一个整体进行管理。

（5）管理客户端。VMware vSphere 为数据中心管理和虚拟机访问提供多种界面。这些界面包括 vSphere Web Client（用于通过 Web 浏览器访问）或 vSphere 命令行界面（vSphere CLI）。

6.1.2　vSphere 软件组件

VMware vSphere 是用于虚拟化的软件组件套件。这些组件包括 ESXi、vCenter Server 以及在 vSphere 环境中实现许多不同功能的其他软件组件。

vSphere 包括以下软件组件。

（1）**ESXi**。VMware ESXi 是一种虚拟化平台，您可使用此平台将虚拟机创建为一组配置和磁盘文件，它们可共同执行物理机的所有功能。

通过 ESXi，可以运行虚拟机，安装操作系统，运行应用程序以及配置虚拟机。配置包括识别虚拟机的资源，如存储设备。服务器可提供引导程序、管理以及其他管理虚拟机的服务。

（2）**vCenter Server。**vCenter Server 充当连接到网络的 VMware ESXi 主机的中心管理员的服务。vCenter Server 指导虚拟机和虚拟机主机（ESXi 主机）上的操作。

vCenter Server 是一种 Windows 或 Linux 服务，安装后自动运行。vCenter Server 在后台持续运行。即使没有连接任何 vSphere Web Client，也没有用户登录到 vCenter Server 所在的计算机，vCenter Server 也可执行监控和管理活动。它必须可通过网络访问其管理的所有主机，且运行 vSphereWeb Client 的计算机必须能通过网络访问此服务器。

在大多数的生产环境中，推荐将 vCenter Server 安装在 ESXi 主机上的 Windows 虚拟机中，这样使其能够利用 VMware HA 提供的高可用性。

（3）**vCenter Single Sign-On**。此服务是 vCenter Server 管理基础架构的一部分。vCenter Single Sign-On 身份验证服务允许各种 vSphere 软件组件通过安全的令牌交换机制相互通信，而不需要每个组件都要使用目录服务（如 Active Directory）分别对用户进行身份验证，从而使 VMware 云基础架构平台更加安全。

在安装 vCenter Single Sign-On 时，会部署以下组件：STS（安全令牌服务）、管理服务器、vCenter Lookup Service、VMware 目录服务。

（4）**vCenter Server 插件**。为 vCenter Server 提供额外特性和功能的应用程序。通常，插件由服务器组件和客户端组件组成。安装插件服务器之后，插件将在 vCenter Server 中注册，且插件客户端可供 vSphere Web Client 下载。在 vSphere Web Client 上安装了插件之后，它可能会添加与所增功能相关的视图、选项卡、工具栏按钮或菜单选项，从而改变界面的外观。

插件利用核心 vCenter Server 功能（如身份验证和权限管理），但有自己的事件、任务、元数据和特权类型。

某些 vCenter Server 功能以插件形式实现，并可使用 vSphere Web Client 插件管理器进行管理。这些功能包括 vCenter Storage Monitoring、vCenter Hardware Status 和 vCenter Service Status。

（5）**vCenter Server 数据库**。用于维护在 vCenter Server 环境中管理的每个虚拟机、主机和用户的状态的持久存储区域。vCenter Server 数据库相对于 vCenter Server 系统可以是远程的，也可以是本地的。

数据库在安装 vCenter Server 期间安装和配置。

如果直接通过 vSphere Web Client 访问 ESXi 主机，而不是通过 vCenter Server 系统和相关的 vSphere Web Client 访问，则不使用 vCenter Server 数据库。

（6）**tc Server**。很多 vCenter Server 功能需要以 tc Server 的 Web 服务形式实现。作为 vCenter Server 安装的一部分，tc Server 安装在 vCenter Server 计算机上。

需要 tcServer 才能运行的功能包括：CIM/“硬件状态”选项卡、性能图表、Web Access、“vCenter 存储监控”/“存储视图”选项卡、基于存储策略的服务和 vCenter 服务状态。

【说明】tc Server 是一种 Web 应用服务器，它 100%基于 Apache Tomcat，通过增加企业级服务器应用程序管理以及监控各项功能实现增强，还提供专业支持服务。通过保持 100%的 Tomcat 兼容性，tc Server 使 IT 部门可以将开发阶段在 Tomcat 上编写的应用程序无缝转换到大批量生产中。tc Server 不仅具有类似 Tomcat 的轻量级和模块化特性，还为开发环境提供了自动化和深入监控功能，从而可以加快开发速度并极大提高应用程序的调试和调整效率。

（7）**vCenter Server 代理**。可在每台受管主机上收集、传达和执行 vCenter Server 发送的操作的软件。vCenter Server 代理是在第一次将主机添加到 vCenter Server 清单时安装的。

（8）**主机代理**。可在每台受管主机上收集、传达和执行通过 vSphere Web Client 发送的操作的软件。它是在 ESXi 安装过程中安装的。

6.1.3 vSphere 的客户端界面

通过 vSphere 界面选项访问 vSphere 组件的方法有多种。vSphere 界面选项包括：

（1）vSphere Web Client。vSphere Web Client 是安装在 vCenter Server 计算机上的 Web 应用程序。vSphere Web Client 是用于连接和管理 vCenter Server 实例的主界面。

（2）vSphere Client。vSphere Client 安装在可通过网络访问 ESXi 或 vCenter Server 系统安装的 Windows 计算机上。该界面上可能会显示略为不同的选项，具体取决于所连接的服务器类型。单个 vCenter Server 系统或 ESXi 主机可以支持多个同时连接的 vSphere Client。有关 vSphere Client 的详细信息，请参见本书第 5 章内容。

（3）vSphere 命令行界面。用于配置 ESXi 主机的命令行界面。

6.1.4　vSphere 受管清单对象

在 vSphere 中，清单是可对其设置权限、监控任务与事件并设置警报的虚拟和物理对象的集合。使用文件夹可以对大部分清单对象进行分组，从而更轻松地进行管理。

可以按用途重命名除主机之外的所有清单对象。例如，可按公司部门、位置或功能对它们进行命名。vCenter Server 监控和管理以下虚拟和物理基础架构组件。

（1）数据中心。与用于组织特定对象类型的文件夹不同，数据中心集合了在虚拟基础架构中开展工作所需的所有不同类型的对象：主机、虚拟机、网络和数据存储。在数据中心内，有以下四种独立的层次结构。

- 虚拟机（和模板）
- 主机（和群集）
- 网络
- 数据存储

数据中心定义网络和数据存储的命名空间。这些对象的名称在数据中心内必须唯一。例如，同一数据中心内不得有两个名称相同的数据存储，但两个不同的数据中心内可以有两个名称相同的数据存储。虚拟机、模板和群集在数据中心内不一定是唯一的，但在所在文件夹内必须唯一。

两个不同数据中心内具有相同名称的对象不一定是同一个对象。正因如此，在数据中心之间移动对象可能会出现不可预知的结果。例如，data_centerA 中名为 networkA 的网络可能与 data_centerB 中名为 networkA 的网络不是同一个网络。将连接至 networkA 的虚拟机从 data_centerA 移至 data_centerB 会导致虚拟机更改与其连接的网络。

受管对象也不能超过 214 个字节（UTF-8 编码）。

（2）群集。要作为一个整体运作的 ESXi 主机及关联虚拟机的集合。为群集添加主机时，主机的资源将成为群集资源的一部分。群集管理所有主机的资源。

如果在群集上启用 VMware EVC，则可以确保通过 vMotion 迁移不会因为 CPU 兼容性错误而失败。如果针对群集启用 vSphere DRS，则会合并群集内主机的资源，以允许实现群集内主机的资源平衡。如果针对群集启用 vSphere HA，则会将群集的资源作为容量池进行管理，以允许快速从主机硬盘故障中恢复。

（3）数据存储。数据中心中的基础物理存储资源的虚拟表示。数据存储是虚拟机文件的存储位置。这些物理存储资源可能来自 ESXi 主机的本地 SCSI 磁盘、光纤通道 SAN 磁盘阵列、iSCSI SAN 磁盘阵列或网络附加存储(NAS)阵列。数据存储隐藏了基础物理存储的特性，为虚拟机所需的存储资源呈现一个统一模式。

（4）文件夹。文件夹允许您对相同类型的对象进行分组，从而轻松地对这些对象进行管理。例如，可以使用文件夹跨对象设置权限和警报并以有意义的方式组织对象。

文件夹可以包含其他文件夹或一组相同类型的对象：数据中心、群集、数据存储、网络、虚拟机、模板或主机。例如，文件夹可以包含主机和含有主机的文件夹，但它不能包含主机和含有虚拟机的文件夹。

数据中心文件夹可以直接在 root vCenter Server 下形成层次结构，这使得用户可以采用任何便捷的方式对数据中心进行分组。每个数据中心内都包含一个虚拟机和模板文件夹层次结构、一个主机和群集文件夹层次结构、一个数据存储文件夹层次结构，以及一个网络文件夹层次结构。

（5）主机。安装有 ESXi 的物理机。所有虚拟机都在主机上运行。

（6）网络。一组虚拟网络接口卡（虚拟网卡）、分布式交换机或 vSphere Distributed Switch，以及端口组或分布式端口组，将虚拟机相互连接或连接到虚拟数据中心之外的物理网络。连接同一端口组的所有虚拟机均属于虚拟环境内的同一网络，即使它属于不同的物理服务器。您可以监控网络，并针对端口组和分布式端口组设置权限和警报。

（7）资源池。资源池用于划分主机或群集的 CPU 和内存资源。虚拟机在资源池中执行并利用其中的资源。可以创建多个资源池，作为独立主机或群集的直接子级，然后将其控制权委派给其他个人或组织。

vCenter Server 通过 DRS 组件，提供各种选项来监控资源状态并对使用这些资源的虚拟机进行调整或给出调整建议。您可以监控资源，并针对它们设置警报。

（8）模板。虚拟机的主副本，可用于创建和置备新虚拟机。模板可以安装客户机操作系统和应用程序软件，并可在部署过程中自定义以确保新的虚拟机有唯一的名称和网络设置。

（9）虚拟机。虚拟化的计算机环境，可在其中运行客户机操作系统及其相关的应用程序软件。同一台受管主机上可同时运行多台虚拟机。

（10）vApp。vSphere vApp 是用于对应用程序进行打包和管理的格式。一个 vApp 可包含多个虚拟机。

6.1.5　可选 vCenter Server 组件

可选 vCenter Server 组件随基本产品附带和安装，但可能需要单独的许可证。可选的 vCenter Server 功能包括：

（1）vMotion。VMotion 是一种可用于将正在运行的虚拟机从一个 ESXi 主机迁移到另一个 ESXi 主机上，并且不会中断服务的功能。它需要在源主机和目标主机上分别许可。vCenter Server 可集中协调所有 vMotion 活动。

（2）Storage vMotion。该功能用于将运行中虚拟机的磁盘和配置文件从一个数据存储移至另一个数据存储，而不会中断服务。该功能需要在虚拟机的主机上获得许可。

（3）vSphere HA。一种使群集具备 High Availability 的功能。如果一台主机出现故障，则该主机上运行的所有虚拟机都将立即在同一群集的其他主机上重新启动。

启用群集的 vSphere HA 功能时，需指定希望能够恢复的主机数。如果将允许的主机故障数指定为 1，vSphere HA 将使整个群集具备足够的容量来处理一台主机的故障。该主机上所有正在运行的虚拟机都能在其余主机上重新启动。默认情况下，如果启动虚拟机会与故障切换所需的容量发生冲突，则无法启动此虚拟机。

（4）vSphere DRS。一种有助于改善所有主机和资源池之间的资源分配及功耗状况的功能。vSphere DRS 收集群集内所有主机和虚拟机的资源使用情况信息，并在出现以下两种情况之一时给出建议（或迁移虚拟机）。

- 初始放置位置——当您首次打开群集中的某个虚拟机的电源时，DRS 将放置该虚拟机或提出放置建议。
- 负载平衡——DRS 会尝试通过执行虚拟机的自动迁移（vMotion）或提供虚拟机迁移建议提高群集中的资源利用率。

vSphere DRS 包含分布式电源管理（DPM）功能。当 DPM 处于启用状态时，系统会将群集层以及主机层容量与群集内运行的虚拟机所需要的容量进行比较。然后，DPM 会根据比较的结果推荐（或执行）一些可减少群集功耗的操作。

（5）存储 DRS。这是一种可用于将多个数据存储作为单个计算资源（称为数据存储群集）进行管理的功能。数据存储群集是多个数据存储聚合到一个逻辑、负载平衡池中的集合。可以将数据存储群集视为一个可变存储资源进行资源管理。可以将虚拟磁盘分配给数据存储群集，且存储 DRS 会为其找到相应的数据存储。负载平衡器会根据工作负载测量负责初始放置和后续迁移。存储空间平衡和 I/O 平衡可将降低虚拟机性能的空间不足风险和 I/O 瓶颈风险降到最低。

（6）容错（vSphere Fault Tolerance，FT）。vSphere Fault Tolerance 通过创建和维护与主虚拟机相同，并且可在发生故障切换时随时替换主虚拟机的辅助虚拟机，来确保虚拟机的连续可用性。

6.1.6　vCenter Server 插件

vCenter Server 插件通过提供更多的特性和功能扩展 vCenter Server 的功能。一些插件随 vCenter Server 基本产品一起安装。

（1）vCenter 存储。监控允许您查看存储使用情况信息，并且允许您在 vCenter Server 中所有可用的存储实体之间对关系进行可视映射。

（2）vCenter 硬件状态。使用 CIM 监控显示 vCenter Server 管理的主机的硬件状态。

（3）vCenter Service Status。显示 vCenter 服务的状态。

一些插件并不与基本产品包装在一起，并且需要单独安装。您可以独立更新各插件和基本产品。VMware 模块包括：

（1）vSphere Update Manager（VUM）。可让管理员在 ESXi 主机和所有受管虚拟机上应用更新和修补程序。管理员可创建用户定义的安全基准来表示一组安全标准。安全管理员可将主机和虚拟机与这些基准进行比较，从而识别和修复不合规的系统。

（2）vShield Zones。一种为 vCenter Server 集成构建的应用程序感知防火墙。vShield Zones 检查客户端-服务器通信和虚拟机之间的通信，以提供详细的流量分析方法和应用程序感知防火墙分区。vShield Zones 是用于保护虚拟化数据中心免遭基于网络的攻击和误用的关键安全组件。

（3）vRealize Orchestrator。一种工作流引擎，可用于在 vSphere 环境内创建和运行自动工作流。

vRealize Orchestrator 通过其开放插件架构协调多个 VMware 产品及第三方管理和管理解决方案之间的工作流任务。vRealize Orchestrator 提供了一个可扩展的工作流的库。您可以使用 vCenter Server API 中提供的任何操作来自定义 vRealize Orchestrator 工作流。

6.2 vSphere Web Client 基础操作

使用 vSphere Web Client 连接到 vCenter Server 系统并管理 vSphere 清单对象。

【说明】在上一章中，在某些操作的第一步，我们介绍的是“使用 vSphere Client 登录到 vCenter Server 或 ESXi”，这表示使用 vSphere Client（传统的 vSphere 客户端）可以登录到 vCenter Server，也可以使用 vSphere Client 直接登录到所想管理的 ESXi 主机。但在 vSphere Web Client 中，只能使用 vSphere Web Client 登录到 vCenter Server，不能使用 vSphere Web Client 登录到 ESXi 主机。

在使用 vSphere Web Client 时，vSphere Web Client 主机操作系统需要使用受支持的 Web 浏览器。在 vSphere 6.0 中，VMware 已经过测试，支持以下客户机操作系统和 vSphere Web Client 的浏览器版本，如表 6-1 所示。

表 6-1 受支持的客户机操作系统和 vSphere Web Client 的浏览器版本

操作系统	浏览器
32 位或 64 位 Windows	Microsoft Internet Explorer 10 和 11 Mozilla Firefox 30 及更高版本 Google Chrome 35 及更高版本
Mac OS	Mozilla Firefox 30 及更高版本 Google Chrome 35 及更高版本

这些浏览器的更高版本也许可用，但尚未经过测试。

vSphere Web Client 6.0 要求为浏览器安装 Adobe Flash Player 11.9 或更高版本以及适当的插件。在 Windows 8 及其以上操作系统中已经集成 Flash，但在服务器版本例如 Windows Server 2012、Windows Server 2012 R2 中，默认并没有启用 Flash 插件，需要启用“桌面体验”功能，才能启用 Flash 功能。适用于 Linux 系统的最新 Adobe Flash Player 版本是 11.2。因此，vSphere Web Client 无法在 Linux 平台上运行。

在当前的 Windows 10 及 Windows Server 2012 R2 中，使用 vSphere Web Client 6.0 会存在兼容性问题。所以推荐大家使用 Windows 7 或 Windows Server 2008 R2，并将 IE 浏览器升级到 10 或 11，运行 vSphere Web Client。

vSphere Web Client 是一个“多语言”的界面，在默认情况下，vSphere Web Client 会自动侦测当前系统所使用的语言版本，并以当前语言版本显示，但如果显示的语言不对，例如当前在中文的系统中显示的是英文界面，请更换浏览器试试。例如在中文版的 Windows 中，使用 Chrome 浏览器登录 vSphere Web Client，有时会显示英文的界面。

基于 Web 界面的 vSphere Web Client 与传统的 vSphere Client 都能实现对 vSphere vCenter Server 及 ESXi 主机的管理，但最大区别或者说特点，我感觉：基于 Web 方式的 vSphere Web Client，因为是基于 Web 的方式，所以在 Web 管理界面中，对于一些关键词、术语与功能可以添加“超链接”，管理员通过单击这些“超链接”就可以快速跳转到对应的功能或配置界面。这是基于 Web 管理方式最大的特点。另外，从 vSphere 5.5 开始，VMware 重点发展 vSphere Web Client，传统的 vSphere Client 不再发展。vSphere 的一些新功能、新特点也只能通过 Web 客户端（vSphere Web Client）进行管理。

6.2.1　vSphere 6 演示环境概述

在下面的操作中，我们将以某个实际的 vSphere 数据中心为例，介绍 vSphere Web Client 的基础操作。本节只是演示性质的，大家不需要准备这么一个数据中心。关于 vSphere Web Client 的更详细的操作，会在下一节介绍。当前用于演示的数据中心是一个具有 3 台主机的 vSphere 数据中心，这个数据中心的拓扑如图 6-2-1 所示。

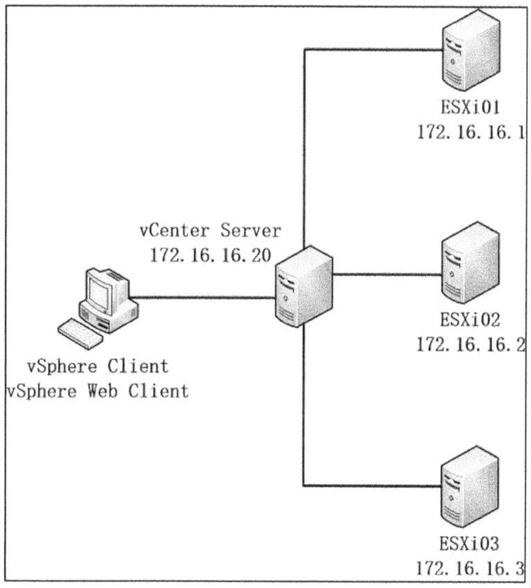

图 6-2-1　示例数据中心

在该 vSphere 数据中心中，vCenter Server 的 IP 地址是 172.16.16.20，3 台 ESXi 主机的 IP 地址分别是 172.16.16.1、172.16.16.2、172.16.16.3，这 3 台主机连接到一台使用 SAS 线连接的共享存储，所有的虚拟机（包括 vCenter Server 本身虚拟机）都保存在共享存储中。如果你的 IP 地址与此示例不同，请在做验证操作时，用你的 vCenter Server 的 IP 地址及 ESXi 主机地址代替本章中对应的 IP 地址，例如，你可以做一个对应表，如表 6-2 所示。

表 6-2　书中 IP 地址与实际环境（或实验环境）中的 IP 地址对应关系

说　明	书中示例 IP 地址	你的实验环境 IP
vCenter Server	172.16.16.20	你的 vCenter Server 计算机 IP 地址
第 1 台 ESXi 主机 IP 地址	172.16.16.1	你的第一台 ESXi 主机 IP 地址
第 2 台 ESXi 主机 IP 地址	172.16.16.2	你的第二台 ESXi 主机 IP 地址
第 3 台 ESXi 主机 IP 地址	172.16.16.3	你的第三台 ESXi 主机 IP 地址

6.2.2　登录与注销 vCenter Server

vSphere 管理员通过使用 vSphere Web Client 登录到 vCenter Server 可管理 vSphere 清单。

【说明】如果您想要将 vCenter Server 5.0 与 vSphere Web Client 一起使用，请验证是否已向 vSphere Web Client 注册了 vCenter Server 5.0 系统。

如果您想要将 vCenter Server 5.1 或 vCenter Server 5.5 与 vSphere Web Client 一起使用，请验证是否安装了 vCenter Server，以及 vCenter Server 和 vSphere Web Client 是否指向同一 vCenter Single Sign-On 实例。

在 vSphere 6.0 中，vSphere Web Client 将作为 vCenter Server 的一部分或 vCenter Server Appliance 部署的一部分安装在 Windows 上。这样可保证 vSphere Web Client 始终指向同一 vCenter Single Sign-On 实例。

使用 vSphere Web Client 登录到 vCenter Server 的步骤如下。

（1）打开 Web 浏览器，然后输入 vSphere Web Client 的 URL 地址，该地址是 https://(vCenter Server 的 IP 地址或名称）/vsphere-client。如果你不能记住后面的“vSphere-client”，你可以直接在 Web 浏览器中输入 vCenter Server 的 IP 地址，则会弹出导航页，在此页面中单击“登录到 vSphere Web Client”链接，可以打开 vSphere Web Client 登录页，如图 6-2-2 所示。

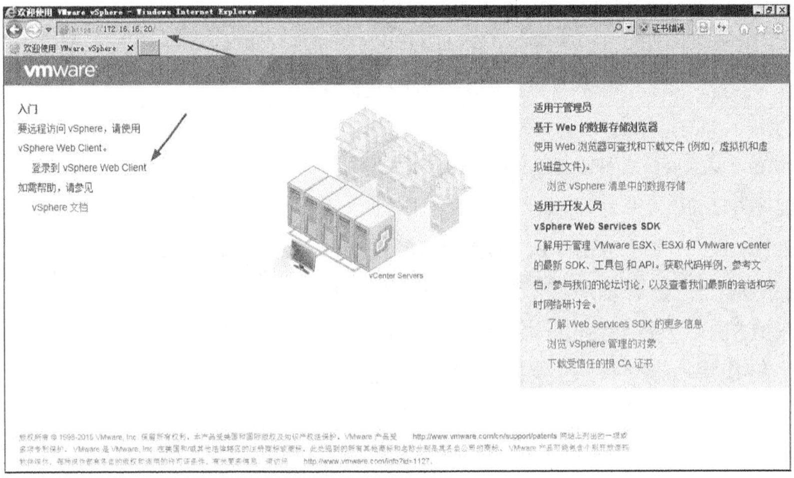

图 6-2-2　登录到 vCenter　Server 导航页

【说明】在 vSphere 5.5 版本中，vSphere Web Client 的默认端口是 9443，而在 vSphere 6 中，该端口采用了默认的 SSL 的 443 端口。

（2）在 vSphere Web Client 登录页输入具有 vCenter Server 权限的用户的凭据，然后单击“登录”按钮，如图 6-2-3 所示。

图 6-2-3　登录 vCenter　Server

【说明】在刚安装完 vCenter Server 之后，在第一次登录时，应该使用安装“vCenter Single Sign-On”时设置的账户和密码，该账户默认为 administrator@vspherer.local，而该账户的密码是一个具有同时包括了大写字母、小写字母、数字、特殊字符并且长度至少为 8 位的复杂密码，详细信息请参看本书第 5 章对应的内容。

（3）在登录到 vCenter Server 时，如果显示有关不可信的 SSL 证书的警告消息，例如弹出“此网站的安全证书有问题”，单击“继续浏览此网站(不推荐)”链接继续，如图 6-2-4 所示。

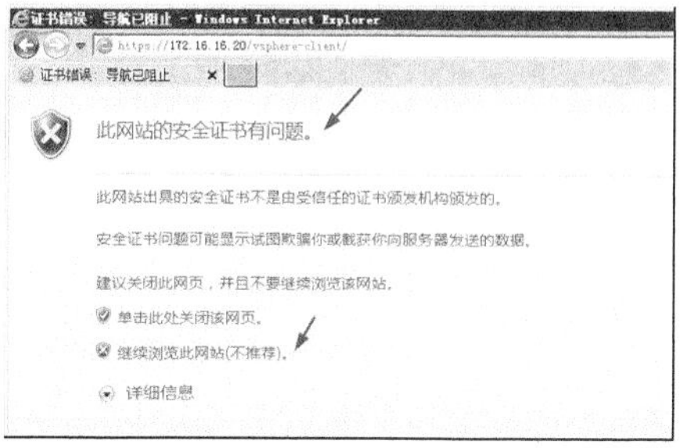

图 6-2-4　SSL 证书警告消息

（4）当输入正确的用户名与密码之后，登录到 vCenter Server，如图 6-2-5 所示。在左侧的列表是 vSphere Web Client 导航器。

（5）当 vSphere 管理员不再使用 vCenter Server 或不再管理 vCenter Server 及 ESXi 时，为了安全，请注销当前与 vCenter Server 的连接。在 vSphere Web Client 会话的右上侧区域，显示的是当前登录的用户名，单击该用户名区域，在弹出的快捷菜单中选择“注销”命令，即可以注销当前会话，如图 6-2-6 所示。

图 6-2-5　登录到 vCenter Server

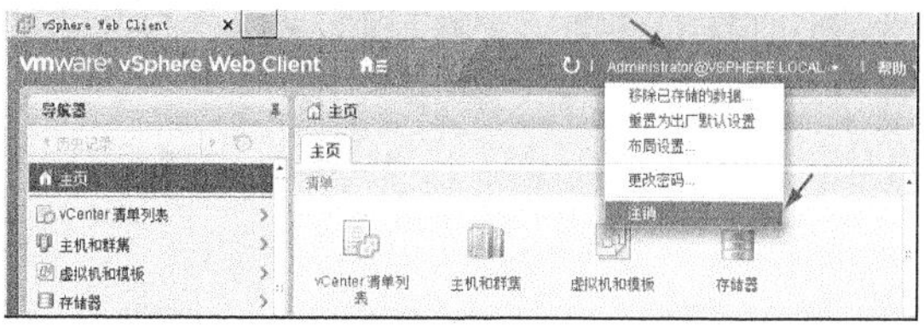

图 6-2-6　注销

6.2.3　使用 vSphere Web Client 导航器

在 vSphere Web Client 中，您可使用导航器浏览和选择清单中的对象，以此替代层次结构清单树。如图 6-2-7 所示，在登录到 vCenter Server 之后，左侧的窗格是“导航器”。

在初次使用 vSphere Web Client 时，管理员可以对比左侧“导航器”中列表功能，与中间区域功能有“重合”或“重名”的地方，有相同名称的，不管是在左侧“导航器”选择，还是在当中区域选择，都会进入相同的功能列表。另外，单击上侧的“🏠≡”链接，也会打开与左侧“导航器”相同的功能选择列表，这是在进入到不同的功能后，快速查找或选择功能的“快捷方式”，如图 6-2-8 所示。在此下拉列表中单击“主页”即可返回到图 6-2-7 所示的页面。

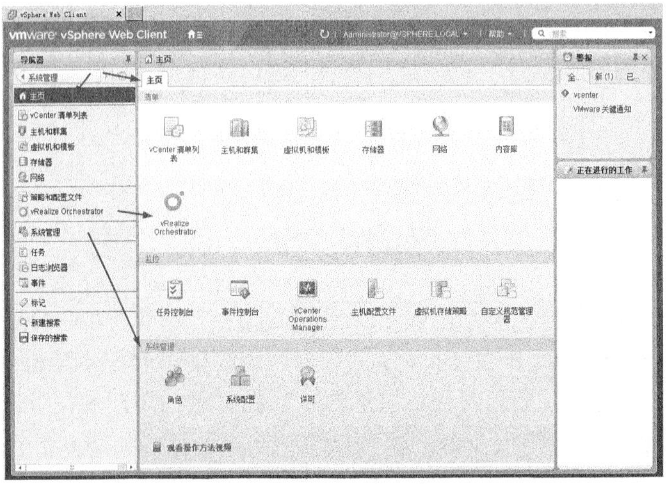

图 6-2-7 vSphere Web Client 登录后界面

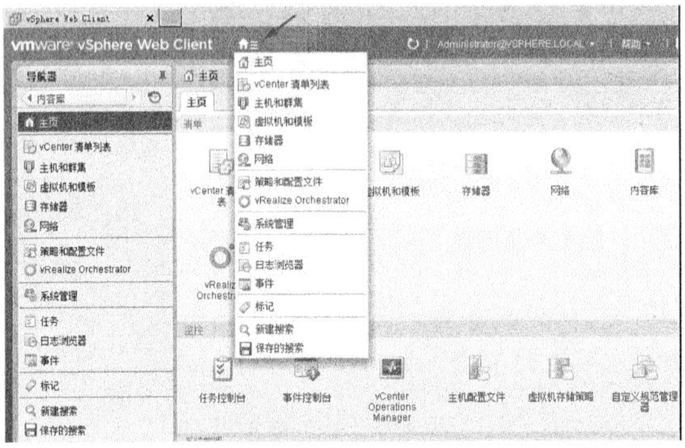

图 6-2-8 快捷菜单

与通过“主机和群集”、“虚拟机和模板”、“存储”和“网络”视图显示父对象和子对象的层次结构排列的清单树不同，导航器显示基于图形的清单视图，便于您从对象导航到其相关的对象，不受类型的限制。在下面的操作中，我们通过一些示例介绍 vSphere Web Client 导航器的界面与功能。

（1）在 vSphere Web Client 主页中单击“vCenter 清单列表”，显示“vCenter 主页”，如图 6-2-9 所示。

图 6-2-9 vCenter 主页

（2）单击 vCenter 清单列表下面的一个对象类别，以查看该类型的对象。例如，单击“主机”可查看 vSphere Web Client 清单中的主机，如图 6-2-10 所示。

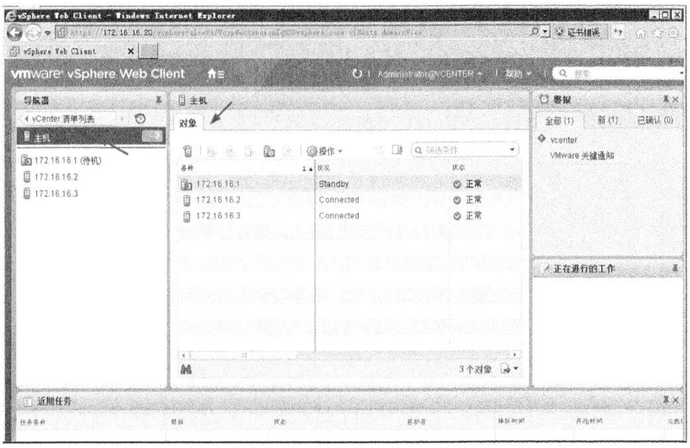

图 6-2-10 清单

（3）单击一次列表中的对象，例如单击某个具体主机，即可在 vSphere Web Client 的中心窗格中显示有关该对象的信息，如图 6-2-11 所示。对于“主机”来说，可以在中心窗格中显示的信息有“入门、摘要、监控、管理、相关对象”等 5 项，具体信息与所选择的对象有关。

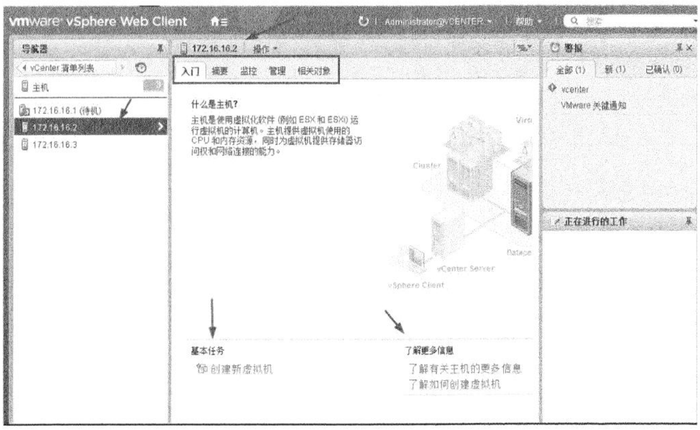

图 6-2-11 主机信息

（4）再次单击该对象可将其打开，打开对象会将其置于导航器顶部，其下方会显示相关对象类别。例如，打开某个主机可查看与该主机关联的子资源池、虚拟机、vApp、数据存储、标准网络、Distributed Switch 和分布式端口组，如图 6-2-12 所示。

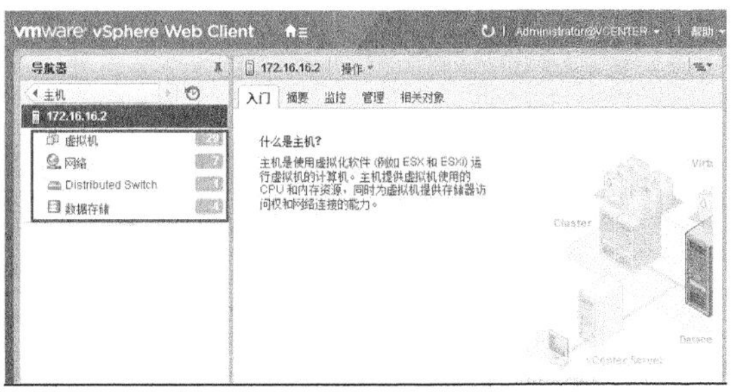

图 6-2-12 打开主机对象

（5）单击中心窗格中的某一个选项卡以查看其他信息和操作，如图 6-2-13 所示。

图 6-2-13　摘要

【说明】在导航器中选择不同的对象时，在中心窗格显示的信息会根据选择的对象不同有不同的显示。这些可能的信息如表 6-3 所示。

表 6-3　中心窗格中的选项及描述

选　项	描　述
入门	查看介绍信息并查看基本操作
摘要	查看对象的基本状态和配置
监控	查看对象的警报、性能数据、资源分配、事件及其他状态信息
管理	配置设置、警报定义、标记和权限
相关对象	查看相关对象

（6）在每个选项卡中，还会有二级“子”选项卡或对应的功能清单，例如在（某台主机）“管理”选项卡中可以看到包括“设置、网络、存储器、警报定义、标记、权限”等选项，如图 6-2-14 所示。

图 6-2-14　管理

（7）在（某个具体主机）“相关对象”选项卡中，可以看到“虚拟机、文件夹中的虚拟机模板、网络、Distributed Switch、数据存储”等选项卡，如图 6-2-15 所示。

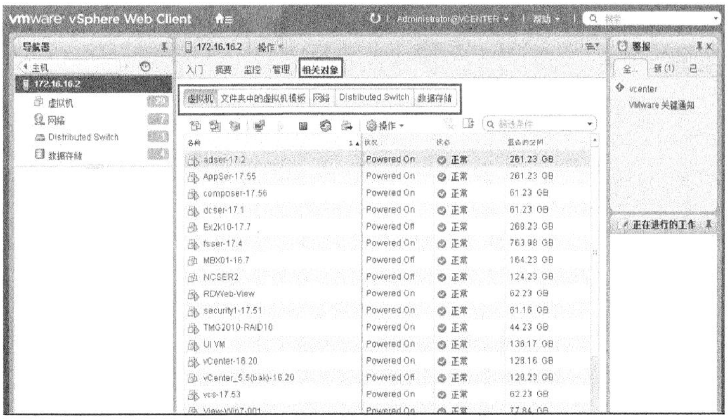

图 6-2-15 相关对象

6.2.4 使用 vSphere Web Client 清单树

您可使用 vSphere Web Client 中的“清单树”代替导航器来浏览和选择对象。清单树可通过四种不同的视图显示对象的层次结构排列：主机和群集、虚拟机和模板、存储或网络。

（1）在 vSphere Web Client 主页中单击“（主页）”链接可以看到“vCenter 清单列表”，如图 6-2-16 所示。

（2）在清单树下，单击四个类别之一（主机和群集、虚拟机和模板、存储或网络）显示一个树视图，例如选择“虚拟机和模板”，之后单击该对象旁边的三角形以展开树并显示子对象，如图 6-2-17 所示。

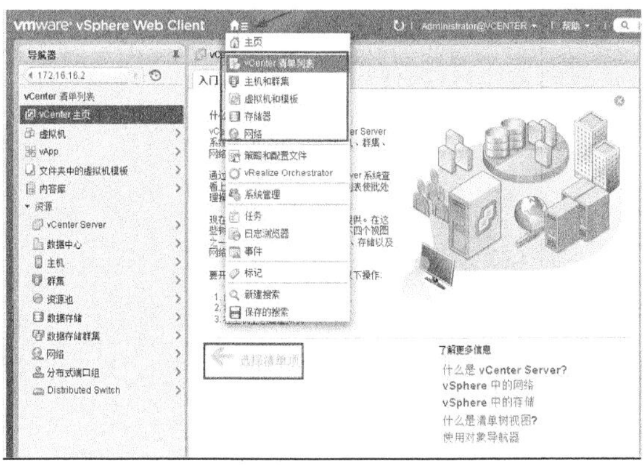

图 6-2-16 vCenter 清单列表

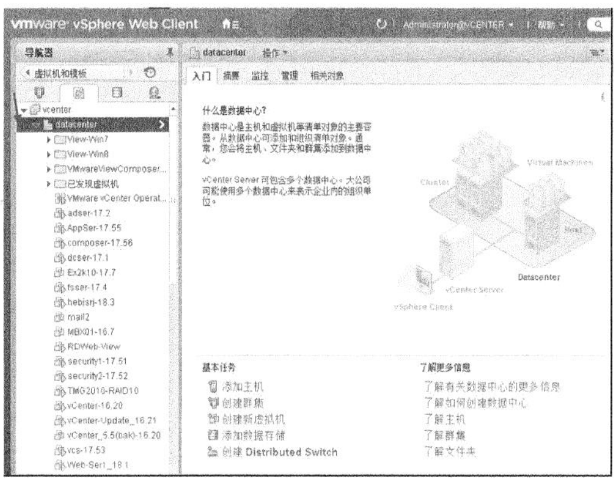

图 6-2-17 显示子对象

（3）在清单树中选择一个对象以在中心窗格中显示有关该对象的信息，例如在清单树中选择一个主机，在中心窗格中可以看到该对象的信息，如图 6-2-18 所示。

（4）单击中心窗格中的某一个选项卡以查看其他信息和操作，这些信息可以参考上文中的表 6-3。

图 6-2-18 查看对象信息

6.2.5 自定义用户界面

可以自定义 vSphere Web Client 的外观以改善您在执行任务时的体验。在自定义用户界面后，vSphere Web Client 会保存单个用户界面自定义。

重新排列用户界面的组件。您可以重新排列 vSphere Web Client 用户界面中的侧栏。通过自定义 vSphere Web Client 用户界面，可以在内容区域中移动侧栏和导航器窗格以增强用户个人体验。您可以随时更改界面。

（1）更改的方法也比较简单，将鼠标悬停在侧栏上时，会显示两种类型的箭头。当鼠标从 UI 的一部分悬停到另一部分时，按下左键左右调整窗口的大小，如图 6-2-19 所示。

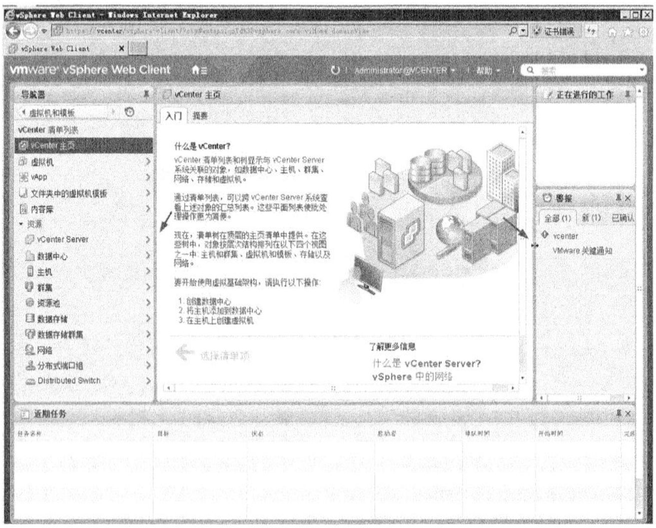

图 6-2-19 调整窗口大小

（2）如果要调整窗口的位置，用鼠标左键拖动一个窗格到其他位置，再松开鼠标左键即可，如图 6-2-20 所示。

（3）移动之后如图 6-2-21 所示。

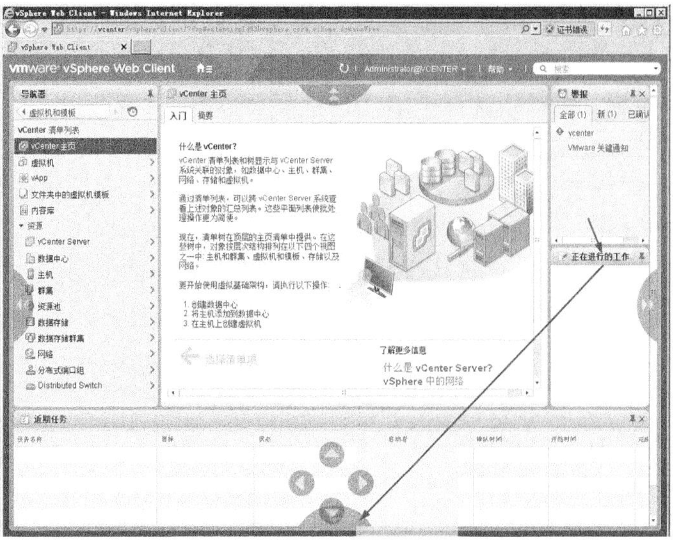

图 6-2-20 选中一个窗口移动

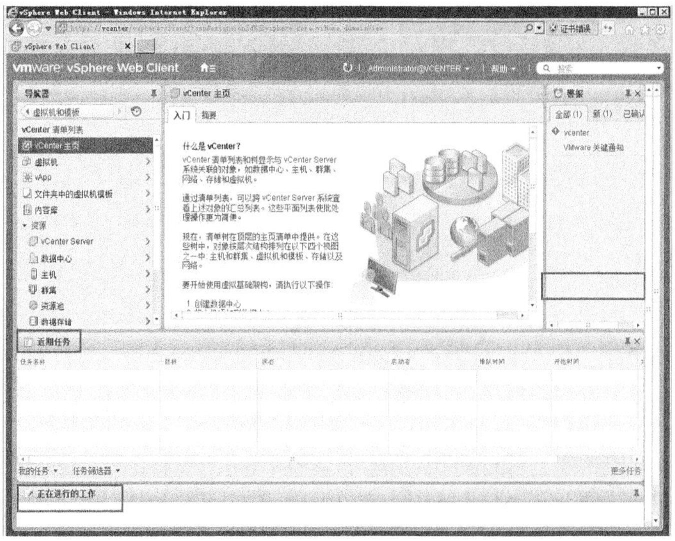

图 6-2-21　重新排列后

在 vSphere Web Client 中，通过选择隐藏或显示不同的侧栏，可以自定义 vSphere Web Client 用户界面。

（1）在 Web 浏览器中，登录到 vSphere Web Client。

（2）单击 vSphere Web Client 窗口顶部的用户名，然后选择“布局设置”，如图 6-2-22 所示。

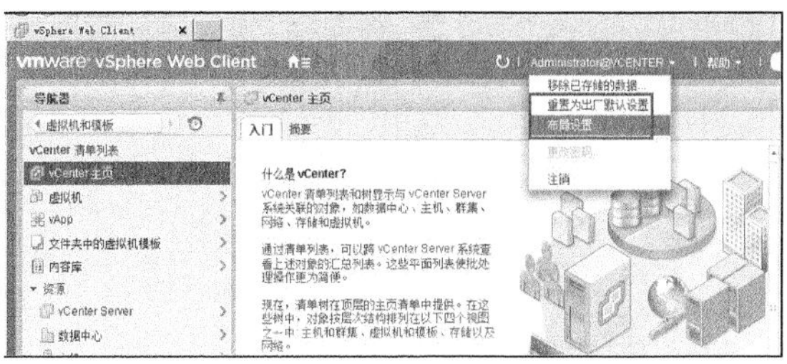

图 6-2-22　布局设置

【说明】如果选择“重置为出厂默认设置”，则会将当前显示布局恢复为刚安装完 vCenter Server 之后的初始界面。

（3）在“布局设置”窗口中选择希望 UI 显示的侧栏，如果你以前关闭了“近期任务”或“警报”，可以将其重新选中，如图 6-2-23 所示。之后单击“确定”以保存更改。

【说明】如果选择“重置为默认布局”，则会将当前显示布局恢复为刚安装完 vCenter Server 之后的初始界面。

如果不想让用户更改布局，可以通过更改 vCenter Server 或 vCenter Server Appliance 的 webclient.properties 文件，禁用可自定义的用户界面功能。

（1）使用任何远程控制台连接到 vCenter Server 或 vCenter Server Appliance，还可以选择使用 SSH。

（2）导航到 webclient.properties 文件，然后使用文本编辑器打开该文件。

如果是 Windows 版本的 vCenter Server，请在 vCenter Server 配置文件目录中的“C:\ProgramData\VMware\vCenterServer\cfg\vsphere-client”中找到 webclient.properties 文件；如果是预发行的 Linux 的 vCenter Server Appliance，请在“/etc/vmware/vsphere-client”目录中找到 webclient.properties 文件。

（3）打开该文件后，在最后一行输入 docking.disabled=true，然后保存该文件，如图 6-2-24 所示（以 Windows 中的 vCenter Server 为例）。

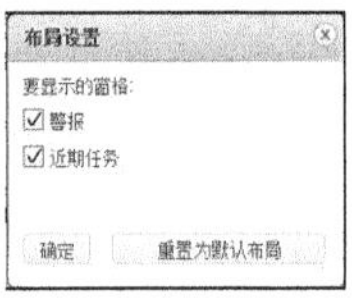

图 6-2-23 布局设置

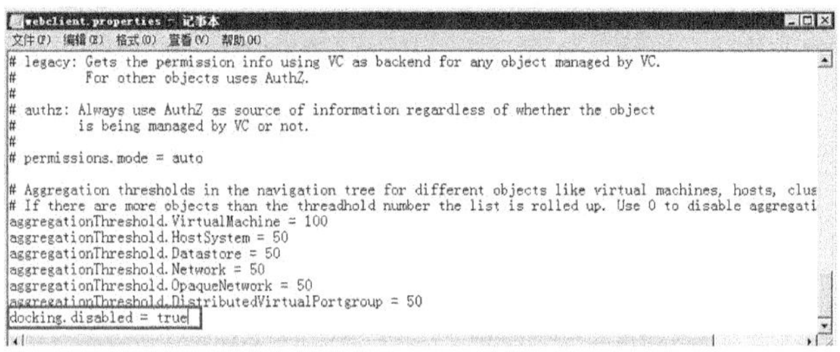

图 6-2-24 添加配置行

（4）之后将不能调整界面布局，如图 6-2-25 所示，拖动之后没有移动的选项。

图 6-2-25 不能拖动

6.2.6　安装客户端集成插件

借助客户端集成插件，可在 vSphere Web Client 中访问虚拟机控制台，也可访问其他 vSphere 基础架构功能。

借助客户端集成插件，您还能使用 Windows 会话凭据登录到 vSphere Web Client。

您可使用客户端集成插件部署 OVF 或 OVA 模板，并使用数据存储浏览器传输文件。您也可使用客户端集成插件将客户端计算机上的虚拟设备连接到虚拟机。

在同一台计算机上，仅需要安装一次客户端集成插件，就可以启用插件提供的所有功能。在安装之前，必须关闭所有 Web 浏览器，之后再安装插件。

在没有安装客户端集成插件的计算机中，打开 Web 浏览器登录 vSphere Web Client 时，在左下角会有“下载客户端集成插件”的链接，如图 6-2-26 所示。

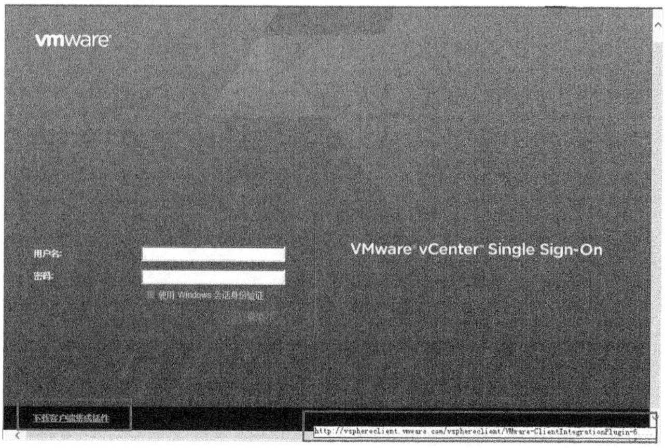

图 6-2-26　客户端集成插件

单击这个链接即可直接从 VMware 官方网站下载对应版本的客户端集成插件。vSphere 客户端集成插件的下载地址是 http://vsphereclient.vmware.com/vsphereclient/VMware-ClientIntegration Plugin-6.0.0.exe，管理员可以下载后将其放到内部的文件服务器或共享文件夹中，供其他管理员下载使用。另外，在预发行的 vCenter Server Appliance 安装光盘中，也有这个客户端集成插件。

关于客户端集成插件的安装，本章不做介绍，有需要的读者可以参考本书第 4 章“4.5.1 部署具有嵌入式 Platform Services Controller 的 vCenter Server Appliance”一节，这一节介绍了客户端集成插件的安装。

【注意】如果从 Internet Explorer 浏览器安装客户端集成插件，必须先在您的 Web 浏览器上禁用保护模式并启用弹出窗口。Internet Explorer 会将客户端集成插件视为在 Internet，而非本地内联网上。在这种情况下，插件无法正确安装，因为启用了 Internet 的保护模式。

你在安装了“客户端集成插件”之后，再次打开 Internet 浏览器，如果左下角还是有“下载客户端集成插件”的提示，并且“使用 Windows 会话身份验证”是虚的，则不能选，如图 6-2-27 所示。

当你的计算机出现这种情况时，请按照如下的方法设置，步骤如下。

（1）在 IE 浏览器中进入“Internet 选项”，如图 6-2-28 所示。

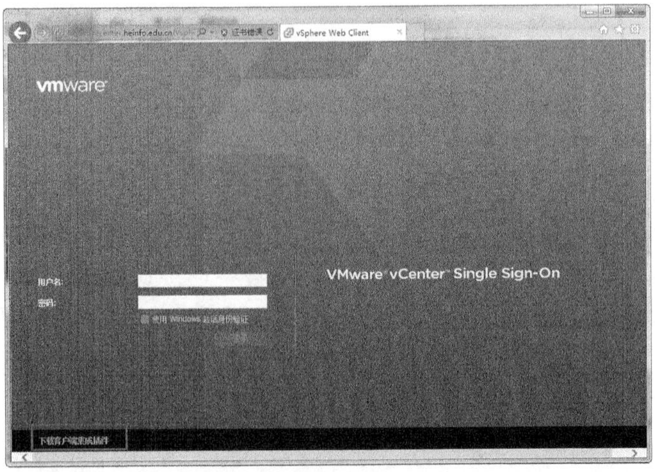

图 6-2-27　客户端集成插件没有启用

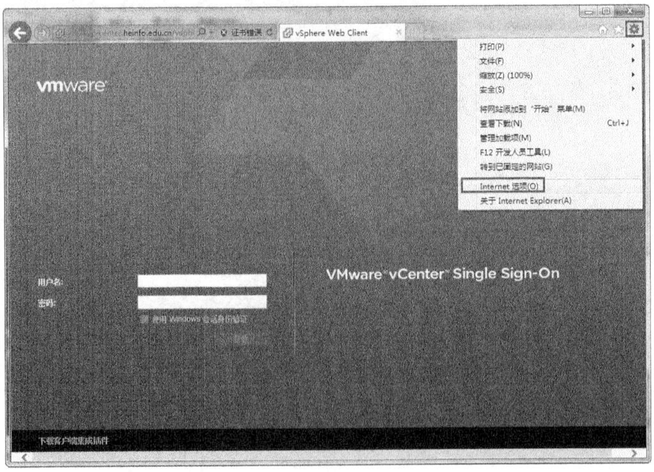

图 6-2-28　Internet 选项

（2）在“高级”选项卡中选中“允许活动内容在‘我的电脑’的文件中运行”，以及“允许运行或安装软件，即使签名无效”，如图 6-2-29 所示。

（3）在“安全”选项卡中选中“本地 Intranet”，单击“默认级别”，将该区域的允许级别设置为“低”，然后单击“站点”按钮，如图 6-2-30 所示。

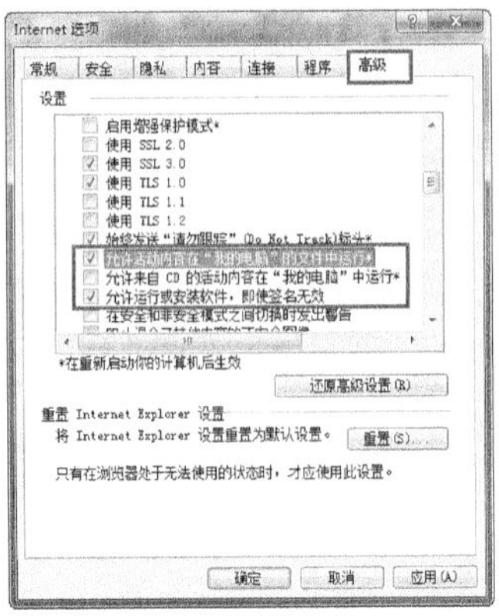

图 6-2-29　高级选项

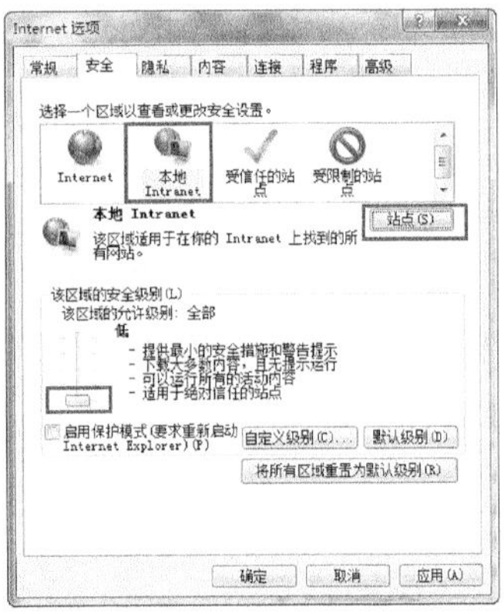

图 6-2-30　本地 Intranet 选项

（4）打开“本地 Intranet”对话框，单击“高级”按钮，在弹出的对话框中“将该网站添加到区域”，将当前 vCenter Server 的 vSphere Web Client 访问地址添加到列表中，然后单击“关闭→确定”按钮返回，如图 6-2-31 所示。

（5）然后返回到“Internet 选项”，单击“确定”按钮关闭，如图 6-2-32 所示。

图 6-2-31　将 vCenter Server 访问地址添加到 Intranet 列表

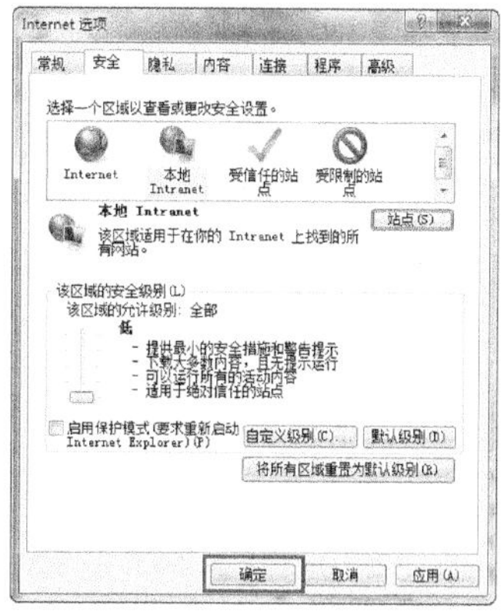

图 6-2-32　完成设置

关闭 IE 浏览器，再次打开 IE 浏览器，登录 vSphere Web Client，此时“使用 Windows 会话身份验证”前面选项可用，表示“客户端集成插件”已经启用，如图 6-2-33 所示。

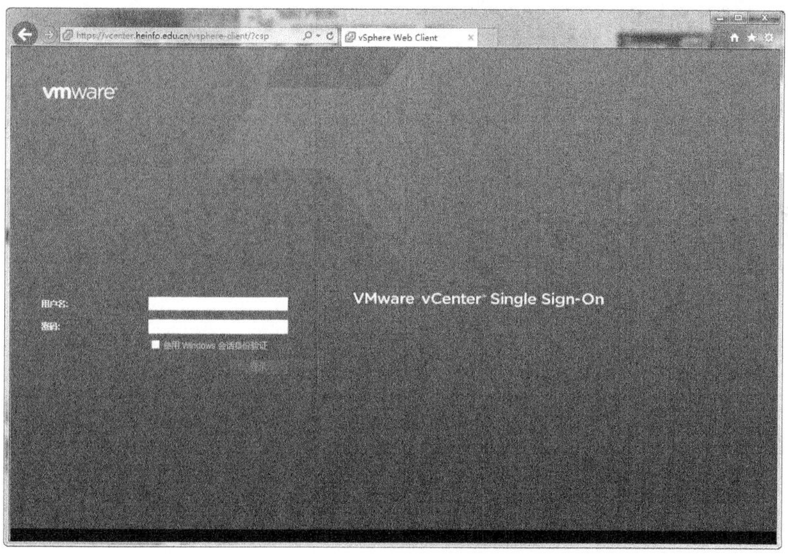

图 6-2-33　客户端集成插件可用

6.2.7　下载远程控制台

在 vSphere Web Client 中，如果要启动虚拟机的控制台，一般有两种方法。一种是直接在 Web 浏览器中启动，另一种是安装“远程控制台”，在非 Web 浏览器中启动。

（1）使用 vSphere Web Client 登录到 vCenter Server，在“清单树”或“导航器”中选中一个已经打开电源的虚拟机，在“摘要”选项卡，可以看到虚拟机的“预览”界面，如图 6-2-34 所示。

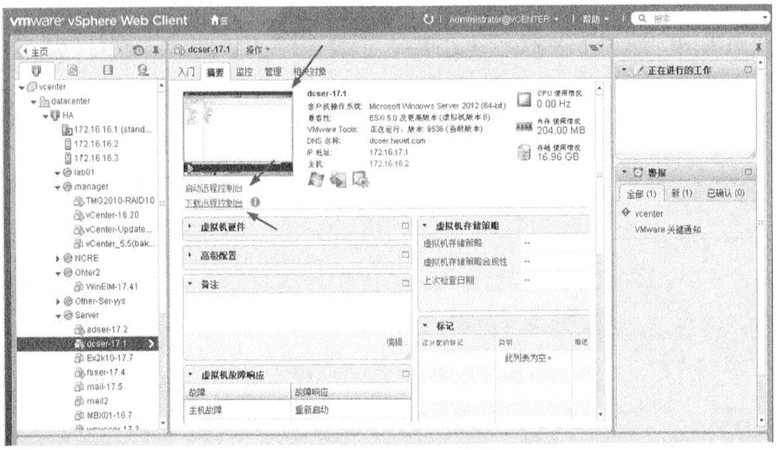

图 6-2-34 虚拟机预览窗口

（2）在图 6-2-34 中，单击这个预览窗口，会新弹出一个浏览器的窗口，并在新的窗口中，打开虚拟机的控制台界面，如图 6-2-35 所示。

图 6-2-35 虚拟机控制台界面

在这个窗口中，右上角有进入全屏的按钮，以及发送“Ctrl+Alt+Del”按键的命令。

（3）如果在图 6-2-34 所示界面中单击“下载远程控制台”，将会进入 VMware 官方“VMware 远程控制台”的下载页（下载链接为 https://my.vmware.com/web/vmware/details?downloadGroup=VMRC70&productId=353），如图 6-2-36 所示。需要注意，VMware 远程控制台包括用于 Windows 及 Mac 两种操作系统的版本，请根据你的客户端操作系统进入下载。另外，下载这个软件需要有 VMware 的账户，你可以免费注册一个账户进行下载。

（4）下载之后，运行远程控制台安装程序。安装比较简单，按照向导选择默认值即可完成安装，如图 6-2-37、图 6-2-38 所示。

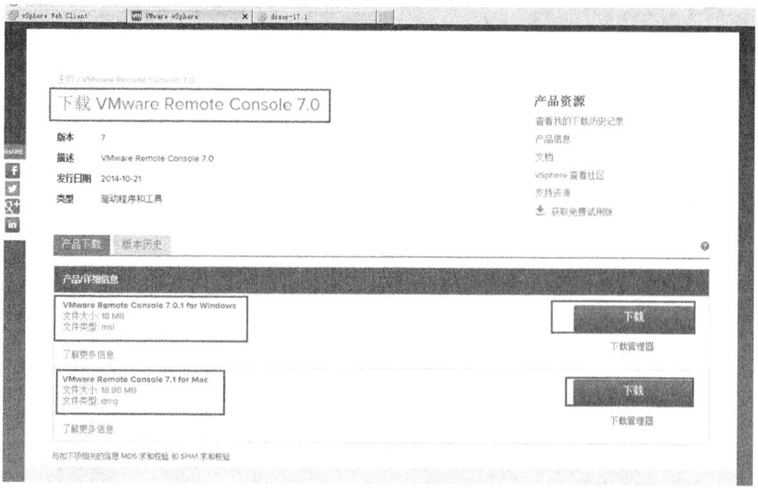

图 6-2-36　VMware 远程控制台下载地址

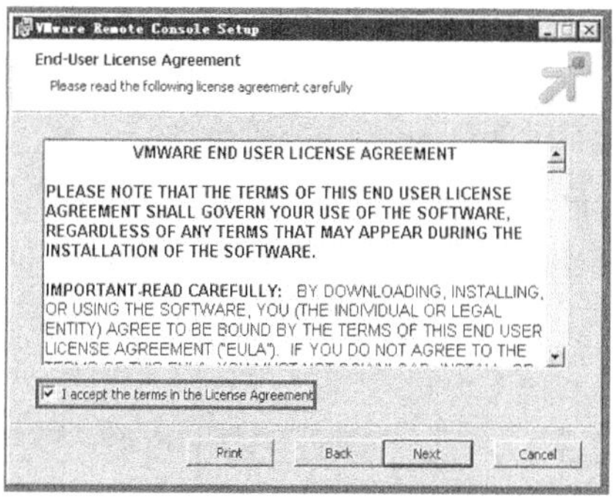

图 6-2-37　接受许可协议

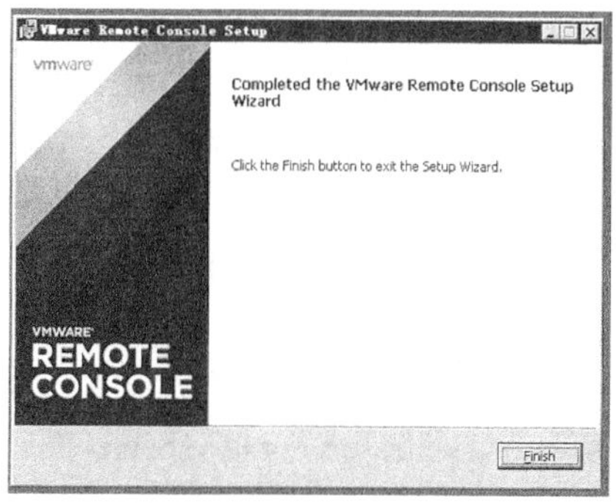

图 6-2-38　安装完成

（5）安装完成后，返回到 vSphere Web Client，在图 6-2-34 所示界面中单击“启动远程控制台”链接，此时会弹出一个“是否允许此网站打开你计算机上的程序”的对话框，取消“打开此类地址前总是询问”的选项，单击“允许”按钮，如图 6-2-39 所示。

（6）之后会弹出远程控制台窗口，选中“Always trust this host with this certificate”，并单击“Connect Anyway”按钮，如图 6-2-40 所示。

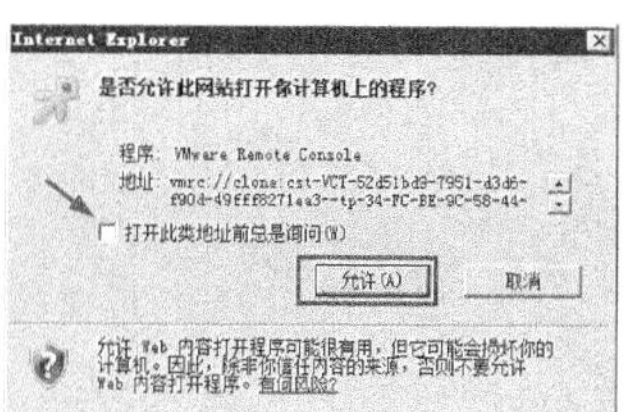

图 6-2-39　允许打开程序

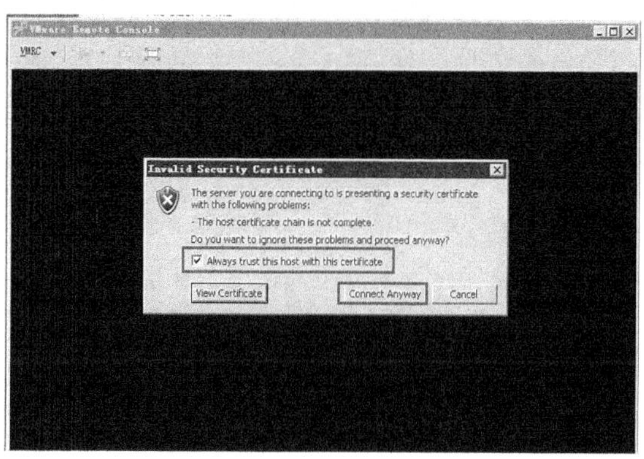

图 6-2-40　信任证书并总是连接

（7）之后会用远程控制台程序，打开所选中的虚拟机，如图 6-2-41 所示。

图 6-2-41 虚拟机控制台

6.2.8 配置 vSphere Web Client 超时值

在默认情况下，vSphere Web Client 会话会在空闲时间达到 120 分钟后终止，要求用户再次登录才能继续使用客户端。您可通过编辑 webclient.properties 文件来更改超时值。

（1）在安装 vCenter Server 的计算机上找到 webclient.properties 文件。该文件的位置取决于 vSphere Web Client 安装到的操作系统。

如果是 Windows 版本的 vCenter Server，请在 vCenter Server 配置文件目录中的“C:\ProgramData\VMware\vCenterServer\cfg\vsphere-client”中找到 webclient.properties 文件；如果是预发行的 Linux 的 vCenter Server Appliance，请在“/etc/vmware/vsphere-client”目录中找到 webclient.properties 文件。

（2）打开这个文件后，查找 session.timeout = value 这一行，其中 value 是以分钟为单位的超时值，如图 6-2-42 所示。如有必要，取消该行的注释。

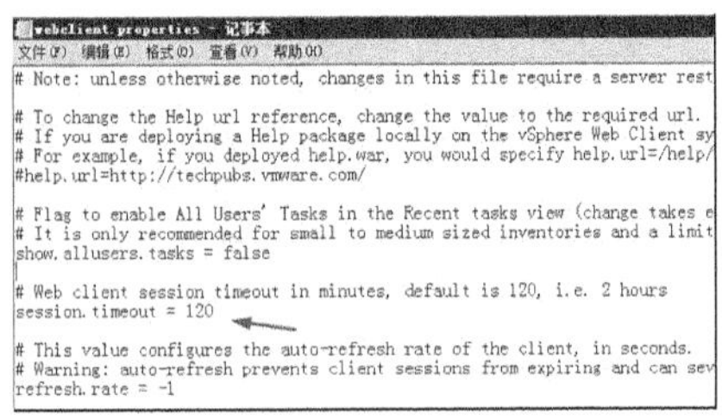

图 6-2-42 修改超时值

【说明】要设置从不超时的客户端，请将超时的值指定为负数或 0。

例如，要将超时值设置为 60 分钟，请包含行 session.timeout=60。

（3）修改之后，保存退出，之后重新启动 vSphere Web Client 服务。如果在 Windows 操作系统上，重新启动 VMware vSphere Web Client 服务，如图 6-2-43 所示。

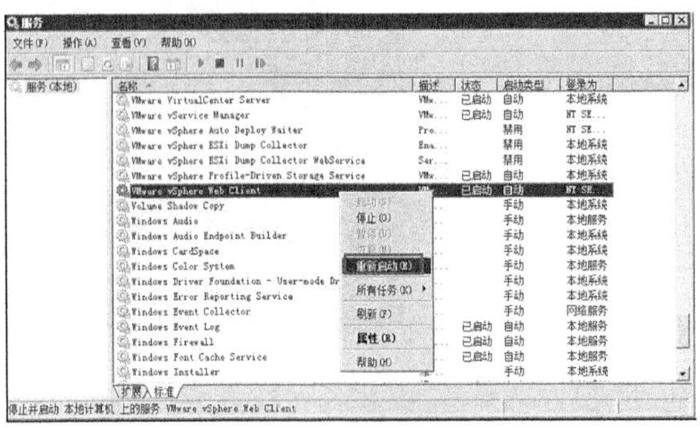

图 6-2-43 重新启动 vSphere Web Client 服务

如果在 vCenter Server Appliance 上，重新启动 vSphere 客户端服务。

6.2.9　vSphere Web Client 其他操作

在 vSphere Web Client 界面中，通过键盘快捷键，可以在 vSphere Web Client 中快速导航或执行任务。相关的快捷键如表 6-4 所示。

表 6-4　清单键盘快捷键

键 盘 组 合	操　作
Ctrl+Alt+s	快速搜索
Ctrl+Alt+Home 或 Ctrl+Alt+1	主页
Ctrl+Alt+2	vCenter Server 清单
Ctrl+Alt+3	主机和群集清单
Ctrl+Alt+4	虚拟机和模板清单
Ctrl+Alt+5	数据存储和数据存储群集清单
Ctrl+Alt+6	网络连接清单

vSphere Web Client 存储用户数据，包括保存的搜索、“正在进行的工作”项和“入门页面”首选项。您可移除存储的这些数据，将这些项重置为初始默认值，并移除不再需要的存储数据。

【说明】您只能为当前登录的用户移除数据。其他用户存储的数据不会受到影响。

（1）在 vSphere Web Client 中单击当前登录用户的名称，然后选择“移除已存储的数据”，如图 6-2-44 所示。

（2）在弹出的对话框中选择要移除的数据，如图 6-2-45 所示。

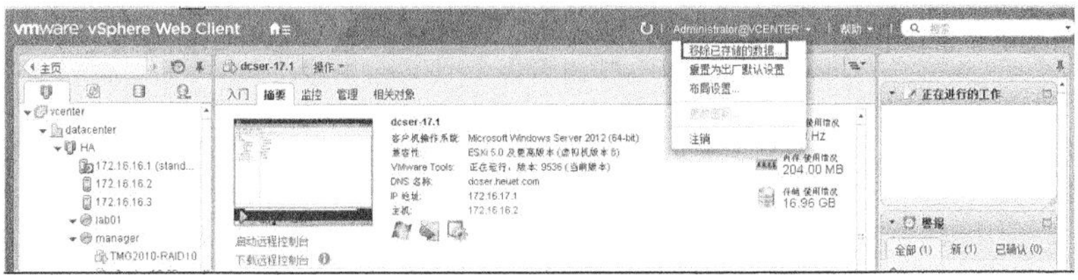

图 6-2-44　移除已存储的数据

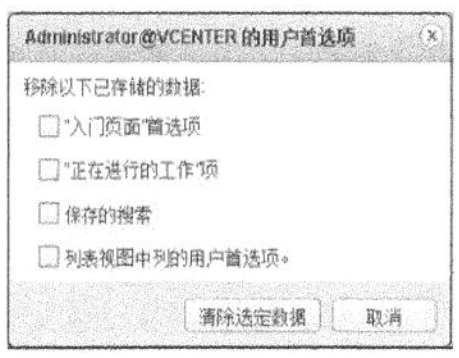

图 6-2-45　选择移除的数据

下面是移除的数据选项及说明。

- “入门页面”首选项：会移除该用户的所有“入门页面”首选项。所有入门页面都会显示在 vSphere Web Client 中。
- “正在进行的工作”项：会移除该用户的所有当前“正在进行的工作”项。
- 保存的搜索：会移除该用户的所有保存的搜索。

6.2.10　使用搜索功能

可以使用 vSphere Web Client 在清单中搜索与指定条件匹配的对象。您可以搜索连接到相同的一个或多个 Platform Services Controller 的所有 vCenter Server 系统的清单 Platform Services Controller。只能查看和搜索有查看权限的清单对象。

搜索包括“快速搜索”、“简单搜索”、“高级搜索”等几个功能。首先介绍“快速搜索”。

（1）使用 vSphere Web Client 登录 vCenter Server，在右上角的搜索框中键入搜索项，在键入的过程中，将会在搜索框正文显示搜索结果，每个搜索的结果数量上限为 10 个，如图 6-2-46 所示。

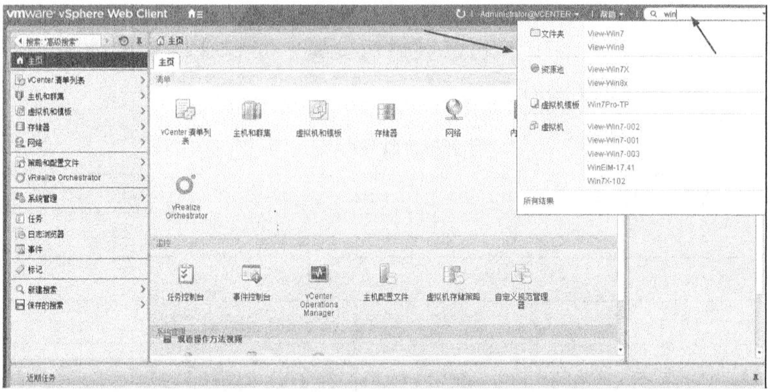

图 6-2-46　搜索

（2）在快速搜索或简单搜索中，多个搜索条目（用空格间隔）视为 OR（逻辑“或”）关系。例如，输入“win 17.16　vlan”，则同时显示包括 win、172.16、vlan 的所有对象，如图 6-2-47 所示。

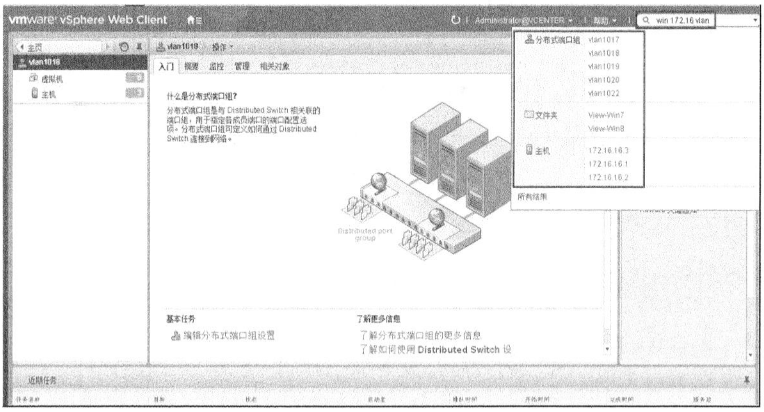

图 6-2-47　键入多个关键词进行搜索

（3）在搜索到的结果中，用鼠标选择想要的结果，会直接跳转到对应的功能，例如在上一步搜索结果中包括了 vlan1018，如果用鼠标单击这个结果，则会跳转到 vlan1018 虚拟端口组，如图 6-2-48 所示。

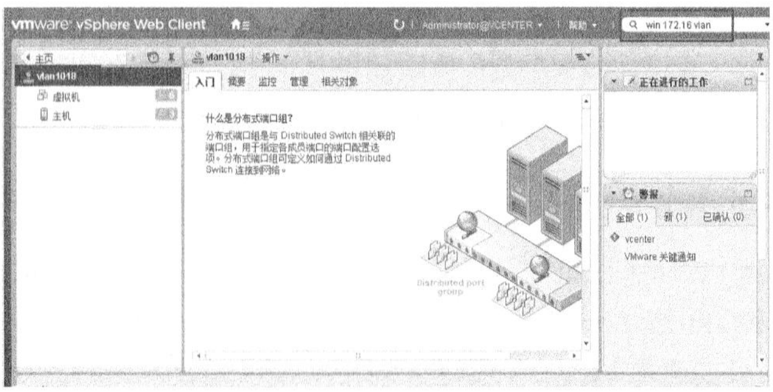

图 6-2-48　跳转到对应功能

接下来介绍高级搜索，主要步骤如下。

（1）在 vSphere Web Client 中，在右上角的搜索框中单击右侧的下拉箭头，在弹出的下拉菜单中选择“创建新搜索”，如图 6-2-49 所示。

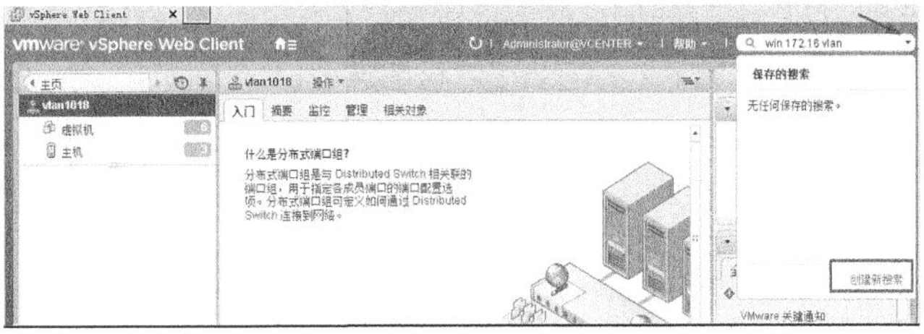

图 6-2-49　创建新搜索

（2）在搜索菜单中选择搜索满足的条件，并在“任何属性”下拉列表中选择要搜索的项，如图 6-2-50 所示。该选择项较多，有的项还有子选项，如图 6-2-50 所示。

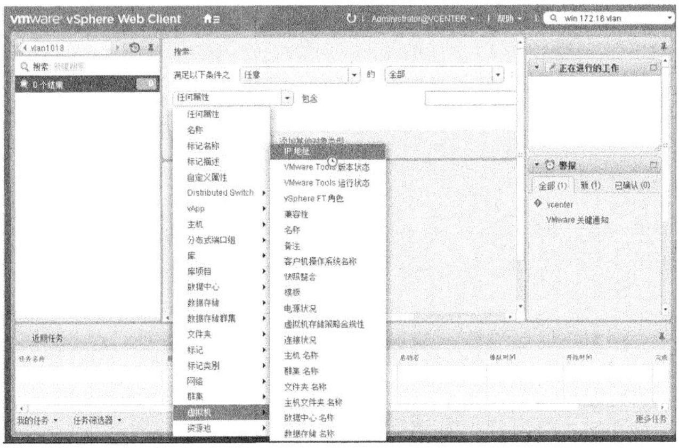

图 6-2-50　搜索属性

（3）在“任何属性”中选择要搜索的属性，之后在右侧的第 2 个下拉菜单中选择搜索项与属性之间的关系（可以在包括、是、不是之间选择），之后在最后的文本框键入或选择搜索项，之后单击“搜索”按钮开始搜索，结果会在“搜索结果”中显示，如图 6-2-51 所示。

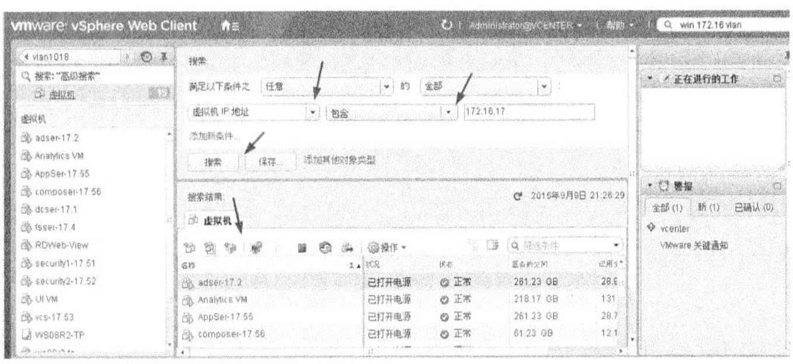

图 6-2-51　搜索

（4）要添加其他搜索条件，请在图 6-2-51 中单击“添加新条件”链接，然后再在新的条件中选择搜索的属性、选择搜索项与属性之间的关系，并键入或选择搜索项，之后单击搜索按钮开始搜索，如图 6-2-52 所示。当前要搜索的是“虚拟机操作系统”包含“2012”（搜索虚拟机安装的是 Windows Server 2012）与虚拟机的 VMware Tools 是当前版本的所有虚拟机。

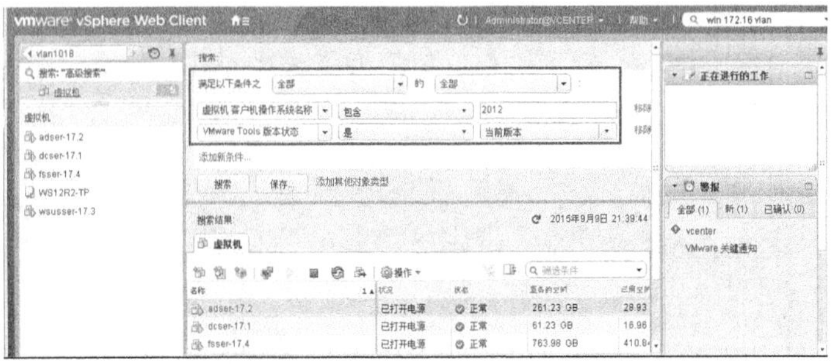

图 6-2-52　添加新条件搜索

如果要保存搜索结果，可以单击“保存”按钮，以便稍后进行检索以重新运行，如图 6-2-53 所示，这是在搜索框下拉列表中看到的保存的查询。

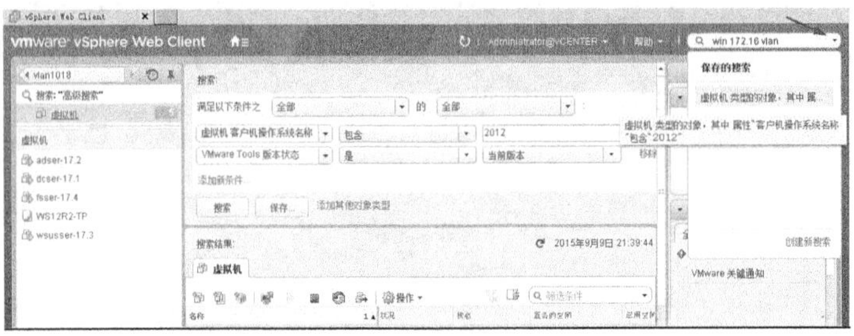

图 6-2-53　保存的查询

6.3　组织清单

对于每个虚拟化项目的设计者或实施者，以及 vSphere 数据中心的管理员，需要规划或设计您所管理或即将实施的虚拟环境。大型 vSphere 实施可能包含若干个虚拟数据中心，且这些数据中心的主机、群集、资源池以及网络配置较为复杂。它可能涉及多个使用增强型链接模式连接的 vCenter Server 系统。小型实施可能需要拓扑很简单的单个虚拟数据中心。不论虚拟环境的规模如何，都要考虑如何使用和管理其支持的虚拟机。

创建和组织虚拟对象的清单时，应注意下列问题。

- 某些虚拟机是否需要专用资源？
- 某些虚拟机是否存在定期工作负载高峰？
- 某些虚拟机是否需要作为组来管理？
- 是要使用多个 vSphere 标准交换机，还是要在每个数据中心配置一个 vSphere Distributed Switch？
- 是否要将 vMotion 和分布式资源管理用于某些虚拟机，而不用于其他虚拟机？
- 是否某些虚拟对象需要一组系统权限，而其他对象则需要一组不同的权限？

vSphere Web Client 的左窗格显示了 vSphere 清单。您可以按照任意方式添加和排列对象，但具有下列限制。

- 清单对象的名称对其父对象必须是唯一的。
- vApp 名称在“虚拟机和模板”视图中必须是唯一的。

- 系统权限可继承和级联。

填充并组织清单涉及下列活动。

- 创建数据中心。
- 向数据中心中添加主机。
- 在文件夹中组织清单对象。
- 使用 vSphere 标准交换机或 vSphere Distributed Switch 设置网络连接。要使用服务（如 vMotion、TCP/IP 存储、Virtual SAN 和 Fault Tolerance），请为这些服务设置 VMkernel 网络连接。
- 配置存储系统并创建数据存储清单对象，以便为清单中的存储设备提供逻辑容器。
- 创建群集，以整合多个主机和虚拟机的资源。您可以启用 vSphere HA 和 vSphere DRS，以便提高可用性并使资源管理更加灵活。
- 创建资源池，以提供对 vSphere 中资源的逻辑抽象和灵活管理。资源池可以分组为层次结构，用于对可用的 CPU 和内存资源按层次结构进行分区。

6.3.1　实验环境介绍

为了学好本章，我为大家规划了实验环境，拓扑如图 6-3-1 所示。

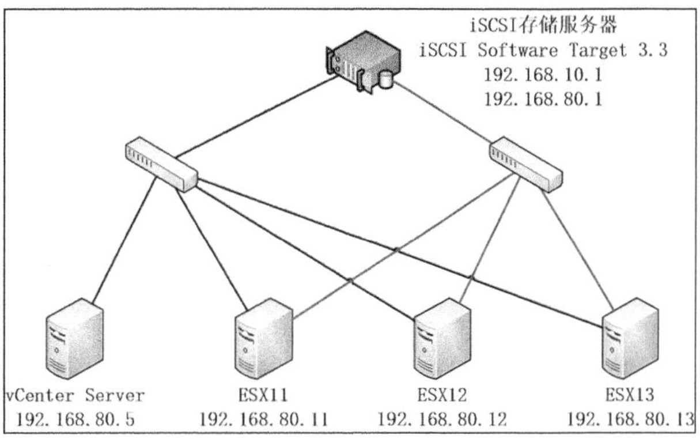

图 6-3-1　实验环境

同样，这个实验环境也是用一台高配置的主机模拟出来的。这台主机安装 Windows Server 2008 R2（兼做 iSCSI 存储服务器）、VMware Workstation，使用 VMware Workstation 创建了 4 台虚拟机，其中一台安装 vCenter Server 用于管理，另 3 台为 ESXi 主机。在实验中，每台 ESXi 主机有 4 块网卡，每 2 块网卡 1 组，分别连接到相同的虚拟交换机。其中第 1、2 块网卡连接到 VMnet8 虚拟网卡，设置 192.168.80.x 的地址，用于管理，第 3、4 块网卡连接到另一组，准备用于虚拟机的网络流量，即一组网卡用于管理，另一组网卡用于生产环境。

我们之所以设置如图 6-3-1 所示的实验环境，是因为在大多数的虚拟化环境中，所配置的 ESXi 主机具有 4 端口网卡（4 个 RJ45 网卡），使用共享存储（实际生产环境中推荐 FC 或 SAS 存储，不建议使用千兆网络接口的 iSCSI 存储）。在实际的生产环境中，如果是服务器有 4 端口网卡，使用一个共享存储，一个典型的设计如图 6-3-2 所示。

在图 6-3-2 中，每个服务器有 4 个网卡，这 4 个网卡分别连接到两个交换机上，交换机端口设置为 Trunk，服务器使用 SAS 或 FC 的共享存储（如果服务器数量较多，需要配置光纤交换机）。vCenter Server 是 ESXi 中的一个虚拟机，用于管理整个 vSphere 数据中心。

对于每一台主机来说，其主机物理网卡、虚拟交换机端口组示意如图 6-3-3 所示。

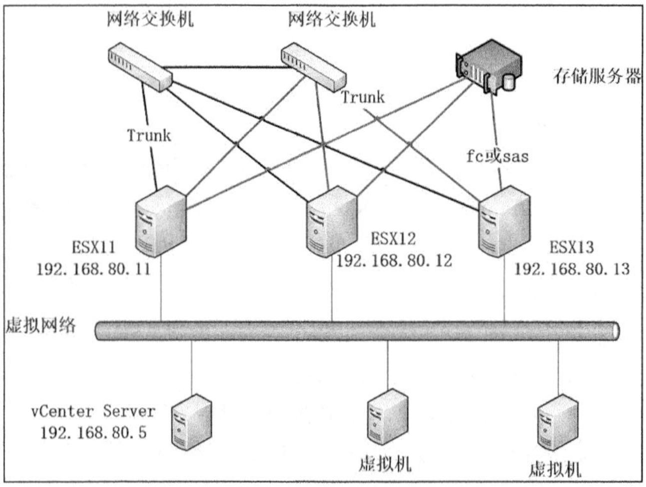

图 6-3-2 某小型虚拟化环境拓扑

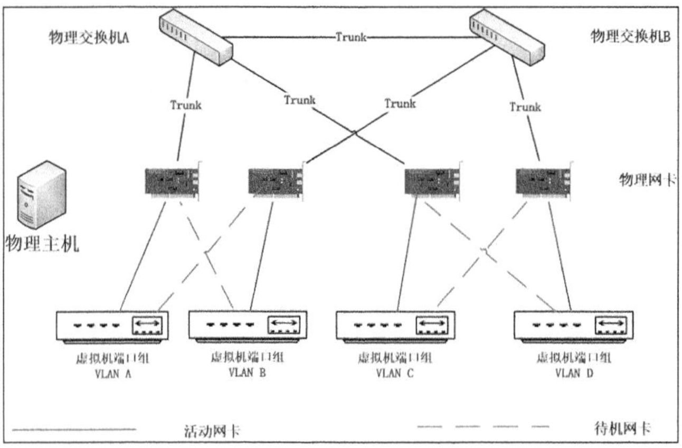

图 6-3-3 主机物理网卡与交换机连接及虚拟端口示意图

在图 6-3-3 中，物理网卡分别连接到两个不同的交换机，每个网卡连接的交换机端口都设置为 Trunk。两个物理交换机之间连通。在虚拟交换机（标准交换机或 Distributed Switch）中创建多个端口组，每个端口组绑定两个网卡，其中一个网卡处于“活动状态”，另一个网卡处于“待机状态”，同一个端口组绑定的两个物理网络分别连接到不同的交换机。图 6-3-3 所示的配置是一种可能的部署，在实际的设计中还会有其他的配置，但此配置可被认为是一个比较好的选择。

【说明】在本章的实验中，我们仍然会采用 VMware Workstation 来搭建实验环境（以图 6-3-1 为例），这同样是在一台高配置的 PC 机上来实现的。关于 VMware Workstation 搭建实验环境内容，以及 VMware ESXi 及 vCenter Server 的安装，请大家参看本书第 4 章、第 5 章相关的内容。在本章的操作中，VMware ESXi 及 vCenter Server 都是新安装的，只是进行过基本配置：每台 ESXi 设置了对应的管理地址，例如第 1 台的管理地址是 192.168.80.11，第 2 台管理地址是 192.168.80.12，第 3 台的管理地址是 192.168.80.13，vCenter Server 的管理地址是 192.168.80.5。每台 ESXi 主机配置了 2 个 CPU、8GB 的内存、4 块网卡。

6.3.2　管理 vSphere 许可

vSphere 提供了一个集中式许可证管理和报告系统，您可以使用该系统管理 ESXi 主机、vCenter Server 系统、Virtual SAN 群集和解决方案的许可证。解决方案包括可与 vSphere 集成的产品，如 vCenter Site Recovery Manager、vCloud Networking and Security、vCenter Operations Manager 等。

如果 vSphere 6.0 环境包含 vCenter Server 6.0 和 5.5 系统，则应考虑 vSphere 6.0 和 vSphere 5.5 之间的许可证管理和报告差异。

vSphere 6.0 中的许可证服务可管理 vSphere 环境中与 vCenter Server 6.0 系统关联的所有 ESXi 主机、Virtual SAN 群集和解决方案的许可数据。但是，每个独立的 vCenter Server 5.5 系统仅管理与该系统关联的主机、解决方案和 Virtual SAN 群集的许可数据，将仅针对组中的 vCenter Server 5.5 系统复制链接的 vCenter Server 5.5 系统的许可数据。

由于 vSphere 6.0 中的架构更改，可以管理 vSphere 中与所有 vCenter Server 6.0 系统关联的所有资产的许可数据，或者管理单个 vCenter Server 5.5 系统或一组链接的 vCenter Server 5.5 系统的许可数据。通过 vSphere Web Client 6.0 中的许可界面，您可以在所有 vCenter Server 6.0 系统和 vCenter Server 5.5 系统之间进行选择。

在接下来的操作中，使用 vSphere Web Client 登录到 vCenter Server 管理 vSphere 许可，在下面的操作中，我们会添加 vCenter Server 许可、VMware ESXi 许可，如果你有其他需要添加的许可，例如 VSAN 许可，也可以一同添加。

（1）打开 IE 浏览器，登录 vSphere Web Client 页，在本示例中，vCenter Server 的 IP 地址是 192.168.80.5，该 vCenter Server 安装时的计算机名称是 vcenter.heinfo.edu.cn。则 vSphere Web Client 的登录页是 https://vcenter.heinfo.edu.cn/vsphere-client/ 或 https://192.168.80.5/vsphere-client/，如图 6-3-4 所示。在第一次登录时，请使用 VMware vCenter Single Sign-On 管理员账户登录，该账户在安装的时候设置，如果你采用默认值安装，其用户名为 administrator@vsphere.local，之后输入对应的密码（这是一个同时包含了大写字母、小写字母、数字、特殊字符并且长度达到 8 位的序列）。

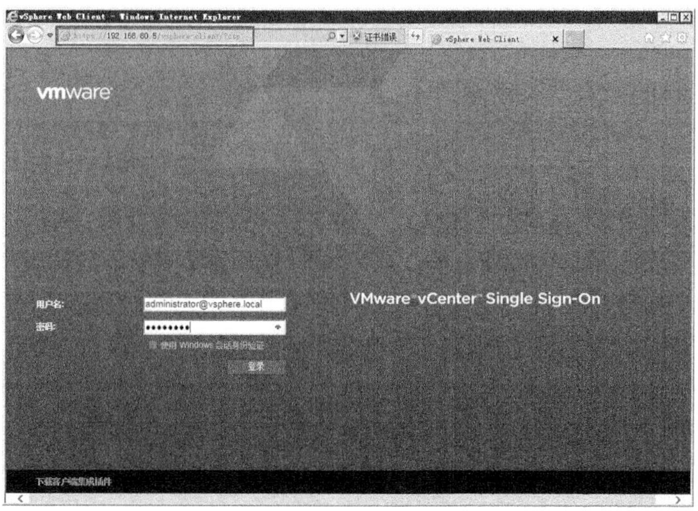

图 6-3-4　登录 vSphere Web Client

（2）登录之后，在最上页会有提示“清单中包含许可证已过期或即将过期的 vCenter Server 系统”，单击“X”关闭这条提示，如图 6-3-5 所示。

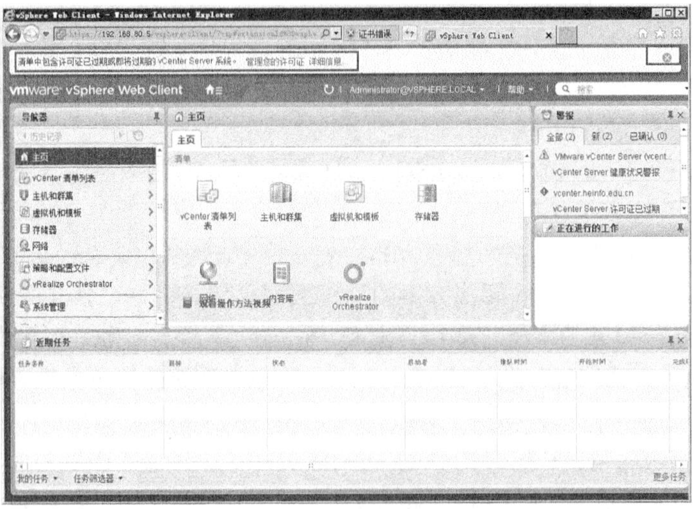

图 6-3-5　许可提示信息

（3）之后移动中间窗格的滑动条，在“系统管理”中单击“许可”链接，如图 6-3-6 所示。

图 6-3-6　许可

【说明】在中间窗格还有“观看操作方法视频”的链接，单击这个链接可以转到 VMware 网站，会有操作视频。

（4）在左侧导航器中单击“许可证”，之后在右侧“许可证”选项卡中单击“+”链接，如图 6-3-7 所示。

【说明】当前“许可证”列表为空，表示还没有添加 vSphere 许可证。添加许可证之后会在列表中显示。

（5）在“新许可证→输入许可证密钥”对话框“许可证密钥”文本框中输入要添加的许可证，例如 vCenter Server 及 vSphere ESXi 的许可证，每个许可证一行，如图 6-3-8 所示。你可以一次添加多种 vSphere 产品的许可证。

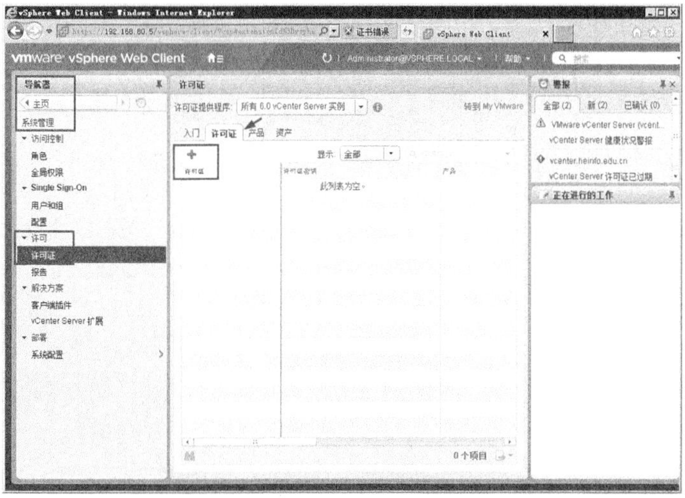

图 6-3-7　许可证

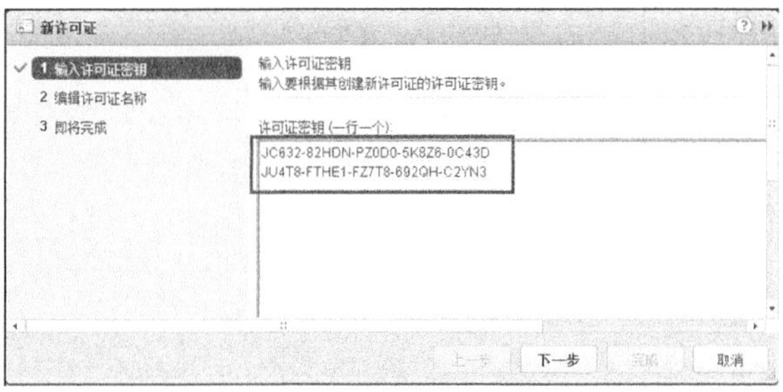

图 6-3-8　添加许可证

（6）在添加了正确的许可证之后，单击“下一步”按钮之后，进入“编辑许可证名称”对话框，解码许可证的密钥，显示许可证产品名称，你可以编辑许可证的名称，或者使用默认值，如图 6-3-9 所示。从图中可以看出，当前添加的是 vCenter Server 6 标准版及 vSphere 6 企业增加版的许可证。

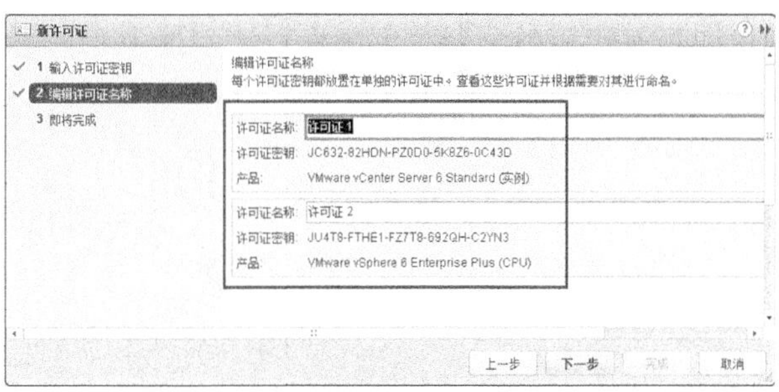

图 6-3-9　编辑许可证名称

（7）在“即将完成”对话框显示了要添加的许可证的信息，单击“完成”按钮，完成添加，如图 6-3-10 所示。

（8）添加之后，返回到 vSphere Web Client，在“许可证”选项卡中可以看到添加的许可证，如图 6-3-11 所示。对于不需要的许可证，你可以选中之后单击“×”删除，也可以单击“✎”进行编辑。

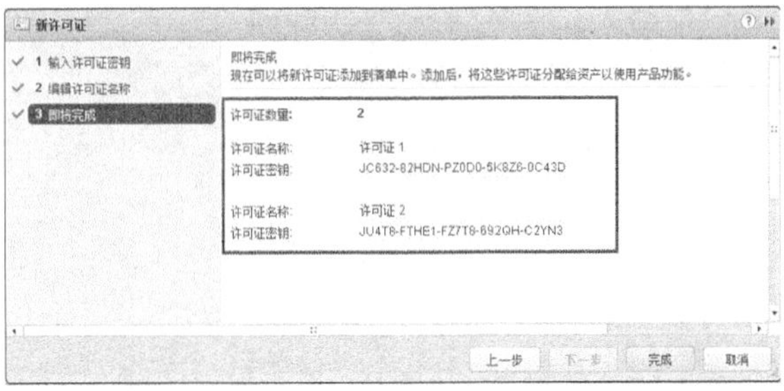

图 6-3-10　添加许可证完成

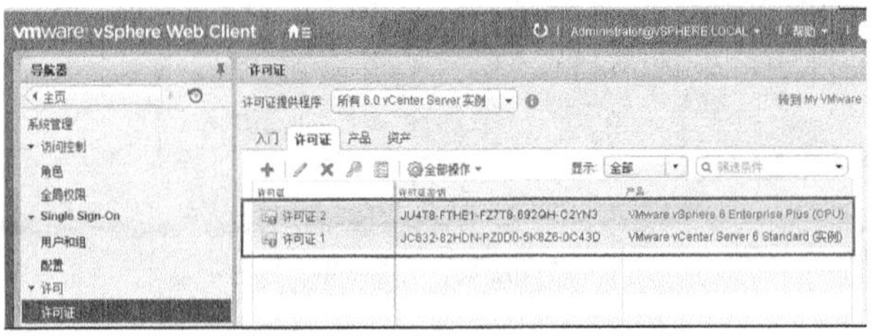

图 6-3-11　许可证清单

（9）在添加了许可证之后，将添加的许可证分配给当前的 vCenter Server。在“资产→vCenter Server 系统”选项卡中右击当前的 vCenter Server 系统，在弹出的快捷菜单中选择“分配许可证”，如图 6-3-12 所示。

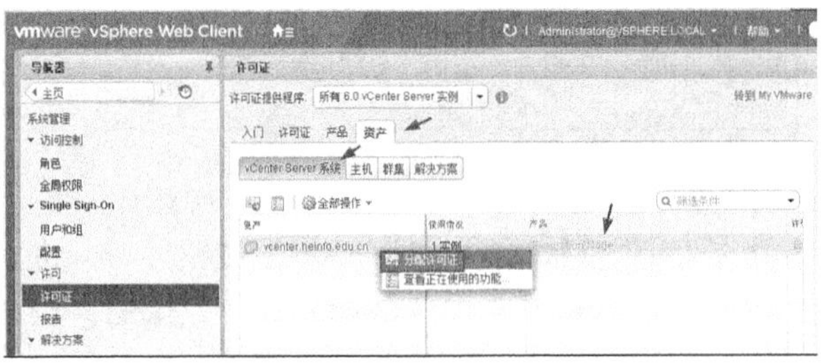

图 6-3-12　分配许可证

【说明】在分配之前，当前 vCenter Server 的许可证状态为“Evaluation Mode（试用模式）”。

（10）在“分配许可证”对话框中显示可用的许可证，选中“许可证 1”（或其他名称）为 vCenter Server 分配许可证，如图 6-3-13 所示。单击“确定”按钮完成分配。

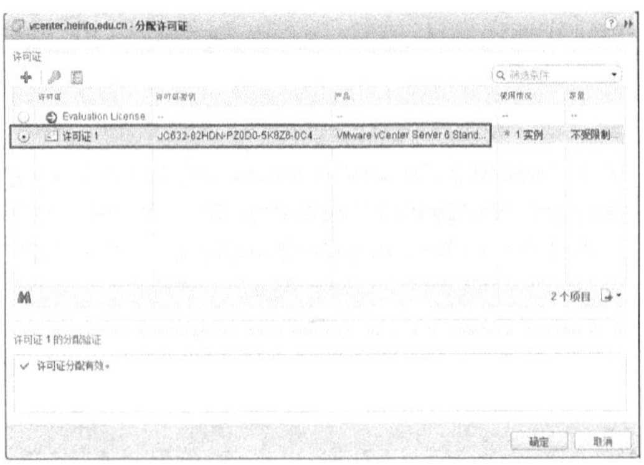

图 6-3-13　分配许可证

（11）分配之后，在“产品”信息中可以看到当前 vCenter Server 已经分配“VMware vCenter

Server 6 Standard（实例）”许可证，如图 6-3-14 所示。

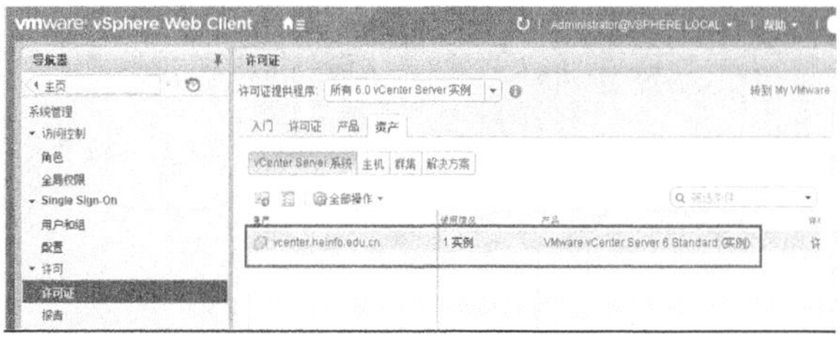

图 6-3-14　分配许可证完成

【说明】安装 ESXi 时，默认许可证处于评估模式。评估模式许可证在 60 天后到期。评估模式许可证具有与 vSphere 产品最高版本相同的功能。

如果在评估期到期前将许可证分配给 ESXi 主机，则评估期剩余时间等于评估期时间减去已用时间。要体验主机可用的全套功能，可将其设置回评估模式，在剩余评估期内使用主机。

例如，假设您使用了处于评估模式的 ESXi 主机 20 天，然后将 vSphere Standard 许可证分配给了该主机。如果您将主机设置回评估模式，则可以在评估期剩余的 40 天内体验主机可用的全套功能。

6.3.3 vCenter Server 权限管理

在安装完 vCenter Server 之后，默认情况下只有 SSO 的管理员账户才能管理 vCenter Server（初始账户是 administrator@vsphere.local）。在默认情况下，vCenter Server 计算机的本地管理员 Administrator 及本地管理员组 Administrators 不是 vCenter Server 系统的管理员 vCenter Server 计算机加入到 Active Directory，同时 Active Directory 域管理员也不是 vCenter Server 的管理员，要使用 vCenter Server 计算机，或者同时让已经加入到 Active Directory 域的域管理员管理 vCenter Server，需要将 vCenter Server 本地管理员（或本地管理员组）中的账户添加到当前 vCenter Server Single Sign-On 及 vCenter Server 系统。

在下面的操作中，将使用 vCenter SSO 账户登录，先将 vCenter Server 计算机的本地管理员添加到系统 SSO 管理员账户中，再将其添加到 vCenter Server 系统中。主要步骤如下。

（1）打开 IE 浏览器，使用 administrator@vsphere.local 账户登录 vSphere Web Client 页，如图 6-3-15 所示。

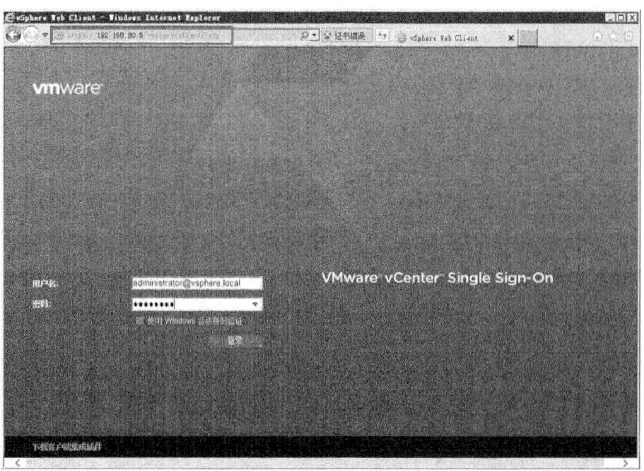

图 6-3-15　登录 vSphere Web Client

（2）在“主页→系统管理”中单击“角色”链接，如图 6-3-16 所示。

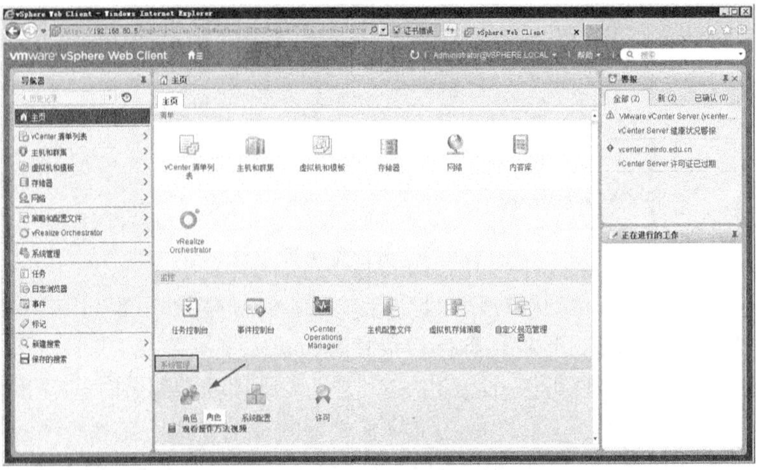

图 6-3-16　角色

（3）在导航器中选择“Single Sign-On→用户和组”，在右侧单击“组”选项卡，在“组名称”清单中选中“Administrators”，在“用户/组”列表中可以看到当前 SSO 账户的管理员只有 Administrator 一个账户，该账户属于默认的 vSphere.local 域（这是 SSO 安装时设置的域，与 Active Directory 域无关），如图 6-3-17 所示。之后单击“ ”链接。

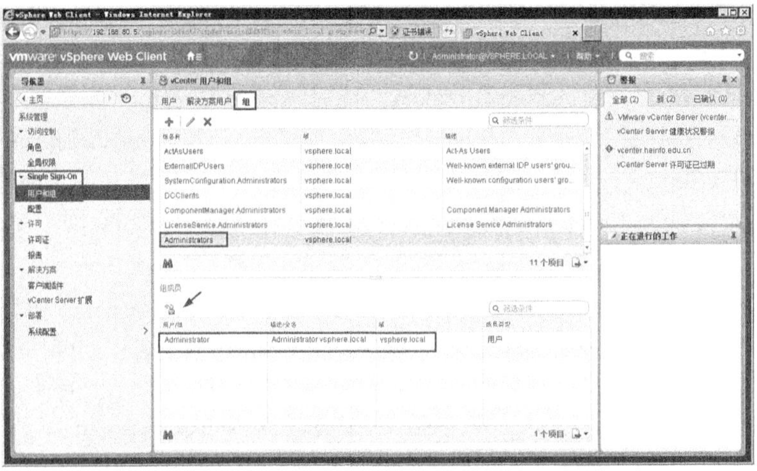

图 6-3-17　向 Administrators 组中添加

（4）打开“添加主要用户”对话框，在“域”下拉列表中可以选择要添加的域。在当前的 vCenter Server 系统中会显示两项，一项 vSphere.local，这是默认 SSO 的域名，另一项 vCenter 是当前安装的 vCenter Server 的计算机名称（NetBIOS 名称），如图 6-3-18 所示。如果当前 vCenter Server 计算机加入到域，还会显示 Active Directory 的域名。

（5）在“域”中选择 vCenter Server 计算机名称，在“用户/组”列表中将会列出“域”列表中选中的计算机中的用户及用户组，你可以将要添加的用户及用户组双击添加到“用户”及“组”清单中，如图 6-3-19 所示，在此添加了 Administrator 及 Administrators 组。

（6）添加之后返回到“用户和组→组”清单，在“组成员”清单中可以看到已经添加了 vCenter 计算机的管理员及管理员组，如图 6-3-20 所示。

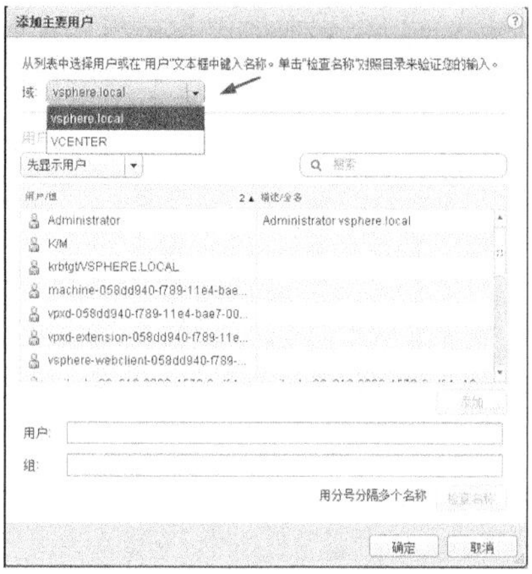

图 6-3-18　域列表

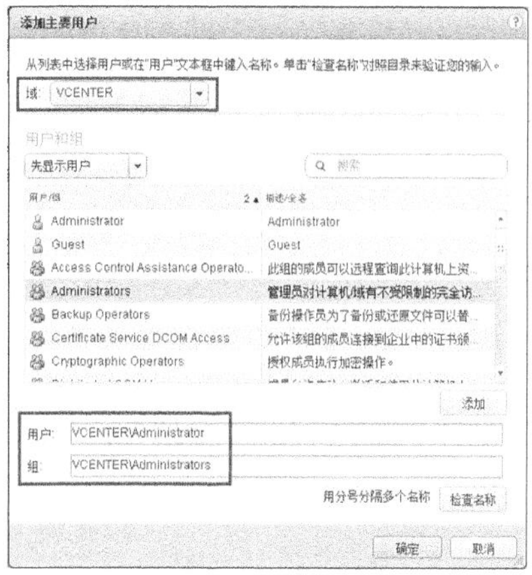

图 6-3-19　添加 vCenter Server 计算机的管理员账户及管理员组

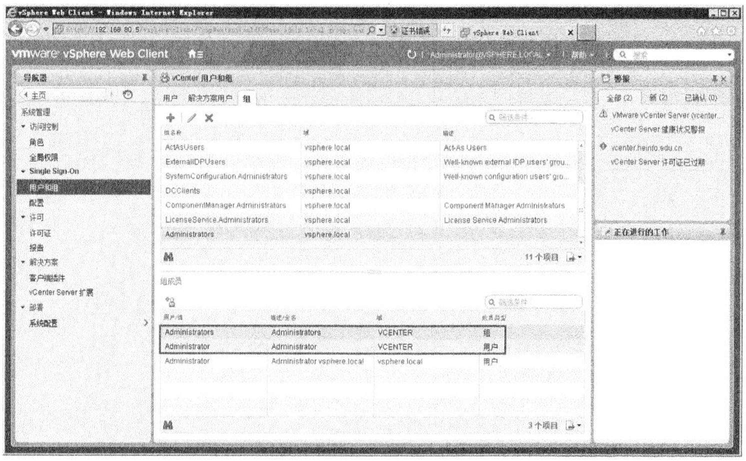

图 6-3-20　添加到 SSO 管理员组中

接下来，要将 vCenter Server 计算机的管理员账户及管理员组，添加到 vCenter Server 系统，主要步骤如下。

（1）在“主页”中选择“vCenter 清单列表”，如图 6-3-21 所示。

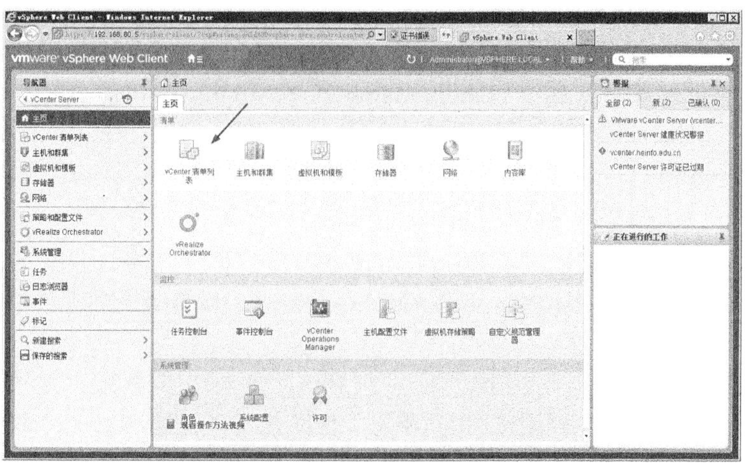

图 6-3-21　vCenter 清单列表

（2）在“导航器”中选择“资源→vCenter Server”，如图 6-3-22 所示。

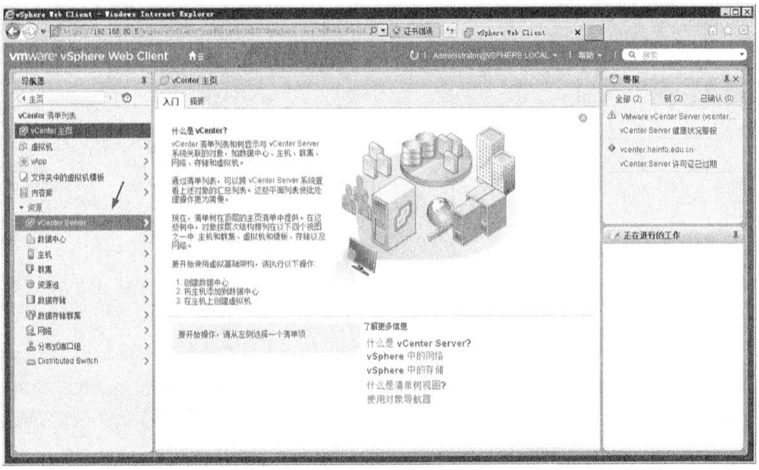

图 6-3-22　选择 vCenter　Server 系统

（3）在“vCenter 清单列表”中单击选中 vCenter Server 的系统名称，在本示例中为 vcenter.heinfo.edu.cn，之后在右侧窗格单击“管理”选项卡，并在二级菜单中选择“权限”选项卡，单击“+”链接，如图 6-3-23 所示。在当前的“用户/组”列表中，vCenter Server 系统的管理员只有 vSphere.local 域的用户，这是初始安装时设置的账户。

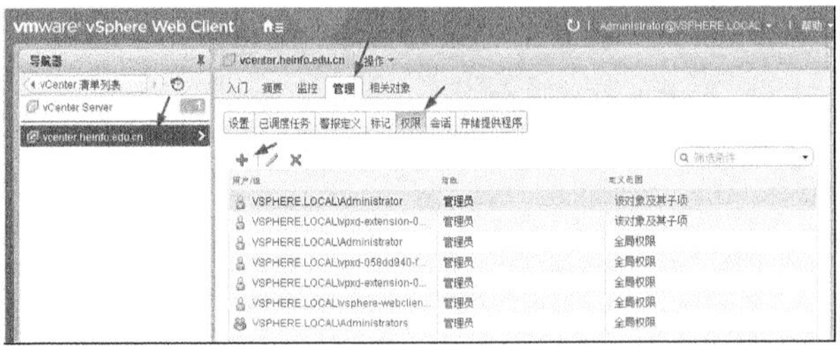

图 6-3-23　管理→权限列表

（4）在“添加权限”对话框单击“添加”按钮，如图 6-3-24 所示。注意在左侧“分配的角色”列表中选中“管理员”。

（5）在“域”列表中选择 vCenter Server 计算机名称（在此示例为 vCenter.heinfo.edu.cn），然后在“用户/组”列表中双击添加 Administrator 及 Administrators，如图 6-3-25 所示，之后单击“确定”按钮。如果当前 vCenter Server 计算机加入到 Active Directory，想添加 Active Directory 域用户，请在“域”下拉列表中选择 Active Directory 域名，之后选择用户添加。

【说明】在此演示添加的是 vCenter Server 的本地管理员及管理员组账户，这并不是说，普通账户不能管理 vCenter Server。你可以在“用户/组”列表中添加普通的用户到 vCenter Server 系统管理员组中，这没有任何的问题。

（6）返回到“添加权限”对话框，在“用户和组”列表中看到添加的用户和用户组，在“角色”中显示添加的角色，如图 6-3-26 所示。你在此可以继续添加，并添加其他角色权限的用户。添加完成之后，单击“确定”按钮。

（7）返回到 vSphere Web Client 界面，可以看到用户已经添加到列表中，如图 6-3-27 所示。

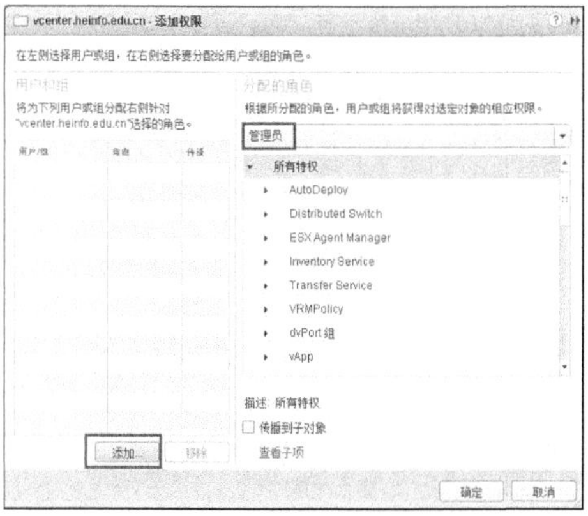

图 6-3-24　添加

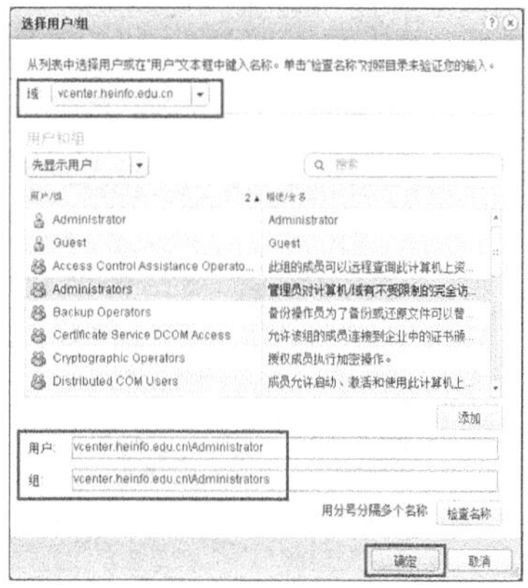

图 6-3-25　添加用户

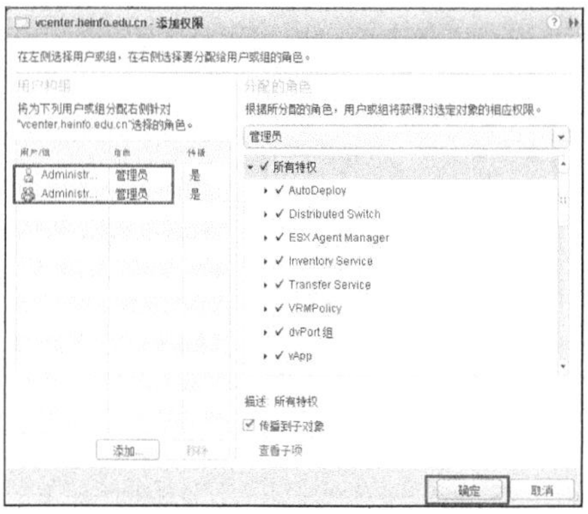

图 6-3-26　添加用户

图 6-3-27　添加用户完成

之后注销当前的用户，如图 6-3-28 所示。

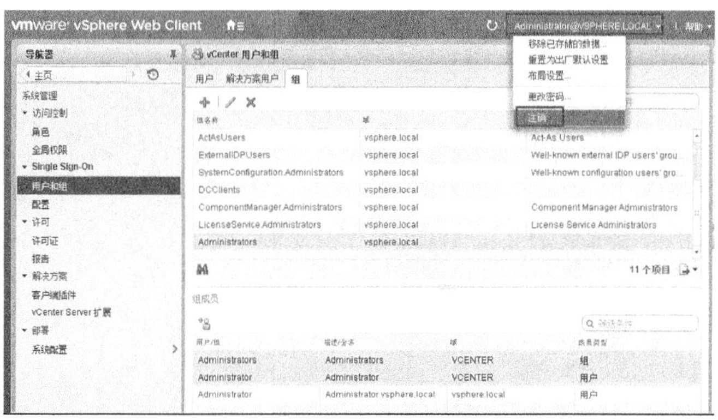

图 6-3-28　注销当前用户

再次登录，以 Administrator 登录进入系统，如图 6-3-29 所示。以后即可以 vCenter Server 本地计算机管理员账户登录进行管理。

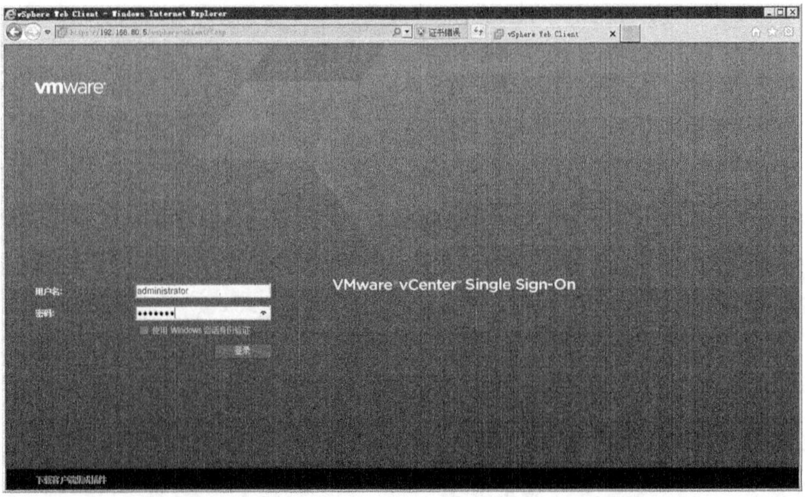

图 6-3-29 以 vCenter Server 本地管理员登录管理

6.3.4 创建数据中心

虚拟数据中心是一种容器，其中包含配齐用于操作虚拟机的完整功能环境所需的全部清单对象。您可以创建多个数据中心以组织各组环境。例如，您可以为企业中的每个组织单位创建一个数据中心，也可以为高性能环境创建某些数据中心，而为要求相对不高的虚拟机创建其他数据中心。

【注意】清单对象可在数据中心内进行交互，但限制跨数据中心的交互。例如，您可以在同一数据中心内将虚拟机从一个主机热迁移到另一个主机，但无法将虚拟机从一个数据中心的主机热迁移到其他数据中心的主机。

在接下来的操作中，使用 vSphere Web Client 管理 vCenter Server，并创建数据中心，步骤如下。

（1）使用具有管理员权限的账户登录 vSphere Web Client，在“主页”中选择“vCenter 清单列表”，如图 6-3-30 所示。

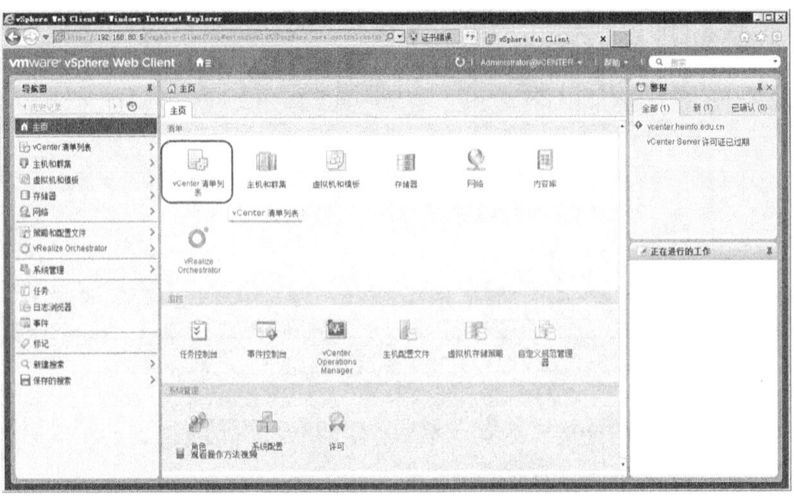

图 6-3-30 vCenter 清单列表

（2）在“导航器”中选择“资源→vCenter Server”，如图 6-3-31 所示。

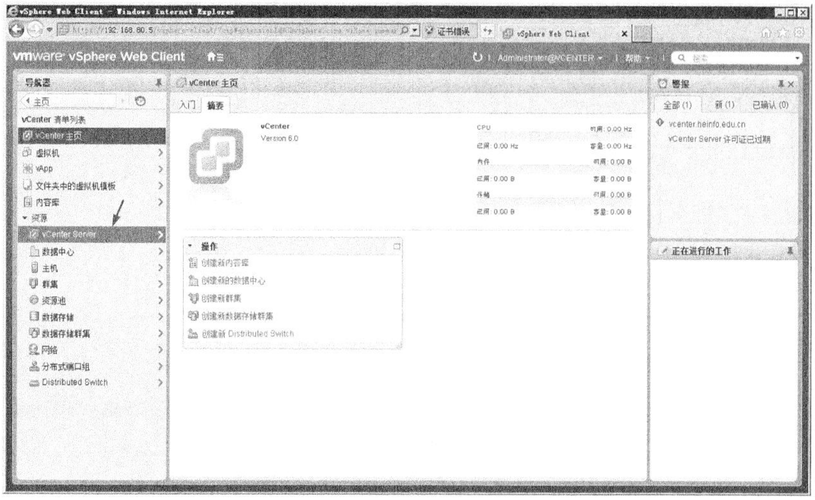

图 6-3-31　选择 vCenter　Server 系统

（3）在“vCenter 清单列表”中单击选中 vCenter Server 的系统名称，在本示例中为 vcenter.heinfo.edu.cn，之后在右侧窗格单击“入门”选项卡，在底层窗格中单击“创建数据中心”链接，如图 6-3-32 所示。

图 6-3-32　创建数据中心

（4）在“新建数据中心”对话框“数据中心名称”文本框中输入新建数据中心的名称，例如 Datacenter，如图 6-3-33 所示。你可以根据规划设置数据中心的名称，如果不合适后期可根据需要修改。

图 6-3-33　设置数据中心名称

（5）添加数据中心之后，左侧导航器中会定位到“Datacenter”数据中心名称，此时在“入门”选项中会有“添加主机”或“创建群集”的选项，如图 6-3-34 所示。

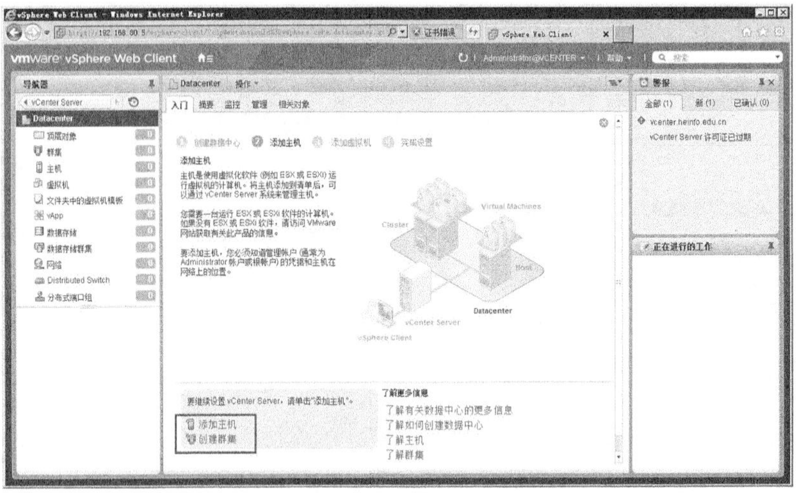

图 6-3-34 数据中心

在创建数据中心之后，下一步是根据需要将主机、群集、资源池、vApp、网络、数据存储和虚拟机添加到数据中心。

6.3.5 创建群集

群集是一组主机。将主机添加到群集时，主机的资源将成为群集资源的一部分。群集管理其中所有主机的资源。群集启用 vSphere High Availability(HA)、vSphere Distributed Resource Scheduler(DRS)和 VMware Virtual SAN 功能。

（1）在 vSphere Web Client 导航器中浏览到数据中心，在中间窗格中单击“创建群集”（见图 6-3-25）。

（2）在“名称”文本框中设置新建群集的名称，例如设置名称为 Cluster。之后根据需要启用群集的名称，例如，如果要启用 DRS，请在“DRS”后面的方框单击并选中。如果要启用“vSphere HA”，请在其后选中，如图 6-3-35 所示。大多数的情况下，DRS 与 vSphere HA 是必选项。

在启用 DRS 时，选择一个自动化级别和迁移阈值。在启用 HA 时，选择是否启用“主机监控”和“接入控制”，如果启用接入控制，请指定策略。

在“虚拟机监控”选项中选择一个虚拟机监控选项，并指定虚拟机监控敏感度。

（3）在“EVC 模式”中，选择增强型 vMotion 兼容性(EVC)设置。EVC 可以确保群集内的所有主机向虚拟机提供相同的 CPU 功能集，即使这些主机上的实际 CPU 不同也是如此。这样可以避免因 CPU 不兼容而导致通过 vMotion 迁移失败。在右侧的下拉列表中，根据你的主机的 CPU 型号、支持功能，选择 EVC 模式，如图 6-3-36 所示。

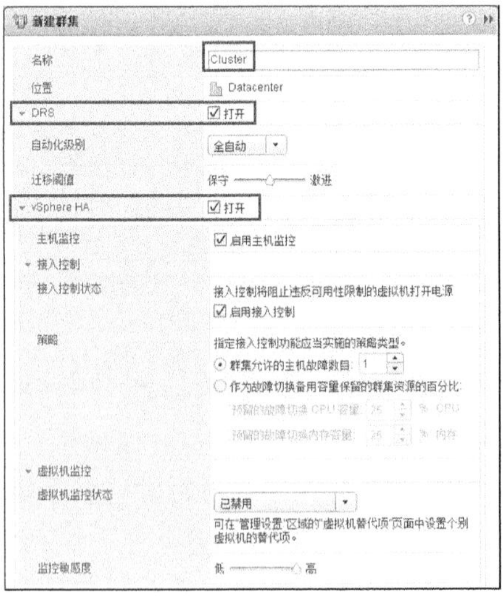

图 6-3-35 启用 DRS 及 HA 功能

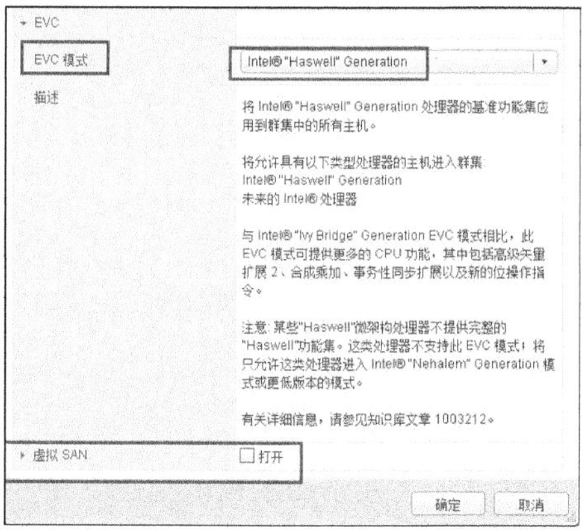

图 6-3-36　EVC 模式

在“虚拟 SAN”功能处选择是否启用“VirtualSAN”群集功能。关于“虚拟 SAN”，我们将在后面的章节专门介绍。

之后单击“确定”按钮，完成群集的创建。

在后面的操作中，将主机添加到群集。

6.3.6　向数据中心中添加主机

您可以在数据中心对象、文件夹对象或群集对象下添加主机。如果主机包含虚拟机，则这些虚拟机将与主机一起添加到清单。

（1）在 vSphere Web Client 中导航到数据中心、群集或数据中心中的文件夹。在本示例中，导航到“vCenter.heinfo.edu.cn（vCenter Server）→Datacenter（数据中心）→Cluster（群集）”，在中间窗格中单击“相关对象→主机”，之后单击“ ”链接，如图 6-3-37 所示。

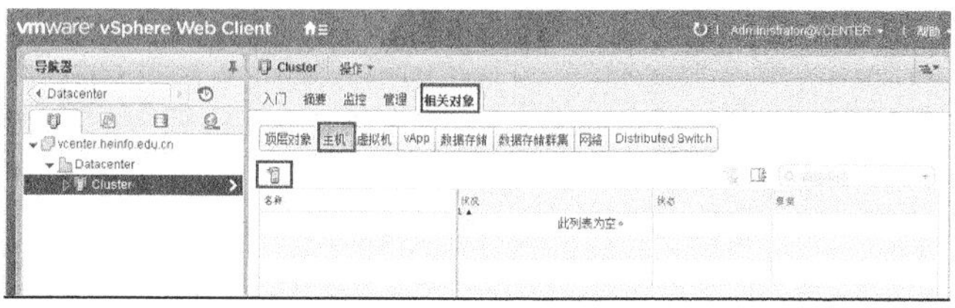

图 6-3-37　添加主机

（2）在“添加主机”对话框中键入主机的 IP 地址或名称，然后单击“下一步”按钮，如图 6-3-38 所示。

图 6-3-38　添加主机名称或 IP 地址

（3）在“连接设置”中键入 ESXi 主机管理员账户 root 及密码，如图 6-3-39 所示。

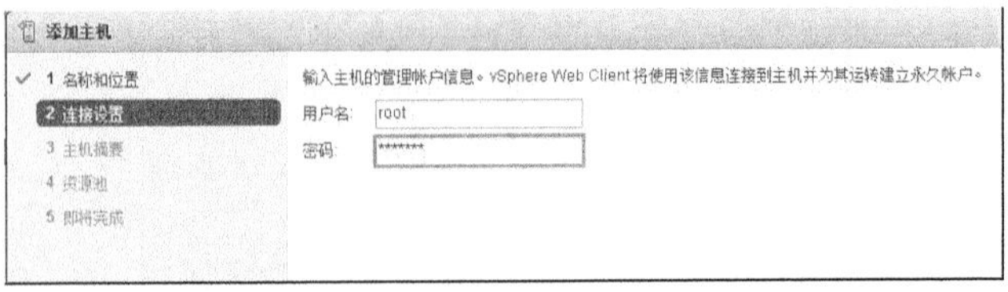

图 6-3-39　连接设置

（4）在“安全警示”对话框中显示“vCenter Server 的证书存储无法验证该主机”，单击“是”按钮，添加并替换此主机的证书并继续工作，如图 6-3-40 所示。

（5）在“主机摘要”对话框显示了要添加主机的信息、供应商、型号及 ESXi 版本，以及当前主机中的创建或加载的虚拟机。因为当前是一台新安装的 ESXi，所以虚拟机列表为空，如图 6-3-41 所示。

图 6-3-40　安全警示

图 6-3-41　主机摘要

（6）在“分配许可证”对话框从“许可证”列表中为当前添加的主机选择许可，如图 6-3-42 所示。如果列表中没有可用许可，可以单击“+”链接，在“正在进行的工作”中将“添加主机”向导最小化，并显示“新建许可证”向导。

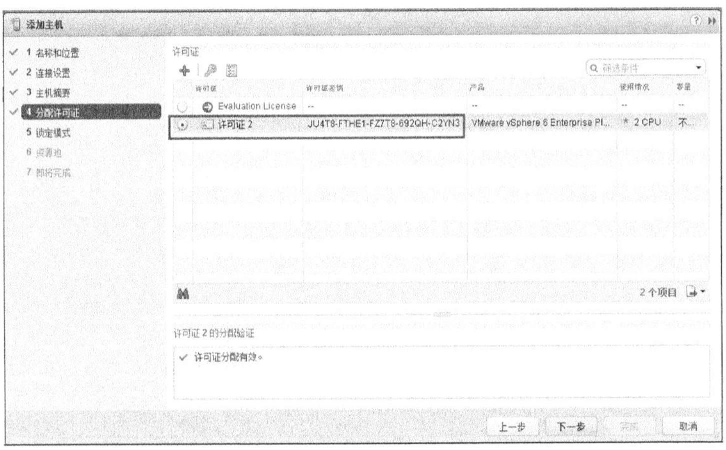

图 6-3-42　分配许可证

（7）在“锁定模式”中可选择锁定模式选项以禁用管理员账户的远程访问，如图 6-3-43 所示。一般情况下，要“禁用”这一选项。

（8）在“资源池”对话框提示“希望如何处理 192.168.80.11 的虚拟机和资源池”时，可以选择新建一个资源池，或者将现有主机所有虚拟机置于群集的根目录资源池中，并删除现有主机上的资源池，如图 6-3-44 所示。

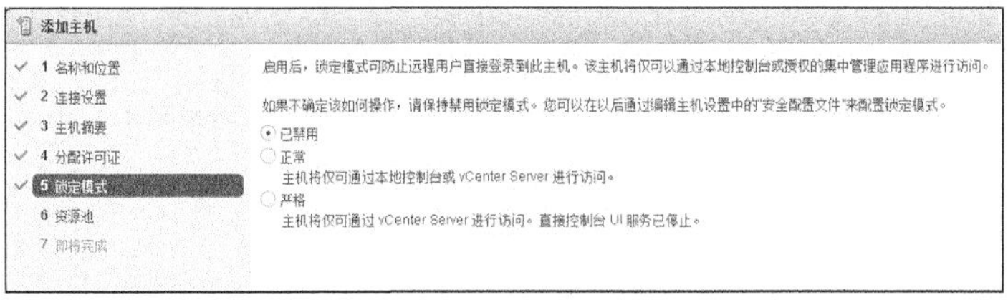

图 6-3-43　锁定模式

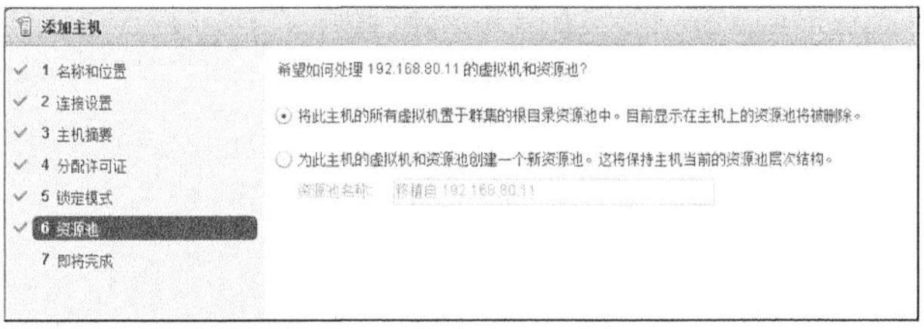

图 6-3-44　资源池

（9）在“即将完成”对话框显示了新添加主机的信息，如图 6-3-45 所示。单击“完成”按钮。

图 6-3-45　即将完成

用于添加主机的新任务便会显示在“近期任务”窗格中，如图 6-3-46 所示。完成该任务可能需要几分钟时间。

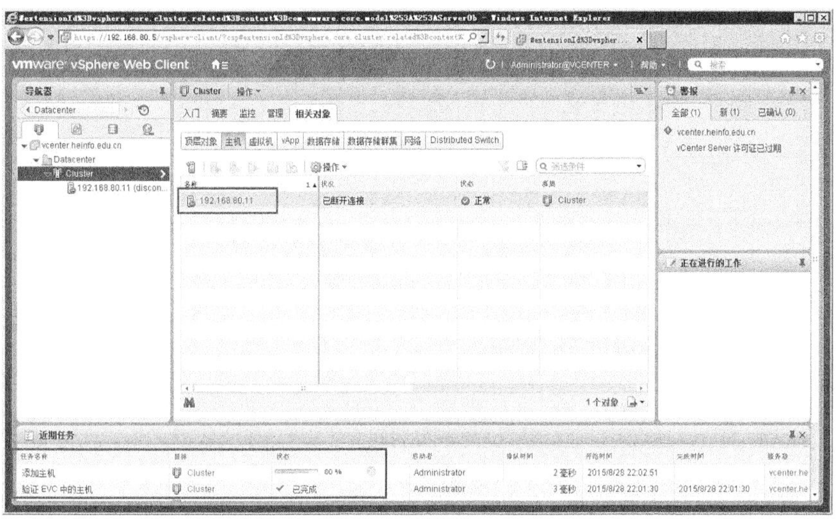

图 6-3-46　近期任务

之后参照上面的步骤，向群集中添加其他主机，直到所有主机添加完成，如图 6-3-47 所示。在当前的实验环境中，一共添加了 192.168.80.11、192.168.80.12、192.168.80.13 共 3 台主机。

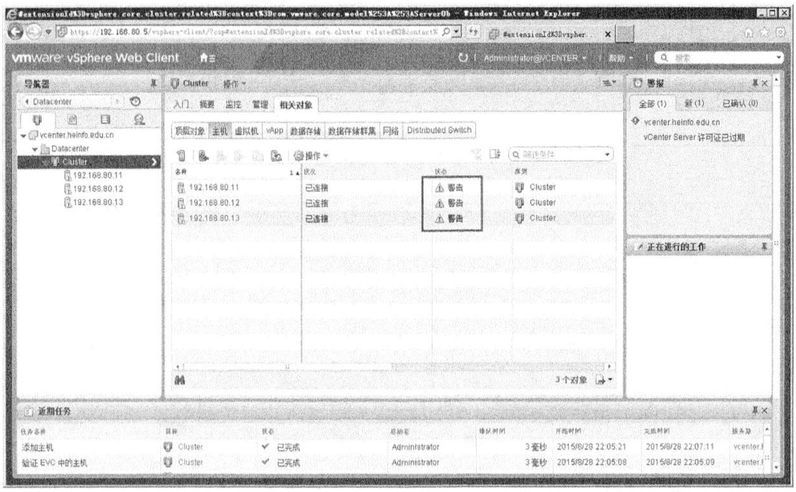

图 6-3-47　添加 3 台主机

在当前主机中，每个主机前面有一个黄色的“感叹号”，表示主机有报警，你可以单击某个主机，在“摘要”中查看警告，如图 6-3-48 所示。在显示信息中，发现当前的提示为“该主机的 vSphere HA 检测信号数据存储数目为 0，少于要求数目 2”，这是由于当前 ESXi 主机没有共享存储的原因。稍后为 ESXi 主机添加共享存储将解决这一问题。

图 6-3-48　摘要信息

6.3.7　统一命名 vSphere 存储

在管理 vSphere 数据中心时，为了后期的管理与使用方便，需要对数据中心的存储进行统一的命名。命名的方式有多种，可以根据管理员的统一规划进行命名，但是要在后期使用时，根据存储的名称，分辨存储是位于 ESXi 主机，还是位于共享存储设置。当主机有多个存储时，还要将安装 ESXi 系统的存储及保存虚拟机数据的存储分开命名。例如，对于 ESXi 本机安装操作系统的存储，可以命名为 esxXX-os，保存虚拟机的存储可以命名为 esxXX-Data1、 esxXX-Data2 等，其中 XX 是 ESXi 主机的序号或标识。如果有共享存储，可以根据共享存储的接口类型或连接方式命名，例如第一个 iSCSI 的共享存储可以命名为 iscsi-data1，之后可以命名为 iscsi-data2 之类的。当然，具体怎样命名，每个管理员都有一个“规则”，只要在一个数据中心中统一就可以。

在下面的示例中，每个 ESXi 主机有 1 个本地存储，下面的操作介绍怎样在 vSphere Web Client 中重新命名存储。以后再向 ESXi 主机添加存储时，可以根据规划的要求，直接命名。

（1）使用 vSphere Web Client 登录 vCenter Server，在导航器中定位到某台 ESXi 主机，例如添加的第一台 ESXi 主机 192.168.80.11，在中间窗格中单击“相关对象→数据存储”，在“名称”中可以看到当前数据存储名称为 datastore1，这是默认的名称，如图 6-3-49 所示。

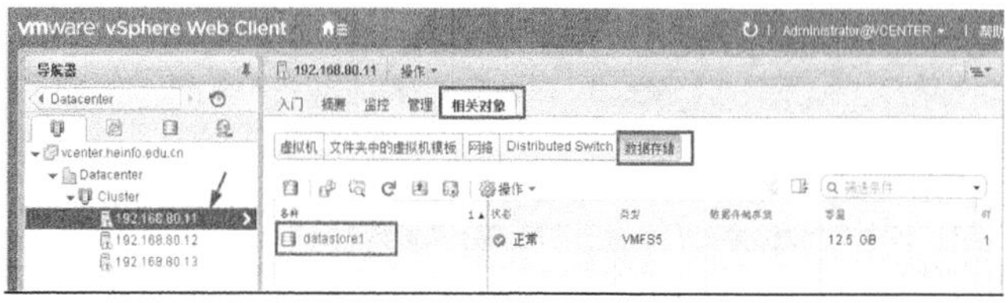

图 6-3-49　默认数据存储

（2）单击 192.168.80.12（第 2 台添加的 ESXi 主机），可以看到默认的存储名称为 datastore1(1)，如图 6-3-50 所示。而第 3 台添加的 ESXi 主机名称则是 datastore1(2)。

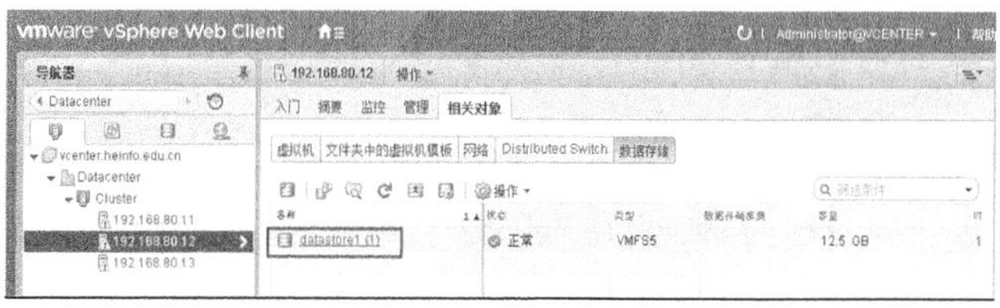

图 6-3-50　第 2 台主机数据存储名称

（3）在导航器中定位到其中一台主机，在右侧“相关对象→数据存储”选项卡中右击选中的数据存储名称，在弹出的对话框中选择“重命名”，如图 6-3-51 所示。

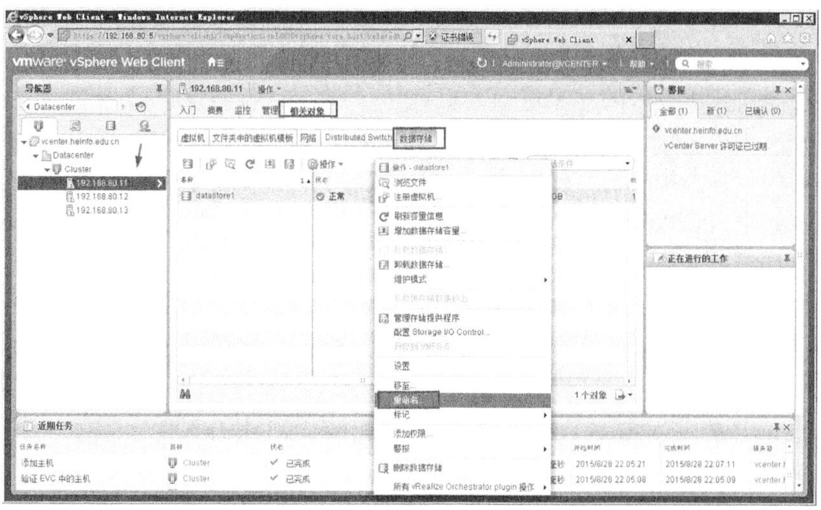

图 6-3-51　重命名

【说明】在此快捷菜单中还有“浏览文件、注册虚拟机、刷新容量信息、增加数据存储容量、卸载数据存储、维护模式”等设置，可以根据需要选择相应的功能。

（4）在“重命名”对话框“输入新名称”文本框中输入新名称，例如 esxi11-os 表示是 IP 地址最后为 11 的 ESXi 主机的系统盘，如图 6-3-52 所示。

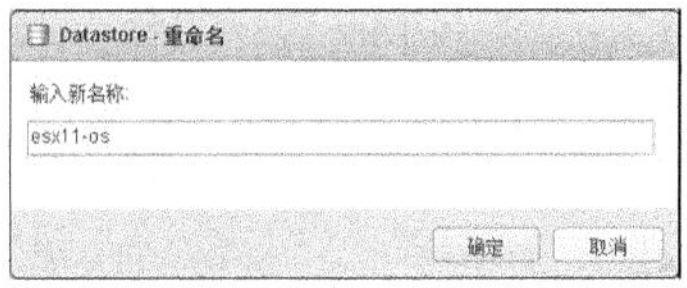

图 6-3-52　重命名

（5）之后将第 2 台主机 192.168.80.12 的存储命名为 esxi12-os，将第 3 台主机 192.168.80.13 的存储重命名为 esxi13-os，如图 6-3-53 所示。

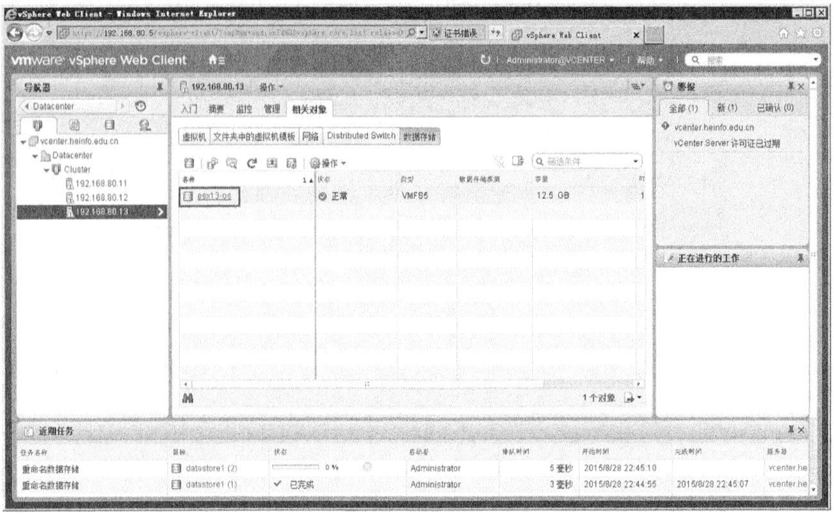

图 6-3-53　第 3 台主机命名后

如果以后再添加了本地存储或共享存储，在添加存储的时候直接根据规划命名即可。

6.3.8　创建文件夹

在管理中大型数据中心时，可能会有多个群集、多个数据中心、多台 ESXi 主机，虚拟机的数量及虚拟网络等对象数量较多。为了更好地管理这些对象，可以使用文件夹对相同类型的对象进行分组，使管理更简单。例如，可以将权限应用于文件夹，从而支持您使用文件夹对应该具有一组公用权限的对象进行分组。

一个文件夹中可以包含其他文件夹或一组相同类型的对象。例如，一个文件夹中可以包含虚拟机和其中包含虚拟机的其他文件夹，但不能包含主机和其中包含虚拟机的文件夹。

在 vSphere 中，可以创建以下文件夹类型：主机和群集文件夹、网络文件夹、存储文件夹以及虚拟机和模板文件夹。

（1）使用 vSphere Web Client 登录到 vCenter Server，在导航器中选择数据中心或其他文件夹作为该文件夹的父对象。右键单击该父对象，然后选择用于创建文件夹的菜单选项。

（2）如果选择的父对象是数据中心，可以选择要创建的文件夹类型“新建主机和群集文件夹、新建网络文件夹、新建存储文件夹、新建虚拟机和模板文件夹”，如图 6-3-54 所示。

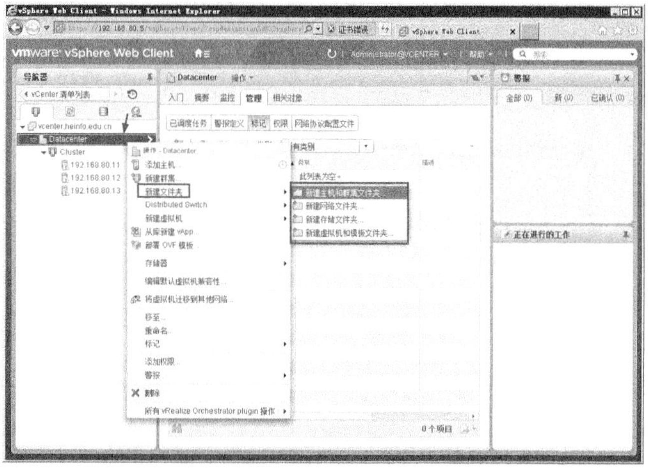

图 6-3-54　新建文件夹

如果父对象是文件夹，则新文件夹具有与父文件夹相同的类型。

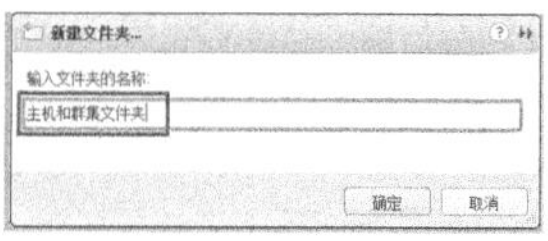

图 6-3-55　创建文件夹

（3）在“新建文件夹”对话框中键入新建的文件夹的名称，然后单击“确定”按钮，如图 6-3-55 所示。

可以根据需要，创建一个或多个文件夹，也可以根据需要创建多种不同的文件夹类型。在创建文件夹后，会根据不同的文件夹类型自动创建在相应的对象中。

（1）例如，在左侧导航器单击“”（主机和群集）图标，可以看到创建的“主机和群集文件夹”（也可以是其他名称，这视管理员规划或创建的名称而变），如图 6-3-56 所示。在此文件夹中可以保存主机、群集，可以添加主机和群集，也可以将以前添加的主机或创建的群集“移至”此文件夹。

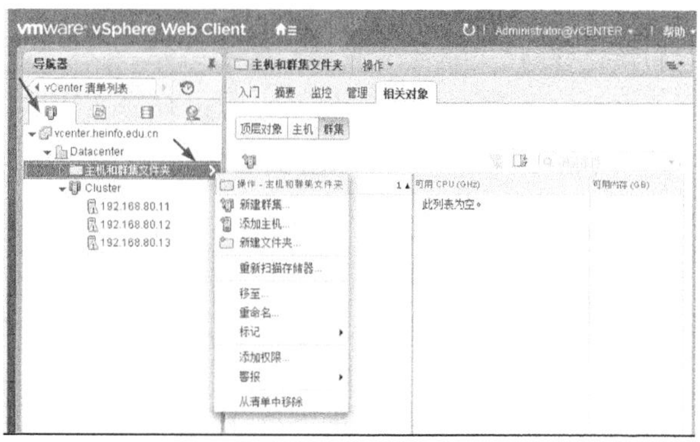

图 6-3-56　主机和群集文件夹

（2）在左侧导航器中单击“”（虚拟机和模板）图标，可以看到新建的“虚拟机和模板文件夹”（也可以是其他名称，这视管理员规划或创建的名称而变），如图 6-3-57 所示。在“虚拟机和模板文件夹”中可以保存虚拟机、虚拟模板、vApp，管理员可以在后面的管理中将需要的虚拟机、模板、vApp 移动到不同的文件夹中。

（3）在左侧导航器中单击“”（存储器）图标，可以看到当前主机的存储器，以及新建的存储文件夹，如图 6-3-58 所示。在此可以管理数据存储。

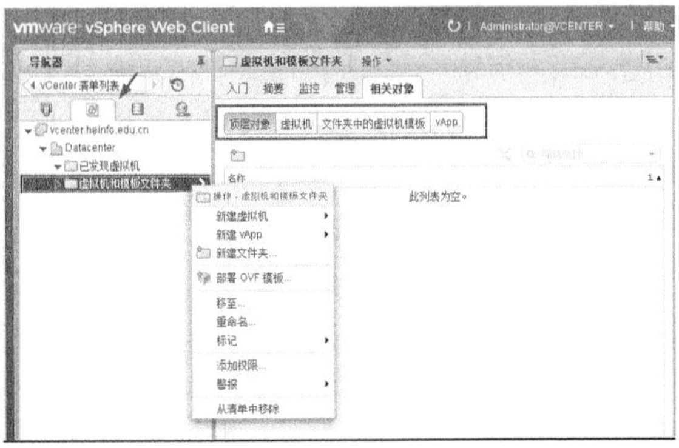

图 6-3-57　虚拟机和模板文件夹

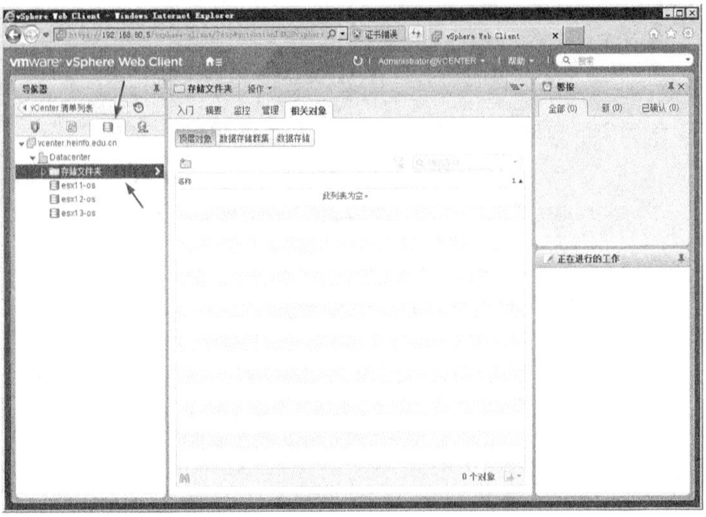

图 6-3-58　存储文件夹

（4）在左侧导航器中单击“ ”（网络）图标，显示当前的网络配置，如果创建了网络文件夹，则可以在此看到。在此可以管理网络，如图 6-3-59 所示。

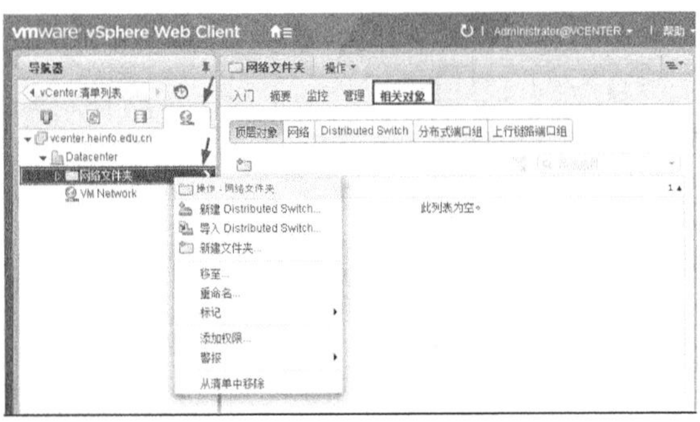

图 6-3-59　网络

6.3.9　添加数据存储

在前面的章节中，我们介绍了使用 vSphere Client 添加数据存储的操作。在本节的内容中，我们将使用 vSphere Web Client 添加数据存储。为了实现这一操作，你可以在图 6-3-1 实验环境配置的存储服务器中，为 3 台 ESXi 主机添加 iSCSI 的共享存储。

有关在 iSCSI 服务器中为 ESXi 主机分配存储空间的操作，可以参见前面的章节。下面我们简要看下 iSCSI 服务器端已经配置好的内容。

（1）在 iSCSI 存储服务器中，为 192.168.80.11、192.168.80.12、192.168.80.13 目标服务器分配了 3 个虚拟磁盘，大小分别是 1000GB、500GB（约）、100MB，如图 6-3-60 所示。

（2）在 iSCSI 服务器中，iSCSI 发起程序包括了 192.168.80.11、192.168.80.12、192.168.80.13 的 ESXi 主机，如图 6-3-61 所示。

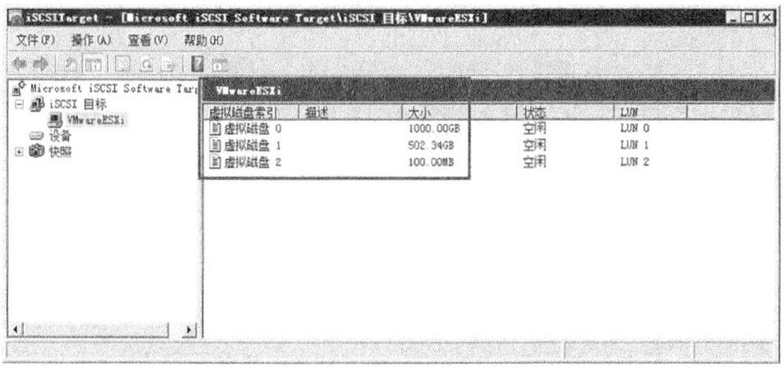

图 6-3-60 为 ESXi 分配的存储空间

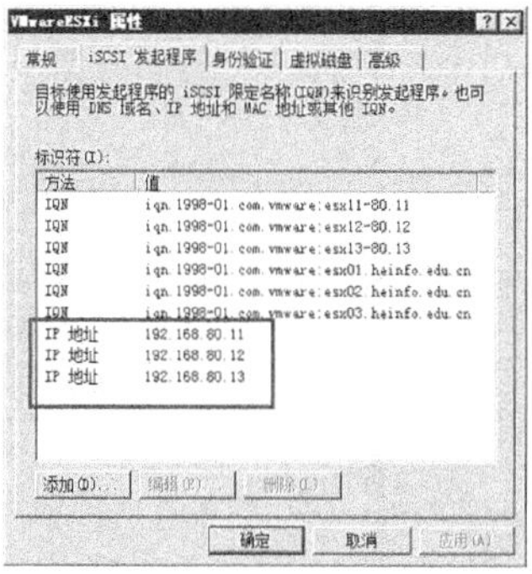

图 6-3-61 iSCSI 发起程序列表

在下面的操作中，将在 ESXi 主机中添加 iSCSI 服务器分配的存储空间，我们以其中一台主机（192.168.80.11）添加为例进行介绍。主要步骤是先添加软件 iSCSI 适配器，然后添加 iSCSI 服务器，扫描存储，添加存储器等。

（1）使用 vSphere Web Client 登录到 vCenter Server，在导航器中选中要添加存储的主机，在右侧选择“管理→存储器→存储适配器”，单击“+”按钮，选择“软件 iSCSI 适配器”，如图 6-3-62 所示。

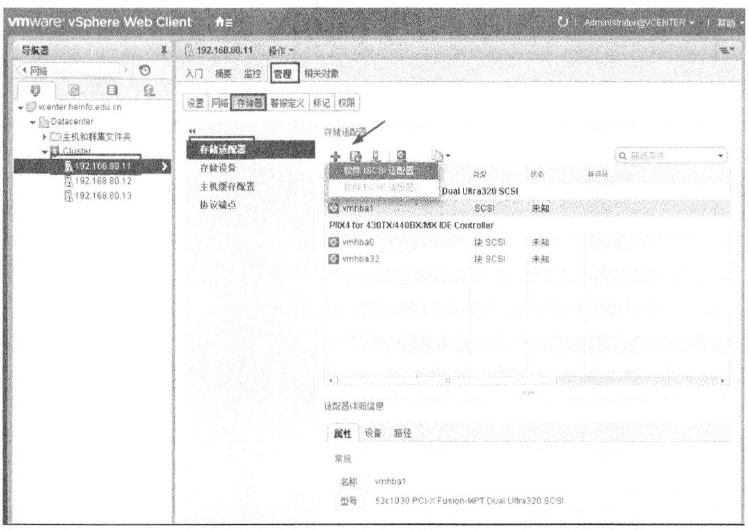

图 6-3-62 添加软件 iSCSI 适配器

（2）在弹出的“添加软件 iSCSI 适配器”对话框单击“确定”按钮，如图 6-3-63 所示。

图 6-3-63 确定

（3）添加适配器之后，在“适配器”列表中可以看到新添加的名为“vmhba33”的适配器，在“属性”

选项卡“常规”选项中单击“编辑”按钮可以修改 iSCSI 发起程序名称，如图 6-3-64 所示。

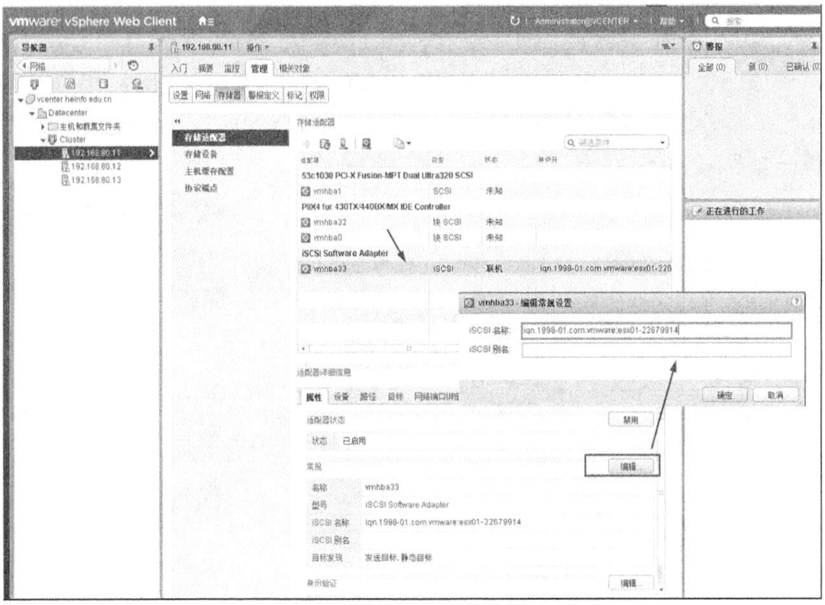

图 6-3-64　iSCSI 发起程序名称

（4）在“身份验证”中单击“编辑”可以打开“编辑身份验证”对话框，在此选择身份验证方式，如图 6-3-65 所示。

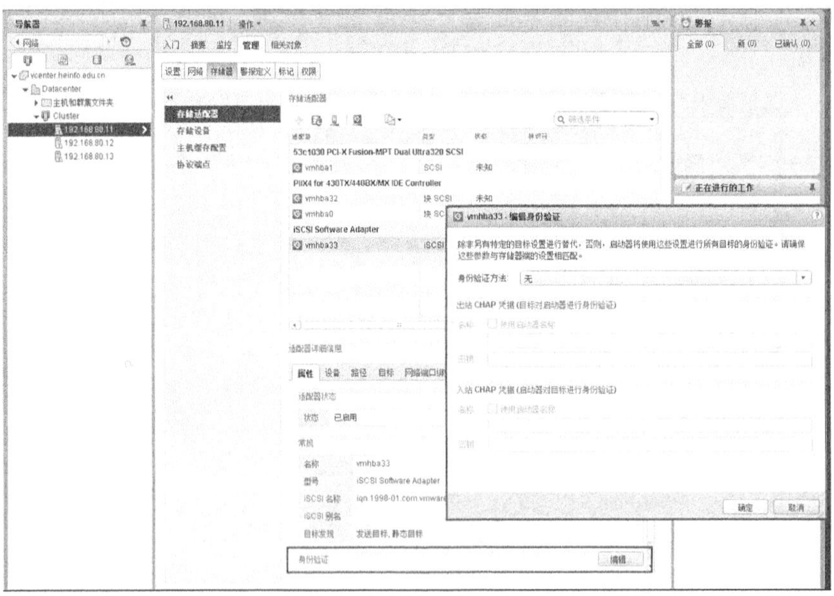

图 6-3-65　身份验证

（5）接下来添加 iSCSI 服务器。在“目标”选项卡中单击“添加”按钮，如图 6-3-66 所示。

（6）在“添加发送目标服务器”对话框中，在“iSCSI 服务器”地址栏中输入要添加的 iSCSI 服务器的 IP 地址或计算机名称，在此 IP 地址为 192.168.80.1，端口采用默认值，如图 6-3-67 所示。

（7）添加之后，系统提示“由于最近更改了配置，建议重新扫描该存储适配器”，如图 6-3-68 所示。

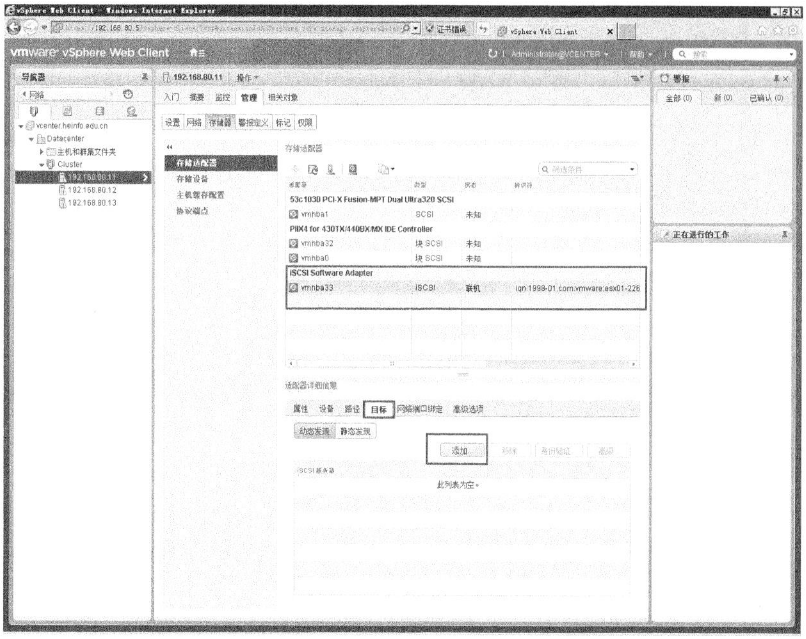

图 6-3-66　添加

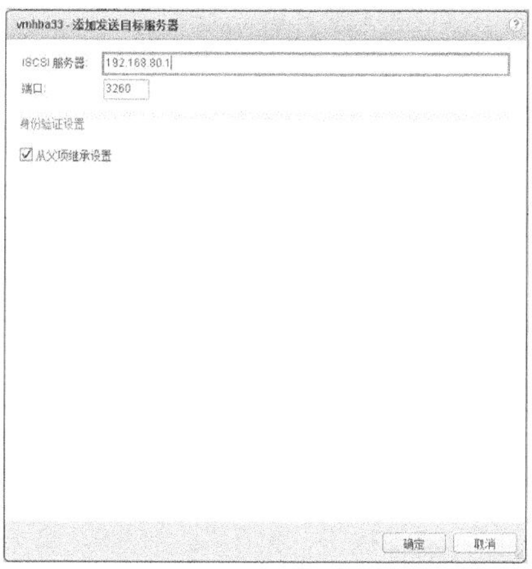

图 6-3-67　添加发旁送目标服务器

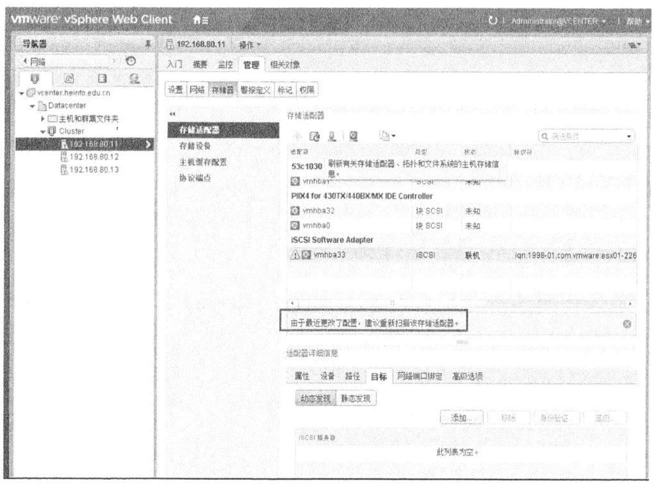

图 6-3-68　添加服务器之后系统提示

（8）单击“操作”菜单，在下拉菜单中选择“存储器→重新扫描存储器”，如图 6-3-69 所示。

（9）在“重新扫描存储器”对话框中单击“确定”按钮，开始扫描，如图 6-3-70 所示。

对于另外两台主机，请参照（1）～（9）的步骤操作，这些不一一赘述。

在向 ESXi 主机添加了 iSCSI 存储服务器地址之后，接下来将 iSCSI 服务器分配给 ESXi 的空间，创建并添加为新的数据存储。

（1）在导航器中，在左侧选中 192.168.80.11 主机，在右侧选择“相关对象→数据存储”，单击“ ”（创建新的数据存储）命令，如图 6-3-71 所示。

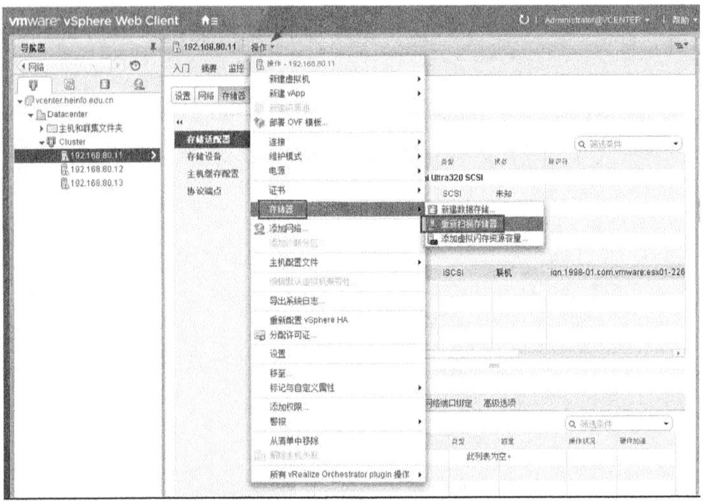

图 6-3-69　重新扫描存储器

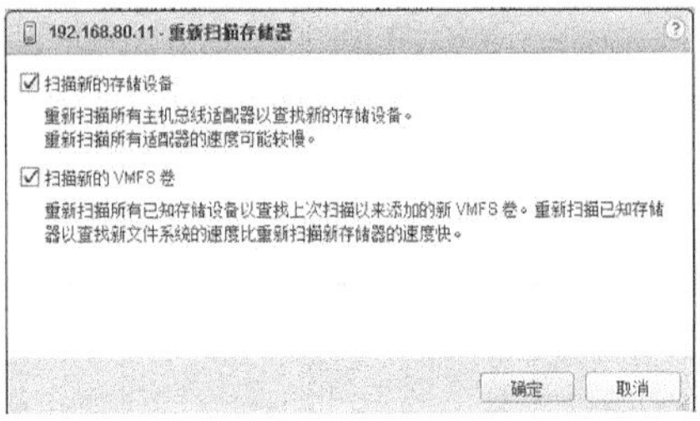

图 6-3-70　重新扫描存储器

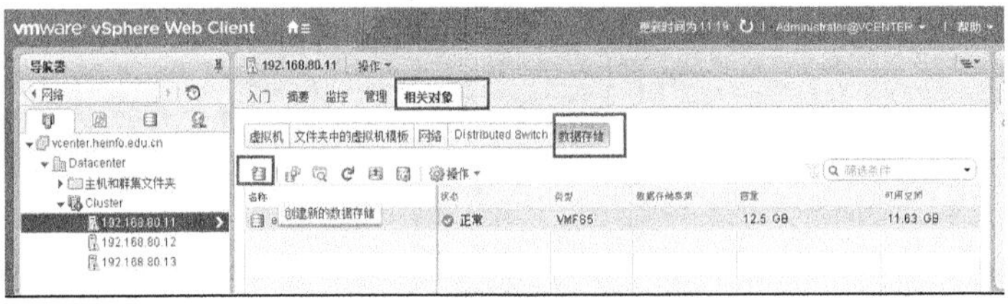

图 6-3-71　创建新的数据存储

（2）在“新建数据存储”对话框选择“VMFS”，如图 6-3-72 所示。

图 6-3-72　选择类型

（3）在“数据存储名称”文本框中输入新添加的存储的名称，在此设置为 iscsi-data1，在“名称”列表中选择要添加的存储空间，如图 6-3-73 所示。在此列表中有两个共享存储，分别是前缀为 MSFT 的存储和前缀为 Local VMware 的本地存储。在此添加大小为 1000GB 的存储。

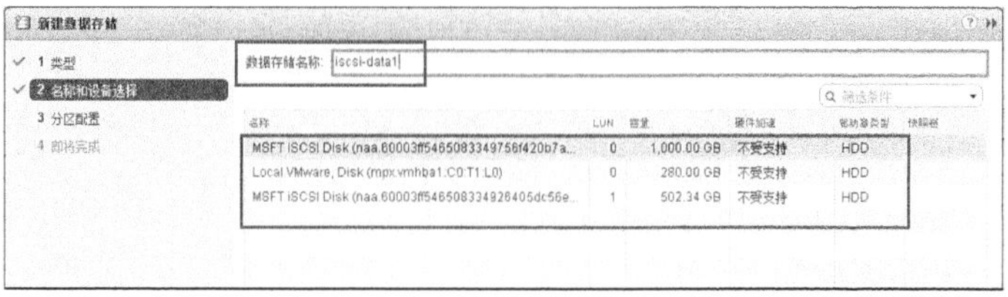

图 6-3-73　选择存储

（4）在“分区配置”对话框选择“使用所有可用分区”，如图 6-3-74 所示。

图 6-3-74　分区配置

（5）在“即将完成”对话框显示了数据存储大小、设备和格式化信息，如图 6-3-75 所示，无误之后单击“完成”按钮，完成添加。

图 6-3-75　添加存储完成

之后参照（1）～（5）的步骤，将另一个 250GB 左右的共享存储添加为 iscsi-data2，如图 6-3-76 所示，这是添加两个共享存储之后的截图。

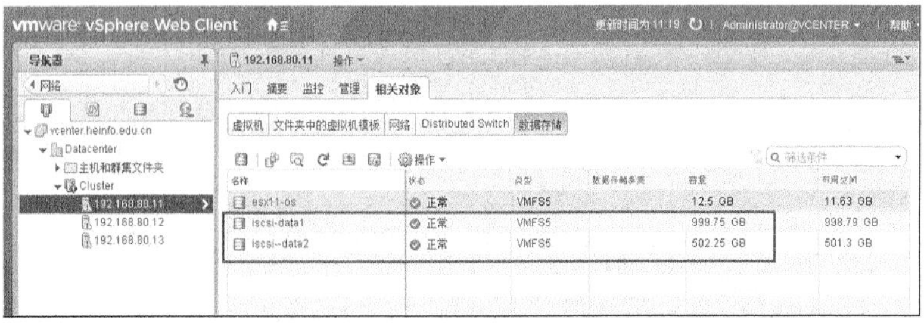

图 6-3-76 添加数据存储完成

你还可以参照上述步骤将 ESXi 本地存储添加为数据存储，步骤与此类似，这些不一一介绍。

如果要扩充数据存储的容量，例如要将前面添加的 iscsi-data1 的存储空间由 1TB 增加为 1.2TB，在 iSCSI 服务器端扩充了容量之后，在 ESXi 主机上重新扫描存储，打开并定位到图 6-3-76 所示的对话框，选择要扩充的数据存储，单击“ ”（增加数据存储容量）按钮，即可以打开“增加数据存储容量”对话框，根据向导操作即可，有关这些内容的更进一步操作不再介绍，如图 6-3-77 所示。

图 6-3-77 增加数据存储容量向导

6.4 管理 vSphere ESXi 6 主机

在本节介绍使用 vSphere Web Client 管理 ESXi 主机的内容。

6.4.1 右键快捷菜单

使用 vSphere Web Client 登录 vCenter Server，在导航器中选中一个主机，在中间窗格中有“入门、摘要、监控、管理、相关对象”等 5 方面内容，而右击导航器中的主机则会弹出快捷菜单，如图 6-4-1 所示。快捷菜单中的功能与中间窗格中的一些选项卡中的内容是完全一样的。

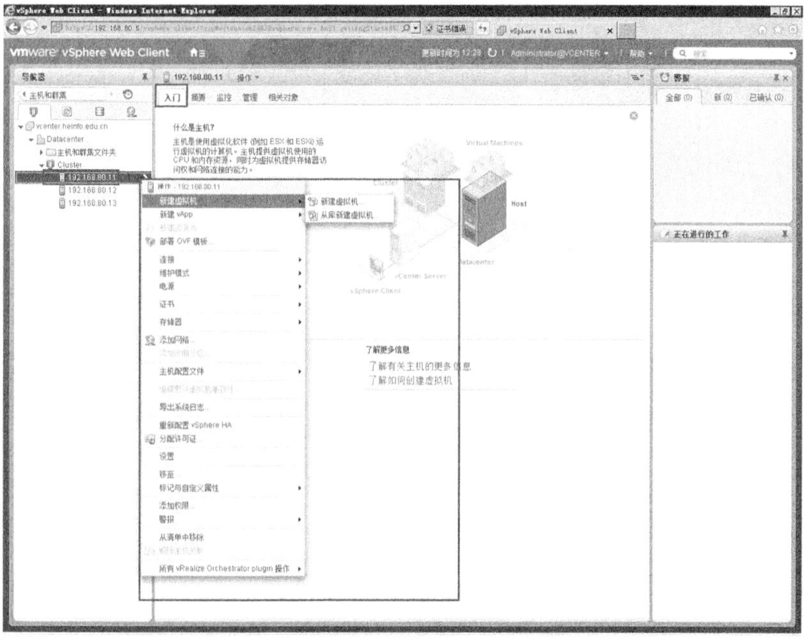

图 6-4-1　右键快捷菜单

（1）在右键菜单中，第一个选项组为“新建虚拟机、新建 vApp、部署 OVF 模板”，在此可以新建虚拟机，新建 vApp 或从 OVF 模板部署虚拟机。其中“新建虚拟机”快捷菜单与“入门”中的“创建新虚拟机”功能相同。

（2）在第二个选项组有“连接、维护模式、电源”功能。其中“连接”选项可以从当前群集断开，或者再次连接到群集，如图 6-4-2 所示：在“维护模式”选项中，可以将主机进入维护模式，或者从维护模式退出，如图 6-4-3 所示；在“电源”功能中，包括“打开电源、进入待机模式、关机、重新引导”四个命令，如图 6-4-4 所示。其中“打开电源”是将处于待机模式的主机打开电源。

（3）在“证书”功能中可以续订证书或刷新 CA 证书，如图 6-4-5 所示。

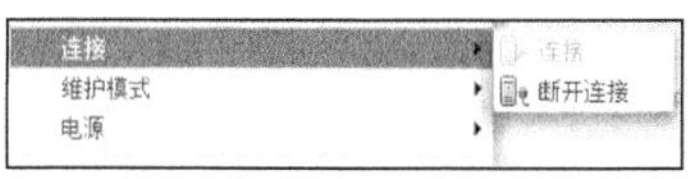

图 6-4-2　连接

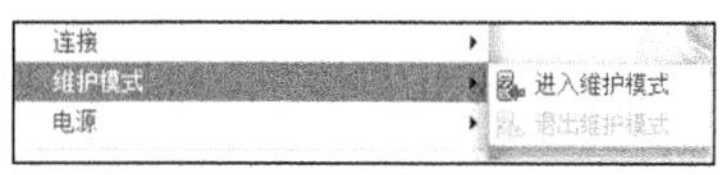

图 6-4-3　维护模式

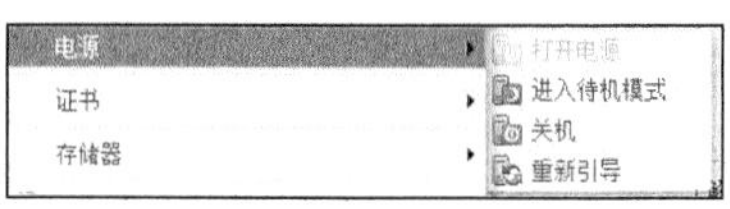

图 6-4-4　电源功能

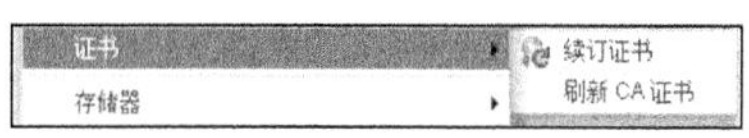

图 6-4-5　证书功能

（4）在“存储器”中包括“新建数据存储、重新扫描存储器、添加虚拟闪存资源容量”这三个功能，如图 6-4-6 所示。

图 6-4-6　存储器

（5）如果选择“添加网络”，则会进入“添加网络”向导，如图 6-4-7 所示。

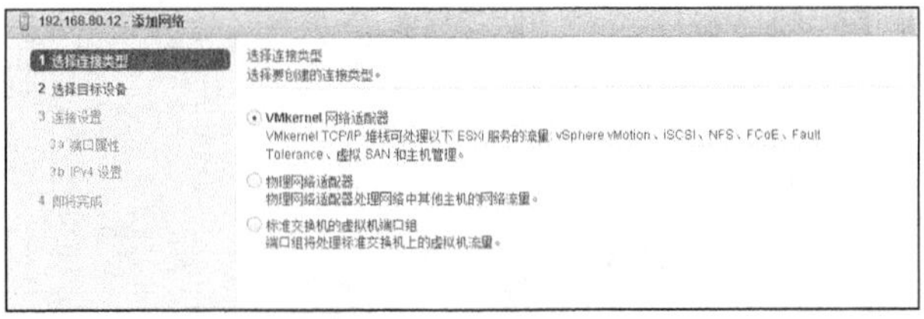

图 6-4-7　添加网络

（6）在“主机配置文件”选项中包括“提取主机配置文件、附加主机配置文件、更改主机配置文件、修复、分享主机配置文件、检查主机配置文件合规性、重置主机自定义”等功能，如图 6-4-8 所示。

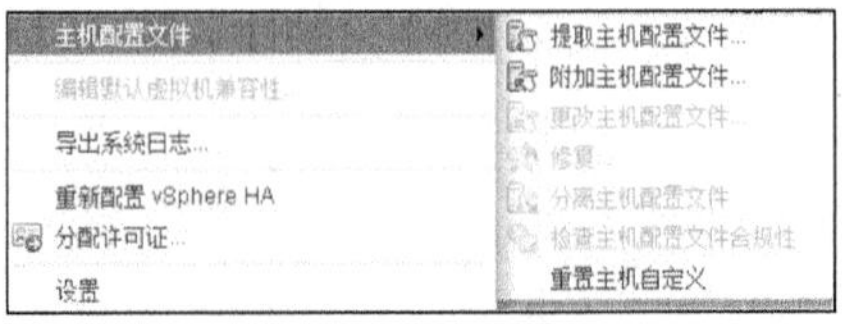

图 6-4-8　主机配置文件

（7）选择“导出系统日志”，将会进入“导出日志”向导，可以根据需要，选择生成日志包并将其下载导出（导出的是一个 ZIP 格式的压缩包），如图 6-4-9 所示。

图 6-4-9　生成日志包

（8）选择“重新配置 vSphere HA”，将会为当前主机重新配置 HA。选择“分配许可证”，将会进入“分配许可证”对话框，为当前主机选择合适的许可证，如图 6-4-10 所示。

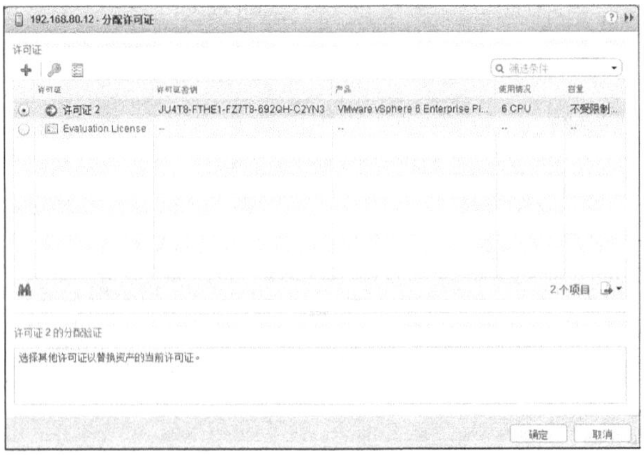

图 6-4-10　分配许可证

（9）选择“移至”，将会打开“移至”对话框，可以将选择的主机移动到其他数据中心、文件夹或群集，如图 6-4-11 所示。

（10）在“标记与自定义属性”选项中包括“分配标记、移除标记、编辑自定义属性、删除自定义属性”等功能，如图 6-4-12 所示。

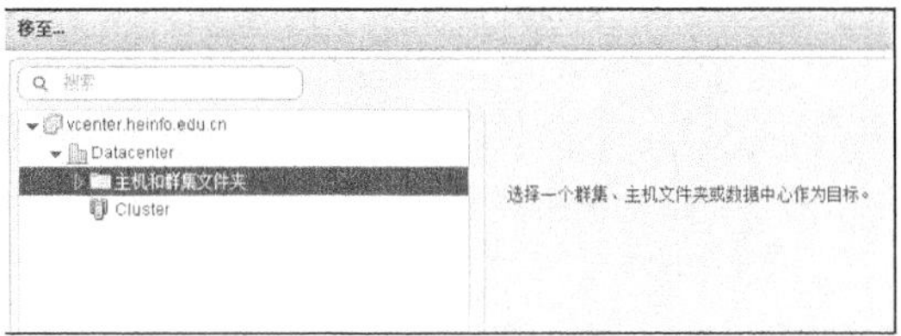

图 6-4-11　移动主机

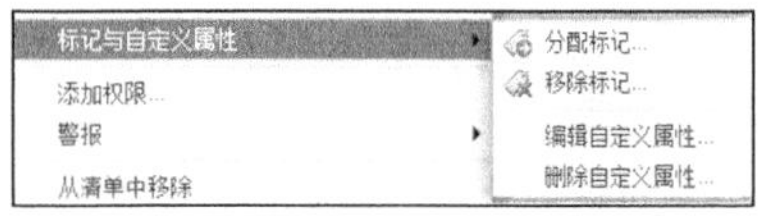

图 6-4-12　标记与自定义属性

（11）选择“添加权限”将打开“添加权限”对话框，可以为当前的主机添加用户及分配权限，如图 6-4-13 所示。

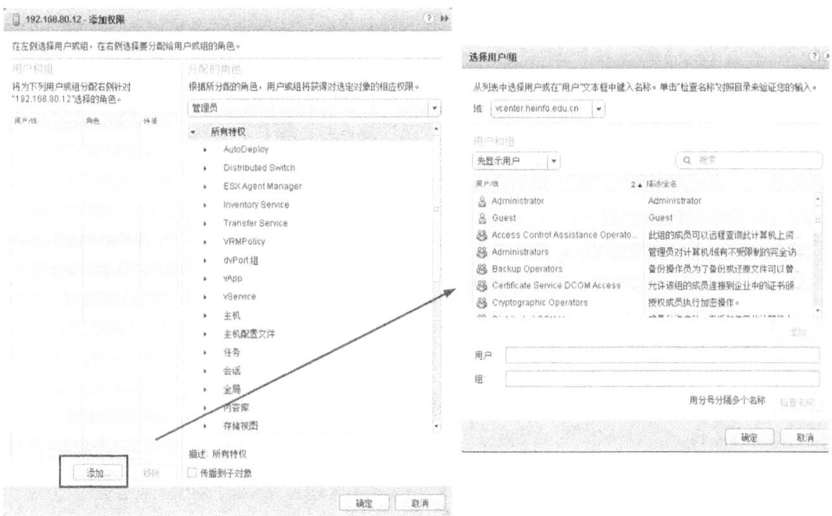

图 6-4-13　添加权限

（12）在“警报”选项中包括“新建警报定义、启用警报操作、禁用警报操作”三项功能，如图 6-4-14 所示。

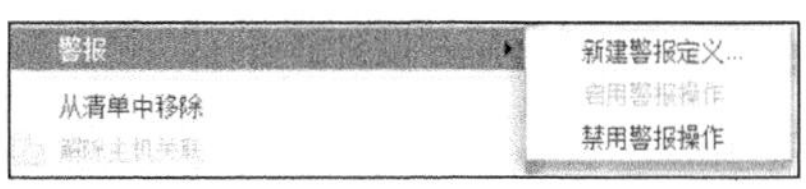

图 6-4-14　警报

（13）如果选择“从清单中移除”，则可以将处于“维护模式”的主机从当前群集或数据中心中移除。

6.4.2　摘要信息

在“摘要”选项卡中可以查看主机的信息，这包括主机的型号、处理器类型、逻辑处理器数量、网卡数量、当前 ESXi 主机虚拟机的数量、虚拟机运行时间等信息，还以图形方式显示 CPU、内存、存储的利用率。单击“硬件”、“配置”、“标记”、“相关对象”，可以显示对应的、更加详细的信息，如图 6-4-15 所示。

图 6-4-15　摘要

6.4.3　查看监控

在“监控”选项卡显示所选主机的“问题、性能、日志浏览器、任务、事件、硬件状态”等信息，如图 6-4-16 所示。

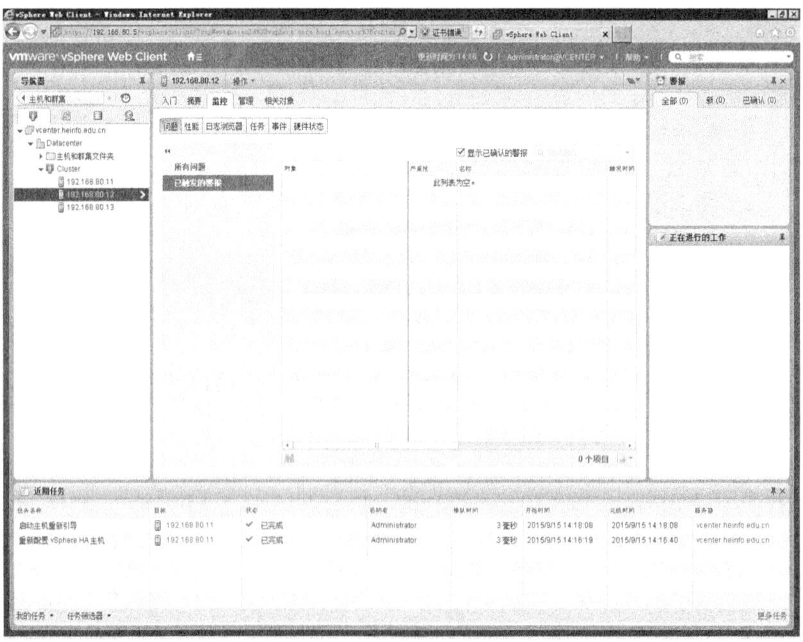

图 6-4-16　监控

6.5　使用 vSphere Web Client 配置虚拟机

前面的章节介绍了使用传统客户端 vSphere Client 管理 ESXi 或 vCenter Server，实现了在 ESXi 中创建虚拟机的内容。本节介绍使用 vSphere Web Client 在 ESXi 中配置虚拟机的内容。

6.5.1　上传数据到 ESXi 存储

无论是在虚拟机中安装操作系统，还是在虚拟机中安装应用程序，都需要管理 vSphere 数据中心的客户端或使用虚拟机的终端用户与虚拟机传输数据。向虚拟机传输数据有多种方式，一个最简单的方式就是将常用的操作系统、应用程序的光盘镜像（ISO 格式）上传到 vSphere 数据中心中可共享的数据存储，是一种最方便的方法。在此介绍使用 vSphere Web Client 上传文件到存储的内容。下面以将 Windows Server 2003、Windows Server 2012 R2 安装光盘镜像上传到 iSCSI 服务器分配给 ESXi 的共享存储为例，介绍使用 vSphere Web Client 上传数据的方法。

（1）使用 vSphere Web Client 登录到数据中心，在导航器中选中一个主机，在右侧“相关对象→数据存储”中选择存储，如图 6-5-1 所示，或者单击“ ”浏览选择存储。

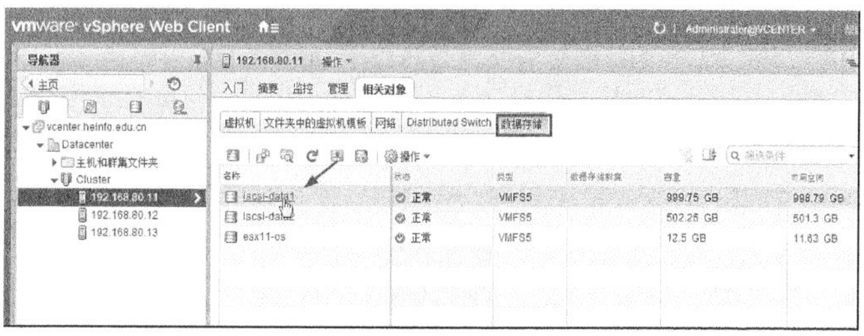

图 6-5-1　选择浏览存储

（2）浏览定位到一个共享存储，例如本例中的“iscsi-data1”，选择根目录，单击“ ”按钮（创建新的文件夹），弹出一个“创建新的文件夹”对话框，在此设置一个名称，用于创建一个新的文件夹，单击“创建”按钮，如图 6-5-2 所示。

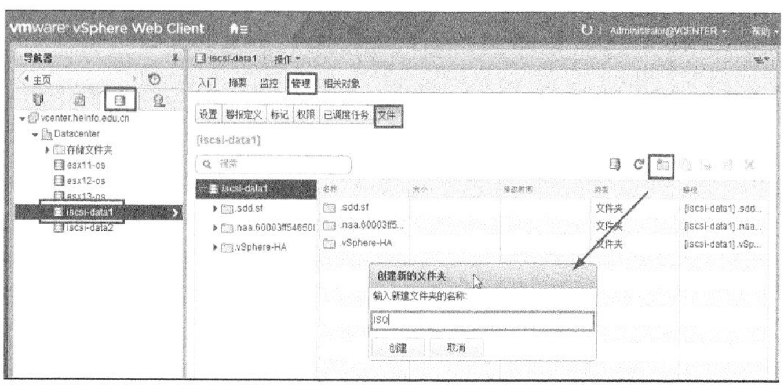

图 6-5-2　创建新文件夹

（3）选中创建的文件夹，本例中是 ISO，单击“ ”按钮，将文件上传到数据存储，在弹出的“打开”对话框中选择上传的文件，单击“打开”按钮，如图 6-5-3 所示。

【说明】上传文件不仅仅限于 ISO 文件，你可以根据需要上传所需要的任何文件，还可以根据需要再创建其他文件夹，以及在文件夹中创建子文件夹。

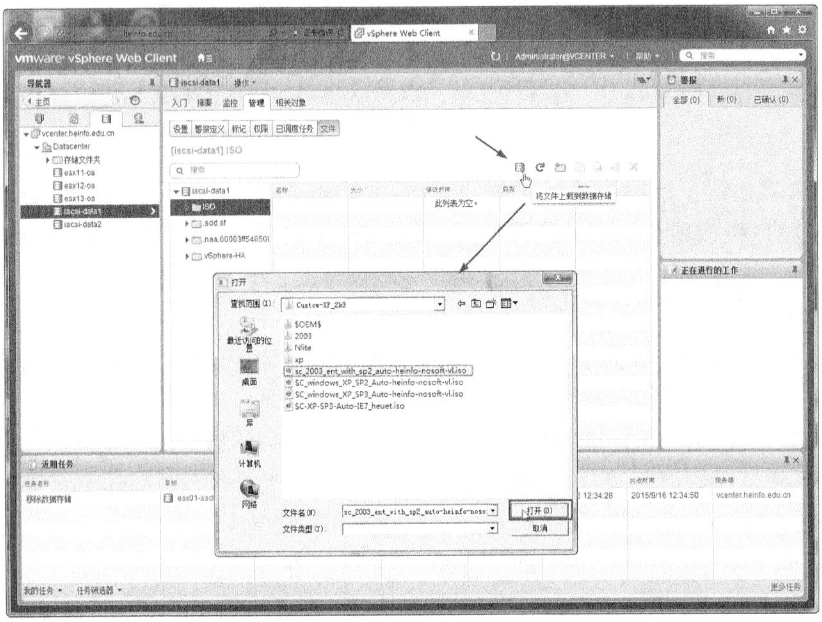

图 6-5-3　选中文件进行上传

（4）在上传的时候会有进度显示，如图 6-5-4 所示。

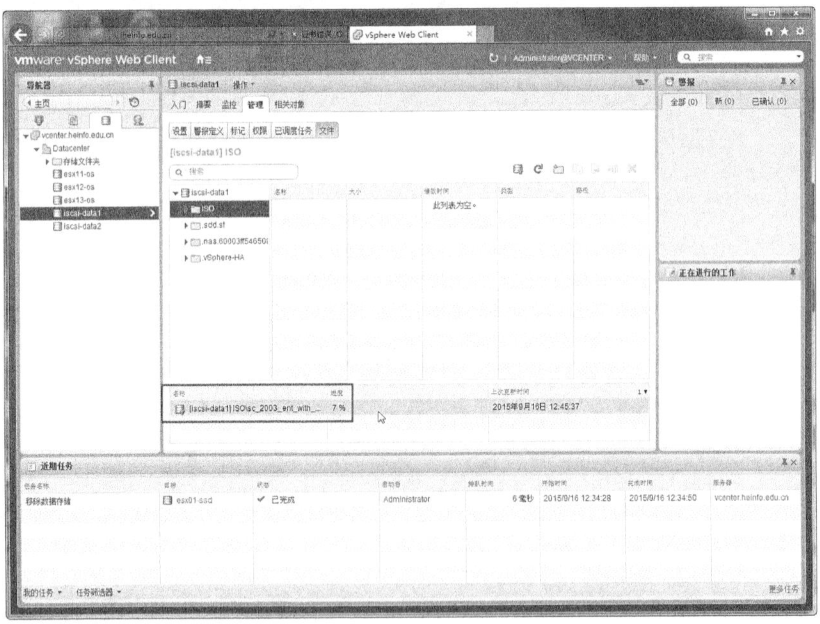

图 6-5-4　上传文件进度

在以后的后期管理中可以删除不需要的上传文件，也可以将上传的文件下载到本地。这些操作比较简单，就不再一一介绍。

6.5.2　创建新的虚拟机

你可以在导航器中选择数据中心、群集、主机，在这些目标中新建虚拟机，并且在新建虚拟机的时候，可以选择虚拟机的保存位置。下面介绍使用 vSphere Web Client 创建虚拟机的方法。

（1）在导航器中选择数据中心、群集、主机，或者这些目标中的文件夹，用鼠标右击，在弹出的快捷菜单中选择“新建虚拟机→新建虚拟机”，如图 6-5-5 所示，可以进入新建虚拟机向导。

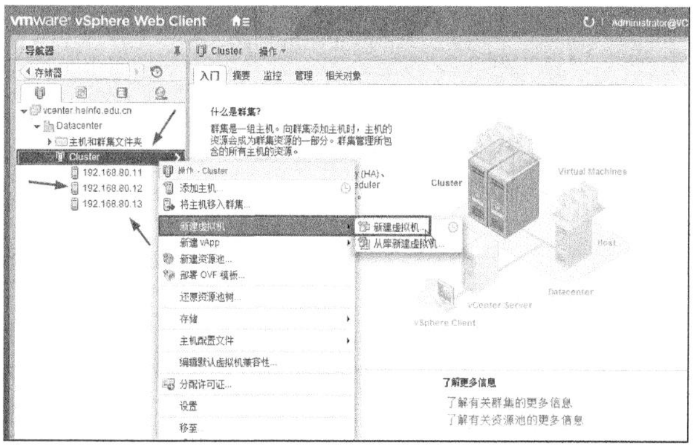

图 6-5-5　新建虚拟机

（2）也可以在导航器中选择一个目标，在中间窗格中，在“入门”选项卡中选择“创建新虚拟机”链接，如图 6-5-6 所示。

【说明】根据导航器中选择的目标不同，其“基本任务”列表中显示也会不同。

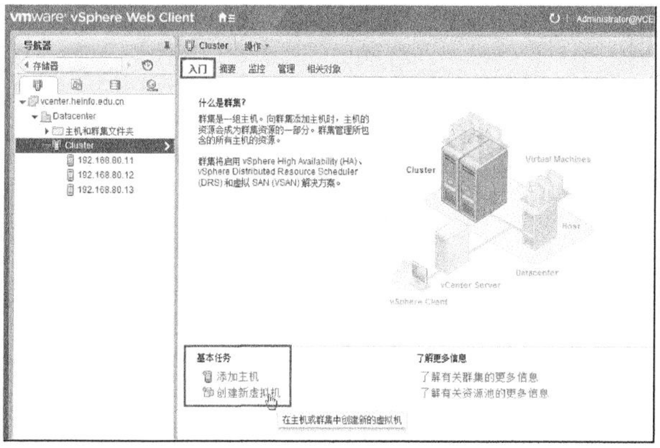

图 6-5-6　创建新虚拟机

（3）无论使用上述任何一种方法，都会进入“新建虚拟机（已调度）”向导，如图 6-5-7 所示。

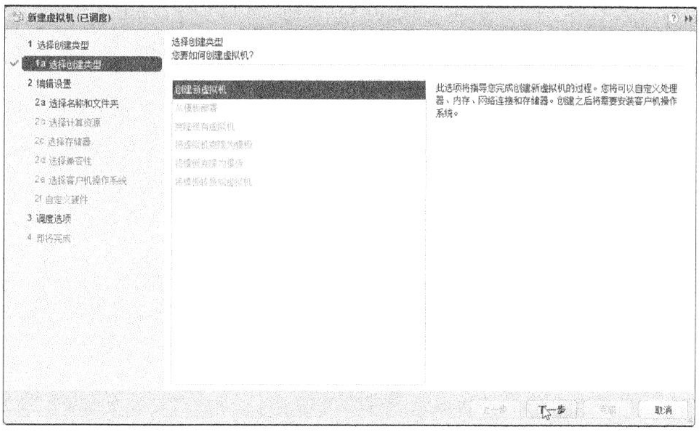

图 6-5-7　新建虚拟机向导

（4）在“编辑设置→选择名称和文件夹”选项“为该虚拟机输入名称”文本框中，设置新建虚拟机的名称。对于一个新配置的 vSphere 数据中心，同样是要创建一些“模板”虚拟机，在此先创建一个 Windows Server 2003 的虚拟机，设置名称为“WS03R2_TP”，如图 6-5-8 所示。伴随着微软停止对 Windows Server 2003 的更新支持，Windows Server 2003 以后的使用会慢慢减少，但不可否认，一些单位还是使用了大量的 Windows Server 2003 操作系统。在“为该虚拟机选择位置”中选择保存该虚拟机的位置。

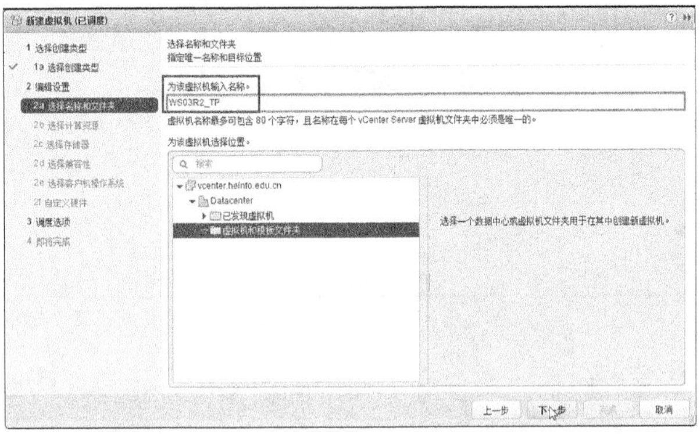

图 6-5-8　设置虚拟机的名称和位置

（5）在“选择计算资源”选项中为此虚拟机选择目标计算资源，你可以选择群集、主机等项，如图 6-5-9 所示。

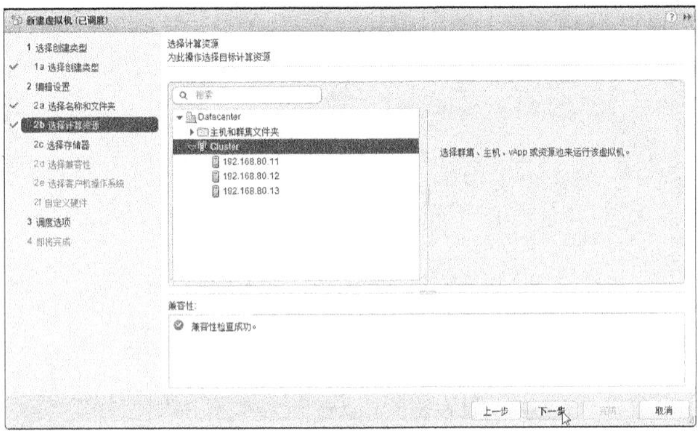

图 6-5-9　选择计算资源

（6）在“选择存储器”选项中选择要存储配置和磁盘文件的数据存储，在此选择名为 iscsi-data1 的存储，如图 6-5-10 所示。在你的生产环境或实验环境中，请根据你的规划及实际情况选择。

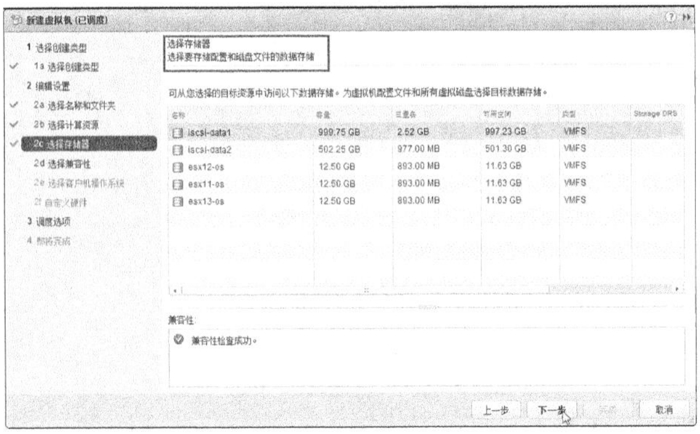

图 6-5-10　选择存储器

（7）在“选择兼容性”选项中为此虚拟机选择兼容性，如图 6-5-11 所示。如果虚拟机保存在共享存储中，虚拟机的兼容性要与连接此存储的最低的 ESXi 主机版本相同才可，否则低版本的 ESXi 主机不能使用高版本的虚拟机。

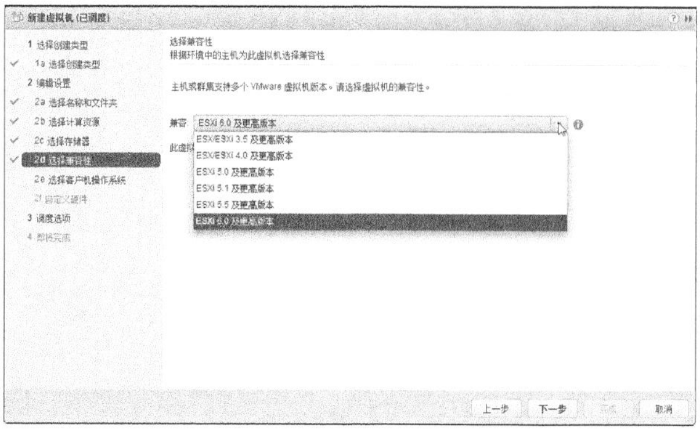

图 6-5-11　选择兼容性

（8）在“选择客户机操作系统”选项中选择客户机操作系统系列（Windows、Linux、其他）及版本，如图 6-5-12 所示，在此选择 Windows Server 2003（32 位）。

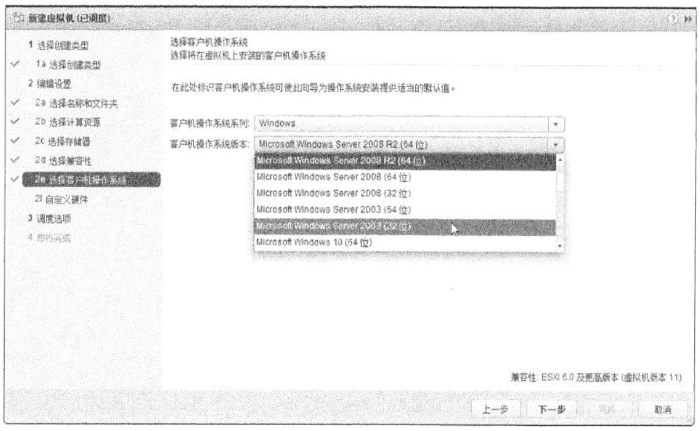

图 6-5-12　选择客户机操作系统

（9）在“自定义硬件”选项中选择虚拟机的配置，包括 CPU 数量、内存大小、硬盘大小及格式。在此还可以为软驱、CD/DVD 驱动器选择“客户端设备、主机设备或数据存储 ISO 文件”，如图 6-5-13 所示，为“新 CD/DVD 驱动器”选择“数据存储 ISO 文件”，因为在上一节已经上传了操作系统的镜像到数据存储中。

图 6-5-13　自定义硬件

在“选择文件”对话框浏览选择数据存储中保存的镜像，在此选择 Windows Server 2003 的 ISO 镜像，如图 6-5-14 所示。

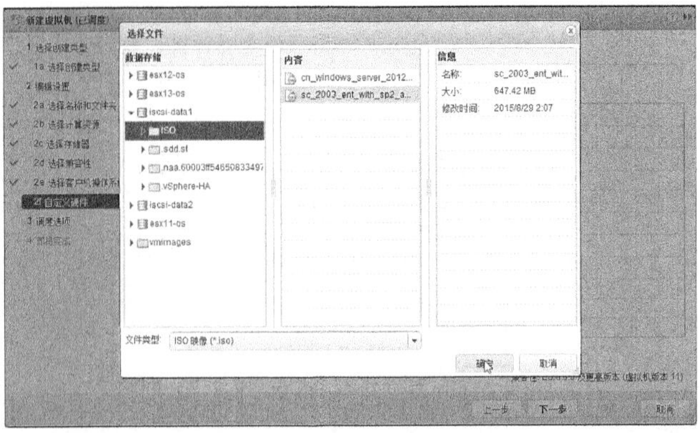

图 6-5-14　选择镜像文件

返回到“自定义硬件”对话框，单击“连接”选项，以确保虚拟机在启动的时候能连接到该文件，如图 6-5-15 所示。

图 6-5-15　打开电源时连接

（10）在“新硬盘”选项“磁盘置备”选项中，选中“Thin Provision”（精简置备），默认情况下是“厚置备延迟置零”，如图 6-5-16 所示。其他选项可以根据需要选择或设置，但一般情况下，为 Windows Server 2003 分配 1 个 CPU、1GB 内存即可。如果配置不够，以后可以根据需要修改。

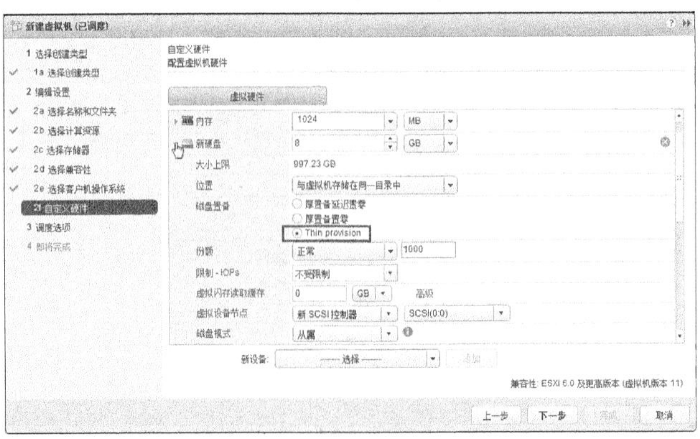

图 6-5-16　硬盘选项

（11）在“3 调度选项”中，默认会创建一个“创建新虚拟机”的任务名称，在“配置的调度程序”后面单击“更改”链接，在弹出的“配置调度程序”对话框中选择“立即运行该操作”，如图 6-5-17 所示。也可以根据需要，选择执行该任务的时间或间隔周期。

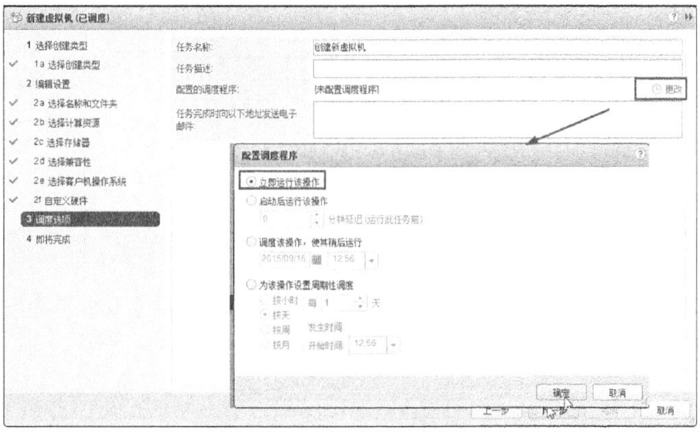

图 6-5-17 调度选项

（12）在“即将完成”对话框显示了创建新虚拟机的选项，检查无误之后单击“完成”按钮，如图 6-5-18 所示。

图 6-5-18 即将完成

6.5.3 在虚拟机中安装操作系统

在创建虚拟机之后，接下来介绍在虚拟机中安装操作系统，步骤如下。

（1）在导航器中选中虚拟机，右击，在弹出的快捷菜单中选择“启动→打开电源”，如图 6-5-19 所示。

（2）之后右击该虚拟机，在弹出的菜单中选择“打开控制台”，如果 IE 浏览器下方弹出“Internet Explorer 阻止了一个来自×××的弹出窗口”，则在“用于此站点的选项”下拉列表中选择“总是允许”，如图 6-5-20 所示。

（3）在新弹出的 IE 浏览器的选项卡中会弹出“此网站的安全证书有问题”，单击“继续浏览此网站”，如图 6-5-21 所示。

（4）之后会在新的选项卡中，在 IE 浏览器中加载虚拟机的界面，如图 6-5-22 所示。

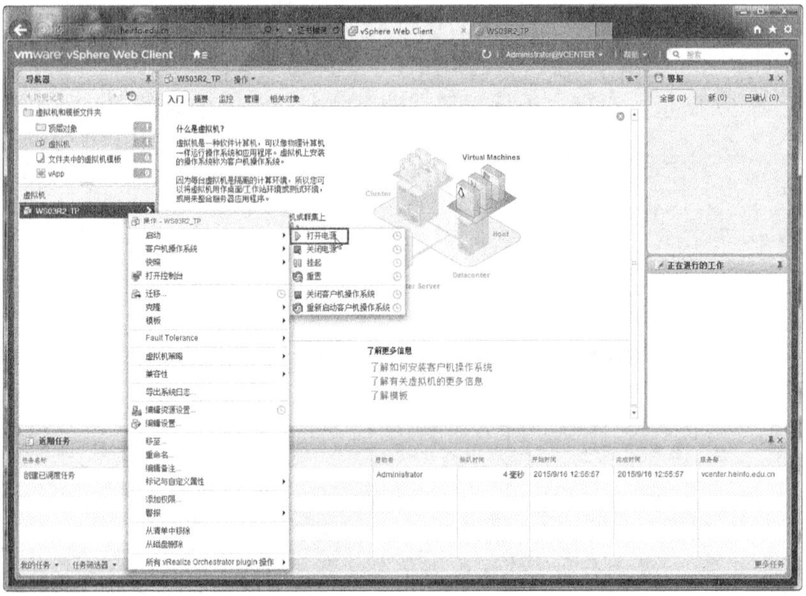

图 6-5-19　打开电源

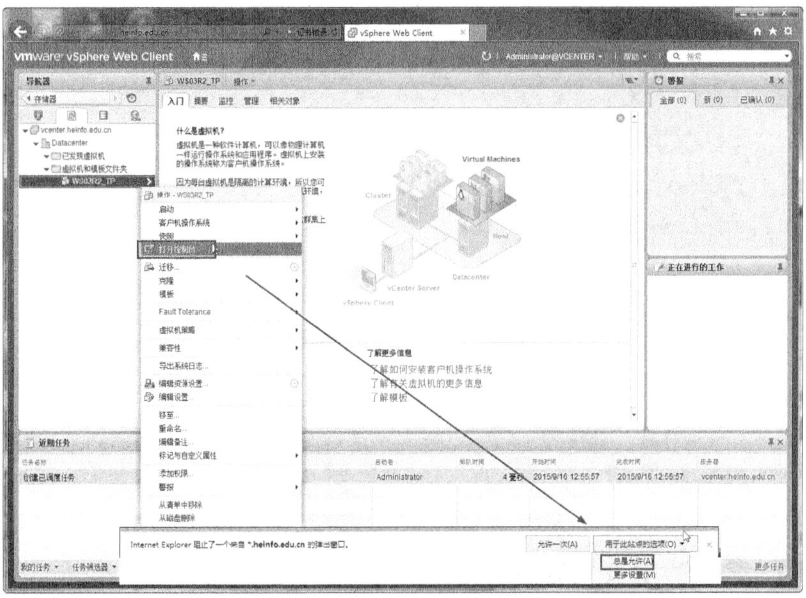

图 6-5-20　打开控制台并允许弹出窗口

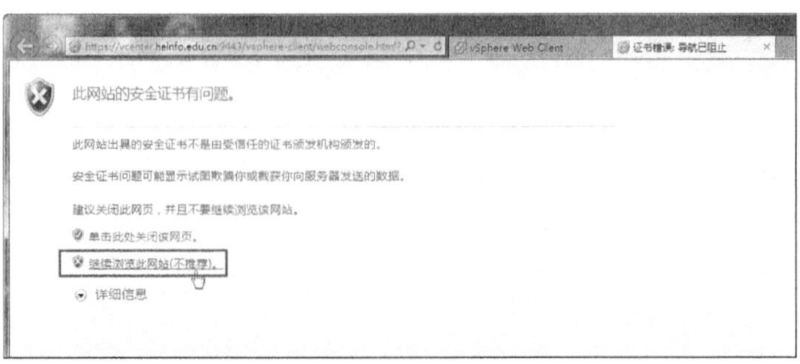

图 6-5-21　继续浏览此网站

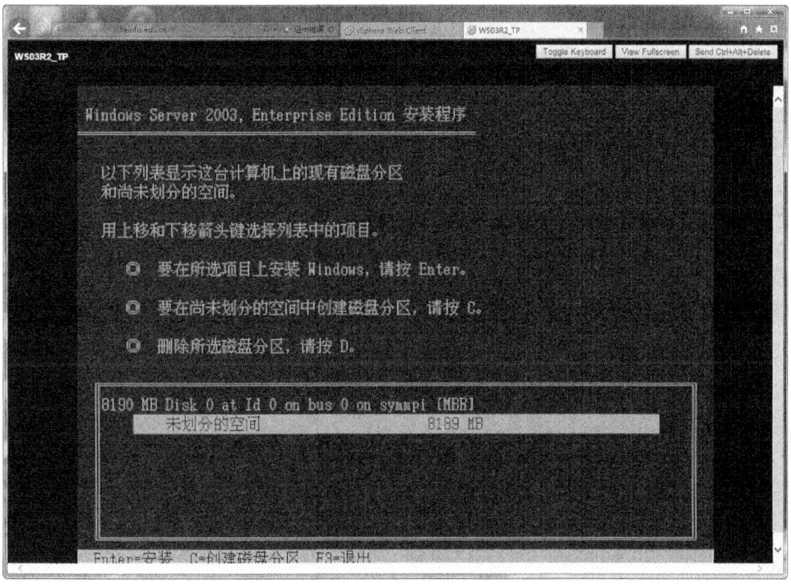

图 6-5-22　加载虚拟机控制台界面

（5）之后在控制台界面中安装 Windows Server 2003，如图 6-5-23 所示。

图 6-5-23　安装操作系统

【说明】当鼠标、键盘控制在虚拟机中时，如果要从虚拟机中切换过来，请按 Ctrl+Alt 热健。在安装 VMware Tools 之后，使用鼠标可以直接在虚拟机与主机之间切换。

（6）之后等待虚拟机完成操作系统的安装，如图 6-5-24 所示。

如果操作系统需要“按 Ctrl+Alt+Del”登录，可以单击右上角的“Send Ctrl+Alt+Delete”按钮，发送 Ctrl+Alt+Del 命令，或者按 Ctrl+Alt+Insert 代替。

在实际的使用中，因为在 IE 浏览器中显示操作系统的界面，会显得比较慢，所以，如果你的主机安装了“VMware Remote Console（VMware 远程控制台）”（可以参见本章“6.2.7 下载远程控制台”一节内容）之后，可以用远程控制台打开虚拟机的控制台界面。

图 6-5-24 安装操作系统完成

（1）在 vSphere Web Client 中，在导航器中选择虚拟机，在“摘要”选项卡中单击“启动远程控制台”链接，如图 6-5-25 所示，在弹出的“是否允许此网站打开你计算机上的程序”，单击“允许”按钮，如果不想每次弹出此提示，请取消“打开此类地址前总是询问”的选项。

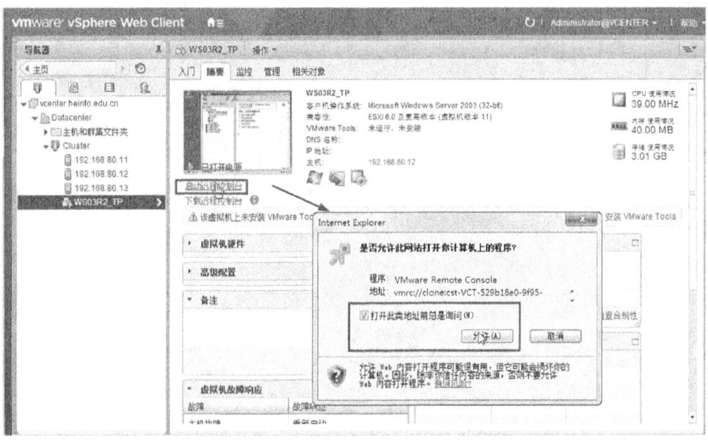

图 6-5-25 启动远程控制台

（2）打开远程控制台后，在“VMRC”菜单中可以对虚拟机执行常规的操作，例如可以执行开关机、发送 Ctrl+Alt+Del 键、连接或映射可移动设备、安装 VMware Tools 修改虚拟机配置、将虚拟机进入全屏等，如图 6-5-26 所示，选择“Manage→Install VMware Tools”以安装 VMware Tools。

（3）如果不在“远程控制台”的菜单中选择安装 VMware Tools，也可以在 vSphere Web Client 中右键单击虚拟机，在弹出的快捷菜单中选择“客户机操作系统→安装 VMware Tools”，如图 6-5-27 所示。

（4）之后在虚拟机中安装 VMware Tools，如图 6-5-28 所示。安装完成之后，根据提示重新启动虚拟机。

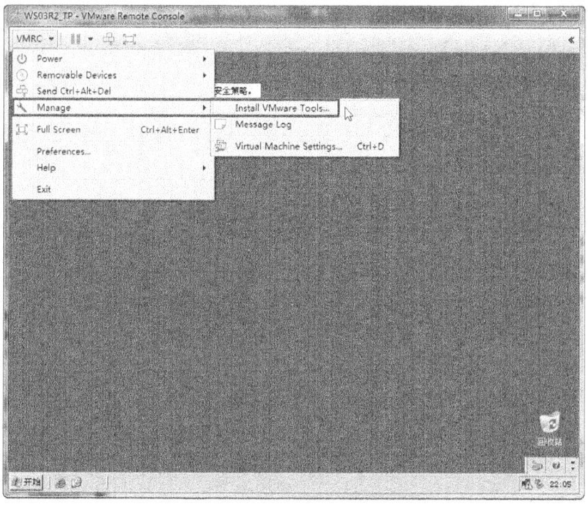

图 6-5-26　安装 VMware Tools（一）

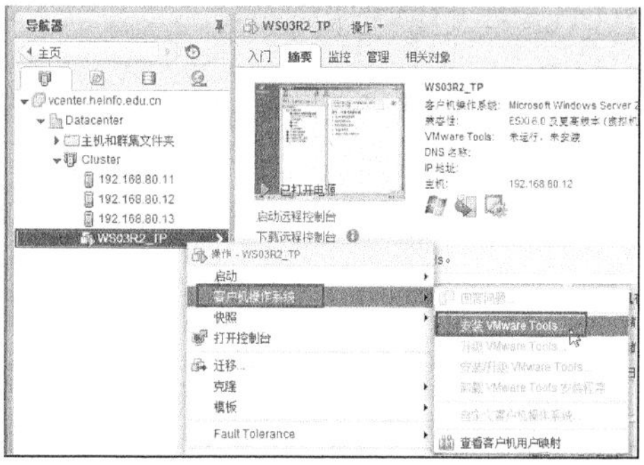

图 6-5-27　安装 VMware Tools（二）

图 6-5-28　安装 VMware Tools（三）

图 6-5-29　虚拟机设置

（5）在虚拟机中可以安装软件、进行设置等，如图 6-5-29 所示，这是关闭虚拟机的屏幕保护程序、不允许虚拟机黑屏等设置。

（6）完成设置之后，关闭虚拟机。你也可以在 vSphere Web Client 中右击虚拟机，在快捷菜单中选择“启动→关闭客户机操作系统”，如图 6-5-30 所示。如果虚拟机死机，需要“强制关机”时，则选择“关闭电源”。

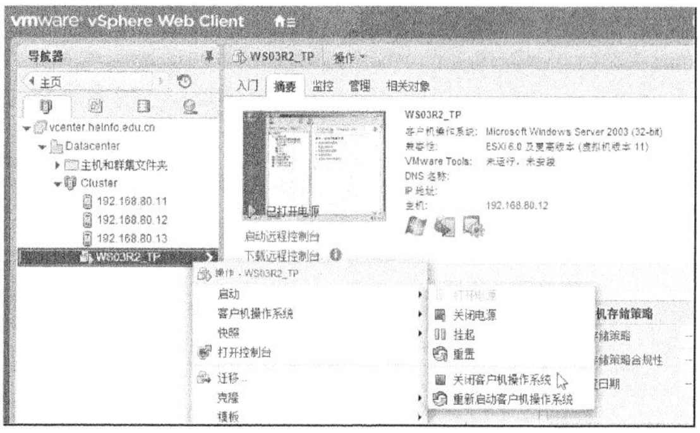

图 6-5-30　关闭虚拟机

如果需要其他虚拟机，请根据本节内容创建，这里不一一介绍。在使用虚拟机的时候，除了使用数据存储中的文件外，还可以使用 vSphere Web Client 的文件，下面将介绍这方面内容。为了做这个测试，你可以创建一个新的虚拟机进行实验。在本示例中，我们将创建一个名为 WS08R2-TP 的虚拟机，将在此虚拟机中、使用 vSphere Web Client 的 Windows Server 2008 R2 镜像安装操作系统，主要步骤如下。

（1）登录 vSphere Web Client，创建名为 WS08R2-TP 的虚拟机，如图 6-5-31 所示，这是新建虚拟机的“即将完成”对话框。

图 6-5-31　新建虚拟机

（2）在导航器中选中新建的虚拟机，在“摘要”选项卡中单击“启动远程控制台”，如图 6-5-32 所示。

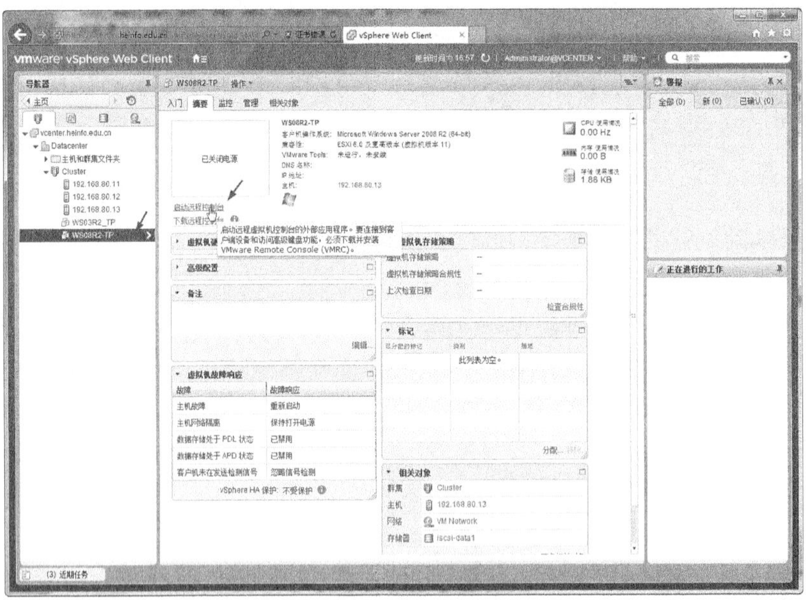

图 6-5-32　启动远程控制台

（3）在 VMware 远程控制台界面单击“▶”按钮启动虚拟机。由于此时虚拟机还没有操作系统，也没有加载镜像，此时会进入“网络启动”的界面，如图 6-5-33 所示。如果当前网络中有“Windows 部署服务”，则当前虚拟机可以通过网卡启动并通过 WDS（Windows 部署服务）安装操作系统。

（4）在“VMRC”菜单中选择“Removable Devices→CD/DVD 驱动器 1→Connect to Disk Image File”，准备加载本地 ISO 文件，如图 6-5-34 所示。在此对话框中，也可以连接到 vSphere Web Client 的本地光驱（物理或虚拟光驱），或者单击“Settings”进入光驱的设置界面，以选择主机物理设备或数据存储镜像。

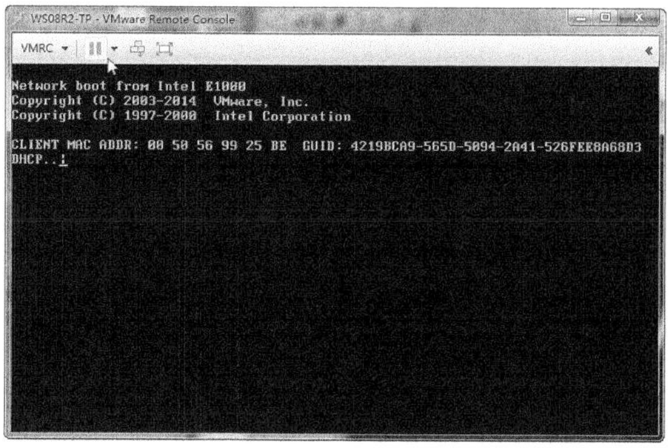

图 6-5-33　启动虚拟机

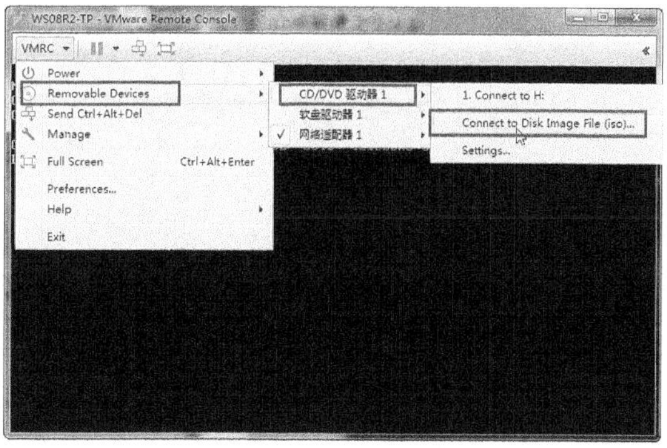

图 6-5-34　连接到镜像文件

（5）在“Choose Image”对话框中浏览选择要加载的操作系统光盘镜像，本示例选择 Windows Server 2008 R2 的镜像，如图 6-5-35 所示。在图示中，有 Windows 7、Windows Server 2008 的操作系统镜像。

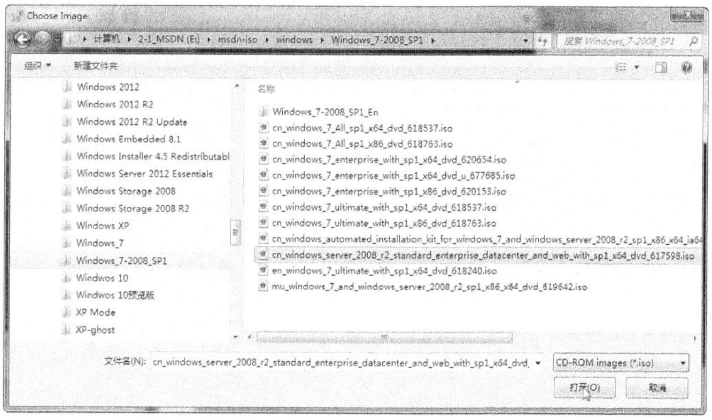

图 6-5-35　选择操作系统光盘镜像

【说明】如果大家经常安装 Windows 操作系统，需要了解 Microsoft 产品的命令规则。其中镜像文件中有 x86（或用于）的表示 32 位系统，x64 表示（或用于）64 位系统；其中 sp1、sp2 之类表示补丁，如果文件名中有 with 表示是集成了 SP1 或 SP2 补丁，没有 with 则表示这只是补丁，安装的时候需要有原产品；cn 表示简体中文版，en 表示英文版，而 mu 表示多语言或是语言包；如果有的产品是 r2 版本，则表示 R2 版本，例如 Windows Server 2003 R2、Windows Server 2012 R2 等。

（6）加载光盘镜像之后，返回到 VMRC 控制台，用鼠标在当中窗口单击一下，然后按“Enter”，虚拟机将会重新选择引导设备，并从（虚拟机）光驱引导，进入操作系统安装界面，如图 6-5-36 所示。

（7）之后安装操作系统，安装完成之后，安装 VMware Tools，如图 6-5-37 所示，这些不再详细介绍。

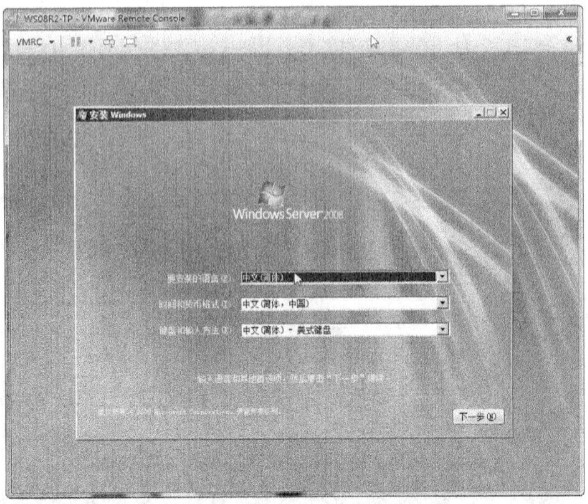

图 6-5-36　从光盘启动

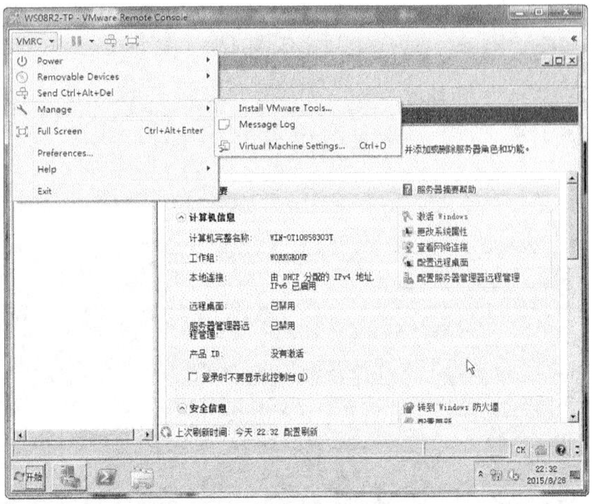

图 6-5-37　安装完操作系统之后安装 VMware Tools

6.5.4　修改虚拟机的配置

在创建虚拟机之后，可以根据需要修改虚拟机的配置（例如，内存大小、CPU 数量），也可以根据需要添加或移除新的虚拟硬件（例如，网卡、硬盘等），或者为虚拟磁盘扩充容量（只能增加，不能减少）。在默认情况下，CPU 与内存只能在“虚拟机关机”的情况下修改，当虚拟机运行时，这些参数不能调整，如图 6-5-38 所示，这是虚拟机运行时打开虚拟机设置页的截图。

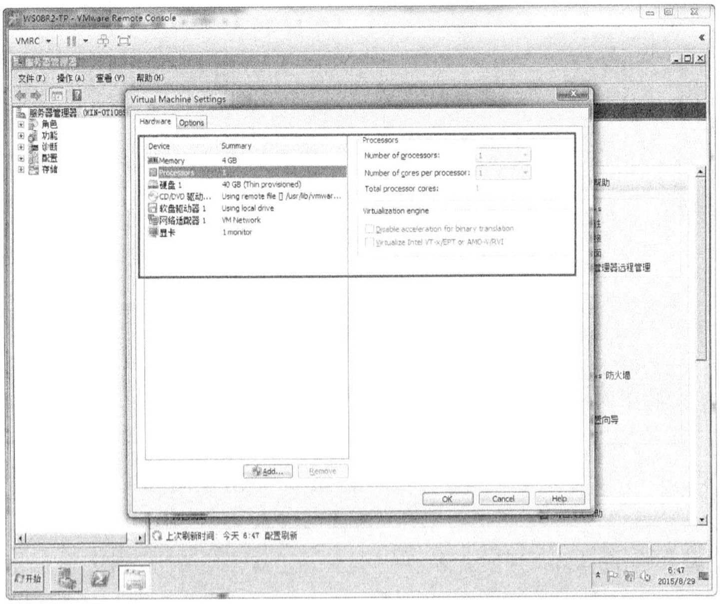

图 6-5-38　虚拟机运行时不能修改 CPU 及内存

有些操作系统是支持 CPU 及内存的热添加（只能增加配置，不能减少，例如可以将内存从 2GB 增加到 3GB，将 CPU 从 1 个改为 2 个，但不能将内存从 2GB 减少到 1GB。如果要降低虚拟机的配置，只能在关闭虚拟机电源后进行）技术的，如果要启用这个功能，需要先关闭虚拟机，在虚拟机设置中启用内存与 CPU 的“热添加”支持。

（1）关闭虚拟机，在“摘要”选项卡中的“虚拟机硬件”选项中单击“编辑设置”链接，如图 6-5-39 所示。

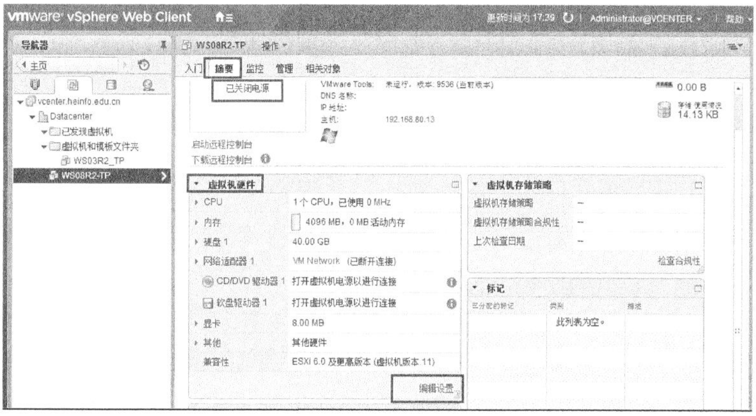

图 6-5-39 编辑设置

（2）打开“编辑设置”对话框，在“虚拟硬件”中单击 CPU 前面的下拉按钮，展开 CPU 选项，单击选中“启用 CPU 热添加”选项，如图 6-5-40 所示。

（3）之后展开“内存”项，启用“内存热插拔”选项，如图 6-5-41 所示。之后单击“确定”按钮，以后虚拟机将可以在运行的时候添加内存及 CPU。

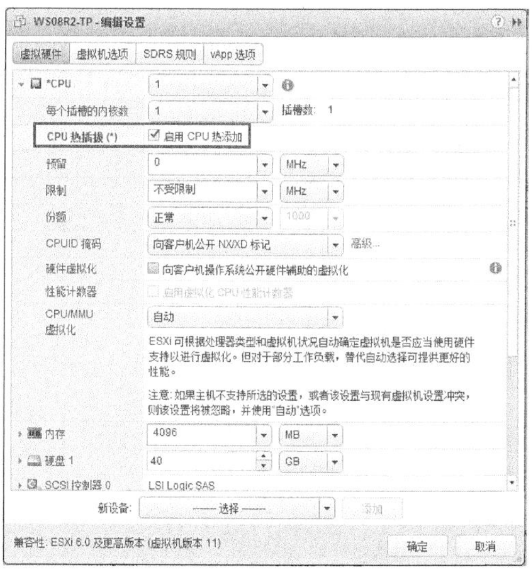

图 6-5-40 启用 CPU 热添加

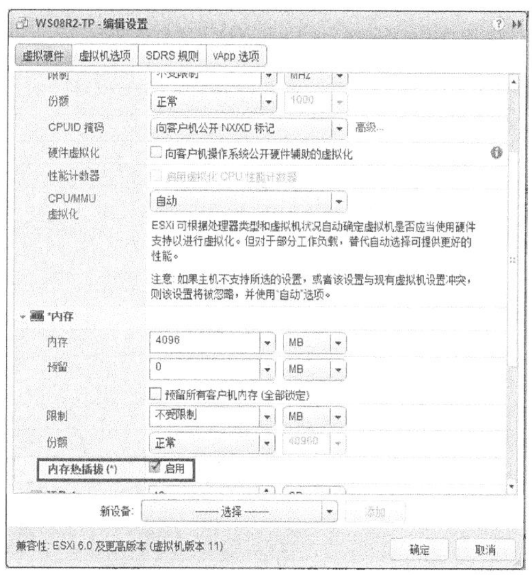

图 6-5-41 启用内存热插拔

无论是使用 vSphere Client，还是 vSphere Web Client，都可以完成虚拟机的配置，例如添加或移除硬件，但使用 vSphere Web Client，还会有一些“新”的功能，下面介绍一些特色设置。

（1）在“虚拟硬件→硬盘”选项中可以设置硬盘的“份额”及是否限制 IOPS，或者配置“虚拟内存”，如图 6-5-42 所示。

（2）在“虚拟机选项→VMware 远程控制台”选项可以选择“最后一个远程用户断开连接后，锁定客户机操作系统”，限制会话数上限，如图 6-5-43 所示。

其他的设置则与 vSphere Client 类似，不再一一介绍。

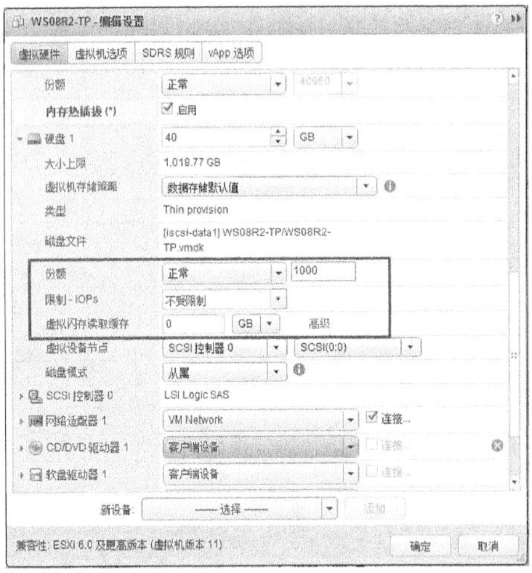

图 6-5-42 硬盘设置

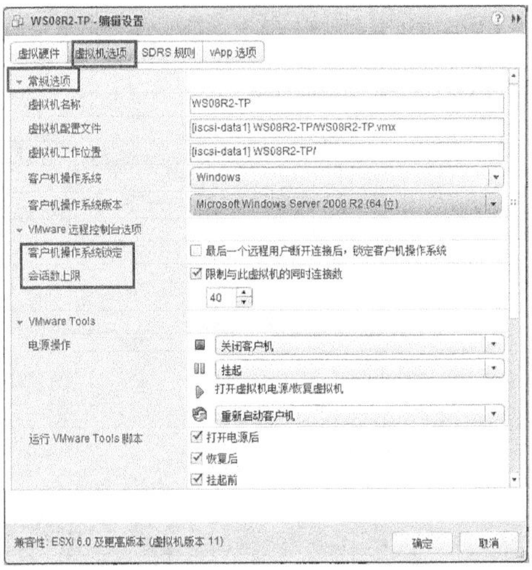

图 6-5-43 虚拟机选项

6.5.5 在虚拟机中使用 vSphere Web 客户端外设

本节介绍虚拟机使用外设的功能，这包括使用 vSphere Web Client 的外设，或者 vSphere ESXi 主机的外设。对于大多数的 USB 设备，无论是在 ESXi 主机，还是 vSphere Web Client，差不多都能映射（或加载）给某个虚拟机使用。如果是并口（LPT）、串口（COM）设备，一般是将这些设备连接到 ESXi 主机上。

在虚拟机中使用外设，有两种方法，对于 vSphere Web Client 的设备，可以在 VMRC 控制台中映射 vSphere Web Client 设备到主机中，这些映射并不是永久的，一旦 vSphere Web Client 关闭，则映射也一同断开。对于 ESXi 主机的设备，可以通过修改虚拟机的设置，一直映射到虚拟机中。

（1）在 vSphere Web Client 插入一个 U 盘，登录 vSphere Web Client，打开虚拟机的远程控制台，在“VMRC”菜单选择“Manage→Virtual Machine Settings”，如图 6-5-44 所示。

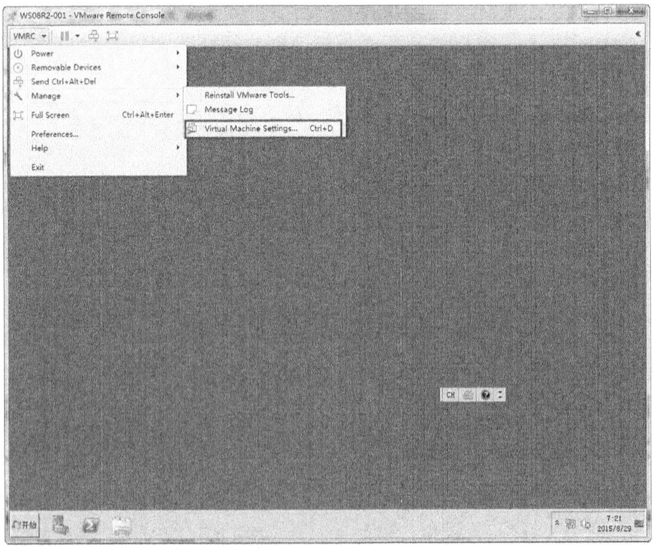

图 6-5-44 虚拟机设置

（2）打开虚拟机属性对话框，单击“添加”按钮，如图 6-5-45 所示。

（3）在“Add Hardware Wizard（添加硬件向导）”对话框“Hardware Type”中添加“USB Controller”，如图 6-5-46 所示。

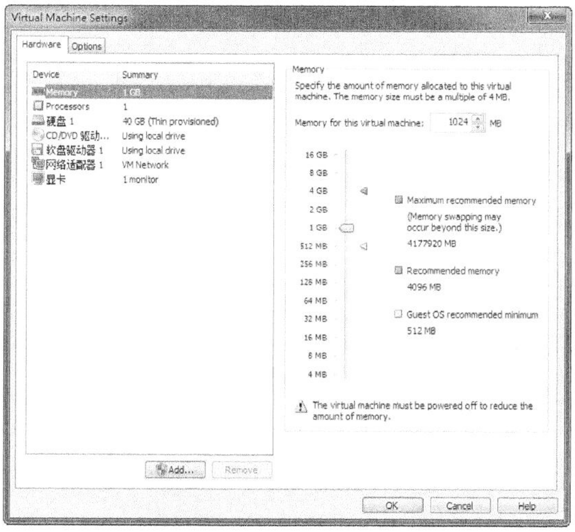

图 6-5-45　添加设备

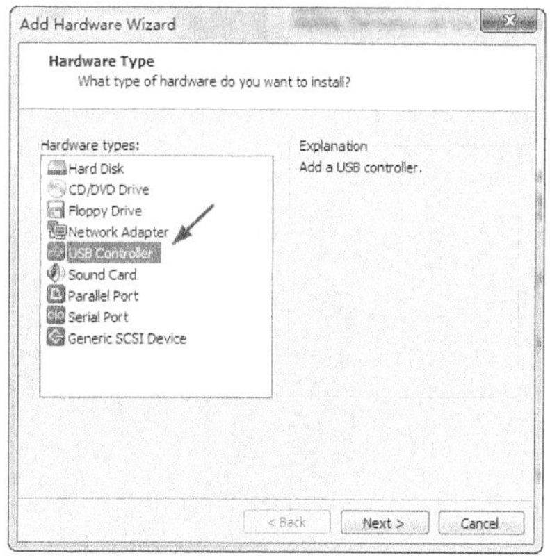

图 6-5-46　添加 USB 控制器

（4）在“USB”对话框“USB compatibility”中选择默认值 USB 版本，可以在 USB1.1、USB2.0、USB3.0 之间选择，根据你要连接的设备状态来选择，如图 6-5-47 所示。

（5）返回到“虚拟机属性”对话框，可以看到在当前虚拟机中已经添加了一个 USB 控制器，如图 6-5-48 所示，单击“OK”按钮返回。

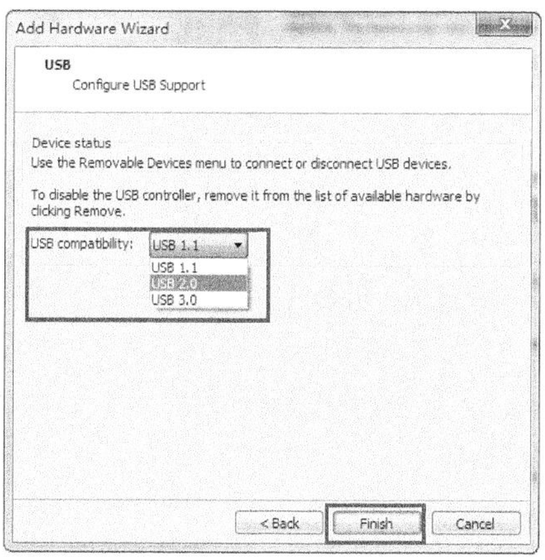

图 6-5-47　选择控制器版本

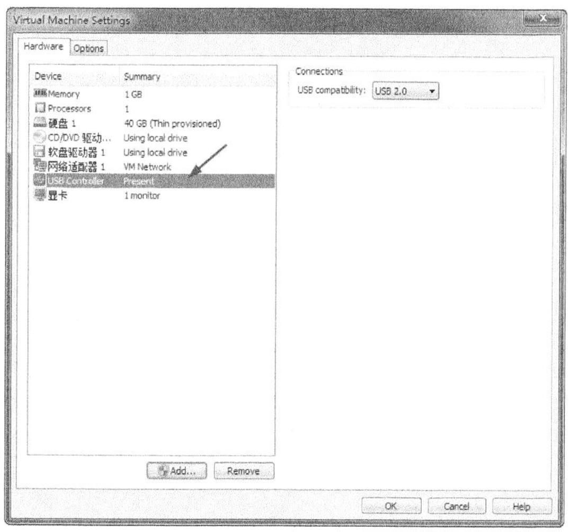

图 6-5-48　添加 USB 控制器

（6）返回到 VMware 远程控制台，在“VMRC”菜单中选择“Removable Device”，在弹出的快捷菜单中选择 vSphere Web Client 计算机中所连接的 USB 设备，当前连接了一个 iPhone 手机、一个 U 盘，在此选择 U 盘，选中“Connect（Disconnect from host）”（连接，并从主机断开连接），如图 6-5-49 所示。

【说明】如果要断开 U 盘的映射，也是在此菜单中选择。

（7）在虚拟机控制台中打开“资源管理器”，可以看到 U 盘中的数据，如图 6-5-50 所示。

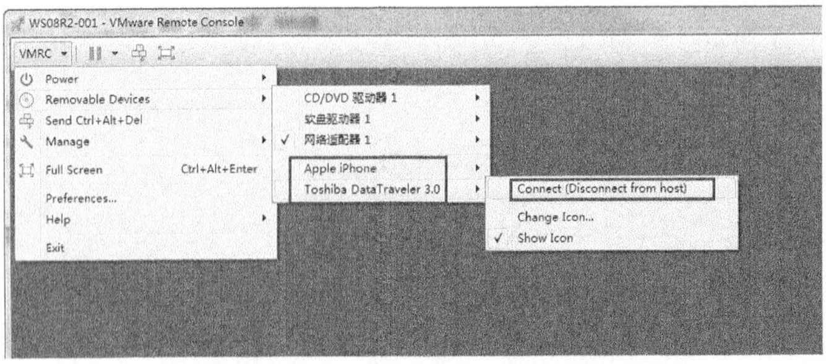

图 6-5-49　从主机断开连接，连接到虚拟机

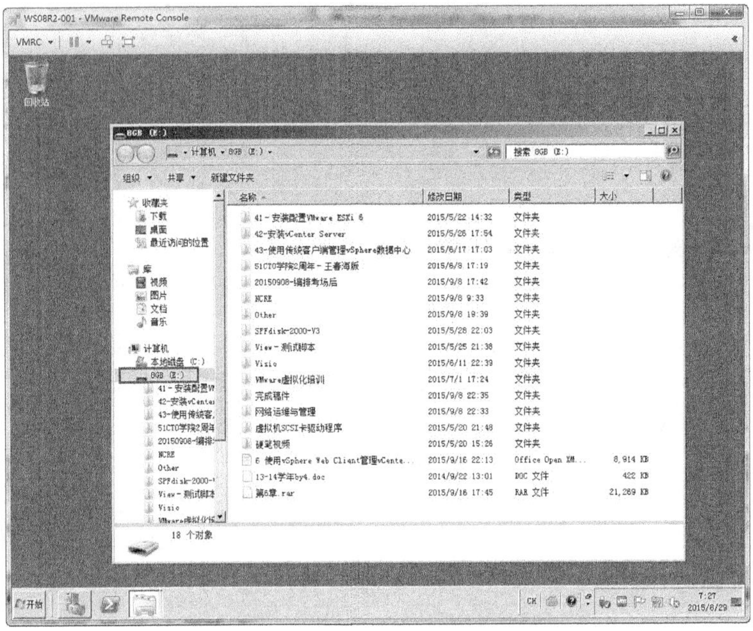

图 6-5-50　查看 U 盘数据

6.5.6　使用 ESXi 主机外设

在接下来的演示中，将在某台 ESXi 主机插上一个 U 盘，然后将该 U 盘映射在运行在当前主机的一个虚拟机中，主要步骤如下。

（1）在 vSphere Web Client 导航器中选中一个虚拟机，在“摘要”选项卡中查看当前虚拟机所在的主机，如图 6-5-51 所示，当前主机是 192.168.80.12。

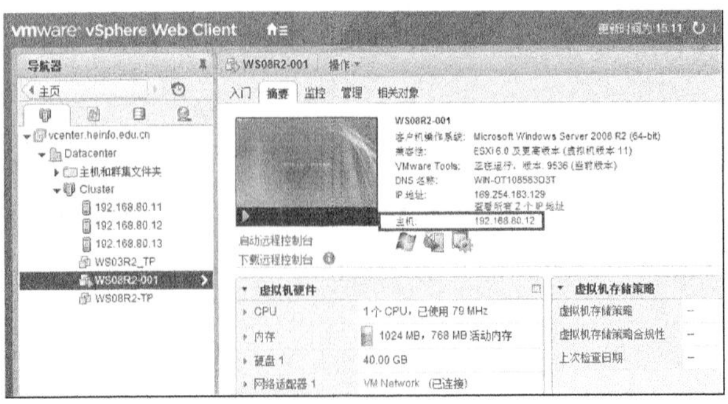

图 6-5-51　查看虚拟机所在主机

（2）如果你的 192.168.80.12 的 ESXi 主机是 VMware Workstation 中的一个虚拟机，你可以在 VMware Workstation 所在的主机上插上 U 盘，然后选中这个虚拟机，在“虚拟机”菜单中选择“可移动设备”子菜单，映射这个 U 盘，如图 6-5-52 所示。

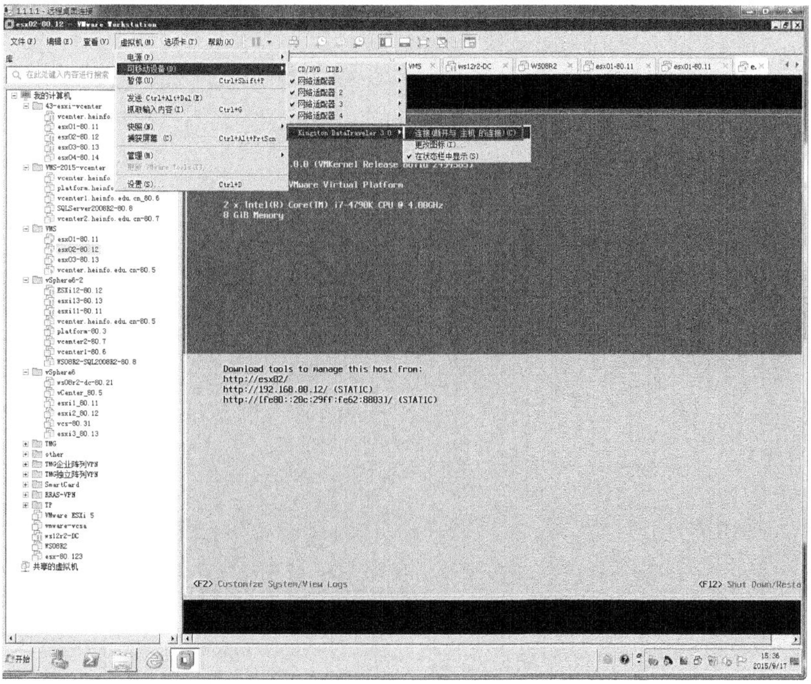

图 6-5-52　为 ESXi 主机映射 U 盘

（3）在 vSphere Web Client 中，在选中要使用 ESXi 主机的虚拟机后，在“摘要”选项卡“虚拟机硬件”选项中单击“编辑设置”链接，如图 6-5-53 所示。

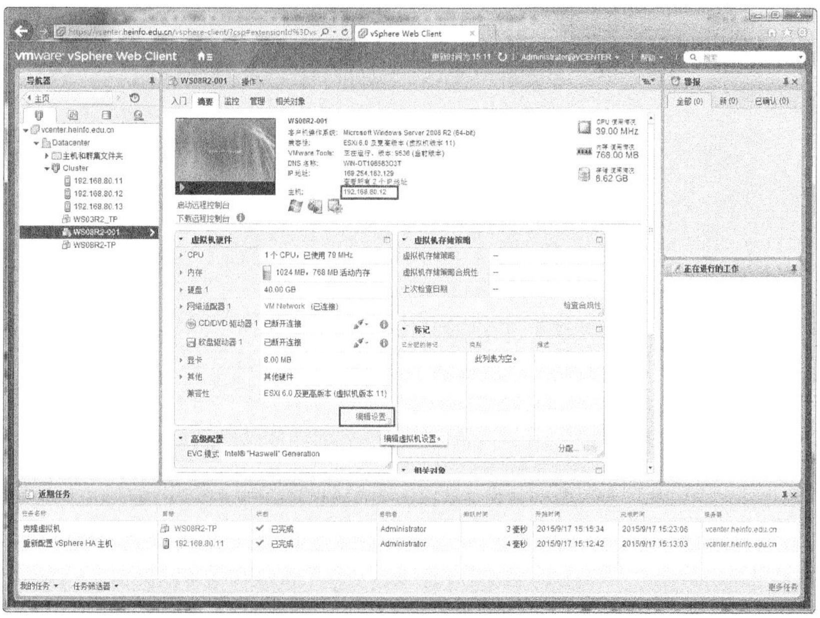

图 6-5-53　编辑设置

（4）在打开的虚拟机设置对话框，在“新设备”列表中选择“主机 USB 设备”，然后单击“添加”按钮，如图 6-5-54 所示。如果当前虚拟机还没有添加“USB 控制器”，请先添加 USB 控制器，再添加 USB 设备。

（5）添加之后，在“新主机 USB 设备”列表中选择主机中已有的设备，如图 6-5-55 所示，之后单击“确定”按钮，完成 USB 设备的映射。

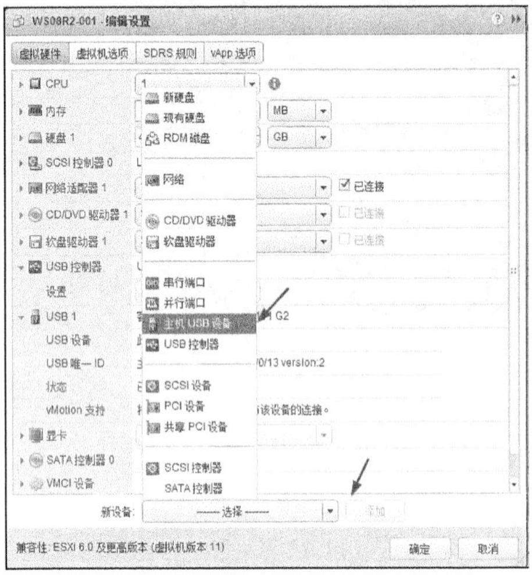

图 6-5-54　添加主机 USB 设备

图 6-5-55　选择主机设备

（6）再次打开当前虚拟机的 VMware 远程控制台，在“资源管理器”中可以看到当前虚拟机已经映射并加载了主机的 U 盘，如图 6-5-56 所示。

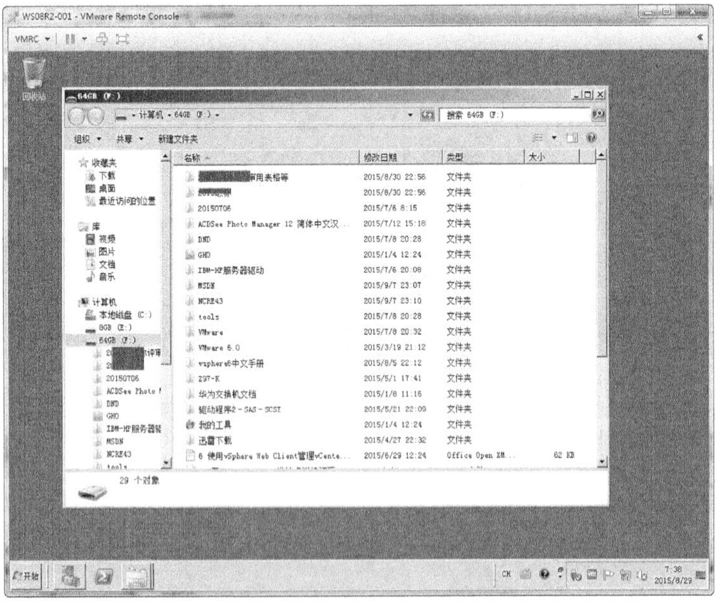

图 6-5-56　打开映射的主机 U 盘

如果不再需要使用 ESXi 主机上的 USB 设备，在“摘要→虚拟机硬件”选项中选中不使用的 USB 设备，单击“ ”按钮，在弹出的快捷菜单中选择“断开连接”，如图 6-5-57 所示。

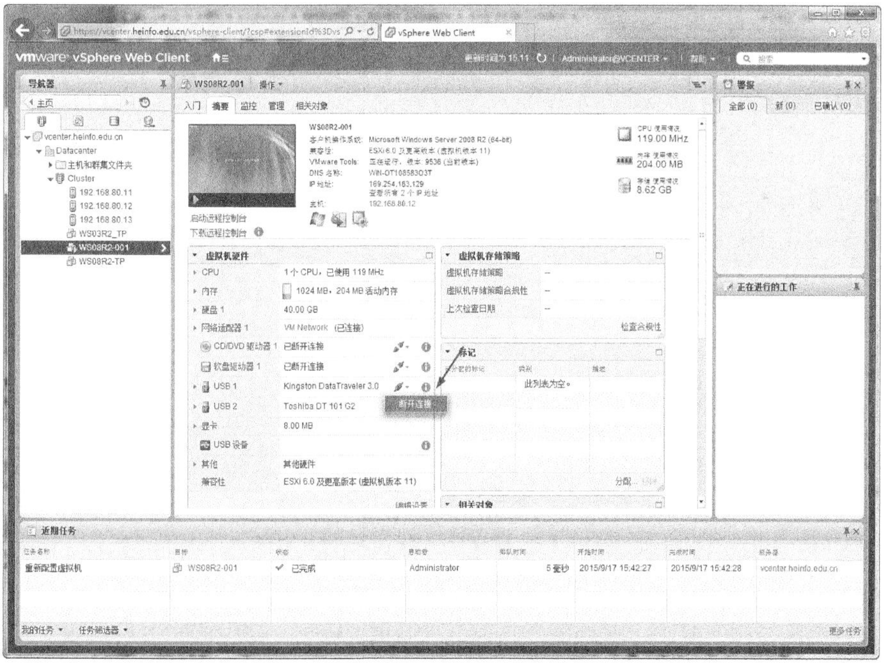

图 6-5-57　移除不再使用的 USB 设备

6.5.7　快照管理

在 vSphere Web Client 中也可以管理虚拟机的快照，主要内容如下。

（1）当虚拟机运行时，在导航器中选中虚拟机，在“操作”菜单中选择“快照”，可以执行“生成快照”、“管理快照”等操作，如图 6-5-58 所示。

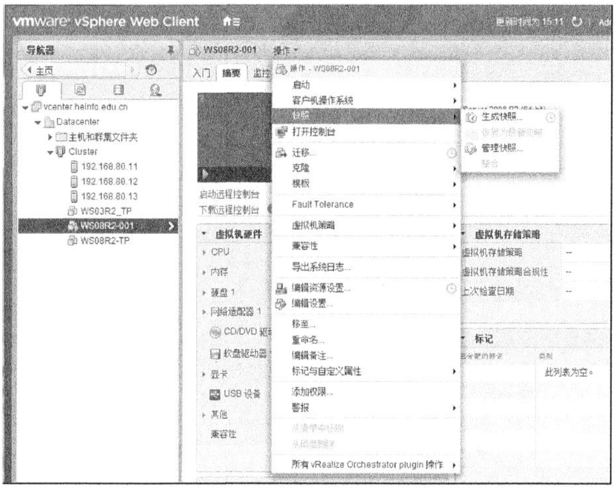

图 6-5-58　快照管理

（2）如果执行“生成快照”命令，在弹出的对话框中设置快照的名称及描述信息，如图 6-5-59 所示。如果执行“生成快照”命令时，虚拟机正在运行，则“生成虚拟机的内存快照”为可选。如果虚拟机已经关闭，则该选项为虚不能使用。

（3）当然，在大多数的情况下会关闭虚拟机，创建快照，如图 6-5-60 所示。

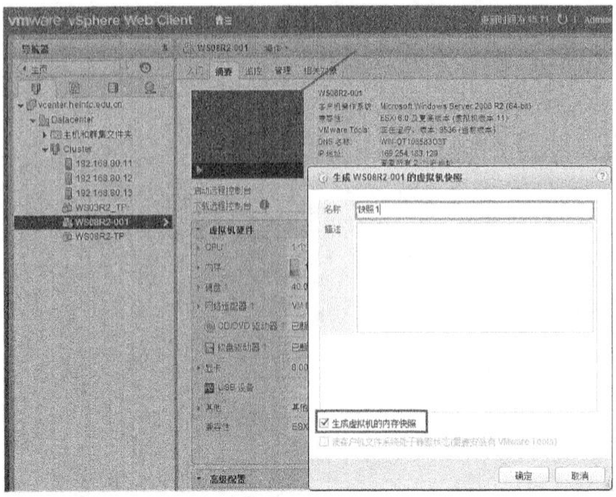

图 6-5-59 生成快照对话框

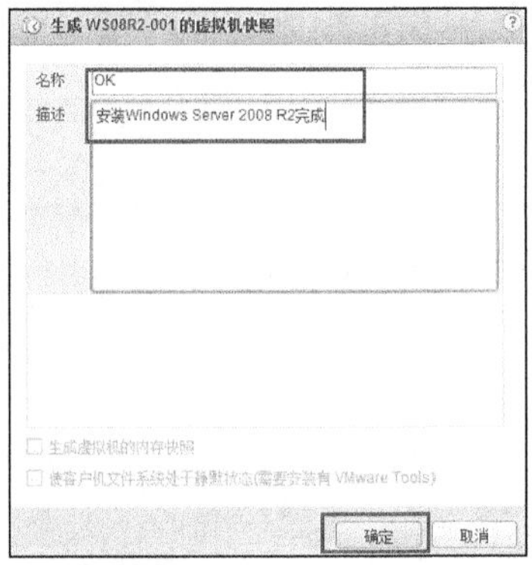

图 6-5-60 关闭虚拟机后创建快照

（4）在虚拟机创建快照之后，在“快照”菜单中可以选择“恢复为最新快照”，如图 6-5-61 所示。如果当前虚拟机没有创建快照，则此命令为灰不能使用。

（5）选择“管理快照”命令，打开“虚拟机快照”管理，在此可以选中某个快照并恢复到此状态，也可以删除不用的快照，或者在右侧单击“编辑”按钮，编辑快照信息，如图 6-5-62 所示。

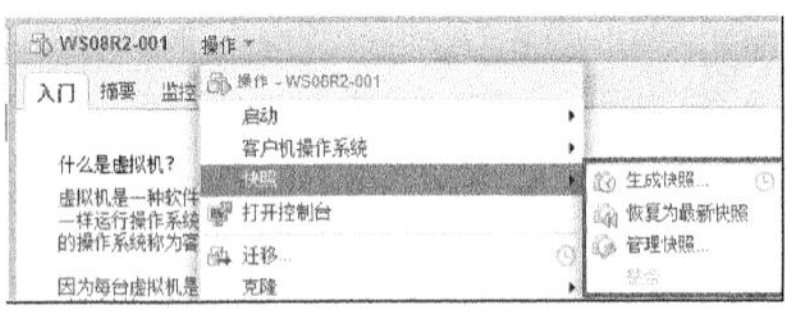

图 6-5-61 快照菜单

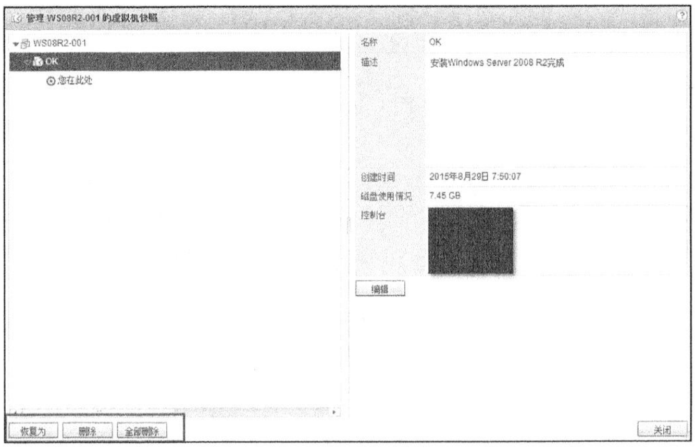

图 6-5-62 快照管理器

总之，在 vSphere Web Client 界面中创建快照、管理快照，与使用 vSphere Client 时类似，只是操作界面不同而已。

6.6 虚拟机模板

第 5 章已经详细地介绍了模板的功能、规划，以及配置模板的注意事项，本章将介绍使用 vSphere Web Client 界面，配置模板，从模板部署虚拟机。

6.6.1 将虚拟机转换为模板

在本节操作中，将把前文创建的名为 WS08R2-TP 以及 WS03R2-TP 的虚拟机转换为模板。整个操作比较“简单”。在导航器中选中一个要转换为模板的虚拟机，右击，在弹出的快捷菜单中选择“模板→转换为模板”，在弹出的“确认转换”对话框中单击“是”按钮，如图 6-6-1 所示。

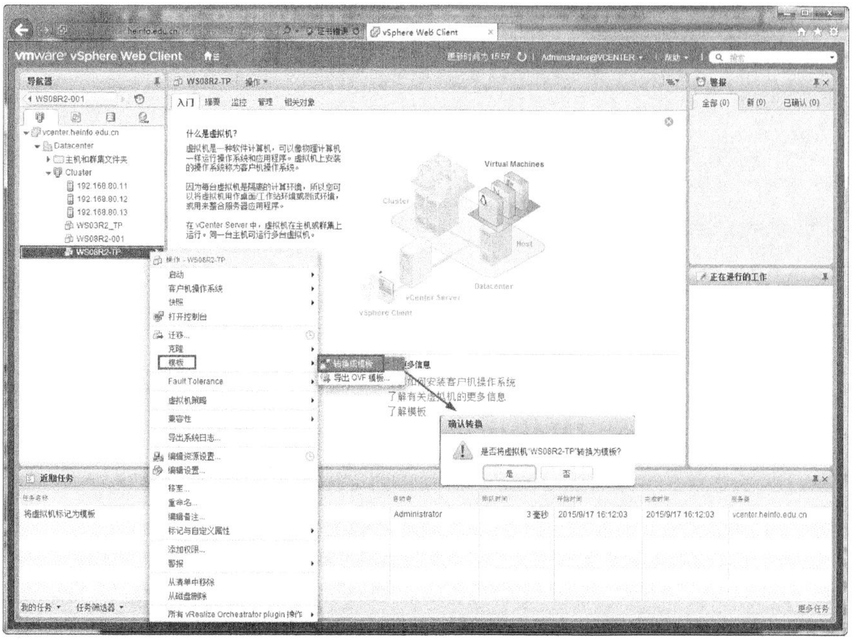

图 6-6-1　转换为模板

之后将其他所规划的虚拟机转换为模板。

6.6.2　创建规范

同样在第 5 章已经介绍了规范的功能与用途，本节将使用 vSphere Web Client 介绍创建规划的方法，步骤如下。

（1）打开 vSphere Web Client，在“主页→监控”中单击“自定义规范管理器”，如图 6-6-2 所示。

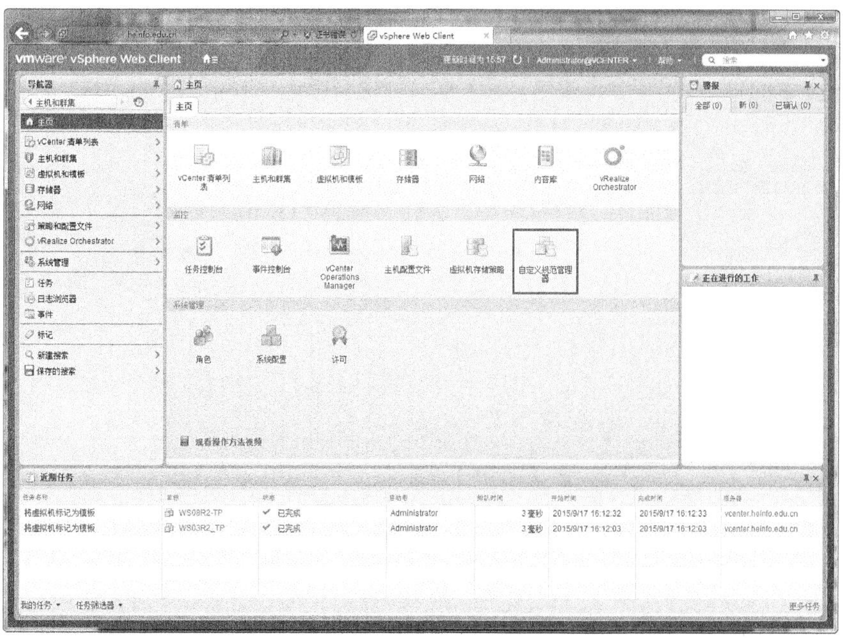

图 6-6-2　自定义规范管理器

（2）打开“自定义规范管理器”，单击“ ”创建新规范，如图 6-6-3 所示。可以看到当前规范为空。

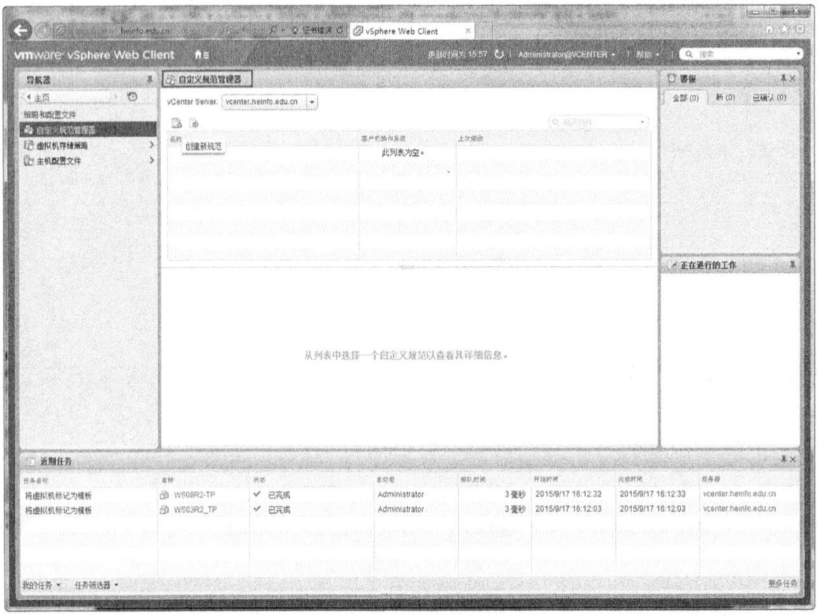

图 6-6-3　创建新规范

之后将进入“新建虚拟机客户机自定义规范”向导，该操作与使用 vSphere Client 时创建规范的步骤、过程类似，下面我们介绍主要内容，以定制用于 Windows Server 2003 的规范为例。

（1）在“目标虚拟机操作系统”下拉列表中选择“Windows”或“Linux”，在此选择 Windows，在“名称”文本框中输入“WS03R2”，在“描述”文本框中输入该定制规范的相关信息，如“用于 32 位 Windows Server 2003 R2 VOL 版本”等，如图 6-6-4 所示。

（2）在“注册信息”对话框“注册信息”中输入用户名称与单位信息，如图 6-6-5 所示。

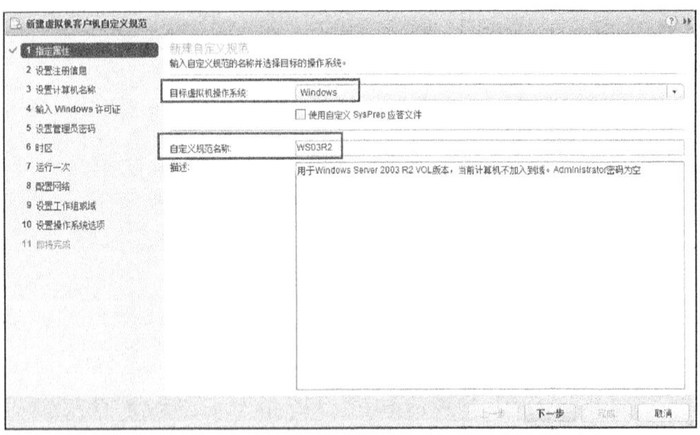

图 6-6-4　新建定制规范相关信息

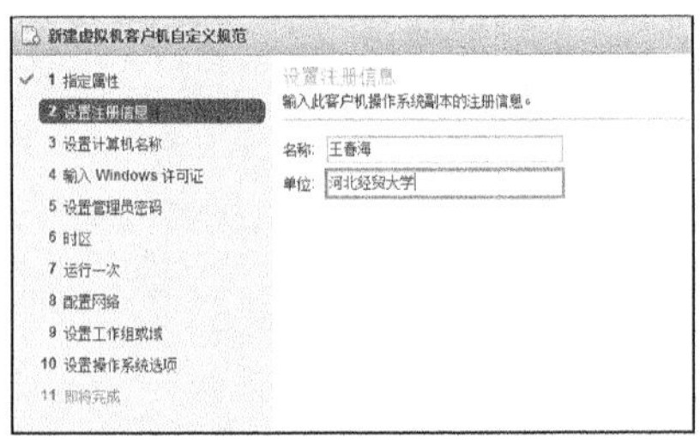

图 6-6-5　用户注册信息

（3）在“计算机名称”对话框设置计算机名称，推荐选择“使用虚拟机名称”或“在克隆/部署向导中输入名称”，如果“使用虚拟机名称”，则在使用该规范时，虚拟机的名称将是虚拟机中操作系统的计算机名称；如果“在部署向导中输入名称”，则在使用此规范向导时，会提示用户指定计算机名称，如图 6-6-6 所示。

（4）在“Windows 许可证”对话框中输入 Windows Server 2003 32 位版本的序列号（需要与模板所用的虚拟机序列号一致，但不要求相同。注意 OEM 版本、零售版本或 VL 版本的序列号，不能混用，如 VL 的序列号不能用于 OEM 版本模板）。并且在“服务器许可证模式”中选择“每服务器”方式或“每客户”方式，推荐为“每台服务器”，并且设置“最大连接数”，如图 6-6-7 所示。

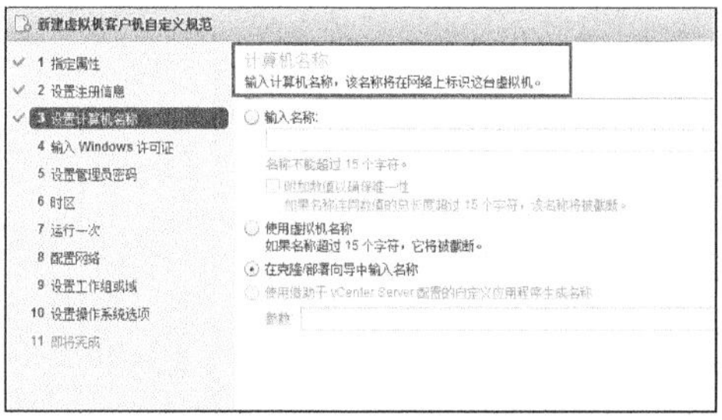

图 6-6-6　指定计算机名称

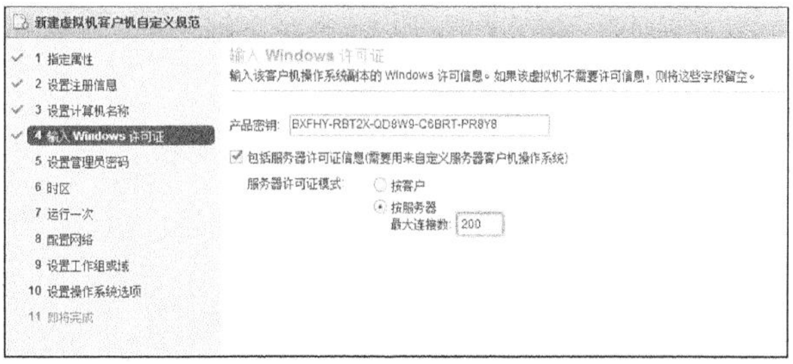

图 6-6-7　Windows 许可证信息

【注意】如果你定制的规范是用于 Windows Server 2008、Windows Server 2012、Windows 7、Windows 8/8.1、Windows 10 的，可以不用输入产品序列号。如果企业中的 Vista 及其以后的系统是采用 KMS 服务器激活的，也不需要输入产品序列号（在配置模板的时候，已经为操作系统输入了对应的、用于 KMS 激活的序列号）。

（5）在“管理员密码”对话框中设置管理员密码，并且设置是否自动以管理员身份登录以及自动登录的次数（推荐密码为空），如图 6-6-8 所示。

（6）在“时区”对话框中选择北京时间，如图 6-6-9 所示。

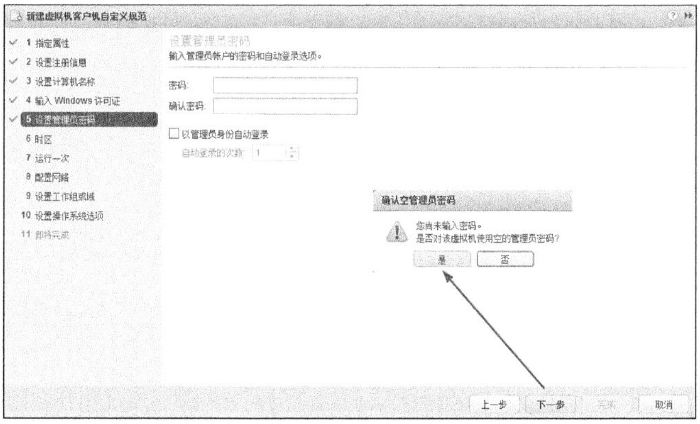

图 6-6-8　管理员密码

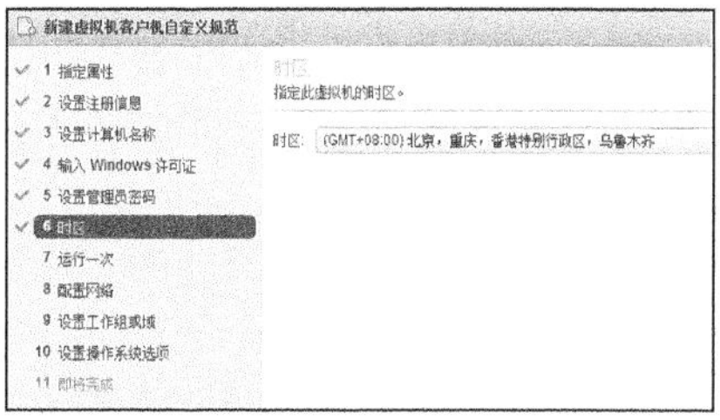

图 6-6-9　时区选择

（7）在“运行一次”对话框中指定用户首次登录时要运行的命令，在此直接单击“下一步”按钮，如图 6-6-10 所示。

（8）在“网络”对话框中设置 IP 地址获得方式。如果网络中（包括虚拟机网络中）有 DHCP 服务器，则选择“对客户机操作系统使用标准网络设置，包括在所有网络接口上启用 DHCP”，如果网络中没有 DHCP 服务器，则选择“手动选择自定义设置”（见图 6-6-11），并在弹出的“网络接口设置”中单击“✎”按钮（见图 6-6-12），并在弹出的对话框中设置子网掩码、网关地址、DNS 与 WINS 服务器地址，而 IP 地址则在定制虚拟机时由管理员指定，如图 6-6-13 所示。

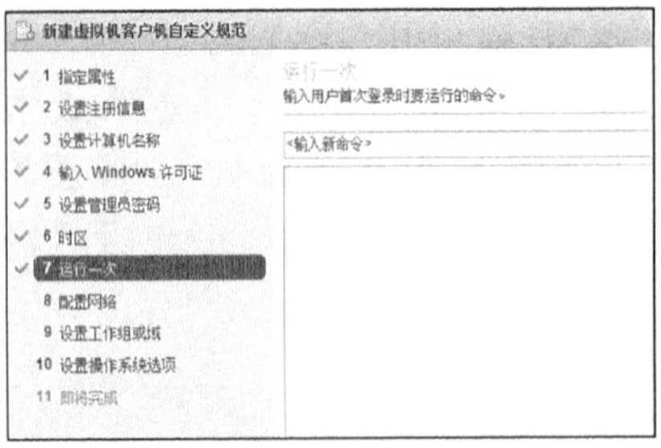

图 6-6-10　运行一次

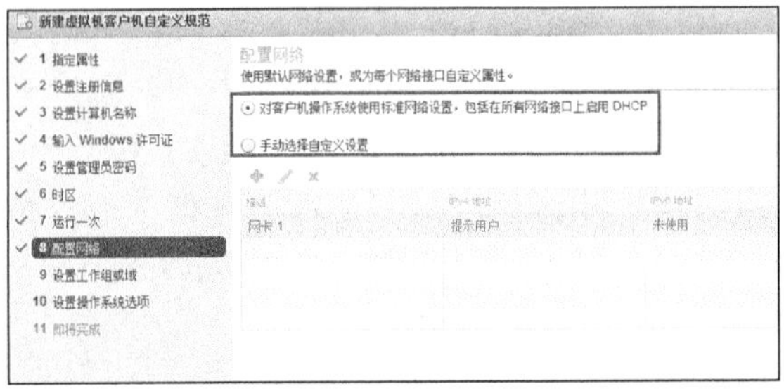

图 6-6-11　网络接口设置

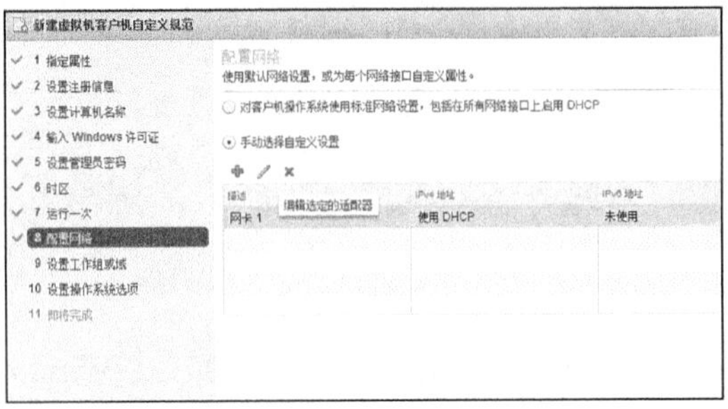

图 6-6-12　定制

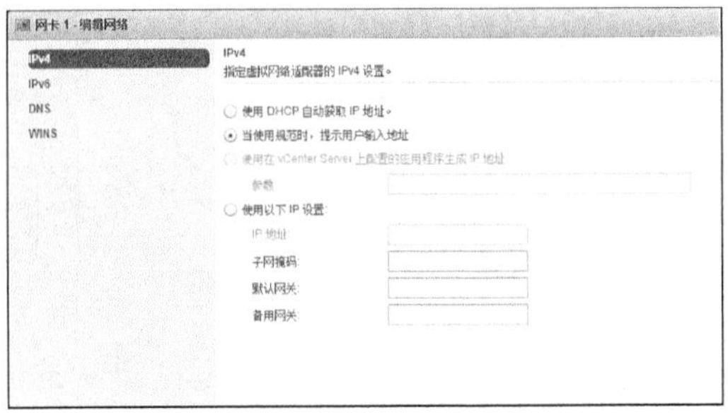

图 6-6-13　设置子网掩码、网关地址与 DNS 地址

（9）在“工作组或域”对话框中选择计算机是否加入域。在此选择“工作组”，如图 6-6-14 所示。如果选择“Windows 服务器域”，输入要加入到的 Active Directory 域名，并且在指定“用户名”文本框后面输入“具有将计算机加入到域”的权限的域用户名及密码，如图 6-6-15 所示。

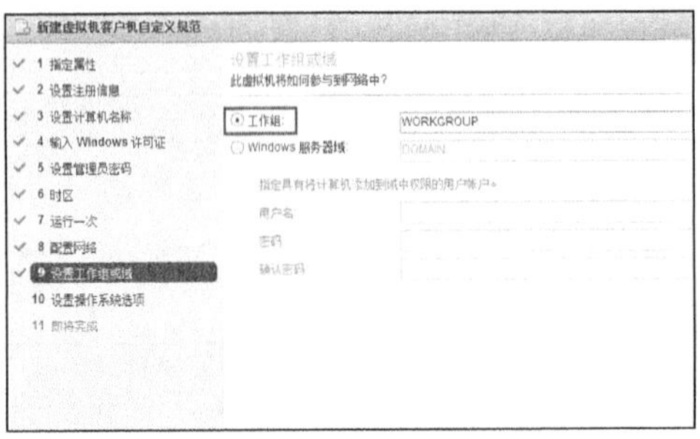

图 6-6-14　加入工作组

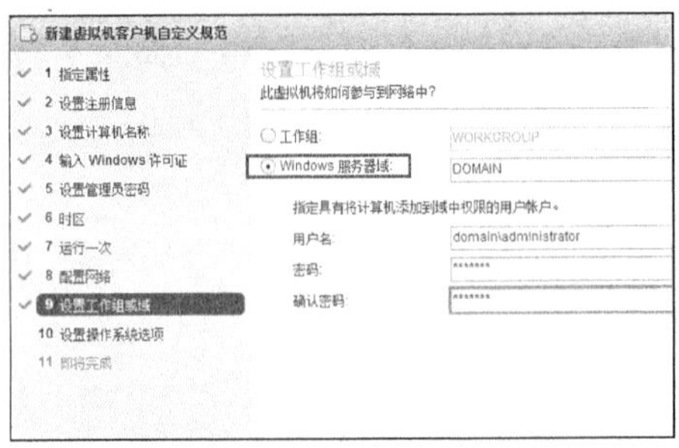

图 6-6-15　加入域

（10）在“操作系统选项”对话框中选中“生成新的安全 ID（SID）”复选框，即重新生成 SID，如图 6-6-16 所示。

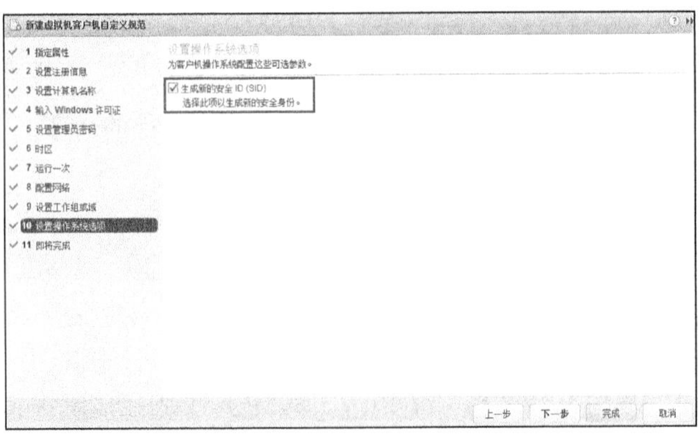

图 6-6-16　重新生成 SID

（11）在“即将完成”对话框中单击“完成”按钮，如图 6-6-17 所示。

图 6-6-17　定制规范完成

创建规范完成后，返回到 vSphere Web Client，选中创建的规范，则会在中间靠下窗格显示当前规范的详细信息，如图 6-6-18 所示。

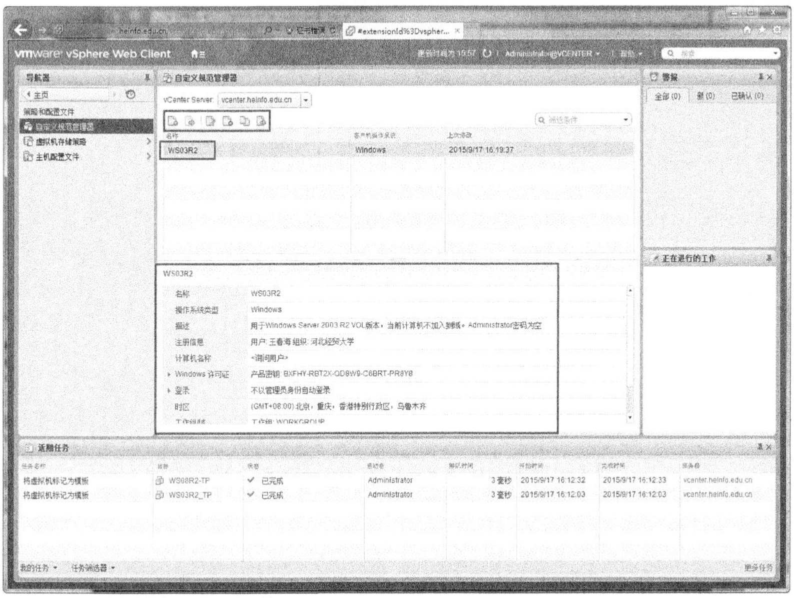

图 6-6-18　规范信息

而选中规范后，与此相关的操作有 6 个，如图 6-6-19 所示。“ ”，创建新规范；“ ”，从文件导入规范，可以将“ ”导出的 XML 文件，导入到当前系统中；“ ”为“编辑规范”功能，单击此项将会进入编辑、修改规范功能；“ ”为删除选中规范；“ ”为复制规范；“ ”将规范导出为 xml 文件。

图 6-6-19　功能按钮或选择

【说明】在为 Windows Server 2003、Windows XP 创建规范后，如果要使用该规范，你需要在 vCenter Server 中复制 Windows Server 2003 及 Windows XP 版本的 sysprep 程序，有关这些操作，请参见本书第 5 章“5.10.7　复制 sysprep 程序到 vCenter Server 计算机”一节内容。

另外，你可以根据需要创建用于 Windows Vista、Windows Server 2008、Windows 7 等操作系统“共用”的规范，以及创建用于 Linux 的规范，这些与使用 vSphere Client 创建规范时要求相同，这里不一一介绍。图 6-6-20 所示是已经创建好的规范。

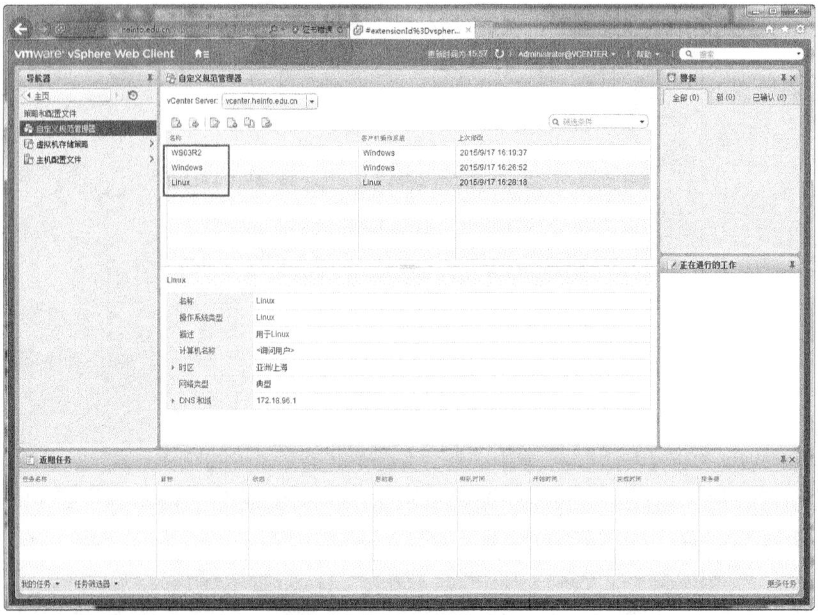

图 6-6-20　创建三个规范用于实验

6.6.3　从模板部署虚拟机

最后，介绍使用 vSphere Web Client 从模板部署虚拟机的操作，主要步骤如下。

（1）在 vSphere Web Client 中，在“主页”中选择“虚拟机和模板”，如图 6-6-21 所示。

（2）在导航器中选中一个模板，在右键菜单中选择“从此模板新建虚拟机”，如图 6-6-22 所示。

（3）在“选择名称和文件夹”对话框中设置部署后的虚拟机的名称，如“ws03r2-001”，并且在“为该虚拟机选择位置”处选择数据中心，如图 6-6-23 所示。

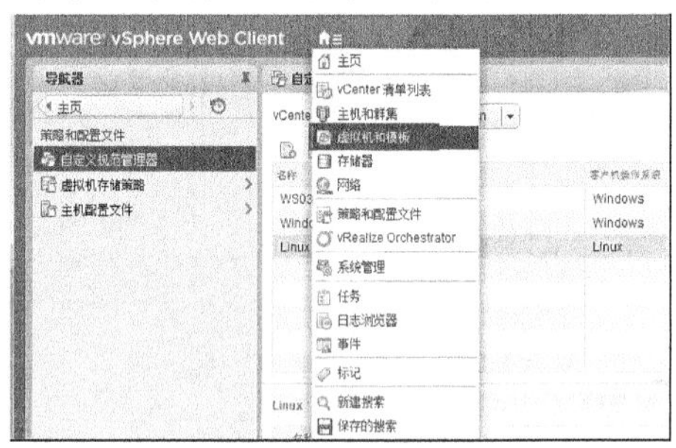

图 6-6-21　虚拟机和模板

（4）在“选择计算资源”对话框中选择要在哪个主机或群集上运行此虚拟机，如图 6-6-24 所示。在有多个主机或群集时，可以选任意一台。

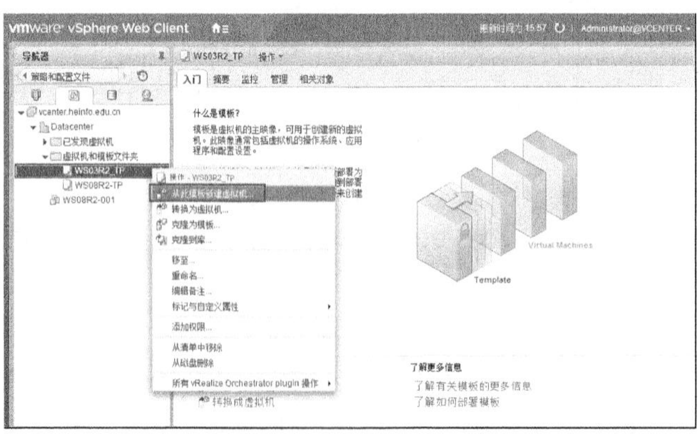

图 6-6-22　从模板部署虚拟机

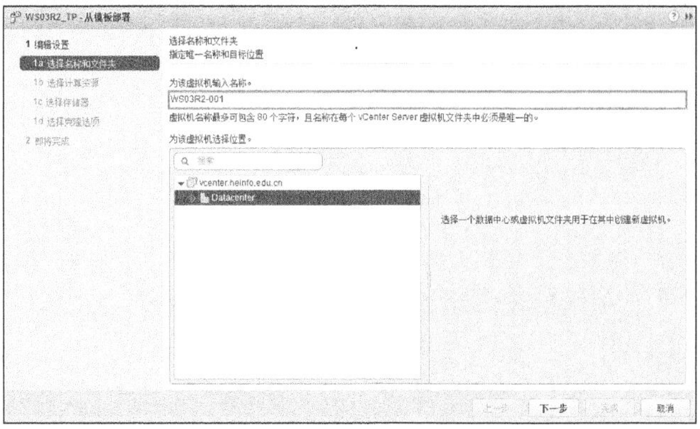

图 6-6-23　设置虚拟机名称与位置

图 6-6-24　选择主机或群集

（5）在“选择存储器”对话框中选择虚拟磁盘格式（与源格式相同、厚置备延迟置零、厚置备置零、精简置备），以及保存虚拟机的数据存储（当目标主机有多个存储时，可以选择本地存储或网络存储），如图 6-6-25 所示。

（6）在“选择克隆选项”对话框中选择其他克隆选项，包括“自定义操作系统”、“自定义此虚拟机的硬件”、“创建后打开虚拟机电源”，可以根据需要选择其中一项或多项，如图 6-6-26 所示。

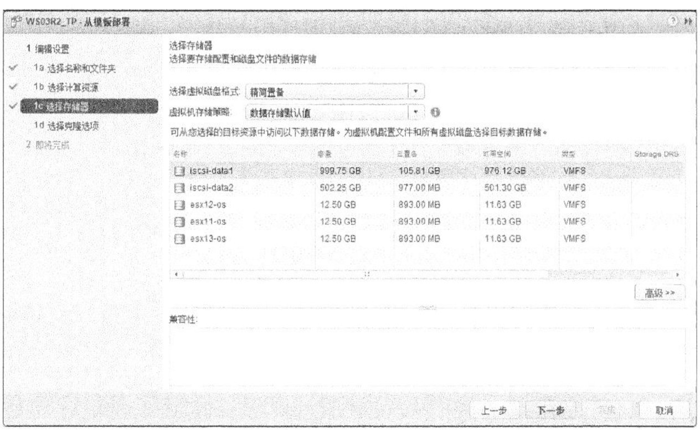

图 6-6-25　选择将虚拟机保存的位置及磁盘格式

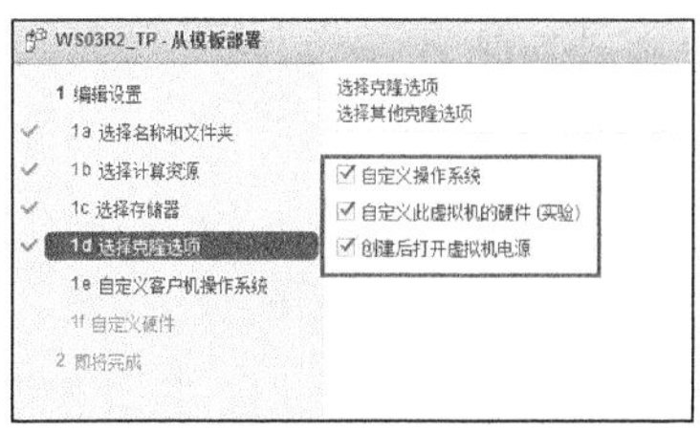

图 6-6-26　选择定制规范

（7）在“自定义客户机操作系统”对话框，选择用于此模板的规范，如图 6-6-27 所示。

图 6-6-27　选择规范

（8）在“用户设置”对话框中为新部署的虚拟机设置名称，如图 6-6-28 所示，在此设置计算机名称为 WS03R2-001。

（9）在“自定义硬件”对话框设置部署的虚拟机的内存大小、CPU 数量、硬盘大小，如图 6-6-29 所示。

图 6-6-28　用户设置

图 6-6-29　自定义硬件

（10）在“即将完成”对话框中显示了新建虚拟机的设置，检查无误之后单击“完成”按钮，如图 6-6-30 所示。

图 6-6-30　即将完成

（11）之后将开始从模板克隆出一个新的虚拟机，并且在“任务”列表中显示部署的进度，如图 6-6-31 所示。

（12）部署完成后，打开控制台，查看部署后的虚拟机，如图 6-6-32 所示。

（13）之后根据需要部署其他的虚拟机，如图 6-6-33 所示，这是从 Windows Server 2008 R2 模板部署的虚拟机。

图 6-6-31　克隆虚拟机

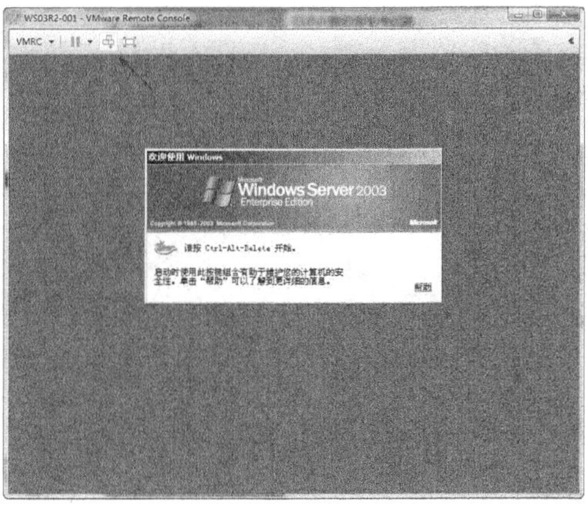

图 6-6-32　部署完成

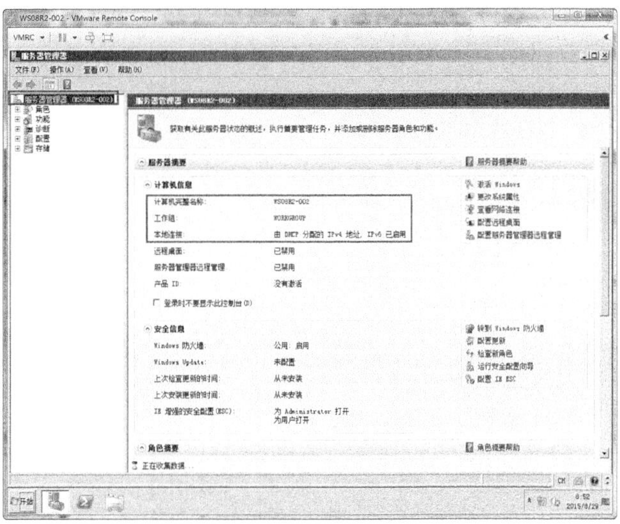

图 6-6-33　部署的 Windows 2008

6.6.4　导出与导入 OVF 模板

除了使用模板部署虚拟机外，还可以将 VMware ESXi 的虚拟机导出成 OVF 模板，导出的 OVF 模板可以通过网络、活动硬盘等介质，传输（或分享）给其他 VMware ESXi、VMware Workstation 的虚拟机。本节介绍使用 vSphere Web Client 导出 OVF 模板，或者从 OVF 模板向 ESXi 主机部署虚拟机的内容。

（1）使用 vSphere Web Client 登录，在登录界面确认“客户端集成插件已经安装”，此时在登录页中“使用 Windows 会话身份验证”是可选项，并且左下角没有“下载客户端集成插件”的提示，如图 6-6-34 所示。之后使用管理员账户登录进入。

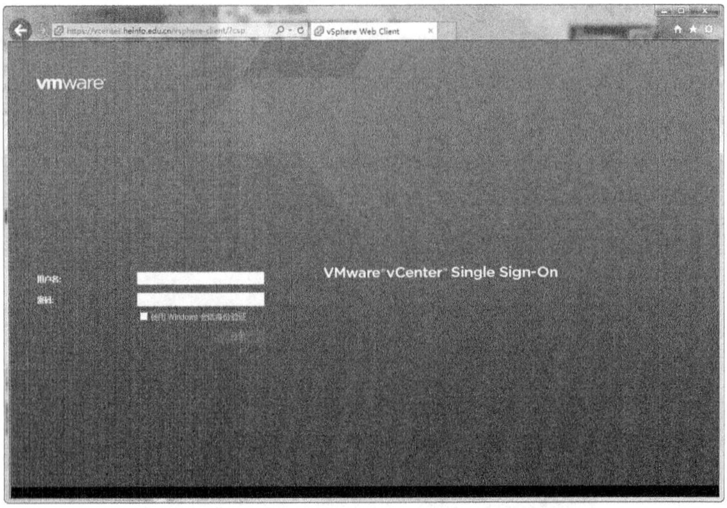

图 6-6-34　客户端集成插件启用

（2）在导航器中选中要导出的虚拟机，右击，在弹出的快捷菜单中选择“模板→导出 OVF 模板”，如图 6-6-35 所示。

图 6-6-35　导出 OVF 模板

（3）在“导出 OVF 模板”对话框设置导出的名称，在“目录”中设置导出到本地的文件夹，在“格式”下拉菜单选择导出的格式，如图 6-6-36 所示。

（4）在“注释”文本框中根据需要写上注释相关信息，单击“高级”选项，可以设置在导出时是否包括 BIOS UUID、MAC 地址、额外配置等一系列消息，如图 6-6-37 所示，管理员可以根据需要设置。

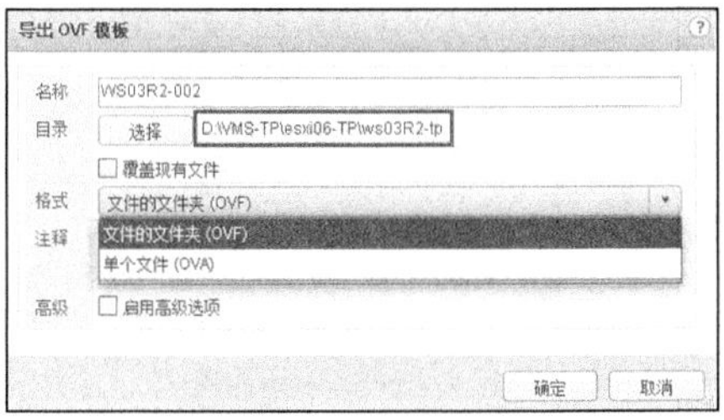

图 6-6-36　选择导出目录及导出格式

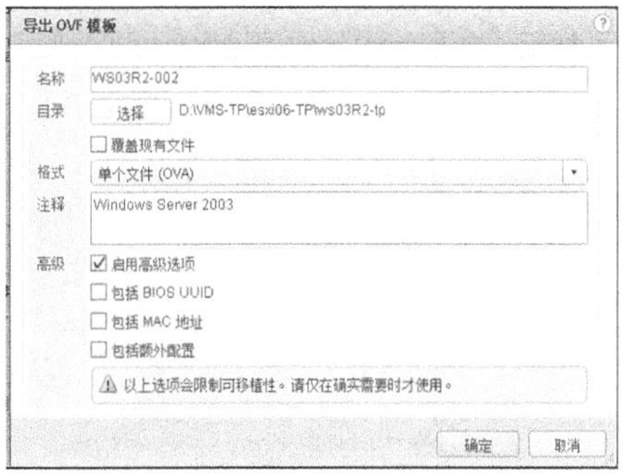

图 6-6-37　导出 OVF 模板

（5）在设置完成之后，单击“确定”按钮开始导出，在“近期任务”中会显示导出的进度，如图 6-6-38 所示。

图 6-6-38　导出进度

当导出为 OVF 模板之后，可以将模板保存备用。以后如果需要该操作系统的虚拟机时，可以从 OVF 模板部署、导入虚拟机。

（1）在 vSphere Web Client 中右击数据中心、群集或 ESXi 主机，在弹出的快捷菜单中选择“部署 OVF 模板”，如图 6-6-39 所示。

（2）在“选择源”对话框中选择导入的 OVF 模板的源位置，在此选择“本地文件”并单击“浏览”按钮选择要导入的 OVF 模板，如图 6-6-40 所示。

（3）在“查看详细信息”对话框显示要导入的 OVF 模板的信息，如图 6-6-41 所示。

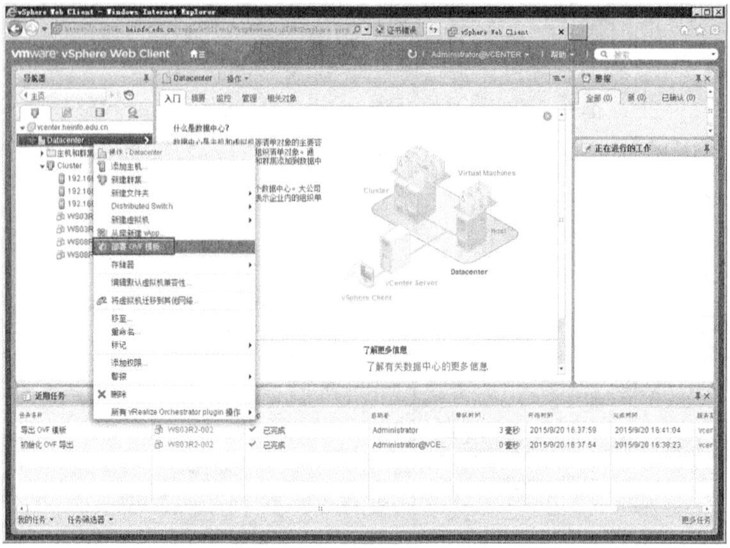

图 6-6-39　部署 OVF 模板

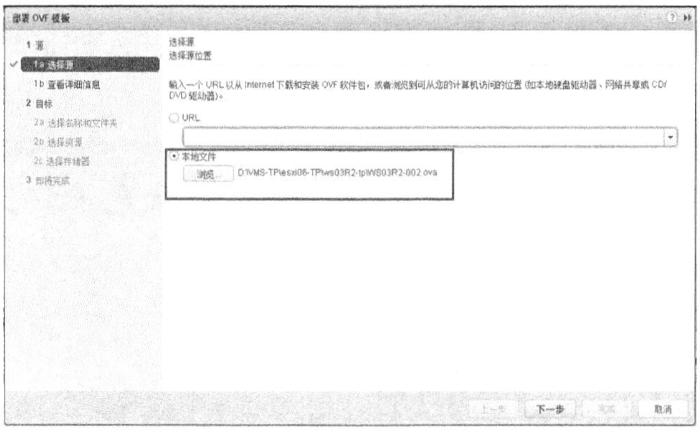

图 6-6-40　选择要导入的 OVF 模板

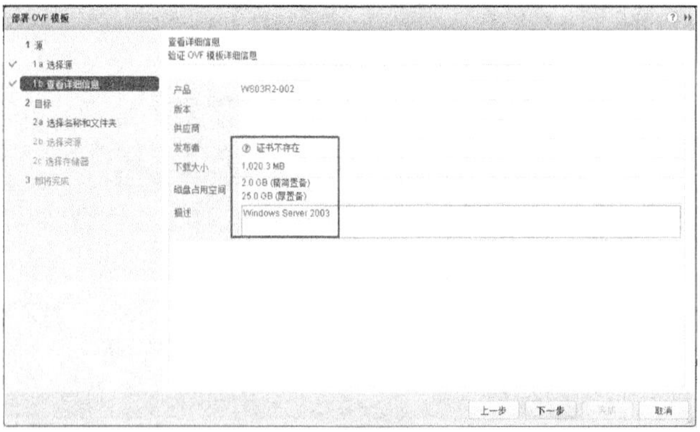

图 6-6-41　查看详细信息

（4）在“选择名称和文件夹”对话框设置要部署的虚拟机的名称、部署位置，如图 6-6-42 所示。

（5）在“选择资源”对话框中选择要运行已部署模板的位置，可以在群集或 ESXi 主机中选择，如图 6-6-43 所示。

（6）在“选择存储器”中选择“虚拟磁盘格式”，以及保存的目标数据存储，如图 6-6-44 所示。

图 6-6-42　选择名称和文件夹

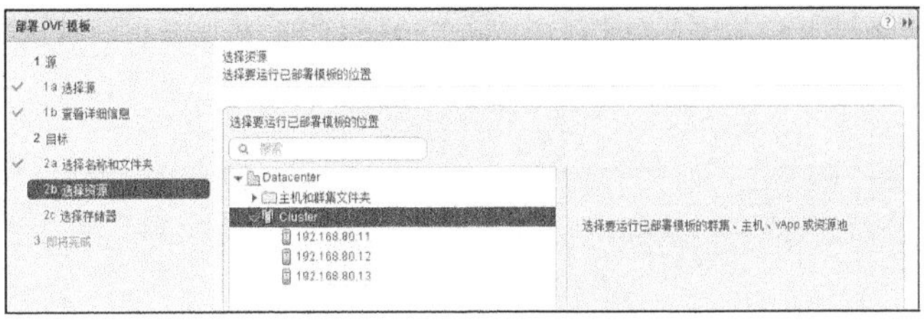

图 6-6-43　选择资源

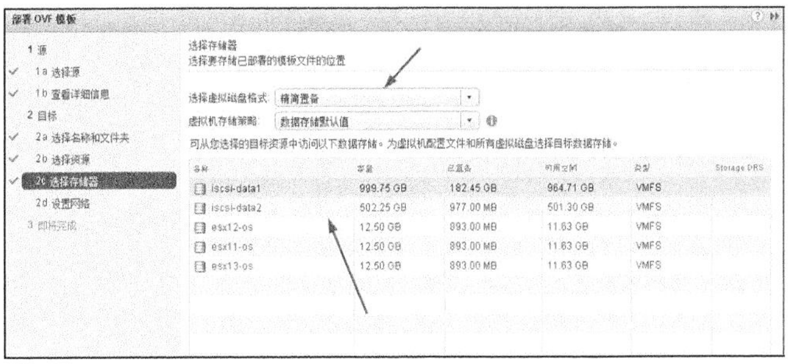

图 6-6-44　选择存储器

（7）在“设置网络”对话框中选择网络，如图 6-6-45 所示。

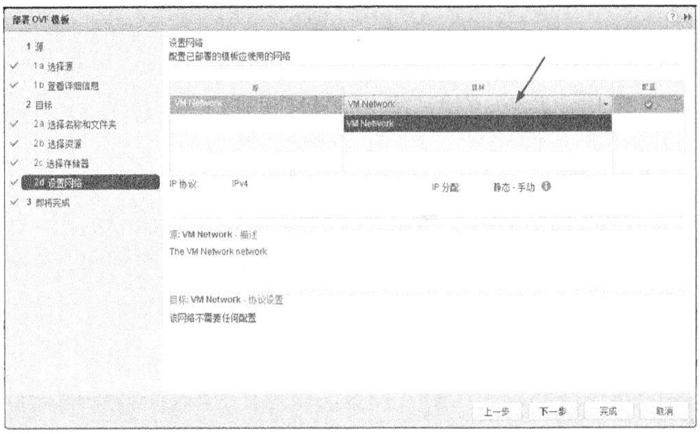

图 6-6-45　设置网络

（8）在“即将完成”对话框显示部署信息，无误之后单击“完成”按钮，如图 6-6-46 所示。

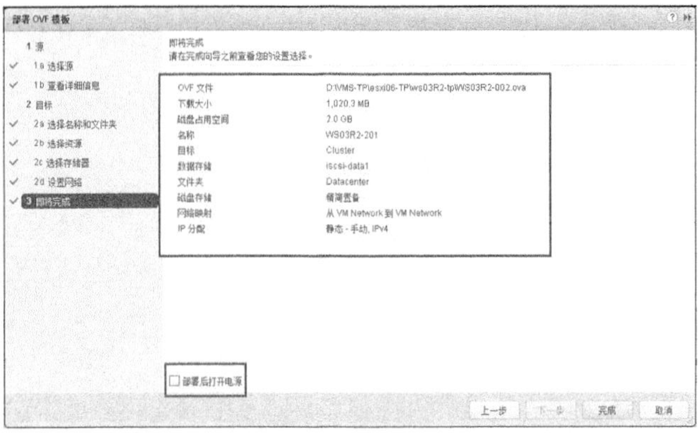

图 6-6-46　即将完成

（9）之后显示部署进度，直到部署完成，新部署的虚拟机出现在“导航器”中，如图 6-6-47 所示。

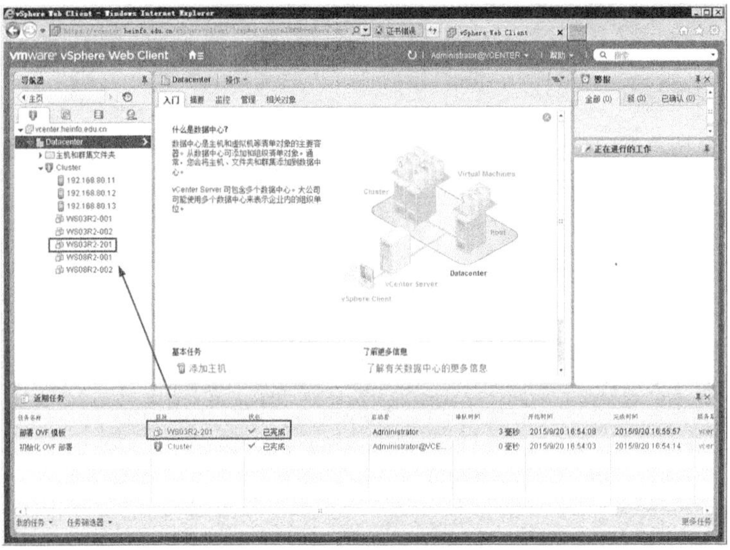

图 6-6-47　部署完成

6.7　管理 vSphere 网络

前面的章节已经介绍过使用vSphere Client管理vSphere网络。对于一些相同的配置与操作，例如创建 vSphere 标准交换机、vSphere Distributed Switch，使用 vSphere Client 管理与使用 vSphere Web Client 管理除了界面不同，最终实现的功能是相同的。所以，在前面章节介绍的 vSphere 网络知识，在 vSphere Web Client 中是相同的。但是我们也知道，vSphere Client 只保留与 vSphere 5.0 相同的功能集，而对于 vSphere 5.0 以后的版本新增加的功能，只能使用 vSphere Web Client 管理配置才能体现，这就使得一些新的功能必须使用 vSphere Web Client 管理。

6.7.1　规划 vSphere 网络

在介绍使用 vSphere Web Client 配置 vSphere 网络之前，我们再次简单地介绍一下 vSphere 网络中的规划，为了让读者有直观的印象，我们通过案例的方式介绍。

1. 单台 ESXi 主机单网络的规划

在使用 vSphere 技术时，多台主机组成的 vSphere 数据中心无疑有更多的优势，也能发现虚拟化的更大价值，但如果只有一台 ESXi 主机，在规划得当的情况下，也会有非常好的效果。图 6-7-1 所示是一个单台 ESXi 主机，这台主机只连接一个外部网络的应用。

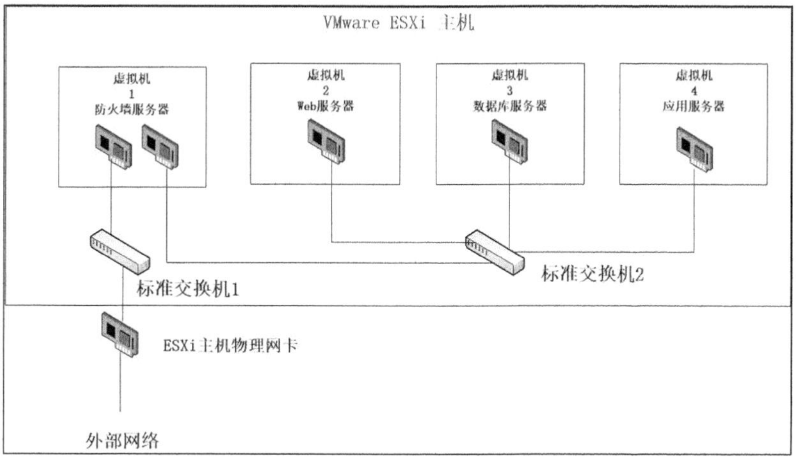

图 6-7-1　单台 ESXi 主机单个外部网络拓扑

在图 6-7-1 中，只有一台 ESXi 主机，这个主机上运行了多个虚拟机，但通过 vSphere“标准交换机”则将这多个虚拟机分隔在多个网络，并且让多个虚拟机处于防火墙之后。从物理上来看，这台主机有 1 个（或多个物理网卡）连接到外部的网络。从逻辑拓扑上来看，“虚拟机 1”属于边缘防火墙，这个虚拟机有两个网卡，一个网卡通过“标准交换机 1”连接到外部网络，另一个网卡通过“标准交换机 2”连接到内部网络。而“虚拟机 2”、“虚拟机 3”、“虚拟机 4”则连接到“标准交换机 2”，属于“内部网络”，连接到“标准交换机 2”中的虚拟机受当前网络中作为防火墙的服务器“虚拟机 1”的保护。

在实际的配置中，“标准交换机 1”属于安装 ESXi 时系统自动创建的默认标准交换机，这个标准交换机可将绑定物理主机的 1 个或多个网卡（多个网卡用于冗余）连接到“外部网络”。而“标准交换机 2”则是安装完 VMware ESXi 之后，由 vSphere Client 管理，新添加的“标准交换机”，此标准交换机没有外部网络适配器。如图 6-7-2 所示，这是某台托管服务器的网络配置截图。

2. 单台 ESXi 主机多网络的规划

上一节介绍的应用主要面向于托管的服务器。而在许多时候，服务器也直接放置在单位的机房，这个时候服务器会连接两个网络：连接到 Internet 的外部网络以及连接到单位局域网的内部网络。如果使用单台的 ESXi 服务器，在配置多个虚拟机的时候，重要的虚拟机则要处于“内部网络”与“外部网络”的中间进行保护，此时该服务器的拓扑如图 6-7-3 所示。

在图 6-7-3 中，ESXi 主机创建了三个标准交换机。其中“标准交换机 1”连接到“外部网络”；“标准交换机 3”连接到“内部网络”；而“标准交换机 2”则没有连接到物理网络，没有绑定物理网卡，相当于一个“虚拟”的网络。当外部网络需要访问“虚拟机 2”及“虚拟机 3”时，通过“虚拟机 1”的外部网络防火墙进行“转发”；当内部网络需要访问“虚拟机 2”及“虚拟机 3”时，通过“虚拟机 4”的内部网络防火墙进行“转发”。如图 6-7-4 所示，这是某台具有两个物理网络、1 个虚拟网络连接的 ESXi 主机的网络配置截图。

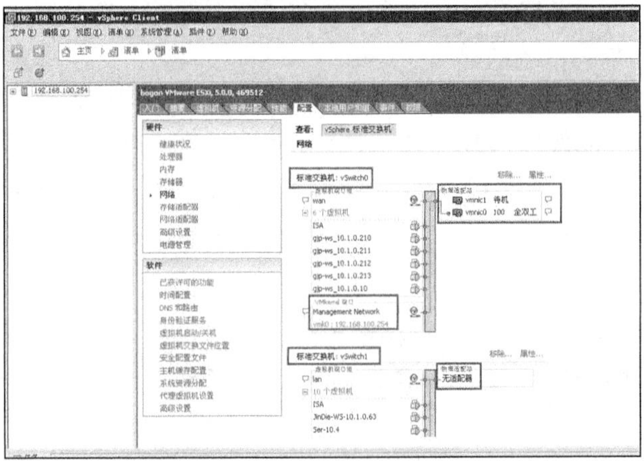

图 6-7-2　ESXi 主机网络配置

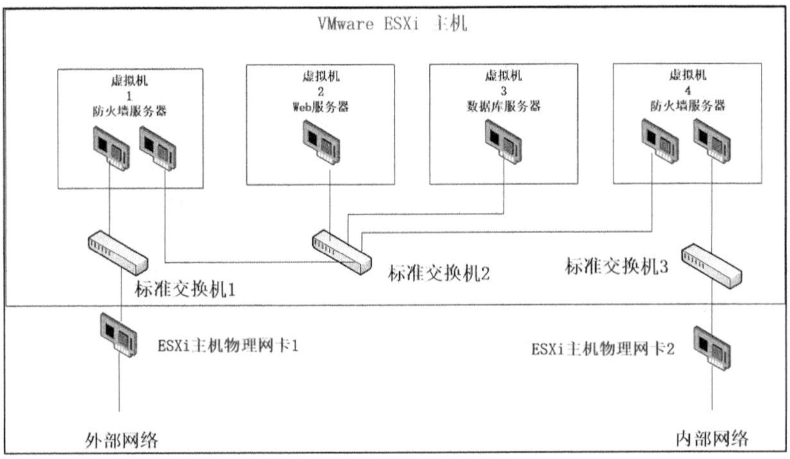

图 6-7-3　单台主机多网络配置

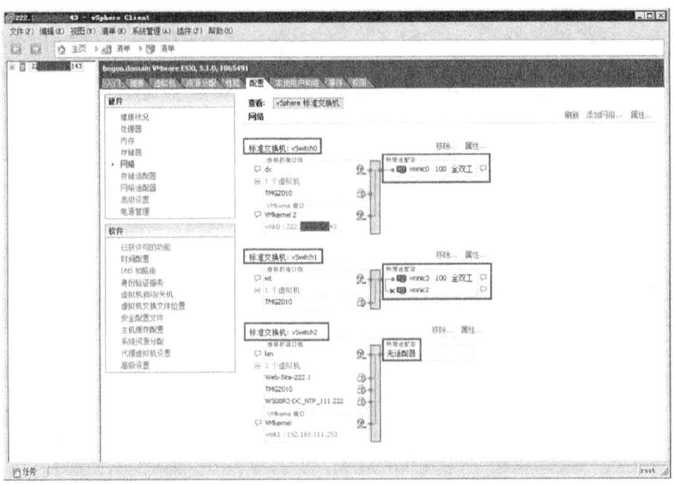

图 6-7-4　单台主机多个不同物理网络及虚拟网络配置

3. 多台主机网络配置 1

在大多数的数据中心中，还是多台 ESXi 主机为主。在规划有多台 ESXi 主机的数据中心时，vSphere 网络的规划就至关重要。下面介绍的是一些被认可的原则。

➢ 管理与生产分离：用于管理 ESXi 主机的网络，以及用于生产环境中、负责虚拟机对外流量的网络要分离。一般用于管理的网段，与用于虚拟机的流量的网段是分开的，即用于管理的是一个单独的网段（VLAN），用于生产的虚拟机网络是另一个或其他多个单独的网段（VLAN）。
➢ 冗余的原则：无论是管理，还是生产，每个物理网络连接，即上行链路适配器，必须是冗余的。一般是 2 个网卡，多了也无意义。
➢ 负载平衡：不可否认，在虚拟化的数据中心中，由于同时有多个虚拟机的存在，主机的物理网卡要承担比普通、不采用虚拟化的物理服务器更多的网络流量。如果这些网络流量加在一起，超过了单块网卡的负载能力，那网络的性能就会下降。所以，在使用多个网卡时，除了有冗余功能外，还可以起到负载平衡的作用。
➢ 链路聚合：为了提供比单个物理网卡更高的带宽，可以将多个主机网卡进行聚合，以提供更高的带宽，但这需要物理交换机的支持。

vSphere 的网络功能较多，如果展开介绍，可能需要一本书的章节，而在我们这本书中只用短短的几节内容介绍，无疑不能全面介绍 vSphere 网络的每个特点。我将会通过一些网络拓扑、示例及案例的方式进行介绍，希望对读者有所帮助。本小节将以一个具有 3 个主机、每个主机有 4 块网卡的最小 vSphere 群集为例进行介绍，如图 6-7-5 所示，这是 3 个主机、4 个网卡的 vSphere 群集的一种网络规划。

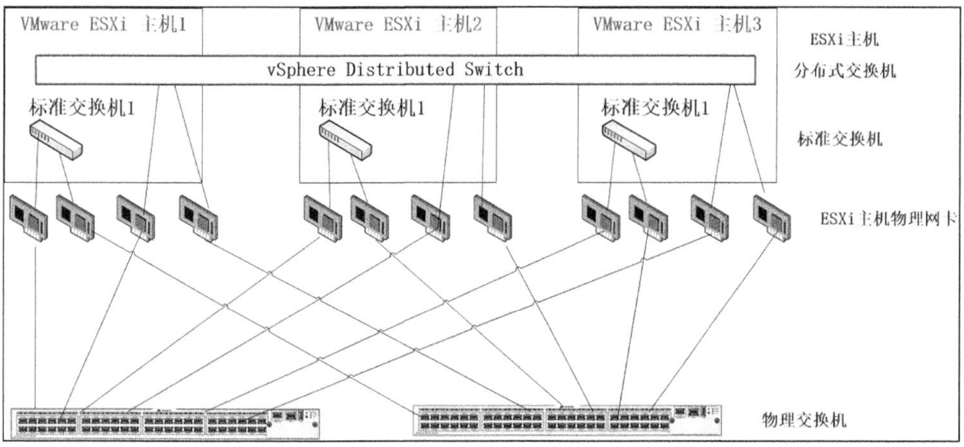

图 6-7-5　具有 3 台主机、每主机 4 个网卡的 vSphere 群集的一种网络规划

在图 6-7-5 中，整个 vSphere 群集，每个主机都有一个“标准交换机”，这个标准交换机是安装 ESXi 时系统默认创建的虚拟交换机，为了提供冗余，每个标准交换机绑定两个物理网卡，在实际的情况中，一般绑定物理主机的第 1、2 块网卡（在 VMware ESXi 中会被识别为 vmnic0、vmnic1），这两个网卡将用于管理 ESXi 主机（会在标准交换机上创建 VMkernel 端口组，有管理流量）。同时为了提供物理交换机一端的冗余，这两个网卡被分别连接到两个物理交换机，而这两个物理交换机再上联到数据中心的两个核心交换机（核心交换机互联）。而每个主机剩余的两个网卡（在 VMware ESXi 中会被识别为 vmnic2、vmnic3）会组成 vSphere

Distributed Switch 的上行链路。这样当前的 vSphere 数据中心会有 3 个标准交换机、1 个分布式交换机。

当然还有另一种规划，就是每个主机剩余的两个网卡再创建一个标准交换机，这样整个数据中心会有 6 个标准交换机，（每个主机 2 个）。这两种规划没有谁好谁坏之分，只要满足数据中心的需求即可。使用标准交换机，还是分布式交换机，以及这两个交换机的区别，在上一章已经介绍过，读者可以根据需求、习惯使用。

在图 6-7-5 的基础上，如果有更多的物理主机，也可以将其他物理主机“加入”到这个拓扑：每个主机 2 个网卡创建标准交换机管理、剩余的网卡加入到分布式交换机，用于虚拟机的流量。

同样，在图 6-7-5 的基础上，如果主机有更多的网卡，例如每个主机有 6 个网卡，可以同样参考这个拓扑：每个主机第 1、2 块网卡用于 ESXi 系统安装时默认创建的标准交换机，每个主机剩余的 4 个网卡加入到同一个分布式交换机。而对于 2 个以上的网卡，作为分布式交换机的上行链路，这些网卡可以根据需要做链路聚合，或者根据进一步的规划，分担不同虚拟机的流量，这些内容会在后文展开介绍。

4. *多台主机网络配置 2*

在上一节，我们介绍了一个有 3 个主机、每个主机有 4 个网卡的 vSphere 群集的网络配置，这个配置中包括每个主机有一个“标准交换机”、一个“分布式交换机”，那么，这个标准交换机是不是必须的呢？单独为标准交换机配置两个网卡是否浪费呢？我们先回答第一个问题。标准交换机并不是必须的，在上一章中，我们已经介绍过在安装 vCenter Server 并由 vCenter Server 管理 vSphere 数据中心后，创建 vSphere Distributed Switch，可以将标准交换机及标准交换机的 VMkernel 端口迁移到 vSphere 分布式交换机，通过这些内容我们可以知道，在创建分布式交换机之后，可以将原来标准交换机的端口组（及上行链路，即绑定交换机的物理网卡）迁移到分布式交换机，之后删除没有端口组的标准交换机，这样图 6-7-5 所示的网络拓扑就可以改为图 6-7-6 所示的拓扑。

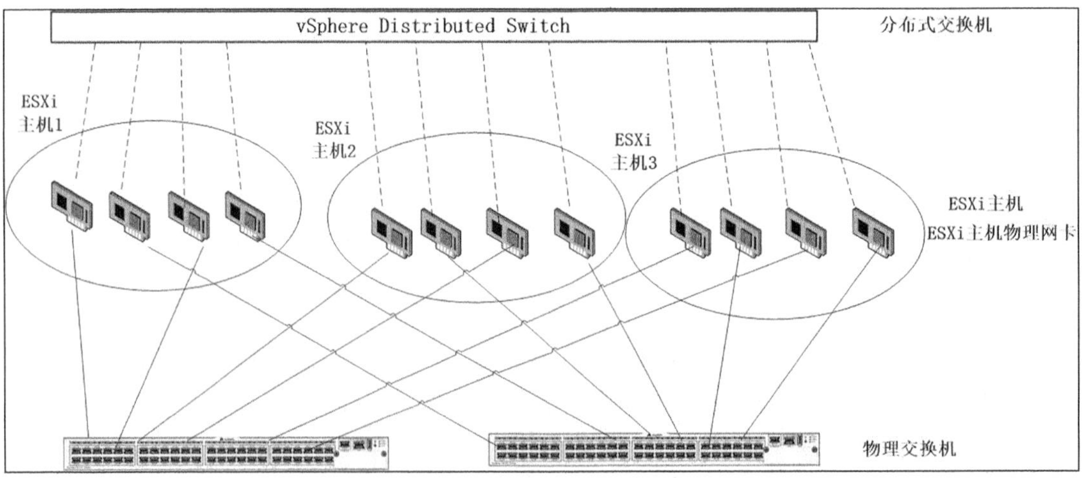

图 6-7-6　将标准交换机端口组迁移到分布式交换机

接下来回答第二个问题“单独为标准交换机配置两个网卡是否浪费呢？”当网络规划升级为图 6-7-6 所示时，标准交换机已经不存在，而原来绑定标准交换机用于管理的物理网卡已经绑定了迁移之后的虚拟机端口组，这些端口组会有原来用于 ESXi 主机管理的 VMkernel 端口组，以及原来系统默认创建的名为“vm network”的端口组。虽然这时标准交换机不存在，但同样是两个物理网卡用于 ESXi 主机的管理，这样是否仍然存在浪费呢？此时，就涉及到交换机端口组与物理网卡绑定，即交换机的上行链路的分配问题。

5. 使用负载平衡方式的虚拟机端口组与物理网卡的连接

vSphere 中的虚拟交换机，无论是“标准交换机”，还是“vSphere Distributed Switch（分布式交换机）”，其逻辑与功能与现实中的物理交换机都类似。物理交换机有端口及端口的数量，而虚拟交换机也有“端口”及端口的数量。虚拟交换机作为虚拟机与物理网络连接的一个设备，是通过虚拟交换机的“虚拟端口”→虚拟交换机→ESXi 主机物理网卡→物理交换机端口→物理网络这一途径连接的。在 vSphere 网络虚拟机端口组的设置中，可以选择使用（绑定）主机物理网卡，通过这一设置，可以根据规划、虚拟机所需要的网络流量，让不同的端口组绑定不同的物理网卡，从而达到网络负载均衡、分流、网络冗余的目的。在大多数的情况下，主机单一物理网卡所提供的带宽足以满足大多数虚拟机的单一需求，这是指某个虚拟机所需要的网络流量不会超过单一物理网卡，即一块网卡，所提供的带宽。而当虚拟机的数量较多，单一物理网卡不能满足需求时，就需要将虚拟机的流量在不同的物理网卡进行分流（同时需要冗余）。所以，在为同一个标准交换机（或分布式交换机）提供多块网卡时，既有冗余的功能，也有“负载平衡”的功能，你可以在“成组和故障切换”中找到这一设置，如图 6-7-7 所示。

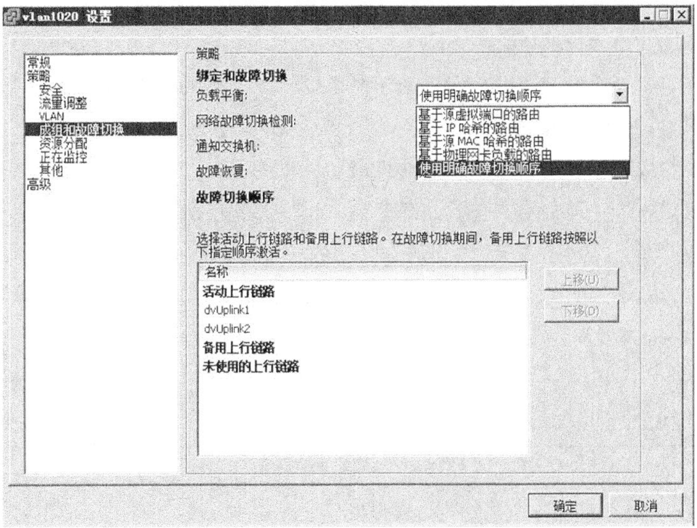

图 6-7-7　成组和故障切换

例如，在选择“基于物理网卡负载的路由”时，当连接到端口组或端口的物理网络适配器的当前负载达到 75%或更高，持续 30 秒保持忙碌状态，主机代理交换机会将一部分虚拟机流量移至具有可用容量的物理适配器。当选择其他选项（选择“使用明确故障切换顺序”时除外）时，也会根据选项进行负载平衡。

所以，在配置了标准交换机或分布式交换机，并且绑定了多个上行链路，即物理主机网卡时，vSphere 管理员可以根据需求（或规划）将虚拟交换机的端口组绑定到不同的主机物理网卡，网络拓扑示意如图 6-7-8 所示。

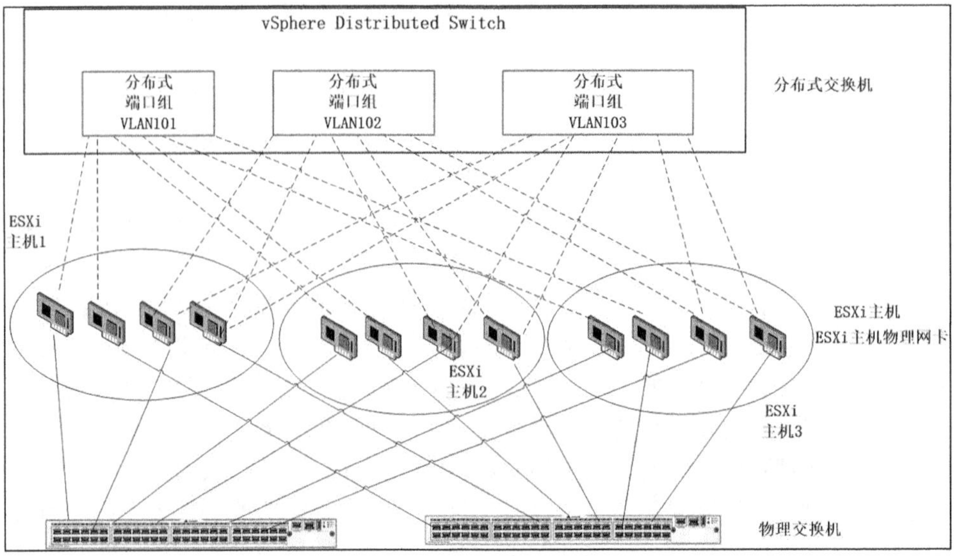

图 6-7-8 使用负载平衡方式

在图 6-7-8 中，每个主机有 4 块物理网卡，都绑定到同一个分布式交换机，在分布式交换机上根据需求创建了多个端口组，这些端口组根据规划选择绑定不同的物理网卡，每个端口组至少与每个主机的两个网卡连接。物理网卡可以进行多次绑定，但是在这种规划中，物理网卡连接物理交换机的 Trunk 端口，在虚拟交换机的端口组中可以通过指定不同的 vlan 端口连接到主机不同的 VLAN 网络。

【说明】在图 6-7-8 中，没有画出 VMkernel 端口。在实际的环境中，至少要有一个 VMkernel 用于管理。如果有其他的流量需求，可以根据需要添加不同的 VMkernel 端口。

6. 使用主备方式的虚拟机端口组与物理网卡的连接

上一节介绍的是使用“负载平衡”的方式，规划绑定到相同端口组的多个网卡。在实际的应用中，还有另一种“主备”方式的规划，网络拓扑如图 6-7-9 所示。

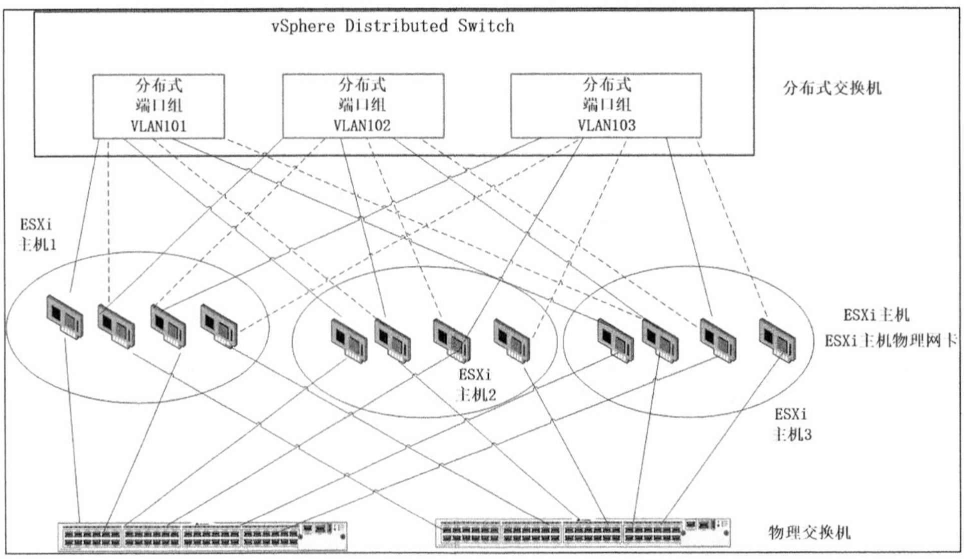

图 6-7-9 使用主备方式

在图 6-7-9 中，每个端口组都连接到每个主机的至少两个网卡，但这两个网卡，只有一个网卡是“激活”的链接（图中有实线表示），而另一个网卡则处于“备用”状态（图中用虚线表示），如图 6-7-10 所示，这是某个端口组的配置。

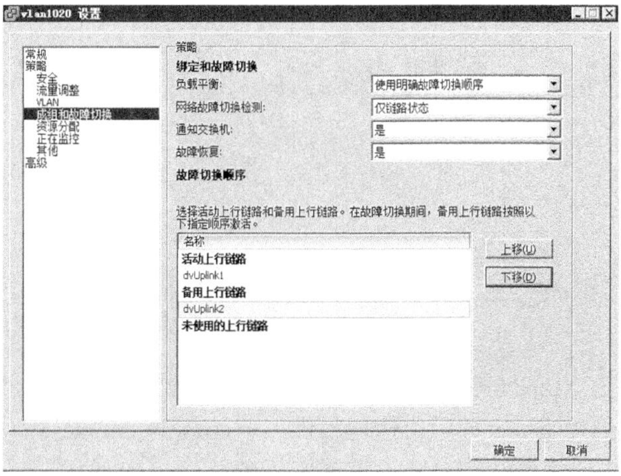

图 6-7-10　一个活动上行链路，一个备用上行链路

在图 6-7-9 所示的配置中，假设每个主机有 4 个网卡，有 3 个端口组（可以有更多的端口组）。

第 1 个端口组使用主机第 1、2 个网卡，在图 6-7-10 所示的配置中，第 1 个网卡为“活动”，第 2 个则为“备用”，其他网卡为“未使用”。

第 2 个端口组使用第 2、3 个网卡，第 2 个网卡为“活动”，第 3 个网卡为“备用”，其他网卡为“未使用”。

第 3 个端口组使用第 3、4 个网卡，第 3 个网卡为“活动”，第 4 个网卡为“备用”，其他网卡为“未使用”。

如果还有第 4 个、第 5 个端口组，可以进行类似的分配。例如：

第 4 个端口组使用第 4、1 个网卡，第 4 个网卡为“活动”，第 1 个网卡为“备用”，其他网卡为“未使用”

当然网络不一定“连续”使用，例如：

第 5 个端口组使用第 2、4 个网卡，第 2 个网卡为“活动”，第 4 个网卡为“备用”，其他网卡为“未使用”。

7. 其他配置

由于章节的问题，vSphere 网络我们不再展开，但会在后文章节进行介绍，例如，当虚拟机需要更高的带宽时，怎样配置物理交换机，通过在交换机配置链路聚合以实现宽带的增加等，这些将会通过具体的实例进行介绍。

6.7.2　添加 vSphere 标准交换机及 VMkernel 端口组

因为在第 5 章学习过 vSphere 网络的知识，并且在第 5 章介绍了使用 vSphere Client 管理 vSphere 网络的内容。所以在本章内容中，相同的内容不再重复介绍。本节将以一个案例的方式介绍使用 vSphere Web Client 管理界面，创建标准交换机、分布式交换机、将标准交换机迁移到分布式交换机的操作，同时介绍分布式交换机中链路聚合的内容。本节将以图 6-7-11 所示的拓扑为例，介绍在 ESXi 主机中添加标准交换机的内容。

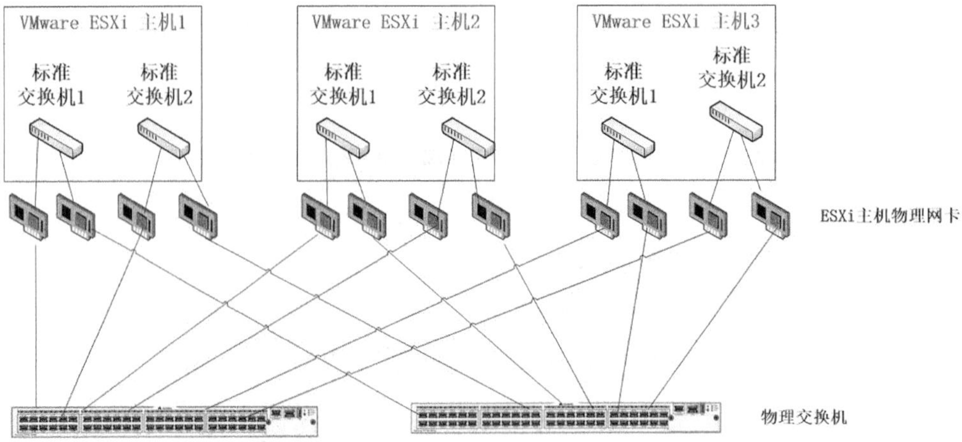

图 6-7-11　添加标准交换机拓扑图

在安装 VMware ESXi 的时候，安装程序会创建一个默认的标准交换机，该标准交换机会绑定一块网卡。在安装完 ESXi 之后，管理员做的第一件事就是为 ESXi 主机统一命名，设置管理地址，选择管理网卡（绑定 2 块以提供冗余）。对于主机剩余的网卡，可以根据规划添加新的交换机，以绑定剩余的网卡，也可以将剩余的网卡添加到系统中已有的标准交换机中。为了介绍图 6-7-11 所示的内容，我们需要 3 台 ESXi 主机、1 台 vCenter Server 管理机，其中每台 ESXi 主机至少 4 块网卡（第 1、2 块网卡使用 VMnet8，其对应网段为 192.168.80.0；第 3、4 块网卡使用 VMnet1，其对应网段为 192.168.10.0，见图 6-7-12。我们仍然用 VMware Workstation 虚拟机来搭建这个环境。

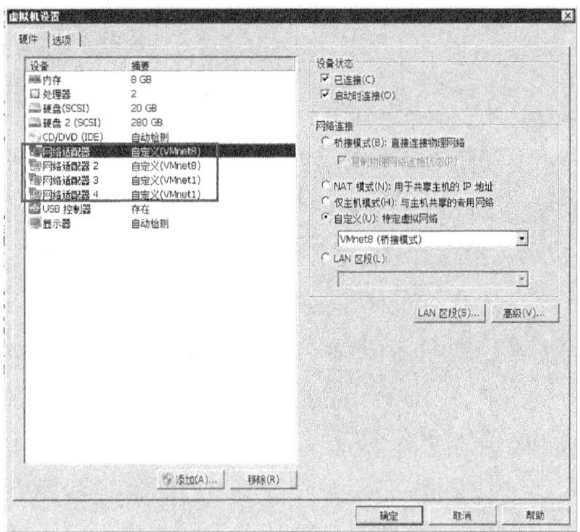

图 6-7-12　ESXi 实验虚拟机配置

要完成这个实验，需要有 3 台 ESXi 主机、1 台 vCenter Server，如图 6-7-13 所示，这是 VMware Workstation 中的截图，我们将这 3 台 ESXi 虚拟机、1 台 vCenter Server 虚拟机放入一个文件夹中。

【说明】我们用 VMware Workstation 搭建实验环境进行演示，是为了以实验的方式介绍用 vSphere Web Client 配置管理网络的实际操作。在实际生产环境中，在配置 vSphere 网络之前，还要注意每台 ESXi 主机物理网卡与交换机的连接，以及对应交换机端口的配置。简单来说，如果主机物理网卡连接到交换机的 Access 端口，或者连接的是一个普通的交换机，那么这个物理网卡所绑定的标准交换机的端口组，与所连接到的物理交换机的 Access 端口有相同的网络属性，即属于同一个 VLAN，或者没有 VLAN，即连接到普通的交换机上）；如果主机物理网卡连接到交换机的 Trunk 端口，那么在配置与这个物理网卡连接的虚拟交换机时（标准交换机或分布式交换机），在配置虚拟端口组时，要为端口组配置 VLAN 端口 ID。再简单来说，你将虚拟交换机看成与物理交换机功能相同或类似的设备即可，即物理交换机怎么使用，虚拟交换机则怎么使用。连接到物理交换机的物理机的网卡 IP 地址怎么分配、规划、使用，那么连接到虚拟交换机、虚拟端口的虚拟机的 IP 地址也是同样地分配、规划。

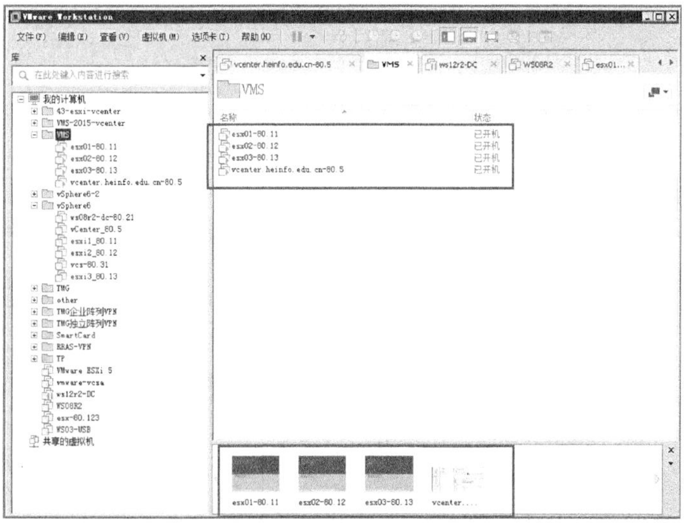

图 6-7-13　实验环境

在下面的演示中，我们将在 IP 地址为 192.168.80.11 的 ESXi 主机上新建标准交换机，并使用物理主机第 3、4 块网卡（网卡名称为 vmnic2、vmnic3）。

（1）使用 IE 浏览器登录 vSphere Web Client 界面，在左侧导航器中选择某台主机，例如 IP 地址为 192.168.80.11 的主机。在右侧“管理”选项卡中单击“网络”选项卡，在“虚拟交换机”中可以看到当前主机已有的虚拟交换机，这是系统安装时默认创建的标准交换机，其交换机的名称为 vSwitch0，其默认的虚拟机端口组名称为“VM Network”，其默认的 VMkernel 的端口组名称为“Management Network”，如图 6-7-14 所示。该交换机绑定了物理主机的第 1、2 块网卡（网卡名称分别为 vmnic0、vmnic1），另外在此视图中，单击端口组，可以看到端口组与主机物理网卡的绑定关系。

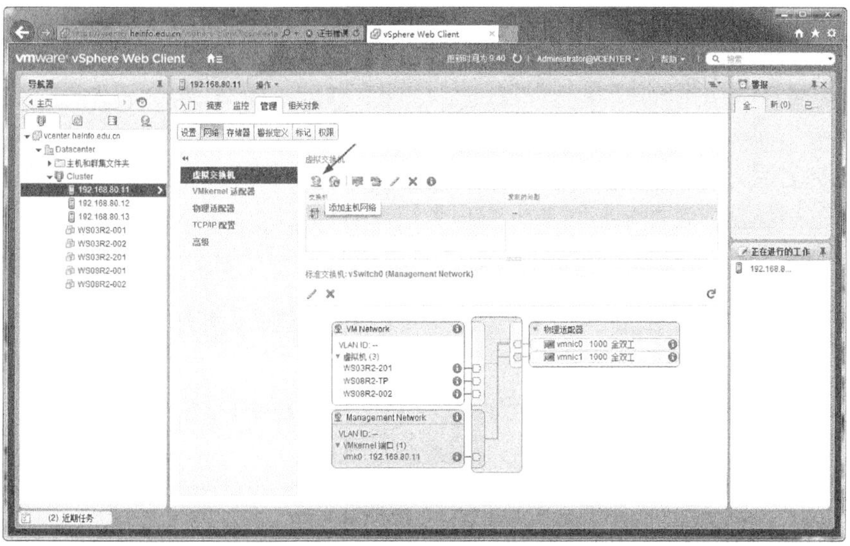

图 6-7-14　系统已有的默认标准交换机

（2）单击“ ”链接，进入添加主机网络对话框，在“选择连接类型”中选择“VMkernel 网络适配器”，如图 6-7-15 所示。

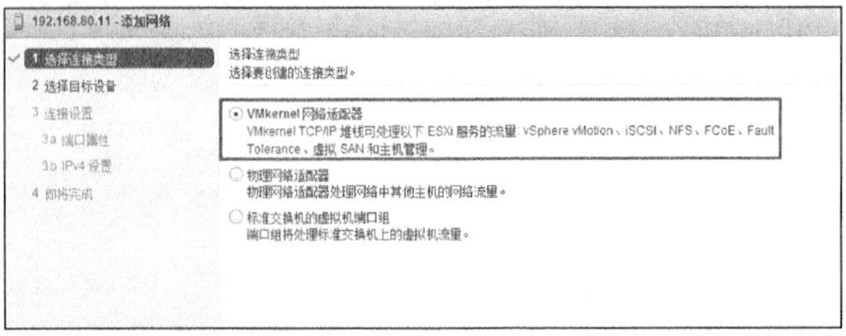

图 6-7-15 选择连接类型

（3）在“选择目标设备”选项中选择“新建标准交换机”，如图 6-7-16 所示。

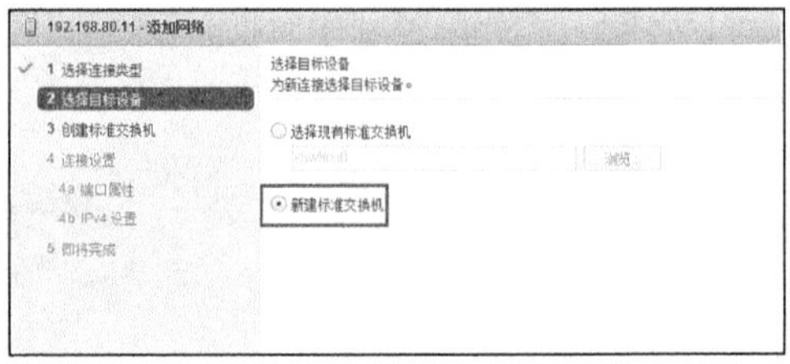

图 6-7-16 新建标准交换机

（4）在“创建标准交换机”选项中单击“+”按钮，在弹出的“将物理适配器添加到交换机”对话框中选中 vmnic2 及 vmnic3 网卡，然后单击“确定”按钮将其添加到列表中，如图 6-7-17 所示。

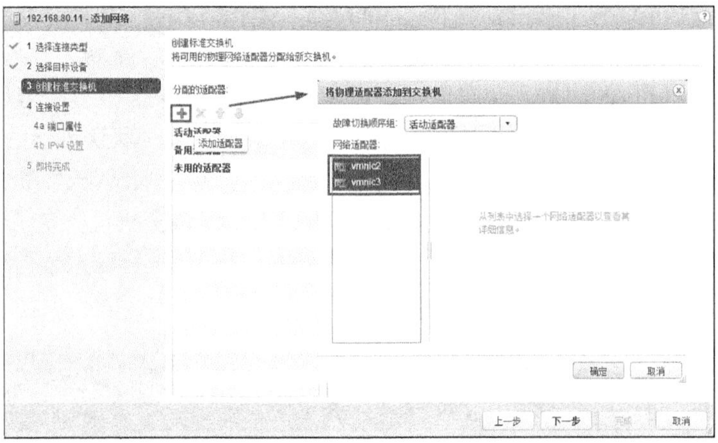

图 6-7-17 添加网卡到“活动适配器”列表中

（5）添加之后如图 6-7-18 所示，你也可以选中网卡，将其在“活动适配器”、“备用适配器”、“未用的适配器”之间调整（单击↑、↓箭头调整）。

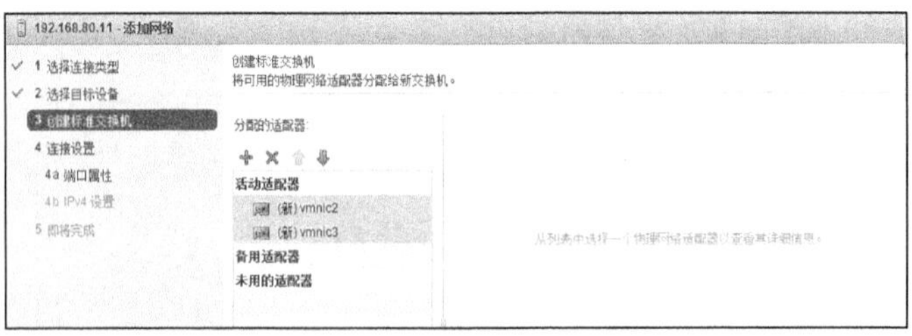

图 6-7-18 分配的适配器

（6）在“端口属性”选项“网络标签”文本框中，输入新创建的 VMkernel 端口的名称，在此采用默认名称 VMkernel，在“VLAN ID”下拉列表中根据需要选择是否为当前虚拟端口组配置或启用 VLAN（这与上一章中介绍的虚拟交换机启用 VLAN 功能相同），在“启用服务”

中根据需要选择要为当前新创建的 VMkernel 端口组启用的流量，例如你可以选择“VMotion 流量”、“置备流量”、“Fault Tolerance 日志记录”、“虚拟 SAN 流量”等，如图 6-7-19 所示。

【说明】不要将“管理流量”与“VMotion 流量”配置在同一 VMkernel 端口。

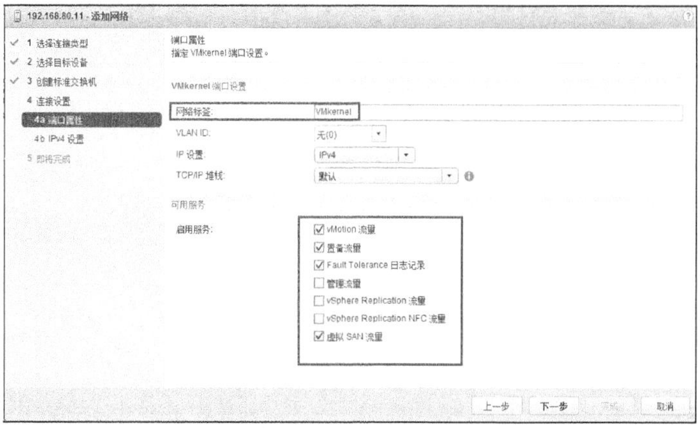

图 6-7-19 端口属性

（7）在“IPv4”设置选项中为新建的 VMkernel 端口设置 IP 地址，在此选择“使用静态 IPv4 设置”，并为这台主机的第 2 个 VMkernel 端口组设置一个地址，在此设置为 192.168.10.11，子网掩码为 255.255.255.0，网关仍然用管理 ESXi 的 VMkernel 端口组的网关，如图 6-7-20 所示。

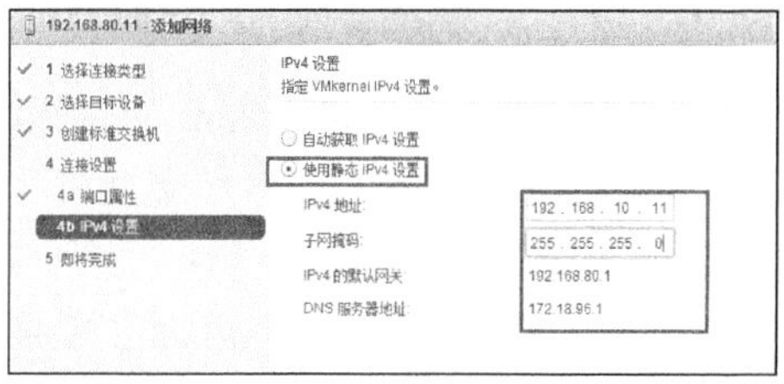

图 6-7-20 设置 VMkernel 端口组 IP 地址

（8）在“即将完成”选项中查看新建标准交换机及 VMkernel 端口组的设置，检查无误之后，单击“完成”按钮，完成设置，如图 6-7-21 所示。

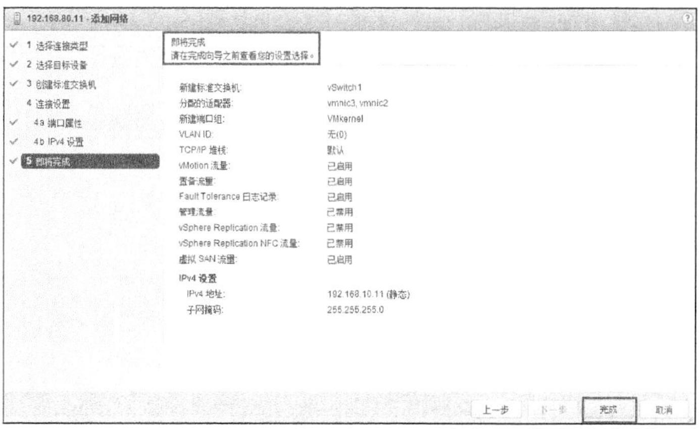

图 6-7-21 即将完成

（9）创建完标准交换机之后，在“管理→网络”选项卡“交换机”列表中，可以看到新建的标准交换机，名称为 vSwitch1，单击这个新建的虚拟机，可以看到当前交换机只有一个 VMkernel 端口组，如图 6-7-22 所示。如果要使用该标准交换机，还需要向标准交换机中添加标准端口组（不同于 VMkernel 端口组）。

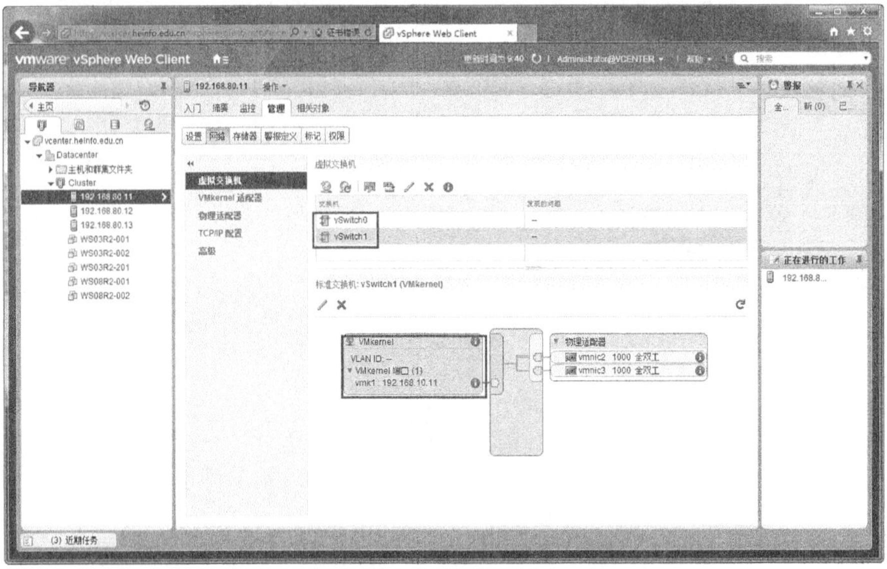

图 6-7-22　新建标准交换机完成

6.7.3　向标准交换机中添加虚拟机端口组

在使用 vSphere Web Client 创建标准交换机及 VMkernel 端口组之后，需要向标准交换机中添加虚拟机端口组，该标准交换机才能分配给虚拟机使用。下面介绍向标准交换机中添加虚拟机端口组的内容。

【说明】可以根据需要，向标准交换机中添加多个虚拟机端口组或多个 VMkernel 端口组。

（1）在 vSphere Web Client 中，在导航器中选择主机，在右侧“管理→网络”选项卡“虚拟交换机”选项中单击“ ”链接，进入添加主机网络对话框，在“选择连接类型”中选择“标准交换机的虚拟机端口组”，如图 6-7-23 所示。

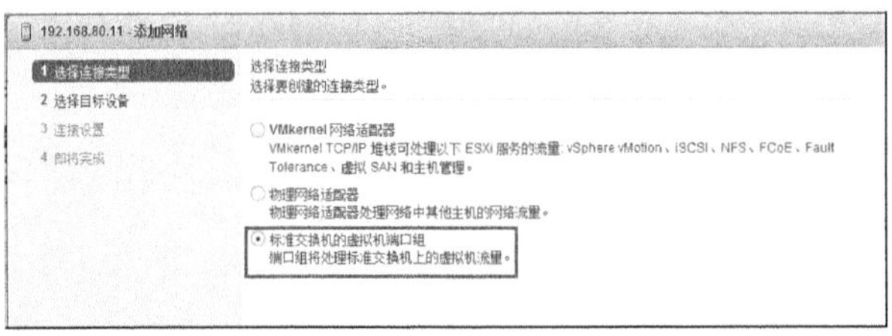

图 6-7-23　选择连接类型

（2）在“选择目标设备”选项中选择“选择现有标准交换机”，并单击“浏览”按钮，在弹出的“选择交换机”对话框中选择要创建虚拟机网络的标准交换机，在此选择新建的标准交换机 vSwitch1，如图 6-7-24 所示，单击“确定”按钮完成选择。

（3）在“连接设置”选项“网络标签”文本框中，为新建的虚拟交换机端口组设置一个名称，例如在此设置 vlan10，如图 6-7-25 所示。如果在实际的生产环境中，当前标准交换机上行链路连接的是交换机的 Trunk 端口，则可以在“VLAN ID”中设置对应的 VLAN ID。

（4）在“即将完成”对话框中显示了新建标准虚拟交换机端口组的设置，检查无误之后，单击“完成”按钮，如图 6-7-26 所示。

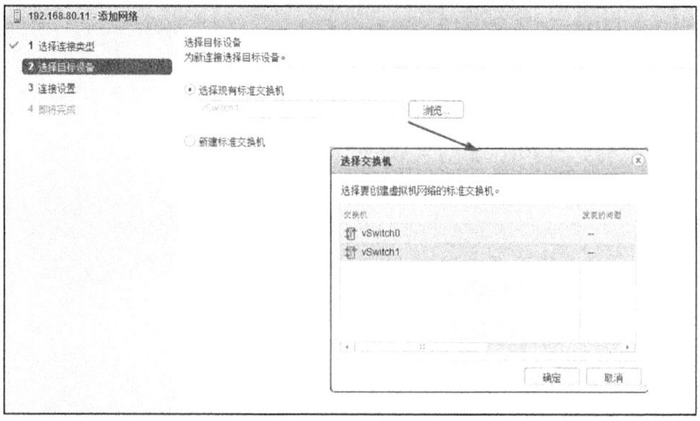

图 6-7-24　选择目标设备

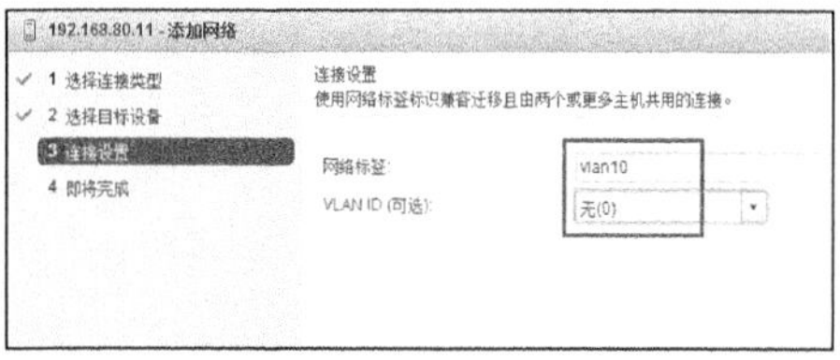

图 6-7-25　连接设置

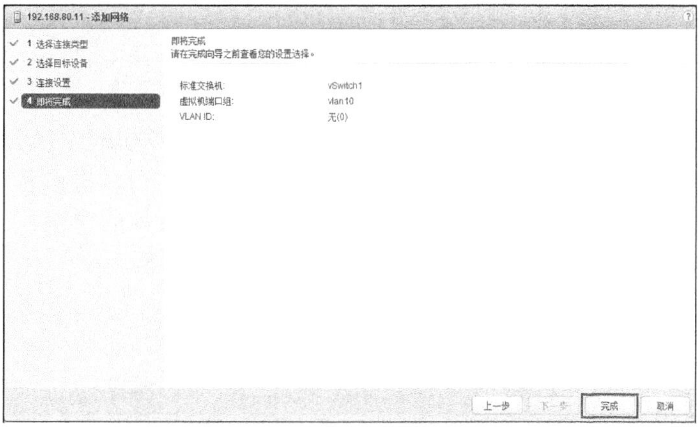

图 6-7-26　新建标准虚拟交换机端口组完成

（5）返回到 vSphere Web Client 界面，选中“vSwitch1”标准虚拟机，可以看到名为“vlan10”的虚拟端口组创建完成，如图 6-7-27 所示，当前虚拟端口组还没有分配虚拟机，即虚拟机的网卡没有使用此端口组。

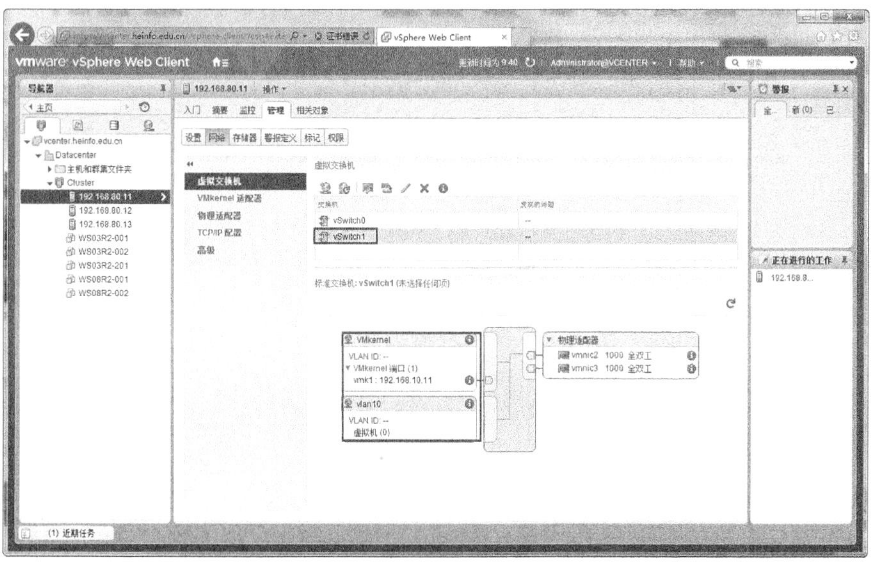

图 6-7-27　新建端口组完成

因为当前创建的虚拟交换机是在 IP 地址为 192.168.80.11 的 ESXi 主机上创建的，打开该主机上的一个虚拟机，在“网络适配器”选择列表中可以看到在网络列表中已经有新建的 vlan10 的网络标签选项，如图 6-7-28 所示。

图 6-7-28　检查虚拟网络标签项

6.7.4　删除标准交换机

在上一节介绍了新建标准交换机的内容，本节介绍删除标准交换机的操作，这一操作是为了下一节做的准备。因为下一节的内容是创建分布式交换机，并且使用每个主机的第 3、4 块网卡。在实际的生产环境中，在配置好 vSphere 网络之后，基本上不会再删除标准交换机，因为有时候标准交换机已经分配到虚拟机，删除标准交换机后，连接到（删除）标准交换机的虚拟机的网络将会断开。

（1）在创建标准交换机及标准交换机的虚拟端口组之后，可以根据后期的规划进行修改或者删除。如果要修改端口组，可以在“虚拟交换机”中间底侧的窗格中选中要修改的端口组（或 VMkernel 端口），单击中间一行中的“✎”链接（见图 6-7-29），进入端口组设置对话框（见图 6-7-30）。

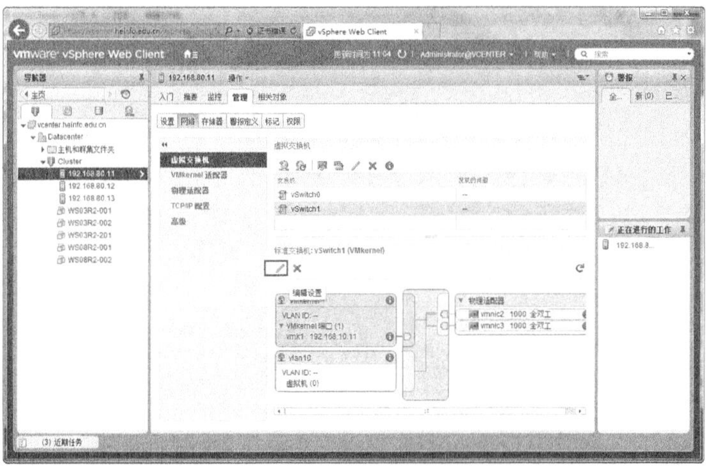

图 6-7-29　编辑

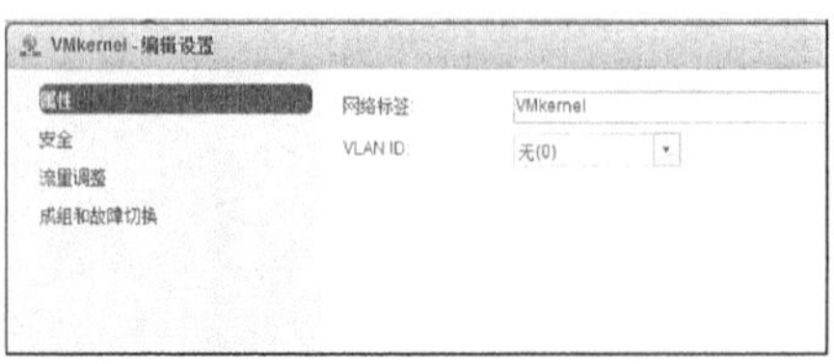

图 6-7-30　端口组设置

（2）在“安全”选项中可以设置端口组是否允许“混杂模式”、MAC 地址更改、伪传输等（见图 6-7-31），在“流量调整”选项中，可以对平均带宽、峰值带宽、突发大小进行设置，如图 6-7-32 所示。

【说明】关于安全选项的意义，请参见 6.7.8 小节中表 6-6 的设置。

（3）在“成组和故障切换”选项中，可以设置负载平衡方式、网络故障检测方法、是否通知交换机、故障恢复等，还可以设置“故障切换顺序”，是否“替代”标准交换机的设置以调整活动适配器、备用适配器及未用的适配器，如图 6-7-33 所示。

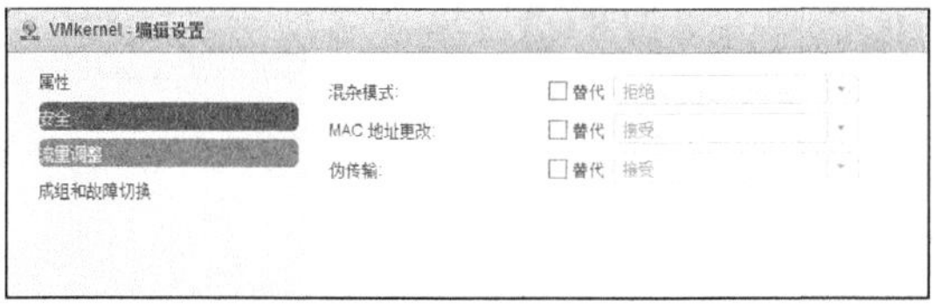

图 6-7-31　安全

图 6-7-32　流量调整

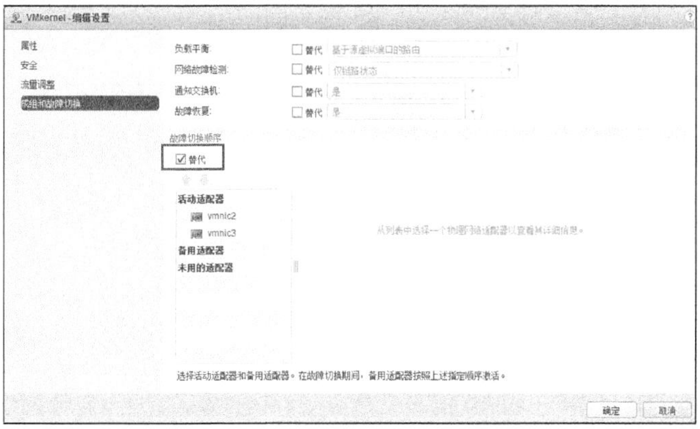

图 6-7-33　成组和故障切换

（4）如果选中虚拟交换机，并单击“虚拟交换机”一栏中的“✎”链接，如图 6-7-34 所示，将打开虚拟交换机的编辑对话框。

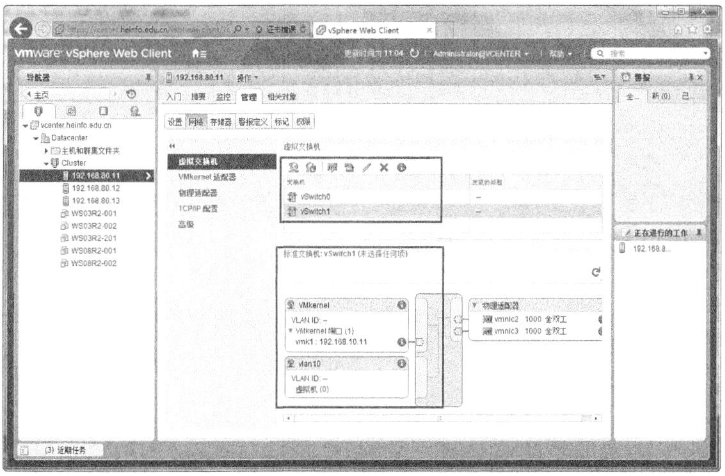

图 6-7-34　编辑标准交换机

（5）在标准交换机设置较少，共有 4 项，分别是“属性”、“安全”、“流量调整”、“成组和故障切换”，其中“属性”选项用来设置 MTU 值，如图 6-7-35 所示，在“安全”选项中可有修改混杂模式、MAC 地址更改、伪传输等项，如图 6-7-36 所示。

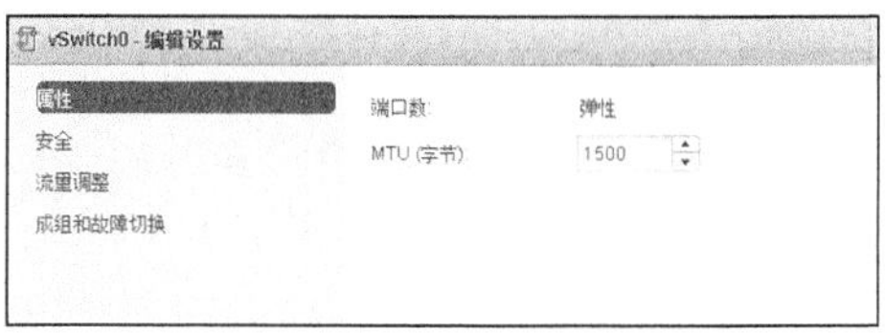

图 6-7-35　属性

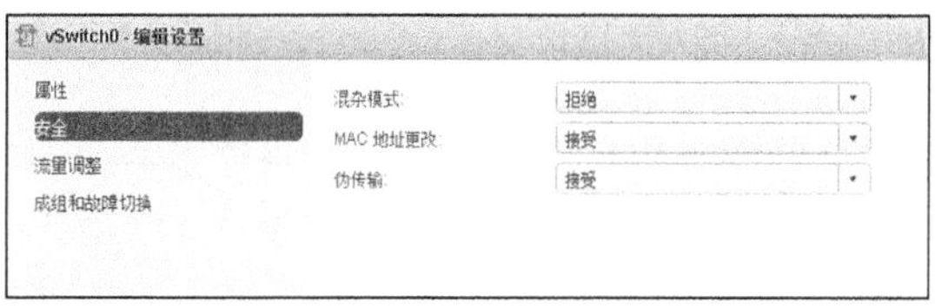

图 6-7-36　安全选项

（6）在“流量调整”选项中设置是否对平均带宽、峰值带宽、突发大小进行调整，如图 6-7-37 所示。

（7）在“成组和故障切换”选项中可以设置负载平衡方式、网络故障检测方法、是否通知交换机、故障恢复等，还可以设置“故障切换顺序”，这包括调整活动适配器、备用适配器及未用的适配器，如图 6-7-38 所示。

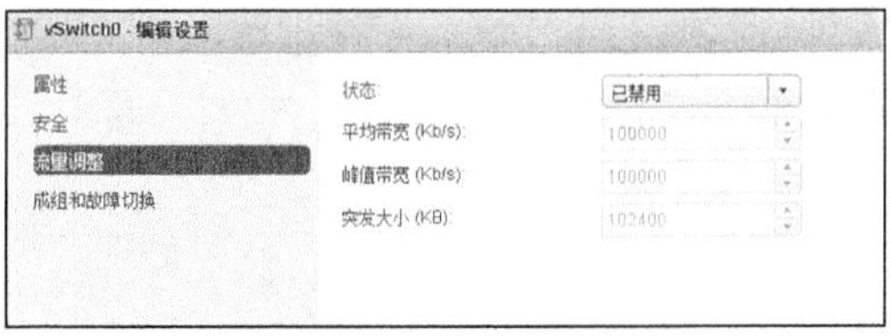

图 6-7-37　流量调整

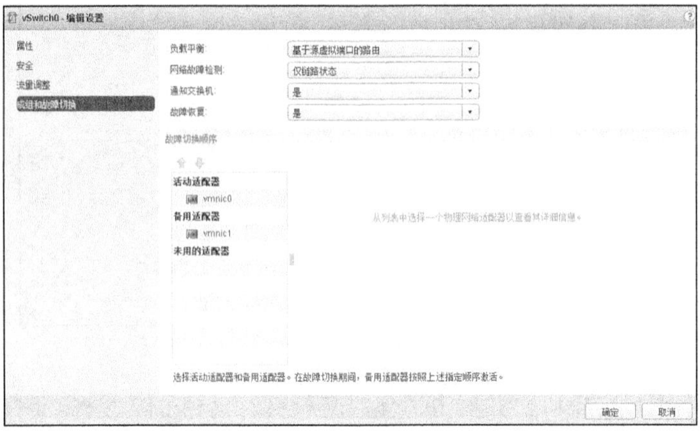

图 6-7-38　成组和故障切换

对于不再需要的标准交换机，可以在“管理→网络→虚拟交换机”中选中不再需要的交换机，单击“X”按钮，在弹出的“移除标准交换机”对话框中单击“是”按钮，删除交换机，如图 6-7-39 所示。

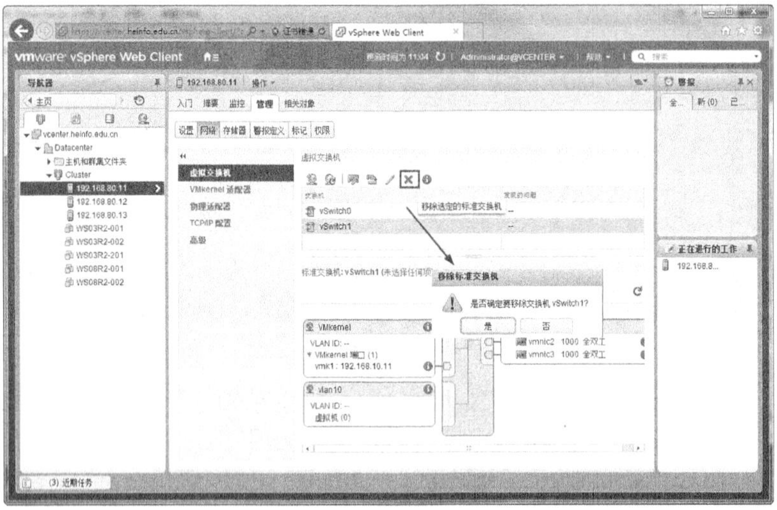

图 6-7-39　删除标准交换机

在移除虚拟交换机的时候，打开“近期任务”，可以看到任务的进度，如图 6-7-40 所示。移除交换机之后，在“虚拟交换机”列表中可以看到原来 2 个标准交换机只剩下 1 个。

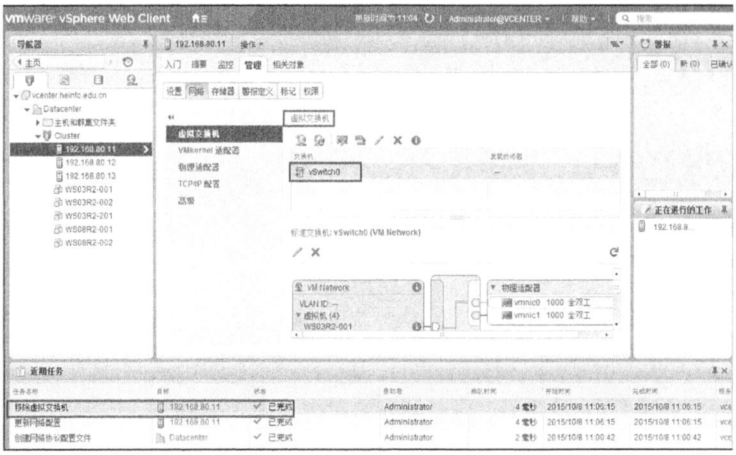

图 6-7-40　移除虚拟机

6.7.5　添加 vSphere Distributed Switch

在本节，将在 vCenter Server 中创建一个分布式交换机，该分布式交换机使用每个主机的第 3、4 块网卡，此时网络示意图如图 6-7-41 所示。

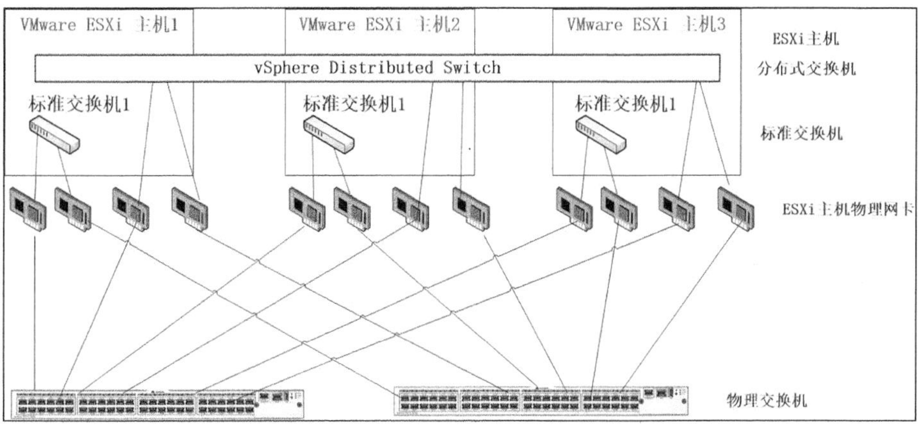

图 6-7-41　添加分布式交换机示意图

接下来，将新建一个分布式交换机，该分布式交换机使用主机第 3、4 块网卡（对应 vmnic2、vmnic3 网卡），步骤如下。

（1）在 IE 浏览器中登录 vSphere Web Client，在左侧导航器中选择数据中心，在此示例中数据中心的名称为“Datacenter”，在中间窗格的“入门”选项卡中单击“创建 Distributed Switch”链接，如图 6-7-42 所示。

（2）在“名称和位置”选项“名称”文本框中，为新建的分布式交换机设置一个名称，在此采用默认名称 DSwitch，如图 6-7-43 所示。

（3）在“选择版本”选项中指定新建的分布式交换机的版本，在此选择默认的“Distributed Switch 6.0.0”，如图 6-7-44 所示。

（4）在“编辑设置”选项中指定上行链路端口数、资源分配和是否创建默认端口组，其中上行链路可以在 1～32 之间（包括 1 及 32）选择，因为每个主机剩余网卡是 2，故在此设置上行链路数为 2，取消“创建默认端口组”的选项，如图 6-7-45 所示。

（5）在“即将完成”对话框中显示了新建分布式交换机的配置，检查无误之后，单击“完成”按钮，完成设置，如图 6-7-46 所示。

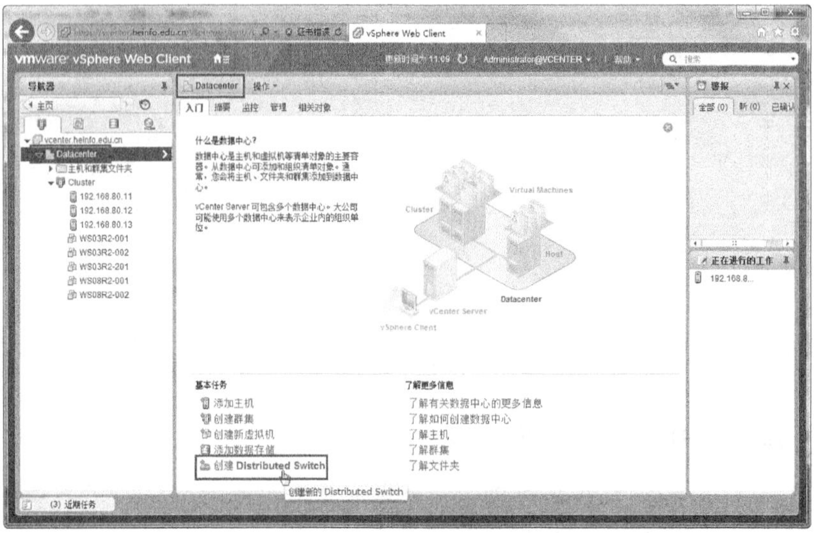

图 6-7-42　创建分布式交换机

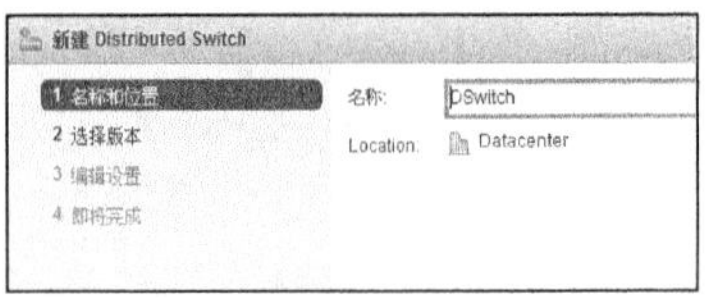

图 6-7-43　设置分布式交换机名称

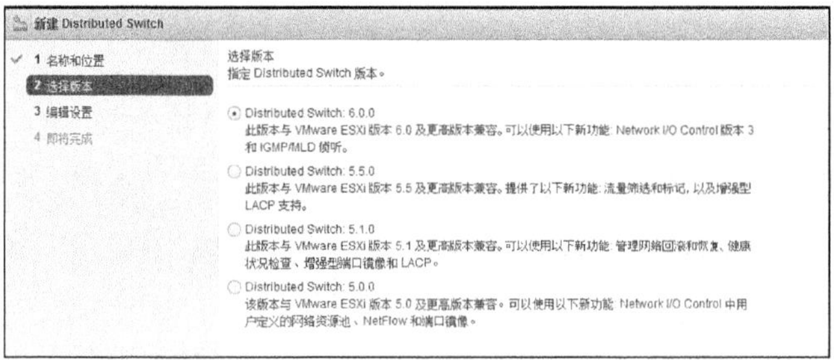

图 6-7-44　选择分布式交换机版本

图 6-7-45　编辑设置

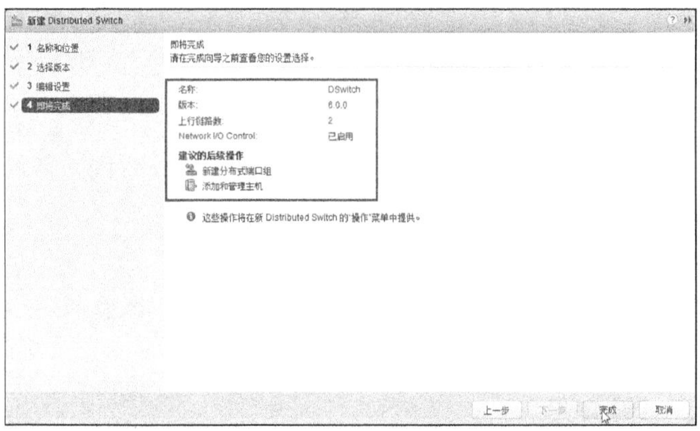

图 6-7-46　即将完成

（6）之后返回到 vSphere Web Client 控制台，在“近期任务”中可以看到新建分布式交换机完成，如图 6-7-47 所示。

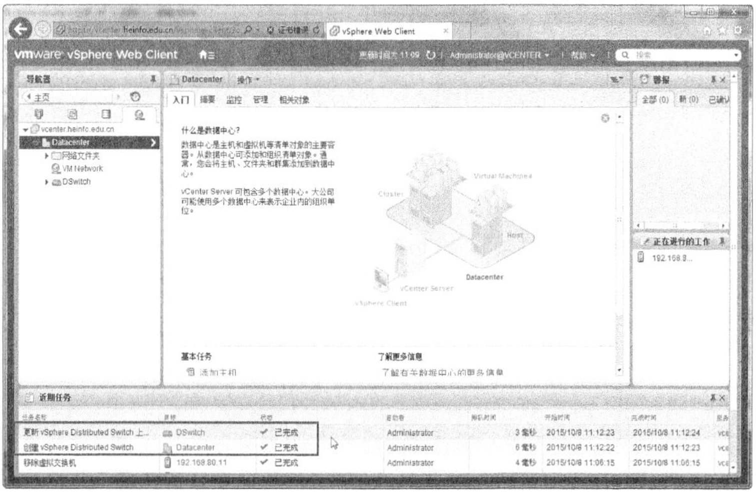

图 6-7-47　近期任务

6.7.6　向分布式交换机添加上行链路

新创建的分布式交换机没有绑定任何上行链路，你需要向新建的交换机中添加主机并绑定上行链路，操作步骤如下。

（1）在导航器中选中新建的分布式交换机，在此选中名称为 DSwitch 的交换机，在中间窗格中单击“入门”选项卡，在“基本任务”中单击“添加和管理主机”链接，如图 6-7-48 所示。

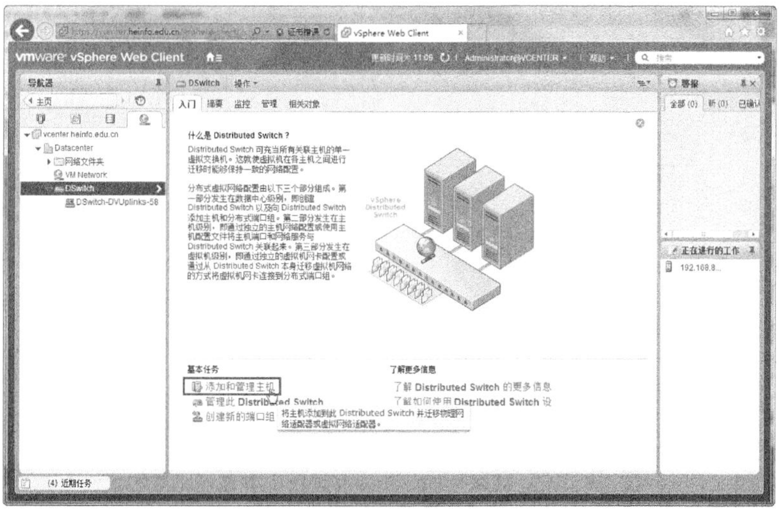

图 6-7-48　添加和管理主机

（2）在“选择任务”选项中选择要对此分布式交换机执行的任务，在此选择“添加主机”，如图 6-7-49 所示。

（3）在“选择主机”选项中单击“+”链接，在弹出的“选择新主机”对话框中选中要添加的主机，在此选中所有三台主机，如图 6-7-50 所示。

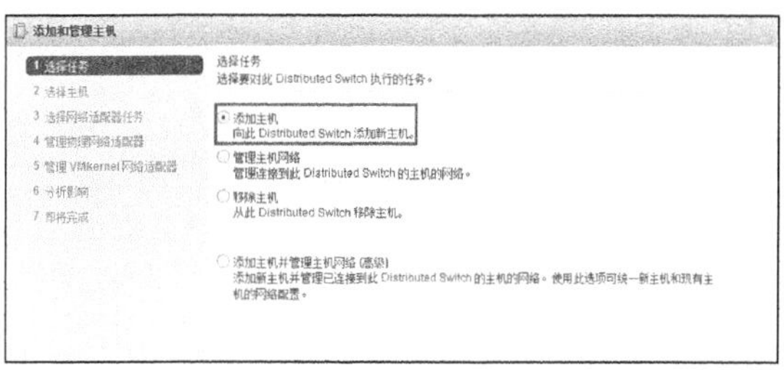

图 6-7-49　添加主机

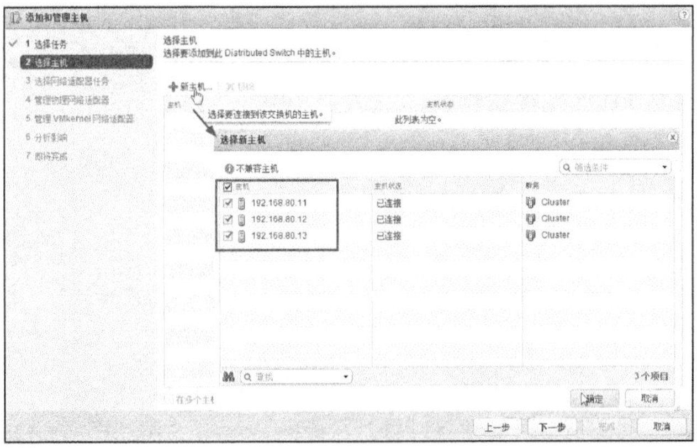

图 6-7-50　选择主机

（4）如果要使此分布式交换机上的物理网卡和 VMkernel 网络适配器的网络配置在所选主机上都相同，请选中“在多个主机上配置相同的网络设置”复选框，如图 6-7-51 所示。

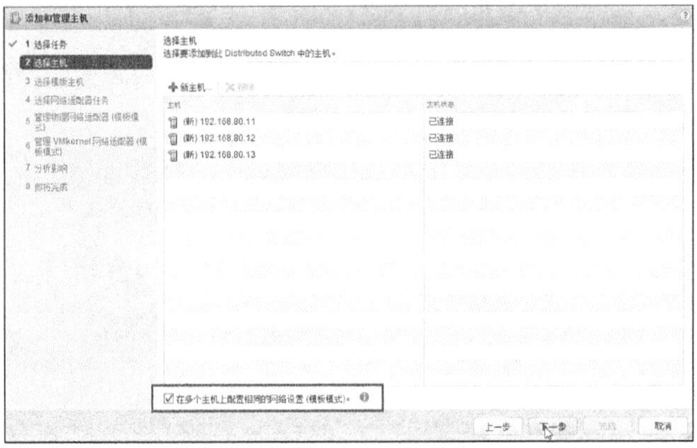

图 6-7-51　选择主机

（5）在“选择模板主机”选项中选择一个主机，以便将其在此交换机上的网络配置应用于其他主机，在此选择 192.168.80.11 的主机，如图 6-7-52 所示。

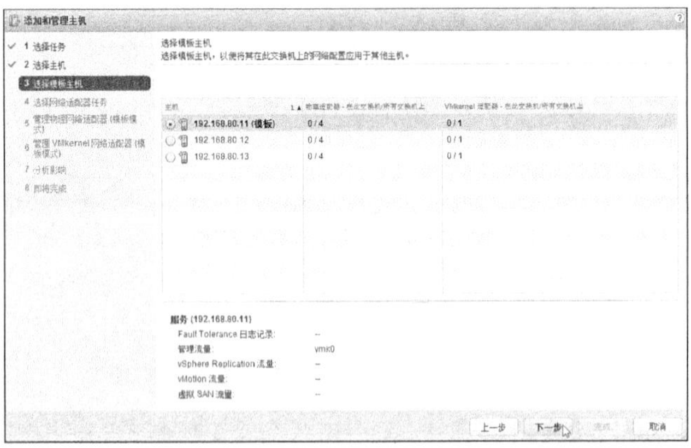

图 6-7-52　选择模板主机

（6）在“选择网络适配器任务”选项中选择要执行的网络适配器任务，在此选择“管理物理适配器”及“管理 VMkernel 适配器”，如图 6-7-53 所示。

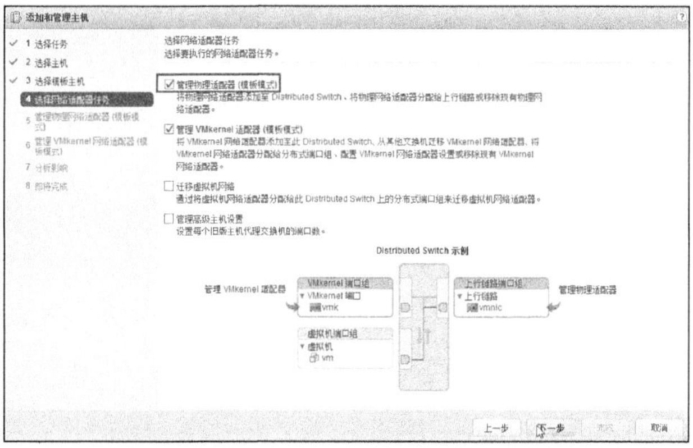

图 6-7-53　选择网络适配器任务

（7）在“管理物理网络适配器”选项中选择空闲的网卡（本示例中为 vmnic2 及 vmnic3），单击“分配上行链路”链接，将其分配给分布式交换机的上行链路，如图 6-7-54 所示。

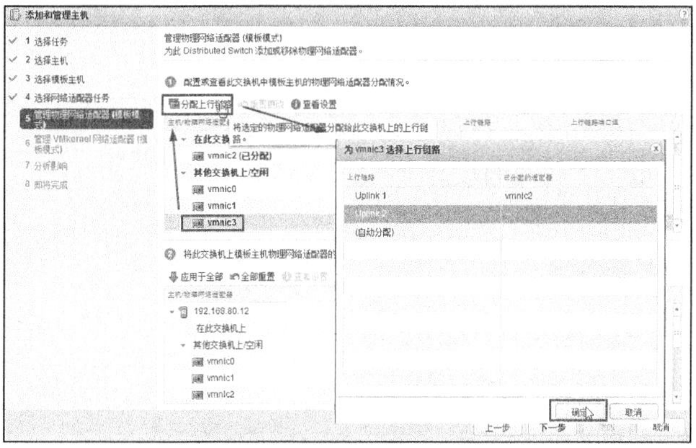

图 6-7-54　分配上行链路

（8）在为 vmnic2、vmnic3 分配上行链路之后，单击“应用于全部”链接，将此交换机的模板主机上的物理网络适配器应用于所有主机，这样另外两台主机 192.168.80.12、192.168.80.13 的 vmnic2 及 vmnic3 也会分配到对应的上行链路，如图 6-7-55 所示。

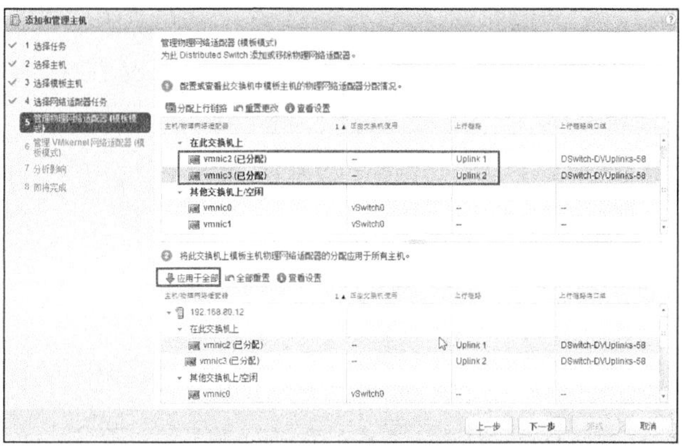

图 6-7-55　应用于全部

（9）在“管理 VMkernel 网络适配器”选项中单击“下一步”按钮，因为还没有为当前主机的分布式交换机创建 VMkernel 端口。如图 6-7-56 所示。

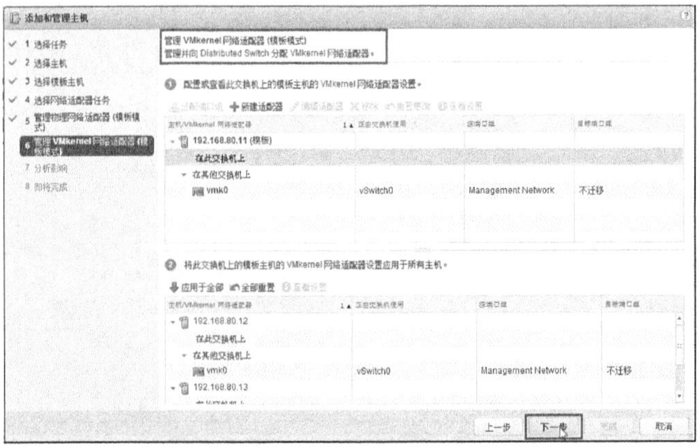

图 6-7-56　管理 VMkernel 网络适配器

（10）在“分析影响”选项中查看此配置更改是否对某些网络服务造成影响，如图 6-7-57 所示。

（11）在“即将完成”选项中查看添加托管主机的配置，检查无误之后，单击“完成”按钮，完成设置，如图 6-7-58 所示。

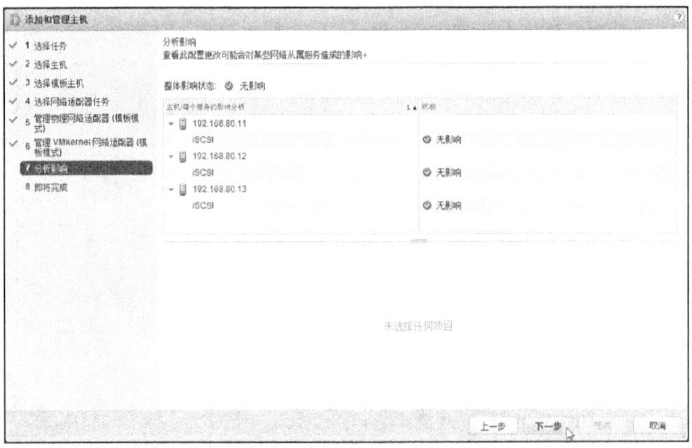

图 6-7-57　分析影响

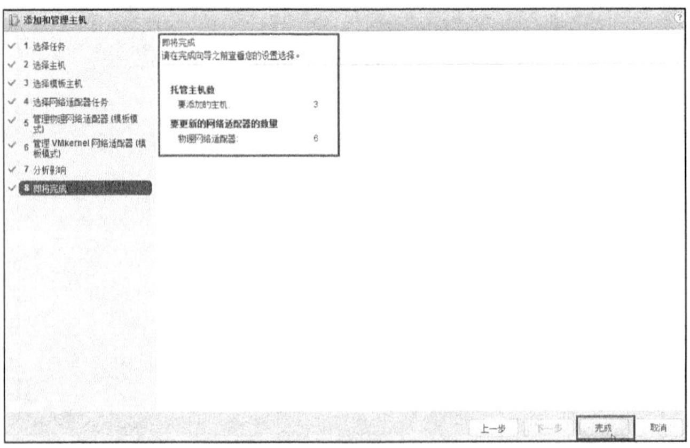

图 6-7-58　即将完成

（12）返回到 vSphere Web Client，在“近期任务”中可以看到任务的完成情况，如图 6-7-59 所示。

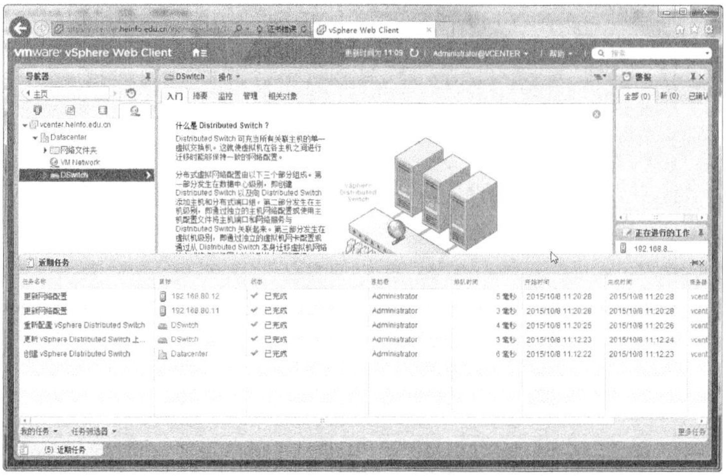

图 6-7-59　近期任务

如果要后期修改此分布式交换机的配置，可以在导航器中选择分布式交换机，在“入门→基本任务”中选择“管理此 Distributed Switch”，如图 6-7-60 所示。

打开分布式交换机的设置对话框，在“常规”选项中修改交换机的名称、上行链路数、是否启用网络 I/O 控制等，如图 6-7-61 所示。

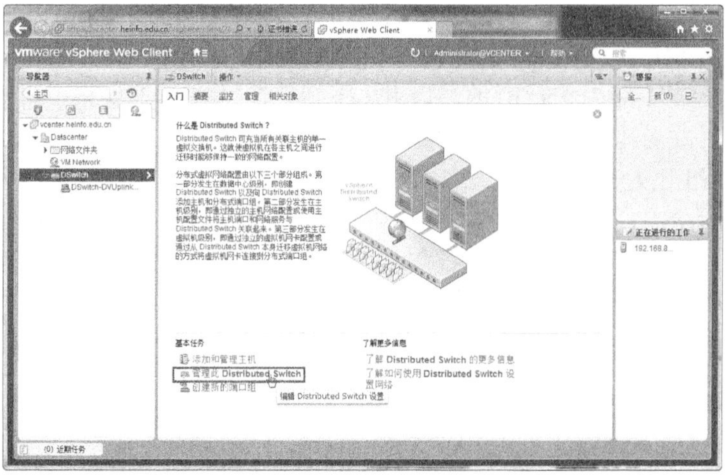

图 6-7-60　管理此分布式交换机

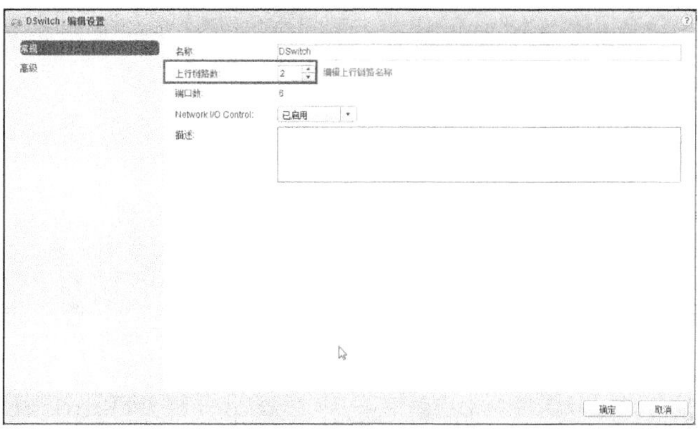

图 6-7-61　常规选项

在“高级”选项中设置 MTU、多播筛选、发现协议等配置，如图 6-7-62 所示。

图 6-7-62 高级选项

6.7.7 添加分布式端口组

当前新建的分布式交换机还没有端口组，在接下来的操作中，我们将创建两个端口组用于虚拟机流量。如果在实际的生产环境中，这个分布式交换机的两个网卡连接到物理交换机的 Trunk 端口，则创建分布式端口组时，需要指定 VLAN ID；如果物理网卡连接到交换机的 Access 端口，则不需要指定 VLAN ID。在我们当前的演示环境中，当前分布式交换机的两个物理网卡使用的虚拟机的 VMnet1 虚拟网卡，该网卡所处的网络地址范围是 192.168.10.0/24，所以我们可以创建一个名为 vlan10 的端口组，不指定 VLAN ID，如果虚拟机使用此端口组，则设置 192.168.10.0 的地址即可，之后再创建一个 vlan11 的端口组，此端口组指定 VLAN ID 为 11，这个端口组只是演示。

（1）在 vSphere Web Client 中导航到分布式交换机，在导航器中选择新建的分布式交换机，右击，在弹出的菜单中选择“分布式端口组→新建分布式端口组”，如图 6-7-63 所示，或者在“基本任务”中单击“创建新的端口组”选项。

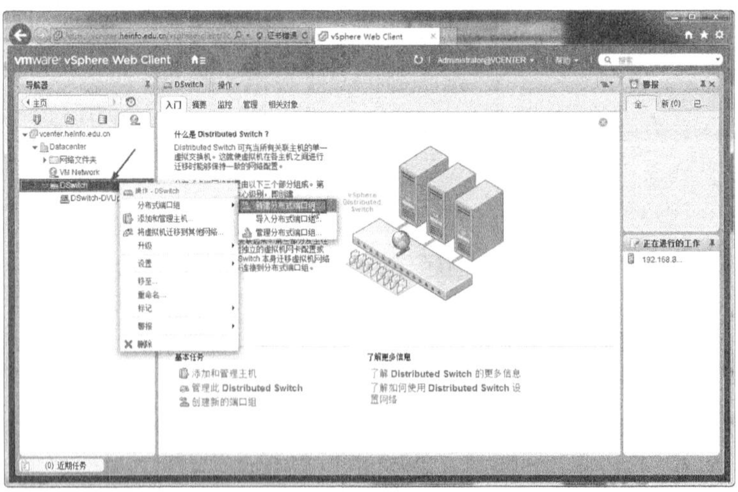

图 6-7-63 新建分布式端口组

（2）在“新建分布式端口组”对话框“选择名称和位置”选项中，在“名称”文本框中输入新建的端口组名称，根据规划设置此名称为 vlan10，如图 6-7-64 所示。

（3）在“配置设置”选项组中为新端口组设置常规属性，如图 6-7-65 所示。

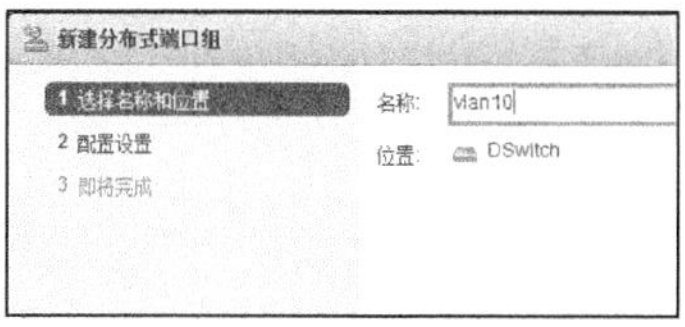

图 6-7-64　设置端口组名称

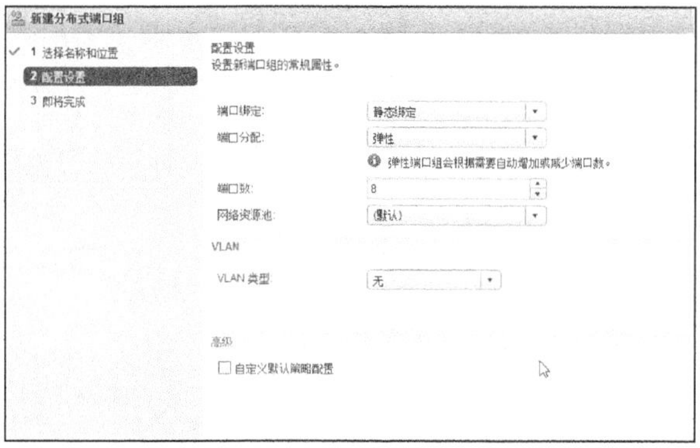

图 6-7-65　常规属性

（4）在“即将完成”选项中显示了新建端口组的设置，检查无误之后单击“完成”按钮，完成设置，如图 6-7-66 所示。

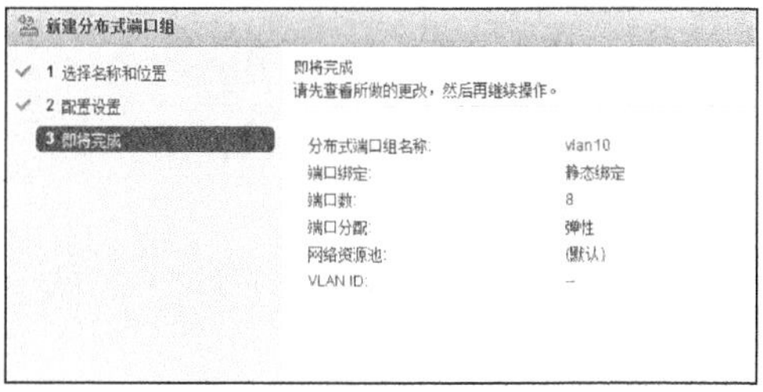

图 6-7-66　即将完成

（5）返回到 vSphere Web Client 界面，可以看到名为 vlan10 的端口组已经添加完成，单击“创建新的端口组”，继续创建一个新的端口组，如图 6-7-67 所示。

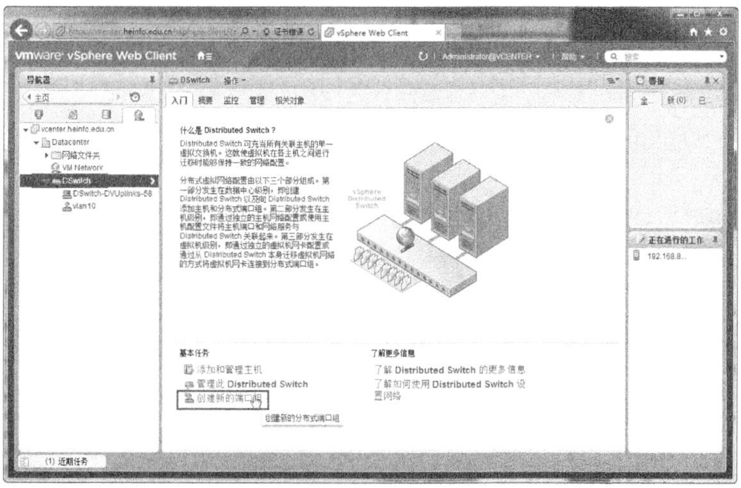

图 6-7-67　创建新的端口组

（6）接下来创建第 2 个端口组，该端口组名称为 vlan11，并设置“VLAN ID”为 11，如图 6-7-68 所示。

（7）其他的步骤不再介绍，创建端口组之后，返回到 vSphere Web Client，可以看到已经创建了两个端口组，如图 6-7-69 所示。

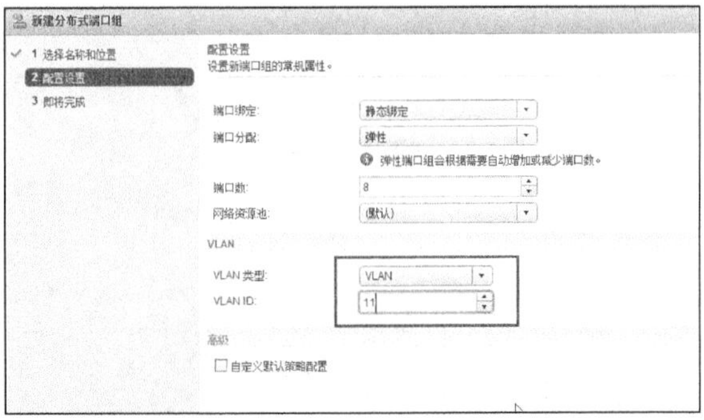

图 6-7-68　配置属性

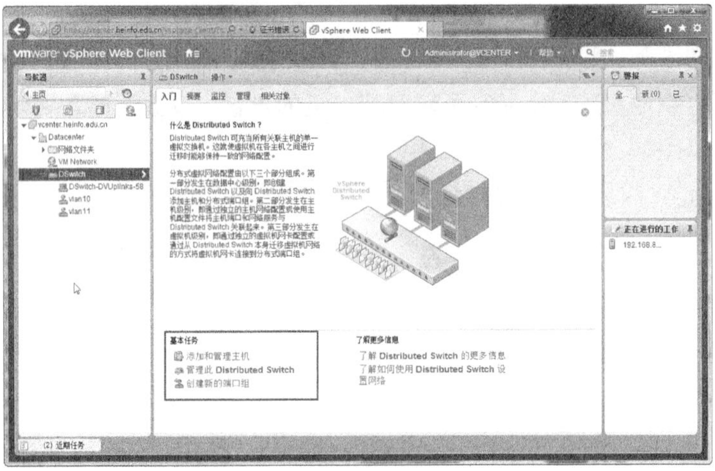

图 6-7-69　两个端口组

6.7.8　修改分布式端口组

管理员可以编辑常规分布式端口组设置，例如分布式端口组名称、端口设置和网络资源池。

（1）在 vSphere Web Client 中找到分布式端口组，例如上一节创建的名为 vlan11 的端口组，在“入门”选项卡的“基本任务”中单击“编辑分布式端口组设置”，如图 6-7-70 所示，进入端口组设置向导。

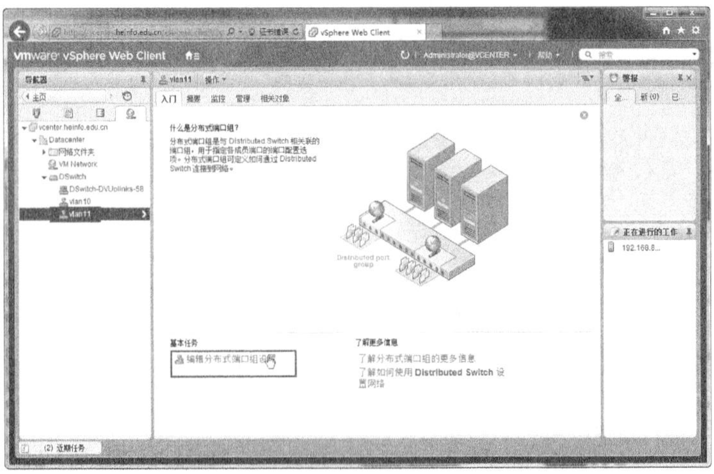

图 6-7-70　编辑分布式端口组设置

（2）打开端口组设置对话框，首先看到的是“常规”选项，如图 6-7-71 所示。

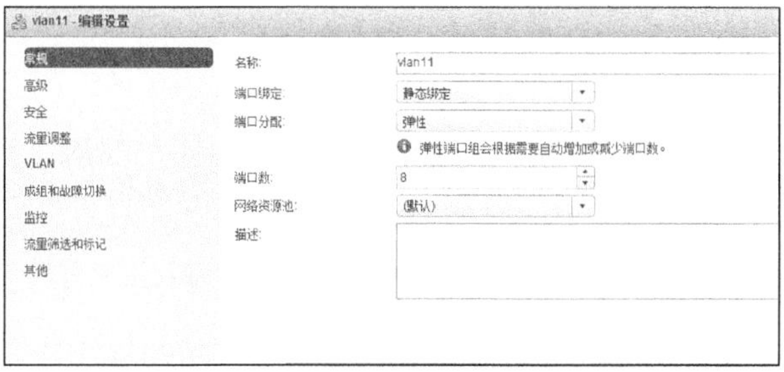

图 6-7-71　常规

关于端口组常规设置各项意义如表 6-5 所示。

表 6-5　vSphere Distributed Switch 分布式端口组常规属性

设　置	描　述
端口绑定	选择将端口分配到与该分布式端口组相连的虚拟机的时间。 （1）静态绑定：虚拟机连接到分布式端口组后，为该虚拟机分配一个端口。 （2）动态绑定：在虚拟机连接到分布式端口组后首次打开该虚拟机的电源时，为该虚拟机分配一个端口。自 ESXi 5.0 开始，已弃用动态绑定。 （3）极短：无端口绑定。此外，连接到主机时，还可以将虚拟机分配给带有极短端口绑定的分布式端口组
端口分配	弹性：默认端口数为 8 个。分配了所有端口后，将创建一组新的 8 个端口。这是默认行为。 固定：默认端口数设置为 8 个。分配了所有端口后，不会创建额外端口
端口数	输入分布式端口组上的端口数。端口数的上限是 8192
网络资源池	使用下拉菜单将新的分布式端口组分配给用户定义的网络资源池。如果尚未创建网络资源池，则此菜单为空
VLAN	使用类型下拉菜单选择 VLAN 选项。 （1）无：不使用 VLAN。 （2）VLAN：在 VLAN ID 字段中，输入一个介于 1 和 4094 之间的数字。 （3）VLAN 中继：输入 VLAN 中继范围。 （4）专用 VLAN：选择专用 VLAN 条目。如果未创建任何专用 VLAN，则此菜单为空
高级	选中该复选框可为新的分布式端口组自定义策略配置

（3）在“高级”选项“断开连接时配置重置”下拉菜单中启用或禁用断开连接时重置。当分布式端口与虚拟机断开连接时，分布式端口的配置重置为分布式端口组设置。每个端口的替代都会被丢弃。在“替代端口策略”选择要在每个端口级别替代的分布式端口组策略，如图 6-7-72 所示。

（4）在“安全”选项中，编辑安全异常，如图 6-7-67 所示。

图 6-7-72　高级设置

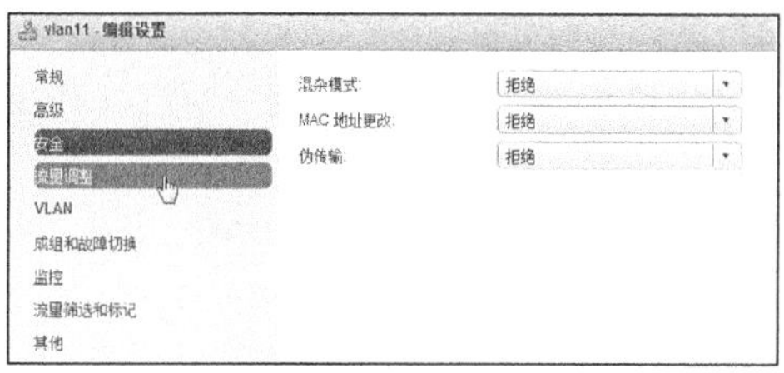

图 6-7-73　安全异常

关于安全异常如表 6-6 所示。

表 6-6 安全异常设置

设 置	描 述
混杂模式	如果选择“拒绝”，则在客户机操作系统中将适配器置于混杂模式不会导致接收其他虚拟机的帧。选择“接受”，如果在客户机操作系统中将适配器置于混杂模式，则交换机将允许客户机适配器按照该适配器所连接到的端口上的活动 VLAN 策略接收在交换机上传递的所有帧。防火墙、端口扫描程序、入侵检测系统等需要在混杂模式下运行
MAC 地址更改	如果将此选项设置为“拒绝”，并且客户机操作系统将适配器的 MAC 地址更改为不同于.vmx 配置文件中的地址，则交换机会丢弃所有到虚拟机适配器的入站帧。如果客户机操作系统恢复 MAC 地址，则虚拟机将再次收到帧。此项设置为“接受”，如果客户机操作系统更改了网络适配器的 MAC 地址，则适配器会将帧接收到其新地址
伪信号	选择“拒绝”，如果任何出站帧的源 MAC 地址不同于.vmx 配置文件中的源 MAC 地址，则交换机会丢弃该出站帧。选择“接受”，交换机不执行筛选，允许所有出站帧通过

（5）在“流量调整”选项中可以对输入流量与输出流量进行调整，如图 6-7-74 所示。流量调整具体内容如表 6-7 所示。

表 6-7 流量调整介绍

设 置	描 述
状态	如果启用输入流量调整或输出流量调整，将为与该特定端口组关联的每个虚拟适配器设置网络连接带宽分配量的限制。如果禁用策略，则在默认情况下，服务将能够自由、顺畅地连接物理网络
平均带宽	规定某段时间内允许通过端口的平均每秒位数。这是允许的平均负载
带宽峰值	端口发送和接收流量突发时每秒钟允许通过该端口的最大位数。此数值是端口使用额外突发时所能使用的最大带宽
突发大小	突发中所允许的最大字节数。如果设置了此参数，则在端口没有使用为其分配的所有带宽时可能会获取额外的突发。当端口所需带宽大于平均带宽所指定的值时，如果有额外突发可用，则可能会临时以更高的速度传输数据。此参数为额外突发中可累积的最大字节数，使数据能以更高速度传输

（6）在“成组和故障切换”选项中配置负载平衡、故障检测等项，如图 6-7-75 所示。各项具体配置如表 6-8 所示。

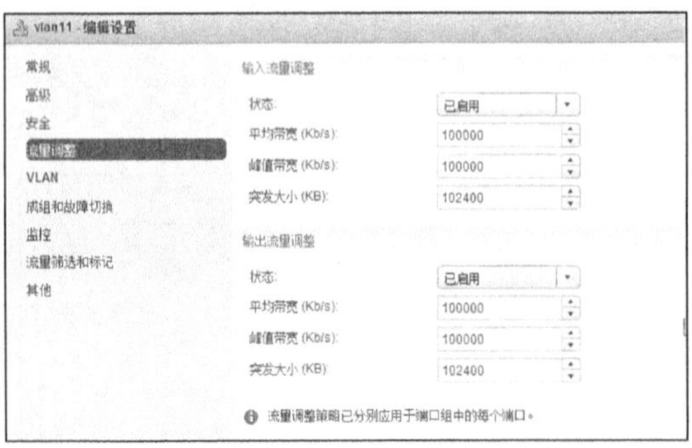

图 6-7-74 流量调整

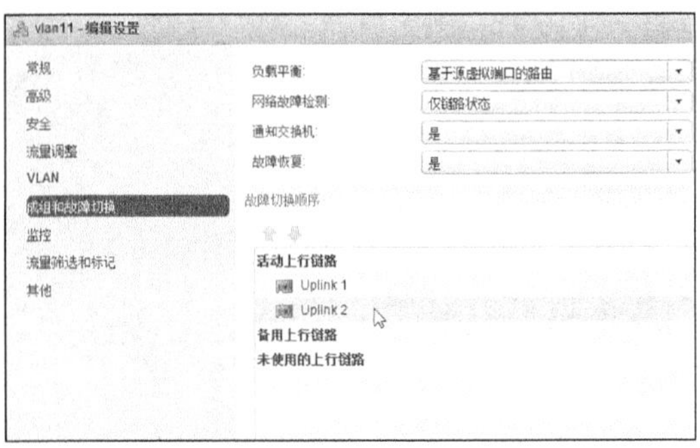

图 6-7-75 成组和故障切换

表 6-8　成组和故障切换设置

设　置	描　述
负载平衡	指定如何选择上行链路。 ➢ 基于源虚拟端口的路由。根据流量进入 Distributed Switch 所经过的虚拟端口选择上行链路。 ➢ 基于 IP 哈希的路由。根据每个数据包的源和目标 IP 地址哈希值选择上行链路。对于非 IP 数据包，偏移量中的任何值都将用于计算哈希值。 ➢ 基于源 MAC 哈希的路由。根据源以太网哈希值选择上行链路。 ➢ 基于物理网卡负载的路由。根据物理网卡的当前负载选择上行链路。 ➢ 使用明确故障切换顺序。始终使用“活动适配器”列表中位于最前列的符合故障切换检测标准的上行链路。 【注意】基于 IP 的绑定要求为物理交换机配置以太通道。对于所有其他选项，禁用以太通道
网络故障切换检测	指定用于故障切换检测的方法。 ➢ 仅链路状态。仅依靠网络适配器提供的链路状态。该选项可检测故障（如拔掉线缆和物理交换机电源故障），但无法检测配置错误（如物理交换机端口受跨树阻止、配置到了错误的 VLAN 中或者拔掉了物理交换机另一端的线缆）。 ➢ 信标探测。发出并侦听组中所有网卡上的信标探测，使用此信息并结合链路状态来确定链接故障。该选项可检测上述许多仅通过链路状态无法检测到的故障。 【注意】不要使用包含 IP 哈希负载平衡的信标探测
通知交换机	选择是或否指定发生故障切换时是否通知交换机。如果选择是，则每当虚拟网卡连接到 Distributed Switch，或虚拟网卡的流量因故障切换事件而通过网卡组中的其他物理网卡路由时，都将通过网络发送通知以更新物理交换机的查看表。几乎在所有情况下，为了使出现故障切换以及通过 vMotion 迁移时的延迟最短，最好使用此过程。 【注意】当使用端口组的虚拟机正在以单播模式使用 Microsoft 网络负载平衡时，请勿使用此选项。以多播模式运行网络负载平衡时不存在此问题
故障恢复	选择是或否以禁用或启用故障恢复。 此选项确定物理适配器从故障恢复后如何返回到活动的任务。如果故障恢复设置为是（默认值），则适配器将在恢复后立即返回到活动任务，并取代接替其位置的备用适配器（如果有）。如果故障恢复设置为否，那么，即使发生故障的适配器已经恢复，它仍将保持非活动状态，直到当前处于活动状态的另一个适配器发生故障并要求替换为止
故障切换顺序	指定如何分布上行链路的工作负载。要使用一部分上行链路，保留另一部分来应对使用的上行链路发生故障时的紧急情况，请通过将它们移到不同的组来设置此条件。 ➢ 活动上行链路。当网络适配器连接正常且处于活动状态时，继续使用此上行链路。 ➢ 备用上行链路。如果其中一个活动适配器的连接中断，则使用此上行链路。 ➢ 未使用的上行链路。不使用此上行链路。 【注意】当使用 IP 哈希负载平衡时，不要配置待机上行链路

（7）在“监控“部分中启用或禁用 NetFlow，可以在 vSphere Distributed Switch 级别配置 NetFlow 设置，如图 6-7-76 所示。

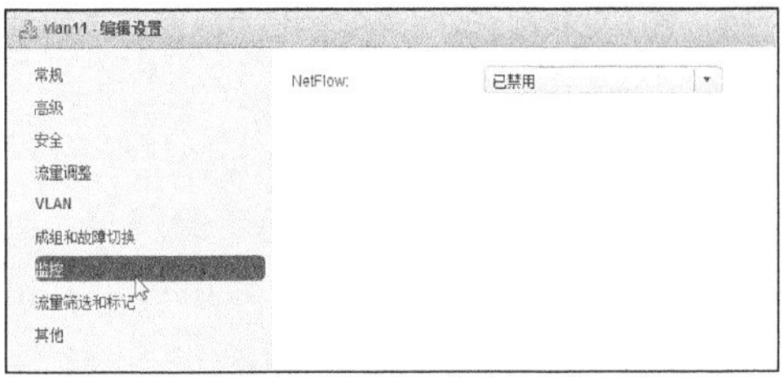

图 6-7-76　监控

（8）在“流量筛选和标记”选项中配置网络流量规则，如图 6-7-77 所示。在分布式端口组级别或上行链路端口组级别设置流量规则，从而引入对通过虚拟机、VMkernel 适配器或物理适配器的流量访问的筛选和优先级标记功能。

【说明】在 vSphere Distributed Switch 5.5 及更高版本中，通过使用流量筛选和标记策略，您可以避免虚拟网络进入有害的流量和遭受安全攻击，或将 QoS 标记应用于某种类型的流量。

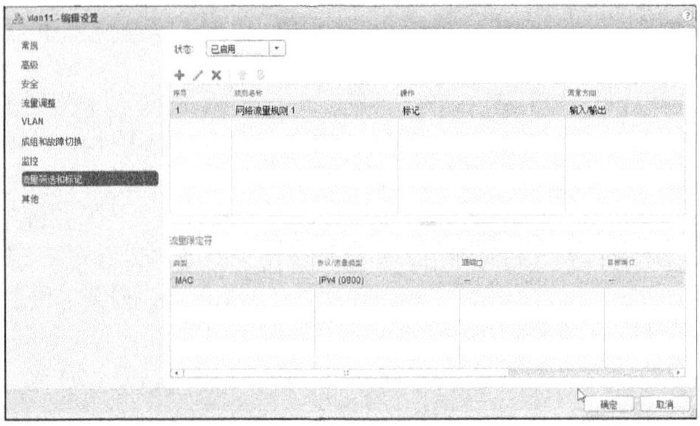

图 6-7-77　流量筛选和标记

流量筛选和标记策略表示一组有序的网络流量规则，用于对通过 Distributed Switch 端口的数据流实施安全保护和应用 QoS 标记。一般而言，规则包括流量限定符以及限制或设置匹配流量优先级的操作。

vSphere Distributed Switch 将规则应用于数据流中不同位置的流量。Distributed Switch 将流量筛选规则应用于虚拟机网络适配器与分布式端口之间的数据路径，或将上行链路规则应用于上行链路端口与物理网络适配器之间的数据路径。

（9）在“其他”选项中配置是否阻止所有端口，默认为“否”，如果选择“是”，将关闭端口组中的所有端口，这会中断正在使用这些端口中的主机或虚拟机的正常网络操作，如图 6-7-78 所示。

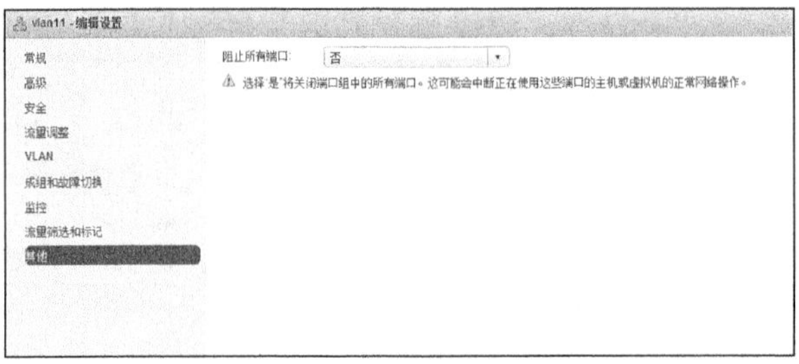

图 6-7-78　其他

6.7.9　迁移 VMkernel 端口组及物理网卡到分布式交换机

在前面的内容中，为了添加分布式交换机，先删除了标准交换机，再用删除之后空闲的物理网卡创建了分布式交换机。实际上，是可以直接将正在使用的标准交换机迁移到分布式交换机的。在本节内容中，我们将把每台 ESXi 安装时默认创建的标准交换机迁移到分布式交换机，迁移之后的网络如图 6-7-79 所示。

截至目前，我们当前的实验环境（3 台 ESXi 主机，每台主机有 4 块网卡）有一个分布式交换机（名称为 DSwitch（使用每个主机的第 3、4 块网卡，网卡名称为 vmnic2、vmnic3），另外每个主机还有一个标准交换机，标准交换机名称为 vSwitch0。其中在 VDS 交换机 DSwitch 上有两个端口组分别为 vlan10 及 vlan11，在每个主机的 VSS 交换机 vSwitch0 有一个端口组（名称为 VM Network）及一个用于管理的 VMkernel 端口组（称为 Management Network），该标准交换机使用每个主机的第 1、2 块网卡（名称为 vmnic0、vmnic1），如图 6-7-80 所示。

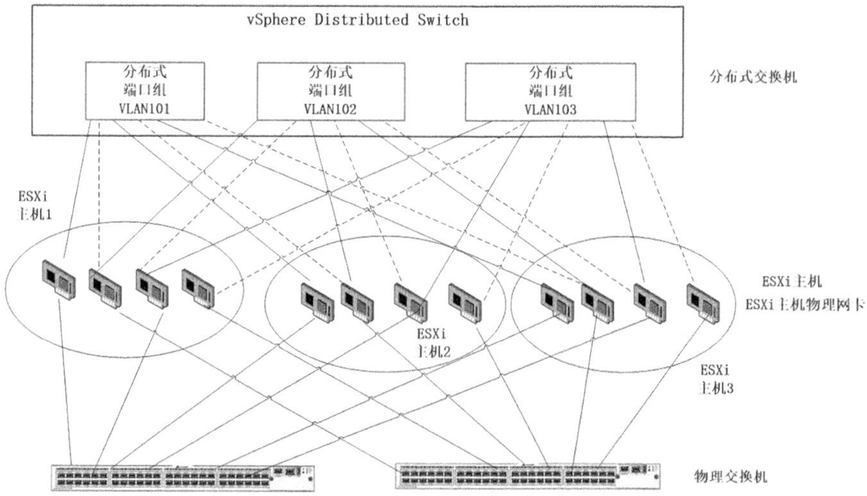

图 6-7-39　迁移标准交换机到分布式交换机

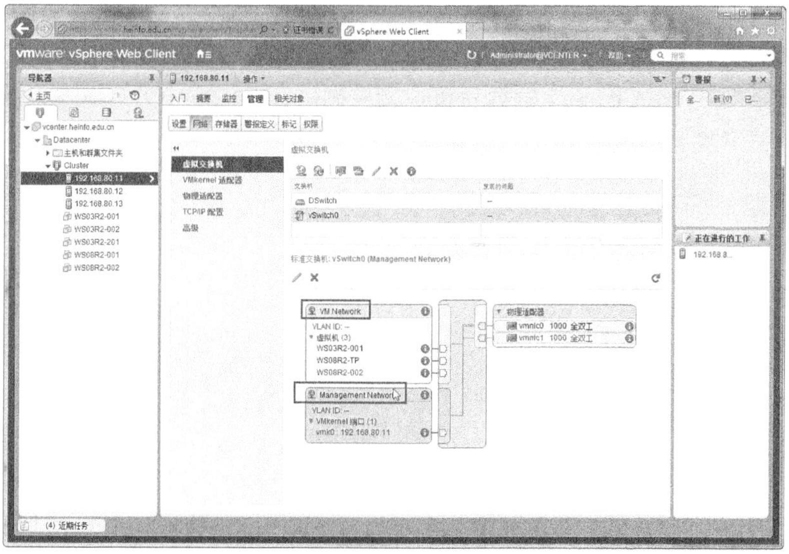

图 6-7-80　标准交换机端口组及物理适配器

在本节的操作中，将把每台 ESXi 主机的标准交换机 vSwitch0 迁移到分布式交换机 DSwitch，在迁移的过程中，需要将标准交换机的端口组及对应的物理网卡一一对应迁移。

（1）因为分布式交换机 DSwitch 只有 2 个上行链路（对应 vmnic2、vmnic3），在迁移之后，有 4 个上行链路（新增 2 个上行链路，对应 vmnic0、vmnic1）。

（2）对于原来分布式交换机的两个端口组 vlan10、vlan11，需要修改“成组和故障切换”顺序，只绑定主机第 3、4 块网卡。因为在添加上行链路后，默认成组顺序是 4 块网卡，但这 4 块网卡属于不同的 access 端口组，即属于不同的网络，两个属于 192.168.80.0 网段，两个属于 192.168.10.0 网段。

（3）在分布式交换机上添加两个分布式端口组，这两个端口组用来代替原来标准交换机 vSwitch0 的“VM Network”端口组及 VMkernel 端口组（名称为 Management Network），同时这两个端口组只绑定主机第 1、2 块网卡，对应 vmnic0、vmnic1。其中端口组 vlan80 代替原来的 VM Network，VMkernel-Manager 对应 Management Network。

【说明】在此创建名为 VMkernel-Manager 的 VMkernel，是为了强调用于管理 ESXi 主机的 VMkernel 组绑定在此，实际上，在此处 VMkernel-Manager 与 vlan80 只是属于不同的显示名称。无论是名称 vlan80，还是 VMkernel-Manager，都可以分配给虚拟机使用，但一般情况下，看到标记为 manager 之类的端口组，都知道是用于管理的，所以在实际中不会将类似这样名称的端口组分配给虚拟机使用，而是将类似 vlanxx 之类的端口组分配给虚拟机使用。

（4）在迁移的过程中，因为有一些虚拟机正在使用标准交换机，为了不造成网络中断，在将标准交换机迁移到分布式交换机的时候，先迁移其中一个物理网卡，之后再迁移另一个物理网卡，这样可以保证网络的持续连通。

（5）迁移之后，对于原来使用标准交换机，但没有启动即没有打开电源的虚拟机，迁移这些虚拟机的网络到对应的分布式交换机的端口，即原来使用 VM Network 的网络使用 vlan80。

下面我们分步骤一一介绍。

1. 修改上行链路数

因为要将标准交换机迁移到分布式交换机，而分布式交换机原来设置的是 2 个上行链路，标准交换机是 2 个上行链路，这样迁移之后，分布式交换机会有 4 个上行链路，所以你需要修改分布式虚拟机的设置，将上行链路数从 2 改为 4，主要步骤如下。

（1）在 vSphere Web Client 导航到分布式交换机，在左侧选中分布式交换机，在“入门”选项卡中单击“管理此 Distributed Switch”，如图 6-7-81 所示。

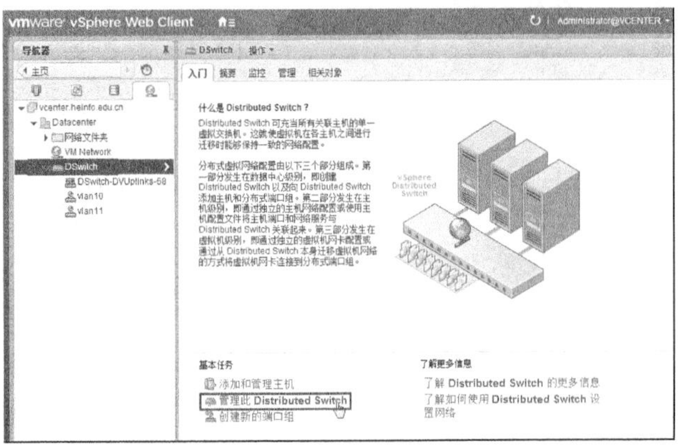

图 6-7-81　管理此 VDS

（2）在“常规”选项中将“上行链路数”改为 4，然后单击“确定”按钮，如图 6-7-82 所示。

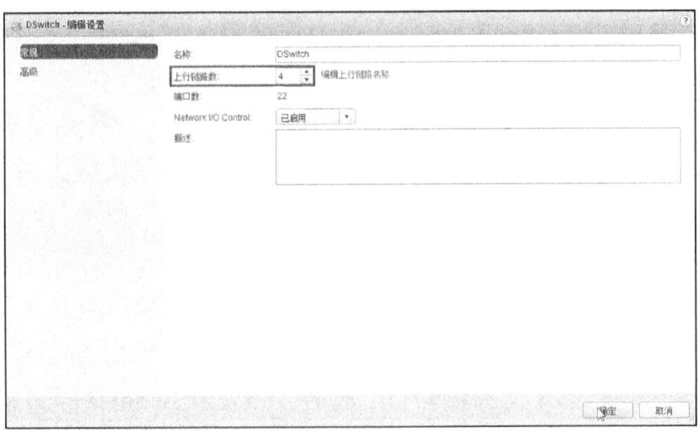

图 6-7-82　常规

返回到 vSphere Web Client 界面，在“管理→端口”选项卡中可以看到名称为 Uplink1 及 Uplink2 的上行链路分别绑定到主机 vmnic2 及 vmnic3 网卡，如图 6-7-83 所示。

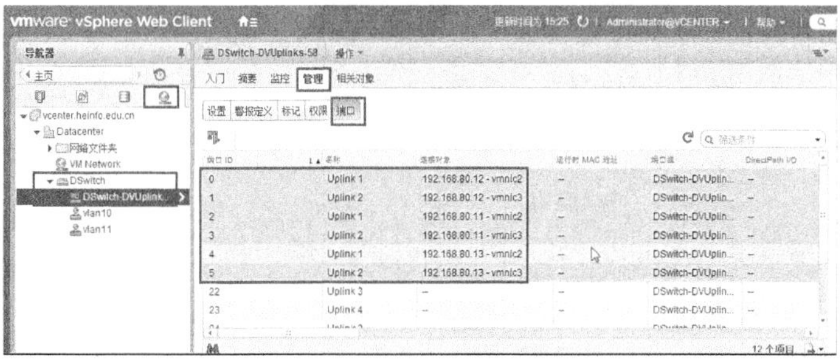

图 6-7-83　端口

而名称为 Uplink3 及 Uplink4 的上行链路目前还没有绑定主机网卡，如图 6-7-84 所示。

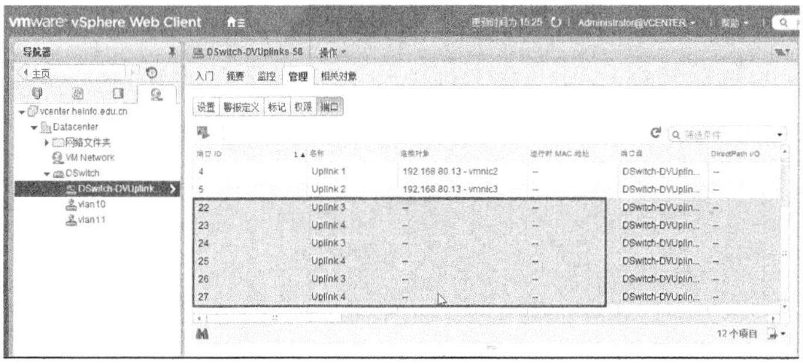

图 6-7-84　新添加的上行链路没有绑定网卡

2. 修改原有分布式端口绑定的上行链路

在添加了新的上行链路之后，在新添加的上行链路没有绑定到物理网卡之前，修改原来分布式交换机端口组，将其绑定为原来的上行链路，主要步骤如下。

（1）在 vSphere Web Client 导航到分布式交换机配置页，在左侧选中一个端口组，例如 vlan10，在中间窗格的“入门”选项卡中单击“编辑分布式端口组设置”链接，如图 6-7-85 所示。

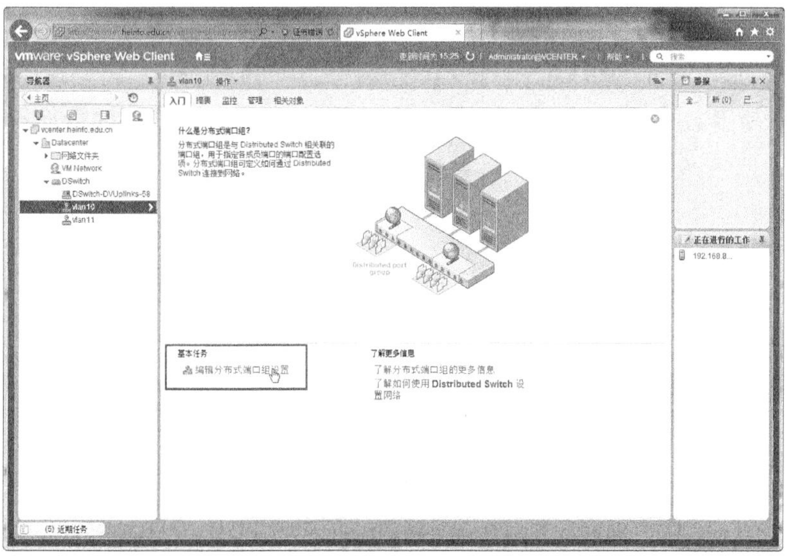

图 6-7-85　编辑端口组设置

（2）在“成组和故障切换”选项“故障切换顺序”中，选中 Uplink3 及 Uplink4，单击“↓”按钮，将其移动到“未使用的上行链路”组，如图 6-7-86 所示，然后单击“确定”完成设置。

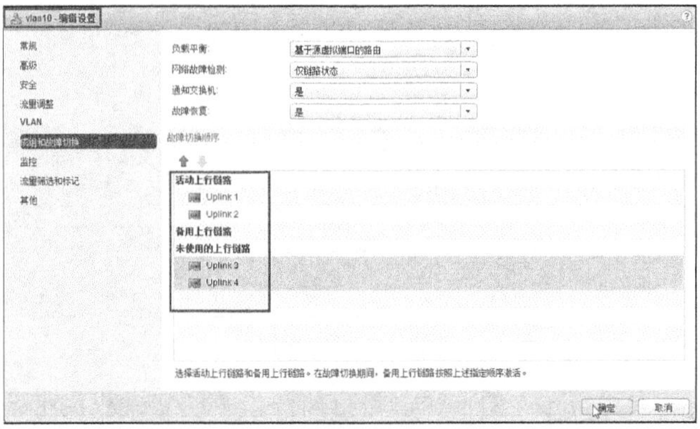

图 6-7-86　故障切换顺序

对于该交换机上的其他端口组也要进行同样的设置，如图 6-7-87 所示。

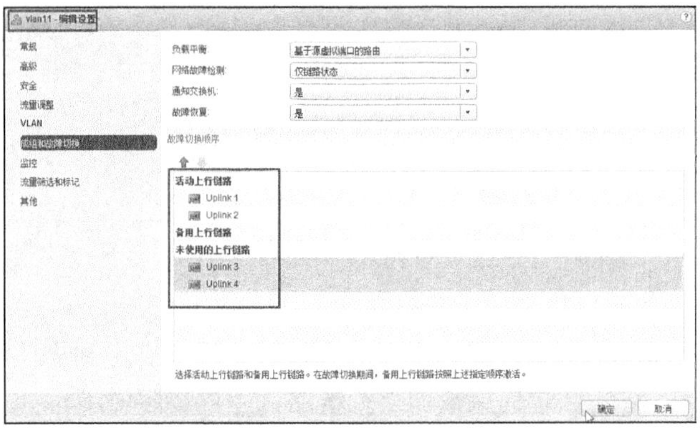

图 6-7-87　vlan11 的故障切换

3. 新建分布式端口组并修改故障切换顺序

之后新建两个端口组用于标准交换机的迁移，新建的这两个端口组名称为 vlan80 及 VMkernel-Manager（原来规划好的），并修改这两个端口组的故障切换顺序使用 Uplink3 及 Uplink4，而不使用 Uplink1、Uplin2，图 6-7-88 所示是新建的 vlan80 端口组的设置页。

图 6-7-88　vlan80 的故障切换

对于另一个端口组 VMkernel-Manager 也要修改故障切换顺序，如图 6-7-89 所示。

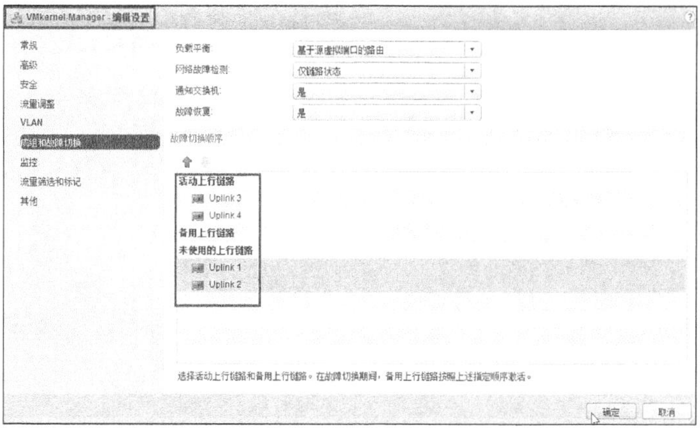

图 6-7-89　VMkernel-Manager 的故障切换顺序

最后，在导航器中选择主机，在“管理→网络”选项卡中选择分布式交换机 DSwitch，在“概览”中查看每个端口组与上行链路的绑定关系，如图 6-7-90 所示，这是 vlan11 的绑定视图，可以看到当前端口组绑定到 Uplink1 及 Uplink2，已经达到规划的目的。

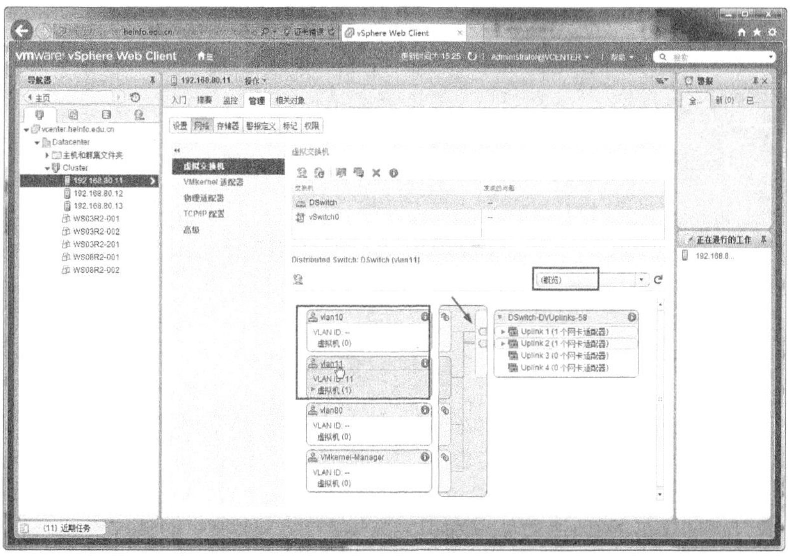

图 6-7-90　查看端口组绑定

查看新建的两个端口组 vlan80 及 VMkernel-Manager，可以看到其绑定到 Uplink3 及 Uplink4，当前还没有物理网卡，如图 6-7-91 所示。

4. 迁移 VMkernel 端口组及物理网卡到分布式交换机

在做好上面的规划与配置后，接下来就可以将每台 ESXi 主机的标准交换机及对应的物理网卡迁移到分布式交换机，在迁移的时候，只能一台一台主机迁移，不能一次性将所有主机的标准交换机迁移到分布式交换机，另外，在迁移的时候，为了防止网络中断（使用标准交换机的、正在运行的虚拟机网络），先迁移标准交换机的一个物理网卡，等迁移完成之后再迁移另一块。下面我们以迁移 192.168.80.11 主机为例。

（1）在 vSphere Web Client 中导航到“主机和群集”，在左侧选中一台主机，例如 192.168.80.11，在“管理→网络”选项卡“虚拟交换机”选项中选择分布式交换机 DSwitch，单击“ ”链接，将物理网络适配器或虚拟网络适配器迁移到此分布式交换机，如图 6-7-92 所示。

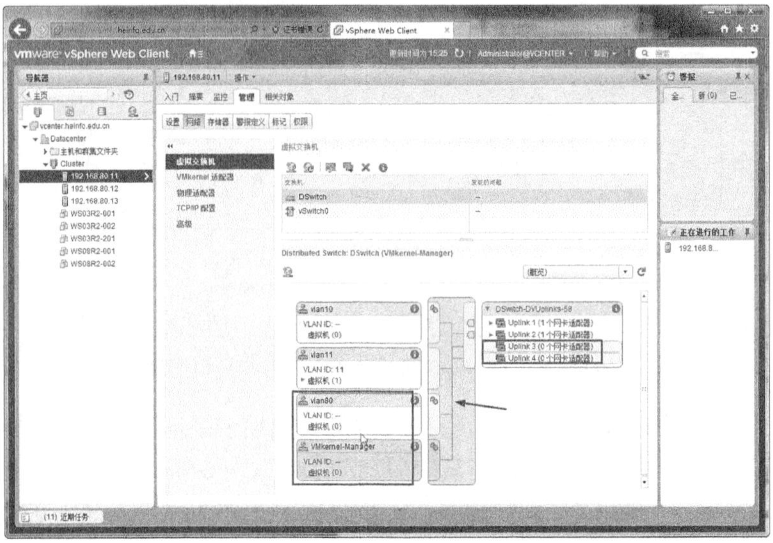

图 6-7-91　查看端口组绑定

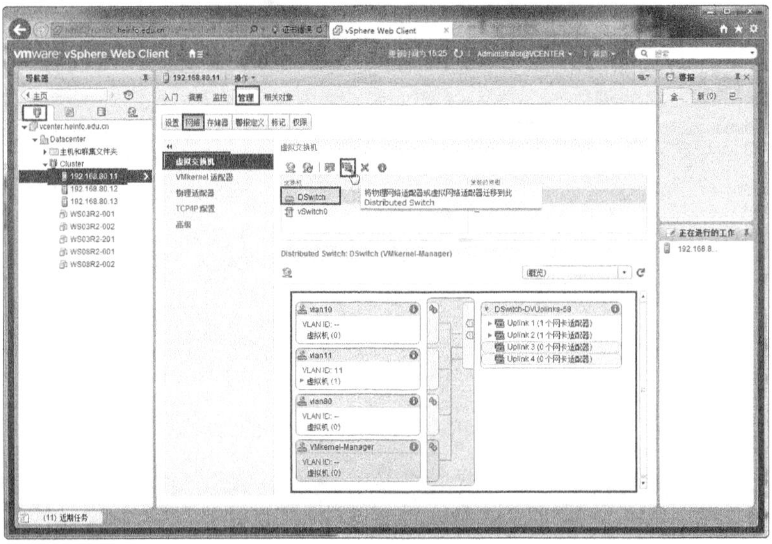

图 6-7-92 迁移物理或虚拟网卡

（2）在“选择网络适配器任务”选项中选中“管理物理适配器”、“管理 VMkernel 适配器”、“迁移虚拟机网络”等项，如图 6-7-93 示。在以后的操作中，可以根据实际的需要选择其中的一项或多项。

（3）在“管理物理网络适配器”选项组中选中要迁移的物理网卡，在此先选择其中一块，例如 vmnic0 网卡，然后单击“分配上行链路”链接，在弹出的对话框选择 Uplink3 或 Uplink4，之后单击“确定”按钮，如图 6-7-94 所示。

对于剩下的一个网卡，在此可以一同分配给另一个上行链路，但在实际的生产环境中，一般是一个一个地迁移，所以在此我们遵循这个原则，先迁移 vmnic0 网卡，而 vmnic1 仍然保存在标准交换机 vSwitch0，如图 6-7-95 所示。

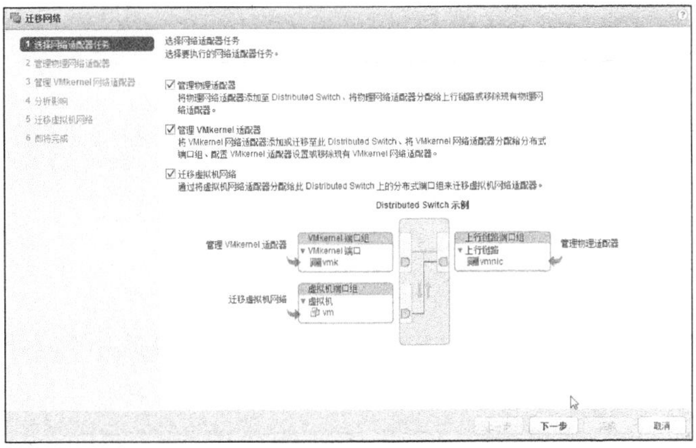

图 6-7-93　选择网络适配器任务

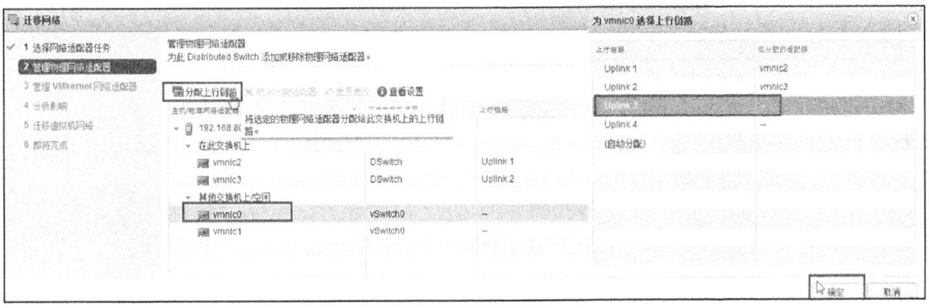

图 6-7-94　分配上行链路

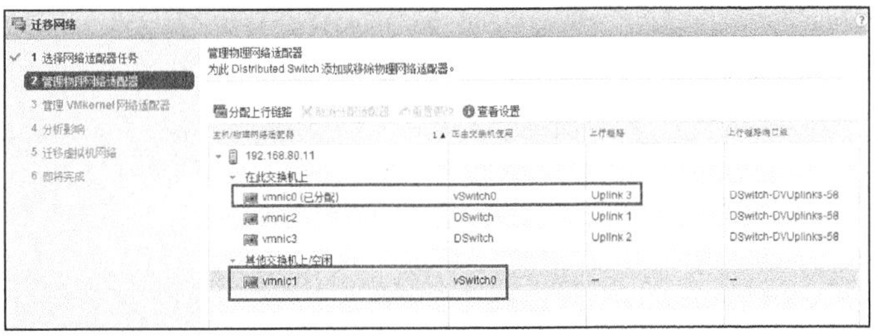

图 6-7-95　管理物理适配器

（4）在“管理 VMkernel 网络适配器”对话框选中 vmk0 端口组，单击“分配端口组”，在弹出的对话框中为其选择名为 VMkernel-Manager 的端口组，这是提前规划好的设置，如图 6-7-96 所示。

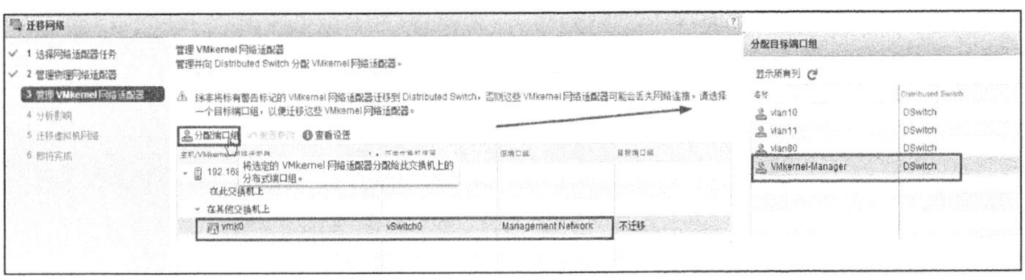

图 6-7-96　分配 VMkernel 端口组

返回到管理 VMkernel 适配器页，可以看到 vmk0 已经重新分配，如图 6-7-97 所示。

图 6-7-97　vmk0 已经重新分配

（5）在“分析影响”对话框查看此配置更改可能会对某些网络从属服务造成的影响，当前显示无影响，单击“下一步”按钮继续，如图 6-7-98 所示。

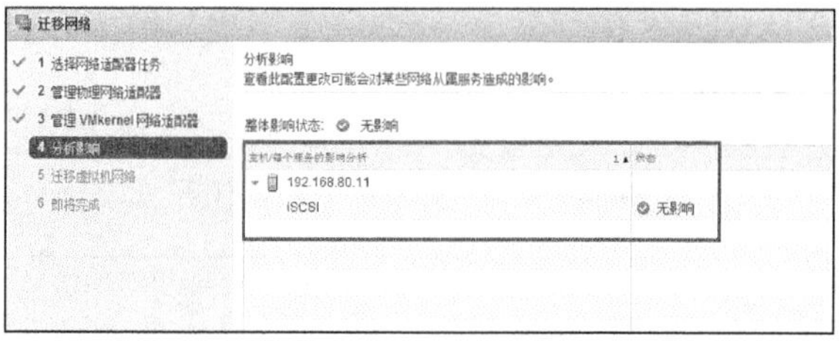

图 6-7-98　分析影响

（6）在“迁移虚拟机网络”选择要迁移到分布式交换机的虚拟机或网络适配器，由于当前没有正在运行的虚拟机，所以不需要迁移，如图 6-7-99 所示。如果有虚拟机正在运行，可以一同迁移，也可以在稍后的步骤统一迁移。

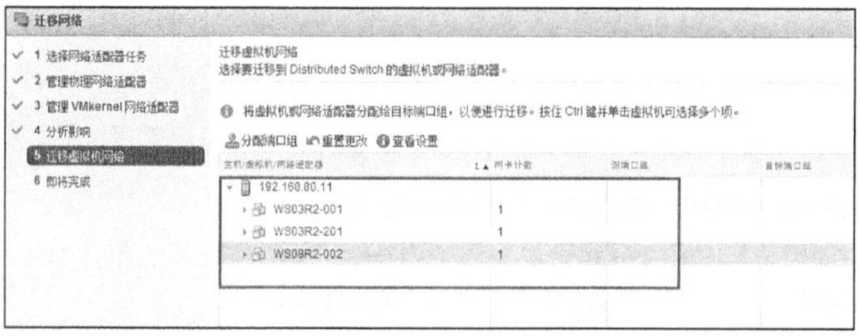

图 6-7-99　迁移虚拟机网络

（7）在“即将完成”显示当前的设置选择，检查无误之后，单击“完成”按钮，完成迁移，如图 6-7-100 所示。

图 6-7-100　即将完成

（8）返回到 vSphere Web Client，可以看到 vlan80 与 VMkernel-Manager 已经绑定了一个物理网卡，如图 6-7-101 所示。

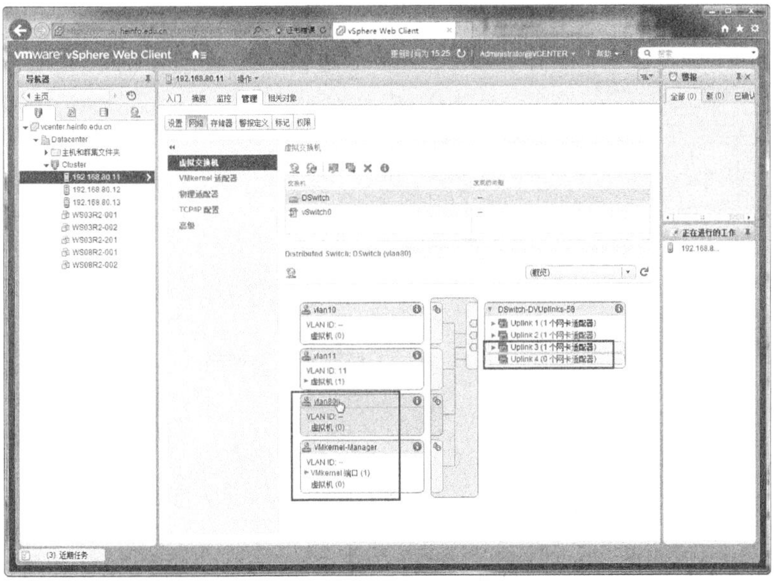

图 6-7-101　端口组已绑定一个物理网卡

对于另外两个主机 192.168.80.11、192.168.80.12，请参照上面步骤将标准交换机迁移到分布式交换机，并只迁移一个物理网卡。

5. 将虚拟机迁移到其他网络

除了在单个虚拟机级别将虚拟机连接到 Distributed Switch 以外，还可以在 vSphere Distributed Switch 网络和 vSphere 标准交换机网络之间迁移一组虚拟机。在下面的操作中，将把现有数据中心中使用原来标准交换机中 VM Network 端口组的虚拟机网络，迁移到分布式交换机对应的端口组 vlan80，步骤如下。

（1）在 vSphere Web Client 中导航到“主机和群集”，可以看到当前网络中有一些虚拟机，如图 6-7-102 所示，这些虚拟机有的使用“VM Network”，有的使用其他端口。

（2）在 vSphere Web Client 中导航到数据中心，在导航器中右键单击数据中心，然后选择“将虚拟机迁移到其他网络”，如图 6-7-103 所示。

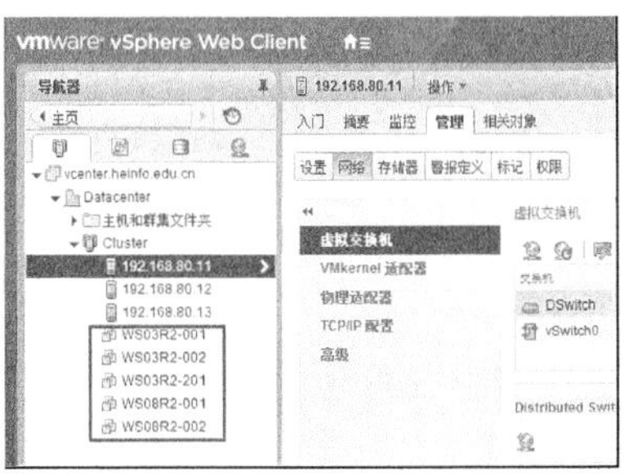

图 6-7-102　查看当前主机上的虚拟机

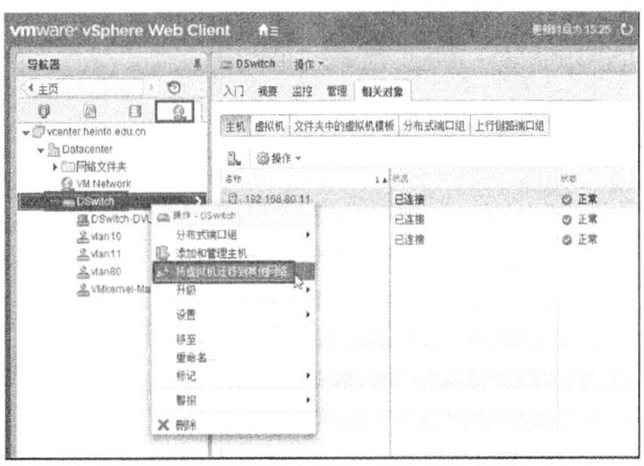

图 6-7-103　将虚拟机迁移到其他网络

（3）在“选择源网络和目标网络”选项中选择源网络和目标网络以进行虚拟网络适配器的迁移，在本示例中，源网络选择原来标准交换机上的“VM Network”，目标网络选择分布式交换机上的 vlan80，这两个网络连接到相同网络属性的物理网卡（在实际的生产环境中，都连接到同一 access，或者连接到 Trunk 端口，但这两个端口都分配了相同的 vlan id）。你可以单击“浏览”按钮进行选择，如图 6-7-104 所示。

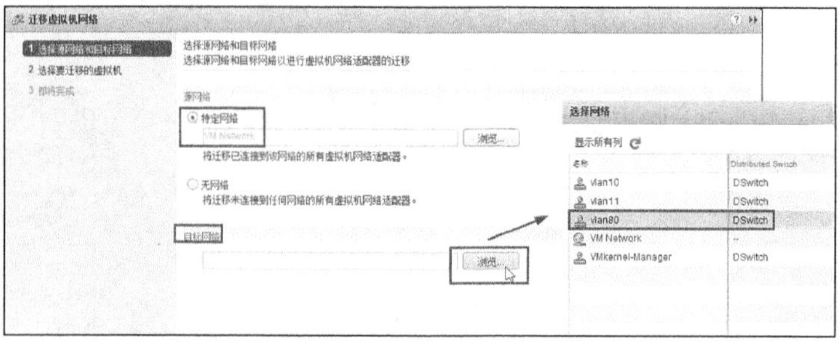

图 6-7-104　选择源网络和目标网络

选择之后如图 6-7-105 所示。

（4）在“选择要从 VM Network 迁移到 vlan80 的虚拟机”中系统会把当前数据中心中所有使用 VM Network 网络的虚拟机全部列出来，你可以根据需要选择迁移，如图 6-7-106 所示，一般是“选择所有虚拟机”。

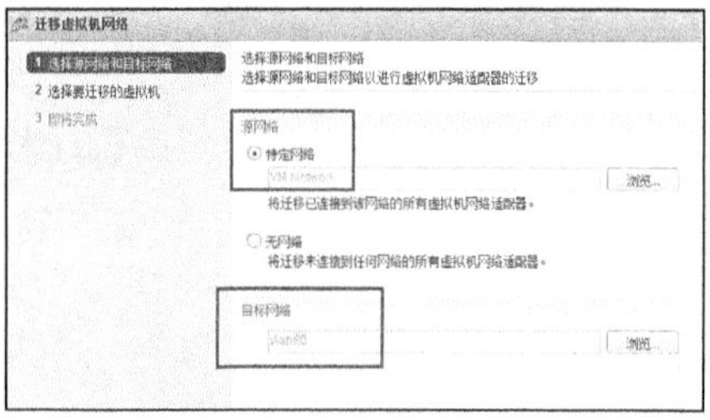

图 6-7-105　选择之后

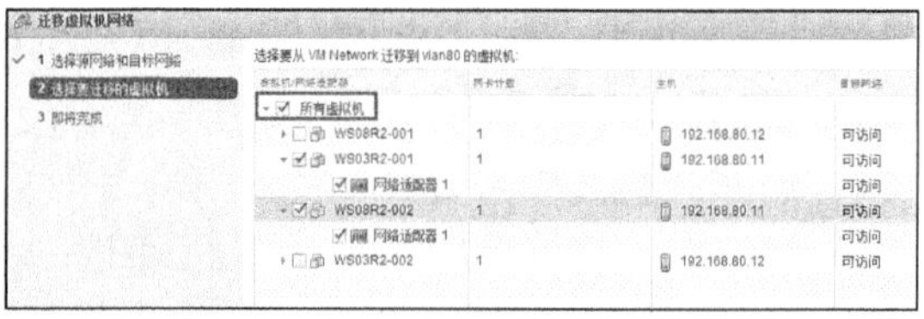

图 6-7-106　选择要迁移的虚拟机

（5）在“即将完成”选项中显示当前的设置选择，检查无误之后，单击“完成”按钮，完成设置，如图 6-7-107 所示。

图 6-7-107　即将完成

6. 迁移剩余物理网卡

当将原来使用标准交换机 VM Network 端口组的所有虚拟机迁移到分布式交换机之后，剩下的操作是迁移标准交换机的另一个网卡，此操作与“4.迁移 VMkernel 端口组及物理网卡到分布式交换机”类似，我们简要介绍一下。

（1）在 vSphere Web Client 中导航到“主机和群集”，在左侧选中一台主机，例如 192.168.80.11，在“管理→网络”选项卡“虚拟交换机”选项中选择分布式交换机 DSwitch，单击“ ”链接，将物理网络适配器或虚拟网络适配器迁移到此分布式交换机，如图 6-7-108 所示。

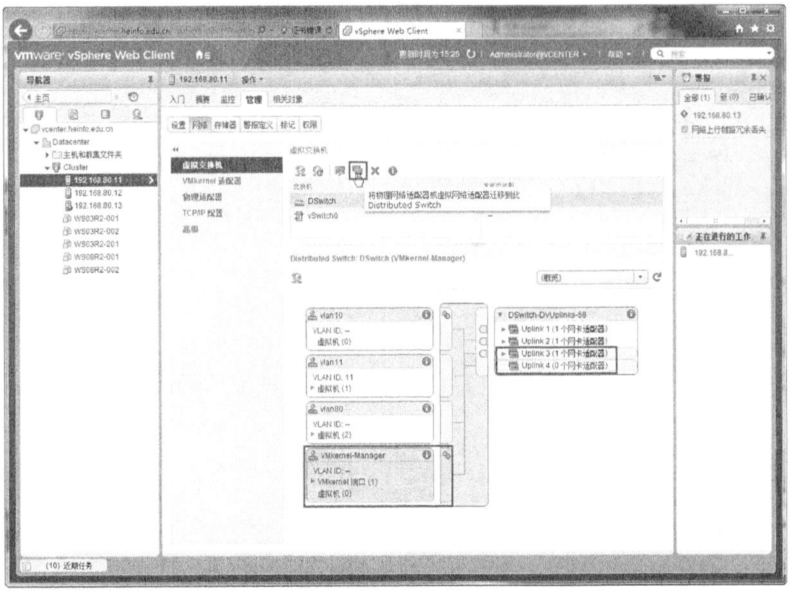

图 6-7-108　迁移物理网卡

（2）在“选择网络适配器任务”选项中选择“管理物理适配器”，如图 6-7-109 所示，其他则不需要选择，因为 VMkernel 适配器及虚拟机网络已经完成迁移。

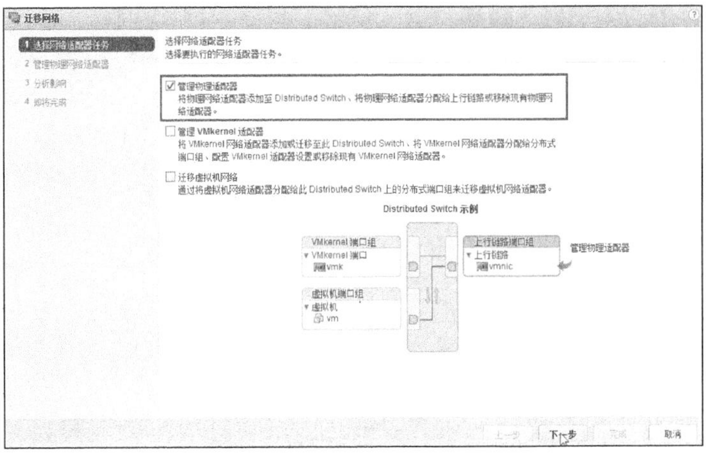

图 6-7-109　管理物理适配器

（3）在“管理物理网络适配器”选项中将 vmnic1 分配给 Uplink4 上行链路，如图 6-7-110 所示。之后根据提示完成操作。

（4）迁移完成后，单击 DSwitch，查看交换机的“概览”，可以看到主机 4 块网卡已经分别连接到分布式交换机的 4 个上行链路，如图 6-7-111 所示。

另外两台主机也需要参照上面的步骤进行，这里不一一介绍。

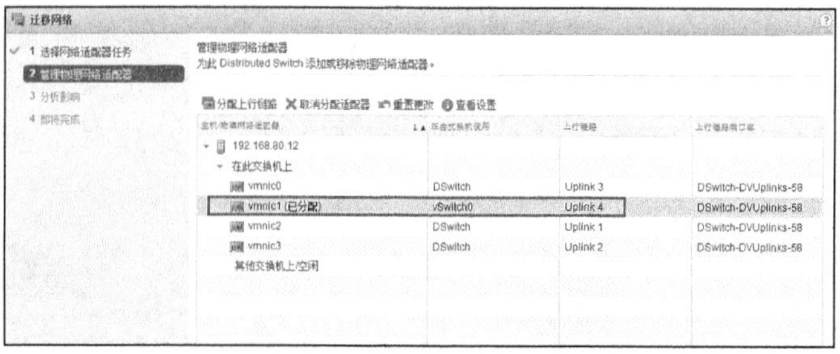

图 6-7-110　管理物理网络适配器

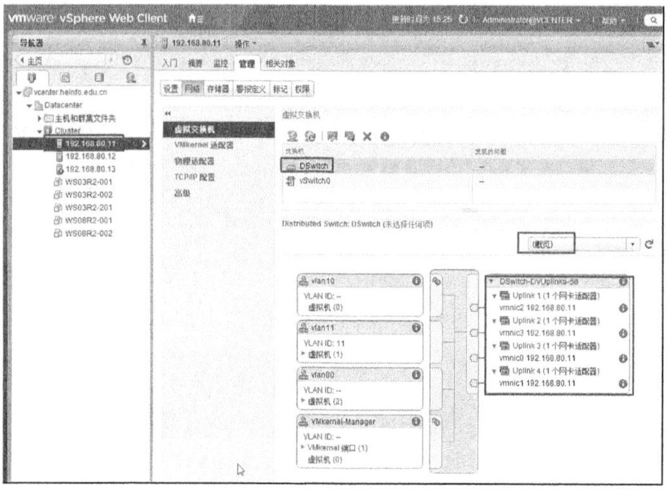

图 6-7-111　查看分布式交换机网络视图

7. 删除标准交换机

在将标准交换机的端口组及物理网卡迁移到分布式交换机之后，可以删除标准交换机。

（1）在 vSphere Web Client 中导航到主机，在“管理→网络→虚拟交换机”选项中单击要删除的标准交换机，在视图中可以看到当前交换机只有一个名为 VM Network 的端口组，没有物理网络适配器，当前交换机也没有连接虚拟机，如图 6-7-112 所示。

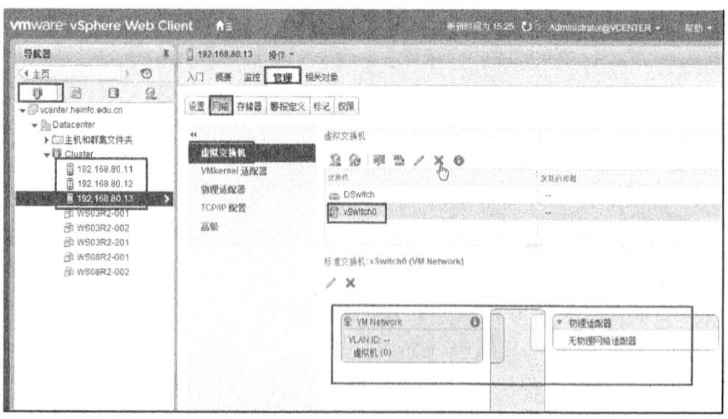

图 6-7-112　标准交换机没有使用

图 6-7-113　确认删除标准交换机

（2）之后单击“X”按钮，在弹出的“移除标准交换机”对话框中单击“是”按钮，删除该标准交换机，如图 6-7-113 所示。

（3）删除之后，可以看到当前主机只有分布式交换机，如图 6-7-114 所示。

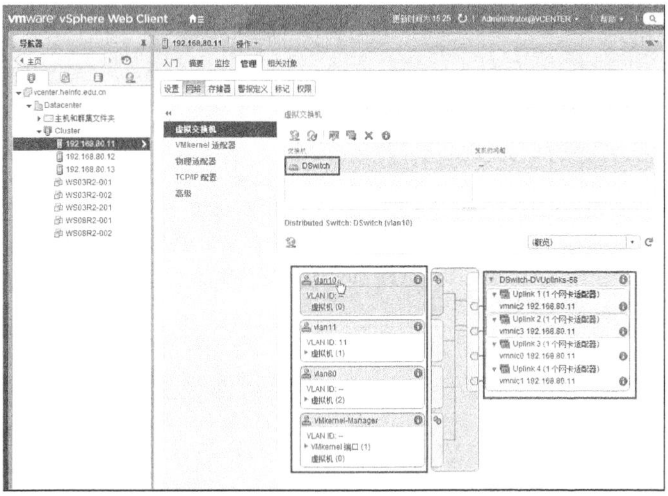

图 6-7-114　当前只有分布式交换机

其他两台主机也需要参照上面的步骤操作，这里不一一介绍。

6.7.10　设置 VMkernel 网络

在 vSphere 标准交换机上创建 VMkernel 网络适配器，可为主机提供网络连接并处理 vSphere vMotion、IP 存储器、Fault Tolerance 日志记录、Virtual SAN 等服务的系统流量。还可以在源和目标 vSphere Replication 主机上创建 VMkernel 适配器，以隔离复制数据流量。在 vSphere 网络规划中，应该将 VMkernel 适配器专用于一种流量类型，或者将流量较少的类型进行合并，使用某个 VMkernel 适配器。另外，有些 VMkernel 流量未经加密，应该为 VMkernel 流量规划单独的 VLAN。

有些 VMkernel 流量在极端情况下会占用大量带宽，甚至占用所有带宽，应该为这些流量使用单独的物理网卡。例如 VMotion 流量的特性是“爆发性的”，在对虚拟机进行实时迁移时会尝试占用一个网卡端口上所有的可用带宽，如果这个网卡上还有其他的 VMkernel 端口（用于其他流量），则会受到影响。如果不能为 VMotion 或需要较高优先级的流量（例如 VSAN）分配单独的网卡，则可以使用下一节的 NIOC（vSphere Network I/O Control）介绍的“份额”进行限制。

在 vSphere 网络中，VMkernel 端口处理的流量如表 6-9 所示。

表 6-9　VMkernel 适配器处理的流量列表

流 量 名 称	描　　述
管理流量	承载着 ESXi 主机和 vCenter Server 以及主机对主机 High Availability 流量的配置和管理通信。默认情况下，在安装 ESXi 软件时，会在主机上为管理流量创建 vSphere 标准交换机以及 VMkernel 适配器。为提供冗余，可以将两个或更多个物理网卡连接到 VMkernel 适配器以进行流量管理
VMotion 流量	容纳 vMotion。源主机和目标主机上都需要一个用于 vMotion 的 VMkernel 适配器。用于 vMotion 的 VMkernel 适配器应仅处理 vMotion 流量。为了实现更好的性能，可以配置多网卡 vMotion。要拥有多网卡 vMotion，可将两个或更多端口组专用于 vMotion 流量，每个端口组必须分别具有一个与其关联的 vMotion VMkernel 适配器。然后可以将一个或多个物理网卡连接到每个端口组。这样，有多个物理网卡用于 vMotion，从而可以增加带宽。 【注意】vMotion 网络流量未加密。应置备安全专用网络，仅供 vMotion 使用

续表

流量名称	描　述
置备流量	处理虚拟机冷迁移、克隆和快照生成传输的数据
IP 存储器流量和发现	处理使用标准 TCP/IP 网络和取决于 VMkernel 网络的存储器类型的连接。此类存储器类型包括软件 iSCSI、从属硬件 iSCSI 和 NFS。如果 iSCSI 具有两个或多个物理网卡，则可以配置 iSCSI 多路径。ESXi 主机仅支持 TCP/IP 上的 NFS 版本 3。要配置软件 FCoE（以太网光纤通道）适配器，必须拥有专用的 VMkernel 适配器。软件 FCoE 使用 Cisco 发现协议(CDP)VMkernel 模块通过数据中心桥接交换(DCBX)协议传递配置信息
Fault Tolerance 日志记录	处理主容错虚拟机通过 VMkernel 网络层向辅助容错虚拟机发送的数据。vSphere HA 群集中的每台主机上都需要用于 Fault Tolerance 日志记录的单独 VMkernel 适配器
vSphere Replication 流量	处理源 ESXi 主机传输至 vSphere Replication 服务器的出站复制数据。在源站点上使用一个专用的 VMkernel 适配器，以隔离出站复制流量
vSphere Replication NFC 流量	处理目标复制站点上的入站复制数据
Virtual SAN 流量	加入 Virtual SAN 群集的每台主机都必须有用于处理 Virtual SAN 流量的 VMkernel 适配器

在我们当前的实验环境中，目前 3 台 ESXi 主机（每个主机 4 块物理网卡）创建了一个分布式交换机，有 4 个端口组，在其中一个端口组 VMkernel-Manager 上有一个 VMkernel 端口组，该端口组处理管理流量（用于 ESXi 主机的管理）。在实际的生产环境中，还需要至少再配置一个 VMkernel 端口，用于处理 VMotion 流量。而对于其他的流量，例如“置备流量”，可以与“管理流量”使用同一个 VMkernel 端口，也可以与 VMotion 流量使用同一个端口组，或者也可以再创建第三个端口组，用于处理置备流量。在实际中，要看怎么规划。如果要使用 VSAN，那一定要为 VSAN 单独配置一个 VMkernel 端口，另外强烈建议为 VSAN 使用 10Gbps 网卡。

在下面的操作中，将会进行如下的演示。

- 在 vlan10 端口添加 VMkernel 端口组，该端口组处理 VMotion 等流量。
- 在 vlan11 端口添加 VMkernel 端口组，该端口组处理 VSAN 流量。

1. 添加 VMkernel 端口组用于 VMotion 流量

在本节中，将在 vlan10 端口组添加 VMkernel 端口，并分配该端口处理 VMotion 流量。需要注意，你应该在每一个主机上添加端口组，并且处理相同流量 VMkernel 使用相同的端口组。下面以在 192.168.10.11 的主机为例进行介绍，另外两个主机也要进行相同的配置。

（1）在 vSphere Web Client 中导航到主机，例如 192.168.10.11，在“管理”选项卡单击“网络”，然后选择“VMkernel 适配器”，单击“ ”添加主机网络，如图 6-7-115 所示。

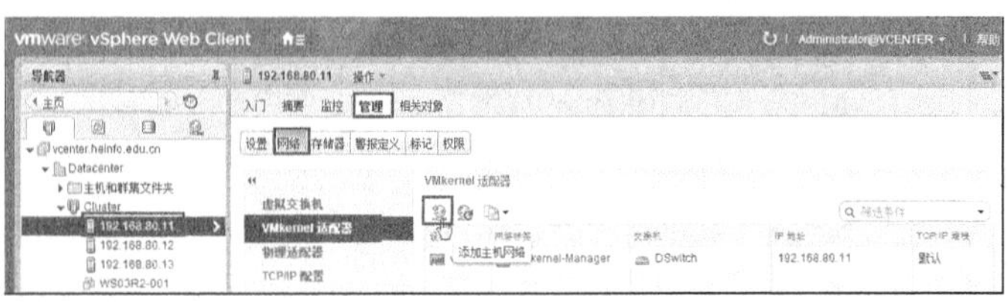

图 6-7-115　添加主机网络

（2）在“选择连接类型”页面上选择“VMkernel 网络适配器”，如图 6-7-116 所示。

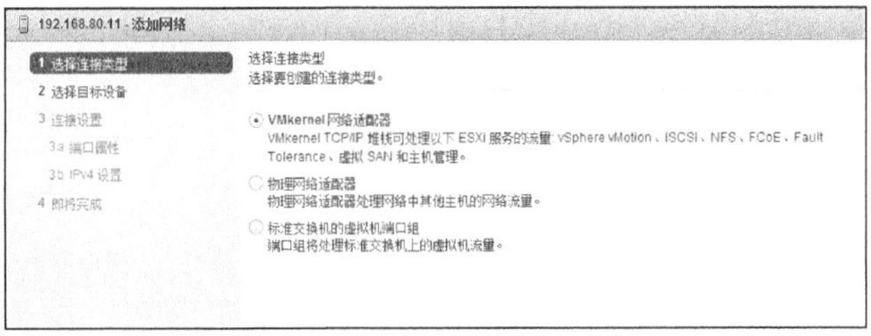

图 6-7-116　选择连接类型

（3）在“选择目标设备”页面上选择“选择现有网络”，在弹出的“选择网络”对话框中选择一个端口组，在此选择 vlan10，如图 6-7-117 所示。

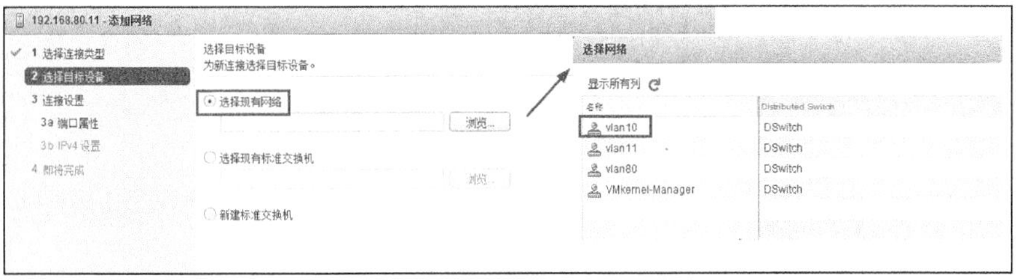

图 6-7-117 选择现有网络

（4）在“端口属性”页面上配置 VMkernel 适配器的设置，如图 6-7-118 所示。在此选择 VMotion、置备流量及 Fault Tolerance 日志记录。端口属性设置如表 6-10 所示。

表 6-10　端口属性设置

选　项	描　述
IP 设置	选择 IPv4、IPv6 或同时选择两者。 【注意】在未启用 IPv6 的主机上，IPv6 选项不会显示
TCP/IP 堆栈	在列表中选择一个 TCP/IP 堆栈。为 VMkernel 适配器设置 TCP/IP 堆栈后，以后便无法再更改该堆栈。如果选择 vMotion 或置备 TCP/IP 堆栈，您将只能使用此堆栈来处理主机上的 vMotion 或置备流量。默认 TCP/IP 堆栈上所有适用于 vMotion 的 VMkernel 适配器将被禁止用于未来的 vMotion 会话。如果使用置备 TCP/IP 堆栈，将对包括置备流量的操作（如虚拟机冷迁移、克隆和快照生成）禁用默认 TCP/IP 堆栈上的 VMkernel 适配器
启用服务	可以为主机上的默认 TCP/IP 堆栈启用服务。请从以下可用服务中选择。 ➢ vMotion 流量。允许 VMkernel 适配器向另一台主机发出声明，自己就是发送 vMotion 流量所应使用的网络连接。如果默认 TCP/IP 堆栈上的任何 VMkernel 适配器均未启用 vMotion 服务，或任何适配器均未使用 vMotionTCP/IP 堆栈，则无法使用 vMotion 迁移到所选主机。 ➢ 置备流量。处理为用于虚拟机冷迁移、克隆和快照创建而传输的数据。 ➢ FaultTolerance 日志记录。在主机上启用 Fault Tolerance 日志记录。对每台主机的 FT 流量只能使用一个 VMkernel 适配器。 ➢ 管理流量。为主机和 vCenter Server 启用管理流量。通常，安装 ESXi 软件后，主机将创建这样的 VMkernel 适配器。可以为主机上的管理流量创建其他 VMkernel 适配器以提供冗余。 ➢ vSphere Replication 流量。处理源 ESXi 主机发送至 vSphere Replication 服务器的出站复制数据。 ➢ vSphere Replication NFC 流量。处理目标复制站点上的入站复制数据。 ➢ Virtual SAN。在主机上启用 Virtual SAN 流量。属于 Virtual SAN 群集的每台主机都必须具有这样的 VMkernel 适配器

（5）在“IPv4 设置”页面上选择用于获取 IP 地址的选项。在此选择“使用静态 IPv4 设置”，并设置该地址为 192.168.10.11，子网掩码为 255.255.255.0，如图 6-7-119 所示。

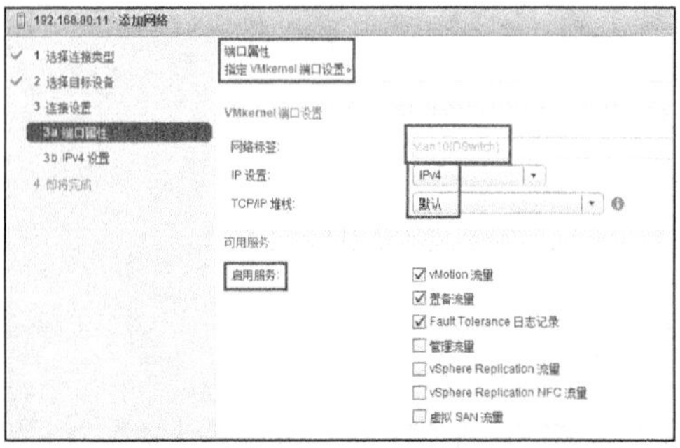

图 6-7-118　端口属性

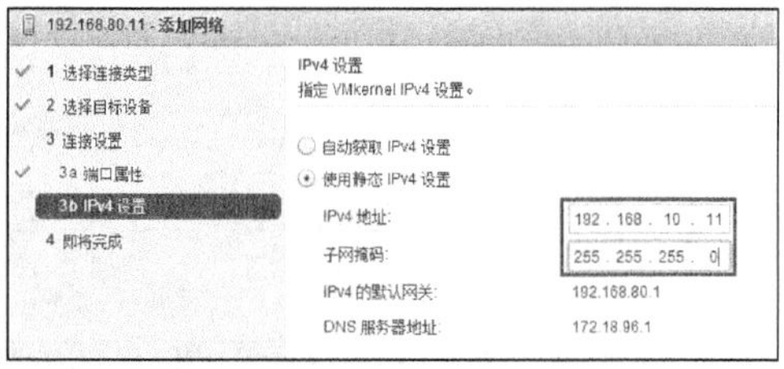

图 6-7-119　IPv4 设置

（6）在“即将完成”页面上查看设置，检查无误之后，单击“完成”按钮，如图 6-7-120 所示。

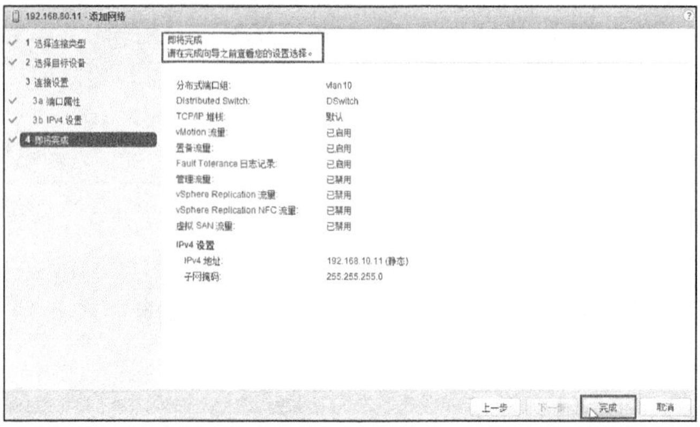

图 6-7-120　即将完成

2. 查看与修改端口组

返回到 vSphere Web Client，单击新添加的名为 vmk1 的 VMkernel 端口，将会显示该端口的信息，在“全部”选项卡中显示了端口的属性、IPv4 设置等，如图 6-7-121 所示。

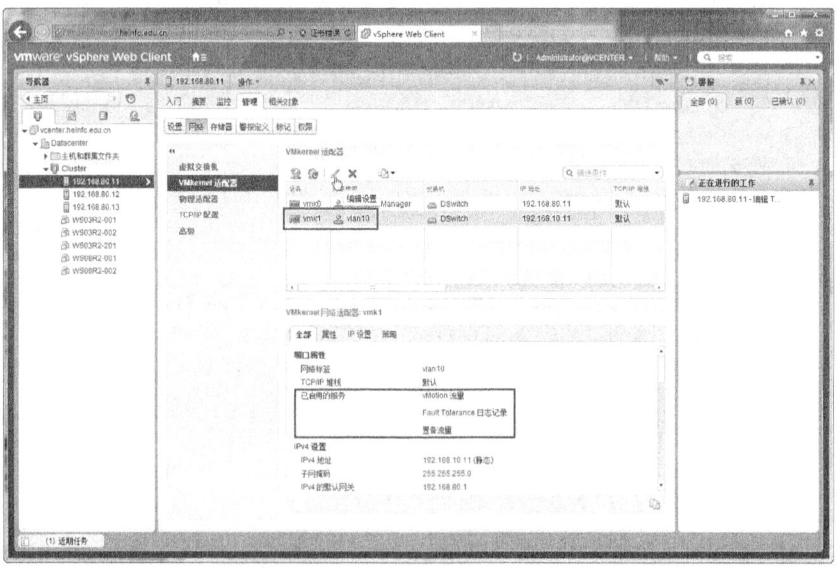

图 6-7-121　查看端口属性

“属性”选项卡将显示 VMkernel 适配器的端口属性和网卡设置。端口属性包括与该适配器关联的端口组（网络标签）、VLAN ID 和已启用的服务。网卡设置包括 MAC 地址和已配置的 MTU 大小。

在“IP 设置”选项卡显示 VMkernel 适配器的所有 IPv4 和 IPv6 设置。如果未在主机上启用 IPv6，则不会显示 IPv6 信息。

在“策略”选项卡会显示已配置的流量调整、成组和故障切换以及安全策略，这些策略将应用于 VMkernel 适配器所连接到的端口组。

单击“vmk0”将显示系统默认创建的端口组，如图 6-7-122 所示。该端口组启用的服务为“管理流量”。

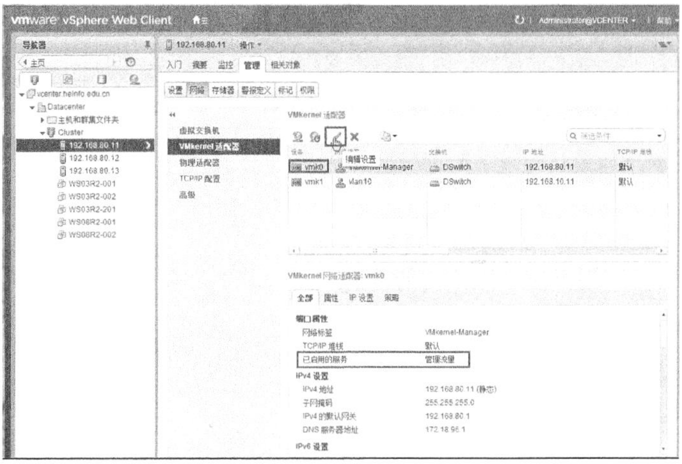

图 6-7-122　查看端口组

选中 VMkernel 端口后单击“✎”图标将可以编辑端口组，如图 6-7-123 所示。你可以在“端口属性”、“网卡设置”、IPv4、IPv6 等项对 VMkernel 端口进行修改。

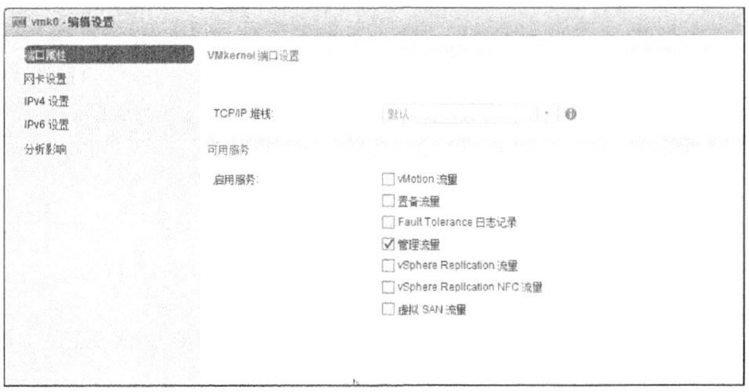

图 6-7-123　修改端口组

3. *添加 VMkernel 端口组并用于 VSAN 流量*

接下来，参照“1.添加 VMkernel 端口组用于 VMotion 流量”内容继续添加主机网络，在 vlan11 端口组添加 VMkernel 端口组，并为该端口组分配 192.168.11.10 的 IP 地址，将该 VMkernel 用于 VSAN 流量，主要步骤如下。

（1）在 192.168.80.11 的主机上添加主机网络，在“选择目标设备”时选择 vlan11 网络，如图 6-7-124 所示。

（2）在“端口属性”选择“虚拟 SAN 流量”，如图 6-7-125 所示。

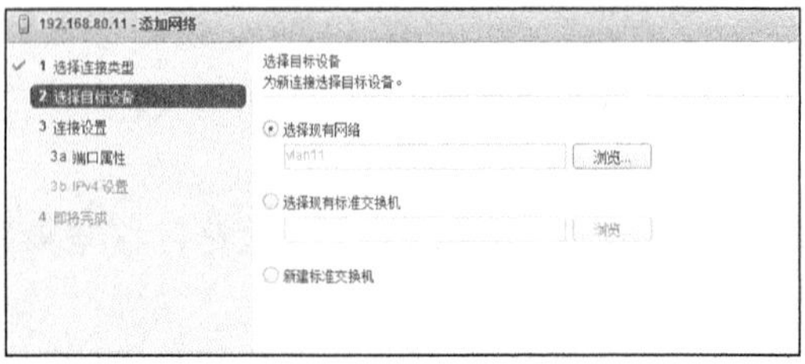

图 6-7-124 选择 vlan11

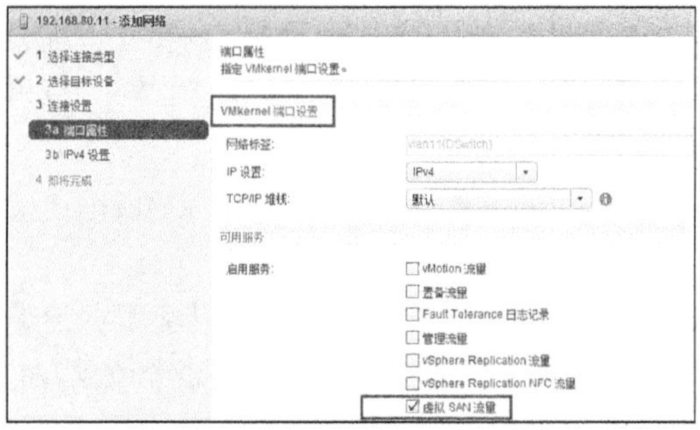

图 6-7-125 虚拟 SAN 流量

（3）在“IPv4”页面上选择使用静态 IPv4 设置，并设置 IP 地址为 192.168.11.11，如图 6-7-126 所示。

（4）在“即将完成”页面显示了新建 VMkernel 端口的信息，如图 6-7-127 所示。

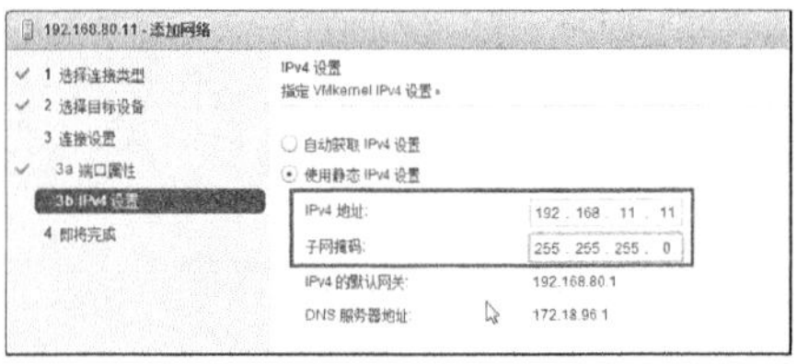

图 6-7-126 设置 IP 地址

图 6-7-127 即将完成

（5）创建完成后，在 vSphere Web Client 界面中可以看到创建的 VMkernel 端口，如图 6-7-128 所示。

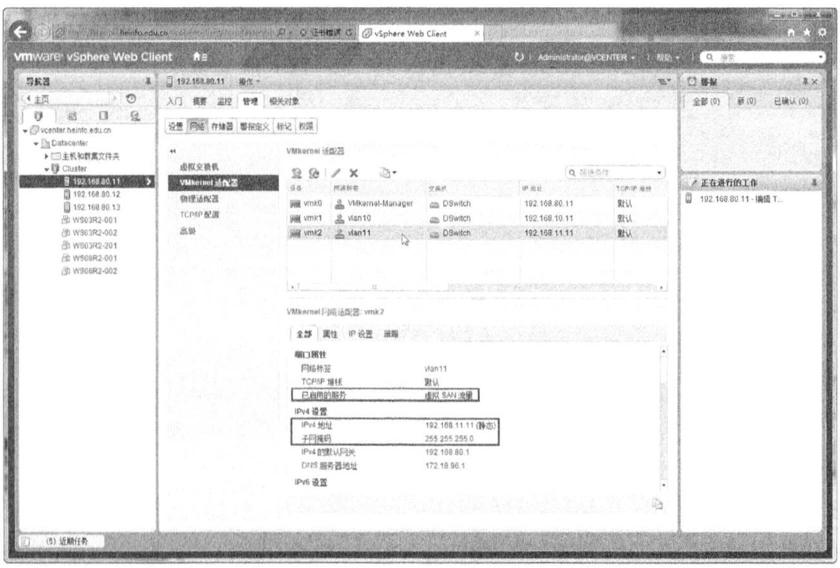

图 6-7-128 用于 VSAN 的 VMkernel 端口

同样，需要为另外两台主机各创建两个 VMkernel，并分别用于 VMotion 及 VSAN，各个主机 IP 地址、三个 VMkernel 端口属性及 IP 地址如表 6-11 所示。

表 6-11　当前 vSphere 网络各 VMkernel 端口名称、所属 VLAN、IP 地址一览表

主机 IP	vmk1：管理流量	vmk2：VMotion	vmk3:VSAN 流量
192.168.80.11	192.168.80.11	192.168.10.11	192.168.10.11
192.168.80.12	192.168.80.12	192.168.10.12	192.168.10.12
192.168.80.13	192.168.80.13	192.168.10.13	192.168.10.13

使用 vSphere Client 登录到 vCenter Server，在左侧选择一个主机，例如 192.168.80.13，在“配置→网络 vSphere Distributed Switch”可以看到各个端口组下面的 VMkernel 端口及对应的 IP 地址，如图 6-7-129 所示。

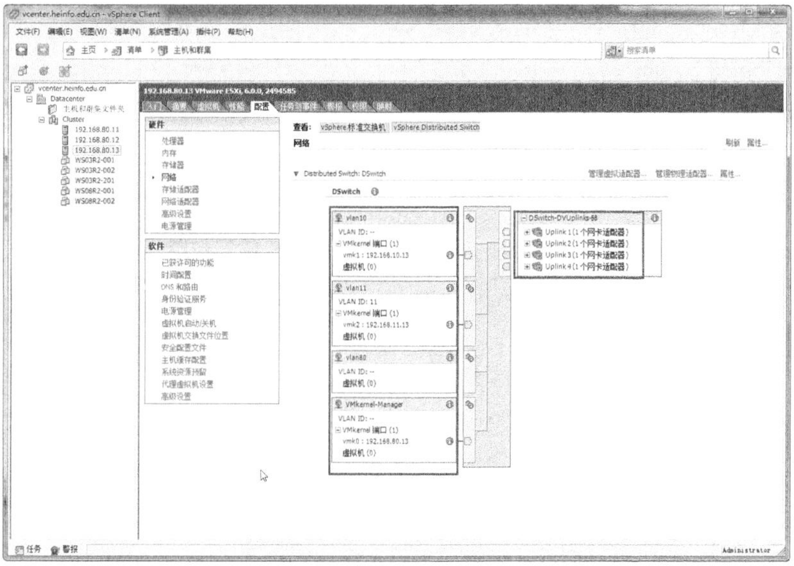

图 6-7-129　查看端口组及 VMkernel 端口

6.8　vSphere Network I/O Control

使用 vSphere Network I/O Control 可向关键业务应用程序分配网络带宽以及解决多种流量争用通用资源的情况。

6.8.1　关于 vSphere Network I/O Control 版本 3

vSphere Network I/O Control 版本 3 引入了一种基于主机上物理适配器的容量为系统流量预留带宽的机制。这种机制可以在虚拟机网络适配器级别实现精细的资源控制，类似于分配 CPU 和内存资源使用的模型。

Network I/O Control 版本 3 的功能改进了整个交换机上的网络资源预留和分配。

1. 带宽资源预留的模型

Network I/O Control 版本 3 支持与基础架构服务（如 vSphere Fault Tolerance）相关的系统流量的资源管理和虚拟机的资源管理的单独模型。

这两种流量类别性质不同。系统流量与 ESXi 主机紧密相关。当在环境中迁移虚拟机时，网络流量路由会更改。

要在忽略主机的情况下为虚拟机提供网络资源，您可在 Network I/O Control 中为在整个 Distributed Switch 的范围内有效的虚拟机配置资源分配。

2. 为虚拟机保证带宽

Network I/O Control 版本 3 使用份额构成、预留和限制为虚拟机的网络适配器置备带宽。若要基于这些构成收到充足的带宽，虚拟化的工作负载可依赖 vSphere Distributed Switch、vSphere DRS 和 vSphere HA 中的接入控制。

在 vSphere 6.0 中，Network I/O Control 版本 2 和版本 3 是同时存在的。这两个版本为虚拟机和系统流量分配带宽所实施的模型不同。在 Network I/O Control 版本 2 中，可以在物理适配器级别配置虚拟机的带宽分配。

而在版本 3 中，则是在整个 Distributed Switch 级别设置虚拟机的带宽分配。

升级 Distributed Switch 时，Network I/O Control 也会升级到版本 3，除非您正在使用的某些功能在 Network I/O Control 版本 3 中不可用，如 CoS 标记和用户定义的网络资源池。在这种情况下，版本 2 和版本 3 资源分配模型的差别不允许进行非破坏性升级。您可以继续使用版本 2 保留虚拟机的带宽分配设置，也可以切换到版本 3 并在所有交换机主机间量身定制带宽策略。

表 6-12 根据 vSphere Distributed Switch 和 ESXi 的版本确定的 Network I/O Control 版本

vSphere Network I/O Control	vSphere Distributed Switch 版本	ESXi 版本
2.0	5.1.0	5.1/5.5/6.0
2.0	5.5.0	5.5/6.0
3.0	6.0.0	6.0

如果已将 vSphere Distributed Switch 升级到版本 6.0.0，而未将 Network I/O Control 转换为版本 3，您可以升级 Network I/O Control，以使用系统流量和单个虚拟机的带宽分配的增强模型。

将 Network I/O Control 版本 2 升级到版本 3 时，在版本 2 中定义的所有现有系统网络资源池的设置均转换为系统流量的份额构成、预留和限制。默认情况下，不为所有已转换的系统流量类型设置预留。

将 Distributed Switch 升级到版本 3 是一个破坏性事件。某些功能仅可在 Network I/O Control 版本 2 中使用，并在升级到版本 3 的过程中被删除。

表 6-13 升级到 Network I/O Control 版本 3 的过程中被删除的功能

升级过程中被删除的功能	描　述
用户定义的资源池，其中包括这些池与现有分布式端口组之间的所有关联	通过将用户定义的网络资源池的份额传输至单个网络适配器份额，您可以保留部分资源分配设置。因此，在升级到 Network I/O Control 版本 3 之前，请确保升级未显著影响在 Network I/O Control 版本 2 中为虚拟机配置的带宽分配
端口与用户定义的网络资源池之间的现有关联	在 Network I/O Control 版本 3 中，无法将单个分布式端口与分配给父级端口组的池之外的网络资源池相关联。相较于版本 2，Network I/O Control 版本 3 不支持替代端口级别的资源分配策略
与网络资源池关联的流量的 CoS 标记功能	Network I/O Control 版本 3 不支持用 CoS 标记标记 QoS 需求更高的流量。升级后，若要还原与用户定义的网络资源池关联的流量的 CoS 标记功能，请使用流量筛选和标记网络策略

6.8.2　在 vSphere Distributed Switch 上启用 Network I/O Control

在 vSphere Distributed Switch 上启用网络资源管理以保证用于系统流量针对 vSphere 功能和用于虚拟机流量的带宽最小值。

（1）在 vSphere Web Client 中导航到 Distributed Switch，在左侧选中分布式交换机，本示例为 DSwitch，从“操作”菜单中选择“设置→编辑设置”，如图 6-8-1 所示。

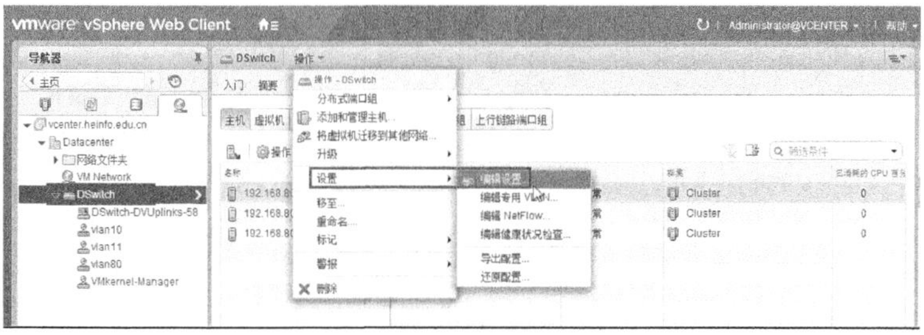

图 6-8-1　编辑设置

（2）在“常规”选项中，从“Network I/O Control”下拉菜单中选择“已启用”，然后单击“确定”按钮，如图 6-8-2 所示。

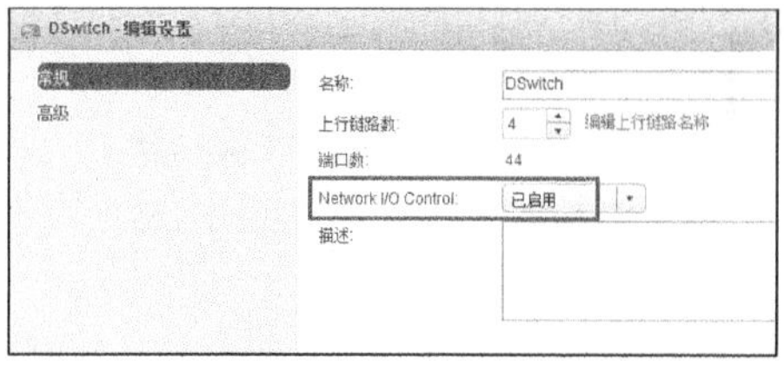

图 6-8-2　启用 NIOC

启用后，Network I/O Control 用来处理系统流量和虚拟机流量带宽分配的模型基于 Distributed Switch 上活动的 Network I/O Control 版本。

6.8.3　系统流量的带宽分配

您可以基于份额、预留和限制配置 Network I/O Control，以便为 vSphere Fault Tolerance、iSCSI 存储器、vSphere vMotion 等服务生成的流量分配一定量的带宽。

可以使用 Distributed Switch 上的 Network I/O Control 为与 vSphere 中主要系统功能相关的流量配置带宽分配，这些流量包括：

- Fault Tolerance（FT）流量
- NFS 流量
- iSCSI 流量
- vMotion 流量
- vSphere Data Protectio 备份流量
- vSphere Replication（VR）流量
- 管理流量
- 虚拟 SAN（Virtual SAN）流量
- 虚拟机流量

vCenter Server 将 Distributed Switch 的分配传播到连接到该交换机的主机上的每个物理适配器。

1. 系统流量带宽分配参数

通过使用多个配置参数，Network I/O Control 可以将带宽分配给基本 vSphere 系统功能的流量。vSphere 系统流量分配参数如表 6-14 所示。

表 6-14 系统流量的分配参数

带宽分配参数	描　述
份额	份额从 1 到 100，反映某个系统流量类型对于同一物理适配器上活动的其他系统流量类型的相对优先级。 某个系统流量类型可用的带宽量由其相对份额和其他系统功能正在传输的数据量决定。 例如，您向 vSphere FT 流量和 iSCSI 流量分配 100 个份额，而每个其他网络资源池有 50 个份额。配置了一个物理适配器用于发送 vSphere Fault Tolerance、iSCSI 和管理流量。在某一时刻，vSphere Fault Tolerance 和 iSCSI 是该物理适配器上的活动流量类型，并且用光了其容量。每个流量会收到 50%的可用带宽。在另一时刻，所有三个流量类型使该适配器呈饱和状态。在这种情况下，vSphere FT 流量和 iSCSI 流量可分别获得 40%的适配器容量，vMotion 则可获得 20%
预留	单个物理适配器上必须保证的带宽最小值(Mbps)。为所有系统流量类型预留的总带宽不得超过容量最低的物理网络适配器所能提供的带宽的 75%。 未使用的预留带宽可用于其他类型的系统流量。但是，Network I/O Control 不会将未使用的宽带分配给虚拟机系统流量。例如，您为 iSCSI 配置了 2 Gbps 的预留。 Distributed Switch 可能从不在物理适配器上强制实施此预留，因为 iSCSI 使用单一路径。未使用的带宽不会分配给虚拟机系统流量，从而使 Network I/O Control 能够安全地满足系统流量对带宽的潜在需求，例如，如果使用新的 iSCSI 路径，您必须为新的 VMkernel 适配器提供带宽
限制	系统流量类型在单个物理适配器上可消耗的带宽最大值（Mbps 或 Gbps）

2. 系统流量的带宽预留示例

物理适配器的容量决定要保证的带宽。根据此容量，可保证用于某个系统功能进行其最佳操作的带宽最小值。

例如，在已连接到具有 10 GbE 网络适配器的 ESXi 主机的 Distributed Switch 上，可以配置预留以保证 1 Gbps 用于通过 vCenter Server 进行管理，1 Gbps 用于 iSCSI 存储器，1Gbps 用于 vSphere Fault Tolerance，1Gbps 用于 vSphere vMotion 流量，以及 0.5 Gbps 用于虚拟机流量。Network I/O Control 在每个物理网络适配器上分配请求的带宽。可以预留不超过物理网络适配器带宽的 75%，即不超过 7.5 Gbps，如图 6-8-3 所示。

可以将更多容量保留为未预留，以使主机可根据份额、限制和使用来动态分配带宽，并且仅预留足够系统功能运行的带宽。

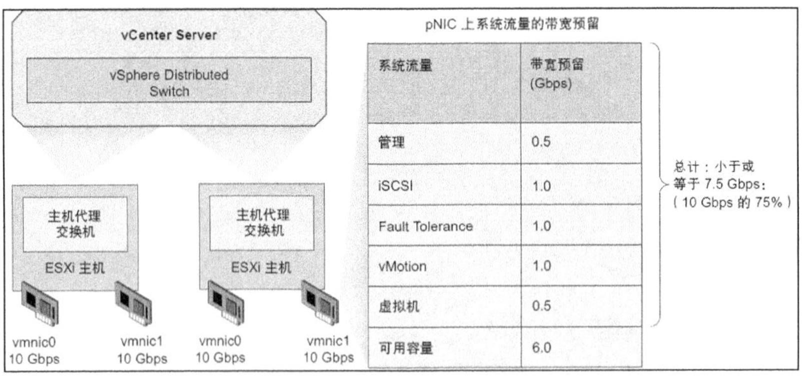

图 6-8-3 10GbE 物理网卡上系统流量带宽预算示例

3. 配置系统流量的带宽分配

为连接到 vSphere Distributed Switch 的物理适配器上的主机管理、iSCSI 存储器、NFS 存储器、vSphere vMotion、vSphere Fault Tolerance、Virtual SAN 和 vSphere Replication 分配带宽。

要使用 Network I/O Control 启用虚拟机的带宽分配，可配置虚拟机系统流量。虚拟机流量的带宽预留也用在接入控制中。打开虚拟机电源时，接入控制会验证是否有充足带宽可用。

（1）在 vSphere Web Client 中导航到 Distributed Switch，在“管理”选项卡上单击“资源分配”，然后单击“系统流量”，在此可以查看系统流量类型的带宽分配，如图 6-8-4 所示。

【说明】你可以单击表格中间的竖线用鼠标左右调整列表的间隔。

（2）选择要置备的根据 vSphere 功能确定的流量类型，然后单击“✎”进行编辑，此时将显示该流量类型的网络资源设置，如图 6-8-5 所示。

从“份额”下拉菜单中编辑流经物流适配器的总流量份额。Network I/O Control 在物理适配器达到饱和时会应用已配置的份额。可以选择一个选项设置预定义的值，也可以选择自定义，然后键入从 1 到 100 的数值设置其他份额。

在“预留”对话框中输入必须为该流量类型提供的带宽最小值。系统流量的总预留不得超过连接到 Distributed Switch 的所有适配器中容量最小的适配器所支持带宽的 75%。

在“限制”文本框中设置所选类型的系统流量可使用的带宽最小值（最小值为 1Mbit/s，最大为当前物理网卡带宽 1000Mbit/s，默认为“不受限制”）。

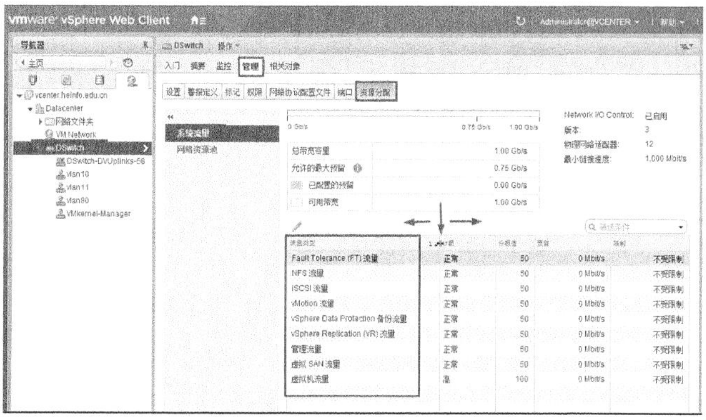

图 6-8-4　系统流量

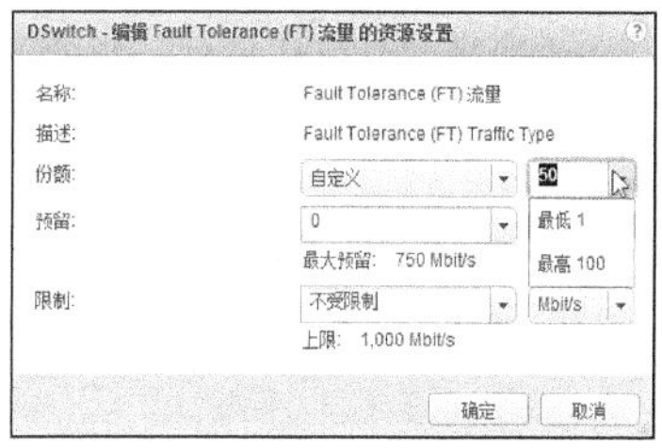

图 6-8-5　资源设置

（3）设置之后单击“确定”按钮应用分配设置。vCenter Server 将 Distributed Switch 的分配传播到连接到该交换机的主机物理适配器。

一般情况下要为 VSAN 分配更多的份额，如图 6-8-6 所示。

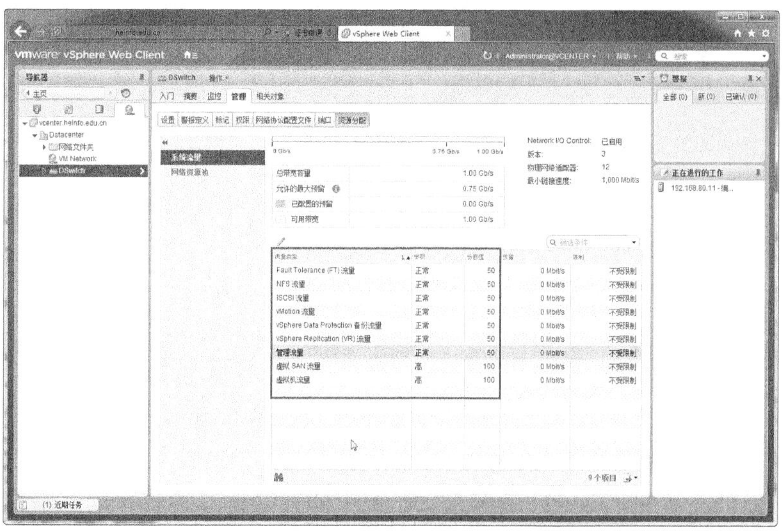

图 6-8-6　系统流量资源分配

6.8.4 虚拟机流量的带宽分配

Network I/O Control 版本 3 允许为单个虚拟机配置带宽要求。还可以使用可在其中为虚拟机流量分配聚合预留的带宽配额的网络资源池，然后将网络资源池的带宽分配给单个虚拟机。

1. 关于为虚拟机分配带宽

Network I/O Control 使用两种模型为虚拟机分配带宽：基于承载虚拟机流量的物理适配器上的网络资源池分配和在整个 vSphere Distributed Switch 上分配。

网络资源池代表为所有连接到 Distributed Switch 的物理适配器上的虚拟机系统流量预留的聚合带宽的一部分。

例如，如果虚拟机系统流量在具有 10 个上行链路的 Distributed Switch 上为每个 10 GbE 上行链路预留了 0.5Gbps，那么此交换机上虚拟机预留可用的总聚合带宽为 5 Gbps。每个网络资源池可预留此 5 Gbps 容量的配额，如图 6-8-7 所示。

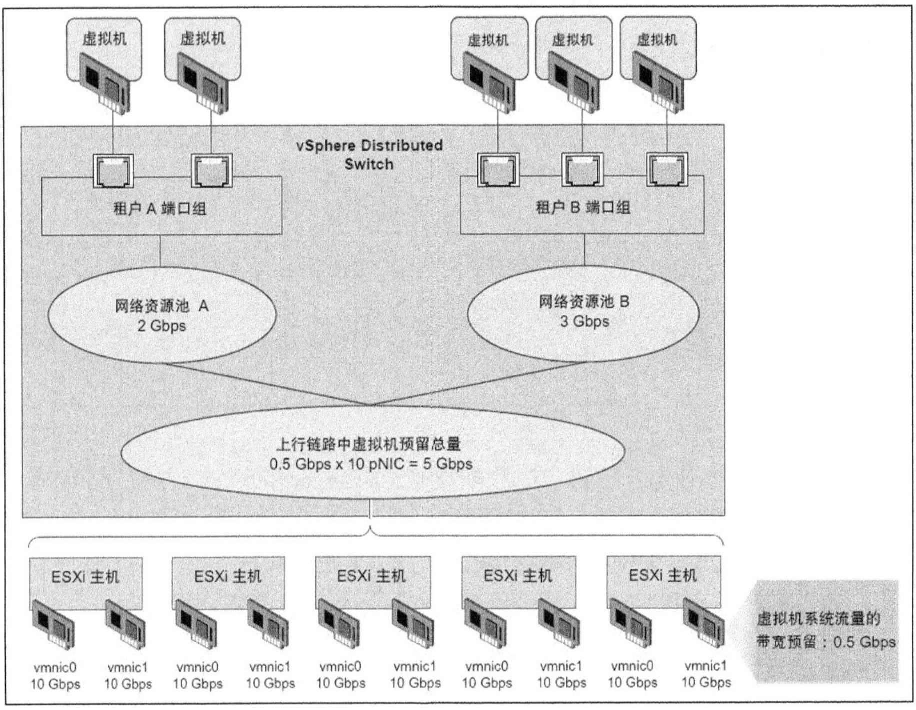

图 6-8-7 vSphere Distributed Switch 的上行链路间的网络资源池带宽聚合

带宽配额专用于网络资源池，由与该池关联的分布式端口组共享。虚拟机通过该虚拟机连接到的分布式端口组从池接收带宽。

默认情况下，交换机上的分布式端口组分配至叫作“默认”的网络资源池，其配额未配置。

2. 定义虚拟机的带宽要求

为单个虚拟机分配带宽类似于分配 CPU 和内存资源。Network I/O Control 版本 3 根据在虚拟机硬件设置中为网络适配器定义的份额、预留和限制为虚拟机置备带宽。预留代表一种保证，保证虚拟机的流量可以消耗最低指定带宽。如果物理适配器有更大容量，则虚拟机可根据指定的份额和限制使用额外带宽。

3. 置备给主机上虚拟机的带宽

在虚拟机已配置带宽预留的情况下，为保证带宽，Network I/O Control 会为变活跃的流量放置引擎。

Distributed Switch 尝试将虚拟机网络适配器的流量放置于可提供所需带宽且在活动成组策略范围之内的物理适配器。

主机上虚拟机的总带宽预留不能超过为虚拟机系统流量配置的预留带宽。

实际限制和预留还取决于适配器连接到的分布式端口组的流量调整策略。例如，如果一个虚拟机网络适配器要求的带宽限制为 200Mbps，且在流量调整策略中配置的平均带宽为 100 Mbps，则有效限制将变为 100Mbps，如图 6-8-8 所示。

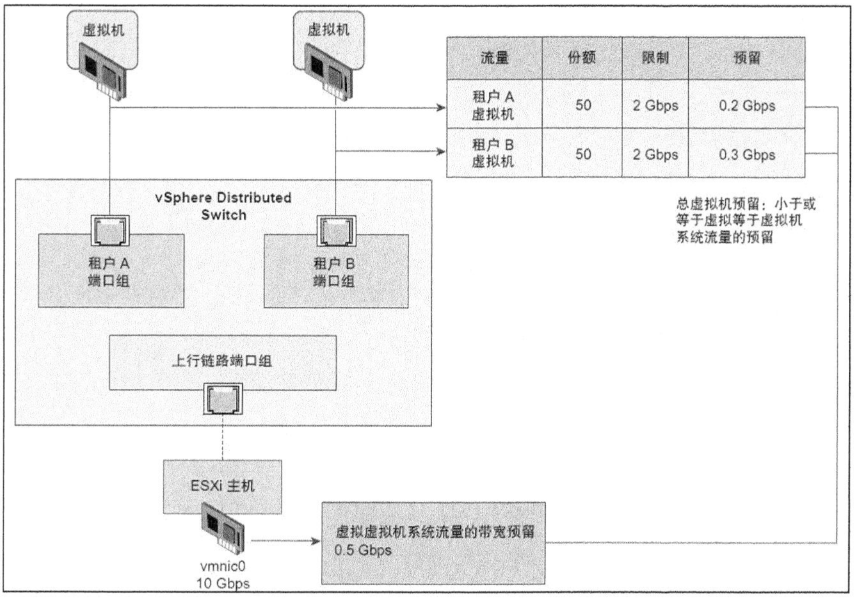

图 6-8-8 单个虚拟机的带宽分配配置

4. 虚拟机流量的带宽分配参数

Network I/O Control 版本 3 基于在虚拟机硬件设置中为网络适配器配置的份额、预留和限制向单个虚拟机分配带宽。带宽分配参数如表 6-15 所示。

表 6-15 虚拟机网络适配器的带宽分配参数

带宽分配参数	描 述
份额	流量通过虚拟机网络适配器的相对优先级（从 1 到 100），依据承载此虚拟机与网络之间流量的物理适配器的容量确定
预留	虚拟机网络适配器在物理适配器上必须收到的最低带宽（Mbps）
限制	在虚拟机网络适配器上流量传输至同一主机或其他主机上的其他虚拟机所需的最大带宽

5. 虚拟机带宽的接入控制

为保证虚拟机有足够的带宽可用，vSphere 会依据带宽预留和成组策略在主机级别和群集级别实施接入控制。

（1）vSphere Distributed Switch 中的带宽接入控制

打开虚拟机电源时，Distributed Switch 上的 Network I/O Control 功能会验证主机是否满足以下条件。

➢ 主机上有一个物理适配器可以依据成组策略和预留为虚拟机网络适配器提供最低带宽。
➢ 虚拟机网络适配器的预留少于网络资源池中的可用配额。

如果更改正在运行的虚拟机的网络适配器预留，Network I/O Control 会重新验证关联的网络资源池是否能够容纳新预留。如果该池的空闲配额不足，则不会应用更改。

要在 vSphere Distributed Switch 中使用接入控制，请执行以下任务。

➢ 为 Distributed Switch 上的虚拟机系统流量配置带宽分配。
➢ 使用为虚拟机系统流量配置的带宽预留配额配置网络资源池。
➢ 将该网络资源池和连接虚拟机与交换机的分布式端口组进行关联。
➢ 为连接到该端口组的虚拟机配置带宽要求。

（2）vSphere DRS 中的带宽接入控制

如果您打开一台位于群集中的虚拟机的电源，vSphere DRS 会将该虚拟机放置在其容量依据活动成组策略足以保证为虚拟机提供预留带宽的主机上。

在以下情况中，vSphere DRS 会将虚拟机迁移到其他主机，以满足该虚拟机的带宽预留要求。

➢ 预留更改为初始主机无法再满足的值。
➢ 承载虚拟机流量的物理适配器处于脱机状态。

要在 vSphere DRS 中使用接入控制，请执行以下任务。

➢ 为 Distributed Switch 上的虚拟机系统流量配置带宽分配。
➢ 为连接到 Distributed Switch 的虚拟机配置带宽要求。

（3）vSphere HA 中的带宽接入控制

当主机发生故障或被隔离时，vSphere HA 会依据带宽预留和成组策略在群集中的其他主机上打开虚拟机电源。

要在 vSphere HA 中使用接入控制，请执行以下任务。

➢ 为虚拟机系统流量分配带宽。
➢ 为连接到 Distributed Switch 的虚拟机配置带宽要求。

6. 创建网络资源池

在 vSphere Distributed Switch 上创建网络资源池以为一组虚拟机预留带宽。

网络资源池为虚拟机提供预留配额。配额表示为已连接到 Distributed Switch 的物理适配器上的虚拟机系统流量预留的一部分带宽。可以从与该池关联的虚拟机配额中留出部分带宽。已打开电源、与该池关联的虚拟机的网络适配器中的预留不得超过该池的配额。

（1）在 vSphere Web Client 中导航到 Distributed Switch，在“管理”选项卡上单击“资源分配→网络资源池”，然后单击“+”添加图标，如图 6-8-9 所示。

（2）在“名称”文本框中键入网络资源池的名称，可以根据需要在“描述”文本框中键入描述信息，根据为虚拟机系统流量预留的可用带宽为“预留配额”输入一个值，以 Mbps 为单位，如图 6-8-10 所示，在此创建一个名为 100Mbps、预留 100Mbps 的网络资源池。

（3）稍后可以再创建一个资源池，例如创建一个名为 345Mbps 的资源池。在创建资源池之后，返回 vSphere Web Client 界面，单击屏幕上方的“ ”刷新按钮，刷新屏幕，之后会在列表中看到创建的资源池，如图 6-8-11 所示。

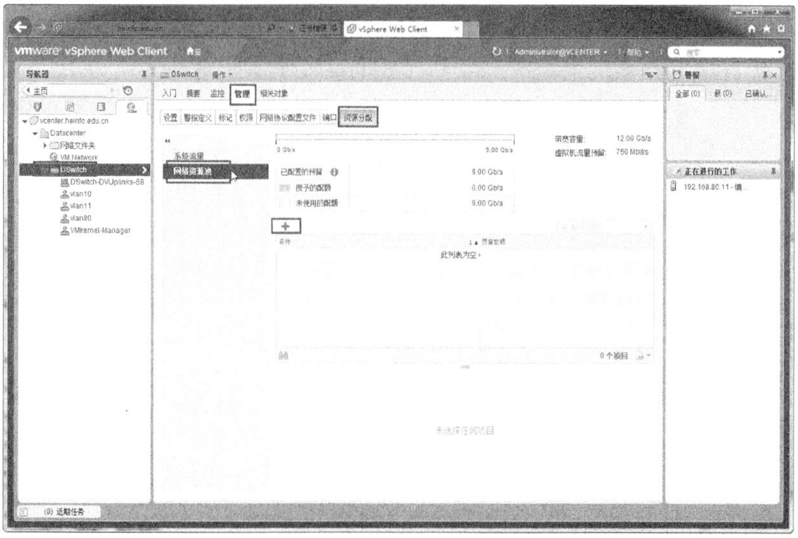

图 6-8-9　添加

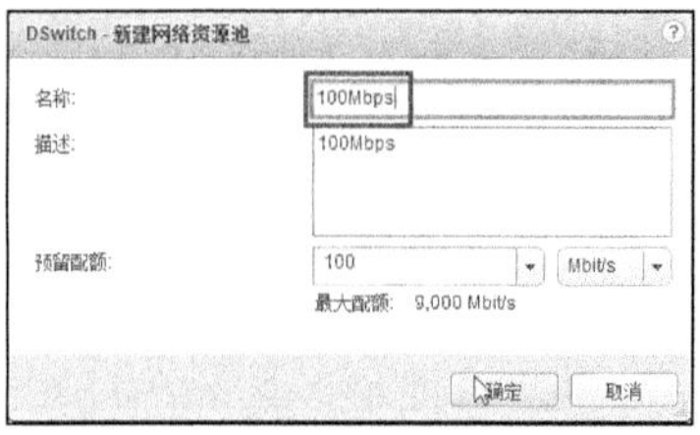

图 6-8-10　创建网络资源池

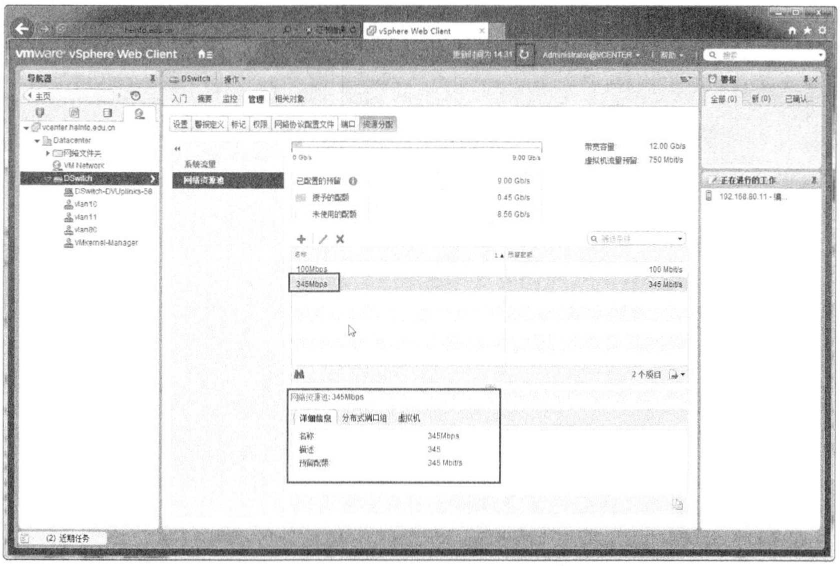

图 6-8-11　创建资源池完成

7. *向网络资源池中添加分布式端口组*

向网络资源池添加分布式端口组，从而可向连接到该端口组的虚拟机分配带宽。

（1）在 vSphere Web Client 导航器中找到分布式端口组，例如 vlan10，在“入门”选项卡中单击“编辑分布式端口组设置”，如图 6-8-12 所示。

（2）在“编辑设置”对话框中单击“常规”，从“网络资源池”下拉菜单中选择该网络资源池，在此有 100Mbps 与 345Mbps 两个，根据需要选择其中一个，如图 6-8-13 所示，然后单击“确定”按钮。如果 Distributed Switch 不包含网络资源池，则下拉菜单中仅会显示（默认）选项。

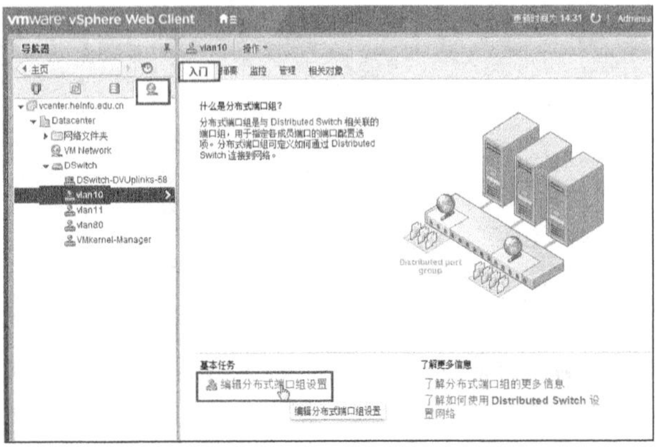

图 6-8-12　编辑分布式端口组

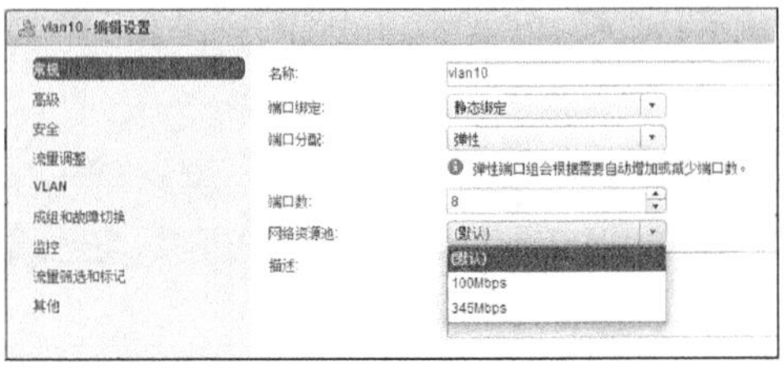

图 6-8-13　选择网络资源池

8. 为虚拟机配置带宽分配

可以为已连接到分布式端口组的单个虚拟机配置带宽分配。可以使用带宽的份额、预留和限制设置。

（1）在 vSphere Web Client 中找到虚拟机，例如当前实验环境中名为 WS03R2-001 的虚拟机，单击鼠标右键，在弹出的快捷菜单中选择“编辑设置”，如图 6-8-14 所示。

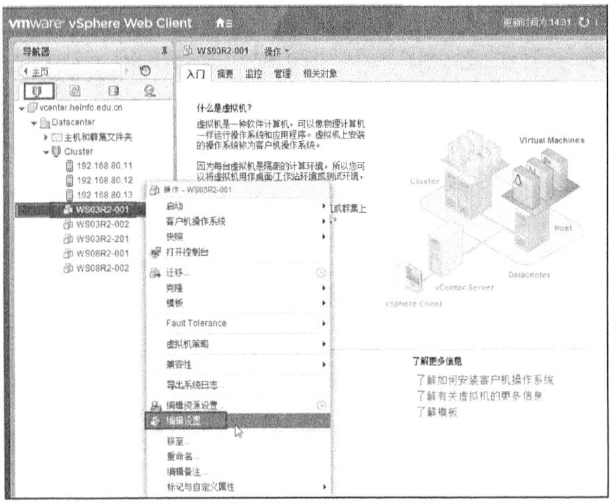

图 6-8-14　编辑设置

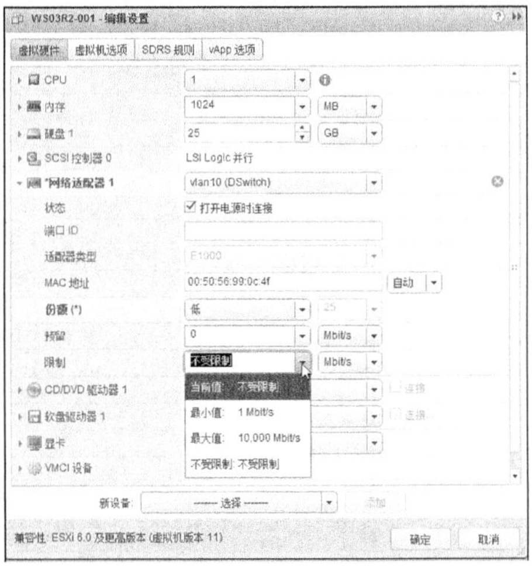

图 6-8-15　虚拟机带宽分配

（2）在“编辑设置”对话框“虚拟硬件”选项中，展开虚拟机“网络适配器”，此时即显示虚拟机网络适配器的份额、预留和限制设置，如图 6-8-15 所示。

从“份额”下拉菜单中，将此虚拟机中流量的相对优先级设置为连接的物理适配器容量中的份额。Network I/O Control 在物理适配器达到饱和时会应用已配置的份额。

在此可以选择一个选项设置预定义的值，也可以选择自定义，然后键入从 1 到 100 的数值设置其他份额。

在“预留”文本框中，预留虚拟机打开电源后必须可供虚拟机网络适配器使用的最小带宽。如果使用网络资源池置备带宽，与该池相关联的已打开电源虚拟机的网络适配器中的预留值不得超过该池的配额。

如果已启用 vSphere DRS，要打开虚拟机的电源，请确保主机上所有虚拟机网络适配器中的预留不超过为主机物理适配器上的虚拟机系统流量预留的带宽。

在“限制”文本框中对虚拟机网络适配器可以占用的带宽设置限制。

设置完成后，单击“确定”完成设置。

9. 从网络资源池中移除分布式端口组

要停止向虚拟机分配网络资源池的预留配额中的带宽，可移除虚拟机连接到的端口组与该池之间的关联。

（1）在 vSphere Web Client 中找到分布式端口组，在“入门”选项卡单击“编辑分布式端口组设置”，如图 6-8-16 所示。

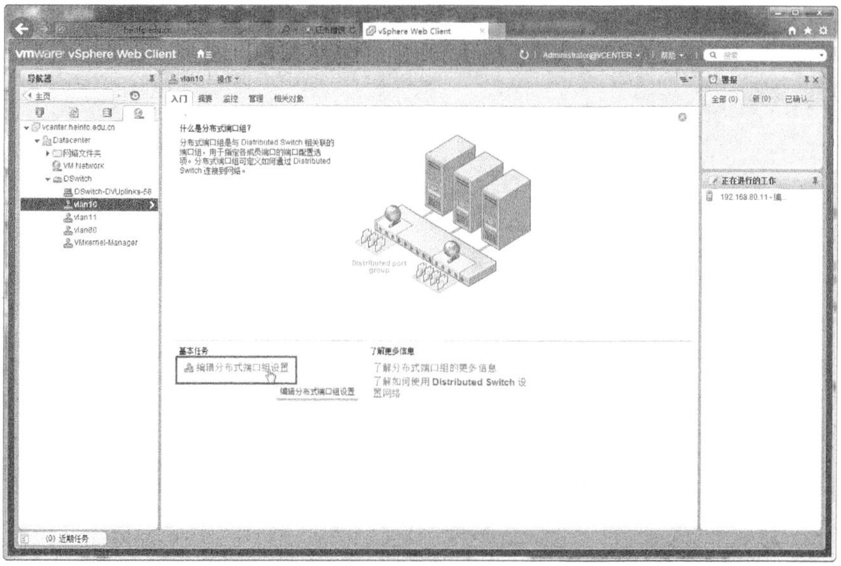

图 6-8-16　编辑分布式端口组

（2）在端口组的“编辑设置”对话框中单击“常规”，从“网络资源池”下拉菜单中选择“(默认)”，然后单击“确定”按钮，如图 6-8-17 所示。

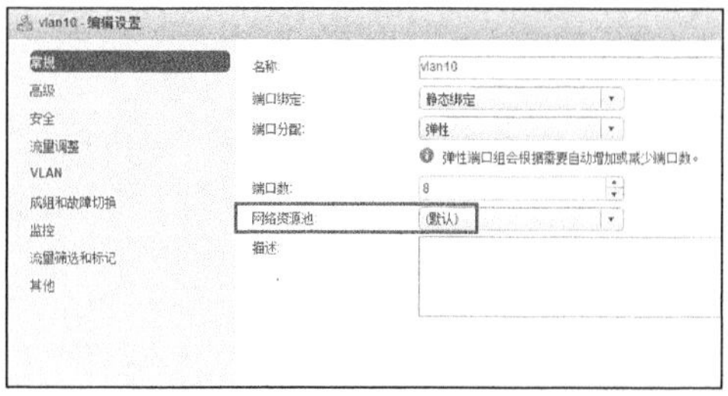

图 6-8-17　修改网络资源池

10. 删除网络资源池

对于不再使用的网络资源池，可以删除以释放系统资源，需要注意，在删除之前，将网络资源池从所有关联的分布式端口组中分离出来。

（1）在 vSphere Web Client 中导航到 Distributed Switch，在“管理”选项卡上单击“资源分配→网络资源池”，选中一个不用的网络资源池，单击“✖”按钮，将其删除，如图 6-8-18 所示。

（2）在“近期任务”可以看到“在分布式交换机上重新配置网络资源池”，如图 6-8-19 所示。如果资源池正在使用，则会在“状态”列表提示。

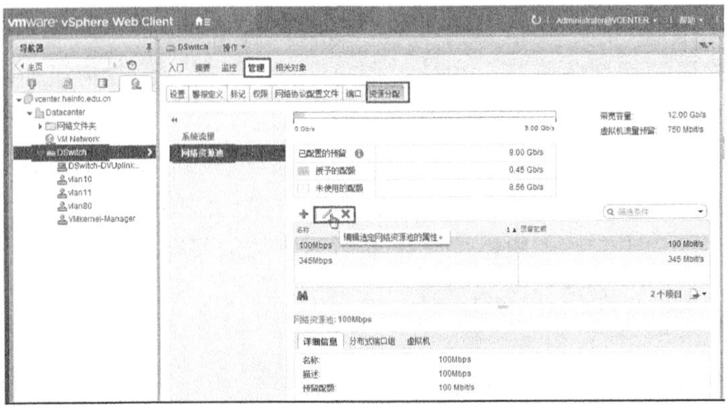

图 6-8-18　删除资源池

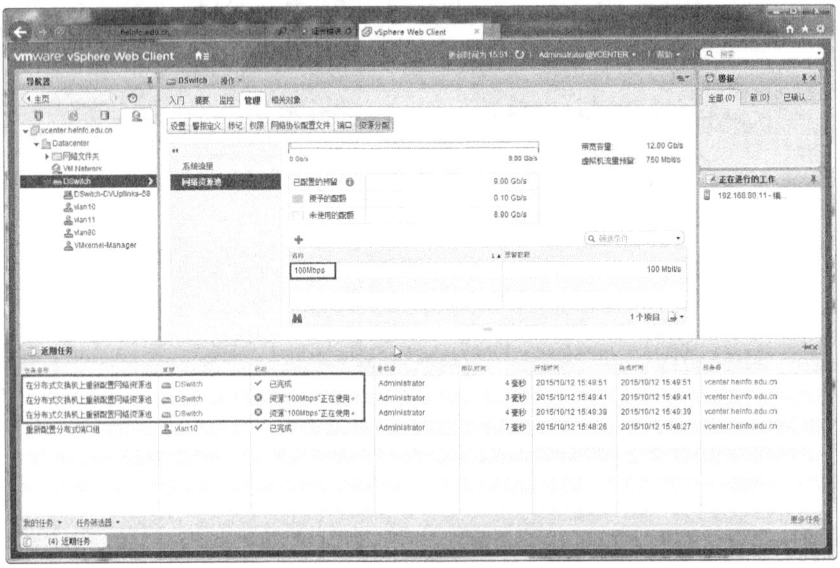

图 6-8-19　删除资源池提示

6.9　虚拟机的迁移

在第 5 章介绍使用 vSphere Client 管理 vCenter Server 的时候，已经介绍过虚拟机迁移的一些知识，所以在本节仅介绍使用 vSphere Web Client 管理界面在 Web 客户端中迁移虚拟机的操作，相关的知识请参见本书第 5 章。

6.9.1　更改虚拟机的数据存储

在本操作中，将把一台关闭电源的虚拟机的存储位置更改到其他磁盘，步骤如下。

（1）在 vSphere Web Client 中导航到一台关闭电源的虚拟机，在“摘要”选项卡“虚拟机硬件”中可以查看其硬盘位置为 iscsi-data1，如图 6-9-1 所示。

（2）之后右键单击该虚拟机，在弹出的快捷菜单中选择“迁移”，如图 6-9-2 所示。

（3）在“迁移（已调度）”对话框选择“仅更改存储”，如图 6-9-3 所示。如果想同时更改主机及存储，请选择“更改计算资源和存储”。

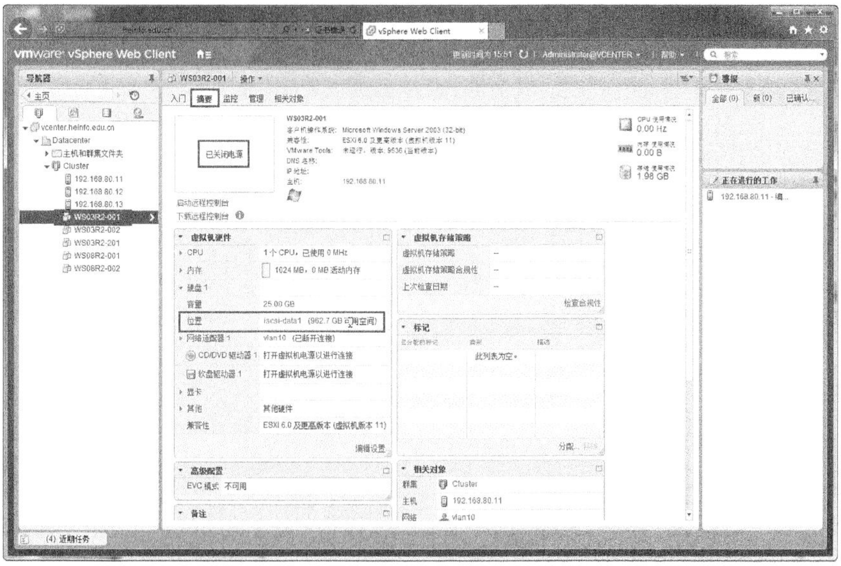

图 6-9-1　查看硬盘位置

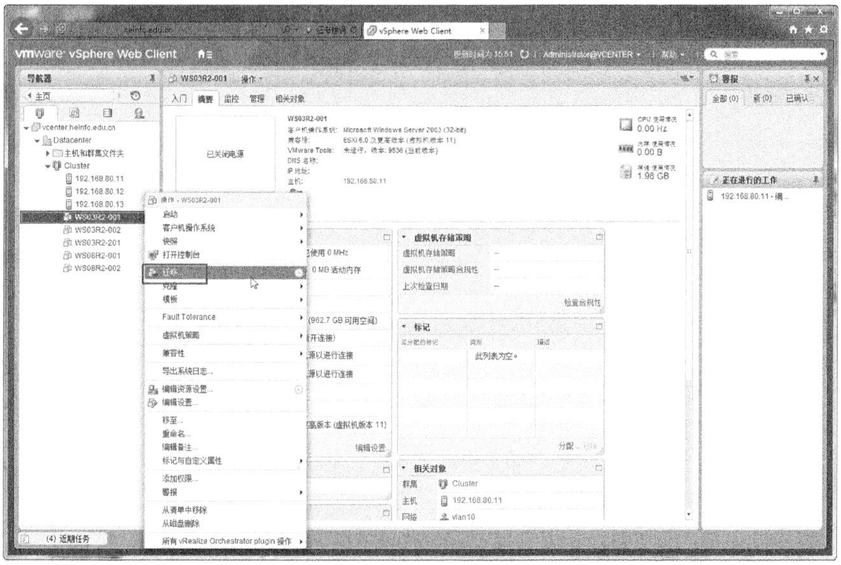

图 6-9-2　迁移

（4）在“选择存储器”对话框中选择用于虚拟机迁移的目标存储，另外在“选择虚拟磁盘格式”下拉列表中可以选择迁移后虚拟磁盘的格式，可以与源格式相同，也可以更改为厚置备磁盘或精简置备磁盘，如图 6-9-4 所示。

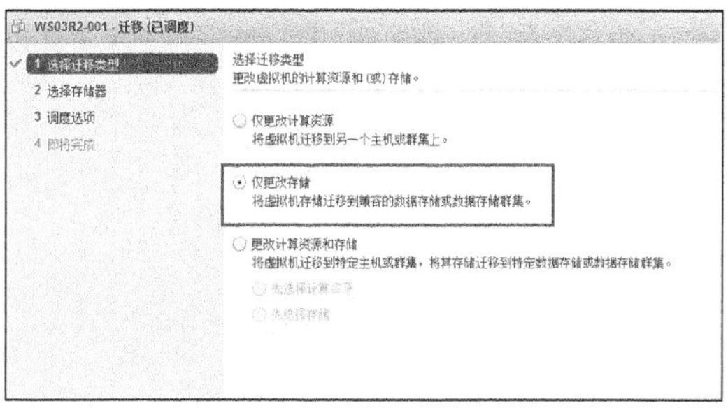

图 6-9-3　选择迁移类型

（5）在“调度选项”对话框中单击“更改”链接，在弹出的对话框中选择“立即运行该操作”，如图 6-9-5 所示。

（6）在“即将完成”对话框中单击“完成”按钮，完成迁移操作，如图 6-9-6 所示。

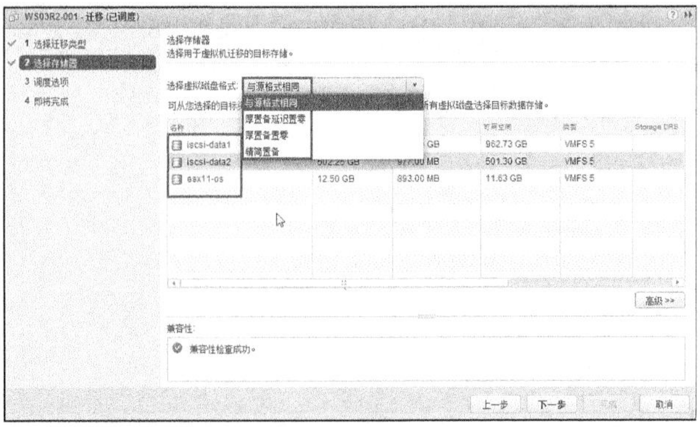

图 6-9-4　选择存储器及磁盘格式

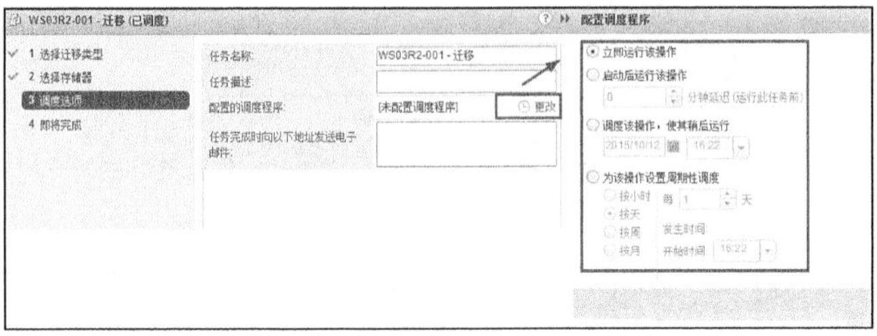

图 6-9-5　调度选项

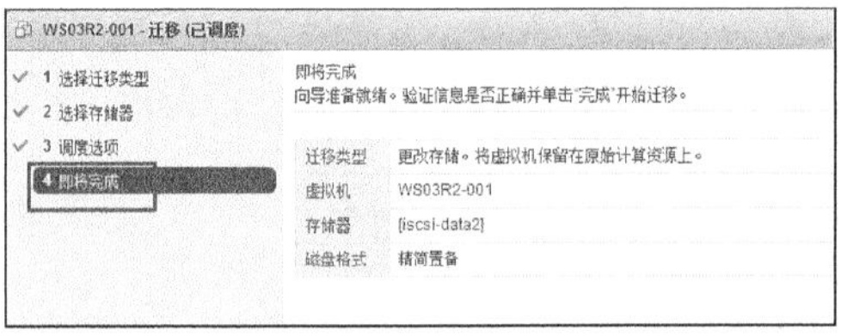

图 6-9-6　即将完成

6.9.2　使用 VMotion 热迁移虚拟机

打开一台虚拟机的电源，使用 VMotion 功能热迁移虚拟机，主要步骤如下。

（1）打开一台虚拟机的电源，打开该虚拟机控制台，使用 ping 命令一直 ping 网关，如图 6-9-7 所示。

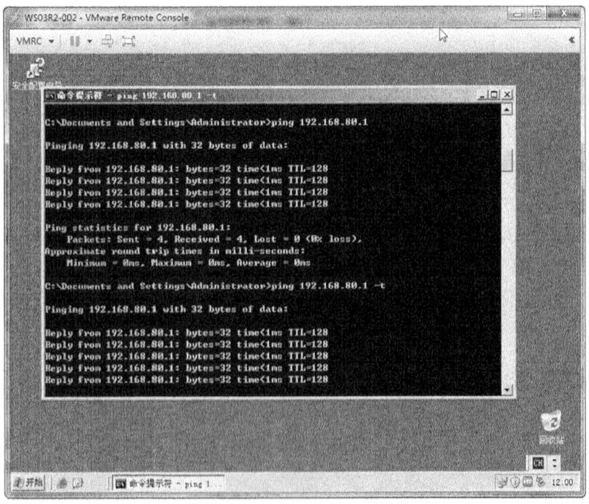

图 6-9-7　启动一台虚拟机

（2）之后在 vSphere Web Client 中右键单击该虚拟机，在弹出的快捷菜单中选择“迁移”，如图 6-9-8 所示。

（3）在“选择迁移类型”对话框中选择“仅更改计算资源”，如图 6-9-9 所示。

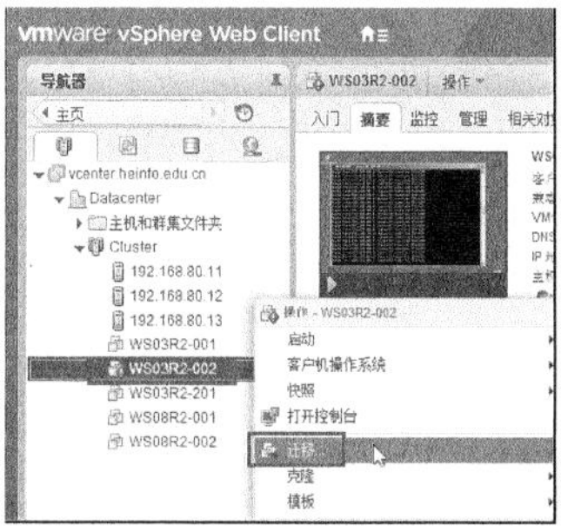

图 6-9-8　迁移

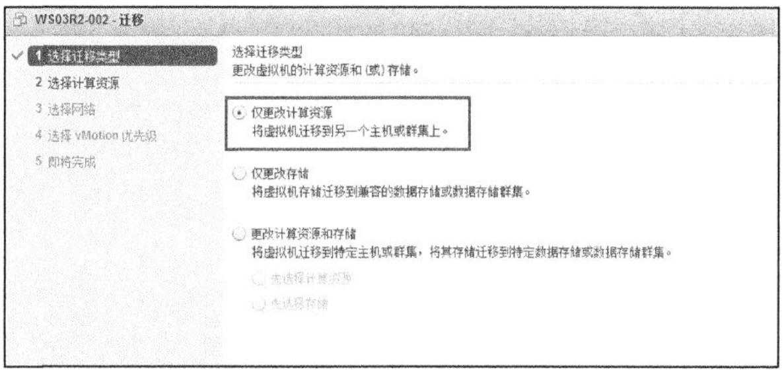

图 6-9-9　仅更改计算资源

（4）在“选择计算资源”对话框中选择要群集、主机或资源池来运行虚拟机，如图 6-9-10 所示。

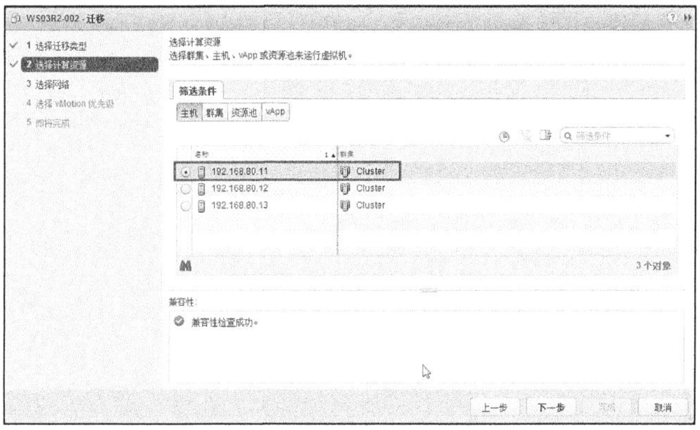

图 6-9-10　选择计算资源

（5）在“选择网络”对话框中选择用于虚拟机迁移的目标网络，如图 6-9-11 所示。

图 6-9-11　选择网络

（6）在“选择 VMotion 优先组”对话框中选择“安排优先级高的 VMotion”，如图 6-9-12 所示。

（7）在“即将完成”对话框单击“完成”按钮，如图 6-9-13 所示。

图 6-9-12　选择 VMotion 优先级

图 6-9-13　即将完成

6.10　在 vSphere Web Client 中配置 HA 与 DRS

同样，在第 5 章介绍了 HA 与 FT 的内容，所以本章不对 HA 与 FT 做过多的介绍，在此只是介绍 Web 管理客户端，配置 HA 与 DRS 的内容。

（1）使用 vSphere Web Client，在导航器中选择群集（本示例中群集名称为 Cluster），在“管理→设置”选项卡中单击“vSphere HA”，在此显示了当前 HA 的配置，如图 6-10-1 所示。单击“编辑”按钮，可以进入 HA 配置对话框。

（2）在“编辑群集设置”对话框中可以看到当前 HA 已经启用，在此可以启用或关闭群集（在已经配置群集之后不要轻易关闭 HA，否则资源池将会被删除），单击对话框下侧选项前面的“▸”箭头可以展开每一项，如图 6-10-2 所示。

（3）展开错误状况和虚拟机响应选项如图 6-10-3 所示。

（4）展开“接入控制”各项如图 6-10-4 所示。

（5）展开“用于检测信号的数据存储”各项如图 6-10-5 所示。

在“编辑群集设置”对话框中单击左侧的“vSphere DRS”，可以进入 DRS 选项设置对话框，如图 6-10-6 所示。

图 6-10-1　vSphere HA 配置页

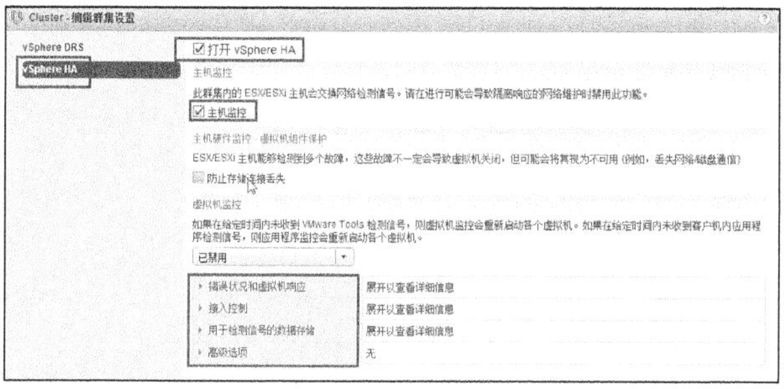

图 6-10-2　HA 配置页

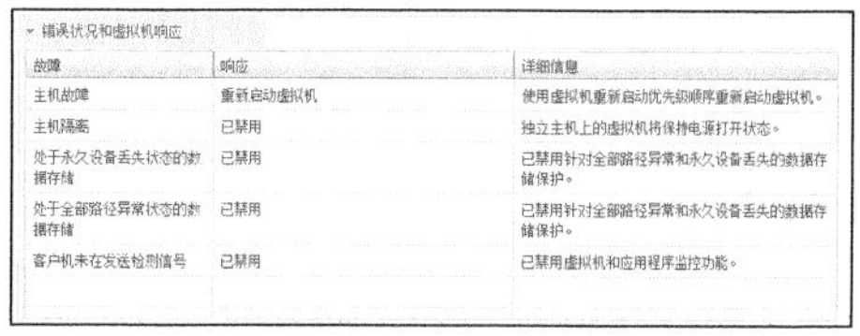

图 6-10-3　错误状况和虚拟机响应

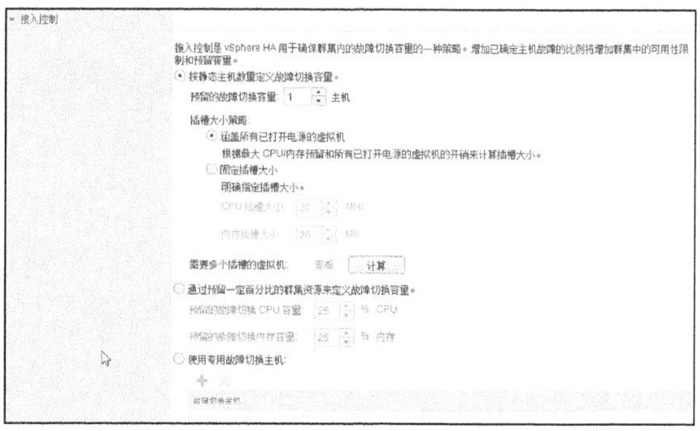

图 6-10-4　接入控制

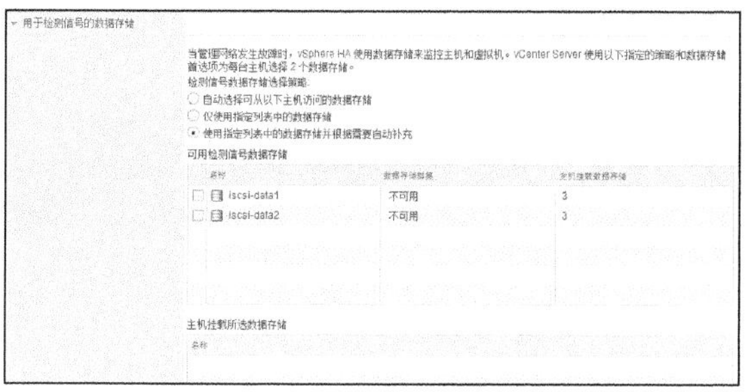

图 6-10-5　检测信号的数据存储

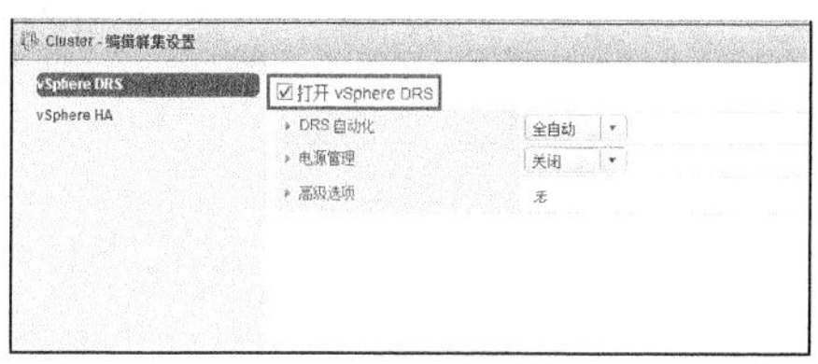

图 6-10-6　DRS

（1）展开“DRS 自动化”选项，可以配置 DRS 的自动化级别，如图 6-10-7 所示。

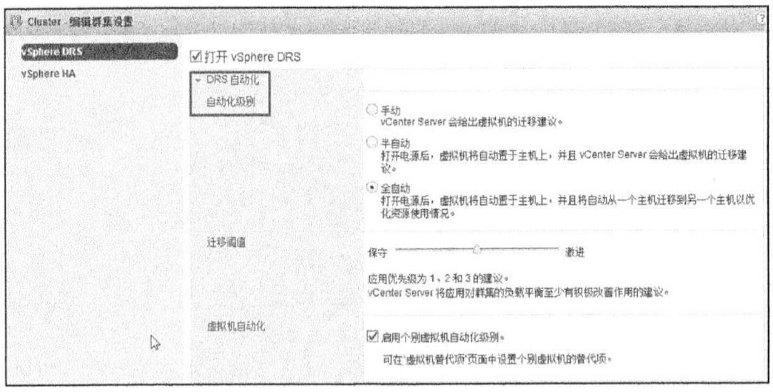

图 6-10-7　DRS 自动化

（2）展开“电源管理”，可以配置 DPM 功能，如图 6-10-8 所示。

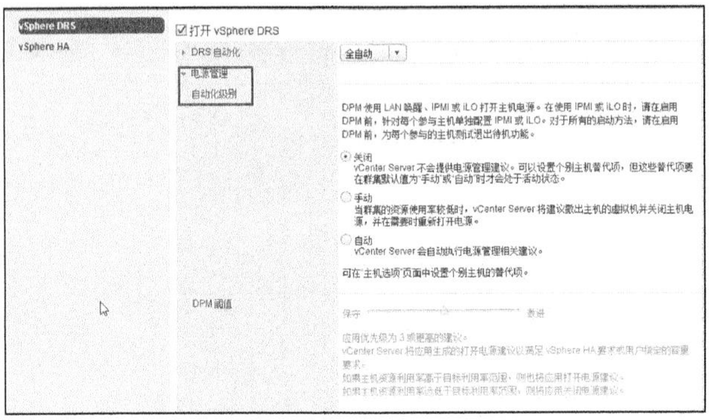

图 6-10-8　电源管理

（3）如果要启用电源管理，还需要在每个主机的“管理→设置→电源管理”中配置 IPM/iLO 的 IP 地址、MAC 地址，如图 6-10-9 所示。

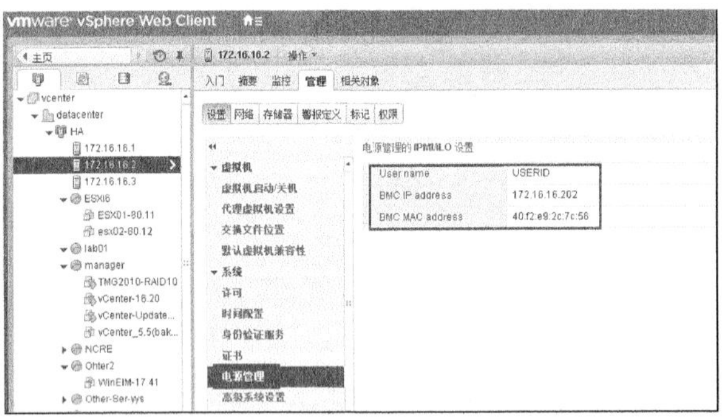

图 6-10-9　设置 IPM/iLO 地址

在 vSphere Web Client 中配置 HA、DRS，与在 vSphere Client 中配置类似，只是管理客户端不同，所以用 vSphere Web Client 配置 HA、DRS，这里不再介绍。

第 7 章 组建 Virtual SAN 群集

Virtual SAN 是作为 ESXi 管理程序的一部分在本机运行的分布式软件层。Virtual SAN 可汇总主机群集的本地或直接连接的容量设备，并创建在 Virtual SAN 群集的所有主机之间共享的单个存储池。

虽然 Virtual SAN 支持 HA、vMotion 和 DRS 等需要共享存储的 VMware 功能，但它无需外部共享存储，并且简化了存储配置和虚拟机置备活动。

Virtual SAN 使用普通 x86 的服务器（需要最少 3 台，1 个群集最多 64 台）通过网络（千兆网络开始，推荐万兆网络）将服务器本地硬盘（至少一块 HDD、一块 SSD）组成可以供 VMware vSphere 产品使用的存储，可以供多个主机使用，即用服务器本地硬盘通过网络实现了和传统存储相同的功能。并且，服务器本地硬盘数量越多，服务器数量越多，其总体性能（IOPS）越高，容量越大。Virtual SAN 使用 x86 服务器的本地硬盘做 Virtual SAN 群集容量的一部分（磁盘 RAID 0），用本地固态硬盘提供读写缓存，实现较高的性能，通过万兆网络，以分布式 RAID 1 的方式，实现了数据的安全性。简单来说，Virtual SAN 总体效果相当于 RAID 10。

Virtual SAN 是一个全新的概念，详细介绍的话，需要一本书的内容，作为一本书的一章，我会以我自己的理解尽可能将 Virtual SAN 的每个概念给大家介绍清楚，争取演示 Virtual SAN 的每个功能。

7.1 Virtual SAN 简介

大多数的机房、数据中心都在使用专业的存储设备。这些存储设备由于安装了多块硬盘或者配置有磁盘扩展柜，具有大量的硬盘，因为具有较大的容量、较高的读写速度及 IOPS，但不可避免的问题是，需要的存储性能越高、容量越大，则存储的造价也会越高。在一个高可用的系统中，较多的主机同时连接数量较少，但性能与容量较高的存储。随着高可用系统中主机数据的增加，存储的配置、造价以几何的形式增加。

为了获得较高的性能，主要是高 IOPS，有的存储硬盘全部采用固态硬盘，即全闪存存储，虽然带来了较高的性能，但成本增加也是非常的昂贵。在换用固态硬盘后，虽然磁盘系统的 IOPS 提升了，但存储接口的速度仍然是 8Gbps 或 16Gbps，此时接口又成了新的瓶颈。

Virtual SAN 是 VMware 推出的、专门用于 VMware vSphere 系列产品、专门为虚拟环境优化的、分布式可容错的存储系统。Virtual SAN 具有所有共享存储的品质（弹性、性能、可扩展性），但这个产品既不需要特殊的硬件，也不需要专门的软件来维护，可以直接运行在 x86 的服务器上，只要在服务器上插上硬盘和 SSD，vSphere 会搞定剩下的一切。加上基于策略的管理框架和新的运营模型，存储管理变得相当简单。

传统存储与 Virtual SAN，相当于传统的火车与动车的区别。

火车开得快，全靠车头带，这是传统的火车。

动车、动车组就不一样，它们普遍采用动力分散技术，每节车厢都有动力装置，因此跑得又快又稳。

vSAN 的目标是简化 VMware 相关领域中的存储管理、扩展和交付。对于企业来说另外一个优点是减少开销。vSAN 可以使用企业现有的存储，不论其已经使用了多长时间，只要其在 VMware 的硬件兼容列表上，就不必购买额外的硬件。vSAN 使用固态硬盘作为读写缓存，使用硬盘作为主存储。

7.1.1 关于 vSAN 与 VSAN

关于 VSAN 或 vSAN 的简写，现在有两种说法。做 VMware 虚拟化的，会将 Virtual SAN 简写为 VSAN 或 vSAN。

实际上，最初 VSAN 是 Cisco 的 SAN 交换机上面使用的一种虚拟化技术，把一个物理交换机虚拟成多个逻辑交换机。

- VSAN 类似于以太网里面的 VLAN，每个 VSAN 都有自己的 fabric service。
- 同一 VSAN 的设备可以互相通信，不同 VSAN 不能互相通信。
- 每个交换机最多可以支持 256 个 VSAN。VSAN 1 是默认 VSAN，VSAN 4094 是隔离 VSAN，用户可用的 VSAN id 是 2 到 4093。
- 所有交换机端口默认在 VSAN 1；当有端口从用户自定义 VSAN 删除后，该端口会自动分配到 VSAN 4094，VSAN 4094 的设备都是 disabled。

在本文，我将以 vSAN 代替 Virtual SAN。如果你在其他文档或资料中看到 vSAN 或 VSAN，请根据上下文内容来确认其意义。

7.1.2 什么是 Virtual SAN

Virtual SAN 是 VMware 推出的一种新的存储解决方案，集成在 vSphere 5.5 U1 及其以后的产品版本中。Virtual SAN 是一种基于对象的存储系统，是虚拟机存储策略的平台，这种存储策略的目标是为了帮助 vSphere 管理员简化虚拟机存储位置的决策。vSAN 完全支持并与 vSphere 的核心特性，例如 vSphere 高可用（HA）、分布式资源调度（DRS）以及 VMotion 深度集成在一起。

vSAN 的目标是在提供弹性的同时提供横向扩展存储的能力。vSAN 是一种基于软件的分布式存储解决方案，它直接构建在 hypervisor 中。它不是已有的其他解决方案所采用的那种虚拟设备，而是一种基于内核的解决方案，是 hypervisor 的一部分。

Virtual SAN 配置非常简单，只要为 Virtual SAN 流量传输配置一块 VMkernel 接口，并在群集级别启用 vSAN 即可。vSAN 主要适用于以下场合。

（1）虚拟桌面。横向扩展的模型，尤其是大量的虚拟桌面。使用可预测和可重复的基础架构模块来降低成本并简化运营。

（2）测试和开发。需要购买昂贵的存储，降低总拥有成本，并可快速置备。

（3）容灾恢复的目的。是廉价的容灾恢复解决方案，通过诸如 vSphere Replication 之类的特性来启用，使得复制到任何存储平台成为可能。

7.1.3 vSAN 特点

vSAN 是 VMware 软件定义数据中心策略中的重要组成部分。归结一下 vSAN，总共有五个特点。

（1）它是使用服务器的直连存储，它使用的是标准的服务器，并没有任何的特殊硬件，或者专用的网卡、专用的芯片。它所使用的服务器、硬盘、网络，全都是市面上最标准、最通用的硬件。

（2）它是分布式的集群。它在网络化的支持之下，可以把空间延展到支持 32 个节点，它是个完全分布式的群体。

（3）它是使用闪存来做一款纯加速的产品。为了提高存储的性能，很多存储厂商都用全闪存来做服务器的数据存储设备，这个成本是非常高的。但要用普通机械磁盘的话，它对服务器的空间和性能都存有一定的瓶颈。因为，在最近几年，机械磁盘的转速是没办法大幅提高的。VSAN 采用的是混合使用策略，用 SSD 来提供性能，由普通机械磁盘来提供容量，这使得 vSAN 的成本大幅降低。

（4）它所支撑的虚拟机在 vSAN 进行存储的时候，走的是最短的路径，API 的调用也是最快的，因为这些操作全部在内核完成。这也就保证了存储虚拟化的开销是最少的。

（5）vSAN 完全是一个针对 VMware 的 VMDK 的存储，它只用于 VMware 环境的网络存储。

vSAN 可以很容易地通过管理人员所熟悉的界面来进行配置和运维。管理便捷性，以及比较低的长期运营成本也是 vSAN 的特性。

7.1.4 vSAN 的最低需求与主要用途

vSAN 要求至少有三台服务器来作为虚拟存储服务器。与传统磁盘的存储方式相比，vSAN 可以实现更好的动态性。传统的存储一般是将底层的磁盘进行组装，组装完毕后划分出不同的 LUN，再提供给上层的应用。这种存储的模式是从底层到上层的流程。而当应用、性能或流量发生变化的时候，还需要把现有的 LUN 拆掉，这又带来了数据迁移的需求。

在 vSAN 里，一个应用所需要的容量、性能、可用性等都可以作为策略下发给下面的存储资源，它会自动地根据策略来为应用配置相应的存储单元。而当应用需求发生变化的时候，vSAN 可以在不停机的情况下修改策略。这种方式不仅减少了管理人员的复杂性，还会降低用户面临的数据迁移压力。

在使用时，vSAN 要求客户的每台服务器必须选择至少一块 SSD 硬盘作为支持。所有在虚拟机里面被频繁读取的数据，比如虚拟机的启动块、系统文件、用户的常用文件等会被识别并抽取出来，放在 SSD 协管的资源里面，这种做法会大幅提高 SSD 的利用效率。

vSAN 有自己特殊的定位。首先，VMware 自身把 vSAN 定位成具有大数据服务、并有 VMware 虚拟机的专用产品，所以在非虚拟化的场景里面，vSAN 是不参与其中的。其次，vSAN 并没有把目标锁定在业务关键型应用的领域，vSAN 的目标定位在企业里面相对可用性较低的数据。与传统存储厂商的定位有一定的距离。

总结一下，vSAN 并不能成为传统 SAN 的替代品。vSAN 是整个软件定义数据中心解决方案的一部分，而软件定义数据中心就是把一切的物理资源做虚拟化和池化，包括了计算、网络和存储的虚拟化。vSAN 负责的就是把原来的物理存储介质进行虚拟化，成为存储的资源池。而且，目前 vSAN 使用的是直连存储，未来 vSAN 虚拟的可能会是网络存储设备，云存储也有可能会纳入其中。

使用 Virtual SAN 时，请注意以下限制。

- Virtual SAN 不支持加入多个 Virtual SAN 群集的主机。不过，Virtual SAN 主机可以访问其他外部存储资源，且可以随时加入 Virtual SAN 群集。
- Virtual SAN 不支持 Fault Tolerance、vSphere DPM 和 Storage I/O Control 等功能。
- Virtual SAN 不支持 SCSI 预留。
- Virtual SAN 不支持 RDM、VMFS、诊断分区和其他设备访问功能。

7.1.5 Virtual SAN 和传统存储的区别

尽管 Virtual SAN 与传统存储阵列具有很多相同特性，它的整体行为和功能仍然有所不同。例如，Virtual SAN 可以管理 ESXi 主机，且只能与 ESXi 主机配合使用。一个 Virtual SAN 实例仅支持一个群集。

Virtual SAN 和传统存储还存在下列主要区别。

（1）Virtual SAN 不需要外部网络存储来远程存储虚拟机文件，例如光纤通道（FC）或存储区域网络（SAN）。

（2）使用传统存储，存储管理员可以在不同的存储系统上预先分配存储空间。Virtual SAN 会自动将 ESXi 主机的本地物理存储资源转化为单个存储池。这些池可以根据服务质量要求划分并分配到虚拟机和应用程序。

（3）Virtual SAN 没有基于 LUN 或 NFS 共享的传统存储卷概念。

（4）iSCSI 和 FCP 等标准存储协议不适用于 Virtual SAN。

（5）Virtual SAN 与 vSphere 高度集成。相比于传统存储，Virtual SAN 不需要专用的插件或存储控制台。您可以使用 vSphere Web Client 部署、管理和监控 Virtual SAN。

（6）不需要专门的存储管理员来管理 Virtual SAN。vSphere 管理员即可管理 Virtual SAN 环境。

（7）使用 Virtual SAN，在部署新虚拟机时将自动分配虚拟机存储策略。可以根据需要动态更改存储策略。

7.1.6 启用 Virtual SAN 的要求

要为群集中的 ESXi 主机启用 Virtual SAN，需要满足硬件要求、群集要求、软件要求、网络要求等多方面的条件。

Virtual SAN 主机存储设备要求如下。

（1）缓存：需要至少一个 SAS、SATA 固态磁盘（SSD）或 PCIe 闪存设备。考虑允许的故障数之前，确保在不计算保护副本的情况下，每个磁盘组中闪存缓存的大小至少为预期所用容量的 10%。vSphere Flash Read Cache 不得使用为 Virtual SAN 缓存预留的任何闪存设备。缓存闪存设备不得使用 VMFS 或其他文件系统格式化，也不能提前被 ESXi 主机分配使用。

（2）虚拟机数据存储。对于混合组配置，确保至少有一个 SAS、NL-SAS 或 SATA 磁盘。对于全闪存磁盘组配置，确保至少有一个 SAS、SATA 固态磁盘（SSD）或者 PCIe 闪存设备。

（3）存储控制器。一个 SAS 或 SATA 主机总线适配器（HBA），或者一个处于直通模式或 RAID 0 模式的 RAID 控制器。

Virtual SAN 的内存要求取决于由 ESXi 管理程序管理的磁盘组和设备的数量。每个主机最少应包含 32 GB 内存以容纳最多 5 个磁盘组以及每个磁盘组上最多 7 个容量设备。如果主机只有 8GB 内存，只能容纳 1 个磁盘组。如果主机有 16GB 内存，可以容纳 2 个磁盘组。

从 USB 设备或 SD 卡引导 Virtual SAN 主机时，引导设备的大小必须至少为 4 GB。

如果 ESXi 主机的内存大于 512 GB，则从 SATADOM 或磁盘设备引导主机。从 SATADOM 设备引导 Virtual SAN 主机后，必须使用单层单元（SLC）设备，并且引导设备的大小必须至少为 16 GB。

从 USB 设备或 SD 卡引导 ESXi 6.0 主机时，将向 RAMdisk 写入 Virtual SAN 跟踪日志。关机或系统崩溃时会将这些日志自动转移到持久介质（紧急）。这是从 USB 设备或 SD 卡引导 ESXi 时处理 Virtual SAN 跟踪的唯一支持方法。请注意，如果出现电源故障，则不会保留 Virtual SAN 跟踪日志。

Virtual SAN 群集必须至少具有 3 个向群集提供容量的主机，并且主机不能加入除 Virtual SAN 群集以外的其他群集。

Virtual SAN 建立在虚拟化管理程序中经过优化的 I/O 数据路径上，可提供远远优于虚拟设备或外部设备的性能。借助全闪存，可体验每台主机最高 90K 的 IOPS，并且可扩展到每集群最多 64 台主机，这种配置非常适合虚拟桌面、远程 IT 和关键业务应用。

要使用完整的 Virtual SAN 功能集，加入 Virtual SAN 群集的 ESXi 主机必须为版本 6.0。Virtual SAN 从版本 5.5 升级到 6.0 期间，您仍可以使用磁盘格式版本 1.0，但却无法使用许多新的功能。Virtual SAN 6.0 支持这两种磁盘格式。

确认 ESXi 主机上的网络基础架构和网络连接配置满足 Virtual SAN 的最低网络连接要求，Virtual SAN 的网络要求如表 7-1 所示。

表 7-1 Virtual SAN 的网络要求

网络连接组件	要　求
主机带宽	每个主机都必须具有专用于 Virtual SAN 的最小带宽。 • 对于混合配置，专用带宽为 1 Gbps • 对于全闪存配置，专用或共享带宽为 10 Gbps
主机之间的连接	无论是否提供容量，Virtual SAN 群集中的每个主机都必须具有适用于 Virtual SAN 流量类型的 VMkernel 网络适配器
主机网络	Virtual SAN 群集中的所有主机都必须连接到 Virtual SAN 第 2 层网络
多播	必须在处理通过第 2 层路径和第 3 层路径（可选）的 Virtual SAN 流量的物理交换机和路由器上启用多播
IPv4 和 IPv6 支持	Virtual SAN 网络必须仅支持 IPv4。Virtual SAN 不支持 IPv6

vSAN 需要单独的许可证，确认您拥有有效的 Virtual SAN 许可证密钥。

要在生产环境中使用 Virtual SAN，必须有一个可分配给 Virtual SAN 群集的特殊许可证。可以分配不同类型的许可证以支持不同的 Virtual SAN 功能，例如全闪存配置和延伸群集。确保您的许可证支持要使用的功能。

7.1.7 Virtual SAN 架构

Virtual SAN 支持两种混合架构：混合架构与全闪存架构。

所谓混合架构，是指组成 Virtual SNA 的服务器的每个磁盘组包括 1 个 SSD，以及 1 个或最多不超过 7 个的 HDD。而全闪存架构，是指组成 Virtual SAN 的服务器的每个磁盘组都由 SSD 组成。

无论是混合架构，还是全闪存架构，组成 Virtual SAN 的每个服务器节点最多支持 5 个磁盘组，每个磁盘组有 1 个 SSD 用于缓存，有 1～7 个 HDD（或 SSD）磁盘用于存储容量。

在混合架构中，SSD 充当分布式读写缓存，并不用于永久保存数据。每个磁盘组只支持一个 SSD，其中 70%的 SSD 容量用于缓存读取，30%用于写入。

在全闪存架构中，SSD 充当分布式缓存时，并不用于永久保存数据。每个磁盘组只支持一个 SSD 作为缓存层，由于全闪存架构的存储容量也用固态硬盘实现，故读性能不是瓶颈，缓存层 SSD 100%用于写入。

7.2 Virtual SAN 群集设计和大小调整

为获得最佳性能和使用效果，在 vSphere 环境中部署 Virtual SAN 之前，请计划您的主机及其存储设备的功能和配置。请认真考虑 Virtual SAN 群集中的特定主机和网络配置。

7.2.1 Virtual SAN 中的闪存缓存设备设计注意事项

规划用于 Virtual SAN 缓存和全闪存容量的闪存设备的配置，以便实现高性能、提供所需的存储空间并且满足未来的增长需求。

1. *在 PCIe 或 SSD 闪存设备之间进行选择*

根据对 Virtual SAN 存储的性能、容量、写入寿命和成本的要求，选择 PCIe 或 SSD 闪存设备。

- 兼容性。VMware 兼容性指南的“Virtual SAN”部分应当列出了 PCIe 或 SSD 设备的型号。
- 性能。PCIe 设备通常比 SSD 设备具有更高的性能。
- 容量。可用于 PCIe 设备的最大容量通常比目前在 VMware 兼容性指南中针对适用于 Virtual SAN 的 SSD 设备列出的最大容量要大。
- 写入寿命。PCIe 或 SSD 设备的写入寿命必须满足全闪存配置中容量或缓存的要求，以及混合配置中缓存的要求。
- 成本。PCIe 设备的成本通常比 SSD 设备的成本高。

2. *闪存设备作为 Virtual SAN 缓存*

根据下述注意事项，构建 Virtual SAN 闪存缓存配置模型，以实现写入持久力、性能和潜在的增长。Virtual SAN 缓存大小调整如表 7-2 所示。

表 7-2　Virtual SAN 缓存大小调整

存储配置	注意事项
全闪存和混合配置	➢ 缓存大小必须至少为虚拟机预计占用容量的 10%，不计保护副本。虚拟机存储策略中的“允许的故障数”属性不影响缓存大小。 ➢ 使用快照会占用缓存资源。如果您计划使用多个快照，请考虑设置更多专用缓存，使缓存与占用容量比率大于常规的 10%。10%的占用容量不包含保护副本。 ➢ 更高的缓存与容量比率会减缓未来的容量增长。超大尺寸缓存使您能够轻松地将更多容量添加到现有的磁盘组，而无需增加缓存的大小。

续表

存 储 配 置	注 意 事 项
全闪存和混合配置	➢ 闪存缓存设备必须具有高写入持久力。 ➢ 当闪存缓存设备寿命终止时，更换该设备会影响整个磁盘组，因此该操作比更换容量设备更复杂。 ➢ 如果要通过添加更多的闪存设备来增大缓存大小，必须创建更多磁盘组。闪存缓存设备与磁盘组数量之比始终为 1:1。配置多个磁盘组具有以下优势： ➢ 当闪存缓存设备出现故障时，由于受影响的容量设备更少，减少了故障域。 ➢ 如果部署多个包含较小闪存缓存设备的组，可能会改善性能。但是，当您配置多个磁盘组时，会增加主机的内存消耗
全闪存配置	在全闪存配置中，Virtual SAN 会将缓存层仅用于写入缓存。写入缓存必须能够处理频繁的写入活动。此方法将延长成本更低且写入持久力较低的容量闪存的寿命
混合配置	如果出于性能考虑在活动虚拟机存储策略中配置读取缓存预留，Virtual SAN 群集中的主机必须具有足够的缓存以在故障后重新构建或维护操作期间满足预留。 如果可用的读取缓存不足以满足预留，则重新构建或维护操作将失败。只有在必须满足特定工作负载的特定、已知的性能要求时，才会使用读取缓存预留

7.2.2　Virtual SAN 中的闪存容量设备设计注意事项

规划用于 Virtual SAN 全闪存配置的闪存容量设备的配置，以便实现高性能，提供所需的存储空间并且满足未来的增长需求。

1. *在 PCIe 或 SSD 闪存设备之间进行选择*

➢ 根据对 Virtual SAN 存储的性能、容量、写入寿命和成本的要求，选择 PCIe 或 SSD 闪存设备。

➢ 兼容性。VMware 兼容性指南的“Virtual SAN”部分应当列出了 PCIe 或 SSD 设备的型号。

➢ 性能。PCIe 设备通常比 SSD 设备具有更高的性能。

➢ 容量。可用于 PCIe 设备的最大容量通常比目前在 VMware 兼容性指南中针对适用于 Virtual SAN 的 SSD 设备列出的最大容量要大。

➢ 写入寿命。PCIe 或 SSD 设备的写入寿命必须满足全闪存配置中容量或缓存的要求，以及混合配置中缓存的要求。

➢ 成本。PCIe 设备的成本通常比 SSD 设备的成本高。

2. *闪存设备作为 Virtual SAN 容量设备*

在全闪存配置中，Virtual SAN 不会将缓存用于读取操作，也不会应用虚拟机存储策略中的读取缓存预留设置。对于缓存设备，您可以使用少量具有高写入持久力的成本更高的闪存。对于容量设备，您可以使用具有较低写入持久力的成本更低的闪存。

遵循以下准则，规划闪存容量设备的配置。

➢ 为了实现更好的 Virtual SAN 性能，请使用更多由较小闪存容量设备组成的磁盘组。

➢ 为了获得平衡的性能和可预测的行为，请使用同一类型和型号的闪存容量设备。

7.2.3　Virtual SAN 中磁盘设计的注意事项

按照存储空间和性能的要求确定混合配置中磁盘容量的大小和磁盘数量。

1. SAS、NL-SAS 和 SATA 磁盘设备

按照对 Virtual SAN 存储的性能、容量和成本的要求使用 SAS、NL-SAS 或 SATA 磁盘设备。

- 兼容性。该磁盘型号必须已经过认证且列在 VMware 兼容性指南的“Virtual SAN”部分中。
- 性能。较 SATA 磁盘而言，SAS 和 NL-SAS 设备的性能更高。
- 容量。适用于 Virtual SAN 的 SAS、NL-SAS 和 SATA 磁盘的容量可从 VMware 兼容性指南的“Virtual SAN”部分获取。请考虑使用多个小型设备，而不要使用少量的大型设备。
- 成本。较 SATA 磁盘而言，SAS 和 NL-SAS 设备的成本更高。

在容量和成本的优先级高于性能的环境中，应当使用 SATA 磁盘（而非 SAS 和 NL-SAS 设备）。

2. 磁盘作为 Virtual SAN 容量

根据以下准则规划磁盘配置。

- 为获得更出色的 Virtual SAN 性能，请使用多个小容量磁盘。

必须有足够的磁盘能够为缓存和容量之间的数据传输提供足够的汇总性能。相对于使用较少的大型设备而言，使用较多的小型设备可以提供更高的性能。

在包含多个虚拟机的环境中，当数据不在读取缓存中，Virtual SAN 需要从磁盘中读取数据时，磁盘的数量对于读取操作也十分重要。在包含少量虚拟机的环境中，如果活动虚拟机存储策略中每个对象的磁盘带数大于 1，则磁盘数量会影响读取操作。

- 为使性能平衡和行为可预测，应在 Virtual SAN 数据存储中使用同一类型和型号的磁盘。
- 指定足够数量的磁盘，以符合定义的存储策略中允许的故障数目值以及每个对象的磁盘带数属性值。

7.2.4 Virtual SAN 中存储控制器的设计注意事项

Virtual SAN 群集的主机中包含的存储控制器应最能满足性能和可用性要求。

（1）使用 VMware 兼容性指南中列出的存储控制器模型以及驱动程序和固件版本。在 VMware 兼容性指南中搜索 Virtual SAN。

（2）如果可能，请使用多个存储控制器，这样可以改善性能并将潜在的控制器故障隔离到部分磁盘组中。

（3）使用 VMware 兼容性指南中队列深度最高的存储控制器。使用队列深度较高的控制器能够改善性能，例如，当 Virtual SAN 在出现故障后重新构建组件时，或主机进入维护模式时。

（4）请注意，与处于直通模式的存储控制器相比，处于 RAID 0 模式的存储控制器需要较高的配置和维护工作量。在直通模式下使用存储控制器以实现 Virtual SAN 的最佳性能。

7.2.5 Virtual SAN 主机设计和大小调整

若要获得最佳的性能和可用性，请在 Virtual SAN 群集中规划主机配置。

1. 内存和 CPU

请根据表 7-3 中所示的注意事项调整 Virtual SAN 群集中主机的内存和 CPU 大小。

表 7-3　调整 Virtual SAN 主机的内存和 CPU 大小

计算资源	注意事项
内存	➢ 每个虚拟机的内存 ➢ 基于预期虚拟机数量的每个主机的内存 ➢ 完全正常运行的 Virtual SAN 需要至少 32 GB 的内存，其中每个主机具有 5 个磁盘组，每个磁盘组具有 7 个容量设备 可以从 USB、SD 或 SATADOM 设备引导内存小于 512 GB 的主机。如果主机的内存大于 512 GB，请从磁盘引导主机
CPU	➢ 每个主机的插槽数 ➢ 每个插槽的内核数 ➢ 基于预期虚拟机数量的 vCPU 数量 ➢ vCPU 与内核比率 ➢ Virtual SAN 占 10%的 CPU 开销

2. 主机网络

为 Virtual SAN 流量提供更多带宽以提高性能。

（1）如果您计划使用具有 1-GbE 适配器的主机，请将适配器专用于 Virtual SAN。对于全闪存配置，请安排具有专用或共享 10-GbE 适配器的主机。

（2）如果您计划使用 10-GbE 适配器，这些适配器可以与混合和全闪存配置的其他流量类型共享。

（3）如果 10-GbE 适配器与其他流量类型共享，请使用 vSphere Distributed Switch 以便 Virtual SAN 流量通过使用 Network I/O Control 和 VLAN 隔离流量。

（4）为 Virtual SAN 流量创建物理适配器组以确保冗余。

3. 多个磁盘组

在 Virtual SAN 数据存储中，一个磁盘组代表一个单一故障域。如果闪存缓存或存储控制器停止响应，磁盘组的容量将不可访问。因此，Virtual SAN 会重新构建群集中其他位置上的磁盘组中的所有组件。

根据以下优点和缺点，设计多个具有更少容量的磁盘组。

（1）优点

➢ 因为数据存储具有更多汇总缓存并且 I/O 操作更快，因此提高了性能。

➢ 因为 Virtual SAN 重新构建的组件更少，所以当发生磁盘组故障时，增加了故障域的数量和大小并且提高了性能。

（2）劣势

➢ 因为对于相同的缓存大小使用了两个缓存设备，而不是一个，因此抬高了成本。

➢ 需要更多内存以处理更多磁盘组。

➢ 需要多个存储控制器以减少故障域。

4. 驱动器托架

为便于维护，请考虑使用驱动器托架和 PCIe 插槽位于服务器主体前方的主机。

5. 刀片服务器和外部存储

由于刀片服务器的磁盘插槽数量有限，Virtual SAN 数据存储中的刀片服务器容量通常无法扩展。要扩展刀片服务器的计划容量，请使用外部存储机箱。

6. 设备热插拔和交互

考虑使用存储控制器直通模式支持，以轻松实现主机上的磁盘和闪存容量设备的热插拔或更换。如果控制器适用于 RAID 0 模式，您必须执行其他步骤以使主机发现新驱动器。

7.2.6　Virtual SAN 群集设计注意事项

设计主机和管理节点的配置，以获得最佳可用性并允许消耗增长。

1. 调整 Virtual SAN 群集的大小以允许故障

可以在虚拟机存储策略中配置“允许的故障数”属性以处理主机故障。群集所需的主机数=2×允许的故障数+1。群集允许的故障越多，所需的容量主机越多。

如果在机架服务器中连接主机，则还可以在故障域中整理群集中的主机以提高故障管理。

2. 三主机群集配置中的限制

在三主机配置中，只能通过将“允许的故障数”设置为 1 来允许一个主机故障。对于虚拟机数据的两个必需副本，Virtual SAN 将每个副本保存在不同的主机上。见证对象位于第三个主机上。群集中的主机数量较少，因此存在以下限制。

（1）当某个主机出现故障时，Virtual SAN 无法在另一个主机上重新构建数据以防止出现另一个故障。

（2）如果某个主机进入维护模式，则 Virtual SAN 无法重新保护已撤出的数据。如果主机处于维护模式，则数据可能会出现问题。

只能使用“确保可访问性”选项。“迁移全部数据”选项不可用，因为群集中没有可用于正在逐出的数据的备用主机。

虚拟机将处于风险之中，因为如果出现另一个故障，将无法访问这些虚拟机。

3. 平衡和不平衡的群集配置

Virtual SAN 在具有统一配置的主机上工作状况最佳。

将具有不同配置的主机添加到 Virtual SAN 群集具有以下缺点。

（1）存储性能的可预测性将会降低，因为 Virtual SAN 不会在各个主机上存储相同数量的组件。

（2）维护步骤不同。

（3）对于群集中拥有较少或类型不同的缓存设备的主机，性能将会降低。

4. 在 Virtual SAN 上部署 vCenter Server

如果在 Virtual SAN 数据存储上部署 vCenter Server，则在 Virtual SAN 群集发生问题时，可能无法使用 vCenter Server 进行故障排除。

但是，在配置好 vCenter Server 并启用 Virtual SAN 群集之后，Virtual SAN 群集中每台 ESXi 主机、虚拟机的使用并不受 vCenter Server 是否在线影响。

7.2.7　Virtual SAN 网络设计

考虑在 Virtual SAN 群集中可以提供可用性、安全和带宽保证的网络功能。

1. 网络故障切换和负载平衡

Virtual SAN 使用在仅用于网络冗余的后备虚拟交换机上配置的成组和故障切换策略。Virtual SAN 不会将网卡成组用于负载平衡。如果计划为可用性配置网卡成组，请考虑表 7-4 中列出的这些故障切换配置。

表 7-4　组中适配器故障切换配置

成组算法	组中适配器的故障切换配置
基于源虚拟端口的路由	主动/被动
基于 IP 哈希的路由	主动/主动，静态 EtherChannel 用于标准交换机，LACP 端口通道用于 Distributed Switch
基于物理网络适配器负载的路由	主动/主动，LACP 端口通道用于 Distributed Switch

Virtual SAN 支持 IP 哈希负载平衡，但无法保证所有配置的性能都有提升。当除 Virtual SAN 以外还有众多 IP 哈希使用者时，可以从 IP 哈希中获益。这种情况下，IP 哈希将执行负载平衡。如果 Virtual SAN 是唯一的使用者，则可能看不到什么提升。此行为特别适用于 1-GbE 环境。例如，如果你将四个设置了 IP 哈希的 1-GbE 物理适配器用于 Virtual SAN，实际能够使用的可能不超过 1Gbps。此行为也适用于 VMware 支持的所有网卡成组策略。

Virtual SAN 不支持同一子网上有多个 VMkernel 适配器。您可以在不同子网上使用多个 VMkernel 适配器，如其他 VLAN 或单独的物理结构。使用多个 VMkernel 适配器提供可用性会产生配置成本（包括 vSphere 和网络基础架构）。通过成组物理网络适配器，使用更少的设置就能更方便地获得网络可用性。

2. Virtual SAN 网络中的多播注意事项

必须在物理交换机上启用多播，以启用 Virtual SAN 群集中主机间的检测信号和元数据交换。若要仅通过连接到 Virtual SAN 主机网络适配器的物理交换机端口传送多播消息，可以在物理交换机上配置 IGMP 侦听查询。如果在同一网络上有多个 Virtual SAN，在生产中部署其他 Virtual SAN 群集之前，请更改新群集的多播地址以便成员主机不会从其他群集收到无关的多播消息。

3. 使用 Network I/O Control 为 Virtual SAN 分配带宽

如果 Virtual SAN 流量使用与其他系统流量类型（如 vSphere vMotion 流量、vSphere HA 流量、虚拟机流量等）共享的 10-GbE 物理网络适配器，您可以使用 vSphere Distributed Switch 中的 vSphere Network I/O Control 保证 Virtual SAN 所需带宽的大小。

在 vSphere Network I/O Control 中，您可以为 Virtual SAN 输出流量配置预留和份额。

（1）设置预留以便 Network I/O Control 保证 Virtual SAN 的物理适配器可用的最小带宽。

（2）设置份额以便当分配给 Virtual SAN 的物理适配器变成饱和状态时，Virtual SAN 仍有特定带宽可用并且防止 Virtual SAN 在重新构建和同步操作期间占用物理适配器的全部容量。例如，当组中其他物理适配器出现故障且端口组中所有流量被转移到组中其他适配器时，物理适配器可能变成饱和状态。

例如，在处理 Virtual SAN、vSphere vMotion 和虚拟机流量的 10-GbE 物理适配器上，您可以配置特定带宽和份额，如表 7-5 所示。

表 7-5　负责 Virtual SAN 的物理适配器的示例 Network I/O Control 配置

流量类型	预留，Gbps	份额
Virtual SAN	1	100
vSphere VMotion	0.5	70
虚拟机	0.5	30

如果 10-GbE 适配器变成饱和状态，Network I/O Control 将分配 5 Gbps 到物理适配器上的 Virtual SAN。

4. 标记 Virtual SAN 流量

优先级标记是一种流量标记机制，用于指示已连接的网络设备中 QoS 需求较高的 Virtual SAN 流量。您可以将 Virtual SAN 流量分配到特定的类，并且通过使用 vSphere Distributed Switch 的流量筛选和标记策略，使用服务类（CoS）值（范围为 0 到 7）相应的标记流量。CoS 值越小，Virtual SAN 数据的优先级越高。

5. 在 VLAN 中分段 Virtual SAN 流量

考虑隔离 VLAN 中的 Virtual SAN 流量以增强安全和性能，尤其是当您在多个流量类型之间共享后备物理适配器的容量时。

6. 巨帧

如果您计划在 Virtual SAN 中使用巨帧以提高 CPU 性能，请验证是否已在群集中的所有网络设备和主机上启用巨帧。

默认情况下，在 ESXi 上已启用 TCP 分段清除（TSO）和大型接收清除（LRO）功能。考虑使用巨帧是否会将性能提高到足以弥补在网络中的所有节点上启用巨帧的成本。

7.2.8 Virtual SAN 网络连接的最佳做法

若要提高 Virtual SAN 的性能和吞吐量，请考虑网络最佳做法。

（1）对于混合配置，请专门使用至少 1 GbE 的物理网络适配器。若要获得最佳网络性能，请将 Virtual SAN 流量放置于专用的或共享的 10-GbE 物理适配器上。

（2）对于全闪存配置，请使用专用的或共享的 10-GbE 物理网络适配器。

（3）置备一个附加物理网卡作为故障切换网卡。

（4）如果您使用了共享的 10-GbE 网络适配器，请将 Virtual SAN 流量置于 Distributed Switch 上，然后配置 Network I/O Control 以保证 Virtual SAN 的带宽。

7.2.9 Virtual SAN 故障域设计和大小调整

Virtual SAN 故障域功能指示 Virtual SAN 将冗余组件分散到各个计算机架中的服务器上。因此，您可以保护环境免于机架级故障，如断电或连接中断。

1. 故障域构造

您必须至少定义三个故障域，每个故障域可能包含一个或多个主机。故障域定义必须确认可能代表潜在故障域的物理硬件构造，如单个计算机柜。

如果可能，请使用至少四个故障域。使用三个故障域时，不允许使用特定撤出模式，Virtual SAN 也无法在故障发生后重新保护数据。在这种情况下，您需要一个使用三域配置时无法提供的备用容量故障域用于重新构建。

如果启用故障域，Virtual SAN 将根据故障域而不是单个主机应用活动虚拟机存储策略。

根据计划分配给虚拟机的存储策略中规定的“允许的故障数”属性，计算群集中的故障域数目。

number of fault domains=2*number of failures to tolerate+1

如果主机不是故障域成员，Virtual SAN 会将其解析为单独的域。

2. 使用故障域应对多个主机出现故障

考虑一个包含四个服务器机架的群集，每个机架包含两个主机。如果允许的故障数等于 1 并且未启用故障域，Virtual SAN 可能会将对象的两个副本与主机存储在同一个机柜中。因此，发生机架级故障时应用程序可能有潜在的数据丢失风险。当您配置可能在单独的故障域中一起发生故障的主机时，Virtual SAN 将确保将每个保护组件（副本和证明）置于单独的故障域上。

如果您要添加主机和容量，可以使用现有的故障域配置或创建一个新配置。

要通过使用故障域获得平衡存储负载和容错，请考虑以下准则。

（1）提供足够的故障域以满足在存储策略中配置的允许的故障数。至少定义三个域。要获得最佳保护，请至少定义四个域。

（2）向每个故障域分配相同数量的主机。

（3）使用具有统一配置的主机。

（4）如果可能，请在出现故障后将一个具有可用容量的域专用于重新构建数据。

7.2.10　使用引导设备和 Virtual SAN

从闪存设备启动 ESXi 安装（属于 Virtual SAN 群集的一部分）会设定某些限制。

使用 4 GB 或更大的高质量 USB 或 SD 闪存驱动器。

从闪存设备引导 ESXi 时，由于内存驱动器上存在暂存分区，主机重新引导时会丢失日志信息和堆栈跟踪。对日志、堆栈跟踪和内存转储使用持久存储。

不应将日志信息存储在 Virtual SAN 数据存储上。Virtual SAN 群集中的故障可能会影响日志信息的可访问性。

对于持久日志存储，请考虑以下选项。

（1）使用未用于 Virtual SAN，且使用 VMFS 或 NFS 格式化的存储设备。

（2）在主机上配置 ESXi Dump Collector 和 vSphere Syslog Collector，以便将内存转储和系统日志发送到 vCenter Server。

7.3　使用 VMware Workstation 搭建 vSAN 实验环境

在前面的内容中，我们已经简单介绍了 Virtual SAN 的一些基础知识，从本节开始，我们以实验的形式学习 Virtual SAN。本节会在一台 i7-4790 K 的 CPU、32GB 内存、4 块 2TB 硬盘组建的 RAID0、一块 240GB 固态硬盘、安装 Windows Server 2008 R2 操作系统及 VMware Workstation 12 的计算机中，组成第一个实验环境。如果你使用的是 VMware ESXi，请参见“7.10 使用 ESXi 搭建 vSAN 实验环境”一节内容。

【说明】为了达到更好的实验效果，你需要有一块固态硬盘。如果没有固态硬盘，也能做本节及下节实验，只是实验的效果略差。

7.3.1　模拟实验环境描述

在本节，我们使用 VMware Workstation 搭建一个具有 3 个 ESXi 主机、1 个 vCenter Server 的实验环境，其中每个 ESXi 主机具有 8GB 内存、4 块网卡、4 个硬盘，具体参数如表 7-6 所示。而 esx04-80.14、esx05-80.15 则在第 7.7 节中使用。

表 7-6　　　　　　　　　3 台主机组成 vSAN 群集实验环境

虚拟机名称	IP 地址	网　卡	内存、CPU	HDD	SSD
esx01-80.11	192.168.80.11	VMnet8，2 块	8GB、2CPU	20GB、500GB、500GB	240GB
	192.168.10.11	VMnet1，2 块			
esx02-80.12	192.168.80.12	VMnet8，2 块	8GB、2CPU	20GB、500GB、500GB	240GB
	192.168.10.12	VMnet1，2 块			
esx03-80.13	192.168.80.13	VMnet8，2 块	8GB、2CPU	20GB、500GB、500GB	240GB
	192.168.10.13	VMnet1，2 块			
esx04-80.14	192.168.80.14	VMnet8，2 块	8GB、2CPU	20GB、500GB、500GB	240GB
	192.168.10.14	VMnet1，2 块			
esx05-80.15	192.168.80.15	VMnet8，2 块	8GB、2CPU	20GB、500GB、500GB	240GB
	192.168.10.15	VMnet1，2 块			
vcenter-80.5	192.168.80.5	VMnet8，2 块	8GB、2CPU		

在本次实验中 vCenter Server 虚拟机不加入到域，这样将减少一个 Active Directory 的虚拟机。

为了不影响本节的实验效果，请在实验主机 D 盘新建一个文件夹，例如 vSAN01，根据表 7-6 配置，重新创建 3 个 ESXi、1 个 vCenter Server 的虚拟机，然后重新安装。在创建虚拟机之前，先对实验主机做一个简单配置。

（1）在实验主机上添加一个固态硬盘，并将其分区、格式化，在本节中，这个新添加的固态硬盘盘符为 E，如图 7-3-1 所示。（这是一个 240GB 的固态硬盘。）

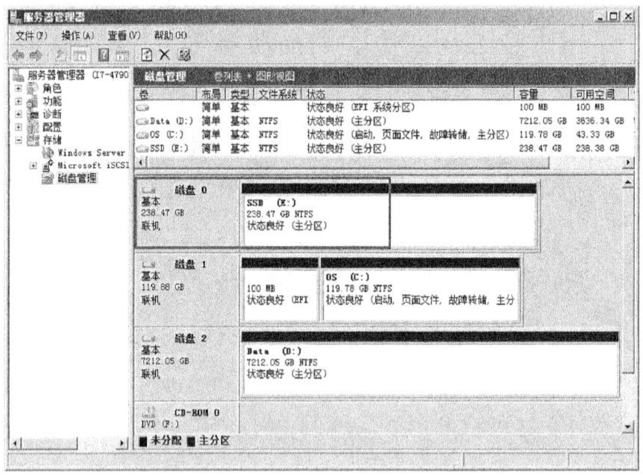

图 7-3-1　准备固态硬盘

（2）在 D 盘创建一个文件夹，例如 vSAN01，然后打开 VMware Workstation，修改“首选项”，将“工作区”→“虚拟机的默认位置”改为 D:\vsan01，如图 7-3-2 所示。

（3）修改“内存”选项为“允许交换部分虚拟机内存”，如图 7-3-3 所示。因为在我们

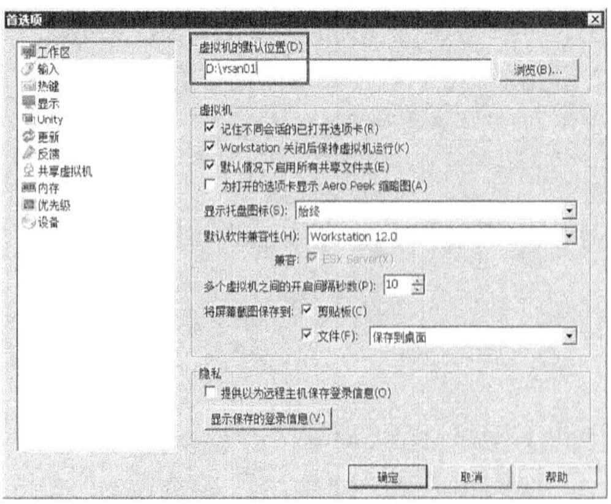

图 7-3-2　虚拟机默认位置

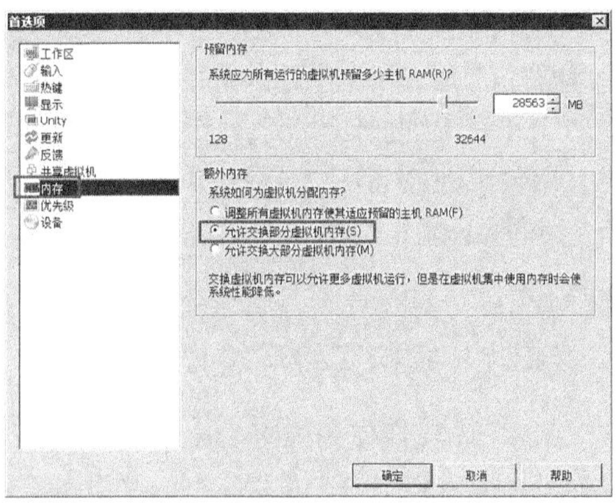

图 7-3-3　修改内存

这节实验中，需要多个大内存的虚拟机，如果设置为“调整所有虚拟机内存使其适应预留的主机”则会提示内存不足。

7.3.2　创建第 1 台 ESXi 实验虚拟机

设置完成之后单击“确定”按钮。之后在 VMware Workstation 中新建 ESXi 虚拟机，主要步骤如下。

（1）在“新建虚拟机向导→设置客户机操作系统”时选择“VMware ESXi 6”，如图 7-3-4 所示。

（2）在“命名虚拟机”对话框设置虚拟机的名称为 esx01-80.11，如图 7-3-5 所示。

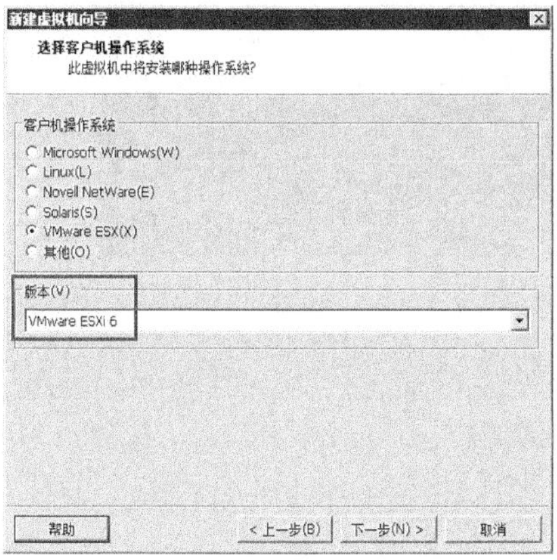

图 7-3-4　VMware ESXi 6

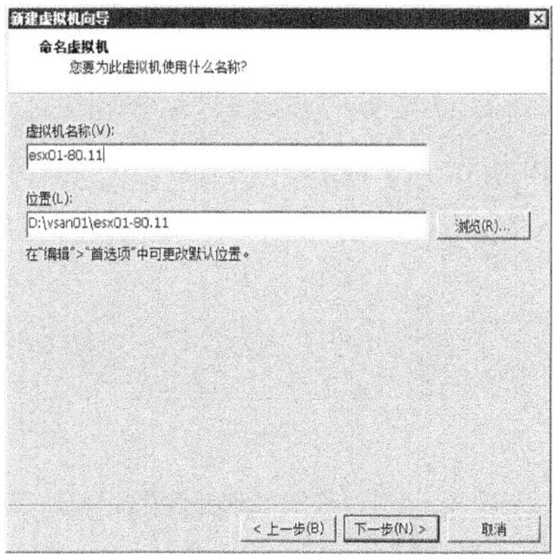

图 7-3-5　命名虚拟机

（3）在“此虚拟机的内存”对话框调整内存为 8192MB，如图 7-3-6 所示。

（4）在“指定磁盘容量”对话框设置硬盘大小为 20GB（第一个硬盘），如图 7-3-7 所示。

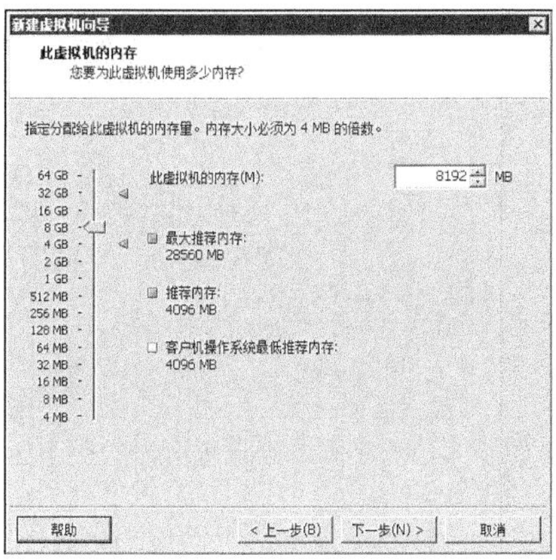

图 7-3-6　虚拟机内存

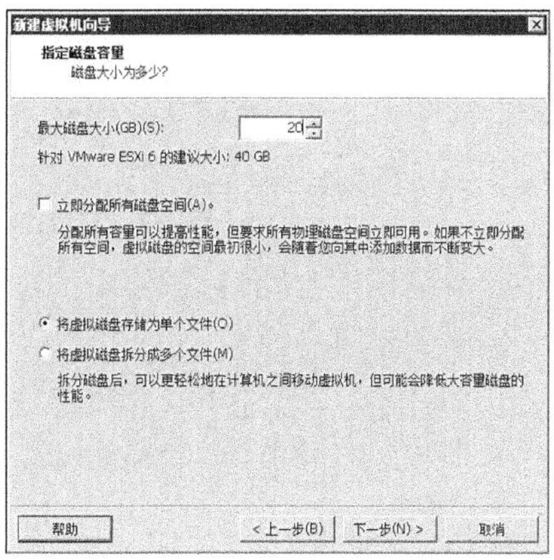

图 7-3-7　硬盘容量

（5）创建虚拟机之后，编辑虚拟机的设置，如图 7-3-8 所示。

（6）为当前虚拟机添加两个 500GB 的 SCSI 磁盘，如图 7-3-9 所示。注意，不要添加 IDE 或 SATA 的硬盘，否则 ESXi 不会支持。在本步按照向导添加虚拟硬盘。之后再添加 3 个网卡，其中第 1、2 块网卡属性为 VMnet8，第 3、4 块网卡属性为 VMnet1。

（7）之后再添加一个 240GB 的虚拟硬盘，在“指定磁盘文件”位置，选择 E 盘，即 SSD

磁盘，为这个虚拟硬盘创建一个文件夹，在此保存位置为 e:\ssd-vmesxi\esx01-80.11，设置硬盘文件名为 240GB.vmdk，如图 7-3-10 所示。

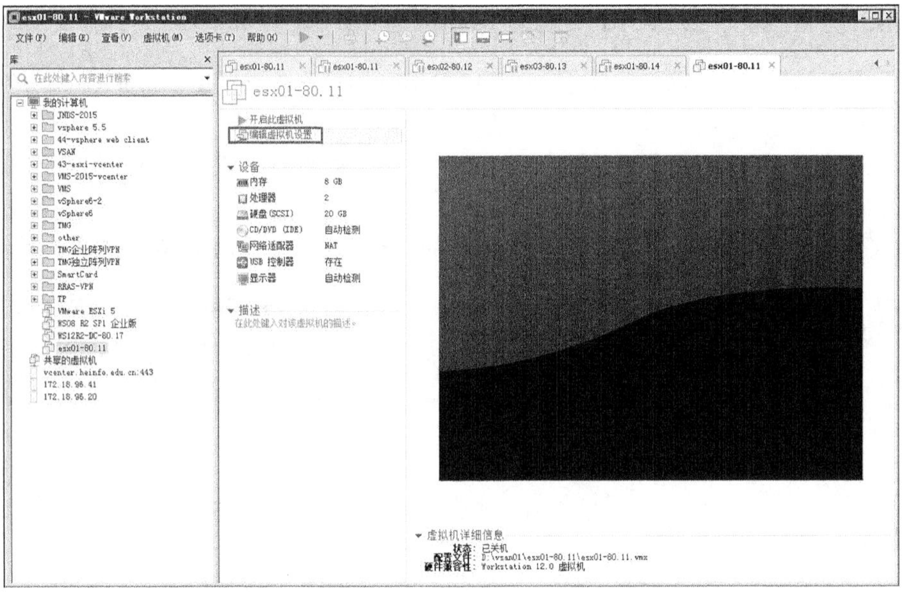

图 7-3-8　编辑虚拟机设置

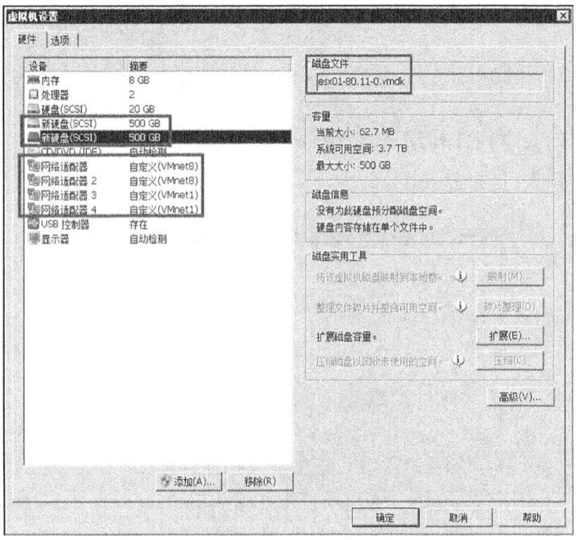

图 7-3-9　添加 2 个 500GB 硬盘

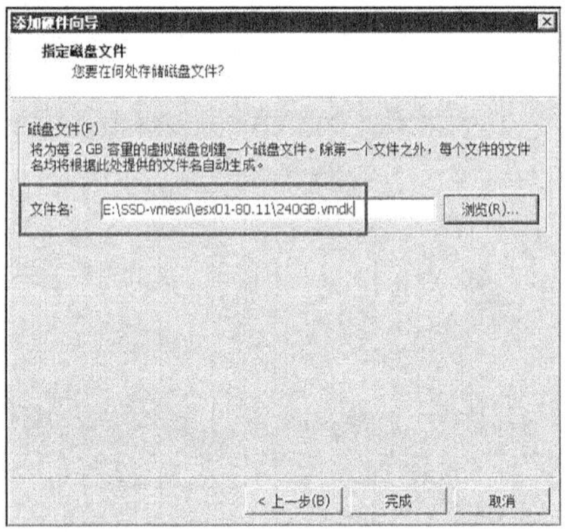

图 7-3-10　在固态硬盘分区添加一个 240GB 硬盘

（8）添加之后如图 7-3-11 所示。一共 4 个硬盘，其中 20GB、2 个 500GB 保存在虚拟机所在位置，1 个 240GB 保存在固态硬盘上，这样，除了 240GB 这个在 ESXi 中被识别为固态硬盘外，其他都会被识别成普通的硬盘。如果你没有固态硬盘也没有关系，在 ESXi 中可以将普通硬盘的属性改为 SSD。

（9）在 VMware Workstation“收藏夹”中创建一个文件夹，例如 vsan01，之后将新创建的这个 esx01-80.11 的虚拟机拖动到这个文件夹中，如图 7-3-12 所示。

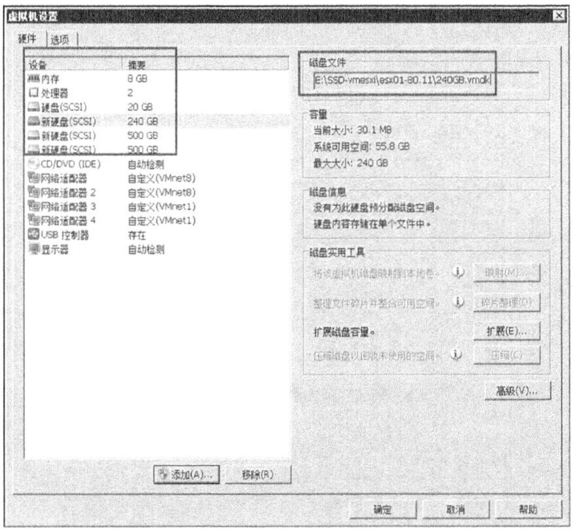

图 7-3-11　添加硬件之后

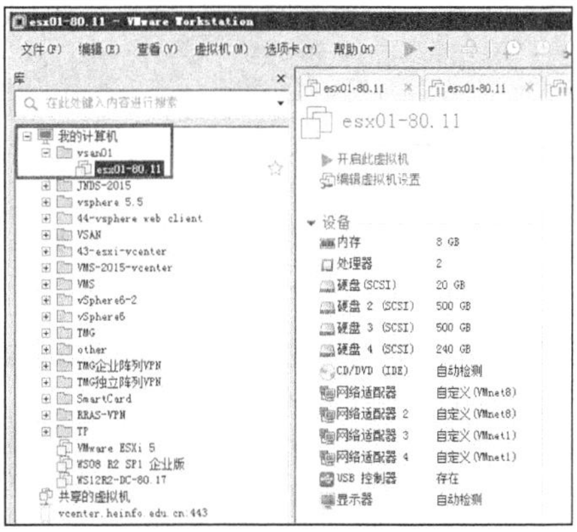

图 7-3-12　组织虚拟机

7.3.3　使用克隆方法创建另外 2 台 ESXi 虚拟机

在创建好第 1 台 ESXi 虚拟机之后，可以参照上面的步骤（1）～（9）再创建第 2 台、第 3 台虚拟机 esx02-80.12、esx03-80.13。还有一个办法，在没有安装操作系统之前，可以以现在新建的虚拟机为“模板”，通过“克隆”的方式复制多份，主要步骤如下。

（1）右键单击 esx01-80.11 虚拟机，在弹出的快捷菜单中选择“管理→克隆”，如图 7-3-13 所示。

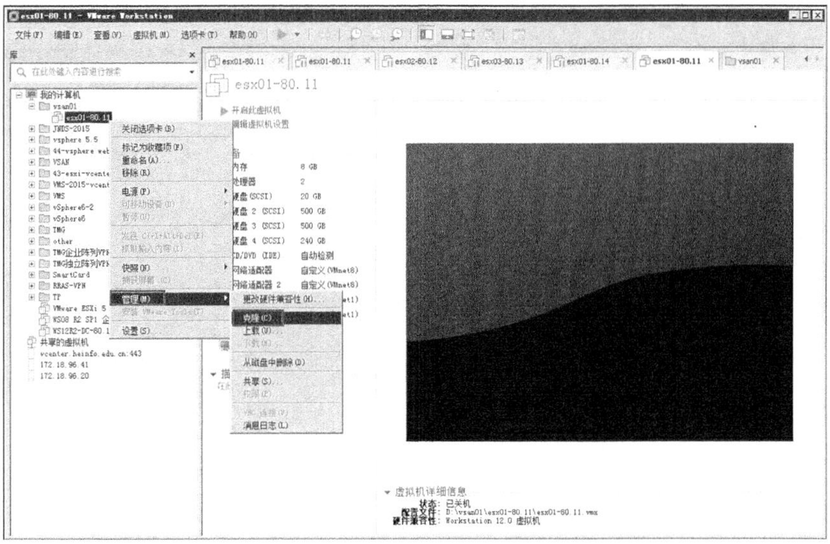

图 7-3-13　克隆虚拟机

（2）在“克隆源”对话框选择“虚拟机中的当前状态”，如图 7-3-14 所示。

（3）在“克隆类型”对话框选择“创建完整克隆”，如图 7-3-15 所示。

（4）在“新虚拟机名称”设置虚拟机名称为 esx02-80.12，如图 7-3-16 所示。

（5）在“正在克隆虚拟机”对话框中，克隆完成之后，单击“关闭”按钮，如图 7-3-17 所示。

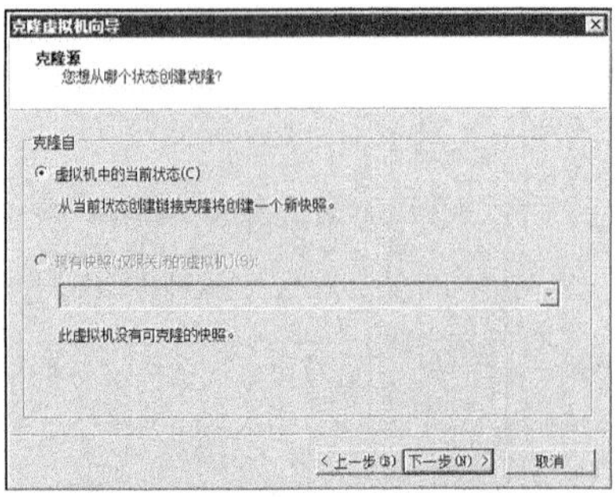

图 7-3-14 克隆源

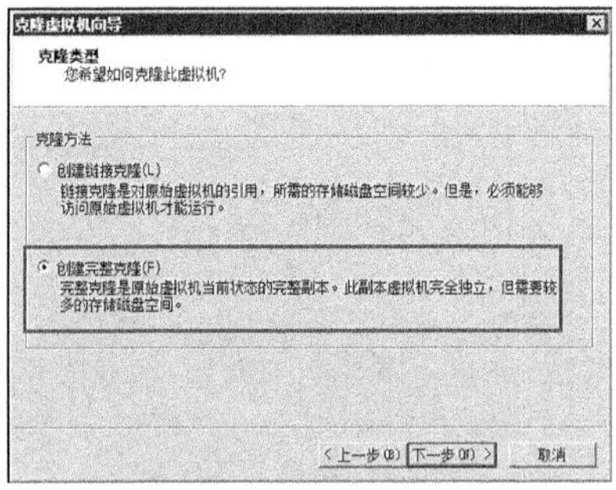

图 7-3-15 克隆类型

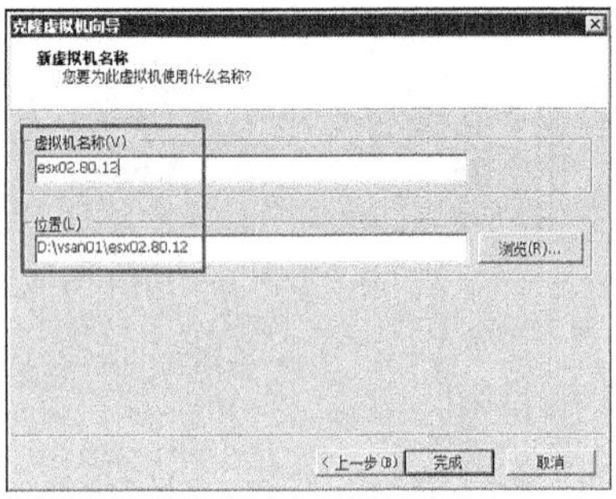

图 7-3-16 克隆新虚拟机

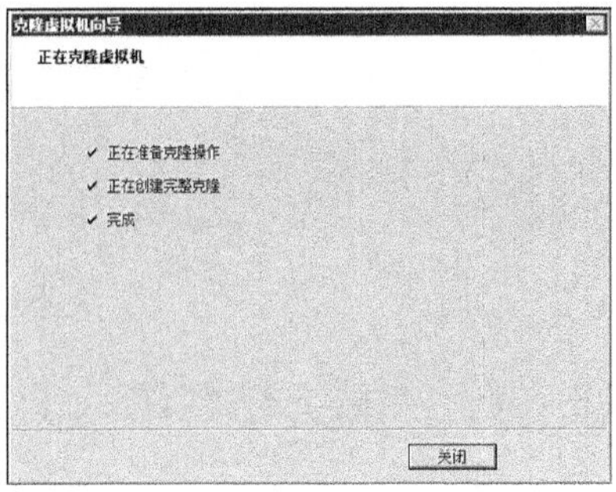

图 7-3-17 克隆完成

（6）克隆完成之后，修改虚拟机的配置，将里面的 240GB 硬盘移除，如图 7-3-18 所示，因为这个虚拟硬盘在克隆之后保存在了虚拟机所在文件夹。

（7）之后我们再添加一个 240GB 的硬盘，但要保存在 e:\ssd-vmesxi\esx02-80.12 文件夹中，创建之后如图 7-3-19 所示。

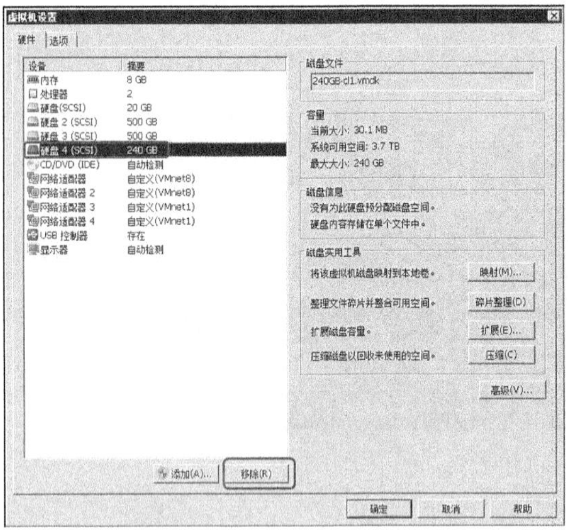

图 7-3-18 移除 240GB 硬盘

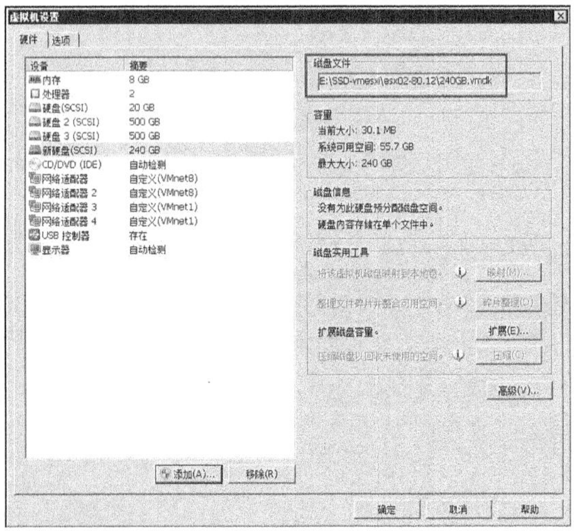

图 7-3-19 在固态硬盘分区添加一个 240GB 硬盘

之后请参照（1）～（7）的步骤，克隆创建名为 esx03-80.13 的虚拟机，创建完成之后，请将 esx02-80.12、esx03-80.13 移动到 vsan01 文件夹，如图 7-3-20 所示。

最后，再创建一个 Windows Server 2008 R2 的虚拟机，设置该虚拟机名称为 vcenter-80.5，分配 2 个 CPU、8GB 内存、VMnet8 虚拟网卡，安装 Windows Server 2008 R2 及 vCenter Server

6，如图 7-3-21 所示。

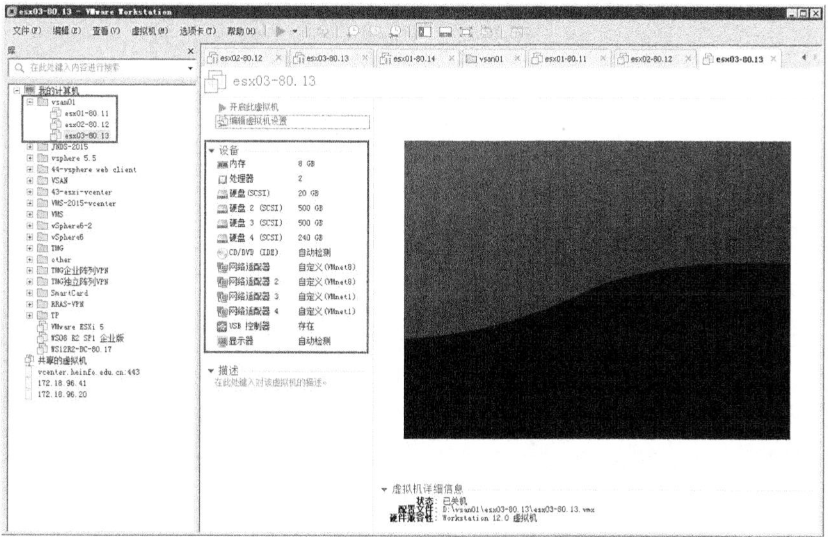

图 7-3-20　创建完 3 个虚拟机

准备好 ESXi 及 vCenter Server 虚拟机之后，分别在 ESXi 中安装 VMware ESXi 6，并按照表 7-6 设置好 IP 地址，登录 vCenter Server，进行下面的操作。

- 添加 vCenter Server、ESXi 及 vSAN 许可。
- 创建数据中心。
- 向数据中心添加 ESXi。
- 为 vSAN 配置标准交换机，设置虚拟 SAN 流量。
- 创建群集（用于启动 vSAN），为群集分配 vSAN 许可证。
- 移动主机到 vSAN 群集，启用 vSAN。
- 检查 vSAN 环境。
- 查看、编辑、创建 vSAN 虚拟机存储策略。
- 向 vSAN 存储中部署虚拟机。
- 查看虚拟机存储策略，修改虚拟机存储策略。

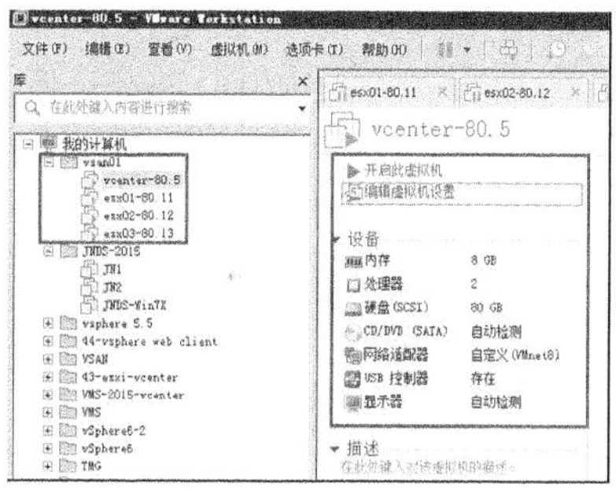

图 7-3-21　准备 vCenter Server 虚拟机

下面我们一一介绍。

7.3.4　配置 vCenter Server

在本节将登录 vCenter Server、添加许可、创建数据中心、向数据中心添加 ESXi 主机，主要步骤如下。

（1）在一台 Windows 7 或 Windows Server 2008 R2 的计算机上，使用 IE 10 或 IE 11，登录 vSphere Web Client，使用 SSO 账户名 Administrator@vsphere.local 及密码登录，如图 7-3-22 所示。

（2）登录之后，添加许可，这包括 vCenter Server、ESXi 及 Virtual SAN 许可，如图 7-3-23 所示。

（3）添加之后，先为 vCenter Server 分配许可，如图 7-3-24 所示。

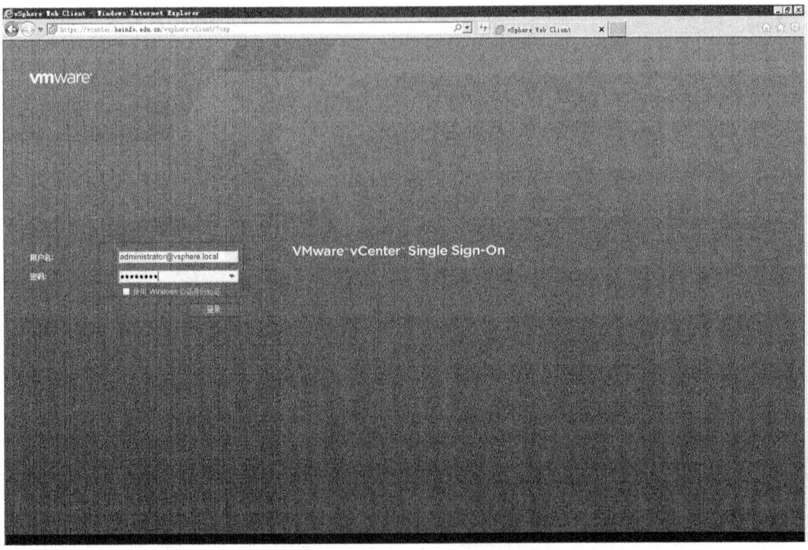

图 7-3-22　登录 vCenter

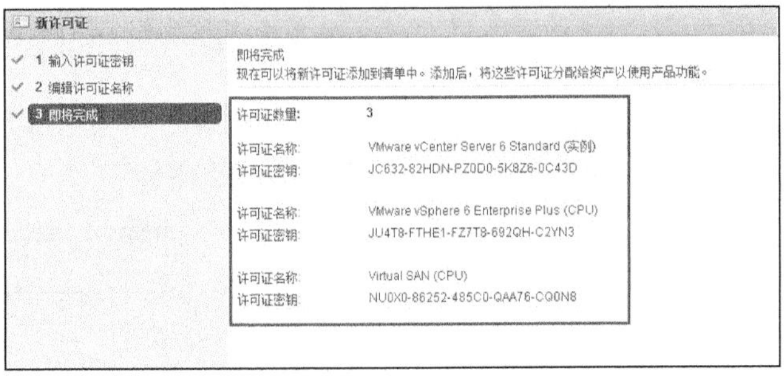

图 7-3-23　添加许可

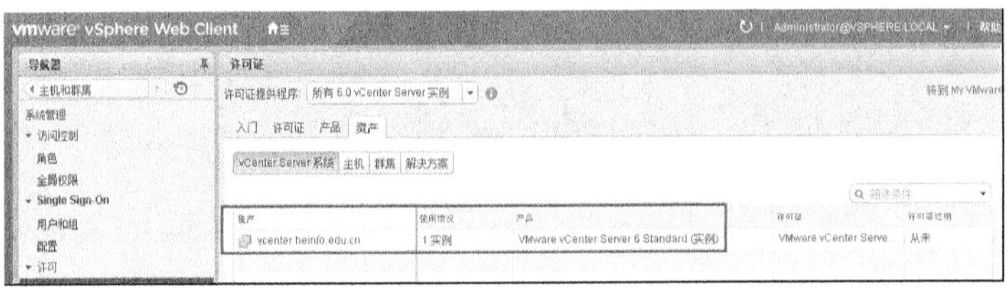

图 7-3-24　为 vCenter Server 分配许可

（4）之后创建数据中心，设置数据中心名称为 Datacenter，并向该数据中心添加 192.168.80.11、192.168.80.12 及 192.168.80.13 三台 ESXi 主机，如图 7-3-25 所示。

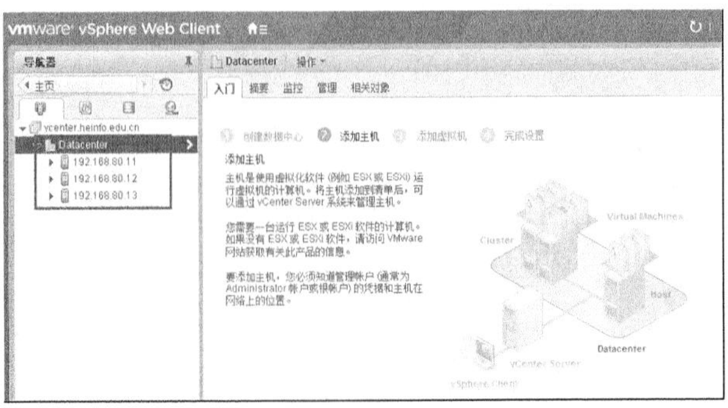

图 7-3-25　添加 ESXi 主机

（5）添加之后，在左侧导航器中选中一个主机，在右侧窗格中单击“管理→存储器→存储设备”选项卡，在列表中可以看到当前主机所配置的硬盘，列表中显示了每个硬盘的大小及驱动器类型，在本示例环境中，包括 3 个 HDD（1 个 20GB，2 个 500GB）、1 个 240GB 的闪存磁盘，即 SSD，如图 7-3-26 所示。

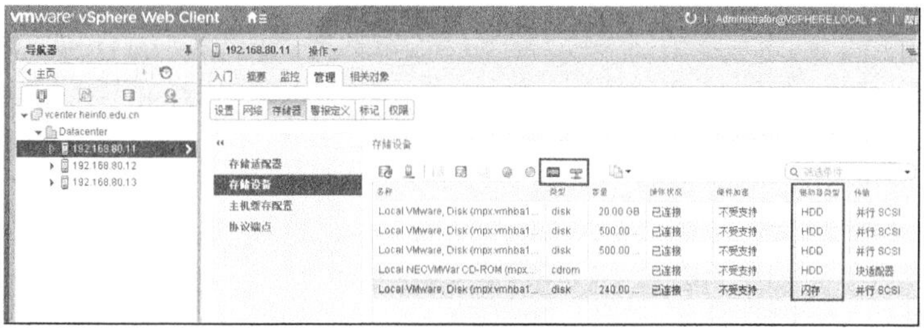

图 7-3-26 查看当前主机存储设备

之后可以依次查看另外 2 台主机的存储设备。

（6）在实际的生产环境中，如果你的 SSD 硬盘不支持 JBOD 或直通的方式，而是使用 RAID0 规划每块硬盘之后，则你的固态硬盘可能会被识别成 HDD，如果是这种情况，你可以选中这块磁盘，单击工具条上的“F”将其标记为 SSD，如图 7-3-27 所示。

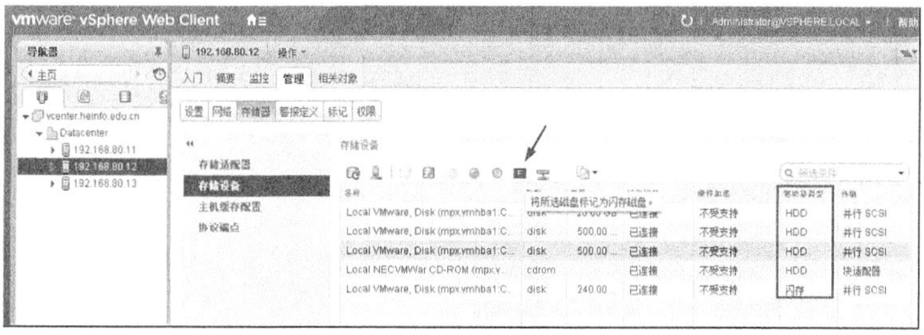

图 7-3-27 标识为闪存盘

如果是普通的 HDD 而被识别成 SSD，则可以选中这块硬盘，单击工具条上的“HDD”将其标识为 HDD。

【说明】（1）如果你的实验环境中没有 SSD，而是将规划为 SSD 的磁盘放在 HDD 中，也可以将 HDD 标识为 SSD，从而完成本实验。（2）设置之后，当时可能不会生效，需要重新启动 ESXi 主机。

7.3.5 为 vSAN 配置网络

在配置 vSAN 存储时，最好为每个主机规划一个单独传输“虚拟 SAN”流量的 VMkernel。在我们当前的实验环境中，每个主机有 4 个网卡，我们规划时将每个主机的第 1 个、第 2 个网卡用于 ESXi 的管理、VMotion、置备流量，而将每个主机的第 3 个、第 4 个网卡用于“虚拟 SAN”。下面介绍主要配置步骤。

（1）使用 vSphere Web Client，在导航器中先选中其中一台主机，例如 192.168.80.13，单击“管理→网络→虚拟交换机”，在此可以看到当前有一个标准交换机，这个标准交换机绑定了第 1 个、第 2 个网卡，单击“ ”添加一个新的主机网络，如图 7-3-28 所示。

（2）在“选择连接类型”选择“VMkernel 网络适配器”，如图 7-3-29 所示。

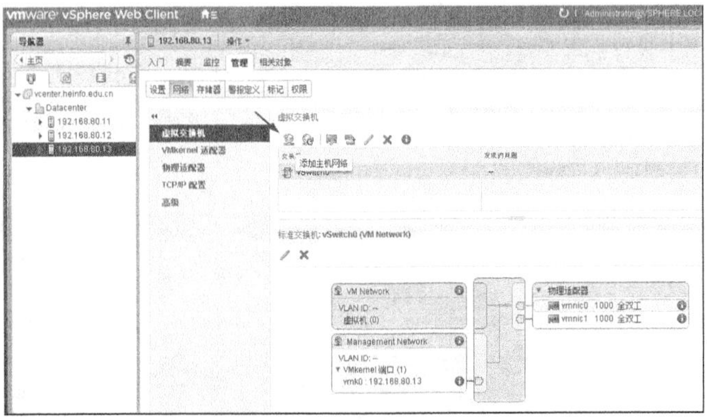

图 7-3-28　添加主机网络

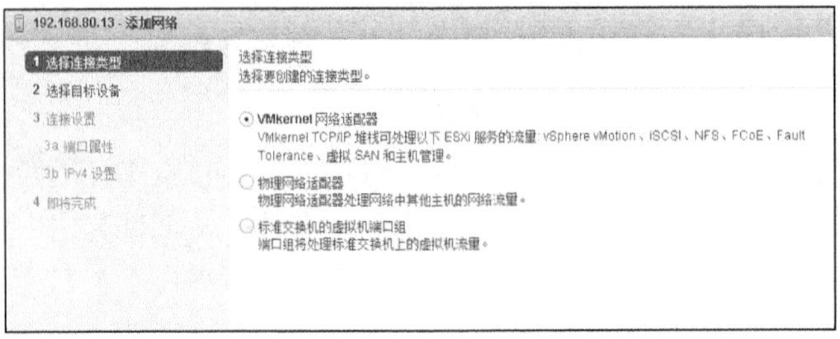

图 7-3-29　添加 VMkernel

（3）在“选择目标设备”对话框单击“新建标准交换机”，如图 7-3-30 所示。

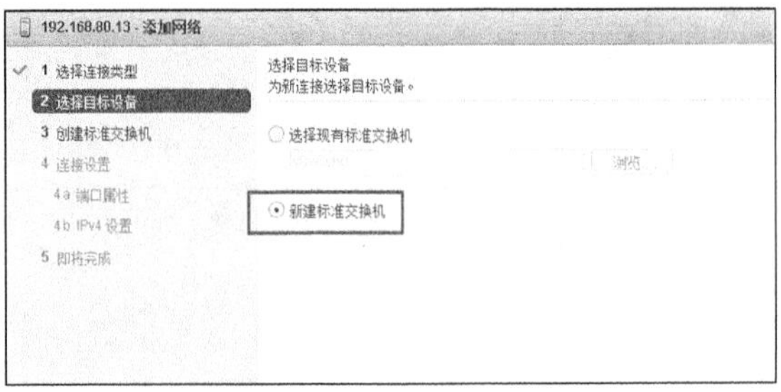

图 7-3-30　新建标准交换机

（4）在“分配适配器”选项中添加主机剩余的两块网卡，如图 7-3-31 所示。

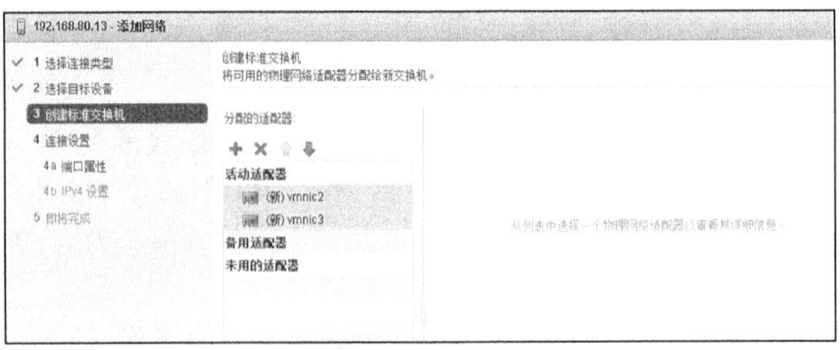

图 7-3-31　添加网卡

（5）在“端口属性”对话框“网络标签”设置名称为 vsan，并在“启用服务”中选中“虚拟 SAN 流量”，如图 7-3-32 所示。

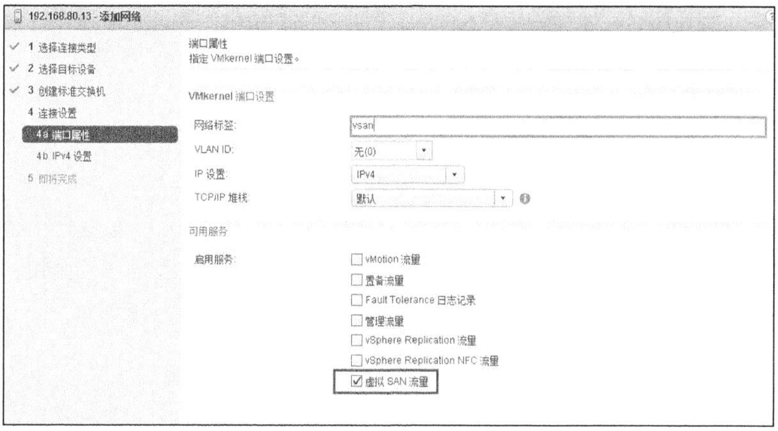

图 7-3-32　端口属性

（6）在“IPv4 设置”对话框为新建的 VMkernel 设置地址，在此规划地址为 192.168.10.13，如图 7-3-33 所示。

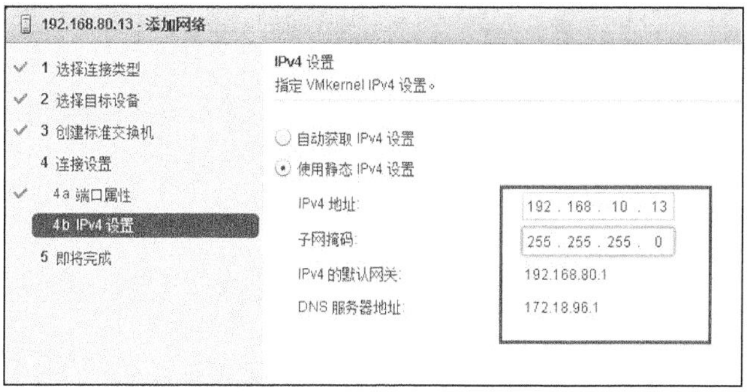

图 7-3-33　设置 VMkernel 地址

（7）在“即将完成”对话框单击“完成”按钮，如图 7-3-34 所示。

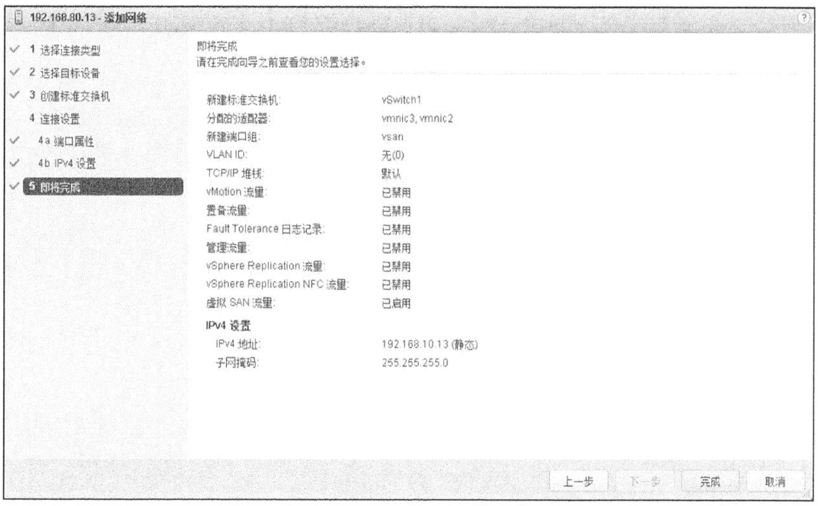

图 7-3-34　即将完成

（8）之后，在“管理→网络→VMkernel 适配器”中选中第一个标准交换机 VMkernel（名称为 vmk0），单击“ ”修改 VMkernel 属性，如图 7-3-35 所示。

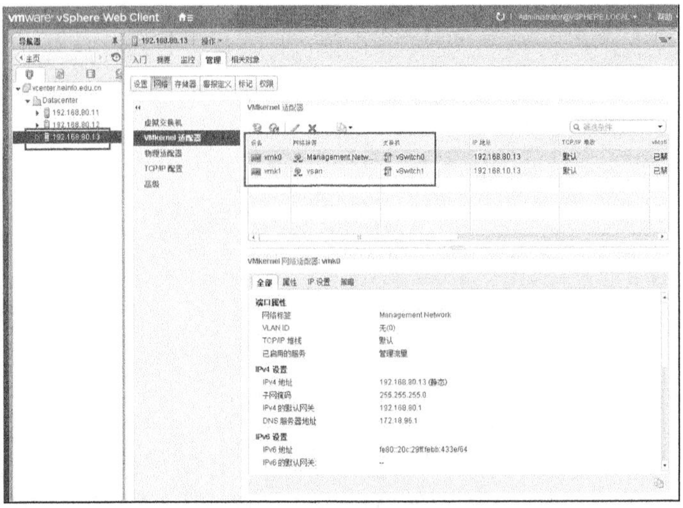

图 7-3-35　修改 VMkernel 属性

（9）在“VMkernel 端口设置”对话框“启用服务”中选中“VMotion、置备流量、管理流量”，如图 7-3-36 所示。

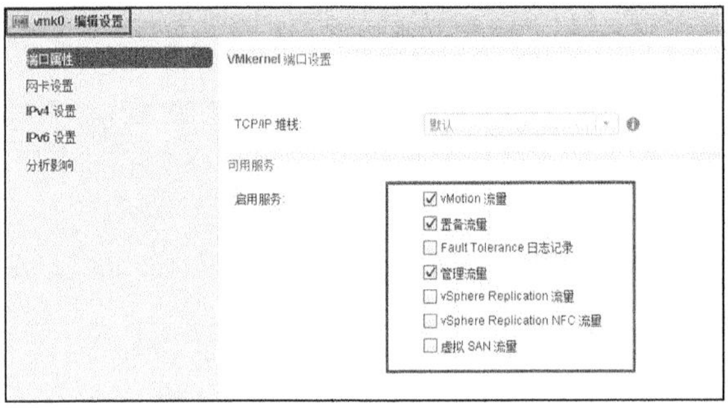

图 7-3-36　启用服务

（10）之后第 2 台主机，例如 192.168.80.12 也是将第 1 个标准交换机的 VMkernel 设置为选中“VMotion、置备流量、管理流量”，如图 7-3-37 所示。

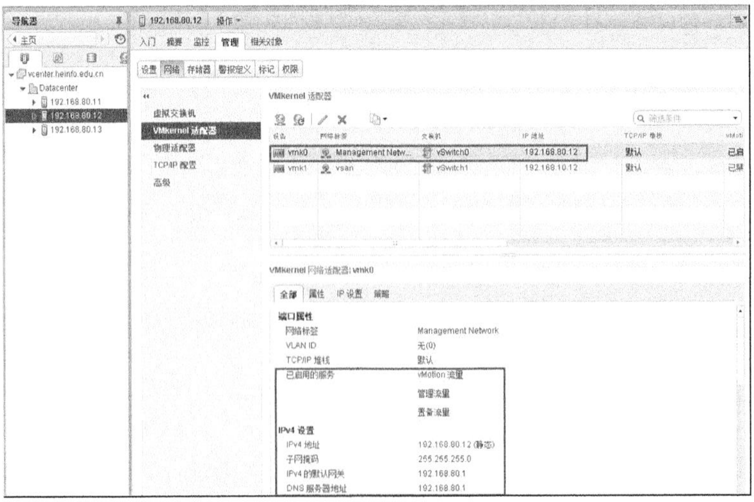

图 7-3-37　设置第 2 台主机

（11）为第 2 个主机添加标准交换机，设置 VMkernel 的 IP 地址，并启用"虚拟 SAN 流量"，如图 7-3-38 所示。

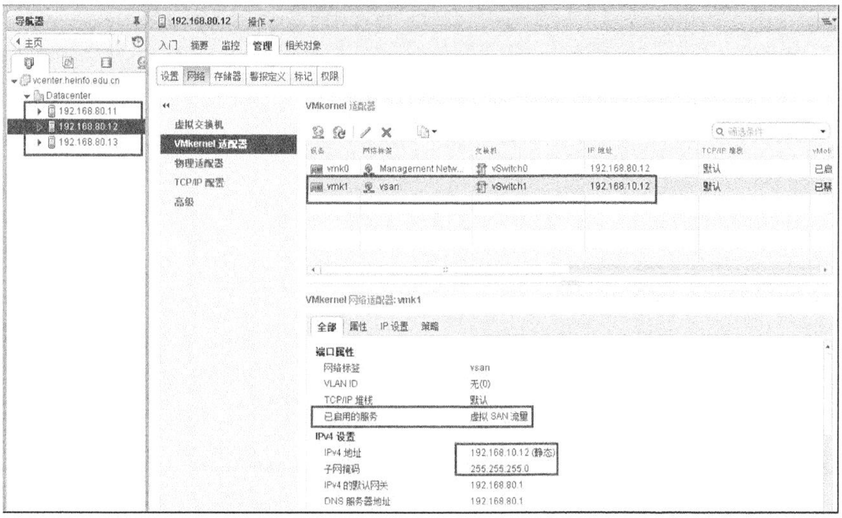

图 7-3-38　为第 2 台主机启用虚拟 SAN 流量

最后一台主机也是这样设置，这里不一一介绍。

7.3.6　创建群集并启用 Virtual SAN

在做好上述准备工作之后，就可以创建群集，将 ESXi 主机移入群集，并启用 VSAN 了，主要步骤如下。

（1）首先在导航器中选中每台主机，在"摘要→配置"中，查看每个主机所支持的 EVC 模式，请记住每个主机所支持的 EVC 模式的最后一行，同一群集中共同支持的 EVC 以最后一个为准。如果是同一型号的主机，则查看任意一台主机即可。在本示例中，当前主机 CPU 是 Intel I7-4790K，所能支持的 EVC 是 Haswell，如图 7-3-39 所示。

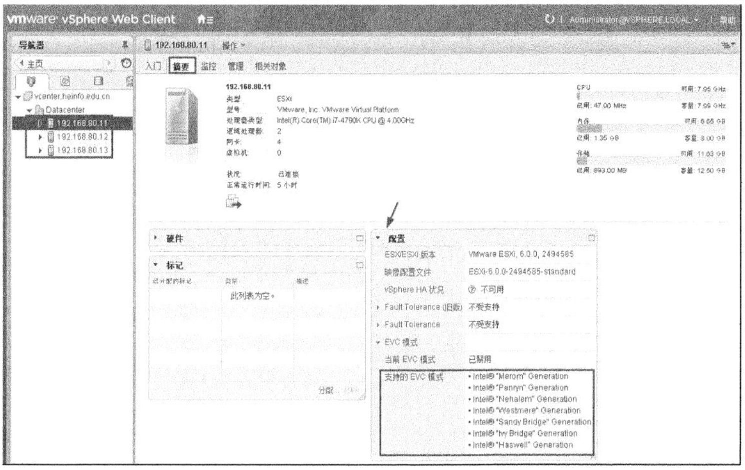

图 7-3-39　支持的 EVC 模式

（2）在导航器中选中数据中心，在"入门"选项卡中单击"创建群集"，如图 7-3-40 所示。

图 7-3-40　创建群集

（3）“新建群集”对话框，在“名称”文本框中，为新建群集设置名称，在此设置名称为 VSAN，选中“DRS”及 EVC，并在 EVC 下拉列表中选择　图 7-3-39 中所支持的模式，选中“虚拟 SAN”，在“向存储中添加磁盘”选择“自动”，暂时先不要启用“vSphere HA”，如图 7-3-41 所示。设置之后，单击“确定”按钮。

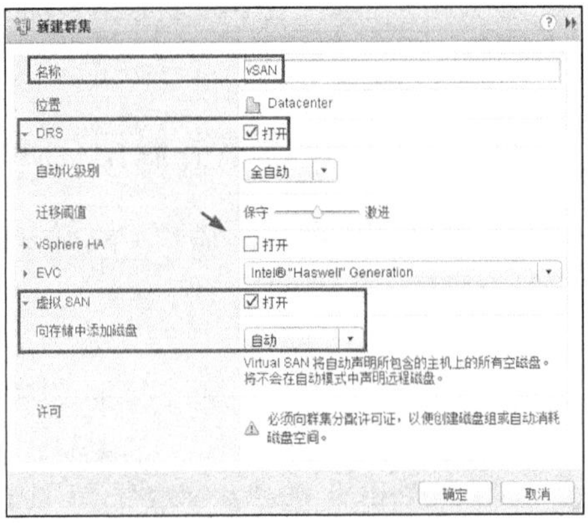

图 7-3-41　设置群集

（4）在左侧导航器中选中新建的群集（单击 vSAN），之后单击“管理→设置→许可→分配许可证”，如图 7-3-42 所示。

（5）在“分配许可证”对话框，选择 vSAN 许可，然后单击“确定”按钮，如图 7-3-43 所示。

图 7-3-42　分配许可证

（6）添加许可之后，单击“常规”，在右侧中可以看到，当前群集中还没有主机，使用中的闪存磁盘、使用中的数据磁盘为 0，如图 7-3-44 所示。

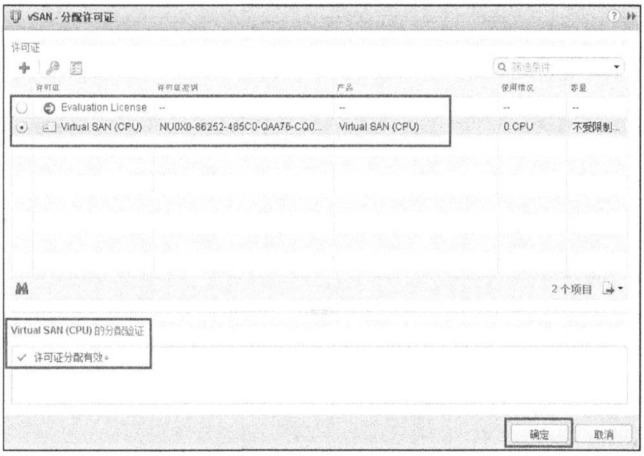

图 7-3-43　分配许可

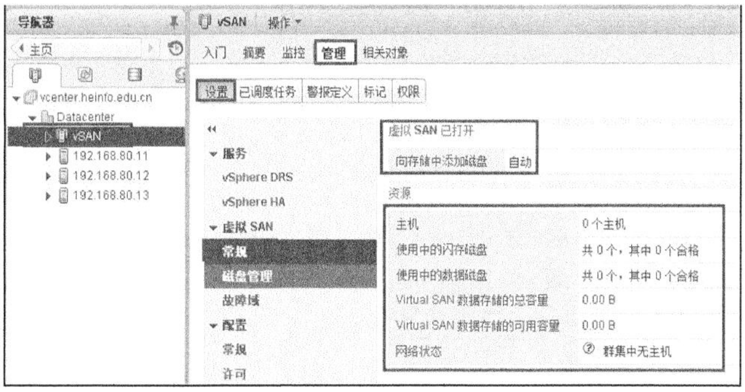

图 7-3-44　常规

（7）之后，用鼠标单击一个主机，将其移入名为 vSAN 的群集，弹出“将主机移入此群集”对话框，如图 7-3-45 所示。

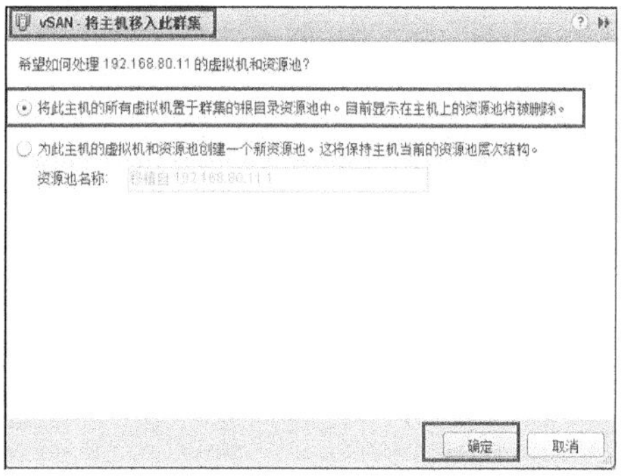

图 7-3-45　将主机移入群集

（8）之后依次将另两个主机移入群集。在移入群集之后，单击每台主机，在“摘要”中查看信息，如果出现“主机无法与启用 Virtual SAN 的群集中的所有其他节点通信”，则多等一会儿就好，如图 7-3-46 所示。

（9）等主机都加入群集之后，在左侧选中 vSAN 群集，在右侧单击“管理→设置→常规”，在列表中可以看到，已经加入 3 台主机，其中 3 个主机合格，使用中的数据磁盘有 6 个合格，使用中的闪存磁盘有 3 个合格，当前 vSAN 数据存储总容量是 2.90TB，可用容量是 2.90TB，当前网络状态正常，如图 7-3-47 所示。

（10）在“磁盘管理”中，可以看到当前 vSAN 群集中有 3 个主机，每个主机有一个“磁盘组”，选中其中一个磁盘组，在“磁盘组”列表中，显示组成该磁盘组的闪存盘及 HDD 磁盘，如图 7-3-48 所示。

（11）在图 7-3-48 中的主机上有个黄色的“!”号，在导航器中单击有“!”号的这个主机，此时显示的信息是“在 Virtual SAN 主机上注册/取消注册 VASA 供应商提供程序失败”，如图 7-3-49 所示。

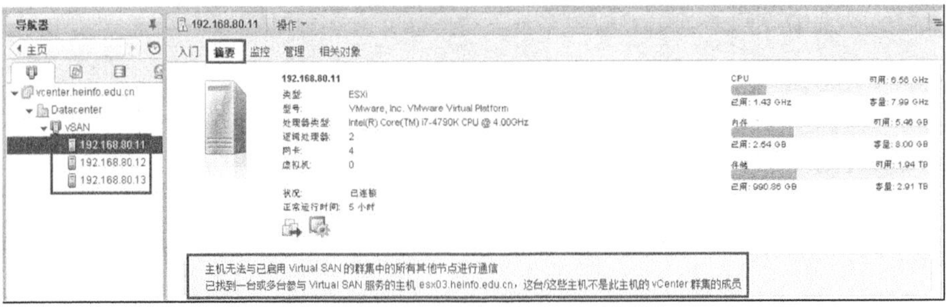

图 7-3-46　摘要

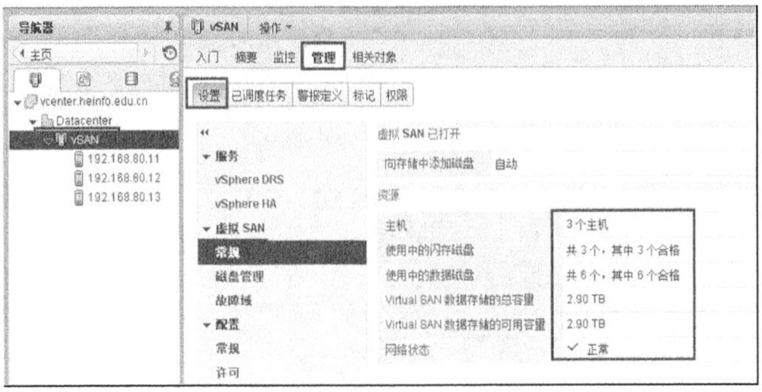

图 7-3-47　查看 vSAN 状态

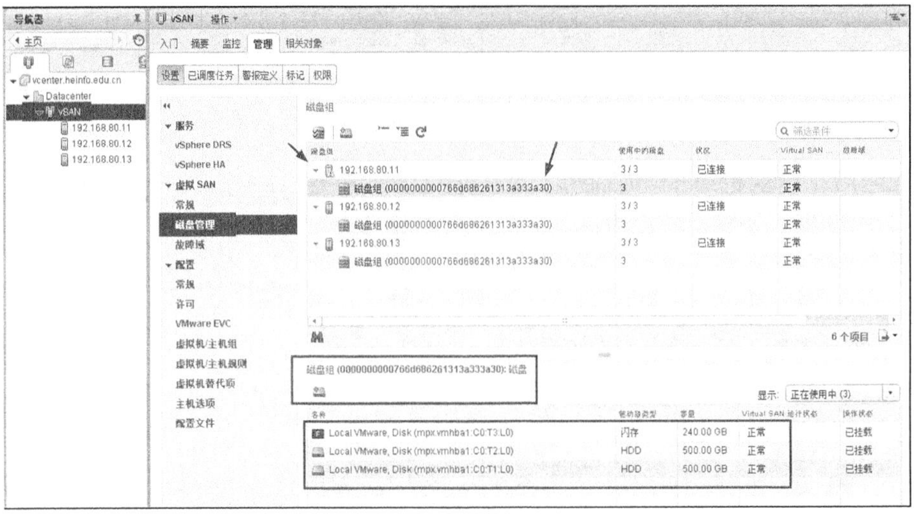

图 7-3-48　磁盘管理

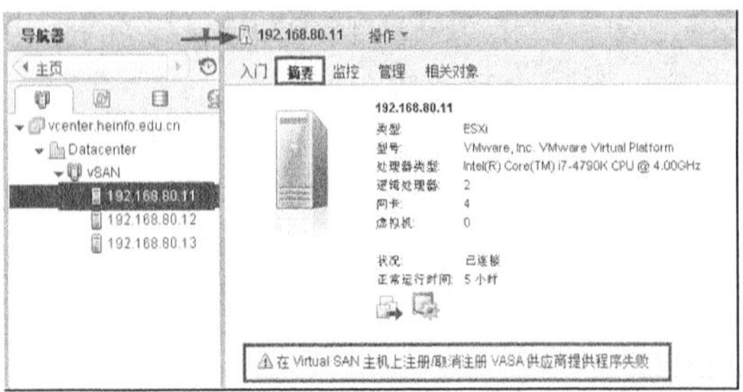

图 7-3-49　摘要

（12）对于图 7-3-49 的错误，在导航器中单击 vCenter Server，在“管理→存储提供程序”中查看注册的存储提供程序，在正常情况下，每个主机都会在此注册，即有多少主机就会有多少主机注册。如果由于网络延迟、系统出错等原因，导致某个主机没有注册，管理员可以单击“ ”按钮，将所有虚拟 SAN 存储程序与环境的当前状态进行同步，如图 7-3-50

所示。

图 7-3-50　同步 VSAN 存储提供程序

（13）在同步之后，主机注册程序状态正常，如图 7-3-51 所示。

图 7-3-51　存储提供程序正常

（14）在导航器中定位到有报警的这台主机，如果仍然有这个提示，请在“监控→问题”中，右键单击这个问题，选择“重置为绿色”即可，如图 7-3-52 所示。

（15）在导航器中选择 vSAN 群集，在“管理→磁盘管理”中可以看到，当前警报已经消失，如图 7-3-53 所示。

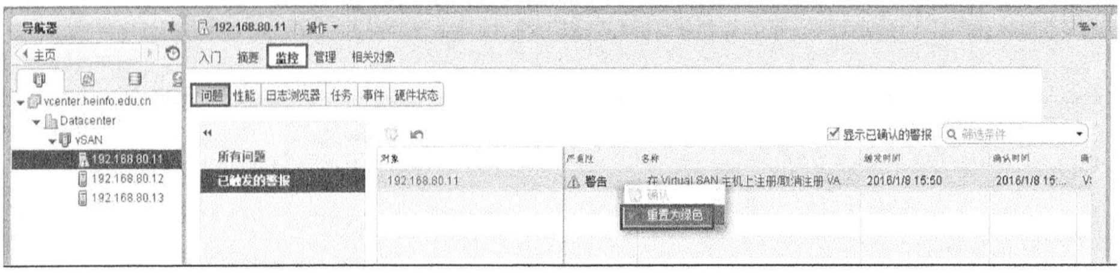

图 7-3-52 重置为绿色

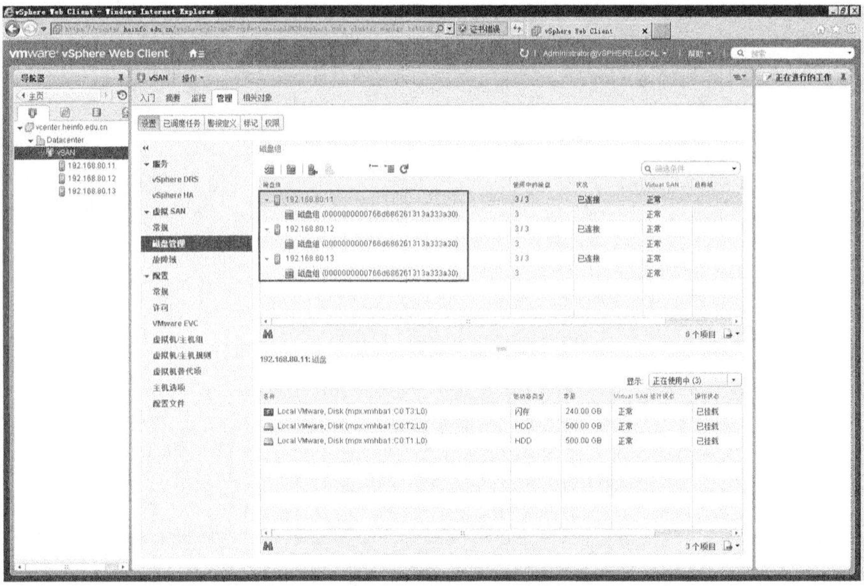

图 7-3-53 磁盘管理显示正常

最后为群集启用 vSphere HA，主要步骤如下。

（1）在导航器中单击群集名称，在右侧单击“管理→设置→vSphere HA”，单击“编辑”，如图 7-3-54 所示。

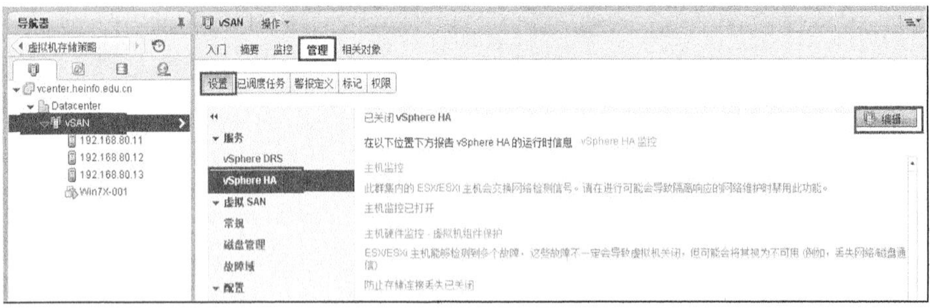

图 7-3-54 编辑 vSphere HA

（2）在“vSAN-编辑群集设置”对话框，单击选中“打开 vSphere HA”，如图 7-3-55 所示。

（3）在 vSAN 群集中，默认的电源管理策略是“关闭”的，并且不能开启，如图 7-3-56 所示。

设置之后单击“确定”按钮返回 vSphere Web Client。

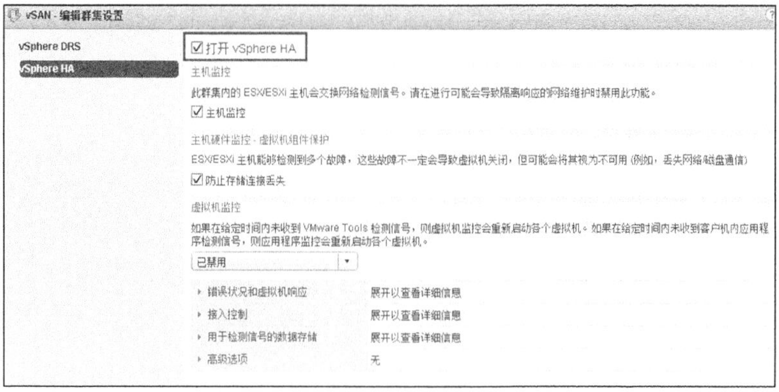

图 7-3-55　打开 vSphere HA

在打开 vSphere HA 之后，系统会有一个初始化时间，此时你在“群集→摘要”中可以看到提示为“资源不足，无法满足 Datacenter 中群集 vSAN 上的 vSphere HA 故障切换级别”的警报，如图 7-3-57 所示，这是正常现象，稍等一会儿，等 vSphere HA 在每个主机初始化之后即会消失。

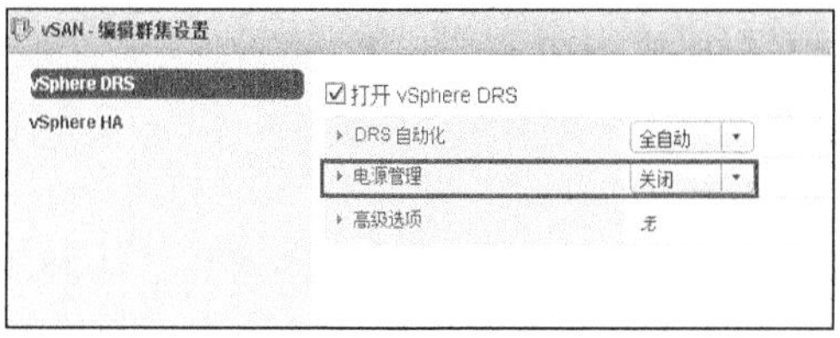

图 7-3-56　电源管理策略为关闭

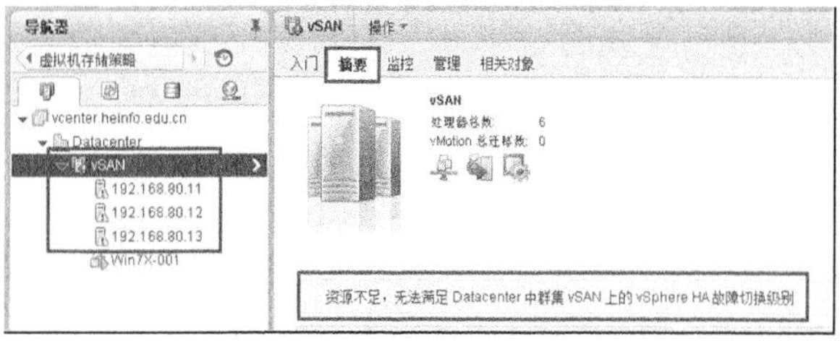

图 7-3-57　配置未完成前的报警

此时如果查看每个主机的“摘要”，在“配置”中则会显示“vSphere HA 状况”为“未初始化”，如图 7-3-58 所示。

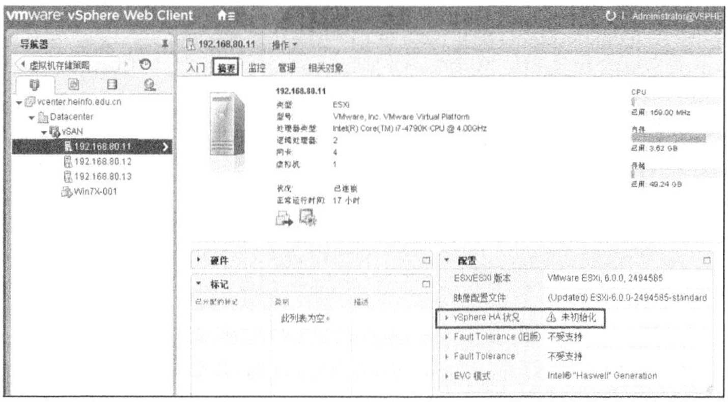

图 7-3-58　vSphere 未初始化

稍等一会儿，等所有主机 HA 配置完成之后，在“摘要→配置”中会显示 vSphere HA 的状况，如图 7-3-59 所示。同时，在此显示 FT 的状态为“不受支持”，这表示当前 vSAN 群集存储不支持 FT 的虚拟机。

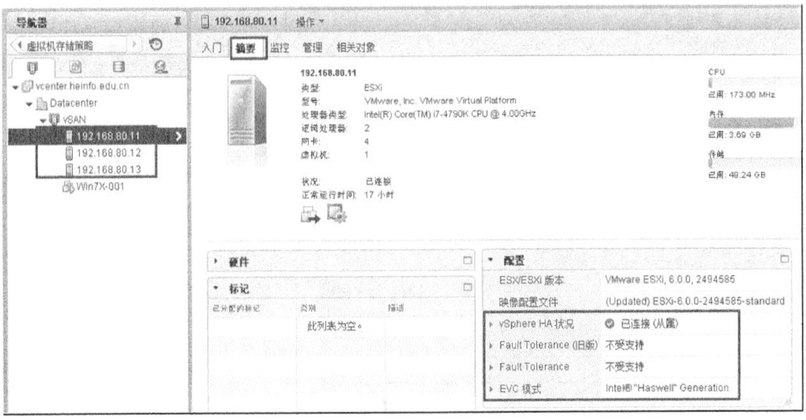

图 7-3-59 vSphere HA 已连接

7.4 虚拟机存储策略

使用 Virtual SAN 时，可以采用策略的形式定义虚拟机的存储要求，例如性能和可用性。Virtual SAN 可确保为已部署到 Virtual SAN 数据存储的虚拟机至少分配一个虚拟机存储策略。

分配后，在创建虚拟机时，这些存储策略要求会被推送至 Virtual SAN 层。虚拟设备分布在 Virtual SAN 数据存储之间，以满足性能和可用性要求。

在主机群集上启用 Virtual SAN 后，将创建一个 Virtual SAN 数据存储，并且会自动创建默认存储策略。启用 Virtual SAN 会配置并注册 Virtual SAN 存储提供程序。

Virtual SAN 存储提供程序是内置的软件组件，用于将数据存储的功能通知给 vCenter Server。存储功能通常由键-值对表示，其中键指数据存储可以提供的某一特定属性，值指数据存储可以为已置备的对象（例如，虚拟机主页命名空间对象或虚拟磁盘）提供的某一衡量指标或范围。您还可以使用标记创建用户定义的存储功能，并在为虚拟机定义存储策略时引用这些标记。当了解虚拟机的存储要求后，可以创建引用数据存储所播发的功能的存储策略。您可以创建多个策略以捕获不同类型或类别的要求。

您可以在创建或编辑虚拟机时应用这些存储策略。

【注意】 如果未向虚拟机应用存储策略，则虚拟机将使用默认的 Virtual SAN 策略，该默认策略规定了允许的故障数配置为 1，每个对象具有一个磁盘带以及精简置备的虚拟磁盘。

7.4.1 默认虚拟机存储策略

Virtual SAN 要求已部署到 Virtual SAN 数据存储的虚拟机至少分配有一个存储策略。置备虚拟机时，如果没有向虚拟机明确分配存储策略，虚拟机会应用系统定义的一般存储策略，该策略名为“Virtual SAN 默认存储策略”。

默认策略包含 Virtual SAN 规则集和一组基本存储功能，通常用于放置已部署到 Virtual SAN 数据存储上的虚拟机。

以下是 Virtual SAN 默认存储策略的规范。

➢ 允许的故障数设置为 1。

- 每个对象的磁盘带数设置为 1。
- 闪存读取缓存预留或用于读取缓存的闪存容量设置为零。
- 对象空间预留设置为零。默认情况下，将对象空间预留设置为零意味着将精简置备虚拟磁盘。
- 强制置备设置为“否”。

您可以从 vSphere Web Client 客户端查看默认虚拟机存储策略的配置设置，方法如下。

（1）返回到“主页”，单击“虚拟机存储策略”，如图 7-4-1 所示。

图 7-4-1　虚拟机存储策略

（2）在使用 vSphere Web Client 的时候，如果出现“错误”（见图 7-4-2），而随后出现“Adobe Flash Player 设置”，单击“允许”即可，如图 7-4-3 所示。

图 7-4-2　单击“是”

（3）在“虚拟机存储策略”中，默认只有两条策略，如图 7-4-4 所示。选中“Virtual SAN Default Storage”（VSAN 默认存储策略），单击“ ”，查看默认的策略，如图 7-4-4 所示。

图 7-4-3　允许

图 7-4-4　虚拟机存储策略

（4）打开“编辑虚拟机存储策略”对话框，如图 7-4-5 所示。不要修改默认的存储策略。

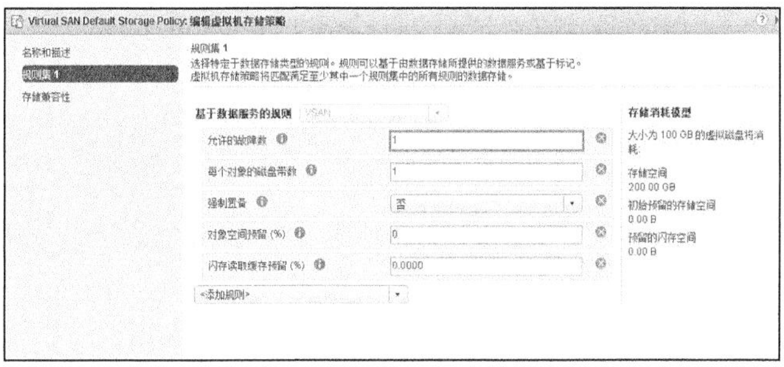

图 7-4-5　规则集

在规则集中列举了允许的故障数、每个对象的磁盘整数等参数，关于这些参数，介绍如下。

允许的故障数：定义存储对象可允许的主机、磁盘或网络故障数。如果要允许 n 个故障，则将创建对象的“n+1”个副本，并且需要 2n+1 个用于存储的主机。如果已配置故障域，则需要具有用于存储的主机的 2n+1 个故障域。注意，不属于故障域的主机会计作其自己的单个主机故障域。在默认情况下，允许的故障数是 1，最大值为 3。

每个对象的磁盘带数：存储对象的每个副本已条带化的 HDD 数量。其取值范围是 1～12。当数值大于 1 时，可能产生较好的性能（当所需要的数据没有在闪存缓存，需要从 HDD 获取服务时，会同时从多个磁盘读取数据，效果相当于 RAID 0），但也会导致使用较多的系统资源。

强制置备：如果该选项为“是”，则即使存储策略中指定的策略不满足群集中当前可用的资源，也会置备该对象。如果资源变为可用，Virtual SAN 将尝试使该对象变为合规状态。默认值为“否”。

对象空间预留：在置备虚拟机时要预留（厚置备）的存储对象逻辑大小百分比。存储对象的剩余部分将精简置备。默认值为 0%，最大值为 100%。

闪存读取缓存预留：作为存储对象的读取缓存预留的闪存容量。指定为该对象的逻辑大小百分比。仅用于解决读取性能问题。预留的闪存容量无法供其他对象使用。未预留的闪存在所有对象之间公共共享。默认值为 0%，最大值为 100%。

（5）在“存储兼容性”中，显示当前的虚拟机存储策略，以及与其匹配的存储，如图 7-4-6 所示。

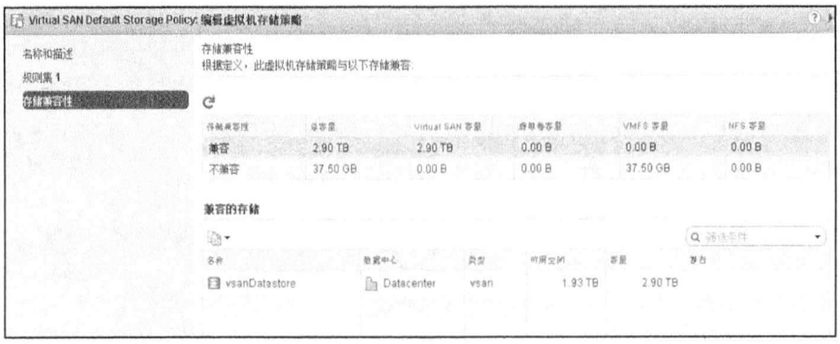

图 7-4-6 存储兼容性

【说明】 如果没有与虚拟机存储策略相兼容的存储，则虚拟机存储策略将不能应用于虚拟机，除非“强制置备”。

7.4.2 添加虚拟机存储策略

为获得最佳效果，请考虑创建并使用您自己的虚拟机存储策略，即使该策略的要求与默认存储策略中定义的要求相同。有关创建用户定义的虚拟机存储策略的信息，请看下面的操作。

（1）在“虚拟机存储策略”中单击“ ”添加虚拟机存储策略，如图 7-4-7 所示。

（2）在“创建新虚拟机存储策略”对话框“名称”文本框中输入新建存储策略的名称，可以使用中、英名称。一般情况下，输入的策略名称与规则相关。例如，我们将要创建的策略允许故障数为 1，磁盘带数为 2，则输入名称为“故障 1，磁盘带数 2”，如图 7-4-8

所示。

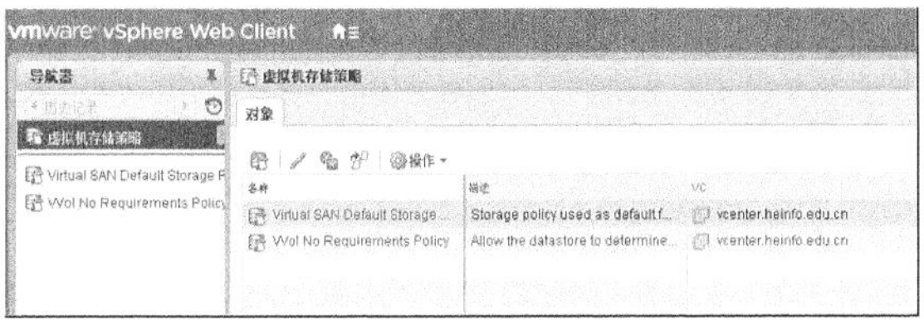

图 7-4-7　添加存储策略

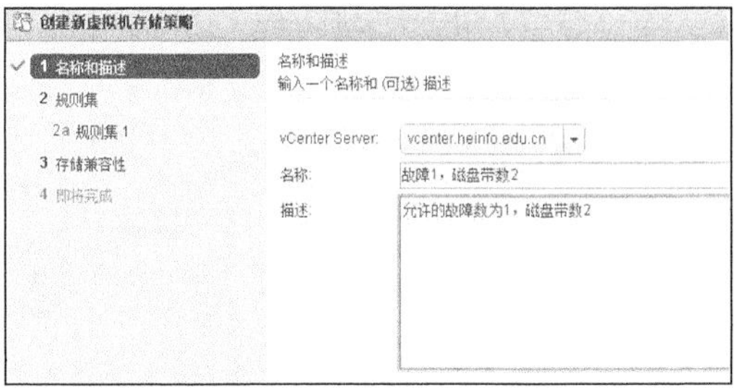

图 7-4-8　输入存储策略名称

（3）在“规则集”对话框简述了存储策略由描述存储资源要求的规则组成，如图 7-4-9 所示。

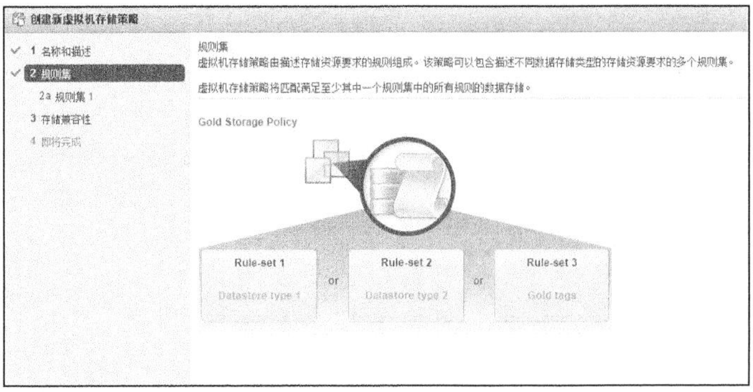

图 7-4-9　规则集

（4）在“规则集 1”对话框“基于数据服务的规则”下拉列表选择 VSAN，在“添加规则”下拉列表中，依次选择将要添加的规则，如图 7-4-10 所示。

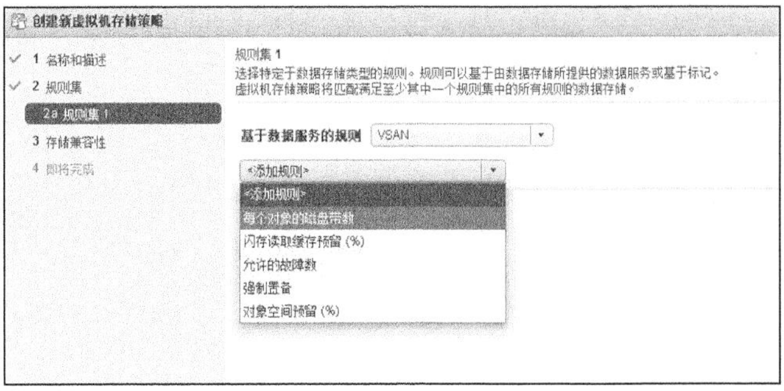

图 7-4-10　规则集 1

（5）在此添加“允许的故障数”及“每个对象的磁盘整数”，并设置故障数为 1，磁盘带数为 2，其他则不添加，即选择默认值，如图 7-4-11 所示。

【说明】 要匹配本条策略，组成 vSAN 群集中的每个主机的磁盘组至少要有 2 个磁盘。在使用本条策略时，组成虚拟机虚拟硬盘则是由 2 个磁盘以 RAID 0 方式提供。

（6）在“存储兼容性”对话框看是否有匹配的策略，如果有匹配的策略，则在“兼容”一行显示所兼容的存储容量。而在“不兼容”一行则显示不兼容的存储，如图 7-4-12 所示。

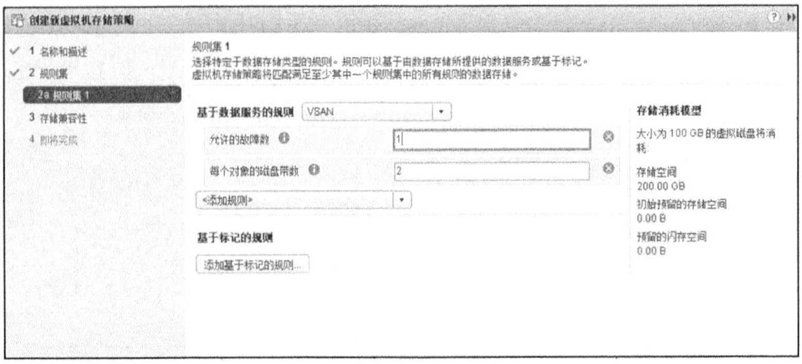

图 7-4-11 添加规则

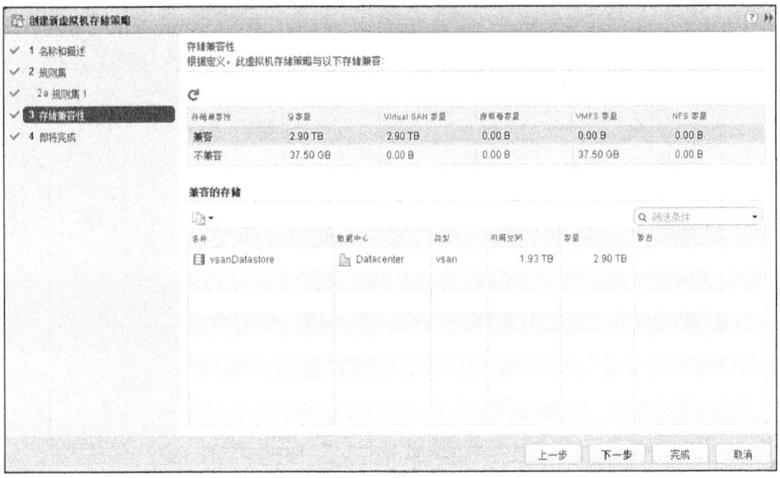

图 7-4-12 存储兼容性

（7）在“即将完成”对话框确认信息正确无误，单击“完成”按钮，添加规则完成，如图 7-4-13 所示。

图 7-4-13 即将完成

添加之后，返回到“虚拟机存储策略”，如图 7-4-14 所示。

图 7-4-14 添加的虚拟机存储策略

在我们当前实验环境中，所能支持的虚拟机存储策略，故障数只能为 1，而磁盘带数可以为 1 或 2。如果我们创建故障数为 2 或磁盘带数为 2 之上的策略，则没有兼容的存储，但也可以创建存储策略，只是不能应用于存储。下面我们分别创建一个故障为 1、磁盘带数为 3 及故障为 2 的虚拟机存储策略，主要步骤如下。

（1）新建虚拟机存储策略，设置策略的名称为“故障 1，磁盘带数 3”，如图 7-4-15 所示。

图 7-4-15 设置策略

（2）在“规则集 1”中，添加允许故障数为 1，每个对象的磁盘带数为 3，如图 7-4-16 所示。

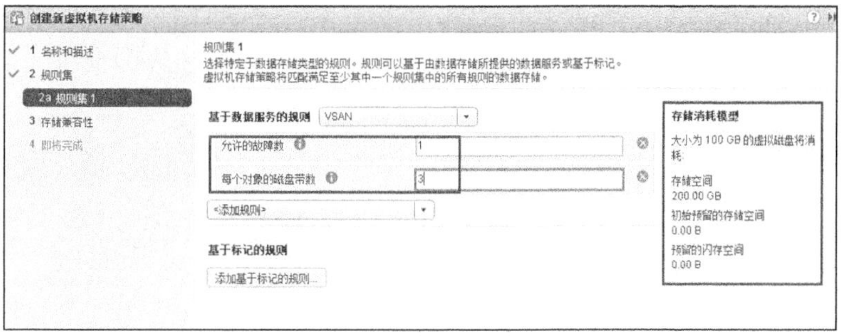

图 7-4-16 添加磁盘带数为 3

（3）在“存储兼容性”可以看到兼容的存储空间为 0，表示没有与策略匹配的存储，如图 7-4-17 所示。

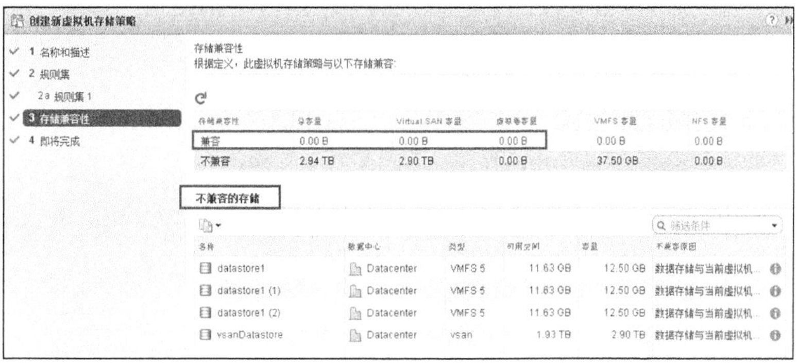

图 7-4-17 存储兼容性

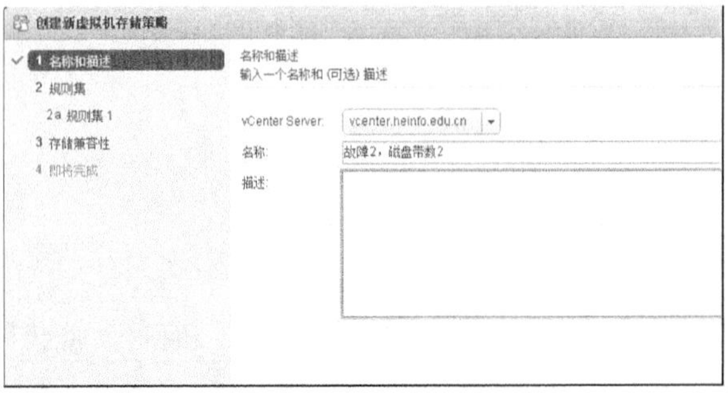

图 7-4-18　设置策略

接下来创建故障 2、磁盘带数为 2 的虚拟机存储策略，主要步骤如下。

（1）新建虚拟机存储策略，设置策略的名称为“故障 2，磁盘带数 2”，如图 7-4-18 所示。

（2）在“规则集 1”中，添加允许故障数为 2，每个对象的磁盘带数为 2，如图 7-4-19 所示。

（3）在“存储兼容性”可以看到兼容的存储空间为 0，表示没有与策略匹配的存储，如图 7-4-20 所示。

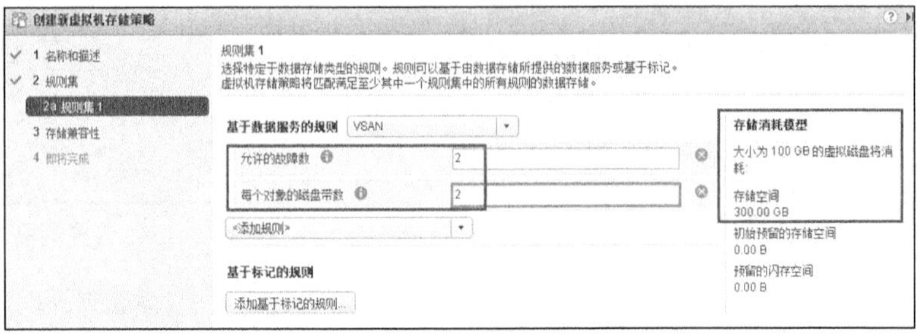

图 7-4-19　添加磁盘带数为 2

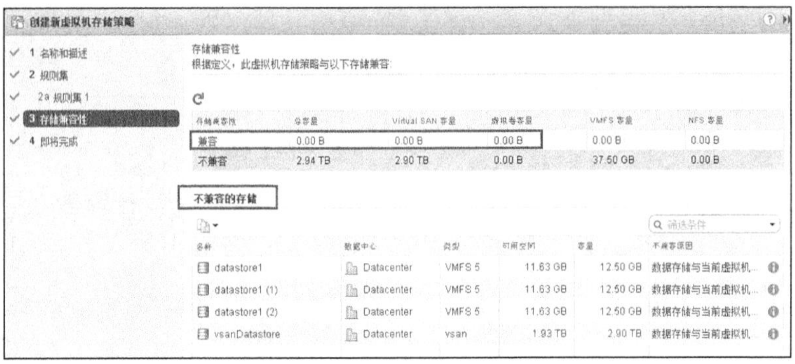

图 7-4-20　存储兼容性

（4）创建之后，返回“虚拟机存储策略”，可以看到，当前已经有了 5 个策略，如图 7-4-21 所示。以后在创建虚拟机、从模板部署虚拟机的时候，可以根据需要选择存储策略。也可以对已经部署的虚拟机修改虚拟机存储策略。这些将在后文介绍。

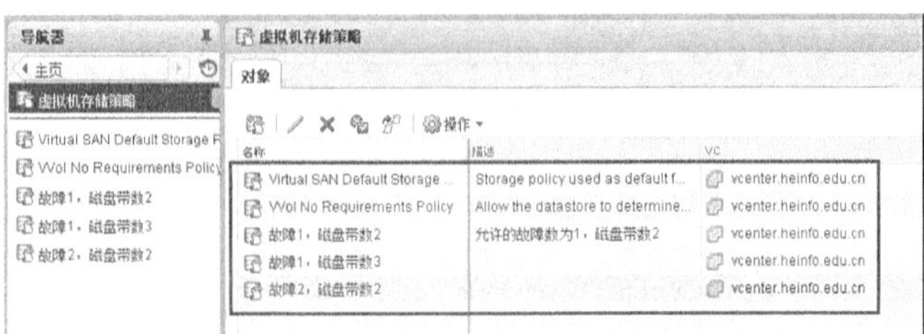

图 7-4-21　虚拟机存储策略

7.4.3　部署虚拟机应用虚拟机存储策略

在添加虚拟机存储策略之后，即可以新建虚拟机，并且根据需要选择虚拟机存储策略，将虚拟机保存在 vSAN 群集。新建虚拟机，既可以使用向导新建虚拟机，并向虚拟机中安装操作系统，也可以直接从 OVF 模板导入。无论使用何种方式，在选择存储器时都会选择虚拟机存储策略。下面我们以部署 OVF 模板的方式为例，介绍新建虚拟机并使用虚拟机存储策略的内容。OVF 模板可以使用前面章节准备的、将已安装好操作系统及应用软件的虚拟机导出为 OVF 模板的虚拟机。

（1）在 vSphere Web Client 中右键单击数据中心、群集或主机，在弹出的右键快捷菜单中选择“部署 OVF 模板”，如图 7-4-22 所示。

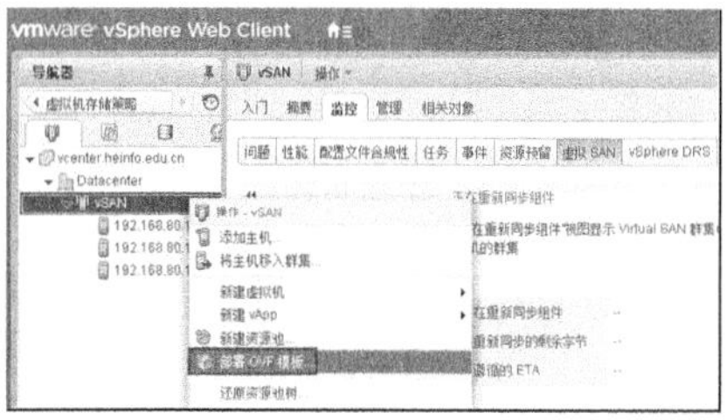

图 7-4-22　部署 OVF 模板

（2）在“选择源”对话框中，单击“本地文件→浏览”，选择一个要部署的 OVF 模板，在此选择一个 Windows 7 的 OVF 模板，如图 7-4-23 所示。

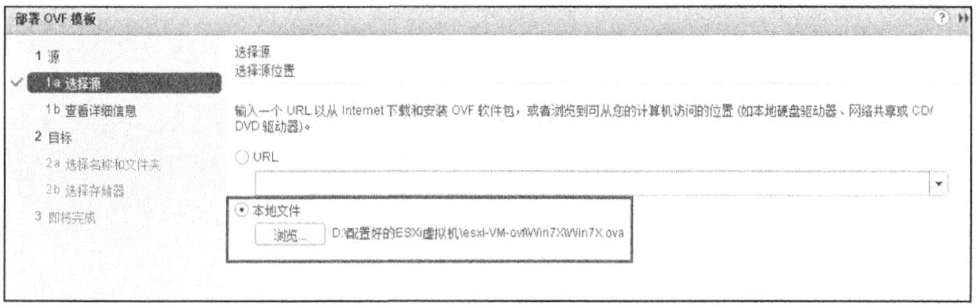

图 7-4-23　选择要导入的 OVF 模板

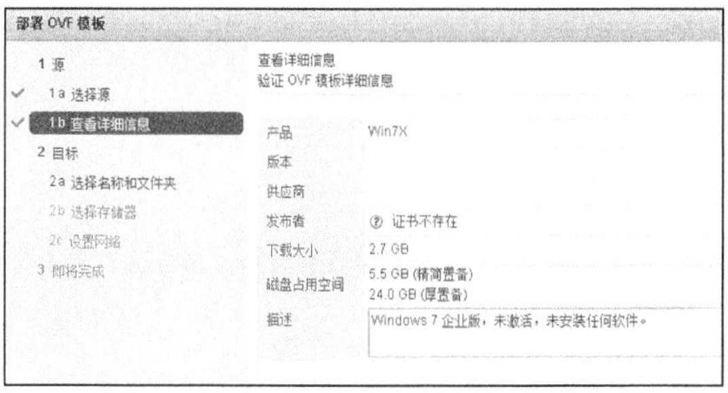

图 7-4-24　查看详细信息

（3）在“查看详细信息”对话框显示了要导入的虚拟机的大小，如图 7-4-24 所示。

（4）在“选择名称和文件夹”对话框为部署的虚拟机指定名称和位置，在此设置名称为 Win7X-001，如图 7-4-25 所示。

（5）在“选择存储器”对话框“虚拟机存储策略”下拉列表中，根据需要选择合适的存储策略，如图 7-4-26 所示。如果部署的

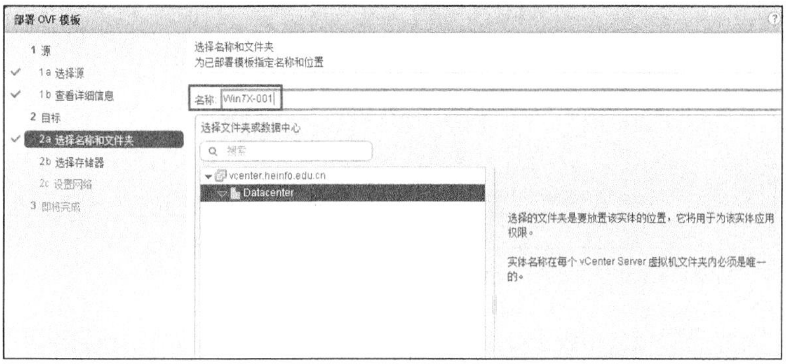

图 7-4-25　设置名称

是工作站操作系统，或者是需要较高 IOPS 的应用，则选择虚拟机默认存储策略（故障 1，磁盘带数为 1），如果是需要较高 IOPS、较好性能的应用，在条件满足的前提上（每个磁盘组有多个磁盘），则可以选择磁盘带数为 2，甚至更高的虚拟机存储策略。

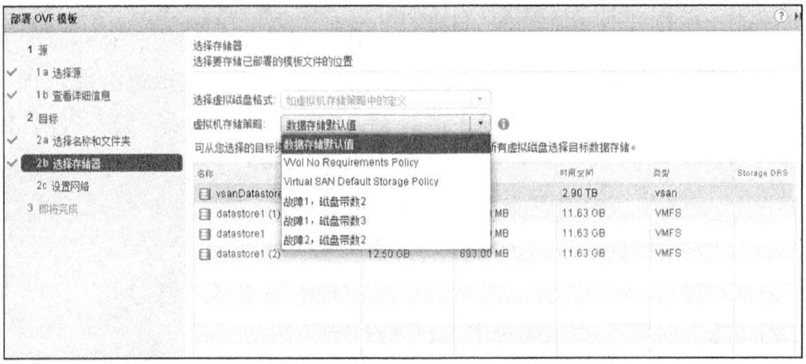

图 7-4-26　选择虚拟机存储策略

（6）在本示例中，选择 vSAN 默认存储策略，之后在“兼容”的存储中选择一个合适的存储，如图 7-4-27 所示。当前只有一个磁盘组，所以选择默认的 vSAN 存储。

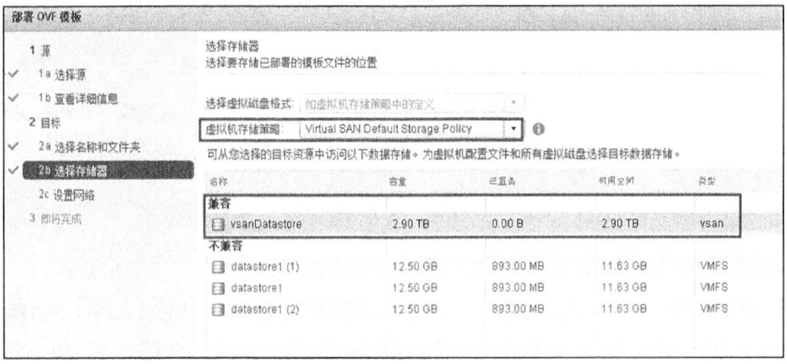

图 7-4-27　选择默认存储策略

（7）在“设置网络”对话框，选择要部署的模板使用的网络，如图 7-4-28 所示。

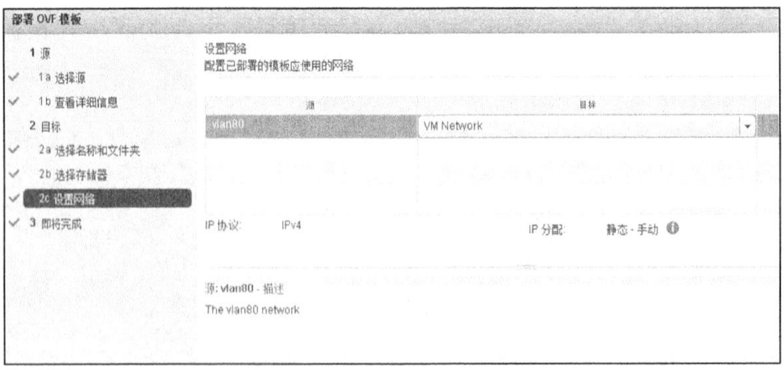

图 7-4-28　设置网络

（8）在“即将完成”对话框查看部署虚拟机的设置，如图 7-4-29 所示，单击“完成”按钮，完成部署向导。

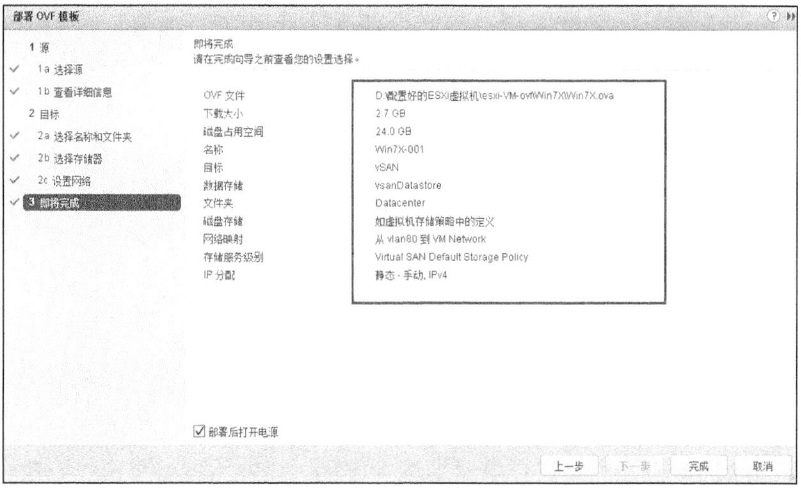

图 7-4-29 即将完成

之后再部署一个虚拟机，在此部署的虚拟机选择“磁盘带数 2”的虚拟机存储策略，主要步骤如下。

（1）设置虚拟机的名称为 WS08R2-TP，如图 7-4-30 所示。

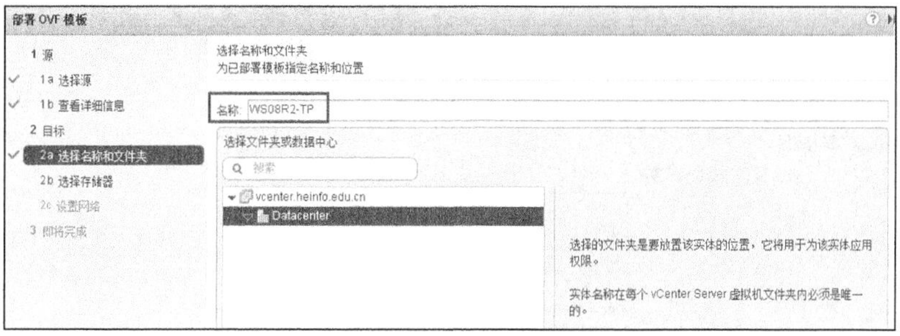

图 7-4-30 部署新的虚拟机

（2）在“虚拟机存储策略”选择“故障 1，磁盘带数 2”，如图 7-4-31 所示。

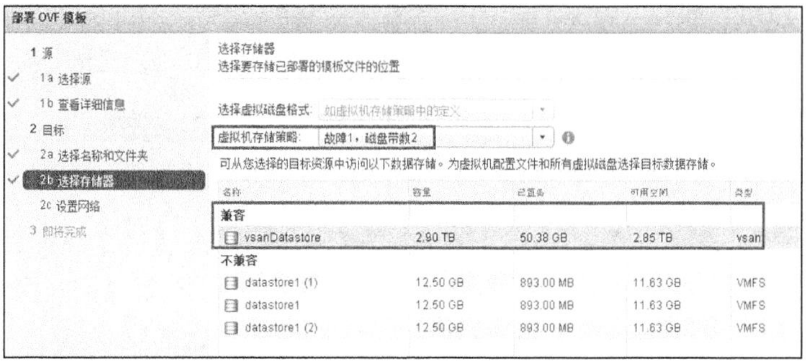

图 7-4-31 磁盘带数

（3）如果选择“磁盘带数 3”或“故障 2”的虚拟机存储策略，在没有兼容的策略时，不能继续部署，系统会提示“您必须选择数据存储”，如图 7-4-32 所示。

之后等待 Windows 7 及 Windows 2008 部署完成。

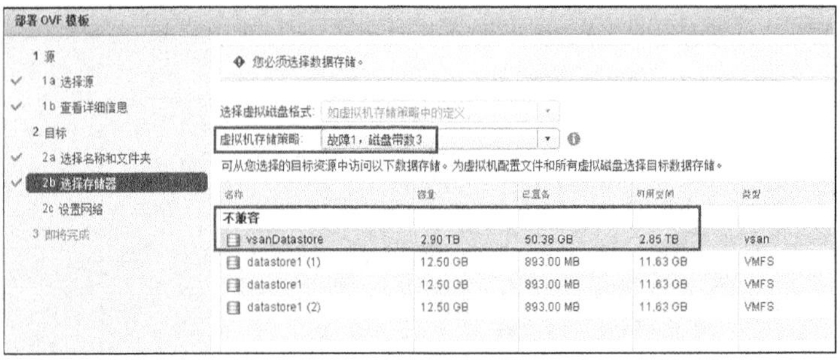

图 7-4-32　必须选择数据存储

7.4.4　查看虚拟磁盘

在部署了一个虚拟机之后，在导航器中选中群集，在中间窗格单击“监控→虚拟 SAN→虚拟磁盘”，在“虚拟磁盘”列表中，查看虚拟机文件，可以单击“虚拟机主页”或“硬盘 1”，在“物理磁盘放置位置”查看当前虚拟机磁盘的放置位置，以及当前 RAID 方式，在使用默认虚存储策略时，虚拟机硬盘以 RAID1 方式配置，而作为 RAID1 中的两个硬盘分布在不同的主机上，还有一个称为“证明”的见证文件，保存在另一个主机上，如图 7-4-33 所示。

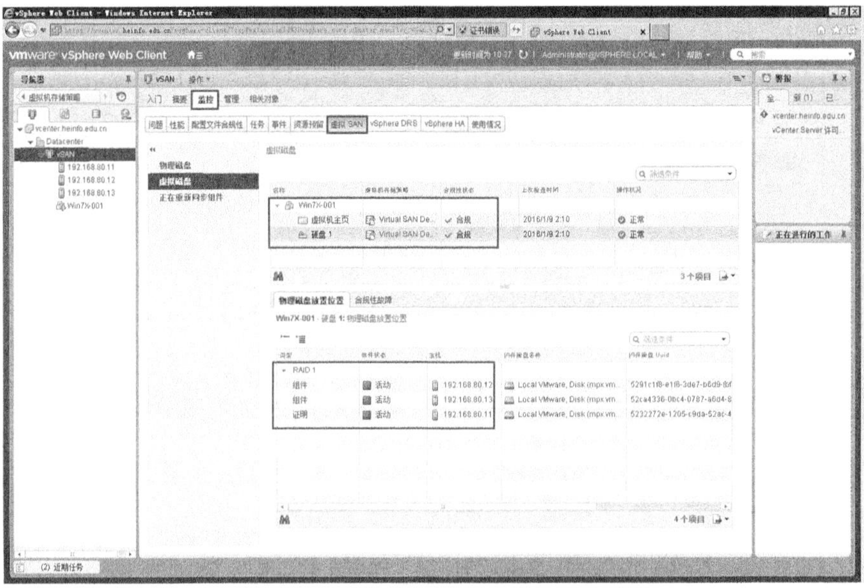

图 7-4-33　查看虚拟机硬盘在物理磁盘放置位置

单击“滑动条”，选择查看 WS08R2-TP 的虚拟硬盘，在部署这个虚拟机时选择的磁盘带数是 2，所以该虚拟机相当于 RAID 10，所谓 RAID 1，指的是这个虚拟机硬盘，在 192.168.80.12 与 192.168.80.11 两个主机之间配置的 RAID 1。而 RAID 0，指的是单独一个虚拟机硬盘，在同一个主机上、同一个磁盘组中的两个硬盘之间，做的 RAID 0，如图 7-4-34 所示。

【说明】 在我们当前的演示环境中，磁盘带数为 2 时，同一个虚拟硬盘在同一个主机上的 2 个硬盘之间以 RAID 0 方式组成，这并不是表明在磁盘带数超过 2 时，RAID 0 分布在同一个主机的同一磁盘组的多个磁盘中，而在实际中，RAID 0 可能是跨磁盘组（同一主机多个磁盘组），也可能是跨不同的主机的多个磁盘。

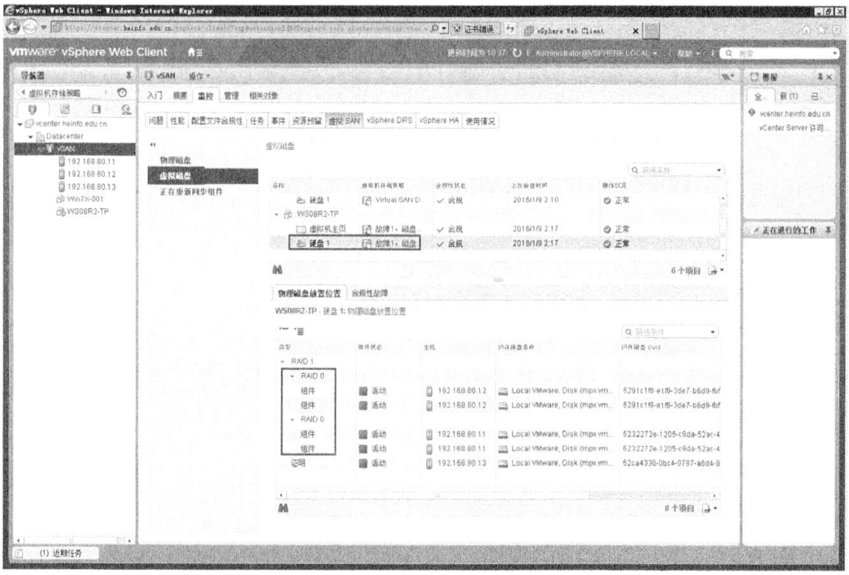

图 7-4-34　磁盘带数为 2 的磁盘关系

7.4.5　更改虚拟机存储策略

在初始的时候，部署的虚拟机选择的是默认存储策略。这可能的原因有：

（1）初期，管理员不熟悉 vSAN 存储策略，没有为虚拟机选择合适的存储策略。

（2）在 vSAN 初始配置时，每个主机的磁盘组中磁盘数量不多，后期增加了磁盘组。

（3）随着虚拟机中应用负载的增长，虚拟机需要更多的 IOPS。

如果你想提高虚拟机的性能，想要获得更多的 IOPS，则可以更改虚拟机的存储策略，为虚拟机重新配置磁盘。注意，不要更改默认的虚拟机存储策略，而是根据需要，添加新的虚拟机存储策略，并修改需要进行调整的虚拟机的存储策略。在下面的操作中，我们将 Win7x-001 的虚拟机存储策略更改为“故障 1，磁盘带数 2”的策略，并使此策略重新调整这台虚拟机的磁盘，主要步骤如下。

（1）在 vSphere Web Client 中，在导航器中右键单击虚拟机，在弹出的快捷菜单中选择“虚拟机策略→编辑虚拟机存储策略”，如图 7-4-35 所示。

图 7-4-35　编辑虚拟机存储策略

（2）在“虚拟机存储策略”下拉列表中，选择“故障 1，磁盘带数 2”，然后单击“应用于全部”，此时在“预测对存储消耗的影响”列表中，会显示应用新的策略后存储消耗，如图 7-4-36 所示。

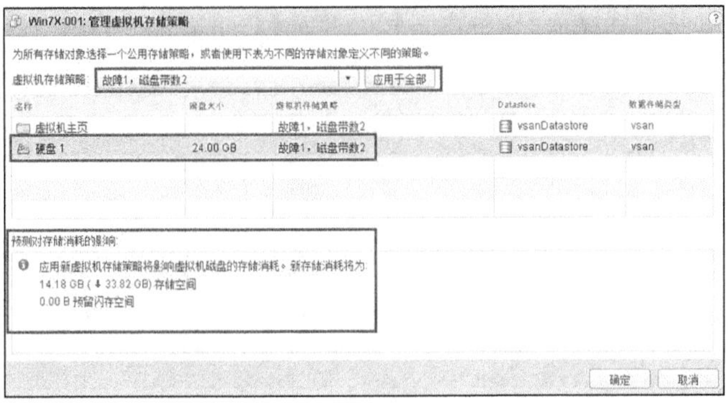

图 7-4-36　应用新的虚拟机存储策略

（3）如果选择的虚拟机存储策略当前环境不能满足，在“预测对存储消耗的影响”列表中将会明确提示，例如，在磁盘组只有 2 个磁盘的情况下，如果选择磁盘带数为 3，则会提示“This storage policy requires additional physical disks”（这个存储策略需要附加额外的物理磁盘），如图 7-4-37 所示。

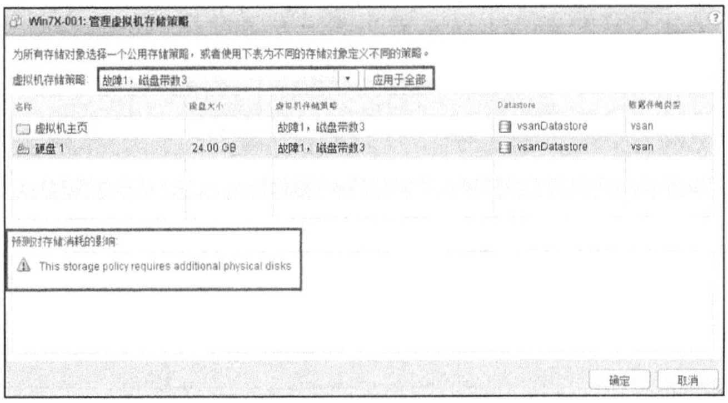

图 7-4-37　需要附加额外的物理磁盘

（4）如果在 3 个主机的 vSAN 群集中选择“故障 2”的存储策略，则系统提示“This storage policy requires　at least 5 fault domains with hosts contributing storage but only 3 were found”（这个存储策略需要至少 5 个故障域的主机存储，但只找到 3 个主机），如图 7-4-38 所示。

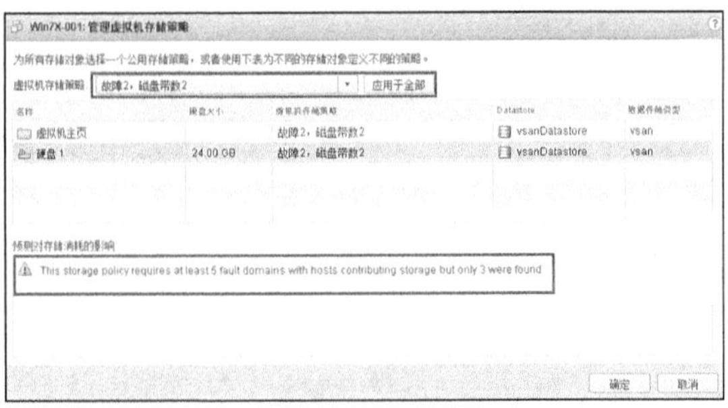

图 7-4-38　主机不足

（5）之后在本示例中选择重新应用磁盘带数为 2 的存储策略，应用之后，在“vSAN 群集→监控→虚拟 SAN→虚拟磁盘”中，选中虚拟硬盘，可以看到，系统正在“重新配置”为 RAID 1 及 RAID 0，如图 7-4-39 所示。

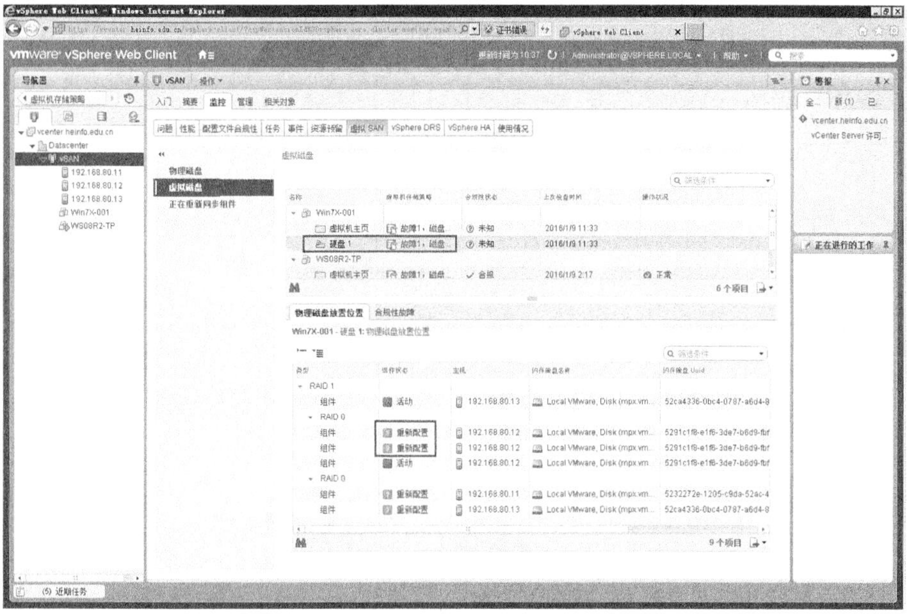

图 7-4-39　重新配置为 RAID 10

（6）在重新配置的过程中，在“正在重新同步组件”选项中可以看到在更改虚拟机存储策略之后，需要重新同步的硬盘数据大小、需要重新同步的组件数，以及估算的剩余时间，如图 7-4-40 所示。

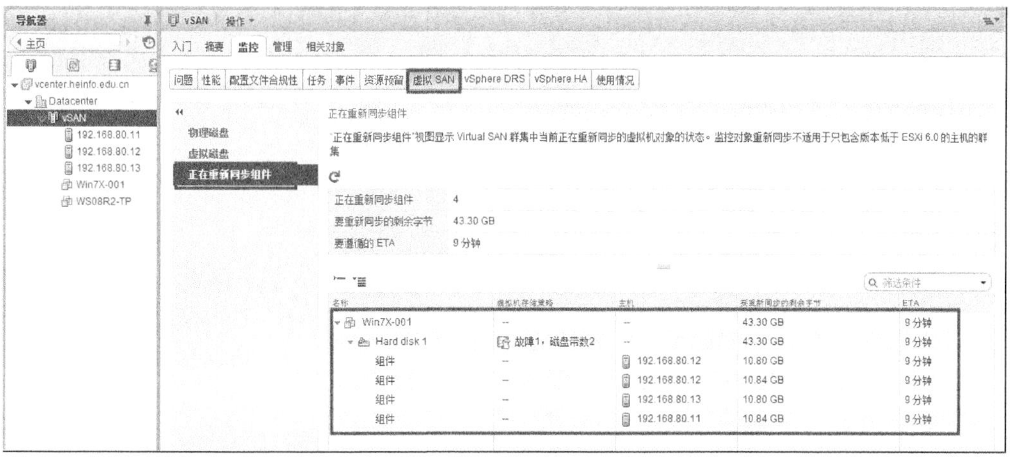

图 7-4-40　正在重新同步组件

（7）在同步完成之后，有可能会有“不合规”的提示，请选中虚拟机，在“摘要→虚拟机存储策略”中单击“检查合规性”，如图 7-4-41 所示。

（8）检查之后，虚拟机存储策略合规性会显示“合规”，如图 7-4-42 所示。

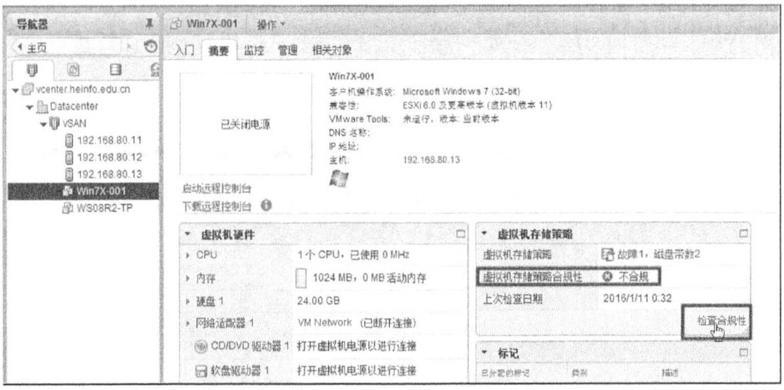

图 7-4-41 检查合规性

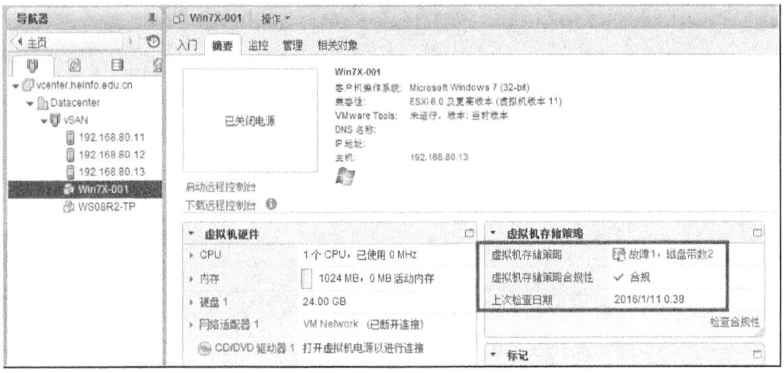

图 7-4-42 合规

7.5 向 vSAN 群集添加更多主机（横向扩展）

接下来，我们向 vSAN 群集中添加 2 个主机（每个主机 1 个 20GB 硬盘装系统，2 个 500GB 做 HDD，1 个 240GB 做 SSD，与前面的 3 个实验主机相同配置），以“横向扩展”的方式，向 vSAN 群集添加资源。

7.5.1 添加 2 个 ESXi 虚拟机

在 VMware Workstation 中添加两个 ESXi 的虚拟机，每个虚拟机配置 2 个 CPU、8GB 内存，配置 1 个 20GB、2 个 500GB、1 个 240GB 的虚拟硬盘（其中 240GB 的虚拟硬盘保存在 SSD 上），此外再配置 2 个 VMnet8、2 个 VMnet1 虚拟网卡，如图 7-5-1 所示。之后将这两个虚拟机移动到名为 vsan01 的收藏夹中。

之后启动虚拟机，在每个虚拟机中安装 ESXi 6，并安装到大小为 20GB 的硬盘上，如图 7-5-2 所示。

在安装完系统之后，为这两个主机设置 IP 地址，分别为 192.168.80.14、192.168.80.15，并且为其选择第 1、第 2 块网卡，如图 7-5-3 所示。

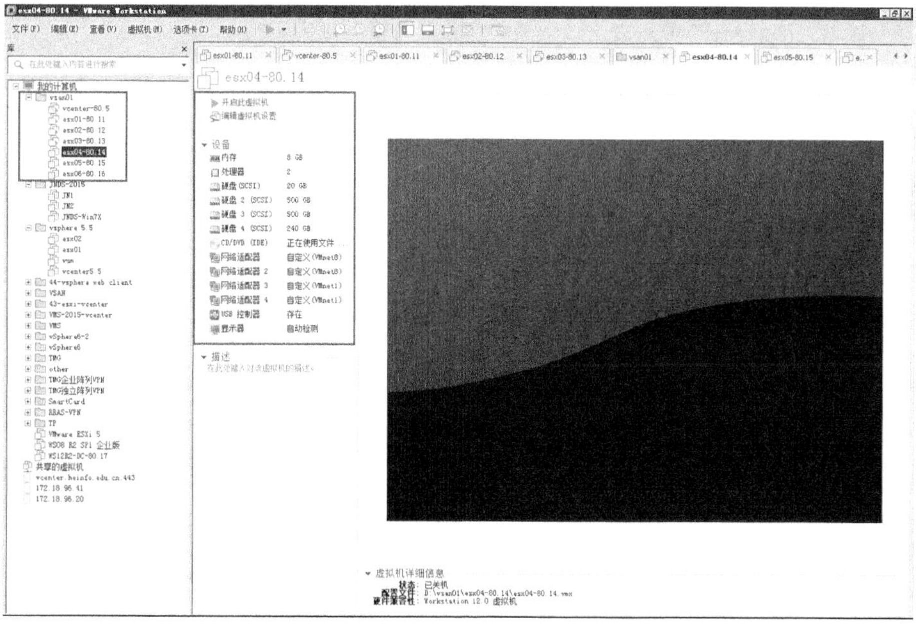

图 7-5-1 添加新的 ESXi 虚拟机

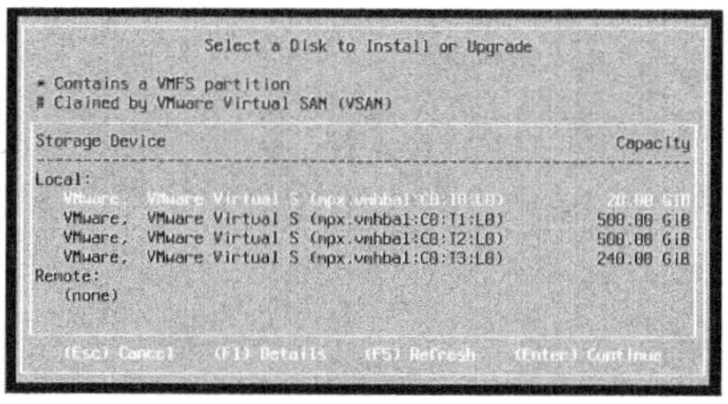

图 7-5-2 安装 ESXi 到 20GB 硬盘

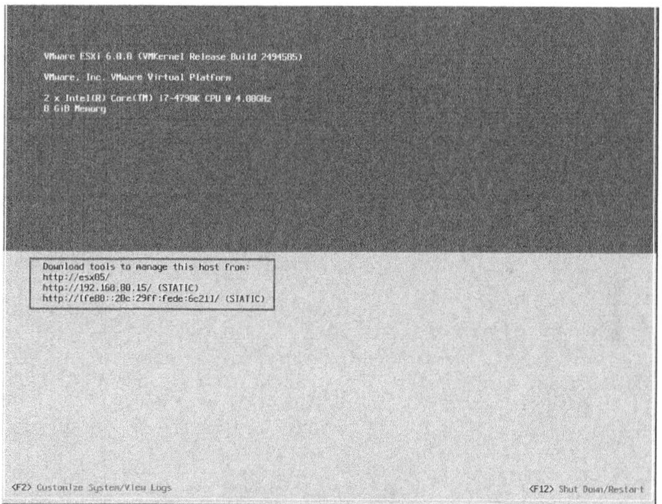

图 7-5-3 为 ESXi 设置管理地址

7.5.2 向现有 vSAN 群集中添加主机

在 vSphere Web Client 中，添加新增加的这两台 ESXi 主机，之后为这两个主机添加第 2 个标准交换机，添加 VMkernel（分别设置 IP 地址为 192.168.10.14、192.168.10.15），为这个 VMkernel 启用 vsan 流量，在配置了用于“虚拟 SAN 流量”的 VMkernel 之后，这两台 ESXi 的本地存储自动加入到 vSAN 存储中。

（1）使用 vSphere Web Client，右键单击 vSAN 群集，在弹出的快捷菜单中选择“添加主机”，如图 7-5-4 所示。

（2）在“添加主机”对话框输入要加入主机的 IP 地址 192.168.80.14，如图 7-5-5 所示。

（3）之后根据向导，输入 ESXi 主机的 root 账户名、密码，这些操作前文已经讲过，不一一介绍。

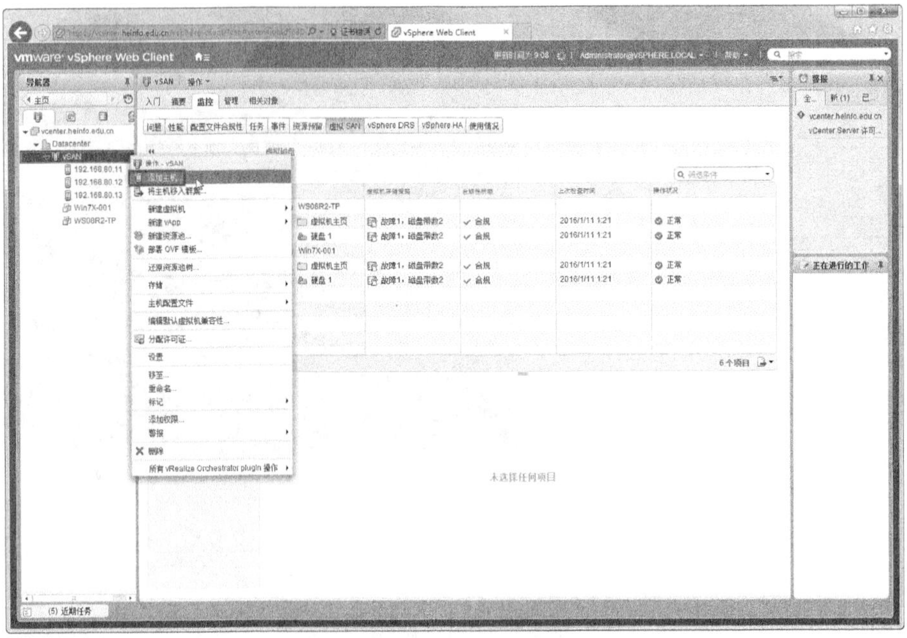

图 7-5-4 添加主机

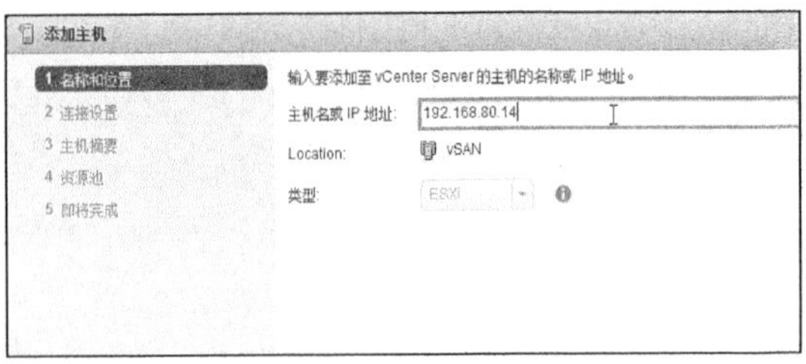

图 7-5-5 输入要添加的主机的 IP 地址

（4）添加之后，因为还没有为新添加的主机配置“Virtual SAN 流量”的 VMkernel，所以新添加的主机的本地硬盘不能自动添加到存储，在“管理→设置→磁盘管理”中，可以看到新添加的两个主机没有配置磁盘组，如图 7-5-6 所示。

（5）单击新添加的主机，在“摘要”中可以看到当前的错误信息主要是未配置 Virtual SAN 网络，及 vSphere HA 代理出错，如图 7-5-7 所示。

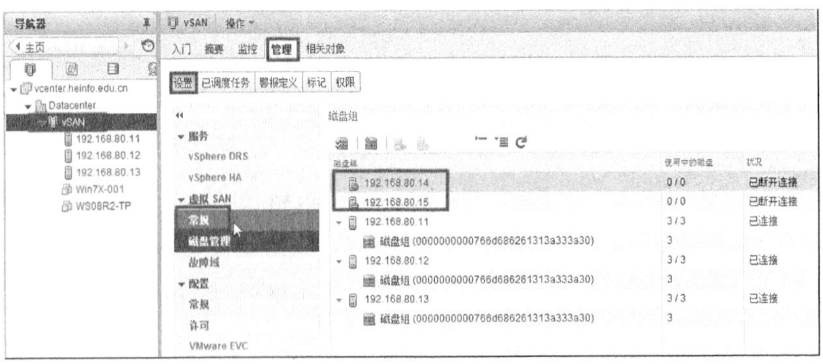

图 7-5-6 查看磁盘管理

（6）之后参照“7.3.5 为 vSAN 配置网络”一节内容，为每个主机添加第 2 个标准交换机，并配置该交换机的 VMkernel 启用“虚拟 SAN 流量”，如图 7-5-8 所示。

图 7-5-7　摘要信息

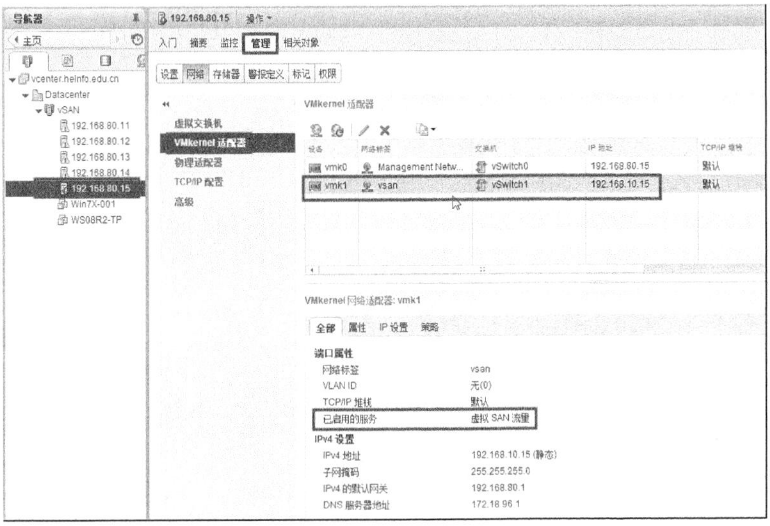

图 7-5-8　添加 VMkernel

（7）在配置了用于“虚拟 SAN 流量”的 VMkernel 之后，在“摘要”中，此时显示“该主机的 vSphere HA 代理出错：无法安装或配置 vSphere HA 代理”，如图 7-5-9 所示。

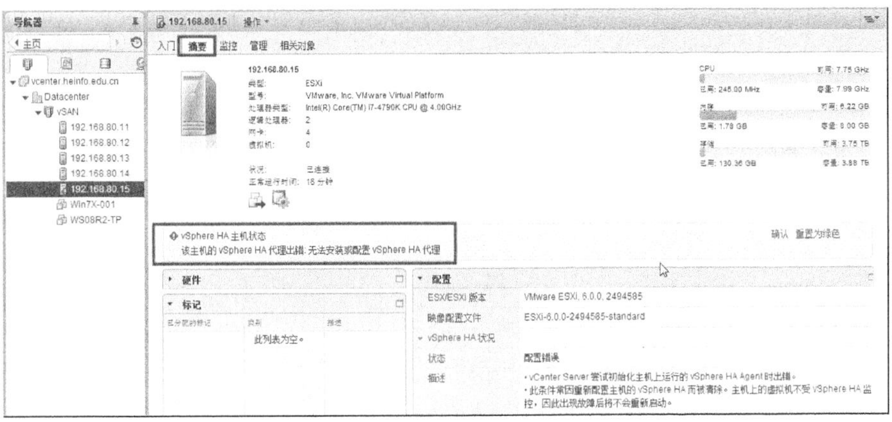

图 7-5-9　无法安装或配置 vSphere HA 代理

（8）右键单击无法配置 vSphere HA 代理的主机，在弹出的快捷菜单中选择“重新配置 vSphere HA”，如图 7-5-10 所示。

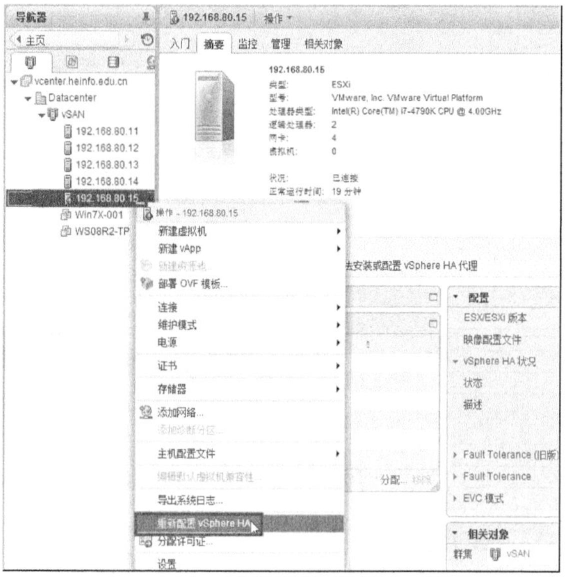

图 7-5-10　重新配置 vSphere HA

在配置好每一个主机之后，打开“vSAN 群集→管理→设置→常规”，可以看到当前 5 台主机已经倒置配置完成，如图 7-5-11 所示。

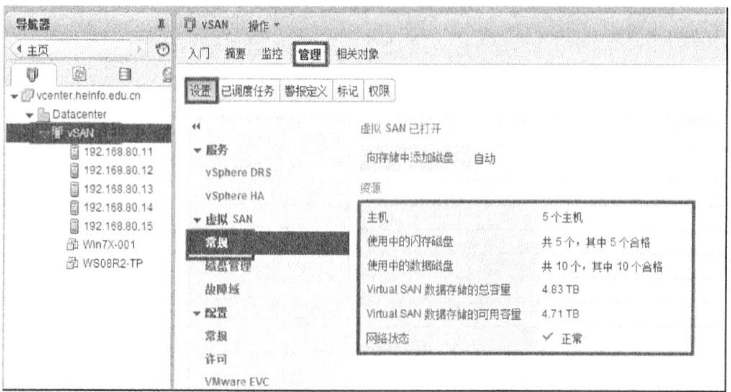

图 7-5-11　配置完成

7.5.3　重新应用虚拟机存储策略

在“7.4.2 添加虚拟机存储策略”一节中，我们添加了“故障 2，磁盘带数为 2”的虚拟机存储策略，但由于当时只有 3 个主机，不符合最少 5 个主机的最低要求。现在当前实验环境已经有了 5 台主机，我们在此测试这条策略。

（1）在 vSphere Web Client 中，在导航器中右键单击虚拟机，在弹出的快捷菜单中选择“虚拟机策略→编辑虚拟机存储策略”，如图 7-5-12 所示。

（2）在“虚拟机存储策略”下拉列表中选择“故障 2，磁盘带数 2”，然后单击“应用于全部”，此时在“预测对存储消耗的影响”列表中会显示应用新的策略后的存储消耗，如图 7-5-13 所示。

（3）之后在本示例中选择重新应用磁盘带数为 2 的存储策略，应用之后，在“vSAN 群集→监控→虚拟 SAN→虚拟磁盘”中选中虚拟硬盘，可以看到系统正在“重新配置”为 RAID 1 及 RAID 0，如图 7-5-14 所示。

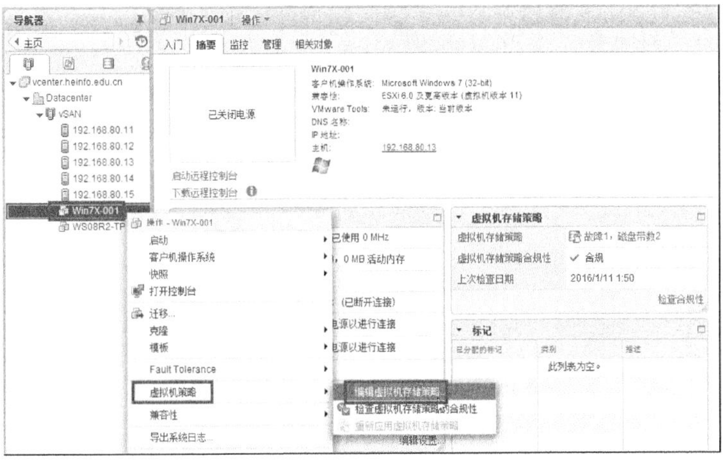

图 7-5-12　编辑虚拟机存储策略

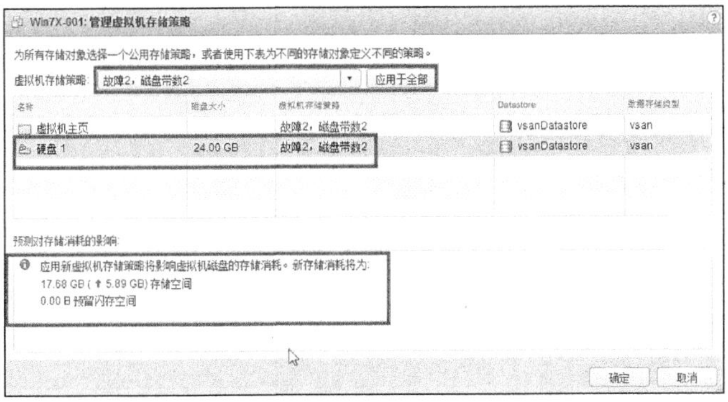

图 7-5-13　应用新的虚拟机存储策略

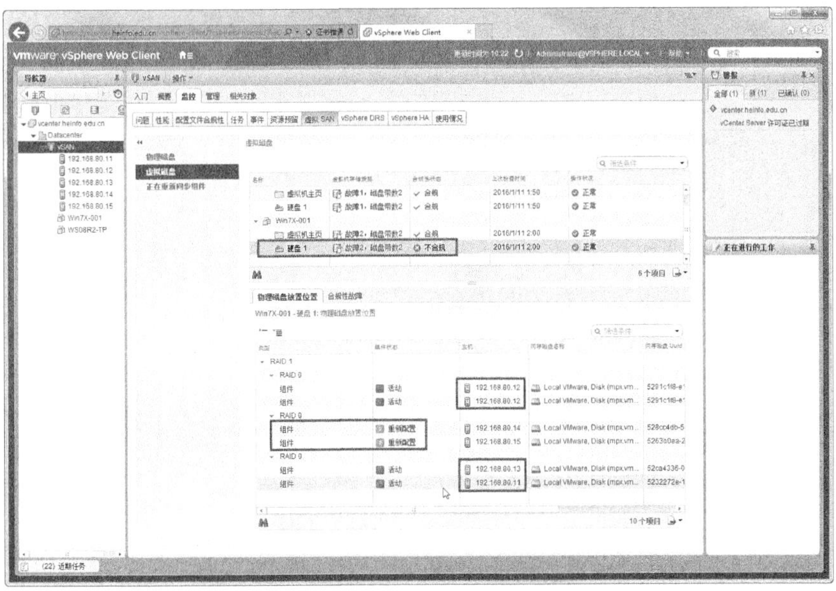

图 7-5-14　重新配置为 RAID 10

【说明】 在图 7-5-14 中可以看到，其中第一组 RAID 0，两个组件是在 192.168.80.12 这台主机上，而第 2 组 RAID 0 则分布在 192.168.10.14 及 192.168.10.15 两台主机上，这表示这个虚拟机硬盘是通过 VSAN 网络、以分布式的、跨主机的方式组成的 RAID 0；第 3 组 RAID 0 也是分别在 2 个不同的主机（192.168.80.13 及 192.168.80.11）之上。

（4）在重新配置的过程中，在“正在重新同步组件”选项中可以看到，在更改虚拟机存储策略之后，需要重新同步的硬盘数据大小、需要重新同步的组件数，以及估算的剩余时间，如图 7-5-15 所示。

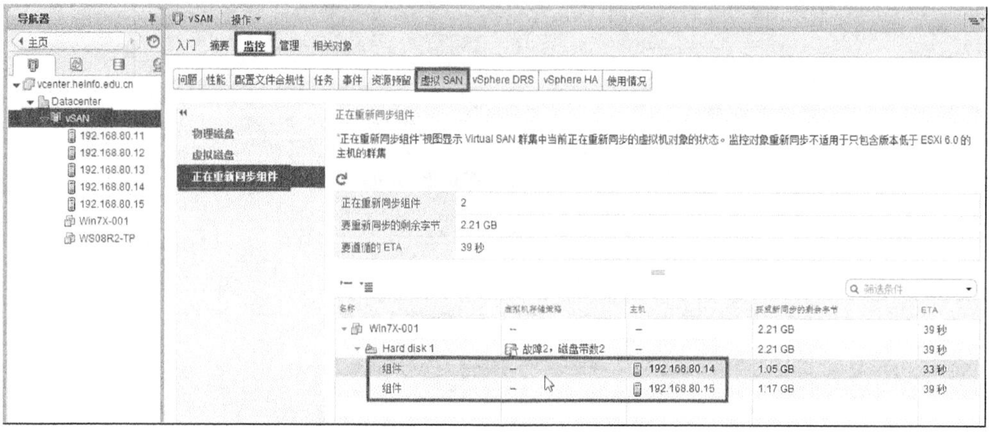

图 7-5-15　正在重新同步组件

（5）在同步完成之后，有可能会有“不合规”的提示，请在左侧导航器中右键单击这台虚拟机，在“虚拟机策略”中选择“检查虚拟机存储策略合规性”，如图 7-5-16 所示。

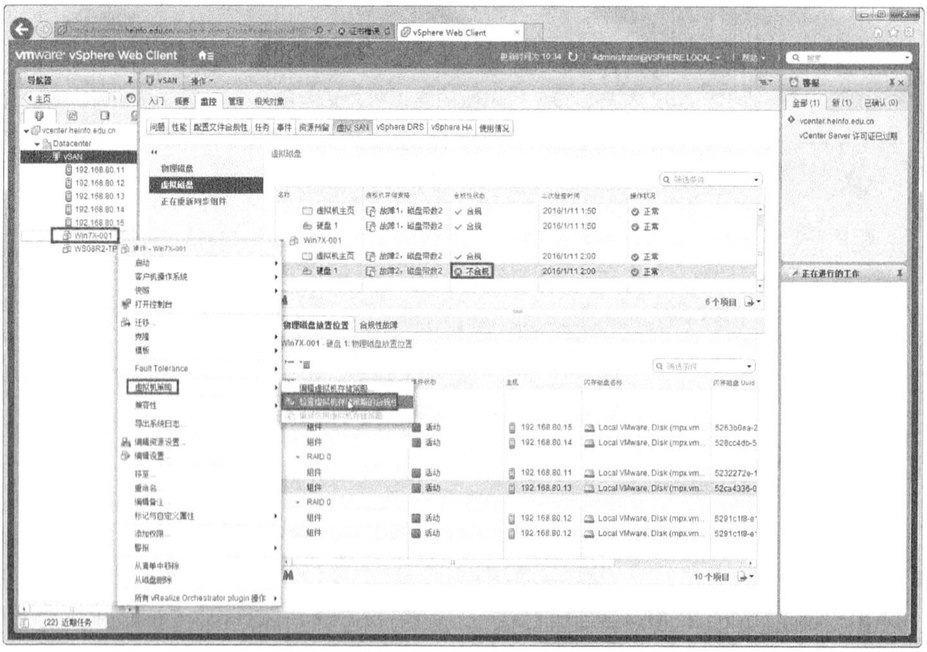

图 7-5-16　检查合规性

（6）检查之后，虚拟机存储策略合规性会显示“合规”，如图 7-5-17 所示。

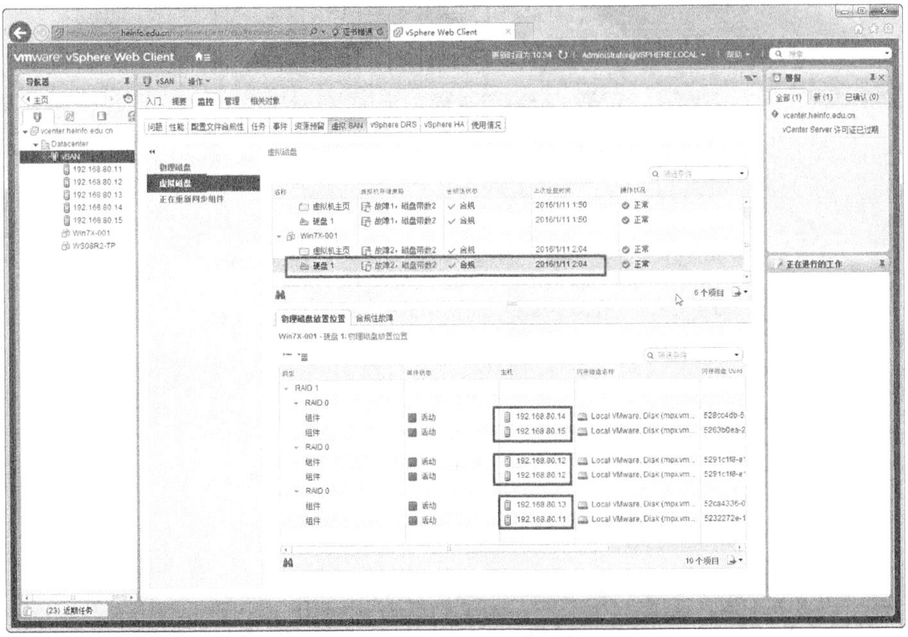

图 7-5-17　合规

（7）之后可以启动这台虚拟机，如图 7-5-18 所示。

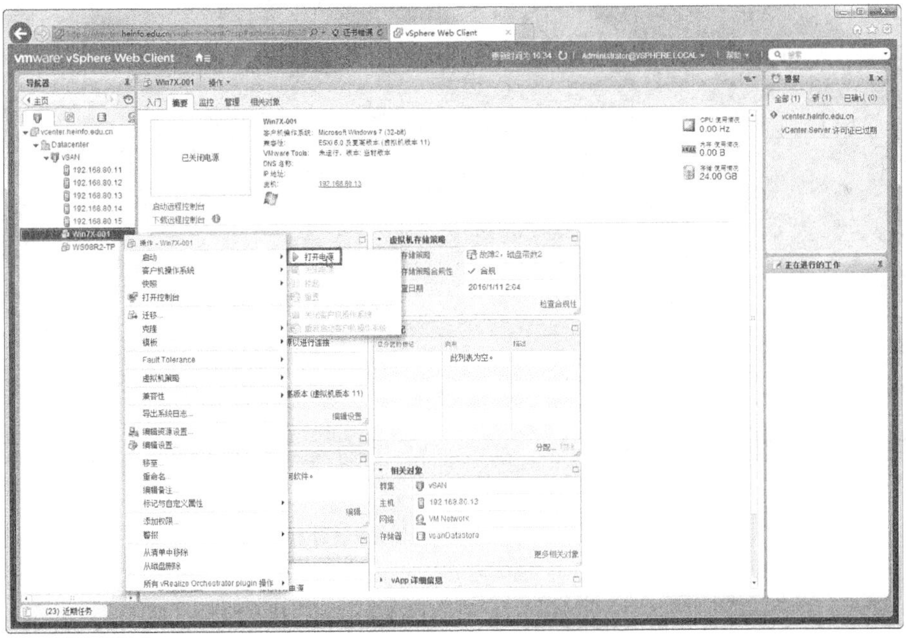

图 7-5-18　启动虚拟机

对于“故障为 2”的虚拟机存储策略，允许出故障的主机有 2 台。这样冗余性会提高，但是以牺牲主机的数量以及存储空间为代价的。

在当前的实验环境中，在启动 5 台 ESXi 的虚拟机、1 台 vCenter Server 的虚拟机共 6 台虚拟机，并且在 ESXi 中再启动一个 Windows 7 的虚拟机时，主机的 CPU 与内存资源率如图 7-5-19 所示。

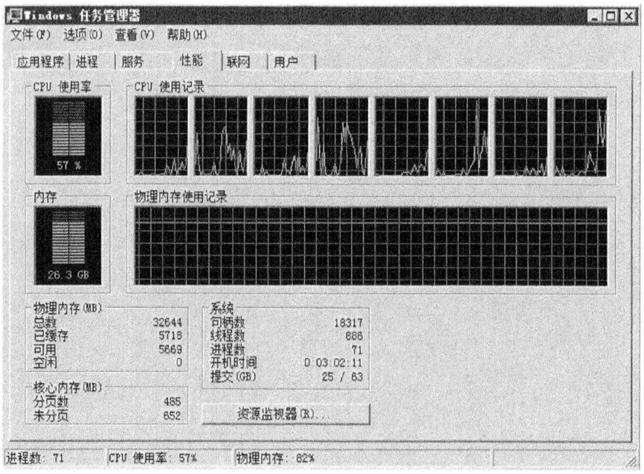

图 7-5-19　性能

启动 Windows 7 之后，打开控制台界面，如图 7-5-20 所示。

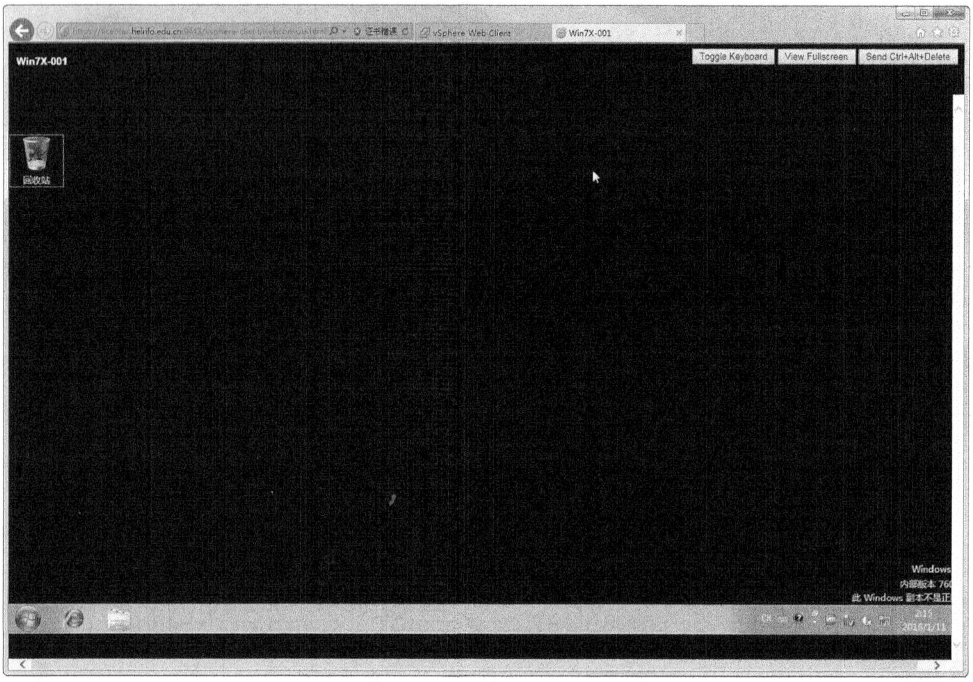

图 7-5-20　打开控制台

7.5.4　深刻理解磁盘带数

前文简单介绍过磁盘带数，在本节我们将深入介绍磁盘带数。在 Virtual SAN 群集中，磁盘带数可以跨磁盘组、跨主机。磁盘带数取值范围为 1～12。

在同时定义磁盘带数（SW）和故障数（FTT）时，至少要有 SW×FTT 个磁盘才能满足策略的要求。

在故障数设置为 1 时，如果只有 3 台主机，那么磁盘带数不能超过主机的容量硬盘数。例如，如果每台主机有 1 个磁盘组，每个磁盘组有 1 个 SSD、2 个 HDD 时，那么设置的 SW 最大为 2。

如果 vSAN 群集中有较多的主机，在设置较小的故障数时，可以设置更大的磁盘带数，此时设置的磁盘带数可以超过单个主机的容量磁盘数量。

例如，在有 5 个主机，每个主机有 1 个磁盘组，每个磁盘组有 1 个 SSD、2 个 HDD 时，在故障数设置为 1 时，其磁盘带数最大可以设置为 4。

如果设置故障数为 2，则磁盘带数最大可以为 2。

用以下一个公式可以统计这个数值。

（故障数+1）×（磁盘带数+1）≤主机数×主机所有容量磁盘数

上面介绍的是虚拟机存储策略中设置的磁盘带数。在 Virtual SAN 存储中，vSAN 会对虚拟机的对象在超过 256GB 时进行拆分（不使用默认或设置的磁盘带数），vSAN 会以其认为合适的方式分拆 VMDK。

（1）vSAN 会在一个虚拟磁盘（VMDK）大于任何单个可用空闲空间时对磁盘使用“磁盘带数”。vSAN 隐藏了这样的事实：即使主机上只有空间较小的几个物理磁盘，管理员仍然可以创建容量非常大的 VMDK。因此，即使在虚拟机的存储策略中没有设置过较大磁盘带数，大的 VMDK 文件也会被拆分到多个磁盘上。

（2）默认情况下，在新建虚拟机、添加新硬盘、修改硬盘的大小时，即使没有使用磁盘带数大于 2 的虚拟机存储策略，一个对象的副本也会在达到 256GB 时被拆分。例如，如果在创建虚拟机时，新建的虚拟硬盘是 400GB，则会被拆分成 2 个；如果创建 3000GB，则会被拆分成 12 个；如果创建 3900GB，则会被拆分成 12 个。

下面我们通过实验来验证这个情况。

【说明】 在以下实验中，由 5 个主机组成的 vSAN 群集，其中每个主机具有 1 个 240GB 的 SSD、2 个 500GB 的 HDD，构成磁盘组，如图 7-5-21 所示。

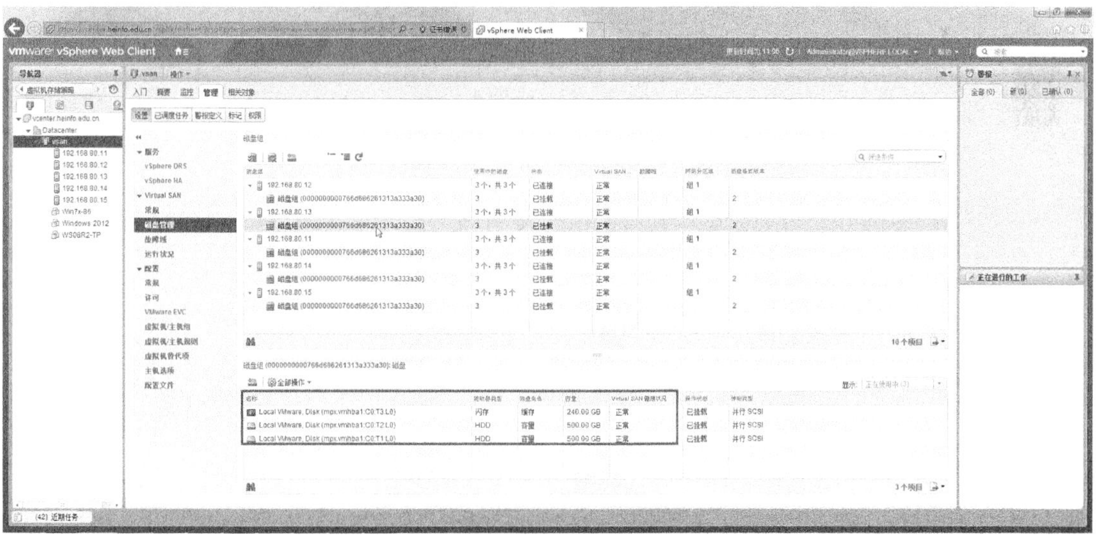

图 7-5-21　实验主机

当前 Virtual SAN 有 5 个主机、5 个闪存磁盘、10 个数据磁盘，共 4.83TB 容量，如图 7-5-22 所示。

（1）在 vSphere Web Client 新建虚拟机，设置虚拟机名称为 test21，如图 7-5-23 所示。

（2）设置虚拟机存储策略为“FTT=1，SW=4”，如图 7-5-24 所示。

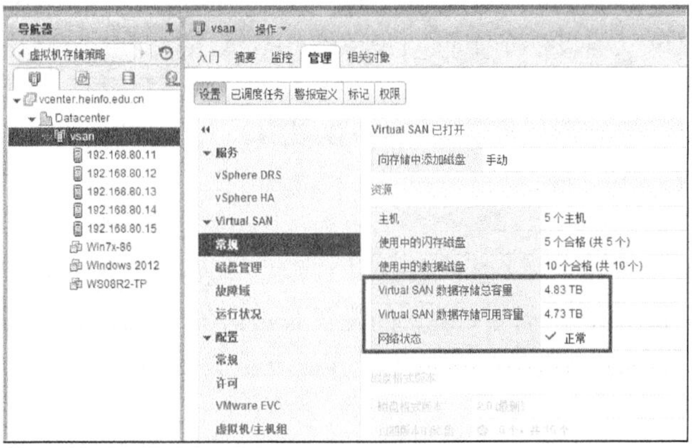

图 7-5-22　常规

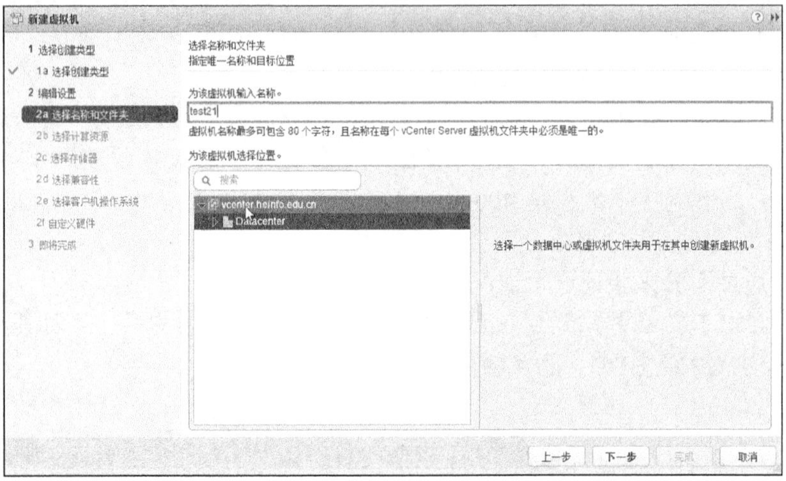

图 7-5-23　实验主机

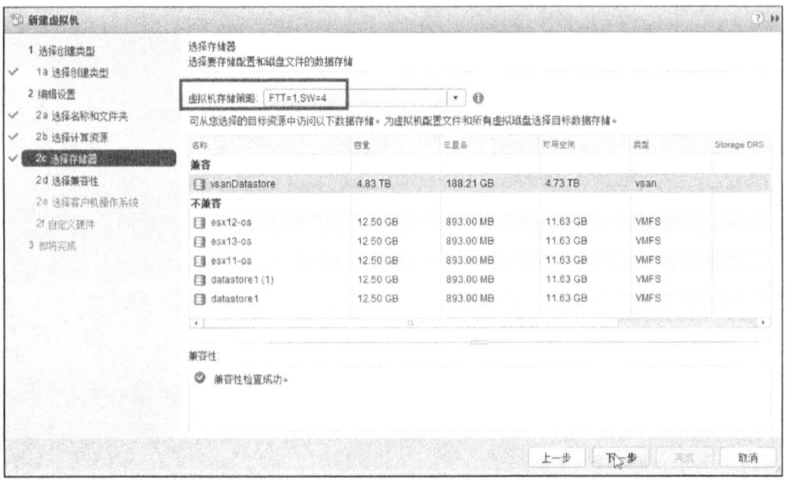

图 7-5-24　虚拟机存储策略

（3）设置虚拟机硬盘为 40GB，如图 7-5-25 所示。

（4）之后再添加 3 个硬盘，大小分别为 200GB、500GB、1400GB，如图 7-5-26 所示。

图 7-5-25　硬盘大小为 40GB

图 7-5-26　添加三个硬盘

（5）其他选择默认值，直到创建虚拟机完成，如图 7-5-27 所示。

图 7-5-27　新建虚拟机完成

创建虚拟机完成之后，在导航器中选择 Virtual SAN 群集，然后单击“监控→Virtual SAN→

虚拟磁盘"，在"虚拟磁盘"列表中选择新建的名为 test21 的虚拟机，依次查看每项。

（1）"虚拟机主页"共有 2 个"组件"、1 个"证明"，分别放置在三台不同主机上，如图 7-5-28 所示。

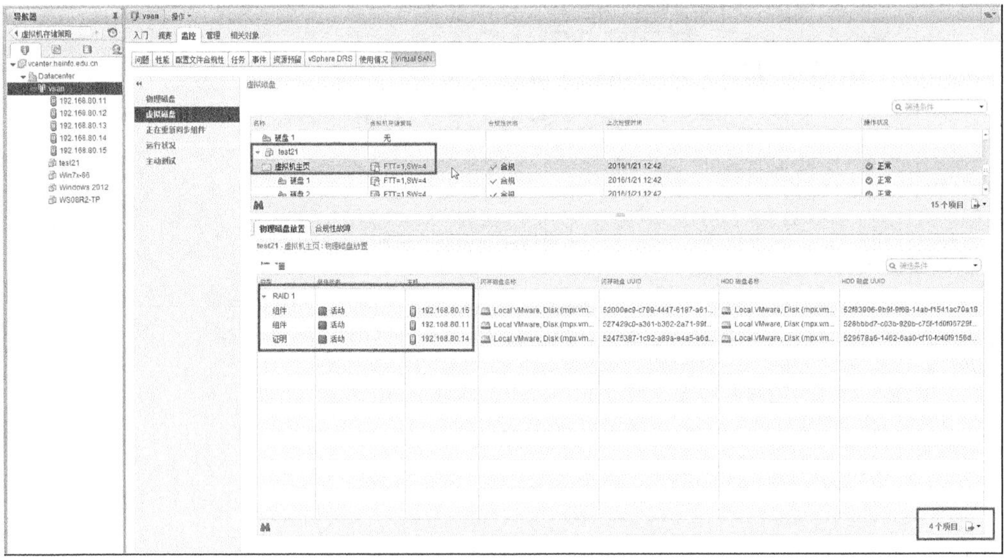

图 7-5-28　虚拟机主页

（2）硬盘 1 大小为 40GB，虚拟机存储策略为 SW=4，同一个 VMDK 被拆分为 4 个。因为每个主机只有 2 个磁盘，所以该拆分跨越了 2 个主机，其中一组 RADI 0 在 192.168.80.13 及 192.168.80.15 的主机上，另一组 RAID 0 在 192.168.80.11、192.168.80.14 的主机上，如图 7-5-29 所示。

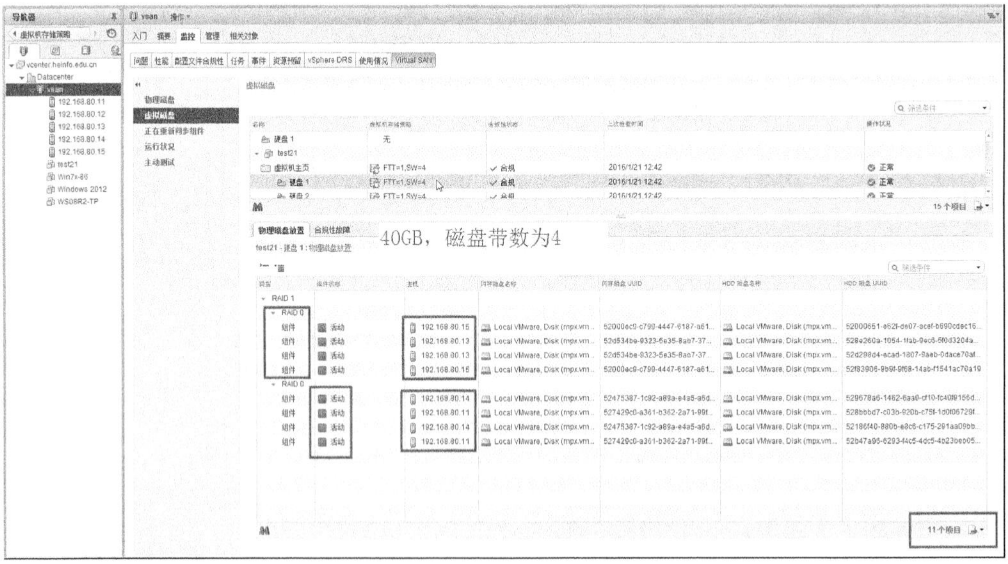

图 7-5-29　40GB 硬盘

【说明】 右下角的"11 个项目"，计算方式为（故障数+1）× 拆分数+ X（故障数 1 时为 3，故障数 2 时为 6）。

（3）硬盘 2 大小为 200GB，硬盘 3 大小为 500GB，虚拟机存储策略为 SW=4，同一个 VMDK 被拆分为 4 个，如图 7-5-30 所示。

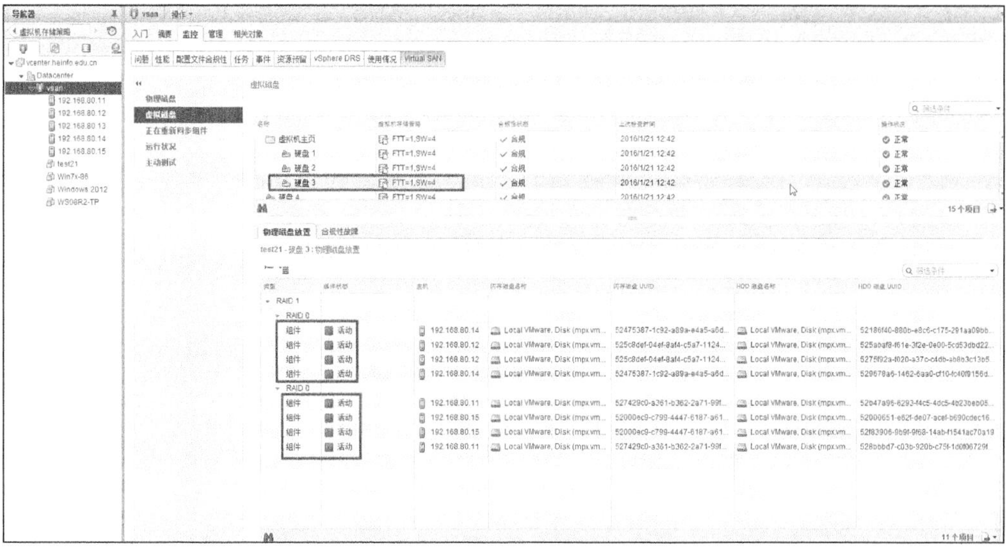

图 7-5-30　大小为 500GB 硬盘

（4）硬盘 4 大小为 1400GB，被拆分为 6 个，在 vSAN 中，当虚拟硬盘大小超过 256GB 时会被自动拆分，关于这一内容将在下一节介绍，如图 7-5-31 所示。

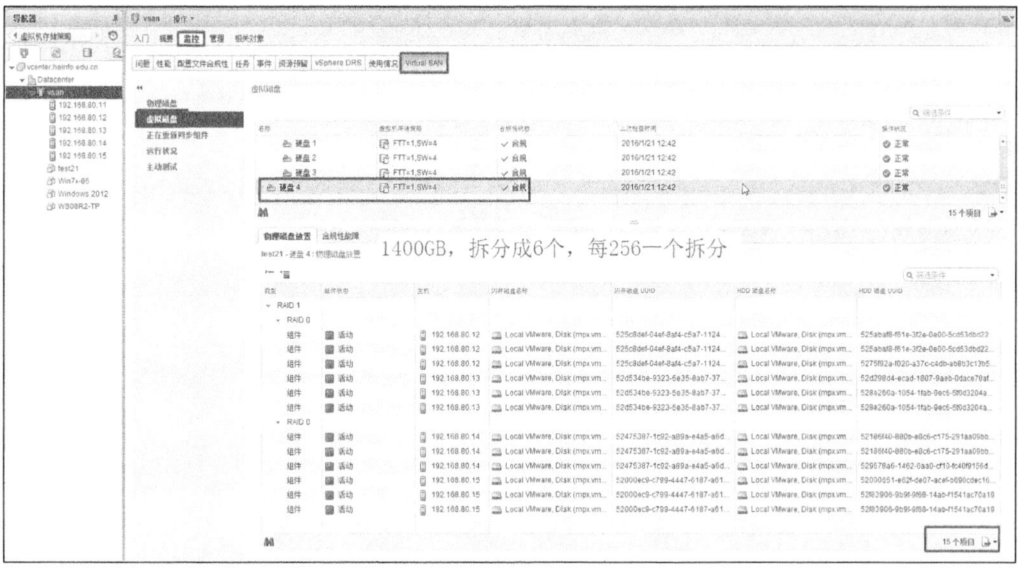

图 7-5-31　1.4TB 硬盘拆分为 6 个

接下来可以继续验证，你可以创建一个新的虚拟机，使用默认虚拟机存储策略（SW=1），为虚拟机分配 250GB、500GB、1000GB 的虚拟硬盘，如图 7-5-32 所示。

虚拟机创建完成之后，在“虚拟磁盘”中可以看到 250GB 的硬盘没有拆分，因为没有达到拆分标准，如图 7-5-33 所示。

而 500GB 的硬盘则被拆分为 2 个，如图 7-5-34 所示。

图 7-5-32　新建虚拟机、设置硬盘大小

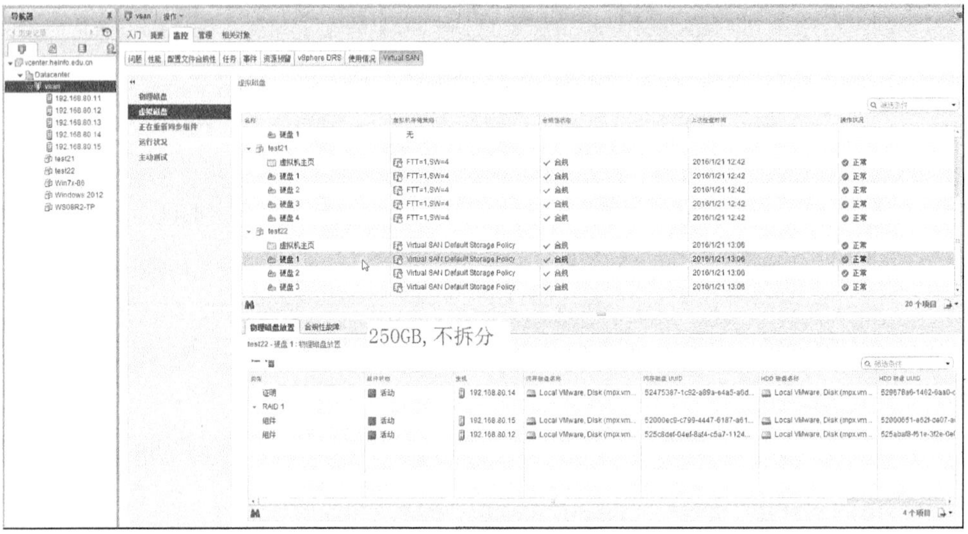

图 7-5-33　250GB 不拆分

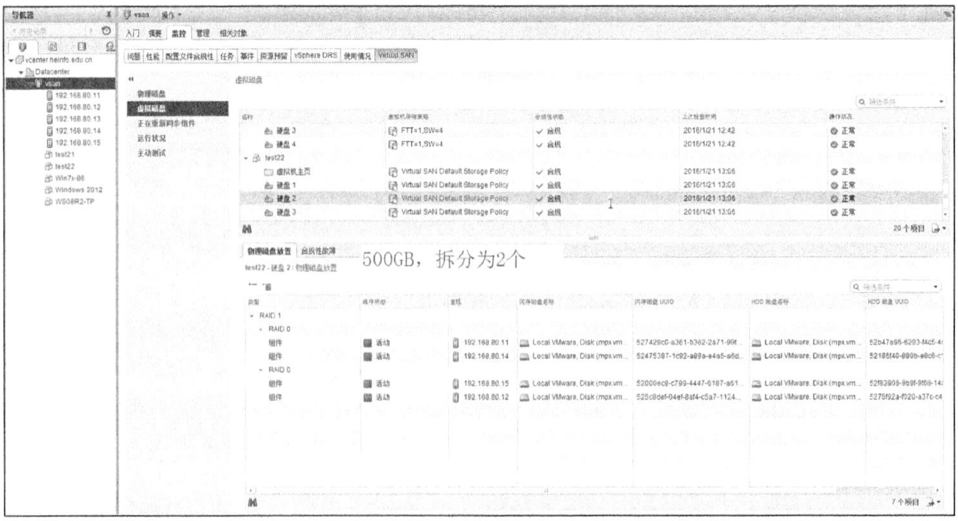

图 7-5-34　500GB 拆分成 2 个

而 1400GB 的则被拆分为 6 个，如图 7-5-35 所示。

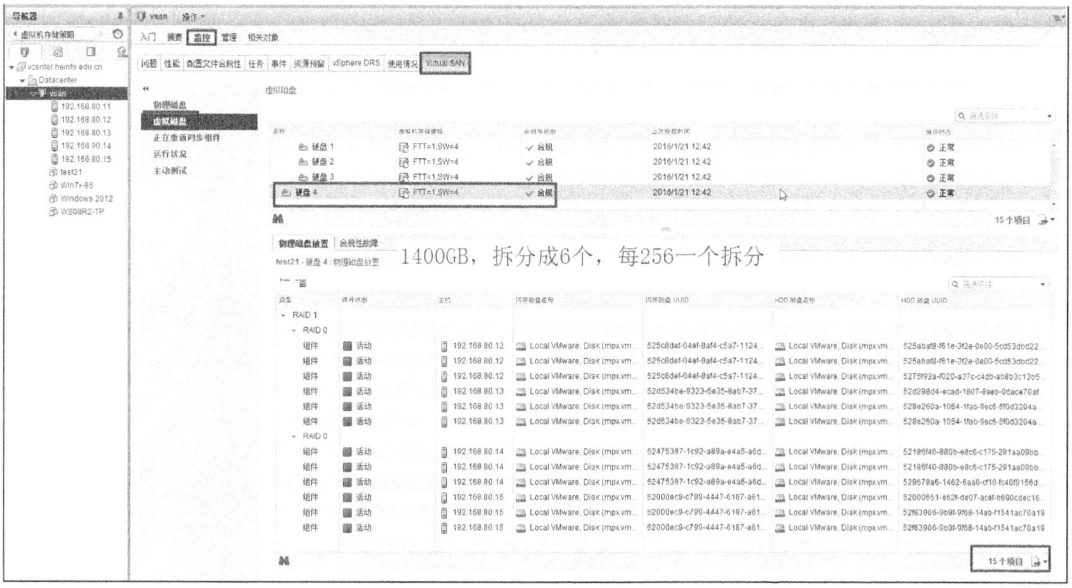

图 7-5-35 1.4TB 被拆分为 6 个

接下来修改虚拟机的配置，将虚拟机的硬盘从 250GB 改为 300GB，从 500GB 硬盘改为 700GB，如图 7-5-36 所示。

图 7-5-36 修改虚拟机硬盘大小

再次到“虚拟磁盘”列表中可以看到，硬盘从 250GB 改为 300GB 会被拆分为 2 个，而 500GB 改为 700GB，则首先会被拆分为 4 个，如图 7-5-37 所示。

之后会被调整成 3 个，如图 7-5-38 所示。

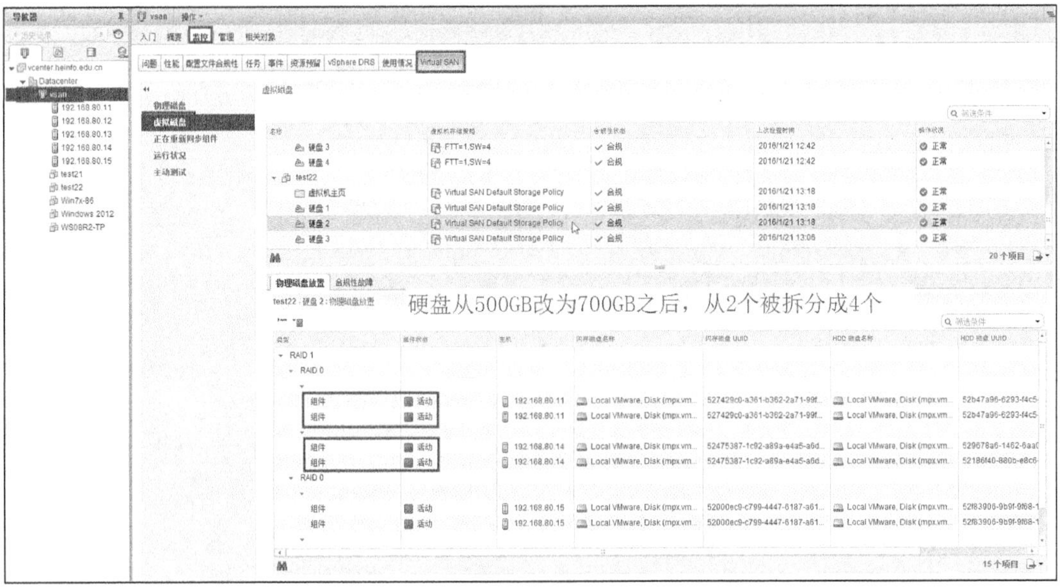

图 7-5-37　拆分成 4 个

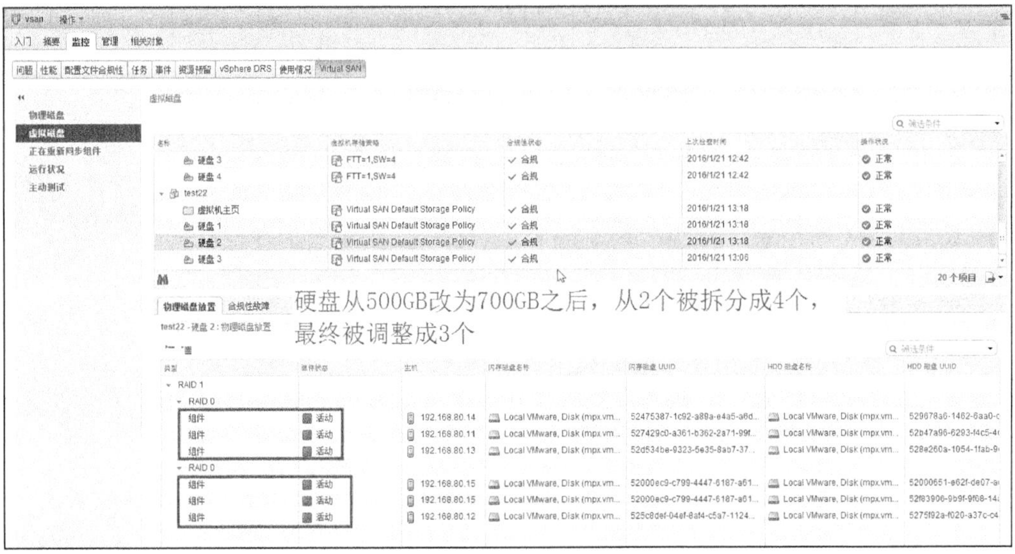

图 7-5-38　700GB 硬盘调整成 3 个

7.5.5　vSphere 群集故障域

Virtual SAN 故障域功能将指示 Virtual SAN 将冗余组件分散到各个计算机架中的服务器上。因此，您可以保护环境免于机架级故障，如断电或连接中断。

您可以通过创建故障域并向其分配一个或多个主机对可能会同时发生故障的 Virtual SAN 主机进行分组。单个故障域中所有主机的故障将被视为一个故障。如果指定了故障域，则 Virtual SAN 永远不会将同一对象的多个副本放置在同一故障域中。如图 7-5-39 所示，你可以将每个机柜中的 ESXi 主机放入同一个故障域，不要将不同机柜中的主机放入相同的故障域，这样可以避免机柜供电或网络出错而引发的潜在问题。

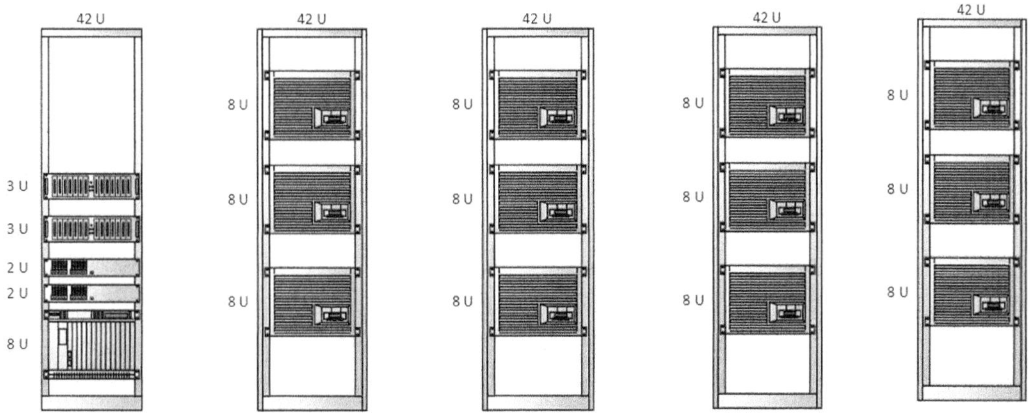

图 7-5-39　机柜示意图

要构造故障域，需要遵循如下的规则。

（1）您必须至少定义三个故障域，每个故障域可能包含一个或多个主机。故障域定义必须确认可能代表潜在故障域的物理硬件构造，如单个计算机柜。

（2）如果可能，请使用至少四个故障域。使用三个故障域时，不允许使用特定撤出模式，Virtual SAN 也无法在故障发生后重新保护数据。在这种情况下，您需要一个使用三域配置时无法提供的备用容量故障域用于重新构建。

（3）如果启用故障域，Virtual SAN 将根据故障域而不是单个主机应用活动虚拟机存储策略。

根据计划分配给虚拟机的存储策略中规定的“允许的故障数”属性计算群集中的故障域数目。

```
number of fault domains = 2 * number of failures to tolerate + 1
```

即

```
故障域数目=2×允许的故障数+1
```

考虑一个包含四个服务器机架的群集，每个机架包含两个主机。如果允许的故障数等于 1 并且未启用故障域，Virtual SAN 可能会将对象的两个副本与主机存储在同一个机柜中。因此，发生机架级故障时应用程序可能有潜在的数据丢失风险。当您配置可能在单独的故障域中一起发生故障的主机时，Virtual SAN 将确保将每个保护组件（副本和证明）置于单独的故障域上。

如果您要添加主机和容量，可以使用现有的故障域配置或创建一个新配置。

要通过使用故障域获得平衡存储负载和容错，请考虑以下准则。

- 提供足够的故障域以满足在存储策略中配置的允许的故障数。
- 至少定义 3 个域。要获得最佳保护，请至少定义 4 个域。
- 向每个故障域分配相同数量的主机。
- 使用具有统一配置的主机。
- 如果可能，请在出现故障后将一个具有可用容量的域专用于重新构建数据。

在接下来的演示中，将会创建 3 个故障域（主机 192.168.80.11、192.168.80.12 在一个故障域。

（1）在导航器左侧选中 Virtual SAN 群集，在“管理→设置→故障域”中查看当前的主机，当前有 5 台主机，默认都没有在故障域中，如图 7-5-40 所示。

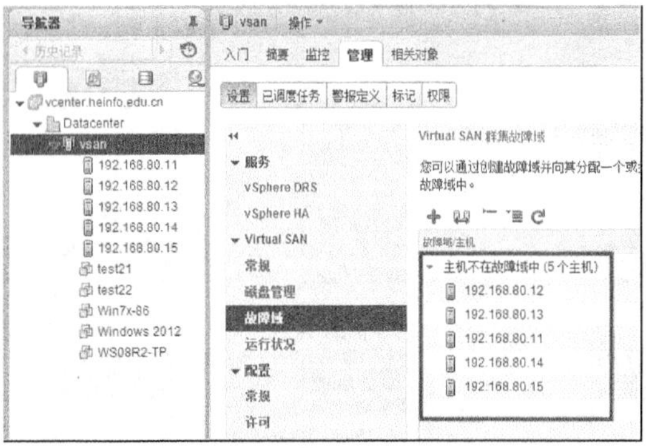

图 7-5-40　当前主机

（2）单击“＋”按钮，弹出“新建故障域”对话框，在此输入新建故障域的名称，然后选择要移入此故障域的主机，如图 7-5-41 所示，单击“确定”按钮即可完成创建。

（3）可以根据需要创建 3 个故障域，也可以创建 2 个故障域，剩余一个主机在故障域中，如图 7-5-42 所示。如果把所有主机都放入故障域，不能少于 3 个故障域，否则会由于主机（故障域）不够而无法应用虚拟机存储策略。

（4）之后创建虚拟机，如果使用“故障 1，磁盘带数为 3”的虚拟机存储策略，兼容性检查成功，如图 7-5-43 所示。

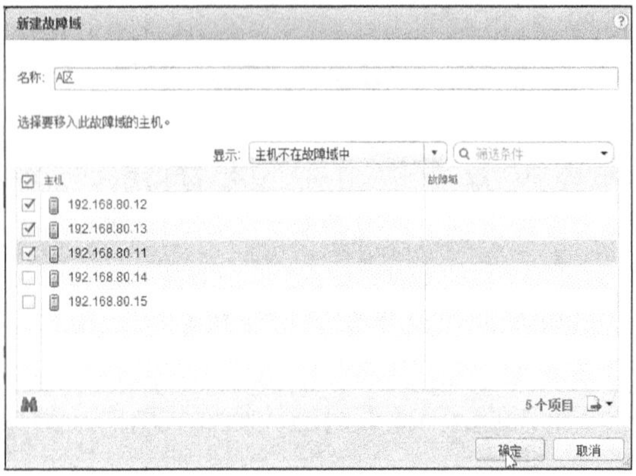

图 7-5-41　新建故障域

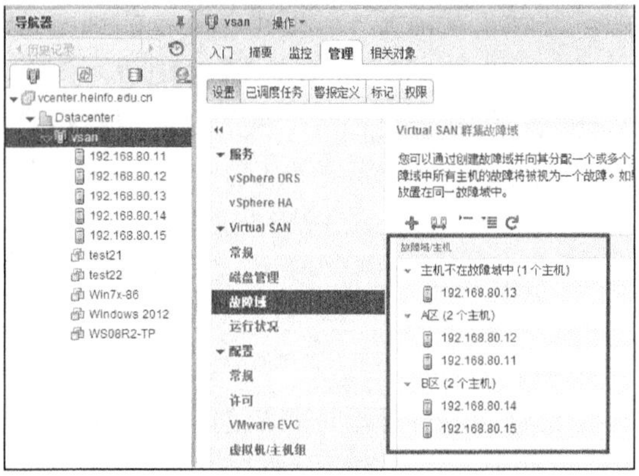

图 7-5-42　创建 2 个故障域，1 个主机不在故障域（相当于一个故障域）

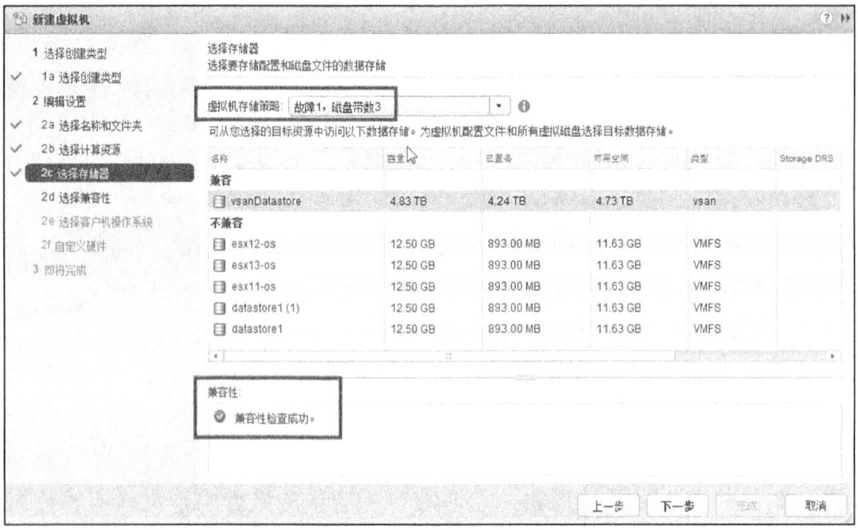

图 7-5-43　应用故障 1 的虚拟机存储策略

（5）如果使用“故障 2”的虚拟机存储策略，兼容性检查不成功，因为要使用故障数为 2 的虚拟机存储策略，至少要有 5 个主机或 5 个故障域，当前只有 3 个，所以应用不成功，如图 7-5-44 所示。

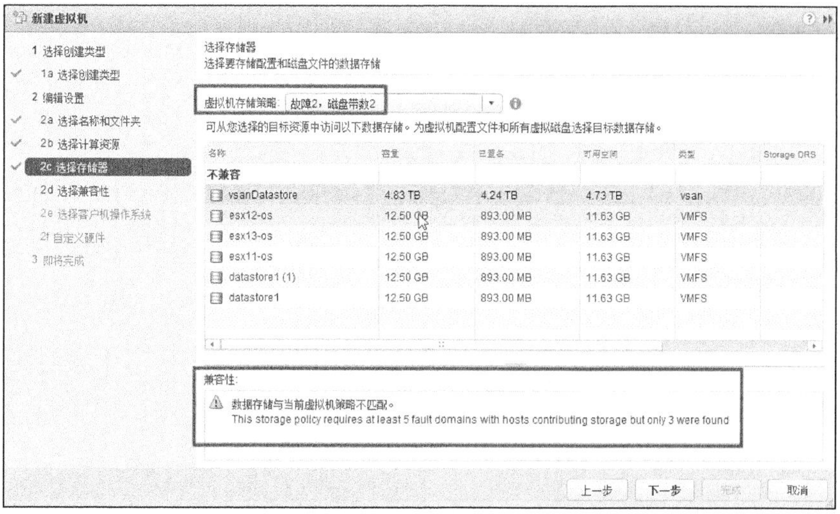

图 7-5-44　故障域与可用主机小于等于 3 个时只能使用故障数为 1 的策略

（6）之后使用默认虚拟机存储策略，创建一个 40GB、一个 500GB 虚拟硬盘的虚拟机，如图 7-5-45 所示。

图 7-5-45　创建虚拟机

（7）最后在“监控→Virtual SAN→虚拟磁盘”中选中新创建虚拟机，查看硬盘 1 或硬盘 2，可以看到同一组 RAID0 会在同一个故障域中，只有 RAID1 的镜像副本才会在其他的故障域或空闲主机中，如图 7-5-46 所示。

接下来再创建一个虚拟机，使用“FTT=1，SW=4”的虚拟机存储策略，创建完成之后，在“虚拟磁盘”中可以查看对于虚拟机的硬盘，在使用磁盘带数为 4 的策略之后，同一个 RAID 0 仍然在同一个故障域，RAID 1 的另一组 RAID 0 则会在另一个故障域，而“证明”则会在第 3 个故障域或没有分配在故障域的剩余主机，如图 7-5-47 所示。

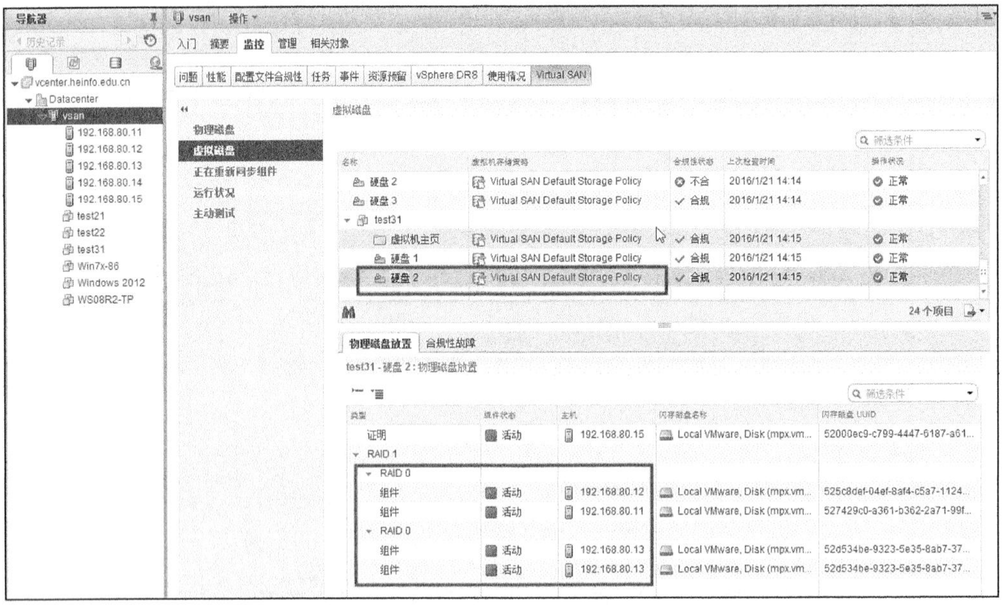

图 7-5-46 检查硬盘组件分布

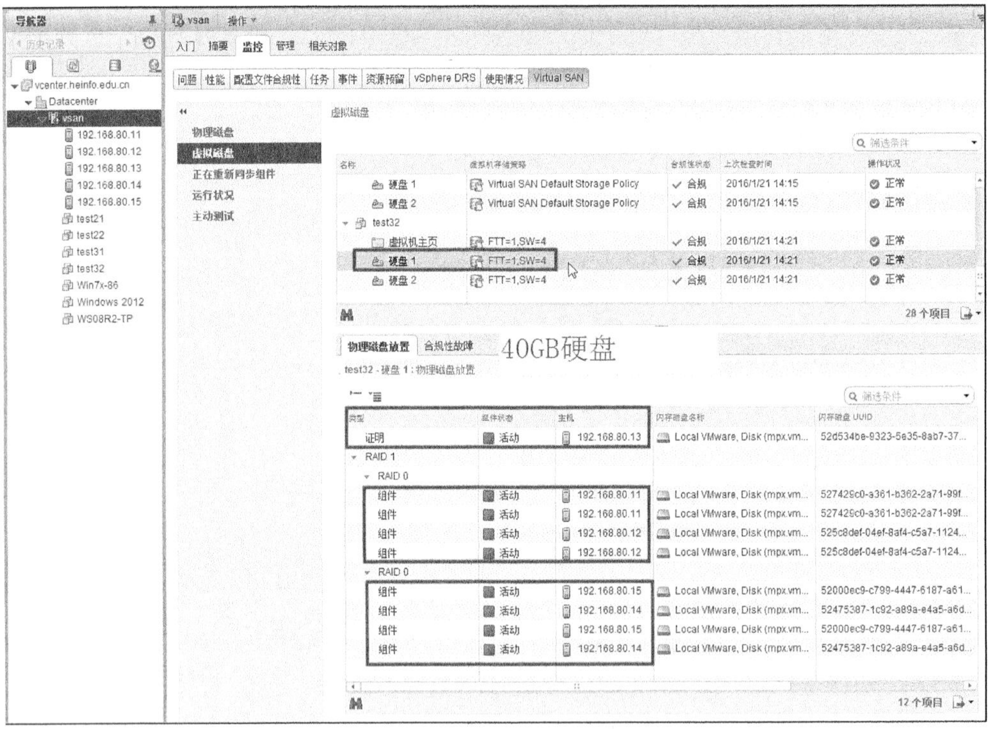

图 7-5-47 进一步查看故障域中虚拟机组件放置

7.5.6 配置 Virtual SAN 延伸群集

上一节介绍的“故障域”，可以解决同一机房、机架级的问题。如果你有更高的需求，例如需要跨园区、不同的楼，或者同一个城市而距离受限制的园区，可以使用 Virtual SAN 延伸群集。通过延伸群集跨两个站点扩展数据存储。

可以创建跨两个地理位置（或站点）的延伸群集。通过延伸群集，您可以跨两个站点扩展 Virtual SAN 数据存储，以将其用作延伸存储。如果一个站点上发生故障或进行计划的维护，延伸群集将继续工作，如图 7-5-48 所示。在图 7-5-48 中，有两个地方放置较多的 ESXi 主机组成延伸群集，而第 3 个位置则放置一台见证主机。

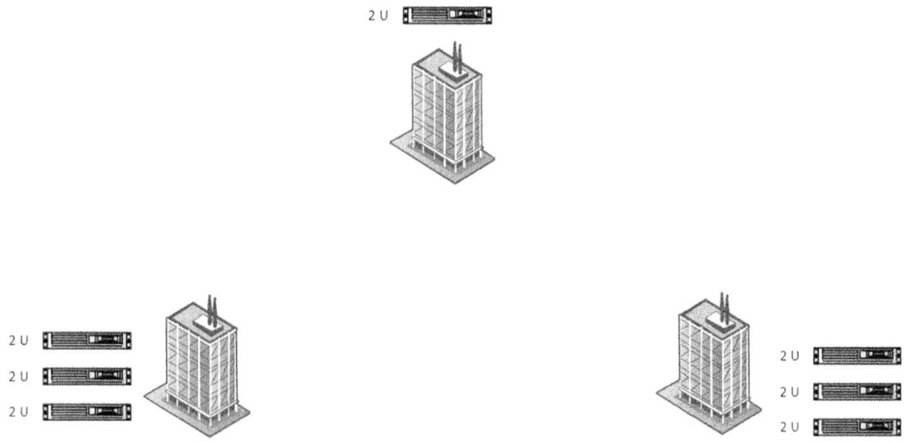

图 7-5-48　使用 Virtual SAN 延伸群集跨两个站点扩展数据存储

延伸群集将 Virtual SAN 群集从一个站点扩展到两个站点，从而提供更高级别的可用性和站点间负载平衡。延伸群集通常部署在数据中心之间距离受限制的环境（例如大城市或园区环境）中。

您可以使用延伸群集管理计划的维护并避免灾难场景，因为维护或丢失一个站点不会影响群集整体运行。在延伸群集配置中，两个站点都是活动站点。如果任一站点失败，Virtual SAN 使用另一站点上的存储。vSphere HA 在剩余活动站点上重新启动虚拟机。

您必须将一个站点指定为首选站点。另一站点变为辅助站点或非首选站点。系统仅在两个活动站点之间丢失网络连接的情况下使用首选站点，因此指定为首选的站点是保持运行的站点。

Virtual SAN 延伸群集允许每次出现一个链路故障，从而不会出现数据不可用的情况。链路故障是指两个站点之间失去网络连接或者一个站点和见证主机之间失去网络连接。在站点故障或网络连接丢失期间，Virtual SAN 自动切换到功能完全正常的站点。

每个延伸群集包含两个站点和一个见证主机。见证主机驻留在第三个站点上并且包含虚拟机对象的见证组件。它只包含元数据，且不参与存储操作。

在两个站点之间的网络连接丢失的情况下需要针对数据存储组件的可用性做出决定时，见证主机充当“连接中断器（Tie Breaker）”。在这种情况下，见证主机通常与首选站点一起构成 Virtual SAN 群集。但是，如果首选站点与辅助站点和见证主机隔离，则见证主机使用辅助站点构成群集。当首选站点重新处于联机状态时，将重新同步数据以确保两个站点都拥有所有数据的最新副本。

如果见证主机出现故障，则所有相应对象将不合规，但是可进行完全访问。见证主机具有以下特性。

➢ 见证主机可以使用低带宽/长滞后时间的链路。
➢ 见证主机无法运行虚拟机。

- 一个见证主机只能支持一个 Virtual SAN 延伸群集。
- 见证主机必须至少拥有一个启用 Virtual SAN 流量的 VMkernel 适配器，并且与群集上的所有主机连接。
- 见证主机必须是专用于延伸群集的独立主机。它无法通过 vCenter Server 添加到任何其他群集或移动到清单中。

见证主机可以是物理主机或在虚拟机中运行的 ESXi 主机。虚拟机见证主机不提供其他类型的功能，例如存储或运行虚拟机。多个见证主机可以作为单个物理服务器上的虚拟机运行。对于修补以及基本网络和监控配置，虚拟机见证主机与典型的 ESXi 主机的工作方式相同。您可以使用 vCenter Server 进行管理，使用 esxcli 或 vSphere Update Manager 进行修补和更新，以及使用与 ESXi 主机交互的标准工具进行监控。

您可以使用见证虚拟设备作为延伸群集中的见证主机。见证虚拟设备是虚拟机中的 ESXi 主机，打包为 OVF 或 OVA。基于部署的大小，该设备通过不同选项提供。

延伸群集跨两个地理位置的数据中心提供冗余和故障保护。故障域在同一站点中提供机架级故障保护。延伸群集中的每个站点驻留在单独故障域中。

延伸群集需要三个故障域：首选站点、辅助站点和见证主机。

使用 Virtual SAN 延伸群集时，请注意下列准则。

（1）为延伸群集配置 DRS 设置。

- 必须在群集上启用 DRS。将 DRS 置于半自动模式后，您可以控制将哪些虚拟机迁移到各个站点。
- 创建两个主机组，一个用于首选站点，另一个用于辅助站点。
- 创建两个虚拟机组，一个用于存放首选站点上的虚拟机，另一个用于存放辅助站点上的虚拟机。
- 创建两个虚拟机-主机关联性规则，这些规则映射虚拟机到主机组，并指定哪些虚拟机和主机驻留在首选站点上，哪些虚拟机和主机驻留在辅助站点上。
- 配置虚拟机-主机关联性规则，在群集中执行虚拟机的初始放置。

（2）为延伸群集配置 HA 设置。

（3）延伸群集需要磁盘格式 2.0 或更高版本。

（4）将延伸群集允许的故障数配置为 1。

在接下来的操作中，我们将把 5 台 ESXi 主机组成 Virtual SAN 群集，使用其中 4 台组成延伸群集，其中 1 台配置成见证主机。因为在我们这个实验环境中，见证主机的磁盘已经使用，所以你需要对其进行初始化工作，即需要删除原来用于 vSAN 群集的 SSD、HDD 磁盘上所有的分区，之后才能用于见证主机。

1. 从群集中移除主机

首先介绍怎样从 Virtual SAN 群集中移除一台主机，主要步骤如下。

（1）在 vSphere Web Client“主机和群集”选项中，单击一台准备用于当作见证主机的 ESXi 主机，在此选择 192.168.80.13 的主机，右键单击，选择“维护模式→进入维护模式”，如图 7-5-49 所示。

（2）在“确认维护模式”中选中“将关闭电源和挂起的虚拟机移动到群集中其他的主机上”，并选中“迁移全部数据”，如图 7-5-50 所示。

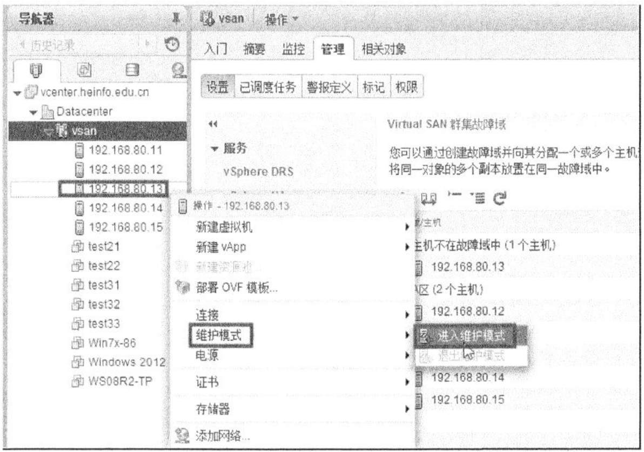

图 7-5-49　进入维护模式

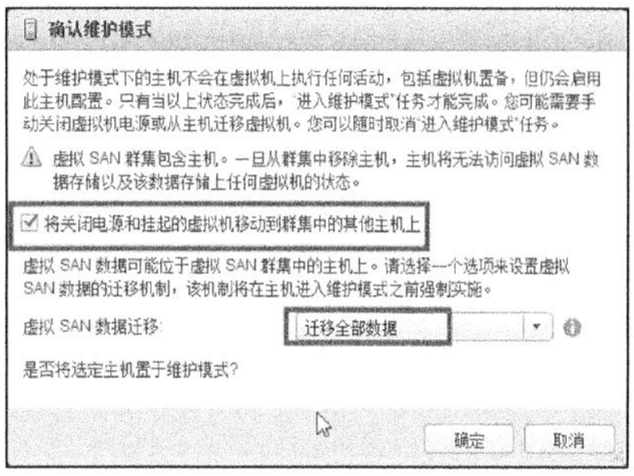

图 7-5-50　确认维护模式

（3）当主机（192.168.80.13）进入维护模式后，导航到 Virtual SAN 群集，在“管理→设置→磁盘管理”中，选中 192.168.80.13 的主机，选中该主机的磁盘组，单击“ ”按钮移除磁盘组，如图 7-5-51 所示。

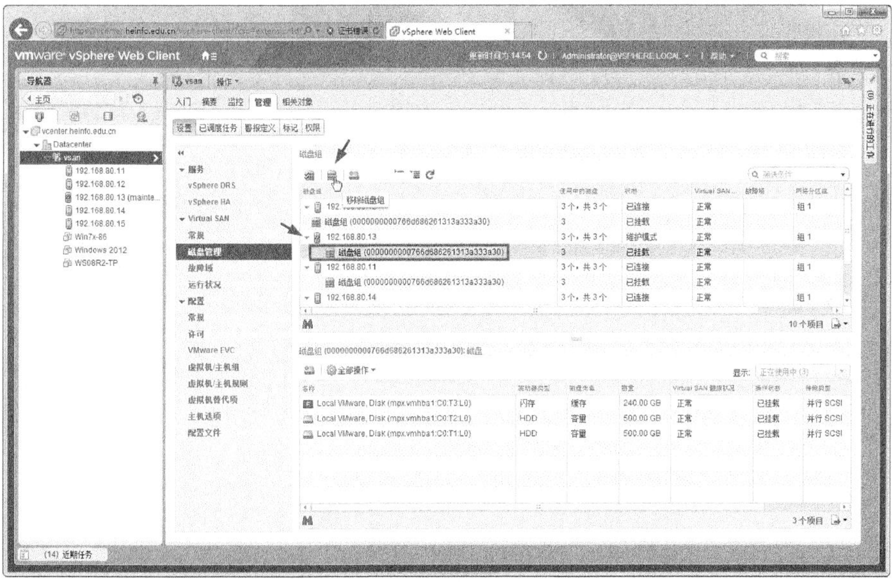

图 7-5-51　移除磁盘组

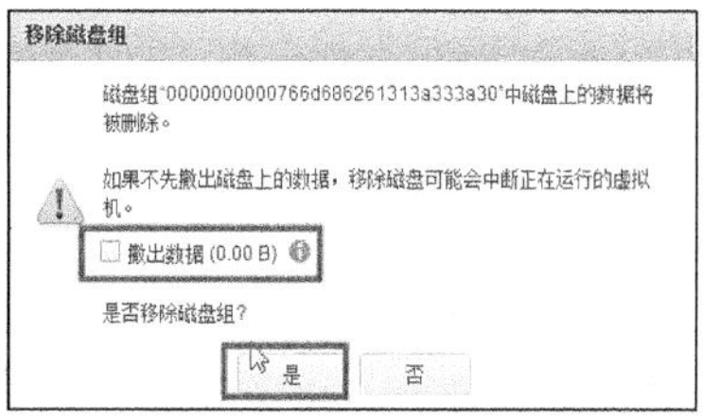

图 7-5-52　移除磁盘组

（4）在“移除磁盘组”对话框中取消“撤出数据”的选择，单击“是”按钮，如图 7-5-52 所示。

（5）最后，右击 192.168.80.13 主机，选择“从清单中移除”，如图 7-5-53 所示。

（6）最后，在左侧导航器中，选中数据中心“Datacenter”，选择添加主机，并将 192.168.80.13 添加到数据中心，而不是重新添加到 vSAN 群集，如图 7-5-54 所示。

（7）切换到 VMware Workstation 的虚拟机，使用工具光盘镜像，重新启动 192.168.80.13 的虚拟机，将用于 Virtual SAN 的 240GB 的 SSD、2 个 500GB 的容量磁盘删除分区，并保存更改，如图 7-5-55 所示，最后重新启动，再次进入 ESXi 系统。

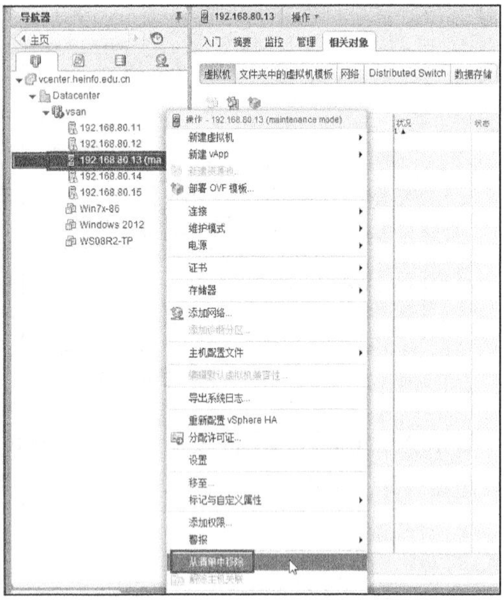

图 7-5-53　从清单中移除

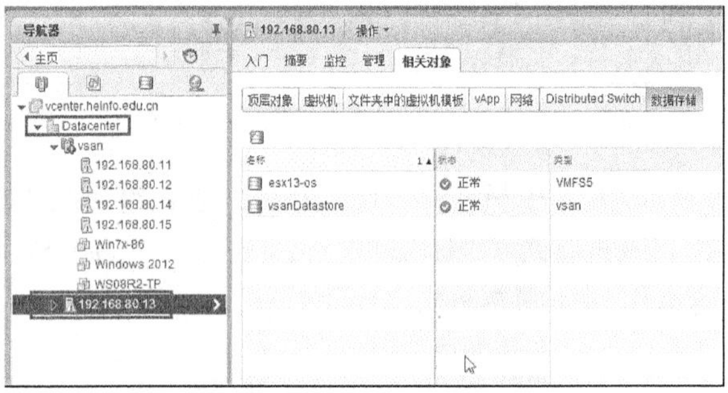

图 7-5-54　添加到数据中心

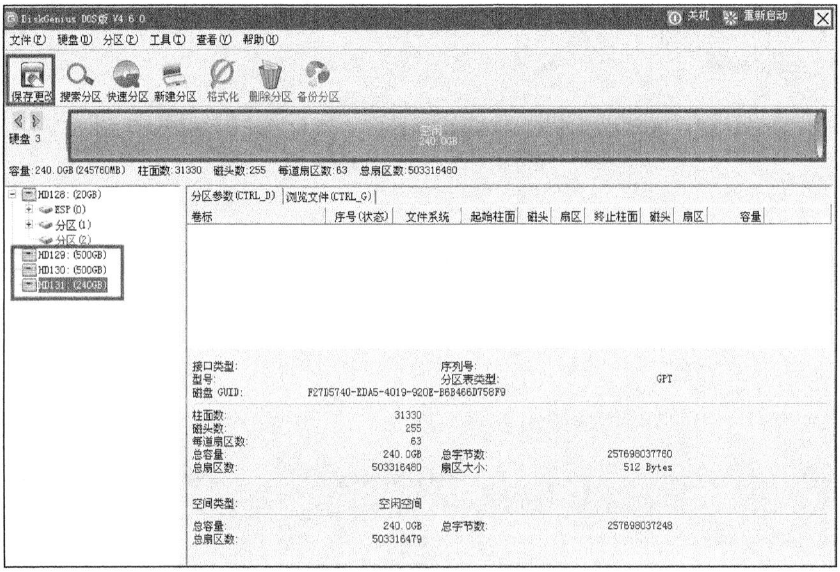

图 7-5-55　删除原来 Virtual SAN 磁盘上的分区

2. 配置延伸群集

接下来为 Virtual SAN 配置延伸群集，步骤如下。

（1）在 vSphere Web Client 中导航到 Virtual SAN 群集，在“管理→设置→故障域”中单击“ ”按钮，配置 Virtual SAN 延伸群集，如图 7-5-56 所示。

（2）在“配置故障域”对话框中选择两台主机在“首选故障域”列表中，另两台主机在“辅助故障域”列表中，如图 7-5-57 所示。

（3）在“选择一个证明主机”对话框选择 192.168.80.13，用于见证，如图 7-5-58 所示。

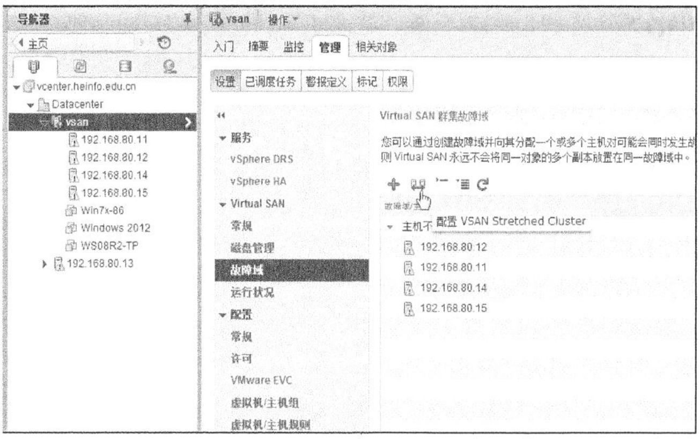

图 7-5-56　配置 Virtual SAN 延伸群集

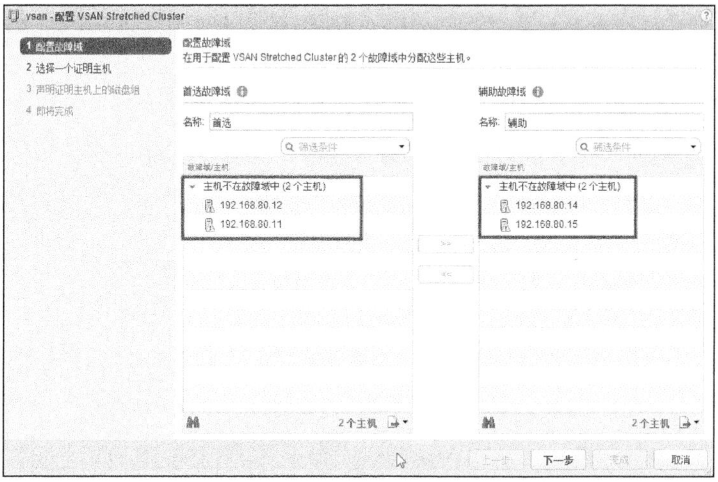

图 7-5-57　配置故障域

图 7-5-58　选择见证主机

（4）在“声明主机上的磁盘组”，首先选择单个磁盘作为写入缓存，然后选择一个或多个磁盘作为容量磁盘，如图 7-5-59 所示。如果在此对话框中“看”不到 SSD 及 HDD，请重新启动 ESXi 的主机，使用工具光盘或 U 盘，初始化除了 ESXi 系统盘之外的、准备用于见证主机的 SSD 及 HDD 磁盘，注意，不要将 ESXi 系统盘及其他存储盘初始化。

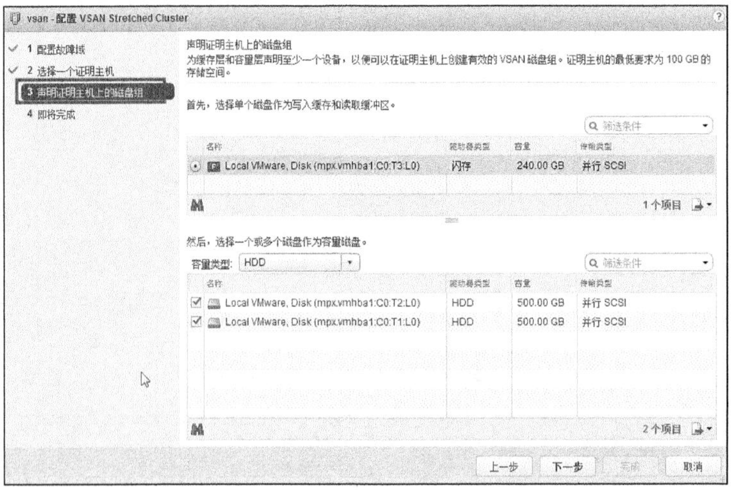

图 7-5-59　声明证明主机上的磁盘组

（5）在“即将完成”对话框单击“完成”按钮，如图 7-5-60 所示。

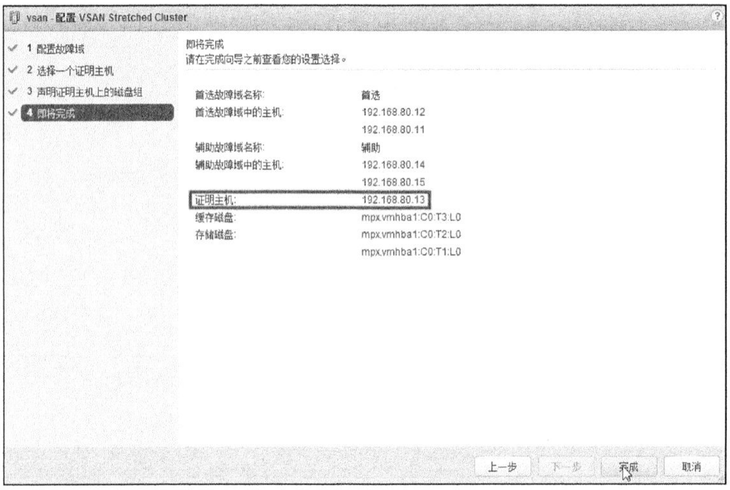

图 7-5-60　即将完成

配置完成之后，如图 7-5-61 所示。

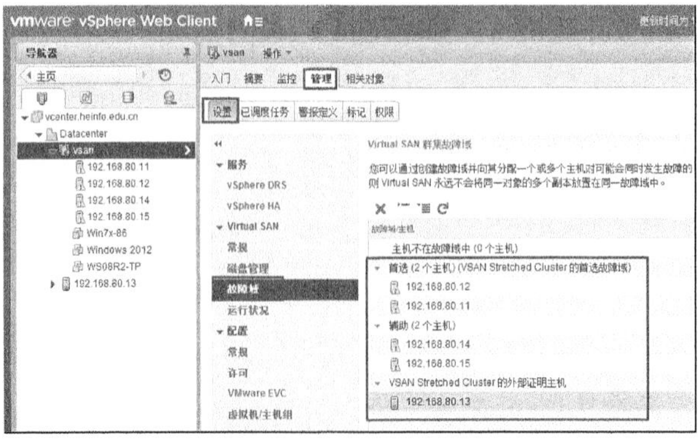

图 7-5-61　创建 Virtual SAN 延伸群集完成

3. 创建虚拟机用于测试

之后创建虚拟机用于测试，主要步骤如下。

（1）创建虚拟机，使用默认的 Virtual SAN 存储策略，如图 7-5-62 所示。

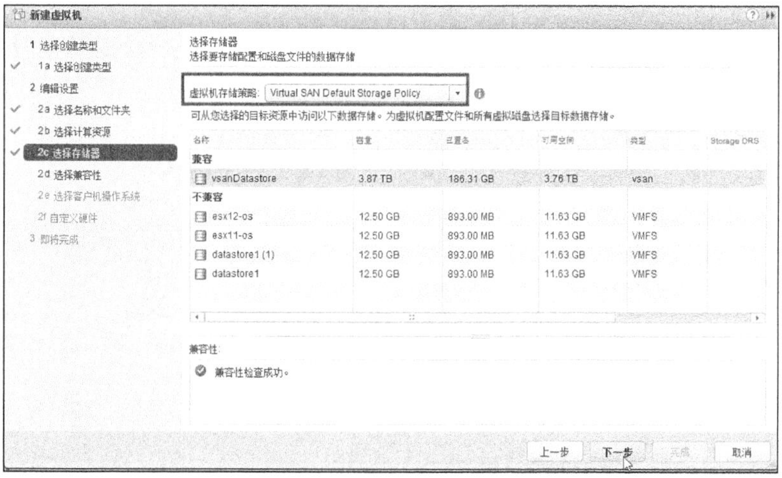

图 7-5-62 选择虚拟机存储策略

（2）设置两个硬盘，硬盘大小为 40GB 与 1500GB，如图 7-5-63 所示。

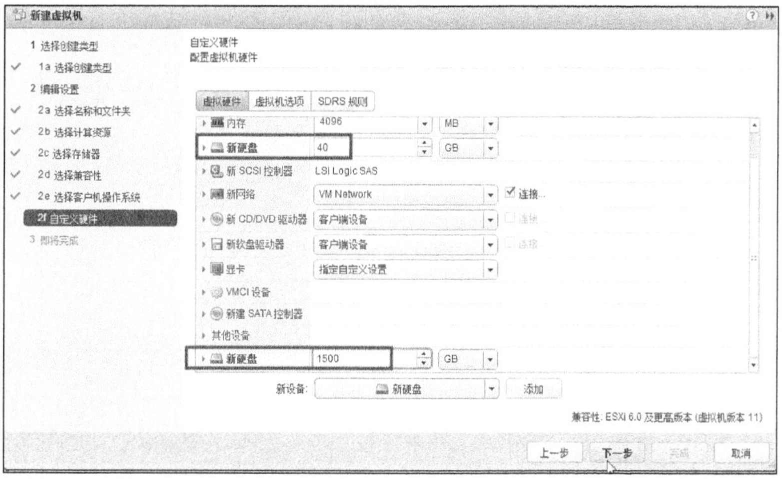

图 7-5-63 设置硬盘大小

（3）创建完成之后，在“虚拟磁盘”中可以看到，这个 1500GB 的硬盘被拆分成 6 个，并放置在不同的群集中，并且证明文件在“证明主机”192.168.80.13 上，如图 7-5-64 所示。

（4）之后，你可以尝试将首选站点或辅助站点的 ESXi 主机关机，查看虚拟机是否会受到影响，这些不再演示。

4. 移除 Virtual SAN 延伸群集

在实际的生产环境中，配置完 Virtual SAN 延伸群集，即完成了设置。而在本节内容中，需要删除 Virtual SAN 延伸群集，并恢复实验环境。

（1）在“管理→设置→故障域”中选中证明主机，单击“X”按钮，如图 7-5-65 所示。

（2）在“确认移除证明主机”对话框单击“是”按钮，移除证明主机，如图 7-5-66 所示。

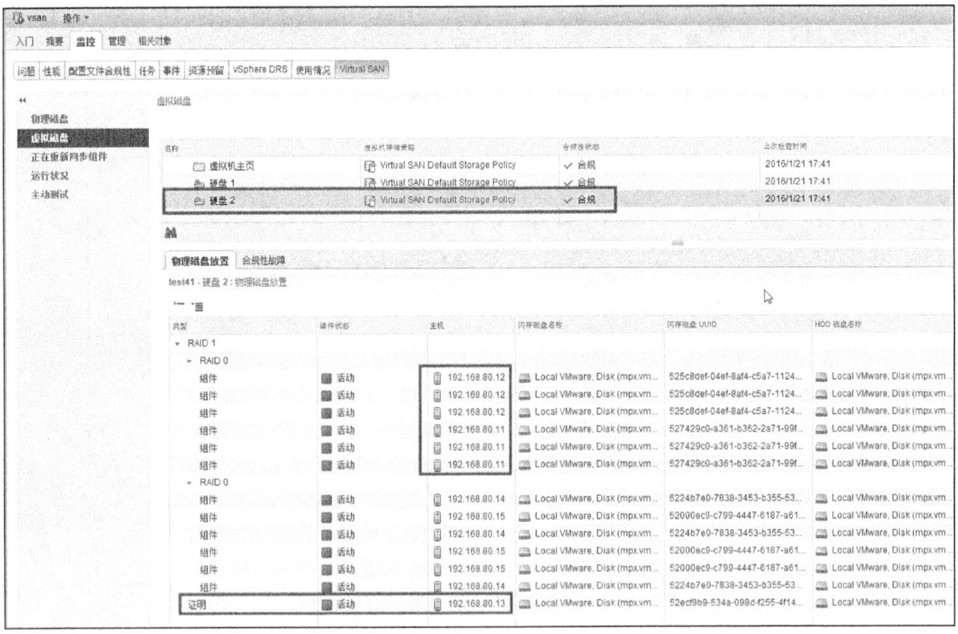

图 7-5-64　查看磁盘

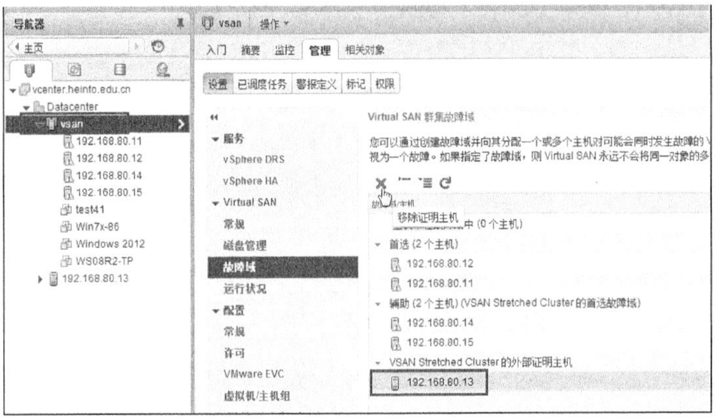

图 7-5-65　移除证明主机

（3）单击“辅助”故障域，单击“X”按钮，移除选择的故障域，如图 7-5-67 所示。

图 7-5-66　移除证明主机

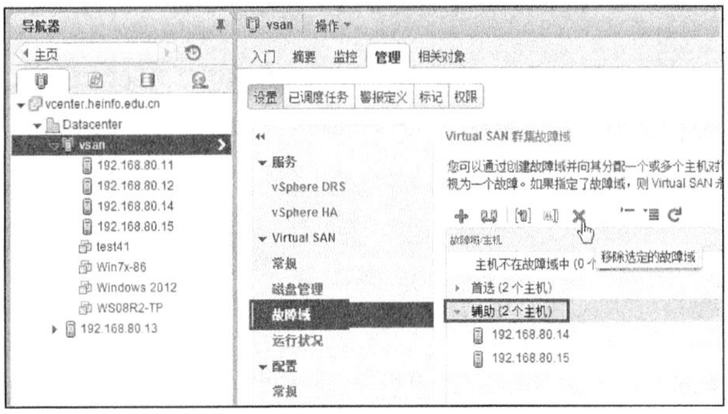

图 7-5-67　移除故障域

（4）在弹出的“辅助-删除”对话框单击“是”按钮，如图 7-5-68 所示。

（5）之后参照（3）～（4）步骤，移除“首选”故障域之后，如图 7-5-69 所示。

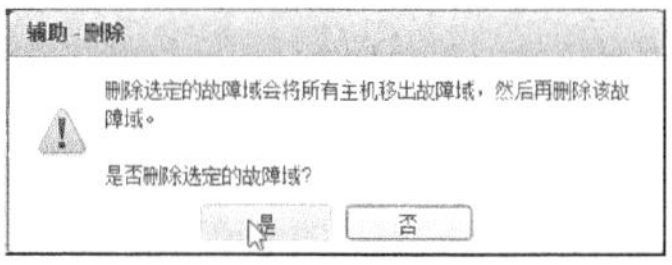

图 7-5-68　确认删除

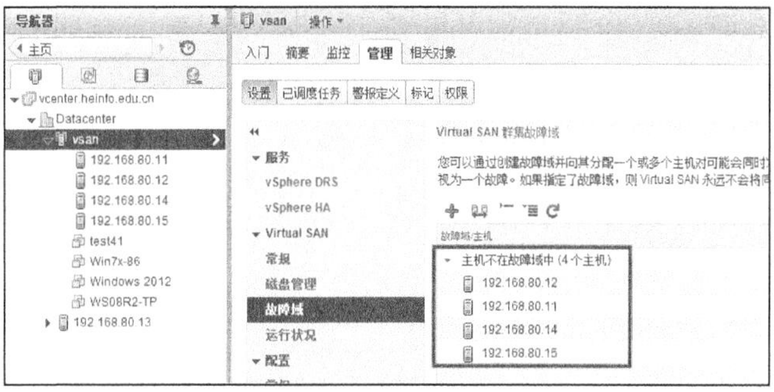

图 7-5-69　移除 Virtual VSAN 延伸群集后

最后，将 192.168.80.13 的主机移动到 Virtual SAN 群集中，至此整个实验环境恢复。

7.5.7　从 vSAN 群集中移除主机

组成 vSAN 群集的主机是一个整体，因为群集中的主机可能在为其他主机提供存储资源（当然这也不是必须的，可以向 vSAN 群集添加不提供本地硬盘的 ESXi 主机）。如果要移除 vSAN 群集中的主机，需要按照正确的步骤，不能直接移除，否则会对整个 vSAN 群集造成影响。下面我们将演示这一内容。

如果移除的主机不影响虚拟机存储策略，则可以直接将主机置于维护模式并根据向导移除。如果移除主机后会影响虚拟机存储策略，请先修改虚拟机策略，使其匹配移除后的虚拟机存储策略。例如，我们当前的 vSAN 群集由 5 台 ESXi 主机组成，当前的虚拟机存储策略允许的故障是 2，如果将群集主机由 5 台改为 4 台，甚至更少的 3 台，则会影响这一策略。

（1）右键单击要修改存储策略的虚拟机，在弹出的快捷菜单中选择“虚拟机策略→编辑虚拟机存储策略”，如图 7-5-70 所示。

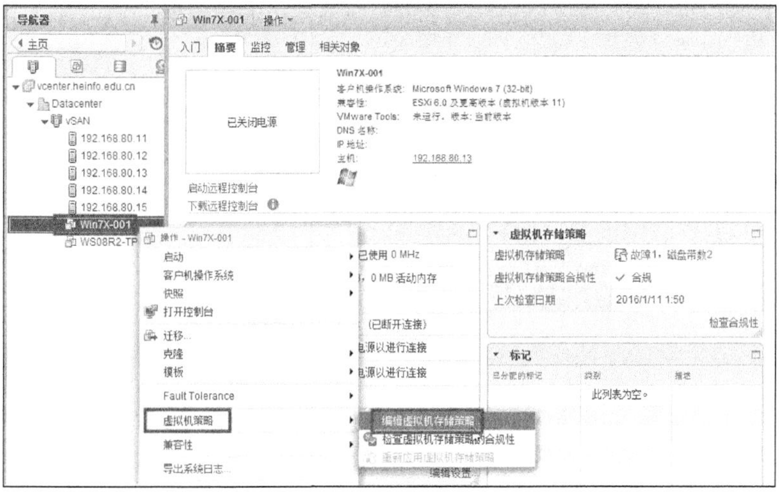

图 7-5-70　编辑虚拟机存储策略

（2）在“虚拟机存储策略”下拉列表中选择“Virtual SAN Default Storage Policy”，然后单击“应用于全部”，此时在“预测对存储消耗的影响”列表中会显示应用新的策略后的存储消耗，如图 7-5-71 所示。

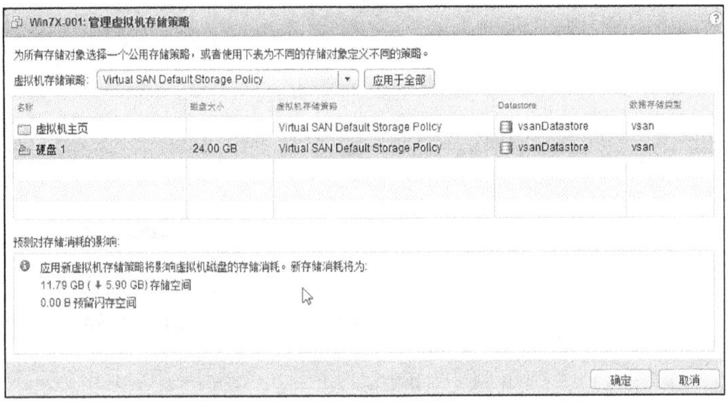

图 7-5-71　应用新的虚拟机存储策略

（3）之后在本示例中选择重新应用磁盘带数为 2 的存储策略，应用之后，在“vSAN 群集→监控→虚拟 SAN→虚拟磁盘”中，选中虚拟硬盘，可以看到系统正在“重新配置”，如图 7-5-72 所示。

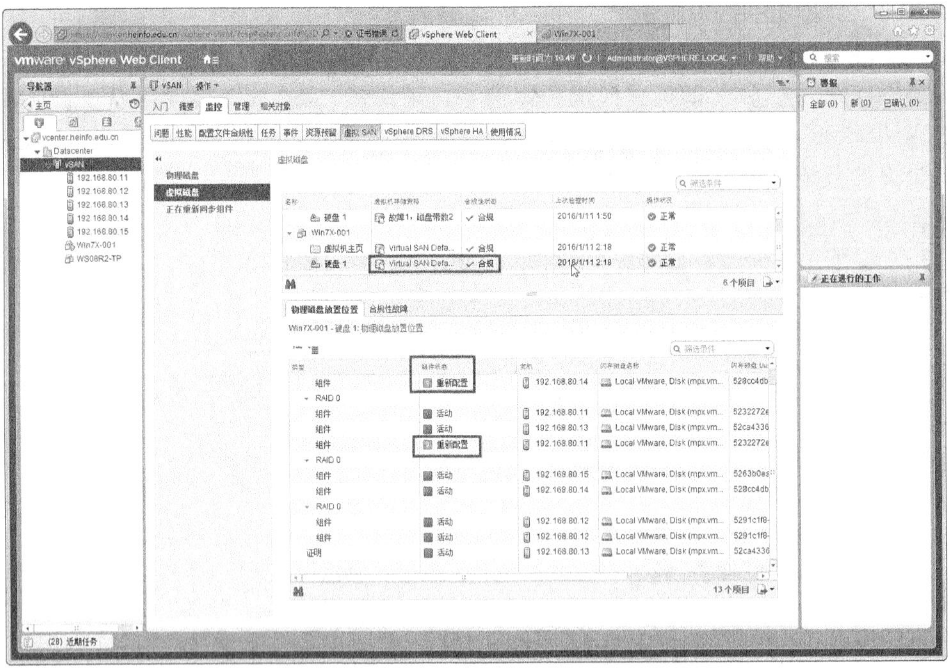

图 7-5-72　重新配置为 RAID 10

【说明】 当前正在配置的虚拟机仍然在运行，没有（也没必要）关闭虚拟机。

（4）同步之后，在“虚拟磁盘”中可以看到当前虚拟机已经使用默认策略进行存储，如图 7-5-73 所示。

配置完成之后，在图 7-5-73 中可以看到，当前名为 Win7X-001 的虚拟机分布在

192.168.80.15、192.168.80.11 及 192.168.80.14 的主机上，当前虚拟机仍然在运行。在接下来的操作中，我们将从群集中移除 192.168.80.14 及 192.168.80.15 的主机。

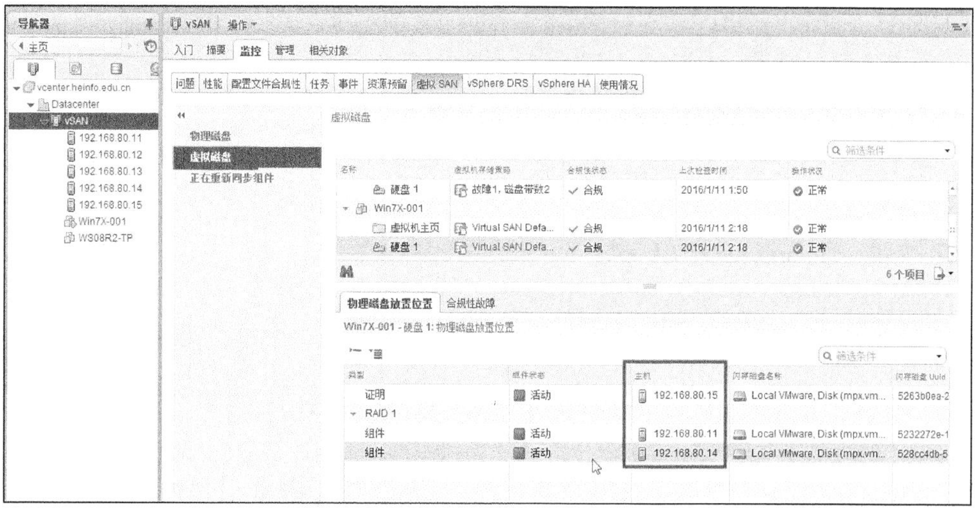

图 7-5-73　配置完成

（1）右击 192.168.80.15，在弹出的快捷菜单中选择“维护模式→进入维护模式”，如图 7-5-74 所示。

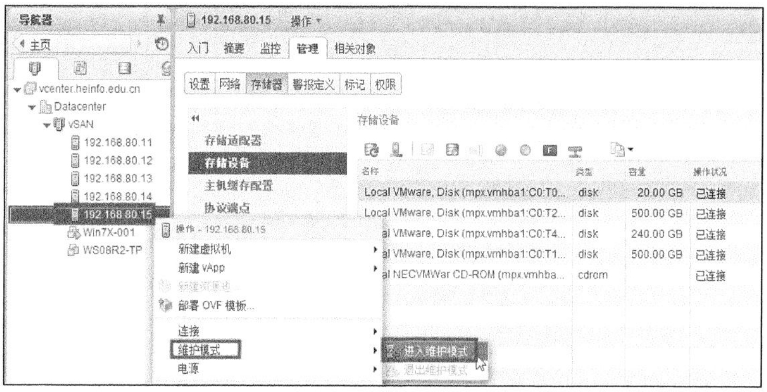

图 7-5-74　进入维护模式

（2）在“确认维护模式”对话框选中“将关闭电源和挂起的虚拟机移动到群集中的其他主机上”，并在“虚拟 SAN 数据迁移”列表中选择“迁移全部数据”，如图 7-5-75 所示。

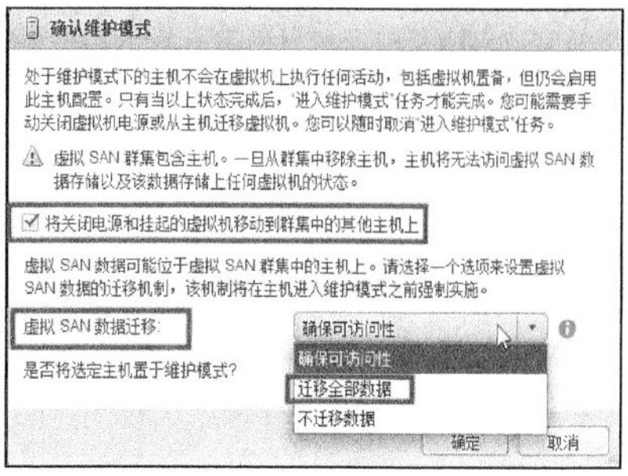

图 7-5-75　迁移全部数据

（3）等主机进入维护模式后，右击主机，在弹出的快捷菜单中选择“从清单中移除”，如图 7-5-76 所示。

（4）在弹出的“移除主机”对话框中单击“是”按钮，如图 7-5-77 所示。

（5）之后参照（1）～（4）的操作，将 192.168.80.14 从群集中移除，之后 vSAN 群集再次由 3 台 ESXi 主机组成，如图 7-5-78 所示。

图 7-5-76　从清单中移除

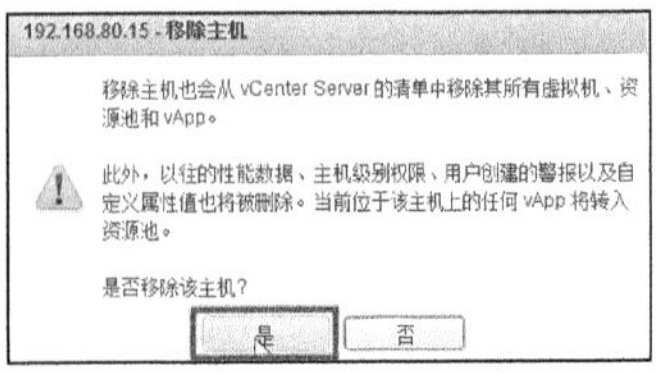

图 7-5-77　确认移除主机

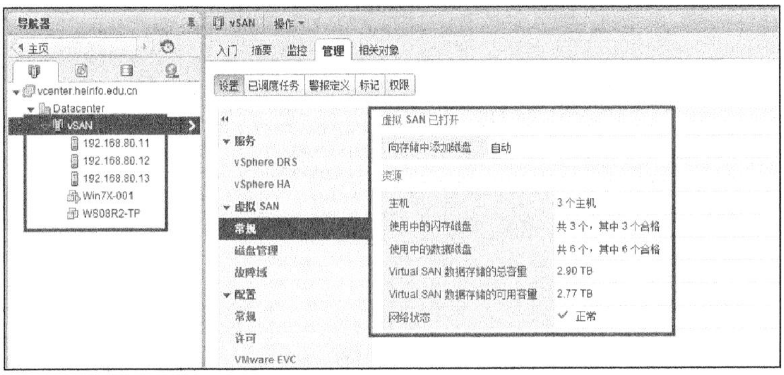

图 7-5-78　移除之后

7.6　向 vSAN 群集主机添加 HDD（纵向扩展）

在 Virtual SAN 群集中，只要向主机添加 HDD，就可以完成存储的扩展，这是典型的“纵向扩展”实例。在下面的操作中，将向每个 ESXi 主机添加 1 个 1TB 的硬盘，之后重新扫描存储之后，就可以看到磁盘组中磁盘的增加及整个存储可用容量的增加。在此注意，添加的磁盘大小可以与原来磁盘组中的容量不一。

7.6.1　配置纵向扩展的实验环境

在下面的操作中，将向每个 ESXi 主机添加 1 个 1TB 的硬盘，在添加的过程中，不需要关闭 ESXi 主机。在实际的操作中，如果你的服务器配置了硬盘的“直通”模式，把想要添加的硬盘直接加到托架放入到硬盘仓位即可。如果每个硬盘需要配置为 RAID 0，则需要使主机进入维护模式，重新启动 ESXi 主机之后，进入 RAID 卡配置界面添加。

（1）在 VMware Workstation 中单击“ ”，之后单击“编辑虚拟机设置”链接，如图 7-6-1 所示。

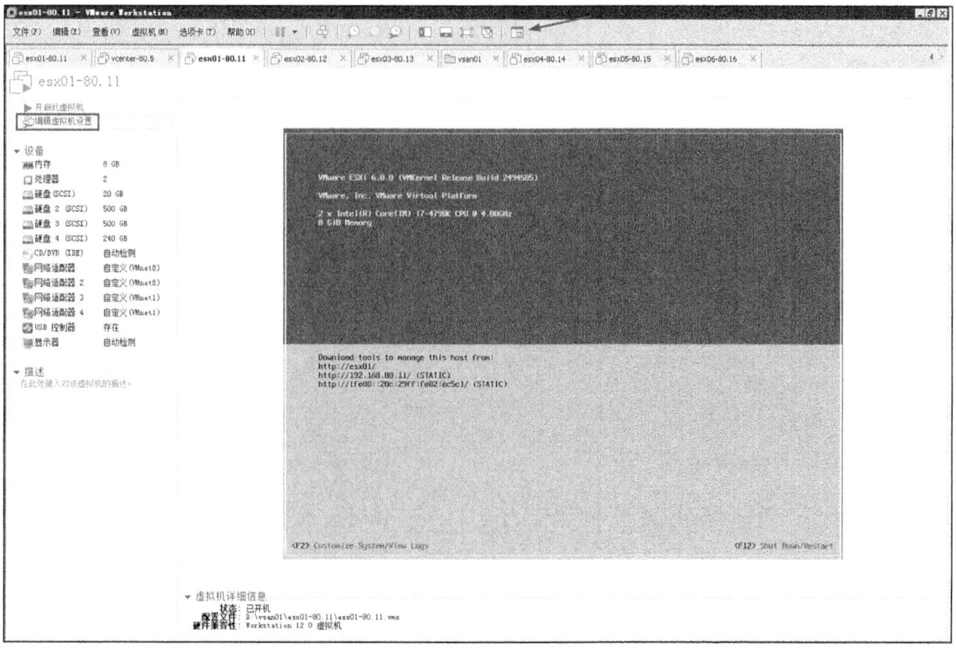

图 7-6-1　编辑虚拟机设置

（2）打开“虚拟机设置”对话框单击“添加”按钮，如图 7-6-2 所示。

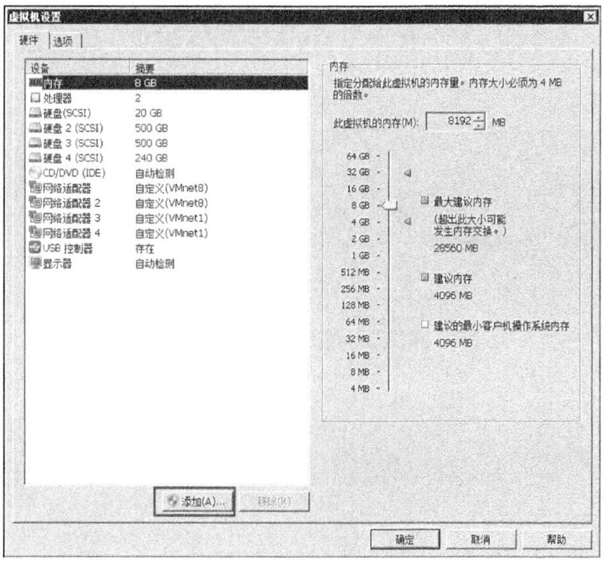

图 7-6-2　虚拟机设置

（3）在后面的向导中添加一个 1000GB 的虚拟硬盘，如图 7-6-3 所示。

（4）添加之后，返回到“虚拟机设置”对话框，单击“确定”按钮，完成添加，如图 7-6-4 所示。

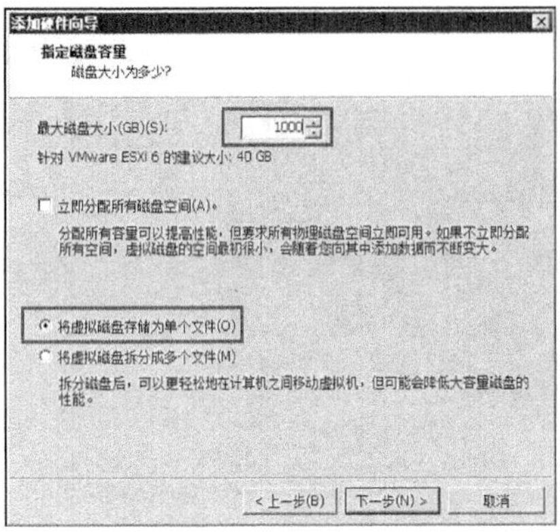

图 7-6-3　添加 1000GB 硬盘

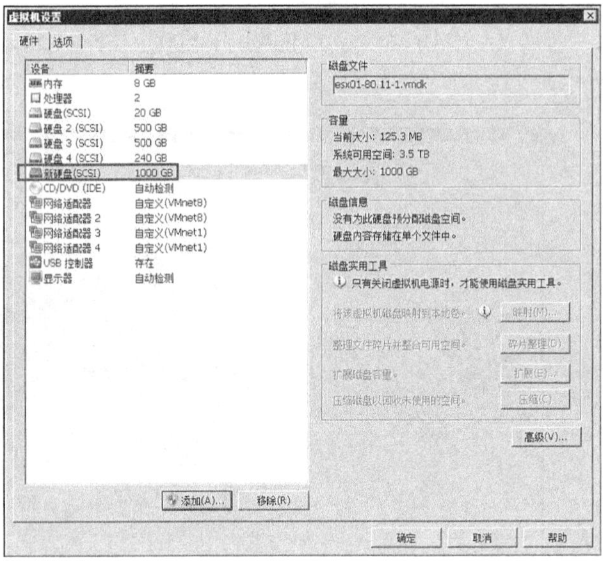

图 7-6-4　添加 1000GB 硬盘完成

之后参照（1）～（4）设置，为另外两台 ESXi 虚拟机各添加 1 个 1TB 的硬盘，这些不一一介绍。

7.6.2　自动向磁盘组添加容量磁盘

在 ESXi 主机添加了磁盘之后，重新扫描存储，即可完成整个 VSAN 存储阵列的扩展，主要步骤如下。

（1）在 vSphere Web Client 左侧导航器中单击 vSAN 群集名称，在“管理→设置→常规”中，查看当前有 3 个主机、6 个数据磁盘、3 个闪存磁盘，总容量为 2.90TB，如图 7-6-5 所示。

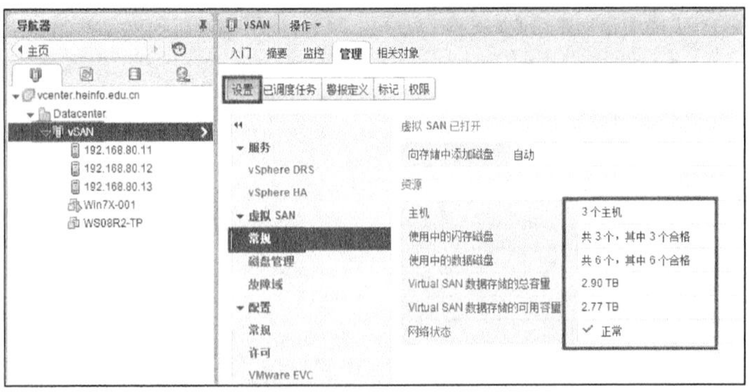

图 7-6-5　常规

（2）右击 VSAN 群集，在弹出的快捷菜单中选择“存储→重新扫描存储器”，如图 7-6-6 所示。

（3）在“重新扫描存储器”对话框单击“确定”按钮，如图 7-6-7 所示。

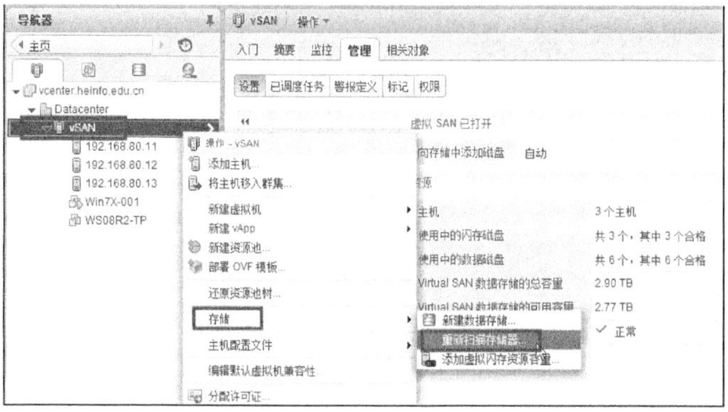

图 7-6-6　重新扫描存储器

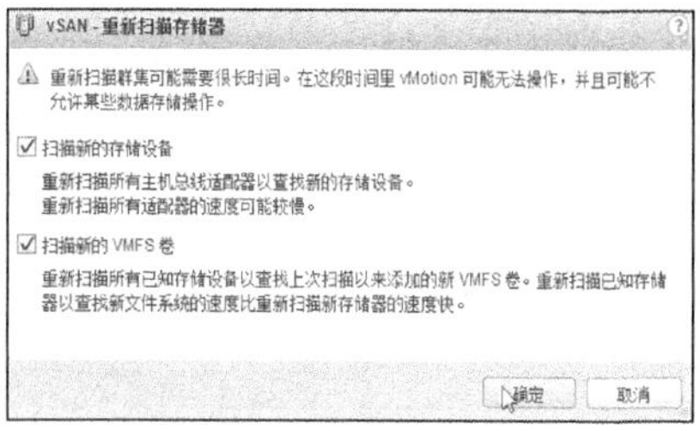

图 7-6-7　重新扫描存储器

（4）扫描之后，定位到“管理→设置→常规”中，查看当前有 3 个主机、9 个数据磁盘，总容量变为 4.83TB，如图 7-6-8 所示。

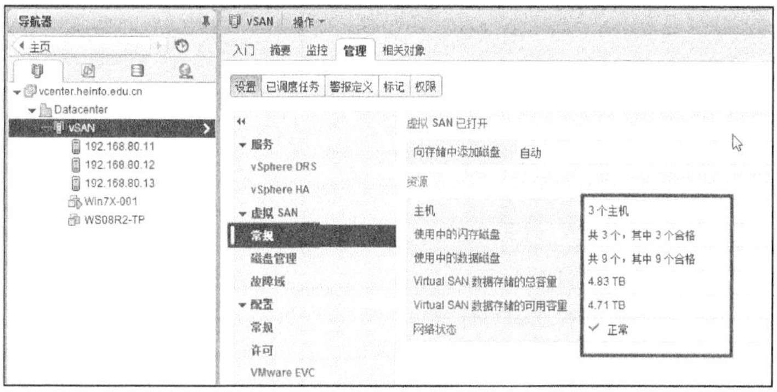

图 7-6-8　数据磁盘及容量增加

（5）在“管理→设置→磁盘管理”中，可以看到每个磁盘组已经各增加了一个 1000GB 的硬盘，如图 7-6-9 所示。

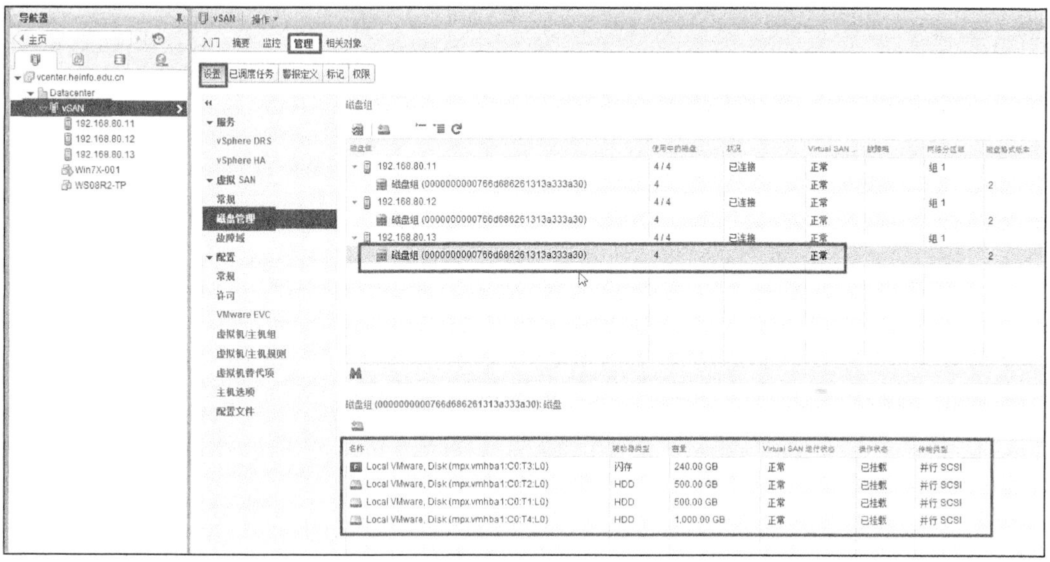

图 7-6-9　磁盘组

7.6.3　使用磁盘带数为 3 的虚拟机存储策略

在“7.4.2 添加虚拟机存储策略”一节中，我们添加了“故障 1，磁盘带数为 3”的虚拟机存储策略，但由于当时每个主机的磁盘组只有 2 个数据磁盘，不符合要求。现在当前实验环境已经符合要求，在此测试这条策略。

（1）在 vSphere　Web Client 中，在导航器中右击虚拟机，在弹出的快捷菜单中选择“虚拟机策略→编辑虚拟机存储策略”，如图 7-6-10 所示。

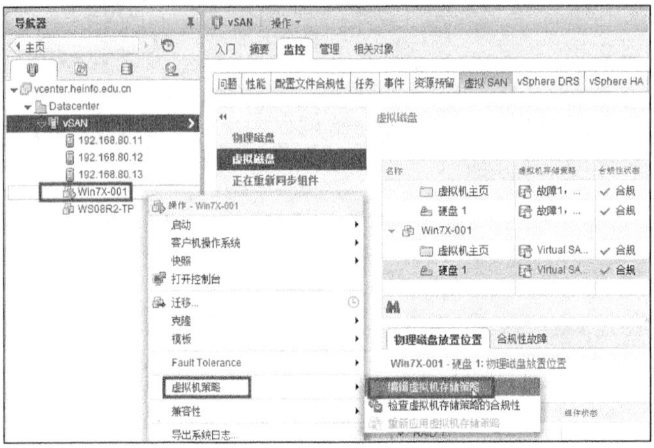

图 7-6-10　编辑虚拟机存储策略

（2）在“虚拟机存储策略”下拉列表中选择“故障 1，磁盘带数 3”，然后单击“应用于全部”，此时在“预测对存储消耗的影响”列表中会显示应用新的策略后的存储消耗，如图 7-6-11 所示。

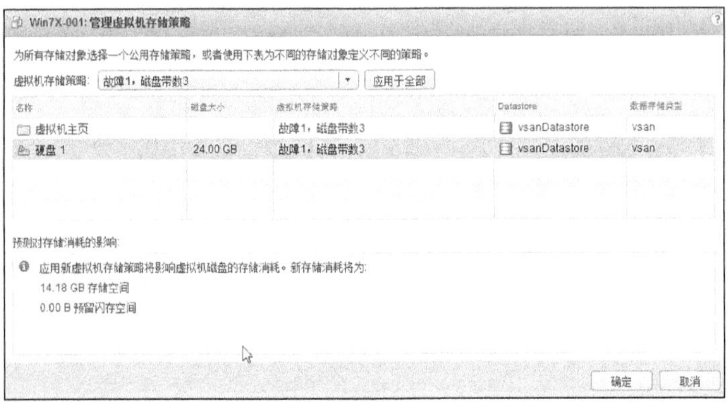

图 7-6-11　应用新的虚拟机存储策略

（3）之后在本示例中选择重新应用磁盘带数为 3 的存储策略，应用之后，在“vSAN 群集→监控→虚拟 SAN→虚拟磁盘”中选中虚拟硬盘，可以看到系统正在“重新配置”为 RAID 1 及 RAID 0，如图 7-6-12 所示。

（4）在重新配置的过程中，在“正在重新同步组件”选项中，可以看到在更改虚拟机存储策略之后需要重新同步的硬盘数据大小、需要重新同步的组件数，以及估算的剩余时间，如图 7-6-13 所示。

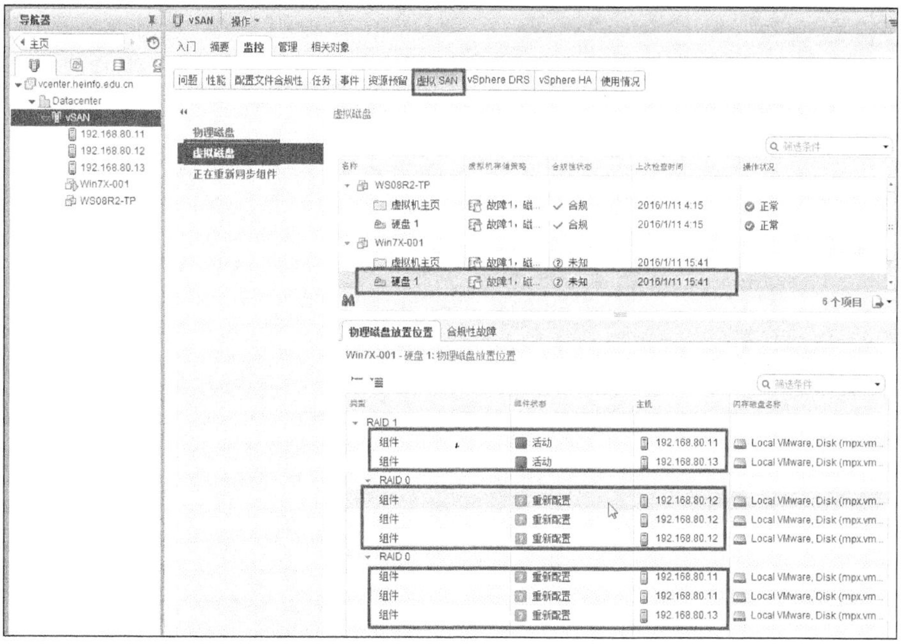

图 7-6-12　重新配置为 RAID 10

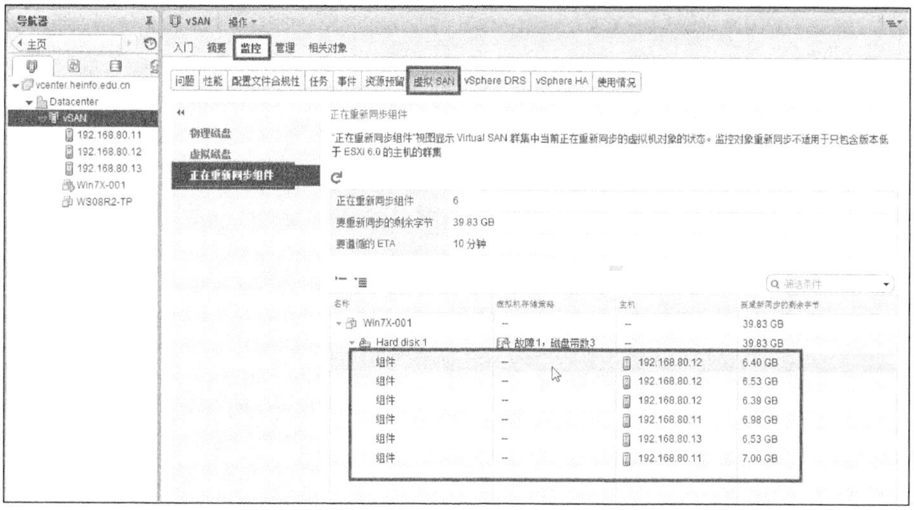

图 7-6-13　正在重新同步组件

（5）在同步完成之后，有可能会有“不合规”的提示，请在左侧导航器中右击这台虚拟机，在“虚拟机策略”中选择“检查虚拟机存储策略合规性”，如图 7-6-14 所示。

（6）检查之后，虚拟机存储策略合规性会显示“合规”，如图 7-6-15 所示。

【说明】 在图 7-6-15 中可以看到，其中第一组 RAID 0，三个组件是在 192.168.80.12 这台主机上，而第 2 组 RAID 0 则分布在 192.168.10.11、192.168.80.13 两台主机上，这表示组成这个虚拟机硬盘是通过 VSAN 网络、以分布式的方式、跨主机组成的 RAID 0。

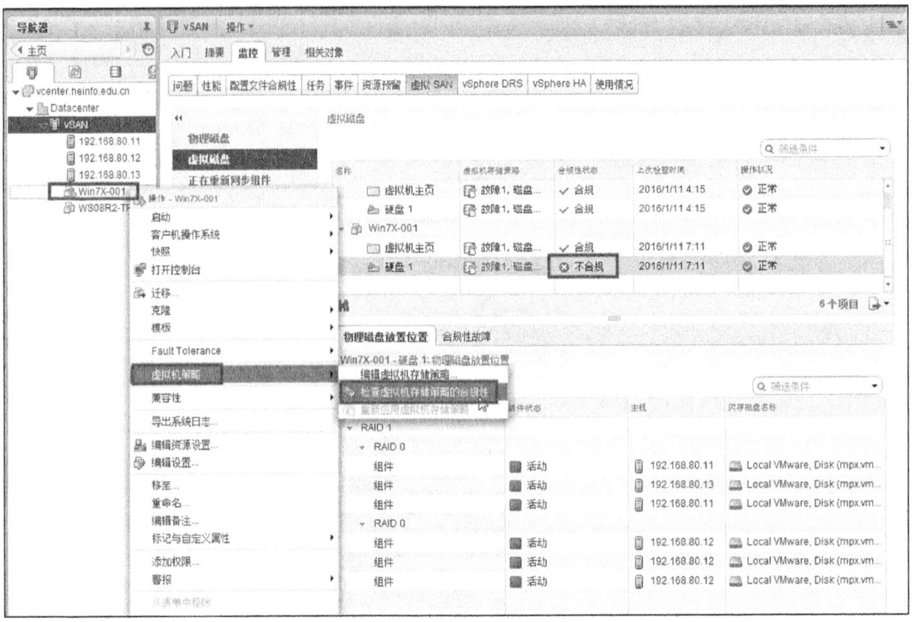

图 7-6-14　检查合规性

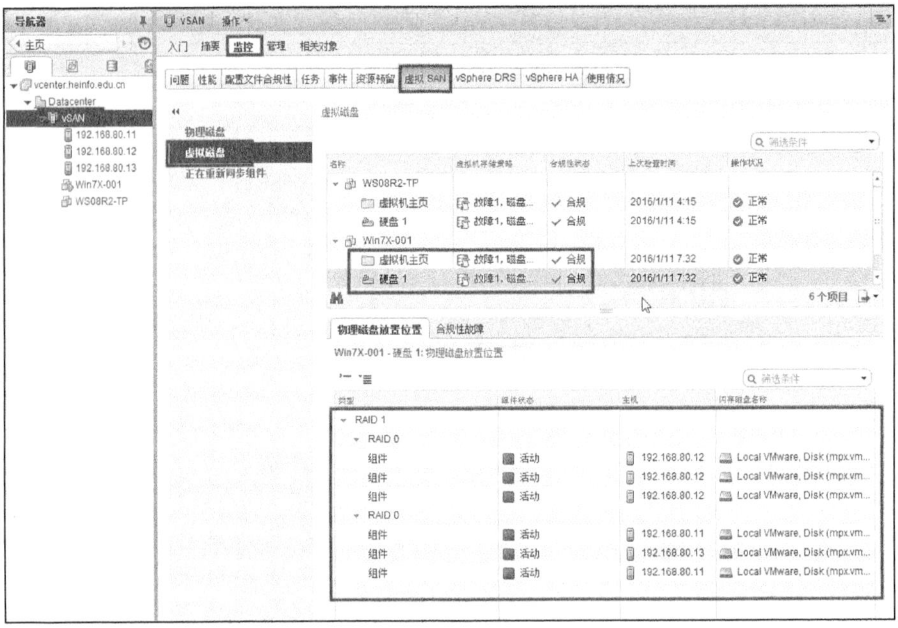

图 7-6-15　合规

7.7　向 vSAN 群集主机添加 SSD 及 HDD（多磁盘组）

在前面的实验中，我们模拟了 5 台主机，每个主机 1 个磁盘组，以及 3 台主机（每个主机 1 个磁盘组，每个磁盘组 1 个 SSD、3 个 HDD）的实验环境。在实际的生产环境中，我们建议为主机配置更多的 SSD 及 HDD，以组成多个磁盘组，这样可以显著地提高整个存储系统的性能，还可以提供更大的容量。

另外，在前面的实验中，我们向存储中添加磁盘是“自动”方式，如果要添加多个磁盘组，需要选择“手动”方式。

（1）在 vSphere Web Client 中，在导航器中选中 vSAN 群集，在中间窗格单击“管理→设置→常规”，单击“编辑”按钮，如图 7-7-1 所示。可以看到，当前向存储中添加磁盘是“自动”方式。

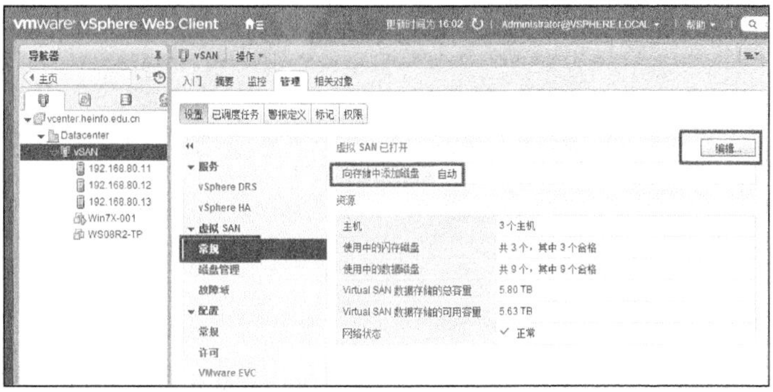

图 7-7-1　编辑

（2）在“打开虚拟 SAN”对话框“向存储中添加磁盘”下拉列表中选择“手动”，如图 7-7-2 所示。

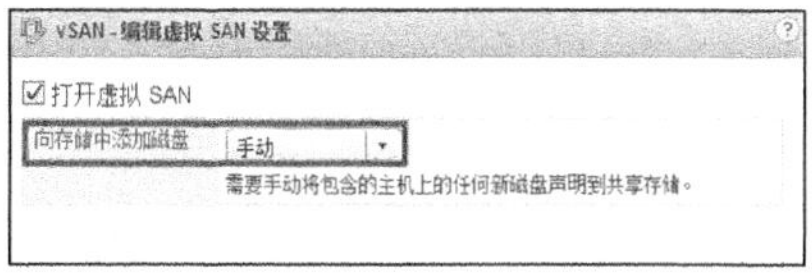

图 7-7-2　手动添加磁盘

（3）返回到 vSphere Web Client，单击“ ”刷新，可以看到，当前配置已经改为“向存储中添加磁盘”为“手动”，如图 7-7-3 所示。

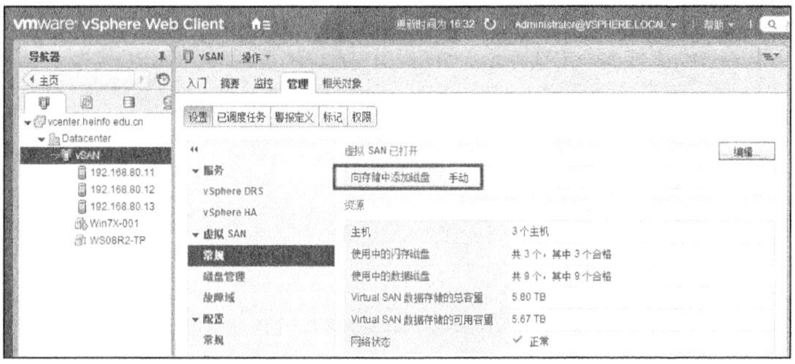

图 7-7-3　手动添加磁盘之后的效果

7.7.1　为多磁盘组准备实验环境

接下来我们为多个磁盘组准备实验环境。这主要涉及到两个问题：（1）如果要添加 2 个磁盘组，8GB 内存不支持。（2）需要关机才能修改内存。下面我们完整地演示这个过程。

（1）在 VMware Workstation 中右击虚拟机名称，在弹出的快捷菜单中选择“设置”，如图 7-7-4 所示。

（2）修改虚拟机的设置，添加 3 个 600GB 的硬盘、1 个 240GB 的硬盘，其中 240GB 的硬盘保存到固态硬盘所在分区，如图 7-7-5 所示。

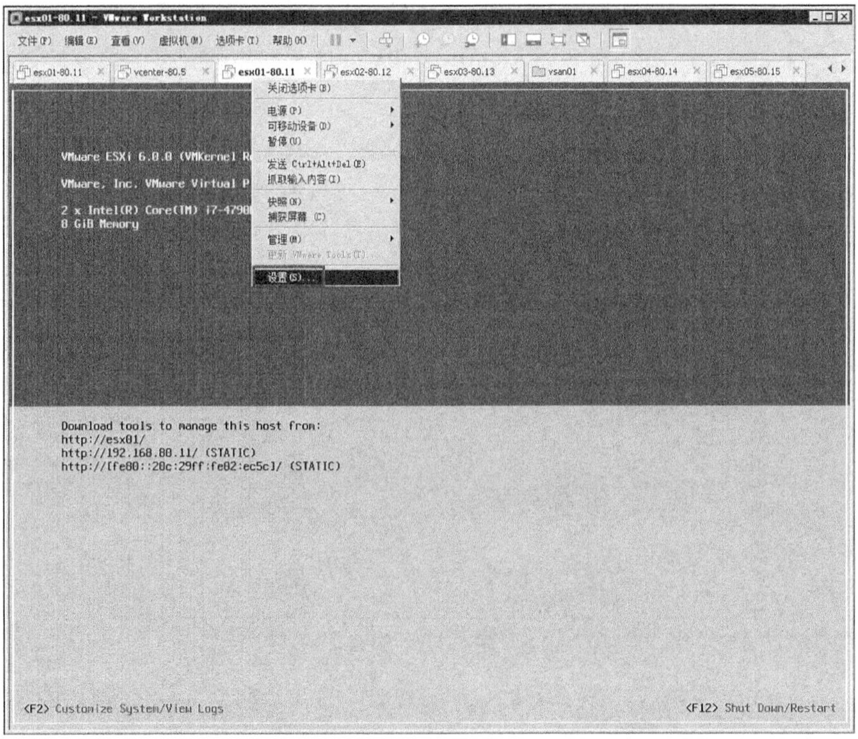

图 7-7-4　设置

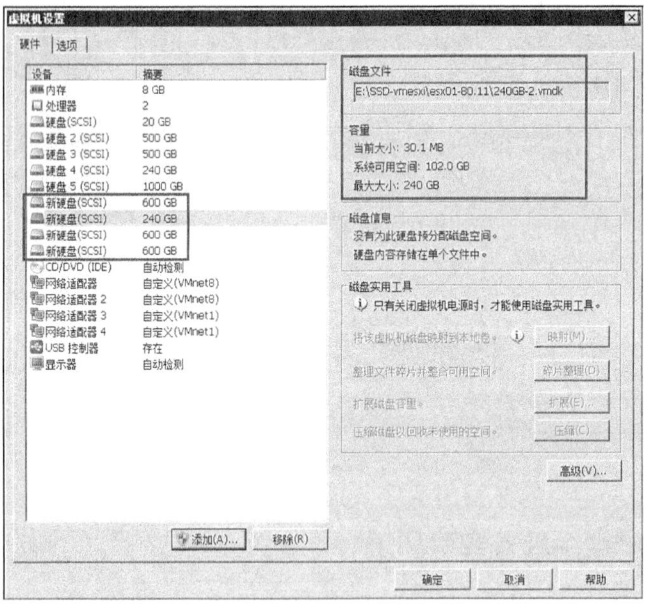

图 7-7-5　添加多个硬盘

（3）添加之后，返回到 VMware Workstation，可以看到当前是 8GB 内存、2 个 CPU、1 个 20GB 硬盘、2 个 240GB 硬盘、2 个 500GB 硬盘、3 个 600GB 硬盘、1 个 1000GB 硬盘，如图 7-7-6 所示。

（4）之后修改另外两台虚拟机的设置，同样是添加 3 个 600GB 的硬盘、1 个 240GB 的硬盘，如图 7-7-7 所示。

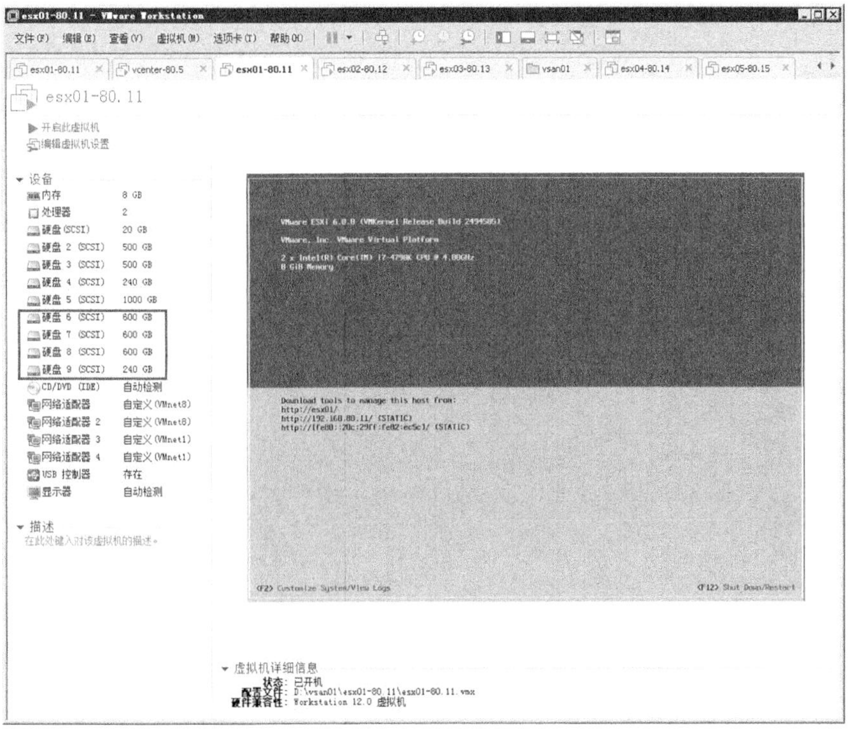

图 7-7-6　esx01 的虚拟机设置

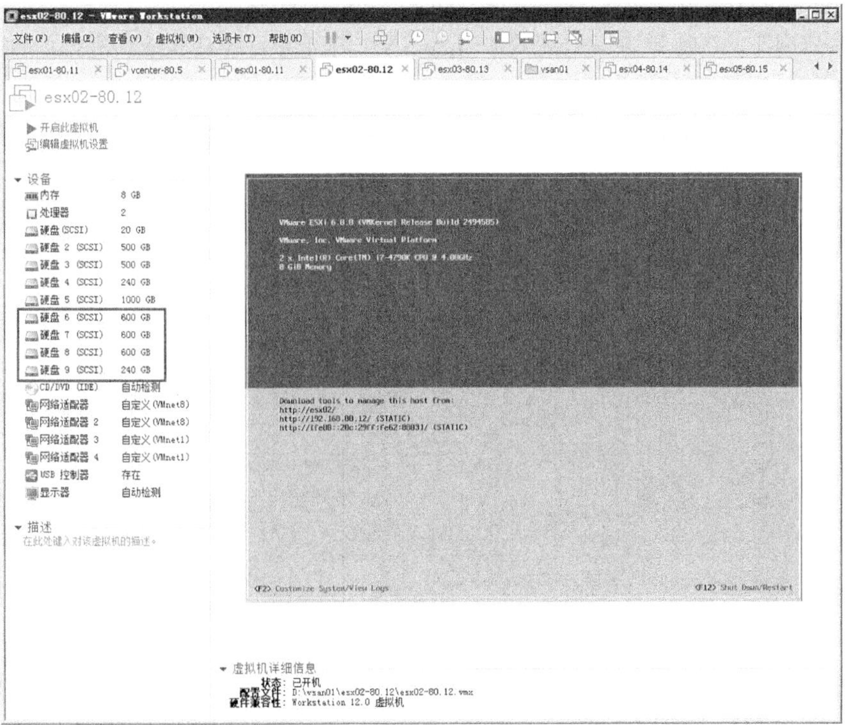

图 7-7-7　第 2 台 ESXi 虚拟机配置

（5）之后给第 3 台 esxi 虚拟机添加 1 个 240GB 硬盘、3 个 600GB 的硬盘，如图 7-7-8 所示。

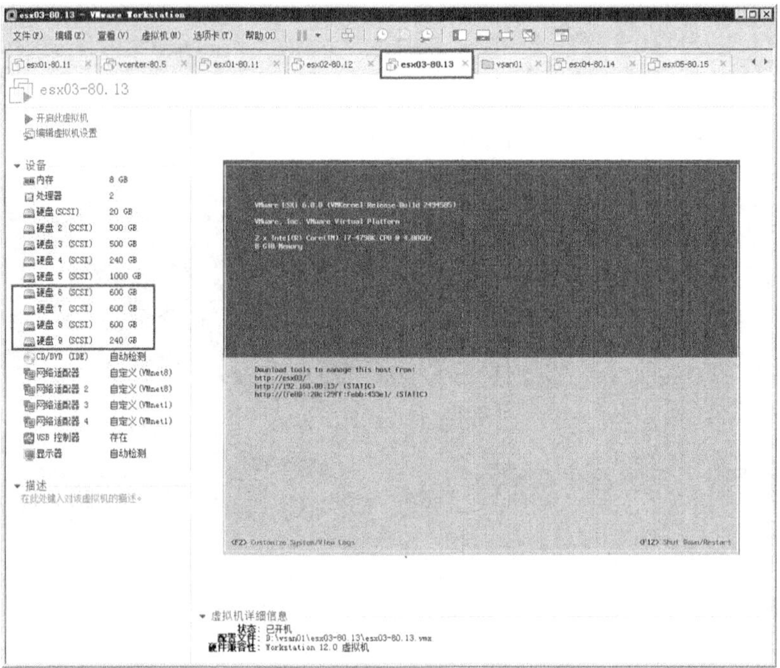

图 7-7-8　第 3 台 ESXi 虚拟机配置

7.7.2　手动添加磁盘组

在某些情况下，在特定主机上配置 Virtual SAN 的任务可能会失败。例如，加入了 Virtual SAN 群集的 ESXi 主机无法配置 Virtual SAN。

如果主机不满足硬件要求或遇到其他问题，Virtual SAN 可能无法配置主机。例如，主机上的内存不足可能会阻止配置 Virtual SAN。本节将演示由于内存不足而无法添加第二个磁盘组的故障。

在 vSphere Web Client，重新扫描存储，然后手动添加磁盘组，主要步骤如下。

（1）在 vSphere Web Client 右击 vSAN 群集，在弹出的快捷菜单中选择“存储→重新扫描存储器”，如图 7-7-9 所示。

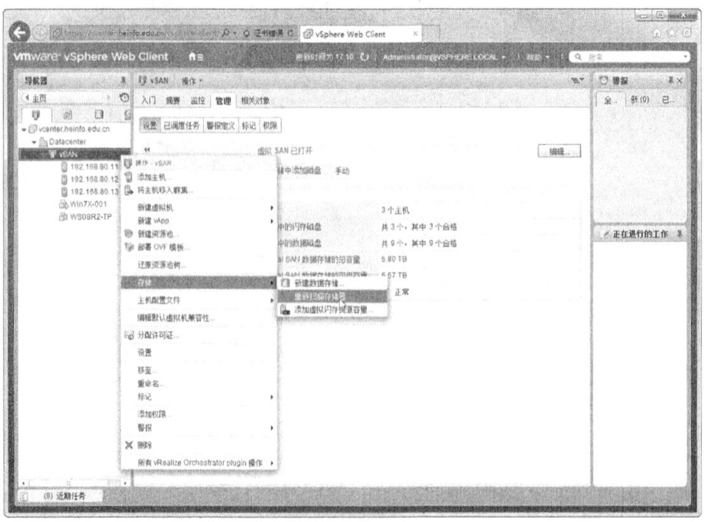

图 7-7-9　重新扫描存储

（2）在“管理→设置→磁盘管理”中单击“”按钮，声明磁盘，如图 7-7-10 所示。

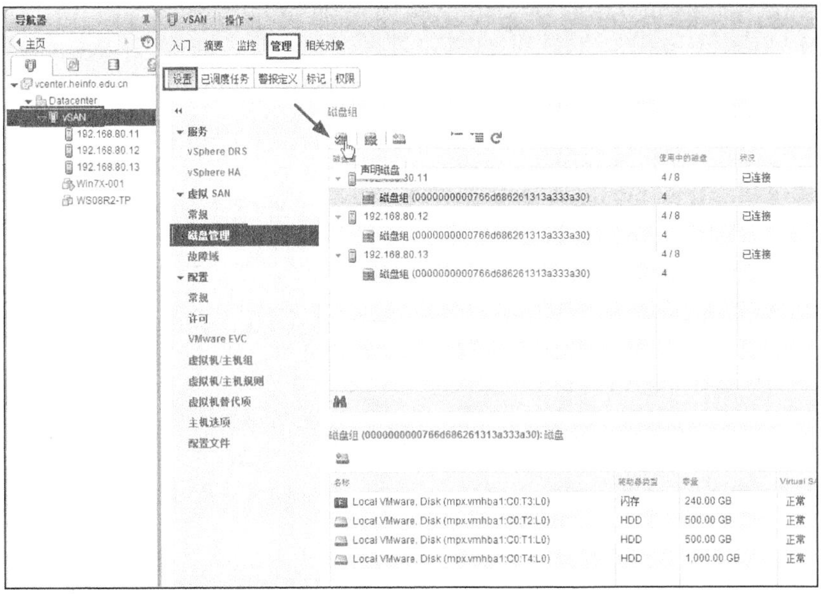

图 7-7-10　声明磁盘

（3）在“声明磁盘以供 Virtual SAN 使用”对话框中单击选择要向 Virtual SAN 群集中添加的磁盘，或者单击“选择所有合格的磁盘”按钮，以添加所有磁盘，如图 7-7-11 所示。

图 7-7-11　选择磁盘

（4）在图 7-7-11 中单击“确定”按钮，将选择的磁盘添加到 Virtual SAN 存储中，如果是正常情况下，则会添加成功。但当前的实验环境中，每个 ESXi 的主机只有 8GB 内存，此时会在 vSphere Web Client 右下角弹出“错误”提示，如图 7-7-12 所示。

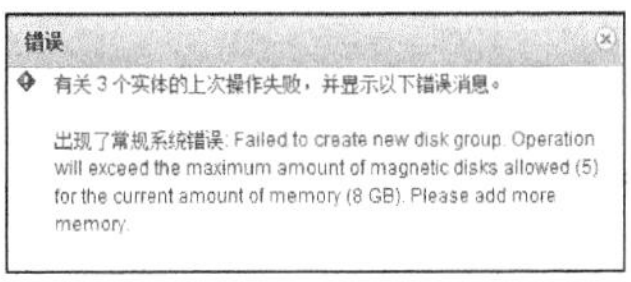

图 7-7-12　提示内存不够

所以接下来，我们需要为 ESXi 主机分配更多的内存。

7.7.3 将 Virtual SAN 群集中的主机进入维护模式

“7.7.1 为多磁盘组准备实验环境”及“7.7.2 手动添加磁盘组”一节为了演示，在只有 8GB 内存的 ESXi 主机中配置 vSAN，只能使用一个磁盘组，接下来演示的内容，则是在正常情况下、生产环境中 ESXi 主机添加磁盘、扩充内存的方法。

正常的情况是依次将群集中的主机进入维护模式，并关闭 ESXi 主机电源，之后为服务器扩充内存、添加磁盘，如果服务器磁盘没有配置为“直通”方式，则需要进入 RAID 配置界面，为新添加的每个磁盘创建 RAID 0。下面以 vSAN 群集中一台主机的维护为例进行介绍。

（1）在 vSphere Web Client 中右击某个主机，在弹出的快捷菜单中选择“维护模式→进入维护模式”，如图 7-7-13 所示。

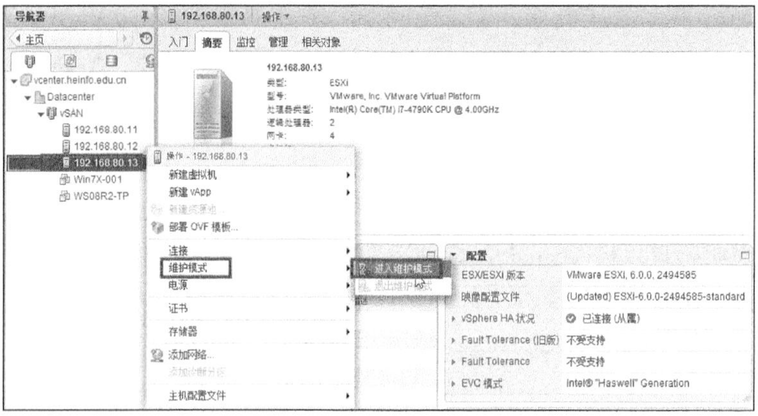

图 7-7-13　进入维护模式

（2）在“确认维护模式”对话框取消“将关闭电源和挂起的虚拟机移动到群集中的其他主机上”，在“虚拟 SAN 数据迁移”下拉列表中选择“不迁移数据”，如图 7-7-14 所示。

【说明】 如果当前有虚拟机正在运行，建议把虚拟机迁移到其他主机。

（3）等 ESXi 主机进入维护模式之后，右击 ESXi 主机，在弹出的快捷菜单中选择“电源→关机”，如图 7-7-15 所示。

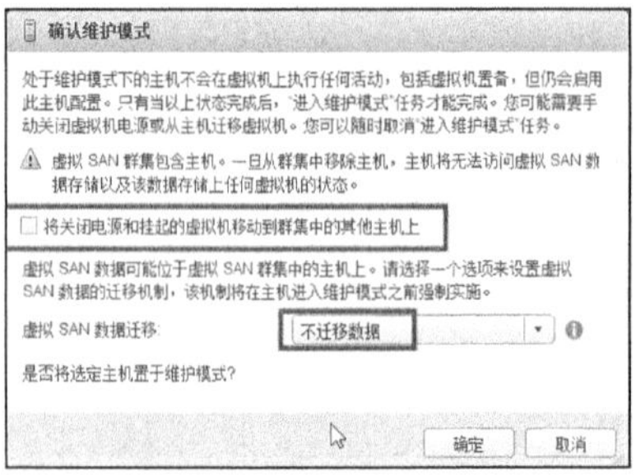

图 7-7-14　不迁移数据

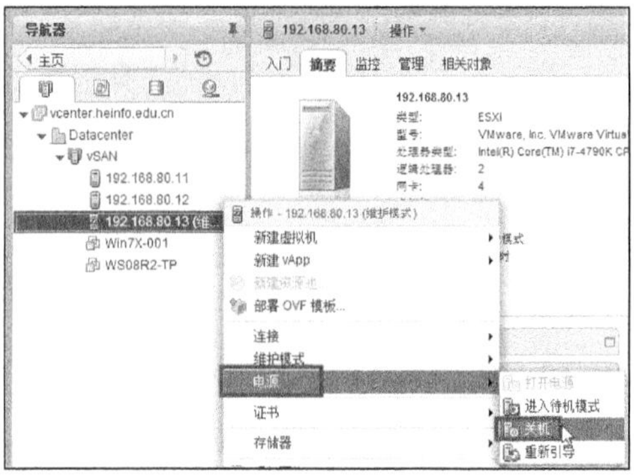

图 7-7-15　关机

（4）在“关闭主机”对话框“记录此关闭操作的原因”文本框中，写上关机原因“重新添加硬盘”等，如图 7-7-16 所示。

(5)等 ESXi 主机关闭之后，在 VMware Workstation 中单击“编辑虚拟机设置”链接，如图 7-7-17 所示。如果是真实生产环境中的 ESXi 主机，则需要拔下电源，打开机箱，为主机添加内存。实际生产环境中，服务器的内存安装是有顺序的，IBM、DELL 等服务器机箱盖板里面印刷有内存排列图。

(6)在“虚拟机设置”中，修改虚拟机的内存为 16GB（16384MB），如图 7-7-18 所示。

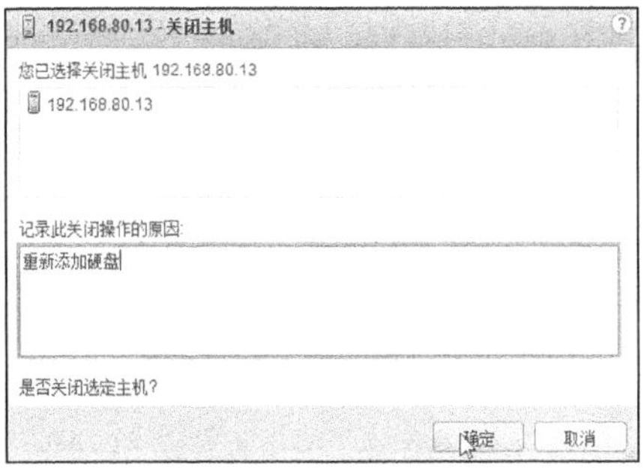

图 7-7-16　关机原因

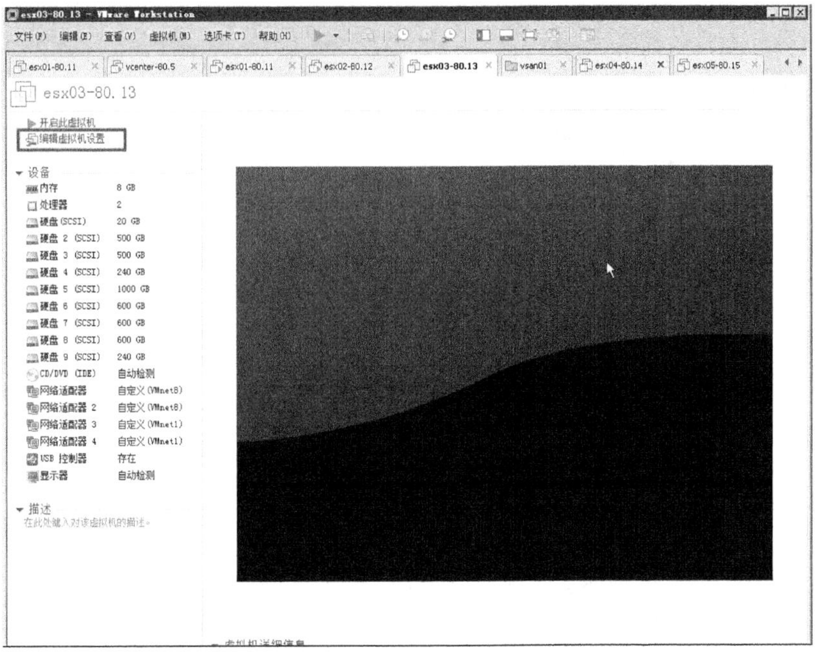

图 7-7-17　编辑虚拟机设置

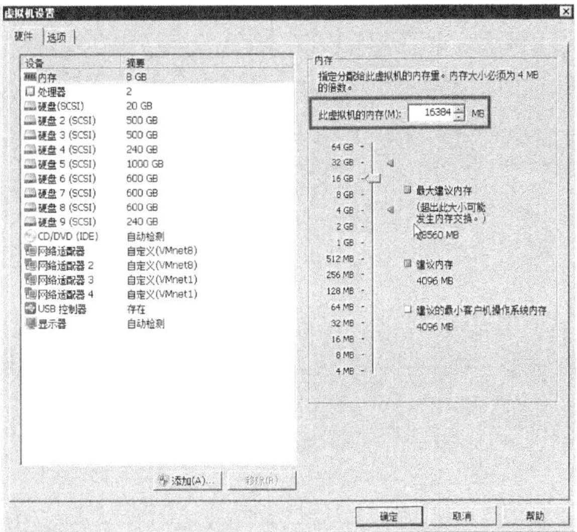

图 7-7-18　修改虚拟机内存

（7）之后启动 ESXi 的虚拟机，如图 7-7-19 所示。

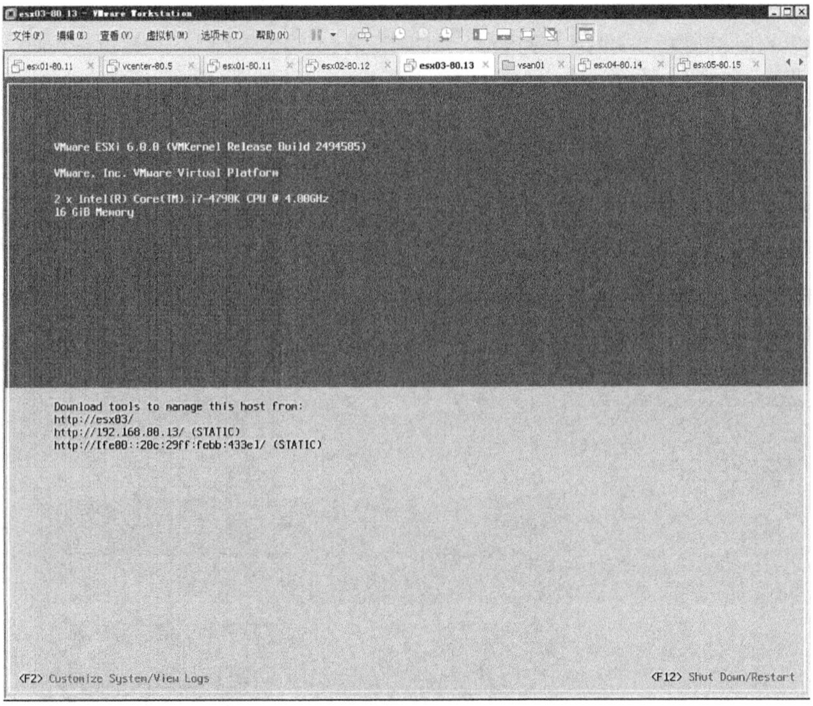

图 7-7-19　启动虚拟机

（8）等 ESXi 的虚拟机启动之后，返回到 vSphere Web Client，右击 192.168.80.13 这台 ESXi 主机，在弹出的快捷菜单中选择“维护模式→退出维护模式”，如图 7-7-20 所示。

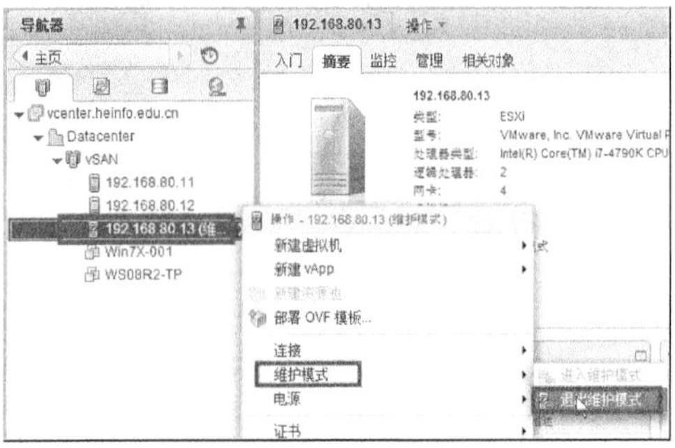

图 7-7-20　退出维护模式

（9）稍后等 vSphere HA 完成初始化，在“摘要”中可以看到当前主机是 16GB，如图 7-7-21 所示。

之后参照（1）～（9）的操作，分别将另外两台 ESXi 主机扩充到 16GB，如图 7-7-22、图 7-7-23 所示。

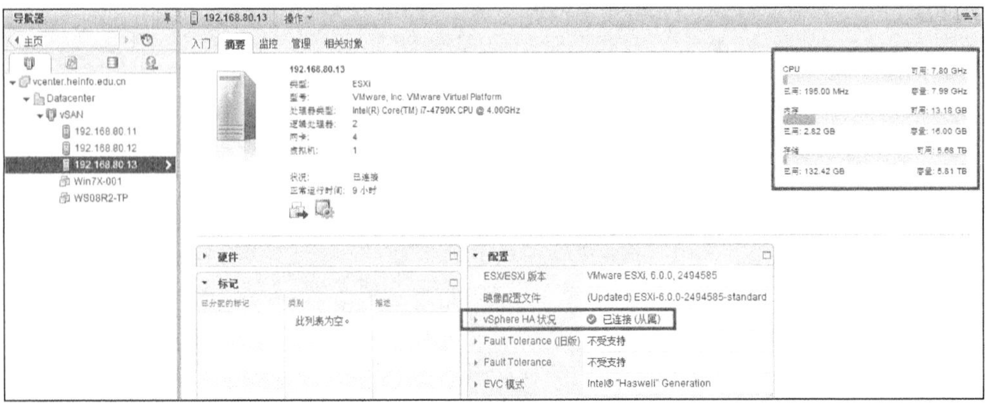

图 7-7-21　vSphere HA 状况正常

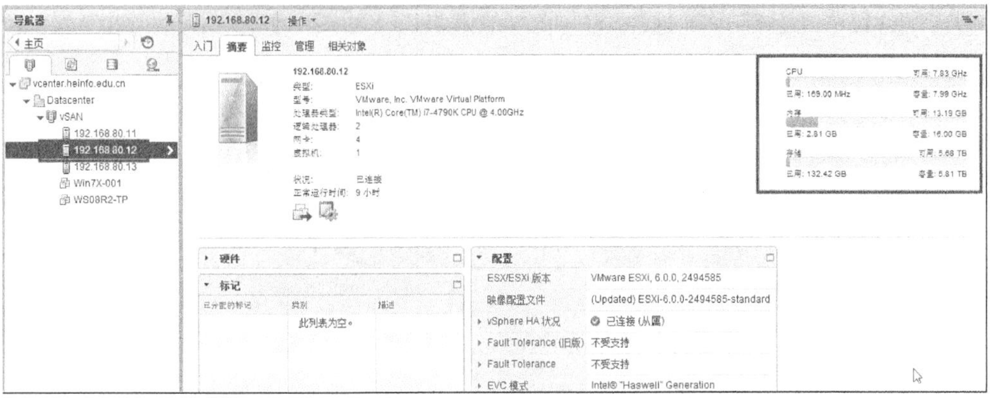

图 7-7-22　第 2 台 ESXi 主机扩充到 16GB

但是，如果你的实验主机只有 32GB 内存，在尝试启动第 3 台 16GB 的 ESXi 虚拟机时，会弹出“物理内存不足”的提示，如图 7-7-23 所示。

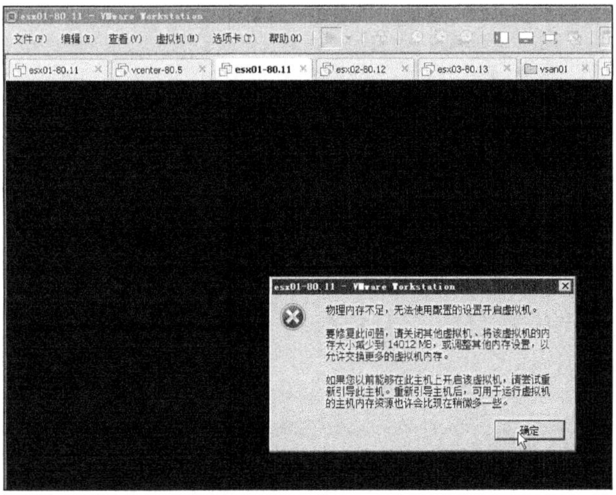

图 7-7-23　物理内存不足

对于这种情况，修改 VMware Workstation 的“首选项”，在“内存”选项中选中“允许交换大部分虚拟机内存”，如图 7-7-24 所示。

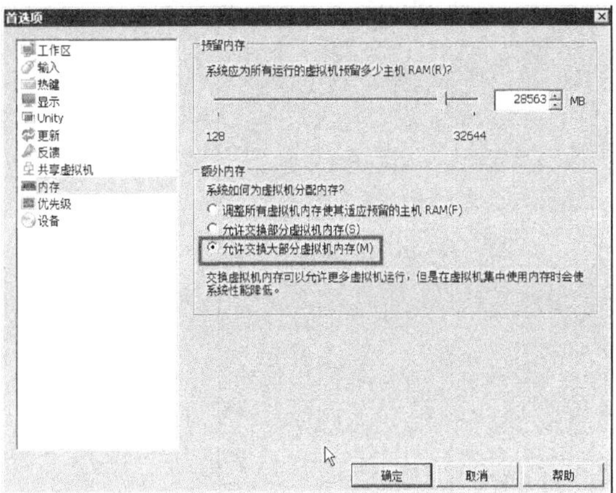

图 7-7-24　允许交换大部分虚拟机内存

之后就可以启动最后一台 16GB 的 ESXi 的虚拟机，如图 7-7-25 所示。

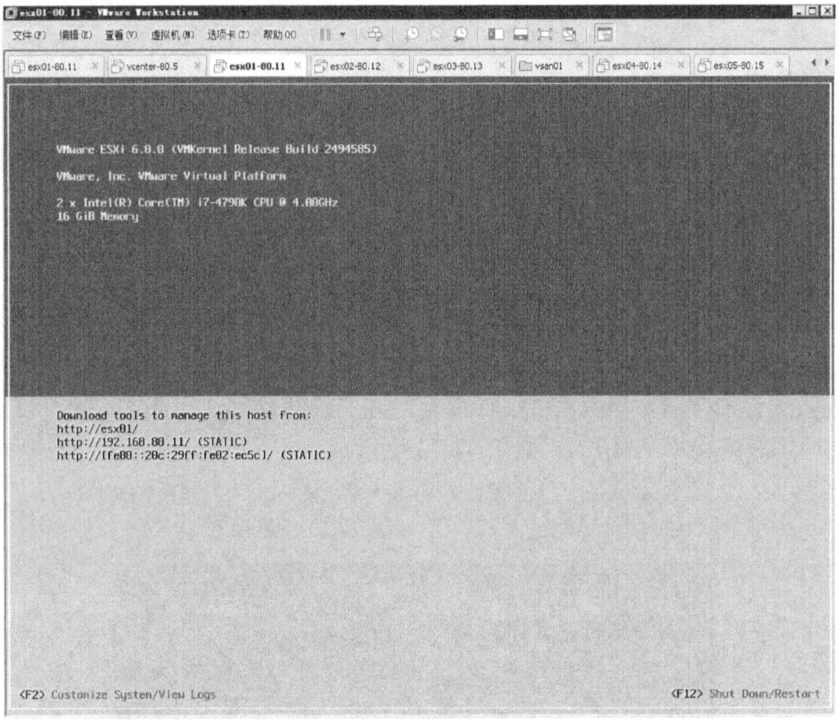

图 7-7-25　启动第 3 台 ESXi 的虚拟机

当同时运行 3 台 16GB 的 ESXi、1 台 8GB 的 vCenter Server 的虚拟机时，当前主机的 CPU 与内存占用如图 7-7-26 所示。

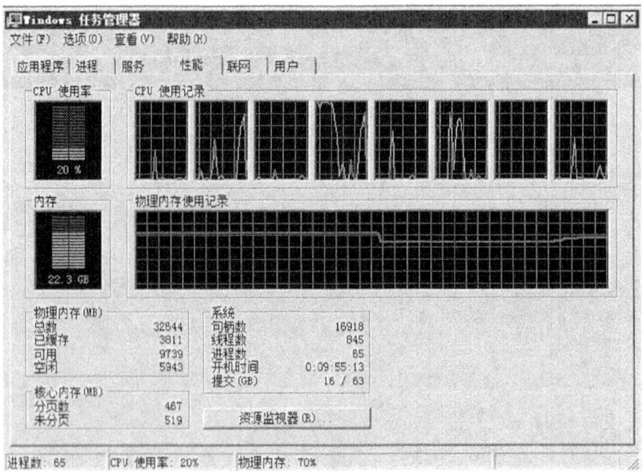

图 7-7-26　主机 CPU 与内存使用率

7.7.4　创建磁盘组

在 ESXi 主机满足条件之后，即可以手动添加第 2 个磁盘组，主要步骤如下。

（1）在 vSphere Web Client 导航器中选择 vSAN 群集，选择“管理→设置→磁盘管理”，在列表中选择一个主机，单击“ ”按钮，如图 7-7-27 所示。

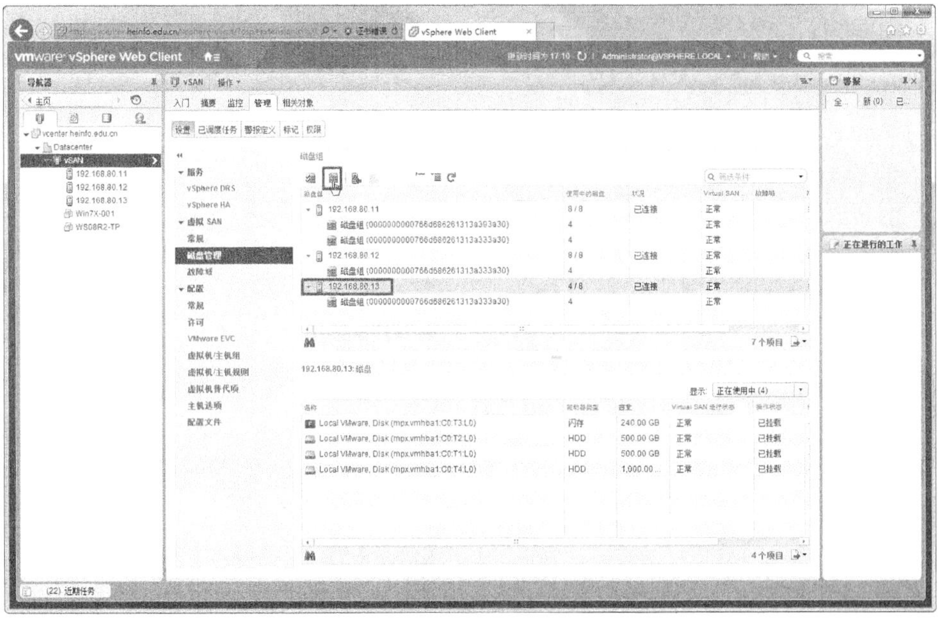

图 7-7-27　创建磁盘组

（2）在弹出的“创建磁盘组”对话框中，首先选择作为写入缓存和读取缓冲区的固态硬盘，然后选择一个或多个 HDD 磁盘作为数据磁盘，如图 7-7-28 所示，之后单击“确定”按钮完成添加。

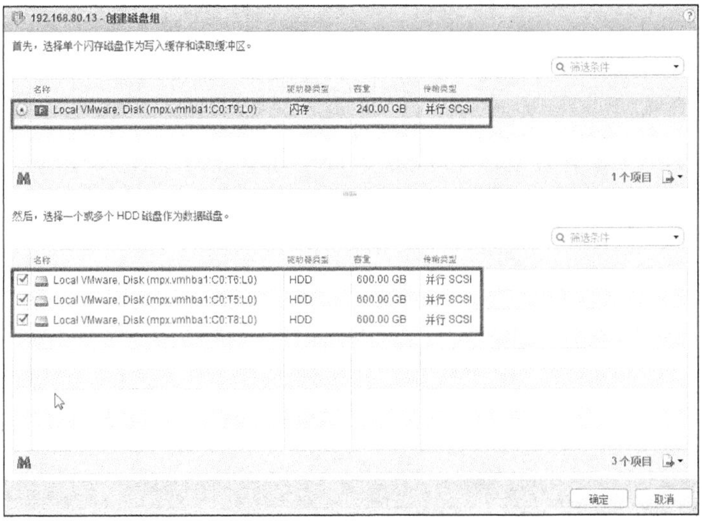

图 7-7-28　创建磁盘组

当然也可以参照“7.7.2 手动添加磁盘组”一节的内容声明所有磁盘，如图 7-7-29 所示。

添加之后，返回到 vSphere Web Client，可以看到当前每个主机已经有两个磁盘组，单击每个磁盘组，可以在列表中查看该磁盘组对应的 SSD 及 HDD，如图 7-7-30 所示。

最后在“vSAN 群集”的“管理→常规”中可以看到，当前有 3 个主机，一共有 6 个闪存磁盘、18 个数据磁盘，总容量 11.02TB，如图 7-7-31 所示。

图 7-7-29　声明所有合格的磁盘

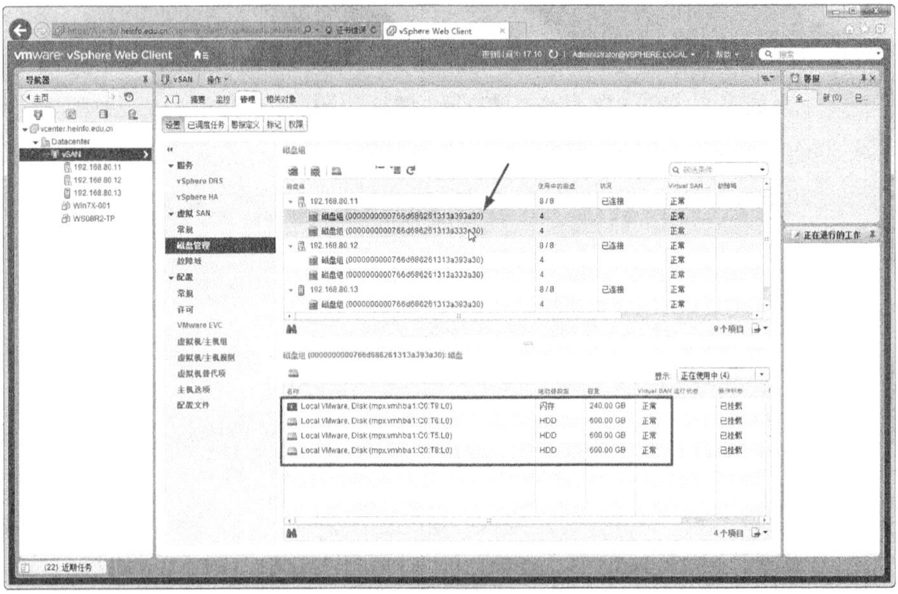

图 7-7-30　两个磁盘组

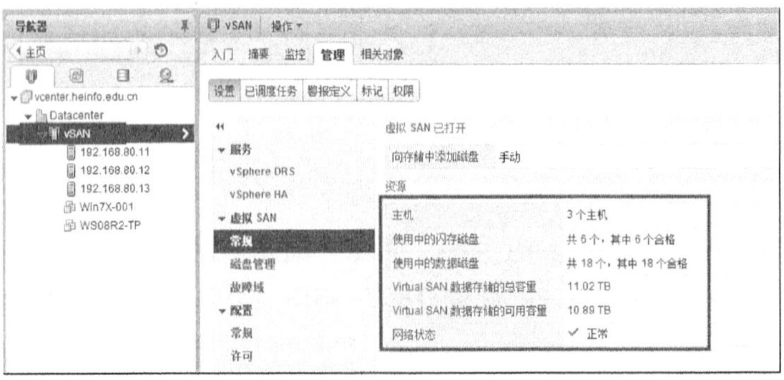

图 7-7-31　vSAN 信息

7.7.5 再次添加虚拟机存储策略

添加了第 2 个磁盘组之后，在当前 vSAN 群集中，每个主机有 6 个 HDD、2 个闪存。那么，在创建虚拟机存储策略时，可以最大创建磁盘带数为 6 的存储策略。下面介绍创建这些策略。

（1）在“虚拟机存储策略”中单击“ ”添加虚拟机存储策略，如图 7-7-32 所示。

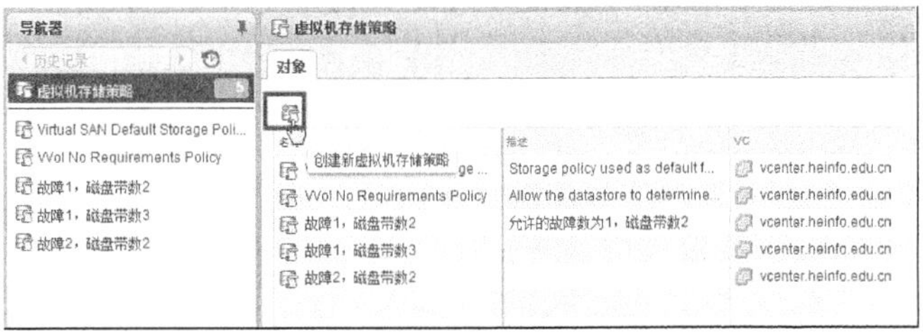

图 7-7-32 添加存储策略

（2）在“创建新虚拟机存储策略”对话框“名称”文本框中输入新建存储策略的名称，在此输入名称为“磁盘带数 4”，如图 7-7-33 所示。

（3）在“规则集 1”对话框“基于数据服务的规则”下拉列表选择 VSAN，在“添加规则”下拉列表中选择“每个对象的磁盘整数”，并设置磁盘带数为 4，其他则不添加，即选择默认值，如图 7-7-34 所示。

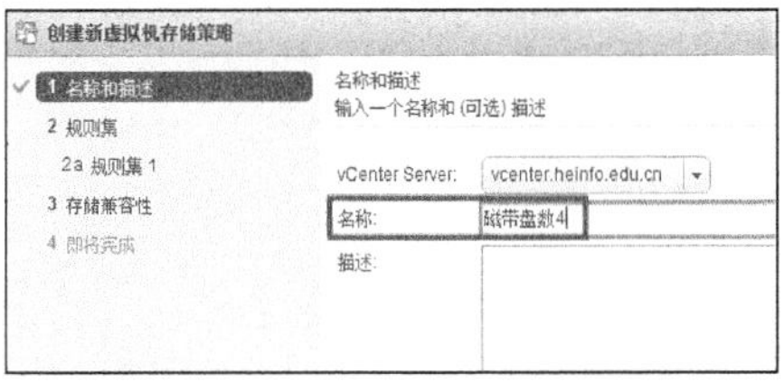

图 7-7-33 输入存储策略名称

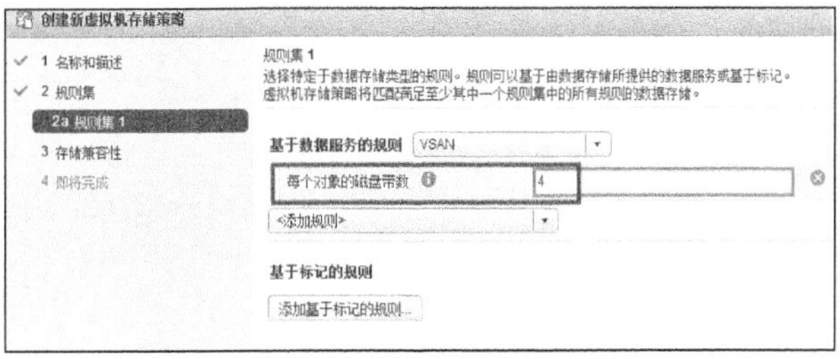

图 7-7-34 添加规则

【说明】要匹配本条策略，组成 vSAN 群集中的每个主机至少要有 4 个磁盘。在使用本条策略时，组成虚拟机硬盘是由 4 个磁盘组成的 RAID 0 提供。

（4）在“存储兼容性”对话框看是否有匹配的策略，如果有匹配的策略，则在“兼容”一行显示所兼容的存储容量。而在“不兼容”一行则显示不兼容的存储，在此兼容的存储总容量为 11.02TB，如图 7-7-35 所示。

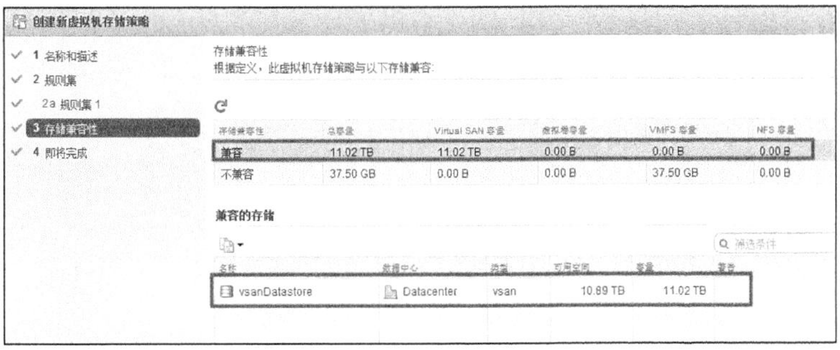

图 7-7-35 存储兼容性

（5）在“即将完成”对话框确认信息正确无误，单击“完成”按钮，添加规则完成，如图 7-7-36 所示。

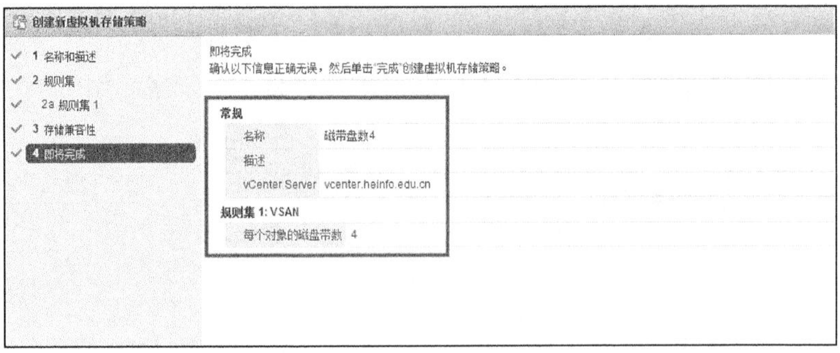

图 7-7-36　即将完成

之后参照步骤（1）～（5），分别添加磁盘带数为 5、6 的虚拟机存储策略，如图 7-7-37 所示。

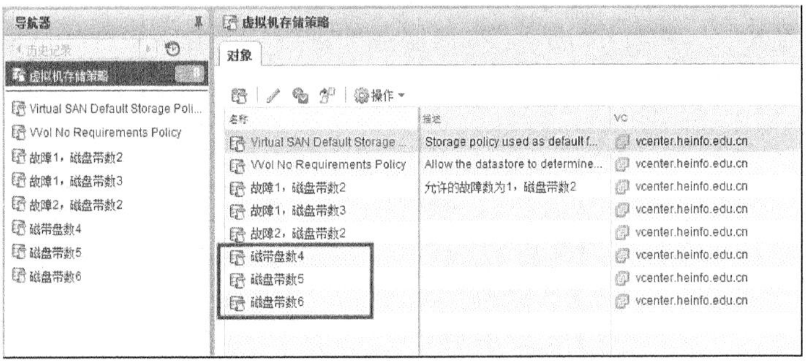

图 7-7-37　添加的虚拟机存储策略

7.7.6　新建虚拟机使用磁盘带数为 6 的虚拟机存储策略

最后，新建虚拟机，并使新建虚拟机使用磁盘带数为 6 的虚拟机存储策略，主要步骤如下。

（1）在 vSphere Web Client 新建虚拟机，如图 7-7-38 所示。

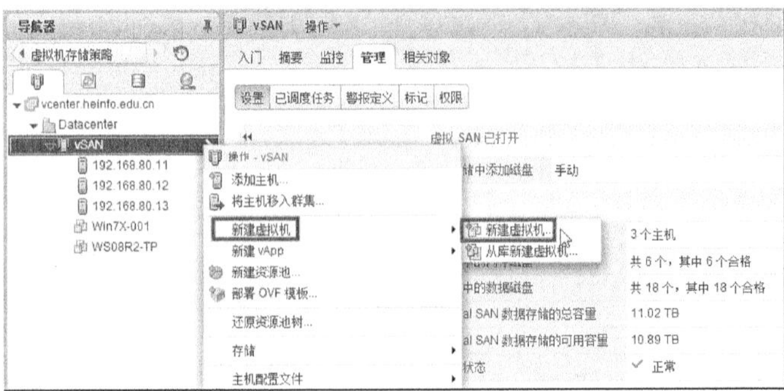

图 7-7-38　新建虚拟机

（2）设置虚拟机的名称为“Win7X-64”，如图 7-7-39 所示。

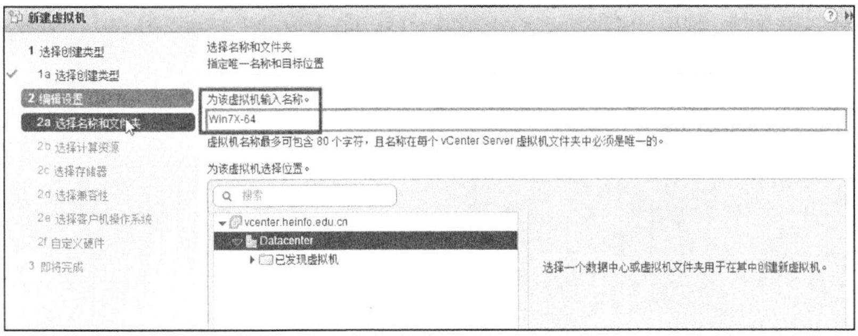

图 7-7-39　设置虚拟机名称

（3）在“选择存储器”对话框“虚拟机存储策略”选择上一节新建的“磁盘带数 6”的虚拟机存储策略，并且在“兼容”的列表中选择 vSAN 存储，如图 7-7-40 所示。

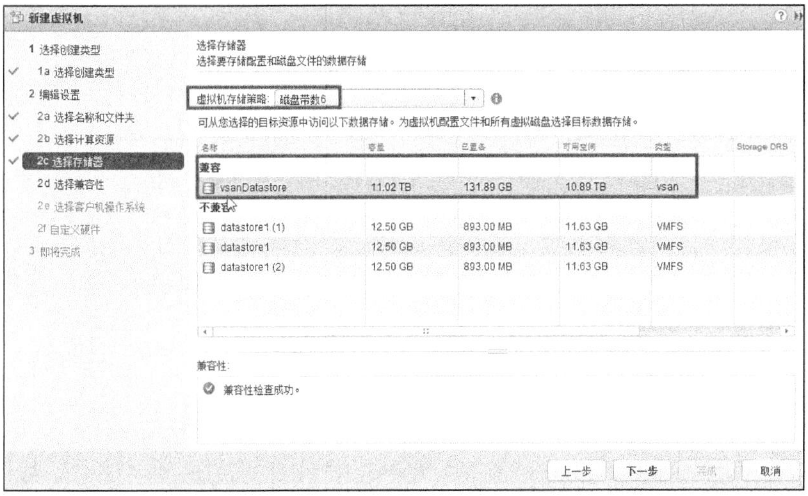

图 7-7-40　虚拟机存储策略

（4）在“自定义硬件”对话框为虚拟机分配 1GB 内存、1 个 CPU、32GB 的硬盘，如图 7-7-41 所示。

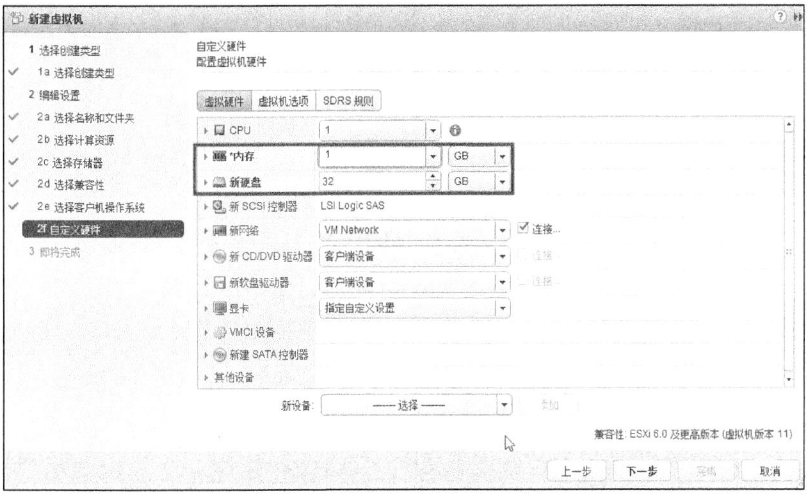

图 7-7-41　自定义硬件

（5）在“即将完成”对话框显示了新建虚拟机的设置，检查无误之后，单击“完成”按钮，如图 7-7-42 所示。

图 7-7-42　新建虚拟机完成

创建虚拟机完成之后，启动虚拟机，并启动远程控制台，如图 7-7-43 所示。

在安装了 VMware Workstation 的环境中，会使用 VMware Workstation 打开 ESXi 虚拟机控制台。之后在虚拟机中安装 64 位的 Windows 7 企业版，如图 7-7-44 所示。安装完操作系统后再安装 VMware Tools，这些不一一介绍。

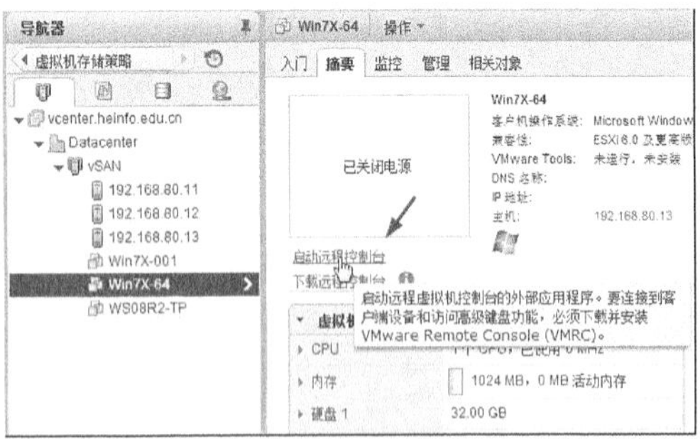

图 7-7-43　打开控制台

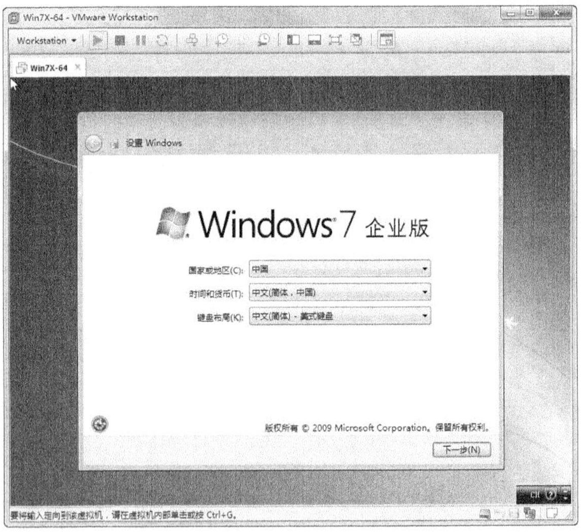

图 7-7-44　安装 Windows 7

最后，在“vSAN 群集→监控→虚拟 SAN→虚拟磁盘”中可以看到新建的名为 Win7X-64 的虚拟机，分别在 192.168.80.13 及 192.168.80.11 的磁盘创建 RAID 0，之后这两台主机组成 RAID 1 的结构，如图 7-7-45 所示。

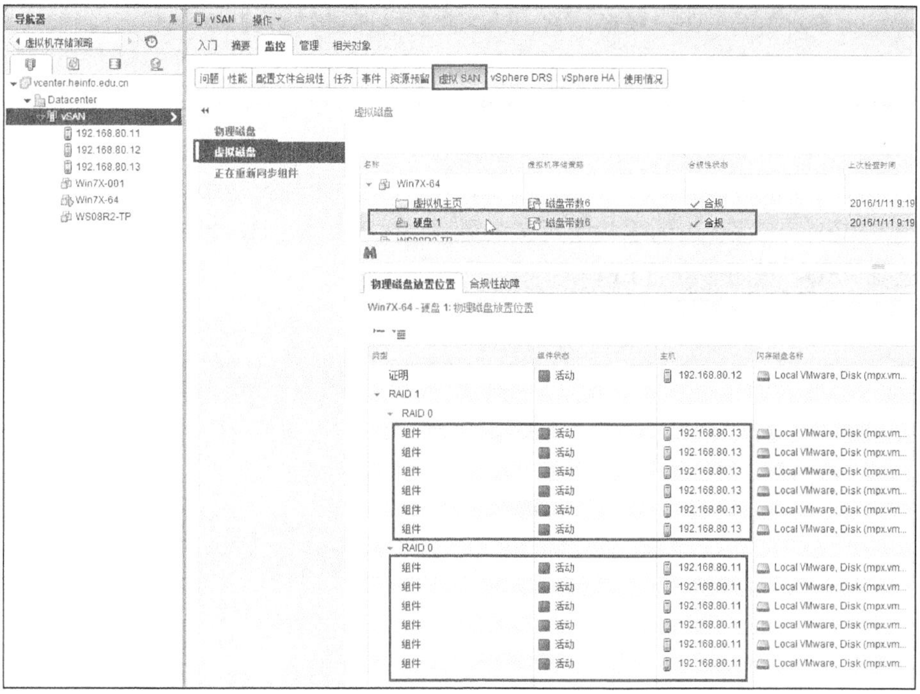

图 7-7-45 RAID 10

7.8 为 vSAN 群集主机主动更换 SSD 及 HDD

在特定情况下，您必须更换 Virtual SAN 群集中的硬件组件、驱动程序、固件和存储 I/O 控制器。在 Virtual SAN 中，您应该在遇到故障时或必须升级群集时更换硬件设备。

更换分两种，一种是在设备故障出现前，或者是故障已经出现，但经过重新插拔装上设备，设备仍然暂时可以使用，但已经有报警信息或报警提示时，由管理员主动更换，这种更换比较“平缓”，可以看成是一次产品的更新或升级。例如，在初期规划的时候，由于成本的考虑，为 vSAN 使用了较为便宜的 SSD，或者容量较小的 SSD，而随着产品的更新换代以及 SSD 的大量应用，较大容量的 SSD 已经比较便宜，可以由管理员根据规划逐步用大容量、安全性更高的企业级 SSD 替换原来的 SSD。或者，原来 vSAN 中的 HDD 是使用的 500GB 或 1TB 的 7200 转的低转速硬盘，现在想更换为 600GB 或 900GB 的 SAS 磁盘，都可以用本节内容。

7.8.1 更换主机上的闪存缓存设备

检测到故障或必须升级闪存缓存设备时，您应更换此设备。从主机上拔出闪存设备之前，您必须手动从 Virtual SAN 中移除该设备。

【注意】 如果未从 Virtual SAN 中移除闪存缓存设备即将其停用，Virtual SAN 使用的缓存量将小于所需量。因此，群集性能将会下降。

更换闪存缓存设备时，磁盘组上的虚拟机将不可访问，组中的组件将标记为“已降级”。

升级闪存缓存设备时，请确认群集中存在足够空间以从与闪存设备关联的磁盘组迁移数据。如果需要关闭主机电源，更换硬件，请将主机置于维护模式。

（1）在 vSphere Web Client 中，导航到 Virtual SAN 群集。

（2）在“管理”选项卡上，单击“设置→磁盘管理”，选择包含您要替换的设备的磁盘组。请先选择主机，然后在主机中选择“磁盘组”，在“磁盘组”中选择要替换（移除）的闪存磁盘（见图 7-8-1）。如果你不确认是哪个磁盘，请选中一个硬盘后，单击“ ”开启所选磁盘的定位 LED，在服务器前面板上对应的硬盘 LED 会被点亮，之后单击“ ”关闭所选磁盘的空位符 LED，关闭对应的 LED。

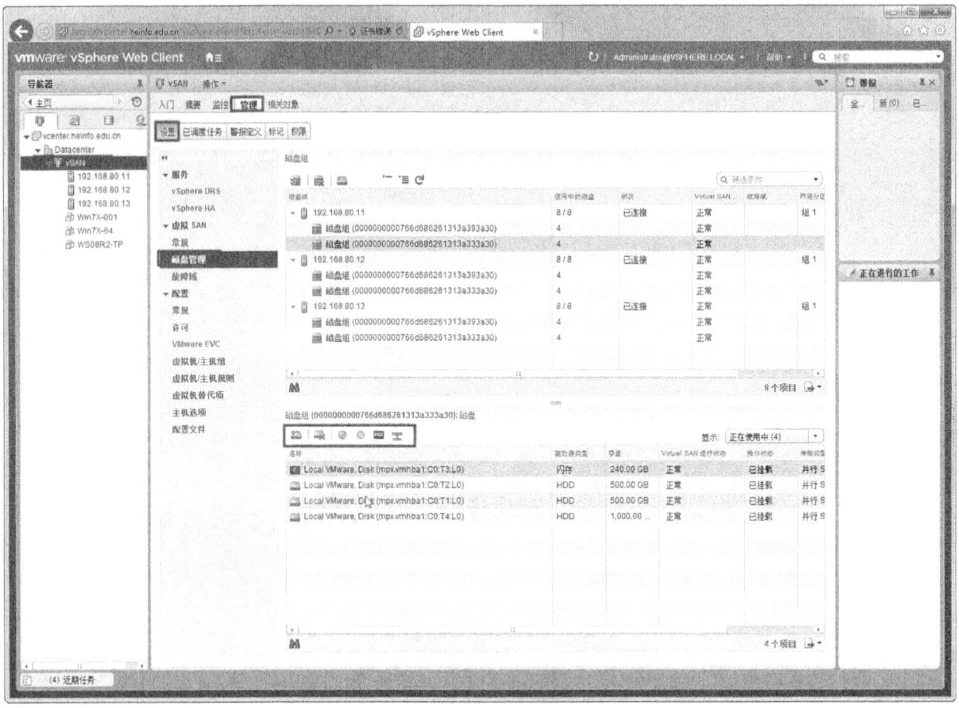

图 7-8-1　磁盘组

【说明】只有将“向存储中添加磁盘”设置为“手动”时，才能从磁盘组移除磁盘，或者从主机删除磁盘组。如果你的工具条上没有删除按钮，请在导航器中选中 vSAN 群集，在“管理→设置→常规”中，修改“向存储中添加磁盘”为“手动”即可，详细内容可参看“7.6.2 手动添加磁盘组”一节内容。

（3）正确地选择要移除的闪存缓存设备，然后单击“ ”从磁盘组中移除选定的磁盘，如图 7-8-2 所示。

（4）在弹出的“移除磁盘”对话框，选中“撤出数据”，然后单击“是”按钮，如图 7-8-3 所示。

【注意】从一个磁盘组中移除闪存盘，相当于删除该闪存盘所在的整个磁盘组。

从 Virtual SAN 群集中删除闪存缓存设备后，群集详细信息将反映当前的群集容量和配置设置。Virtual SAN 将放弃磁盘组成员资格，删除分区并从所有设备中删除失效数据。

（1）此时，在“Virtual SAN 群集→监控→虚拟 SAN→虚拟磁盘”中，在“虚拟磁盘”列表中选择虚拟机硬盘，可以看到涉及到硬盘组件“重新配置”，如图 7-8-4 所示。

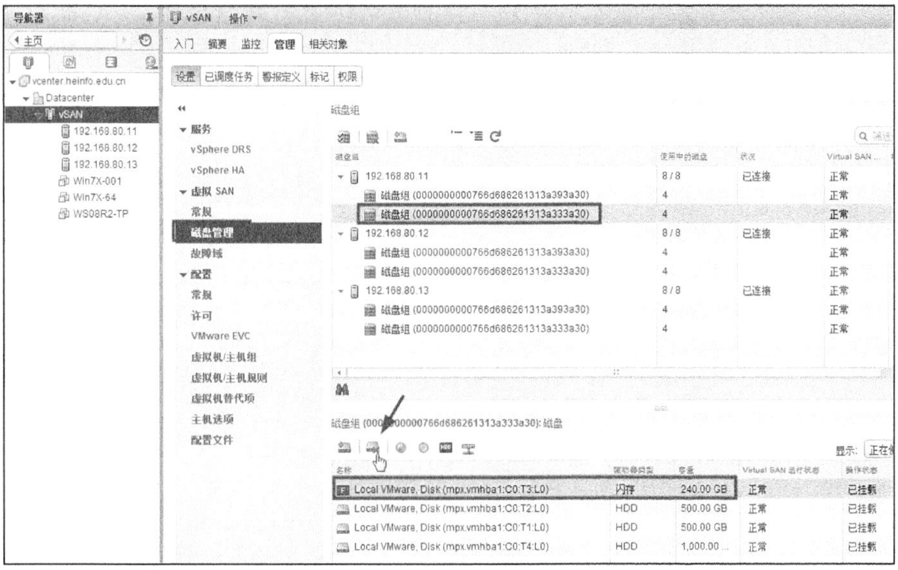

图 7-8-2 移除选择的闪存盘

（2）在“正在重新同步组件”选项中可以看到涉及的虚拟机硬盘正在重新同步，如图 7-8-5 所示。

（3）等同步完成，移除闪存盘之后，该闪存盘所在的磁盘组会被一同移除，如图 7-8-6 所示。

在移除闪存盘之后，如果你的主机上的存储控制器以直通模式进行配置并支持热插拔功能，请拔下已经在 ESXi 主机移除的闪存盘，更换新的闪存磁盘，或者更换更大容量的、未使用的闪存磁盘。

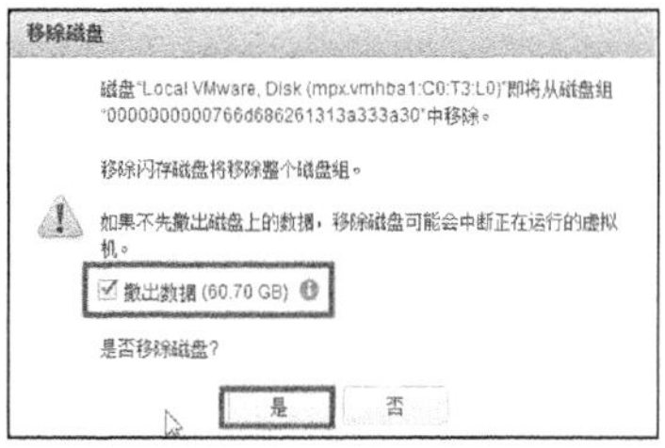

图 7-8-3 移除磁盘

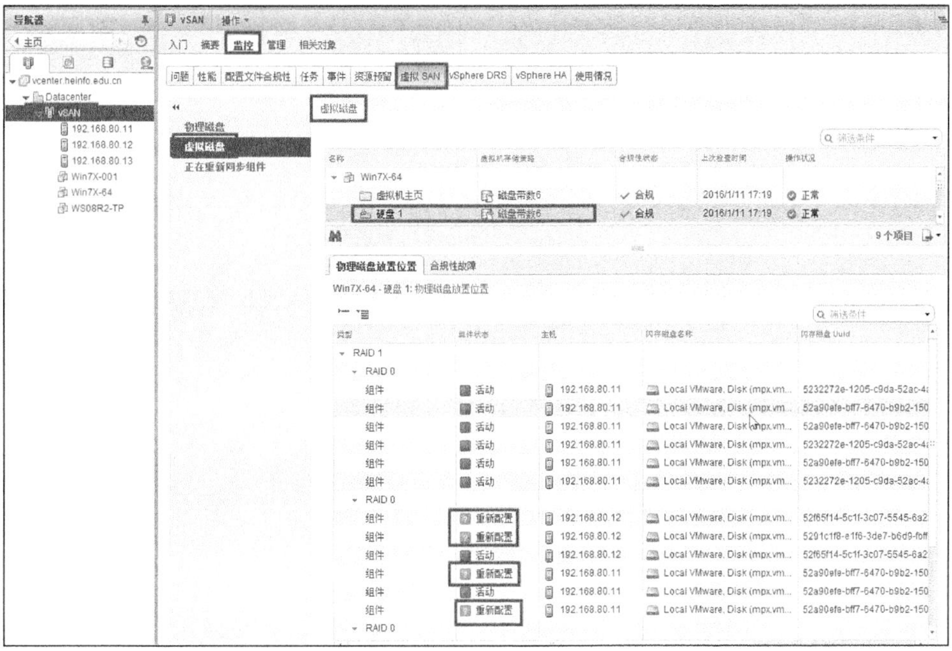

图 7-8-4 重新配置

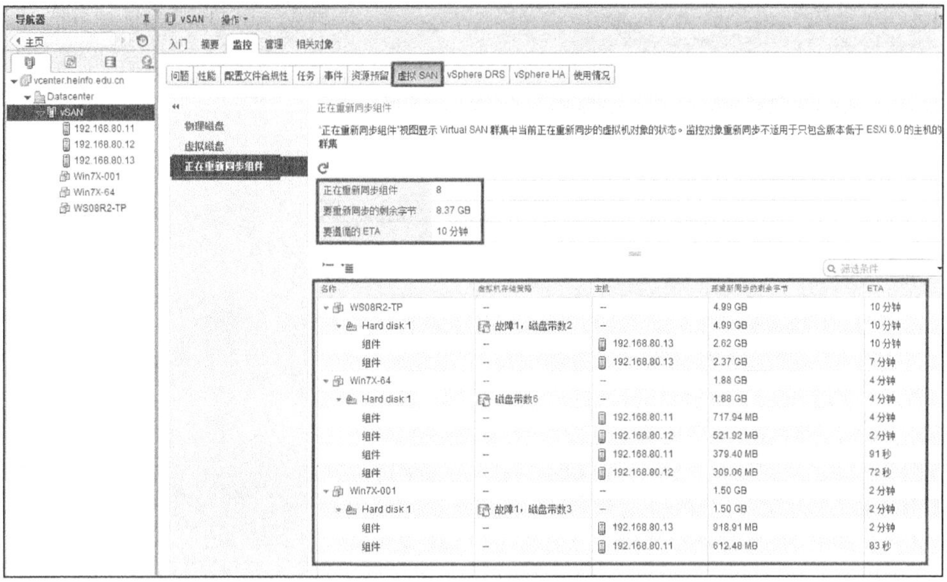

图 7-8-5 正在重新同步

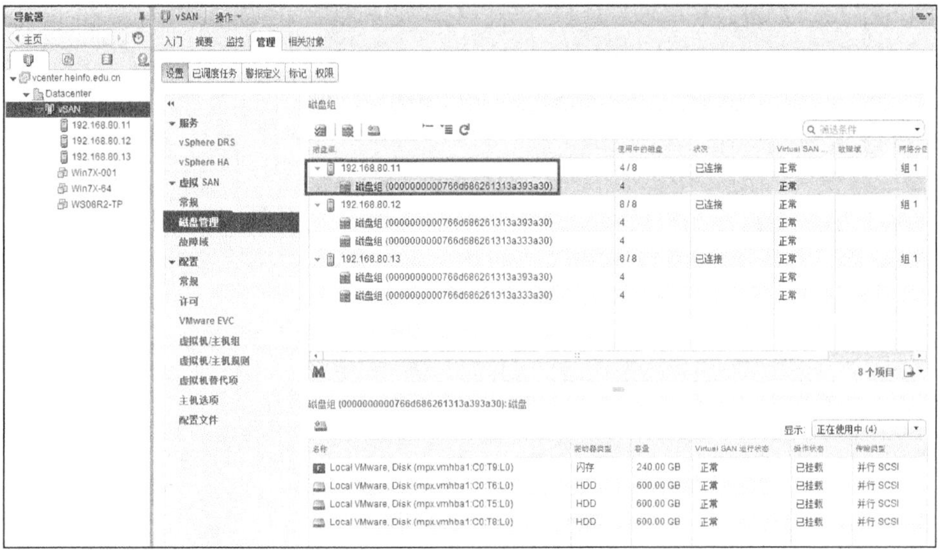

图 7-8-6 闪存盘及磁盘组被移除

如果存储控制器以 RAID 0 模式进行配置，请在 vSphere Web Client 中将主机置于维护模式，并关闭或重新启动主机。在关闭主机之后，更换闪存磁盘，如果此时需要一同更换该磁盘组上的 HDD，请一并更换。之后开机，进入 RAID 配置界面，将每个新添加的硬盘配置为 RAID 0，关于这些可以参看本书第 1 章的内容。配置之后，打开服务器的电源，等待其连接到 vSAN 群集。

（1）等重新开机的主机连接到 vSAN 群集之后，选中 vSAN 群集，在“管理→设置→磁盘管理”中，选中该主机，单击“ ”，创建新磁盘组，如图 7-8-7 所示。

（2）在“创建磁盘组”对话框中先选择新添加的闪存盘，之后选择一个或多个 HDD 作为数据磁盘，如图 7-8-8 所示，然后单击“确定”按钮添加。

【说明】 如果在此没有看到新添加的、可用的硬盘，请重新扫描当前主机的存储。

（3）在添加之后，系统会初始化 Virtual SAN 群集中的磁盘，如图 7-8-9 所示。

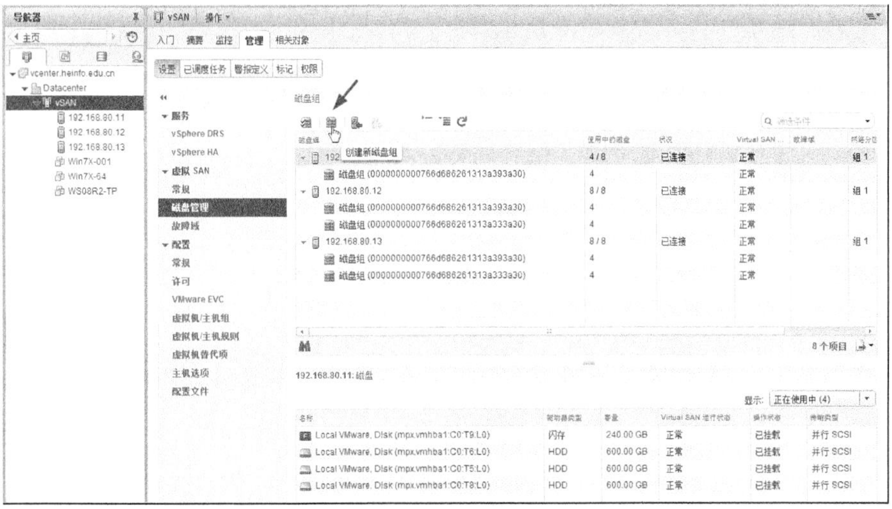

图 7-8-7　创建新磁盘组

图 7-8-8　创建磁盘组

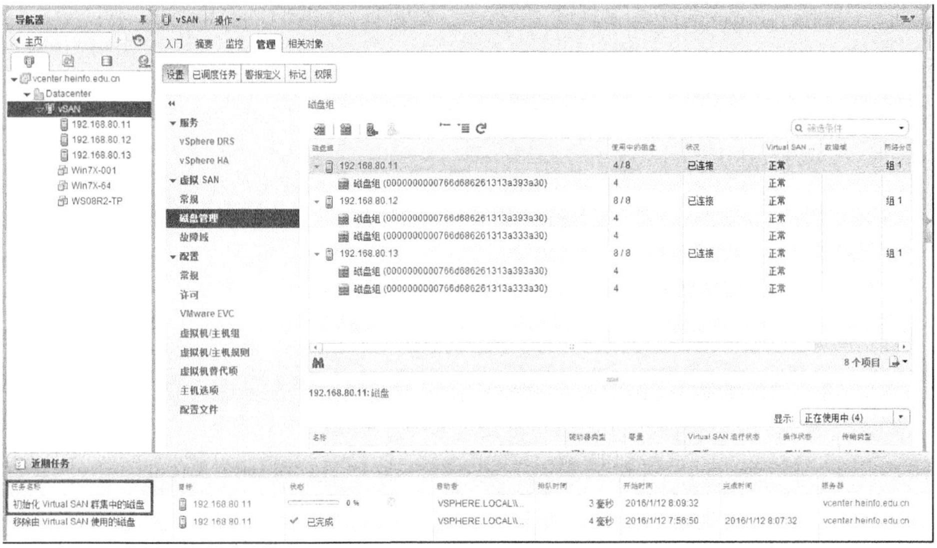

图 7-8-9　初始化 Virtual SAN 群集中的磁盘

（4）之后添加完成，如图 7-8-10 所示。

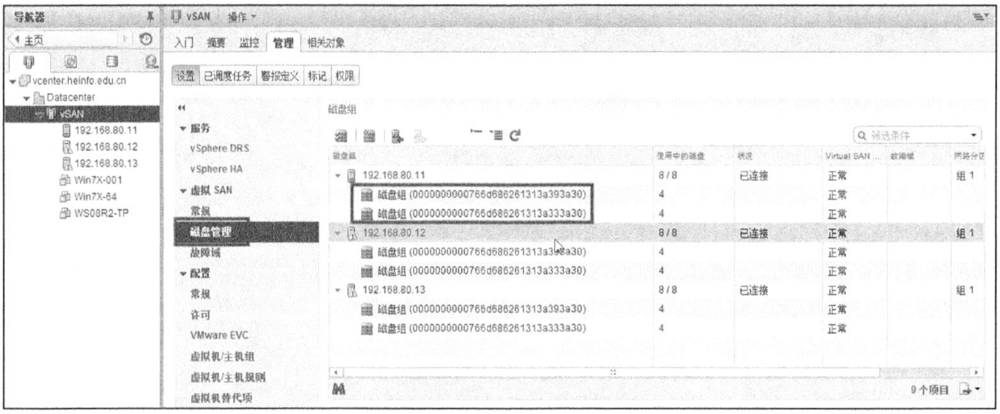

图 7-8-10　添加完成

7.8.2　替换 Virtual SAN 群集中的容量磁盘

对于容量设备或磁盘，如果检测到故障或者进行升级时，应当将其替换。以物理方式从主机移除设备之前，必须手动从 Virtual SAN 删除该设备。

当您拔下容量设备，但未从 Virtual SAN 群集中将其移除时，磁盘组上的虚拟机将不可访问，且该组中的组件将标记为不存在。

如果容量设备出现故障，则虚拟机将不可访问，该组中的组件将标记为已降级。

如果升级容量设备，请确认群集包含足够的空间从容量设备迁移数据。

（1）在 vSphere Web Client 中导航到 Virtual SAN 群集。在“管理”选项卡上，单击“设置→磁盘管理”，在主机列表中，选择包含您要替换的设备的磁盘组，之后选择要替换或移除的 HDD 磁盘，然后单击“ ”从磁盘组中移除选定的磁盘，如图 7-8-11 所示。

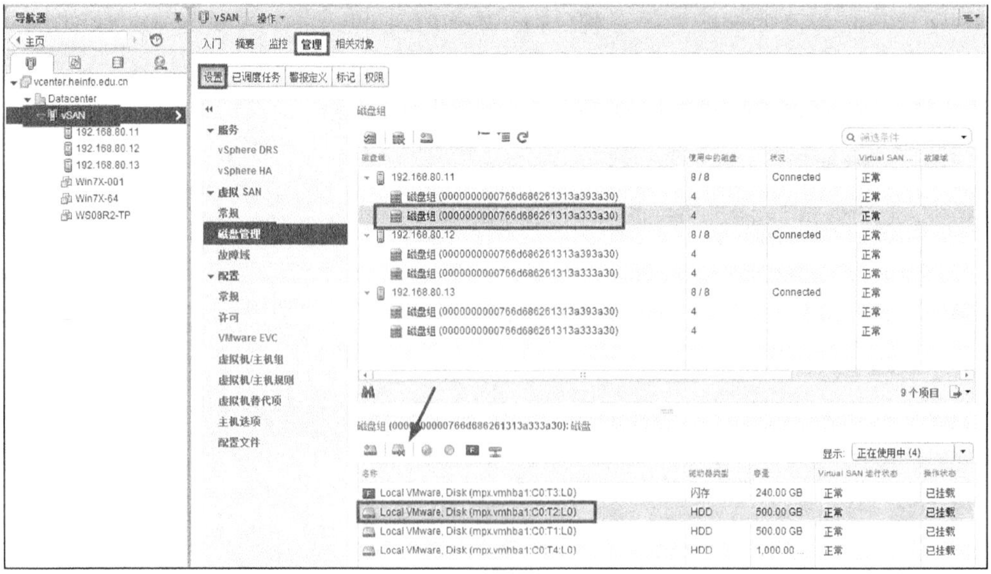

图 7-8-11　移除选择的磁盘

如果你不确认哪个磁盘，请选中一个硬盘后，单击“ ”开启所选磁盘的定位 LED，在服务器前面板上对应的硬盘 LED 会被点亮，之后单击“ ”关闭所选磁盘的空位符 LED，关闭对应的 LED。

（2）在“移除磁盘”对话框中选中“撤出数据”，然后单击“是”按钮，如图 7-8-12 所示。

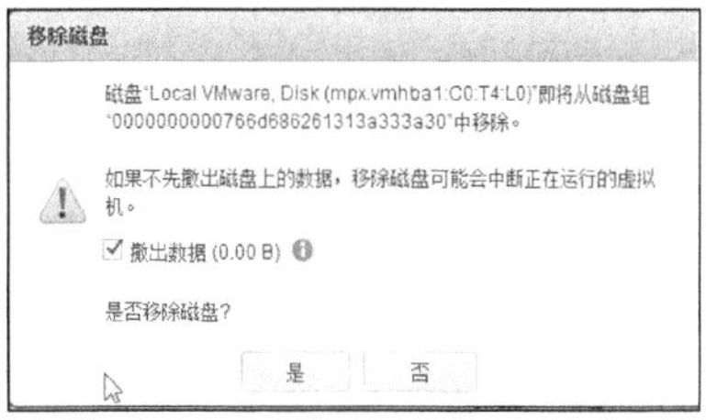

图 7-8-12　移除磁盘

（3）移除之后，当前磁盘组少了一个磁盘，如图 7-8-13 所示。

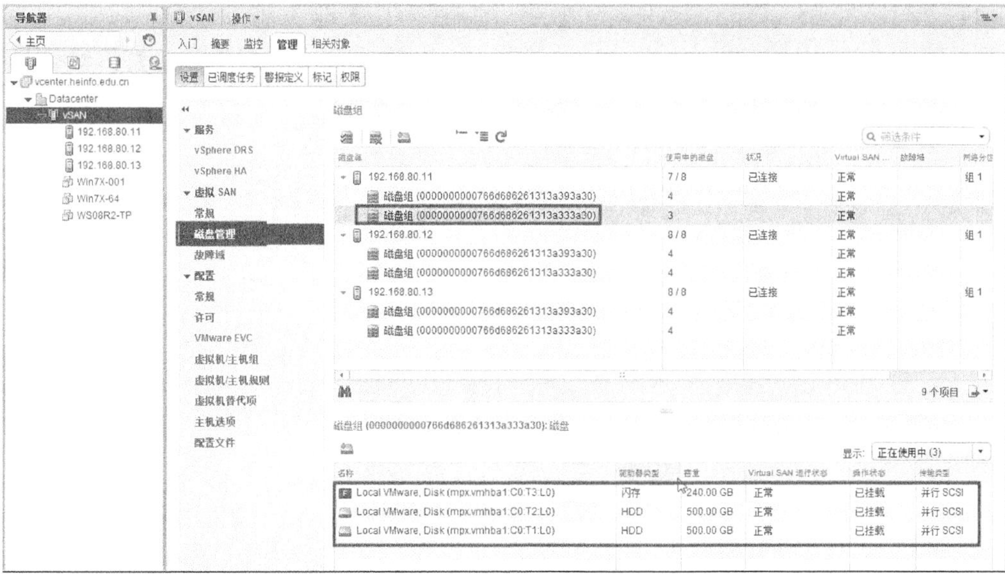

图 7-8-13　移除磁盘之后

如果需要继续移除，请参照（1）～（3）的步骤操作。

在移除容量盘之后，如果你的主机上的存储控制器以直通模式进行配置并支持热插拔功能，请拔下已经在 ESXi 主机移除的硬盘，更换新的硬盘，或者更换更大容量的、未使用的硬盘。

如果存储控制器以 RAID 0 模式进行配置，请在 vSphere Web Client 中将主机置于维护模式，并关闭或重新启动主机。在关闭主机之后，更换闪存磁盘，如果此时需要一同更换该磁盘组上的 HDD，请一并更换。之后开机，进入 RAID 配置界面，将每个新添加的硬盘配置为 RAID 0。配置之后，打开服务器的电源，等待其连接到 vSAN 群集。

（1）等重新开机的主机连接到 vSAN 群集之后，选中 vSAN 群集，在“管理→设置→磁盘管理”中选中该主机，选中“磁盘组”，单击“ ”，向磁盘组中添加磁盘，如图 7-8-14 所示。

（2）在“添加数据磁盘”对话框中选择一个或多个磁盘作为数据磁盘，如图 7-8-15 所示。

如果主机无法检测到该设备，则执行设备重新扫描。

（3）添加之后，如图 7-8-16 所示。

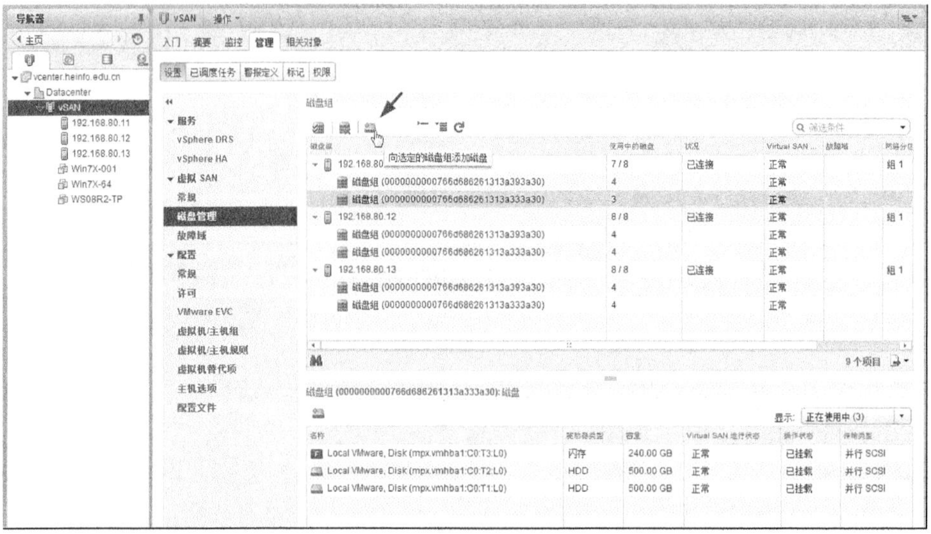

图 7-8-14　向磁盘组中添加磁盘

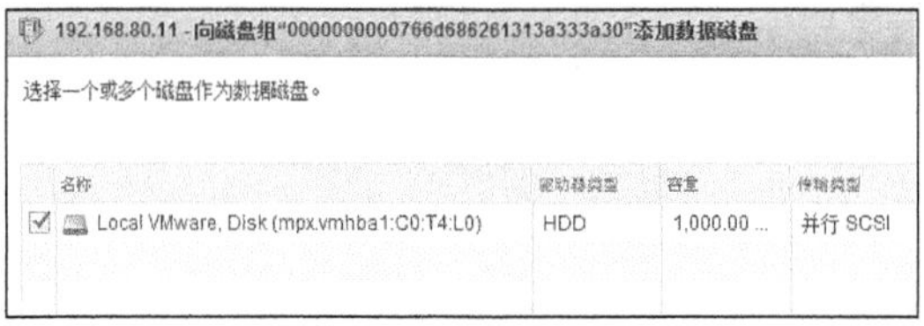

图 7-8-15　添加数据磁盘

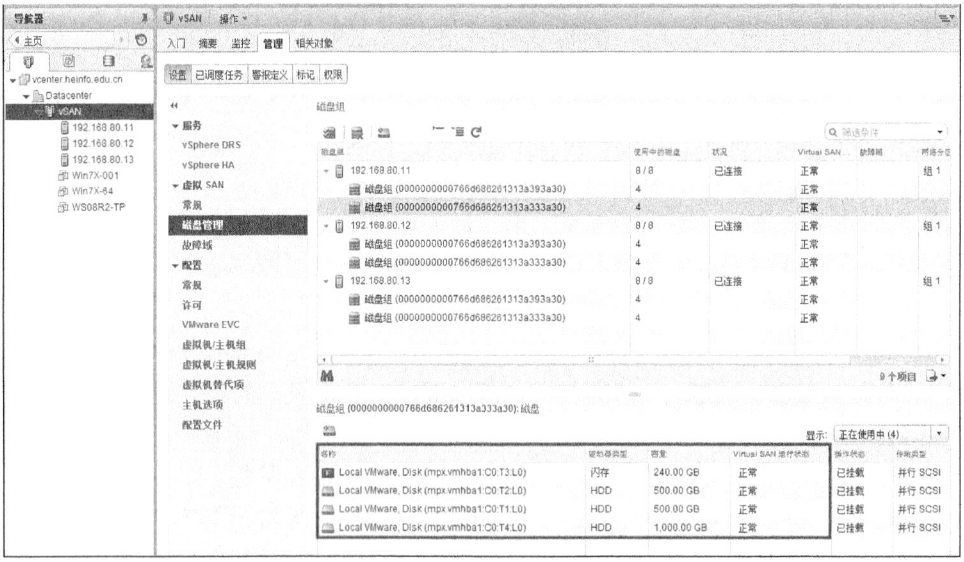

图 7-8-16　添加磁盘完成

7.9　处理 Virtual SAN 故障

Virtual SAN 根据故障的严重性处理群集中存储设备、主机和网络的故障。通过观察

Virtual SAN 数据存储和网络的性能，您可以诊断 Virtual SAN 的问题。

7.9.1　检查组件的故障状态

使用 vSphere Web Client 检查组件是否处于“不存在”或“已降级”故障状态。

如果群集中发生故障，Virtual SAN 会根据故障严重性，将对象的组件标记为“不存在”或“已降级”。

（1）在 vSphere Web Client 中，导航到 Virtual SAN 群集。

（2）在“监控”选项卡上，单击“虚拟 SAN”，然后选择“虚拟磁盘”，群集中虚拟机的主目录和虚拟磁盘将显示。

（3）选择一个虚拟机对象，在“物理磁盘放置位置”选项卡中，检查所选对象的组件的“组件状态”属性。如果 Virtual SAN 群集中发生故障，“组件状态”属性将为“不存在”或“已降级”，如图 7-9-1 所示。

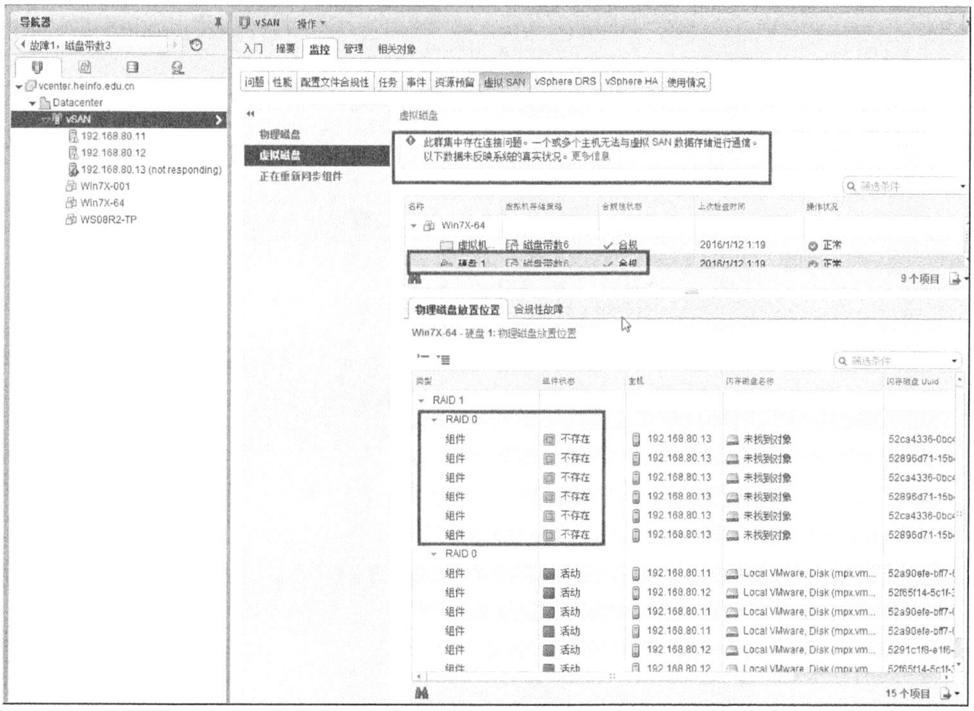

图 7-9-1　组件状态为“不存在”

7.9.2　指示 Virtual SAN 中问题的对象状态

检查虚拟机对象的合规性状态和操作状况，以确定群集中的故障如何影响虚拟机。

要确定故障对虚拟机的整体影响，请检查合规性状态和操作状况。如果操作状况保持正常，但对象不合规，则虚拟机可继续使用 Virtual SAN 数据存储。如果操作状况不正常，则虚拟机将无法使用数据存储。

虚拟机对象的“合规性状态”指示它是否符合所分配虚拟机存储策略的要求。

对象的“操作状况”可能为“正常”或“不正常”。它指示群集中故障的类型和数量。

如果完整副本可用，并且对象有超过 50%的投票仍然可用，则对象处于“正常”状态。

如果完整副本不可用，或对象有少于 50%的投票不可用，则对象“不正常”。例如，如果群集中出现网络故障并且主机处于隔离状态，则对象可能变为不正常，如图 7-9-2 所示。

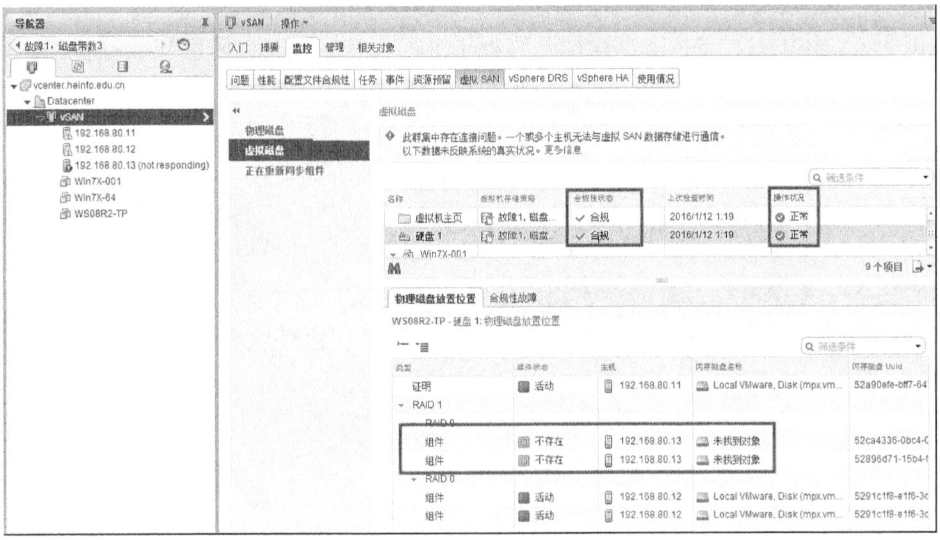

图 7-9-2　合规性状态

1. 检查 Virtual SAN 中对象的运行状况

使用 vSphere Web Client 检查虚拟机是否处于正常状态。当虚拟机对象的副本以及对象投票超过 50%可用时，认为虚拟机处于正常状态。

（1）在 vSphere Web Client 中导航到 Virtual SAN 群集。

（2）在“监控”选项卡上单击“虚拟 SAN”，然后选择“虚拟磁盘”，群集中虚拟机的主目录和虚拟磁盘将显示。

（3）对于虚拟机对象，检查“操作状况”属性的值，如图 7-9-3 所示。

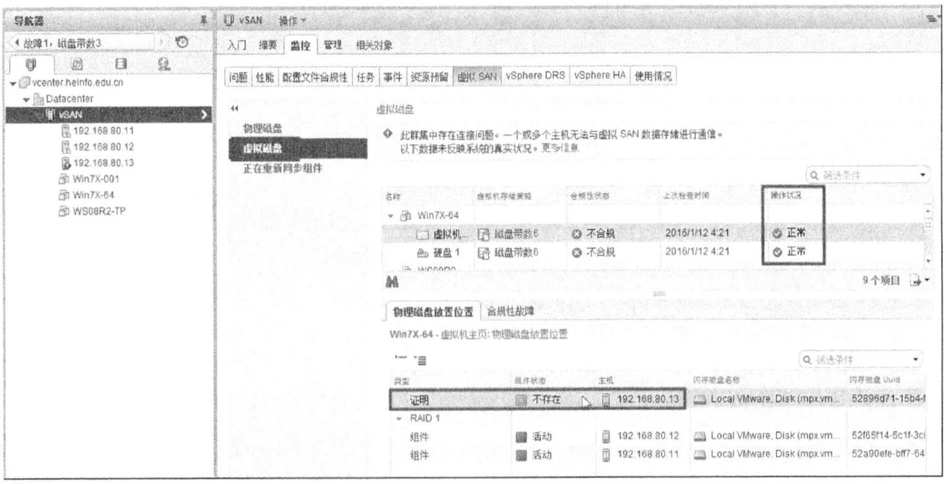

图 7-9-3　操作状况

如果操作状况不正常，则 vSphere Web Client 将在括号中指明不正常状况的原因。

2. 检查 Virtual SAN 中虚拟机的合规性

使用 vSphere Web Client 检查虚拟机对象是否符合指定的虚拟机存储策略。

可以单独检查虚拟机的合规性状态，也可以检查虚拟机对象的例规性状态。

（1）在 vSphere Web Client 导航器中，浏览到虚拟机。

（2）在“摘要”选项卡上检查虚拟机存储策略下的“虚拟机存储策略合规性”属性值，如图 7-9-4 所示。

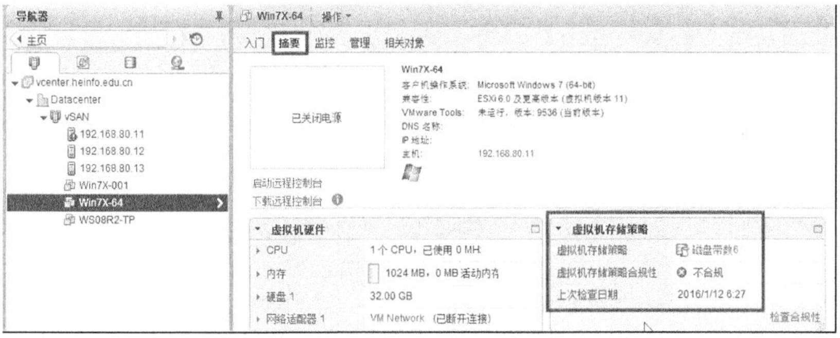

图 7-9-4　虚拟机存储策略合规性

要检查虚拟机对象的合规性状态的操作步骤如下。

（1）在 vSphere Web Client 中导航到 Virtual SAN 群集。

（2）在“监控”选项卡上单击“虚拟 SAN”，然后选择“虚拟磁盘”，群集中虚拟机的主目录和虚拟磁盘将显示。

（3）选择一个虚拟机对象，检查对象的“合规性状态”属性值。如果合规性状态不是“合规”，则确定不合规的原因，如图 7-9-5 所示。

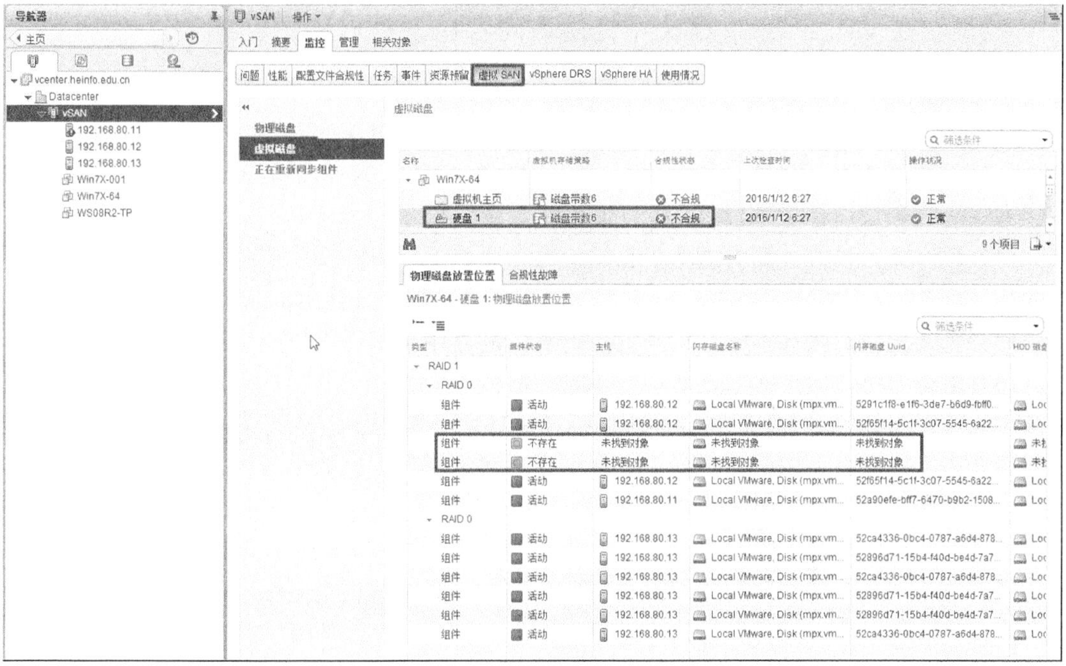

图 7-9-5　合规性状态

检查对象的操作状况以验证对象是否正常运行。

在“合规性故障”选项卡上，检查对象不符合虚拟机存储策略中的哪些要求。

在“物理磁盘放置位置”选项卡上，检查对象组件的状态。

7.9.3 Virtual SAN 中发生故障时虚拟机的可访问性

如果虚拟机使用 Virtual SAN 存储，则其存储可访问性可能因 Virtual SAN 群集中的故障类型而异。

群集发生的故障次数超过虚拟机对象允许的次数时，可访问性将发生更改。

由于 Virtual SAN 群集中的故障，虚拟机对象可能变得无法访问。由于故障影响所有副本而对象的完整副本不可用时，或由于故障影响 1 个副本和 1 个证明，但不足 50%的对象投票可用时，对象将无法访问。

根据无法访问的对象类型，虚拟机将出现下列行为，如表 7-7 所示。

表 7-7 虚拟机对象无法访问

对 象 类 型	虚拟机状况	虚拟机症状
虚拟机主页命名空间	不可访问 如果 vCenter Server 或 ESXi 主机无法访问虚拟机的.vmx 文件，则已孤立	虚拟机处理可能崩溃并且虚拟机可能关闭电源
VMDK	不可访问	虚拟机保持启动状态，但是未执行 VMDK 上的 I/O 操作。一定的超时后，客户机操作系统结束操作

虚拟机无法访问不是永久状态。解决基础问题，且完整副本和超过 50%的对象投票已还原后，虚拟机将自动变得可访问。

7.9.4 在 Virtual SAN 群集中无法访问容量设备

磁盘或闪存容量设备发生故障时，如果空间可用且允许的故障数定义为大于或等于 1，Virtual SAN 会评估设备上对象的可访问性并在其他主机上重新构建这些对象。

当位于磁盘或闪存容量设备上的 Virtual SAN 组件标记为“已降级”时，Virtual SAN 以下列方式响应容量设备故障。

（1）允许的故障数。如果虚拟机存储策略中允许的故障数等于或大于 1，则仍可从群集中的另一个 ESXi 主机访问虚拟机对象。如果资源可用，Virtual SAN 将启动自动重新保护。

如果允许的故障数等于 0，则当虚拟机对象的其中一个组件位于出现故障的容量设备上时，该对象将不可访问。你需要从备份还原虚拟机。

（2）容量设备上的 I/O 操作。Virtual SAN 将停止所有正在运行的 I/O 操作 5～7 秒，直到它重新评估在没有故障组件的情况下对象是否仍然可用为止。如果 Virtual SAN 确定该对象可用，则所有正在运行的 I/O 操作都将恢复。

（3）重新构建数据。对于故障设备或磁盘上的对象，Virtual SAN 将检查主机和容量设备是否能满足空间和放置规则的要求。如果有此类具有容量的主机可用，则 Virtual SAN 将立即开始恢复过程，因为组件标记为“已降级”。

如果资源可用，将会发生自动重新保护。

7.9.5 在 Virtual SAN 群集中无法访问闪存缓存设备

当某个闪存缓存设备出现故障时，Virtual SAN 将评估包含该缓存设备的磁盘组中对象的可访问性，如果可能且允许的故障数大于等于 1，将在另一个主机上重新构建这些对象。

位于磁盘组中的缓存设备和容量设备（例如，磁盘）均标记为“已降级”。Virtual SAN 会将单个闪存缓存设备的故障解释为整个磁盘组的故障。此时，Virtual SAN 将按照以下方式对闪存缓存设备故障做出响应。

（1）允许的故障数。

如果虚拟机存储策略中允许的故障数等于或大于 1，则仍可从群集中的另一个 ESXi 主机访问虚拟机对象。如果资源可用，Virtual SAN 将启动自动重新保护。

如果允许的故障数等于 0，则当虚拟机对象的其中一个组件位于出现故障的磁盘组上时，该对象将不可访问。

（2）磁盘组上的 I/O 操作。

Virtual SAN 将停止所有正在运行的 I/O 操作 5～7 秒，直到它重新评估在没有故障组件的情况下对象是否仍然可用为止。

如果 Virtual SAN 确定该对象可用，则所有正在运行的 I/O 操作都将恢复。

（3）重新构建数据。

对于故障设备或磁盘上的对象，Virtual SAN 将检查主机和容量设备是否能满足空间和放置规则的要求。如果有此类具有容量的主机可用，则 Virtual SAN 将立即开始恢复过程，因为组件标记为“已降级”。

7.9.6　Virtual SAN 群集中的主机无响应

如果主机由于故障或重新引导而停止响应，Virtual SAN 将等待主机恢复，然后 Virtual SAN 将在群集中的其他主机上重新构建组件。

当主机网络中断或关机，或者是网络中断造成不可访问时，位于主机上的 Virtual SAN 组件将标记为“不存在”。下面我们模拟这个故障。

（1）在 VMware Workstation 中，右击某台实验主机，例如 192.168.80.13 的 ESXi，修改虚拟机的配置，在“网络适配器”的“设备状态”选项中取消“已连接”的选择，如图 7-9-6 所示。

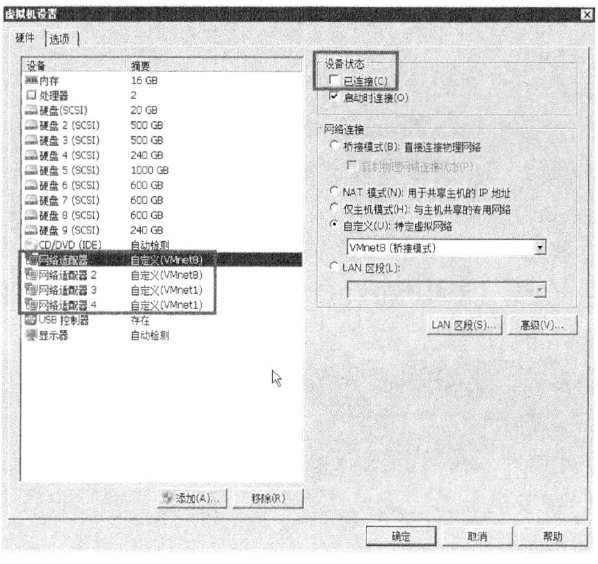

图 7-9-6　取消网卡连接

【说明】 你需要将每个网卡的状态都“取消”已连接的选择。

（2）返回到 vSphere Web Client，单击“ ”刷新，此时在导航器中 192.168.80.13 的 ESXi 主机为“Not responding（没有响应）”的提示。

（3）选择 Virtual SAN 群集，在“监控→虚拟 SAN→虚拟硬盘”中查看虚拟机硬盘，则可以看到受影响的虚拟机硬盘文件的“组件状态”为“不存在”，“闪存磁盘名称”状态为“未找到对象”，如图 7-9-7 所示。

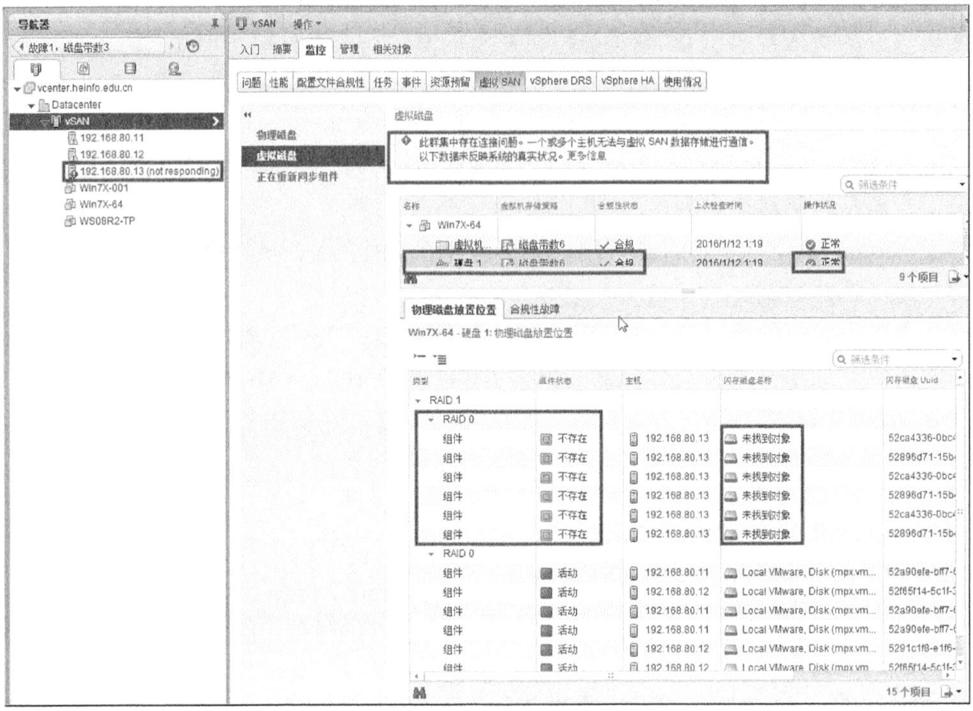

图 7-9-7　组件状态

对于这种现象，Virtual SAN 会用以下方式对主机故障做出响应。

（1）允许的故障数。

如果虚拟机存储策略中允许的故障数等于或大于 1，则仍可从群集中的另一个 ESXi 主机访问虚拟机对象。如果资源可用，Virtual SAN 将启动自动重新保护。

如果允许的故障数等于 0，则当虚拟机对象的组件位于出现故障的主机上时，该对象将不可访问。

（2）主机上的 I/O 操作。

Virtual SAN 将停止所有正在运行的 I/O 操作 5～7 秒，直到它重新评估在没有故障组件的情况下对象是否仍然可用为止。

如果 Virtual SAN 确定该对象可用，则所有正在运行的 I/O 操作都将恢复。

（3）重新构建数据。

如果该主机在 60 分钟内未重新加入群集，则对于无法访问的主机上的对象，Virtual SAN 将检查群集中的其他一些主机是否能满足缓存、空间和放置规则的要求。如果有此类主机可用，则 Virtual SAN 将启动恢复过程。

如果该主机在 60 分钟后重新加入群集，并且已开始恢复，则 Virtual SAN 将评估是继续恢复，还是停止恢复并重新同步原始组件。

在 VMware Workstation 修改 192.168.80.13 的虚拟机设置，将网卡设备状态“已连接”选中，如图 7-9-8 所示。

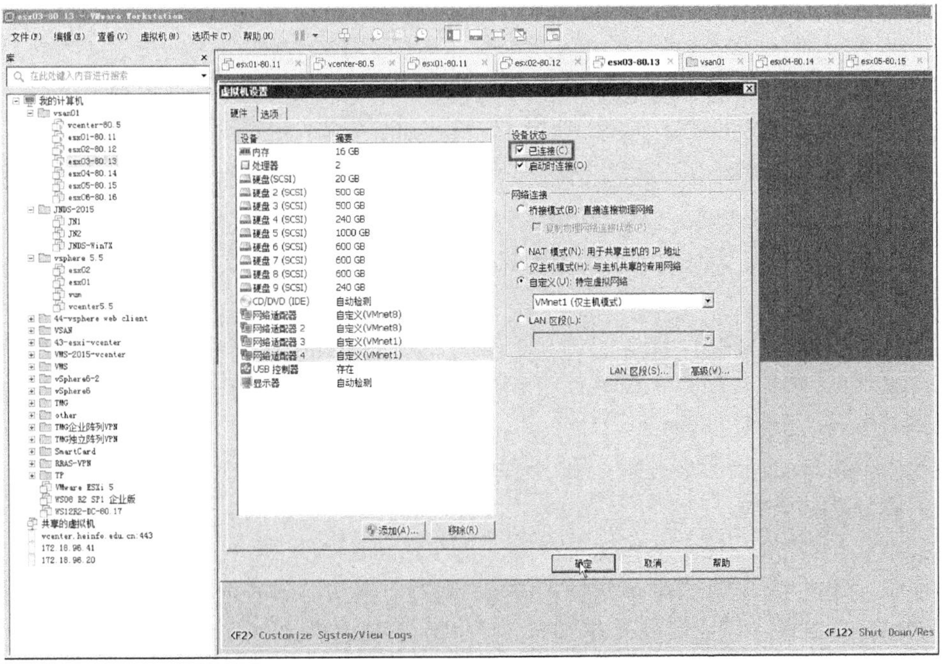

图 7-9-8　恢复网络连接

之后在 vSphere Web Client 中，单击“”刷新，在“虚拟磁盘”中可以看到组件状态都为“活动”，状态都已正常，如图 7-9-9 所示。

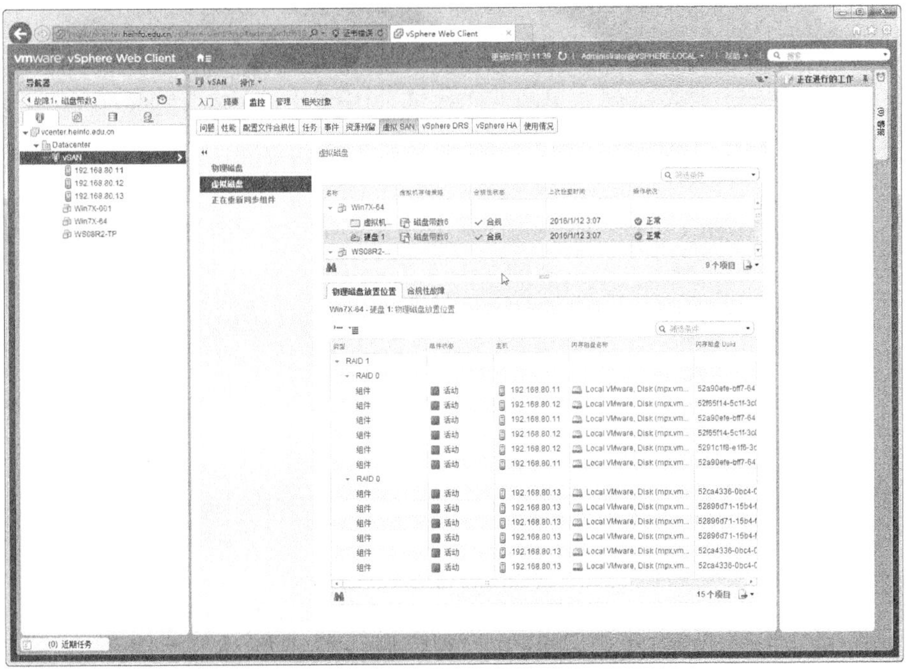

图 7-9-9　状态恢复正常

7.9.7　Virtual SAN 群集断开网络连接

当群集中主机之间的连接断开时，如果无法恢复连接，则 Virtual SAN 会确定活动分区并从活动分区上的隔离分区重新构建组件。

Virtual SAN 确定可用的对象票数超过 50%的分区。隔离主机上的组件被标记为“不存在”。

对于这种现象，Virtual SAN 会用以下方式对主机故障做出响应。

（1）允许的故障数。

如果虚拟机存储策略中允许的故障数等于或大于 1，则仍可从群集中的另一个 ESXi 主机访问虚拟机对象。如果资源可用，Virtual SAN 将启动自动重新保护。

如果允许的故障数等于 0，则当虚拟机对象的组件位于出现故障的主机上时，该对象将不可访问。

（2）主机上的 I/O 操作。

Virtual SAN 将停止所有正在运行的 I/O 操作 5～7 秒，直到它重新评估在没有故障组件的情况下对象是否仍然可用为止。

如果 Virtual SAN 确定该对象可用，则所有正在运行的 I/O 操作都将恢复。

（3）重新构建数据。

如果该主机在 60 分钟内重新加入群集，则 Virtual SAN 将同步该主机上的组件。

如果该主机在 60 分钟内未重新加入群集，则对于无法访问的主机上的对象，Virtual SAN 将检查群集中的其他一些主机是否能满足缓存、空间和放置规则的要求。如果有此类主机可用，则 Virtual SAN 将启动恢复过程。

如果该主机在 60 分钟后重新加入群集，并且已开始恢复，则 Virtual SAN 将评估是继续恢复，还是停止恢复并重新同步原始组件。

7.9.8　模拟 vSAN 群集主机中 SSD 或 HDD 损坏场景

在“7.8 为 vSAN 群集主机主动更换 SSD 及 HDD”一节，介绍的是在“可控”的前提下，为 vSAN 群集中的主机更换 SSD 及 HDD。但实际的使用中，如果 vSAN 群集中的 HDD 或 SSD 突然坏了怎么办？本节将模拟 vSAN 群集中某台 ESXi 主机的 HDD 或 SSD 突然损坏的情况。

（1）在 vSphere Web Client 导航器中选择 vSAN 群集，在“管理→设置→常规”中查看当前 vSAN 群集中主机及磁盘状态，如图 7-9-10 所示。

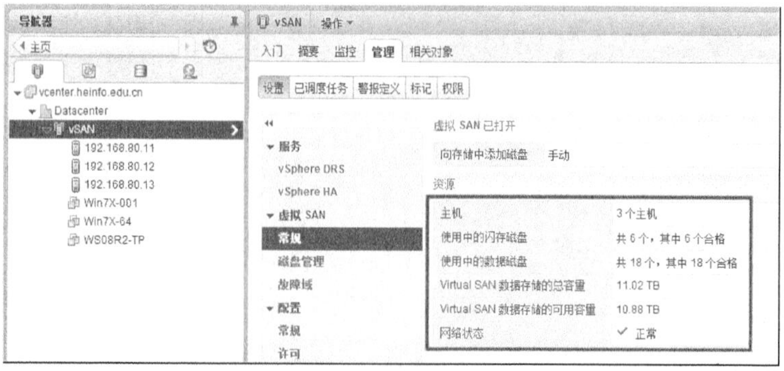

图 7-9-10　查看常规状态

（2）在"监控→虚拟 SAN→虚拟磁盘"查看各个虚拟机组件，其都是正常状态，如图 7-9-11 所示。

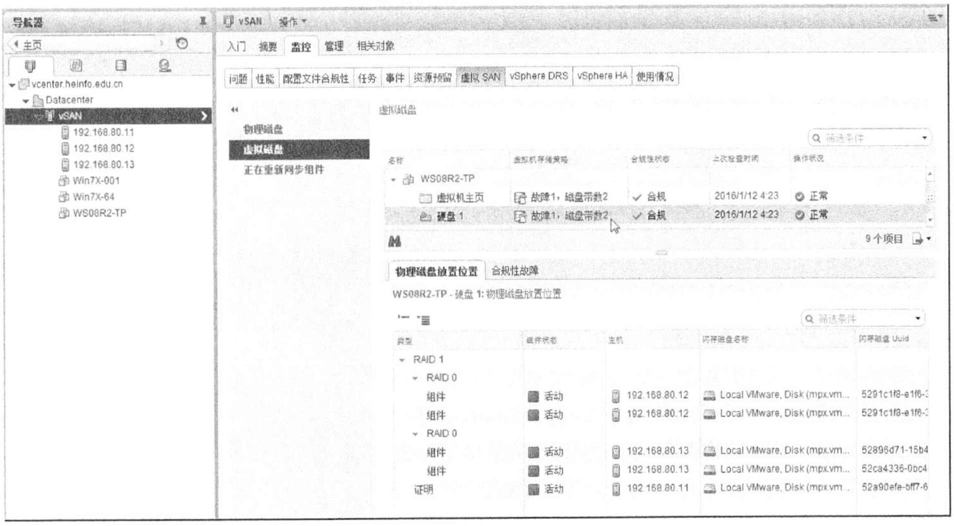

图 7-9-11 查看虚拟机组件

（3）在"管理→设置→磁盘管理"查看磁盘组，当前状态全部正常，如图 7-9-12 所示。

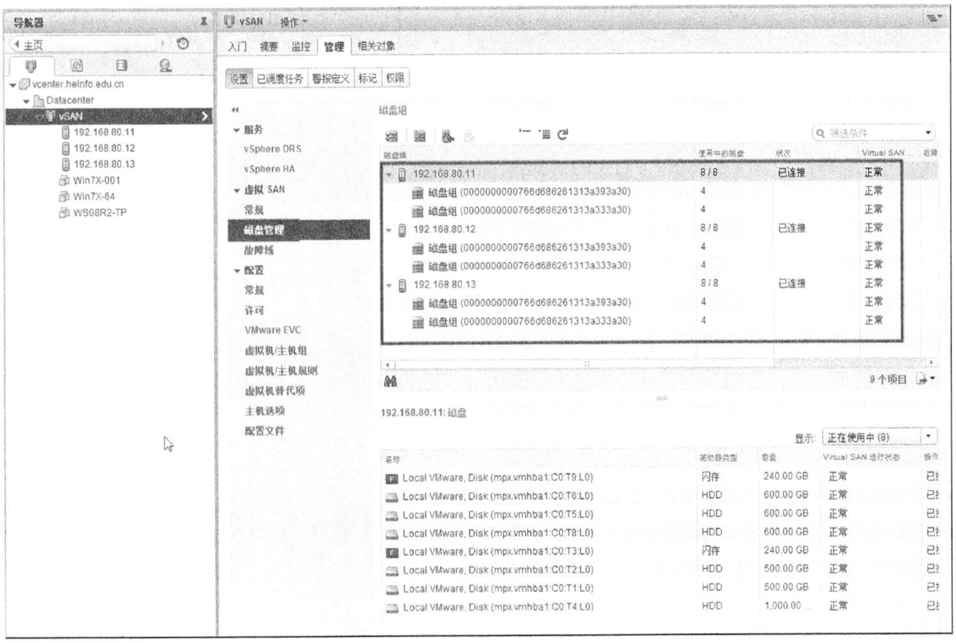

图 7-9-12 查看磁盘组

（4）登录到 VMware Workstation 实验主机，右击"esx01-80.11"，在弹出的快捷菜单中选择"设置"，打开"虚拟机设置"对话框，将"设备"中的硬盘删除 1 个或 2 个，例如，你可以选中"硬盘 8 600GB"，然后单击"移除"按钮，将这个硬盘删除，如图 7-9-13 所示。

（5）之后再次移除一个 600GB 的硬盘，移除之后如图 7-9-14 所示，单击"确定"按钮，完成设置。

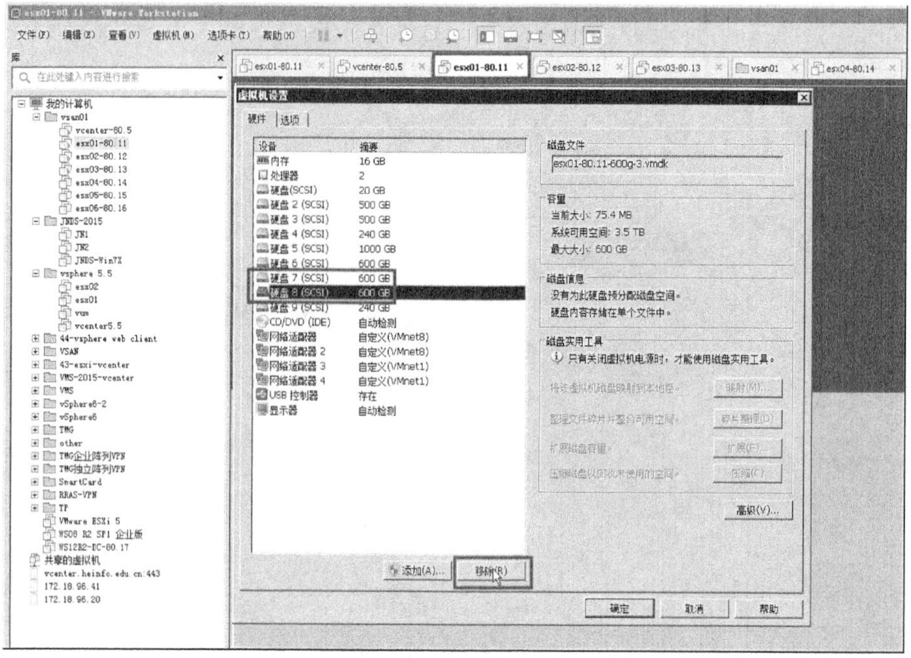

图 7-9-13　移除硬盘

图 7-9-14　移除两个 600GB 的硬盘

（6）此时，相当于某个 ESXi 主机两块物理硬盘损坏，并且从服务器中摘除。返回到 vSphere Web Client，单击“”刷新，在 Virtual SAN 群集中，单击“管理→设置→磁盘管理”，选中移除磁盘磁盘组，在“磁盘组”列表中可以看到，在“操作状态”中看到两个硬盘为“不活动或出错”，如图 7-9-15 所示。

在实际的生产环境中，如果出现图 7-9-15 所示的故障，你可以在物理主机上将 ESXi 检测不到的硬盘拔下，清除灰尘再次插上，有很大的概率可以继续使用一段时间，但也仅仅是暂时使用，对于这种情况，你可以参照“7.8 为 vSAN 群集主机主动更换 SSD 及 HDD”一节内容，替换有故障的物理硬盘。

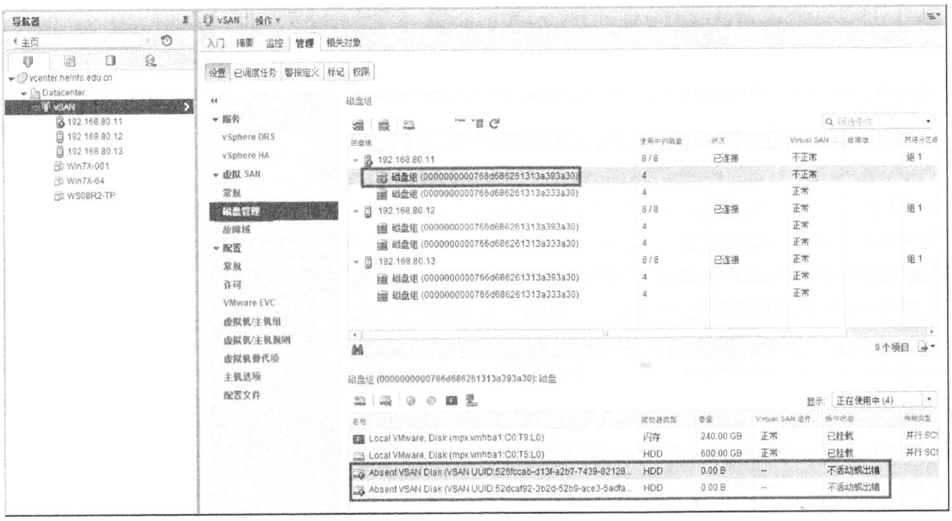

图 7-9-15　两个出错硬盘

如果物理硬盘已经明确损失并不可恢复，那么，你需要更换新的硬盘并重新插入。如果服务器配置了“直通”，则可以重新扫描 ESXi 存储，并将新添加的硬盘添加到对应的磁盘组。如果服务器没有配置直通，硬盘需要配置为 RAID 0 才能使用，你需要将主机置于“维护模式”后，重新启动主机，进入 RAID 卡配置界面，为新更换的硬盘添加新的 RAID 配置，之后进入下面的操作。

首先，我们先在 VMware Workstation，添加两个新的硬盘，主要步骤如下。

（1）在 VMware Workstation 中，右击虚拟机设置，在“虚拟机设置”对话框中，单击“添加”按钮，添加 1 个 600GB 的硬盘，如图 7-9-16 所示。

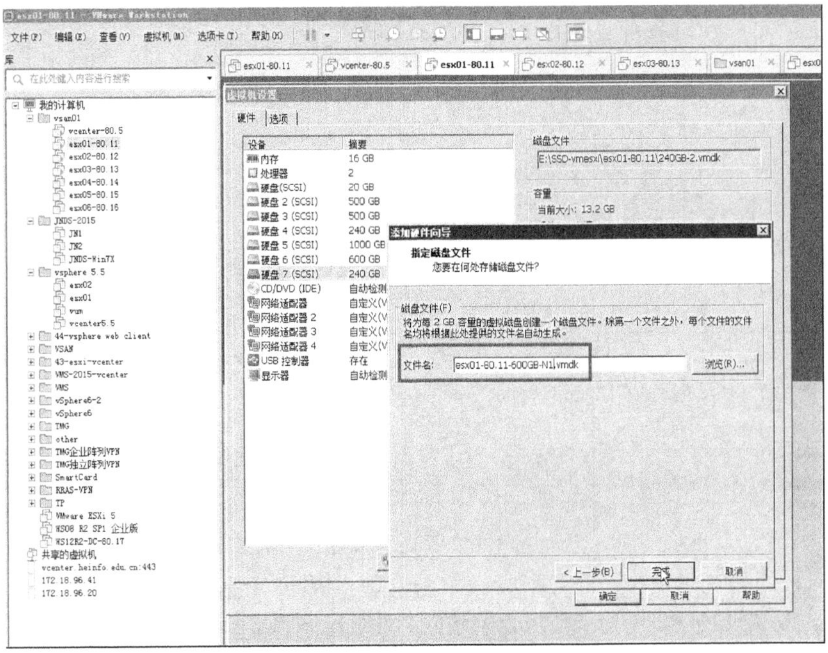

图 7-9-16　添加一个 600GB 的硬盘

（2）之后再添加一个 600GB 的硬盘，如图 7-9-17 所示。

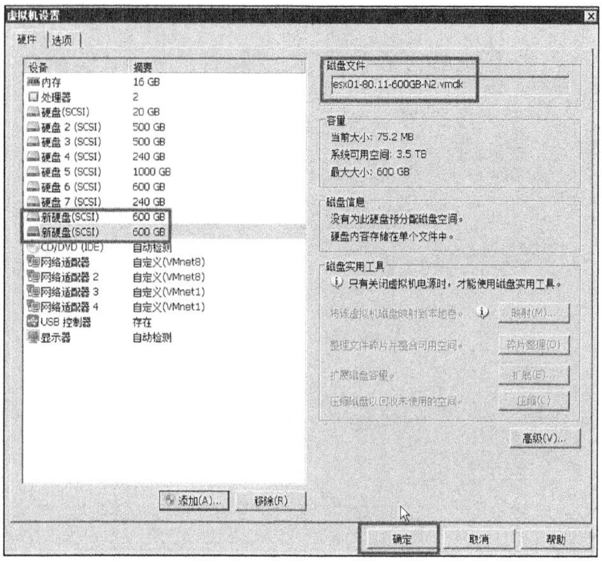

图 7-9-17　添加 2 个 600GB 的新硬盘

在添加新硬盘之后，你需要在 vSphere Web Client，先移除不活动的硬盘。

（1）在 vSphere Web Client 选中 Virtual SAN 群集，在“管理→设置→磁盘管理”的“磁盘组”中，选中已经移除的硬盘，单击“ ”按钮删除，如图 7-9-18 所示。

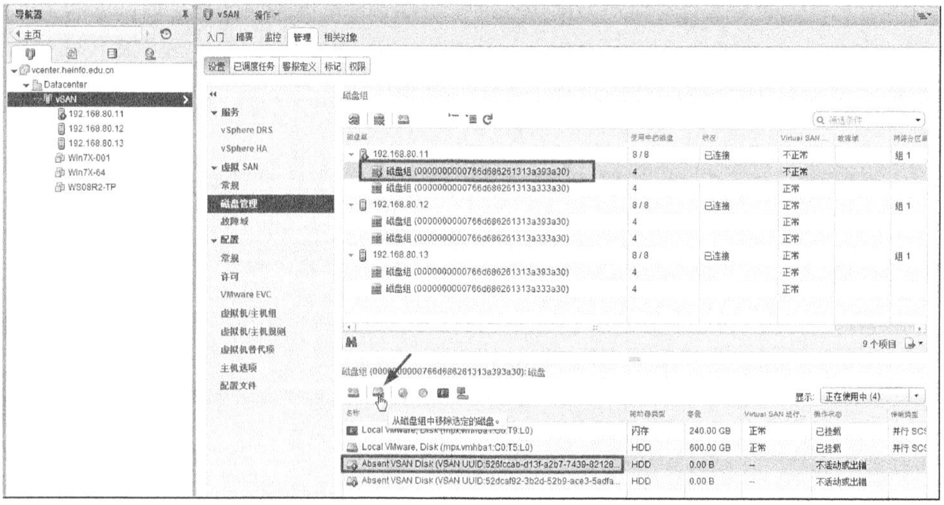

图 7-9-18　移除磁盘

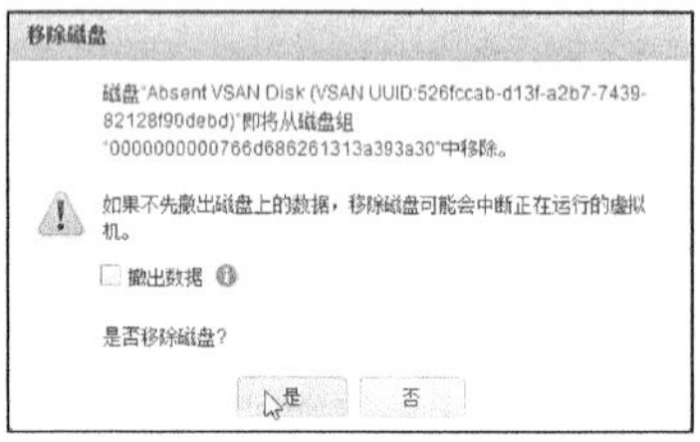

图 7-9-19　撤出数据

（2）在“移除磁盘”对话框中，取消“撤出数据”的选项，因为当前磁盘已经不能访问，单击“是”按钮，如图 7-9-19 所示。

（3）等这个磁盘移除之后，选中另一个不活动的磁盘，重复（1）～（2）步的操作，继续移除。如果你在移除不活动或出错的磁盘时，选中了“撤出数据”，如图 7-9-20 所示。

（4）系统会在右下角弹出“错误”对话框，并且移除失败，如图 7-9-21 所示。

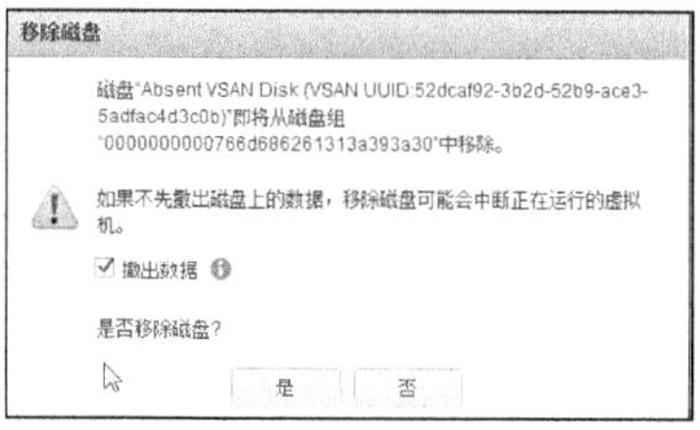

图 7-9-20　撤出数据

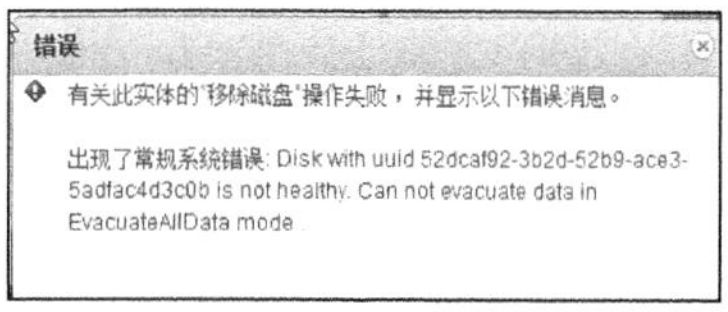

图 7-9-21　移除磁盘失败

移除磁盘之后，单击“”刷新，在“磁盘管理”中可以看到，当前这个磁盘组只有 1 个 SSD、1 个 HDD，单击“”，向磁盘组中添加新的磁盘，如图 7-9-22 所示。

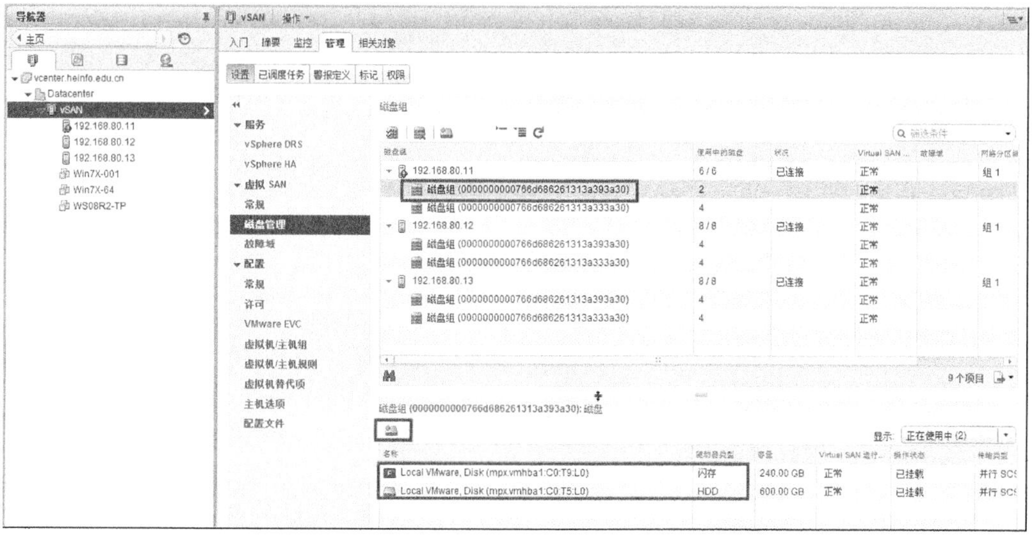

图 7-9-22　添加新的磁盘

在“添加数据磁盘”对话框，选中新添加的 2 个硬盘，如图 7-9-23 所示。

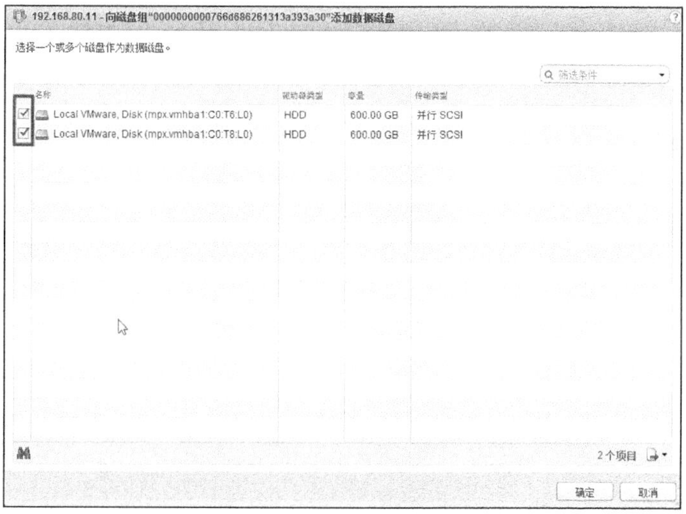

图 7-9-23　添加新的数据硬盘

如果在“添加数据磁盘”对话框中没有看到磁盘，如图 7-9-24 所示。

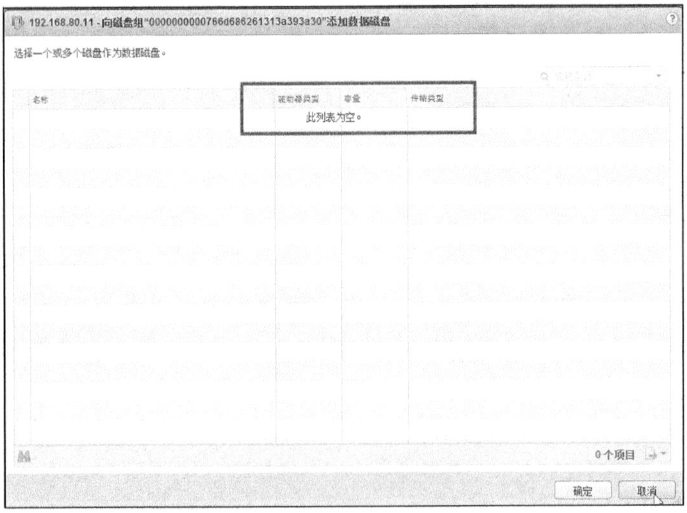

图 7-9-24　没有找到硬盘

对于这种情况，请右击 ESXi 主机，在弹出的快捷菜单中选择“存储器→重新扫描存储器”，如图 7-9-25 所示。

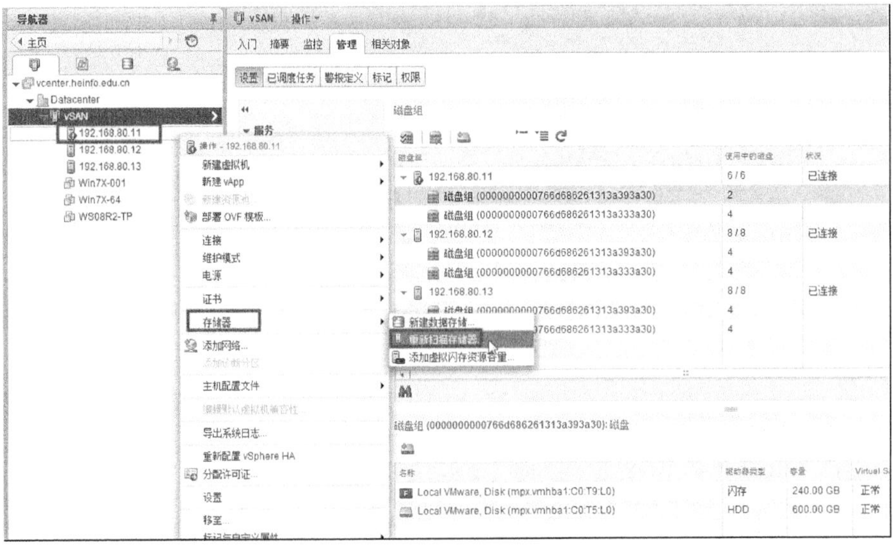

图 7-9-25　重新扫描存储器

在弹出的“重新扫描存储器”对话框中单击“确定”按钮，如图 7-9-26 所示。在重新扫描之后继续向磁盘组添加磁盘。

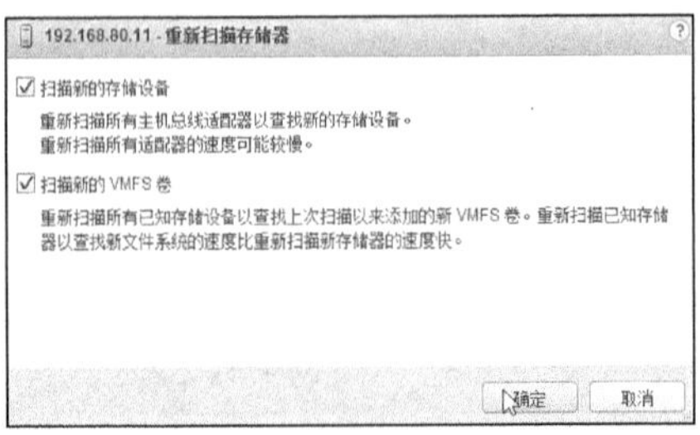

图 7-9-26　重新扫描存储器

在添加了磁盘之后，当前磁盘组恢复为 3 个 HDD、1 个 SSD，如图 7-9-27 所示。

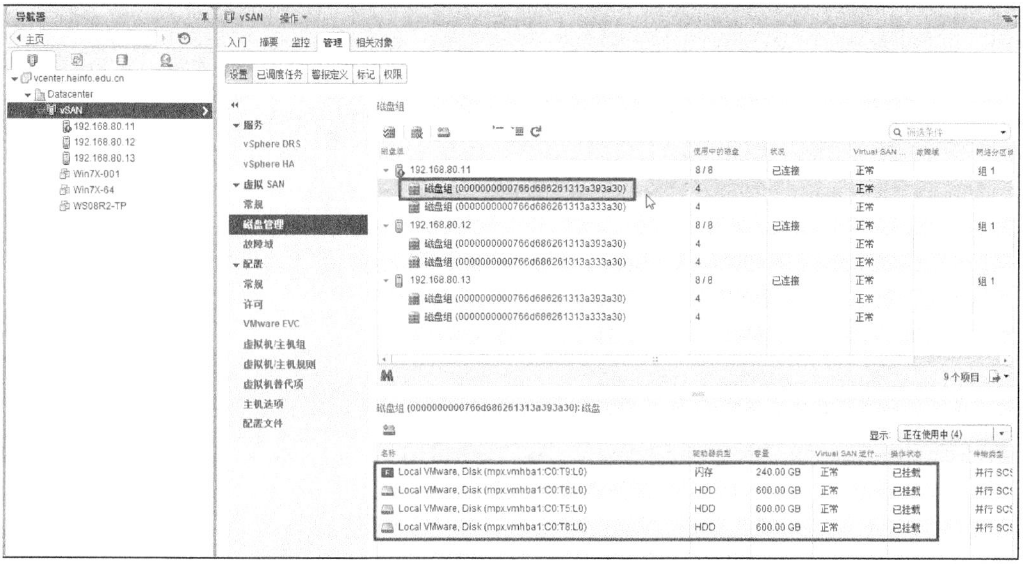

图 7-9-27　磁盘组恢复

【说明】 在没有向该磁盘组中添加新的 HDD 之前，该磁盘组仍然可以使用，并且可以作为容量的提供方，只是提供的容量只有 1 个 600GB 的空间而已。磁盘组中单个 HDD 的损坏不会影响到磁盘组，只有 SSD 的损坏才会影响整个磁盘组。

在恢复磁盘组之后，在“监控→虚拟 SAN→虚拟磁盘”中，查看受影响的虚拟机硬盘，暂时还是“未找到对象”的提示，如图 7-9-28 所示。

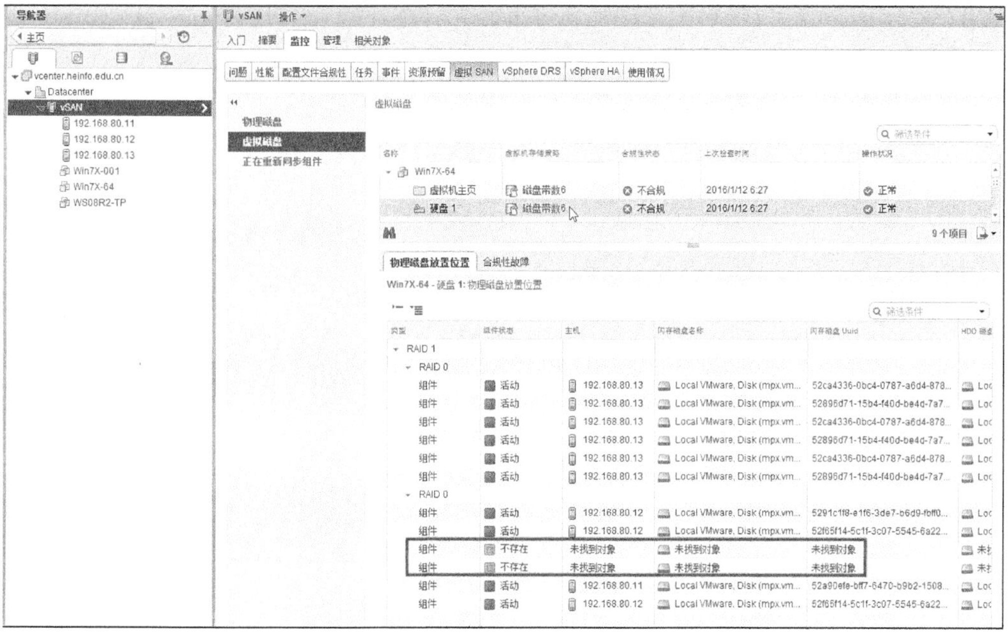

图 7-9-28　部分组件不存在

对于图 7-9-28 所示这种提示，在更换磁盘之后，管理员无需其他操作，等待一段时间，一般为半小时，甚至更长时间，vSAN 会自动同步每个组件，并恢复正常，这是等待 50 分钟之后的截图，系统已经恢复，如图 7-9-29 所示。

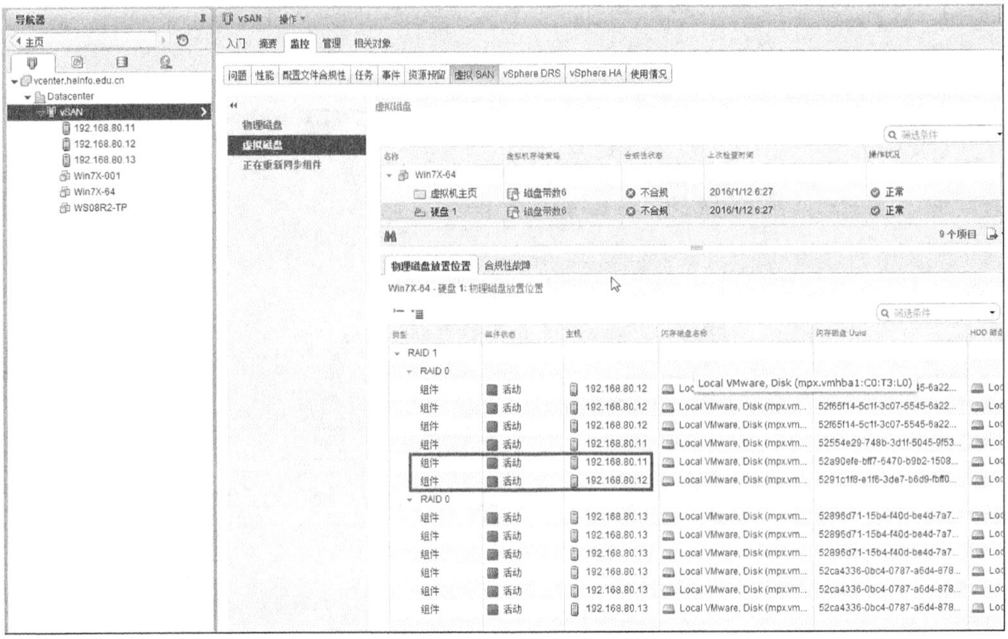

图 7-9-29　组件已恢复

对于“合规性状态”为“不合规”的提示，再等一会儿，自然会正常，如图 7-9-30 所示。如果不正常，请重新检查虚拟机的合规性即可。

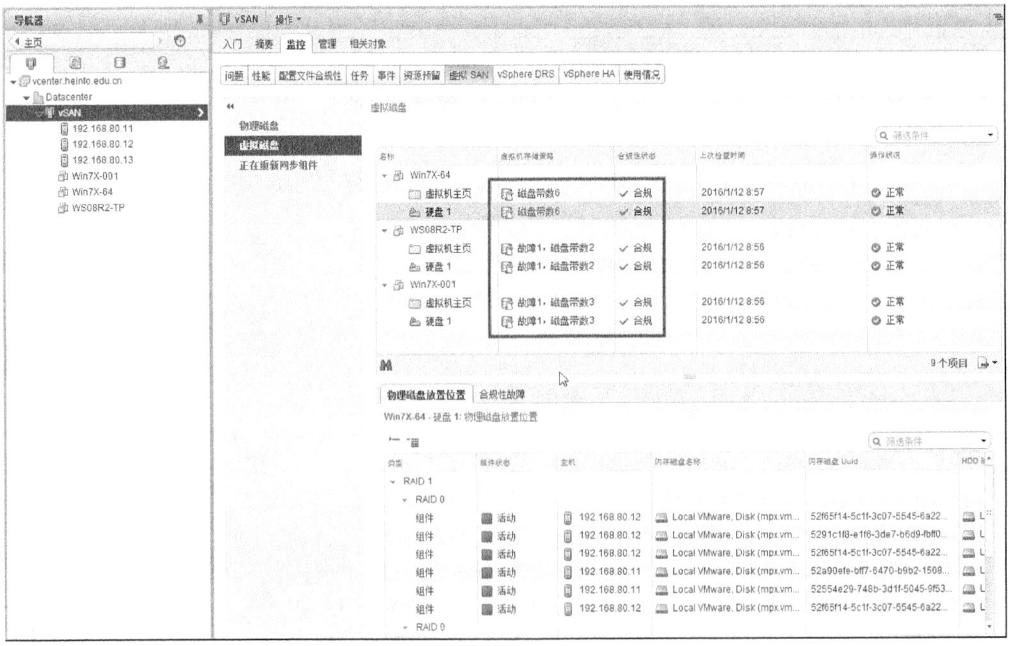

图 7-9-30　虚拟磁盘正常

在完成当前实验后，请关闭每个 ESXi 的虚拟机，最后关闭 vCenter Server 的虚拟机。在整个实验完成后，占用的固态硬盘空间为 164GB，如图 7-9-31 所示。

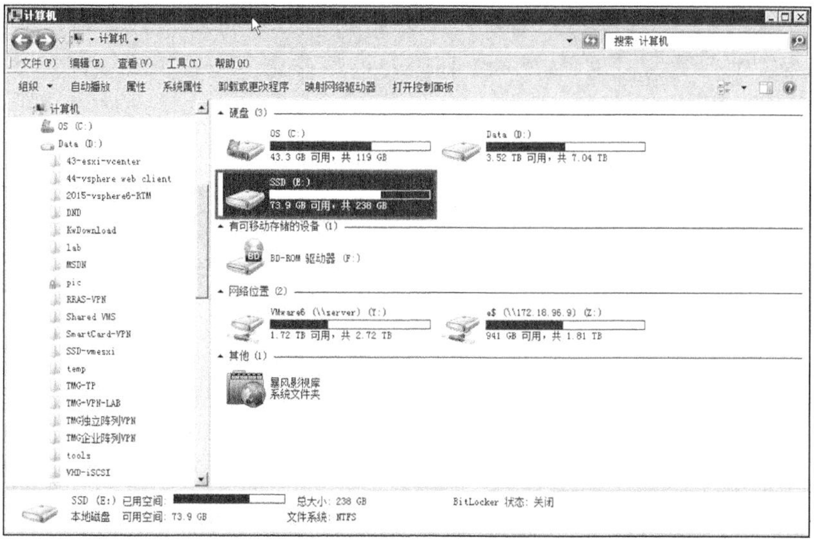

图 7-9-31　实验期间占用的固态硬盘空间

7.10　使用 ESXi 搭建 vSAN 实验环境

除了使用 VMware Workstation 搭建 vSAN 实验环境，还可以使用 VMware ESXi 搭建。在本节，将介绍使用 ESXi 创建 4 台 ESXi 的虚拟机、1 台 vCenter Server 虚拟机，组建 vSAN 实验环境的方法。

本节实验环境中主机的配置如下：

1 个 Intel E3-1230 V2、32GB 内存（4 条 8GB ECC 的 DDR 内存）、4 个 2TB 7200 转硬盘、Intel S1200 BTL 主板。这台机器 4 个硬盘没有配置 RAID，单独使用，因为 Intel S1200 主板集成的 RAID 不受 ESXi 的支持。直接在第 1 个硬盘安装 ESXi 6.0，如图 7-10-1 所示。

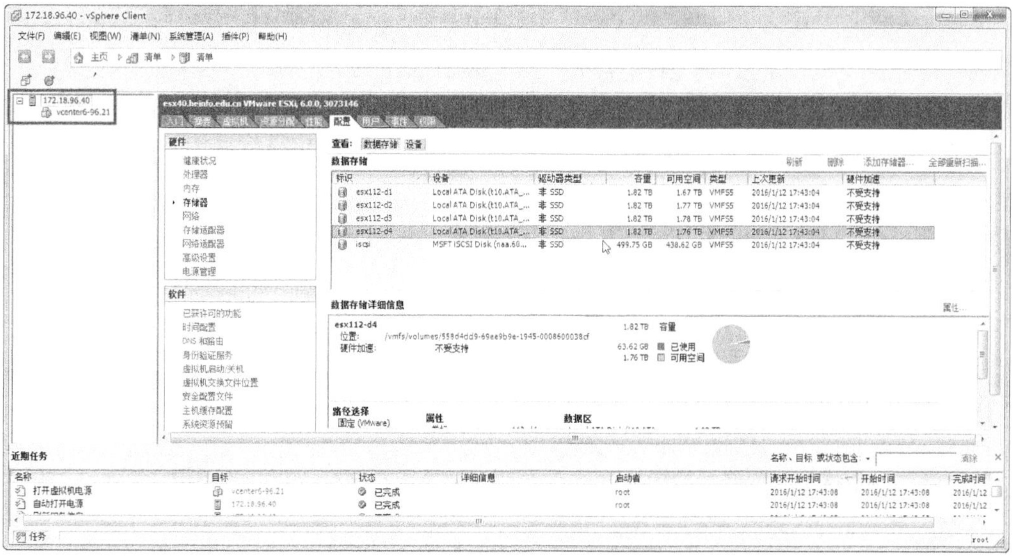

图 7-10-1　ESXi 主机

在安装 ESXi 的时候，将 ESXi 6 安装在第 1 个硬盘上，安装完成之后，依次添加剩余 3 个 2TB 硬盘为本地存储，并依次命名每个存储为 esx112-d1、esx112-d2、esx112-d3、esx112-d4。当前实验规划如表 7-8 所示。

表 7-8 ESXi 实验环境规划

主机/虚拟机名称	IP 地址	配置（CPU、内存、硬盘）	备 注
esx40	172.18.96.40	1CPU、32GB	物理主机
vcente6-96.21	172.18.96.21	2CPU、8GB、60GB	vCenter 虚拟机
esxi31-96.31	172.18.96.31	2CPU、8GB	
esx32-96.32	172.18.96.32	2CPU、8GB	
esx33-96.33	172.18.96.33	2CPU、8GB	
esx34-96.34	172.18.96.34	2CPU、8GB	

在 VMware ESXi 中组建 vSAN 实验环境，需要注意以下事项。

（1）在 ESXi 中嵌套运行的 ESXi 虚拟机，只有一个 VMkernel 能用，不管是在同一网段，还是不同网段。

（2）ESXi 主机连接三层交换机时，ESXi 标准交换机或 vSphere Distributed Switch 可以上联 2 个或多个网卡，即 ESXi 主机可以使用多个物理网卡。

（3）ESXi 主机连接到普通交换机时，VSS 只能使用一个物理网卡，或者使用 1 主 1 备的模式。

（4）在 ESXi 中嵌套的、用于 vSAN 的实验用的 ESXi 的虚拟机，应该配置单网卡、单标准交换机，所有的流量放置在一起，这样才能组成实验环境。

（5）在 vSphere Web Client 中，创建 ESXi 的虚拟机时，使用 VMXNET 3 虚拟网卡，这样可以模拟使用 10Gbps（万兆网络）。

（6）在主机 BIOS 设置中，为 CPU 启用硬件虚拟化。

7.10.1 在 ESXi 主机准备 vCenter Server 虚拟机

使用 vSphere Client 登录到 ESXi 主机，创建一个名为 vcenter6-96.21 的虚拟机，为其分配 8GB 内存、2 个 CPU、60GB 的“精简置备”硬盘，如图 7-10-2 所示。在创建虚拟机的时候，将 vCenter 保存在第 1 个存储，即名为 esx112-d1 的存储上。

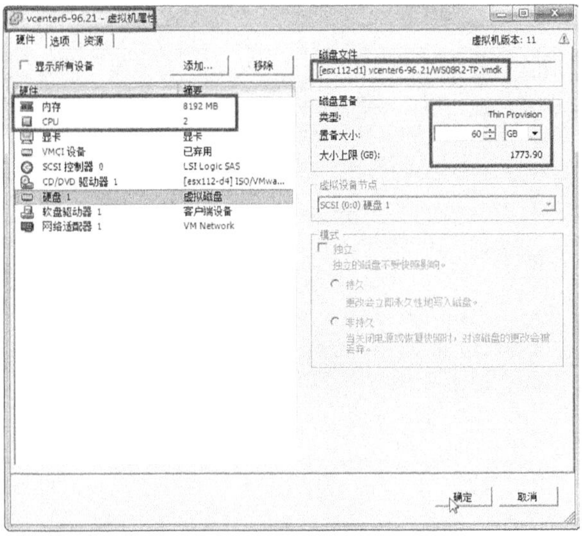

图 7-10-2 创建的 vCenter Server 虚拟机配置

之后在 vCenter Server 虚拟机中安装 Windows Server 2008 R2，并安装 vCenter Server，设置 IP 地址为 172.18.96.21。

在安装 vCenter Server 虚拟机操作系统的过程中，上传 ESXi 及 vCenter Server 安装镜像到 ESXi 的存储，如图 7-10-3 所示。

在安装完 vCenter Server 操作系统之后，安装 VMware Tools，安装 vCenter Server，

这些不一一介绍。安装之后如图 7-10-4 所示。

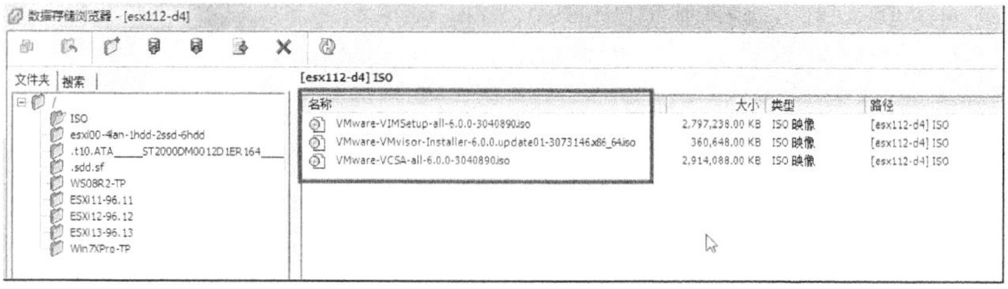

图 7-10-3　上传 ESXi 及 vCenter 镜像到 ESXi 存储

图 7-10-4　安装 vCenter Server 虚拟机

7.10.2　在 vSphere Web Client 创建 ESXi 的虚拟机

在安装好 vCenter Server 之后，使用 vSphere Web Client 登录 vCenter Server，并在 Web 界面创建用于 vSAN 的实验虚拟机，主要步骤如下。

（1）使用 Administrator@vsphere.local 登录 vCenter Server，如图 7-10-5 所示。

图 7-10-5　登录 vCenter Server

（2）进入系统之后，在 vCenter Server 中创建数据中心，并将 ESXi 主机（IP 地址为 172.18.96.40）添加到数据中心，如图 7-10-6 所示，然后右击这个 ESXi 主机，在弹出的快捷菜单中选择“新建虚拟机→新建虚拟机”，如图 7-10-6 所示。

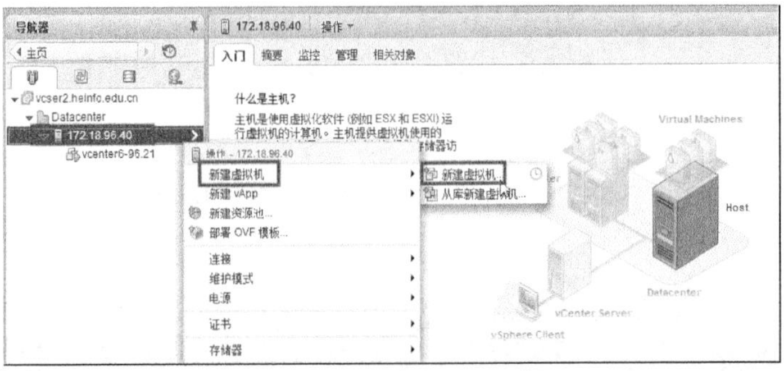

图 7-10-6　新建虚拟机

（3）设置虚拟机的名称为“esx31-96.31”，如图 7-10-7 所示。

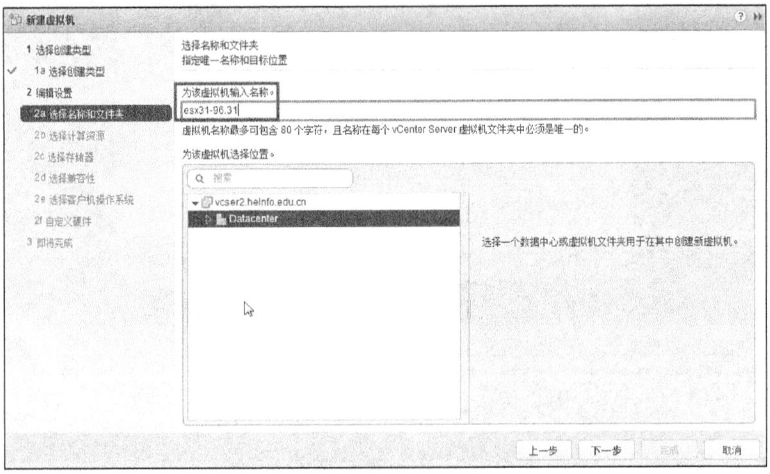

图 7-10-7　新建虚拟机名称

（4）在“选择存储器”对话框为第 1 台 ESXi 虚拟机选择第 2 个 2TB 的硬盘存储，在此选择名为 esx112-d2 的存储，如图 7-10-8 所示。

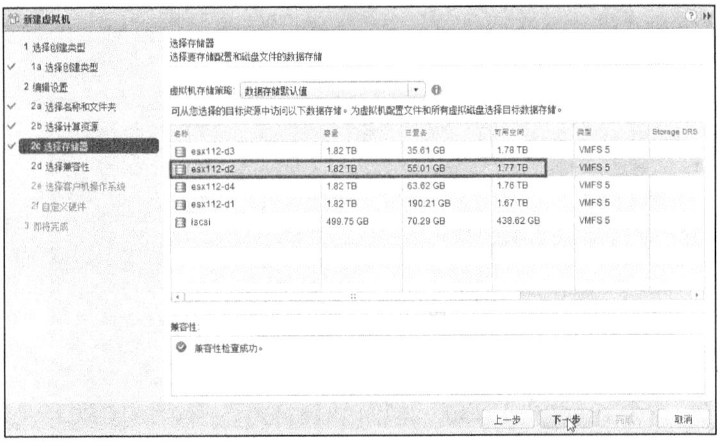

图 7-10-8　选择存储器

【说明】因为没有配置 RAID，在创建多个 ESXi 虚拟机时，可以将每个虚拟机保存在不同的本地存储中，这可以减轻每个本地硬盘的压力。

（5）在“选择兼容性”对话框选择“ESXi 6.0 及更高版本”，如图 7-10-9 所示。

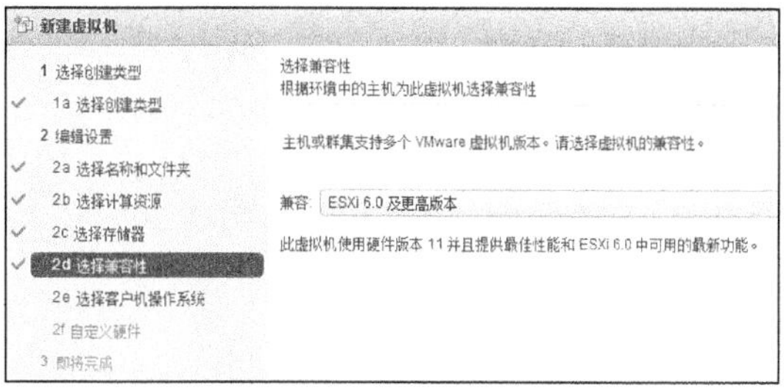

图 7-10-9　选择兼容性

（6）在“选择客户机操作系统”对话框“客户机操作系统系列”选择“其他”，在“客户机操作系统版本”选择“VMware ESXi 6.x”，如图 7-10-10 所示。

（7）在“自定义硬件”对话框修改 CPU 为 2，并且展开 CPU 的设置，在“硬件虚拟化”选项中，选中“向客户机操作系统公开硬件辅助的虚拟机”，在“CPU/MMU 虚拟化”列表中选择“自动”，如图 7-10-11 所示。

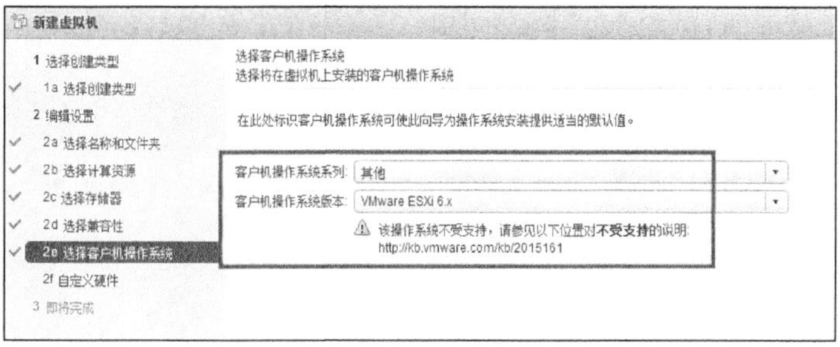

图 7-10-10　选择 ESXi 6

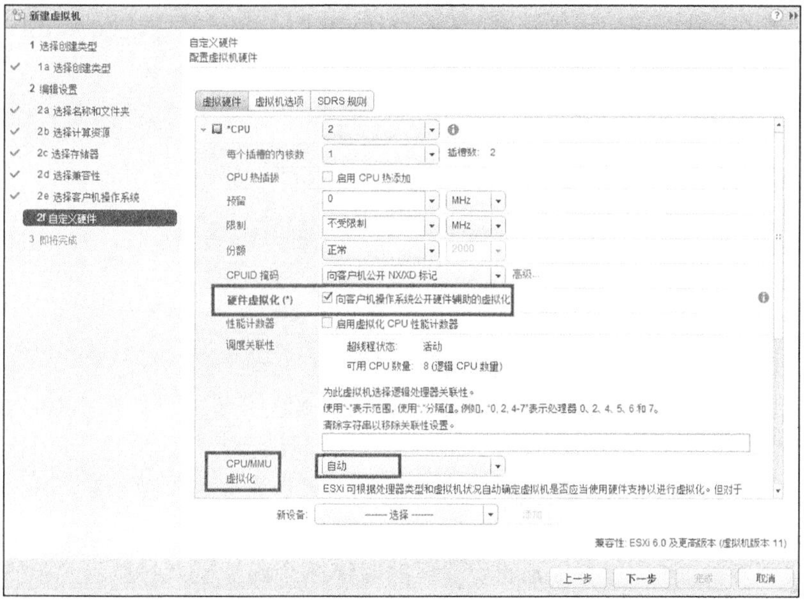

图 7-10-11　2CPU、8GB 内存

（8）在“内存”中，设置内存为 8GB，在“新硬盘”中，选择默认容量 40GB（作为安装 ESXi 系统磁盘，也可以设置为 6GB～10GB），之后展开硬盘设置，在“磁盘置备”中选择“Thin provision（精简置备）”，如图 7-10-12 所示。

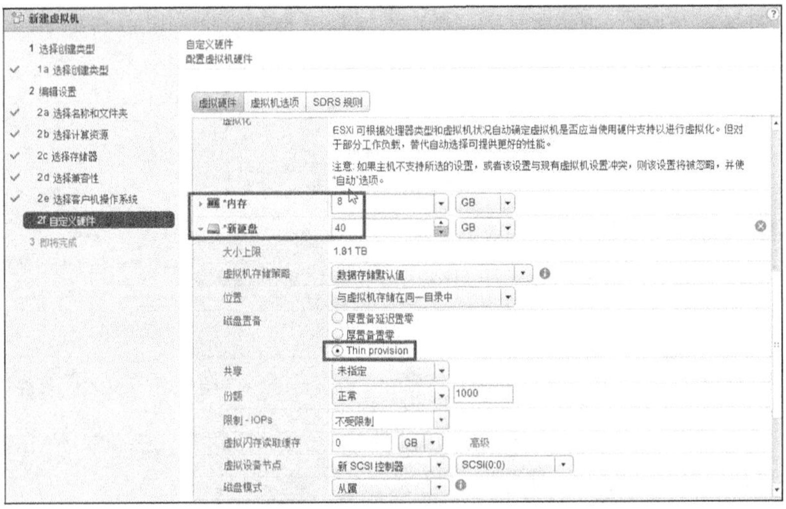

图 7-10-12　精简置备磁盘

（9）之后在“新设备”列表中选择“新硬盘”，然后单击“添加”按钮，添加 3 个硬盘，分别是 120、500、500（这次模拟 1 个 120GB 的 SSD、2 个 500GB 的 HDD 硬盘），如图 7-10-13 所示，并且参照图 7-10-12，为每个硬盘选择“Thin provision（精简置备）”。

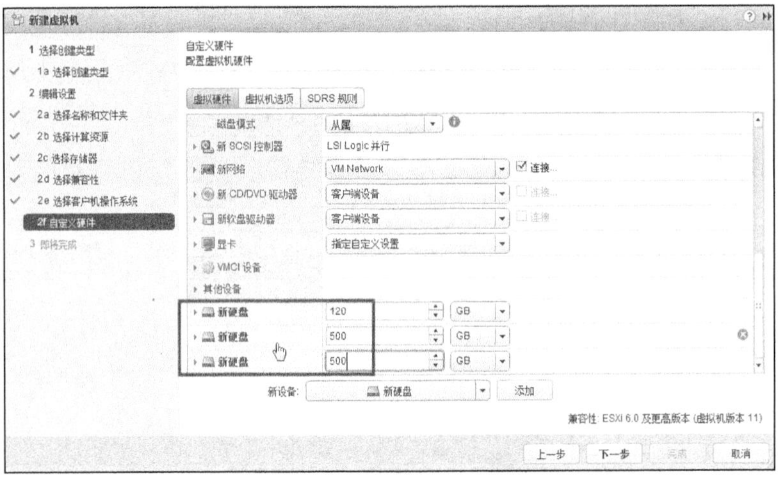

图 7-10-13　再次添加 3 个硬盘

（10）展开“新网络”设置，适配器类型选择“VMXNET 3”，如图 7-10-14 所示。

（11）在“即将完成”对话框显示了当前新建虚拟机的配置，当前新建了一个具有 2 个 CPU、8GB 内存、1 个 VMXNET3 网卡，40GB、120GB 硬盘各 1 个、2 个 500GB 硬盘的虚拟机，如图 7-10-15 所示。

之后你可以参照（1）～（11）的步骤再次创建 3 个虚拟机（参照表 7-8 的规划）。如果你感到麻烦，可以将新建的这个 ESXi 虚拟机导出为 OVF 模板，之后再以部署 OVF 模板的方式，创建新的虚拟机。

（1）使用 vSphere Client 连接到 ESXi 主机，即 172.18.96.40，登录 172.18.96.40，选择新创建的名为 esx31-96.31 的虚拟机，之后在“文件”菜单选择“导出→导出 OVF 模板”，如图 7-10-16 所示。

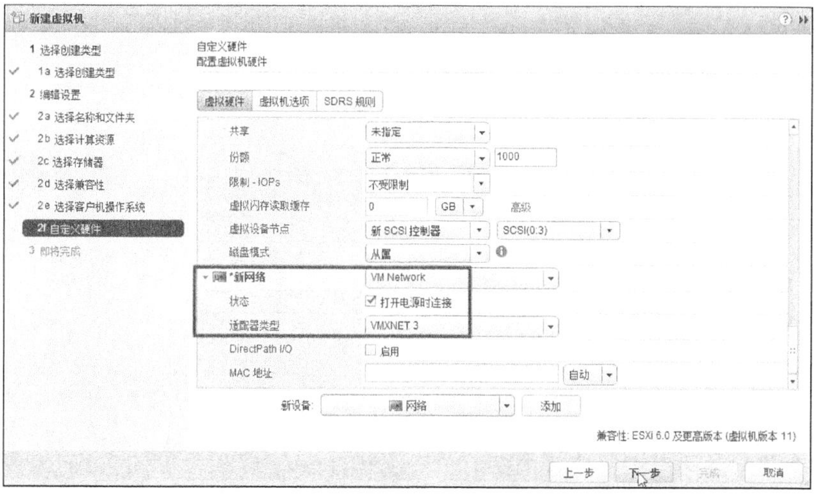

图 7-10-14　选择网卡属性为 VMXNET 3

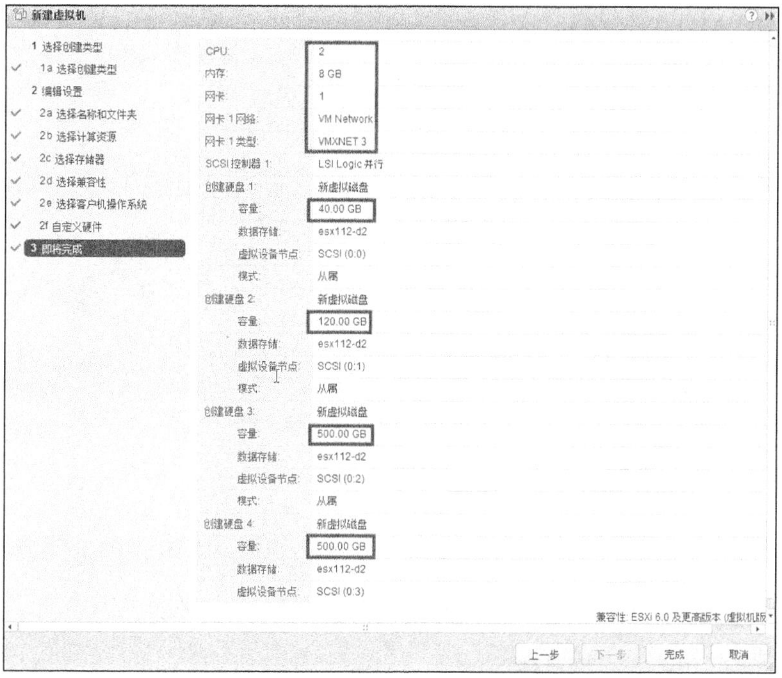

图 7-10-15　新建一个虚拟机

（2）在“导出 OVF 模板”对话框“目录”中选择一个导出路径，之后设置导出的格式、导出名称，之后单击“确定”按钮开始导出，如图 7-10-17 所示。

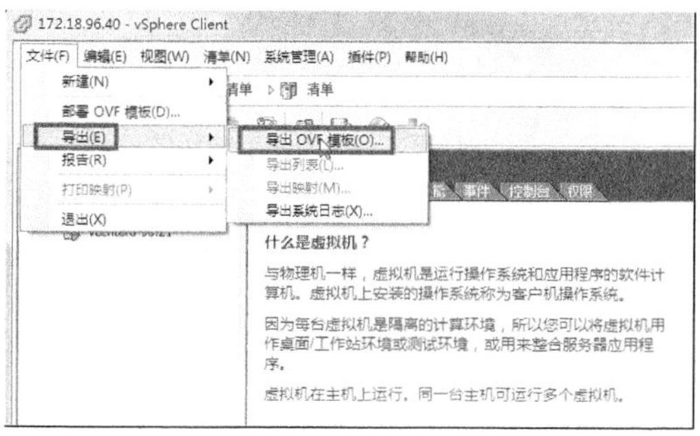

图 7-10-16　导出 OVF 模板

在将虚拟机导出为 OVF 模板之后，即可以从导出的模板部署新的虚拟机，主要步骤如下。

（1）在 vSphere Client 连接到 192.168.96.40，在“文件”菜单选择“部署 OVF 模板”，如图 7-10-18 所示。

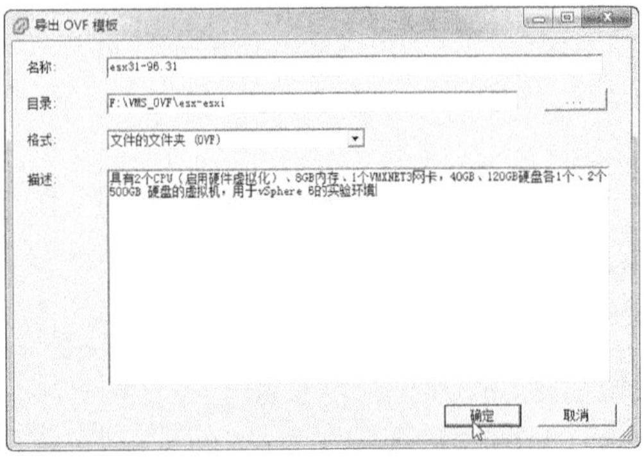

图 7-10-17　导出 OVF 模板

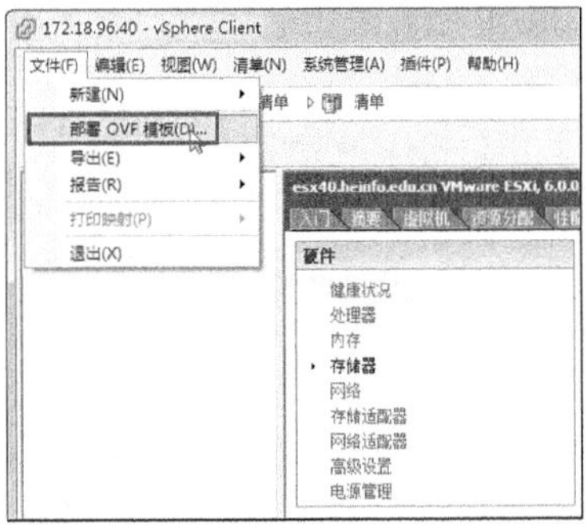

图 7-10-18　部署 OVF 模板

（2）在“源”对话框浏览选择图 7-10-17 导出的 OVF 模板，如图 7-10-19 所示。

（3）在“OVF 模板详细信息”对话框显示了要部署的虚拟机的信息，如图 7-10-20 所示。

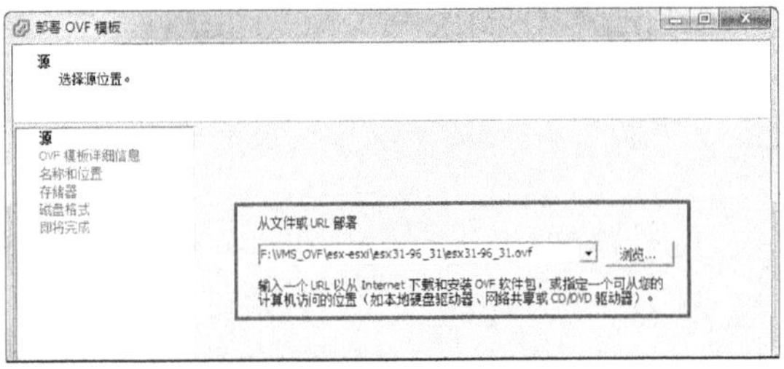

图 7-10-19　选择源位置

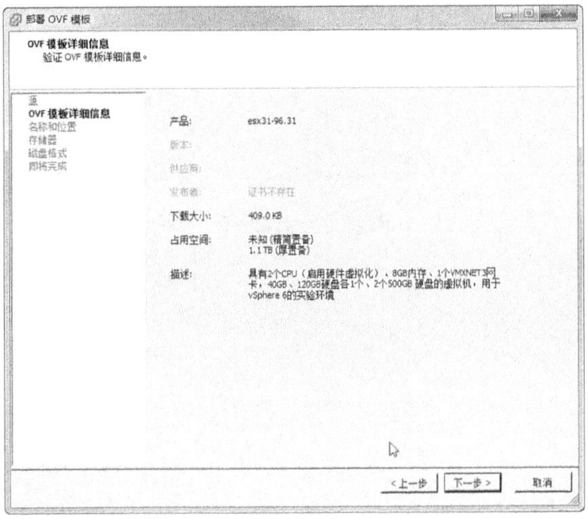

图 7-10-20　OVF 模板详细信息

（4）在“名称和位置”对话框设置新部署的虚拟机名称，在此设置名称为 esx32-96.32，如图 7-10-21 所示。

（5）在“存储器”对话框设置第 3 个硬盘位置，在此存储位置名称为 esx112-d3，如图 7-10-22 所示。

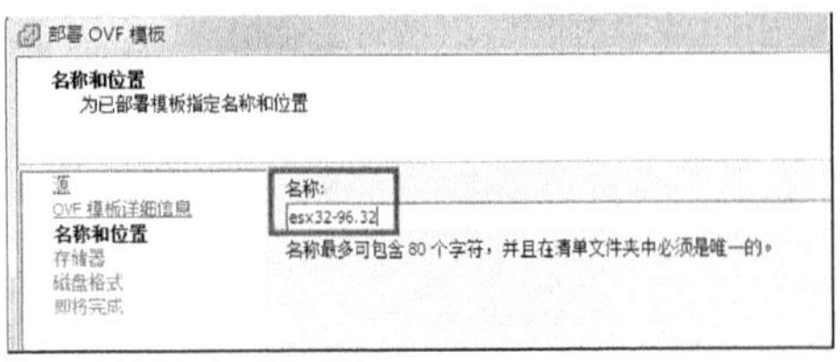

图 7-10-21　指定名称和位置

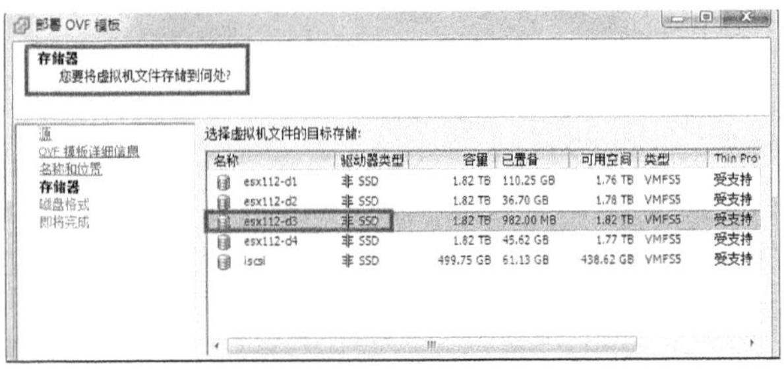

图 7-10-22　存储器

（6）在“磁盘格式”对话框选择“Thin Provision”，如图 7-10-23 所示。

（7）在“即将完成”对话框显示了部署虚拟机的信息，单击“完成”按钮，完成部署，如图 7-10-24 所示。

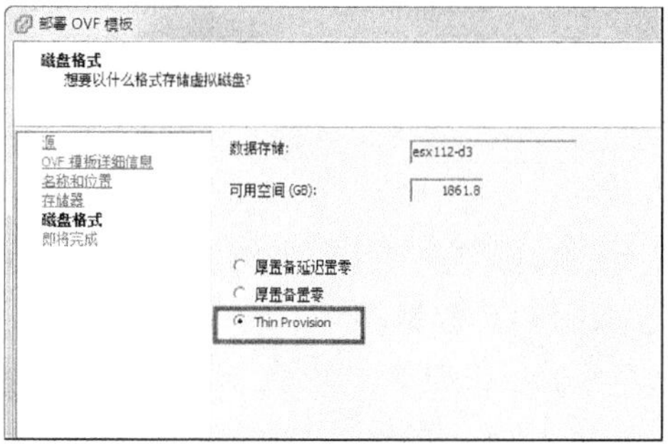

图 7-10-23　磁盘格式

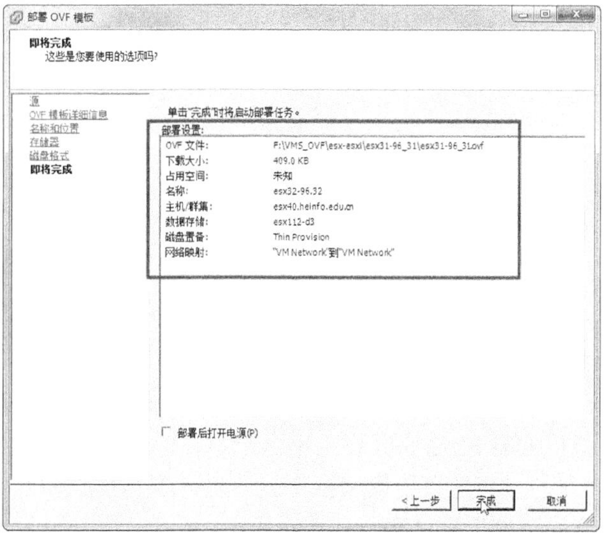

图 7-10-24　即将完成

之后参照步骤（1）～（7）的内容，继续从 OVF 模式部署名为 esx33-96.33、esx34-96.34 的虚拟机，为虚拟机保存位置分别选择第 4 个、第 1 个硬盘，这些不一一介绍。部署完成之后，如图 7-10-25 所示。

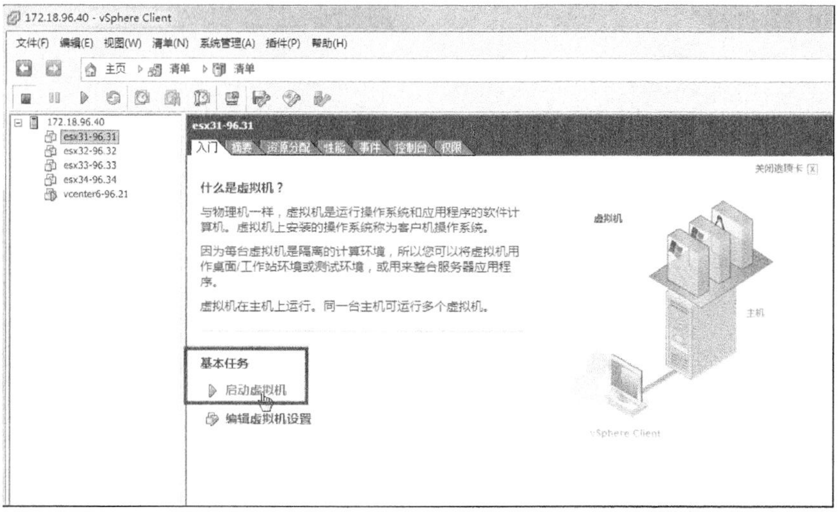

图 7-10-25　部署完成 3 个 ESXi 虚拟机

你可以通过“编辑虚拟机属性”查看部署后虚拟机的设置，看是否满足需求，如图 7-10-26 所示，从图中可以看到，部署的虚拟机是 8GB 内存、2 个 CPU、1 个 VMXNET 3 的虚拟机网卡，另外有 4 个硬盘。

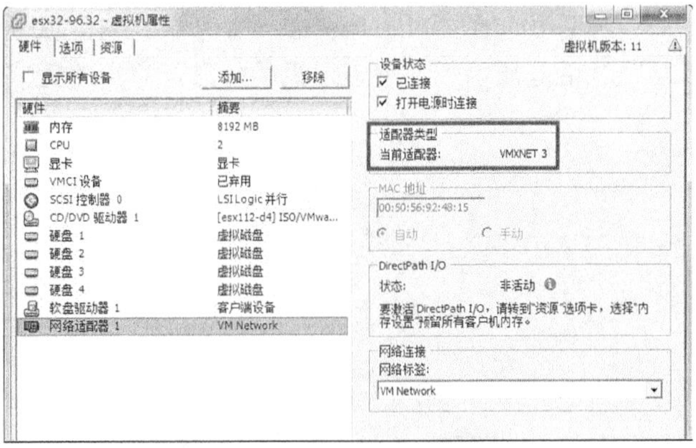

图 7-10-26　检查虚拟机配置

7.10.3　在 ESXi 虚拟机中安装操作系统

之后启动 esx31-96.31、esx32-96.32、esx33-96.33、esx34-96.34 共 4 个虚拟机，为每个虚拟机安装 ESXi 6.0，在启动之后，修改虚拟机的设置，加载保存在数据存储中的 VMware ESXi 6.0 的安装光盘镜像（图 7-10-3 中上传），如图 7-10-27 所示。在加载的时候，确保“打开电源时连接”被选中。

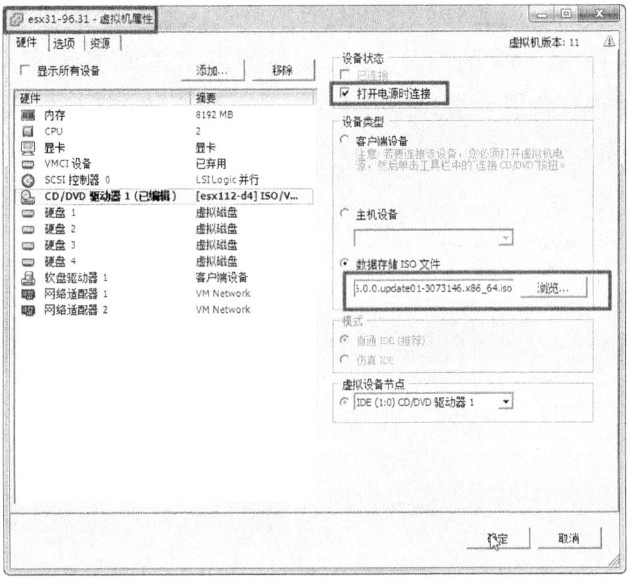

图 7-10-27　加载 ESXi 安装镜像

之后启动虚拟机，开始 ESXi 6.0 的安装，主要步骤如下。

（1）启动虚拟机，开始 VMware ESXi 6.0 的安装，如图 7-10-28 所示。

（2）在选择一个磁盘安装或升级时，选择 40GB 的硬盘，如图 7-10-29 所示。

（3）在安装的过程中，如果弹出警告信息，如图 7-10-30 所示，可以按回车键继续，在安装完 ESXi 之后，关闭虚拟机，按照 7-10-11 设置，以启用硬件虚拟化。

（4）之后按“F11”键，开始安装 ESXi，如图 7-10-31 所示。

（5）安装完 ESXi 之后，按回车键，重新启动 ESXi，再次进入系统之后，按“F2”键，输入 root 账户及密码，进入网络配置，如图 7-10-32 所示。

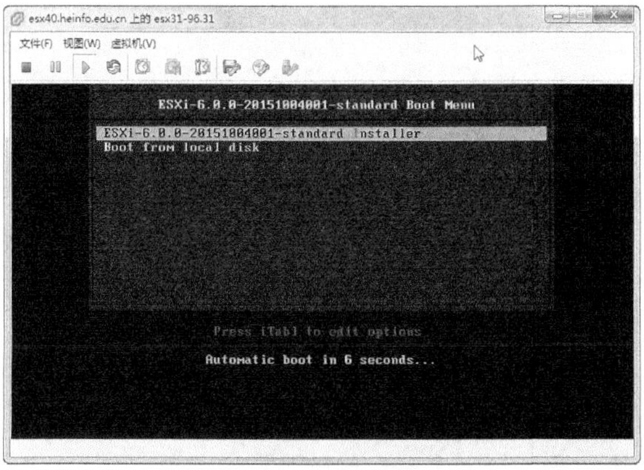

图 7-10-28 启动虚拟机

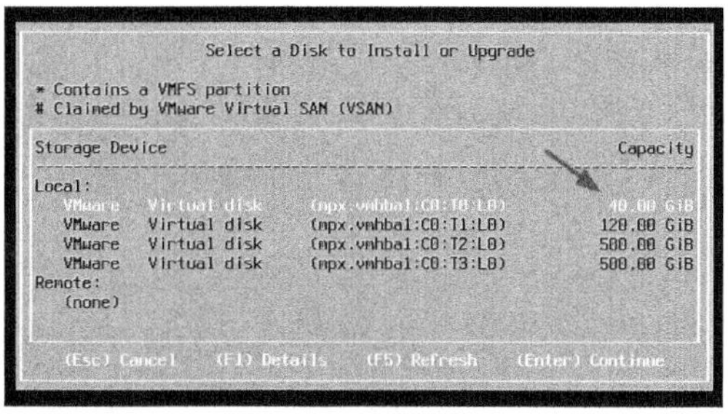

图 7-10-29 选择安装位置

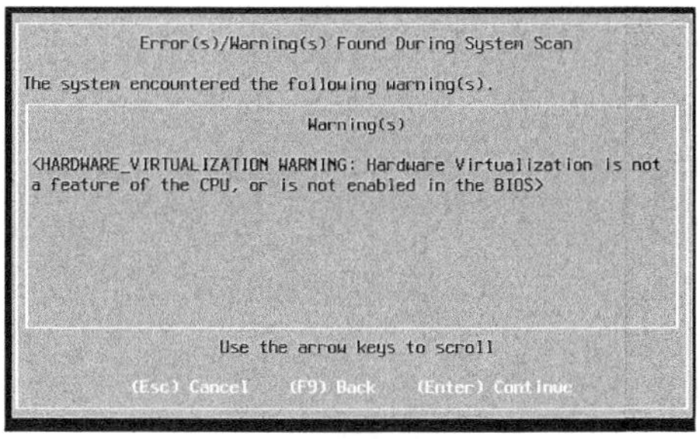

图 7-10-30 继续

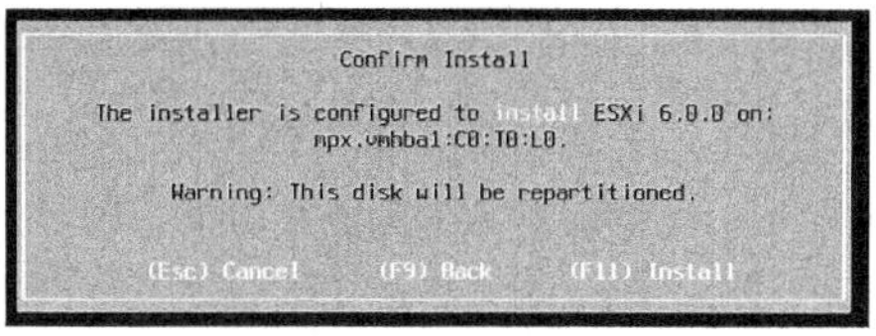

图 7-10-31 开始安装 ESXi

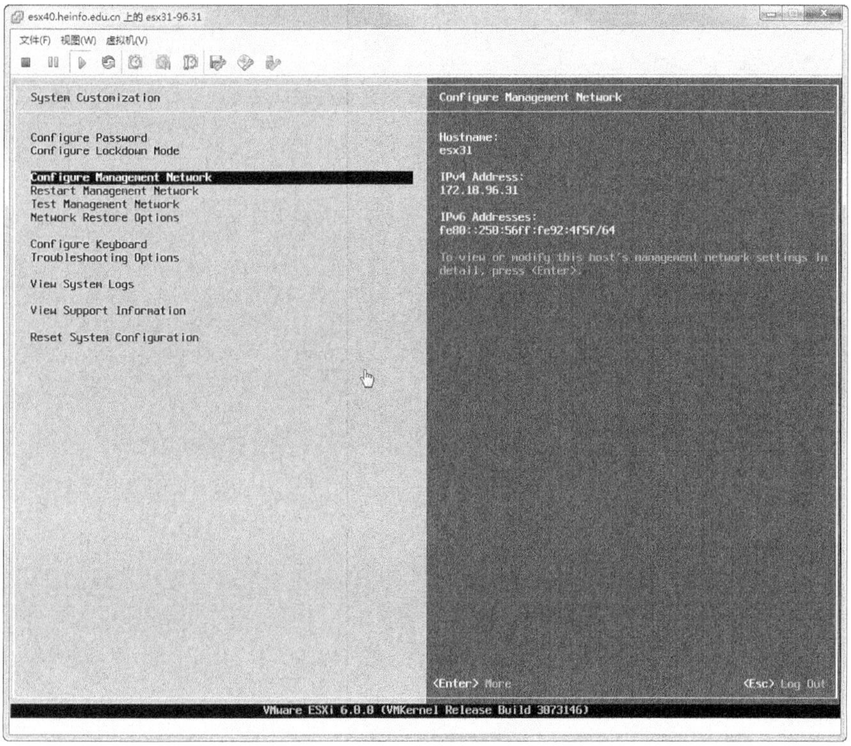

图 7-10-32 为 ESXi 选择网卡

（6）之后为第 1 个 ESXi（vSAN 实验中的第 1 个 ESXi）设置静态 IP 地址，在此设置为 172.18.96.31，如图 7-10-33 所示。

（7）设置完成之后，保存退出，vSAN 实验环境中的第 1 台 ESXi 安装配置完成，如图 7-10-34 所示。

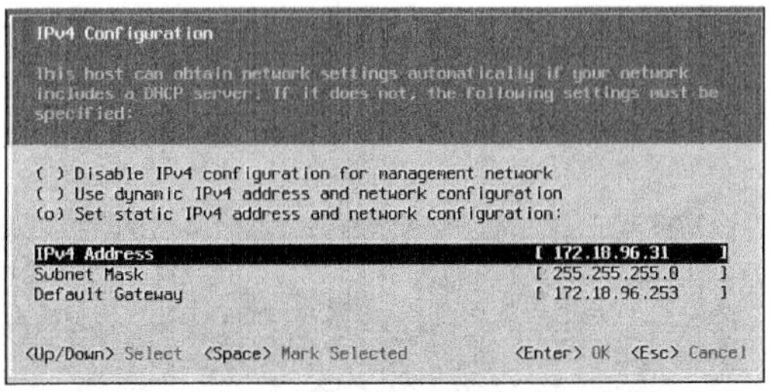

图 7-10-33 设置管理地址

（8）之后参照（1）～（7）的步骤，安装配置 vSAN 中的第 2 台 ESXi，设置管理地址为 172.18.96.32，如图 7-10-35 所示。

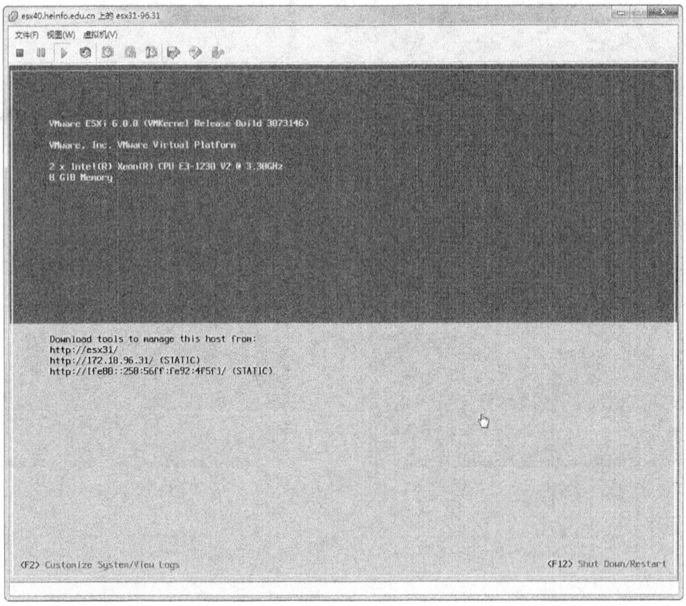

图 7-10-34 安装配置第 1 台 ESXi 完成

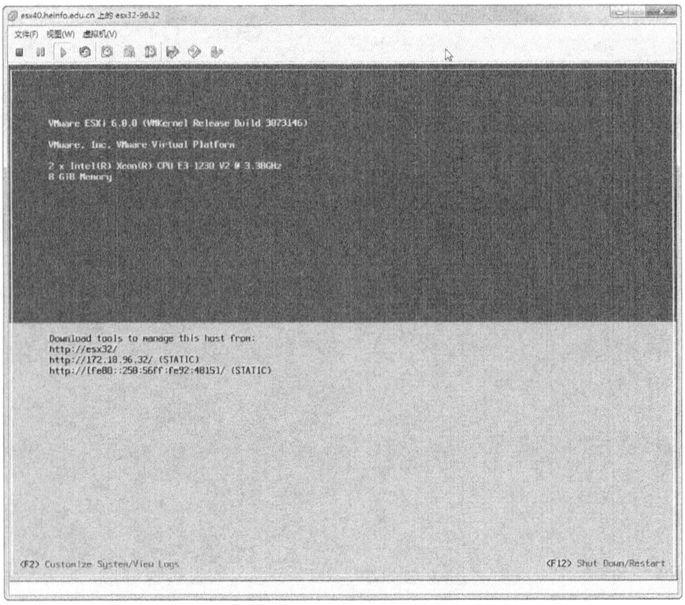

图 7-10-35 配置第 2 台 ESXi

（9）接下来配置第 3 台 ESXi，如图 7-10-36 所示。设置管理地址为 172.18.96.33。

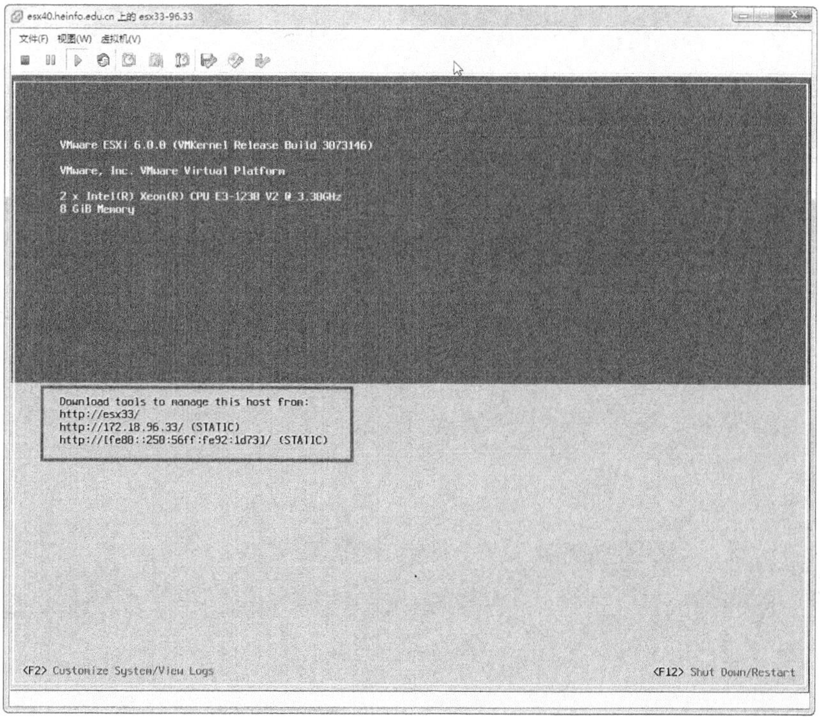

图 7-10-36 配置第 3 台 ESXi

（10）最后安装配置第 4 台 ESXi，设置管理地址为 172.18.96.34，如图 7-10-37 所示。

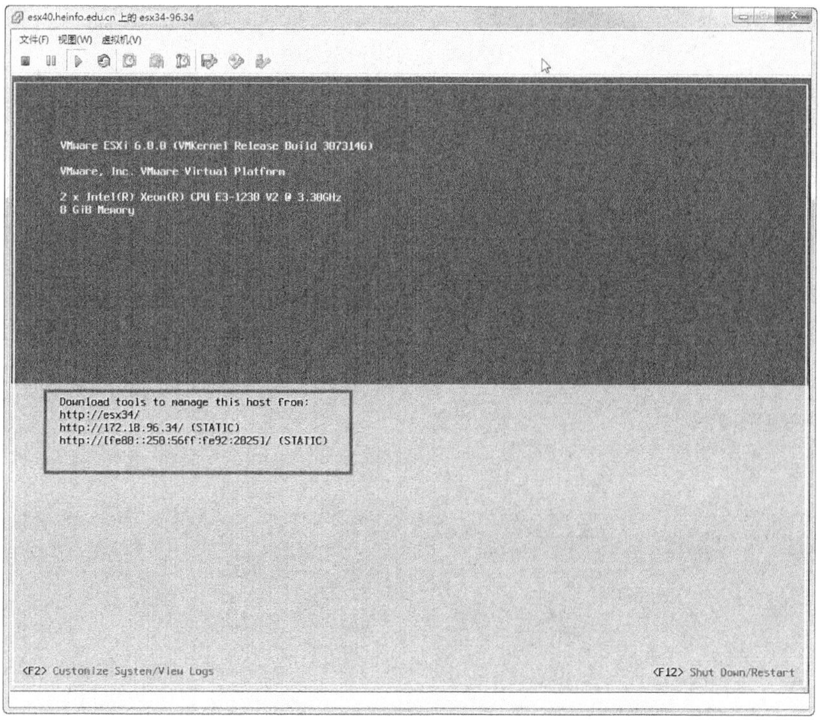

图 7-10-37 设置第 4 台 ESXi

7.10.4　修改 ESXi 主机存储类似为 SSD

在本节实验中，我们将模拟“全闪存系列的 vSAN 群集”。为了达到这个目的，你可以用以下两种方法。

（1）将保存实验用 ESXi 虚拟机所在的 ESXi 主机存储更改为 SSD，或者在“存储设备”中，将 HDD 改为 SSD。

（2）或者修改每台实验用 ESXi 虚拟机，在“存储设备”中将 HDD 改为 SSD。

在本节中我们将在 ESXi 主机中修改。主要步骤如下。

（1）使用 vSphere Web Client，在导航器中单击 ESXi 主机（在本示例中 IP 地址为 172.18.96.40），在“管理→存储器→存储设置”中，选中每个本地硬盘（本示例中有 4 个 1.82TB 的存储），然后单击“F”按钮，如图 7-10-38 所示。

图 7-10-38　将 HDD 改为 SSD

（2）在弹出的“标记为闪存磁盘”对话框，单击“是”按钮，如图 7-10-39 所示。

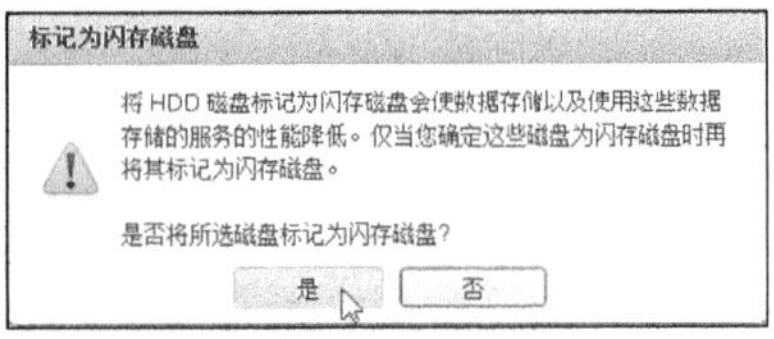

图 7-10-39　标记为闪存磁盘

（3）标记之后，在“近期任务”中如果显示“无法更改主机配置”，如图 7-10-40 所示，这是正常的，在重新启动之后 HDD 即会“识别”为 SSD。请依次将另外的存储标记为 SSD。

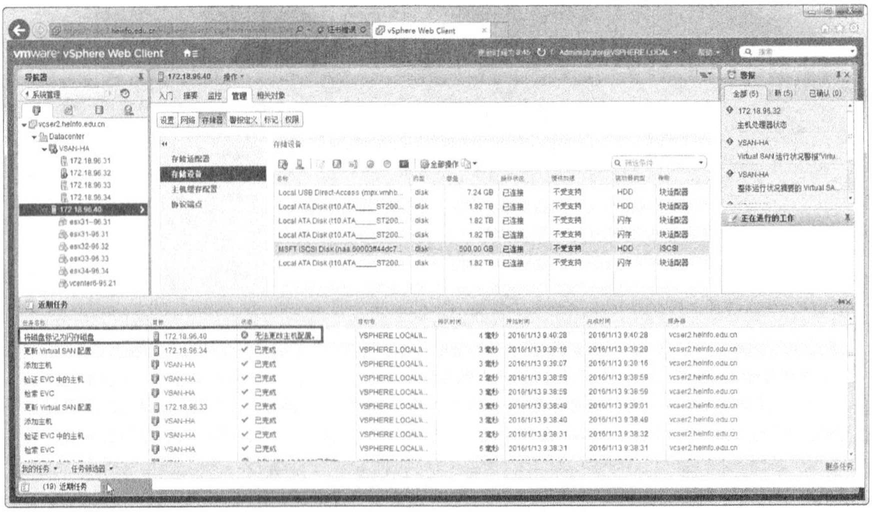

图 7-10-40　无法更改配置

（4）将 ESXi 主机存储由 HDD 改为 SSD 之后，需要重新启动 ESXi。为了让 ESXi 主机上运行的 vCenter Server 及另 4 台 ESXi 虚拟机“跟随主机一起启动和停止”，请在 vSphere Client 中，登录 172.18.96.40 的 ESXi 主机，在“虚拟机启动和关机”中，选中“允许虚拟机与系统一起自动启动和停止”，并将 vCenter、4 台 ESXi 虚拟机添加到“自动启动”列表中，在“关机操作”下拉列表中选择“客户机关机”，如图 7-10-41 所示。

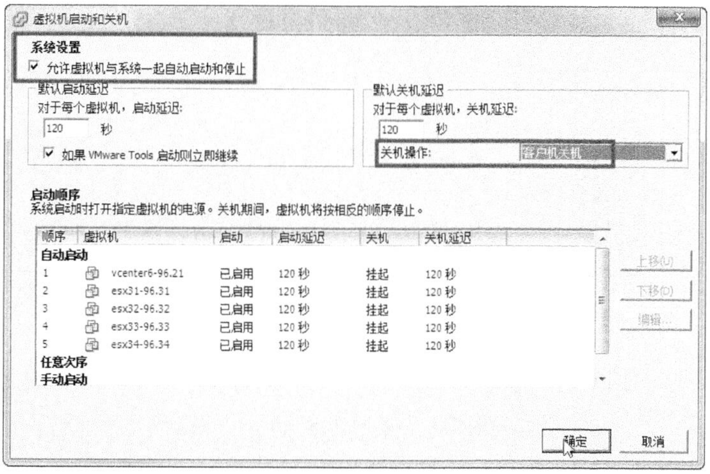

图 7-10-41　客户机关机

（5）之后重新引导 ESXi 主机，如图 7-10-42 所示。

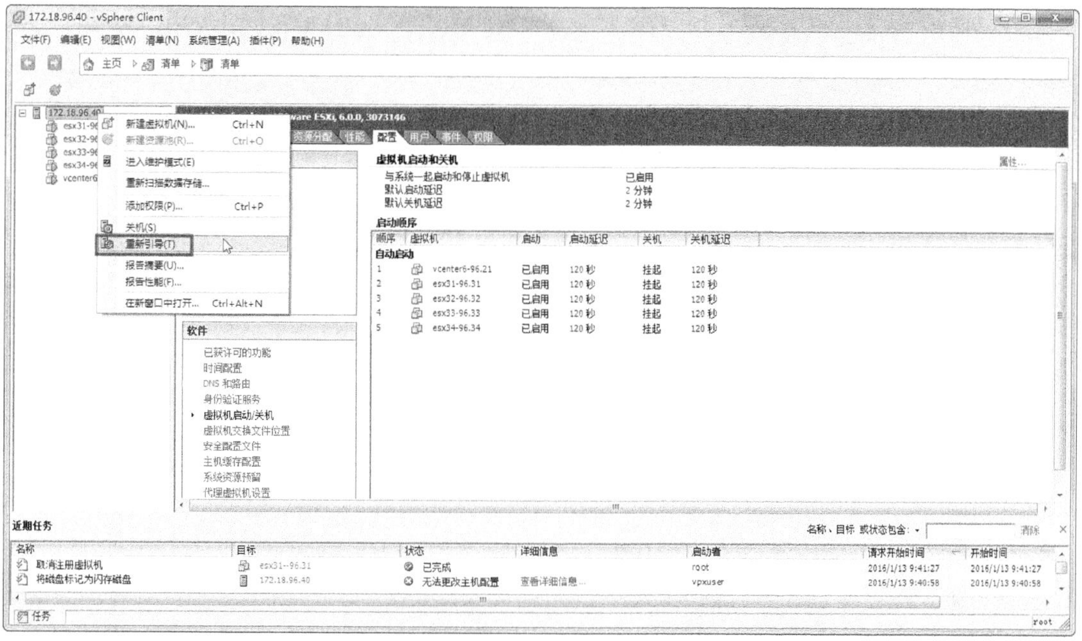

图 7-10-42　重新引导 ESXi 主机

（6）再次进入系统之后，在“配置→存储器”中可以看到当前 ESXi 主机存储驱动器类型已经被标识为 SSD，如图 7-10-43 所示。

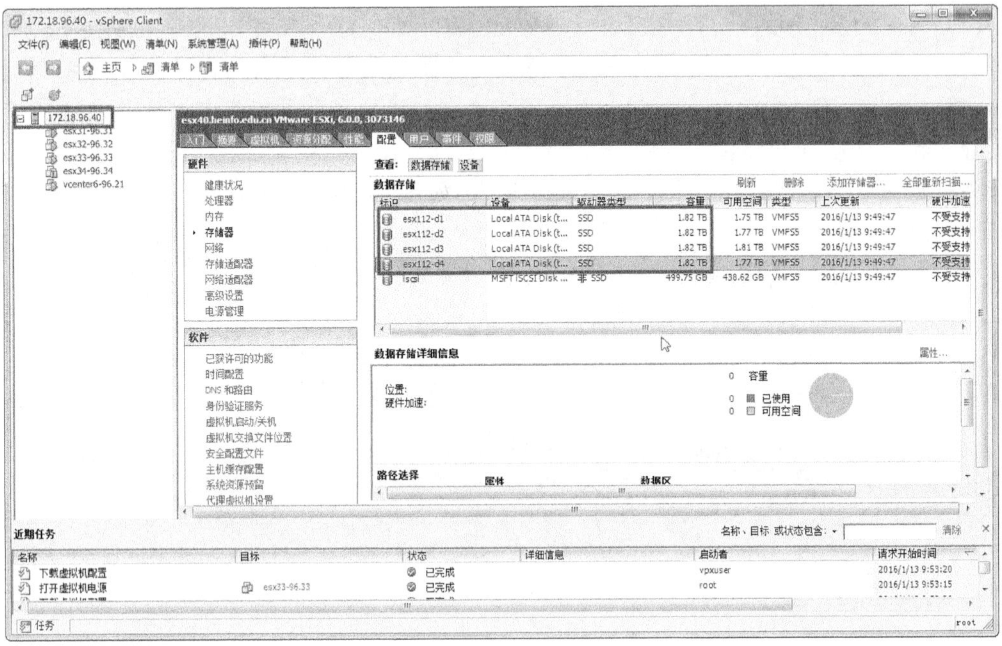

图 7-10-43 ESXi 主机存储识别为 SSD

7.10.5 创建 vSAN 群集

在准备好 vSAN 所需要的 ESXi 主机之后，登录 vCenter Server，向 vCenter Server 中添加第 1 台 ESXi 主机，记录 EVC 之后，创建 vSAN 群集，向群集中添加 ESXi 主机。

（1）使用 vSphere Web Client，登录到 vCenter Server，在数据中心中右击，在弹出的快捷菜单中选择“添加主机”，如图 7-10-44 所示。

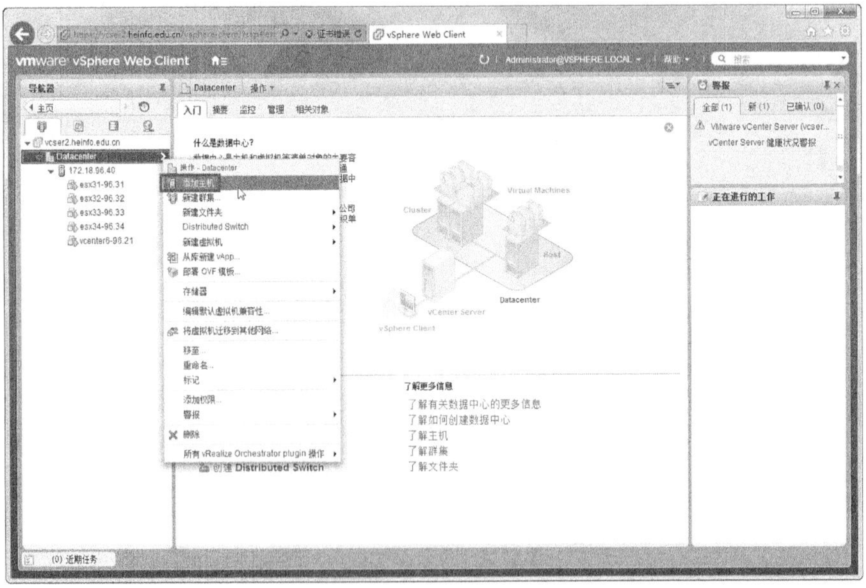

图 7-10-44 添加主机

（2）在“添加主机”对话框中输入要添加的第 1 台主机的 IP 地址 172.18.96.31，如图 7-10-45

所示。

（3）之后根据向导，输入用户名、密码，为新添加的主机选择许可证等。

（4）添加之后，选中添加的主机，在“摘要→配置→EVC 模式”中，记下当前所支持的最后一个 EVC 模式，当前是 Intel ivy Bridge Generation，如图 7-10-46 所示。

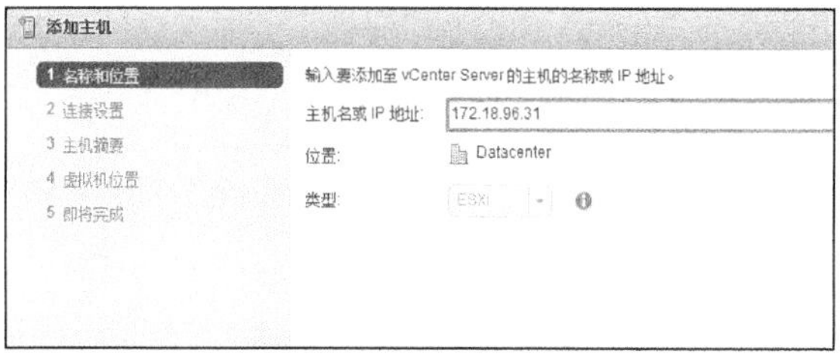

图 7-10-45　添加主机

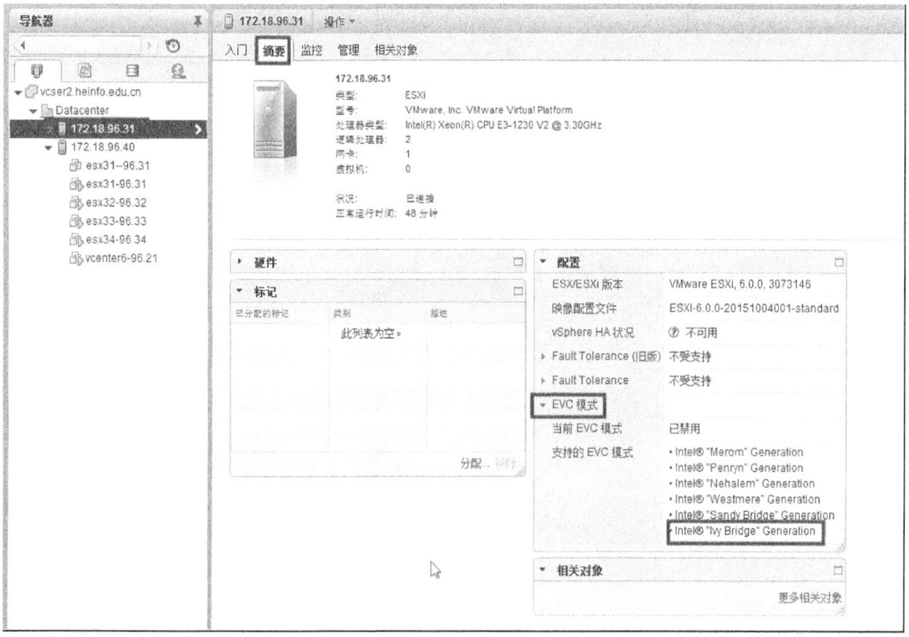

图 7-10-46　记录 EVC 模式

在记录下其中一台主机的 EVC 模式之后，创建群集，并为群集启用 EVC，之后向群集中添加主机。主要步骤如下。

（1）在 vSphere Web Client，在导航器中右击数据中心，在弹出的快捷菜单中选择“新建群集”，如图 7-10-47 所示。

（2）在“新建群集”对话框中设置群集名称，在此设置名称为 VSAN-HA，打开 DRS 及 EVC（选择 Intel ivy Bridge Generation）、Virtual SAN，在“向存储中添加磁盘”下拉列表中选择“手动”，如图 7-10-48 所示。

（3）在创建群集之后，将原来的 172.18.96.31 这台主机移动到群集，然后将剩余的 3 台 ESXi 主机添加到群集，这些不一一介绍。

（4）在添加之后，单击其中一个主机，此时可以看到当前有一个报警信息“主机无法与已启用 Virtual SAN 的群集中的所有其他节点进行通信”、“未配置 Virtual SAN 网络”提示，如图 7-10-49 所示。

对于这个警报在配置 Virtual SAN 网络之后，问题会解决。

（5）在导航器中单击选中名为 VSAN-HA 的群集，在“管理→设置→许可”单击“分配许可证”按钮，如图 7-10-50 所示。

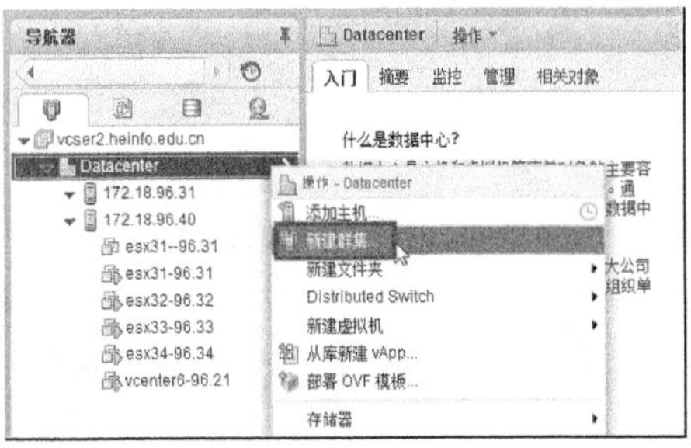

图 7-10-47　新建群集

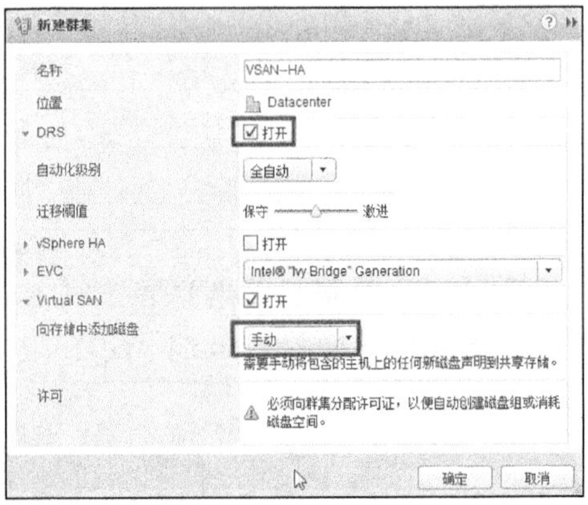

图 7-10-48　新建群集

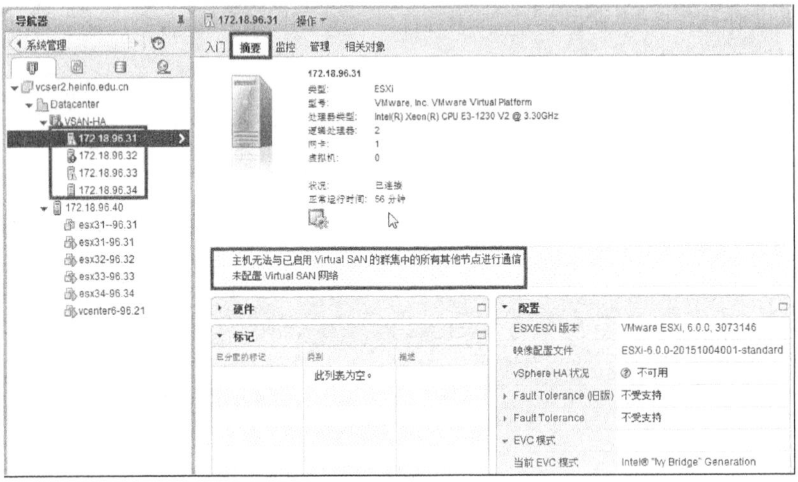

图 7-10-49　警报

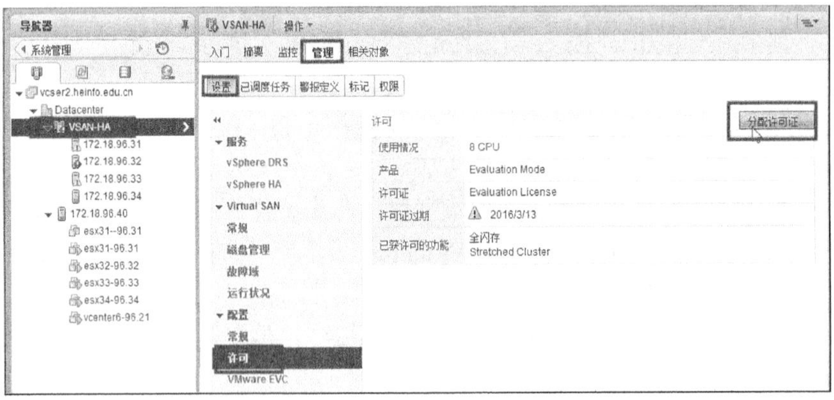

图 7-10-50　分配许可证

（6）在“分配许可证”对话框中为其添加并分配许可证，如图 7-10-51 所示。

（7）分配之后，如图 7-10-52 所示。

（8）在“管理→设备→常规”中，可以看到当前有 4 个主机、12 个闪存磁盘，如图 7-10-53 所示。当前提示“检测到配置错误”。

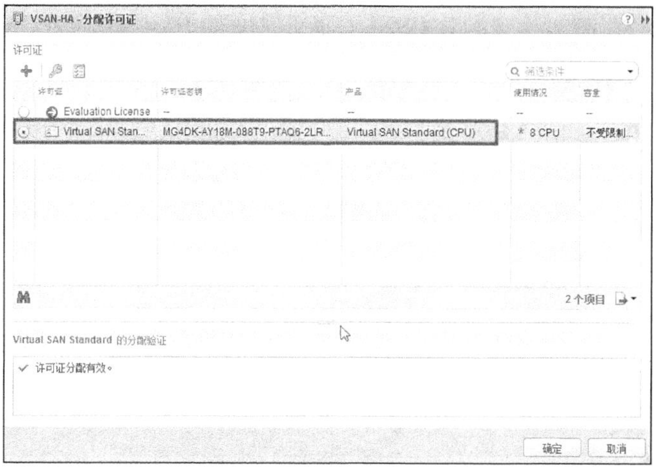

图 7-10-51　分配许可证

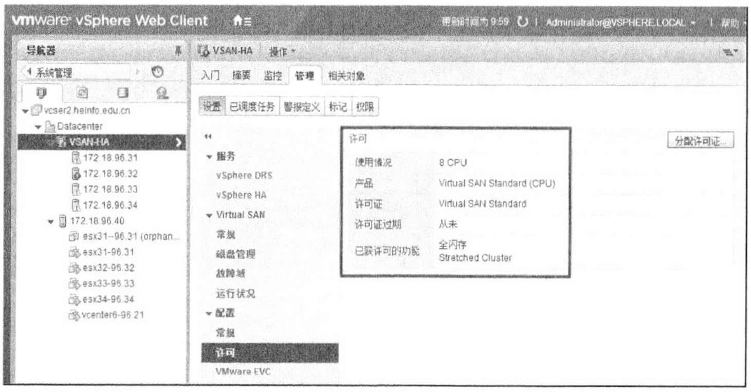

图 7-10-52　分配许可证

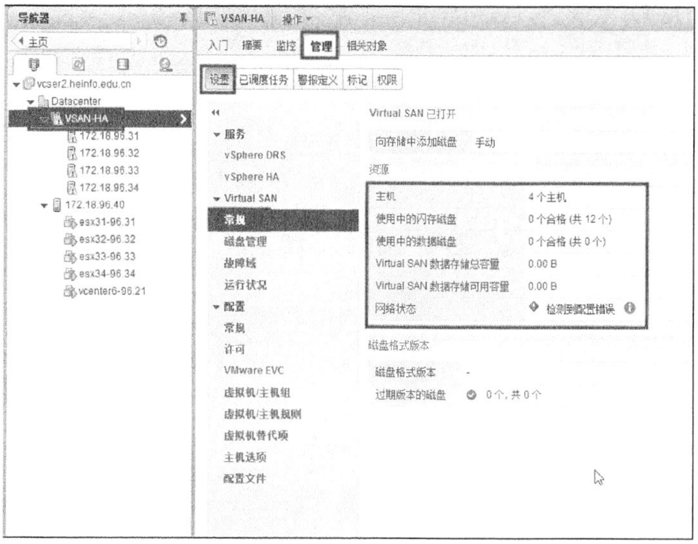

图 7-10-53　常规

7.10.6　为 vSAN 群集配置网络

在创建群集，向群集中添加 ESXi 主机并打开“Virtual SAN”之后，接下来为 vSAN 配置网络。因为我们当前的实验主机是 ESXi，为了启用多播，我们需要在 ESXi 主机虚拟交换机上启用“混杂”模式。

（1）在 vSphere Web Client 中，在导航器中选中 ESXi 主机，在“管理→网络→虚拟交换机”中选中 vSwitch0，单击“✎”按钮，如图 7-10-54 所示。

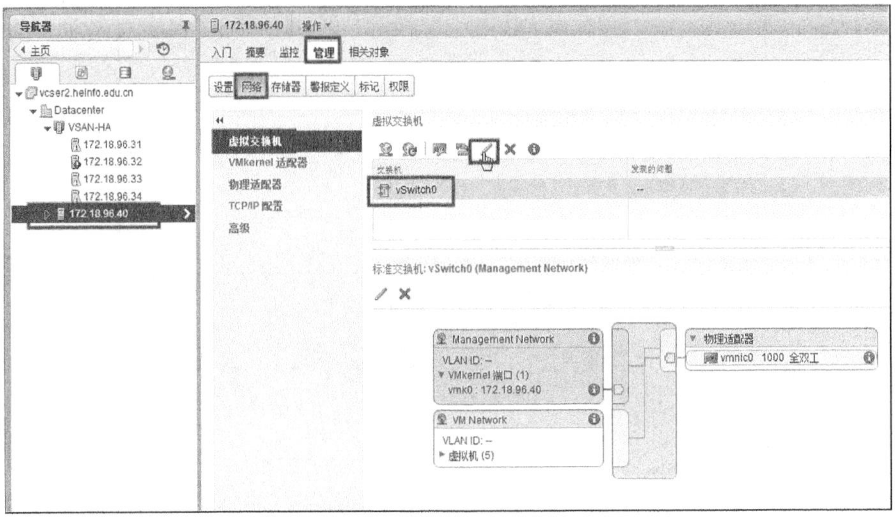

图 7-10-54　编辑虚拟机设置

（2）在“vSwitch0-编辑设置”对话框“安全”选择项“混杂模式”列表中选择“授受”，如图 7-10-55 所示。

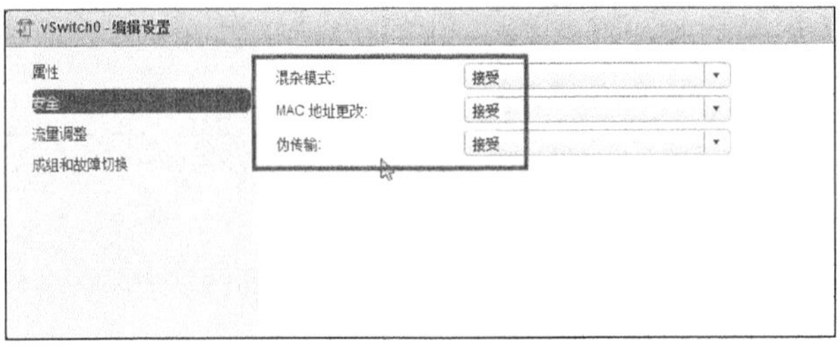

图 7-10-55　启用混杂模式

（3）之后单击“VMkernel 适配器”，选中 vmk0，单击“✎”按钮，如图 7-10-56 所示。

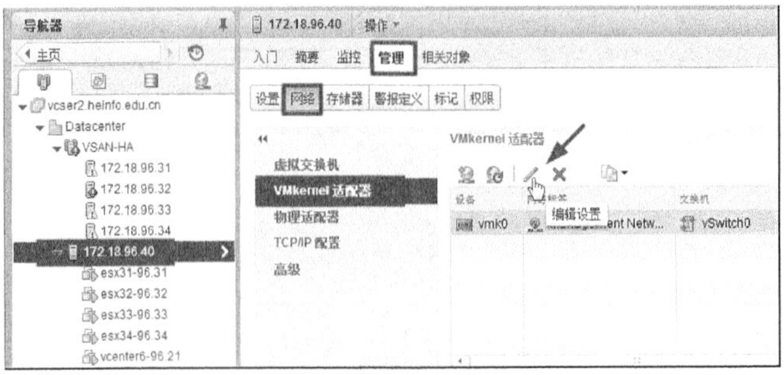

图 7-10-56　编辑设置

（4）在“vmk0-编辑设置”对话框“端口属性”中，在“启用服务”中选择“VMotion

流量、置备流量、管理流量、Virtual SAN 流量”，如图 7-10-57 所示。

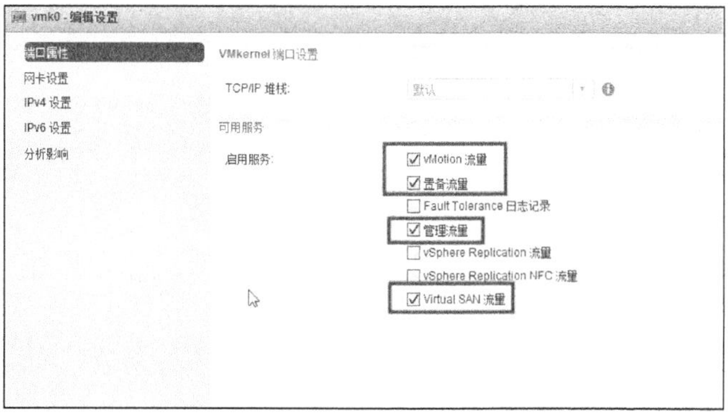

图 7-10-57　启用服务

在为 ESXi 主机网卡启用“混杂模式”，并为主机 VMkernel 启用“VMotion 流量、置备流量、管理流量、Virtual SAN 流量”后，依次修改每个主机的网卡属性，同样是启用“混杂模式”及启用“VMotion 流量、置备流量、管理流量、Virtual SAN 流量”，我们以 vSAN 群集中第 1 台主机设置为例进行介绍，其他 3 台主机设置与此相同。

（1）在 vSphere Web Client 中，在导航器中选中 172.18.96.31 的 ESXi 主机，在“管理→网络→虚拟交换机”中选中 vSwitch0，单击“✎”按钮，如图 7-10-58 所示。

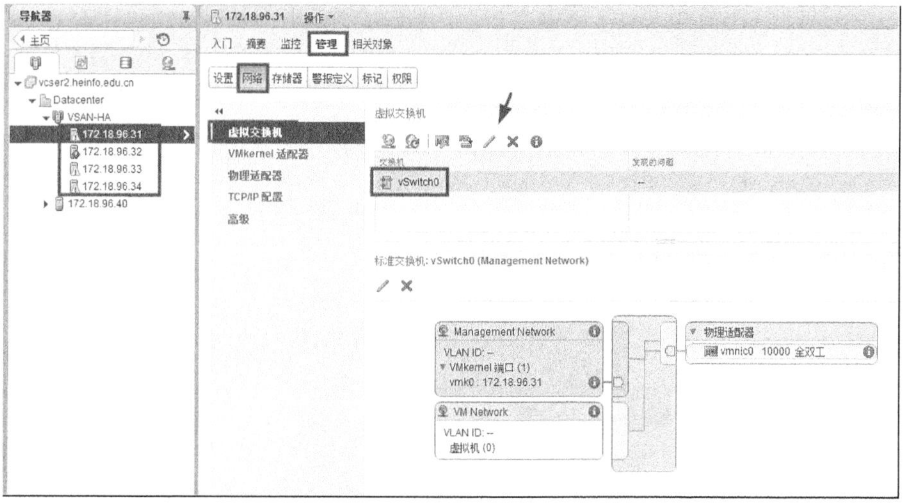

图 7-10-58　编辑虚拟机设置

（2）在“vSwitch0-编辑设置”对话框“安全”选择项“混杂模式”列表中选择“授受”，如图 7-10-59 所示。

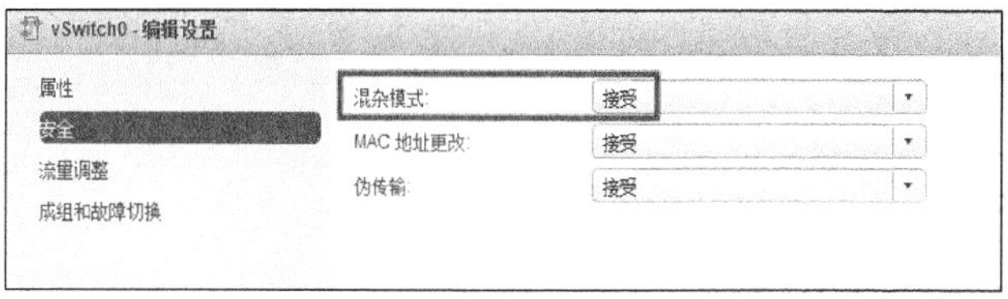

图 7-10-59　启用混杂模式

（3）之后单击“VMkernel 适配器”，选中 vmk0，单击“✏”按钮，如图 7-10-60 所示。

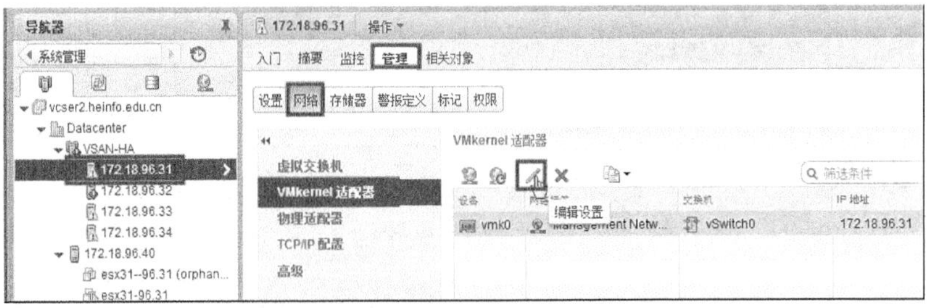

图 7-10-60　编辑设置

（4）在“vmk0-编辑设置”对话框“端口属性”中，在“启用服务”中选择“VMotion 流量、置备流量、管理流量、Virtual SAN 流量”，如图 7-10-61 所示。

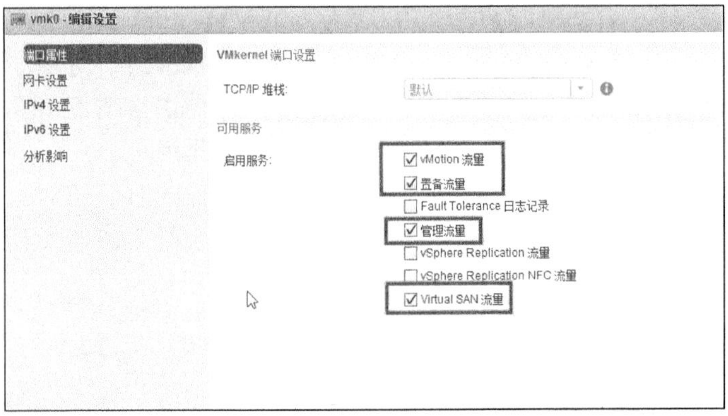

图 7-10-61　启用服务

（5）设置之后，如图 7-10-62 所示，这是 172.18.96.31 设置之后的截图。

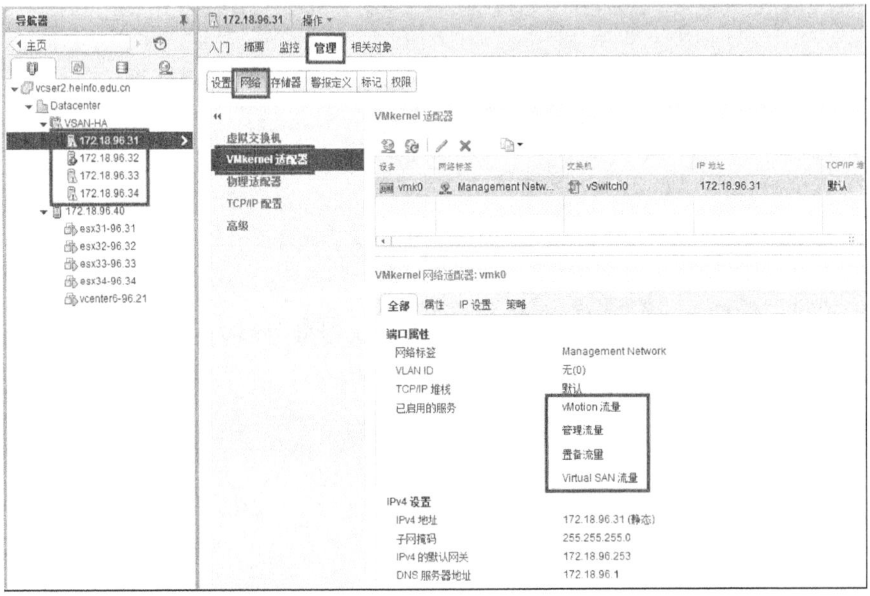

图 7-10-62　为 vSAN 中第 1 个 ESXi 主机启用服务

之后为另 3 台主机配置并启用 vSAN 网络。为每台主机配置之后，再次单击 ESXi 主机，在“摘要”选项卡中，此时提示只剩下“此主机没有管理网络冗余”，如图 7-10-63 所示。因为我们管理网络只有一个网卡，这是正常的提示。

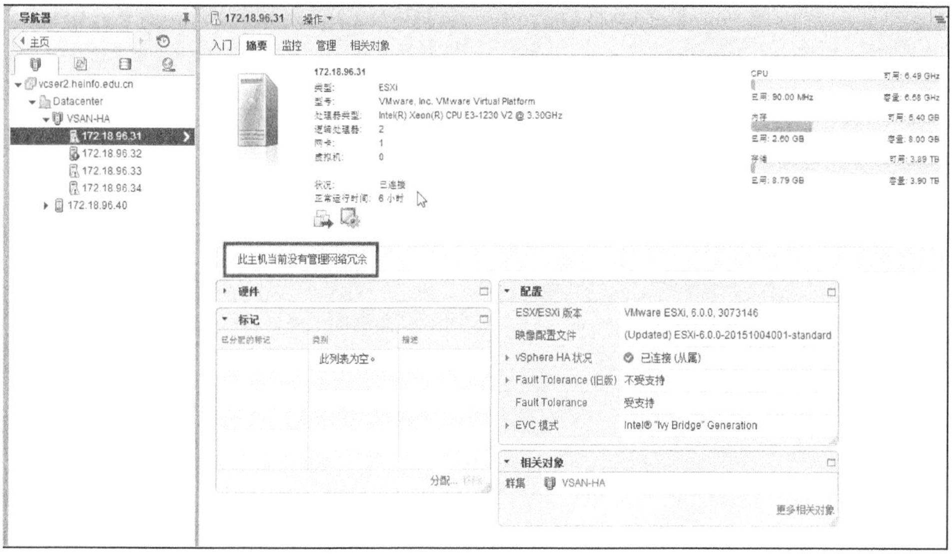

图 7-10-63　此主机没有管理网络冗余

7.10.7　向 vSAN 群集中添加磁盘组

在配置 Virtual SAN 管理网络之后，在“磁盘管理”中声明磁盘或添加磁盘组。声明磁盘的方法如下。

（1）在 vSphere Web Client 中，在导航器中选中 vSAN 群集，在“管理→设置→磁盘管理”中单击“ ”声明磁盘，如图 7-10-64 所示。

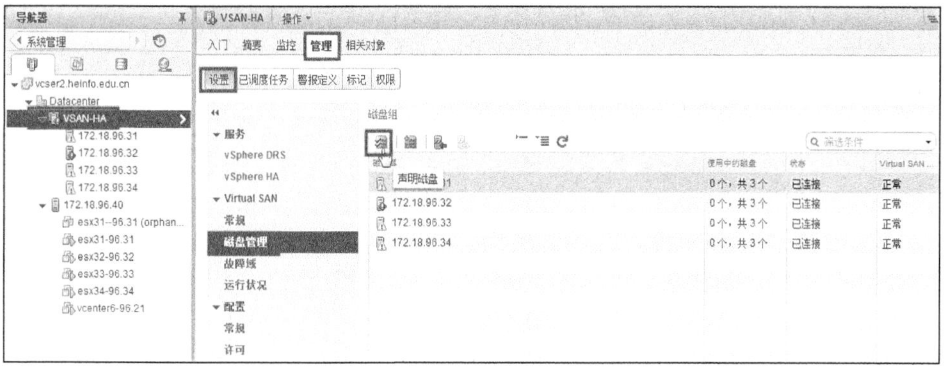

图 7-10-64　声明磁盘

（2）在“声明磁盘以供 Virtual SAN 使用”对话框中，选择磁盘以声明成闪存磁盘（单击“ ”按钮）或数据磁盘（单击“ ”按钮），如图 7-10-65 所示。

如果你不想以“声明磁盘”的方式添加，则可以选中主机，向主机中添加磁盘组，并在添加磁盘组的时候，选择用作缓存的磁盘及用作数据的容量磁盘（因为这是全闪存的磁盘）。

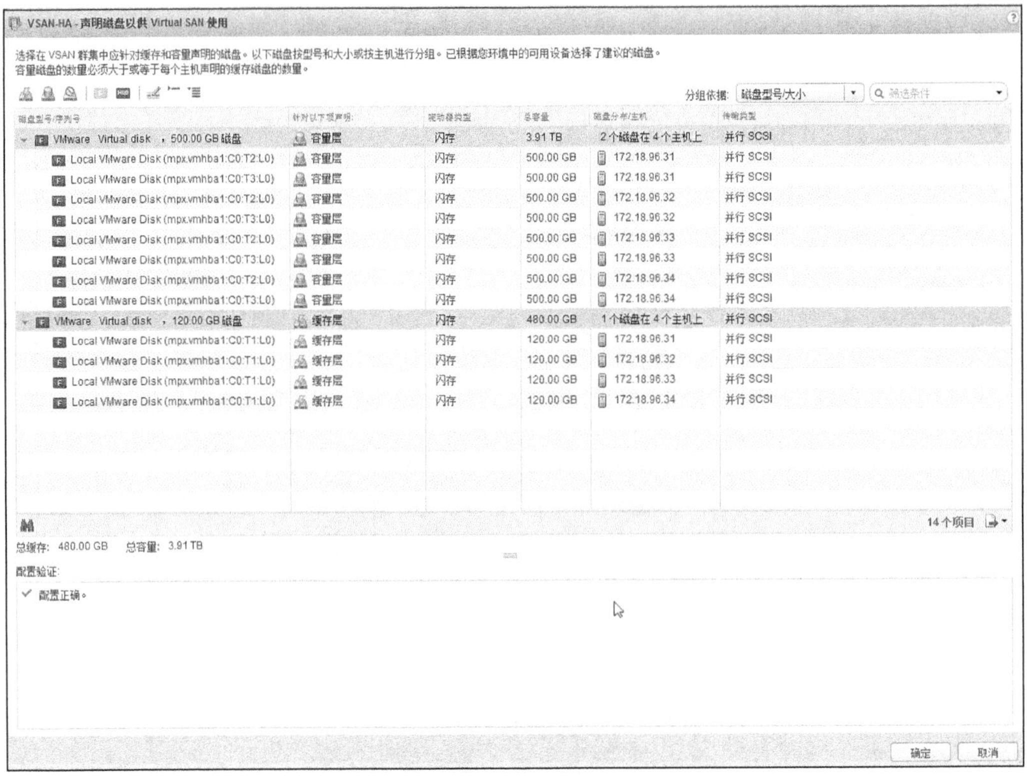

图 7-10-65　声明磁盘

（1）在 vSphere Web Client 导航器中选择 vSAN 群集，在“管理→设置→磁盘管理”列表中选择一个主机，单击“”按钮，如图 7-10-66 所示。

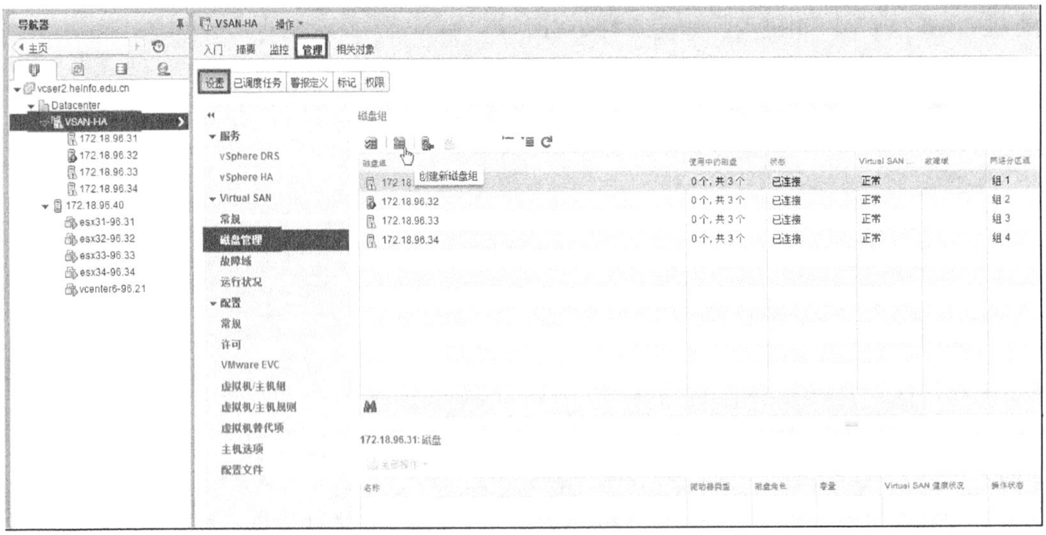

图 7-10-66　创建磁盘组

（2）在弹出的“创建磁盘组”对话框中，首先选择作为写入缓存和读取缓冲区的固态硬盘，然后选择一个或多个 HDD 磁盘作为数据磁盘，因为模拟的是“全闪存”系列，所以在

“闪存盘”列表中会有三个磁盘，选择其中一个之后，另两个才会作为数据磁盘，在此选择容量为 120GB 的磁盘，如图 7-10-67 所示，之后单击“确定”按钮完成添加。

图 7-10-67　创建磁盘组

之后为另外三台主机添加磁盘组，在每个磁盘组中选择大小为 120GB 的磁盘作为闪存磁盘，另 2 个 500GB 的磁盘作为容量磁盘。

添加之后，可以看到当前每个主机已经有 4 个磁盘组，单击每个磁盘组，可以在列表中查看该磁盘组对应的 SSD 及 HDD，如图 7-10-68 所示。

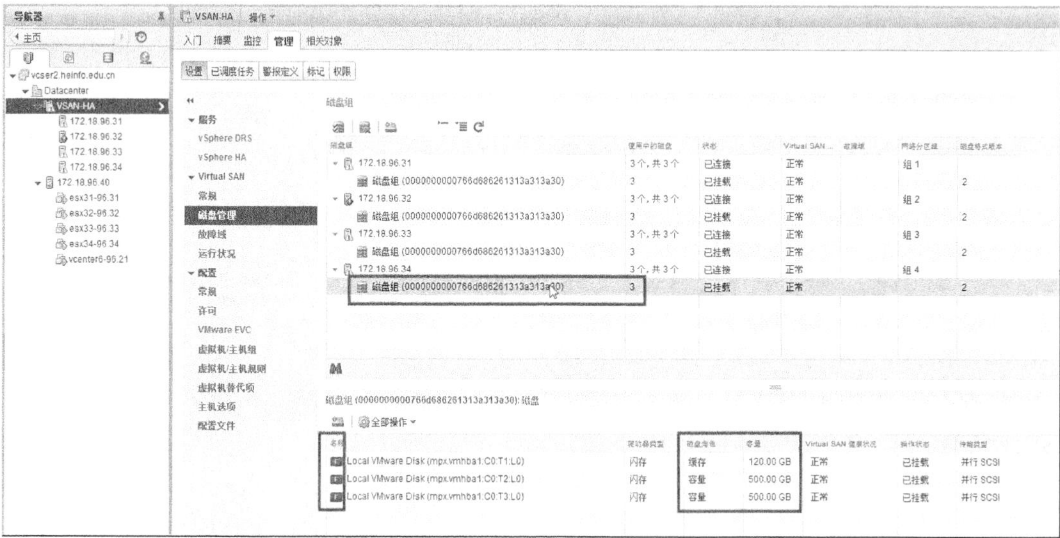

图 7-10-68　两个磁盘组

最后在“vSAN 群集”中，在“管理→常规”中可以看到，当前有 4 个主机，一共有 12 个闪存磁盘、0 个数据磁盘，总容量 3.87TB，如图 7-10-69 所示。

最后，在“管理→设置→vSphere HA”中，单击“编辑”按钮，然后打开 vSphere HA，如图 7-10-70 所示。

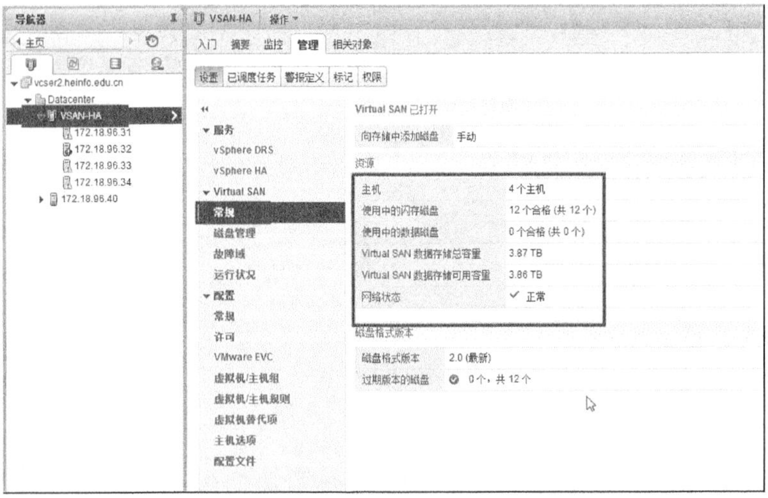

图 7-10-69　vSAN 信息

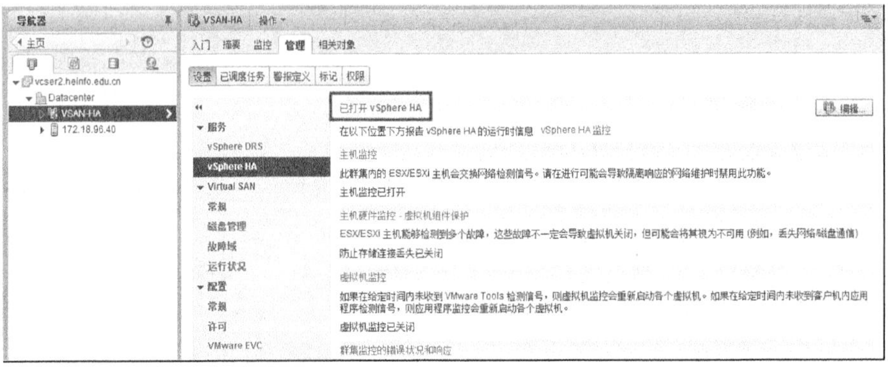

图 7-10-70　打开 vSphere HA

7.10.8　创建虚拟机用于测试

在配置好 vSAN 群集及 vSAN 存储之后，我们新建一个虚拟机，并在虚拟机中安装操作系统，用于测试，主要步骤如下。

（1）在 vSphere Web Client 新建虚拟机，如图 7-10-71 所示。

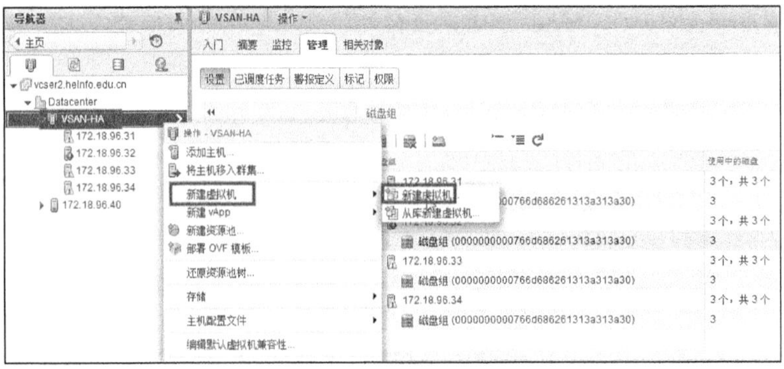

图 7-10-71　新建虚拟机

（2）设置虚拟机的名称为“Win7X-101”，如图 7-10-72 所示。

（3）在“选择存储器”对话框选择 vSAN 存储，如图 7-10-73 所示。

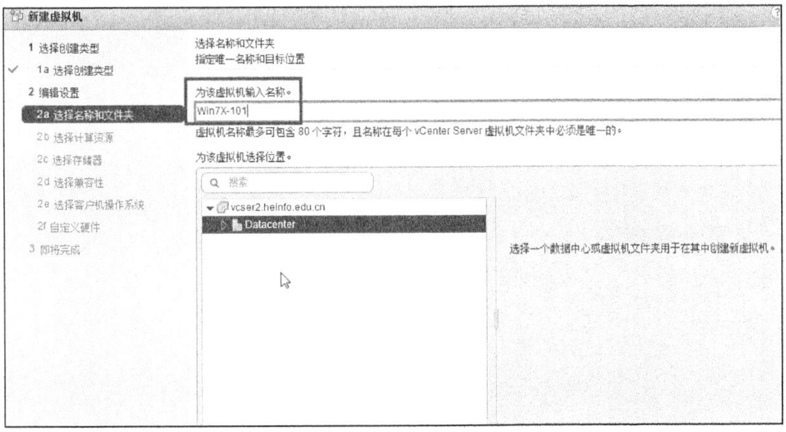

图 7-10-72 设置虚拟机名称

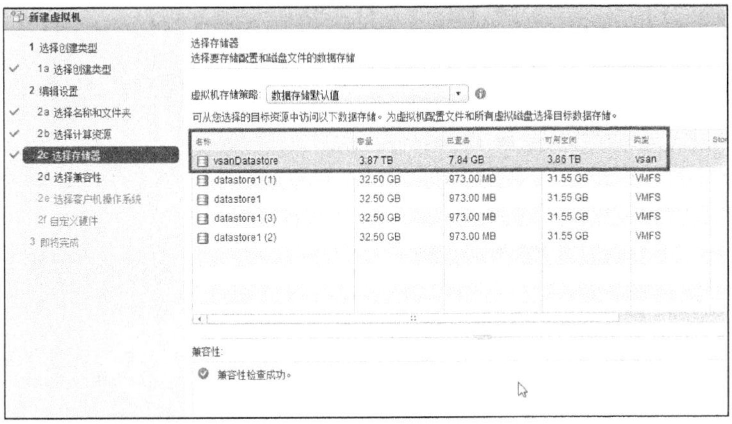

图 7-10-73 虚拟机存储策略

（4）在“自定义硬件”对话框，为虚拟机分配 1GB 内存、1 个 CPU、24GB 的硬盘，如图 7-10-74 所示。

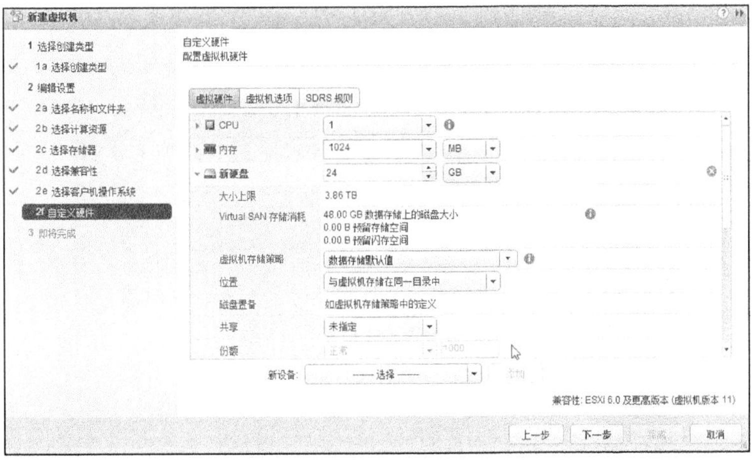

图 7-10-74 自定义硬件

（5）在“即将完成”对话框显示了新建虚拟机的设置，检查无误之后，单击“完成”按钮，如图 7-10-75 所示。

图 7-10-75　新建虚拟机完成

创建虚拟机完成之后，启动虚拟机，并启动远程控制台，如图 7-10-76 所示。

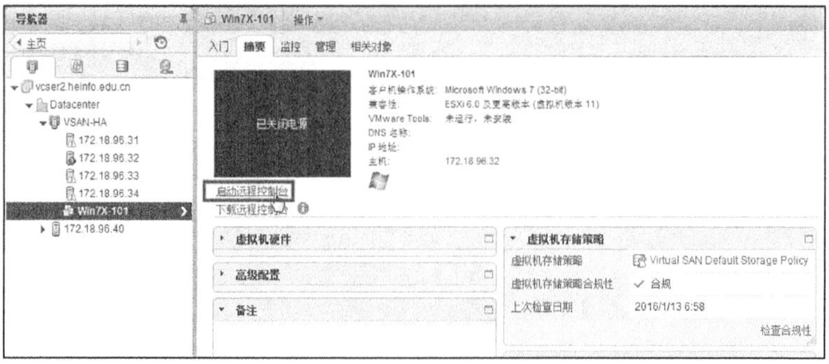

图 7-10-76　打开控制台

在安装了 VMware Workstation 的环境中，会使用 VMware Workstation 打开 ESXi 虚拟机控制台。之后在虚拟机中安装 32 位的 Windows 7 企业版，如图 7-10-77 所示。安装完操作系统后

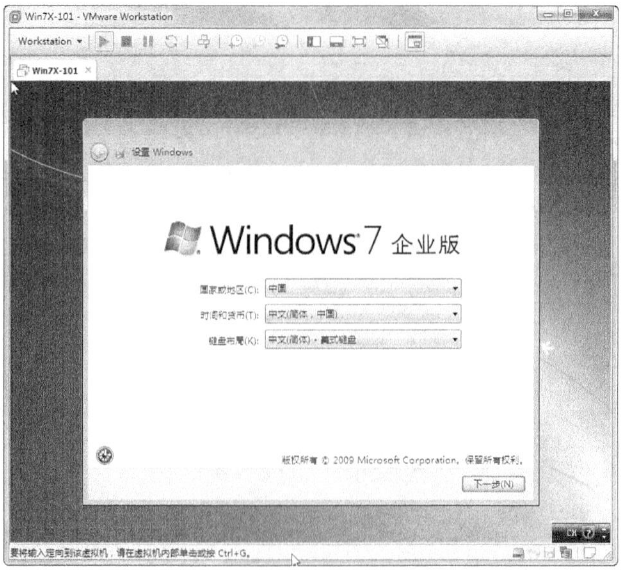

图 7-10-77　安装 Windows 7

安装 VMware Tools，这些不一一介绍。

最后，在"vSAN 群集→监控→虚拟 SAN→虚拟磁盘"中，可以看到新建的名为 Win7X-101 的虚拟机，分别在 172.18.96.32 及 172.18.96.33 的磁盘创建 RAID 1，如图 7-10-78 所示。

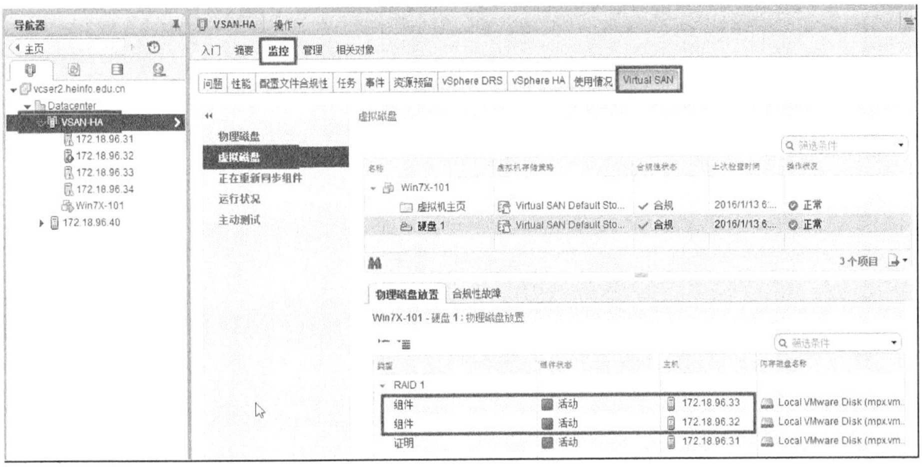

图 7-10-78　RAID 1

7.11　vSAN 中 View 桌面应用测试

作为 vSAN 的典型应用，VMware Horizon View 桌面非常适合使用 vSAN 存储。本示例演示了一个具有 3 个 ESXi 主机组成的 vSAN 环境，配置使用 View 桌面的内容，下面简要介绍。

这三台主机，每个主机具有 16GB 内存、Intel i7-4790 的 CPU，2 块千兆网卡、1 个 8GB 的 U 盘用来安装 ESXi 6.0，1 块 120GB 的固态硬盘用作缓存，1 块 1TB 的 STAT 硬盘用作容量磁盘，如图 7-11-1、图 7-11-2 所示。

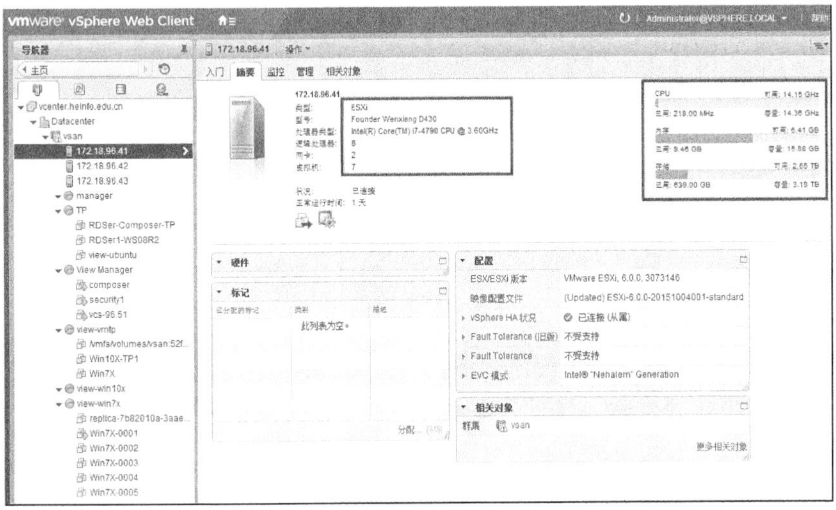

图 7-11-1　每台 ESXi 主机的 CPU、内存配置

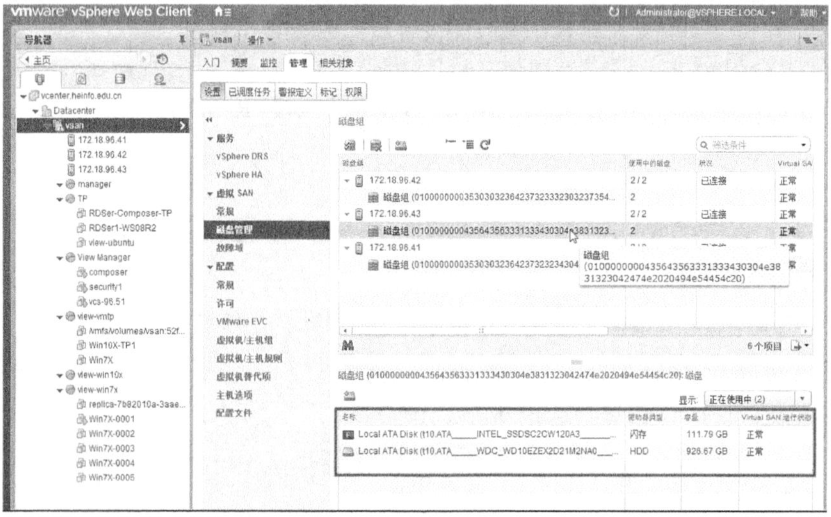

图 7-11-2　磁盘管理

因为 ESXi 装在 U 盘上，所以在配置好 Virtual SAN 存储之后，修改 syslog 为 VSAN 的路径，每个主机一个路径，例如第 1 台主机可以保存在[vsanDatastore]/log/esx41，第 2 台则保存在[vsanDatastore]/log/esx42，第 3 台保存在[vsanDatastore]/log/esx43，如图 7-11-3 所示。

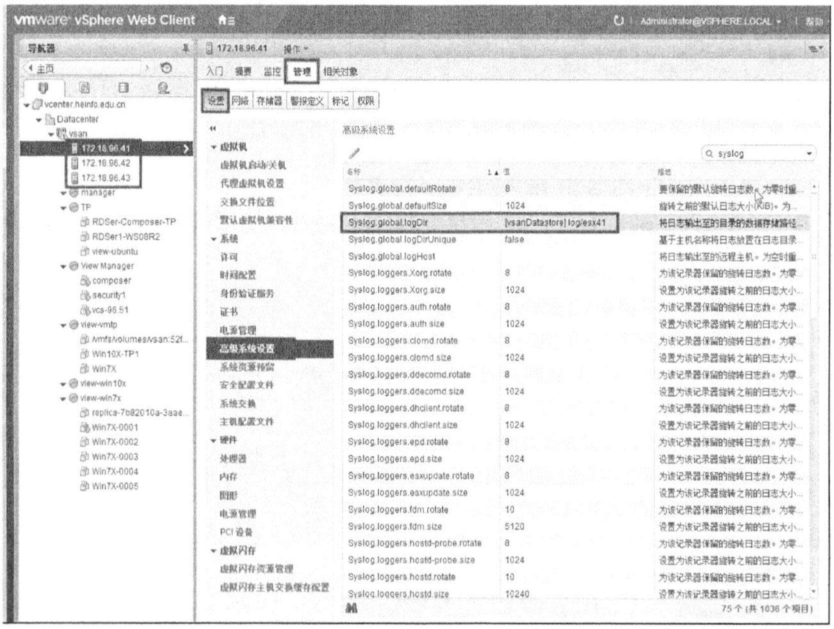

图 7-11-3　日志保存位置

在这个 VSAN 群集中，VMware Horizon View 6.2 系统配置 100 个 Windows 7 的桌面（由于主机内存有限，不能同时运行这么多桌面，同时运行的数量大约 30 个）。在 Virtual SAN 环境中，部署 100 个 View 桌面，只要主机内存足够，每个主机硬盘数量足够（正常情况下需要每个主机至少 4～6 个硬盘），很容易实施。

（1）登录 View Administrator，修改桌面池设置，如图 7-11-4 所示。

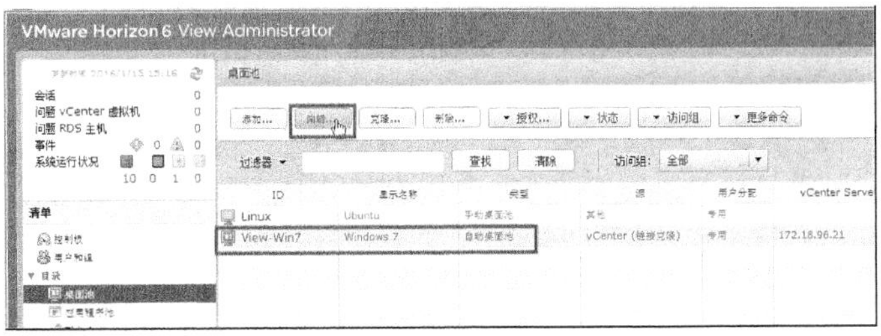

图 7-11-4　修改桌面池设置

（2）在“置备设置”中，修改“计算机的最大数量”为 100，如图 7-11-5 所示。

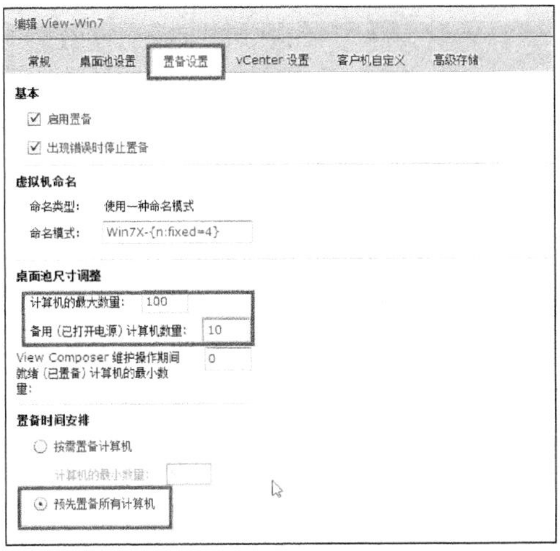

图 7-11-5　计算机的最大数量

（3）之后在“资源→计算机”中可以看到置备的虚拟机，如图 7-11-6 所示。

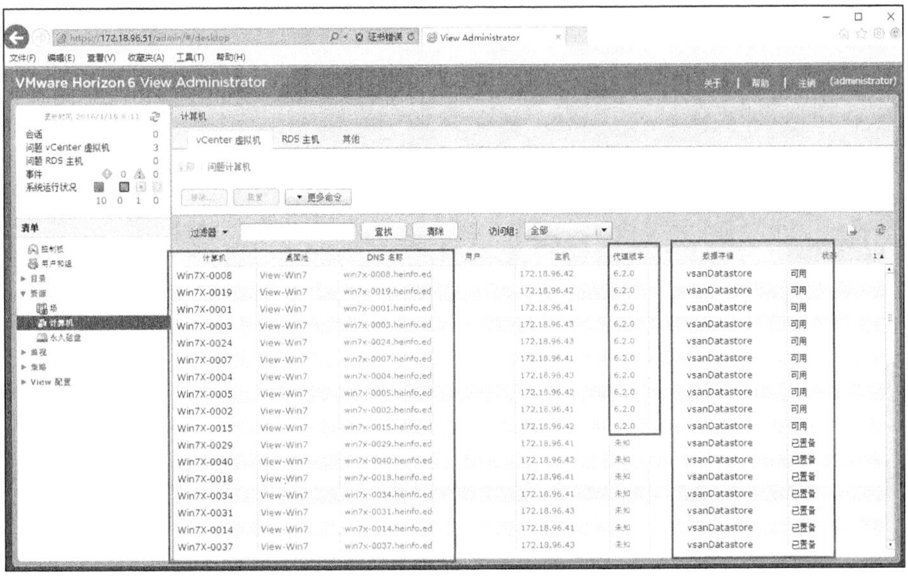

图 7-11-6　置备虚拟机

（4）在 vSphere Client 中，也能看到新部署的虚拟机，如图 7-11-7 所示。

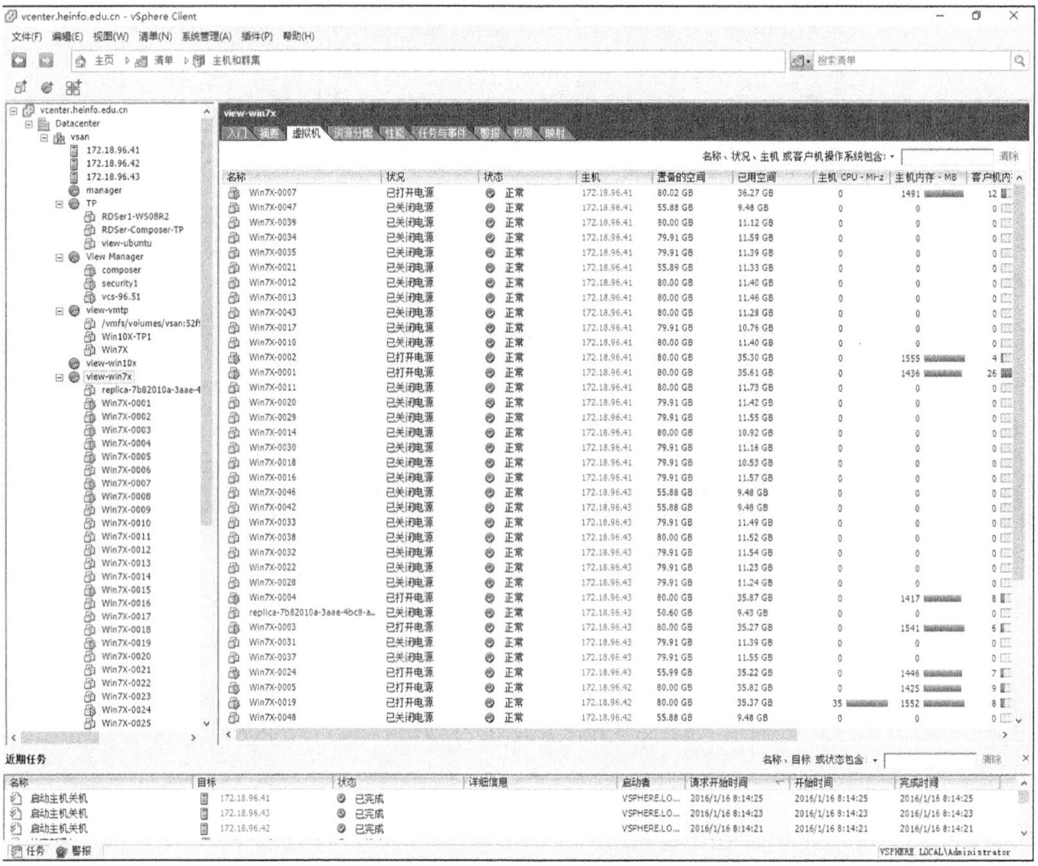

图 7-11-7　部署的虚拟机

关于 View 桌面的更多内容，我们不再介绍。

附录 A　vSphere 5.1、5.5 与 6.0 最高配置

当您选择并配置虚拟设备和物理设备时，不得超过 vSphere6 所支持的最高配置。本节介绍 vSphere 版本 6.0、5.5 及 5.1 的最高配置，下表中提供的限制表示已经过测试且建议的限制，这些限制完全受 VMware 支持。

A.1　虚拟机最高配置

表 A-1 给出了 vSphere6.0、5.5、5.1 虚拟机的最高配置。

表 A-1　　虚拟机最高配置

项　　目	内　　容	6.0	5.5	5.1
计算	每个虚拟机的虚拟 CPU（Virtual SMP）	128	64	64
内存	每个虚拟机的内存	4TB	1TB	1TB
	虚拟机交换文件大小	4TB	1TB[1]	1TB[1]
存储器虚拟适配器和设备	每个虚拟机的虚拟 SCSI 适配器	4	4	4
	每个虚拟 SCSI 适配器的虚拟 SCSI 目标	15	15[2]	15[2]
	每个虚拟机的虚拟 SCSI 目标	60	60	60
	每个虚拟机的虚拟磁盘（PVSCSI）		60	60
	虚拟磁盘大小	62TB	62TB	2TB 减 512B
	每个虚拟机的 IDE 控制器	1	1[3]	1[3]
	每个虚拟机的 IDE 设备	4	4[4]	4[4]
	每个虚拟机的软盘控制器	1	1	1
	每个虚拟机的软盘设备	2	2[5]	2[5]
	每个虚拟机的虚拟 SATA 适配器	4	4	无（不支持）
	每个虚拟 SATA 适配器的虚拟 SATA 设备	30	30[4]	无（不支持）
网络虚拟设备	每个虚拟机的虚拟网卡	10	10[6]	10[6]
虚拟外围端口	每个虚拟机的 USB 主机控制器	1	1[7]	1[7]
	连接到虚拟机的 USB 设备	20	20[8]	20[8]
	每个虚拟机的并行端口	3	3	3
	每个虚拟机的串行端口	32	4	4
其他	虚拟机的并行远程控制台连接	40	40	40
图形视频设备	每个虚拟机的视频内存	512MB	512MB	128MB

【说明】（1）块大小为 1MB 的 VMFS3 的最大交换大小为 255GB。建议的解决方案是使用 VMFS5，而不是块大小更大的 VMFS3。

（2）磁盘或 VMDirectPath SCSI 目标的任意组合。

（3）支持两个通道（主要和辅助），每个均具备主要设备和从属设备。

（4）设备可以是 CD-ROM 或磁盘。

（5）BIOS 针对一个软盘设备配置。

（6）受支持的虚拟网卡的任意组合。

（7）支持 USB 1.x、2.x 和 3.x。可以同时为每个版本（1.x、2.x 或 3.x）添加一个 USB 主机控制器。

（8）客户机操作系统的限制可能低于 vSphere 允许的值。

A.2　ESXi 主机最高配置

VMware ESXi 主机最高配置包括“计算最高配置”、“内存最高配置”、“存储器最高配置”、“网络最高配置”、“群集和资源池最高配置” 五部分内容，下面一一介绍，如表 A-2～表 A-6 所示。

表 A-2　计算最高配置

项　目	内　容	6.0	5.5	5.1
主机 CPU 最高配置	每个主机的逻辑 CPU	480	320	160
	每个主机的 NUMA 节点	16	16	8
虚拟机最高配置	每个主机的虚拟机	1024	512	512
	每个主机的虚拟 CPU	4096	4096	2048
	每个内核的虚拟 CPU	32	32*	25*
Fault Tolerance（FT，容错）最高配置	虚拟磁盘	16	16	16
	每个虚拟机的虚拟 CPU	4	1	1
	每个 FT 虚拟机的内存	64GB	64GB	64GB
	每个主机的虚拟机	4	4	4
	每个主机的虚拟 CPU	8		

【说明】*每个核心的 vCPU 可达到的数目取决于硬件的工作负载和详细情况。

表 A-3　内存最高配置

项　目	内　容	6.0	5.5	5.1
内存	每个主机的内存	6TB	4TB	2TB
	交换文件数量	每个虚拟机 1 个	每个虚拟机 1 个	每个虚拟机 1 个
	交换文件大小			1TB*

【说明】*在 VMFS3 上，对大小超过 255 GB 的交换文件应用超过 1 MB 的块大小。

表 A-4　存储器最高配置

项　目	内　容	6.0	5.5	5.1
虚拟磁盘	每个主机的虚拟磁盘	2048	2048	2048
iSCSI 物理	每个服务器的 LUN	256	256	256
	每个服务器的 Qlogic 1Gb iSCSI HBA 启动器端口	4	4	4
	每个服务器的 Broadcom 1Gb iSCSI HBA 启动器端口	4	4	4
	每个服务器的 Broadcom 10Gb iSCSI HBA 启动器端口	4	4	4
	每个服务器上可关联的网卡或与软件 iSCSI 堆栈绑定的端口	8	8	8
	一个服务器上的路径总数	1024	1024	1024
	到 LUN 的路径数量（软件 iSCSI 和硬件 iSCSI）	8	8	8
	Qlogic iSCSI：每个适配器端口的动态目标	64	64	64
	Qlogic iSCSI：每个适配器端口的静态目标	62	62	62
	每个适配器端口的 Broadcom 1Gb iSCSI HBA 目标	64	64[1]	64[1]
	每个适配器端口的 Broadcom 10Gb iSCSI HBA 目标	128	128	128
	软件 iSCSI 目标	256	256[1]	256[1]
NAS[2]	每个主机的 NFS 挂载	256	256	256
光纤通道	每个主机的 LUN	256	256	256
	LUN 大小	64TB	64TB	64TB
	LUN ID	1023	255	255
	到 LUN 的路径数	32	32	32
	一个服务器上的路径总数	1024	1024	1024
	任何类型的 HBA 的数量	8	8	8
	HBA 端口	16	16	16
	每个 HBA 的目标	256	256	256
FCoE	软件 FCoE 适配器	4	4	4
公用 VMFS	卷大小	64TB	64TB[5]	
	每个主机的卷	256	256	256
	每个卷的主机	64	64	64
	每个 VMFS 卷的已打开电源的虚拟机	2048	2048	2048
	每个 VMFS 卷的并行 vMotion 操作	128	128	128
VMFS3	裸设备映射大小（虚拟兼容性和物理兼容性）	2TB 减 512B	2TB 减 512B	2TB 减 512B
	块大小	8MB	8MB	8MB
	文件大小（1MB 块大小）	256GB	256GB	256GB
	文件大小（2MB 块大小）	512GB	512GB	512GB
	文件大小（4MB 块大小）	1TB	1TB	1TB
	文件大小（8MB 块大小）	2TB 减 512B	2TB 减 512B	2TB 减 512B
	每个卷的文件	约 30720	约 30720	约 30720

续表

项　目	内　容	6.0	5.5	5.1
VMFS5	裸设备映射大小（虚拟兼容性）	62TB	62TB	2TB 减 512B
	裸设备映射大小（物理兼容性）	64TB	64TB	64TB
	块大小	1MB	1MB[3]	1MB[3]
	文件大小	62TB	62TB	2TB 减 512B[4]
	每个卷的文件	约 130690	约 130690	约 130690

【说明】（1）静态目标（手动分配的 IP 地址）和动态目标（分配到已发现目标的 IP 地址）的总量不得超过这一数值。

（2）联系您的存储阵列供应商或 NFS 服务器供应商，了解有关 NFS 卷大小上限的信息。

（3）1MB 是默认的块大小。已升级的 VMFS5 卷将继承 VMFS3 块大小值。

（4）已升级的 VMFS5 的文件大小上限为 2TB 减 512B（不考虑文件系统块大小）。

（5）对于块大小为 1MB 的 VMFS3 卷，上限为 50TB。

表 A-5　　网络最高配置

项　目	内　容	6.0	5.5	5.1
物理网卡	e1000e 1Gb 以太网端口（Intel PCI - x）			32
	e1000e 1Gb 以太网端口（Intel PCI - e）	24	24	24
	igb 1Gb 以太网端口（Intel）	16	16	16
	tg3 1Gb 以太网端口（Broadcom）	32	32	32
	bnx2 1Gb 以太网端口（Broadcom）	16	16	16
	nx_nic 10Gb 以太网端口（NetXen）	8	8	8
	be2net 10Gb 以太网端口（ServerEngines）	8	8	8
	ixgbe 10Gb 以太网端口（Intel）	16	8	8
	bnx2x 10Gb 以太网端口（Broadcom）	8	8	8
	Infiniband 端口	不适用	不适用[1]	不适用[1]
	10Gb 和 1Gb 以太网端口的组全	16个10GB和4个1GB端口	8 个 10Gb 和 4 个 1Gb 端口	6 个 10GB 和 4 个 1GB 端口
	mlx4_en 40GB 以太网端口（Mellanox）	4	4	4
VMDirectPath 限制	每个主机的 VMDirectPath PCI/PCIe 设备	8	8	8
	虚拟功能的 SR - IOV 数	1024	64[2]	
	10G pNIC 的 SR - IOV 数	8	8	
	每个虚拟机的 VMDirectPath PCI/PCIe 设备	4	4[3]	
vSphere 标准交换机和 vSphere Distributed Switch	每个主机的虚拟网络交换机端口总数（VDS 和 VSS 端口）	4096	4096	4096
	每个主机的活动端口数上限（VDS 和 VSS）	1016	1016	1050
	每个标准交换机的虚拟网络交换机创建端口	4088	4088	4088
	每个标准交换机的端口组	512	512	256
	每个 Distributed Switch 的静态/动态端口组	10 000	6500	

续表

项　目	内　容	6.0	5.5	5.1
vSphere 标准交换机和 vSphere Distributed Switch	每个 Distributed Switch 的极短端口组	1016	1016	
	每个 Distributed Switch 的端口	60000	60000	
	每个 vCenter 的分布式虚拟网络交换机端口	60000	60000	60000
	每个 vCenter 的静态/动态端口组	10000	10000	10000
	每个 vCenter 的极短端口组	1016	1016	256
	每个 vCenter 的 Distributed Switch	128	128	128
	每个主机的 Distributed Switch	16	16	
	每个主机的 VSS 端口组	1000	1000	
	每个主机的 LACP-LAG	64	64	
	每个 LAG 的 LACP-上行链路端口（组）	32	32	
	每个 Distributed Switch 的主机	1000	1000	
	每个 vDS 的 NIOC 资源池	64	64	
	每个 vDS 的链路聚合组	64	64	

【说明】（1）Mellanox Technologies InfiniBand HCA 设备驱动程序可直接从 Mellanox Technologies 获取。有关具有 ESXi 的 InfiniBand HCA 支持状态的信息，请访问 Mellanox 网站 http://www.mellanox.com。

（2）SR IOV 在 Intel 网卡上最多支持使用 43 种虚拟功能，在 Emulex 网卡上最多支持使用 64 种虚拟功能。可用于直通的虚拟功能的实际数量取决于每种虚拟功能所需的中断向量的数量。

（3）虚拟机可支持 6 个设备，但条件是其中 2 个设备是 Teradici 设备。

表 A-6　群集和资源池最高配置

项　目	内　容	6.0	5.5	5.1
群集(包括 HA 和 DRS 在内的所有群集)	每个群集的主机	64	32	32
	每个群集的虚拟机	8000	4000	4000
	每个主机的虚拟机	1024	512	512
	HA 群集中每个数据存储的已打开电源的虚拟机配置文件[1]	2048	2048	2048
资源池	每个主机的资源池	1600	1600	1600
	每个资源池的子资源池	1100	1024	1024
	资源池树深度	8	8[2]	8
	每个群集的资源池	1600	1600	1600

【说明】（1）此限制不适用于虚拟磁盘。启用 Fault Tolerance 的一个虚拟机算作两个虚拟机。

（2）其他 4 个资源池由系统内部使用。

如果上面表格中列出的任意一个配置选项使用的是其最大限制值，则应用默认配置的 ESXi 主机和 vCenter Server 应当能够承受这些值。

如果多个配置选项（例如，虚拟机的数量、LUN 的数量、VDS 端口的数量等）使用的是各自最大的限制，则主机上运行的某些进程可能会完全占用内存。这可能会导致主机与 vCenter

Server 断开连接。在这种情况下，您需要为这些主机进程增加内存池，从而使主机能够承受计划进行的工作负载。您需要将相关的内存池大小增加到使用最大值的配置选项的数量。

A.3　vCenter Server 最高配置

表 A-7　　vCenter Server 最高配置

项　目	内　容	6.0	5.5	5.1
vCenter Server 可扩展性	每个 vCenter Server 的主机	1000	1000	1000
	每个 vCenter Server 的已打开电源的虚拟机	10000	10000	10000
	每个 vCenter Server 的已注册虚拟机	15000	15000	15000
	已链接的 vCenter Server	10	10	10
	已链接的 vCenter Server 中的主机	4000	3000	3000
	已链接的 vCenter Server 中的已打开电源的虚拟机	30000	30000	30000
	已链接的 vCenter Server 中的已注册虚拟机	50000	50000	50000
	到 vCenter Server 的并行 vSphere Client 连接		100	100
	到 vCenter Server 的并行 vSphere Web Client 连接	180	180	180
	每个数据中心的主机数量	500	500	500
	每个 vCenter Server 的 MAC 地址（使用默认的 VMware OUI）	65536	65536	65536
用户界面	每个 vSphere Client 已连接的 USB 设备	20	20	20
并行操作	每个主机的 vMotion 操作（1Gbps 网络）	4	4	4
	每个主机的 vMotion 操作（10Gbps 网络）	8	8	8
	每个数据存储的 vMotion 操作	128	128	128
	每个主机的 Storage vMotion 操作	2	2	2
	每个数据存储的 Storage vMotion 操作	8	8	8
vCenter Server Appliance	主机（具有嵌入式 vPostgres 数据库）	1000	1000	
	虚拟机（具有嵌入式 vPostgres 数据库）	15000	3000	
	主机（具有 Oracle 数据库）	1000	1000	
	虚拟机（具有 Oracle 数据库）	15000	10000	

A.4　vCenter Server 扩展

与 vCenter Server 扩展相关的最高配置包括 VMware vCenter Update Manager、VMware vCenter Orchestrator 及存储 DRS，下面分别介绍。

表 A-8　　vCenter Update Manager 最高配置

项　目	内　容	6.0	5.5	5.1
并行操作	每个 ESXi 主机的 VMware Tools 扫描	90	90	90
	每个 ESXi 主机的 VMware Tools 升级	24	24	24

续表

项　目	内　容	6.0	5.5	5.1
并行操作	每个主机的虚拟机硬件扫描	90	90	90
	每个主机的虚拟机硬件升级	24	24	24
	每个 VUM 服务器的 VMware Tools 扫描	90	90	90
	每个 VUM 服务器的 VMware Tools 升级	75	75	75
	每个 VUM 服务器的虚拟机硬件扫描	90	90	90
	每个 VUM 服务器的虚拟机硬件升级	75	75	75
	每个 VUM 服务器的 ESXi 主机扫描	75	75	75
	每个 VUM 服务器的 ESXi 主机修复	71	71	71
	每个 VUM 服务器的 ESXi 主机升级	71	71	71
	每个群集的 ESXi 主机升级		1	1
	Cisco VDS 更新和部署	70	70	70

表 A-9　vCenter Orchestrator 最高配置

项　目	6.0	5.5	5.1
已连接的 vCenter Server 系统	20	20	20
已连接的 ESXi 实例	1280	1280	1280
已连接的虚拟机	35000*	35000*	35000*
正在运行的并行工作流程	300	300	300

【说明】 *每个 vCenter Orchestrator 群集节点 15000 台。

表 A-10　存储 DRS

项　目	6.0	5.5	5.1
每个数据存储群集的虚拟磁盘	9000	9000	9000
每个数据存储群集的数据存储	64	32	32
每个 vCenter 的数据存储群集	256	256	256

表 A-11　vCloud Director 最高配置

项　目	最高（5.5）	最高（5.1）
已注册的虚拟机	50000	30000
已打开电源的虚拟机	30000	10000
组织	10000	10000
每个 vApp 的虚拟机	128	128
每个组织的 vApp	5000	3000
网络数	10000	10000
主机	3000	2000
vCenter Server	20	25
虚拟数据中心	10000	10000
数据存储	1024	1024

续表

项　目	最高（5.5）	最高（5.1）
目录	10000	10000
介质	1000	1000
用户	25000	10000

表 A-12　VMware vSphere 闪存读取缓存

项　目	6.0	5.5
每台主机的虚拟闪存资源	1	1
每个虚拟机磁盘的最大缓存	400GB	400GB
每个主机配置的累计缓存（对于所有虚拟磁盘）	2TB	2TB
虚拟磁盘大小	16TB	16TB
虚拟主机交换缓存大小	4TB	4TB
每种虚拟闪存资源的闪存设备数	8	8

A.5　VMware Virtual SAN

VMware Virtual SAN 最高配置表示适用于 Virtual SAN ESXi 主机、Virtual SAN 群集、Virtual SAN 虚拟机、Virtual SAN 虚拟机存储策略和虚拟网络的限制。

【说明】 在 vSphere 5.5 U1 中集成的是 VSAN 1.0 版本，在 vSphere 6.0 中集成的 VSAN 是 2.0 版本的。

表 A-13　Virtual SAN 最高配置

项　目	内　容	2.0（最大值）
Virtual SAN ESXi 主机	每个主机的 Virtual SAN 磁盘组数量	5
	每个磁盘组的磁盘数量	7
	每个磁盘组的 SSD 磁盘数量	1
	每个主机的所有磁盘组中的旋转磁盘数量	35
	每个 Virtual SAN 主机的组件数量	9000
	每个主机的缓存层最大设备数（SSD 磁盘）	5
	每个磁盘组的容量层最大设备数（SATA 或 SAS 磁盘）	7
	容量层最大设备数	35
Virtual SAN 群集	单个群集中 Virtual SAN 主机数	64
	每个群集的数据存储数量	1
Virtual SAN 虚拟机	每个主机的虚拟机	200
	每个群集的虚拟机	6400
	虚拟机虚拟磁盘大小	62 TB
	每个对象的磁盘带数	12
	闪存读取缓存预留百分比	100

续表

项 目	内 容	2.0（最大值）
Virtual SAN 虚拟机	允许的故障数	3（虚拟机虚拟磁盘大小≤16TB） 1（虚拟机虚拟磁盘大小＞16TB）
	对象空间预留百分比	100
	Virtual SAN 网络数量/物理网络结构数量	2

A.6 虚拟卷

确保在定义的最高配置内配置虚拟卷大小，虚拟卷最高配置如表 A-14 所示。

表 A-14 虚拟卷最高配置

项 目	最 大 值
数据虚拟卷大小	62TB
绑定到主机的虚拟卷数	64000
每个主机的 PE 数	256
存储容器大小	2^64
每个主机的存储容器	256
最大未完成 PE I/O 操作数	128
未完成 PE I/O 操作数配置为最多	4096 个
每个主机的已配置 VP 数	128
每个主机的最大已配置 VVol 管理存储阵列数	64

A.7 Network I/O Control (NIOC)

确保在定义的最高配置内配置 VMware vSphere Network I/O Control，最高配置如表 A-15 所示。

表 A-15 NIOC 最高配置

项 目	最 大 值
资源池数	10000
每个 vDS 的上行链路数	32
每个主机的上行链路数	32
每个主机的 vNIC 数	5120
最大 pNIC 带宽	约 10 千兆位/秒（10G pNIC）
	约 1 千兆位/秒（1G pNIC）

A.8 Platform Services Controller

Platform Services Controller 最高配置表示对域或复制、标识源、增强型链接模式或 Lookup Service 以及 VMware 证书颁发机（VMCA）的限制。

表 A-16 Platform Services Controller（6.0）最高配置

项 目	内 容	最 大 值
域/复制	每个 vSphere 域的最大 PSC 数	8
	每个站点的最大 PSC 数（位于负载平衡器后面）	4
	单个 vSphere 域中的最大对象数（用户和组）	1000000
	PSC 节点之间时间偏移量的最大公差	5 分钟
标识源	每个用户的最大 Active Directory 或 OpenLDAP 组数（为了获得最佳性能）	1015
增强型链接模式/Lookup Service	连接到单个 PSC 的最大 Vmware 解决方案数	4（此限制基于仅使用 vCenter Server 所执行的测试）
	单个 vSphere 域中最大 VMware 解决方案数	10
VMCA/证书	VMware 证书颁发机构内链中最大辅助证书颁发机构服务器数	6
	用于 PSC 节点证书的最大加密哈希值	1
	用于 PSC 节点证书的最大 RSA 公用密钥长度	16384

附录 B　从 vSphere 5.5 升级到 6.0

无论是操作系统，还是应用软件，版本都是一直在更新的，新的系统及软件会提供较多的功能，有的也会舍弃一些过时的内容，以适应当前的形式。所以，在我们当前的环境中，就存在一个名词“升级”，这既包括硬件（例如服务器、存储、交换机、网络）的更新换代，也包括软件（操作系统、应用程序）的升级。

对于硬件的升级，在采用 vSphere 虚拟化之后，虚拟化主机及存储的更新相对就变得较为简单。在当前的 vSphere 数据中心中，添加新的存储与主机，使用 VMotion，将正在运行的虚拟机，从旧的、性能较为低下的存储，迁移到新添加的存储之中，或者使用 VMotion，将正在运行的虚拟机，从准备淘汰的 ESXi 主机，迁移到新添加的 ESXi 主机中。迁移完成之后，从现有 vSphere 数据中心中，移除不再使用的存储与主机，即完成服务器硬件及存储的升级换代。

而相对于软件的升级，则包括虚拟化主机 ESXi 及虚拟化管理中心 vCenter Server 升级。本节通过一个具体的案例介绍 vSphere 的升级。

B.1　某小型 vSphere 数据中心概述

某小型数据中心，由 3 台 IBM 3650 M4、1 台 IBM 3700 存储组成，三台服务器安装了 VMware ESXi 5.5，由 vCenter Server 5.5 管理。这个数据中心部署了 VMware View 6.0 虚拟桌面、VMware vCenter Operations Manager 5.8.1。整个拓扑如图 B-1 所示。

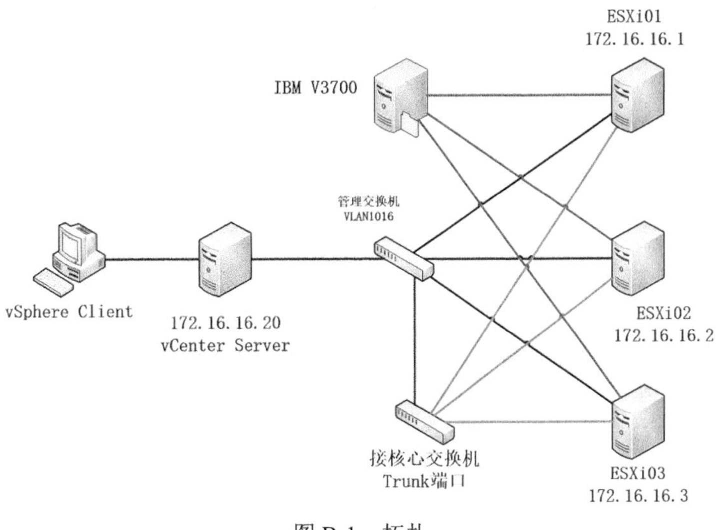

图 B-1　拓扑

升级的主要流程：

（1）备份 vCenter Server。使用 VDP 备份重要的虚拟机。

（2）升级 vCenter Server 5.5 到 vCenter Server 6.0。

（3）在保证业务不中断的前提下，依次升级每台主机。假设先升级 A，之后升级 B 和 C。在升级 A 时，将 A 置于“维护模式”，热迁移 A 上的主机到 B、C，之后升级 A。升级 A 成功（完成）后，将 A 取消维护模式。之后升级 B，最后升级 C。

下面我们将详细介绍每一步。

B.2　备份 vCenter Server 及检查当前主机

在升级之前，主要做的工作是备份重要的虚拟机，以及修改必要的配置。

（1）请备份重要的虚拟机，如果有 VDP，则提前一天使用 VDP 备份所有重要的虚拟机。对于 vCenter Server 5.5 本身来说，可以使用 vSphere Client 或 vSphere Web Client，使用自带的工具，将 vCenter Server 5.5 本身的虚拟机克隆出一个新的副本，如图 B-2 所示，图中名为“vCenter_5.5(bak)-16.20”的是从“vCenter-16.20”的克隆，原来 vCenter Server 安装在名为“vCenter-16.20”的虚拟机中。我们克隆一份完整的副本，是要避免由于升级失败造成 vCenter Server 不能启动，而导致的影响，实际上，从 vCenter Server 5.5 升级到 6.0 是比较安全、可靠的，但为了避免出现问题，还是备份一下比较好。

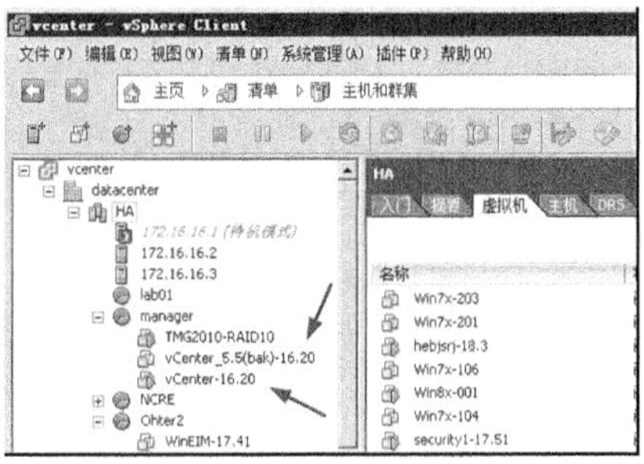

图 B-2　使用虚拟机“克隆”备份 vCenter Server 虚拟机

（2）如果当前是“群集”的环境，群集中有处于待机或休眠的 ESXi 主机，请打开主机电源（见图 B-3），并修改群集配置（见图 B-4），暂时禁用“电源管理”功能，如图 B-5 所示。

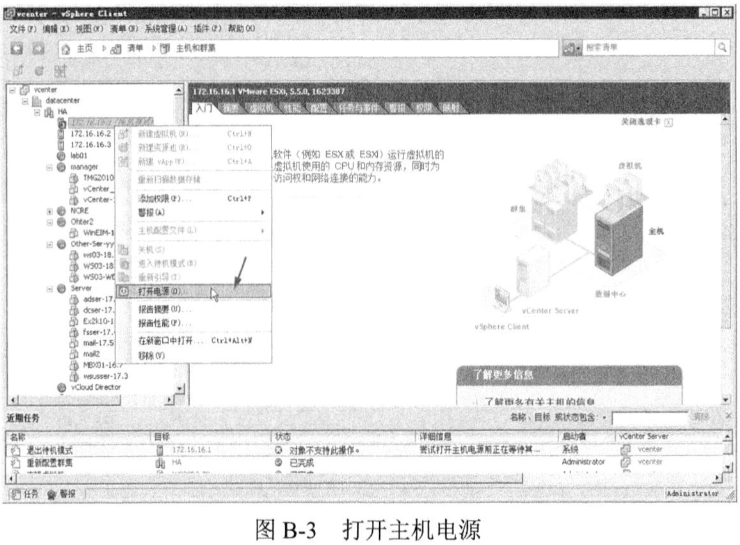

图 B-3　打开主机电源

图 B-4　编辑 HA 设置

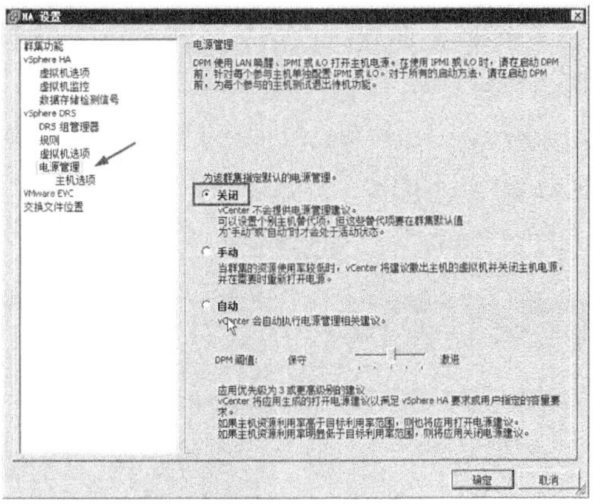

图 B-5　电源管理

B.3　升级 vCenter Server 5.5 到 6.0

在升级 vCenter Server 5.5 之前，要检查你的 vCenter Server 5.5 的虚拟机至少有 8GB 内存、2 个处理器，如图 B-6 所示。如果你的 vCenter Server 所在的虚拟机不符合要求，请修改虚拟机的配置，使其满足需求。

在条件符合之后，加载 vCenter Server 6.0 的安装光盘（镜像），运行 vCenter Server 6.0 的安装程序，开始升级，步骤如下。

【注意】 请将 vCenter Server 的安装镜像上传到 ESXi 的存储中，并使用虚拟光驱加载，不要使用 vSphere Client 或 vSphere Web Client 的 vCenter Server 安装镜像，否则在升级 vCenter Server 的过程中，由于 vCenter Server 服务停止，会导致加载的镜像失去链接，从而导致 vCenter Server 虚拟机找不到安装镜像，会导致升级失败。

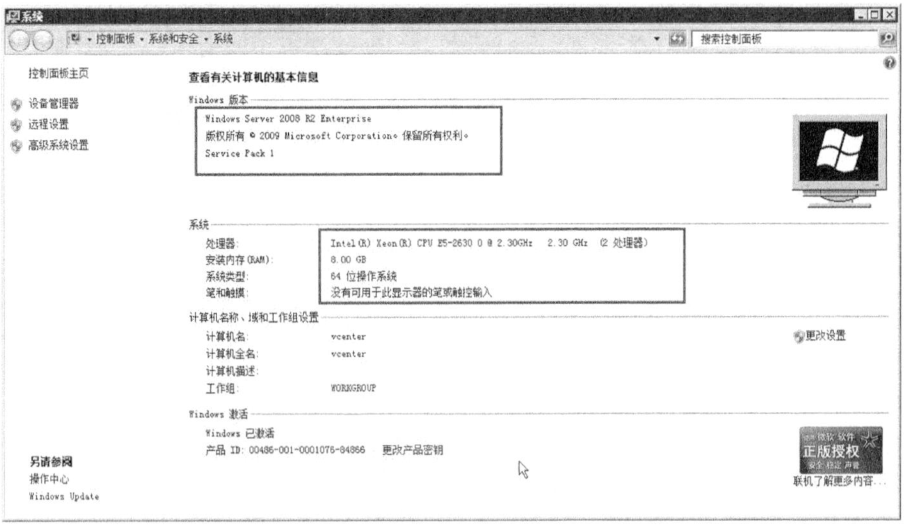

图 B-6　检查 vCenter Server 配置

（1）在 vCenter Server 6.0 安装界面选择“适合于 Windows 的 vCenter Server”，单击“安装”按钮，如图 B-7 所示。

（2）在“欢迎使用 VMware vCenter Server 6.0.0 安装程序”对话框，安装程序提示“此计算机上检测到 vCenter Single Sign-On 5.5 和 vCenter Server 5.5，并将升级到具有嵌入式 Platform Services Controller 的 vCenter Server 6.0.0”，单击“下一步”按钮，如图 B-8 所示。

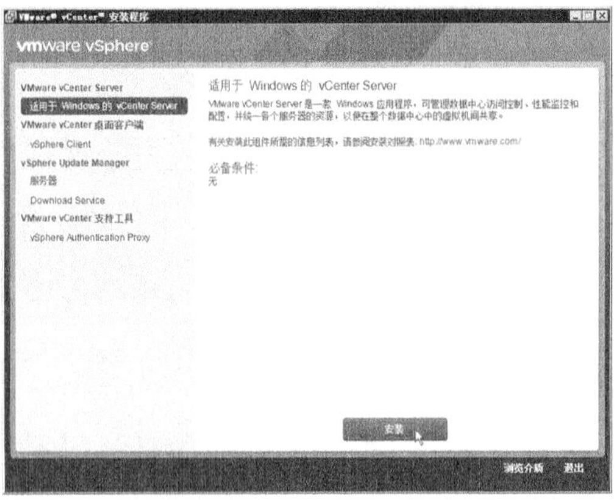

图 B-7　安装 vCenter Server

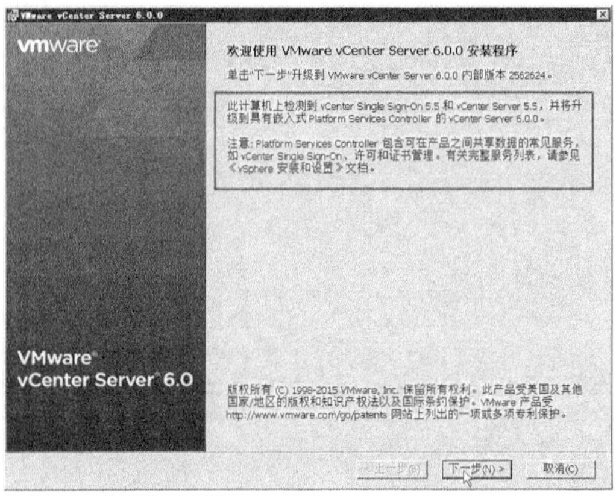

图 B-8　升级向导

（3）在“最终用户许可协议”对话框，单击“我接受许可协议条款”，单击“下一步”按钮，如图 B-9 所示。

（4）在“vCenter Single Sign-On 和 vCenter Serve 凭据”对话框，输入 vCenter Single Sign-On（SSO）的管理员密码，并选中“为 vCenter Server 使用相同的凭据”，如图 B-10 所示。如果 vCenter Server 与 SSO 具有不同的凭据，请分别输入。

（5）如果原来的 vCenter Server 使用的是“Microsoft SQL Express”数据库，则该数据库会迁移到 VMware vPostgres，如图 B-11 所示。

（6）“配置端口”对话框显示了 vCenter Server 相关服务的端口，如图 B-12 所示。

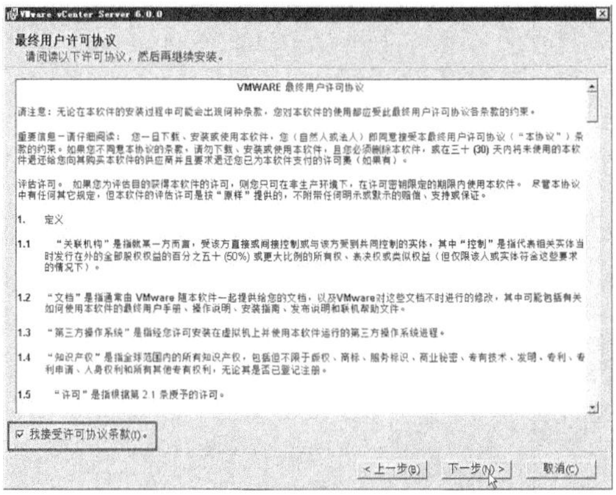

图 B-9　接受许可协议

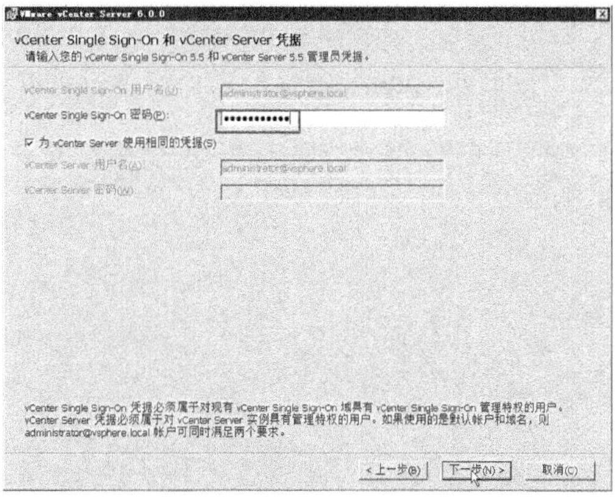

图 B-10　SSO 与 vCenter Server 凭据

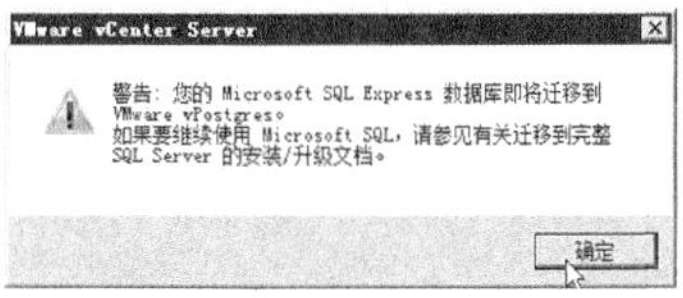

图 B-11　数据库迁移

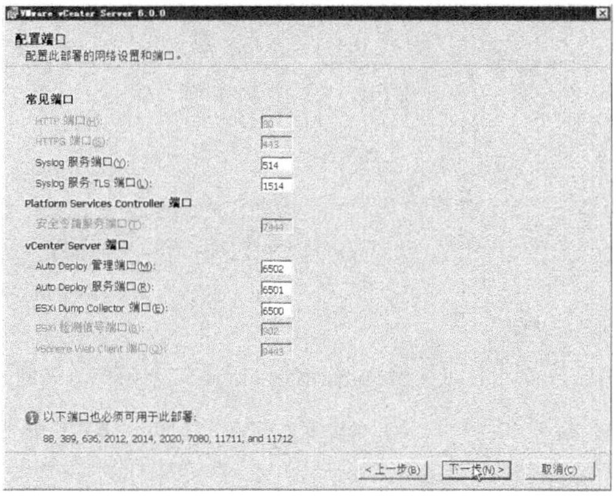

图 B-12　vCenter Server 6 相关端口

（7）在“目标目录”对话框选择当前 vCenter Server 6 部署的存储位置，如图 B-13 所示。在此对话框显示了将原来 5.x 数据库导出的位置。

（8）在“准备升级”对话框单击“我确认已备份此 vCenter Server 计算机和嵌入式 Microsoft SQL Server Express 数据库”，单击“升级”按钮，如图 B-14 所示。在此页中还提示，在将 vCenter Server 5.5 升级到 6.0 后，当前 vCenter Server 许可将处于“评估模式”。

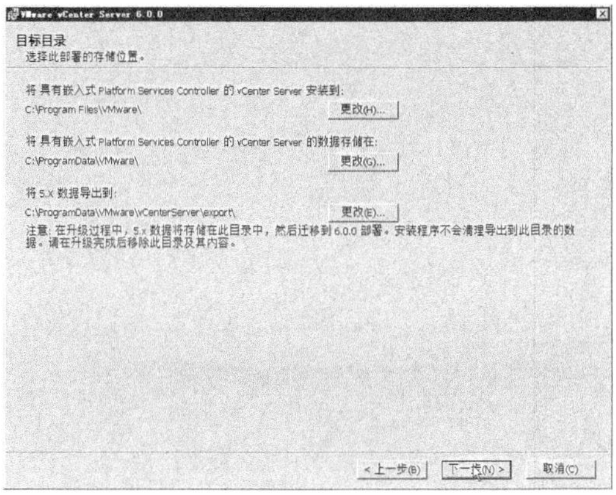

图 B-13　目标目录

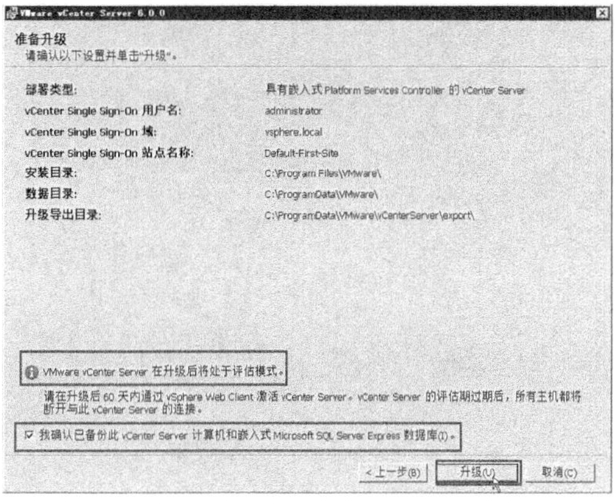

图 B-14　升级

（9）之后将开始升级 vCenter Server 5.5，并显示安装进度，如图 B-15 所示。

（10）经过一段时间，vCenter Server 5.5 升级到 6.0 完成，此时在“安装完成”对话框会提示“您的 vCenter Server 5.5 已升级到版本 6.0.0”，如图 B-16 所示。

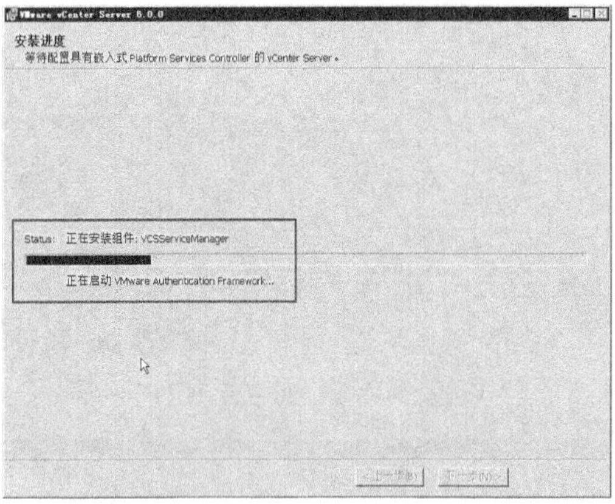

图 B-15　安装进度

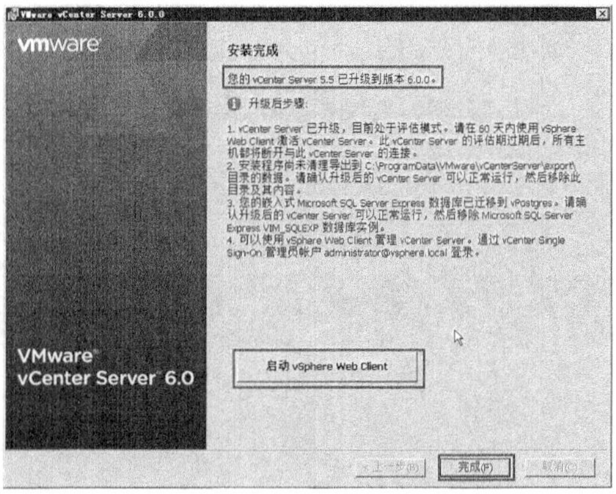

图 B-16　安装完成

B.4　升级 vSphere Client

在升级 vCenter Server 之后，对应的 vSphere Client 也要升级。升级 vSphere Client 很简单，你可以运行 vCenter Server 6.0 安装光盘中的 vSphere Client 安装程序，也可以使用原来的版本连接 vCenter Server，会自动提示升级。

（1）使用 vSphere Client 连接 vCenter Server，如图 B-17 所示。

（2）如果当前 vSphere Client 与所连接的 vCenter Server 版本不一致，就会弹出“正在更新”的对话框，单击“运行安装程序”（见图 B-18），会自动从 vCenter Server 下载对应的 vSphere Client 安装程序，如图 B-19 所示。

（3）更新下载完成之后，单击“确定”按钮，如图 B-20 所示。

（4）之后进入 vSphere Client 6.0 的安装程序，选择安装语言，单击“确定”按钮，如图 B-21 所示。

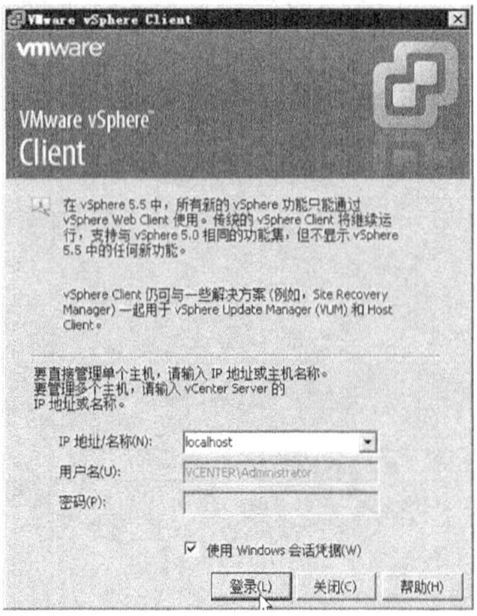

图 B-17　连接 vCenter Server

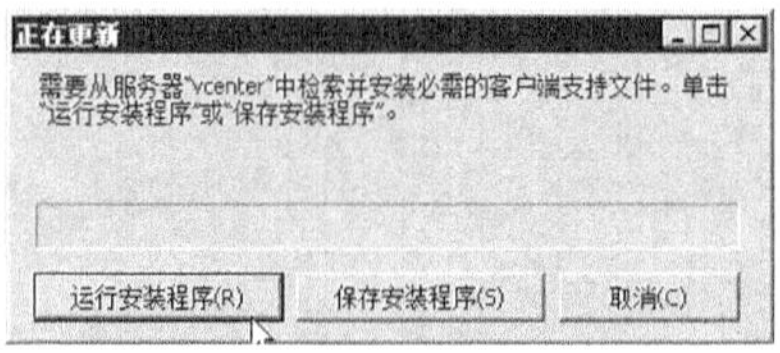

图 B-18　运行安装程序

（5）进入 vSphere Client 6.0 的安装程序，如图 B-22 所示。

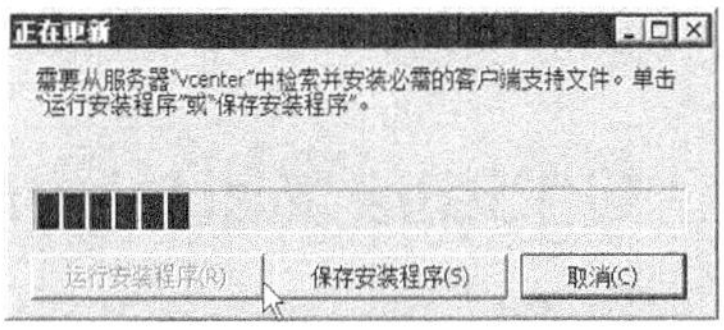

图 B-19　自动下载对应的客户端程序

图 B-20　更新下载完成

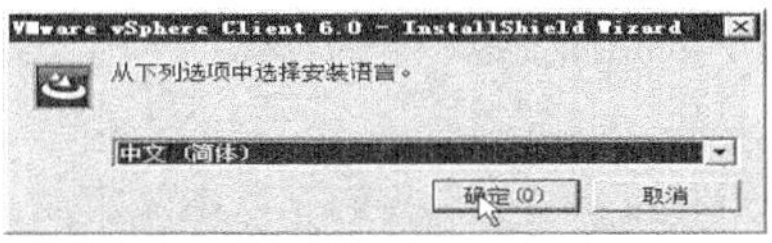

图 B-21　选择安装语言

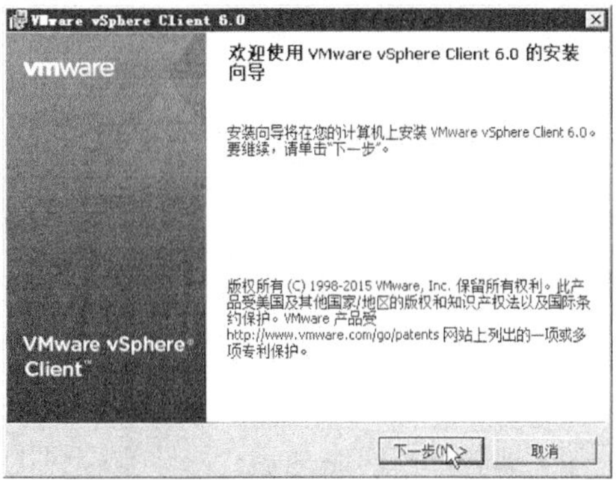

图 B-22　vSphere Client 安装向导

【说明】 *vSphere Client 的不同版本可以"共存"，所以在安装高版本或低版本 vSphere Client 的时候，不会卸载原来的 vSphere Client 版本。在安装之后，在同一个 vSphere Client 中，就可以管理不同的 vCenter Server 或 ESXi。*

（6）之后根据向导安装 vSphere Client，直到安装完成，如图 B-23 所示。

（7）再次登录 vCenter Server，会弹出"您的评估许可证将会在 X 天后过期"，如图 B-24 所示。

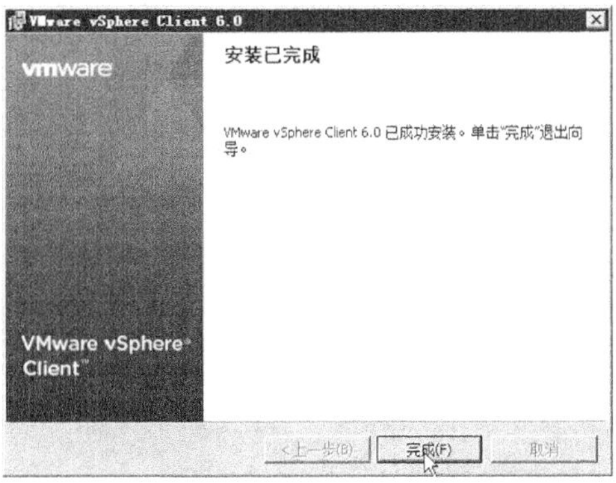

图 B-23　安装 vSphere Client 完成

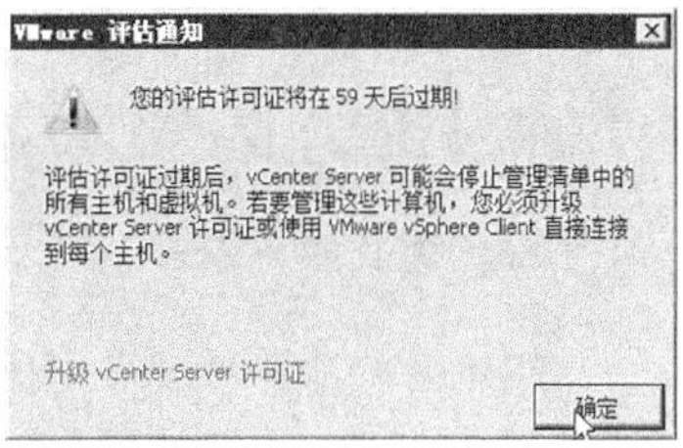

图 B-24　VMware 评估通知

之后进入 vCenter Server 管理界面，为 vCenter Server 6 添加许可。

如果管理的端与 vCenter Server 不在同一个网段，在使用 vSphere Web Client 时，请使用 vCenter Server 计算机的名称来登录，如果该名称不能解析，你需要修改本地 hosts 文件，将 vCenter Server 的名称解析成 vCenter Server 的 IP 地址，否则不能以 vSphere Web Client 登录 vCenter Server。

【说明】 *如果你使用 vSphere Web Client 管理 vCenter Server，在升级到 vCenter Server 6.0 之*

后，请将客户端（管理 vCenter Server 或 ESXi 的 vSphere Web Client）所用的浏览器版本升级到 IE 10 或更高版本。使用低版本的 IE 浏览器将不能使用 vSphere Web Client 6。

B.5　安装 vCenter Server Update Manager

在升级 vCenter Server 5.5 到 6.0 之后，接下来需要升级 VMware ESXi 主机到 6.0。升级的办法有两种，一种是用 vCenter Server 6 中的 Update Manager 来升级，另一种是使用 VMware ESXi 6.0 的安装镜像，通过安装镜像升级 ESXi 5.5。在本文中，我们使用前者来升级。

可以将 vCenter Server Update Manager，安装在 vCenter Server 的虚拟机中，但我们推荐为 vCenter Server Update 服务器专门创建一个虚拟机，为此虚拟机分配 2 个 CPU、2GB 内存、300GB 硬盘空间，为这个服务器规划 IP 地址为 172.16.16.21。

（1）使用 vSphere Client 登录 vCenter Server，从 Windows Server 2008 R2 或 Windows Server 2012 R2 模板虚拟机部署一个新的虚拟机，在此示例中，该虚拟机的名称为 vc-Update_16.21，如图 B-25 所示。

（2）部署虚拟机完成后，修改虚拟机的设置，为其配置 2 个 CPU、2GB 内存，如图 B-26 所示。

图 B-25　从模板部署虚拟机

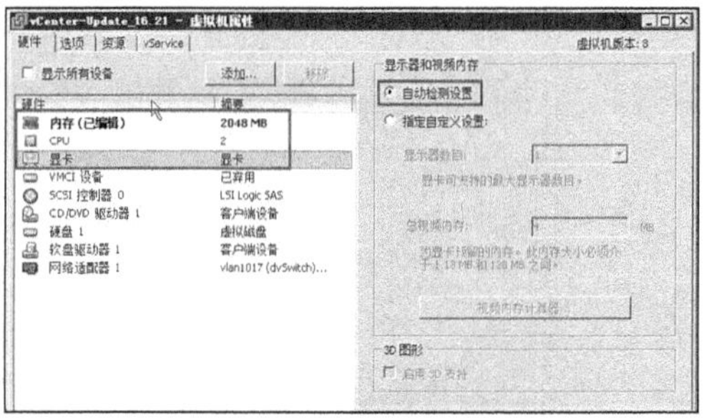

图 B-26　修改虚拟机配置

（3）如果要在虚拟机运行的过程中，为其添加 CPU 及扩充内存，在“选项→高级→内存/CPU 热插拔”选项，启用内存热添加及 CPU 热添加功能，如图 B-27 所示。

（4）之后打开该虚拟机的电源，并打开虚拟机的控制台。

【说明】 vSphere Update Manager 需要至少 120GB 的空间，如果你的虚拟机的硬盘空间比较少，可以修改虚拟机的设置，为虚拟硬盘扩充空间。在本示例中，原来虚拟机的硬盘是 60GB，我们扩充为 300GB。在进入虚拟机之后，打开“服务器管理器→存储→磁盘管理”，将空余的空间创建分区并分配盘符为 D，如图 B-28 所示。

之后加载 vCenter Server 6.0 的安装程序，开始 Update Manager 的安装，主要步骤如下。

（1）运行 VMware vCenter Server 安装程序，选择“vSphere Update Manager”，单击并选

中“使用 Microsoft SQL Server 2012 Express 作为嵌入式数据库”，单击“安装”按钮，如图 B-29 所示。

（2）进入 Update Manager 安装程序，在开始安装前可以选择安装语言，如图 B-30 所示。

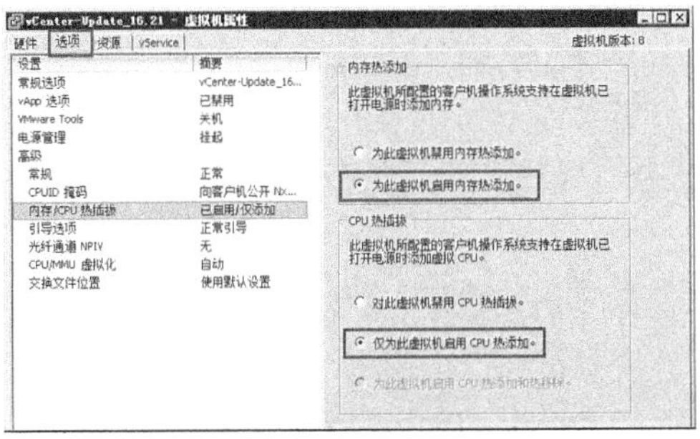

图 B-27 内存与 CPU 热添加

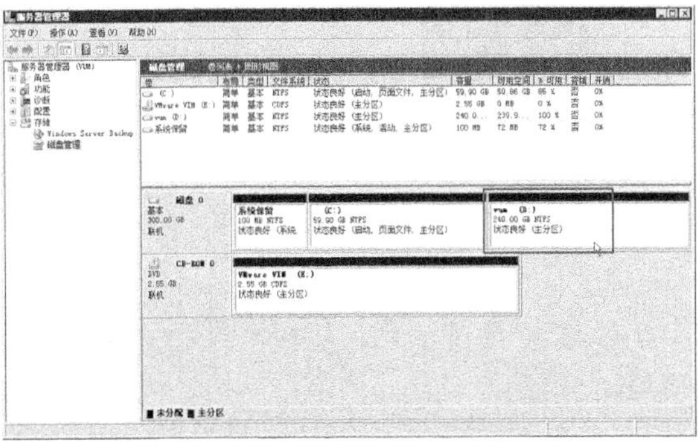

图 B-28 添加一个新的分区

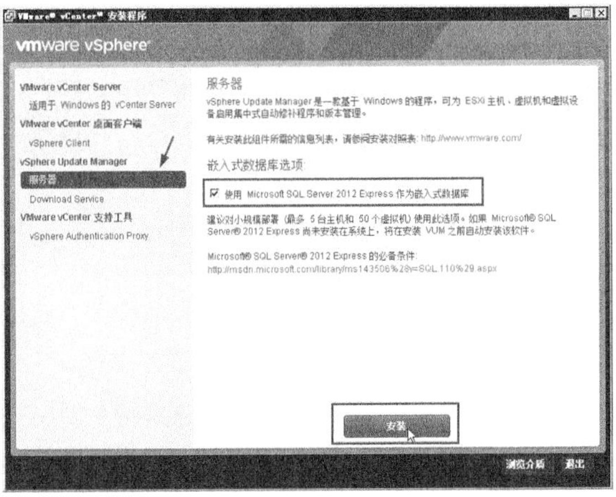

图 B-29 安装 Update Manager

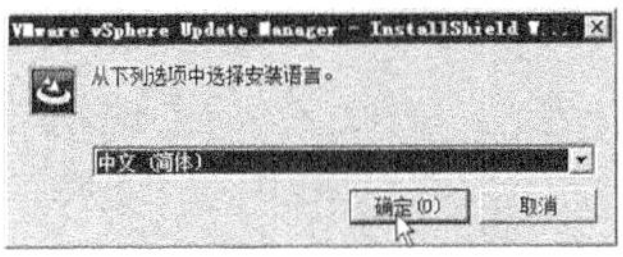

图 B-30 选择安装语言

（3）之后开始 Update Manager 安装程序，如图 B-31 所示。

（4）在安装之前，安装程序会检测当前的系统环境。安装程序要求 Microsoft .NET Framework 3.5 SP1，如果没有，开始安装之前先安装此软件，如图 B-32 所示。

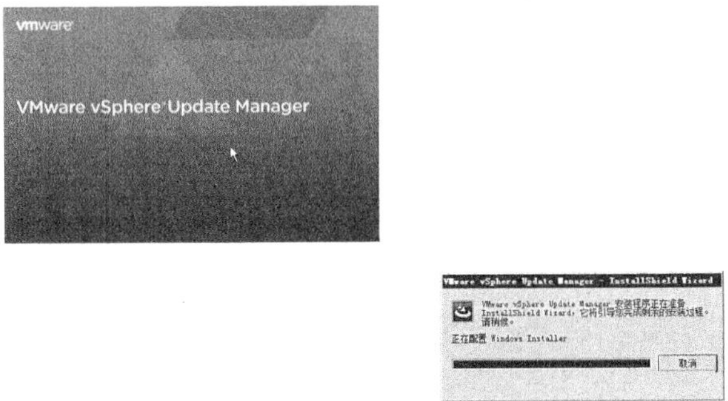

图 B-31 开始运行安装程序

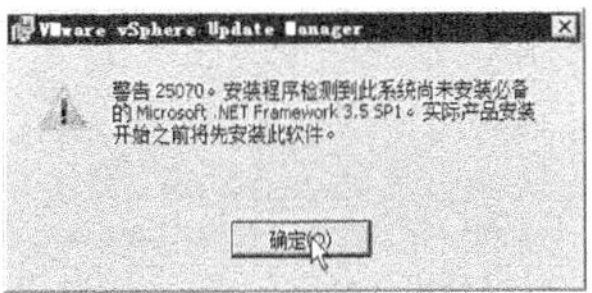

图 B-32 检测.NET 框架

（5）在安装.NET 3.5 之后，进入安装向导，如图 B-33 所示。

（6）在“许可协议”对话框接受许可协议，如图 B-34 所示。

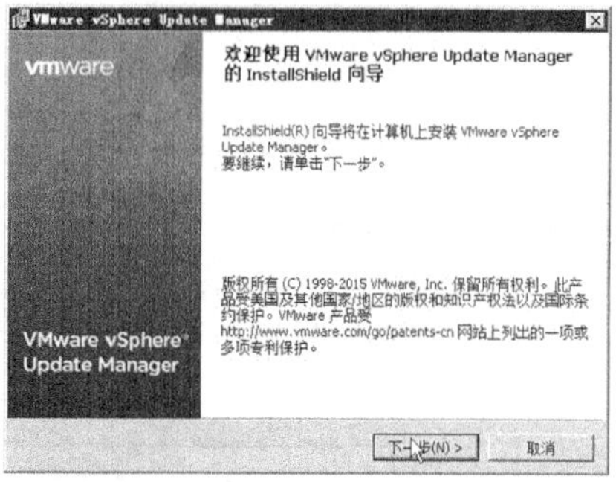

图 B-33　安装向导

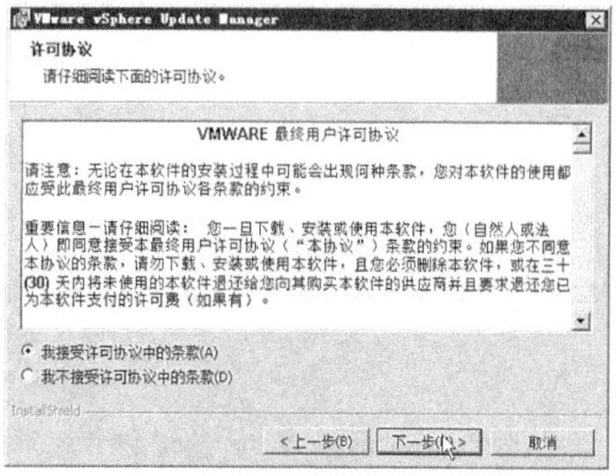

图 B-34　接受许可协议

（7）在“支持信息”对话框显示了 Update Manager 会将 ESXi 5.X 主机升级到 ESXi 6.0，如图 B-35 所示。

（8）在“vCenter Server 信息”对话框，输入 vCenter Server 的 IP 地址、管理用户名及密码，如图 B-36 所示。在本示例中，vCenter Server 安装在 IP 地址为 172.16.16.20 的计算机上，而当前计算机（安装 Update Manager 的虚拟机）的 IP 地址是 172.16.16.21。

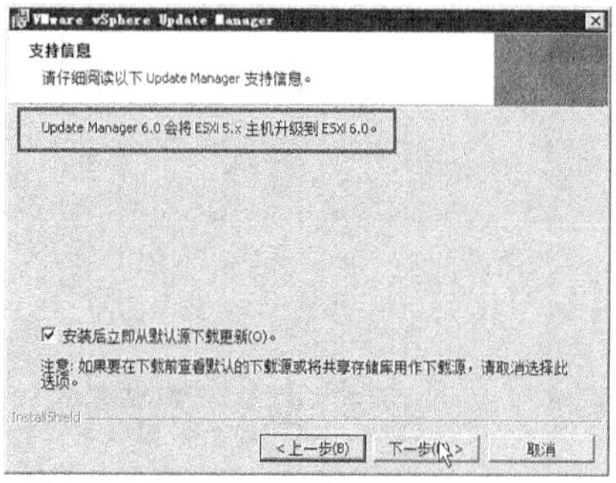

图 B-35　支持信息

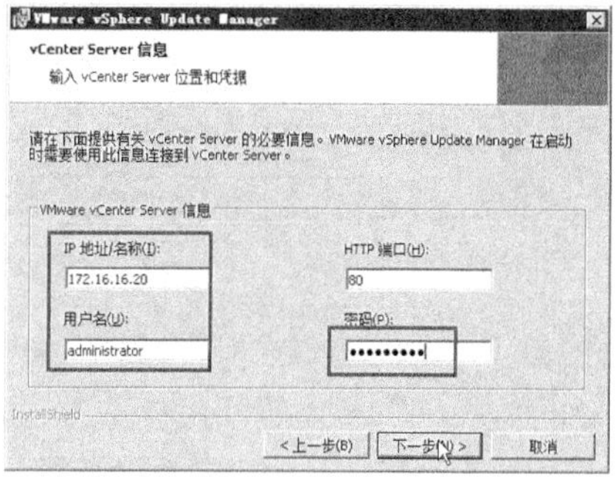

图 B-36　输入 vCenter Server 位置和凭据

（9）在“VMware vSphere Update Manager 端口设置”指定 Update Manager 的 IP 地址（安装程序自动从当前系统读取）和各个服务端口，基本在此页选择默认值即可，如图 B-37 所示。

（10）在“目标文件夹”对话框中，选择 VMware Update Manager 的安装位置，以及配置修补程序下载位置，在此将补丁程序位置改为 D 盘，其他保持默认，如图 B-38 所示。

图 B-37　端口设置

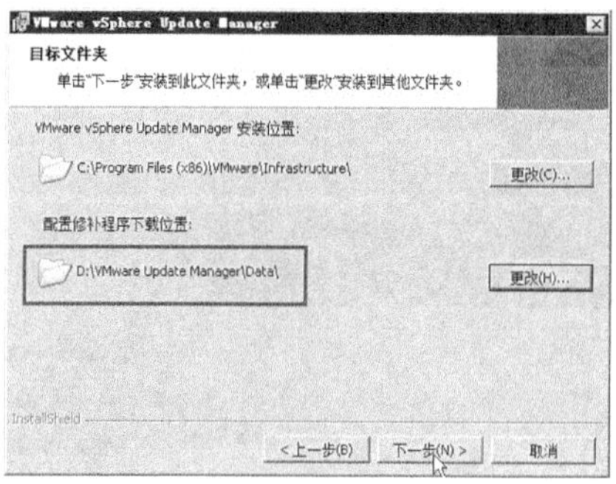

图 B-38　目标文件夹

（11）在“已做好安装程序的准备”对话框单击“安装”按钮，如图 B-39 所示，开始安装。

（12）之后开始安装，直到安装完成，如图 B-40 所示。

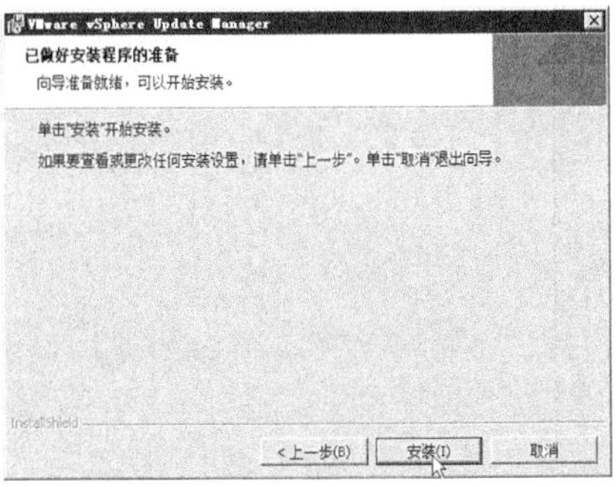

图 B-39　安装

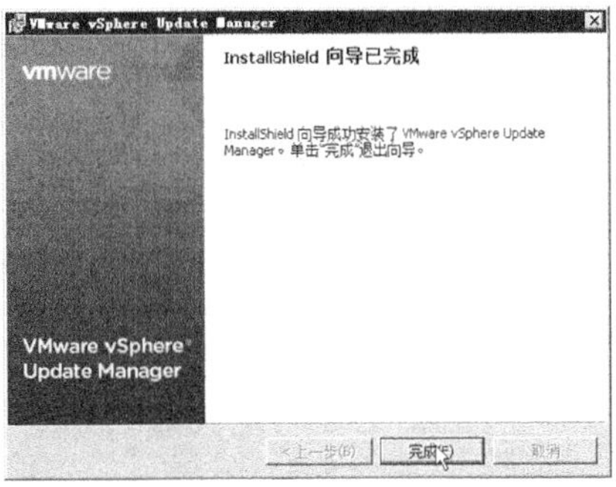

图 B-40　安装完成

B.6　启用 Update Manager 插件

vSphere Update Manager 安装之后，需要在 vSphere Client 中加载 Update 管理客户端插件才能使用，步骤如下。

（1）使用 vSphere Client 登录 vCenter Server，在“插件”菜单中选择“管理插件”，如图 B-41 所示。

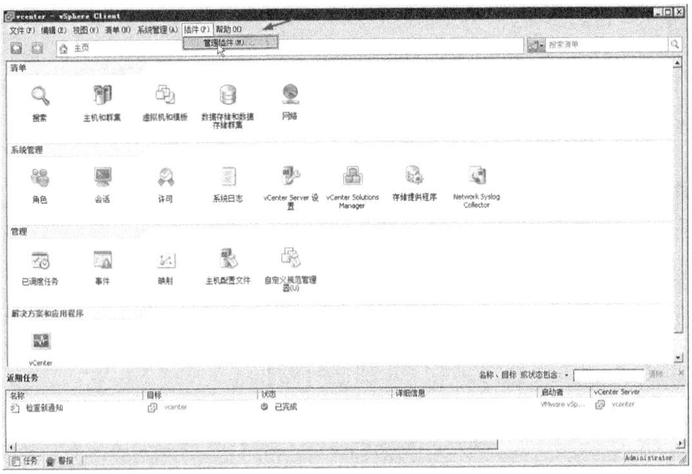

图 B-41　管理插件

（2）在“插件管理器”的“可用插件”的“VMware vSphere Update Manager 扩展”选项中，单击“下载并安装”链接，如图 B-42 所示。

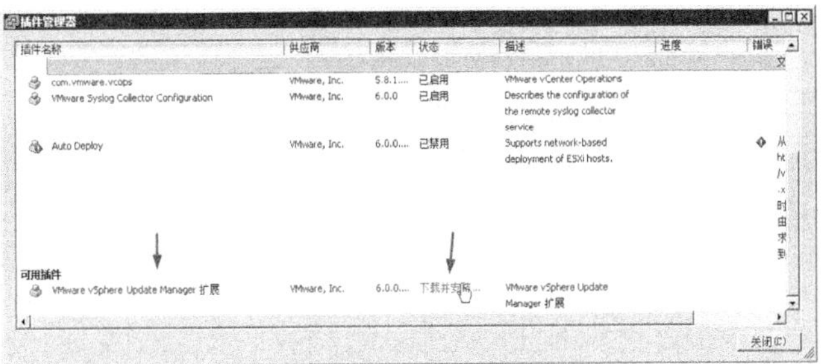

图 B-42　下载并安装插件

（3）之后进入 vSphere Update Management Client 安装程序，如图 B-43 所示。

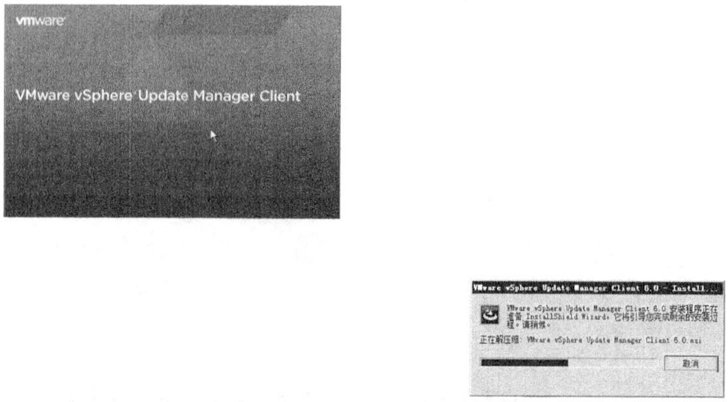

图 B-43　Update 管理客户端插件

（4）进入 VMware vSphere Update Manager Client 安装向导，如图 B-44 所示。
（5）之后根据向导安装，直到安装完成，如图 B-45 所示。

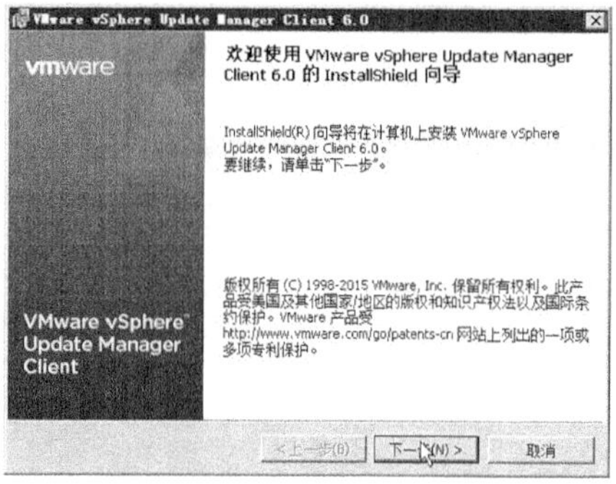

图 B-44　安装向导

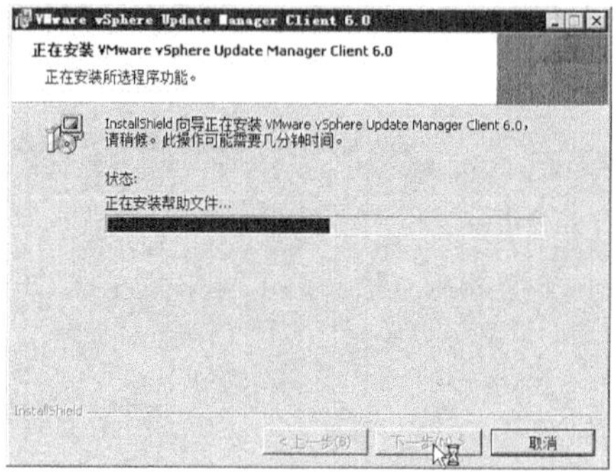

图 B-45　开始安装

安装完成后，关闭 vSphere Client，并再次进入，在“主页→解决方案和应用程序”中，可以看到“Update Manager”已经出现，如图 B-46 所示。

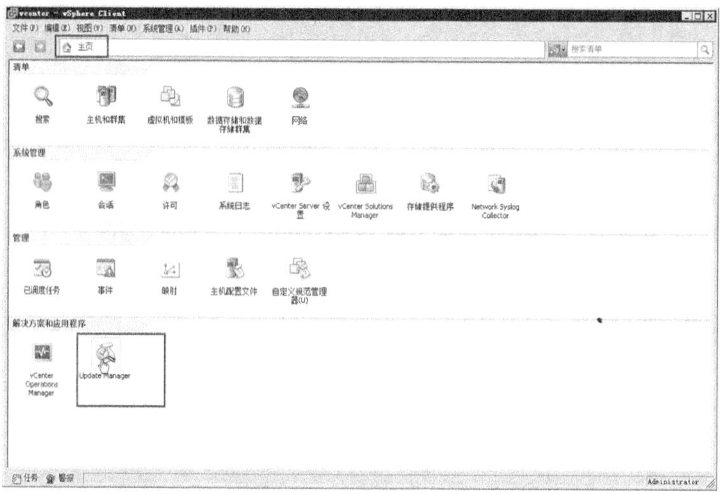

图 B-46　Update Manager

B.7　使用 Update 升级 ESXi 主机

当前网络中有三台 ESXi 主机需要升级，在升级的过程中，为了避免业务中断，在升级前，需要将要升级的主机置于“维护模式”，这样处于维护模式的主机中的虚拟机，会迁移到其他主机继续运行，在迁移的过程中，正在运行的虚拟机不会受到影响，这样保证了业务的连续性。并且在升级的时候，不是三台主机一起升级，而是一台一台依次升级。总体的升级流程如下（以网络中有 A、B、C 三台主机为例）。

（1）修改 vSphere HA 的设置，取消 DPM 功能。如果有处于待机状态的主机，请打开主机电源。

（2）将其中一台主机置于“维护模式”，例如 A 主机，在 A 处于维护模式前，会将 A 上正在运行的虚拟机自动迁移到 B、C 主机。

（3）使用 Update Manager Client 导入 VMware ESXi 6.0 安装镜像，升级 A 主机。

（4）A 主机完成升级之后，将 A 主机退出维护模式。

（5）升级 B 主机，将 B 主机重复步骤（2）～（4）的操作。

（6）B 主机完成升级之后，升级 C 主机，将 C 主机重复步骤（2）～（4）的操作。

在下面的过程中，我们以升级 B 主机为例，其他主机升级与此类似。

（1）使用 vSphere Client 登录 vCenter Server，右击“群集名称”，选择“编辑设置”，如图 B-47 所示。

（2）在“vSphere DRS→电源管理”中选择“关闭”，如图 B-48 所示，关闭 DPM 功能。

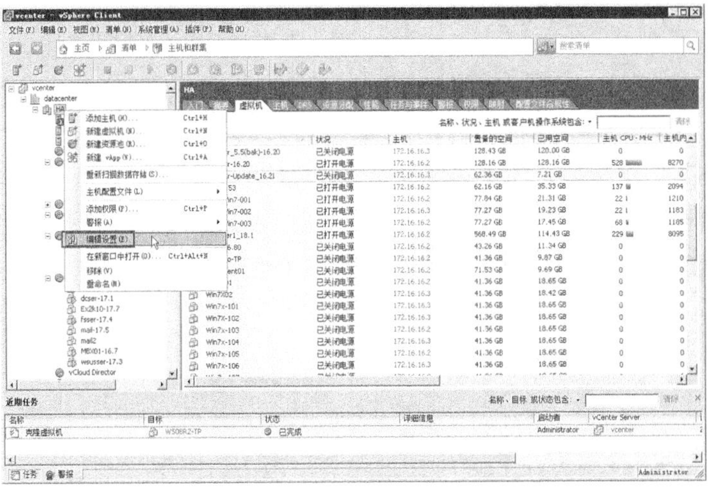

图 B-47　群集设置

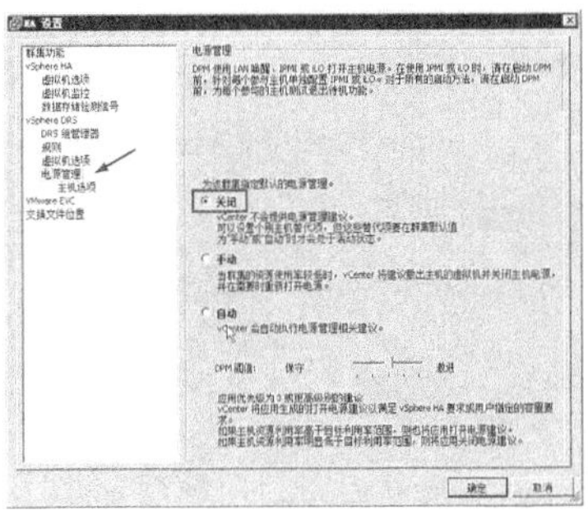

图 B-48　关闭 DPM 功能

（3）如果有处于“待机模式”的主机，请右击该主机，打开该主机的电源，如图 B-49 所示。

（4）右击要升级的主机，选择“进入维护模式”，如图 B-50 所示。

（5）在“确认维护模式”对话框，选择“将关闭电源和挂起的虚拟机移动到群集中的其他主机上”，如图 B-51 所示。

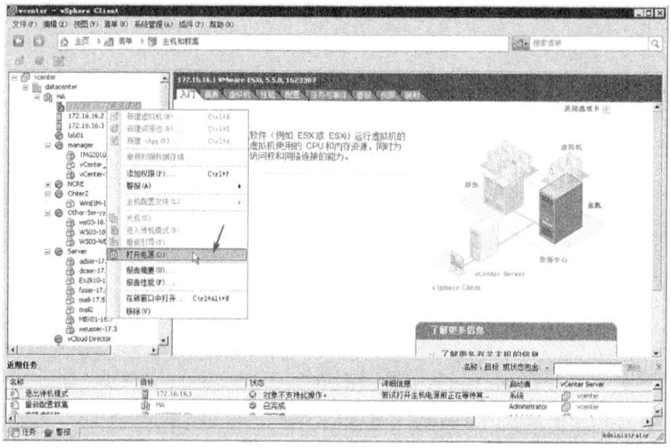

图 B-49　打开待机状态的主机

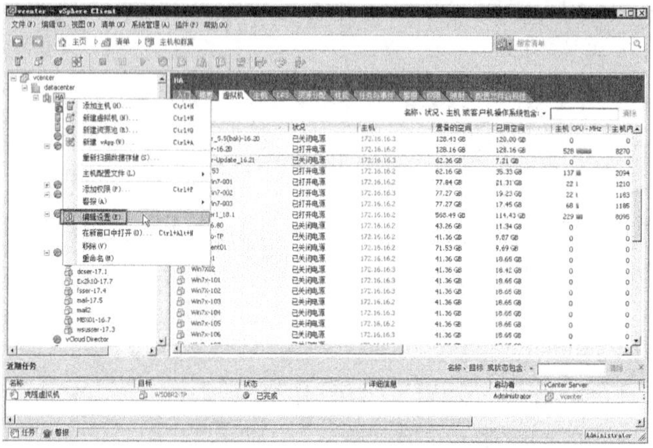

图 B-50　进入维护模式

图 B-51　确认维护模式

【说明】只有虚拟机保存在共享存储时才选择此项，如果关闭电源和挂起的虚拟机保存在主机本地存储，则不要选择此项。

（6）等所有虚拟机都迁移到其他主机后，当前主机进入维护模式。之后在“主页”菜单选择“Update Manager”，如图 B-52 所示。

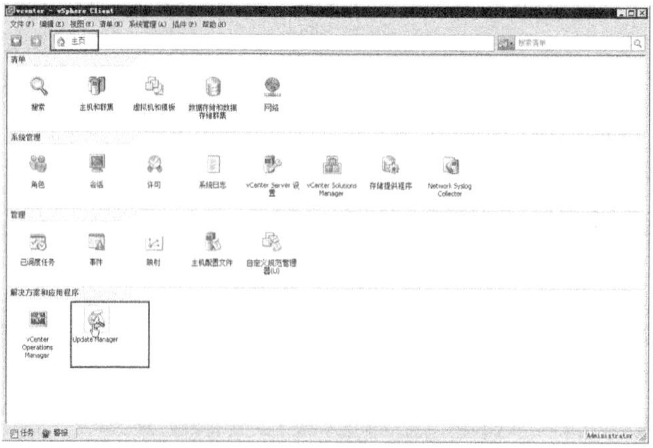

图 B-52　选择 Update Manager

（7）进入 vCenter 的 Update Manager 管理界面，如图 B-53 所示。

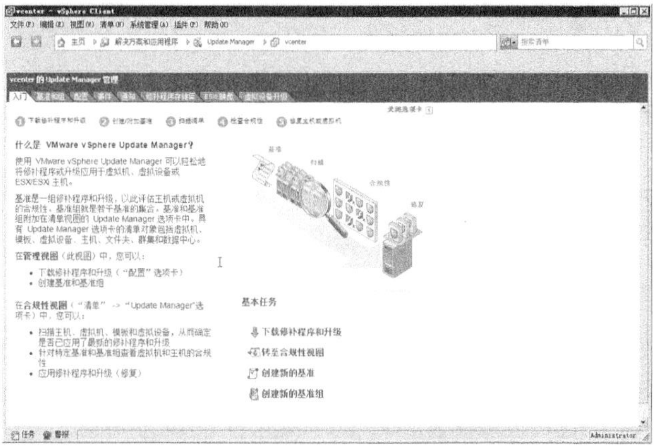

图 B-53　Update Manager 管理界面

Update Manager 是 VMware 的补丁管理程序，不仅仅能升级 ESXi，还可以为 ESXi 主机安装补丁。本节只介绍其升级 ESXi 主机的功能，首先介绍上传 ESXi 6.0 镜像的方法，主要步骤如下。

（1）在“vCenter 的 Update Manager 管理”中，在“ESXi 映像”选项卡中，单击“导入 ESXi 映像”链接，如图 B-54 所示。

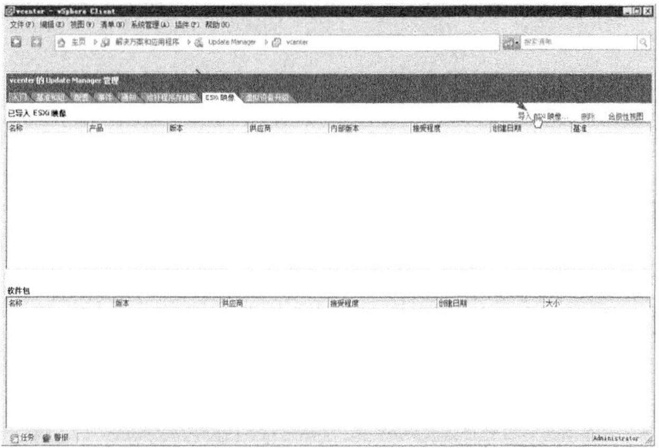

图 B-54　导入 ESXi 映像

（2）在“打开”的对话框中选择 VMware ESXi 6.0 安装镜像，如图 B-55 所示。

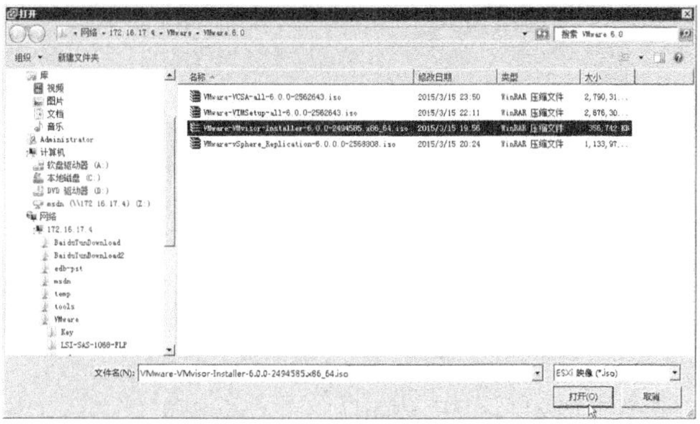

图 B-55　选择 ESXi 6.0 安装镜像

（3）在“选择 ESXi 映像”对话框中已经加载了 ESXi 的镜像，如图 B-56 所示。

（4）在“上载 ESXi 映像”对话框显示了上载成功的 ESXi 镜像的名称、版本等信息，如图 B-57 所示。

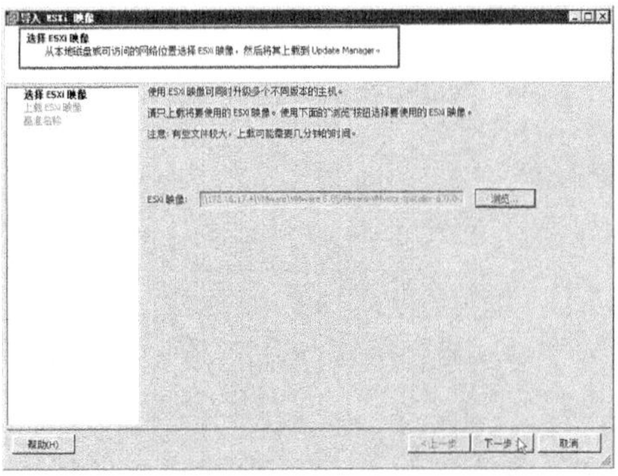

图 B-56　浏览选择 ESXi 镜像

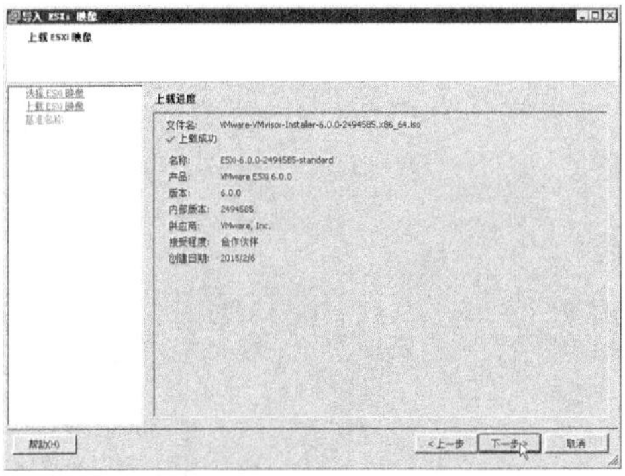

图 B-57　上载 ESXi 映像

（5）在“基准名称”对话框“名称”文本框中，为上载的 ESXi 映射设置一个名称及描述信息，在此设置名称为“ESXi 6.0.0”，如图 B-58 所示。

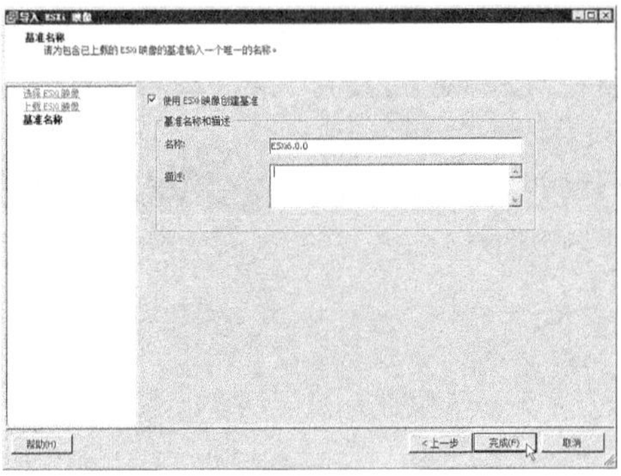

图 B-58　基准名称

（6）上载之后，如图 B-59 所示。

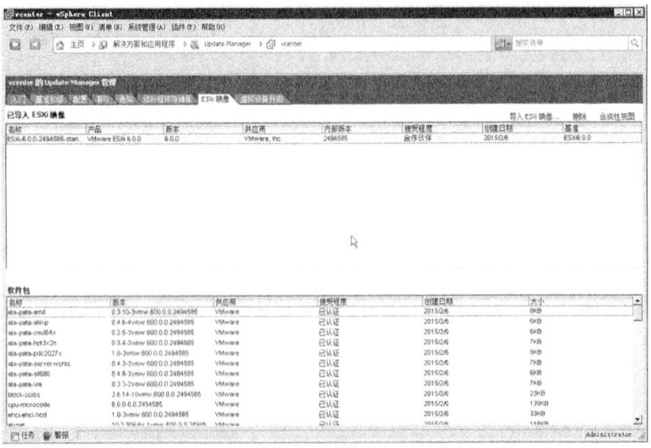

图 B-59　上载完成

将 ESXi 6.0 安装镜像上传到 Update Manager 之后，就可以升级主机了，主要步骤如下。

（1）在左侧选中要升级的主机，在“Update Manager”选项卡中单击“附加”链接，如图 B-60 所示。

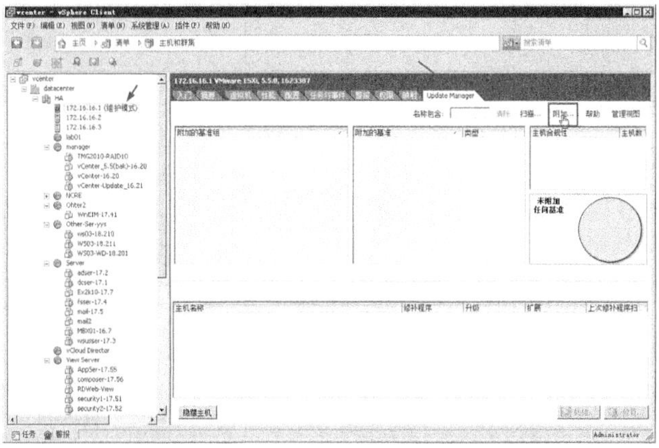

图 B-60 附加

（2）在“附加基准或组”对话框选择“升级基准→ESXi 6.0”，然后单击“附加”按钮，如图 B-61 所示。

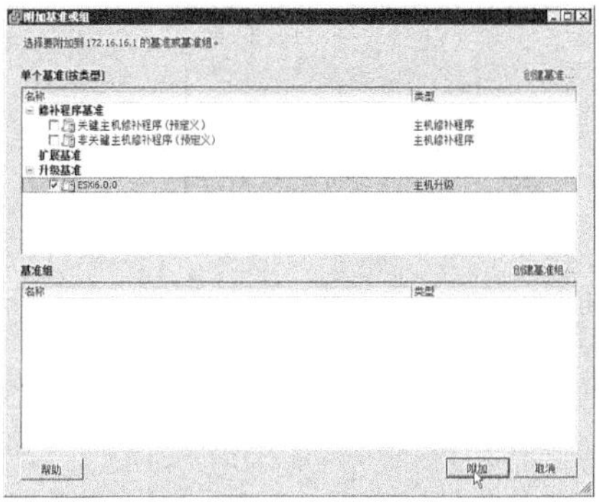

图 B-61 附加基准或组

（3）返回到 vSphere Client，单击“修复”按钮，如图 B-62 所示。

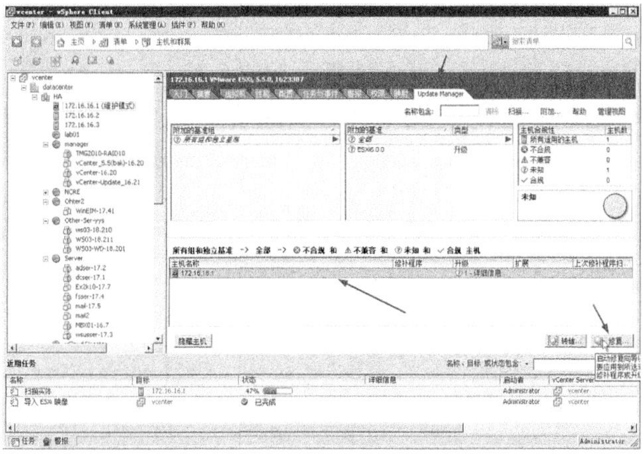

图 B-62 修复

（4）在“修复选择”选择“升级基准→ESXi 6.0.0”，如图 B-63 所示，单击“下一步”按钮。

（5）在“最终用户许可协议”对话框接受许可协议，如图 B-64 所示。

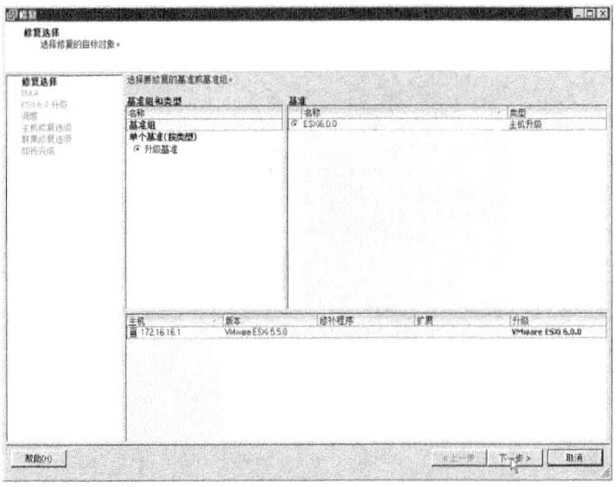

图 B-63　修复选择

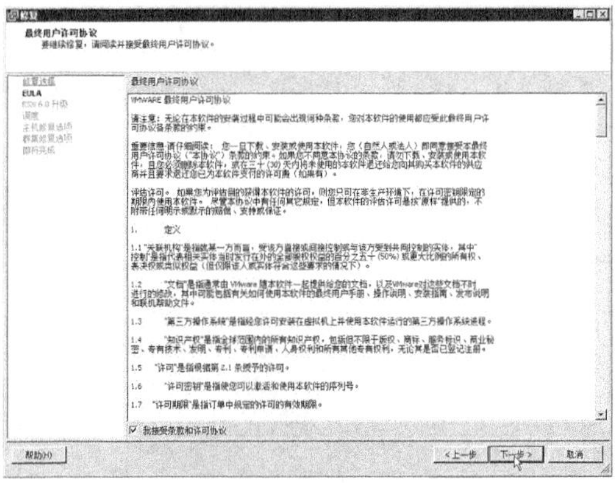

图 B-64　接受许可协议

（6）在“ESXi 6.0 升级”对话框单击“下一步”按钮，如图 B-65 所示。

（7）在“调度”对话框指定修复任务的时间，选择“立即”，如图 B-66 所示。

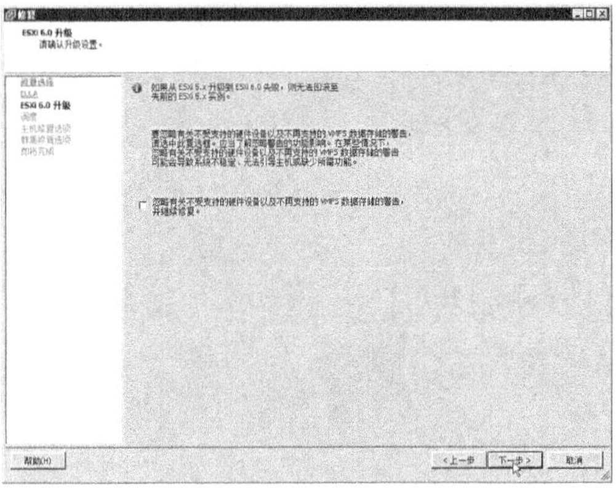

图 B-65　确认升级设置

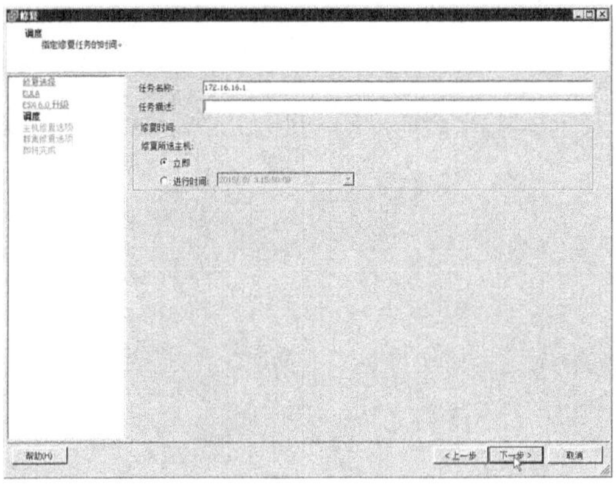

图 B-66　升级时间

（8）在“主机修复选项”对话框，指定修复任务的维护模式选项，因为我们已经将主机置于维护模式，所以直接选择默认值即可，如图 B-67 所示。

（9）在“群集修复选项”，可以根据需要选择暂时禁用的群集功能。在当前群集中主机数量较小的时候，可以选择“禁用高可用性接入控制”选项，其他选项根据需要选择，如图 B-68 所示。单击“生成报告”可以查看有关当前配置和更改的报告，如图 B-69 所示。

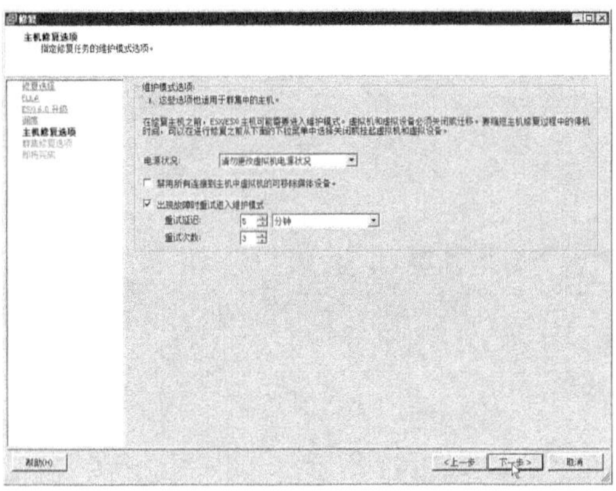

图 B-67　主机修复选项

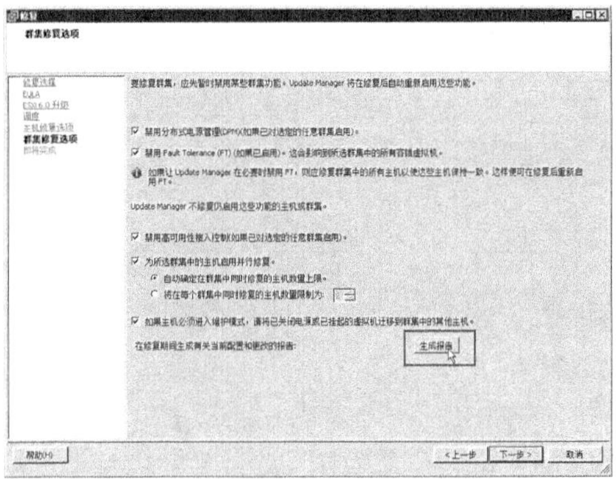

图 B-68　群集修复选项

（10）在“即将完成”对话框显示了修复设置信息，如图 B-70 所示。

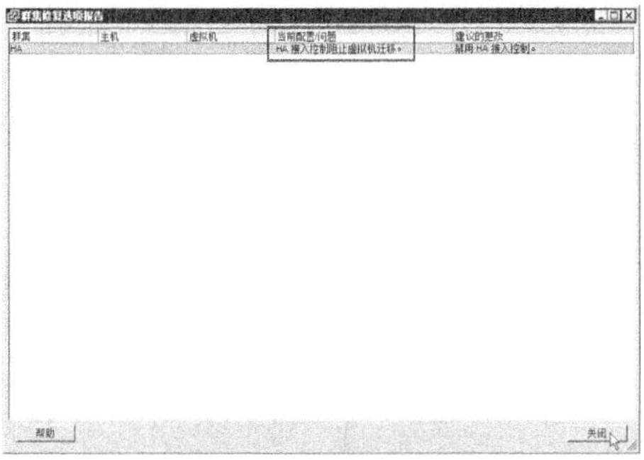

图 B-69　当前配置问题

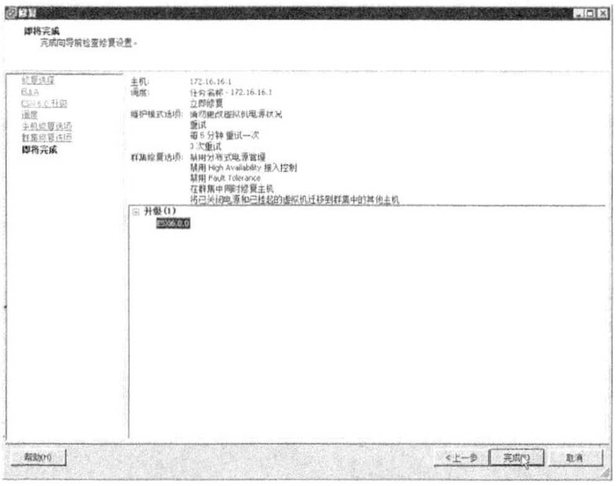

图 B-70　修复设置信息

（11）之后 Update Manager 会将升级镜像上传到要升级的主机，并自动重新启动远程主机，在升级的过程中，正在升级的主机会断开连接，这是正常现象。在“近期任务”中可以看到升级的详细信息与提示，如图 B-71 所示。

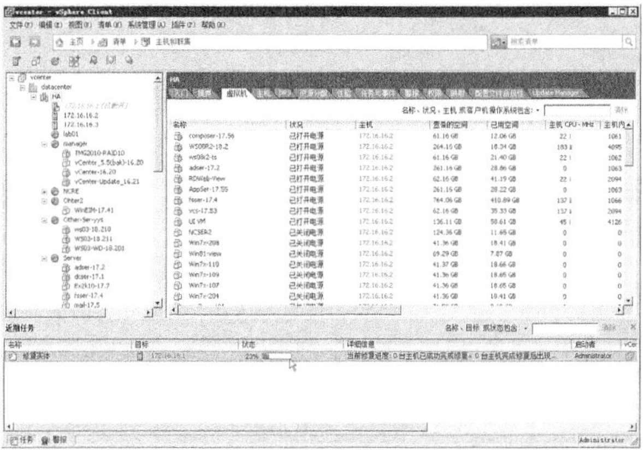

图 B-71　升级中主机已经提示断开

（12）等待一段时间之后，ESXi 主机升级完成。在左侧选中主机，在右侧可以看到当前 ESXi 的版本已经是 6.0.0，如图 B-72 所示。之后右击该主机，退出维护模式。

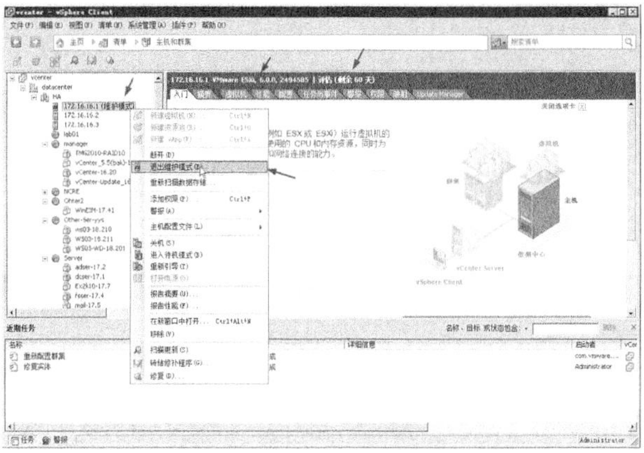

图 B-72　退出维护模式

（13）定位到“配置→软件→已获许可的功能”选项中单击“编辑”链接，如图 B-73 所示。

（14）在“分配许可证”对话框为升级到 ESXi 6.0 的主机分配 vCenter Server 中添加的许可，或者通过“输入密钥”方式，输入新的许可，如图 B-74 所示。

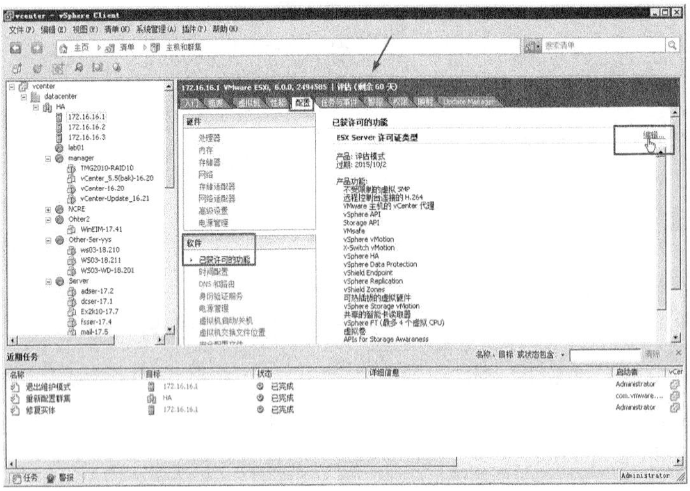

图 B-73 编辑许可

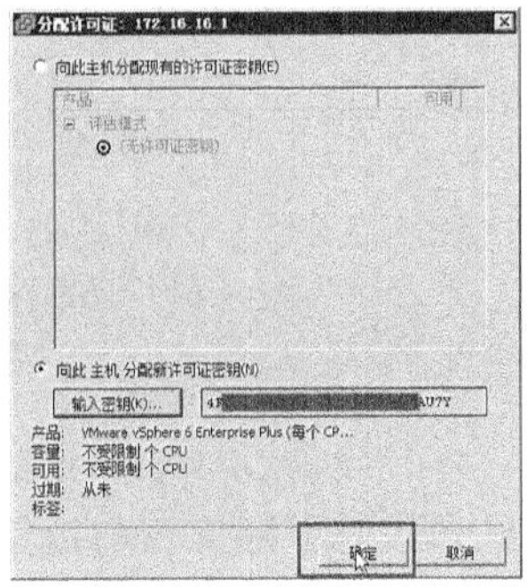

图 B-74 分配许可证

（15）之后参照上面的步骤，将第二台主机置于维护模式，并升级到 ESXi 6.0，如图 B-75 所示。

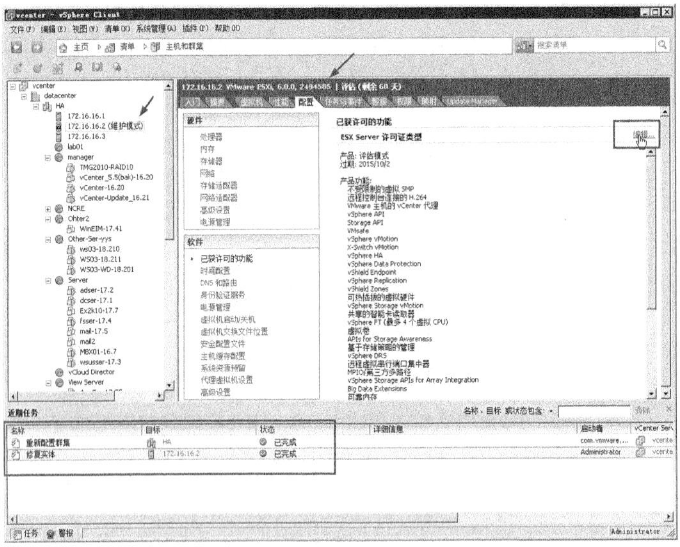

图 B-75 升级第二台主机到 ESXi 6.0

（16）最后升级第三台主机到 ESXi 6.0，如图 B-76 所示。

等所有主机升级完成后，修改群集配置，在“电源管理”中启用 DPM 功能，如图 B-77 所示。

至此升级完毕。

【说明】 你可以根据需要升级 ESXi 主机中的虚拟机，将原来的虚拟机硬件版本升级到最新的 11，这些可以根据需要设置，在此不再介绍。

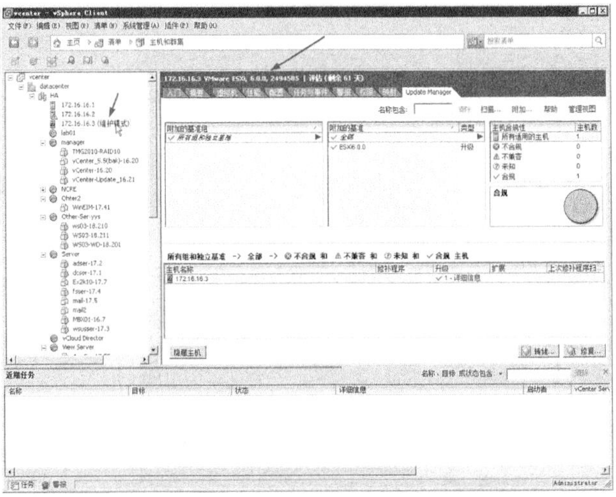

图 B-76　升级第三台主机到 ESXi 6.0

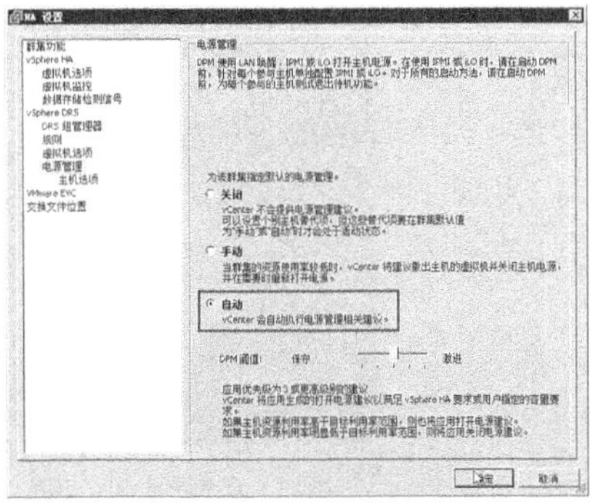

图 B-77　启用电源管理

B.8　使用 ESXi 安装光盘升级 ESXi

如果不想使用 Update Management 升级 ESXi 主机，也可以使用 ESXi 安装光盘，升级 ESXi，下面介绍使用 ESXi 6.0 安装光盘升级 ESXi 5.5 的内容，下面的截图是在 HP DL 380 服务器，使用 HP 服务器自带的 iLO 打开服务器控制台，加载 ESXi 安装光盘镜像进行升级的过程。

（1）在 vCenter Server 中，将该主机置于“维护模式”并迁移完所有虚拟机到其他主机之后，使用 iLO 加载 ESXi 安装光盘，之后重新启动 ESXi 的主机，如图 B-78 所示。

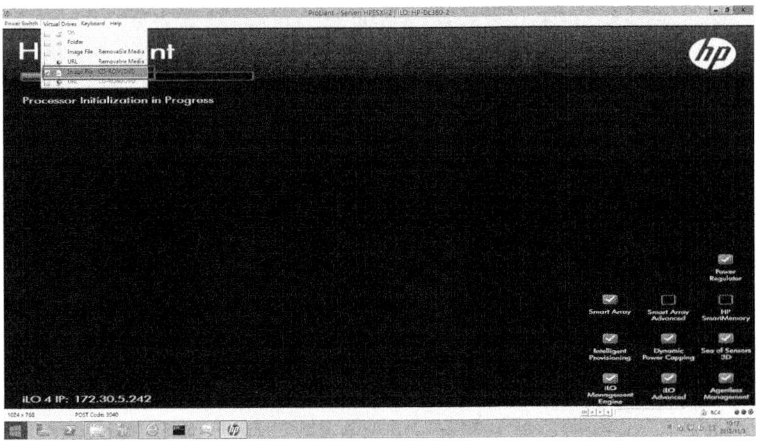

图 B-78　重新启动 ESXi 主机

（2）加载 ESXi 安装光盘，启动 HP 服务器，如图 B-79 所示。

（3）在“Select a Disk to Install or Upgrade”对话框选择原来安装 ESXi 5.x 的存储，在此一定不能选择错误，如图 B-80 所示。一般情况下，存储空间较小的则是安装 ESXi 所在分区。如果你不能区分，可以在选择存储之后，按“F1”键查看。

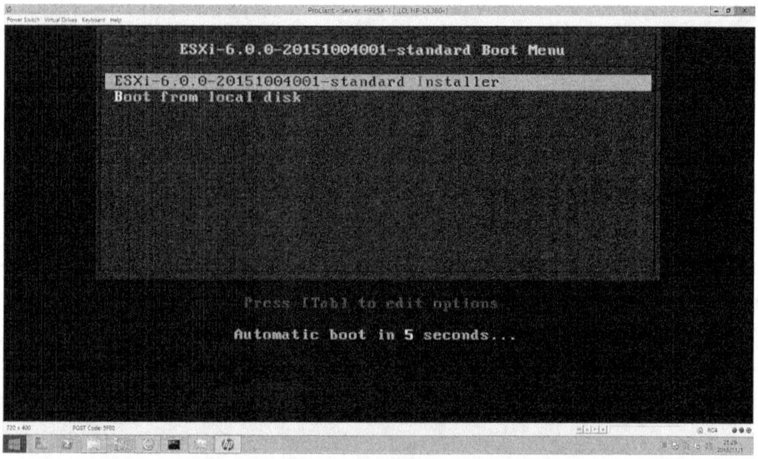

图 B-79 启动 ESXi 安装程序

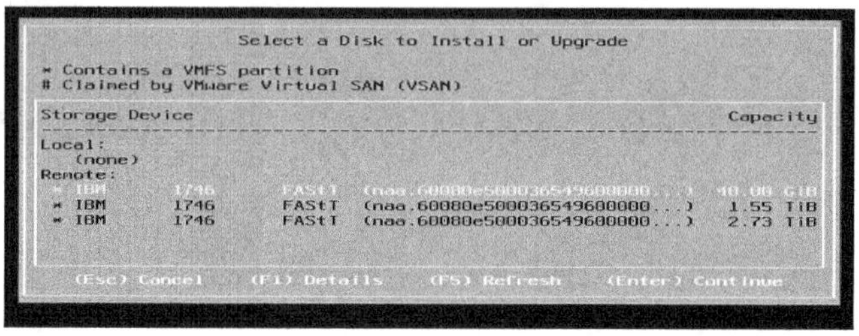

图 B-80 选择磁盘安装或升级

（4）在选择正确的 ESXi 分区之后，会弹出“ESXi and VMFS Found（找到 ESXi 与 VMFS）”对话框，在此对话框中选择“Upgrade ESXi, Preserve VMFS datastore （更新 ESXi，保留 VFS 数据存储）”，如图 B-81 所示。如果你想安装全新的版本，并且保留原来的 VMFS 数据存储，则选择第二项。如果选择第三项，则安装全新的 ESXi，并不会保留原来的 VMFS 数据存储，对于生产环境，慎重选择。

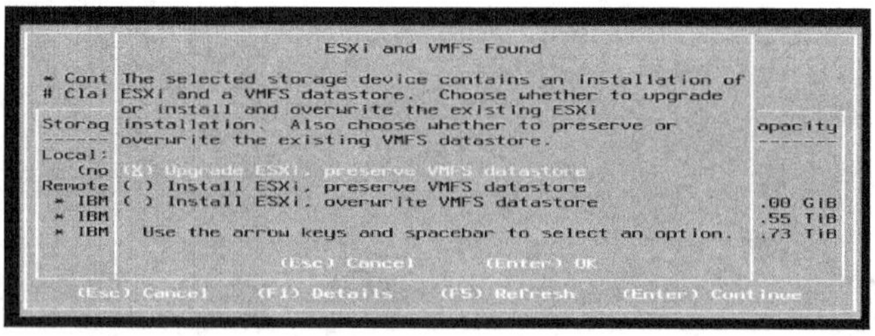

图 B-81 升级 ESXi，保留数据存储

（5）在“Confirm Upgrade”对话框按“F11”键，开始升级，如图 B-82 所示。

图 B-82 升级

（6）之后开始升级 ESXi，升级完成之后，取消 ESXi 光盘的映射，按回车键，重新启动主机，如图 B-83 所示。

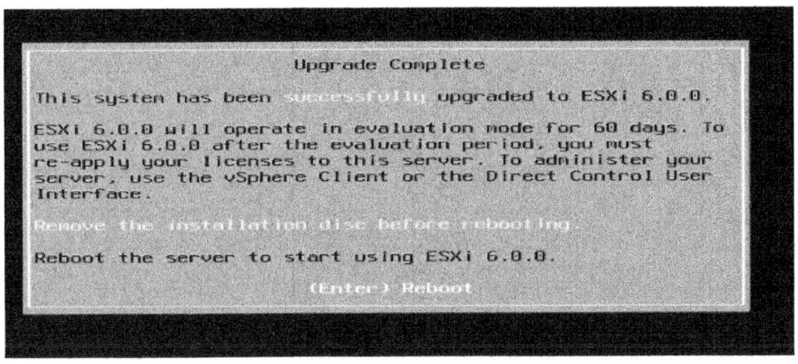

图 B-83　升级完成

（7）升级之后，如图 B-84 所示。

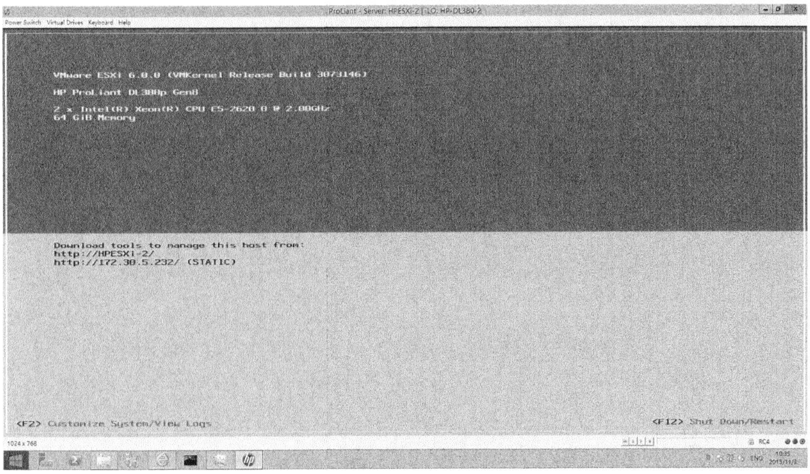

图 B-84　升级到 ESXi 6

升级之后，返回到 vCenter Server，将当前主机“退出维护模式”，然后升级其他主机，相关步骤不再介绍。

最后，我们介绍一下，将 ESXi 安装在 U 盘、SSD 或本地 SAS 的选择。具体是在 SSD 上安装 ESXi，还是 U 盘，或者是 SAS 盘安装，要看具体的需求，我个人建议：

1．如果采用共享存储，则从存储空间划分较小空间 10GB～30GB 安装 ESXi，这是最好的选择。

2．如果是服务器本地存储，多个硬盘做 RAID，则划分一个较小的卷，10GB～20GB，安装 ESXi。

3．如果是 VSAN 环境，推荐将 ESXi 安装在 U 盘上。

4．如果用户要求较为苛刻，那就将 SSD 安装在 ESXi。

附录C 成为网络高手的12条建议

我从 1993 年开始学习计算机基础知识，利用两年的时间将计算机的硬件及部分软件进行了系统的学习。1995 年开始学习网络知识，通过一年的学习，我已熟练掌握了网络的相关知识并能独立完成组网，1996 年正式开始从事网络方面的工作，到现在已经积累了十几年的经验。回想这些年，我从零开始，从不懂计算机、不会网络，到现在已成为对网络熟知并经常为政府、企事业单位、各厅局解决网络问题，为网友解答问题的“高手”，是怎么成长起来的呢？下面我将和有识之士一起分享我的经验。

一、要勤于学习

要学好网络（学任何其他的知识都一样），首先要多看书，并且要翻看多种资料并大量阅读相关书籍。

作者在写每本书时，都有重点要表达的内容，但这些内容，有的适合读者，有的可能并不完全适合读者。可能一本书中，只有一部分对读者有用。所以，这就需要我们从每本书中摘抄记录下来对自己有用的内容，组成自己的知识网。

【说明】 渔夫的捕鱼网，捕鸟人的捕鸟网，都不只有单一的一张网，往往都是利用多张网，而最终真正捕捉到鱼或鸟的网，可能仅仅只是其中的一个网眼。但如果只有这么一个网眼，肯定也是抓不到鱼或鸟的。我们的知识也是这样，知识面越广，学得越精，碰到问题时，从自己的“知识网”中，找到答案的范围就越大。

但是，我们也并不是一味地多看书、死看书。在看书的时候，一定要思考，要通过对比多本相同或不同类型、知识的书，批判性地接受。因为有的书，加上了作者个人的观点，这些观点，有的只适合特定的场合，有的可能有偏差或错误，所以要批判地接受。

知识面广，是指除了要看本专业的书，还要看专业外的书。在有的时候，解决问题并不完全靠专业知识。例如，在写这篇文章的时候，一个读者问我一个问题，他在物理机上安装 vCenter Server 5.5 的时候出现“错误 28035”的提示，如图 C-1 所示。

这个问题我也没有碰到过。首先我会了解他的安装环境、安装步骤，当知道他的环境及步骤都没问题，我会继续从他下载的镜像入手，得知是从 VMware 官方网站下载的。之后需要了解他的下载方式（是使用 HTTP 下载的，还是使用 VMware 提供的“下载管理器”），以及下载需要的时间。当读者告知是直接下载的，时间为 20 分钟时，我判断是下载文件出现问题。于是我告诉读者下载一个 MD5 校验工具，检验下载的 vCenter Server 安装镜像的 MD5 值，然后与 VMware 官方网站提供的 MD5 值对比。经过检验，两者的 MD5 值不一样（见图 C-2），表示下载的文件有问题，重新下载安装即可。

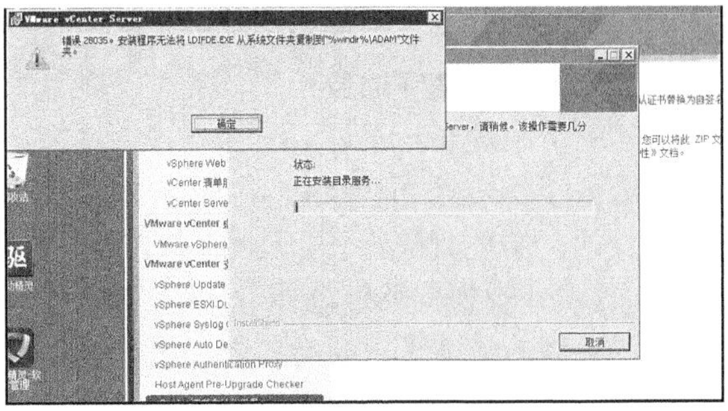

图 C-1 安装 vCenter Server 时出现 28035 错误

图 C-2 检验下载后文件的 MD5 值与官方公布的 MD5 值

所以，虽然平时做系统集成、网络、虚拟化与云计算方面的项目，但除了看专业的图书外，还有一些基础图书，我也会阅读。例如，我经常看《电脑报》（现在是合订本）、《微型计算机》等杂志，《网络运维与管理》（以前的《网管员世界》，我也是每年必订的。

看书范围广，并不是指泛泛地看、泛泛地学。在学习专业知识的时候，要学得足够精。例如学习网络，IP 地址与子网划分，这是基础知识，是必须要学习的，而且必须要精通的。对于网管来说，正确地划分子网，了解 DNS、网关的作用及意义，了解路由、交换，掌握交换机及路由器的基础配置，并掌握一些防火墙的配置，是学好管理网络的基础。

在日常生活中，还要多动手、多实践，多接触、多学习新的知识，了解新的技术特点。例如，我是从 MS-DOS 3.30 开始学起的，从 MS-DOS 3.30，到 MS-DOS 3.31、MS-DOS 4.0、5.0、6.0、6.22，以及 Windows 3.1、Windows 3.11，到 Windows NT 3.51、Windows NT 4.0，后面的 Windows 95、Windows 98、Windows ME、Windows 2000、Windows XP、Windows Server 2003、Windows Server 2008、Windows Server 2008 R2、Windows Server 2012，以及最新的 Windows Server 2012 R2、Windows Vista、Windows 7、Windows 8、Windows 8.1、Windows 10，这些产品每一个我都很熟悉，都是自己一点点地实验直到理解透彻并熟练应用。从 Windows XP 版本开始，我都是从 Beta 版开始测试使用的。Microsoft 的其他产品，我也是经历了各个版本，例如 ISA Server，从 ISA Server 2000 到 ISA Server 2004、2006 以及最终的 Forefront TMG 2010；又如 Exchange，我经历了 Exchange 5.5 到 Exchange 2000、2003、2007、2010 一直到现在的 Exchange Server 2013；VMware 的产品则是从 VMware Workstation 1.0 到现在的 12.1.0，以及 VMware GSX Server 1.0 到 3.0、VMware Server 1.0 到 2.0、VMware ESX Server 1.0 到现在的 VMware ESXi 6.0，每个版本我都用过，并且大多数用于实际的生产环境，并慢慢将其升级到最新的版本。

二、冷静的思考

在我们生产、生活中，可能会碰到各种各样的问题，碰到问题时，要冷静地思考，千万不能着急。尤其是出现问题后，例如发生了误操作，导致了错误的结果时，这时就更不能着急。在时间允许的前提下，让大脑得到良好的放松及休息，以便用清醒的头脑解决问题。千万不能激动，导致事情向更坏的情况发展。

例如，在 2014 年上半年的时候，有个单位的服务器 RAID 卡坏了，然后整个系统都不能启动了（是突然断电之后造成的，断电时间太长，UPS 也没电了）。他们首先判断服务器启动不了了，找不到硬盘。他们直观地看到有个硬盘亮了“黄灯”，表示这个硬盘已经出了故障。于是更换硬盘，硬盘更换后，数据不能同步，此时厂商工程师上门，经过检查说 RAID 卡也坏了，然后更换新的 RAID 卡。在更换新的 RAID 卡之后，数据开始同步，但同步完成之后（1 天之后），系统仍然不能启动。这台服务器安装的 VMware ESXi 5.0（比较早安装的了），里面运行着生产所用的虚拟机。他们通过电话找到了我，当时我不在现场，他们通过电话与我交流，首先我指导他们进入 RAID 卡配置界面，检查磁盘信息及逻辑磁盘是否正常，然后指导他们用 VMware ESXi 5.0 的安装磁盘，重新安装 ESXi Server。在安装的时候，选择升级安装或重新安装，但要保留原来的数据，不能“覆盖安装”，如图 C-3 所示，可以选择列表中的第 1 项或第 2 项。

在安装完成之后，使用 vSphere Client 连接到了 ESXi 服务器，仍然找不到虚拟机，我让他们浏览打开存储，可以看到存储中的每个虚拟机，让他们将这些虚拟机“添加到清单”，添加之后，就可以启动虚拟机了。但是，在将虚拟机添加到 VMware ESXi 清单之后，发现虚拟机仍然不能启动，此时现场工作人员就有些着急了。

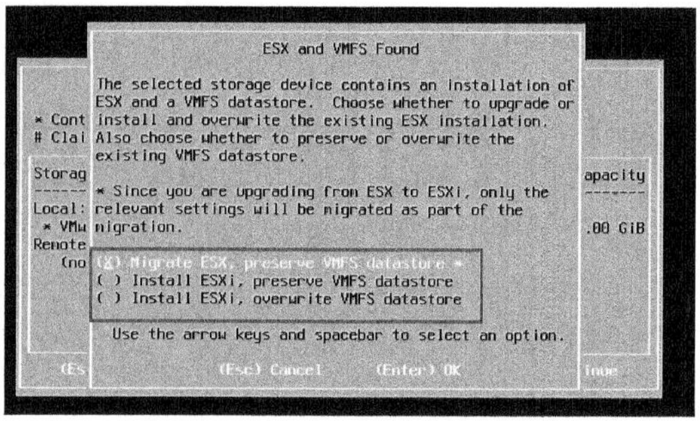

图 C-3　升级或重新安装，保留存储数据

此时，我告诉他们，不要着急，因为能浏览存储，能将虚拟机添加到清单，表示服务器的数据并没有丢失，只是数据可能出错了（突然断电，导致虚拟机数据损坏）。我想到了两种方法解决。

（1）对于不能启动的虚拟机，可以加载操作系统光盘镜像，重新安装虚拟机操作系统，在安装的时候，不要格式化虚拟机磁盘，可以更改安装的位置（例如原来安装在 C 盘 Windows 文件夹，可以改为其他文件夹，如 WS），安装之后就可以看到数据。

（2）可以将虚拟机文件夹复制或下载到本地，在本地安装 VMware Workstation，在 VMware Workstation 中新建一个虚拟机，在虚拟机中安装操作系统（与不能启动的虚拟机操作系统相同），然后将下载到本地的、不能启动的虚拟机的虚拟硬盘挂载到新安装系统的虚拟机中，也能看到数据。

我在为这个单位规划并解决问题的时候，都是遵循如下的原则。

（1）在划分 RAID 卡的时候，划分至少两个逻辑分区，第一个逻辑分区 30GB～100GB，用来安装操作系统（本例是 VMware ESXi 5/6），剩下的划分另一个逻辑分区，用于保存数据。

（2）在安装虚拟机的时候，虚拟硬盘分为两个分区，第一个分区为 40GB～80GB，用来安装虚拟机操作系统，而数据都保存在第 2 个分区中。

最后，现场人员在不能启动的虚拟机中安装相同的操作系统，看到数据在 D 盘都正常，然后重新安装 SQL Server，附加数据库，并重新配置，至此系统恢复。

三、不依赖他人

要独立解决问题，不要养成依赖他人的习惯。在上学的时候，我对无线电学得非常精通，经常给低年级的学生上课，教他们无线电的知识，教他们做电子小制作。我和他们的班长、学习委员或小组长一起学习一起讨论，得出如下结论：高手并不是天然就是高手，而是周围许多同学，碰到问题都问这人，他实际上一开始也不是样样都会，只是为大家解决的多了，无形中丰富了自己的知识和经验。解决的问题多了，自然而然就是高手了。可以说，是周围的同学造就了他。

所以，对于初学者来说，一开始碰到问题，先不要着急问别人，而是独立思考、画图，想办法解决。如果什么问题都是通过问别人解决的，那就形不成自己的知识库、能力库，也不能成为自己的本领。只有你真正独立解决的问题，才会成为你的能力。解决的每一个问题都会成为我们知识网上的重要一环。解决问题多了，知识网越密，能力越强。

四、知识面要宽

从事网络方面的工作，需要有丰富的知识。当碰到问题时，我们的大脑就像一台可以“高速检索”的计算机一样，查找与当前问题相关的场景、知识或经验。如果我们在故障现场，可以通过查看故障现象，使用工具或设备排查；如果不在现场，就需要与用户交流，从用户描述的情况中，分析问题原因，判断并解决问题。

有许多时候，事情（故障）与网络可能无关，需要我们从“周边”动手，想办法解决。

例如，在 2014 年 5 月的时候，一些单位询问我，说他们的网站打不开了，而这些网站在单位内部访问没有问题，就是从外网（指 Internet，互联网）访问不了。网站服务器一直在例行使用，没有对网站进行大的更改。而防火墙与路由器也没有做调整。刚开始，我以为防火墙策略被更改（以前单位出现过类似情况，管理员更改了策略之后没有保存，而突然断电再启动之后，由于策略没有保存导致使用旧的策略——更改前的策略），经过多次检查，发现确实如用户所说，网站及防火墙都没更改，而网站在局域网都能访问，只有 Internet 用户不能访问。后来我怀疑是端口问题，使用 telnet 命令（telnet 网站的 IP 地址 80），发现不能登录 80 端口，随后我将网站改为 80 以外的端口，如 81，发现网站可以打开（http://网站外网 IP 地址:81）。发现是端口问题之后，找专线接入运营商询问，是他们关闭了 TCP 的 80 及 8080 端口，如果要开通，需要进行 IP 地址的备案（不是网站域名备案，因为网站域名已经备案）。

在 2013 年年底与 2014 年年初的时候，联通关闭了专线用户的 TCP 的 80 及 8080 端口，在以前专线用户的端口都是开放的。电信的专线用户，默认情况下 80 端口是关闭的，需要申请才能开放。所以在这段时间，大量的联通专线用户的网站不能打开，只有到联通重新备案之后，才能开放。

五、良好的习惯

我现在设计与维护的网络有许多，每次设计或配置与维护网络，都要详细地记录下来，包括网络的拓扑（必备）、相关的 IP 地址、子网掩码、网关，服务器及交换机的用户名密码、一些关键参数（例如服务器的 CPU 数量、内存大小、硬盘的大小及数量、RAID 的规划、每个逻辑分区大小、每个系统分区大小、格式），如果规划了网络，还要写清交换机、路由器在什么位置，相对应的管理地址、用户名密码是什么，都要记录下来。根据这些规划，当用户出了问题时，可根据这些记录的信息，帮用户解决问题。现在我们管理与维护的网络，用户经常问我有哪些设备、设备的型号（以及设备的存放地址）、管理地址、用户名密码等。我打开以前的工作日志文件，都能很快地帮助用户解决。

在大多数的情况下，我们帮用户设计或维护了网络，可能和用户的协议是两三年，但用户的设备出问题可能是五六年，甚至更长的时间，等用户出问题找你的时候，如果你有这些记录信息，就能很容易地帮用户解决问题。在 2014 年 6 月的时候，我们 2008 年的一个用户，服务器的 RAID 卡及硬盘损坏，硬盘数据丢失。我根据当时的记录，很清楚地知道当时服务器安装的是 Windows Server 2003+VMware Server+ISA Server 2006，用户数据都在虚拟机中，虚拟机都在 D 盘中。我集中精力恢复了用户 D 盘的虚拟机文件，成功地为用户恢复了数据，挽回了用户的损失。

一般情况下，我会为每个用户创建一个文件夹，在这个文件夹中，再创建“拓扑图”、“交换机配置”、“IP 地址规划表”，并在根目录中，保存一个文本文件，里面有新的信息，例如一些服务器及设备的密码、使用注意事项等。图 C-4 所示是某单位 IP 地址规划的截图。

	A	B	C	D	E	F
1	【说明】各交换机的登录用户名为huawei，密码为[illegible] 该密码不要打印					
2						
3	机房核心交换机					
4	设备型号：	华为5352		生产厂商：	华为技术有限公司	
5	设备名称：	HW5352C		用户密码：		
6	设备位置：	内科楼1楼机房		管理地址：	192.168.100.254	
7	端口号	端口号	部门	VLAN	IP	网关
8	G0/0/1～G0/0/36		接内科楼1～4层	12	192.168.12.254	192.168.12.254
9	G0/0/37～G0/0/46		接机房服务器	18	192.168.18.254	192.168.18.254
10	G0/0/47～G0/0/48		接外科楼核心交换机23/24口	TRUNK		
11	G0/1/1		接内科楼，8层交换机23/24口	TRUNK		
12	G0/1/2		接门诊楼，1层交换机，光接口	TRUNK		
13	G0/1/3～G0/1/4		备用	TRUNK		
14						
15						
16						
17	内[illegible]楼8楼接入交换机					
18	设备型号：	华为5724		生产厂商：	华为技术有限公司	
19	设备名称：	HW5724-[illegible]8F		用户密码：		
20	设备位置：	内科楼8楼机柜		管理地址：	192.168.11.253	
21	端口号	端口号	部门	VLAN	IP	网关
22	G0/0/1～G0/0/22		接[illegible]楼5～8层	11	192.168.11.0/24	192.168.11.254
23	G0/0/23～G0/0/24		接机房核心交换机第1个光接口	TRUNK		
24						
25						
26						
27	门[illegible]1楼核心（接入）交换机					
28	设备型号：	华为5352		生产厂商：	华为技术有限公司	
29	设备名称：	HW5352C-[illegible]1		用户密码：	192.168.100.11	
30	设备位置：	门诊楼1楼药房机柜上		管理地址：	192.168.16.253	
31	端口号	端口号	部门	VLAN	IP	网关
32	G0/0/1		接[illegible]2楼交换机23/24口	TRUNK		
33	G0/0/2		接[illegible]住院处交换机23/24口	TRUNK		
34	G0/0/3		接[illegible]3楼交换机23/24口	TRUNK		
35	G0/0/4		接[illegible]机柜交换机23/24口	TRUNK		
36	G0/0/5～G0/0/24		接[illegible]1层交换机	16	192.168.16.0/24	192.168.16.254
37	/0/25～G0/0/48			18	192.168.16.0/24	192.168.16.254
38	G0/1/1～G0/1/4		上联端口，接机房核心交换机第2光口	TRUNK		
39						

图 C-4　交换机端口配置表

在图 C-4 中，记录了每个交换机的端口号、管理地址、存放位置。如果某个点网络有问题，可以快速知道问题出在哪一个交换机，如果去检查，知道交换机在哪个位置。更详细的记录表，可以记录交换机某个端口连接了哪个房间的计算机，这样故障更容易定位。

六、反复的实验

对于管理员来说，可能需要做大量的实验。

（1）学习新知识的时候。对于某个新的知识点，我们要搭建实验环境，对学到的内容一一进行验证，对于有“分支”的内容，每个分支可能都要验证，至少要验证对我们有用的知识，这些都需要实验，以及时间、耐心。

（2）再现故障：在我们分析故障、分析问题时，需要将故障再现，这个时候也需要反复地实验。

（3）规划设计：在我们规划设计时，需要对设计的内容进行测试，就需要准备实验环境，通过实验进行验证。如果生产环境许可，则在生产环境进行设计。例如，我们在配置虚拟化数据中心时，开始的时候不跑生产数据，而是给管理员一段时间，让管理员熟悉，例如配置存储，添加创建虚拟机，删除虚拟机，从模板部署虚拟机等。等管理员熟悉这些操作之后，再上生产数据。这些都属于实验的内容。

（4）迁移升级：在进行迁移升级前，我们最好是模拟生产环境，先在实验环境中通过，再在生产环境中进行实际的操作。例如，在我将网络从 Windows Server 2003 升级到 Windows Server 2003 R2，再次升级到 Windows Server 2008，以及升级到 Windows Server 2008 R2，直到现在最新的 Windows Server 2012 R2 时，我都会在虚拟机中进行验证。虽然这些只是涉及到了服务器操作系统的升级，但与这些系统同时集成的还有一些应用，例如 DHCP 服务器、证书服务器等，这些都需要升级。可以说，升级比新安装更复杂，碰到的问题可能也多。另外，在系统迁移时，例如为 Exchange Server 2010 更改存储位置，从 Exchange 低版本升级到高版本等，都要搭建实验环境。

图 C-5 是我的 VMware Workstation 主控制台界面，左侧收藏夹中是写作这本书时用于

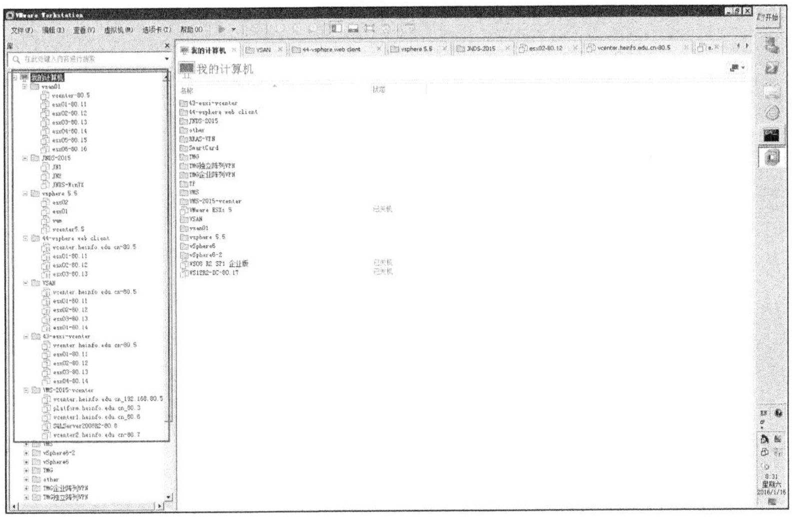

图 C-5　VMware Workstation 虚拟机软件

实验的虚拟机。当前的这个实验用的计算机具有 1 个 Intel i7-4790K 的 CPU、4 条 8GB ECC 的内存、4 个 2TB 的硬盘（组成 RAID 0），以及 1 个 240GB 的 SSD 用于存放 ESXi 的虚拟机。

七、画出拓扑图

有的时候，“图”为我们和用户的交流提供了桥梁。一个简单的图就能把我们的想法一目了然地为用户展示。同样，在我们学习的过程中，经常做图，记录学习的知识点，或者掌握学习的内容，“一图顶千言”说的就是这个意思，当然，图中还要配辅助文字进行说明。

尤其是对于网络来说，涉及到的 IP 地址、设备较多，连接方式可能也很复杂，如果有一个很好的拓扑图，就可以很快速地明白网络结构、连接方式，也能快速地掌握网络。图 C-6～图 C-8 分别是某单位的网络设备拓扑图、服务器虚拟化拓扑图及单位网络拓扑图。

图 C-6 是交换机的拓扑图，可以看到各交换机的连接示意。在图中还可以标上，交换机是通过哪个端口连接的，以及端口的属性。

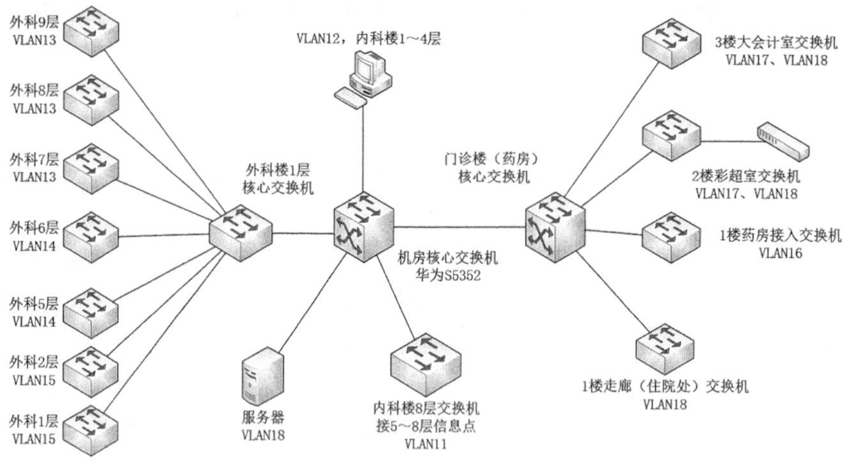

图 C-6　网络拓扑图

图 C-7 是某单位 vSphere 数据中心虚拟化的示意图，表示了服务器的网络连接、虚拟交换机网络分配、各服务器的管理地址等内容。通过这张图，可以管理每台服务器及每个虚拟机。

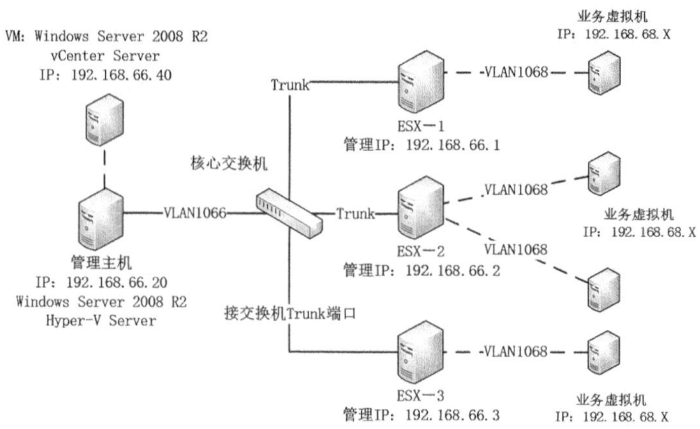

图 C-7　服务器虚拟化示意图

图 C-8 所示是一个更详细的拓扑，标明了当前网络中的主要设备（包括防火墙、流量控制、核心交换机、服务器及服务器中的各个虚拟机），通过这张图，网络中任何一个设备出问题，都能判断问题出现的位置，并定位到相关设备进行分析、判断。

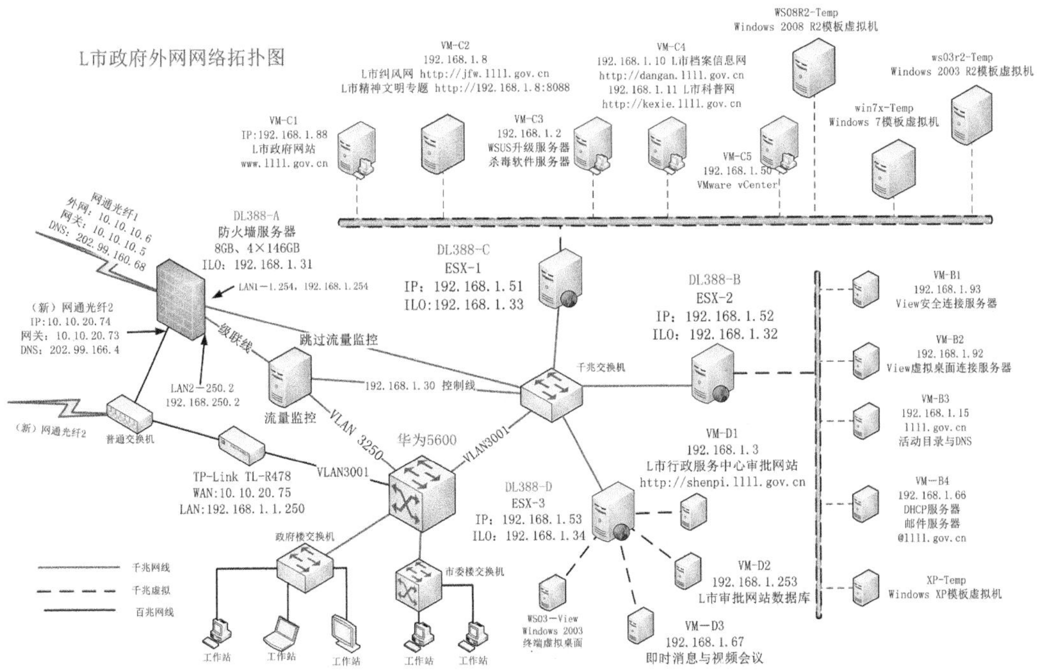

图 C-8　网络设备与服务器拓扑图

当拓扑图很详细的时候，如果用户的网络出了问题，我们可以根据拓扑图进行分析判断，并诊断出问题所在，帮用户解决问题。最后，如果用户的网络拓扑或 IP 地址发生了变动，还要及时地更新拓扑图。更新之后的拓扑图（或配置文件）还要及时发给用户。

八、要学以致用

在我们上学的时候，学到的知识面很广。在我们工作的时候，用到的知识面很专。

因为上学的时候，是根据爱好、兴趣来学习的，凡是相关的图书，都可以借来看看学习。而在工作之后，我们的学习可能就有很强的目的性：我学了这可有什么用，能解决什么问题。如果将所学到的知识用于实际，解决实际工作中碰到的问题，更利于知识的掌握。

例如，我们学过了子网掩码、IP 地址的划分，可以根据我们当前的计算机的 IP 地址、子网掩码，算出当前网络中，可以容纳的最大计算机数量。或者是，尝试为自己当前的网络规划与分配 IP 地址，可以分析当前网络中，IP 地址的规划是否存在问题等。

例如，我们学了 DHCP 服务，了解了 IP 地址获得、释放、DHCP 地址池、作用域、DNS 等参数，就可以解决类似的问题。某行政服务中心，为了方便前来办事的市民，在行政服务中心的业务大厅提供了免费的 WiFi 服务，在运行一段时间之后发现，每天上午来办事的市民大多数能使用大厅提供的 WiFi 连接访问互联网，但下午的时候，就不能访问。当业务繁忙的时候，到上午 11 点后也不能访问网络。初看这个问题，是与时间有关，但实际上，产生这个问题的原因很简单：DHCP 地址不够了。本案例拓扑如图 C-9 所示。

在本案例中，三层交换机划分了多个网段，在网络中为大厅使用 WiFi 用户划分了一个 C 类的网段，在上网行为及防火墙中进行了配置。大厅使用 WiFi 用户只能访问 Internet，不能访问内部网络。在初始设计的时候，在大厅同时办业务的人不会同时有 200 上网，所以规划 C 类地址应该足够，但设计人员忘记了，DHCP 租约时间。在这个案例中，使用了华为三层交换机为 WiFi 用户分配 IP 地址，在默认情况下，华为交换机配置 DHCP 时，默认的 IP 地址的租约时间是 1 天，即 24 小时。当用户从交换机获取一个地址后，这个地址第 2 天才能重新分配。这样就导致了，每天一开始获取地址的 253 个人能用，第 254 个人再连接无线路由器后，由于 DHCP 地址池中没有可用的地址，而获取不了地址，也就不能访问网络。

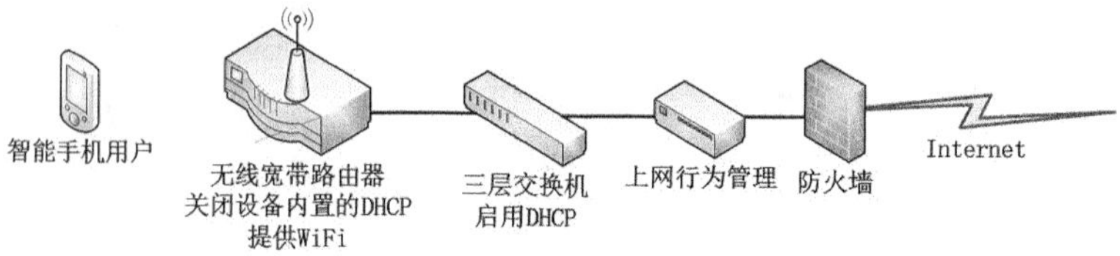

图 C-9　无线网络拓扑图

了解了问题的原因，再解决就很简单了，进入交换机配置，将交换机的 DHCP 租约时间改为一个合理的时间，例如改为 30 分钟即可，主要配置如下：

```
dhcp server ip-pool vlan68
 network 192.168.68.0 mask 255.255.255.0
 gateway-list 192.168.68.254
 dns-list 202.99.160.68
 expired day 0 hour 0 minute 30
```

九、多设计方案

上面介绍了"学以致用"，除了解决问题、排查故障外，还有一个方面，就是近可能多设计应用方案。我们学到的每个知识点，都可能引起我们的共鸣，用于解决实际生活或工作中碰到的问题。我们可以通过方案的方式来表现，单独从一个知识点来看，方案可能比较小，但累计设计的方案多了，可以为我们设计更复杂、更大的应用打下良好的基础。另外，方案也是可以借鉴与通用的，我们为 A 单位设计的方案，更改之后可以用在 B 单位。

在开始的时候，可能不知道如何动手、如何设计方案，这时候可以看一下别人设计的方案，并仿照这些方案，将现有方案改进之后，设计出适应自己单位的应用方案。在我的博客（http://wangchunhai.blog.51cto.com）中，有许多解决实际用途的比较"小"的设计与解决问题的应用案例，例如"计算机加入到域的注意事项（http://wangchunhai.blog.51cto.com/ 225186 /1391814）"、"使用智能卡提供 BitLocker 驱动器加密功能（http://wangchunhai.blog.51 cto.com/225186/1250833）"、"为 SQL Server 2012 配置镜像注意事项及采用 SSD 硬盘作为数据库存储磁盘（http://wangchunhai.blog.51cto.com/225186/1176653）"、"为 Windows 7 添加'Internet 打印'功能（http://wangchunhai.blog.51cto.com/225186/1156589）"、"使用智能 DNS 与多线路路由解决教育网服务器费用问题（http://wangchunhai.blog.51cto.com/225186/

1143846)"、"在远程桌面服务配置 RD 网关直接访问内网(http://wangchunhai.blog.51cto.com/225186/1139388)"等。

他山之石，可以攻玉。看得多了，学得多了，自己设计得多了，慢慢地就可以自己独立设计方案并应用于企业，最终一定会成为令人羡慕的"高手"。

十、如何问问题

尽管我们已经成为别人眼中的"高手"，但也并不是万能的。如果我们碰到不懂的问题，需要请教时怎么办？我给大家一些我的经验之谈。首先需要一张详细的网络图，画清网络设备(交换机、路由器、防火墙)、计算机及服务器设备、连接方式、IP 地址，从什么地方到什么地方出了什么问题，将你需要解决的问题写个文档，画上拓扑图，在拓扑图上标上主要设备的 IP 地址，然后简单描述故障现象，碰到了什么问题，你是怎么判断分析的，你得到的结果是什么，尽可能地将问题一次说清。这样可以让收到问题的人能很快地了解到问题所在，并在最短的时间内帮助你解决。如果表达不清，可以通过"远程协助"的方式，让他人帮你分析、查看。

非常忌讳的提问方式：在吗？能问个问题吗？我的网络不通了，怎么解决？这些是不行的，想帮你的人什么都不了解，也是干着急，浪费了彼此的时间。

十一、跟上时代的步伐

事物是一直发展的，在有的时候，当时解决不了的问题，过几年后可能不是什么问题。当时不能实现的功能，后面实现起来可能很容易。尤其是在计算机的世界里，更是这样。所以，不要用陈旧、过时的知识与内容来解释当前的问题。例如，在以前的 VMware Workstation 产品版本中，嵌套运行 VMware Workstation、ESXi 或 Hyper-V 的虚拟机，并且在虚拟机中再次运行虚拟机，是不可能的事情，但随着计算机硬件的发展，以及 VMware 产品的改进，现在实现这一功能也就不算什么了。再如，本书第 7 章介绍的 Virtual SAN，可以使用服务器本地硬盘，通过网络借助 vSphere 的产品来部分代替传统的存储，以满足大容量、高性能、高 IOPS 的需求，在 10 年以前这是不可想象的。

十二、永远坚持，永远进步

学习的过程从来都不是一路顺风的，在学习的过程中会碰到难点，在实际的生产工作中会碰到问题，这都是在所难免的。只要我们坚定自己的思想，守住学习的目标，向着前方奋力前进，就一定会成功。成功，一定会属于永远坚持的人。永远坚持，永远进步！

上面这些是我从事网络工作多年来的一点经验，与大家共享，希望能对大家有所帮助。

王春海
2016 年 1 月